电磁波传播、辐射和散射

（第2版）

Electromagnetic Wave Propagation, Radiation, and Scattering

(Second Edition)

〔美〕石丸明(Akira Ishimaru)　著
周晨　冯婷　吴怡韵　刘默然　赵正予　译

国防工业出版社
·北京·

著作权合同登记　图字:01－2024－2831 号

图书在版编目（CIP）数据

电磁波传播、辐射和散射:第 2 版/(美)石丸明(Akira Ishimaru)著;周晨等译．—北京:国防工业出版社,2025. 2. —ISBN 978－7－118－13515－2

Ⅰ. O4;TL99

中国国家版本馆 CIP 数据核字第 202419M5S3 号

※

国防工业出版社 出版发行

(北京市海淀区紫竹院南路 23 号　邮政编码 100048)

雅迪云印（天津）科技有限公司印刷

新华书店经售

*

开本 787×1092　1/16　**印张** 40¾　**字数** 942 千字

2025 年 2 月第 1 版第 1 次印刷　**印数** 1—2000 册　**定价** 298. 00 元

(本书如有印装错误,我社负责调换)

国防书店:(010)88540777　　书店传真:(010)88540776

发行业务:(010)88540717　　发行传真:(010)88540762

序一

作为一名多年来致力于电磁波理论和应用研究的学者，我深感荣幸能够为这本经典之作——Akira Ishimaru 教授的 *Electromagnetic Wave Propagation, Radiation, and Scattering* 第2版的中译本《电磁波传播、辐射和散射》作序。Ishimaru 教授是国际知名的电磁学专家，他在电磁波传播、辐射和散射领域的卓越贡献，不仅推动了这一领域的科学研究，也为众多工程应用提供了坚实的理论基础。

Electromagnetic Wave Propagation, Radiation, and Scattering 自问世以来，便因其系统性和权威性成为广大科研人员和工程技术人员的重要参考书。这本书既涵盖了电磁波传播、辐射和散射的基础知识，又探讨了电磁波的最新应用。该书兼顾了数学严谨性和物理直观性，内容丰富且深入浅出，堪称电磁波理论领域的经典教材。无论是对于电磁学的初学者还是对于已经有一定研究基础的读者来说，这本书都将是一本不可多得的参考书。此次将该书翻译成中文，对于我国从事电磁波研究的学者、工程师及相关专业的学生，无疑是一件极为有益的事情。译者周晨教授长期在一线从事电波传播与应用技术等方面的研究工作，在空间电磁环境、电磁波传播理论以及电磁波传播的工程应用方面的研究成果颇丰，且深有体会，因此本书的译者极富专业性。可以看出，在翻译的过程中，译者追求准确、严谨，尽量保留了原书的学术风格和特点，使得该中译本能够忠实反映原书的精髓。我相信，凭借严谨的逻辑和系统而广泛的内容，本书能够帮助更多的读者深入了解电磁波的传播、辐射和散射原理，并在此基础上取得更多创新性成果。同时，也希望本书能够成为读者们工作和学习中的良师益友，共同推动电磁波理论和应用的发展。

最后，我谨向 Ishimaru 教授致以崇高的敬意和衷心的感谢。Ishimaru 教授在电磁波理论研究领域的卓越贡献和深厚造诣，不仅极大地推动了电磁波科学的发展，也为后来者提供了宝贵的学术财富！

于全 院士

2024年6月12日

序二

Electromagnetic Wave Propagation, Radiation, and Scattering 自 1990 年第 1 版出版和 2017 年第 2 版出版以来，作为常用的教材和参考书之一，受到各国，尤其是我国电磁界师生和科技人员的广泛欢迎。原著作者 Akira Ishimaru 教授是享誉世界的电磁波领域的著名专家，华盛顿大学电气与计算机工程系名誉教授，IEEE 终身会士。在电磁场与电磁波领域，他不仅与美籍华人 J. A. Kong、A. K. Fung、L. Tsang 和 C. C. Weng 教授齐名，而且对随机介质波传播、散射理论与应用的贡献闻名于科学研究与教育界。20 世纪 80 年代 A. Ishimaru 教授来华到西安访问，我有幸在西安电子科技大学与他进行了学术交流。我们以 A. Ishimaru 教授著的 *Wave Propagation and Scattering in Random Media* 为蓝本，开设了研究生学位课程，不断修改扩充，一直沿用至今，在此表达由衷的敬意。A. Ishimaru 教授的研究领域相当广泛，在波谱方面不仅涉及微波与毫米波段，而且涉猎光波与声波段。在波与物质相互作用方面，研究领域不仅包含自然介质（即地海、大气和电离层日地空间波传输介质），也覆盖各类人工介质、生物细胞等领域的理论基础和应用。

赵正予教授作为我国空间物理、电波传播领域著名专家，在电离层雷达探测、空间电磁环境检测等方面取得了丰硕的成果并做出了重要贡献。周晨教授作为空间物理与电波传播领域崭露头角的青年专家，在空间电磁环境的基础理论、探测技术、人工影响和应用等方面做出了突出的贡献。应国内同行学者要求，在武汉大学周晨教授和赵正予教授团队的大力支持下，该书第 2 版的中译本《电磁波传播、辐射和散射》出版了。我相信，它将继续受到我国广大读者的欢迎。

Electromagnetic Wave Propagation, Radiation, and Scattering 第 2 版增加了应用部分。扩充的应用部分从第 18 章到第 26 章，包罗内容相当广泛。该专著不仅系统介绍了电磁理论、微波与天线基本原理，也涉及随机介质波动理论与应用、地球物理与遥感应用、生物细胞的波散射检测与应用、周期结构与超材料波传播与散射及“时间反转”的光学成像，以及非线性孤立波传播和在光纤中应用等众多科学领域。该书各章配备了一定的习题，可以作为电波传播、地球物理、微波技术、电子科学技术、光电探测、遥感超材料与波场调控等学科领域的相关专业研究生的教材或参考书籍。

吴振森

2024 年 5 月 9 日

译者序

电磁学不仅是电子电气工程领域的基础，也是大多数工程技术和科学研究的重要支柱。电磁学理论以复杂的数学分析方法深入描述了时空中的电磁场，清晰地描绘出电磁波的传播、辐射和散射特性。电磁学理论的研究不仅有助于我们深入理解自然界中的电磁现象的本质，也为我们在现代电子通信、雷达技术和无线电工程等领域的实际应用奠定坚实的理论基础，更为我们解决科学研究和工程应用中复杂的电磁问题提供了强大工具和方法。

本书为原书 *Electromagnetic Wave Propagation，Radiation，and Scattering* 修订版本的译本，修订版本在原版的基础上增加了第 18 至 26 章。因此，本书共 26 章，主要分为两大部分。第 1 章描述了第 2 至 17 章的结构，概述了每章的主要内容。第 2 至 17 章为电磁波传播的基本原理。第 2 章为基本场方程的介绍。第 3、4、7 章讨论了介质、波导和空腔，以及周期性结构中的波传播特性。第 5 章介绍了波的激发和格林函数。第 6 章利用格林函数获得从孔中辐射出来的波，对电磁孔径问题及束波辐射进行了讨论。基于上述波在不同结构中的传播，第 8、9 章分别介绍了介质的色散特性和不同天线的辐射场。第 10、11 章介绍了一些简单目标对波的散射特性。第 12 章介绍了复杂目标对波的散射及衍射。第 13 章进一步详细地分析了波的衍射特性。第 14 章对广泛应用于大气和海洋研究中的平面介质层进行了讨论。第 15 章讨论了导电地球上偶极子的辐射。第 16 章讨论了逆散射问题。第 17 章介绍了辐射测量、噪声温度及干涉测量。

第 18 至 26 章主要介绍了一些关于电磁波的应用。第 18 章概述了随机波动理论。第 19、20 章介绍了电磁波在地球物理学、遥感及生物医学中的应用。第 21 章介绍了超材料中波传播的基本原理。第 22 章讨论了源于光学的“时间反转”成像。第 23 章介绍了随机波动理论的具体应用。第 24 章进而讨论了随机介质中的多重散射。第 25 章介绍了发现孤子的有趣历史和科特韦格 - 德弗里斯(Korteweg - de Vries，KdV)方程及光纤中的应用。第 26 章介绍了多孔介质和地震波的应用，对地震灾害的研究有着重要意义。此外，部分章节中涉及的公式及其推导请参见附录。

原著作者 Akira Ishimaru 教授是享誉世界的电磁理论专家，华盛顿大学电气与计算机工程系名誉教授，IEEE 终身会士，因对随机介质中的波散射理论的贡献而闻名。译者对本书的原著作者 Akira Ishimaru 教授表达由衷的敬意。作者以其深厚的专业知识、清晰的逻辑结构和丰富的实例，为读者呈现了一幅生动而全面的电磁波领域画卷。在翻译的过程中，译者坚持忠于原著的结构和文字风格，力求能够准确传达作者的思想。原著已被用做电子电气工程研究生课程的教科书，也被用做地球物理、海洋工程和生物工程领域的教学资料。相信本书可成为读者学习电磁波理论的重要参考，给他们提供深入、清晰的学习体验，助力他们在相关的学术领域和职业生涯上有所建树。

译　者

2024 年 3 月 6 日于武汉大学

目　录

第 1 部分

理 论

第1章 引言

近年来,随着电磁理论在微波、毫米波、光学和声学领域的新应用不断涌现,电磁理论取得了显著的进展。因此,有必要对这些进展进行系统的概述,并提供充分的背景信息。本书介绍了电磁理论的基础知识、基本公式、高级分析理论和数学技巧,以及当前的新课题和应用。

第2章回顾了电磁理论的基础知识,从麦克斯韦方程开始,涵盖了能量关系、电势、赫兹矢量、唯一性和互易性定理等基本概念和关系。本章最后介绍了线性声波公式。在实际应用中,经常会遇到介电层上的平面波入射以及波沿层状介质的传播,如介质涂层中的微波、集成光学、大气中的波和海洋中的声波。

第3章讨论了这些问题,首先回顾了平面波入射到层状介质、菲涅尔公式、布儒斯特角和全反射等内容。通过表面波沿介质板传播的例子,介绍了复合波、吸附表面波和漏波的概念,随后讨论了浅涅克波和等离子体之间的关系。本章最后介绍了不均匀介质和拐点的文策尔-克拉默斯-布里渊(Wentzel-Kramers-Brillouim, WKB)解法、布雷默级数以及不均匀介质(如渐变折射率光纤)中导波传播常数的WKB解法。

第4章涵盖了微波波导、介质波导和空腔的内容。首先,给出了横磁波(transverse magnetic,TM)、横电波(transverse electric,TE)和横电磁波(transverse electromagnetic,TEM)的公式、特征函数、特征值和 $k-\beta$ 图,然后介绍了脉冲在色散介质中的传播。接下来,讨论了介质波导、阶跃指数光纤和渐变指数光纤,并分析了色散问题。最后介绍了径向和方位波导、矩形和圆柱形空腔以及球形波导和空腔。此外,本章还包括了对格林常数、格林定理、特殊函数、贝塞尔函数和勒让德函数、特征函数和特征值以及正交性的讨论。

格林函数是电磁理论中至关重要且非常实用的工具之一,广泛应用于积分方程和各种辐射源的计算。第5章深入探讨了格林函数的构建方法。首先,回顾了电偶极子和磁偶极子对波的激发。然后,详细探讨了三种格林函数的表示方法:第一种方法采用特征函数的级数来表示格林函数;第二种方法则利用齐次方程的解来表示格林函数,同时,探讨了朗斯基矩阵的重要性;第三种方法则通过傅里叶变换来表示格林函数。在实际问题中,通常将这三种方法结合使用,以获得最简洁的表示方式。最后,通过具体例子来说明格林函数在矩形波导、圆柱形和球形结构中的应用。

第 6 章讨论了不同孔径的辐射场。首先,用格林定理对辐射源产生的场以及表面上的场进行计算。在这一部分中,还详细讨论了零场定理和惠更斯公式。接下来,深入研究了基尔霍夫近似、菲涅尔和弗劳恩霍夫衍射公式,以及用特殊的场表示法来描述高斯束波和有限孔径的辐射。本章还讨论了束波在界面上的古斯 - 汉欣偏移以及高阶光束波等有趣现象。最后,对电磁矢量格林定理、斯特拉顿 - 朱公式、弗朗兹公式、等价定理和电磁基尔霍夫近似进行了阐述。

第 7 章给出了周期结构的广泛应用,如光学光栅、相控阵和频率选择性表面。首先,介绍了周期结构中波的弗洛凯表示法;然后,基于积分方程和格林函数分析沿周期结构的导波和周期结构上的平面波入射,讨论了关于正弦曲面散射的瑞利假设问题。最后,介绍了耦合模式理论以及同向和反向耦合器。

第 8 章涵盖了对介质特性的介绍。首先,阐明了介电材料的色散特性、塞勒迈尔方程、等离子体和导体等概念。其中,包括混合物有效介电常数的麦克斯韦 - 加内特和波尔德 - 范 - 桑滕混合公式。然后,用磁性等离子体表示电离层和电离气体,讨论了磁等离子体中的波传播特性以及在微波理论中广泛使用的铁氧体中的波传播特性。同时,介绍了法拉第旋转、群速度、热等离子体和互易关系。此外,分析了波在手征介质中的传播。最后,介绍了伦敦方程和高频超导体的双流体模型。

第 9 章介绍了天线、孔径和阵列的内容。本章包括电流分布辐射、偶极子、槽和环的辐射场。此外,还讨论了非均匀间距阵列、微带天线、相互耦合以及线天线上电流分布的积分方程。

第 10 章首先概括介绍了介电和导电物体对波的散射和吸收特性,给出了截面和散射振幅的定义,并讨论了瑞利散射和瑞利 - 德拜近似。此外,还包括斯托克斯矢量、穆勒矩阵和用于描述完全和部分极化状态的庞加莱球。并且讨论了获取导电物体横截面的技术,包括物理光学近似和矩量法。

第 11 章介绍了圆柱结构、球面和楔形的形式解,包括对分支点、鞍点技术、沃森变换、留数级数和米氏理论的讨论。第 13 章还将讨论楔形结构的衍射。

第 12 章的主题是复杂物体的电磁散射,介绍了积分方程的标量和矢量表述,讨论了标量场和电磁场中的巴比涅原理、电场积分方程(electric field integral equation,EFIE)和磁场积分方程(magnetic field integral equation,MFIE)。此外,还讨论了 T 矩阵法,也称为扩展边界条件法,并应用于正弦表面问题。除表面积分方程外,还介绍了二维和三维介电体的体积积分方程和并矢格林函数。最后,对小孔和缝隙的情况进行了分析讨论。

几何衍射理论(geometric theory of diffraction,GTD)是处理高频衍射问题的有效方法。第 13 章讨论了 GTD 和均匀几何衍射理论(uniform geometric theory of diffraction,UTD),并介绍了 GTD 在缝隙、刀刃和楔形衍射中的应用,包括斜面衍射、弧形楔形衍射以及顶点和表面衍射。

第 14 章涵盖了嵌入平面结构中的源、贴片和孔径的激发和散射。首先讨论介电板的激发,然后讨论非均质层中波激发的 WKB 解法。非均质层中波的激发的典型例子是海洋中点源激发的声波。接下来,给出了嵌入介电层的贴片、带状线和孔径中的波的一般频谱表示。还提出了适用于带状线、周期性贴片和孔径的便捷等效网络表示法。

索默菲尔德偶极子问题是有关一个偶极子位于导电地表时的场量求解问题。这个经典问题可以追溯到1907年,当时浅涅克研究了现在被称为浅涅克波的现象。第15章讨论了这一经典问题,包括对索默菲尔德极点、修正鞍点技术、横波、分层介质和模式表示的详细研究。

第16章中的反散射问题是近年来的重要课题之一。它涉及利用观测到的散射数据获取目标特性的问题。首先,介绍了用于计算断层扫描或X射线断层扫描的拉东变换。利用投影切片定理和滤波投影的反投影可得到的逆拉东变换。同时,介绍了可以使用希尔伯特变换代替逆拉东变换的方式。对于超声波和电磁成像问题,需要将衍射效应考虑在内,因此,衍射层析成像利用的是反向传播而不是反向投影。此外,还讨论了物理光学反向散射和全息反向问题。阿贝尔积分方程经常用于反向问题中,在此,用它来计算电离层的电子密度剖面。由于极化测量技术的进步,极化雷达变得越来越重要。于是,还介绍了极化测量和优化的基本原理以及极化特征。

第17章介绍辐射测量和噪声的基本原理。本章给出了天线温度、辐射传递理论和表面散射截面的定义,随后还考虑了系统噪声温度和最小可探测温度。此外,还讨论了射电天文学中使用的干涉测量法确定天空亮度分布的问题。最后,讨论了孔径分布、辐射模式、天空亮度分布之间的傅里叶变换和卷积关系。

第二版中新增了第18至26章,内容在第二版的前言中进行了总结。

附录中给出了许多公式和方程的详细推导,有助于理解正文所述内容,但由于篇幅过长,不纳入正文。

中级本科水平的电磁学参考书包括Ramo等(1965)、Jordan和Balmain(1968)、Wait(1986)、Shen和Kong(1987)以及Cheng(1983)。高级水平的有Stratton(1941)、Harrington(1961)、Collin(1966)、Felsen和Marcuvitz(1973)、Schelkunoff(1965)、Balanis(1989)、Kong(1981,1986)、Jones(1964,1979)和Van Bladel(1964)。

第 2 章

基本场方程

电磁场的基本场方程是麦克斯韦方程。本章回顾了这些方程的微分和积分形式，并讨论了边界条件、能量关系、坡印廷定理、唯一性定理和互易性定理。同时，还讨论了矢量和标量势以及赫兹矢量，令表达式更为简洁。尽管电磁波是矢量场，但有些情况也可以用标量场来表示或近似。以标量场为例，介绍了标量声波的公式。

假定读者熟悉通常在本科课程中会涉及的电磁场理论，因此，本书从回顾基本场方程开始。有关电磁理论的详细历史发展可参见 Elliott(1966)、Born 和 Wolf(1970)。

2.1 麦克斯韦方程

麦克斯韦在 1865 年提出了描述电磁场行为的基本微分方程：

$$\nabla \times \overline{\boldsymbol{H}} = \frac{\partial \overline{\boldsymbol{D}}}{\partial t} + \overline{\boldsymbol{J}} \tag{2.1}$$

$$\nabla \times \overline{\boldsymbol{E}} = -\frac{\partial \overline{\boldsymbol{B}}}{\partial t} \tag{2.2}$$

$$\nabla \cdot \overline{\boldsymbol{D}} = \rho \tag{2.3}$$

$$\nabla \cdot \overline{\boldsymbol{B}} = 0 \tag{2.4}$$

式中：$\overline{\boldsymbol{E}}$为电场矢量，单位为 V/m；$\overline{\boldsymbol{H}}$为磁场矢量，单位为 A/m；$\overline{\boldsymbol{D}}$为电位移矢量，单位为 C/m；$\overline{\boldsymbol{B}}$为磁通密度矢量，单位为 Wb/m^2；$\overline{\boldsymbol{J}}$ 为电流密度矢量，单位为 A/m^2；ρ 为体积电荷密度，单位为 C/m^3。

用积分形式表示可以更容易理解麦克斯韦方程的物理意义。式(2.1)和式(2.2)可以利用斯托克斯定理转化为积分形式，即

$$\int_a \nabla \times \overline{\boldsymbol{A}} \cdot \mathrm{d}\,\overline{\boldsymbol{a}} = \oint_l \overline{\boldsymbol{A}} \cdot \mathrm{d}\,\overline{\boldsymbol{l}} \tag{2.5}$$

式中：$\overline{\boldsymbol{A}}$为矢量；$\mathrm{d}\,\overline{\boldsymbol{a}}$为微分面元矢量，其幅值为 $\mathrm{d}a$，指向法向方向 $\hat{\boldsymbol{n}}$($\mathrm{d}\,\overline{\boldsymbol{a}} = \hat{\boldsymbol{n}}\mathrm{d}a$)；$\mathrm{d}\,\overline{\boldsymbol{l}}$为微分线元矢量，其幅值为 $\mathrm{d}l$，指向 $\hat{\boldsymbol{l}}$ 方向(图 2.1)。$\hat{\boldsymbol{l}}$ 的方向为 $\hat{\boldsymbol{n}}$ 向量的右旋前进方向。

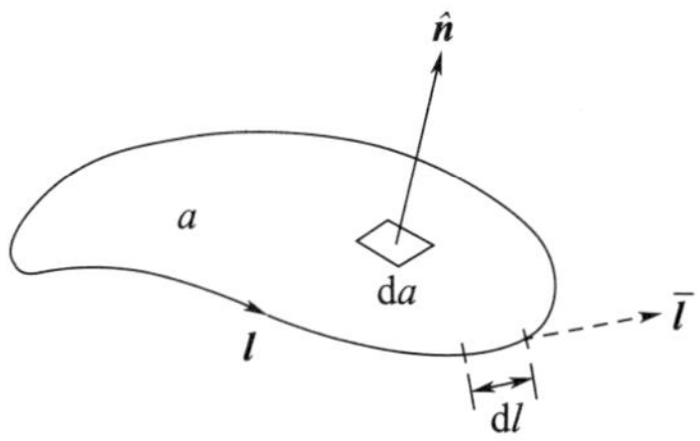

图 2.1　斯托克斯定理

使用式(2.5),式(2.1)和式(2.2)可表示为①

$$\oint_l \overline{\boldsymbol{H}} \cdot \mathrm{d}\bar{\boldsymbol{l}} = \int_a \left(\frac{\partial \overline{\boldsymbol{D}}}{\partial t} + \overline{\boldsymbol{J}} \right) \cdot \mathrm{d}\bar{\boldsymbol{a}} \tag{2.6}$$

$$\oint_l \overline{\boldsymbol{E}} \cdot \mathrm{d}\bar{\boldsymbol{l}} = -\int_a \frac{\partial \overline{\boldsymbol{B}}}{\partial t} \cdot \mathrm{d}\bar{\boldsymbol{a}} \tag{2.7}$$

式(2.6)表示安培定律,即磁场绕闭合路径的线积分等于通过回路的总电流,包括位移电流$\partial \overline{\boldsymbol{D}}/\partial t$。式(2.7)表示法拉第感应定律,即电场沿闭合路径的线积分等于通过该回路的总磁通量的时间变化率的负值。

利用散度定理,式(2.3)和式(2.4)可以用积分形式表示:

$$\int_V \nabla \cdot \overline{\boldsymbol{A}} \mathrm{d}V = \int_S \overline{\boldsymbol{A}} \cdot \mathrm{d}\bar{\boldsymbol{a}} \tag{2.8}$$

式中:S 为围绕体积 V 的封闭曲面;$\hat{\boldsymbol{n}}$ 为向外的(图 2.2)。利用式(2.8),式(2.3)和式(2.4)可表示为

$$\int_S \overline{\boldsymbol{D}} \cdot \mathrm{d}\bar{\boldsymbol{a}} = \int_V \rho \mathrm{d}V \tag{2.9}$$

$$\int_S \overline{\boldsymbol{B}} \cdot \mathrm{d}\bar{\boldsymbol{a}} = 0 \tag{2.10}$$

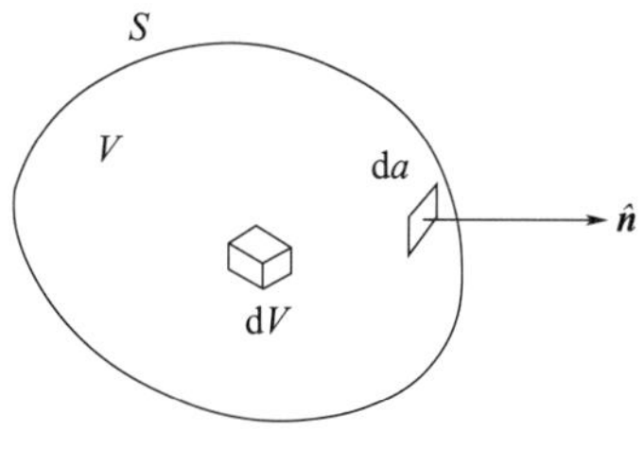

图 2.2　散度定理

式(2.9)是高斯定律,即流向任何封闭表面的总电流量等于该表面所包围的总电荷。式(2.10)说明不存在磁荷,也没有流入或流出封闭表面的净磁通量。除了麦克斯韦方程之外,以下关于电荷 q 以速度$\bar{\boldsymbol{v}}$通过电场$\overline{\boldsymbol{E}}$和磁场$\overline{\boldsymbol{B}}$中受到的力为

$$\overline{\boldsymbol{F}} = q(\overline{\boldsymbol{E}} + \bar{\boldsymbol{v}} \times \overline{\boldsymbol{B}}) \tag{2.11}$$

① 译者注:根据原作者提供的更正说明,将式(2.6)和式(2.7)中的 $\int_l$ 更正为 $\oint_l$,$\oint_a$ 更正为 $\int_a$,以及将式(2.7)右侧增加负号。

电荷守恒体现在以下连续性方程中：

$$\nabla \cdot \bar{\boldsymbol{J}} + \frac{\partial \rho}{\partial t} = 0 \tag{2.12}$$

利用散度定理得到式(2.12)的积分形式为

$$\int_S \bar{\boldsymbol{J}} \cdot \mathrm{d}\bar{\boldsymbol{a}} + \frac{\partial}{\partial t}\int_V \rho \mathrm{d}V = 0 \tag{2.13}$$

这表明电流通过封闭表面 S 向外流动必然伴随着体积 V 内单位时间内总电荷的减少。

利用式(2.1)的散度以及式(2.3)和恒等运算，连续方程(2.12)可由麦克斯韦方程导出：

$$\nabla \cdot \nabla \times \bar{\boldsymbol{A}} = 0 \tag{2.14}$$

附录 2.A 给出了一些详细矢量公式和定理，以及笛卡尔坐标系、圆柱坐标系和球坐标系中的梯度、散度、旋度和拉普拉斯算子。

式(2.1)~式(2.4)在数学上具有相似性。$\bar{\boldsymbol{E}}$和$\bar{\boldsymbol{H}}$以相同的算符形式出现在式(2.1)和式(2.2)的左侧，$\bar{\boldsymbol{D}}$和$\bar{\boldsymbol{B}}$以类似的形式出现在右边。这可能会让人以为$\bar{\boldsymbol{E}}$和$\bar{\boldsymbol{H}}$属于一类，$\bar{\boldsymbol{D}}$和$\bar{\boldsymbol{B}}$属于另一类。但由式(2.11)可知，力取决于$\bar{\boldsymbol{E}}$和$\bar{\boldsymbol{B}}$，而不是$\bar{\boldsymbol{E}}$和$\bar{\boldsymbol{H}}$。实际上，从物理上讲，$\bar{\boldsymbol{E}}$和$\bar{\boldsymbol{B}}$为基本场，$\bar{\boldsymbol{D}}$和$\bar{\boldsymbol{H}}$为通过本构关系导出的与$\bar{\boldsymbol{E}}$和$\bar{\boldsymbol{B}}$相关的场(见 2.3 节)。

2.2 时谐情况

由于用时间函数表示波的一般行为时总是可以通过傅里叶变换表示为不同频率上的波的叠加，因此，研究单一频率的波的特性就足够了。单一频率的波通常被称为时间谐波或单色波，用矢量场的实部来描述最为方便。例如，矢量场$\bar{\boldsymbol{E}}(\bar{\boldsymbol{r}},t)$为位置$\bar{\boldsymbol{r}}$和时间 t 的实数函数，可以表示为

$$\bar{\boldsymbol{E}}(\bar{\boldsymbol{r}},t) = \mathrm{Re}[\bar{\boldsymbol{E}}_{\mathrm{ph}}(\bar{\boldsymbol{r}})\mathrm{e}^{\mathrm{j}\omega t}] \tag{2.15}$$

式中：$\bar{\boldsymbol{E}}_{\mathrm{ph}}(\bar{\boldsymbol{r}})$为矢量场，一般为复数。此处的惯例是峰值为$\bar{\boldsymbol{E}}_{\mathrm{ph}}$($\bar{\boldsymbol{E}}_{\mathrm{ph}} = \sqrt{2}\bar{\boldsymbol{E}}(\mathrm{rms})$)，而不是均方根值(rms)。$\bar{\boldsymbol{E}}(\bar{\boldsymbol{r}},t)$的 x 分量为

$$\begin{aligned} E_x(\bar{\boldsymbol{r}},t) &= \mathrm{Re}[E_{\mathrm{ph}x}(\bar{\boldsymbol{r}})\mathrm{e}^{\mathrm{j}\omega t}] \\ &= A_x(\bar{\boldsymbol{r}})\cos[\omega t + \phi_x(\bar{\boldsymbol{r}})] \end{aligned} \tag{2.16}$$

式中：A_x 和 ϕ_x 分别为 x 分量 $E_{\mathrm{ph}x} = A_x\exp[\mathrm{j}\phi_x]$矢量的幅值和相位。在下面的介绍中，省略矢量的下标 ph，以免引起误解。

重写时谐情况下的麦克斯韦方程①：

$$\nabla \times \bar{\boldsymbol{H}}(\bar{\boldsymbol{r}}) = \mathrm{j}\omega\bar{\boldsymbol{D}}(\bar{\boldsymbol{r}}) + \bar{\boldsymbol{J}}(\bar{\boldsymbol{r}}) \tag{2.17}$$

$$\nabla \times \bar{\boldsymbol{E}}(\bar{\boldsymbol{r}}) = -\mathrm{j}\omega\bar{\boldsymbol{B}}(\bar{\boldsymbol{r}}) \tag{2.18}$$

$$\nabla \cdot \bar{\boldsymbol{D}}(\bar{\boldsymbol{r}}) = \rho(\bar{\boldsymbol{r}}) \tag{2.19}$$

$$\nabla \cdot \bar{\boldsymbol{B}}(\bar{\boldsymbol{r}}) = 0 \tag{2.20}$$

① 译者注：根据原作者提供的更正说明，将式(2.18)右侧增加负号。

连续性方程：

$$\nabla \cdot \bar{\boldsymbol{J}}(\bar{\boldsymbol{r}}) + \mathrm{j}\omega\rho(\bar{\boldsymbol{r}}) = 0 \tag{2.21}$$

其中，因为所有项中都有 $\exp(\mathrm{j}\omega t)$，则消去 $\exp(\mathrm{j}\omega t)$，且式(2.17)～式(2.21)中的所有场量都是矢量。通过对式(2.17)取散度并利用式(2.21)可得式(2.19)。对式(2.18)取散度可得式(2.20)。因此，对于时谐情况，式(2.17)、式(2.18)和式(2.21)构成了完整的微分方程组。对于静场，$\omega=0$，式(2.18)和式(2.19)为静电场，式(2.17)和式(2.20)为静磁场。

一旦得到以矢量（如 $\bar{\boldsymbol{E}}(\bar{\boldsymbol{r}})$）表示的时谐场，就可以通过傅里叶逆变换得到一般瞬态场的时间函数：

$$\bar{\boldsymbol{E}}(\bar{\boldsymbol{r}},t) = \frac{1}{2\pi}\int \bar{\boldsymbol{E}}(\bar{\boldsymbol{r}})\mathrm{e}^{\mathrm{j}\omega t}\mathrm{d}\omega \tag{2.22}$$

接下来，考虑电流 $\bar{\boldsymbol{J}}$ 和电荷 ρ。为了表述方便，通常将电流分为源电流和感应电流。例如，在无线电广播中，电台发射天线上的电流是源电流，但接收器天线和附近金属墙壁上的感应电流则是感应电流。同样，可以将电荷分为源电荷和感应电荷。电流密度 $\bar{\boldsymbol{J}}$ 和电荷密度 ρ 在麦克斯韦方程中指的是所有的电流和电荷，即包括了源和感应两部分。但是，用以下等式分别表示源电流 $\bar{\boldsymbol{J}}_s$ 和源电荷 ρ_s 更方便。

$$\nabla \times \bar{\boldsymbol{H}}(\bar{\boldsymbol{r}}) = \mathrm{j}\omega\bar{\boldsymbol{D}}(\bar{\boldsymbol{r}}) + \bar{\boldsymbol{J}}(\bar{\boldsymbol{r}}) + \bar{\boldsymbol{J}}_s(\bar{\boldsymbol{r}}) \tag{2.23}$$

$$\nabla \times \bar{\boldsymbol{E}}(\bar{\boldsymbol{r}}) = -\mathrm{j}\omega\bar{\boldsymbol{B}}(\bar{\boldsymbol{r}}) \tag{2.24}$$

$$\nabla \cdot \bar{\boldsymbol{D}}(\bar{\boldsymbol{r}}) = \rho + \rho_s \tag{2.25}$$

$$\nabla \cdot \bar{\boldsymbol{B}}(\bar{\boldsymbol{r}}) = 0 \tag{2.26}$$

在这种形式中，$\bar{\boldsymbol{J}}$ 和 ρ 分别为感应电流密度和感应电荷密度，$\bar{\boldsymbol{J}}$ 和 ρ 为介质特性（见 2.3 节）。

2.3　本构关系

考虑麦克斯韦方程式(2.23)～式(2.26)的时谐电磁场。$\bar{\boldsymbol{D}}$、$\bar{\boldsymbol{E}}$、$\bar{\boldsymbol{B}}$、$\bar{\boldsymbol{H}}$ 和 $\bar{\boldsymbol{J}}$ 之间的关系取决于介质的特性，可以用本构参数表示。在线性无源介质中，$\bar{\boldsymbol{D}}$ 和 $\bar{\boldsymbol{B}}$ 分别与 $\bar{\boldsymbol{E}}$ 和 $\bar{\boldsymbol{H}}$ 呈线性关系。此外，如果 $\bar{\boldsymbol{D}}$ 和 $\bar{\boldsymbol{E}}$ 以及 $\bar{\boldsymbol{B}}$ 和 $\bar{\boldsymbol{H}}$ 之间的本构关系与 $\bar{\boldsymbol{E}}$ 和 $\bar{\boldsymbol{H}}$ 的方向性无关，则该介质被称为各向同性。

首先，考虑一种无损介质，其中，$\bar{\boldsymbol{J}}=0$。对于线性、无源、各向同性的介质，有

$$\bar{\boldsymbol{D}} = \varepsilon\bar{\boldsymbol{E}} \tag{2.27}$$

$$\bar{\boldsymbol{B}} = \mu\bar{\boldsymbol{H}} \tag{2.28}$$

式中：ε 为介电常数（F/m）；μ 为磁导率（H/m）；ε 和 μ 都为实数和标量。对于自由空间，介电常数和磁导率为

$$\begin{cases} \varepsilon_0 = 8.854 \times 10^{-12} \simeq \dfrac{10^{-9}}{36\pi}\mathrm{F/m} \\ \mu_0 = 4\pi \times 10^{-7}\mathrm{H/m} \end{cases} \tag{2.29}$$

注意，自由空间中的光速为

$$c = \frac{1}{(\mu_0\varepsilon_0)^{1/2}} \simeq 3 \times 10^8 \mathrm{m/s} \tag{2.30}$$

为了方便,通常使用无量纲量,即相对介电常数 ε_r 和相对磁导率 μ_r。

$$\begin{cases} \varepsilon_r = \dfrac{\varepsilon}{\varepsilon_0} \\ \mu_r = \dfrac{\mu}{\mu_0} \end{cases} \tag{2.31}$$

如果 ε 和 μ 从一点到另一点都是常数,则介质称为均匀介质。

在各向异性介质中,$\overline{\boldsymbol{D}}$ 和$\overline{\boldsymbol{E}}$(或$\overline{\boldsymbol{B}}$和$\overline{\boldsymbol{H}}$)之间的关系取决于$\overline{\boldsymbol{E}}$(或$\overline{\boldsymbol{H}}$)的方向,因此,通常$\overline{\boldsymbol{D}}$和$\overline{\boldsymbol{E}}$不是平行的,本构参数由张量介电常数 $\bar{\bar{\boldsymbol{\varepsilon}}}$(或磁导率 $\bar{\bar{\mu}}$)表示为

$$\overline{\boldsymbol{D}} = \bar{\bar{\boldsymbol{\varepsilon}}}\overline{\boldsymbol{E}} \tag{2.32}$$

$$\overline{\boldsymbol{B}} = \bar{\bar{\boldsymbol{\mu}}}\overline{\boldsymbol{H}} \tag{2.33}$$

例如,式(2.32)在笛卡儿坐标系下可以表示为

$$\begin{bmatrix} D_x \\ D_y \\ D_z \end{bmatrix} = \begin{bmatrix} \varepsilon_{11} & \varepsilon_{12} & \varepsilon_{13} \\ \varepsilon_{21} & \varepsilon_{22} & \varepsilon_{23} \\ \varepsilon_{31} & \varepsilon_{32} & \varepsilon_{33} \end{bmatrix} \begin{bmatrix} E_x \\ E_y \\ E_z \end{bmatrix} \tag{2.34}$$

在式(2.32)和式(2.33)中,称 $\bar{\bar{\boldsymbol{\varepsilon}}}$ 和 $\bar{\bar{\boldsymbol{\mu}}}$ 为张量,但没有定义它们。在第 8 章中,会详细讨论各向异性介质和手征介质,其中,$\overline{\boldsymbol{D}}$ 和 $\overline{\boldsymbol{B}}$ 与 $\overline{\boldsymbol{E}}$ 和 $\overline{\boldsymbol{H}}$ 耦合。

接下来,考虑有损介质的情况。在线性有损介质中,电流密度 $\overline{\boldsymbol{J}}$ 与电场$\overline{\boldsymbol{E}}$成正比,这种关系称为欧姆定律:

$$\overline{\boldsymbol{J}} = \sigma\overline{\boldsymbol{E}} \tag{2.35}$$

式中:σ 为介质的电导率(S/m)。对于低频至微波,电导率通常是实数,与频率无关。然后,可以用以下方式重写麦克斯韦方程组中的式(2.23):

$$\begin{aligned} \nabla \times \overline{\boldsymbol{H}} &= \mathrm{j}\omega\varepsilon\overline{\boldsymbol{E}} + \sigma\overline{\boldsymbol{E}} + \overline{\boldsymbol{J}}_s \\ &= \mathrm{j}\omega\varepsilon_c\overline{\boldsymbol{E}} + \overline{\boldsymbol{J}}_s \end{aligned} \tag{2.36}$$

式中:$\varepsilon_c = \varepsilon - \mathrm{j}(\sigma/\omega)$ 为复介电常数。注意,在式(2.36)中,电导率项 $\sigma\overline{\boldsymbol{E}}$ 作为介电常数的虚部。相对复介电常数为

$$\varepsilon_r = \frac{\varepsilon_c}{\varepsilon_0} = \frac{\varepsilon}{\varepsilon_0} - \mathrm{j}\frac{\sigma}{\omega\varepsilon_0} = \varepsilon' - \mathrm{j}\varepsilon'' \tag{2.37}$$

$\varepsilon''/\varepsilon'$的比值称为损耗因子,有

$$\tan\delta = \frac{\varepsilon''}{\varepsilon'} \tag{2.38}$$

复折射率 n 为

$$n = (\varepsilon_r)^{1/2} = n' - \mathrm{j}n'' \tag{2.39}$$

对于大多数介质,磁导率 μ 等于自由空间的磁导率($\mu = \mu_0$)。然而,在磁性介质中,μ 不等于 μ_0,可能是有损耗的。稍后,在讨论铁氧体材料时(第 8 章),将更详细地讨论这一点。一般而言,相对磁导率 $\mu_r = \mu/\mu_0$ 可以是复数($\mu_r = \mu' - \mathrm{j}\mu''$)。复折射率 $n = (\varepsilon_r\mu_r)^{1/2}$。一些相对介电常数 ε'和电导率 σ 的例子可参见表 2.1。当使用式(2.37)中的相对介电常

数 ε_r 时,位移矢量 $\overline{\boldsymbol{D}}=\varepsilon_c\overline{\boldsymbol{E}}$。

表 2.1　低频的相对介电常数和电导率①

材料	ε'	σ
湿土	10	10^{-3}
干土	5	10^{-5}
淡水	81	3×10^{-3}
海水	81	4
铜	1	5.8×10^{7}
银	1	6.17×10^{7}
黄铜	1	1.57×10^{7}

在微波以上的频率范围内,式(2.37)中的 ε 和 σ 与频率有关,使用相对复介电常数 ε_c 往往更方便且不将其分为 ε 和 σ。因此,通常用 ε 来表示复介电常数。麦克斯韦方程可以写成②:

$$\nabla\times\overline{\boldsymbol{E}}=-\mathrm{j}\omega\mu\overline{\boldsymbol{H}} \tag{2.40}$$

$$\nabla\times\overline{\boldsymbol{H}}=-\mathrm{j}\omega\varepsilon\overline{\boldsymbol{E}}+\overline{\boldsymbol{J}}_s \tag{2.41}$$

$$\nabla\cdot\overline{\boldsymbol{D}}=\rho_s \tag{2.42}$$

$$\nabla\cdot\overline{\boldsymbol{B}}=0 \tag{2.43}$$

式中:$\overline{\boldsymbol{J}}_s$ 和 ρ_s 分别为源电流和电荷密度,ε 和 μ 一般为复数,且与频率有关。ε 或 μ 与频率有关的介质为色散介质。

在式(2.40)~式(2.43)中,本构方程用复数 ε 和 μ 表示:

$$\begin{cases}\overline{\boldsymbol{D}}=\varepsilon\overline{\boldsymbol{E}}\\ \overline{\boldsymbol{B}}=\mu\overline{\boldsymbol{H}}\end{cases} \tag{2.44}$$

式(2.40)~式(2.44)完整地描述了有耗介质的基本场方程。注意:介质用复介电常数和复磁导率表示;或者可以用实数介电常数和电导率来表示介质。

除了介电常数和磁导率,还可以使用矢量电极化强度 $\overline{\boldsymbol{P}}$ 和磁极化强度$\overline{\boldsymbol{M}}$来表示:

$$\begin{cases}\overline{\boldsymbol{D}}=\varepsilon_0\overline{\boldsymbol{E}}+\overline{\boldsymbol{P}}\\ \overline{\boldsymbol{B}}=\mu_0(\overline{\boldsymbol{H}}+\overline{\boldsymbol{M}})\end{cases} \tag{2.45}$$

式中:矢量 $\overline{\boldsymbol{P}}$ 和$\overline{\boldsymbol{M}}$代表介质中的电偶极子和磁偶极子分布,在自由空间中不存在。在线性介质中,磁化率 χ_e 和 χ_m 与$\overline{\boldsymbol{E}}$和$\overline{\boldsymbol{H}}$关系如下:

$$\begin{cases}\overline{\boldsymbol{P}}=\chi_e\varepsilon_0\overline{\boldsymbol{E}}\\ \overline{\boldsymbol{M}}=\chi_m\overline{\boldsymbol{H}}\end{cases} \tag{2.46}$$

式(2.44)中的介电常数 ε 是针对某一频率 ω 下的时谐电磁矢量场的。如果介电常数与频率无关,则式(2.44)在时间上的关系式可化简为

$$\overline{\boldsymbol{D}}(\bar{\boldsymbol{r}},t)=\varepsilon\overline{\boldsymbol{E}}(\bar{\boldsymbol{r}},t) \tag{2.47}$$

---

① 译者注:根据原作者提供的更正说明,将表 2.1 中淡水的电导率修正为 3×10^{-3}。

② 译者注:根据公式推导,将式(2.41)中的 μ 修正为 ε。

然而,如果介电常数是频率的函数,则时间关系是 $\varepsilon(t)$ 和 $\overline{\boldsymbol{E}}(t)$ 乘积的傅里叶变换,由以下卷积积分表示:

$$\overline{\boldsymbol{D}}(\bar{\boldsymbol{r}},t) = \int_{-\infty}^{t} h(t-t')\overline{\boldsymbol{E}}(\bar{\boldsymbol{r}},t')\mathrm{d}t' \tag{2.48}$$

式中:

$$h(t) = \frac{1}{2\pi}\int \varepsilon(\omega)\mathrm{e}^{\mathrm{j}\omega t}\mathrm{d}\omega \tag{2.49}$$

$$\overline{\boldsymbol{E}}(\bar{\boldsymbol{r}},t) = \frac{1}{2\pi}\int \overline{\boldsymbol{E}}(\bar{\boldsymbol{r}},\omega)\mathrm{e}^{\mathrm{j}\omega t}\mathrm{d}\omega \tag{2.50}$$

介电常数为频率的函数 $\varepsilon(\omega)$ 的介质,称为色散介质。虽然严格地说,所有的介质都是色散的,但在特定问题的频率范围内,介质通常可以视为非色散的。如果介质是线性时变的,$\overline{\boldsymbol{D}}$ 和 $\overline{\boldsymbol{E}}$ 之间的关系就不能用卷积积分式(2.48)来表示。一般关系为

$$\overline{\boldsymbol{D}} = (\bar{\boldsymbol{r}},t) = \int_{-\infty}^{t} h(t,t-t')\overline{\boldsymbol{E}}(\bar{\boldsymbol{r}},t')\mathrm{d}t' \tag{2.51}$$

将式(2.50)代入式(2.51),得到

$$\overline{\boldsymbol{D}}(\bar{\boldsymbol{r}},t) = \frac{1}{2\pi}\int \varepsilon(t,\omega)\overline{\boldsymbol{E}}(\bar{\boldsymbol{r}},\omega)\mathrm{e}^{\mathrm{j}\omega t}\mathrm{d}\omega \tag{2.52}$$

式中:$\varepsilon(t,\omega)$ 为时变介电常数,有

$$\varepsilon(t,\omega) = \int_{0}^{\infty} h(t,t'')\mathrm{e}^{-\mathrm{j}\omega t''}\mathrm{d}t'' \tag{2.53}$$

在本书中,不讨论时变介质。

2.4 边界条件

在两种介质之间的界面上,场的量必须满足一定的条件。考虑具有复介电常数 ε_1 和 ε_2 的两种介质之间的界面,且不存在源电流 $\overline{\boldsymbol{J}}_s$ 的情况下,将式(2.41)写成积分形式:

$$\int_l \overline{\boldsymbol{H}}\cdot\mathrm{d}\bar{\boldsymbol{l}} = \int_a \mathrm{j}\omega\varepsilon\overline{\boldsymbol{E}}\cdot\mathrm{d}\bar{\boldsymbol{a}} \tag{2.54}$$

应用于图 2.3 所示的线积分。当 $\mathrm{d}l\to 0$ 时,式(2.54)的右边等于零,左边变成:

$$(H_{t1}-H_{t2})\Delta L = 0 \tag{2.55}$$

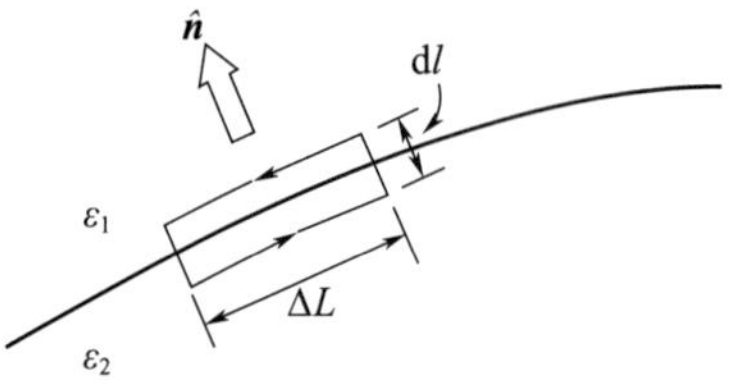

图 2.3　切向分量的边界条件

式(2.55)中,H_{t1} 和 H_{t2} 分别为介质 1 和介质 2 中磁场的切向分量。类似地,由式(2.40)得

$$(E_{t1}-E_{t2})\Delta L = 0 \tag{2.56}$$

式中:E_{t1} 和 E_{t2} 为介质 1 和介质 2 中的电场切向分量。因此,规定电场和磁场的切向分量

必须是连续的，分别穿过边界，得

$$\begin{cases}\hat{\boldsymbol{n}}\times\overline{\boldsymbol{E}}_1=\hat{\boldsymbol{n}}\times\overline{\boldsymbol{E}}_2 & (2.57\text{a})\\ \hat{\boldsymbol{n}}\times\overline{\boldsymbol{H}}_1=\hat{\boldsymbol{n}}\times\overline{\boldsymbol{H}}_2 & (2.57\text{b})\end{cases}$$

式中：$\hat{\boldsymbol{n}}$ 为垂直于界面的单位向量；($\boldsymbol{E}_1,\boldsymbol{H}_1$)和($\boldsymbol{E}_2,\boldsymbol{H}_2$)分别为介质为 ε_1 和 ε_2 的场量。如果边界上存在表面电流 $\boldsymbol{J}_{sf}$(A/m)，则有

$$\hat{\boldsymbol{n}}\times\overline{\boldsymbol{H}}_1-\hat{\boldsymbol{n}}\times\overline{\boldsymbol{H}}_2=\overline{\boldsymbol{J}}_{sf} \tag{2.58}$$

还可以得到边界上电场和磁场的法向分量的条件。在没有源($\overline{\boldsymbol{J}}_s=0,\rho_s=0$)的情况下，将散度定理应用于式(2.42)和式(2.43)的一个体积单元，如图 2.4 所示，当 $\mathrm{d}l\to0$，得

$$\begin{cases}(D_{n1}-D_{n2})\Delta a=0\\(B_{n1}-B_{n2})\Delta a=0\end{cases} \tag{2.59}$$

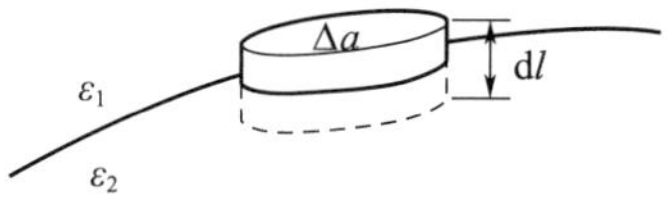

图 2.4　法向分量的边界条件

这表明$\overline{\boldsymbol{D}}$和$\overline{\boldsymbol{B}}$的法向分量在边界上必须是连续的，则有

$$\begin{cases}\overline{\boldsymbol{D}}_1\cdot\hat{\boldsymbol{n}}=\overline{\boldsymbol{D}}_2\cdot\hat{\boldsymbol{n}}\\\overline{\boldsymbol{B}}_1\cdot\hat{\boldsymbol{n}}=\overline{\boldsymbol{B}}_2\cdot\hat{\boldsymbol{n}}\end{cases} \tag{2.60}$$

如果边界上存在表面电荷，则有

$$(D_{n1}-D_{n2})\Delta a=\rho_{sf}\Delta a \tag{2.61}$$

或者

$$\overline{\boldsymbol{D}}_1\cdot\hat{\boldsymbol{n}}-\overline{\boldsymbol{D}}_2\cdot\hat{\boldsymbol{n}}=\rho_{sf} \tag{2.62}$$

式中：ρ_{sf}为表面电荷密度($\mathrm{C/m^2}$)。

接下来，考虑如何使用边界条件式(2.57)、式(2.58)、式(2.60)和式(2.62)来解决电磁问题。根据 2.10 节讨论的唯一性定理，在麦克斯方程的所有可能解中只存在一个唯一解能够同时满足麦克斯韦方程和边界条件。因此，为了得到唯一解，确定其充分必要边界条件是很重要的。(详见 Morse and Feshbach(1953)，第 6 章)

首先，时谐情况下式(2.60)与式(2.57a)和式(2.57b)是不独立的，因为式(2.42)和式(2.43)可以分别通过对式(2.40)和式(2.41)取散度得到。因此，充分必要边界条件如式(2.57a)和式(2.57b)所示，电场和磁场切向分量是连续的。

如果第二种介质为完美导体，则导体内场强为零，那么充分必要边界条件是边界上的电场切向分量为零，有

$$\hat{\boldsymbol{n}}\times\overline{\boldsymbol{E}}_1=0 \tag{2.63}$$

表面电流密度为 $\overline{\boldsymbol{J}}_{sf}=\hat{\boldsymbol{n}}\times\overline{\boldsymbol{H}}_1$。

如果第二种介质是良导体，那么 $\varepsilon'\ll\varepsilon''$，传导波能穿透的距离为趋肤深度$(2/\omega\mu\sigma)^{1/2}$(第 3 章)。如果表面的曲率半径远大于趋肤深度，则适用下面的莱昂托维奇阻抗边界条件(Leontovich impedance boundary condition)近似(Brekhovskikh，1960)：

$$\overline{\boldsymbol{E}}_t=Z_s(\hat{\boldsymbol{n}}\times\overline{\boldsymbol{H}}) \tag{2.64}$$

式中：$\overline{E}_t$为与表面切向的电场，且 $Z_s = (\mu/\varepsilon)^{1/2} \approx (\mathrm{j}\mu\omega/\sigma)^{1/2}$。这意味着在表面上切向电场与切向磁场的比值是恒定的。莱昂托维奇边界条件不用考虑第二种介质中的场，从而简化了方程。

除了上述边界处的条件外，如果所考虑的区域延伸到无穷远，则波必须是无限远的，这个条件被称为索默菲尔德辐射条件（Sommerfeld radiation condition；Sommerfeld，1949）。对于标量场 Ψ，辐射条件为

$$\lim_{r\to\infty} r\left(\frac{\partial\psi}{\partial r} + \mathrm{j}k\psi\right) = 0 \tag{2.65}$$

式中：$k = \omega/c$。对于电磁场（Collin，Zucker，1969）：

$$\begin{cases} \lim\limits_{r\to\infty} r\left[\left(\dfrac{\mu}{\varepsilon}\right)^{1/2} \hat{\boldsymbol{r}} \times \overline{\boldsymbol{H}} + \overline{\boldsymbol{E}}\right] = 0 \\ \lim\limits_{r\to\infty} r\left[\hat{\boldsymbol{r}} \times \overline{\boldsymbol{E}} - \left(\dfrac{\mu}{\varepsilon}\right)^{1/2} \overline{\boldsymbol{H}}\right] = 0 \end{cases} \tag{2.66}$$

这意味着场是向外的，坡印廷矢量指向外，并随着 r^{-2}减小。径向分量 E_r 和 H_r 比 r^{-1} 下降得快。

如果该区域包含一个锋利的边缘，场可以变得无限，但边缘周围储存的能量必须是有限的。因此，场必须满足边缘条件，这将在附录 7. C 中讨论。因此，一般来说，电磁问题的完整数学描述包括麦克斯韦方程、边界条件、辐射条件和边缘条件。

2.5 能量关系和坡印廷定理

考虑满足麦克斯韦方程式(2.1) ~ 式(2.4)的一般时变电磁场。为了得到能量关系，使用向量恒等式：

$$\nabla \cdot (\overline{\boldsymbol{A}} \times \overline{\boldsymbol{B}}) = \overline{\boldsymbol{B}} \cdot \nabla \times \overline{\boldsymbol{A}} - \overline{\boldsymbol{A}} \cdot \nabla \times \overline{\boldsymbol{B}} \tag{2.67}$$

令$\overline{\boldsymbol{A}} = \overline{\boldsymbol{E}}$和$\overline{\boldsymbol{B}} = \overline{\boldsymbol{H}}$。将式(2.2)中的$\nabla \times \overline{\boldsymbol{E}}$和式(2.1)中的$\nabla \times \overline{\boldsymbol{H}}$代入式(2.67)的右侧，得

$$\nabla \cdot (\overline{\boldsymbol{E}} \times \overline{\boldsymbol{H}}) + \overline{\boldsymbol{H}} \cdot \frac{\partial \overline{\boldsymbol{B}}}{\partial t} + \overline{\boldsymbol{E}} \cdot \frac{\partial \overline{\boldsymbol{D}}}{\partial t} + \overline{\boldsymbol{E}} \cdot \overline{\boldsymbol{J}} = 0 \tag{2.68}$$

式中：所有场量都是关于位置$\overline{\boldsymbol{r}}$和时间 t 的实函数。矢量$\overline{\boldsymbol{S}} = \overline{\boldsymbol{E}} \times \overline{\boldsymbol{H}}$称为坡印廷矢量，表示单位面积上的功率。它为功率通量密度，单位是 $\mathrm{W/m^2}$。

式(2.68)是坡印廷定理的数学表示，接下来，研究其物理意义。在非色散无损介质中，$\overline{\boldsymbol{D}} = \varepsilon \overline{\boldsymbol{E}}$、$\varepsilon$ 和 μ 为实常数。将电磁能量密度 W 定义为

$$W = W_e + W_m = \frac{1}{2}\varepsilon \overline{\boldsymbol{E}} \cdot \overline{\boldsymbol{E}} + \frac{1}{2}\mu \overline{\boldsymbol{H}} \cdot \overline{\boldsymbol{H}} \tag{2.69}$$

式中：W 为电场 W_e 和磁场 W_m 的能量密度之和。坡印廷定理式(2.68)可以表述为

$$\nabla \cdot \overline{\boldsymbol{S}} + \frac{\partial}{\partial t} W + \overline{\boldsymbol{E}} \cdot \overline{\boldsymbol{J}} = 0 \tag{2.70}$$

将散度定理应用于式(2.70)得到的积分形式，可以更清楚地看出其物理意义：

$$-\int_S \overline{\boldsymbol{S}} \cdot \mathrm{d}\overline{\boldsymbol{a}} = \frac{\partial}{\partial t}\int_V W \mathrm{d}V + \int_V \overline{\boldsymbol{E}} \cdot \overline{\boldsymbol{J}} \mathrm{d}V \tag{2.71}$$

这里式(2.71)左边是流入体积 V 的总功率,右边第一项表示体积内总电磁能量的时间增长率,第二项表示体积内总功率耗散。由式(2.71)可知,单位时间内流入体积的总能量等于单位时间内总电磁能量的增加和体积内能量的耗散之和。

在许多实际问题中,处理时谐电磁场需要考虑有关矢量场量的坡印廷定理。在时谐情况下,使用复坡印廷矢量:

$$\overline{\boldsymbol{S}}=\frac{1}{2}\overline{\boldsymbol{E}}\times\overline{\boldsymbol{H}}^{*} \tag{2.72}$$

式中:$\overline{\boldsymbol{E}}$和$\overline{\boldsymbol{H}}$为矢量,幅值$|\overline{\boldsymbol{E}}|$和$|\overline{\boldsymbol{H}}|$为峰值,因此,均方根值为$(1/\sqrt{2})|\overline{\boldsymbol{E}}|$和$(1/\sqrt{2})|\overline{\boldsymbol{H}}|$。$\overline{\boldsymbol{S}}$表示复功率通量密度的方向和均方根值。$\overline{\boldsymbol{S}}$的实部代表实功率通量密度,虚部为无功功率通量密度。利用恒等式(2.67),得

$$\nabla\cdot\overline{\boldsymbol{S}}=\frac{1}{2}\overline{\boldsymbol{H}}^{*}\cdot\nabla\times\overline{\boldsymbol{E}}-\frac{1}{2}\overline{\boldsymbol{E}}\cdot\nabla\times\overline{\boldsymbol{H}}^{*} \tag{2.73}$$

将麦克斯韦方程式(2.40)和式(2.41)代入式(2.73),得到坡印廷定理的复数形式为

$$\nabla\cdot\overline{\boldsymbol{S}}+2\mathrm{j}\omega(W_m-W_e)+L+\frac{1}{2}\overline{\boldsymbol{E}}\cdot\overline{\boldsymbol{J}}_s^{*}=0 \tag{2.74}$$

式中①:

$$W_e=\frac{\varepsilon_0\varepsilon'}{4}|\overline{\boldsymbol{E}}|^2$$

$$W_m=\frac{\mu_0\mu'}{4}|\overline{\boldsymbol{H}}|^2$$

$$L=\frac{\omega\varepsilon_0\varepsilon''}{2}|\overline{\boldsymbol{E}}|^2+\frac{\omega\mu_0\mu''}{2}|\overline{\boldsymbol{H}}|^2$$

$$\varepsilon=\varepsilon_0(\varepsilon'-\mathrm{j}\varepsilon'')$$

$$\varepsilon''=\frac{\sigma}{\omega\varepsilon_0}$$

$$\mu=\mu_0(\mu'-\mathrm{j}\mu'')$$

式中:ε 和 μ 分别为复介电常数和磁导率(μ 推广为复数)。W_e 和 W_m 为时间平均电场和磁场存储能量密度,在平均周期为 $T=2\pi/\omega$ 时分别等于平均值$\frac{\varepsilon_0\varepsilon'}{2}|\overline{\boldsymbol{E}}(t)|^2$和$\frac{\mu_0\mu'}{2}|\overline{\boldsymbol{H}}(t)|^2$。

$$\begin{aligned}\frac{1}{T}\int_0^T\frac{\varepsilon_0\varepsilon'}{2}|\overline{\boldsymbol{E}}(t)|^2\mathrm{d}t&=\frac{1}{T}\frac{\varepsilon_0\varepsilon'}{2}\int_0^T|\mathrm{Re}[\overline{\boldsymbol{E}}(\mathrm{phasor})\mathrm{e}^{\mathrm{j}\omega t}]|^2\mathrm{d}t\\&=\frac{\varepsilon_0\varepsilon'}{4}|\overline{\boldsymbol{E}}(\mathrm{phasor})|^2\end{aligned} \tag{2.75}$$

式(2.74)中的第三项 L 为正实数,表示有耗介质中单位体积的功耗。式(2.74)中的最后一项是源电流$\overline{\boldsymbol{J}}_s$ 吸收的功率。因此,源$\overline{\boldsymbol{J}}_s$发射的功率由 $-\frac{1}{2}\overline{\boldsymbol{E}}\cdot\overline{\boldsymbol{J}}_s^{*}$ 表示。这可以通过对源体积如式(2.74)取体积积分得到。那么 W_e、W_m 和 L 都是零时,总发射功率等于体

① 译者注:根据公式推导,将下面第三式中的$\frac{\omega\mu_0\mu''}{2}$项删去。

积积分 $-\frac{1}{2}\overline{\boldsymbol{E}}\cdot\overline{\boldsymbol{J}}_s^*$。

坡印廷矢量$\overline{S}$为一般复数,其实部代表实功率通量,虚部代表无功功率。取式(2.74)的实部和虚部,得

$$-\nabla\cdot\overline{\boldsymbol{S}}_r-\frac{1}{2}\mathrm{Re}(\overline{\boldsymbol{E}}\cdot\overline{\boldsymbol{J}}_s^*)=L \tag{2.76a}$$

$$-\nabla\cdot\overline{\boldsymbol{S}}_i-\frac{1}{2}\mathrm{Im}(\overline{\boldsymbol{E}}\cdot\overline{\boldsymbol{J}}_s^*)=2\omega(W_m-W_e) \tag{2.76b}$$

式中:$\overline{\boldsymbol{S}}_r$和$\overline{\boldsymbol{S}}_i$分别为$\overline{\boldsymbol{S}}$的实部和虚部。

表 2.2 高含水量肌肉、皮肤和组织的介电常数和电导率(a);
脂肪、骨骼和低含水量组织的介电常数和电导率(b)

频率/MHz	介电常数		电导率/(S/m)	
	(a)	(b)	(a)	(b)
27.12	113	20	0.612	10.9 ~ 43.2
40.68	97.3	14.6	0.693	12.6 ~ 52.8
433	53	5.6	1.43	37.9 ~ 118
915	31	5.6	1.60	55.6 ~ 147
2450	47	5.5	2.21	96.4 ~ 213
5000	43.3	5.05	4.73	186 ~ 338

表格引自:Johnson 和 Guy(1972)。

式(2.76a)表示流入单位体积$(-\nabla\cdot\overline{\boldsymbol{S}}_r)$的实际功率加上每单位体积源提供的功率$-\frac{1}{2}\mathrm{Re}(\overline{\boldsymbol{E}}\cdot\overline{\boldsymbol{J}}_s^*)$等于每单位体积$L$的功率损失。同样,式(2.76b)表示单位体积无功功率由能量流、能量源以及储存能量的密度决定。

特定吸收率(specific absorption rate, SAR)表示生物介质在入射功率通量密度为1mW/cm^{2}时单位质量的功率损失(表2.2)。如果介质的密度为ρ(kg/m^3),则SAR为

$$\mathrm{SAR}=\frac{L}{\rho}\mathrm{W/kg} \tag{2.77}$$

对于生物介质,$\mu''=0$,因此有

$$\mathrm{SAR}=\frac{\omega\varepsilon_0\varepsilon''|E|^2}{2\rho}=\frac{\sigma|E|^2}{2\rho} \tag{2.78}$$

通常认为ρ近似等于水的密度($\rho=10^3$kg/m^3)。

如果ε和μ与频率无关,则式(2.74)和式(2.75)中的时间平均电场和磁场存储能量密度的定义是合理的。对于色散介质,时间平均的电场和磁场存储能量密度如下:

$$\begin{cases} W_e=\frac{1}{4}\mathrm{Re}\left[\frac{\partial}{\partial\omega}(\omega\varepsilon)|\overline{\boldsymbol{E}}|^2\right] \\ W_m=\frac{1}{4}\mathrm{Re}\left[\frac{\partial}{\partial\omega}(\omega\mu)|\overline{\boldsymbol{H}}|^2\right] \end{cases} \tag{2.79}$$

注意,如果ε和μ为常数,式(2.79)就会变为式(2.74)。式(2.79)的推导需要考虑

工作频率附近的 $\omega\varepsilon$，Landau 和 Lifshitz(1960)与 Yeh 和 Liu(1972)对其进行了讨论。

2.6 矢势和标势

麦克斯韦方程是矢量微分方程，每个方程表示三个正交分量的三个标量方程。因此，将矢量问题简化为方程数量较少的标量问题会更简便。这已经应用于静电学和静磁学，即分别使用静电势和矢量势来描述电场和磁场。这些势的概念可以用下列方式推广到电磁场。

假设介质是各向同性的、均匀的、非弥散的，因此，ε 和 μ 为标量和常数。首先，由式(2.4)可知$\overline{\boldsymbol{B}}$的散度为零，且任意矢量旋度的散度为零，$\overline{\boldsymbol{B}}$可以用任意矢量$\overline{\boldsymbol{A}}$的旋度表示，称为矢量势。

$$\nabla\cdot\overline{\boldsymbol{B}}=0 \tag{2.80}$$

$$\overline{\boldsymbol{B}}=\nabla\times\overline{\boldsymbol{A}} \tag{2.81}$$

则麦克斯韦方程中式(2.2)可写为

$$\nabla\times\left(\overline{\boldsymbol{E}}+\frac{\partial\overline{\boldsymbol{A}}}{\partial t}\right)=0 \tag{2.82}$$

由于任意标量函数的梯度的旋度为零，括号中的因子由任意标量函数 ϕ 的梯度表示，称为标量势。

$$\overline{\boldsymbol{E}}+\frac{\partial\overline{\boldsymbol{A}}}{\partial t}=-\nabla\phi \tag{2.83}$$

将式(2.81)和式(2.83)代入麦克斯韦方程第一个方程式(2.1)，得

$$-\nabla\times\nabla\times\overline{\boldsymbol{A}}-\mu\varepsilon\frac{\partial^2\overline{\boldsymbol{A}}}{\partial t^2}-\mu\varepsilon\nabla\frac{\partial\phi}{\partial t}=-\mu\overline{\boldsymbol{J}} \tag{2.84}$$

现在，将式(2.83)代入式(2.3)，得

$$\nabla^2\phi+\frac{\partial}{\partial t}\nabla\cdot\overline{\boldsymbol{A}}=-\frac{\rho}{\varepsilon} \tag{2.85}$$

或者，可以通过取式(2.84)的散度并使用连续性方程式(2.12)来得到式(2.85)。式(2.84)和式(2.85)是矢量势和标量势必须满足的两个方程。

上面的矢量势 $\overline{\boldsymbol{A}}$ 通过式(2.81)中的$\nabla\times\overline{\boldsymbol{A}}$ 来定义。一般来说，矢量场 $\overline{\boldsymbol{A}}$ 由无旋度分量$\overline{\boldsymbol{A}}_1$ 和无散度分量$\overline{\boldsymbol{A}}_2$ 组成。

$$\begin{cases}\overline{\boldsymbol{A}}=\overline{\boldsymbol{A}}_1+\overline{\boldsymbol{A}}_2\\ \nabla\times\overline{\boldsymbol{A}}_1=0\\ \nabla\cdot\overline{\boldsymbol{A}}_2=0\end{cases} \tag{2.86}$$

由于$\nabla\times\overline{\boldsymbol{A}}=\nabla\times\overline{\boldsymbol{A}}_2$，$\nabla\cdot\overline{\boldsymbol{A}}=\nabla\cdot\overline{\boldsymbol{A}}_1$，为了不影响$\overline{\boldsymbol{E}}$和$\overline{\boldsymbol{H}}$，可以选择任意$\nabla\cdot\overline{\boldsymbol{A}}$ 满足洛伦兹条件：

$$\nabla\cdot\overline{\boldsymbol{A}}+\mu\varepsilon\frac{\partial\phi}{\partial t}=0 \tag{2.87}$$

式(2.84)和式(2.85)变为

$$\nabla^2\overline{\boldsymbol{A}}-\mu\varepsilon\frac{\partial^2\overline{\boldsymbol{A}}}{\partial t^2}=-\mu\overline{\boldsymbol{J}} \tag{2.88}$$

$$\nabla^2\phi - \mu\varepsilon\frac{\partial^2\phi}{\partial t^2} = -\frac{\rho}{\varepsilon} \tag{2.89}$$

式中：$\nabla^2\overline{\boldsymbol{A}} = -\nabla\times\nabla\times\overline{\boldsymbol{A}} + \nabla(\nabla\cdot\overline{\boldsymbol{A}})$，且 $\overline{\boldsymbol{J}}$、$\rho$ 通过连续性方程相互关联，有

$$\nabla\cdot\overline{\boldsymbol{J}} + \frac{\partial\rho}{\partial t} = 0 \tag{2.90}$$

一旦 $\overline{\boldsymbol{A}}$ 和 ϕ 由式(2.88)和式(2.89)得到，那么，场量由式(2.81)和式(2.83)计算得到，有

$$\overline{\boldsymbol{E}} = -\frac{\partial\overline{\boldsymbol{A}}}{\partial t} - \nabla\phi \tag{2.91}$$

$$\overline{\boldsymbol{B}} = \nabla\times\overline{\boldsymbol{A}} \tag{2.92}$$

$\nabla\cdot\overline{\boldsymbol{A}}$ 的另一种选择是库仑规范，$\nabla\cdot\overline{\boldsymbol{A}}=0$，尤其适用于无源区域($\overline{\boldsymbol{J}}=0,\rho=0$)。在这种情况下，式(2.84)和式(2.85)变为

$$\begin{cases}\nabla^2\overline{\boldsymbol{A}} - \mu\varepsilon\dfrac{\partial^2\overline{\boldsymbol{A}}}{\partial t} = 0\\ \nabla^2\phi = 0\end{cases} \tag{2.93}$$

场量为

$$\begin{cases}\overline{\boldsymbol{E}} = -\dfrac{\partial\overline{\boldsymbol{A}}}{\partial t}\\ \overline{\boldsymbol{B}} = \nabla\times\overline{\boldsymbol{A}}\end{cases} \tag{2.94}$$

对于色散的、各向同性的均匀介质，必须使用时谐麦克斯韦方程式(2.40)~式(2.43)，则有

$$\begin{cases}\nabla^2\overline{\boldsymbol{A}} + \omega^2\mu\varepsilon\overline{\boldsymbol{A}} = -\mu\overline{\boldsymbol{J}}_s\\ \nabla^2\phi + \omega^2\mu\varepsilon\phi = -\dfrac{\rho_s}{\varepsilon_c}\end{cases} \tag{2.95}$$

洛伦兹条件：

$$\nabla\cdot\overline{\boldsymbol{A}} + \mathrm{j}\omega\mu\varepsilon\phi = 0 \tag{2.96}$$

式(2.95)和式(2.96)构成电磁问题的矢量势和标量势的基本公式，根据式(2.91)和式(2.92)，场量由 A 和 ϕ 计算得到，其中用 jω 代替$\partial/\partial t$。然而，如果介质是不均匀的，上述方程就不成立，需要回到原来的麦克斯韦方程。

2.7 电赫兹矢量

将矢量势和标量势以及洛伦兹条件结合起来，形成一个称为赫兹矢量的单一矢量，由此可以导出所有的场分量。这个方法已经应用于许多工程问题。

定义赫兹电矢量 $\overline{\boldsymbol{\pi}}$：

$$\begin{cases}\overline{\boldsymbol{A}} = \mu\varepsilon\dfrac{\partial\overline{\boldsymbol{\pi}}}{\partial t}\\ \phi = -\nabla\cdot\overline{\boldsymbol{\pi}}\end{cases} \tag{2.97}$$

那么，上式满足洛伦兹条件。此外，利用$\overline{\boldsymbol{P}}$以及符合连续性方程的$\overline{\boldsymbol{J}}$和 ρ，可得

$$\begin{cases}\overline{\boldsymbol{J}} = \dfrac{\partial \overline{\boldsymbol{P}}}{\partial t} \\ \rho = -\nabla \cdot \overline{\boldsymbol{P}}\end{cases} \tag{2.98}$$

然后得到矢量方程：

$$\nabla^2 \overline{\boldsymbol{\pi}} - \mu\varepsilon \frac{\partial^2 \overline{\boldsymbol{\pi}}}{\partial t^2} = -\frac{\overline{\boldsymbol{P}}}{\varepsilon} \tag{2.99}$$

从该式可以推导出来所有电磁场量。

$$\begin{cases}\overline{\boldsymbol{E}} = \nabla(\nabla \cdot \overline{\boldsymbol{\pi}}) - \mu\varepsilon \dfrac{\partial^2}{\partial t^2} \overline{\boldsymbol{\pi}} = \nabla \times \nabla \times \overline{\boldsymbol{\pi}} - \dfrac{\overline{\boldsymbol{P}}}{\varepsilon} \\ \overline{\boldsymbol{H}} = \varepsilon \nabla \times \dfrac{\partial \overline{\boldsymbol{\pi}}}{\partial t}\end{cases} \tag{2.100}$$

式(2.99)和式(2.100)构成了赫兹电矢量 $\overline{\boldsymbol{\pi}}$ 的基本公式。矢量 $\overline{\boldsymbol{P}}$ 称为电极化矢量，等于激励源单位体积的偶极矩。

对于适用于色散介质的时谐情况，如式(2.40) ~ 式(2.43)，有

$$\nabla^2 \overline{\boldsymbol{\pi}} + \omega^2 \mu\varepsilon \overline{\boldsymbol{\pi}} = -\frac{\overline{\boldsymbol{J}}_s}{\mathrm{j}\omega\varepsilon} \tag{2.101}$$

$$\overline{\boldsymbol{E}} = \nabla(\nabla \cdot \overline{\boldsymbol{\pi}}) + \omega^2 \mu\varepsilon \overline{\boldsymbol{\pi}} = -\nabla \times \nabla \times \overline{\boldsymbol{\pi}} - \frac{\overline{\boldsymbol{J}}_s}{\mathrm{j}\omega\varepsilon} \tag{2.102}$$

$$\overline{\boldsymbol{H}} = \mathrm{j}\omega\varepsilon \nabla \times \overline{\boldsymbol{\pi}} \tag{2.103}$$

式中：$\overline{\boldsymbol{J}}$为源电流密度；$\varepsilon$ 为复介电常数。式(2.101)给出了每个笛卡尔坐标分量 π_x，π_y 和 π_z 的标量波动方程。当在其他坐标系中使用式(2.101)的 $\overline{\boldsymbol{\pi}}$ 分量时应谨慎，详见 3.1 节。

2.8　麦克斯韦方程组的对偶原理与对称性

目前，还没有在自然界中发现磁荷的存在，麦克斯韦方程只包含电荷和电流。然而，在实践中，通常使用虚拟磁电流和磁电荷的概念。例如，稍后将说明把小电流环看作磁电流的情况。如果引入虚构的磁电流密度 $\overline{\boldsymbol{J}}_m$ 和磁电荷密度 ρ_m，麦克斯韦方程有以下对称形式：

$$\nabla \times \overline{\boldsymbol{H}} = \varepsilon \frac{\partial \overline{\boldsymbol{E}}}{\partial t} + \overline{\boldsymbol{J}} \tag{2.104}$$

$$\nabla \times \overline{\boldsymbol{E}} = -\mu \frac{\partial \overline{\boldsymbol{H}}}{\partial t} - \overline{\boldsymbol{J}}_m \tag{2.105}$$

$$\nabla \cdot \overline{\boldsymbol{B}} = \rho_m \tag{2.106}$$

$$\nabla \cdot \overline{\boldsymbol{D}} = \rho \tag{2.107}$$

由于这种对称性，可以通过互换$\overline{\boldsymbol{E}}$和$\overline{\boldsymbol{H}}$、$\overline{\boldsymbol{J}}$和$\overline{\boldsymbol{J}}_m$、$\rho$ 和 ρ_m、ε 和 μ 令场量从非素数场变换到新的素数场，方式如下①：

① 译者注：根据原作者提供的更正说明，将式(2.108)中的 $\overline{\boldsymbol{E}} \to \overline{\boldsymbol{H}}$ 更正为 $\overline{\boldsymbol{E}} \to \overline{\boldsymbol{H}}'$，$\overline{\boldsymbol{H}} \to \overline{\boldsymbol{E}}$ 更正为 $\overline{\boldsymbol{H}} \to -\overline{\boldsymbol{E}}'$。

$$\begin{cases}\overline{\boldsymbol{E}}\to\overline{\boldsymbol{H}}' & \overline{\boldsymbol{J}}\to\overline{\boldsymbol{J}}'_m \qquad \rho\to\rho'_m \quad \mu\to\varepsilon' \\ \overline{\boldsymbol{H}}\to-\overline{\boldsymbol{E}}' & \overline{\boldsymbol{J}}_m\to-\overline{\boldsymbol{J}}' \quad \rho_m\to-\rho' \quad \varepsilon\to\mu'\end{cases} \tag{2.108}$$

那么素数场满足同样的麦克斯韦方程。利用这种对偶原理，当已知非素数场解时，可以很容易地得到素数场的解。

上述对偶关系并不是将非素数场转化为素数场的唯一对偶关系，还可以在不影响麦克斯韦方程的情况下使用以下变换①：

$$\begin{cases}\overline{\boldsymbol{E}}\to\sqrt{\dfrac{\mu}{\varepsilon}}\overline{\boldsymbol{H}}' & \overline{\boldsymbol{J}}\to\sqrt{\dfrac{\varepsilon}{\mu}}\overline{\boldsymbol{J}}'_m \quad \rho\to\sqrt{\dfrac{\varepsilon}{\mu}}\rho'_m \\ \overline{\boldsymbol{H}}\to-\sqrt{\dfrac{\varepsilon}{\mu}}\overline{\boldsymbol{E}}' & \overline{\boldsymbol{J}}_m\to-\sqrt{\dfrac{\mu}{\varepsilon}}\overline{\boldsymbol{J}}' \quad \rho_m\to-\sqrt{\dfrac{\mu}{\varepsilon}}\rho'\end{cases} \tag{2.109}$$

这种变换不需要交换 ε 和 μ，因此，可以用于处理同一介质的场关系。

2.9 磁赫兹矢量

对称的麦克斯韦方程式(2.104)~式(2.107)包含电场电流 $\overline{\boldsymbol{J}}$ 和磁场电流$\overline{\boldsymbol{J}}_m$。因此，总场量包括由 $\overline{\boldsymbol{J}}$ 引起的场和由$\overline{\boldsymbol{J}}_m$引起的场。由 $\overline{\boldsymbol{J}}$ 引起的场已经在 2.7 节中以电赫兹矢量 $\overline{\boldsymbol{\pi}}$ 的形式得到。同样，通过变换式(2.108)，用磁赫兹矢量$\overline{\boldsymbol{\pi}}_m$ 替换电赫兹矢量 $\overline{\boldsymbol{\pi}}$ 可以得到$\overline{\boldsymbol{J}}_m$引起的场。于是与式(2.99)对应的矢量方程如下：

$$\begin{cases}\nabla^2\overline{\boldsymbol{\pi}}_m-\mu\varepsilon\dfrac{\partial^2}{\partial t^2}\overline{\boldsymbol{\pi}}_m=-\overline{\boldsymbol{M}} \\ \overline{\boldsymbol{M}}=\dfrac{\overline{\boldsymbol{J}}_{ms}}{\mathrm{j}\omega\mu}\end{cases} \tag{2.110}$$

式中：$\overline{\boldsymbol{M}}$ 为磁极化矢量。式(2.100)对应的场量如下②：

$$\begin{cases}\overline{\boldsymbol{E}}=-\mu\nabla\times\dfrac{\partial\overline{\boldsymbol{\pi}}_m}{\partial t} \\ \overline{\boldsymbol{H}}=\nabla(\nabla\cdot\overline{\boldsymbol{\pi}}_m)-\mu\varepsilon\dfrac{\partial^2}{\partial t^2}\overline{\boldsymbol{\pi}}_m=\nabla\times\nabla\times\overline{\boldsymbol{\pi}}_m-\overline{\boldsymbol{M}}\end{cases} \tag{2.111}$$

式中：磁极化矢量 $\overline{\boldsymbol{M}}$ 为单位体积的磁偶极矩。

对于时谐的情况，有

$$\nabla^2\overline{\boldsymbol{\pi}}_m+\omega^2\mu\varepsilon\,\overline{\boldsymbol{\pi}}_m=-\frac{\overline{\boldsymbol{J}}_{ms}}{\mathrm{j}\omega\mu} \tag{2.112}$$

$$\overline{\boldsymbol{E}}=-\mathrm{j}\omega\mu\nabla\times\overline{\boldsymbol{\pi}}_m \tag{2.113}$$

---

① 译者注：根据原作者提供的更正说明，将式(2.109)中的 $\overline{\boldsymbol{E}}\to\sqrt{\dfrac{\mu}{\varepsilon}}\overline{\boldsymbol{H}}$ 更正为 $\overline{\boldsymbol{E}}\to\sqrt{\dfrac{\mu}{\varepsilon}}\overline{\boldsymbol{H}}'$，$\overline{\boldsymbol{H}}\to-\sqrt{\dfrac{\varepsilon}{\mu}}\overline{\boldsymbol{E}}$ 更正为 $\overline{\boldsymbol{H}}\to-\sqrt{\dfrac{\varepsilon}{\mu}}\overline{\boldsymbol{E}}'$，$\overline{\boldsymbol{J}}'_m\to-\sqrt{\dfrac{\mu}{\varepsilon}}\overline{\boldsymbol{J}}'$更正为 $\overline{\boldsymbol{J}}_m\to-\sqrt{\dfrac{\mu}{\varepsilon}}\overline{\boldsymbol{J}}'$，$e_m\to-\sqrt{\dfrac{\varepsilon}{m}}\rho'$更正为 $\rho_m\to-\sqrt{\dfrac{\mu}{\varepsilon}}\rho'$。

② 译者注：根据公式推导，将式(2.111)的∇_s更正为$\nabla\times$。

$$\overline{\boldsymbol{H}} = \nabla(\nabla \cdot \overline{\boldsymbol{\pi}}_m) + \omega^2\mu\varepsilon\,\overline{\boldsymbol{\pi}}_m = \nabla\times\nabla\times\overline{\boldsymbol{\pi}}_m - \frac{\overline{\boldsymbol{J}}_{ms}}{\mathrm{j}\omega\mu} \tag{2.114}$$

式中：$\overline{\boldsymbol{J}}_{ms}$为磁源电流密度。

2.10　唯一性定理

对于 N 个终端的无源网络，如果 N 个电压 $v_1, v_2, \cdots, v_N$ 加在这 N 个终端上，网络内所有的电压和电流都是唯一确定的。同理，如果 N 个电流为 $I_1, I_2, \cdots, I_N$ 应用于终端，这也唯一地确定了所有的电压和电流。或者，可以指定 N 个终端上的部分电压，并指定其余终端上的电流，这也给出了一个唯一的电压和电流分布。显然，不能对 N 个终端同时指定电压 $v_1, \cdots, v_N$ 和电流 $I_1, \cdots, I_N$。对于网络问题，这些条件是显而易见的。然而，在电磁问题中，因为需要考虑一个被曲面 S 包围的体积 V，这些条件并不明显。因此，需要解答的问题是：在曲面 S 上应该指定哪些场量才能唯一地确定里面的所有场量？

这些量可以是切向的或法向的；电场或磁场；位移或通量矢量。在所有这些量中，哪些可以确定曲面 S 内唯一的场？将说明以下三个条件中存在唯一确定所有场量的必要充分条件。

(1) 指定 S 上的切向电场 $\hat{\boldsymbol{n}}\times\overline{\boldsymbol{E}}$。
(2) 指定 S 上的切向磁场 $\hat{\boldsymbol{n}}\times\overline{\boldsymbol{H}}$。　(2.115)
(3) 在 S 的一部分上指定切向电场 $\hat{\boldsymbol{n}}\times\overline{\boldsymbol{E}}$，在 S 的其余部分上指定切向磁场 $\hat{\boldsymbol{n}}\times\overline{\boldsymbol{H}}$。

注意，这些条件对应于上面提到的网络问题的三个条件。

下面将证明时谐情况下，式(2.115)的三种情况。考虑两个不同的场$(\overline{\boldsymbol{E}}_1, \overline{\boldsymbol{H}}_1)$和$(\overline{\boldsymbol{E}}_2, \overline{\boldsymbol{H}}_2)$，它们都满足麦克斯韦方程。此外，还将证明如果两者对于 S 都满足式(2.115)中的一个条件，那么这两个场在 V 中是相同的，即 V 中的场是唯一的。为了说明这一点，考虑场量$\overline{\boldsymbol{E}}_d = \overline{\boldsymbol{E}}_1 - \overline{\boldsymbol{E}}_2$ 和$\overline{\boldsymbol{H}}_d = \overline{\boldsymbol{H}}_1 - \overline{\boldsymbol{H}}_2$。由于$(\overline{\boldsymbol{E}}_1, \overline{\boldsymbol{H}}_1)$和$(\overline{\boldsymbol{E}}_2, \overline{\boldsymbol{H}}_2)$都满足麦克斯韦方程，$(\overline{\boldsymbol{E}}_d, \overline{\boldsymbol{H}}_d)$也满足麦克斯韦方程，因此，满足坡印廷定理式(2.74)。注意，在无源介质中，源电流$\overline{\boldsymbol{J}}_s$为零，将式(2.74)写成以下体积 V 的积分形式①：

$$\int_S \frac{1}{2}\overline{\boldsymbol{E}}_d\times\overline{\boldsymbol{H}}_d^* \cdot \mathrm{d}\overline{\boldsymbol{a}} = -2\mathrm{j}\omega\int_V\left(\frac{\varepsilon_0\varepsilon'}{4}\,|\overline{\boldsymbol{E}}_d|^2 - \frac{\mu_0\mu'}{4}\,|\overline{\boldsymbol{H}}_d|^2\right)\mathrm{d}V - \int_V\left(\frac{\omega\varepsilon_0\varepsilon''}{2}\,|\overline{\boldsymbol{E}}_d|^2 + \frac{\omega\mu_0\mu''}{2}\,|\overline{\boldsymbol{H}}_d|^2\right)\mathrm{d}V \tag{2.116}$$

如果$(\overline{\boldsymbol{E}}_1, \overline{\boldsymbol{H}}_1)$和$(\overline{\boldsymbol{E}}_2, \overline{\boldsymbol{H}}_2)$都满足式(2.115)的其中一个条件，则式(2.116)的左边为零，因为$\overline{\boldsymbol{E}}_d\times\overline{\boldsymbol{H}}_d^*\cdot\hat{\boldsymbol{n}} = \hat{\boldsymbol{n}}\times\overline{\boldsymbol{E}}_d\cdot\overline{\boldsymbol{H}}_d^* = 0$。其中，$\mathrm{d}\,\overline{\boldsymbol{a}} = \hat{\boldsymbol{n}}\mathrm{d}a$。因此，式(2.116)右侧必须为零。第一个积分是虚部。只要 $\varepsilon''\neq 0$ 和 $\mu''\neq 0$，式(2.116)右侧的第二个积分就总是正实数，除非$\overline{\boldsymbol{E}}_d = 0$ 和$\overline{\boldsymbol{H}}_d = 0$。对于任何物理介质，$\varepsilon''$和 μ''都是非零且为正的，因此，$\overline{\boldsymbol{E}}_d$和$\overline{\boldsymbol{H}}_d$必须为零，即证明了$\overline{\boldsymbol{E}}_1 = \overline{\boldsymbol{E}}_2$ 和$\overline{\boldsymbol{H}}_1 = \overline{\boldsymbol{H}}_2$，且只要满足式(2.115)中的一个，曲面 S 内的场是唯一的。

---

① 译者注：根据原作者提供的更正说明，将式(2.116)左侧的 $\times\overline{\boldsymbol{H}}_d$ 去掉，右侧的第 2 个和第 4 个 $|\overline{\boldsymbol{E}}_d|^2$ 更正为 $|\overline{\boldsymbol{H}}_d|^2$。

注意，如果 S 内部有一个无耗谐振腔，那么腔内的场与 S 上的场无关，并且不能由 S 上的场唯一确定。然而，完全无耗的谐振腔是不存在的，因此，唯一性定理可以应用于任何物理介质。对于一般时变情况，Stratton(1941，第 486 页)给出了类似的证明过程并表明式(2.115)也是一个充分必要条件。

2.11 互易定理

众所周知，互易定理适用于任何线性无源网络。例如，如果在输入端施加的电压 V_a 在输出端产生短路电流 I_a，则在输出端施加的电压 V_b 会在输入端产生短路电流 I_b，满足以下互易关系：

$$\frac{I_a}{V_a}=\frac{I_b}{V_b} \tag{2.117}$$

在电磁学中，这种等价关系被称为“洛伦兹互易定理”。

接下来，考虑时谐电磁场的情况，考虑 $\bar{\boldsymbol{J}}_a$ 和 $\bar{\boldsymbol{J}}_{ma}$ 产生的场 $(\bar{\boldsymbol{E}}_a,\bar{\boldsymbol{H}}_a)$，且考虑 $\bar{\boldsymbol{J}}_b$ 和 $\bar{\boldsymbol{J}}_{mb}$ 在同一介质中产生的场 $(\bar{\boldsymbol{E}}_b,\bar{\boldsymbol{H}}_b)$(图 2.5)。首先注意到：

$$\nabla\cdot(\bar{\boldsymbol{E}}_a\times\bar{\boldsymbol{H}}_b)=\bar{\boldsymbol{H}}_b\cdot\nabla\times\bar{\boldsymbol{E}}_a-\bar{\boldsymbol{E}}_a\cdot\nabla\times\bar{\boldsymbol{H}}_b \tag{2.118}$$

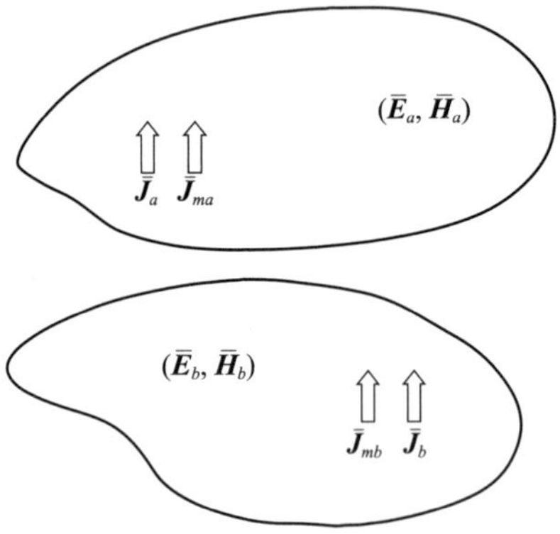

图 2.5　洛伦兹互易定理

然后，对 $(\bar{\boldsymbol{E}}_a,\bar{\boldsymbol{H}}_a)$ 应用麦克斯韦方程：

$$\begin{cases}\nabla\times\bar{\boldsymbol{E}}_a=-\mathrm{j}\omega\mu\bar{\boldsymbol{H}}_a-\bar{\boldsymbol{J}}_{ma}\\ \nabla\times\bar{\boldsymbol{H}}_a=\mathrm{j}\omega\varepsilon\bar{\boldsymbol{E}}_a+\bar{\boldsymbol{J}}_a\end{cases} \tag{2.119}$$

对 $(\bar{\boldsymbol{E}}_b,\bar{\boldsymbol{H}}_b)$ 使用同样的方程，可得

$$\nabla\cdot(\bar{\boldsymbol{E}}_a\times\bar{\boldsymbol{H}}_b)=-\mathrm{j}\omega\mu\bar{\boldsymbol{H}}_a\cdot\bar{\boldsymbol{H}}_b-\bar{\boldsymbol{H}}_b\cdot\bar{\boldsymbol{J}}_{ma}-\mathrm{j}\omega\varepsilon\bar{\boldsymbol{E}}_a\cdot\bar{\boldsymbol{H}}_b-\bar{\boldsymbol{E}}_a\cdot\bar{\boldsymbol{J}}_b \tag{2.120}$$

交换 a 和 b，得到 $\nabla\cdot(\bar{\boldsymbol{E}}_b\times\bar{\boldsymbol{H}}_a)$ 的相似方程。将两式相减，就得到了洛伦兹互易定理。

$$\nabla\cdot(\bar{\boldsymbol{E}}_a\times\bar{\boldsymbol{H}}_b-\bar{\boldsymbol{E}}_b\times\bar{\boldsymbol{H}}_a)=-(\bar{\boldsymbol{E}}_a\cdot\bar{\boldsymbol{J}}_b-\bar{\boldsymbol{H}}_a\cdot\bar{\boldsymbol{J}}_{mb})+\bar{\boldsymbol{E}}_b\cdot\bar{\boldsymbol{J}}_a-\bar{\boldsymbol{H}}_b\cdot\bar{\boldsymbol{J}}_{ma} \tag{2.121}$$

为了研究洛伦兹互易定理的意义，考虑两个特殊的情况。如果体积 V 不包含激励源，$\bar{\boldsymbol{J}}=\bar{\boldsymbol{J}}_m=0$，则有以下洛伦兹互易定理，适用于任何包围无源区域的封闭曲面：

$$\int_S(\bar{\boldsymbol{E}}_a\times\bar{\boldsymbol{H}}_b-\bar{\boldsymbol{E}}_b\times\bar{\boldsymbol{H}}_a)\cdot\mathrm{d}\bar{\boldsymbol{a}}=0 \tag{2.122}$$

接下来,考虑将体积 V 延伸到无穷远的情况。这种情况下,在距离源很远距离 r 的地方,场分量表现为球面波,与 $(1/r)\exp(-\mathrm{j}kr)$ 成正比。由于 $\mathrm{d}\bar{\boldsymbol{a}}$ 与 r^2 成正比,式(2.121)的左边与 $\exp(-\mathrm{j}2kr)$ 成正比。由于 $k = k_0 n$ 对于任何物理介质都有一个负的虚部,式(2.121)的左边在 $r\to\infty$ 时趋于零。因此,式(2.121)的右侧对延伸到无穷远的整个空间的体积积分为零。

用下面的形式重写这个互易关系:

$$\langle a,b\rangle = \langle b,a\rangle \tag{2.123}$$

式中:$\langle a,b\rangle = \int_\infty (\bar{\boldsymbol{E}}_a \cdot \bar{\boldsymbol{J}}_b - \bar{\boldsymbol{H}}_a \cdot \bar{\boldsymbol{J}}_{mb})\mathrm{d}V$。这表明由点 $\bar{\boldsymbol{r}}_2$ 的电流 $\bar{\boldsymbol{J}}_a$ 引起的在 $\bar{\boldsymbol{r}}_1$ 处的电场 $\bar{\boldsymbol{E}}_a$ 等于在 $\bar{\boldsymbol{r}}_1$ 处的相同电流 $\bar{\boldsymbol{J}}_b = \bar{\boldsymbol{J}}_a$ 引起的在 $\bar{\boldsymbol{r}}_2$ 的电场 $\bar{\boldsymbol{E}}_b$。可以很清晰地看到式(2.117)和式(2.123)之间的对应关系。式(2.123)中的量 $\langle a,b\rangle$ 被 Rumsey(1954)称为反应(reaction),用于解决边值问题。

2.12 声　　波

虽然电磁波是矢量场,但其中存在一些问题,仍需要用标量场进行研究。首先,电磁问题通常可以用标量问题近似,因为它们揭示了许多重要特征,且没有过多复杂的数学过程。此外,在二维的情况下,矢量电磁问题可以简化为标量问题。而且,标量声学问题的研究在许多应用中具有实际意义,包括医学超声和海洋声学。

对于声波,压力变化 $p(\bar{\boldsymbol{r}},t)$ 取代了 2.1 节和 2.2 节中的电场 $\bar{\boldsymbol{E}}(\bar{\boldsymbol{r}},t)$。在本节中,将简要介绍声波在物质介质中传播的基本公式。把物质介质分为液体和固体。流体包括气体和液体,一般都是黏性的。然而,黏度的影响往往可以忽略不计,主要研究非黏性流体,也称为完美流体。流体一般是可压缩的,但当介质的密度假定为恒定不变时,就称为不可压缩流体。声波的传播发生在弹性固体、黏性可压缩流体和完美可压缩流体中。在本节中,将概述声波在完美可压缩流体(如气体和液体)中的传播公式。例如,空气中的雾粒子和水中的气泡(Morse,Ingard,1968)。

有两个基本方程:运动方程和质量守恒方程。对于小单位体积介质的运动方程为

$$\rho\frac{\mathrm{d}\bar{\boldsymbol{V}}}{\mathrm{d}t} + \mathrm{grad}p = 0 \tag{2.124}$$

式中:ρ 为密度($\mathrm{kg/m^3}$),$\bar{\boldsymbol{V}}$ 为粒子速度(m/s),p 为压力($\mathrm{N/m^2}$)。粒子速度 $\bar{\boldsymbol{V}}$ 为单位体积流体的速度,应与介质中声波的速度 c 区别开来。导数 $\mathrm{d}/\mathrm{d}t$ 是附在流体的特定部分上并随流体移动坐标系统中的时间变化率,这被称为拉格朗日描述(Lagrangian description)。相比之下,$\partial/\partial t$ 是流体流过空间中某一点时的时间导数,称为欧拉描述(Eulerian description)。这两种描述通过下式关联:

$$\frac{\mathrm{d}}{\mathrm{d}t} = \frac{\partial}{\partial t} + (\bar{\boldsymbol{V}}\cdot \mathrm{grad}) \tag{2.125}$$

质量守恒如下:

$$\nabla\cdot(\rho\bar{\boldsymbol{V}}) + \frac{\partial\rho}{\partial t} = 0 \tag{2.126}$$

把 p、ρ 和 $\overline{\boldsymbol{V}}$ 分解成它们的平均值 p_0、ρ_0 和$\overline{\boldsymbol{V}}_0$，以及小振动声波分量 p_1、ρ_1 和$\overline{\boldsymbol{V}}_1$。

首先，假设流体是静止的，$\overline{\boldsymbol{V}}_0=0$，声压 p_1 和密度 ρ_1 的大小相对于平均值 p_0 和 ρ_0 较小。然后保留线性项，式(2.124)和式(2.126)变为

$$\begin{cases}\rho_0\dfrac{\partial\overline{\boldsymbol{V}}_1}{\partial t}+\operatorname{grad}p_1=0\\ \rho_0\,\nabla\cdot\overline{\boldsymbol{V}}_1+\dfrac{\partial\rho_1}{\partial t}=0\end{cases}\tag{2.127}$$

一般来说，压强 p 为密度 ρ 的函数，因此，对于小的 p_1 和 ρ_1，可以在泰勒级数中展开 p 并保留前两项。

$$p=p_0+p_1=p_0+\left(\frac{\partial p}{\partial\rho}\right)_{p_0}\rho_1\tag{2.128}$$

由于 p_1 与 ρ_1 线性相关，写为

$$\begin{cases}p_1=c^2\rho_1\\ c^2=\left(\dfrac{\partial p}{\partial\rho}\right)_{p_0}\end{cases}\tag{2.129}$$

常数 c 的值取决于介质，它为声波在该介质中的速度。注意，粒子速度$\overline{V}_1$ 和声速 c 之间的差异。基于式(2.129)，在式(2.127)中用 p_1 表示 ρ_1，得

$$\nabla\cdot\overline{\boldsymbol{V}}_1+\frac{1}{c^2\rho_0}\frac{\partial p_1}{\partial t}=0\tag{2.130}$$

取式(2.127)中$\overline{\boldsymbol{V}}_1$ 的散度代入式(2.130)，得

$$\nabla\cdot\left(\frac{1}{\rho_0}\nabla p_1\right)-\kappa\frac{\partial^2p_1}{\partial t^2}=0\tag{2.131}$$

式中：$\kappa=(c^2\rho_0)^{-1}$①称为压缩系数。

式(2.131)是静止介质的基本声波方程，其中，$(1/\rho_0)$是在散度运算中。对于均匀介质的情况，$(1/\rho_0)$可以取到散度运算之外，有

$$\nabla^2p_1-\frac{1}{c^2}\frac{\partial^2p_1}{\partial t^2}=0\tag{2.132}$$

对于时谐情况 $\exp(\mathrm{j}\omega t)$，有

$$\begin{cases}(\nabla^2+k^2)p_1=0\\ \overline{\boldsymbol{V}}_1=-\dfrac{1}{\mathrm{j}\omega\rho_0}\nabla p_1\end{cases}\tag{2.133}$$

两介质界面处的边界条件为：

(1)压力 p_1 的连续性；

(2)粒子速度$\overline{\boldsymbol{V}}_1$ 法向分量的连续性(或$(1/\rho_0)(\partial p_1/\partial n)$，其中，$\partial/\partial n$ 为法向导数)。

功率通量密度矢量$\overline{\boldsymbol{S}}$为

---

① 译者注：根据原作者提供的更正说明，将压缩系数 $\kappa 1/c^2\rho_0$ 更正为 $\kappa=(c^2\rho_0)^{-1}$。

$$\overline{S}=\frac{1}{2}p_1\overline{V}_1^*\tag{2.134}$$

或者，可以使用速度势 ψ。对于均匀介质，由式(2.127)知 $\overline{V}_1$ 的旋度为零。因此，可以用标量函数 ψ 来表示 $\overline{V}_1$。

$$\overline{V}_1=-\mathrm{grad}\psi\tag{2.135}$$

函数 ψ 称为速度势，它满足波动方程：

$$\nabla^2\psi-\frac{1}{c^2}\frac{\partial^2\psi}{\partial t^2}=0\tag{2.136}$$

p_1 和 ρ_1 表示为

$$\begin{cases}p_1=\rho_0\dfrac{\partial\psi}{\partial t}\\[2ex]\rho_1=\dfrac{\rho_0}{c^2}\dfrac{\partial\psi}{\partial t}\end{cases}\tag{2.137}$$

对于时谐情况 $\exp(\mathrm{j}\omega t)$，有

$$\begin{cases}(\nabla^2+k^2)\psi=0\\ k=\dfrac{\omega}{c}\\ \overline{V}_1=-\mathrm{grad}\psi\\ p_1=\mathrm{j}\omega\rho_0\psi\end{cases}\tag{2.138}$$

界面处的边界条件为：

(1)$\rho_0\psi$ 的连续性；

(2)$\partial\psi/\partial n$ 的连续性。

对于沿 x 方向传播的平面声波，由式(2.133)可得

$$\begin{cases}p_1=A_0\exp(-\mathrm{j}kx)\\ \overline{V}_1=\hat{\boldsymbol{x}}\dfrac{p_1}{\rho_0 c}\end{cases}\tag{2.139}$$

p_1 与 V_1 的比值 $\rho_0 c$ 称为特征阻抗，其国际单位为 rayl(rayleigh)，且 $1\mathrm{rayl}=1\mathrm{kg/m^2s}$。声压的国际单位为 Pa，且 $1\mathrm{Pa}=1\mathrm{N/m^2}=10\mu\mathrm{bar}$。

在温度为13℃，盐度为35(以千分重量计)的海水中，标准声速为1500m/s，标准特征阻抗为 $\rho_0 c=1.54\times10^6\mathrm{rayl}$，密度 $\rho_0=1026\mathrm{kg/m^3}$。温度为20℃，标准大气压($1\mathrm{atm}=1.013\times10^5\mathrm{N/m^2}=1013.25\mathrm{mbar}$)下空气的密度为 $\rho_0=1.21\mathrm{kg/m^3}$，声速 $c=343\mathrm{m/s}$，特征阻抗 $\rho_0 c=415\mathrm{rayl}$。油的密度为$900\mathrm{kg/m^3}$，声速为1300m/s，特征阻抗为 $1.117\times10^6\mathrm{rayl}$。

习 题

2.1 如图P2.1所示的具有介电材料的圆形平行板电容器。在 $t=0$ 时接通直流电流 I_0。求电容内的电场 $\overline{E}$、$\overline{H}$ 和坡印廷矢量 $\overline{S}=\overline{E}\times\overline{H}$ 与位置 $\bar{r}$ 和时间的函数关系。假设边缘场可以忽略不计，且场被限制在电容器内，求式(2.69)中定义的电磁能量密度 W。证明：

$$\nabla\cdot\overline{S}+\frac{\partial}{\partial t}W=0$$

2.2　在生物细胞组织中传播的微波为

$$E_x=E_0\mathrm{e}^{-\mathrm{j}kz}$$

$$H_y=\frac{nE_0}{Z_0}\mathrm{e}^{-\mathrm{j}kz}$$

$$k=\frac{\omega}{c}n$$

$$Z_0=\left(\frac{\mu_0}{\varepsilon_0}\right)^{1/2}$$

$z=0$ 时的功率通量密度为 1 $\mathrm{mW/cm^2}$。使用表 2.2(a)和 915MHz,计算 E_0,W_e,W_m,L 和 SAR 作为 z 的函数,且满足式(2.76a)和式(2.76b)。

2.3　小环形天线的磁赫兹矢量$\overline{\boldsymbol{\pi}}_m$为

$$\overline{\boldsymbol{\pi}}_m=\frac{A\mathrm{e}^{-\mathrm{j}kr}}{4\pi r}\hat{z},A=常数$$

求$\overline{\boldsymbol{E}}$和$\overline{\boldsymbol{H}}$,并在球坐标系中表示所有分量($E_\theta,E_\phi,E_r,H_\theta,H_\phi$ 和 H_r)。

2.4　自由空间中小型线天线的电赫兹矢量 $\overline{\boldsymbol{\pi}}$ 为

$$\overline{\boldsymbol{\pi}}=\frac{A\mathrm{e}^{-\mathrm{j}k_0r}}{4\pi r}\hat{z},A=常数$$

求$\overline{\boldsymbol{E}}$和$\overline{\boldsymbol{H}}$,并在球坐标系中表示所有分量($E_\theta,E_\phi,E_r,H_\theta,H_\phi$ 和 H_r)。

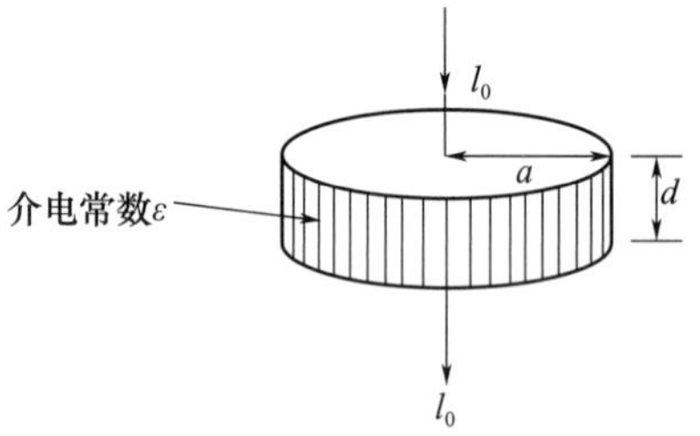

图 P2.1　圆形电容

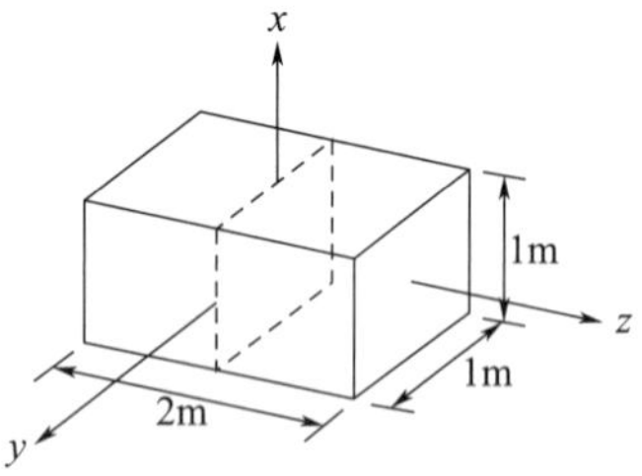

图 P2.6　电流片位于 $z=0$ 处,体积为 $1\mathrm{m}\times1\mathrm{m}\times2\mathrm{m}$

2.5　证明下式 $\overline{\boldsymbol{\pi}}$ 满足自由空间中的波动方程:

$$\overline{\boldsymbol{\pi}}=A\sin k_1x\sin k_2y\exp[-\mathrm{j}\sqrt{k_0^2-k_1^2-k_2^2}z]\overline{z}$$

求出由这个 $\overline{\boldsymbol{\pi}}$ 导出的所有$\overline{\boldsymbol{E}}$和$\overline{\boldsymbol{H}}$的分量。

2.6　在自由空间的 $z=0$ 处,有沿 x 方向流动的均匀电流 I_0(A/m)。由源电流密度 $\overline{\boldsymbol{J}}_s=\hat{\boldsymbol{x}}I_0\delta(z)$表示。赫兹矢量 $\overline{\boldsymbol{\Pi}}=\Pi_x\hat{\boldsymbol{x}}$ 为

$$\Pi_x=-\frac{I_0\exp(-\mathrm{j}k_0|z|)}{2k_0\omega\varepsilon_0},k_0=\omega(\mu_0\varepsilon_0)^{1/2}$$

求出 z 轴上的$\overline{\boldsymbol{E}}$和$\overline{\boldsymbol{H}}$。

如图 P2.6 所示的体积,通过式(2.76)对该体积进行积分,证明流出体积的实际功率等于源提供的功率。此外,还需计算式(2.76b)所示的无功功率。

第 3 章

非均匀层介质中的波

在本章中，首先回顾了平面波在均匀介质中的传播以及平面波在分层介质中的反射和折射。然后研究了导波沿层状介质的传播特性，以及各种类型的导波，并介绍复波的概念。最后讨论波在折射率只随 z 变化的介质中的传播问题以及 WKB 近似和拐点。

3.1 时谐波动方程

麦克斯韦方程是两个场量 $\overline{\boldsymbol{E}}$ 和 $\overline{\boldsymbol{H}}$ 的耦合一阶矢量微分方程。可以将这两个方程结合起来，消去其中一个场量，得到一个场量的非耦合二阶矢量微分方程。

时谐波的麦克斯韦方程：

$$\nabla \times \overline{\boldsymbol{H}} = \mathrm{j}\omega\varepsilon\overline{\boldsymbol{E}} \tag{3.1}$$

$$\nabla \times \overline{\boldsymbol{E}} = -\mathrm{j}\omega\mu\overline{\boldsymbol{H}} \tag{3.2}$$

式中：$\varepsilon = \varepsilon_0\varepsilon_r$ 为复介电常数（介电常数），$\mu = \mu_0\mu_r$ 为磁导率。对于除磁性介质外的大多数介质 $\mu_r = 1$。对于均匀介质，ε 和 μ 为常数。

为了合并式(3.1)和式(3.2)，取式(3.2)的旋度代入式(3.1)，可得

$$\nabla \times \nabla \times \overline{\boldsymbol{E}} - \omega^2\mu\varepsilon\overline{\boldsymbol{E}} = 0 \tag{3.3}$$

这是矢量波动方程，可以在三个正交方向上分解成三个分量。

对于笛卡尔坐标系的特殊情况，使用以下恒等式：

$$-\nabla \times \nabla \times \overline{\boldsymbol{E}} + \nabla \cdot (\nabla \cdot \overline{\boldsymbol{E}}) = \nabla^2\overline{\boldsymbol{E}} \tag{3.4}$$

结合 $\nabla \cdot \overline{\boldsymbol{D}} = 0$，得到 E_x、E_y、E_z 各分量的标量波动方程：

$$(\nabla^2 + k^2)E_x = 0 \tag{3.5}$$

式中：∇^2 为拉普拉斯算子；$k = k_0 n$ 为介质中波数；$k_0 = \omega\ (\mu_0\varepsilon_0)^{1/2} = \omega/\mathrm{c} = (2\pi)/\lambda_0$ 为自由空间中的波数；c 为自由空间中的光速；λ_0 为自由空间中的波长；$n = (\mu_r\varepsilon_r)^{1/2}$ 为介质的折射率。

式(3.4)恒等式对于笛卡尔坐标系是成立的，但应慎用于其他坐标系。例如，在柱坐标系 (ρ,ϕ,z) 中，式(3.4)左侧的 z 分量等于 $\nabla^2 E_z$，即式(3.4)右侧。然而，左侧的 ρ（或 ϕ）

分量不等于$\nabla^2 E_\rho$(或$\nabla^2 E_\phi$)。

如果得到式(3.5)的解和$\overline{\boldsymbol{E}}$,则可以利用式(3.2)求得$\overline{\boldsymbol{H}}$:

$$\overline{\boldsymbol{H}} = -\frac{1}{\mathrm{j}\omega\mu}\nabla\times\overline{\boldsymbol{E}} \tag{3.6}$$

3.2 时谐平面波在均匀介质中的传播

考虑一个在z方向上传播的时谐平面波。首先,所有的场都只是z的函数,并且由于$\nabla\cdot\overline{\boldsymbol{E}}=\partial E_z/\partial z=0$,$E_z$与$z$无关。因此,$E_z$不随$z$变化,则可以得出:对于在$z$方向上传播的平面波,$E_z=0$。同样地,由$\nabla\cdot\overline{\boldsymbol{H}}=0$得到平面波的$H_z=0$。$\overline{\boldsymbol{E}}$和$\overline{\boldsymbol{H}}$的所有分量都横向于波的传播方向,所以这个平面电磁场被称为横向电磁波(transverse electromagnetic wave,TEM)。

假设场在x方向上是线性极化的($E_x\neq0,E_y=0$),求解式(3.5)并由式(3.6)得

$$E_x = E_0\mathrm{e}^{-\mathrm{j}kz} \tag{3.7}$$

$$H_y = \frac{E_0}{\eta}\mathrm{e}^{-\mathrm{j}kz} \tag{3.8}$$

式中:η为介质的特性阻抗,$\eta=(\mu/\varepsilon)^{1/2}=\eta_0(\mu_r/\varepsilon_r)^{1/2}$,$\eta_0$为自由空间的特性阻抗,$\eta_0=(\mu_0/\varepsilon_0)^{1/2}\approx120\pi\Omega$。

在有损介质中,利用$n=n'-\mathrm{j}n''$,得

$$\begin{cases} E_x = E_0\exp(-\mathrm{j}kz) = E_0\exp(-\mathrm{j}\beta z-\alpha z) \\ H_y = \dfrac{E_z}{\eta} \end{cases} \tag{3.9}$$

式中:β为相位常数,$\beta=k_0n'=2\pi/\lambda=\omega/V$;$\lambda$为介质中的波长;$V$为相速度;$\alpha$为衰减常数。还要注意,在距离$\delta=\alpha^{-1}$处,波衰减到$z=0$处的幅值$\exp(-1)$。这个距离$\delta$被称为介质的趋肤深度,因为波在介质中的穿透深度不能超过这个深度。例如,如果介质具有高导电性,则

$$\varepsilon_r = \varepsilon' - \mathrm{j}\varepsilon'' \approx -\mathrm{j}\frac{\sigma}{\omega\varepsilon_0} \tag{3.10}$$

因此,得

$$\delta \approx \left(\frac{2}{\omega\mu_0\sigma}\right)^{\frac{1}{2}} \tag{3.11}$$

然而,一般情况下,趋肤深度$\delta=\alpha^{-1}=(k_0n'')^{-1}$。

向任意方向传播的平面波表示为

$$\overline{\boldsymbol{E}} = \overline{\boldsymbol{E}}_0\mathrm{e}^{-\mathrm{j}\overline{\boldsymbol{K}}\cdot\bar{r}} \tag{3.12}$$

对于平面波:

$$\nabla\mathrm{e}^{-\mathrm{j}\overline{\boldsymbol{K}}\cdot\bar{r}} = -\mathrm{j}\overline{\boldsymbol{K}}\mathrm{e}^{-\mathrm{j}\overline{\boldsymbol{K}}\cdot\bar{r}} \tag{3.13}$$

因此,$\nabla\cdot\overline{\boldsymbol{D}}=0$意味着$\overline{\boldsymbol{K}}\cdot\overline{\boldsymbol{D}}=0$。同样,$\overline{\boldsymbol{K}}\cdot\overline{\boldsymbol{B}}=0$,表明$\overline{\boldsymbol{D}}$和$\overline{\boldsymbol{B}}$垂直于传播方向。

3.3 极　　化

在3.2节中,考虑了在x方向上极化($E_x\neq0,E_y=0$和$E_z=0$)并沿z方向传播的线性

极化平面波。但在一般情况下，电场向量 $\overline{\boldsymbol{E}}$ 可以向任意方向极化（$E_x \neq 0$，$E_y \neq 0$ 和 $E_z = 0$），如果 E_x 与 E_y 同相，则给定位置的电场向量 $\overline{\boldsymbol{E}}$ 始终指向固定方向，称为线极化波。对于线性极化波，电矢量的方向称为极化方向，包含电矢量和波传播方向的平面称为极化面（图 3.1(a)）。

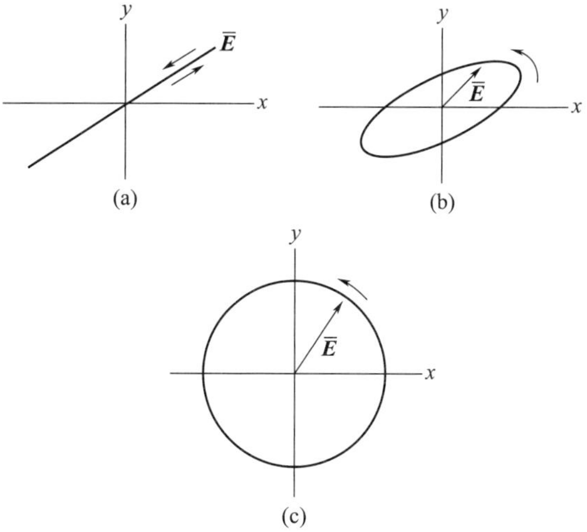

图 3.1　极化

(a)线性极化；(b)椭圆极化；(c)圆形(右手)极化。

一般来说，当 E_x 与 E_y 不同相时：

$$\begin{cases} E_x = E_1 e^{j\delta_1} \\ E_y = E_2 e^{j\delta_2} \end{cases} \tag{3.14}$$

式中：$\delta = \delta_1 - \delta_2$ 为相位差。把 E_x 与 E_y 写为时间的函数：

$$\begin{cases} E_x = E_1 \cos(\omega t + \delta_1) \\ E_y = E_2 \cos(\omega t + \delta_2) \end{cases} \tag{3.15}$$

如果从式(3.15)中消去 ωt，可以得到一个描述电矢量 $\overline{\boldsymbol{E}}$ 尖端轨迹的方程。

$$\frac{E_y}{E_2} = \cos A \tag{3.16}$$

$$\frac{E_x}{E_1} = \cos(A + \delta) = \cos A \cos\delta - \sin A \sin\delta \tag{3.17}$$

式中：$A = \omega t + \delta_2$。

从式(3.16)和式(3.17)中消去 A，得

$$\left(\frac{E_x}{E_1}\right)^2 + \left(\frac{E_y}{E_2}\right)^2 - 2\left(\frac{E_x}{E_1}\right)\frac{E_y}{E_2}\cos\delta = \sin^2\delta \tag{3.18}$$

这是一个椭圆方程，因此，可以说波是椭圆极化的(图 3.1(b))。

如果相位差正好是 $+90°$ 或 $-90°$，且 E_1 和 E_2 的幅值为 $E_1 = E_2 = E_0$，则式(3.18)变成一个圆方程，称波为圆极化(图 3.1(c))。如果 $\delta = +90°$，电场矢量的旋转与波的传播方向形成一个右手螺旋，这被称为右手圆极化(right-hand circular polarization，RHC)，E_x 和 E_y 满足：

$$E_x = +\mathrm{j}E_y \tag{3.19}$$

如果$\delta = -90°$,则为左手圆极化(left – hand circular polarization,LHC),E_x 和 E_y 满足:

$$E_x = -\mathrm{j}E_y \tag{3.20}$$

RHC 和 LHC 的定义通常用于电气工程和 IEEE 出版物中。但在物理学中,RHC 是指接收机观测到的电矢量顺时针旋转的波,而在工程学定义中,RHC 是指发射机观测到的电矢量顺时针旋转的波。因此,工程上的 RHC 定义为物理上的 LHC。

上面描述的极化波是确定的,即场量是时间和位置的确定函数。相反,如果场的数量是完全随机的且 E_x 和 E_y 是不相关的,这种波被称为非极化波。来自太阳的光可以认为是非极化的。在许多情况下,波可能是部分极化的。在第 10 章中会详细讨论这个问题,其中包括斯托克矢量(Stokes' vectors)和庞加莱球面(Poincaré sphere)。

3.4 电场垂直于入射平面:垂直极化(s 极化)

考虑一个平面波在介电常数分别为 ε_1 和 ε_2、磁导率分别为 μ_1 和 μ_2 的两种介质边界上的反射和折射(图 3.2)。这两种介质都是有损耗的,因此,ε_1,ε_2,μ_1 和 μ_2 可以是复数。将入射平面定义为包含波的传播方向和边界法线的平面,并选择 $x-z$ 平面作为入射平面。入射角 θ_i 定义为传播方向与边界法线之间的夹角(图 3.2)。折射率 n_1 和 n_2 分别为 $n_1 = [(\varepsilon_1\mu_1)/(\varepsilon_0\mu_0)]^{1/2}$ 和 $n_2 = [(\varepsilon_2\mu_2)/(\varepsilon_0\mu_0)]^{1/2}$,介质特性阻抗分别为 $\eta_1 = (\mu_1/\varepsilon_1)^{1/2}$和 $\eta_2 = (\mu_2/\varepsilon_2)^{1/2}$(见 3.2 节)。

图 3.2 展示了两种情况:情况(a)垂直极化(电场垂直于入射面)和情况(b)平行极化(电场平行于入射面)。情况(a)也被称为 s 极化(senkrecht,在德语中是“垂直的”)或 TE 波(电场横向于波的传播方向)。情况(b)则称为 p 极化(平行)或 TM 波(磁场横于波传播方向)。这两个波是独立的。事实上,对于一个二维问题,介电常数和磁导率只是 x 和 z 的函数($\partial/\partial y = 0$),可以通过电磁场分成两个独立的波:TE 和 TM。

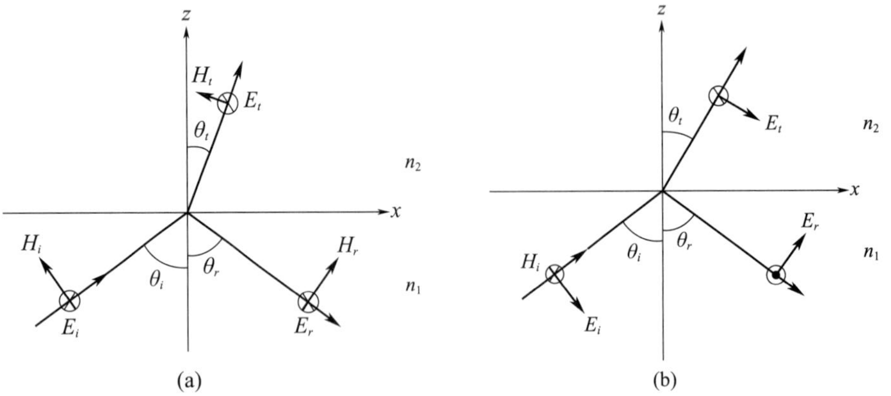

图 3.2 (a)垂直极化;(b)平行极化

接下来,讨论垂直极化的情况。使用式(3.12),且注意 $\hat{\boldsymbol{\tau}} = \hat{\boldsymbol{x}}\sin\theta_i + \hat{\boldsymbol{z}}\cos\theta_i$。然后,利用 E_0 的幅度表示入射场 E_{yi}:

$$E_{yi}=E_0\exp(-\mathrm{j}q_iz-\mathrm{j}\beta_ix) \tag{3.21}$$

式中：$q_i=k_1\cos\theta_i,\beta_i=k_1\sin\theta_i$。$k_1=\omega(\mu_1\varepsilon_1)^{1/2}=k_0n_1$ 为介质 I 中的波数，$k_0=\omega(\mu_0\varepsilon_0)^{1/2}$ 为自由空间波数。反射场 E_{yr} 也满足波动方程，由此可得：

$$E_{yr}=R_sE_0\exp(+\mathrm{j}q_rz-\mathrm{j}\beta_rx) \tag{3.22}$$

式中：R_s 为垂直极化（s 极化）的反射系数，$q_r=k_1\cos\theta_r,\beta_r=k_1\sin\theta_r,\theta_r$ 为反射角。同样的，得到传输场：

$$E_{yt}=T_sE_0\exp(-\mathrm{j}q_tz-\mathrm{j}\beta_tx) \tag{3.23}$$

式中：T_s 为透射系数，$q_t=k_2\cos\theta_t,\beta_t=k_2\sin\theta_t,k_2=k_0n_2,\theta_t$ 为透射角。

接下来，应用 $z=0$ 处的边界条件以及切向电场 E_y 和磁场 H_x 的连续性。首先是在 $z=0$ 处切向电场的连续性：

$$E_{yi}+E_{yr}=E_{yt} \tag{3.24}$$

结果如下：

$$\exp(-\mathrm{j}\beta_ix)+R_s\exp(-\mathrm{j}\beta_rx)=T_s\exp(-\mathrm{j}\beta_tx) \tag{3.25}$$

为了对所有 x 成立，所有指数必须相同，因此，得到相位匹配条件：

$$\beta_i=\beta_r=\beta_t \tag{3.26}$$

由此，得到了反射定律

$$\theta_i=\theta_r \tag{3.27}$$

和斯涅耳定律（Snell's law）

$$n_1\sin\theta_i=n_2\sin\theta_t \tag{3.28}$$

利用式（3.26）将式（3.25）化为

$$1+R_s=T_s \tag{3.29}$$

将边界条件应用于切向磁场 H_x：

$$H_x=\frac{1}{\mathrm{j}\omega\mu}\frac{\partial}{\partial z}E_y \tag{3.30}$$

则有

$$\begin{cases} H_{xi}=-\dfrac{E_0}{Z_1}\exp(-\mathrm{j}q_iz-\mathrm{j}\beta_ix) \\ H_{xr}=-\dfrac{R_sE_0}{Z_1}\exp(+\mathrm{j}q_iz-\mathrm{j}\beta_ix) \\ H_{xt}=-\dfrac{T_sE_0}{Z_2}\exp(-\mathrm{j}q_tz-\mathrm{j}\beta_ix) \end{cases} \tag{3.31}$$

式中：$Z_1=\omega\mu_1/q_i,Z_2=\omega\mu_2/q_t$ 表示切向分量 E_y 和 H_x 的比值，称为波阻抗。利用斯涅耳定律得到：

$$\begin{cases} q_t=(k_2^2-\beta_i^2)^{1/2}=k_2\cos\theta_t \\ \cos\theta_t=\left[1-\left(\dfrac{n_1}{n_2}\right)^2\sin^2\theta_i\right]^{1/2} \end{cases} \tag{3.32}$$

由于透射波沿 $+z$ 方向传播，则选择平方根的符号使得 $\mathrm{Re}q_t>0$ 和 $\mathrm{Im}q_t<0$。

接下来，应用切向磁场的连续性：

$$H_{xi}+H_{xr}=H_{xt}\text{，在 } z=0 \text{ 处} \tag{3.33}$$

可得

$$\frac{1-R_s}{Z_1}=\frac{T_s}{Z_2} \tag{3.34}$$

由式(3.29)和式(3.34)可得菲涅耳公式(Fresnel formula)：

$$\begin{cases} R_s=\dfrac{Z_2-Z_1}{Z_2+Z_1} \\ T_s=\dfrac{2Z_2}{Z_2+Z_1} \end{cases} \tag{3.35}$$

式中：Z_1 和 Z_2 如式(3.31)所示。请注意，由于式(3.23)中的 $\exp(-\mathrm{j}q_t z)$ 表示在 $+z$ 方向上传播的波，如果 $\cos\theta_t$ 为复数，则必须在平方根中选择正号或负号，使 $\cos\theta_t$ 的虚部为负。如果 $\mu_1=\mu_2=\mu_0$，式(3.35)可以简化为更熟悉的形式①：

$$\begin{cases} R_s=\dfrac{n_1\cos\theta_i-n_2\cos\theta_t}{n_1\cos\theta_i+n_2\cos\theta_t} \\ T_s=\dfrac{2n_1\cos\theta_i}{n_1\cos\theta_i+n_2\cos\theta_t} \end{cases} \tag{3.36}$$

3.5 电场平行于入射平面：平行极化（p 极化）

接下来，讨论平行极化的情况。设 E_0 为入射电场的大小，入射电场的 x 分量为

$$E_{xi}=E_0\cos\theta_i\exp(-\mathrm{j}q_i z-\mathrm{j}\beta_i x) \tag{3.37}$$

反射波和透射波：

$$E_{xr}=R_pE_0\cos\theta_i\exp(+\mathrm{j}q_i z-\mathrm{j}\beta_i x) \tag{3.38}$$

$$E_{xt}=T_pE_0\cos\theta_t\exp(-\mathrm{j}q_t z-\mathrm{j}\beta_i x) \tag{3.39}$$

式中：R_p 和 T_p 为反射系数和透射系数，使用反射定律 $\theta_i=\theta_r$。如 3.4 节所述，此处斯涅尔定律成立：

$$n_1\sin\theta_i=n_2\sin\theta_t \tag{3.40}$$

磁场 H_y 和 E_x 可表示为

$$E_x=-\frac{1}{\mathrm{j}\omega\varepsilon}\frac{\partial}{\partial z}H_y \tag{3.41}$$

应用边界条件：

$$\begin{cases} E_{xi}+E_{xr}=E_{xt} \\ H_{yi}+H_{yr}=H_{yt} \end{cases} \tag{3.42}$$

得到菲涅耳公式：

① 译者注：根据原作者提供的更正说明，将式(3.36)中的第二部分左侧增加 $T_s=$。

$$\begin{cases} R_p = \dfrac{Z_2 - Z_1}{Z_2 + Z_1} \\ T_p = \dfrac{2Z_2}{Z_2 + Z_1} \dfrac{\cos\theta_i}{\cos\theta_t} \end{cases} \tag{3.43}$$

波阻抗 Z_1 和 Z_2 为

$$\begin{cases} Z_1 = \dfrac{q_i}{\omega\varepsilon_1} \\ Z_2 = \dfrac{q_t}{\omega\varepsilon_2} \end{cases} \tag{3.44}$$

如果 $\mu_1 = \mu_2 = \mu_0$，式(3.43)可以简化为更熟悉的形式①：

$$\begin{cases} R_p = \dfrac{(1/n_2)\cos\theta_t - (1/n_1)\cos\theta_i}{(1/n_2)\cos\theta_t - (1/n_1)\cos\theta_i} \\ T_p = \dfrac{(2/n_2)\cos\theta_i}{(1/n_2)\cos\theta_t + (1/n_1)\cos\theta_i} \end{cases} \tag{3.45}$$

式中：

$$\cos\theta_t = \left[1 - \left(\frac{n_1}{n_2}\right)^2 \sin^2\theta_i\right]^{1/2}$$

式(3.43)中 T_p 的因子 $\cos\theta_i/\cos\theta_t$ 来自 T_p 的定义，T_p 为总电场的比率。透射电场和入射电场的总和分别为 $E_{xt}/\cos\theta_t$ 和 $E_{xi}/\cos\theta_i$。

如果取切向分量 E_{xi}，E_{xr} 和 E_{xt}，式(3.43)应该等于式(3.35)。式(3.43)和式(3.35)可以看作是两条传输线相交时的反射系数和透射系数。事实上，如果以切向电场为电压，以切向磁场为电流，这就化为一个完全等效的传输线问题(图 3.3)。

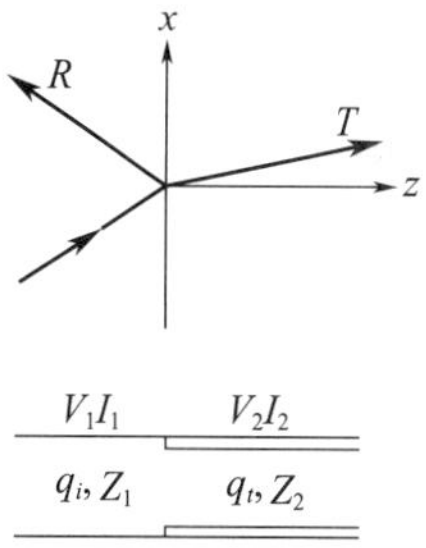

图 3.3　等效传输线

3.6　菲涅耳公式、布鲁斯特角和全反射

接下来，验证一下当 n_1 和 n_2 为正实数时的菲涅耳公式(3.35)和式(3.43)。如果介质 2 的密度大于介质 1($n_1 < n_2$)，这些系数会随入射角 θ_i 变化，如图 3.4(a)所示。

当平行极化反射系数 R_p 为零时：

$$\cos\theta_i = \frac{n_1}{n_2}\cos\theta_t = \frac{n_1}{n_2}\left[1 - \left(\frac{n_1}{n_2}\right)^2 \sin^2\theta_i\right]^{1/2}$$

解出 θ_i：

$$\theta_i = \theta_b = \sin^{-1}\left(\frac{n_2^2}{n_1^2 + n_2^2}\right)^{1/2} = \tan^{-1}\frac{n_2}{n_1} \tag{3.46}$$

入射角 θ_b 称为布鲁斯特角(Brewster's angle，图 3.5)，在这个角度所有的入射功率都

① 译者注：根据原作者提供的更正说明，将式(3.45)中的第二部分左侧增加 $T_p =$。

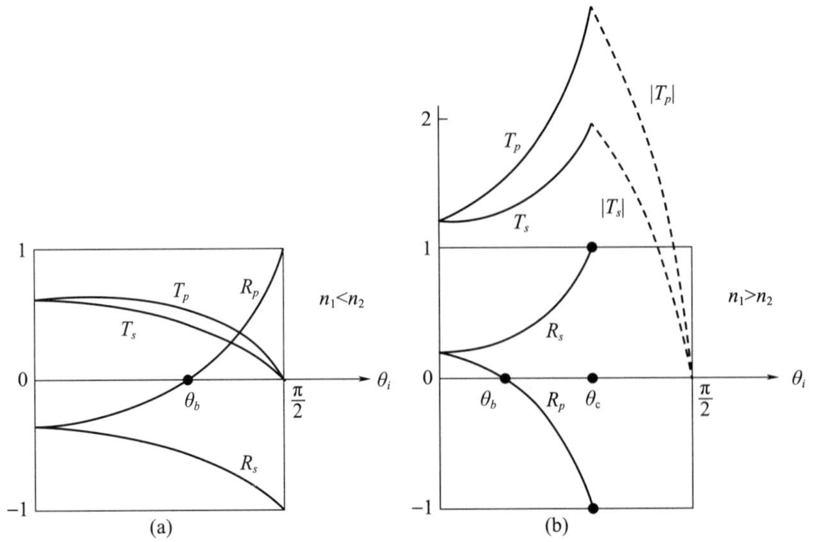

图 3.4　反射和透射系数

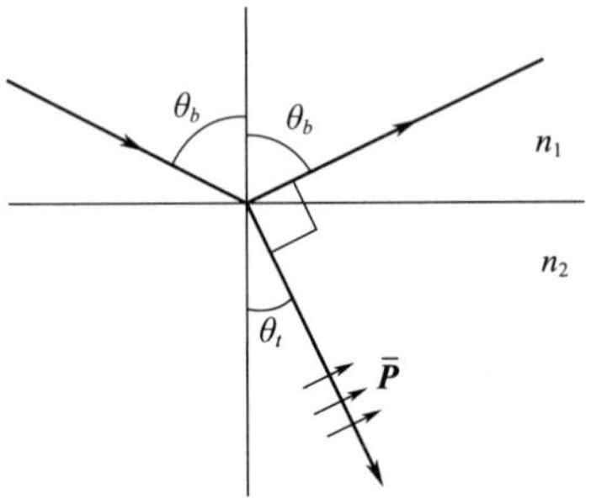

图 3.5　布鲁斯特角

会进入第二介质。注意,只有当入射场在入射平面上极化时才会发生这种情况。如果由平行极化和垂直极化组成的波以布鲁斯特角入射到边界上,具有平行极化的分量全部透射到第二介质中,反射波仅由垂直极化组成。还要注意,布鲁斯特角在$n_1>n_2$ 和 $n_1<n_2$ 时都会存在。显然,在布鲁斯特角处,$\theta_b+\theta_t=\pi/2$。这意味着第二种介质中的电场被极化,使得所有极化矢量都指向反射波的方向(图 3.4)。每个电偶极子在偶极子轴方向上的远场辐射为零,由于反射波是所有电偶极子辐射的总和,对应于极化矢量 $\bar{\boldsymbol{P}}$。因此,反射在布鲁斯特角处应为零(Sommerfeld,1954)。

接下来,讨论介质 2 比介质 1 密度小的情况。反射系数如图 3.4(b)所示。注意,对于平行极化,存在一个布鲁斯特角。还要注意,$n_1>n_2$,$\theta_t>\theta_i$,并且存在一个临界入射角 $\theta_i=\theta_c$,当 θ_t 为 $\pi/2$ 时,入射波 $\theta_i>\theta_c$ 被完全反射。临界角 θ_c 为

$$\theta_c=\sin^{-1}\frac{n_2}{n_1} \tag{3.47}$$

当波被完全反射时($\theta_i>\theta_c$),边界没有功率传输。但是,这并不意味着介质 2 中没有场。为了讨论这一现象,考虑垂直极化的透射波的情况。

$$E_{yt}=T_sE_0\exp(-\mathrm{j}k_2z\cos\theta_t-\mathrm{j}k_1x\sin\theta_i) \tag{3.48}$$

式中:

$$\cos\theta_t=(1-\sin^2\theta_t)^{1/2}=\left[1-\left(\frac{n_1}{n_2}\right)^2\sin^2\theta_i\right]^{1/2}$$

当 $\theta_i>\theta_c=\sin^{-1}(n_2/n_1)$时,$\cos\theta_t$ 完全是虚数。事实上,当 θ_i 从 0 到 θ_c 变化时,θ_t 从 0 到 $\pi/2$ 变化,当 θ_i 大于 θ_c 时,θ_t 为复数($\pi/2+\mathrm{j}\delta$),$\delta>0$(图 3.6)。

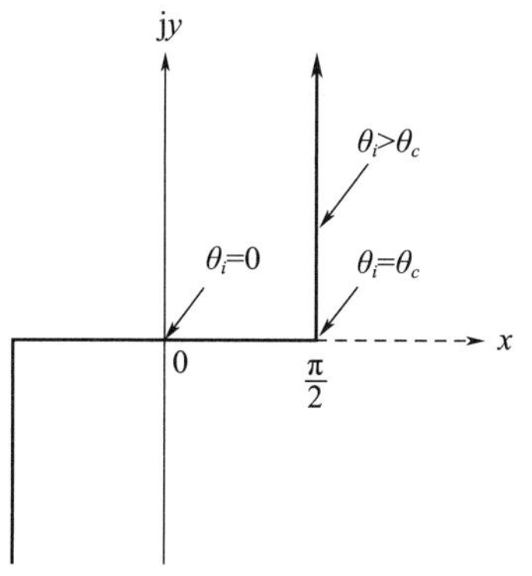

图 3.6　复数 θ_t 平面（$\theta_t = x + jy$）

$$\cos\theta_t = \cos\left(\frac{\pi}{2} + j\delta\right) = -j\sinh\delta = -j\left[\left(\frac{n_1}{n_2}\right)^2 \sin^2\theta_i - 1\right]^{1/2}$$

注意，$\cos\theta_t$ 必须有一个负的虚部，如 3.4 节所述。透射场为

$$E_{yt} = T_0 E_0 \exp(-k_2 z\sinh\delta - jk_1 x\sin\theta_i) \tag{3.49}$$

这表明电场在 $+z$ 方向上呈指数衰减。式(3.49)表示的场在 $+z$ 方向上没有实数功率。然而，坡印廷矢量在 $+z$ 方向上的虚部给出的无功功率不是零，意味着有存储的能量。这种波被称为倏逝波（evanescent wave），在大多数涉及全反射的情况下都会产生。这与有耗介质中的指数衰减波形成了鲜明的对比，后者确实具有实功率。

接下来，讨论跨越边界的高功率守恒。在 3.5 节末，已经证明，如果将切向电场和磁场分别定义为电压和电流，则波在边界处的反射和透射等效于传输线的连接。因此，垂直于曲面的坡印廷矢量等于$\frac{1}{2}VI^*$。令入射、反射和透射的坡印廷矢量分别为$\overline{\boldsymbol{S}}_i$，$\overline{\boldsymbol{S}}_r$和$\overline{\boldsymbol{S}}_t$，即可得到

$$P_i = \overline{\boldsymbol{S}}_i \cdot \hat{z} = \frac{1}{2}\overline{\boldsymbol{E}}_i \times \overline{\boldsymbol{H}}_i^* \cdot \hat{z} = \frac{1}{2}V_i I_i^*$$

$$P_r = \overline{\boldsymbol{S}}_r \cdot (-\hat{z}) = \frac{1}{2}\overline{\boldsymbol{E}}_r \times \overline{\boldsymbol{H}}_r^* \cdot (-\hat{z}) = \frac{1}{2}V_i I_i^*$$

$$P_t = \overline{\boldsymbol{S}}_t \cdot \hat{z} = \frac{1}{2}\overline{\boldsymbol{E}}_t \times \overline{\boldsymbol{H}}_i^* \cdot \hat{z} = \frac{1}{2}V_t I_t^*$$

如果 Z_1 或 R 是实数（Stoneback 等，2013）①，使用 $1 + R = T$ 和 $(1 - R)/Z_1 = T/Z_2$，可以得到实数功率守恒：

$$\mathrm{Re}P_i = \mathrm{Re}P_r + \mathrm{Re}P_t \tag{3.50}$$

3.7　层状介质中的波

如果把切向电场作为电压，切向磁场作为电流，就得到了等效的传输线。这个结果可以推广到波在层状介质中的传播。

① 译者注：根据原作者提供的更正说明，增加参考文献引用。

首先,考虑垂直极化的情况。如图 3.7 所示,如果一个波入射在层状介质的一层上,可以得到等效传输线。由 3.4 节得知:

$$\begin{cases} E_y = V(z)\mathrm{e}^{-\mathrm{j}\beta x} \\ -H_x = I(z)\mathrm{e}^{-\mathrm{j}\beta x} \\ q_m = k_m\cos\theta_m = k_m\left[1-\left(\dfrac{n_1}{n_m}\right)^2\sin^2\theta_i\right]^{1/2} \\ Z_m = \dfrac{\omega\mu_m}{q_m} \\ k_m = k_0 n_m \\ q_i = k_1\cos\theta_i \\ q_t = k_t\cos\theta_t \end{cases} \tag{3.51}$$

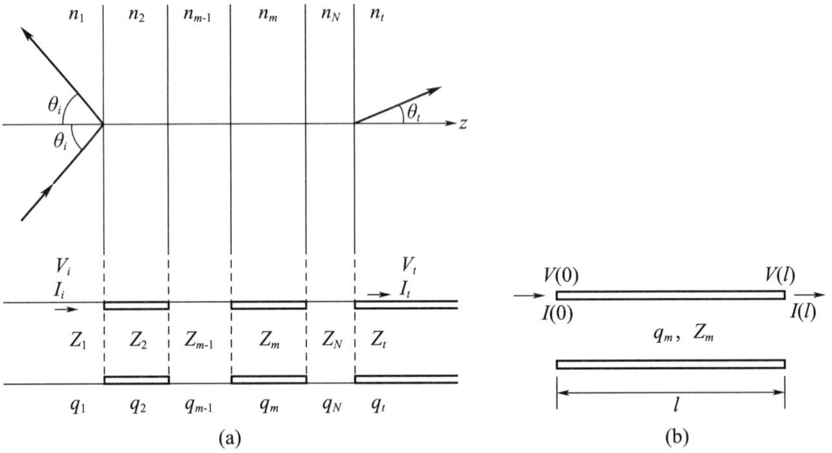

图 3.7 (a)分层介质;(b)传输线

通过 $z=0$ 和 $z=l$ 处的电压和电流之间的关系(图 3.7(b)),可以解决传输线问题。

$$\begin{cases} \begin{bmatrix} V(0) \\ I(0) \end{bmatrix} = \begin{bmatrix} A_m & B_m \\ C_m & D_m \end{bmatrix}\begin{bmatrix} V(l) \\ I(l) \end{bmatrix} \\ A_m = D_m = \cos q_m l \\ B_m = \mathrm{j}Z_m \sin q_m l \\ C_m = \dfrac{\mathrm{j}\sin q_m l}{Z_m} \\ A_m D_m - B_m C_m = 1 \end{cases} \tag{3.52}$$

总层可以用总矩阵 $\begin{bmatrix} A & B \\ C & D \end{bmatrix}$ 表示。

$$\begin{bmatrix} V_i \\ I_i \end{bmatrix} = \begin{bmatrix} A & B \\ C & D \end{bmatrix}\begin{bmatrix} V_t \\ I_t \end{bmatrix} \tag{3.53}$$

式中：

$$\begin{bmatrix} A & B \\ C & D \end{bmatrix} = \begin{bmatrix} A_1 & B_1 \\ C_1 & D_1 \end{bmatrix} \begin{bmatrix} A_2 & B_2 \\ C_2 & D_2 \end{bmatrix} \cdots \begin{bmatrix} A_N & B_N \\ C_N & D_N \end{bmatrix}$$

输入为

$$\begin{cases} V_i = E_0(1 + R_s) \\ I_i = \dfrac{E_0}{Z_1}(1 - R_s) \end{cases} \tag{3.54}$$

另一端为

$$\begin{cases} V_t = T_s E_0 \\ I_t = \dfrac{T_s E_0}{Z_t} \end{cases} \tag{3.55}$$

由上可得解为①

$$\begin{cases} R_s = \dfrac{A + B/Z_t - Z_1(C + D/Z_t)}{A + B/Z_t + Z_1(C + D/Z_t)} \\ T_s = \dfrac{2}{A + B/Z_t + Z_1(C + D/Z_t)} \end{cases} \tag{3.56}$$

对于平行极化，有相同的传输线，但 V、I 和 Z 不同。

$$\begin{cases} V = E_x \\ I = H_y \\ Z_m = \dfrac{q_m}{\omega \varepsilon_m} \\ k_m = k_0 n_m \\ q_m = k_m \cos\theta_m \end{cases} \tag{3.57}$$

总电场 E 是 $E_x/\cos\theta_m$ 而不是 E_x。

3.8　边界上声波的反射和透射

2.12 节中给出了流体中声波的基本方程。根据声压 p_1 和粒子速度 $\overline{\boldsymbol{V}}_1$，得到

$$\begin{cases} (\nabla^2 + k^2) p_1 = 0 \\ \overline{\boldsymbol{V}}_1 = \dfrac{1}{\mathrm{j}\omega\rho_0} \nabla p_1 \end{cases} \tag{3.58}$$

边界条件是 p_1 和 $(1/\rho_0)(\partial/\partial n)p_1$ 的连续性。

对于从介质 1 通过 $z=0$ 边界入射到介质 2 的波，介质 1 中声速为 c_1，密度 ρ_1，介质 2 中为 c_2 和 ρ_2。入射波 p_i，反射波 p_r 和透射波 p_t 表示为：

① 译者注：根据原作者提供的更正说明，将式(3.56)两个等式分母中的负号更正为正号。

$$
\begin{cases}
p_i = A_0 \exp(-\mathrm{j} q_i z - \mathrm{j}\beta_i x) \\
p_r = RA_0 \exp(+\mathrm{j} q_i z - \mathrm{j}\beta_i x) \\
p_t = TA_0 \exp(-\mathrm{j} q_t z - \mathrm{j}\beta_i x)
\end{cases}
\tag{3.59}
$$

式中:A_0 为常数;R 和 T 分别为反射系数和透射系数,且有

$$k_1 = \frac{\omega}{c_1}$$

$$k_2 = \frac{\omega}{c_2}$$

$$\beta_i = k_1 \sin\theta_i = k_2 \sin\theta_t \text{(斯涅耳定律)}$$

$$q_i = k_1 \cos\theta_i$$

$$q_t = k_2 \cos\theta_t = (k_2^2 - \beta_i^2)^{1/2}$$

$$\cos\theta_t = \left[1 - \left(\frac{c_1}{c_2}\right)^2 \sin^2\theta_i\right]^{1/2}$$

满足 $z=0$ 处的边界条件:

$$
\begin{cases}
1 + R = T \\
\dfrac{1}{Z_1}(1 - R) = \dfrac{1}{Z_2} T
\end{cases}
\tag{3.60}
$$

式中:$Z_1 = \rho_1 c_1/\cos\theta_i$ 和 $Z_2 = \rho_2 c_2/\cos\theta_t$,$\rho_1 c_1$ 和 $\rho_2 c_2$ 分别为介质 1 和介质 2 的特征阻抗。由式(3.60)得到

$$
\begin{cases}
R = \dfrac{Z_2 - Z_1}{Z_2 + Z_1} \\
T = \dfrac{2Z_2}{Z_2 + Z_1}
\end{cases}
\tag{3.61}
$$

这和电磁问题是类似的,然而,还是有一些不同之处。对于电磁情况,非磁性材料的 μ_1 和 μ_2 等于 μ_0,因此,介质的折射率仅为 $n = \sqrt{\varepsilon}$。对于声学情况,介质由两个参数表征,声速和密度(或压缩率;见 2.12 节)。这相当于在电磁情况下有不同的 μ 和 ε。因此,即使电磁垂直极化不存在布鲁斯特角,但在声学情况下,通过令 $R=0$ 可以求得布鲁斯特角 θ_b。

$$\sin\theta_b = \left[\frac{(\rho_2/\rho_1)^2 - (c_1/c_2)^2}{(\rho_2/\rho_1)^2 - 1}\right]^{1/2} \tag{3.62}$$

很明显,布鲁斯特角只有在式(3.62)的右侧为实数且其大小小于单位值时才存在。因此,要使布鲁斯特角存在,c_1,c_2,ρ_1,ρ_2 必须满足 $\rho_2/\rho_1 < c_1/c_2 < 1$ 或 $\rho_2/\rho_1 > c_1/c_2 > 1$。

3.9 复合波

到目前为止,已经讨论了平面波在平面边界上的反射和透射。此外还发现,当入射角等于布鲁斯特角时,反射系数为零。在一定条件下,反射系数能变成无限大吗?无穷大的反射系数等价于有一个有限场和一个消失的入射场,因此,表示沿介电表面传导的波,通

常被称为表面波(surface wave)或吸附表面波(trapped surface wave)。这种波的重要应用包括光纤和薄膜上的导波,高保线(Goubau line)上的微波,以及人造介电体和金属表面上的薄介电涂层。

在研究表面波模和其他导波时,首要的是认识各种波的类型及其数学表示。通常将一般波类型被称为复合波,明确它们的特征对于研究表面波、漏波、浅涅克波和许多其他波类型非常重要。

为了阐明各种波类型之间的关系,需要研究沿着平面边界传播的所有可能的波及其物理意义。首先,考虑一个波 $u(x,z)$ 在自由空间中沿 z 方向传播。考虑二维问题 $\partial/\partial y = 0$,并假设电介质或其他导波结构位于 $x=0$ 以下,并且自由空间在 $+x$ 方向上延伸到无穷大。场 $u(x,z)$ 满足标量波动方程。

$$\left(\frac{\partial^2}{\partial x^2}+\frac{\partial^2}{\partial z^2}+k^2\right)u(x,z)=0 \tag{3.63}$$

解写成:

$$u(x,z)=\mathrm{e}^{-\mathrm{j}px-\mathrm{j}\beta z} \tag{3.64}$$

将其代入式(3.63),得到以下条件:

$$p^2+\beta^2=k^2 \tag{3.65}$$

一般来说,p 和 β 可以是复数,因此设:

$$\begin{cases} p=p_r-\mathrm{j}\alpha_t \\ \beta=\beta_r-\mathrm{j}\alpha \end{cases} \tag{3.66}$$

将式(3.66)代入式(3.65)并使两边的实部和虚部相等,得

$$p_r^2-\alpha_t^2+\beta_r^2-\alpha^2=k^2 \tag{3.67}$$

$$p_r\alpha_t+\beta_r\alpha=0 \tag{3.68}$$

式(3.68)表明等幅平面和等相平面相互垂直。为了证明这一点,写为

$$u(x,z)=\mathrm{e}^{-\mathrm{j}(p_rx+\beta_rz)-(\alpha_tx+\alpha z)}=\mathrm{e}^{-\mathrm{j}\bar{\boldsymbol{k}}_r\cdot\bar{\boldsymbol{r}}-\bar{\boldsymbol{\alpha}}\cdot\bar{\boldsymbol{r}}} \tag{3.69}$$

等相平面为

$$\begin{cases} \bar{\boldsymbol{k}}_r\cdot\bar{\boldsymbol{r}}=\text{常数} \\ \bar{\boldsymbol{k}}_r=p_r\hat{\boldsymbol{x}}+\beta_r\hat{\boldsymbol{z}} \\ \bar{\boldsymbol{r}}=x\hat{\boldsymbol{x}}+z\hat{\boldsymbol{z}} \end{cases} \tag{3.70}$$

等幅平面为

$$\begin{cases} \bar{\boldsymbol{\alpha}}\cdot\bar{\boldsymbol{r}}=\text{常数} \\ \bar{\boldsymbol{\alpha}}=\alpha_t\hat{\boldsymbol{x}}+\alpha\hat{\boldsymbol{z}} \end{cases} \tag{3.71}$$

因此,等相平面垂直于 $\bar{\boldsymbol{k}}_r$,等幅面垂直于 $\bar{\boldsymbol{\alpha}}$。但由式(3.68)可知,$\bar{\boldsymbol{k}}_r$ 垂直于 $\bar{\boldsymbol{\alpha}}$,有

$$\bar{\boldsymbol{k}}_r\cdot\bar{\boldsymbol{\alpha}}=p_r\alpha_t+\beta_r\alpha=0 \tag{3.72}$$

因此,等幅平面垂直于等相平面(图 3.8)。

接下来,讨论 $x\to+\infty$ 时波的行为。取沿表面相位级数为 $+z$ 方向的波($\beta>0$),然后考虑横向(x)方向的波的大小为

$$\left|\mathrm{e}^{-\mathrm{j}px}\right|=\mathrm{e}^{-\alpha_tx} \tag{3.73}$$

由此,注意到,如果 $\alpha_t>0$,波在 $+x$ 方向上呈指数衰减,称为固有波(proper wave)。

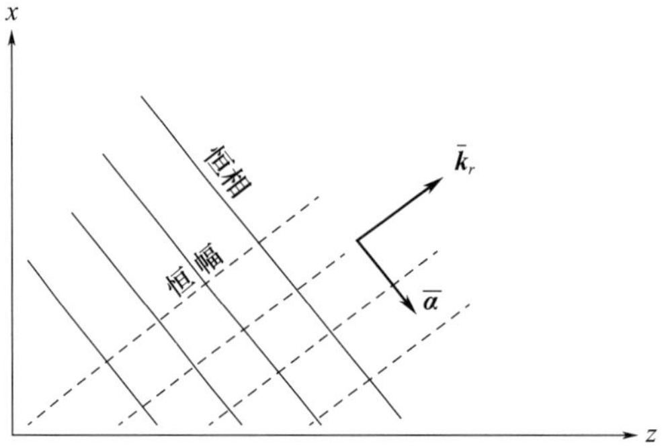

图 3.8　复合波

如果 $\alpha_t<0$,波幅沿 $+x$ 方向呈指数增长,称为反常波(improper wave)。很明显,由 β_r、α、p_r 和 α_t 可以产生各种类型的波。

从表 3.1 中的 p 和 β 的组合进行分析。图 3.9 为 $\bar{\boldsymbol{k}}_r=p_r\hat{\boldsymbol{x}}+\beta_r\hat{\boldsymbol{z}}$ 和 $\bar{\boldsymbol{\alpha}}=\alpha_t\hat{\boldsymbol{x}}+\alpha\hat{\boldsymbol{z}}$ 的示意图。复平面 $p=p_r+\mathrm{j}p_i$ 和 $\beta=\beta_r+\mathrm{j}\beta_i$ 如图 3.10 所示。注意,β 可以有两个值 $p=\pm(k^2-\beta^2)^{1/2}$。例如,D 和 H 处的两个波具有相同的 β,但 p 不同。D 为浅涅克波,H 为漏波。复 p 平面上半平面的波为反常波,下半平面的波为固有波(浅涅克波见 3.12 节)。更详细的讨论在第 15 章中,这些波为波的完整频谱表示的一部分。在本章中,主要讨论吸附表面波和漏波。

表 3.1　固有波和反常波

	情况	β_r	α	p_r	α_t	
	A	+	0	+	0	快波(波导模式)
固有波	B	+	−	+	+	反向漏波
	C	+	0	0	+	吸附表面波
	D	+	+	−	+	浅涅克波
	E	+	0	−	0	平面波入射
反常波	F	+	−	−	−	/
	G	+	0	0	−	未吸附表面波
	H	+	+	+	−	正向漏波

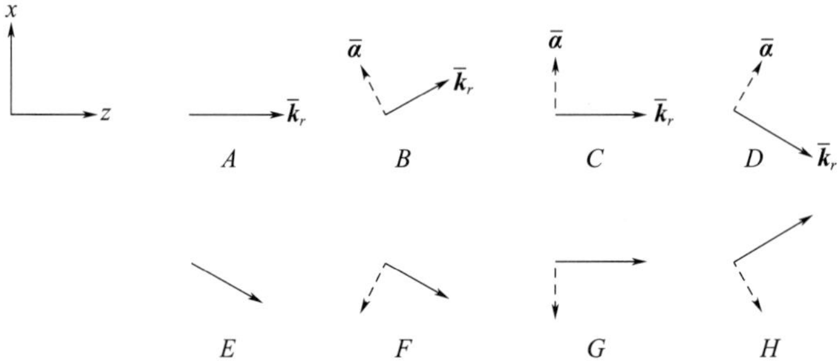

图 3.9　固有波和反常波

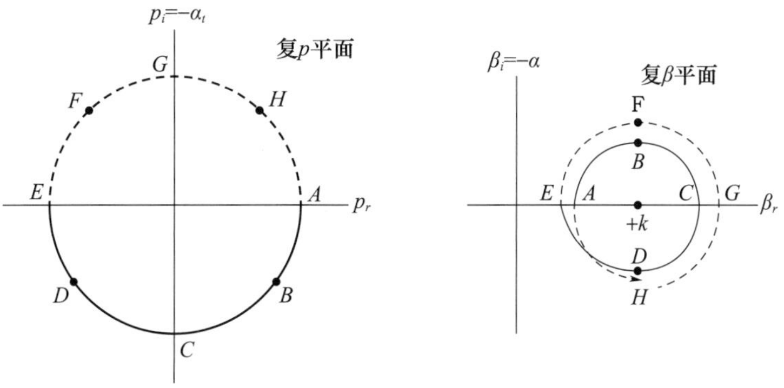

图3.10　复平面 $\beta=\beta_r+j\beta_i$ 和 $p=p_r+jp_i$ 的固有波和反常波($\beta_i=-\alpha, p_i=-\alpha_t$)

3.10　吸附表面波(慢波)和漏波

如果波沿一个表面传播,其相速度低于光速,波会在表面附近被捕获,并且可以无衰减传播。这一特性用于远距离引导波。例如,通过光纤进行光通信,通过高保线进行微波传输,以及介电涂层上的表面波传播。其他的例子还包括沿八木天线(Yagi antennas)的波和沿行波管螺旋结构的慢波。

假设波沿表面传播而无衰减。若该波相速度较慢,则 $\beta=\beta_r=\omega/v_p>k$,由式(3.65)可得

$$p^2=k^2-\beta_r^2<0$$

因此,p 必须是纯虚数。令 $p=-j\alpha_t$,波表示为

$$u(x,z)=e^{-\alpha_t x-j\beta_r z} \tag{3.74}$$

式中:$\alpha_t=\sqrt{\beta_r^2-k^2}$。显然,在这种情况下,$\bar{\boldsymbol{k}}_r$ 指向 z 方向,$\bar{\boldsymbol{\alpha}}$ 指向 x 方向(图3.11)。

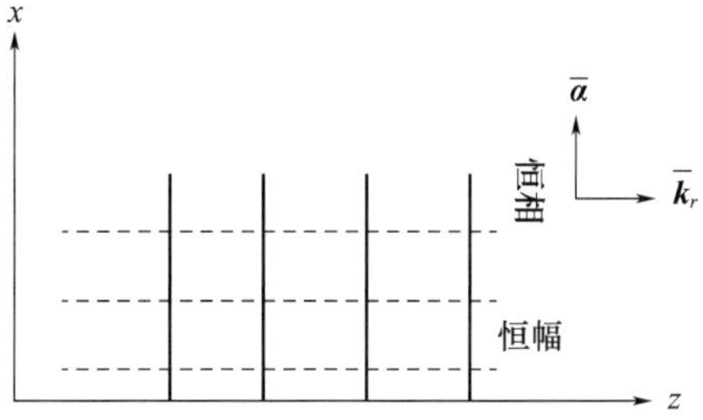

图3.11　吸附表面波

注意:波越慢,β 的值越大。因此,α_t 的值也越大。由于 α_t 在 $+x$ 方向上的衰减,波大多集中在表面附近,总功率是有限的,即

$$\int_0^{\infty}|wu(x,y)|^2 dx = 有限 \tag{3.75}$$

则认为这些波被困在表面附近。被吸附的表面波在表面上传播有限的功率且没有衰减,在横向 $+x$ 方向上呈指数衰减。在本章中,研究了几个吸附表面波的慢波结构。

假设有一个沿表面传播的快波，$\beta_r = \omega/v_p < k$，在这种情况下，波在 $+z$ 方向衰减，$\alpha > 0$，根据式(3.68)，$p_r\alpha_t$ 必须为负。如果考虑正 x 方向的出射波，p_r 是正的，因此，α_t 一定是负的。$\alpha_t < 0$ 表示振幅在 $+x$ 方向呈指数增长的波，被称为反常波。注意，振幅在 z 方向上衰减($A_1 > A_2 > A_3 > A_4$)，但在给定 z 的 x 方向上，振幅呈指数增长(图 3.12)，这种波被称为漏波，因为能量不断地从表面泄漏出来。

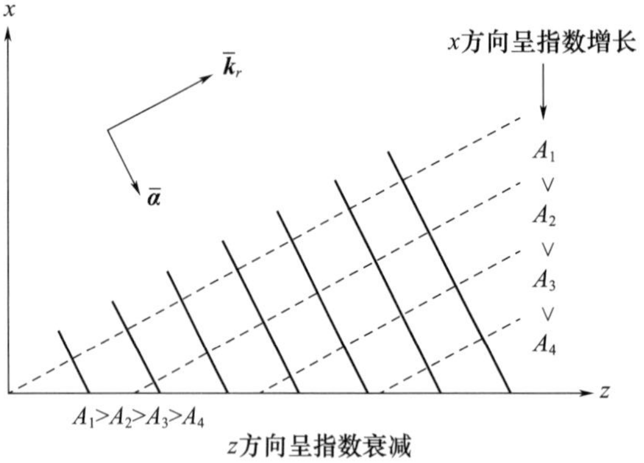

图 3.12　漏波

由于漏波是一种反常波，它不能单独存在，但它可以存在于部分空间中。一个典型的例子是从沿着波导切割的狭缝中辐射出来的波。能量通过这个狭缝泄漏出去，因此，波在 z 方向上衰减。但是离表面越远的波振幅越大，因为这些波源于波导上振幅大的点。角 θ_c 近似由波导的传播常数 β_z 计算得到(图 3.13)。

$$\beta_z = k\sin\theta_c$$

注意，漏波只存在于部分空间中，因此，在横向(x)方向上，振幅增加到一定程度，然后减小。为了全面研究这个问题，需要更严格的分析，后面将使用傅里叶变换进行分析(见 14.1 节)。

另一个重要的例子是将波束耦合到薄膜中，如图 3.14 所示。慢波沿薄膜传播。首先将一个棱镜放置在靠近薄膜的位置，棱镜中的波就变成了从表面波中提取能量的漏波。然后，在布鲁斯特角上从棱镜中取出漏波。这个过程可以反过来，波束可以从相反的方向进入棱镜，能量转换成表面波。

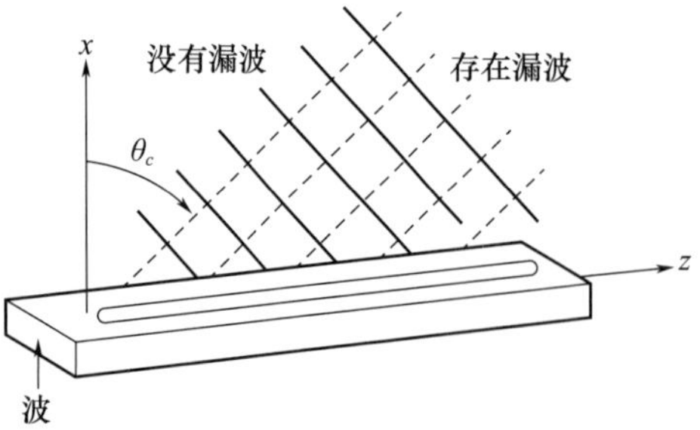

图 3.13　漏波波导

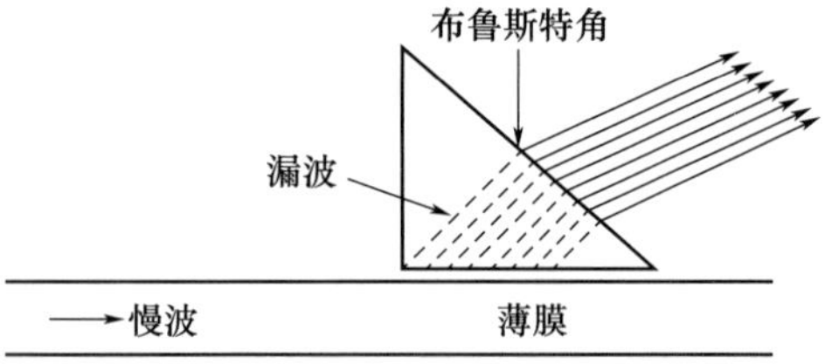

图 3.14　波束与表面波的耦合

3.11　沿介质板的表面波

在许多情况下用介电板可以得到被吸附的表面波，如波束沿薄膜和光纤传播。此外，航天器和火箭的雷达截面也受到薄介电材料表面存在的表面波的严重影响。此外，这种介质板的研究需要一种基本的数学技巧，这与平面分层介质的其他波传播问题（如沿地球电离层波导的波传播）相同。在本节中，考虑介质板上吸附表面波模的特性。

考虑沿 z 方向传播的波，沿完美导电平面上厚度为 d 的介质板传播（图 3.15）。由于 $\partial/\partial y=0$ 的二维问题，所以有两个独立的模式：一种由 H_y、E_x 和 E_z 组成，由于磁场 H_y 横向于传播方向（z 方向），可以称为 TM（横向磁）模式；另一种由 E_y、H_x 和 H_z 组成，可以称为 TE（横向电）模式。

TM 模可以由 H_y 计算得到，H_y 满足波动方程，有

$$\left(\frac{\partial^2}{\partial x^2}+\frac{\partial^2}{\partial z^2}+k^2\right)H_y=0 \tag{3.76}$$

E_x 和 E_z 用 H_y 表示，有

$$\begin{cases} E_x=-\mathrm{j}\dfrac{1}{\omega\varepsilon}\dfrac{\partial}{\partial z}H_y \\ E_z=-\mathrm{j}\dfrac{1}{\omega\varepsilon}\dfrac{\partial}{\partial x}H_y \end{cases} \tag{3.77}$$

类似地，TE 模由 E_y 表示，有

$$\left(\frac{\partial^2}{\partial x^2}+\frac{\partial^2}{\partial z^2}+k^2\right)E_y=0 \tag{3.78}$$

$$\begin{cases} H_x=-\mathrm{j}\dfrac{1}{\omega\mu}\dfrac{\partial}{\partial z}E_y \\ H_z=-\mathrm{j}\dfrac{1}{\omega\mu}\dfrac{\partial}{\partial x}E_y \end{cases} \tag{3.79}$$

式中：在自由空间里 $k=k_0$，$\varepsilon=\varepsilon_0$；在介电板上 $k=k_1$，$\varepsilon=\varepsilon_1$。

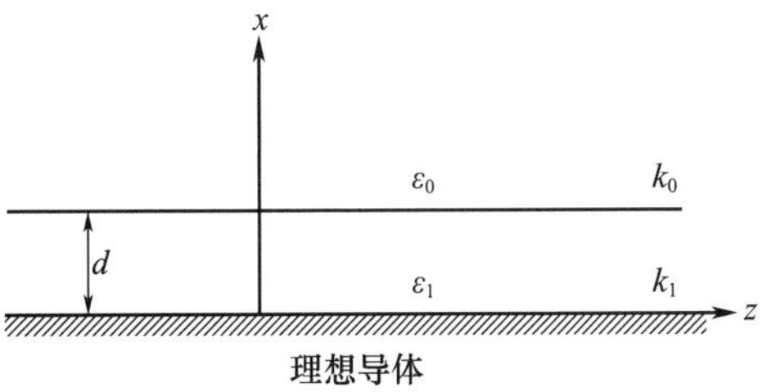

图 3.15　导电面上的介质板

首先，讨论 TM 模的情况，这种模式很容易被馈源喇叭或波导激发。在自由空间和介质板中求解式（3.76）：

$$H_{y0}=A\mathrm{e}^{-\mathrm{j}p_0x-\mathrm{j}\beta z}，当\ x>d（自由空间） \tag{3.80}$$

$$H_{y1}=B\mathrm{e}^{-\mathrm{j}px}-\mathrm{j}\beta z+C\mathrm{e}^{+\mathrm{j}px-\mathrm{j}\beta z}，当\ d>x>0（介质板） \tag{3.81}$$

式中：$p_0^2+\beta^2=k_0^2$，$p^2+\beta^2=k_1^2$。

注意到，对于自由空间和电介质，沿表面的传播常数 β 必须相同，以确保沿表面的相级数相同，从而满足边界条件。还注意到式(3.80)只有一项，因为这个区域延伸到无穷远，只有出射波存在。另一方面，式(3.81)由两项组成，分别表示在 $+x$ 和 $-x$ 方向上传播的波。

接下来，应用 $x=0$ 和 $x=d$ 处的边界条件。在 $x=0$ 处，得

$$E_{z1}=-\mathrm{j}\frac{1}{\omega\varepsilon_1}\frac{\partial}{\partial x}H_{y1}=0 \tag{3.82}$$

在 $x=d$ 处，E_z 和 H_y 必须为连续的。

$$\begin{cases}E_{z0}=E_{z1}\\ H_{y0}=H_{y1}\end{cases} \tag{3.83}$$

式中：

$$E_{z0}=-\mathrm{j}\frac{1}{\omega\varepsilon_0}\frac{\partial}{\partial x}H_{y0}$$

$$E_{z1}=-\mathrm{j}\frac{1}{\omega\varepsilon_1}\frac{\partial}{\partial x}H_{y1}$$

式(3.82)和式(3.83)可以写为①

$$-B+C=0$$

$$B\mathrm{e}^{-\mathrm{j}pd}+C\mathrm{e}^{\mathrm{j}pd}=A\mathrm{e}^{-\mathrm{j}p_0d}$$

$$\frac{p}{\varepsilon_1}(B\mathrm{e}^{-\mathrm{j}pd}-C\mathrm{e}^{\mathrm{j}pd})=\frac{p_0}{\varepsilon_0}A\mathrm{e}^{-\mathrm{j}p_0d}$$

由此，消去 A、B、C，得到了确定传播常数 β 的超越方程，即

$$\frac{p}{\varepsilon_1}\tan pd=\mathrm{j}\frac{p_0}{\varepsilon_0} \tag{3.84}$$

一旦这个方程解出 p，传播常数 β 可由 $\beta=(k_2-p_2)^{1/2}$ 表示。因此，p 是一个具有几何问题特征的数，被称为特征值。式(3.84)为特征值方程。

振幅之比也可以确定：

$$\frac{B}{A}=\frac{C}{A}=\frac{\mathrm{e}^{-\mathrm{j}p_0d}}{2\cos pd} \tag{3.85}$$

式(3.84)和式(3.85)给出了 TM 模式的传播常数和场构型。

3.11.1 TM 模的慢波解

接下来，讨论吸附表面波传播的应用中最重要的例子。如3.10节所述，求下列形式的解：

$$H_{y0}=A\mathrm{e}^{-\alpha_t x-\mathrm{j}\beta z} \tag{3.86}$$

式中：

① 译者注：根据公式推导，将下面第二式中的 $A\mathrm{e}^{\mathrm{j}p_0d}$ 更正为 $A\mathrm{e}^{-\mathrm{j}p_0d}$。

$$\beta > k_0$$
$$p_0 = -j\alpha_t$$

在这种情况下，$\beta^2 - \alpha_t^2 = k_0^2$，$\beta^2 - p^2 = k_1^2$，因此，从这两式中消去 β，得①

$$\alpha_t^2 = p^2 + k_1^2 - k_0^2 \tag{3.87}$$

因此，对于 $\alpha_t > 0$，特征值方程(3.84)变为

$$\frac{\varepsilon_0}{\varepsilon_1} X\tan X = \sqrt{V^2 - X^2} \tag{3.88}$$

式中：$X = pd$，$V^2 = (k_1^2 - k_0^2)d^2$。如果介质的介电常数 ε 大于 ε_0，则 V^2 为正数。如果把式(3.88)的左右两边化成 X 的函数，左边是曲线 Y_l，右边是圆 Y_r。在 Y_r 和 Y_l 的交点处得到解(图3.16)。注意，当 $0 < V < \pi$ 时，只有一个解。类似地，当 $(N-1)\pi < V < N\pi$ 时，有 N 种不同的模式。因此，当板厚 d 为时，存在 N 个吸附表面波模，有

$$\frac{N-1}{2(\varepsilon_r - 1)^{1/2}} < \frac{d}{\lambda_0} < \frac{N}{2(\varepsilon_r - 1)^{1/2}}, \varepsilon_r = \frac{\varepsilon_1}{\varepsilon_0} \tag{3.89}$$

特别地，符合以下条件则只有一种模式存在，即

$$0 < \frac{d}{\lambda_0} < \frac{1}{2(\varepsilon_r - 1)^{1/2}} \tag{3.90}$$

参数 $V = k_0 d(\varepsilon_r - 1)^{1/2}$②决定了模式的数量，称为归一化频率。传播模式的总数 N 由模式体积公式给出：

$$(N-1)\pi < V < N\pi \tag{3.91}$$

由式(3.88)求出 $X = pd$ 后，传播常数 β 可由 $\beta^2 = k_1^2 - p^2$ 得到。如 $V = V_2$(图3.16)，$\alpha_t < 0$也有一些解，被称为未吸附表面波。当这个结构被源激发时，这个波对整个场有一定的影响。然而，在实践中，这种未吸附表面波对总场的贡献非常小，可忽略不计。

传播常数 β 可由式(3.88)中的 X 值求出，即 $\beta^2 = k_1^2 - p^2$。通过观察图3.17中几个重要的点，可以看到一般情况下的 $k_0 - \beta$ 图的形状。例如，当 $k_0 \to 0$ 时，曲线趋于 $k_0 = \beta$，当 $k_0 \to \infty$时，曲线趋于 $k_1 = \beta$。另外，在截止频率(k_c)处曲线与 $k_0 = \beta$ 相切。由此可见，β 始终在 k_0 和 k_1 之间，因此在介质 $1/\sqrt{\mu_0\varepsilon_1}$ 中相速度始终快于平面波，而在自由空间 $1/\sqrt{\mu_0\varepsilon_0}$ 中相速度慢于平面波。在截止频率 k_c 处，式(3.88)中 $V = X = N\pi$，则 α_t 为零。这意味着在截止点，介质平板外的波的大小变均匀且延伸到无穷远，而不是指数衰减。

电介质中的场由式(3.85)计算得到

$$H_{y1} = A e^{-\alpha_t d} \frac{\cos px}{\cos pd} e^{-j\beta z} \tag{3.92}$$

其他场量可以由式(3.77)得到

$$E_{x1} = \left(\frac{\beta}{k}\eta_0\right) A e^{-\alpha_t x - j\beta z}，\text{在介质板上}$$

$$E_{x0} = \left(\frac{\beta}{k_1}\eta_1\right) A e^{-\alpha_t d} \frac{\cos px}{\cos pd} e^{-j\beta z}，\text{在介质板上}$$

---

① 译者注：根据公式推导，将式(3.87)更正为 $\alpha_t^2 = p^2 + k_1^2 - k_0^2$。

② 译者注：根据公式推导，将此式更正为 $V = k_0 d(\varepsilon_r - 1)^{1/2}$。

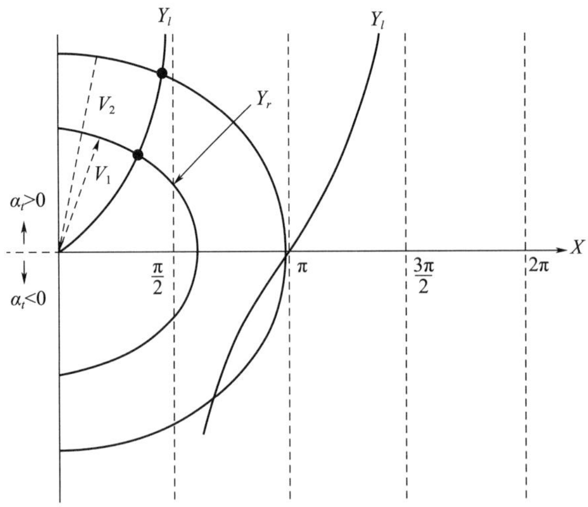

图 3.16　式(3.88)左边 Y_l 和右边 Y_r 的图(Y_l 和 Y_r 与 X 相交的值就是解,$V^2=k_0^2(\varepsilon_r-1)d^2$)

式中:$\eta_0=(\mu_0/\varepsilon_0)^{1/2}$ 和 $\eta_1=(\mu_0/\varepsilon_1)^{1/2}$ 分别为自由空间和电介质中的特征阻抗。注意,横向电场和磁场相互垂直,具有相同的结构。两者之比为波阻抗 $Z_e=(\beta/k)\eta$。此外,电场在电介质内具有正弦分布($\cos px$),但在自由空间中具有指数行为($e^{-\alpha_t x}$)(图 3.18)。

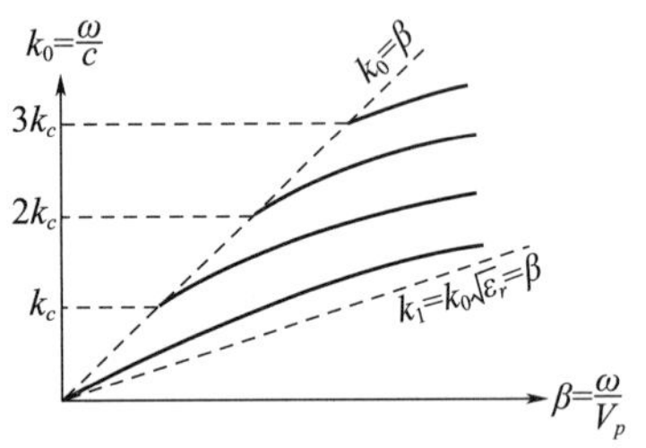

图 3.17　沿介电板的 $k_0-\beta$ 图

(截止波数 $k_c=(\pi/d)(1/\sqrt{\varepsilon_1-1})$)

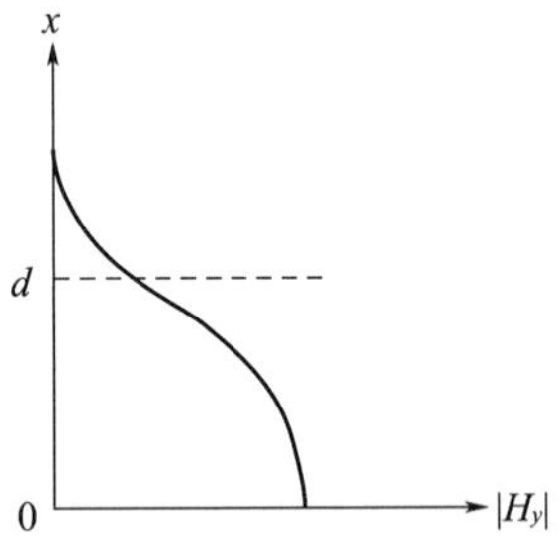

图 3.18　吸附表面波的场分布

接下来,讨论介电板的表面阻抗。注意,坡印廷矢量 $E_z\hat{z}\times H_y^*\hat{y}$ 指向电介质,阻抗为

$$\frac{E_z}{H_y}=\mathrm{j}\,\frac{\alpha_t}{k_0}\eta_0 \tag{3.93}$$

这是纯电感的。很明显,吸附表面波的表面必须是纯电抗的。TM 模需要一个纯电感的表面,而 TE 模需要一个纯电容表面。

3.11.2　TE 模的慢波解

类似的,得到 TE 模的解:

$$\begin{cases} E_{y0}=A\mathrm{e}^{-\alpha_t x-\mathrm{j}\beta z} \\ H_{x0}=-\left(\dfrac{\beta}{k_0\eta_0}\right)A\mathrm{e}^{-\alpha_t x-\mathrm{j}\beta z} \\ H_{z0}=-\mathrm{j}\left(\dfrac{\alpha_t}{k_0\eta_0}\right)A\mathrm{e}^{-\alpha_t x-\mathrm{j}\beta z} \end{cases} \tag{3.94}$$

在自由空间 $x>d$ 中，

$$\begin{cases} E_{y1} = A\mathrm{e}^{-\alpha_t d}\dfrac{\sin px}{\sin pd}\mathrm{e}^{-\mathrm{j}\beta z} \\ H_{x1} = -\left(\dfrac{\beta}{k_1\eta_1}\right)A\mathrm{e}^{-\alpha_t d}\dfrac{\sin px}{\sin pd}\mathrm{e}^{-\mathrm{j}\beta z} \\ H_{z1} = \mathrm{j}\left(\dfrac{p}{k_1\eta_1}\right)A\mathrm{e}^{-\alpha_t d}\dfrac{\cos px}{\sin pd}\mathrm{e}^{-\mathrm{j}\beta z} \end{cases} \tag{3.95}$$

在电介质 $0<x<d$ 中，$\eta_0=(\mu_0/\varepsilon_0)^{1/2}$ 和 $\eta_1=(\mu_1/\varepsilon_1)^{1/2}$。利用 $X=pd$，特征值方程为

$$-X\cos X = \sqrt{V^2-X^2} \tag{3.96}$$

式中：$V^2=k_0^2(\varepsilon_r-1)d^2$。

式(3.96)的左右两边如图 3.19 所示。注意，$V<\pi/2$ 时没有解，$\left(N-\dfrac{1}{2}\right)\pi<V<\left(N+\dfrac{1}{2}\right)\pi$ 有 N 个解。这是 TE 模的模体积方程。因此，吸附表面波所需的最小厚度 d 为

$$\frac{d}{\lambda_0} > \frac{1}{4(\varepsilon_r-1)^{1/2}} \tag{3.97}$$

最低模态的场分布如图 3.20 所示。

3.12　浅涅克波和等离子体

在 3.9 节中，讨论了各种复合波。在本节中，将给出一些示例。考虑沿平面边界传播的 TM 波(图 3.21)。在空气中，对于 $x>0$：

$$\begin{cases} H_{y0} = A\mathrm{e}^{-\mathrm{j}p_0x-\mathrm{j}\beta z} \\ p_0^2+\beta^2=k_0^2 \end{cases} \tag{3.98}$$

在下半空间 $x<0$ 中：

$$\begin{cases} H_{y1} = A\mathrm{e}^{+\mathrm{j}px-\mathrm{j}\beta z} \\ p^2+\beta^2=k_1^2=k_0^2\varepsilon_r \end{cases} \tag{3.99}$$

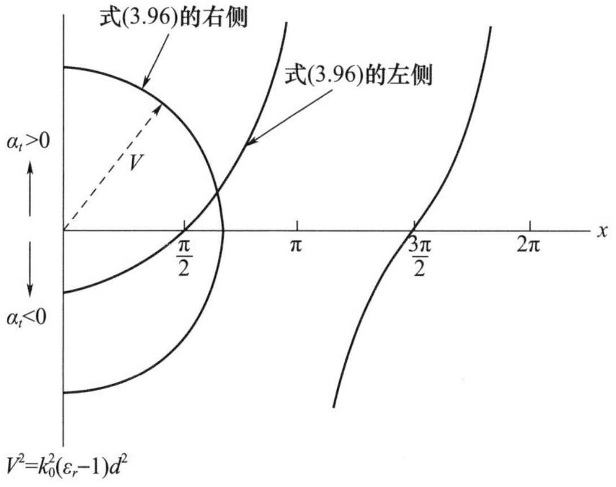

图 3.19　TE 表面波

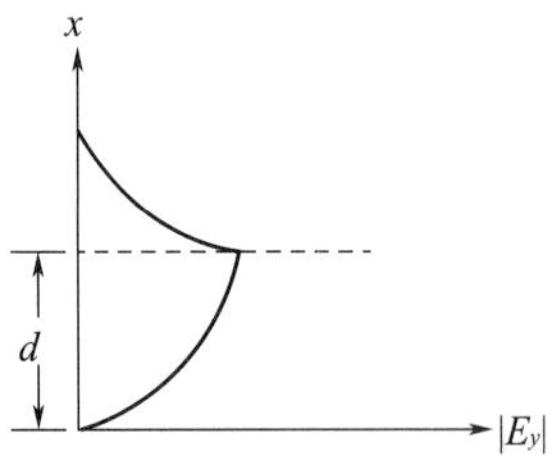

图 3.20　最低 TE 模[①]

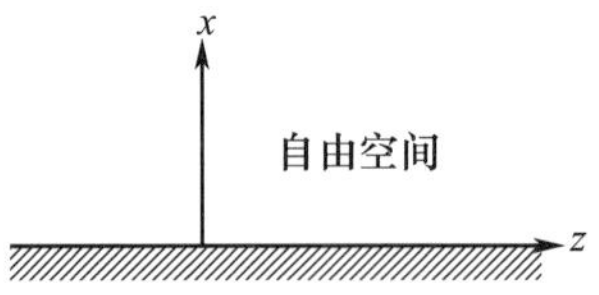

图 3.21　浅涅克波和等离子体振子

在 $x=0$ 处满足 H_y 的连续性。根据 E_z 的连续性得到：

$$\varepsilon_r p_0 = -p \tag{3.100}$$

由此，得到了 β, k_0 和 k_1 的关系：

$$\frac{1}{\beta^2} = \frac{1}{k_1^2} + \frac{1}{k_0^2} \tag{3.101}$$

接下来，讨论介质($x<0$)具有高导电性的情况。

$$\begin{cases} \varepsilon_r = \varepsilon' - j\varepsilon'' \approx -j\varepsilon'' \\ \varepsilon'' = \dfrac{\sigma}{\omega\varepsilon_0} \gg 1 \end{cases} \tag{3.102}$$

然后得到：

$$\begin{cases} \beta = \dfrac{k_0}{[1+1/\varepsilon_r]^{1/2}} \approx k_0(1-1/2\varepsilon_r) \\ p_0 = -\dfrac{k_0}{(1+\varepsilon_r)^{1/2}} \\ p = \dfrac{\varepsilon_r k_0}{(1-\varepsilon_r)^{1/2}} \end{cases} \tag{3.103}$$

此处，令 $(1+\varepsilon_r)^{1/2}$ 虚部为负，如图 3.22 所示。可与图 3.10 中的 β 和 p_0 进行比较。浅涅克用传播常数 β 解释了无线电波在地球上空的传播特性。索默菲尔德研究了偶极子源对这种波的激发，将在第 15 章讨论索默菲尔德偶极子问题。

接下来，讨论 ε_r 为负实数的情况。当电离气体的工作频率低于等离子体频率且损耗可以忽略不计时，称为等离子体，其介电常数为负实数。设 $\varepsilon_r = -|\varepsilon|$，如果 $|\varepsilon|>1$，则传播常数为实数，$p_0 = -j\alpha_0, p = -j\alpha$。这是沿边界传播的吸附表面波。

在光学频率下，金属的介电常数实部为负。例如，$\lambda = 0.6\mu m$ 时，银的 $\varepsilon_r = -17.2 - j0.498$。在这种情况下，波不会被捕获，但沿表面传播的波表现出与表面波相似的特征(图 3.23)。这被称为等离子体振子，它对金属表面的光学散射特性有显著影响。

浅涅克波和等离子体振子本身不存在，但当表面被局部光源照射，且场以傅里叶变换表示时，这些波在复傅里叶变换平面上以极点形式出现，极点的位置对总场有显著影响。上述情况只考虑了 TM 波，TE 波没有这样的极点。

① 译者注：根据原作者提供的更正说明，将 TM 更正为 TE。

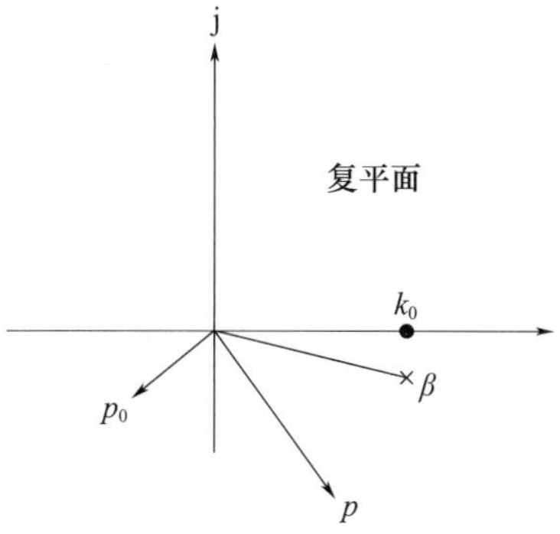

图 3.22　浅涅克波

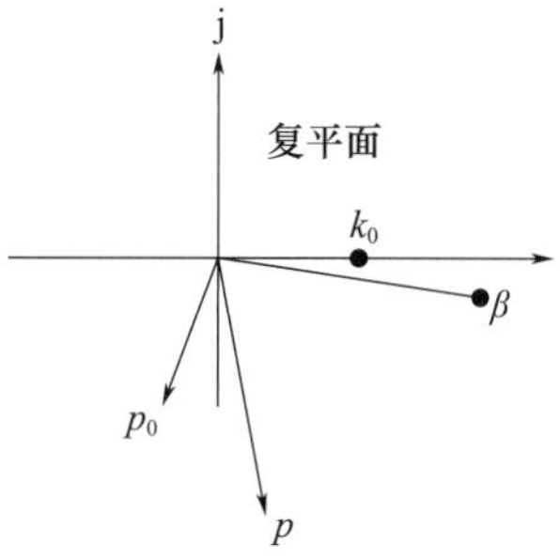

图 3.23　等离子体振子

3.13　非均匀介质中的波

到目前为止,已经讨论了由平面边界分隔的均匀介质中的波。尽管它们代表了很多情况,但在许多实际问题中,介质应该用位置的连续函数来表示。例如,在 VLF(甚低频,1 ~30kHz),电离层可以用下缘有明显边界的介质来近似,但对于较高频率,电子密度会随着波长改变,必须用高度的连续函数来表示。介电常数 ε 或磁导率 μ 是位置的函数的介质称为非均匀介质。

一般来说,波在非均匀介质中的传播和散射特性不能用简单的形式来描述。然而,对于两个极端的情况,可以使用相对简单的场进行描述:低频场和高频场。当介质折射率的变化在波长的距离上可以忽略不计时,可以利用高频近似。这适用于超声波在生物介质中的传播,波在电离层中的传播,微波和光波在大型介电体中的传播,以及声音在海水中的传播。与这种高频近似相反,低频近似适用于介质体的尺寸远小于波长的情况。例如,生物介质中的微波辐射和海洋、大气和生物介质中小颗粒的散射。在下面几节中,将讨论高频近似的情况。

考虑一个平面波入射在介质上,介质的介电常数是高度 z 的函数。选择 x 轴,使入射平面在 $x-z$ 平面上(图 3.24)。这是一个二维问题($\partial/\partial y=0$),因此,存在两个独立的波,TE(电场横向于 z 轴)和 TM(磁场横向于 z 轴)。对于 TE(垂直极化),结合以下麦克斯韦方程:

$$\begin{cases}\nabla\times\overline{\boldsymbol{E}}=-\mathrm{j}\omega\mu\overline{\boldsymbol{H}}\\ \nabla\times\overline{\boldsymbol{H}}=\mathrm{j}\omega\varepsilon(z)\overline{\boldsymbol{E}}\end{cases}\tag{3.104}$$

得到:

$$\nabla\times\nabla\times\overline{\boldsymbol{E}}=\nabla(\nabla\cdot\overline{\boldsymbol{E}})-\nabla^2\overline{\boldsymbol{E}}=k_0^2n^2(z)\overline{\boldsymbol{E}}$$

注意:$\nabla\cdot\overline{\boldsymbol{E}}=(\partial/\partial y)E_y=0$,得

$$\left[\frac{\partial^2}{\partial x^2}+\frac{\partial^2}{\partial z^2}+k_0^2n^2(z)\right]E_y=0\tag{3.105}$$

对于 TM(平行极化),从式(3.104)中消去 $\overline{\boldsymbol{E}}$,得到:

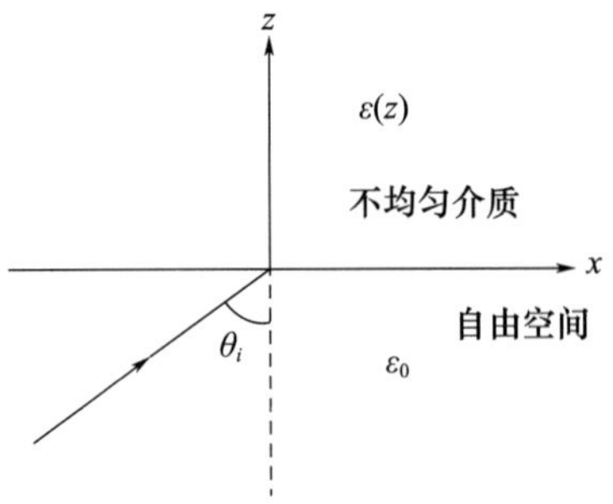

图 3.24　波在非均匀介质中的入射

$$\nabla\times\overline{\boldsymbol{E}}=\nabla\times\left(\frac{1}{\mathrm{j}\omega\varepsilon}\nabla\times\overline{\boldsymbol{H}}\right)=-\mathrm{j}\omega\mu\overline{\boldsymbol{H}} \tag{3.106}$$

利用 $\overline{\boldsymbol{H}}=H_y\hat{\boldsymbol{y}}$ 和 $\partial/\partial=0$ 重写式(3.106),得到:

$$\frac{\partial^2}{\partial x^2}H_y+\varepsilon(z)\frac{\partial}{\partial z}\left[\frac{1}{\varepsilon(z)}\frac{\partial}{\partial z}H_y\right]+k_0^2n^2(z)H_y=0 \tag{3.107}$$

可以用下式进行化简:

$$U=\frac{H_y}{n(z)} \tag{3.108}$$

得到:

$$\left[\frac{\partial^2}{\partial x^2}+\frac{\partial^2}{\partial z^2}+k_0^2N^2(z)\right]U=0 \tag{3.109}$$

式中:

$$k_0^2N^2(z)=k_0^2n^2+\frac{n''}{n}-\frac{2n'^2}{n^2}$$

注意式(3.105)和式(3.109)具有相同的数学形式。因此,通过将 n 改为 N,可以很容易地把 TE 波方程的研究推广为 TM 波方程的研究。

接下来,考虑斜入射到介质上的 TE 平面波的情况(图 3.24)。

$$E_y(x,z)=u(z)\mathrm{e}^{-\mathrm{j}\beta_i x} \tag{3.110}$$

式中:$\beta_i=k_0\sin\theta_i$。那么,式(3.105)变成:

$$\left[\frac{\mathrm{d}^2}{\mathrm{d}z^2}+q^2(z)\right]u(z)=0 \tag{3.111}$$

式中:$q^2(z)=k^2[n^2(z)-\sin^2\theta_i]$。类似地,对于 TM 波,令

$$U(x,z)=u(z)\mathrm{e}^{-\mathrm{j}\beta_i x} \tag{3.112}$$

得到了与式(3.111)相同的方程:

$$q^2(z)=k_0^2[N^2(z)-\sin^2\theta_i] \tag{3.113}$$

在 3.14 节中,将讨论式(3.111)的 WKB 解。

3.14　WKB 方法

一般来说,式(3.111)的精确解只能由少数特殊函数 $q(z)$ 得到。这里考虑式(3.111)

的近似解，称为 WKB 解，以 Wentzel、Kramers 和 Brillouin 命名。有时也会增加 Jeffreys，被称为 WKBJ 方法。

WKB 近似可以认为是渐近展开的第一项。有两种方法可以得到渐近级数。一种方法是将 $u(z)$ 的相位进行级数展开：

$$u(z) = \exp\left(\sum_n \Psi_n\right) \tag{3.114}$$

另一种方法是将 $u(z)$ 的域进行级数展开：

$$u(z) = \sum_n u_n(z) \tag{3.115}$$

第一种方法，即式(3.114)，在关注总相位的情况下使用，而式(3.115)中的方法在识别介质中传播的各种波情况下使用。这两种方法的第一项给出了相同的 WKB 解。

考虑式(3.111)，注意到 q 与波数 k_0 成正比，则 $q(z)=k_0 n_e(z)$，$n_e(z)$ 作为等效折射率。

使用式(3.114)，即所谓的相位积分法：

$$\begin{cases} u(z) = \mathrm{e}^{\Psi(z)} \\ \Psi(z) = \int^z \phi(z)\,\mathrm{d}z \end{cases} \tag{3.116}$$

然后，代入式(3.111)得到：

$$\frac{\mathrm{d}\phi}{\mathrm{d}z} + \phi^2 + k_0^2 n_e^2 = 0 \tag{3.117}$$

式(3.117)是黎卡提(Riccati)一阶非线性微分方程。

一般情况下可以对二阶线性微分方程进行变换：

$$\left[p_0(z)\frac{\mathrm{d}^2}{\mathrm{d}z^2} + p_1(z)\frac{\mathrm{d}}{\mathrm{d}z} + p_2(z)\right]u(z) = 0 \tag{3.118}$$

转化为一阶黎卡提非线性微分方程：

$$u(z) = \mathrm{e}^{\Psi(z)} = \mathrm{e}^{\int Q(z)\phi(z)\mathrm{d}z} \tag{3.119}$$

得到的黎卡提方程为

$$\frac{\mathrm{d}\phi}{\mathrm{d}z} + P(z)\phi + Q(z)\phi^2 = R(z) \tag{3.120}$$

式中：

$$P(z) = \frac{P_1}{P_0} + \frac{1}{Q}\frac{\mathrm{d}Q}{\mathrm{d}z},\quad R(z) = -\frac{P_2}{P_0 Q}$$

对于式(3.111)，$P_0=1$，$P_1=0$，$P_2=q^2$，$Q=1$。

对于式(3.117)，用 k 的逆幂对 ϕ 进行扩展：

$$\phi = \phi_0 k_0 + \phi_1 + \frac{\phi_2}{k_0} + \frac{\phi_3}{k_0^2} + \cdots \tag{3.121}$$

从式(3.117)可以清楚地看出，式(3.121)的第一项与 k_0 成比例。将式(3.121)代入式(3.117)并用 k_0 的逆幂展开式(3.117)，得

$$\frac{\mathrm{d}\phi}{\mathrm{d}z} + \phi^2 + k_0^2 n_e^2 = (\phi_0^2 + n_e^2)k_0^2 + (2\phi_0\phi_1 + \phi_0')k_0 + (\phi_1^2 + 2\phi_0\phi_2 + \phi_1') + (2\phi_1\phi_2 + 2\phi_0\phi_3 + \phi_2')\frac{1}{k_0} + \cdots \tag{3.122}$$

令 k_0 的每一次幂的系数等于0，得到无穷多个方程。前3个是：

$$\begin{cases}\phi_0^2+n_e^2=0\\2\phi_0\phi_1+\phi_0'=0\\\phi_1^2+2\phi_0\phi_2+\phi_1'=0\end{cases}\tag{3.123}$$

由式(3.123)的第一个方程得

$$\phi_0=\pm \mathrm{j}n_e\tag{3.124}$$

由第二个方程，得

$$\phi_1=-\frac{\phi_0'}{2\phi_0}\tag{3.125}$$

因此，解 $u(z)$ 为：

$$u(z)=\mathrm{e}^{\int\phi\mathrm{d}z}=\mathrm{e}^{\int(\phi_0k_0+\phi_1+\cdots)\mathrm{d}z}=\exp\left(\pm\mathrm{j}\int k_0n_e\mathrm{d}z+\int\phi_1\mathrm{d}z+\cdots\right)\tag{3.126}$$

由式(3.125)，得到：

$$\int\phi_1\mathrm{d}z=-\int\frac{\phi'_0}{2\phi_0}\mathrm{d}z=-\frac{1}{2}\ln\phi_0$$

因此，考虑 ϕ_0 和 ϕ_1，得

$$u(z)=\frac{1}{\sqrt{\phi_0}}\exp\left(\pm\mathrm{j}\int k_0n_e\mathrm{d}z\right)$$

式(3.111)的通解是：

$$u(z)=\frac{1}{q^{1/2}}\left(A\mathrm{e}^{-\mathrm{j}\int q\mathrm{d}z}+B\mathrm{e}^{+\mathrm{j}\int q\mathrm{d}z}\right)\tag{3.127}$$

式中：A 和 B 为任意常数，$q=k_0n_e$。$\mathrm{d}u/\mathrm{d}z$ 的导数与上面的近似一致，有

$$\frac{\mathrm{d}u(z)}{\mathrm{d}z}=-\mathrm{j}q^{1/2}\left(A\mathrm{e}^{-\mathrm{j}\int q\mathrm{d}z}-B\mathrm{e}^{+\mathrm{j}\int q\mathrm{d}z}\right)\tag{3.128}$$

由于式(3.127)只保留了 $q^{-1/2}$ 的项，同样，保留式(3.128)中 $q^{1/2}$ 的项。含 $q^{-3/2}$ 的项与 ϕ_2 可以进行比较，但此处不保留。式(3.127)和式(3.128)构成了原式(3.111)的WKB解。

WKB解式(3.127)由沿 $+z$ 方向的波 u_1 和沿 $-z$ 方向的波 u_2 组成。

$$\begin{cases}u_1=\dfrac{1}{q^{1/2}}\mathrm{e}^{-\mathrm{j}\int q\mathrm{d}z}\\[2ex]u_2=\dfrac{1}{q^{1/2}}\mathrm{e}^{+\mathrm{j}\int q\mathrm{d}z}\end{cases}\tag{3.129}$$

u_1 和 u_2 的朗斯基式(Wronskian)为(详见5.5节)：

$$\Delta=u_1u_2'-u_2u_1'=2\mathrm{j}\tag{3.130}$$

接下来，讨论WKB解的有效性的条件。将式(3.129)中的 u_1 代入原式(3.111)，得

$$\left(\frac{\mathrm{d}^2}{\mathrm{d}z^2}+q^2\right)u_1=f\neq0$$

因此，WKB解的有效性范围为

$$|f|\ll|q^2u_1|\tag{3.131}$$

根据 $q=k_0n_e$，式(3.131)为

$$\frac{1}{k_0^2}\left|\frac{3}{4n_e^4}\left(\frac{\mathrm{d}n_e}{\mathrm{d}z}\right)^2-\frac{1}{2n_e^3}\frac{\mathrm{d}^2 n_e}{\mathrm{d}z^2}\right|\ll 1 \tag{3.132}$$

很明显，介质必须是缓慢变化的，但由于对于更高的频率，最好进行高频近似。然而，如果 $q=0$（或 $n_e=0$），WKB 解无效。

接下来，讨论 WKB 解的物理意义。总相位 $\int q\mathrm{d}z$ 为波数 q 沿路径的积分。振幅 $q^{-1/2}$ 使得无损介质中的总功率通量保持恒定。对于标量场 $u(\bar{\boldsymbol{r}})$，实功率通量密度 $\overline{\boldsymbol{F}}(\bar{\boldsymbol{r}})$ 由式(2.134)计算得到。

$$\overline{\boldsymbol{F}}(\bar{\boldsymbol{r}})=\mathrm{Im}[u\,\nabla u^*] \tag{3.133}$$

在 $+z$ 方向上传播的波为 $u(z)=Aq^{-1/2}\exp(-\mathrm{j}\int q\mathrm{d}z)$，因此，对于无损介质（$q$ 为实数），功率通量保持恒定。

$$\overline{\boldsymbol{F}}(z)=|A|^2\hat{\boldsymbol{z}}=\text{常数} \tag{3.134}$$

WKB 解与几何光学近似相同，其中，相位由一个光程函数（Eikonal）方程计算得到，振幅由能量守恒定律计算得到。WKB 解似于雷托夫解（参见附录 16.B）。

3.15 布莱默级数

WKB 解是波的高频级数表示的第一项，适用于高频缓慢变化的非均匀介质中的波。通常很难获得下一项，但重要的是要验证级数的其余部分，修正 WKB 方法并建立级数的收敛性。布莱默级数（Bremmer series）提供了这样一种表示方法（Wait，1962）。

考虑一个场 $u(z)$ 的级数表示：

$$u(z)=\sum_n u_n(z) \tag{3.135}$$

这很简洁，因为每一项都可以用非均质性反射的实际波来表示。布莱默用以下方法完成了这一点。

以 WKB 解的形式求以下微分方程的解。

$$\left(\frac{\mathrm{d}^2}{\mathrm{d}z^2}+q^2\right)u(z)=0 \tag{3.136}$$

令式(3.127)中的 A 和 B 为 z 的函数，并试图找到满足微分方程的 $A(z)$ 和 $B(z)$。

$$u(z)=\frac{1}{q^{1/2}}\left(A(z)\mathrm{e}^{-\mathrm{j}\int q\mathrm{d}z}+B(z)\mathrm{e}^{+\mathrm{j}\int q\mathrm{d}z}\right) \tag{3.137}$$

此外，在 $A(z)$ 和 $B(z)$ 中加条件，使得 $\mathrm{d}u/\mathrm{d}z$ 的导数具有与式(3.128)相同的形式：

$$\frac{\mathrm{d}u(z)}{\mathrm{d}z}=-\mathrm{j}q^{1/2}\left(A(z)\mathrm{e}^{-\mathrm{j}\int q\mathrm{d}z}-B(z)\mathrm{e}^{+\mathrm{j}\int q\mathrm{d}z}\right) \tag{3.138}$$

这就要求：

$$\left(A'-\frac{1}{2}\frac{q'}{q}A\right)\mathrm{e}^{-\mathrm{j}\int q\mathrm{d}z}+\left(B'-\frac{1}{2}\frac{q'}{q}B\right)\mathrm{e}^{+\mathrm{j}\int q\mathrm{d}z}=0 \tag{3.139}$$

将式(3.138)代入式(3.136)，得

$$\left(A'+\frac{1}{2}\frac{q'}{q}A\right)\mathrm{e}^{-\mathrm{j}\int q\mathrm{d}z}+\left(B'+\frac{1}{2}\frac{q'}{q}B\right)\mathrm{e}^{+\mathrm{j}\int q\mathrm{d}z}=0 \tag{3.140}$$

将式(3.139)和式(3.140)改写为①

$$\left(A' - \frac{1}{2}\frac{q'}{q}Be^{+j\int 2q\mathrm{d}z}\right) + \left(B' - \frac{1}{2}\frac{q'}{q}Ae^{-j\int 2q\mathrm{d}z}\right)e^{+j\int 2q\mathrm{d}z} = 0 \tag{3.141}$$

$$\left(A' + \frac{1}{2}\frac{q'}{q}Be^{+j\int 2q\mathrm{d}z}\right) + \left(B' + \frac{1}{2}\frac{q'}{q}Ae^{-j\int 2q\mathrm{d}z}\right)e^{+j\int 2q\mathrm{d}z} = 0 \tag{3.142}$$

加减式(3.141)和式(3.142),得到:

$$A' - \left(\frac{1}{2}\frac{q'}{q}e^{+j\int 2q\mathrm{d}z}\right)B = 0 \tag{3.143}$$

$$B' - \left(\frac{1}{2}\frac{q'}{q}e^{-j\int 2q\mathrm{d}z}\right)A = 0 \tag{3.144}$$

这两个方程构成了两个波 $A(z)$ 和 $B(z)$ 之间的耦合关系,这些耦合取决于介质如何变化。如果介质是一个缓慢变化的函数,则 q'/q,耦合很小。如果耦合很小,可以得到:

$$\begin{cases}\dfrac{1}{2}\dfrac{q'}{q}e^{j\int 2q\mathrm{d}z} = \varepsilon\lambda_1 \\ \dfrac{1}{2}\dfrac{q'}{q}e^{-j\int 2q\mathrm{d}z} = \varepsilon\lambda_2\end{cases} \tag{3.145}$$

式中:ε 是一个小参数,式(3.143)和式(3.144)为

$$\begin{cases}\dfrac{\mathrm{d}A}{\mathrm{d}z} = \varepsilon\lambda_1 B \\ \dfrac{\mathrm{d}B}{\mathrm{d}z} = \varepsilon\lambda_2 A\end{cases} \tag{3.146}$$

接下来,求以下式子的微扰解:

$$\begin{cases}A = A_0 + \varepsilon A_1 + \varepsilon^2 A_2 + \cdots \\ B = B_0 + \varepsilon B_1 + \varepsilon^2 B_2 + \cdots\end{cases} \tag{3.147}$$

将式(3.147)代入式(3.146),令等幂的 ε 相等,得②

$$\begin{cases}\dfrac{\mathrm{d}A_{n+1}}{\mathrm{d}z} = \lambda_1 B_n \\ \dfrac{\mathrm{d}A_0}{\mathrm{d}z} = 0 \\ \dfrac{\mathrm{d}B_{n+1}}{\mathrm{d}z} = \lambda_2 A_n \\ \dfrac{\mathrm{d}B_0}{\mathrm{d}z} = 0\end{cases} \tag{3.148}$$

由此,得到

---

① 译者注:根据公式推导,将式(3.141)和式(3.142)修正为 $\left(A' - \frac{1}{2}\frac{q'}{q}Be^{+j\int 2q\mathrm{d}z}\right) + \left(B' - \frac{1}{2}\frac{q'}{q}Ae^{-j\int 2q\mathrm{d}z}\right)e^{+j\int 2q\mathrm{d}z} = 0$ 和 $\left(A' + \frac{1}{2}\frac{q'}{q}Be^{+j\int 2q\mathrm{d}z}\right) + \left(B' + \frac{1}{2}\frac{q'}{q}Ae^{-j\int 2q\mathrm{d}z}\right)e^{+j\int 2q\mathrm{d}z} = 0$。

② 译者注:根据公式推导,将式(3.148)中第三个式子 λ_1 改为 λ_2。

$$\begin{cases} A_{n+1} = \int_{-\infty}^{z} \lambda_1 B_n \mathrm{d}z, A_0 \text{ 为常数} \\ B_{n+1} = \int_{\infty}^{z} \lambda_2 A_n \mathrm{d}z, B_0 \text{ 为常数} \end{cases} \tag{3.149}$$

选择式(3.149)中的积分极限表示以下的物理含义。首先,写出完整的解:

$$\begin{aligned} u(z) &= \frac{1}{q^{\frac{1}{2}}}[(A_0 + \varepsilon A_1 + \varepsilon^2 A_2 + \cdots)\mathrm{e}^{-\mathrm{j}\int q\mathrm{d}z} + (B_0 + \varepsilon B_1 + \varepsilon^2 B_2 + \cdots)\mathrm{e}^{+\mathrm{j}\int q\mathrm{d}z}] \\ &= u_{0+} + u_{1+} + u_{2+} + u_{3+} + \cdots + u_{0-} + u_{1-} + u_{2-} + u_{3-} + \cdots \end{aligned} \tag{3.150}$$

式中:

$$u_{0+} = \frac{A_0}{q^{1/2}}\mathrm{e}^{-\mathrm{j}\int q\mathrm{d}z}$$

$$u_{0-} = \frac{B_0}{q^{1/2}}\mathrm{e}^{+\mathrm{j}\int q\mathrm{d}z}$$

这是 WKB 解,u_{0+}产生波 u_{1-}:

$$\begin{aligned} u_{1-}(z) &= \frac{\mathrm{e}^{+\mathrm{j}\int q\mathrm{d}z}}{q^{1/2}}\int_{\infty}^{z} \varepsilon\lambda_2 A_0 \mathrm{d}z' \\ &= \frac{1}{q(z)^{1/2}}\int_{\infty}^{z}\frac{1}{2}\frac{q'(z')}{q(z')}A_0 \exp\left(\mathrm{j}\int_{z'}^{z} q\mathrm{d}z'' - \mathrm{j}\int_{z_0}^{z'} q\mathrm{d}z''\right)\mathrm{d}z' \end{aligned} \tag{3.151}$$

这给出了 WKB 解 u_{0+}的第一个修正项。$u_{1-}(z)$生成波 u_{2+}:

$$u_{2+}(z) = \frac{\mathrm{e}^{-\mathrm{j}\int q\mathrm{d}z}}{q^{1/2}}\int_{-\infty}^{z}\varepsilon\lambda_1 \mathrm{d}z' \int_{\infty}^{z'} \varepsilon\lambda_2 A_0 \mathrm{d}z'' \tag{3.152}$$

同理,u_{0-}生成 u_{1+},u_{1+}生成 u_{2-}(图 3.25)。

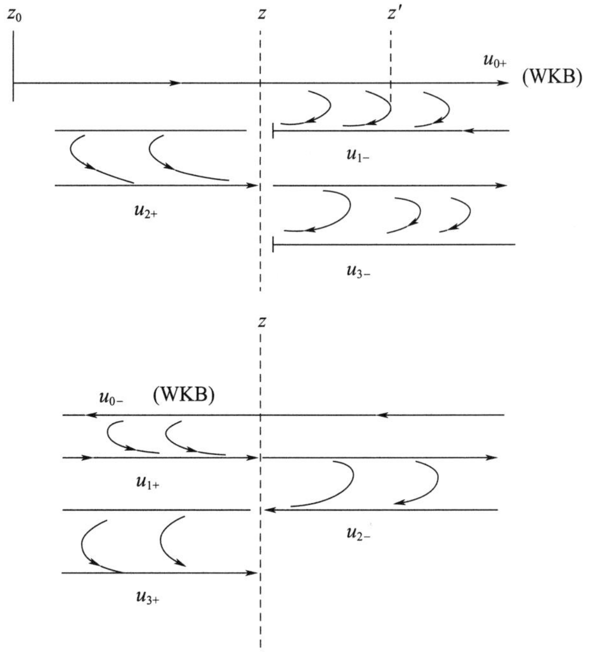

图 3.25　布莱默级数

如果级数收敛,布莱默级数式(3.150)给出了式(3.136)解的完整级数表示。这要求考虑式(3.151)中的 u_{1-},有[①]

$$\left|\int_{\infty}^{z}\left(\frac{1}{2}\frac{q'}{q}\mathrm{e}^{-\mathrm{j}\int 2q\mathrm{d}z}\right)\mathrm{d}z\right| \ll 1 \tag{3.153}$$

指数 $\mathrm{e}^{-\mathrm{j}\int 2q\mathrm{d}z}$ 以近似周期 π/q 振荡。

$$\left|\frac{1}{2}\frac{q'\pi}{q2q}\right| \ll 1 \tag{3.154}$$

因此,如果满足式(3.154),那么式(3.153)在半周期($\pi/2q$)内的积分与下一个半周期的积分相抵消,则式(3.153)近似满足。因此,式(3.154)是WKB解有效的必要条件。

3.16 拐点处的WKB解

显然,WKB解在 $z=z_0$ 附近无效。其中:

$$q(z_0)=0 \tag{3.155}$$

考虑图3.26所示的 $q(z)$ 的轮廓。在 $+z$ 方向上传播的波不能传播到点 z_0 以外,因此,波会被反射回来。这个点称为拐点。

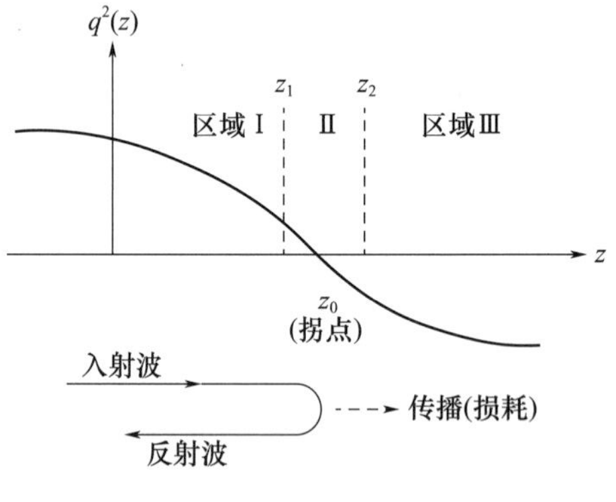

图3.26 拐点

考虑在 z_1 和 z_2 处近似划分三个区域,如图3.26所示。在区域Ⅰ中,适用WKB解,因此,入射波可以写为

$$u_i(z) = \frac{A_0}{q^{1/2}}\mathrm{e}^{-\mathrm{j}\int_0^z q\mathrm{d}z} \tag{3.156}$$

式中:$A_0/q(0)^{1/2}$ 是 $z=0$ 处的振幅。

区域Ⅰ的反射波也可以写成WKB形式,详见附录3。WKB反射波为

$$u_r(z) = \frac{A_0}{q^{1/2}}\mathrm{e}^{-\mathrm{j}\int_0^{z_0}q(z)\mathrm{d}z+\mathrm{j}\int_{z_0}^{z}q(z)\mathrm{d}z+\mathrm{j}\left(\frac{\pi}{2}\right)} \tag{3.157}$$

注意,反射波的相位是 $q(z)$ 从0到 z_0 的积分,然后从 z_0 回到 z,再加上 $\pi/2$ 的相位跳

① 译者注:根据公式推导,将式(3.153)中的 $\int^z$ 更正为 $\int$。

变。因此，除了相位跳变之外，反射波 u_r 的路径就好像 WKB 解适用于 z_0 和小于 z_0 的情况。当然，WKB 解不适用于 z_0 附近，详见附录 3.A，但是拐点对远离拐点的 WKB 解的影响仅是 $\pi/2$ 的相位跳变。

若 q^2 是负的，则透射波是倏逝的。在远离拐点处，WKB 透射波 u_t 的位置为

$$\begin{aligned} u_t(z) &= \frac{A_0}{q^{1/2}}\mathrm{e}^{-\mathrm{j}\int_0^{z_0} q\mathrm{d}z - \mathrm{j}\int_{z_0}^{z} q\mathrm{d}z} \\ &= \frac{A_0 \mathrm{e}^{\mathrm{j}(\pi/4)}}{\alpha(z)^{1/2}}\mathrm{e}^{-\mathrm{j}\int_0^{z_0} q\mathrm{d}z - \int_{z_0}^{z} \alpha\mathrm{d}z} \end{aligned} \tag{3.158}$$

式中：$q(z) = -\mathrm{j}\alpha(z)$。式(3.158)的推导见附录。

3.17　非均匀板中的吸附表面波模式

WKB 方法可以求得非均匀平板中导波模式的传播常数。该方法适用于海洋中的薄膜、梯度折射率光纤(graded - index optical fibers, GRIN)和引导声波。

考虑介电板的折射率 n(或相对介电常数 ε_r)为 z 的函数。

$$\varepsilon_r(z) = n^2(z) \tag{3.159}$$

波 $U(x,z)$ 沿 x 方向传播，求 x 方向的传播常数 β。场 $U(x,z)$ 满足：

$$\left[\frac{\partial^2}{\partial x^2} + \frac{\partial^2}{\partial z^2} + k_0^2 n^2(z)\right]U(x,z) = 0 \tag{3.160}$$

令：

$$U(x,z) = u(z)\mathrm{e}^{-\mathrm{j}\beta x} \tag{3.161}$$

得

$$\left[\frac{\mathrm{d}^2}{\mathrm{d}z^2} + q^2(z)\right]u(z) = 0 \tag{3.162}$$

式中：$q^2(z) = k_0^2 n^2(z) - \beta^2$。折射率曲线 $n(z)$ 在 $z=0$ 附近最大，在 $z=0$ 两侧向下倾斜(图 3.27)。

从 $z=0$ 开始的 WKB 解为

$$u(z) = \frac{A_0}{q^{1/2}}\exp\left[-\mathrm{j}\int_0^{z_2} q\mathrm{d}z + \mathrm{j}\int_{z_2}^{z_1} q\mathrm{d}z - \mathrm{j}\int_{z_1}^{z} q\mathrm{d}z + \mathrm{j}\pi\right] \tag{3.163}$$

拐点 z_1 和 z_2 为 $q_2(z)=0$ 的根。总波在两个拐点 z_1 和 z_2 处反射，包括 $2(\pi/2)$ 的总相位跳变。如果这个波代表导波模式，这个波会在 $z=0$ 处平滑地与波结合。因此，有

$$\exp\left(-\mathrm{j}\int_{z_1}^{z_2} q\mathrm{d}z + \mathrm{j}\int_{z_2}^{z_1} q\mathrm{d}z + \mathrm{j}\pi\right) = 1 \tag{3.164}$$

由此，有

$$\int_{z_1}^{z_2} q(z)\mathrm{d}z = \left(m + \frac{1}{2}\right)\pi \tag{3.165}$$

其中，m 为整数，$q(z) = [k^2 n^2(z) - \beta^2]^{1/2}$，$q(z_1) = q(z_2) = 0$。式(3.165)给出了 $m = 0,1,2,\cdots$时各模式的传播常数 β。由于 WKB 解适用于远离拐点的区域，对于较大的 m，式(3.165)给出了更好的近似。如果折射率受 n_1 和 n_2 的限制，则传播常数 β 也会受到限

制(图 3.28):

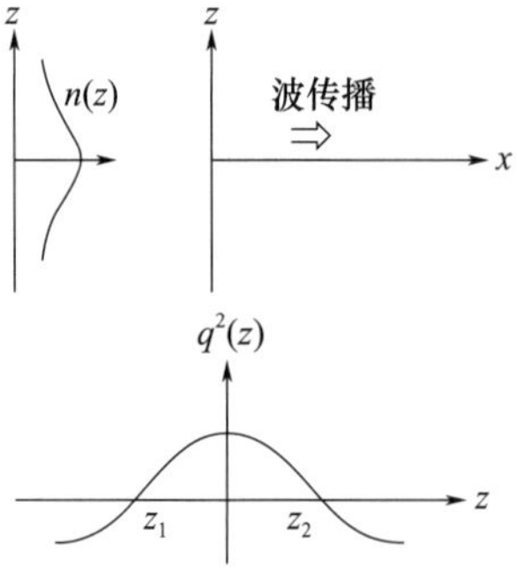

图 3.27　吸附表面波

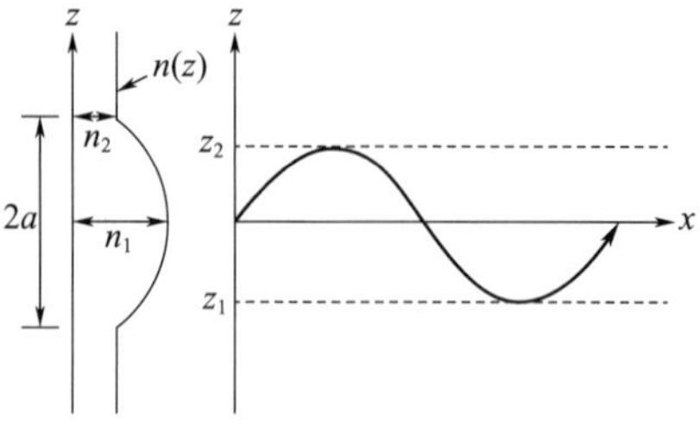

图 3.28　平方律剖面

$$k_0 n_2 < \beta < k_0 n_1 \tag{3.166}$$

举一个平方律剖面的例子。

$$n^2(z) = \begin{cases} n_1^2 \left[1 - 2\left(\dfrac{z}{a}\right)^2 \Delta \right], & |z| < a \\ n_2^2 = n_1^2(1 - 2\Delta), & |z| > a \end{cases} \tag{3.167}$$

式中:

$$\Delta = \frac{n_1^2 - n_2^2}{2n_1^2} \approx \frac{n_1 - n_2}{n_1}$$

式(3.165)中的积分可以得到

$$\beta^2 = k_0^2 n_1^2 \left[1 - \frac{2\sqrt{2\Delta}}{k_0 n_1 a}\left(m + \frac{1}{2}\right) \right] \tag{3.168}$$

式中:m 为整数,拐点 z_1 和 z_2 假定在 $|z| < a$ 区域内(图 3.28)。因此,传播常数 β 受 $k_0 n_2 < \beta < k_0 n_1$ 的限制,WKB 解式(3.165)适用于较大的 m。然而,对于这个平方律剖面,可以证明式(3.168)对有限数量的 $m = 0, 1, 2, \cdots, M$ 能求出精确的传播常数 β。

3.18　特定剖面的介质

通常可以通过使用特定的函数形式来近似介质 $n(z)$ 的剖面,以便得到一个具有已知精确解的方程。此处,讨论一个这样的例子。

许多微分方程都可以转化为贝塞尔微分方程(Jahnkeetal,1960,156 页)。例如:

$$W'' + \left(\beta^2 - \frac{4v^2 - 1}{4z^2}\right) W = 0 \tag{3.169}$$

式(3.169)有一个解:

$$W = \sqrt{z}\, Z_v(\beta z)$$

式中:Z_v 为贝塞尔函数。可以将式(3.111)转换为上面的形式,如果介质剖面为

$$n^2 = a^2 - \frac{b^2}{(z + z_0)^2} \tag{3.170}$$

式中：a，b 和 z_0 为可以任意常数。那么，式(3.111)变成：

$$\left\{\frac{\mathrm{d}^2}{\mathrm{d}z^2}+k^2\left[a^2-\sin^2\theta_i-\frac{b^2}{(z+z_0)^2}\right]\right\}u(z)=0 \tag{3.171}$$

将式(3.171)与式(3.169)进行比较，得到解为

$$u(z)=(z+z_0)^{1/2}Z_v[\beta(z+z_0)] \tag{3.172}$$

式中：$v=\sqrt{k^2b^2+\dfrac{1}{4}}$，$\beta=k\sqrt{a^2-\sin^2\theta_i}$。

贝塞尔函数 Z_v 的选择必须满足边界条件。例如，如果介质延伸到 $z\to\infty$，那么为了满足 $z\to\infty$的辐射条件，则必须有(见式(4.80))：

$$Z_v=H_v^{(2)}[\beta(z+z_0)] \tag{3.173}$$

接下来，计算这种非均匀介质的反射波。

令入射波为

$$E_y^i=E_0\mathrm{e}^{-\mathrm{j}(k\sin\theta_i)x-\mathrm{j}(k\cos\theta_i)z},z<0 \tag{3.174}$$

反射波为

$$E_y^i=RE_0\mathrm{e}^{-\mathrm{j}(k\sin\theta_i)x+\mathrm{j}(k\cos\theta_i)z},z<0 \tag{3.175}$$

透射波由式(3.172)计算得到：

$$E_y^t=TE_0\,(z+z_0)^{1/2}H_v^{(2)}[\beta(z+z_0)]\mathrm{e}^{-\mathrm{j}(k\sin\theta_i)x} \tag{3.176}$$

式中：R 和 T 为待确定的常数。

通过应用边界条件：

$$\begin{cases}E_y^i+E_y^r=E_y^t\\ H_x^i+H_x^r=H_x^t,z=0\end{cases} \tag{3.177}$$

得到①

$$R=\frac{k\cos\theta_i-\mathrm{j}\left[\dfrac{1}{2z_0}+\beta\dfrac{H_v^{(2)\prime}(\beta z_0)}{H_v^{(2)}(\beta z_0)}\right]}{k\cos\theta_i+\mathrm{j}\left[\dfrac{1}{2z_0}+\beta\dfrac{H_v^{(2)\prime}(\beta z_0)}{H_v^{(2)}(\beta z_0)}\right]} \tag{3.178}$$

透射波的振幅 T 为

$$T=\frac{1+R}{z_0^{1/2}H_v^{(2)}(\beta z_0)} \tag{3.179}$$

习　题

3.1　915MHz 的微波法向从空气入射到肌肉($\varepsilon'=51$，$\sigma=1.6$)。计算作为深度函数的比吸收率(specific absorption rate，SAR)，单位为 W/kg。入射功率通量密度为 1mW/cm^2。假设肌肉的密度近似等于水的密度。SAR 为介质单位质量吸收的功率，通常用于生物电磁学。

① 译者注：根据原作者提供的更正说明，将式(3.178)中的$\beta\dfrac{H_v^{(2)\prime}(\beta z_0)}{H_v^{(2)\prime}(\beta z_0)}$更正为$\beta\dfrac{H_v^{(2)\prime}(\beta z_0)}{H_v^{(2)}(\beta z_0)}$。

3.2　考虑 10GHz 的电磁波从空气法向入射到半无限铁磁介质中。相对介电常数 ε_r 为 $2-\mathrm{j}10$。

(a)为了减少反射,介质的磁导率应为多少?

(b)如果波斜入射到(a)中给出的介质上,求解并绘制 TE 和 TM 两种情况下的反射系数作为入射角的函数。

(c)如果在导电表面上放置厚度为 1cm 的介质,法向入射时的反射系数(以 dB 为单位)是多少?

3.3　一束平面无线电波从空气中入射到电离层中,频率为 6MHz,电离层的等离子体频率为 5MHz,碰撞频率可以忽略不计。

(a)计算并绘制 TE 波和 TM 波的反射和透射系数作为入射角的函数。

(b)全反射角和布鲁斯特角的临界角是多少?

(c)讨论边界处的能量守恒问题。无损等离子体(电离层)的相对介电常数为

$$\varepsilon_r = 1 - \frac{\omega_p^2}{\omega^2}$$

式中:$f_p = \omega_p / 2\pi$ 为等离子体频率。

3.4　如图 P3.4 所示,一个 λ_0(自由空间)为 3cm 的 TE 波入射到介电层上。计算每层和总层的 *ABCD* 参数。计算反射系数和透射系数并求出透射角。

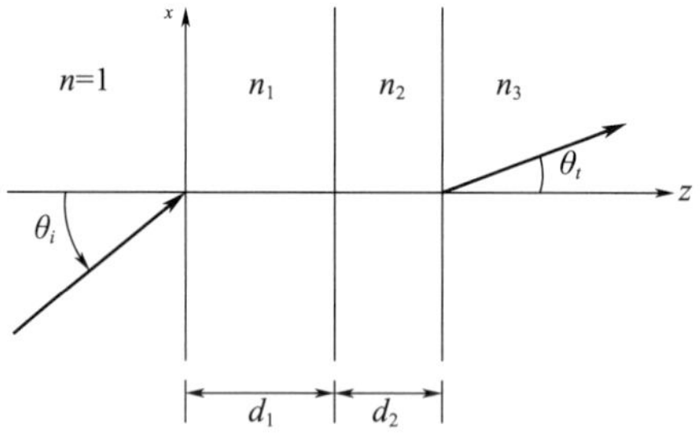

图 P3.4　TE 波入射到一个介电层上

$n_1 = 1.5, n_2 = 2.0, n_3 = 2.5, d_1 = 1\mathrm{cm}, d_2 = 1.5\mathrm{cm}, \theta_i = 30°$

3.5　具有单位功率通量密度的波法向入射到介电薄膜上,如图 P3.5所示。计算以下两种情况下的反射功率和传输功率通量密度作为 $n_2 d/\lambda_0$(自由空间中的 λ_0)的函数($0 \leqslant n_2 d/\lambda_0 \leqslant 1$):

(a)$n_1 = 1, n_2 = 2, n_3 = 4$

(b)$n_1 = 1, n_2 = 3, n_3 = 4$

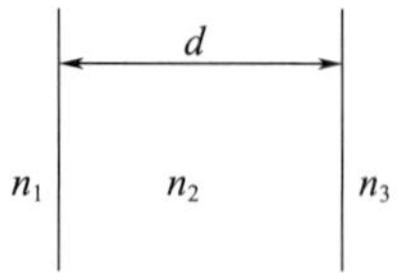

图 P3.5　介电薄膜

3.6　1MHz 的超声波从脂肪($C_0 = 1.44 \times 10^5 \mathrm{cm/s}, \rho_0 = 0.97 \mathrm{g/cm^3}$)入射到肌肉($C_0 = 1.57 \times 10^5, \rho_0 = 1.07$)。假设入射波为平面,边界为平面,计算并绘制入射角的反射系数和透射系数函数。C_0 为声速,ρ_0 为密度。

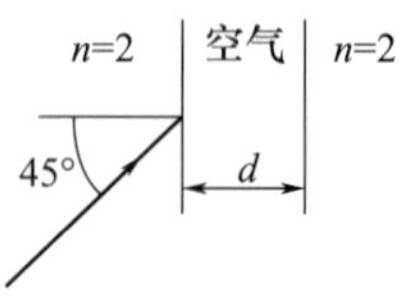

图 P3.7　两个棱镜之间的气隙

3.7　如图 P3.7 所示,一个具有单位功率通量密度的 TE 波入射到两个棱镜之间的空气间隙中。计算空气间隙 d/λ_0 的传输功率

流密度函数。

3.8　考虑沿着位于理想导体上的介电板的 TM 模式。设板的 ε 为 $2.56\varepsilon_0$,波导上方的介质为空气。该板的厚度为 0.5cm。前六种模式下的截止频率是多少？在频率为 30GHz 时,传播模式的传播常数是多少？在频率为 30GHz 时,每种传播模式的板外功率与板内功率的比值是多少？

3.9　吸附表面波可能沿着空气和等离子体之间的界面传播(图 3.21)。如果等离子体频率为 1MHz,求吸附表面波沿界面传播的频率范围。考虑 TM 和 TE 模的情况。当工作频率为 500kHz 时,求传播常数 β、p_0 和 p,如图 3.23 所示。

3.10　计算湿土、干土、淡水和海水在 100kHz 处的浅涅克波的 β、p_0 和 p(表 2.1)。

3.11　用 $\lambda=0.6\mu m$ 计算空气 - 金属银表面上等离子体的 β、p_0 和 p。

3.12　计算当一个在 $0.6\mu m$ 的 TM 波从空气中入射到金属银上时的反射系数,其为关于入射角的函数。

3.13　一个 TE 吸附表面波($E_y\neq 0, E_x=E_z=0$)沿 x 方向传播,其折射率为①

$$n^2(z)=\begin{cases} n_1^2\left(1-2\Delta\left(\dfrac{z}{a}\right)^2\right), & |z|<a \\ n_2^2=n_1^2(1-2\Delta), & |z|>a \end{cases}$$

式中:$n_1=1.48$;$n_2=1.46$;$a=10\mu m$ 和 $\lambda_0=0.82\mu m$。可以存在多少种表面波模式？使用 WKB 方法计算每种模式的传播常数。

① 译者注:根据原作者提供的更正说明,将式中的 $|z|\leqslant a$ 更正为 $|z|>a$。

第 4 章

波导和空腔

在第 3 章中，讨论了波沿层状介质的传播。在本章中，集中讨论空心波导、介质波导以及微波、毫米波和光纤中常用的空腔，提出了这些问题的基本公式和特殊函数的解。波导问题已经在 Montgomery 等(1948)和 Marcuvitz(1951)的文章中进行了广泛讨论；介电波导在 Marcuse(1982)中有所涉及。至于特殊函数，详见 Gradshteyn 和 Ryzhik(1965)，Jahnke 等(1960)，Abramowitz 和 Stegun(1964)，以及 Magnus 和 Oberhettinger(1949)。

4.1 均匀电磁波导

从 2.7 节和 2.9 节中所示的无源区电磁场的一般表达式开始讨论，即电赫兹矢量$\bar{\boldsymbol{\pi}}$和磁赫兹矢量$\bar{\boldsymbol{\pi}}_m$。

$$\begin{cases}\bar{\boldsymbol{E}} = \nabla \times \nabla \times \bar{\boldsymbol{\pi}} - \mathrm{j}\omega\mu\ \nabla \times \bar{\boldsymbol{\pi}}_m \\ \bar{\boldsymbol{H}} = \mathrm{j}\omega\varepsilon\ \nabla \times \bar{\boldsymbol{\pi}} + \nabla \times \nabla \times \bar{\boldsymbol{\pi}}_m\end{cases} \tag{4.1}$$

Stratton(1941 年，第 392 页)已经表明，当 $\bar{\boldsymbol{\pi}}$ 和$\bar{\boldsymbol{\pi}}_m$ 指向一个恒定的方向时，可以由式(4.1)计算出麦克斯韦方程的完全解。

$$\begin{cases}\bar{\boldsymbol{\pi}} = \pi(x,y,z)\hat{\boldsymbol{a}} \\ \bar{\boldsymbol{\pi}}_m = \pi_m(x,y,z)\hat{\boldsymbol{a}}\end{cases} \tag{4.2}$$

如 2.7 节和 2.9 节所述，$\bar{\boldsymbol{\pi}}$和$\bar{\boldsymbol{\pi}}_m$满足标量波方程。

对于一个横截面沿 z 方向均匀的波导(图 4.1)，为了便于计算，令$\bar{\boldsymbol{\pi}} = \pi_z\hat{\boldsymbol{z}}$。可以看到，由$\bar{\boldsymbol{\pi}} = \pi_z\hat{\boldsymbol{z}}$ 产生的场不具有 H_z，即磁场的 z 分量，被称为横向磁(TM)模。它也被称为 E 模，因为这种模式的电场 z 分量 E_z 与 π_z 成正比。同样，由$\bar{\boldsymbol{\pi}}_m = \pi_{mz}\hat{\boldsymbol{z}}$ 产生的场不具有 E_z，被称为横向电(TE)模，也被称为 H 模。TM 和 TE 模分别对应于狄利克雷和诺依曼特征值问题的解。

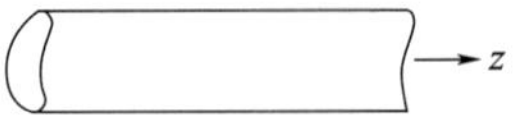

图 4.1　均匀波导

4.2　TM 模或 E 模

TM 模是由$\overline{\boldsymbol{\pi}}=\pi_z\hat{\boldsymbol{z}}$产生的，它满足标量波方程：

$$(\nabla^2+k^2)\pi_z=0 \tag{4.3}$$

式中：k 为波数。如果波导是空心的，则用真空中的光速 c 和波长 λ_0 表示。

$$k=k_0=\frac{\omega}{\mathrm{c}}=\frac{2\pi}{\lambda_0} \tag{4.4}$$

如果波导中充满了折射率为 n 的介质，则有

$$k=k_0 n=\frac{\omega}{\mathrm{c}}n=\frac{2\pi}{\lambda_0}n \tag{4.5}$$

然后，所有的场分量都以 π_z 的形式表示：

$$\overline{\boldsymbol{E}}=\nabla(\nabla\cdot\overline{\boldsymbol{\pi}})+k^2\,\overline{\boldsymbol{\pi}}=\nabla\frac{\partial\pi_z}{\partial z}+k^2\,\overline{\boldsymbol{\pi}} \tag{4.6}$$

$$\overline{\boldsymbol{H}}=\mathrm{j}\omega\varepsilon\,\nabla\times\overline{\boldsymbol{\pi}}=\mathrm{j}\omega\varepsilon\left(\hat{\boldsymbol{z}}\,\frac{\partial}{\partial z}+\nabla_t\right)\times\overline{\boldsymbol{\pi}}=\mathrm{j}\omega\varepsilon(\nabla_t\pi_z\times\hat{\boldsymbol{z}}) \tag{4.7}$$

式中：∇_t为横向平面上的“del”算子，有

$$\nabla_t=\hat{\boldsymbol{x}}\,\frac{\partial}{\partial x}+\hat{\boldsymbol{y}}\,\frac{\partial}{\partial y} \tag{4.8}$$

还要注意，$\overline{\boldsymbol{H}}$是横向于 z 方向的。

考虑一个在 z 方向传播的波的传播常数 β。赫兹向量为

$$\pi_z(x,y,z)=\phi(x,y)\mathrm{e}^{-\mathrm{j}\beta z} \tag{4.9}$$

将其代入式(4.3)，得到

$$\begin{cases}(\nabla_t^2+k_c^2)\phi(x,y)=0\\ \beta^2=k^2-k_c^2\end{cases} \tag{4.10}$$

对于一个给定的波导，k_c 为一个常数，只取决于波导的几何形状。这个常数 k_c 被称为截止波数。一旦知道 k_c，可以由式(4.10)确定给定频率的传播常数 β。

然后由式(4.9)计算出场分量，即式(4.6)和式(4.7)。

$$\begin{cases}E_z=k_c^2\phi(x,y)\mathrm{e}^{-\mathrm{j}\beta z}\\ \overline{\boldsymbol{E}}_t=-\mathrm{j}\beta\,\nabla_t\phi(x,y)\mathrm{e}^{-\mathrm{j}\beta z}\\ H_z=0\\ \overline{\boldsymbol{H}}_t=\dfrac{\hat{\boldsymbol{z}}\times\overline{\boldsymbol{E}}_t}{Z_e}=-\mathrm{j}\omega\varepsilon\hat{\boldsymbol{z}}\times\nabla_t\phi(x,y)\mathrm{e}^{-\mathrm{j}\beta z}\end{cases} \tag{4.11}$$

式中：$Z_e=\beta/\omega\varepsilon$。

上述表述的意义在于，波导问题被简化为求解波导截面上的标量函数 $\phi(x,y)$的标量波方程式(4.10)。另外，从式(4.11)中发现，在横截面上，电场和磁场分布具有相同的形式，只是磁场相较于电场旋转了 90°，电场与磁场的比率为 Z_e。Z_e 为阻抗，被称为波阻抗。

4.3 TE 模或 H 模

TM 模的对偶模式为 TE(横向电)模或 H 模。从磁赫兹矢量 $\boldsymbol{\pi}_m = \pi_{mz}\hat{z}$ 得出,π_{mz} 满足波动方程:

$$(\nabla^2 + k^2)\pi_{mz} = 0 \tag{4.12}$$

对于一个在 z 方向传播的波,传播常数为 β,有

$$\pi_{mz} = \psi(x,y)\mathrm{e}^{-\mathrm{j}\beta z} \tag{4.13}$$

然后,得到 $\psi(x,y)$ 的标量波方程:

$$(\nabla_t^2 + k_c^2)\psi(x,y) = 0 \tag{4.14}$$

一旦知道截止波数 k_c,就可以得到特定频率下的传播常数 β。

$$\beta^2 = k^2 - k_c^2 \tag{4.15}$$

场分量用以下列形式表示,类似于式(4.11)。

$$\begin{cases} H_z = k_c^2\psi(x,y)\mathrm{e}^{-\mathrm{j}\beta z} \\ \overline{\boldsymbol{H}} = -\mathrm{j}\beta\,\nabla_t\psi(x,y)\mathrm{e}^{-\mathrm{j}\beta z} \\ E_z = 0 \\ \overline{\boldsymbol{E}}_t = Z_h(\overline{\boldsymbol{H}}_t \times \hat{z}) = \mathrm{j}\omega\mu\hat{z} \times \nabla_t\psi(x,y)\mathrm{e}^{-\mathrm{j}\beta z} \end{cases} \tag{4.16}$$

式中:Z_h 为波阻抗,有

$$Z_h = \frac{\omega\mu}{\beta}$$

注意,如果波导是空的,$k = k_0$,但如果波导填充了折射率为 n 的介质,$k = k_0 n$。

完全导电壁的边界条件是,切向电场必须为零。对于 TM 模有

$$\begin{cases} E_z = 0 \\ \overline{\boldsymbol{E}}_t \times \hat{\boldsymbol{n}} = 0 \end{cases} \tag{4.17}$$

式中:n 为指向边界的单位向量(图 4.2)。从式(4.11)可得,第一个条件要求在壁上 $k_c = 0$ 或 $\phi(x,y) = 0$。如果 $k_c = 0$,E_z 以及 H_z 在波导的所有点上都是零,因此,这是横向电磁模(transverse electromagnetic mode,TEM)。稍后将证明,TEM 模不能存在于单壁的波导内。因此,对于 TM 模,有 $k_c \neq 0$ 和

$$\phi(x,y) = 0,\text{在壁上} \tag{4.18}$$

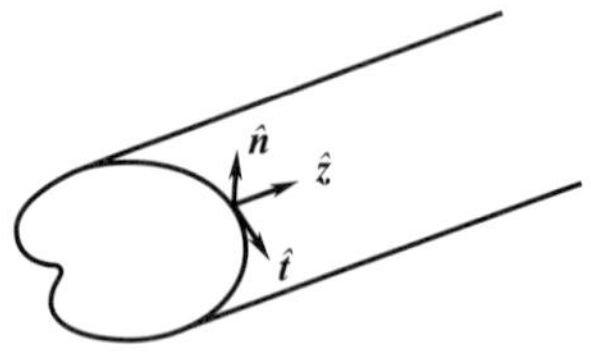

图 4.2　三个正交的单位向量,$\hat{\boldsymbol{n}}$,$\hat{\boldsymbol{t}}$ 和 $\hat{z}$,$\hat{\boldsymbol{n}}$ 垂直于壁,$\hat{\boldsymbol{t}}$ 与壁相切并横向于 $\hat{z}$

如果满足式(4.18),则可以证明 $\overline{\boldsymbol{E}}_t \times \hat{\boldsymbol{n}}$ 在壁上也是零。为了证明这一点,令 $\overline{\boldsymbol{E}}_t = (\overline{\boldsymbol{E}}_t \cdot \hat{\boldsymbol{n}})\hat{\boldsymbol{n}} + (\overline{\boldsymbol{E}}_t \cdot \hat{\boldsymbol{t}})\hat{\boldsymbol{t}}$,其中,$\hat{\boldsymbol{t}}$ 为与壁相切的单位矢量,$\hat{\boldsymbol{n}}$ 为壁的单位法线矢量(图 4.2)。

然后，$\overline{\boldsymbol{E}}_t\times\hat{\boldsymbol{n}}=-(\overline{\boldsymbol{E}}_t\cdot\hat{\boldsymbol{t}})\hat{\boldsymbol{z}}$，但$(\overline{\boldsymbol{E}}_t\cdot\hat{\boldsymbol{t}})$等于式(4.11)中的$-\mathrm{j}\beta(\partial)/(\partial t)\phi(x,y)\mathrm{e}^{-\mathrm{j}\beta z}$，其中，$\partial/\partial t$为在$\hat{\boldsymbol{t}}$方向的导数。如果$\phi(x,y)$在壁上$=0$，那么$\partial/(\partial t)\phi$也是零。因此，$\overline{\boldsymbol{E}}_t\times\hat{\boldsymbol{n}}=0$。

对于 TE 模，边界条件是$\overline{\boldsymbol{E}}_t\times\hat{\boldsymbol{n}}=0$。由式(4.16)可以认为这个条件等同于：

$$\frac{\partial\psi}{\partial n}=0,\text{在壁上}\tag{4.19}$$

这两个边界条件，式(4.18)和式(4.19)，分别被称为狄利克雷条件和诺依曼条件。在学术研究和工程研究的许多分支中，经常会遇到带有这些边界条件的边界值问题。

4.4　特征函数和特征值

如式(4.10)所示，对于 TM 模，问题简化为满足以下公式的函数$\phi(x,y)$和常数k_c，即

$$(\nabla_t^2+k_c^2)\phi(x,y)=0$$

在波导的横截面上，边界条件为

$$\phi(x,y)=0,\text{在边界处}\tag{4.20}$$

同样，对于 TE 模，从式(4.19)中可得

$$\begin{cases}(\nabla_t^2+k_c^2)\psi(x,y)=0\\ \dfrac{\partial\psi}{\partial n}=0,\text{在边界处}\end{cases}\tag{4.21}$$

满足式(4.20)或式(4.21)的函数$\phi(x,y)$或$\psi(x,y)$称为特征函数，k_c称为特征值。因此，求解电磁波在具有完全导电壁的均匀波导中的传播问题就简化为对二维狄利克雷或诺依曼问题式(4.20)或式(4.21)求特征函数和特征值的问题，一旦得到k_c，传播常数β由以下公式计算得到：

$$\beta=(k^2-k_c^2)^{1/2}\tag{4.22}$$

一般来说，为了满足式(4.20)或式(4.21)，特征值k_c不能是一个无序数，且只能取特定值。有一个无限大的离散的特征值。举一个例子，考虑一个边长为a和b的矩形波导(图 4.3)。特征函数$\phi(x,y)$满足波动方程：

$$\left(\frac{\partial}{\partial x^2}+\frac{\partial}{\partial y^2}+k_c^2\right)\phi(x,y)=0\tag{4.23}$$

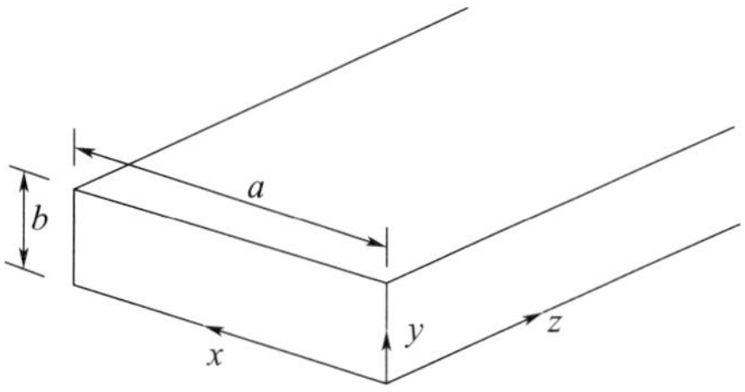

图 4.3　矩形波导

边界条件为

$$\phi(x,y)=0,\text{在 }x=0\text{ 和 }a\text{ 处，且在 }y=0\text{ 和 }b\text{ 处}\tag{4.24}$$

方程式(4.23)和式(4.24)可以通过假设$\phi(x,y)$是x的函数$X(x)$和y的函数$Y(y)$

的乘积来求解。这种方法称为分离变量法，只适用于边界与坐标系重合的情况（Morse 和 Feshbach，1953，第 656 页）①，表达式为

$$\phi(x,y)=X(x)Y(y) \tag{4.25}$$

将其代入式(4.23)并将所得方程乘以$[X(x)Y(y)]^{-1}$，得到

$$\frac{X''}{X}+\frac{Y''}{Y}+k_c^2=0 \tag{4.26}$$

式中：″表示二阶导数。由于第一项只取决于 x，第二项只取决于 y，所以只有当第一项和第二项分别为常数时，式(4.26)才能对任意的 x 和 y 成立，并且该常数与 k_c^2 的总和等于零。设这两个常数为 $-k_x^2$ 和 $-k_y^2$。那么有

$$\begin{cases}\left(\dfrac{d^2}{dx^2}+k_x^2\right)X(x)=0\\ \left(\dfrac{d^2}{dy^2}+k_y^2\right)Y(y)=0\end{cases} \tag{4.27}$$

式中：$k_x^2+k_y^2=k_c^2$。由于式(4.27)中的每一个都是二阶微分方程，$X(x)$由两个独立解的线性组合表示。

$$X(x)=A\sin k_x x+B\cos k_x x \tag{4.28}$$

式中：A 和 B 为常数。现在，应用边界条件，即 $X(0)=X(a)=0$。这使 $B=0$，$\sin k_x a=0$，得到

$$k_x=\frac{m\pi}{a},m=1,2,3,\cdots,\infty \tag{4.29}$$

选取 A 令 $X(x)$满足以下归一化条件：

$$\int_0^a X(x)^2 dx=1 \tag{4.30}$$

得出 $A=(2/a)^{1/2}$。

同样地，归一化的 $Y(y)$为

$$Y(y)=\left(\frac{2}{b}\right)^{1/2}\sin k_y y \tag{4.31}$$

式中：

$$k_y=\frac{n\pi}{b},n=1,2,3,\cdots,\infty$$

由于特征值 k_c 取决于 m 和 n，即 $k_c=k_{mn}$。由式(4.27)得到

$$k_{mn}^2=\left(\frac{m\pi}{a}\right)^2+\left(\frac{n\pi}{b}\right)^2 \tag{4.32}$$

式中：$m=1,2,3,\cdots,\infty$、$n=1,2,3,\cdots,\infty$。对于给定的 m 和 n，相应的归一化特征函数 $\phi(x,y)=\phi_{mn}(x,y)$计算如下

$$\phi_{mn}(x,y)=\frac{2}{\sqrt{ab}}\sin\frac{m\pi x}{a}\sin\frac{n\pi y}{b} \tag{4.33}$$

① 译者注：根据原作者提供的更正说明，增加参考文献引用。

4.5 闭合区域中特征函数的一般性质

正如4.4节所讨论的,由于只需要考虑波导的横截面积,波导问题是一个二维特征函数问题。对于空腔谐振器,因为需要考虑体积中的波,所以是一个三维特征函数问题。在这两种情况下,考虑的是被边界完全包围的区域,该区域不延伸到无穷大,称为封闭区域。如果边界的一部分延伸到无限远,则为开放区域。

考虑式(4.20)和式(4.21)所定义的封闭区域内特征函数的一般性质。在4.4节中,存在一组双重无限数量的特征函数和相应的特征值 k_{mn}。

$$\phi_{mn}, m=0,1,\cdots\infty, n=0,1,\cdots\infty \tag{4.34}$$

特征函数 ϕ_{mn} 满足以下波动方程以及边界条件:

$$(\nabla_t^2+k_{mn}^2)\phi_{mn}=0 \tag{4.35}$$

边界条件可以是以下两种类型中的一种①:

$$\phi_{mn}=0, \text{狄利克雷条件} \tag{4.36}$$

$$\frac{\partial\phi_{mn}}{\partial n}=0, \text{诺依曼条件} \tag{4.37}$$

考虑特征函数的一般属性。

(1) ϕ_{mn} 彼此是正交的,特征函数 ϕ_{mn} 满足正交条件:

$$\int_a \phi_{mn}\phi_{m'n'}\mathrm{d}a = N_{mn}\delta_{mm'}\delta_{nn'} \tag{4.38}$$

式中:左边为横截面积 a 上的表面积分,$\delta_{mm'}$ 为克罗内克(Kronecker)符号 δ,定义为

$$\delta_{mm'}=\begin{cases}1, m=m'\\0, m\neq m'\end{cases} \tag{4.39}$$

归一化系数 N_{mn} 为

$$N_{mn} = \int_a \phi_{mn}^2\mathrm{d}a \tag{4.40}$$

为了证明式(4.38),首先:

$$\begin{cases}(\nabla_t^2+k_{mn}^2)\phi_{mn}=0\\(\nabla_t^2+k_{m'n'}^2)\phi_{m'n'}=0\end{cases} \tag{4.41}$$

第一个方程乘以 $\phi_{m'n'}$,第二个方程乘以 ϕ_{mn},然后相减得

$$\phi_{m'n'}\nabla_t^2\phi_{mn}-\phi_{mn}\nabla_t^2\phi_{m'n'}=(k_{m'n'}^2-k_{mn}^2)\phi_{mn}\phi_{m'n'} \tag{4.42}$$

对式(4.42)的两边积分,注意到格林第二等式(见附录4.A):

$$\int_a(u\nabla_t^2v-v\nabla_t^2u)\mathrm{d}a = \int_l\left(u\frac{\partial v}{\partial n}-v\frac{\partial u}{\partial n}\right)\mathrm{d}l \tag{4.43}$$

式中:$\partial/\partial n$ 为沿 a 向外的法向导数,得

$$\int_l\left(\phi_{m'n'}\frac{\partial\phi_{mn}}{\partial n}-\phi_{mn}\frac{\partial\phi_{m'n'}}{\partial n}\right)\mathrm{d}l = (k_{m'n'}^2-k_{mn}^2)\int_a\phi_{m'n'}\phi_{mn}\mathrm{d}a \tag{4.44}$$

---

① 译者注:根据公式推导,将式(4.37)中的 δn 更正为 ∂n。

由于 ϕ_{mn} 和 $\phi_{m'n'}$ 满足狄利克雷或诺依曼边界条件，左边的积分为零，得

$$(k_{m'n'}^2 - k_{mn}^2)\int \phi_{m'n'}\phi_{mn}\mathrm{d}a = 0 \tag{4.45}$$

因此，若 $m \neq m'$，$n \neq n'$，$k_{m'n'} \neq k_{mn}$，则积分必须为零，证得正交性（式(4.38)）。

(2) ϕ_n 形成一个完备集，因此，任何连续函数 $f(\bar{\boldsymbol{r}})$ 都可以用特征函数的级数展开，写为

$$f(\bar{\boldsymbol{r}}) = \sum_m^{\infty}\sum_n^{\infty} A_{mn}\phi_{mn}(\bar{\boldsymbol{r}}) \tag{4.46}$$

式中：$\bar{\boldsymbol{r}} = x\hat{\boldsymbol{x}} + y\hat{\boldsymbol{y}}$。式(4.46)的两边乘以 $\phi_{mn}(\bar{\boldsymbol{r}})$ 并在横截面上积分可得到 A_{mn}。

$$A_{mn} = \frac{\int_a f(\bar{\boldsymbol{r}})\phi_{mn}(\bar{\boldsymbol{r}})\mathrm{d}a}{\int_a \phi_{mn}(\bar{\boldsymbol{r}})^2\mathrm{d}a} \tag{4.47}$$

特别地，函数 $\delta(\bar{\boldsymbol{r}} - \bar{\boldsymbol{r}}')$ 可用特征函数的级数展开：

$$\delta(\bar{\boldsymbol{r}} - \bar{\boldsymbol{r}}') = \sum_m^{\infty}\sum_n^{\infty} \frac{\phi_{mn}(\bar{\boldsymbol{r}})\phi_{mn}(\bar{\boldsymbol{r}}')}{\int_a \phi_{mn}(\bar{\boldsymbol{r}})^2\mathrm{d}a} \tag{4.48}$$

举一个例子，考虑具有狄利克雷边界条件的矩形波导，如式(4.23)和式(4.24)所示。特征函数 $\phi_{mn}(x,y)$ 由式(4.33)计算得到，因此有

$$\delta(\bar{\boldsymbol{r}} - \bar{\boldsymbol{r}}') = \sum_{m=1}^{\infty}\sum_{n=1}^{\infty} \frac{4}{ab}\sin\frac{m\pi x}{a}\sin\frac{m\pi x'}{a}\sin\frac{n\pi y}{b}\sin\frac{n\pi y'}{b} \tag{4.49}$$

式中：$\bar{\boldsymbol{r}} = x\hat{\boldsymbol{x}} + y\hat{\boldsymbol{y}}$，$\bar{\boldsymbol{r}}' = x'\hat{\boldsymbol{x}} + y'\hat{\boldsymbol{y}}$。

(3) 对于狄利克雷和诺依曼边界条件来说 k_{mn}^2 是实数。为了证明这一点，首先给出 $\phi_{mn}(\bar{\boldsymbol{r}})$ 和其复共轭 $\phi_{mn}^*(\bar{\boldsymbol{r}})$：

$$\begin{aligned}(\nabla_t^2 + k_{mn}^2)\phi_{mn}(\bar{\boldsymbol{r}}) &= 0\\ (\nabla_t^2 + k_{mn}^{*2})\phi_{mn}^*(\bar{\boldsymbol{r}}) &= 0\end{aligned} \tag{4.50}$$

利用格林第二等式(4.43)，令 $u = \phi_{mn}$，$v = \phi_{mn}^*$，得①

$$(k_{mn}^2 - k_{mn}^{*2})\int_a \phi_{mn}^*\phi_{mn}\mathrm{d}a = \int_l\left(\phi_{mn}\frac{\partial\phi_{mn}^*}{\partial n} - \phi_{mn}^*\frac{\partial\phi_{mn}}{\partial n}\right)\mathrm{d}l \tag{4.51}$$

由边界条件可得右侧为零。因此，$k_{mn}^2 = k_{mn}^{*2}$，k_{mn}^2 为实数。

此外，可以证明 k_{mn}^2 不仅为实数，而且是正数。首先，回顾格林第一等式：

$$\int_a (\nabla_t v \cdot \nabla_t u + u\,\nabla_t^2 v)\mathrm{d}a = \int_l u\frac{\partial v}{\partial n}\mathrm{d}l \tag{4.52}$$

令 $u = v = \phi_{mn}$，且

$$\nabla^2\phi_{mn} = -k_{mn}^2\phi_{mn} \tag{4.53}$$

---

① 译者注：根据公式推导，将式(4.51)中的 $\int_a \phi_{mn}\phi_{mn}\mathrm{d}a$ 更正为 $\int_a \phi_{mn}^*\phi_{mn}\mathrm{d}a$。

得

$$k_{mn}^2=\frac{\int_a \nabla_t\phi_{mn}\cdot\nabla_t\phi_{mn}\mathrm{d}a}{\int_a \phi_{mn}\mathrm{d}a} \tag{4.54}$$

式(4.54)中的所有积分都是正实数，因此，k_{mn}^2 也是正实数。将式(4.54)改写为

$$k_{mn}^2=\frac{\int_a \phi_{mn}(-\nabla_t^2\phi_{mn})\mathrm{d}a}{\int_a \phi_{mn}^2\mathrm{d}a} \tag{4.55}$$

方程式(4.54)和式(4.55)将在后面用于复数截面的波导的数值解。

4.6　$k-\beta$ 图、相位和群速度

接下来，讨论空心波导的情况。一旦确定了特征值 k_c，传播常数 β 就可以表示为

$$\beta=(k^2-k_c^2)^{1/2} \tag{4.56}$$

特征值 k_c 只取决于波导的几何形状，被称为截止波数。它与截止波长 λ_c 以及截止频率 f_c 的关系如下：

$$k_c=\frac{\omega_c}{c}=\frac{2\pi f_c}{c}=\frac{2\pi}{\lambda_c} \tag{4.57}$$

当工作频率高于截止频率时，β 为实数，波的形式为 $\exp(-\mathrm{j}\beta z)$，表现为波的传播。另一方面，如果工作频率低于截止频率，波变成倏逝波，波的衰减为 $\exp(-\alpha z)$，其中，$\alpha=(k_c^2-k^2)^{1/2}$ 为实数。

传播常数 β 和衰减常数 α 的频率特性通常用 $k-\beta$ 图表示。对于波导的情况，$k-\beta$ 图为双曲线。此外，衰减常数 α 也可以在同一图中显示为一个圆（图4.4）。

相速度 V_p 为

$$V_p=\frac{\omega}{\beta}\text{或}\frac{V_p}{c}=\frac{k}{\beta} \tag{4.58}$$

如果 $k<\beta$，$V_p<c$，则称其为慢波；如果 $k>\beta$，则称其为快波。从 $k-\beta$ 图（图4.5）可以看出，波导模式是快波。

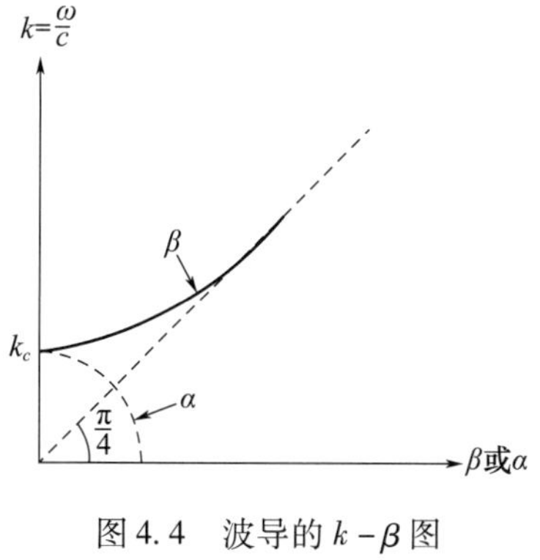

图4.4　波导的 $k-\beta$ 图

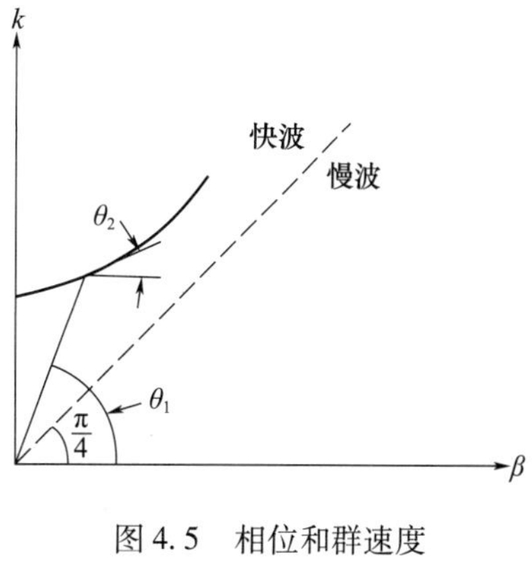

图4.5　相位和群速度

在 $k-\beta$ 图中连接原点和工作点的直线的斜率为相对相速度(V_p/c)。

$$\frac{V_p}{c}=\tan\theta_1 \tag{4.59}$$

群速度 V_g 为

$$V_g=\frac{\mathrm{d}\omega}{\mathrm{d}\beta} \tag{4.60}$$

其归一化形式为

$$\frac{V_g}{c}=\frac{\mathrm{d}k}{\mathrm{d}\beta}$$

因此,相对群速度由 $k-\beta$ 曲线的工作点的斜率表示为

$$\frac{V_g}{\mathrm{c}}=\tan\theta_2 \tag{4.61}$$

很明显,对于波导问题,此波是快波,且

$$V_pV_g=c^2 \tag{4.62}$$

注意,此关系式(4.62)只对式(4.56)中给出的传播常数形式有效,对于其他波导,如介电导板不成立。

群速度 V_g 是由调制信号的包络所代表的信号传播的速度,也代表能量传输的速度。在某些情况下,相速度和群速度方向可以相反(图 4.6),被称为后向波。相反,当相位和群速度指向同一方向时,被称为前向波。后向波在诸如后向波管和对数周期天线等应用中非常重要。

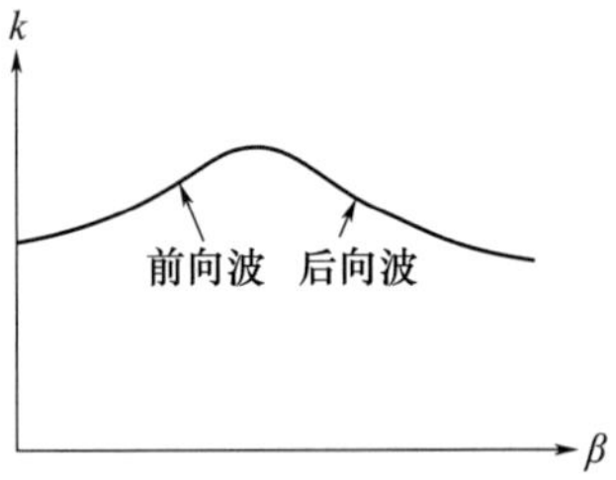

图 4.6　前向波和后向波

如果波导中充满了折射率为 n 的介质,式(4.56)中的波数 k 就变成了 $k=k_0n=(\omega/c)n$。如果折射率 n 是恒定的,式(4.56)~式(4.62)中的光速 c 应改为 c/n,即介质中的光速。对于色散介质,$n=n(\omega)$,如果用 c/n 代替 c,则式(4.56)~式(4.61)是成立的,但式(4.62)不成立。

4.7　矩形波导

接下来,讨论边长为 a 和 b 的矩形波导中的 TM 模的情况(图 4.3)。如 4.4 节所述,对于 TM 模,有归一化的特征函数:

$$\phi_{mn}(x,y)=\frac{2}{\sqrt{ab}}\sin\frac{m\pi x}{a}\sin\frac{n\pi y}{b} \tag{4.63}$$

此外,还有特征值:

$$k_{mn}^2=\left(\frac{m\pi}{a}\right)^2+\left(\frac{n\pi}{b}\right)^2$$

式中:$m=1,2,3,\cdots$;$n=1,2,3,\cdots$。这种模式被称为 TM_{mn} 模或 E_{mn} 模。传播常数 β_{mn} 为

$$\beta_{mn} = (k^2 - k_{mn}^2)^{1/2} \tag{4.64}$$

对应于具有一定功率的特定波的实际赫兹矢量,有①

$$\pi_z(x,y,z) = A_0\phi_{mn}(x,y)\mathrm{e}^{-\mathrm{j}\beta z} \tag{4.65}$$

式中:A_0 为常数,场分量由式(4.6)和式(4.7)计算得到。

当频率高于截止点时,通过波导传播的总功率为

$$\begin{aligned} P &= \int_0^a \mathrm{d}x \int_0^b \mathrm{d}y \, \frac{1}{2}\overline{\boldsymbol{E}} \times \overline{\boldsymbol{H}}^* \cdot \hat{\boldsymbol{z}} = \int_0^a \mathrm{d}x \int_0^b \mathrm{d}y \, \frac{|\overline{\boldsymbol{E}}|^2}{2Z_e} \\ &= \frac{|A_0|^2\beta_{mn}^2}{2Z_e}\left[\left(\frac{m}{a}\right)^2 + \left(\frac{n}{b}\right)^2\right]\left(\frac{\pi^2 ab}{4}\right) \end{aligned} \tag{4.66}$$

类似地,可以由归一化特征函数表示 TE 模:

$$\psi_{mn}(x,y) = \frac{2}{\sqrt{ab}}\cos\frac{m\pi x}{a}\cos\frac{n\pi y}{b} \tag{4.67}$$

式中:$m=1,2,3,\cdots,\infty$;$n=1,2,3,\cdots,\infty$。但必须排除 $m=n=0$ 的情况,因为这会导致零场。若 $m=0$ 或 $n=0$,则归一化常数为$\sqrt{2}/\sqrt{ab}$。特征值 k_{mn}^2 与 TM 情况相同,被称为 TE_{mn}(或 H_{mn})模。

接下来,讨论一个重要的特例——TE_{10}模。这种模式通常具有最低的截止频率,是大多数微波波导使用的基本模式,可以得到以下场分量:

$$\begin{cases} E_y = E_0 \sin\dfrac{\pi x}{a}\mathrm{e}^{-\mathrm{j}\beta z} \\ H_x = -\dfrac{E_0}{Z_h}\sin\dfrac{\pi x}{a}\mathrm{e}^{-\mathrm{j}\beta z} \\ H_z = \dfrac{\mathrm{j}k_c E_0}{\beta Z_h}\cos\dfrac{\pi x}{a}\mathrm{e}^{-\mathrm{j}\beta z} \\ \beta = \left[k^2 - \left(\dfrac{\pi}{a}\right)^2\right]^{1/2} \end{cases} \tag{4.68}$$

通过波导传播的总功率为

$$P = \frac{|E_0|^2 ab}{4Z_h} \tag{4.69}$$

截断波长为 $\lambda_c = 2a$,如果波导是空腔,截断频率为$f_c = \mathrm{c}/2a$。介质的相对介电常数为 ε_r,截止频率为$f_c = \mathrm{c}/2a\,(\varepsilon_r)^{1/2}$。

一般来说,在一个波导中可能存在许多传播和衰减模式。因此,波导中完全通用的电磁场应包括所有可能的 TM 和 TE 模,可以表示为

$$\begin{cases} \overline{\boldsymbol{E}} = \nabla(\nabla \cdot \overline{\boldsymbol{\pi}}) + k^2\overline{\boldsymbol{\pi}} - \mathrm{j}\omega\mu\,\nabla \times \overline{\boldsymbol{\pi}}_m \\ \overline{\boldsymbol{H}} = \mathrm{j}\omega\varepsilon\,\nabla \times \overline{\boldsymbol{\pi}} + \nabla(\nabla \cdot \overline{\boldsymbol{\pi}}_m) + k^2\,\overline{\boldsymbol{\pi}}_m \end{cases} \tag{4.70}$$

① 译者注:根据公式推导,将式(4.65)中的 $\mathrm{e}_{mn}^{-\mathrm{j}\beta z}$更正为 $\mathrm{e}^{-\mathrm{j}\beta z}$。

式中：

$$\begin{cases}\bar{\boldsymbol{\pi}} = \hat{z}\sum_{m,n} A_{mn}\phi_{mn}(x,y)\mathrm{e}^{-\mathrm{j}\beta_{mn}z} \\ \bar{\boldsymbol{\pi}}_m = \hat{z}\sum_{m,n} B_{mn}\psi_{mn}(x,y)\mathrm{e}^{-\mathrm{j}\beta_{mn}z}\end{cases} \tag{4.71}$$

式中：A_{mn}和B_{mn}为常数，代表每种模的数量。

在直角坐标系中，式(4.70)可以写为

$$\begin{cases}E_z = \left(\dfrac{\partial^2}{\partial z^2} + k^2\right)\pi_z \\ E_x = \dfrac{\partial^2}{\partial x \partial z}\pi_z - \mathrm{j}\omega\mu\dfrac{\partial}{\partial y}\pi_{mz} \\ E_y = \dfrac{\partial^2}{\partial y \partial z}\pi_z + \mathrm{j}\omega\mu\dfrac{\partial}{\partial x}\pi_{mz} \\ H_z = \left(\dfrac{\partial^2}{\partial z^2} + k^2\right)\pi_{mz} \\ H_x = \mathrm{j}\omega\varepsilon\dfrac{\partial}{\partial y}\pi_z + \dfrac{\partial^2}{\partial x \partial z}\pi_{mz}\end{cases} \tag{4.72}$$

4.8 圆柱形波导

在柱坐标系中表示一个 TM 模为

$$\pi_z(\rho,\phi,z) = \phi(\rho,\phi)\mathrm{e}^{-\mathrm{j}\beta z} \tag{4.73}$$

式中：特征函数$\phi(\rho,\phi)$满足波动方程为

$$\left[\frac{1}{\rho}\frac{\partial}{\partial\rho}\left(\rho\frac{\partial}{\partial\rho}\right) + \frac{1}{\rho^2}\frac{\partial^2}{\partial\phi^2} + k_c^2\right]\phi(\rho,\phi) = 0 \tag{4.74}$$

利用分离变量法写为

$$\phi(\rho,\phi) = X_1(\rho)X_2(\phi) \tag{4.75}$$

得到：

$$\left[\frac{1}{\rho}\frac{\mathrm{d}}{\mathrm{d}\rho}\left(\rho\frac{\mathrm{d}}{\mathrm{d}\rho}\right) + k_c^2 - \frac{v^2}{\rho^2}\right]X_1(\rho) = 0 \tag{4.76}$$

$$\left(\frac{\mathrm{d}^2}{\mathrm{d}\phi^2} + v^2\right)X_2(\phi) = 0 \tag{4.77}$$

方程式(4.76)和式(4.77)是二阶常微分方程，通解是两个独立解的线性组合。

首先，从式(4.77)得到：

$$X_2(\phi) = c_1\sin v\phi + c_2\cos v\phi \tag{4.78}$$

式中：c_1 和 c_2 为常数。

式(4.76)是贝塞尔微分方程，通解为

$$X_1(\rho) = c_3J_v(k_c\rho) + c_4N_v(k_c\rho) \tag{4.79}$$

式中：J_v，N_v 分别被称为贝塞尔函数和诺依曼函数。有时也使用第一类汉开尔函数 $H_v^{(1)}$ 和第二类汉开尔函数 $H_v^{(2)}$：

$$X_1(\rho)=c_5H_v^{(1)}(k_c\rho)+c_6H_v^{(2)}(k_c\rho) \tag{4.80}$$

汉开尔函数与贝塞尔函数和诺依曼函数的关系如下(见附录 4. B):

$$\begin{cases}H_v^{(1)}=J_v+\mathrm{j}N_v\\H_v^{(2)}=J_v-\mathrm{j}N_v\end{cases} \tag{4.81}$$

赫兹矢量的一般解由式(4. 73)计算得到,传播常数 $\beta=(k^2-k_c^2)^{1/2}$。同样,对于 TE 模,磁赫兹矢量 $\pi_m=\psi e^{-j\beta z}$满足相同的方程,见式(4. 74)。

考虑一个在半径为 a 的圆形波导中传播的 TM 模(图 4. 7)。首先,注意到场必须是 ϕ 的周期为 2π 的函数,因此,$X_2(\phi)$为 $\sin n\phi$ 或 $\cos n\phi$,其中,n 为整数。$X_1(\rho)$由式(4. 79)和 $J_n(k_c\rho)$,$N_n(k_c\rho)$计算得到,但 $N_n(k_c\rho)$随着$\rho\to0$发散。因此,只有 $J_n(k_c\rho)$是可行的。则

$$\pi_z(\rho,\phi,z)=A_0J_n(k_c\rho)\cos n\phi e^{-j\beta z} \tag{4.82}$$

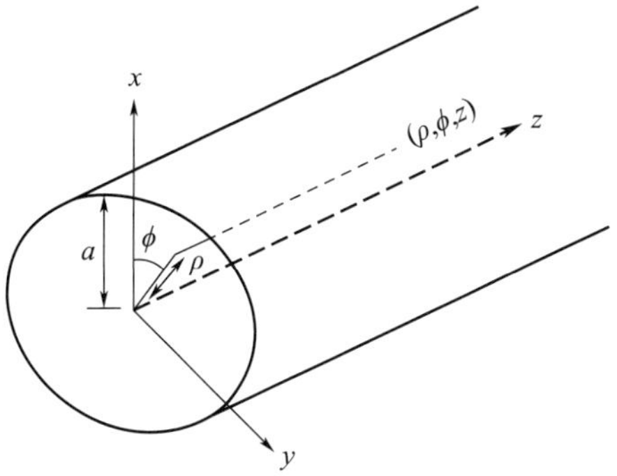

图 4. 7　圆柱形波导

这里使用 $\cos n\phi$,因为 $\sin n\phi$ 给出的场分布除了围绕 z 轴的旋转外是相同的。在 $\rho=a$ 处的边界条件,要求:

$$J_n(k_ca)=0 \tag{4.83}$$

这就使得有无限多的特征值 k_c。

$$J_n(\chi_{nl})=0 \tag{4.84}$$

利用上述方程的根χ_{nl},将 k_c 表示为

$$k_{nl}=\frac{\chi_{nl}}{a},l=1,2,3,\cdots \tag{4.85}$$

传播常数β为

$$\beta=(k^2-k_{nl}^2)^{1/2} \tag{4.86}$$

对于每个 k_{nl},场由式(4. 82)中的特征函数计算得到,这被称为TM_{nl}模。同样地,对于TE_{nl}模有:

$$\pi_{mz}(\rho,\phi,z)=B_0J_n(k_{nl}\rho)\cos n\phi e^{-j\beta z} \tag{4.87}$$

式中:k_{nl}由下式计算得到:

$$J_n'(k_{nl}a)=0 \tag{4.88}$$

表 4. 1 展示了式(4. 84)和式(4. 88)的一部分根。

注意,如式(4. 38)所示,所有的特征函数都是正交的。对于圆柱形波导,有以下正交条件:

$$\int_0^a J_n(k_{nl}\rho)J_n(k_{nl'}\rho)\rho\mathrm{d}\rho = \begin{cases} 0, l \neq l' \\ N_{nl}^2, l = l' \end{cases} \tag{4.89}$$

表 4.1　贝塞尔函数的根

l	N			
	0	1	2	3
$J_n(x_{nl})=0$ 的根				
1	2.405	3.832	5.136	6.380
2	5.520	7.016	8.417	9.761
3	8.654	10.173	11.620	13.015
$J_n'(x_{nl})=0$ 的根				
1	3.832	1.841	3.054	4.201
2	7.016	5.331	6.706	8.015
3	10.173	8.563	9.969	11.346

TM 情况下的常数 N_{nl}^2 为

$$N_{nl}^2 = \frac{a^2}{2}[J_n'(k_{nl}a)]^2 \tag{4.90}$$

对于 TE 情况（Abramowitz 和 Stegun，1964，第 485 页）：

$$N_{nl}^2 = \frac{1}{2k_{nl}^2}(k_{nl}^2 a^2 - n^2)[J_n(k_{nl}a)]^2 \tag{4.91}$$

如果横截面是一个扇形（图 4.8），场不是 ϕ 的周期性函数，因此，不能使用 $\sin n\phi$ 和 $\cos n\phi$。对于 TM 模，有

$$\phi(\rho,\phi) = J_v(k_c\rho)(c_1 \sin v\phi + c_2 \cos v\phi) \tag{4.92}$$

为了满足狄利克雷边界条件，令

$$\phi(\rho,\phi) = 0，在\ \phi = 0\ 和\ \phi = a\ 处 \tag{4.93}$$

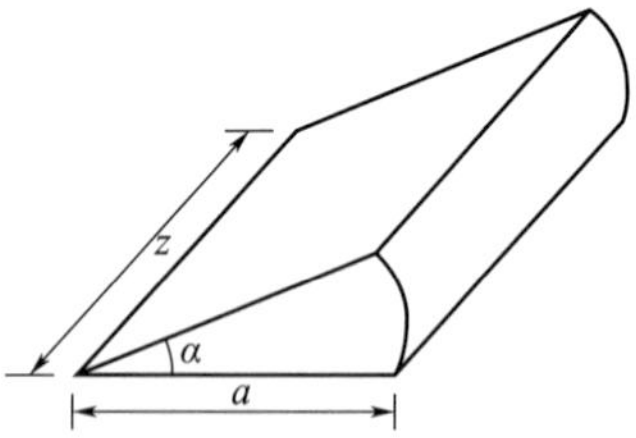

图 4.8　扇形波导

得到 $c_2 = 0, v = n\pi/\alpha$。因此，得

$$\begin{cases} \pi_z = \phi(\rho,\phi)\mathrm{e}^{-\mathrm{j}\beta z} \\ \phi(\rho,\phi) = A_0 J_{n\pi/\alpha}(k_{nl}\rho)\sin\dfrac{n\pi}{\alpha}\phi, \quad n = 1,2,3,\cdots \end{cases} \tag{4.94}$$

式中：特征值 k_{nl} 为①

$$J_{n\pi/\alpha}(k_{nl}a) = 0 \tag{4.95}$$

同样地，TE 模为

$$\begin{cases} \pi_{mz} = \psi(\rho,\phi)\mathrm{e}^{-\mathrm{j}\beta z} \\ \psi(\rho,\phi) = B_0 J_{n\pi/\alpha}(k_{nl}\rho)\cos\dfrac{n\pi}{\alpha}\phi, \quad n = 0,1,2,\cdots \end{cases} \tag{4.96a}$$

式中：特征值 k_{nl} 为

① 译者注：根据公式推导，将式(4.95)中的 $J_{np/\alpha}$ 更正为 $J_{n\pi/\alpha}$。

$$J'_{n\pi/\alpha}(k_{nl}a)=0 \tag{4.96b}$$

柱坐标系中的一般电磁场表示为

$$\begin{cases} E_z=\left(\dfrac{\partial^2}{\partial z^2}+k^2\right)\pi_z \\ E_\rho=\dfrac{\partial^2}{\partial\rho\partial z}\pi_z-\mathrm{j}\omega\mu\dfrac{1}{\rho}\dfrac{\partial}{\partial\phi}\pi_{mz} \\ E_\phi=\dfrac{1}{\rho}\dfrac{\partial^2}{\partial\phi\partial z}\pi_z+\mathrm{j}\omega\mu\dfrac{\partial}{\partial\rho}\pi_{mz} \\ H_z=\left(\dfrac{\partial^2}{\partial z^2}+k^2\right)\pi_{mz} \\ H_\rho=\mathrm{j}\omega\varepsilon\dfrac{1}{\rho}\dfrac{\partial}{\partial\phi}\pi_z+\dfrac{\partial^2}{\partial\rho\partial z}\pi_{mz} \\ H_\phi=-\mathrm{j}\omega\varepsilon\dfrac{\partial}{\partial\rho}\pi_z+\dfrac{1}{\rho}\dfrac{\partial^2}{\partial\phi\partial z}\pi_{mz} \end{cases} \tag{4.97}$$

式中：

$$\begin{cases} \pi_z=A_0\phi(\rho,\phi) \\ \pi_{mz}=B_0\psi(\rho,\phi) \end{cases}$$

而 ϕ 和 ψ 由 $X_1(\rho)X_2(\phi)$ 计算得到，如式(4.75)所示。

4.9 TEM 模

一个中空波导，其横截面被单壁包围，只能传播 TE 和 TM 模，不支持 TEM 模的传播。然而，由两面壁组成的波导，如同轴线和两根金属线，可以支持 TEM 模以及 TE 和 TM 模(图4.9)。由于 TEM 模意味着 $E_z=0, H_z=0$，从式(4.11)和式(4.16)得到：

$$k_c=0 \tag{4.98}$$

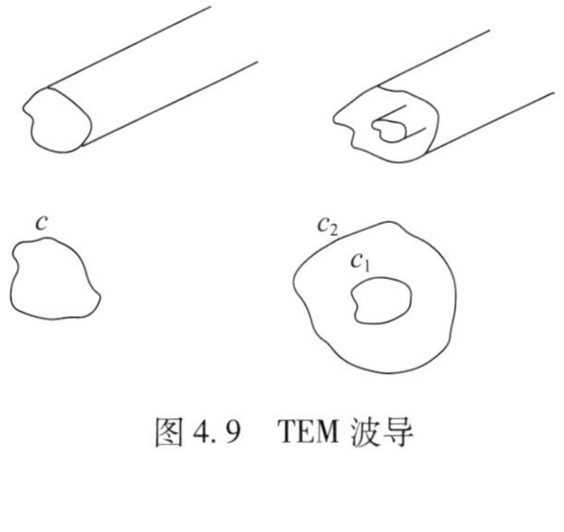

图4.9 TEM 波导

由此可以得到：

$$\beta=(k^2-k_c^2)^{1/2}=k \tag{4.99}$$

因此，TEM 模的传播常数等于自由空间的传播常数。同时，$k_c=0$，ϕ 和 ψ 满足拉普拉斯方程：

$$\begin{cases} \nabla^2\phi=0 \\ \nabla^2\psi=0 \end{cases} \tag{4.100}$$

如果波导是空心的，被单壁封闭，那么拉普拉斯方程的解与狄利克雷或诺依曼的边界条件都恒为零或为常数，因此，从式(4.11)和式(4.16)来看，场恒为零。

如果波导由两个表面组成，电势 ϕ 在一个表面 c_1 上可以是常数 $\phi=\phi_1$，在另一表面 c_2 上可以是不同的常数 $\phi=\phi_2$，并且解存在。TEM 模由拉普拉斯方程式(4.100)的解表示，在 c_1 上 $\phi(x,y)=\phi_1$，在 c_2 上 $\phi(x,y)=\phi_2$。在式(4.11)中，令 $V=\mathrm{j}k\phi$，则得到：

$$\begin{cases}\overline{\boldsymbol{E}}_t(x,y,z)=-\nabla V(x,y)\mathrm{e}^{-\mathrm{j}kz}\\ \overline{\boldsymbol{H}}_t=\dfrac{1}{\eta}\hat{z}\times\overline{\boldsymbol{E}}_t\\ \nabla^2V=0\end{cases}\tag{4.101}$$

注意，$V(x,y)$满足拉普拉斯方程，与二维静电势函数相同，而电场分布$\overline{\boldsymbol{E}}_t$与静电场相同。

4.10 脉冲在波导中的色散

中空波导的传播常数β由$\beta=(k^2-k_c^2)^{1/2}$计算得到，其中，$k=\omega/\mathrm{c}$。如果$\beta=k=\omega/\mathrm{c}$，相速度和群速度是相同的，当脉冲传播时，所有的频率分量以相同的速度传播，脉冲形状不会失真。然而，当β是一个更普遍的频率函数时，脉冲的不同频率分量以不同的速度传播，导致波形失真。相速度随频率的变化称为色散。为了计算输出波形，首先对输入进行傅里叶变换，将其乘以传递函数，然后进行傅里叶逆变换。

在许多实际问题中，脉冲以载波频率为中心频率的调制波的形式输入。在这一节中，首先介绍了在色散波导中调制脉冲的一般表述，然后给出了一个近似的、有用的解，以解决脉冲在这种波导中的展宽问题。

接下来，讨论矩形波导中的 TE_{10}模式。假设在 $z=0$ 处，E_y 以载波频率为 ω 的调制波的形式表示。

$$E_y(0,t)=A(t)\cos[\omega_0t+\phi(t)]=\mathrm{Re}[u_0(t)\mathrm{e}^{\mathrm{j}\omega_0t}]\tag{4.102}$$

式中：$A(t)$和 $\phi(t)$为缓慢变化的振幅和相位，$u_0(t)$为在 $z=0$ 处计算的复数包络 $u(z,t)$，以及 $u_0=A\exp(\mathrm{j}\phi)$。复数包络 $u(z,t)$与解析信号 $u_a=u\exp(\mathrm{j}\omega_0t)$有关(Born 和 Wolf，1970)。在式(4.102)中，E_y 在波导中的变化 $\sin(\pi x/a)$与 z 和 t 无关，且包含在 $A(t)$中。

首先，用傅里叶积分表示 $z=0$ 处的解析信号 $u_a(0,t)$为

$$u_a(0,t)=u_0(t)\mathrm{e}^{\mathrm{j}\omega_0t}=\frac{1}{2\pi}\int U_a(\omega)\mathrm{e}^{\mathrm{j}\omega t}\mathrm{d}\omega\tag{4.103}$$

因此，傅里叶分量 U_a 为

$$U_a(\omega)=\int u_0(t)\mathrm{e}^{\mathrm{j}\omega_0t-\mathrm{j}\omega t}\mathrm{d}t=U(\omega-\omega_0)\tag{4.104}$$

式中：$U(\omega')$为复数包络的傅里叶变换。

$$U(\omega')=\int u_0(t)\mathrm{e}^{-\mathrm{j}\omega't}\mathrm{d}t\tag{4.105}$$

式(4.104)表明，调制脉冲的傅里叶分量是由以载波频率为中心的复数包络的傅里叶分量给出。

在 $z\neq0$ 处的每个傅里叶分量都满足波动方程，其传播特性由与 $\exp(-\mathrm{j}\beta z)$ 相关的项表示。因此，将所有的频率分量相加，$z\neq0$ 处的场为

$$E_y(z,t) = \mathrm{Re}\left[\frac{1}{2\pi}\int U(\omega-\omega_0)\mathrm{e}^{\mathrm{j}\omega t-\mathrm{j}\beta z}\mathrm{d}\omega\right] \tag{4.106}$$

$E_y(z,t)$为波在色散波导中传播的一般表达式。注意，式(4.106)相当于拉普拉斯逆变换($\mathrm{j}\omega=s$)，因此，对于一般瞬态问题的积分计算需要通过以 ω 为复变量来详细研究复平面内的积分。

接下来，考虑一个更简单的特殊情况，当脉冲是窄带的，$\beta(\omega)$为一个缓慢变化的关于 ω 的函数。由于 $\omega-\omega_0\ll\omega_0$，用泰勒级数展开指数，并保留其前3项。

$$\beta(\omega)=\beta(\omega_0)+(\omega-\omega_0)\left.\frac{\partial\beta}{\partial\omega}\right|_{\omega_0}+\frac{1}{2}(\omega-\omega_0)^2\left.\frac{\partial^2\beta}{\partial\omega^2}\right|_{\omega_0} \tag{4.107}$$

将其代入式(4.106)，得到

$$\begin{cases}E_y(z,t) = \mathrm{Re}[u(z,t)\mathrm{e}^{\mathrm{j}\omega_0 t}]\\ u(z,t) = \dfrac{1}{2\pi}\displaystyle\int U(\omega')\exp\left[-\mathrm{j}\beta(\omega_0)z+\mathrm{j}\omega'(t-t_0)-\mathrm{j}\frac{\omega'^2}{2}\frac{\partial^2\beta}{\partial\omega^2}z\right]\mathrm{d}\omega'\end{cases} \tag{4.108}$$

式中：

$$t_0=z\frac{\partial\beta}{\partial\omega}\text{，在 }\omega_0\text{ 处计算}\frac{\partial^2\beta}{\partial\omega^2} \tag{4.109}$$

一般来说，有损波导的传播常数 $\beta(\omega)$为复数，因此，t_0 也为复数，其物理意义很难确定。然而，对于无损波导来说，t_0 的含义是很明确的。如果 $t_0=(z/V_g)$，则 $V_g=(\partial\beta/\partial\omega)^{-1}$。对于无损导波来说是实数，称为群速度，代表信号的速度。t_0 称为群延迟，$t_0=\partial\beta/\partial\omega=V_g^{-1}$ ①被称为比群延迟(单位距离的群延迟)。

式(4.109)第二项的指数中包含 $\partial^2\beta/\partial\omega^2$ 代表了脉冲的展宽。如果这项小得可以忽略不计，那么场量表示为②

$$E_y(z,t)=\mathrm{Re}[u_0(t-t_0)\mathrm{e}^{\mathrm{j}\omega_0 t-\mathrm{j}\beta(\omega_0)z}] \tag{4.110}$$

这表明，在这种情况下，如果介质是无损的，波的传播没有失真，以群速度传播。

下面讨论一个例子。输入脉冲具有高斯包络：

$$E_y(0,t)=A_0\exp\left(-\frac{t^2}{T_0^2}\right)\cos\omega_0 t \tag{4.111}$$

那么在 $z=0$ 处的复数包络为

$$u_0(t)=A_0\exp\left(-\frac{t^2}{T_0^2}\right) \tag{4.112}$$

$u_0(t)$的傅里叶变换为

$$U(\omega')=A_0(\pi)^{1/2}T_0\exp\left(-\frac{T_0^2\omega'^2}{4}\right) \tag{4.113}$$

将其代入式(4.108)，得到：

---

① 译者注：根据公式推导，将式中的 $\hat{t}_0$ 更正为 t_0。

② 译者注：根据公式推导，将式(4.110)中的 $\mathrm{e}^{\mathrm{j}\omega_0 t-\mathrm{j}b(w_0)z}$ 更正为 $\mathrm{e}^{\mathrm{j}\omega_0 t-\mathrm{j}\beta(\omega_0)z}$。

$$u(z,t)=\frac{A_0 e^{-j\beta(\omega_0)z}}{(1+jS/T_0)^{1/2}}\exp\left[-\frac{(t-t_0)^2(1-jS/T_0)}{T_0^2+S^2}\right] \tag{4.114}$$

式中：$S=(2/T_0)(\partial^2\beta/\partial\omega^2)|_{\omega_0}z$，注意，脉冲宽度从初值 T_0 拓宽为

$$T=(T_0^2+S^2)^{1/2} \tag{4.115}$$

通过分析无损波导的情况，可以得到 S 的物理意义。注意，群延迟由 $t_0=(\partial\beta/\partial\omega)z$ 计算得到，S 可以写成 $\Delta\omega\partial t_0/\partial\omega$，其中，$\Delta\omega=(2/T_0)$ 为 $z=0$ 处高斯脉冲的带宽。$\partial t_0/\partial\omega$ 为单位频率的群延迟，因此，S 为脉冲所有的频率分量引起的总群延迟。在某些情况下，脉冲拓宽参数 S 用自由空间波长 $\lambda_0=2\pi/k_0$ 表示。注意：

$$\begin{cases}\omega\lambda_0=2\pi c\\ \dfrac{\Delta\omega}{\omega}=-\dfrac{\Delta\lambda_0}{\lambda_0}\end{cases} \tag{4.116}$$

得到：

$$|S|=\left|\Delta\omega\frac{\partial t_0}{\partial\omega}\right|=\left|\Delta\lambda_0\frac{\partial t_0}{\partial\lambda_0}\right| \tag{4.117}$$

单位距离上的脉冲展宽 $|\hat{S}|$ 为

$$|\hat{S}|=\Delta\hat{\tau}=\left|\Delta\lambda_0\frac{\partial\hat{\tau}}{\partial\lambda_0}\right| \tag{4.118}$$

例如，在光纤中，脉冲展宽通常由 $|\partial\hat{\tau}/\partial\lambda_0|$ 表示，单位为(ns (km)$^{-1}$(nm)$^{-1}$)，当乘以 $\Delta\lambda$(源带宽为 nm)时，它给出以纳秒为单位的每千米光纤的传播 $|\hat{S}|$。$D=\partial\hat{\tau}/\partial\lambda_0$ 被称为分散性参数或简称分散性。

对于传播常数为 $\beta=[k^2-(\pi/a)^2]^{1/2}$ 的 TE_{10} 模式，得到比群延迟 $\hat{\tau}$(单位长度波导的群延迟)。

$$\hat{\tau}=\frac{\partial\beta}{\partial\omega}=\frac{\omega}{\beta c^2} \tag{4.119}$$

当脉冲带宽在 $z=0$ 处为 $\Delta\omega$，单位长度的波导脉冲宽幅 $\hat{S}$ 为

$$|\hat{S}|=\Delta\hat{\tau}=\left|\Delta\omega\frac{\partial\hat{\tau}}{\partial\omega}\right|=\left|\Delta\lambda_0\frac{\partial\hat{\tau}}{\partial\lambda_0}\right|=\left|\Delta\omega\frac{(\pi/a)^2}{c^2\beta^3}\right| \tag{4.120}$$

在载波频率为 ω_0 的条件下计算式(4.119)和式(4.120)中的传播常数 β。

4.11 阶跃型光纤

光通信的常用光纤分为阶跃型光纤和渐变型光纤。阶跃型光纤由折射率为 n_1 的圆形中心芯体和折射率为 n_2 的周围包层组成。渐变型光纤(graded - index fiber, GRIN)，其芯体的折射率变化缓慢(图 4.10)。这一节将研究波沿阶跃型光纤的传播特性。从 3.11 节可以看出，为了满足沿纤芯的吸附表面波的传播条件，纤芯的折射率必须高于包层的折射率。在上述分析中，假设包层延伸到无穷远，由于包层中的波在径向上是指数衰减的，包层的外部边界对传播特性影响不大(Marcuse,1982)。

考虑一个沿半径为 a 的介电圆柱体传播的波的情况(图 4.11)。4.1 节表明，一般的

电磁场由TM和TE模组成。对于TM模,磁场是横跨一个固定的方向,用一个单位矢量 $\hat{\boldsymbol{a}}$ 来表示。对于TE模,电场都是横向于 $\hat{\boldsymbol{a}}$。所有的TE模可以由磁赫兹矢量 $\overline{\boldsymbol{\pi}}_m = \pi_m \hat{\boldsymbol{a}}$ 得到,而所有TM模可以由电赫兹矢量 $\overline{\boldsymbol{\pi}} = \pi\hat{\boldsymbol{a}}$ 得到,π_m 和 π 满足标量波方程。对于圆柱形的几何形状 (ρ,ϕ,z),取 $\hat{\boldsymbol{a}} = \hat{z}$,写成 $\overline{\boldsymbol{\pi}} = \pi_z\hat{z}$ 和 $\overline{\boldsymbol{\pi}}_m = \pi_{mz}\hat{z}$。标量波方程的解由贝塞尔函数 $Z_n(p\rho)$ 与 $\exp(\pm jn\phi)$ 和 $\exp(\pm j\beta z)$ 的乘积表示,其中,p 和 β 为常数,并满足条件 $p^2+\beta^2=k^2$(见4.8节)。

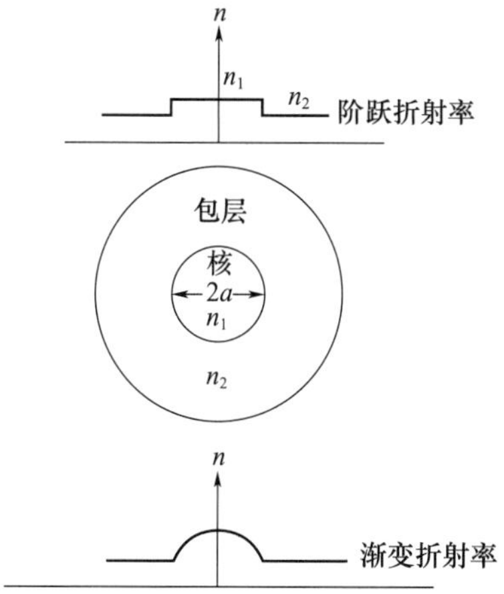

图4.10 阶跃型和渐变型光纤

一般来说,对于介质波导,TE和TM模是耦合的,除了方位角不变的情况($\partial/\partial\phi=0$),两者都需要满足边界条件。TM和TE模的赫兹势为

$$\begin{cases}\pi_z = AJ_n(p_1\rho)\mathrm{e}^{-jn\phi-j\beta z}\\ \pi_{mz} = BJ_n(p_1\rho)\mathrm{e}^{-jn\phi-j\beta z}\end{cases},当\rho<a$$
$$\begin{cases}\pi_z = CK_n(\alpha_2\rho)\mathrm{e}^{-jn\phi-j\beta z}\\ \pi_{mz} = DK_n(\alpha_2\rho)\mathrm{e}^{-jn\phi-j\beta z}\end{cases},当\rho>a \tag{4.121}$$

式中:

$$p_1^2+\beta^2=k_0^2n_1^2$$
$$\alpha_2^2=\beta^2-k_0^2n_2^2=k_0^2(n_1^2-n_2^2)-p_1^2$$

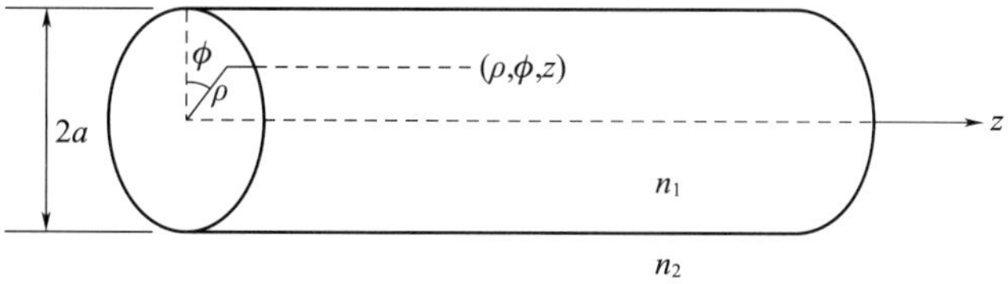

图4.11 圆柱形光纤

注意,对于 $\rho<a$,使用 $K_n(\alpha_2\rho)$,也可以使用 $H_n^{(2)}(p_2\rho)$,其中,$p_2^2+\beta^2=k_0^2n_2^2$。然而,要求吸附表面波的解,则 β 必须是实数且大于 k_0n^2。因此,$p_2^2=k_0^2n_2^2-\beta^2$ 是负的,即 p_2 为纯虚数。因此,对于 $z=\alpha_2\rho=jp_2\rho$,使用修正的贝塞尔函数 $K_n(z)$ 更为方便,有

$$K_n(z) = -\frac{\pi \mathrm{j}}{2}\mathrm{e}^{-\mathrm{j}n(\pi/2)}H_n^{(2)}(-\mathrm{j}z) \tag{4.122}$$

修正的贝塞尔函数在 $\rho\to\infty$ 时呈现出指数衰减。

$$K_n(z) \sim \left(\frac{\pi}{2z}\right)^{1/2}\mathrm{e}^{-z}, 当\ z\to\infty \tag{4.123}$$

接下来,考虑边界条件,E_z, E_ϕ, H_z, H_ϕ 在 $\rho = a$ 处连续①。

$$\begin{cases} E_z = \left(\dfrac{\partial^2}{\partial z^2} + k^2\right)\pi_z \\ E_\phi = \dfrac{1}{\rho}\dfrac{\partial^2}{\partial\phi\partial z}\pi_z + \mathrm{j}\omega\mu\dfrac{\partial}{\partial\rho}\pi_{mz} \\ H_z = 0 \\ H_\phi = -\mathrm{j}\omega\varepsilon\dfrac{\partial}{\partial\rho}\pi_z + \dfrac{1}{\rho}\dfrac{\partial^2}{\partial z^2}\pi_{mz} \end{cases} \tag{4.124}$$

式中:在内部有 $k = k_0 n_1, \varepsilon = \varepsilon_1$;在外部有 $k = k_0 n_2, \varepsilon = \varepsilon_2$。利用 E_z, H_z 在 $\rho = a$ 处的连续性,得到:

$$\begin{cases} p_1^2 A J_n(p_1 a) = -\alpha_2^2 C K_n(\alpha_2 a) \\ p_1^2 B J_n(p_1 a) = -\alpha_2^2 D K_n(\alpha_2 a) \end{cases} \tag{4.125}$$

这使得比率为 $A/C = B/D$,利用这一点,化简式(4.121)为

$$\begin{cases} \pi_z = \dfrac{A_0}{p_1^2}\dfrac{J_n(p_1\rho)}{J_n(p_1 a)}\mathrm{e}^{-\mathrm{j}n\phi-\mathrm{j}\beta z} \\ \pi_{mz} = \dfrac{B_0}{p_1^2}\dfrac{J_n(p_1\rho)}{J_n(p_1 a)}\mathrm{e}^{-\mathrm{j}n\phi-\mathrm{j}\beta z} \end{cases}, 当\ \rho < a$$

$$\begin{cases} \pi_z = \dfrac{(-A_0)}{\alpha_2^2}\dfrac{K_n(\alpha_2\rho)}{K_n(\alpha_2 a)}\mathrm{e}^{-\mathrm{j}n\phi-\mathrm{j}\beta z} \\ \pi_{mz} = \dfrac{(-B_0)}{\alpha_2^2}\dfrac{K_n(\alpha_2\rho)}{K_n(\alpha_2 a)}\mathrm{e}^{-\mathrm{j}n\phi-\mathrm{j}\beta z} \end{cases}, 当\ \rho > a \tag{4.126}$$

式中:A_0、B_0 为常数。

应用边界条件,即 E_ϕ、H_ϕ 必须在 $\rho = a$ 处连续,得到:

$$\left[\frac{n_1^2}{u_1}\frac{J_n'(u_1)}{J_n(u_1)} + \frac{n_2^2}{u_2}\frac{K_n'(u_2)}{K_n(u_2)}\right]\left[\frac{1}{u_1}\frac{J_n'(u_1)}{J_n(u_1)} + \frac{1}{u_2}\frac{K_n'(u_2)}{K_n(u_2)}\right] = \left(\frac{n\beta}{k_0}\right)^2\left(\frac{1}{u_1^2} + \frac{1}{u_2^2}\right)^2 \tag{4.127}$$

式中:$u_1 = p_1, u_2 = \alpha_2 a, u_2^2 = V^2 - u_1^2, V^2 = k_0^2 a^2(n_1^2 - n_2^2)$。

注意,只有当 $n = 0$ 时,式(4.127)才可以分离成对应于 TM 和 TE 模的两个方程。但一般情况下,TM 和 TE 模是混合的,称为混合模式,并根据 TM 或 TE 模的主导地位,命名为 EH_{nm} 或 HE_{nm} 模。HE_{11} 模是唯一没有低频截止的模式,通常被称为 HE_{11} 偶极子模式。这相当于介电板上具有最低频率的 TM 模式(图 4.12)。

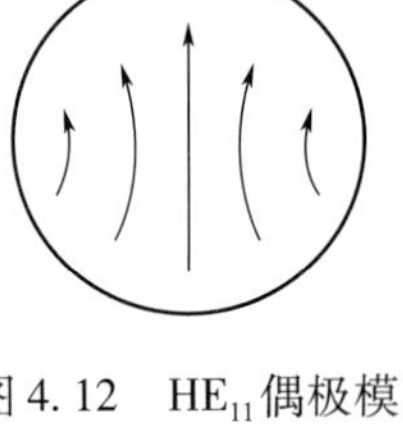

图 4.12　HE_{11} 偶极模

① 译者注:根据公式推导,将第 3 个等式更正为 $H_z = 0$。

传播常数β的频率依赖性可以简单地用归一化传播常数b来表示，作为归一化频率V的函数。

$$\begin{cases} b=\dfrac{\beta^2-k_0^2n_2^2}{k_0^2(n_1^2-n_2^2)}=\dfrac{\alpha_2^2a^2}{V^2}=\dfrac{u_2^2}{V^2} \\ V^2=k_0^2a^2(n_1^2-n_2^2) \end{cases} \tag{4.128}$$

图4.13显示了频率依赖性的典型曲线。

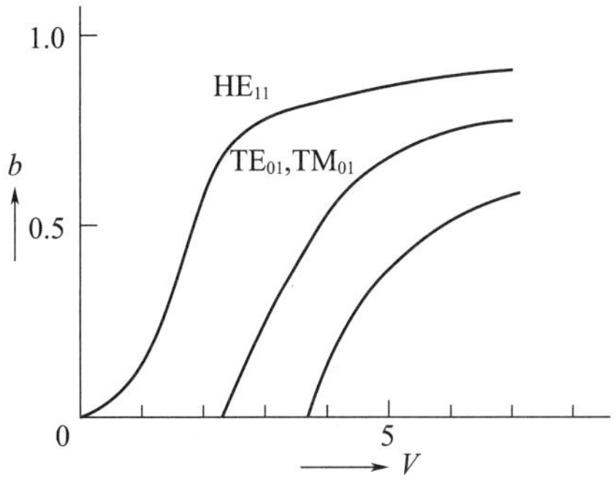

图4.13　归一化传播常数b是归一化频率V的函数

HE_{11}模的截止频率为零，具有次低截止频率的模式是TE_{01}和TM_{01}模（$n=0$）。令式（4.127）中$n=0$，可以得到它们的截止频率，从而将方程分离为TE和TM模，截止频率要求$u_2\to0$。注意，随着$u_2\to0$，有

$$K_0(u_2)\to\ln\frac{2}{\gamma u_2} \tag{4.129}$$

式中：欧拉常数$\gamma=1.781$，得到TE_{01}和TM_{01}的截止条件：

$$J_0(u_1)=0 \tag{4.130}$$

最小的根是$u_1=2.4048$。因此，截止的归一化频率是：

$$\begin{cases} V_c=k_0a\ (n_1^2-n_2^2)^{1/2}=2.4048 \\ \sim\dfrac{2\pi a}{\lambda_c}n_1(2\Delta)^{1/2} \end{cases} \tag{4.131}$$

式中：λ_c为截止波长，$\Delta\sim(n_1-n_2)/n_1$。可以得出结论，只要$V<2.4048$，就只有单一模式可以沿光纤传播。例如，对于$n_1=1.48$，$n_2=1.46$和$\lambda_0=0.82\mu m$的典型值，支持单模的最大光纤直径为$2a=2.59\mu m$。

与单模光纤相比，大直径（如$50\mu m$）的光纤支持许多模式，被称为多模光纤。在这种情况下，对于一个给定的归一化频率V，模式的数量由模式体积公式计算得到：

$$N\approx\frac{1}{2}V^2 \tag{4.132}$$

这可以与介电板的模式数量进行比较，对于总的TE和TM模式$N\approx2V/\pi$。

比群延迟（单位长度的群延迟）$\hat{\tau}$为

$$\hat{\tau}=\frac{d\beta}{d\omega} \tag{4.133}$$

而单位长度的光纤的脉冲宽度的增加为

$$\hat{S}=\frac{\mathrm{d}\hat{\tau}}{\mathrm{d}\lambda} \tag{4.134}$$

那么，色散关系为

$$D=\frac{\mathrm{d}\hat{\tau}}{\mathrm{d}\lambda} \tag{4.135}$$

测量单位为 $\mathrm{ns}\,(\mathrm{km})^{-1}(\mathrm{nm})^{-1}$。当乘以源谱宽度 $\Delta\lambda_s$ 时，式(4.135)就可以得到脉冲展宽，其单位为 ns/km。距离 L 上的色散也可以用带宽 B 来表示，即

$$B=(\Delta\hat{\tau}L)^{-1} \tag{4.136}$$

然后，可以定义带宽－距离乘积：

$$BL=(\Delta\hat{\tau})^{-1}\ \mathrm{Hz\ km} \tag{4.137}$$

单模光纤的色散包括材料色散和模式色散。模式色散取决于模式结构，因此，也取决于光纤的半径。材料色散是由折射率随频率变化引起的，可以用赛尔迈耶尔方程描述(第8章)。熔融石英纤维的色散曲线如图4.14所示。注意，色散会在某一波长处消失。熔融石英的材料色散($a\to\infty$)在 $\lambda=1.27\mu\mathrm{m}$ 处消失，但由于模式色散的存在，色散消失点发生移动。在某些情况下，希望把这个点移到最小损耗的波长上。例如，由掺锗的熔融金属制成的光纤在 $\lambda=1.55\mu\mathrm{m}$ 附近，硅石的最小损耗为0.2dB/km。最近，具有最小色散的1.3μm波长的长波系统已经被开发出来。在1.3μm的源光谱宽度 $\Delta\lambda_s=10\mathrm{nm}$ 的情况下，典型的带宽－距离乘积可以是 $BL\geqslant100\mathrm{GHz\cdot km}$，损耗可能为0.27dB/km。在1.5～1.65μm处，色散比1.3μm处大得多，BL 仅约为 $5\mathrm{GHz\cdot km}$，$\Delta\lambda_s=10\mathrm{nm}$。

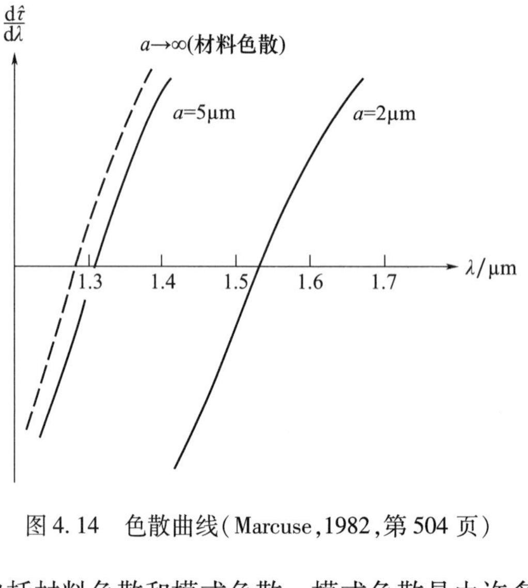

图4.14　色散曲线(Marcuse，1982，第504页)

多模光纤的色散包括材料色散和模式色散。模式色散是由许多模式的不同群延迟引起的。通过最长光线路径和最短光线路径之间的移动时间差异，可以对阶梯型多模光纤的脉冲扩散进行估计。最短的射线路径是光纤内的一条直线，沿光纤的距离 z 上的传播时间是$(n_1/c)z$。最大的路径是当路径与 z 轴形成最大角度时，这相当于光纤表面全反射的临界角 θ_c。超过这个最大的角度，光线就会从光纤中逸出。因此，沿着这个最长的路径的传播时间为$(n_1/c)(z/\sin\theta_c)=(n_1/c)(n_1/n_2)z$。沿光纤每单位距离的脉冲扩散 $\Delta\hat{\tau}$ 为

$$\begin{cases}\Delta\hat{\tau}\sim\dfrac{(n_1/c)(n_1-n_2)}{n_2}=(n_1/c)(n_1/n_2)\Delta\\ \Delta=\dfrac{n_1-n_2}{n_1}\end{cases}\tag{4.138}$$

注意,阶梯型光纤的色散与Δ成正比。4.12节将表明,渐变型光纤的色散远小于式(4.138),与Δ^2成正比。在0.85μm波长下工作的多模短波系统在市场上有售,其典型损耗为2.5dB/km,带宽-距离积为几百MHz·km。

多模光纤的重要参数之一是其数值孔径(numerical aperture,NA)。它是衡量将光聚集到光纤中的能力,由吸附在纤芯中的光线的最大入口角度的正弦值表示(图4.15)。注意,最大角度θ出现在角度θ_c为全反射的临界角时,可以得到:

$$\mathrm{NA}=\sin\theta=(n_1^2-n_2^2)^{1/2}\tag{4.139}$$

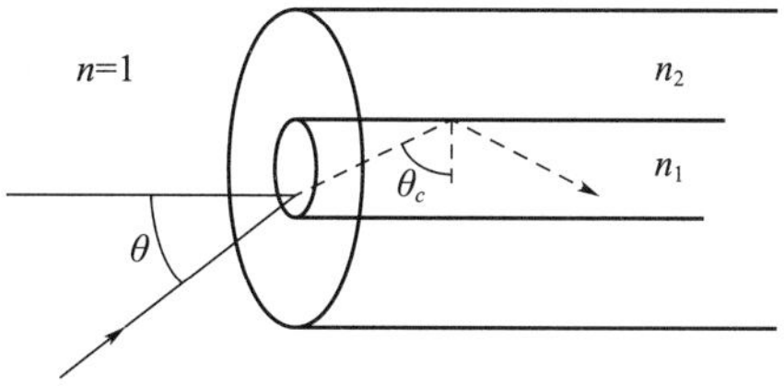

图4.15　数值孔径NA = sinθ

4.12　梯度折射率光纤的色散现象

在3.17节中,利用WKB方法讨论了非均质板中的表面波模式。传播常数β由式(3.165)得到。通过对ω进行微分式(3.165),且注意到z_1和z_2取决于β,也取决于ω,$(\partial z_1/\partial\omega)q(z_1)=(\partial z_2/\partial\omega)q(z_2)=0$,得到比群延迟$\hat{\tau}$①。

$$\hat{\tau}=\frac{\mathrm{d}\beta}{\mathrm{d}\omega}=\frac{k_0}{\beta c}\frac{\int_{z_1}^{z_2}\{[n^2(z)+k_0n(z)(\mathrm{d}n/\mathrm{d}k_0)]/q(z)\}\mathrm{d}z}{\int_{z_1}^{z_2}\mathrm{d}z/q(z)}\tag{4.140}$$

上述计算包含材料色散$\mathrm{d}n/\mathrm{d}\omega=c\mathrm{d}n/\mathrm{d}k_0$。通过让$\beta=k_0n_2$和$k_0n_1$分别得到$\hat{\tau}$的最大值和最小值,因此,单位长度的脉冲扩散$\Delta\hat{\tau}$为

$$\Delta\hat{\tau}=\hat{\tau}(\beta=k_0n_2)-\hat{\tau}(\beta=k_0n_1)\tag{4.141}$$

例如,对于平方律剖面,见式(3.167):

$$n^2(z)=\begin{cases}n_1^2\left[1-2\Delta\left(\dfrac{z}{a}\right)^2\right],z<a\\ n_2^2=n_1^2(1-2\Delta),z>a\end{cases}\tag{4.142}$$

由于对称性,有$z_2=-z_1$和$q(z_2)=0$。假设没有材料色散,将式(4.142)代入

① 译者注:根据原作者提供的更正说明,将式(4.140)中的$\hat{\tau}\dfrac{\mathrm{d}\beta}{\mathrm{d}\omega}$更正为$\hat{\tau}=\dfrac{\mathrm{d}\beta}{\mathrm{d}\omega}$。

式(4.140),得到:

$$\hat{\tau}=\frac{n_1[1-\Delta(z_2/a)^2]}{c[1-2\Delta(z_2/a)^2]^{1/2}} \tag{4.143}$$

当 $z_2=0$ 时得到最小的 $\hat{\tau}$,当 $z_2=a$ 时得到最大的 $\hat{\tau}$。由此,可以得到:

$$\begin{cases}\hat{\tau}(\beta=k_0n_2)=\dfrac{n_1^2+n_2^2}{2n_2\mathrm{c}}\\ \hat{\tau}(\beta=k_0n_1)=\dfrac{n_1}{\mathrm{c}}\\ \Delta\hat{\tau}=\dfrac{n_1\Delta^2}{2\mathrm{c}}\end{cases} \tag{4.144}$$

在4.11节中,表明阶跃型光纤的脉冲扩散 $\Delta\hat{\tau}$ 与 Δ 成正比,如式(4.138)。式(4.144)表明,渐变型光纤的脉冲扩散与 Δ^2 成正比,且比阶跃型光纤的脉冲扩散小很多。

4.13 径向波导和方位角向波导

4.8节中关于圆柱形结构的公式不仅适用于波在z方向传播的均匀波导,也适用于波在径向(ρ)或方位角方向(ϕ)传播的非均匀波导。在讨论径向波导和方位角向波导之前,先总结一下电赫兹矢量和磁赫兹矢量的边界条件。

$$\begin{cases}\bar{\boldsymbol{\pi}}=\pi_z\hat{z}\\ \bar{\boldsymbol{\pi}}_m=\pi_{mz}\hat{z}\end{cases} \tag{4.145}$$

平行于 z 轴的完全导电壁(electric wall)的边界条件为

$$\begin{cases}\pi_z=0\\ \dfrac{\partial\pi_{mz}}{\partial n}=0\end{cases} \tag{4.146}$$

这些对应于金属波导中的TM和TE模。垂直于 z 轴的完全导电壁的边界条件为

$$\begin{cases}\dfrac{\partial\pi_z}{\partial n}=0\\ \pi_{mz}=0\end{cases} \tag{4.147}$$

类似地,对于切向磁场消失的磁壁,在平行于 z 轴的壁上,有

$$\begin{cases}\dfrac{\partial\pi_z}{\partial n}=0\\ \pi_{mz}=0\end{cases} \tag{4.148}$$

在垂直于 z 轴的壁上(图4.16):

$$\begin{cases}\pi_z=0\\ \dfrac{\partial\pi_{mz}}{\partial n}=0\end{cases} \tag{4.149}$$

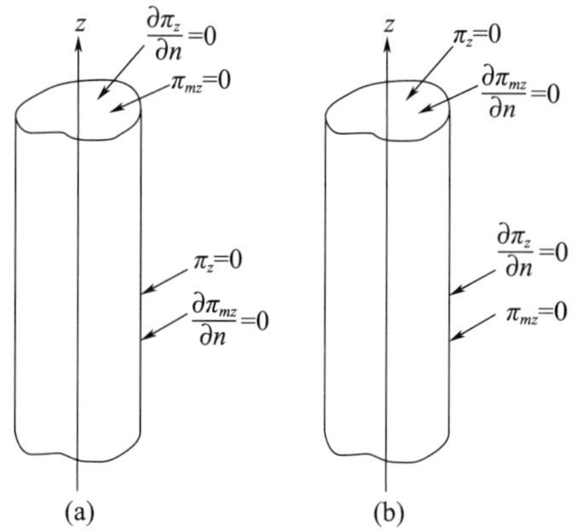

图 4.16　赫兹矢量的边界条件

(a)电壁;(b)磁壁。

4.13.1　径向波导

举一个例子,考虑一个扇形喇叭(图 4.17)。TM 模(垂直于 z 轴的磁场)为

$$\pi_z = H_{m\pi/\alpha}^{(2)}(k_\rho \rho)\sin\frac{m\pi\phi}{\alpha}\cos\frac{n\pi z}{l}, m=0,1,2,\cdots, n=1,2,3,\cdots \tag{4.150}$$

这满足了边界条件,即在 $\phi=0$ 和 α 处 $\pi_z=0$ 且在 $z=0$ 和 $z=l$ 处 $(\partial\pi_z)/(\partial z)=0$。利用 $H_{m\pi/\alpha}^{(2)}$ 的径向依赖性来表示出射波。径向上的传播常数为

$$k_\rho^2 = k^2 - \left(\frac{n\pi}{l}\right)^2 \tag{4.151}$$

类似地,TE 模为

$$\pi_{mz} = H_{m\pi/\alpha}^{(2)}(k_\rho \rho)\cos\frac{m\pi\phi}{\alpha}\sin\frac{n\pi z}{l}, m=0,1,2,\cdots, n=1,2,3,\cdots \tag{4.152}$$

注意,对于 TM 模,最小的 n 为零。在这种情况下,$k_\rho=k$,但对 TE 模,最小的 n 为 1,因此,有一个低频截止。

在实践中经常使用一种没有方位角变化的特殊 TM 模(图 4.18),有

$$\pi_z = H_0^{(2)}(k_\rho \rho)\cos\frac{n\pi z}{l}, n=0,1,2,\cdots \tag{4.153}$$

式中:$k_\rho^2 = k^2-(n\pi/l)^2$,电场和磁场由式(4.97)得到。

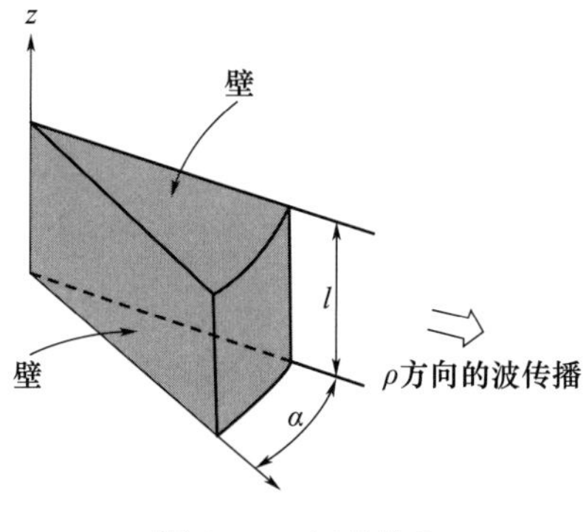

图 4.17　扇形喇叭

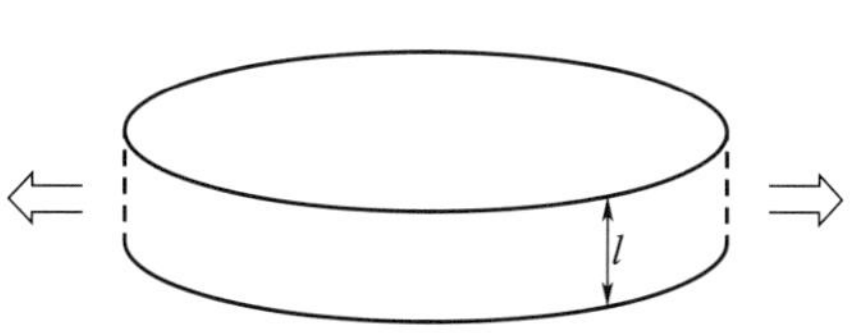

图 4.18　径向波导

特别地，当 $n=0$ 时：

$$\begin{cases} E_z = k^2 H_0^{(2)}(k\rho) \\ H_\phi = -\mathrm{j}\sqrt{\dfrac{\varepsilon}{\mu}} k^2 H_0^{(2)\prime}(k\rho) = \mathrm{j}\sqrt{\dfrac{\varepsilon}{\mu}} k^2 H_1^{(2)}(k\rho) \end{cases} \tag{4.154}$$

4.13.2 方位角向波导

方位角向波传播的一个典型例子是波导弯曲（图 4.19）。考虑一个具有TE_{10}模式的矩形波导的情况。如果波导在 H 平面弯曲，π_z 为

$$\pi_z = Z_v(k\rho)\mathrm{e}^{-\mathrm{j}v\phi} \tag{4.155}$$

式中：

$$Z_v(k\rho) = J_v(k\rho)N_v(ka) - J_v(ka)N_v(k\rho)$$

因此，$Z_v(ka)=0$，满足 $\rho=a$ 处的边界条件：

$$\pi_z\big|_{\rho=a} = 0$$

方位角传播常数 v 是由满足 $\rho=b$ 处的边界条件计算得到

$$Z_v(kb) = 0$$

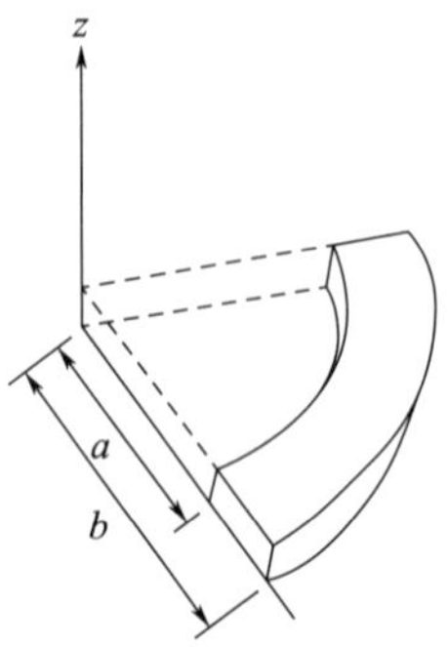

图 4.19　方位波导

或

$$\frac{J_v(ka)}{N_v(ka)} = \frac{J_v(kb)}{N_v(kb)} \tag{4.156}$$

这个方程决定了方位角方向的传播常数 v。

4.14　腔体谐振器

矩形空腔是通过封闭具有完全导电壁的矩形波导的两端形成的。对于一个尺寸为 $a\times b\times h$ 的矩形腔，TM 模的特征函数为

$$\pi_z = \sin\frac{m\pi x}{a}\sin\frac{n\pi y}{b}\cos\frac{l\pi z}{h} \tag{4.157}$$

式中：$m=1,2,\cdots;n=1,2,\cdots;l=0,1,2,\cdots$。

特征值是谐振频率 f_r 的波数，对于TM_{mnl}模：

$$k_c = \frac{2\pi f_r}{\mathrm{c}} = \left[\left(\frac{m\pi}{a}\right)^2 + \left(\frac{n\pi}{b}\right)^2 + \left(\frac{l\pi}{h}\right)^2\right]^{1/2} \tag{4.158}$$

同样地，对于 TE 模：

$$\pi_{mz} = \cos\frac{m\pi x}{a}\cos\frac{n\pi y}{b}\sin\frac{l\pi z}{h} \tag{4.159}$$

式中：$m=0,1,2,\cdots;n=0,1,2,\cdots;l=0,1,2,\cdots$。

上式不包含 $m=n=0$ 的情况。TE_{mnl} 模式的谐振频率由同样的公式给出，见式(4.158)。如果腔体中充满了介电材料，那么，式(4.158)中必须用 $2\pi f_r\varepsilon_r^{1/2}/\mathrm{c}$ 代替

$2\pi f_r/c$,其中,ε_r① 为物质的相对介电常数。

圆柱形空腔是利用完全导电的壁封闭圆柱形波导的两端形成的。对于一个半径为 a,高度为 h 的圆柱空腔,TM_{nlp}模的特征函数为

$$\pi_z = J_n(k_{\rho nl}\rho)\cos n\phi \cos k_{zp} z \tag{4.160}$$

式中:$J_n(k_{\rho nl}a)=0, k_{zp}=\frac{p\pi}{h}, n=0,1,2,\cdots, p=0,1,2,\cdots$。

TM_{nlp}模的谐振频率 f_r 为

$$\frac{2\pi f_r \varepsilon_r^{1/2}}{c} = (k_{\rho nl}^2 + k_{zp}^2)^{1/2} \tag{4.161}$$

式中:ε_r 为腔内介质的相对介电常数。

同样地,对于TE_{nlp}模:

$$\pi_{mz} = J_n(k_{\rho nl}\rho)\cos n\phi \sin k_{zp} z \tag{4.162}$$

式中:$J_n'(k_{\rho nl}a)=0, k_{zp}=\frac{p\pi}{h}, n=0,1,2,\cdots, p=1,2,3,\cdots$。

共振频率由式(4.161)计算得到。

以圆柱形空腔为例,下面讨论圆形微带天线(图 4.20)。该天线由一条位于贴片中心外的同轴线馈电。这时贴片上的电流与水平偶极子的电流相似,辐射方向为垂直贴片的方向。因此,微带天线可以作为飞机表面的低剖面天线。微带天线具有高 Q 值和窄带的特点,通常在半径为 a、高度为 h 的圆柱形腔体的共振频率附近工作。顶部和底部表面是导电的(电壁),而侧面是开放的。辐射功率通过侧面传输,一些无功功率储存在贴片的边缘附近。然而,作为第一个近似值,假设在侧面,切向磁场小得可以忽略不计(磁壁)。根据图 4.16,TM 模的边界条件为

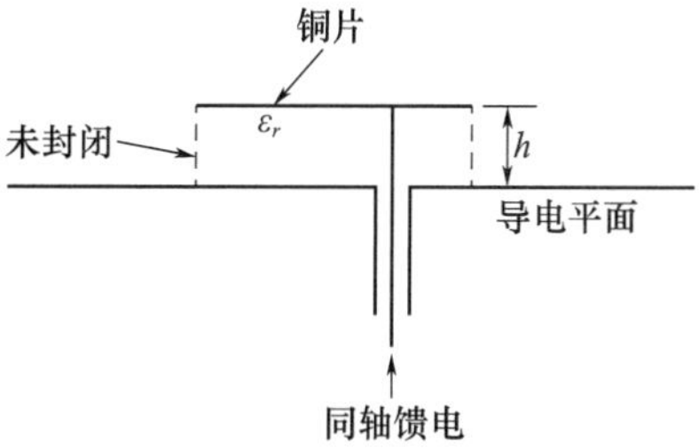

图 4.20 微带天线

$$\begin{cases} \dfrac{\partial \pi_z}{\partial z} = 0, \text{在顶部和底部} \\ \dfrac{\partial \pi_z}{\partial \rho} = 0, \text{在边缘} \end{cases} \tag{4.163}$$

对于 TE 模,边界条件为

$$\begin{cases} \pi_{mz} = 0, \text{在顶部和底部} \\ \pi_{mz} = 0, \text{在边缘} \end{cases} \tag{4.164}$$

从表 4.1 可以看出,当 $n=1$ 和 $l=1$ 时,由 $J_n'(\chi_{nl})=0$ 得到最小特征值 $\chi_{11}=1.841$。因此,在边界条件式(4.163)下,TM_{11}模得到最低的谐振频率。该腔体的场为

① 译者注:根据公式推导,将 ε_z 更正为 ε_r。

$$
\begin{cases}
E_z = A_0 J_1(k_{11}\rho)\cos\phi \\
H_\phi = -\mathrm{j}\omega\varepsilon k_{11} A_0 J_1'(k_{11}\rho)\cos\phi \\
H_\rho = -\mathrm{j}\omega \dfrac{1}{\rho} A_0 J_1(k_{11}\rho)\sin\phi \\
k_{11} = \dfrac{1.841}{a}
\end{cases}
\tag{4.165}
$$

谐振频率 f_r 由下式计算：

$$
\frac{2\pi f_r \sqrt{\varepsilon_r}}{\mathrm{c}} = \frac{1.841}{a}
\tag{4.166}
$$

微带天线的工作频率接近于这个频率。

4.15 球形结构中的波

与圆柱坐标系不同，球面坐标系不具备恒定方向的轴，因此，不能使用式(4.2)中基于 $\pi\hat{\boldsymbol{a}}$ 和 $\pi_m\hat{\boldsymbol{a}}$ 的表述。需要设计一种不同的方法，令所有的场分量都可以从满足已知微分方程的标量函数中导出。可以通过选择特殊的赫兹矢量来实现这一目标，完整的电磁场可以由满足标量波方程的两个标量函数来描述。

重新观察赫兹矢量的推导会发现需要一个与洛伦兹条件相似但又不同的条件。考虑时间谐波的情况，从矢量势 $\overline{\boldsymbol{A}}$ 和标量势 $\boldsymbol{\Phi}$ 开始讨论。对于时间谐波情况，重写式(2.84)可以得到：

$$
-\nabla\times\nabla\times\overline{\boldsymbol{A}} + k^2\overline{\boldsymbol{A}} = \mathrm{j}\omega\mu\varepsilon\,\nabla\boldsymbol{\Phi} - \mu\overline{\boldsymbol{J}}
\tag{4.167}
$$

需要找到 $\overline{\boldsymbol{A}}$ 和 $\boldsymbol{\Phi}$ 之间的关系，在球面坐标系中简化式(4.167)为更简单的标量方程。假设 $\overline{\boldsymbol{A}}$ 和 $\overline{\boldsymbol{J}}$ 只具有径向分量 A_r 和 J_r。

$$
\begin{cases}
\overline{\boldsymbol{A}} = A_r\hat{\boldsymbol{r}} \\
\overline{\boldsymbol{J}} = J_r\hat{\boldsymbol{r}}
\end{cases}
\tag{4.168}
$$

然后，式(4.167)的径向分量为

$$
\left[\frac{1}{r^2\sin\theta}\frac{\partial}{\partial\theta}\left(\sin\theta\frac{\partial}{\partial\theta}\right) + \frac{1}{r^2\sin^2\theta}\frac{\partial^2}{\partial\phi^2} + k^2\right]A_r = \mathrm{j}\omega\mu\varepsilon\frac{\partial}{\partial r}\boldsymbol{\Phi} - \mu J_r
\tag{4.169}
$$

θ 和 ϕ 分量为

$$
\begin{cases}
-\dfrac{1}{r}\dfrac{\partial^2}{\partial r\partial\theta}A_r = \dfrac{\mathrm{j}\omega\mu\varepsilon}{r}\dfrac{\partial}{\partial\theta}\boldsymbol{\Phi} \\
-\dfrac{1}{r\sin\theta}\dfrac{\partial^2}{\partial r\partial\phi}A_r = \dfrac{\mathrm{j}\omega\mu\varepsilon}{r\sin\theta}\dfrac{\partial}{\partial\phi}\boldsymbol{\Phi}
\end{cases}
\tag{4.170}
$$

式(2.87)中的洛伦兹条件 $\nabla\cdot\overline{\boldsymbol{A}} + \mathrm{j}\omega\mu\varepsilon\boldsymbol{\Phi} = 0$ 不能简化式(4.170)。相反，需要使用下式：

$$
\frac{\partial A_r}{\partial r} + \mathrm{j}\omega\mu\varepsilon\boldsymbol{\Phi} = 0
\tag{4.171}
$$

即可满足式(4.170)，式(4.169)变为

$$\left[\frac{\partial^2}{\partial r^2}+\frac{1}{r^2\sin\theta}\frac{\partial}{\partial\theta}\left(r^2\frac{\partial}{\partial r}\right)+\frac{1}{r^2\sin\theta}\frac{\partial^2}{\partial\phi^2}+k^2\right]A_r=-\mu J_r \tag{4.172}$$

这是一个简单的微分方程。然而,如果将其转化为标量波方程会更方便,则令:

$$\mathrm{j}\omega\mu\varepsilon r\pi_r=A_r \tag{4.173}$$

然后,式(4.172)变成:

$$(\nabla^2+k^2)\pi_r=-\frac{J_r}{\mathrm{j}\omega\varepsilon r} \tag{4.174}$$

式中:∇^2为拉普拉斯算子。

$$\nabla^2=\frac{1}{r^2}\frac{\partial}{\partial r}(r^2)\frac{\partial}{\partial r}+\frac{1}{r^2\sin\theta}\frac{\partial}{\partial\theta}\left(\sin\theta\frac{\partial}{\partial\theta}\right)+\frac{1}{r^2\sin^2\theta}\frac{\partial^2}{\partial\phi^2} \tag{4.175}$$

使用标量波方程的一个绝对优势是其解法已被广泛研究并有据可查。从 π_z 得出的场被称为 E 模或 TM 模,因为唯一的径向分量是电场,所有的磁场都是横向于径向矢量的。

根据二重性原理,可以从 π_{mr}得到 H 模或 TE 模。因此,可得:

$$\begin{cases}(\nabla^2+k^2)\pi_r=\dfrac{J_r}{\mathrm{j}\omega\varepsilon r}\\[2mm](\nabla^2+k^2)\pi_{mr}=\dfrac{J_{mr}}{\mathrm{j}\omega\mu r}\\[2mm]\overline{\boldsymbol{E}}=\nabla\times\nabla\times(r\pi_r\hat{\boldsymbol{r}})-\mathrm{j}\omega\mu\,\nabla\times(r\pi_{mr}\hat{\boldsymbol{r}})-\dfrac{J_r\hat{\boldsymbol{r}}}{\mathrm{j}\omega\varepsilon}\\[2mm]\quad=\nabla\dfrac{\partial}{\partial r}(r\pi_r\hat{\boldsymbol{r}})+k^2r\pi_r\hat{\boldsymbol{r}}-\mathrm{j}\omega\mu\,\nabla\times(r\pi_{mr}\hat{\boldsymbol{r}})\\[2mm]\overline{\boldsymbol{H}}=\mathrm{j}\omega\varepsilon\,\nabla\times(r\pi_r\hat{\boldsymbol{r}})+\nabla\times\nabla\times(r\pi_{mr}\hat{\boldsymbol{r}})-\dfrac{J_{mr}\hat{\boldsymbol{r}}}{\mathrm{j}\omega\mu}\\[2mm]\quad=\mathrm{j}\omega\varepsilon\,\nabla\times(r\pi_r\hat{\boldsymbol{r}})+\nabla\dfrac{\partial}{\partial r}(r\pi_{mr}\hat{\boldsymbol{r}})+k^2r\pi_{mr}\hat{\boldsymbol{r}}\end{cases} \tag{4.176}$$

对于场分量:

$$\begin{cases}E_r=\dfrac{\partial^2}{\partial r^2}(r\pi_r)+k^2r\pi_r\\[2mm]E_\theta=\dfrac{1}{r}\dfrac{\partial^2}{\partial r\partial\theta}(r\pi_r)-\mathrm{j}\omega\mu\dfrac{1}{\sin\theta}\dfrac{\partial}{\partial\phi}\pi_{mr}\\[2mm]E_\phi=\dfrac{1}{r\sin\theta}\dfrac{\partial^2}{\partial r\partial\phi}(r\pi_r)+\mathrm{j}\omega\mu\dfrac{\partial}{\partial\theta}\pi_{mr}\\[2mm]H_r=\dfrac{\partial^2}{\partial r^2}(r\pi_{mr})+k^2r\pi_{mr}\\[2mm]H_\theta=\mathrm{j}\omega\varepsilon\dfrac{1}{\sin\theta}\dfrac{\partial}{\partial\phi}\pi_r+\dfrac{1}{r}\dfrac{\partial^2}{\partial r\partial\theta}(r\pi_{mr})\\[2mm]H_\phi=-\mathrm{j}\omega\varepsilon\dfrac{\partial}{\partial\theta}\pi_r+\dfrac{1}{r\sin\theta}\dfrac{\partial^2}{\partial r\partial\phi}(r\pi_{mr})\end{cases} \tag{4.177}$$

如上所述,使用了径向电流 J_r 和径向磁电流的 J_{mr}源项。对于这些径向电流源,π_r 和

π_{mr}与 J_r 和 J_{mr}具有相关性，如式(4.174)所示。对于具有 θ 和 ϕ 分量的源电流，其关系更为复杂。然而，应该注意的是，球面坐标系中完全通用的电磁场可以用两个标量函数 π_r 和 π_{mr}来表示。

现在，考虑球面坐标系中同质波方程的形式解。

$$(\nabla^2 + k^2)\pi_r = 0 \tag{4.178}$$

假设解为

$$\pi_r = X_1(r)X_2(\theta)X_3(\phi) \tag{4.179}$$

然后，得到：

$$\left\{\frac{1}{r^2}\frac{\mathrm{d}}{\mathrm{d}r}\left(r^2\frac{\mathrm{d}}{\mathrm{d}r}\right) + \left[k^2 - \frac{v(v+1)}{r^2}\right]\right\}X_1(r) = 0 \tag{4.180}$$

$$\left\{\frac{1}{\sin\theta}\frac{\mathrm{d}}{\mathrm{d}\theta}\left(\sin\theta\frac{\mathrm{d}}{\mathrm{d}\theta}\right) + \left[v(v+1) - \frac{\mu^2}{\sin^2\theta}\right]\right\}X_2(\theta) = 0 \tag{4.181}$$

$$\left(\frac{\mathrm{d}^2}{\mathrm{d}\phi^2} + \mu^2\right)X_3(\phi) = 0 \tag{4.182}$$

式中：v 和 μ 为常数。

上述每个方程都是一个二阶微分方程，一般来说，解是由两个独立解的线性组合来表示。首先，注意到，式(4.182)很容易求解，$X_3(\phi)$表示为

$$X_3(\phi) = C_1\mathrm{e}^{\mathrm{j}\mu\phi} + C_2\mathrm{e}^{-\mathrm{j}\mu\phi} = C_3\sin\mu\phi + C_4\cos\mu\phi \tag{4.183}$$

式中：所有 C 都是常数。

接下来，考虑式(4.180)中的 $X_1(r)$。一个球面贝塞尔方程，其解为球面贝塞尔函数 $z_\nu(x)$，与普通贝塞尔函数的关系为

$$z_v(x) = \sqrt{\frac{\pi}{2x}}Z_{v+1/2}(x) \tag{4.184}$$

因此，对应于 $J_v(x)$，$N_v(x)$，$H_v^{(1)}(x)$和 $H_v^{(2)}(x)$有：

$$\begin{cases} j_v(x) = \sqrt{\dfrac{\pi}{2x}}J_{v+1/2}(x) \\ n_v(x) = \sqrt{\dfrac{\pi}{2x}}N_{v+1/2}(x) \\ h_v^{(1)}(x) = \sqrt{\dfrac{\pi}{2x}}H_{v+1/2}^{(1)}(x) \\ h_v^{(2)}(x) = \sqrt{\dfrac{\pi}{2x}}H_{v+1/2}^{(2)}(x) \end{cases} \tag{4.185}$$

球形贝塞尔函数的性质可以通过相应的贝塞尔函数的性质来理解。

注意到(Jahnke 等，1960，第 142 页)：

$$\begin{cases} j_0(x) = \dfrac{\sin x}{x} \text{且 } n_0(x) = -\dfrac{\cos x}{x} \\ h_0^{(1)}(x) = -\mathrm{j}\dfrac{\mathrm{e}^{\mathrm{j}x}}{x} \text{且 } h_0^{(2)}(x) = \mathrm{j}\dfrac{\mathrm{e}^{-\mathrm{j}x}}{x} \end{cases} \tag{4.186}$$

一般来说，

$$j_n(x) = x^n \left(-\frac{1}{x}\frac{\mathrm{d}}{\mathrm{d}x}\right)^n \frac{\sin x}{x}$$

$$n_n(x) = -x^n \left(-\frac{1}{x}\frac{\mathrm{d}}{\mathrm{d}x}\right)^n \frac{\cos x}{x}$$

考虑式(4.181)中的 $X_2(\theta)$ 的情况，即勒让德微分方程(Legendre differential equation)，X_2 是由其两个独立解的线性组合。考虑以下三种情况：

(1) $\mu = 0, \nu = n$ 为整数。在这种情况下，$X_2(\theta)$ 为

$$X_2(\theta) = C_1 P_n(\cos\theta) + C_2 Q_n(\cos\theta) \tag{4.187}$$

式中：$P_n(x)$ 和 $x = \cos\theta$ 是一个 n 维多项式。

$$\begin{cases} P_0(x) = 1 \\ P_1(x) = x \\ P_2(x) = \dfrac{1}{2}(3x^2 - 1) \end{cases} \tag{4.188}$$

当 n 为偶数时，$P_n(x)$ 是 x 的偶函数；当 n 为奇数时，$P_n(x)$ 是奇函数。$P_n(x)$ 在范围内也是正则函数，$-1 \leqslant x \leqslant 1 (\pi \geqslant \theta \geqslant 0)$。$Q_n(x)$ 被称为第二类勒让德函数，在 θ 为 0 和 π 时变得无限大。

$$\begin{cases} Q_0(x) = \dfrac{1}{2}\ln\dfrac{1+x}{1-x} \\ Q_1(x) = \dfrac{x}{2}\ln\dfrac{1+x}{1-x} - 1 \\ Q_2(x) = \dfrac{3x^2-1}{4}\ln\dfrac{1+x}{1-x} - \dfrac{3x}{2} \end{cases} \tag{4.189}$$

(2) $\mu = m, \nu = n$，且 m, n 为整数。在这种情况下，$X_2(\theta)$ 表示为

$$X_2(\theta) = C_1 P_n^m(\cos\theta) + C_2 Q_n^m(\cos\theta) \tag{4.190}$$

P_n^m 和 Q_n^m 分别被称为第一类和第二类相关的勒让德函数。如果 $m > n$，这两个函数都收敛，因此，m 的范围只在 $0, 1, 2, \cdots, n$。Q_n^m 在 $\theta = 0$ 和 $\theta = \pi$ 时变得无限大，而 P_n^m 在 $0 \leqslant \theta \leqslant \pi$ 为正则函数。$P_n^m(x)$ 在此范围内也是正交的。

$$\int_{-1}^{1} P_n^m(x) P_{n'}^m(x)\,\mathrm{d}x = \begin{cases} 0, n \neq n' \\ \dfrac{2}{2n+1}\dfrac{(n+m)!}{(n-m)!}, n = n' \end{cases} \tag{4.191}$$

函数 $P_n^m(\cos\theta)\mathrm{e}^{\mathrm{j}m\phi}$ 在 $0 \leqslant \theta \leqslant \pi$ 和 $0 \leqslant \phi \leqslant 2\pi$ 的范围内是正则且正交的，称为球面谐波。

(3) $\mu = m$ 为整数，v 为非整数。这种情况的出现与圆锥体的问题有关。两个独立解表示为

$$P_v^m(\cos\theta), P_v^m(-\cos\theta)$$

前者在 $\theta = \pi$ 时变得无限大，后者在 $\theta = 0$ 时变得无限大。对于 $m > v$，当 v 为非整数时，$P_v^m(\cos\theta)$ 不为零。

4.16 球形波导和空腔

接下来,考虑在球面坐标系中的三个正交方向上传播的波的情况。

4.16.1 沿径向的波传播

举一个例子,考虑一个在锥形波导中沿径向传播的波(图 4.21)。TM 波可以用以下赫兹势来表示:

$$\pi_r = \sum_m \sum_n A_{mn} P_{v_n}^m(\cos\theta) h_{v_n}^{(2)}(kr) \begin{pmatrix} \cos m\phi \\ \sin m\phi \end{pmatrix} \tag{4.192}$$

式中:v_n 由以下条件决定:

$$P_{v_n}^m(\cos\theta_0) = 0$$

注意,$h_v^{(2)}$ 代表径向的出射波。

4.16.2 沿 θ 方向的波传播

这种情况的一个例子是地球和电离层之间的 VLF 传播。例如,可以考虑在一个由地球和电离层形成的球形空腔中的谐振(图 4.22)。对于 TM 模,写为

$$\pi_r = P_n^m(\cos\theta) Z_n(kr) \begin{pmatrix} \cos m\phi \\ \sin m\phi \end{pmatrix} \tag{4.193}$$

式中:$Z_n(kr)$ 为两个球面贝塞尔函数的线性组合,满足地球表面和电离层的边界条件。如果假设地球表面($r=a$)和电离层下缘($r=b$)是导电的,边界条件为

$$\frac{\partial}{\partial r}(r\pi_r) = 0, \text{在 } r=a \text{ 和 } r=b \text{ 处} \tag{4.194}$$

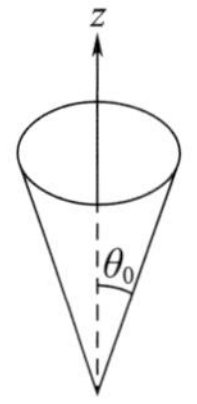

图 4.21 锥形波导

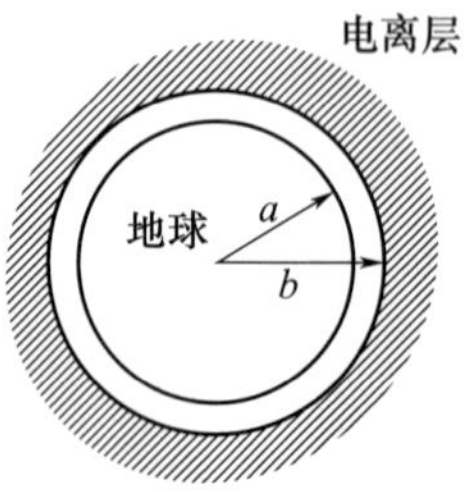

图 4.22 地球 - 电离层空腔

因此,可得:

$$\begin{cases} Z_n(kr) = C_1 j_n(kr) + C_2 h_n^{(2)}(kr) \\ C_1 = \dfrac{\partial}{\partial r}\left[r h_n^{(2)}(kr) \right]\Big|_{r=a} \\ C_2 = -\dfrac{\partial}{\partial r}\left[r j_n(kr) \right]\Big|_{r=a} \end{cases} \tag{4.195}$$

谐振频率 f_r 由 $k = 2\pi f_r / c$ 计算得到,满足以下条件:

$$\frac{\partial}{\partial r}[rZ_n(kr)]|_{r=b}=0 \tag{4.196}$$

可得到下面的公式,用于确定共振频率:

$$\left.\frac{\frac{\partial}{\partial r}[rj_n(kr)]}{\frac{\partial}{\partial r}[rh_n^{(2)}(kr)]}\right|_{r=a}=\left.\frac{\frac{\partial}{\partial r}[rj_n(kr)]}{\frac{\partial}{\partial r}[rh_n^{(2)}(kr)]}\right|_{r=b} \tag{4.197}$$

上述谐振现象首先由舒曼进行研究,现在被称为舒曼谐振。尽管式(4.197)给出结果都是假定电离层和地球导电时的共振频率的确切方程,但舒曼共振的近似解是非常有用的。首先注意到,边界条件式(4.194)需要 $r\pi_r$ 的导数。因此,在式(4.180)中令 $rX_1=u$,得到:

$$\left[\frac{\mathrm{d}^2}{\mathrm{d}r^2}+k^2-\frac{n(n+1)}{r^2}\right]u(r)=0 \tag{4.198}$$

现在,由于电离层和地球之间的距离比地球半径小得多,令 $r\sim a+z\sim a$,并且近似式(4.198)为

$$\left[\frac{\mathrm{d}^2}{\mathrm{d}z^2}+k^2-\frac{n(n+1)}{a^2}\right]u(z)=0 \tag{4.199}$$

边界条件为

$$\frac{\partial u}{\partial z}=0,\text{在 } z=0 \text{ 和 } z=h \text{ 处} \tag{4.200}$$

解为

$$u=\cos\frac{m\pi z}{h},m=0,1,2,\cdots$$

$$k^2-\frac{n(n+1)}{a^2}=\left(\frac{m\pi}{h}\right)^2$$

最低的谐振频率 f_r 为

$$f_r=\frac{\mathrm{c}}{2\pi a}\sqrt{n(n+1)},n=1,2,3,\cdots \tag{4.201}$$

这些数值结果与在地球周围观测到的由闪电产生的噪声功率频谱中的峰值很接近。

4.16.3 沿方位角方向的波传播

接下来,举一个围绕球体的泄漏波导的例子。π_r 的一般形式是:

$$\pi_r=z_v(kr)P_v^{\mu}(\cos\theta)\mathrm{e}^{-\mathrm{j}\mu\phi} \tag{4.202}$$

式中:μ 为方位角传播常数。

考虑一个完全导电壁的边界条件(图4.23),即一个包含径向矢量的表面。在 ϕ 为常数时,E_r 和 E_ϕ 必须为零。在 $\theta=$ 常数时,E_r 和 E_ϕ 必须为零。满足这些条件,有

$$\begin{cases}\pi_r=0\\ \frac{\partial}{\partial n}\pi_{mr}=0\end{cases} \tag{4.203}$$

$\partial/\partial n$ 为法向导数,在上述两种情况下,也可以分别用 $\partial/\partial\phi$ 和 $\partial/\partial\theta$ 表示。

垂直于径向矢量的表面的边界条件是：E_θ 和 E_ϕ 为零，则

$$\begin{cases}\dfrac{\partial}{\partial n}(r\pi_r)=\dfrac{\partial}{\partial r}(r\pi_r)=0\\ \pi_{mr}=0\end{cases} \tag{4.204}$$

举一个例子，考虑图 4.24 所示的圆锥形腔体。TM 模表示为

$$\pi_r=j_v(kr)P_v^m(\cos\theta)\begin{pmatrix}\cos m\phi\\ \sin m\phi\end{pmatrix} \tag{4.205}$$

式中：使用 $j_v(kr)$ 是因为 $n_v(kr)$ 在原点变得无限大。

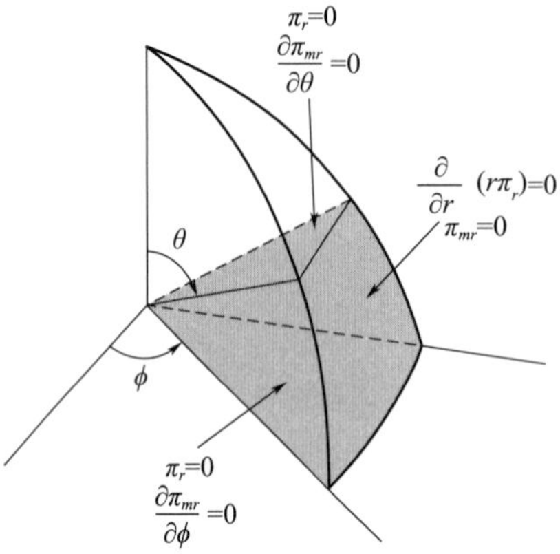

图 4.23　球坐标系下赫兹矢量的边界条件

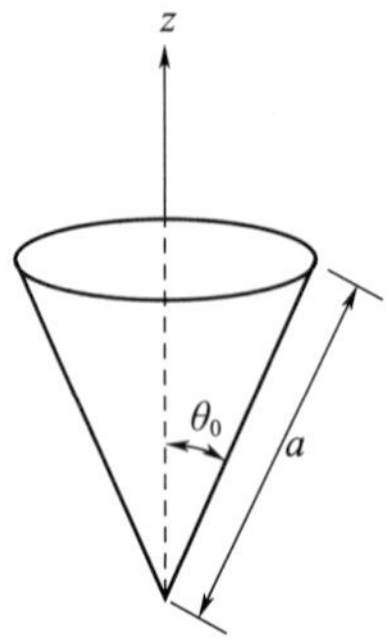

图 4.24　锥形空腔

对于一个给定的 m，v 必须由 $\theta=\theta_0$ 处的边界条件决定，有

$$P_{v_n}^m(\cos\theta_0)=0 \tag{4.206}$$

一旦 v_n 被确定，应用 $r=a$ 处的边界条件，由 $k_r=\omega_r/c=2\pi/\lambda_r$，$\omega_r=2\pi f_r$ 计算出共振频率 f_r（或波长 λ_r），其中，$X_r=k_r a$ 为下式的根。

$$\frac{\mathrm{d}}{\mathrm{d}X}[Xj_{v_n}(X)]=0 \tag{4.207}$$

对于一个给定的 v_n，式(4.207)有无限个根，因此，可以写成：

$$X_r=X_{mnl} \tag{4.208}$$

则 TM_{mnl} 模为

$$\pi_r=j_{v_n}(k_{mnl}r)P_{v_n}^m(\cos\theta)\begin{pmatrix}\cos m\phi\\ \sin m\phi\end{pmatrix} \tag{4.209}$$

式中：$k_{mnl}a=X_{mnl}$。

习　　题

4.1　(a) 求满足以下条件的归一化特征函数 $\phi_n(x)$ 和特征值 k_n^2：

$$\left(\frac{\mathrm{d}^2}{\mathrm{d}x^2}+k_n^2\right)\phi_n(x)=0$$

$$\phi_n(x)=0,\text{在 } x=0 \text{ 处}$$

$$\frac{\mathrm{d}\phi_n}{\mathrm{d}x}+h\phi_n=0,\text{在 } x=a \text{ 处}$$

(b)求 $a=1$ 和 $h=2$ 的两个最小特征值。

4.2 对于矩形波导中的TE_{10}模,在 $x=0$ 处,$E_y=0$ 和在 $x=a$ 处,$E_y/H_z=\mathrm{j}100$。求10GHz 条件下的传播常数β。$a=2.5\mathrm{cm}$,$b=1.25\mathrm{cm}$。

4.3 TM_{11}模在一个 $a=0.2\mathrm{m}$ 和 $b=0.1\mathrm{m}$ 的矩形波导中传播。

(a)截止频率f_c是多少?

(b)如果工作频率f为$2f_c$,计算相位速度和群速度。

(c)当$f=2f_c$时,如果$|E_z|$的最大值为5 V/m,请计算其通过波导传播的总功率。

4.4 一个TE_{11}波在半径为1cm 的圆柱形波导中传播。工作频率为10GHz,总传输功率为100mW。

(a)求出相位和群速度。

(b)这个波导的截止频率是多少?

(c)如果波导中充满了 $\varepsilon_r=2$ 的介电材料,那么相位和群速度以及截止频率是否会改变? 如果是,请求出它们的值。

(d)假设波导是空心的。求出电场和磁场的表达式。

(e)求出表面电流的表达式。

4.5 考虑一条 $a=1\mathrm{cm}$ 和 $b=0.5\mathrm{cm}$ 的同轴线。计算这条线的特性阻抗。如果通过该线传播的总功率为1mW,求最大的电场强度。

4.6 求出图4.8 中所示扇形波导的两个最低截止频率。$a=1\mathrm{cm}$,$\alpha=90°$。

4.7 一个TE_{10}模式的脉冲波在矩形波导中传播,$a=2.5\mathrm{cm}$,$b=1\mathrm{cm}$。载波频率为$f_0=8\mathrm{GHz}$,$z=0$ 处的电场波形为

$$E_y(t,z=0)=E_0\sin\frac{\pi x}{a}\exp\left(-\frac{t^2}{T_0^2}\right)\cos\omega_0 t$$

式中:$E_0=0.5\mathrm{V/m}$,$T_0=1\mathrm{ns}$,$\omega_0=2\pi f_0$,计算波导的相速度、群速度、每米的群延迟和每米的脉冲扩散。

4.8 对于一根多模阶跃型光纤,$n_1=1.48$,$n_2=1.46$。直径为$50\mu\mathrm{m}$,波长为$\lambda=0.82\mu\mathrm{m}$。求模的数量,单位长度上的脉冲扩散(ns/km),以及数值孔径(NA)。

4.9 一根阶跃型光纤的平方律折射率曲线由式(4.142)计算得出,$n_1=1.48$,$n_2=1.46$,$2a=50\mu\mathrm{m}$。求脉冲扩散,单位为ns/km。

4.10 考虑TM 模在图4.17 中的扇形喇叭内沿径向传播,$\alpha=45°$,$l=3\mathrm{cm}$。求出两个最低截止频率。求传播模式 $m=1$ 和 $n=1$ 在10GHz 时关于$\overline{\boldsymbol{E}}$和$\overline{\boldsymbol{H}}$的表达式。

4.11 求图P4.11 所示圆柱形空腔的三个最低谐振频率。

4.12 求图4.20 所示微带天线的谐振频率,其中 $h=0.3\mathrm{cm}$,$a=4\mathrm{cm}$,$\varepsilon_r=2.5$。

4.13 使用罗德里格公式:

$$P_n(x)=\frac{1}{2^n n!}\frac{\mathrm{d}^n}{\mathrm{d}x^n}(x^2-1)^n$$

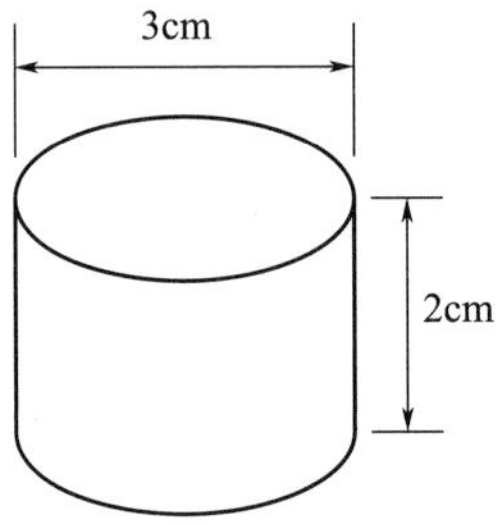

图 P4.11　圆柱形空腔

证明：

$$\int_{-1}^{1} x^m P_n(x)\,\mathrm{d}x = 0, \text{当}\ m < n$$

4.14　用勒让德函数级数 $P_n(x)$ 展开以下函数：

$$F(x) = x^3 + x^2 + x + 1$$

4.15　求出五个最低舒曼谐振频率。

4.16　考虑一个半径为 a 的球形腔。对于 TM 模，最小的非零模是TM_{101}，其中，下标是 r,ϕ,θ 方向的变化，赫兹矢量为 $\Pi_r = j_1(kr)P_1(\cos\theta)$。谐振频率由下式计算：

$$\tan x = \frac{x}{1 - x^2}, x = ka$$

若其解为 $x = 2.744$。求$\overline{\boldsymbol{E}}$，$\overline{\boldsymbol{H}}$的表达式。

对于 TE 模，最小的模式是TE_{101}，谐振频率由下式计算：

$$\tan x = x, x = ka$$

若其解为 $x = 4.493$。求$\overline{\boldsymbol{E}}$，$\overline{\boldsymbol{H}}$的表达式。

4.17　考虑如图 P4.17 所示的圆柱形腔体。求(a)TM 模和(b)TE 模的两个最低谐振频率。

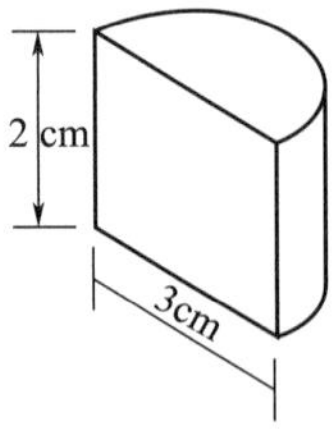

图 P4.17　圆柱扇形空腔

第 5 章

格林函数

第 3 章讨论了入射介电层上的平面波的反射和透射,以及导波沿层状介质的传播特性。第 4 章讨论了波在波导中的传播和空腔中的波模。在本章中,将讨论波的激发问题和格林函数问题,即关于由一个点源激发的场问题。

5.1 均匀介质中的电、磁偶极子

有两种基本的激发源:电激发源和磁激发源。这两种源中最简单的形式是电偶极子和磁偶极子。均匀介质中的任意源总是可以用电偶极子和磁偶极子的分布来表示。

位于 $\bar{\boldsymbol{r}}'$处的短线天线,在中心馈电,电流振荡频率为 $f=\omega/2\pi$,其长度 L 远小于一个波长,可以表示电偶极子,其电流密度 $\bar{\boldsymbol{J}}$ 为

$$\bar{\boldsymbol{J}}(\bar{\boldsymbol{r}}) = \hat{\boldsymbol{i}} I_0 L_0 \delta(\bar{\boldsymbol{r}} - \bar{\boldsymbol{r}}') \tag{5.1}$$

式中:$\hat{\boldsymbol{i}}$ 为电流方向上的单位矢量,L_0 为线天线的有效长度。

$$I_0 L_0 = \int_{\Delta V} \bar{\boldsymbol{J}} \mathrm{d}V = \int_{-L/2}^{L/2} I(z)\,\mathrm{d}z \tag{5.2}$$

对于短线天线,已知 $I(z)$ 为三角形,则 $L_0=L/2$(图 5.1)。接下来讨论磁偶极子。如果电流 I_0 与面积 A 形成一个小环,则磁偶极矩 $\overline{\boldsymbol{m}}$ 定义为

$$\overline{\boldsymbol{m}} = I_0 A \hat{\boldsymbol{i}} \tag{5.3}$$

式中:$\hat{\boldsymbol{i}}$ 为垂直于面积 A 的单位向量(图 5.2)。磁流密度 $y_2(\rho)=J_n(q\rho)+H_n^{(2)}(qa)-J_n(qa)H_n^{(2)}(q\rho)$ 与 $\overline{\boldsymbol{M}}$ 的关系为(见 2.9 节):

$$\bar{\boldsymbol{J}}_m = \mathrm{j}\omega\mu_0 \overline{\boldsymbol{M}} \tag{5.4}$$

图 5.2 中所示的小电流回路的磁流密度 $\bar{\boldsymbol{J}}_m$ 表示为

$$\bar{\boldsymbol{J}}_m = \mathrm{j}\omega\mu_0 A I_0 \delta(\bar{\boldsymbol{r}} - \bar{\boldsymbol{r}}')\hat{\boldsymbol{i}} \tag{5.5}$$

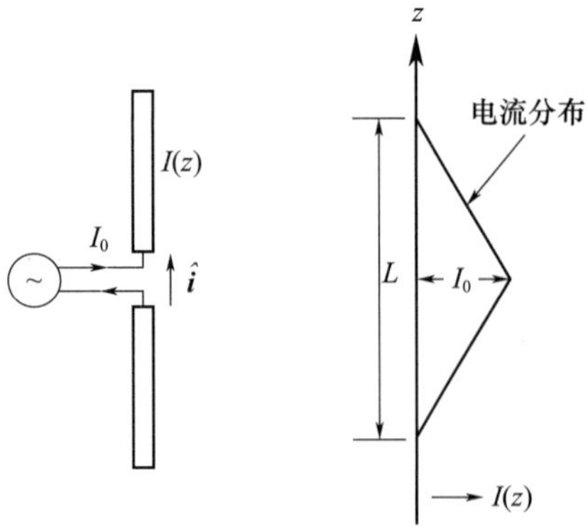

图 5.1　电偶极子

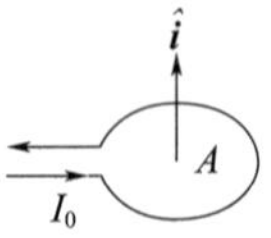

图 5.2　磁偶极子

式(5.1)中的电流密度 $\overline{\boldsymbol{J}}$ 和式(5.5)中的磁流密度 $\overline{\boldsymbol{J}}_m$ 为电磁场的两个基本源。一般来说,其他源可以用电流源和磁流源的连续分布来表示。例如,一个长线天线可以看作是电偶极子的连续分布。另一个常见的源是抛物面天线和缝隙天线的孔径场,可以用表面电流或磁流分布来表示。

5.2　电偶极子在均匀介质中激发的电磁场

电流源 $\overline{\boldsymbol{J}}_s$ 激发的时谐电磁波由赫兹矢量 $\overline{\boldsymbol{\pi}}$(2.7 节)计算①:

$$\begin{cases} \overline{\boldsymbol{E}} = \nabla(\nabla \cdot \overline{\boldsymbol{\pi}}) + k^2 \overline{\boldsymbol{\pi}} \\ \overline{\boldsymbol{H}} = \mathrm{j}\omega\varepsilon \nabla \times \overline{\boldsymbol{\pi}} \\ (\nabla^2 + k^2)\overline{\boldsymbol{\pi}} = -\dfrac{\overline{\boldsymbol{J}}_s}{\mathrm{j}\omega\varepsilon} \end{cases} \tag{5.6}$$

式中:$k = \omega\sqrt{\mu\varepsilon}$,$\mu$ 和 ε 通常是复数。

考虑由一个指向 z 方向且位于笛卡尔坐标系原点的电偶极子激发的电磁场。电偶极子表示为

$$\overline{\boldsymbol{J}}_s = \hat{z} I_0 L_0 \delta(\overline{\boldsymbol{r}}) \tag{5.7}$$

$\overline{\boldsymbol{\pi}}$ 的 z 分量满足下式:

$$(\nabla^2 + k^2)\pi_z = \frac{I_0 L_0}{\mathrm{j}\omega\varepsilon}\delta(r) \tag{5.8}$$

用函数 $G(r)$ 表示式(5.8)为

$$(\nabla^2 + k^2) G(\overline{\boldsymbol{r}}, \overline{\boldsymbol{r}}') = -\delta(\overline{\boldsymbol{r}} - \overline{\boldsymbol{r}}') \tag{5.9}$$

式中:π_z 为

$$\pi_z = \frac{I_0 L_0}{\mathrm{j}\omega\varepsilon} G(\overline{\boldsymbol{r}}, 0) \tag{5.10}$$

---

① 译者注:根据原作者提供的更正说明,将 $\overline{\boldsymbol{\pi}}'$ 更正为 $\overline{\boldsymbol{\pi}}$,将式(5.6)中的 $\nabla(\nabla \cdot \overline{\boldsymbol{\pi}})'$ 更正为 $\nabla(\nabla \cdot \overline{\boldsymbol{\pi}})$,以及 $\overline{\boldsymbol{K}}_s$ 更正为 $\overline{\boldsymbol{J}}_s$。

注意，求解式(5.9)时，解 $\bar{\boldsymbol{\pi}}$ 由式(5.10)计算得到，定义域由式(5.6)计算得到。函数 $G(\bar{\boldsymbol{r}},\bar{\boldsymbol{r}}')$ 称为格林函数，表示物理系统中点源 $\delta(\bar{\boldsymbol{r}}-\bar{\boldsymbol{r}}')$ 对空间的响应。仅凭微分方程式(5.9)不足以唯一地确定格林函数，因此，需要有附加条件：(1)当区域延伸到无穷大时，在无穷远的辐射条件；(2)边界条件。因此，格林函数 $G(\bar{\boldsymbol{r}},\bar{\boldsymbol{r}}')$ 必须满足式(5.9)的非齐次微分方程的形式以及辐射和边界条件。

在满足辐射条件的自由空间中求解式(5.9)。选择 $\bar{\boldsymbol{r}}'$ 在原点处，则 $G(\bar{\boldsymbol{r}})$ 是球对称的且仅是 r 的函数。将式(5.9)写为

$$\left[\frac{1}{r^2}\frac{\mathrm{d}}{\mathrm{d}r}\left(r^2\frac{\mathrm{d}}{\mathrm{d}r}\right)+k^2\right]G(r)=-\delta(r) \tag{5.11}$$

上式的解为

$$G(r)=\frac{\exp(-\mathrm{j}kr)}{4\pi r} \tag{5.12}$$

为了证明这一点，首先考虑当 $\bar{\boldsymbol{r}}\neq0$ 时的 $G(\bar{\boldsymbol{r}})$。令 $\delta(r)=0$，然后令 $G=u/r$，得到：

$$\left(\frac{\mathrm{d}^2}{\mathrm{d}r^2}+k^2\right)u(r)=0$$

其通解为

$$u(r)=c_1\mathrm{e}^{-\mathrm{j}kr}+c_2\mathrm{e}^{+\mathrm{j}kr},c_1,c_2\text{ 为任意常数}$$

因此，对于 $r\neq0$，$G(r)$ 为

$$G(r)=\frac{1}{r}(c_1\mathrm{e}^{-\mathrm{j}kr}+c_2\mathrm{e}^{+\mathrm{j}kr}) \tag{5.13}$$

$G(r)$ 是在 $r=0$ 产生的波，在无穷远处，波必须是向外的。式(5.13)的第一项表示出射波，而第二项表示入射波。即使这两项都在 $r\to\infty$ 时趋于 0，也要删除第二项，因为没有来自无穷大的入射波。这称为辐射条件或索姆菲尔德辐射条件(Sommerfeld radiation condition)，其数学表达式为(2.4 节)

$$\lim_{r\to\infty}r\left(\frac{\partial G}{\partial r}+\mathrm{j}kG\right)=0 \tag{5.14}$$

只有当式(5.13)的第一项满足式(5.14)，因此，c_2 必须为零。

接下来，通过考虑 G 在原点附近的性质来确定常数 c_1，则式(5.9)变为

$$\nabla\cdot(\nabla G)+k^2G=-\delta(r) \tag{5.15}$$

在半径为 r_0 的小球形体积上进行积分，半径 r_0 趋近于零：

$$\lim_{r_0\to0}\int_V[\Delta\cdot(\Delta G)+k^2G]\mathrm{d}V=-\lim_{r_0\to0}\int_V\delta(r)\mathrm{d}V \tag{5.16}$$

式中：右边为 -1。左边的第一项，使用散度定理为 $-4\pi c_1$。左边的第二项变成了零。因此，式(5.16)变为

$$-4\pi c_1=-1$$

则 $c_1=1/4\pi$。

因此，格林函数 $G(\bar{\boldsymbol{r}},\bar{\boldsymbol{r}}')$ 满足下式：

$$(\nabla^2+k^2)G(\bar{\boldsymbol{r}},\bar{\boldsymbol{r}}')=-\delta(\bar{\boldsymbol{r}}-\bar{\boldsymbol{r}}') \tag{5.17}$$

在无穷远处的辐射条件为

$$G(\bar{\boldsymbol{r}},\bar{\boldsymbol{r}}')=\frac{\mathrm{e}^{-\mathrm{j}k|\bar{\boldsymbol{r}}-\bar{\boldsymbol{r}}'|}}{4\pi|\bar{\boldsymbol{r}}-\bar{\boldsymbol{r}}'|} \tag{5.18}$$

利用这个格林函数,由指向 z 方向的电偶极子引起的赫兹矢量为

$$\begin{aligned}\bar{\boldsymbol{\pi}}&=\hat{z}\pi_z\\&=\hat{z}\frac{I_0L_0}{\mathrm{j}\omega\varepsilon}G(\bar{\boldsymbol{r}})\\&=\hat{z}\frac{I_0L_0}{\mathrm{j}\omega\varepsilon}\frac{\mathrm{e}^{-\mathrm{j}kr}}{4\pi r}\end{aligned} \tag{5.19}$$

电场和磁场由式(5.6)表示。可以用球面坐标系表示为

$$\bar{\boldsymbol{\pi}}=\pi_r\hat{\boldsymbol{r}}+\pi_\theta\hat{\boldsymbol{\theta}}+\pi_\phi\hat{\boldsymbol{\phi}} \tag{5.20}$$

式中:

$$\pi_r=\pi_z\hat{z}\cdot\hat{\boldsymbol{r}}=\pi_z\cos\theta$$

$$\pi_\theta=\pi_z\hat{z}\cdot\hat{\boldsymbol{\theta}}=\pi_z(-\sin\theta)$$

$$\pi_\phi=0$$

并有:

$$\begin{cases}E_r=\dfrac{\partial}{\partial r}\left[\dfrac{1}{r^2}\dfrac{\partial}{\partial r}(r^2\pi_r)+\dfrac{1}{r\sin\theta}\dfrac{\partial}{\partial\theta}(\sin\theta\pi_\theta)\right]+k^2\pi_r\\ \quad=\dfrac{I_0L_0}{\mathrm{j}\omega\varepsilon}\dfrac{\mathrm{e}^{-\mathrm{j}kr}}{4\pi}\left(\dfrac{\mathrm{j}2k}{r^2}+\dfrac{2}{r^3}\right)\cos\theta\\ E_\theta=\dfrac{I_0L_0}{\mathrm{j}\omega\varepsilon}\dfrac{\mathrm{e}^{-\mathrm{j}kr}}{4\pi}\left(-\dfrac{k^2}{r}+\dfrac{\mathrm{j}k}{r^2}+\dfrac{1}{r^3}\right)\sin\theta\\ E_\phi=0\\ H_r=H_\theta=0\\ H_\phi=I_0L_0\dfrac{\mathrm{e}^{-\mathrm{j}kr}}{4\pi}\left(\dfrac{\mathrm{j}k}{r}+\dfrac{1}{r^2}\right)\sin\theta\end{cases} \tag{5.21}$$

注意,径向分量 E_r 与 r^{-2} 和 r^{-3} 成正比,而 E_θ 和 H_ϕ 包含 r^{-1} 的项。因此,在离偶极子很远的距离上,径向分量 E_r 消失的速度比 E_θ 和 H_ϕ 要快得多。范围 $k_0r\gg1$ 被称为远区,在这个范围内的场被称为远场。同样,近区 $k_0r\ll1$ 的场被称为近场。在远区,场分量为

$$\begin{cases}E_\theta=\mathrm{j}(I_0L_0)\omega\mu\dfrac{\mathrm{e}^{-\mathrm{j}kr}}{4\pi r}\sin\theta\\ H_\phi=\mathrm{j}(I_0L_0)k\dfrac{\mathrm{e}^{-\mathrm{j}kr}}{4\pi r}\sin\theta\end{cases} \tag{5.22}$$

因此,辐射模式与 $\sin\theta$ 成正比(图5.3)。电场 E_θ 和磁场 H_ϕ 是相互垂直的,并且两者都垂直于波的传播方向 r。

E_θ 和 H_ϕ 的比值为特征阻抗:

$$\frac{E_\theta}{H_\phi}=\eta=\left(\frac{\mu}{\varepsilon}\right)^{1/2} \tag{5.23}$$

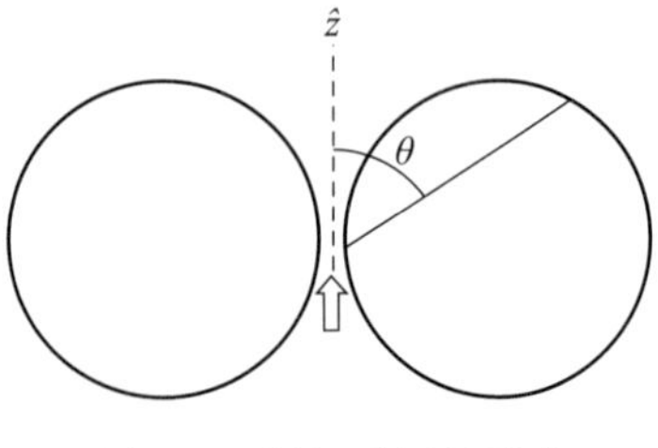

图5.3 偶极子辐射模式

注意,这些也是平面波的特征,因此,偶极子辐射出来的球形波在很大范围表现得类似平面波,除了振幅降为 $1/r$。

接下来,计算一下从偶极子辐射出来的总实际功率。如果介质是无损耗的,那么 μ 和 ε 都是实数,且从偶极子辐射出的所有功率必须等于从包围偶极子的任何表面流出的功率。特别地,可以将该曲面视为一个半径较大的球面,则式(5.22)成立。通过对该球面上的坡印廷向量进行积分,给出了总实际功率 P_t。

$$P_t = \int_0^{2\pi} \mathrm{d}\phi \int_0^{\pi} \sin\theta \mathrm{d}\theta r^2 \overline{\boldsymbol{S}} \cdot \hat{\boldsymbol{r}} \tag{5.24}$$

式中:

$$\overline{\boldsymbol{S}} = \frac{1}{2} \overline{\boldsymbol{E}} \times \overline{\boldsymbol{H}}^*$$

将式(5.22)代入式(5.24),得到:

$$\begin{aligned} P_t &= \int_0^{2\pi} \mathrm{d}\phi \int_0^{\pi} \sin\theta \mathrm{d}\theta \, (I_0 L_0)^2 \frac{k^2 \eta}{2\,(4\pi)^2} \sin^2\theta \\ &= (I_0 L_0)^2 \frac{k^2 \eta}{12\pi} = \left(I_0 \frac{L_0}{\lambda} \right)^2 \frac{\pi}{3} \eta \end{aligned} \tag{5.25}$$

天线的有效性可以用电流 I_0 所能辐射的实际功率来表示,这是由定义的辐射电阻 R_{rad} 表示:

$$P_t = \frac{1}{2} I_0^2 R_{\text{rad}} \tag{5.26}$$

长度为 L 的短偶极子(等于 $2L_0$)的辐射电阻为

$$R_{\text{rad}} = \eta \frac{2\pi}{3} \left(\frac{L_0}{\lambda} \right)^2 = \eta \frac{\pi}{6} \left(\frac{L}{\lambda} \right)^2 = 20\pi^2 \left(\frac{L}{\lambda} \right)^2 \tag{5.27}$$

式(5.27)仅适用于短偶极子($L \ll \lambda$),可以近似用于长度达四分之一波长的偶极子。辐射电阻式(5.27)是表示辐射的偶极子天线的输入阻抗的等效电阻,与导线半径无关。除了辐射电阻外,还有电阻 R_0 代表导线的欧姆损耗和电抗 X(图 5.4)。电抗 X 表示天线近场中存储的能量,取决于导线的几何形状和半径,需要对偶极子附近的场进行详细的研究。

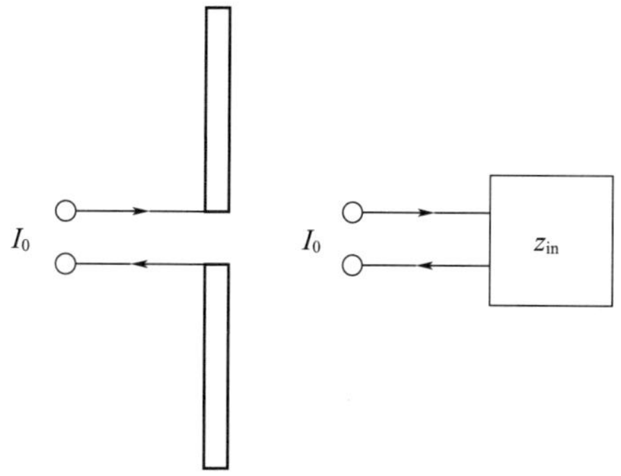

图 5.4 一个偶极子天线的输入阻抗

5.3 磁偶极子在均匀介质中激发的电磁场

正如在5.1节中提到的，一个小环天线可以用一个磁偶极子来表示：

$$\overline{\boldsymbol{J}}_m = \hat{\boldsymbol{i}} j\omega\mu_0 I_0 A\delta(\overline{\boldsymbol{r}} - \overline{\boldsymbol{r}}') \tag{5.28}$$

利用对偶原理可以推导出磁偶极子引起的电磁场。在电偶极子的情况下，如果用 $-\overline{\boldsymbol{H}}$、$\overline{\boldsymbol{E}}$、$-\overline{\boldsymbol{J}}_m$、$-\overline{\boldsymbol{\pi}}_m$、$\varepsilon$ 和 μ 取代 $\overline{\boldsymbol{E}}$、$\overline{\boldsymbol{H}}$、$\overline{\boldsymbol{J}}_m$、$\overline{\boldsymbol{\pi}}$、$\mu$ 和 ε，麦克斯韦方程和赫兹向量的公式是不变的：

$$\begin{cases} \overline{\boldsymbol{E}} = -\mathrm{j}\omega\mu\,\nabla\times\overline{\boldsymbol{\pi}}_m, \\ \overline{\boldsymbol{H}} = \nabla(\nabla\cdot\overline{\boldsymbol{\pi}}_m) + k^2\,\overline{\boldsymbol{\pi}}_m \\ (\nabla^2 + k^2)\overline{\boldsymbol{\pi}}_m = -\dfrac{\overline{\boldsymbol{J}}_m}{\mathrm{j}\omega\mu} \end{cases} \tag{5.29}$$

因此，得到：

$$\begin{cases} H_r = I_0 A\dfrac{\mathrm{e}^{-\mathrm{j}kr}}{4\pi}\left(\dfrac{\mathrm{j}2k}{r^2} + \dfrac{2}{r^3}\right)\cos\theta \\ H_\theta = I_0 A\dfrac{\mathrm{e}^{-\mathrm{j}kr}}{4\pi}\left(-\dfrac{k^2}{r} + \dfrac{\mathrm{j}k}{r^2} + \dfrac{1}{r^3}\right)\sin\theta \\ H_\phi = 0 \\ E_r = E_\theta = 0 \\ E_\phi = (-\mathrm{j}\omega\mu I_0 A)\dfrac{\mathrm{e}^{-\mathrm{j}kr}}{4\pi}\left(\dfrac{\mathrm{j}k}{r} + \dfrac{1}{r^2}\right)\sin\theta \end{cases} \tag{5.30}$$

而辐射模式为

$$\begin{cases} H_\theta = -(I_0 A)k^2\dfrac{\mathrm{e}^{-\mathrm{j}kr}}{4\pi r}\sin\theta \\ E_\phi = (I_0 A)k^2\eta\dfrac{\mathrm{e}^{-\mathrm{j}kr}}{4\pi r}\sin\theta \end{cases} \tag{5.31}$$

辐射电阻 R_{rad} 为

$$R_{\mathrm{rad}} = \eta\left(\frac{2\pi}{\lambda}\right)^4\frac{A^2}{6\pi} = 20\,(2\pi)^4\frac{A^2}{\lambda^4} \tag{5.32}$$

当电偶极子位于导电平面表面附近时，总场可以简单地表示为偶极子引起的场和偶极子镜像引起的场的和。对于如图5.5所示的位于导电平面上方的垂直电偶极子，由于镜像而产生的场必须使导电表面切向的总电场为0。式(5.21)中，由于 $r_1 = r_2$ 和 $\theta_1 = \pi - \theta_2$，可以很容易地证明由于垂直电偶极子和其镜像偶极子在同一个方向上，总电场在导体表面上没有切向分量。类似地，水平电偶极子的镜像与偶极子相反(图5.5)。同理，也可以证明垂直磁偶极子的镜像和偶极子方向相反，水平磁偶极子的镜像方向平行于磁偶极子。

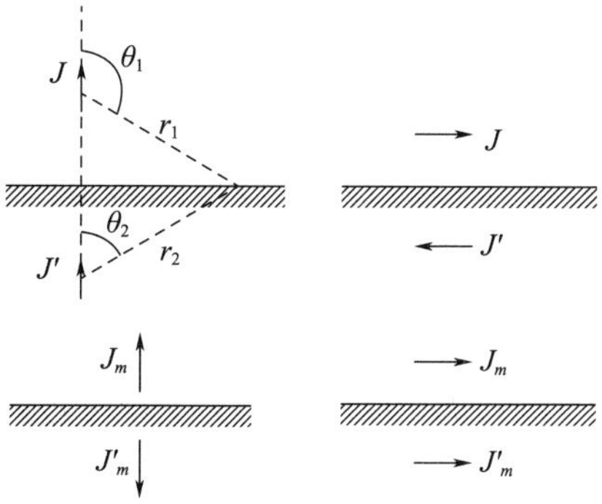

图 5.5 导电平面上的镜像

5.4 闭合区域中的标量格林函数和格林函数的特征函数级数展开

在 5.1 节至 5.3 节中,讨论了均匀介质中电偶极子或磁偶极子的激发,并用均匀介质中的格林函数表示电磁场。

但在一般情况下,格林函数必须满足适当的边界条件。如果所考虑的区域延伸到无穷大,则称为开放区域。开放区域中的格林函数可以用傅里叶变换来表示,这将在 5.6 节进行讨论。在本节中,考虑被曲面 S 包围的有限封闭区域 V(图 5.6)。在这种情况下,可以用特征函数级数来构造格林函数。除了上述两种傅里叶变换和特征函数的表示外,还可以用齐次微分方程的解来表示一维格林函数。在 5.4 节至 5.6 节中,将讨论格林函数的这三种表示形式。

考虑一个被曲面 S 包围的体积为 V 的区域(图 5.6)。以 δ 函数为激励源的非齐次波动方程的解为格林函数,其满足一个适当的边界条件。

$$(\nabla^2 + k^2) G(\bar{\boldsymbol{r}}, \bar{\boldsymbol{r}}') = -\delta(\bar{\boldsymbol{r}} - \bar{\boldsymbol{r}}'),\text{在 } V \text{ 区域内} \tag{5.33}$$

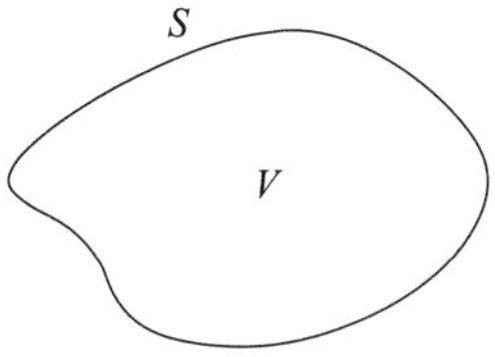

图 5.6 闭区域

而曲面 S 上的边界条件可以是以下条件之一:

$$\begin{cases} G = 0,\text{狄利克雷条件} \\ \dfrac{\partial G}{\partial n} = 0,\text{诺伊曼条件} \\ G + h\dfrac{\partial G}{\partial n} = 0,\text{一般齐次条件} \end{cases} \tag{5.34}$$

由于任何函数都可以用特征函数级数来表示,所以 G 为

$$G = \sum_n A_n \phi_n(\bar{\boldsymbol{r}}) \tag{5.35}$$

式中：A_n 为未知系数；ϕ_n 为特征函数。这里 n 项和表示三维情况下的三次求和，二维情况下的二次求和，以及一维情况下的单次求和。

用特征函数级数展开 δ 函数为

$$\delta(\bar{\boldsymbol{r}} - \bar{\boldsymbol{r}}') = \sum_n B_n \phi_n(\bar{\boldsymbol{r}}) \tag{5.36}$$

式中：B_n 由式(5.36)的两边乘以 $\phi_m(\bar{\boldsymbol{r}})$ 并对体积进行积分表示。注意到特征函数的正交性：

$$\int_V \phi_n(\bar{\boldsymbol{r}}) \phi_m(\bar{\boldsymbol{r}}) \mathrm{d}V = 0, \text{当 } n \neq m \tag{5.37}$$

有

$$B_n = \frac{\int_V \delta(\bar{\boldsymbol{r}} - \bar{\boldsymbol{r}}') \phi_n(\bar{\boldsymbol{r}}) \mathrm{d}V}{\int_V [\phi_n(\bar{\boldsymbol{r}})]^2 \mathrm{d}V} = \frac{\phi_n(\bar{\boldsymbol{r}}')}{\int_V [\phi_n(\bar{\boldsymbol{r}})]^2 \mathrm{d}V} \tag{5.38}$$

将式(5.35)和式(5.36)代入波动方程式(5.33)，得到：

$$\sum_n (\nabla^2 + k^2) A_n \phi_n(\bar{\boldsymbol{r}}) = -\sum_n B_n \phi_n(\bar{\boldsymbol{r}}) \tag{5.39}$$

由于：$(\nabla^2 + k_n^2)\phi_n(\bar{\boldsymbol{r}}) = 0$，式(5.39)的左边变成：

$$\sum_n (k^2 - k_n^2) A_n \phi_n(\bar{\boldsymbol{r}})$$

现在式(5.39)的两边都是关于相同的正交函数 ϕ_n 的展开式，因此，每一项的系数必须相等，则有

$$(k^2 - k_n^2) A_n = -B_n$$

由此得到了未知系数 A_n。格林函数为

$$G(\bar{\boldsymbol{r}}, \bar{\boldsymbol{r}}') = \sum_n \frac{\phi_n(\bar{\boldsymbol{r}}) \phi_n(\bar{\boldsymbol{r}}')}{(k_n^2 - k^2)} \frac{1}{N_n^2} \tag{5.40}$$

式中：

$$N_n^2 = \int_V [\phi_n(\bar{\boldsymbol{r}})]^2 \mathrm{d}V$$

上式是一个归一化因子。$k_n \neq k$ 时，式(5.40)成立。对于一个特定的 $n = n_0$，如果 $k_{n_0} = k$，只有源位于特征函数 $\phi_{n_0}(\bar{\boldsymbol{r}}') = 0$ 的一个零点处时，格林函数发散。在这种情况下，应该排除这个特定的 n_0 的项。

将通用表达式(5.40)应用于一维问题。假设格林函数在 $z = 0$ 和 $z = a$ 以及 $0 < z' < a$ 处满足狄利克雷条件。

$$\begin{cases} \left(\dfrac{\mathrm{d}^2}{\mathrm{d}z^2} + k^2\right) G(z, z') = -\delta(z - z') \\ G(0, z') = 0 \\ G(a, z') = 0 \end{cases} \tag{5.41}$$

标准化的特征函数是：

$$\phi_n(z) = \sqrt{\frac{2}{a}}\sin\frac{n\pi z}{a} \tag{5.42}$$

特征值为

$$k_n = \frac{n\pi}{a}, n = 1,2,\cdots,\infty$$

因此,格林函数为

$$G(z,z') = \sum_{n=1}^{\infty}\frac{2}{a}\frac{\sin(n\pi z/a)\sin(n\pi z'/a)}{(n\pi/a)^2 - k^2} \tag{5.43}$$

接下来,考虑一个二维格林函数,它满足圆柱坐标系中 $\rho = a$ 时的狄利克雷条件,以及 $0 < \rho' < a$。

在 $\rho = a$ 处满足条件 $G = 0$,有

$$\left[\frac{1}{\rho}\frac{\partial}{\partial\rho}\left(\rho\frac{\partial}{\partial\rho}\right) + \frac{1}{\rho^2}\frac{\partial^2}{\partial\phi^2} + k^2\right]G = -\frac{\delta(\rho-\rho')\delta(\phi-\phi')}{\rho} \tag{5.44}$$

右边的分母 ρ 是由于 δ 函数的定义(见附录 5. A)。令右边的区域的积分为 1。

$$\int\frac{\delta(\rho-\rho')\delta(\phi-\phi')}{\rho}\mathrm{d}S = 1 \tag{5.45}$$

式中:

$$\mathrm{d}S = \rho\mathrm{d}\rho\mathrm{d}\phi$$

首先注意,在 ϕ 方向上,解必须是周期性的,因此,把 G 写成归一化的特征函数级数:

$$\phi_n(\phi) = -\frac{1}{\sqrt{2\pi}}\mathrm{e}^{-\mathrm{j}n\phi} \tag{5.46}$$

然后有

$$G = \sum_{n=-\infty}^{\infty}\phi_n(\phi)\phi_n^*(\phi')G_n(\rho,\rho') \tag{5.47}$$

注意:

$$\delta(\phi-\phi') = \sum_{n=-\infty}^{\infty}\phi_n(\phi)\phi_n^*(\phi') \tag{5.48}$$

得到:

$$\left[\frac{1}{\rho}\frac{\partial}{\partial\rho}\left(\rho\frac{\partial}{\partial\rho}\right) - \frac{n^2}{\rho^2} + k^2\right]G_n = -\frac{\delta(\rho-\rho')}{\rho} \tag{5.49}$$

现在,将 G_n 展开为特征函数级数。

$$G_n = \sum_{m=1}^{\infty}A_m J_n(k_{nm}\rho) \tag{5.50}$$

式中:$J_n(k_{nm}a) = 0$ 和 k_{nm} 为特征值。同时,将 δ 函数表示为

$$\frac{\delta(\rho-\rho')}{\rho} = \sum_{m=1}^{\infty}\frac{J_m(k_{nm}\rho)J_n(k_{nm}\rho')}{N_{nm}^2} \tag{5.51}$$

式中:归一化因子 N_{nm}^2 为

$$N_{nm}^2 = \int_0^a J_n(k_{nm}\rho)^2\rho\mathrm{d}\rho = \frac{a^2}{2}[J_n'(k_{nm}a)]^2 \tag{5.52}$$

将式(5.50)代入式(5.49),然后联立式(5.51),得到:

$$G_n = \sum_{m=1}^{\infty} \frac{J_n(k_{nm}\rho)J_n(k_{nm}\rho')}{(k_{nm}^2 - k^2)N_{nm}^2} \tag{5.53}$$

最后,将式(5.53)代入式(5.47),得到了二维格林函数:

$$G(\rho,\phi;\rho',\phi') = \sum_{n=-\infty}^{\infty} \sum_{m=1}^{\infty} \frac{J_n(k_{mm}\rho)J_n(k_{nm}\rho')\mathrm{e}^{-\mathrm{j}n(\phi-\phi')}}{2\pi(k_{nm}^2 - k^2)N_{nm}^2} \tag{5.54}$$

5.5 齐次方程解表示的格林函数

用特征函数级数表示格林函数,实际上是谐振腔模式的表达式,但这不是唯一的表示形式。如本节所述,格林函数也可以用齐次方程的解来表示。考虑一个一般的二阶微分方程:

$$\left[\frac{1}{f(z)}\frac{\mathrm{d}}{\mathrm{d}z}\left(f(z)\frac{\mathrm{d}}{\mathrm{d}z}\right) + q(z)\right]G(z,z') = -\frac{\delta(z-z')}{f(z)} \tag{5.55}$$

引入右边的函数$f(z)$,使格林函数对 z 和 z' 对称。这与圆柱和球坐标系中波动方程的格林函数一致。

将式(5.55)写成:

$$\left[\frac{\mathrm{d}^2}{\mathrm{d}z^2} + p(z)\frac{\mathrm{d}}{\mathrm{d}z} + q(z)\right]G(z,z') = -\frac{\delta(z-z')}{f(z)} \tag{5.56}$$

式中:

$$p(z) = \frac{1}{f(z)}\frac{\mathrm{d}f(z)}{\mathrm{d}z} \tag{5.57}$$

或者

$$f(z) = \exp\left[\int p(z)\,\mathrm{d}z\right] \tag{5.58}$$

对于区域 $z>z'$,$G(z,z')$为齐次微分方程的解:

$$\left[\frac{1}{f(z)}\frac{\mathrm{d}}{\mathrm{d}z}\left(f(z)\frac{\mathrm{d}}{\mathrm{d}z}\right) + q(z)\right]G(z,z') = 0 \tag{5.59}$$

把这个解写成:

$$G(z,z') = A_0 y_1(z) \tag{5.60}$$

对于区域 $z<z'$,得到:

$$G(z,z') = B_0 y_2(z) \tag{5.61}$$

接下来,利用格林函数的以下性质。

(1)格林函数的一阶导数在 $z=z'$处有一个跳跃间断点。从微分方程来看,注意 G 的二阶导数应该具有 δ 函数的特性。因此,一阶导数具有不连续性。然而,函数本身是连续的,它是一阶导数的积分。因此,就有了第二个性质。

(2)当 z'一定时,格林函数是 z 的连续函数,包括 $z=z'$。

(3)一般来说,根据互易定理,格林函数对 $\bar{\boldsymbol{r}}$ 和 $\bar{\boldsymbol{r}}'$是对称的。

$$G(\bar{\boldsymbol{r}},\bar{\boldsymbol{r}}') = G(\bar{\boldsymbol{r}}',\bar{\boldsymbol{r}}) \tag{5.62}$$

利用上述性质得到了常数 A_0 和 B_0。首先,注意到 G 在 $z=z'$ 处是连续的。然后得到:

$$A_0 y_1(z') - B_0 y_2(z') = 0 \tag{5.63}$$

接下来,注意到 G 的一阶导数是不连续的。为了利用这一点,将原始的微分方程与加权函数 $f(z)$ 从 $z'-\varepsilon$ 积分到 $z'+\varepsilon$,并让 ε 趋近于零。因此,得到:

$$\lim_{\varepsilon\to 0}\int_{z'-\varepsilon}^{z'+\varepsilon}\left[\frac{\mathrm{d}}{\mathrm{d}z}\left(f\frac{\mathrm{d}}{\mathrm{d}z}\right)+fq\right]G\mathrm{d}z = -\int_{z'-\varepsilon}^{z'+\varepsilon}\frac{\delta(z-z')}{f(z)}f(z)\,\mathrm{d}z \tag{5.64}$$

右边变成了 -1,于是有:

$$\lim_{\varepsilon\to 0}\left[f(z)\frac{\mathrm{d}}{\mathrm{d}z}G\right]_{z'-\varepsilon}^{z'+\varepsilon} = -1$$

这里必须使用 $A_0 y_1'$ 表示 $z'+\varepsilon$,$B_0 y_2'$ 表示 $z'-\varepsilon$。利用 y_1 和 y_2:

$$A_0 y_1'(z') - B_0 y_2'(z') = -\frac{1}{f(z')} \tag{5.65}$$

式中:$y_1' = \mathrm{d}y_1/\mathrm{d}z$ 和 $y_2' = \mathrm{d}y_2/\mathrm{d}z$。

求解 A_0 和 B_0 的式(5.63)和式(5.65),得到:

$$A_0 = \frac{y_2(z')}{f(z')\Delta(z')} \tag{5.66}$$

$$B_0 = \frac{y_1(z')}{f(z')\Delta(z')} \tag{5.67}$$

$$\Delta(z') = \begin{vmatrix} y_1(z') & y_2(z') \\ y_1'(z') & y_2'(z') \end{vmatrix} \tag{5.68}$$

因此,格林函数有:

$$G(z,z') = \frac{y_1(z)y_2(z')}{f(z')\Delta(z')}, z>z' \tag{5.69}$$

$$G(z,z') = \frac{y_1(z')y_2(z)}{f(z')\Delta(z')}, z<z' \tag{5.70}$$

注意,分子和分母都包含 y_1 和 y_2 的乘积或者导数,如 y_1y_2,y_1y_2' 等。因此,y_1 和 y_2 前面的任何常数都可以消去,y_1 和 y_2 的大小并不影响最终的形式。$\Delta(z')$ 被称为 y_1 和 y_2 的朗斯基式。下面给出此算子的特性。式(5.69)和式(5.70)的分母 $f(z')\Delta(z')$ 似乎是 z' 的函数,如果是这样,$G(z,z')$ 是不对称的。显然,$f(z')\Delta(z')$ 是常数,并且与 z' 无关。因此,格林函数 $G(z,z')$ 的最终形式为

$$G(z,z') = \frac{y_1(z)y_2(z')}{D}, z>z' \tag{5.71}$$

$$G(z,z') = \frac{y_1(z')y_2(z)}{D}, z<z' \tag{5.72}$$

式中:$D=f(z')\Delta(z')$ 是常数。

方程式(5.71)和式(5.72)通常用以下简便形式组合:

$$G(z,z') = \frac{y_1(z_>)y_2(z_<)}{D} \tag{5.73}$$

式中:$z_>$ 和 $z_<$ 表示大于或小于 z,z' 的值。

考虑朗斯基式 $\Delta(z)$，用以下形式表示：

$$\Delta(y_1,y_2)=y_1y_2'-y_1'y_2 \tag{5.74}$$

式中：$y_1=y_1(z)$ 和 $y_2=y_2(z)$，以及 $y_1'=\mathrm{d}y_1/\mathrm{d}z$ 和 $y_2'=\mathrm{d}y_2/\mathrm{d}z$。首先，注意到，如果 y_1 和 y_2 是齐次微分方程的两个独立解，那么 $\Delta(y_1,y_2)\neq 0$，但如果 y_1 和 y_2 是相关的，那么可以通过式(5.74)得到 $\Delta(y_1,y_2)=0$。

接下来，求朗斯基式的形式。首先，证明 Δ 满足一个简单的一阶微分方程。取 Δ 的导数，得到：

$$\frac{\mathrm{d}\Delta}{\mathrm{d}z}=\frac{\mathrm{d}}{\mathrm{d}z}(y_1y_2'-y_1'y_2)=y_1y_2''-y_2y_1'' \tag{5.75}$$

但 y_1 和 y_2 满足微分方程：

$$\begin{cases}y_1''+py_1'+qy_1=0\\ y_2''+py_2'+qy_2=0\end{cases} \tag{5.76}$$

因此，

$$\frac{\mathrm{d}\Delta}{\mathrm{d}z}=y_1(-py_2'-qy_2)-y_2(-py_1'-qy_1)$$

化简为

$$\frac{\mathrm{d}\Delta}{\mathrm{d}z}=-p\Delta \tag{5.77}$$

这是 Δ 满足的微分方程，可以很容易得到它的解，即

$$\Delta=(\text{常数})\mathrm{e}^{-\int p\mathrm{d}z}\text{ 或 }f(z)\Delta=\text{常数} \tag{5.78}$$

这是一个非常重要的关系式，它表明：无论 y_1 和 y_2 是值为多少，$f(z)\Delta(y_1,y_2)$ 总是常数，且与 z 无关。利用这个性质可以得到式(5.73)。由于这个关系式(5.78)对任何 z 都成立，所以常数 $D=f(z)\Delta(y_1,y_2)$ 可以通过选择任意的 z 来确定。举一个例子，考虑在5.4节中讨论的一维问题。

$$\begin{cases}\left(\dfrac{\mathrm{d}^2}{\mathrm{d}z^2}+k^2\right)G(z,z')=-\delta(z-z')\\ G(0,z')=G(a,z')=0\end{cases} \tag{5.79}$$

令：

$$y_1=\sin k(a-z),\ y_2=\sin kz$$

其中：函数前面的常数是无关紧要的。

现在，知道朗斯基式必须是不变的。根据下式可求得这个常数：

$$\Delta(y_1,y_2)=k\sin k(a-z)\cos kz+k\cos k(a-z)\sin kz$$

如果展开正弦项和余弦项，结果是一个常数，所有包含 z 的项都可以消去。但没有必要这样做，因为知道 Δ 是常数，所以可以简单地选择任意的 z。令 $z=0$，得到

$$\Delta(y_1,y_2)=k\sin ka$$

于是有

$$G=\begin{cases}\dfrac{\sin kz'\sin k(a-z)}{k\sin ka},\text{当 } z>z'\\[2ex] \dfrac{\sin kz\sin k(a-z')}{k\sin ka},\text{当 } z<z'\end{cases} \tag{5.80}$$

方程式(5.80)与式(5.43)相同,但这是相同的格林函数的两种不同的表示。

到目前为止,给出了关于格林函数的两种表示。一方面,对于闭合区域可以用无穷级数特征函数表示,且适用于一维、二维和三维情况。另一方面,用齐次微分方程的两个解表示的方法对封闭区域和开放区域都是有效的,但这只适用于一维情况。

除了上述两种表示之外,还有一种使用积分变换的方法,将在 5.6 节中进行讨论。对于一个实际的问题,可以适当地组合这三种表示。

5.6 傅里叶变换法

除了上述两种方法外,格林函数也可以用傅里叶变换来表示。在本节中,讨论这种表示方法。

举一个例子,考虑以下问题:

$$\left(\frac{\partial^2}{\partial x^2}+\frac{\partial^2}{\partial z^2}+k^2\right)G=-\delta(x-x')\delta(z-z') \tag{5.81}$$

在 $x=0$ 和 $x=a$ 处,$G=0$。此处,从微分方程两边的傅里叶变换开始。令:

$$g(x,h)=\int_{-\infty}^{\infty}G(x,z)\mathrm{e}^{\mathrm{j}hz}\mathrm{d}z \tag{5.82}$$

傅里叶反变换得到:

$$G(x,z)=\frac{1}{2\pi}\int_{-\infty}^{\infty}g(x,h)\mathrm{e}^{-\mathrm{j}hz}\mathrm{d}h \tag{5.83}$$

有

$$\begin{cases}\displaystyle\int_{-\infty}^{\infty}\left(\frac{\partial^2}{\partial z^2}G\right)\mathrm{e}^{\mathrm{j}hz}\mathrm{d}z=-h^2g(x,h)\\ \displaystyle\int_{-\infty}^{\infty}\delta(z-z')\mathrm{e}^{\mathrm{j}hz}\mathrm{d}z=\mathrm{e}^{\mathrm{j}hz'}\\ \displaystyle\delta(z-z')=\frac{1}{2\pi}\int_{-\infty}^{\infty}\mathrm{e}^{-\mathrm{j}h(z-z')}\mathrm{d}h\end{cases} \tag{5.84}$$

把式(5.81)写为以下形式:

$$\left(\frac{\mathrm{d}^2}{\mathrm{d}x^2}+k^2-h^2\right)g(x,h)=-\delta(x-x')\mathrm{e}^{\mathrm{j}hz'} \tag{5.85}$$

注意到在 $x=0$ 和 $x=a$ 处,$G=0$,得到:

$$g(x,h)=\sum_{n=1}^{\infty}\frac{\phi_n(x)\phi_n(x')}{k_n^2-k^2+h^2}\mathrm{e}^{\mathrm{j}hz'} \tag{5.86}$$

式中:

$$\phi_n(x)=\sqrt{\frac{2}{a}}\sin\frac{n\pi x}{a},k_n=\frac{n\pi}{a}$$

因此,完整解为

$$G(x,z;x',z')=\frac{1}{2\pi}\int_{-\infty}^{\infty}\sum_{n=1}^{\infty}\frac{\phi_n(x)\phi_n(x')}{k_n^2-k^2+h^2}\mathrm{e}^{-\mathrm{j}h(z-z')}\mathrm{d}h \tag{5.87}$$

或者,也可以用齐次方程的解来求解式(5.85),得到:

$$g(x,h)=\frac{y_1(x_>)y_2(x_<)}{D}\mathrm{e}^{\mathrm{j}hz'}$$

式中：$y_1(x)=\sin p(a-x)$；$y_2(x)=\sin px$；$p=(k^2-h^2)^{1/2}$；$D=p\sin pa$。

因此，得到：

$$G(x,z;x',z')=\frac{1}{2\pi}\int_{-\infty}^{\infty}\frac{\sin px'\sin p(a-x)}{p\sin pa}\mathrm{e}^{-\mathrm{j}h(z-z')}\mathrm{d}h,x>x' \tag{5.88}$$

式中：$p=(k^2-h^2)^{1/2}$；当 $x<x'$，x 和 x' 互换。式(5.88)是格林函数(5.87)的替代表达式。

仍然可以通过在特征函数级数 $\phi_n(x)$ 中展开 G 来得到格林函数的另一种形式：

$$G=\sum_{n=1}^{\infty}\phi_n(x)\phi_n(x')G_n(z,z') \tag{5.89}$$

然后有

$$\left(\frac{\mathrm{d}^2}{\mathrm{d}z^2}+k^2-k_n^2\right)G_n(z,z')=-\delta(z-z')$$

G_n 的解为

$$G_n(z,z')=\frac{y_1(z_>)y_2(z_<)}{D} \tag{5.90}$$

式中：

$$y_1(z)=\mathrm{e}^{-\mathrm{j}q_nz}$$

$$y_2(z)=\mathrm{e}^{+\mathrm{j}q_nz}$$

$$D=2\mathrm{j}q_n,q_n=(k^2-k_n^2)^{1/2}$$

将式(5.90)代入式(5.89)，得到：

$$G(x,z;x',z')=\sum_{n=1}^{\infty}\frac{\phi_n(x)\phi_n(x')}{2\mathrm{j}q_n}\mathrm{e}^{-\mathrm{j}q_n|z-z'|} \tag{5.91}$$

方程式(5.87)、式(5.88)和式(5.91)是格林函数的三种不同表达式。

5.7 矩形波导的激励

举一个例子，考虑一个由携带 I_0 的小长度 $\mathrm{d}l$ 的电流元激发的矩形波导，如图 5.7 所示。Π_y 满足波动方程：

$$(\nabla^2+k^2)\Pi_y=-\frac{J_y}{\mathrm{j}\omega\varepsilon} \tag{5.92}$$

式中：

$$J_y=I\mathrm{d}l\delta(x-x')\delta(y-y')\delta(z-z')$$

在 $x=0$ 和 $x=a$ 处的边界条件为

$$\Pi_y=0 \tag{5.93}$$

而在 $y=0$ 和 $y=b$ 处的边界条件为

$$\frac{\partial\Pi_y}{\partial y}=0 \tag{5.94}$$

用格林函数 G 来重写这个问题：

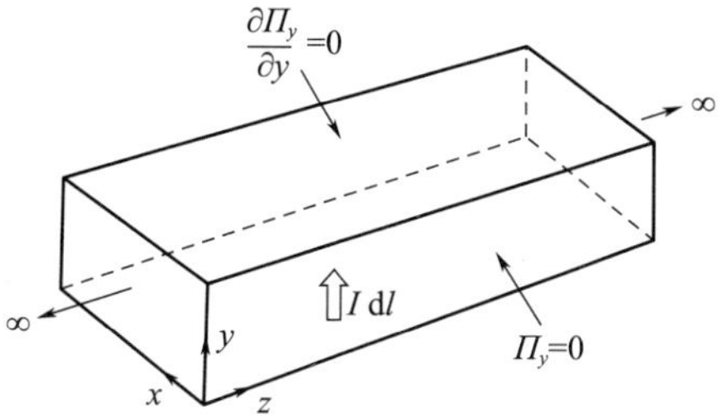

图 5.7 矩形波导的激励

$$\begin{cases}\left(\frac{\partial^2}{\partial x^2}+\frac{\partial^2}{\partial y^2}+\frac{\partial^2}{\partial z^2}+k^2\right)G(x,y,z;x',y',z')=-\delta(x-x')\delta(y-y')\delta(z-z')\\ G=0,\text{在 } x=0 \text{ 和 } x=a \text{ 处}\\ \frac{\partial G}{\partial y}=0,\text{在 } y=0 \text{ 和 } x=b \text{ 处}\end{cases}\tag{5.95}$$

然后,赫兹向量 Π_y 为

$$\Pi_y=\frac{I\mathrm{d}l}{\mathrm{j}\omega\varepsilon}G\tag{5.96}$$

为了从式(5.95)中求解格林函数,首先注意到该区域在 x 和 y 方向上是封闭的。因此,G 可以用特征函数级数来表示。

$$\begin{cases}\left(\frac{\partial^2}{\partial x^2}+\frac{\partial^2}{\partial y^2}+k_{mn}{}^2\right)\phi_{mn}(x,y)=0\\ \phi_{mn}=0,\text{在 } x=0 \text{ 和 } x=a \text{ 处}\\ \frac{\partial \phi_{mn}}{\partial y}=0,\text{在 } y=0 \text{ 和 } x=b \text{ 处}\end{cases}\tag{5.97}$$

将 ϕ_{mn} 归一化:

$$\int_0^a \mathrm{d}x\int_0^b \mathrm{d}y\,[\phi_{mn}(x,y)]^2=1\tag{5.98}$$

因此,特征函数 $\phi_{mn}(x,y)$ 为

$$\begin{cases}\phi_{mn}(x,y)=\phi_m(x)\phi_n(y)\\ \phi_m(x)=\left(\frac{2}{a}\right)^{1/2}\sin\frac{m\pi x}{a},m=1,2,\cdots\\ \phi_n(y)=\begin{cases}\left(\frac{1}{b}\right)^{1/2},n=0\\ \left(\frac{2}{b}\right)^{1/2}\cos\frac{n\pi y}{b},n=1,2,\cdots\end{cases}\end{cases}\tag{5.99}$$

把格林函数写成特征函数级数:

$$G=\sum_{m=1}^{\infty}\sum_{n=0}^{\infty}\phi_{mn}(x,y)\phi_{mn}(x',y')G_{mn}(z,z')\tag{5.100}$$

式中:$G_{mn}(z,z')$ 仍然是一个未知的函数。还可以使用以下方法写出式(5.95)的右侧:

$$\delta(x-x')\delta(y-y')=\sum_{m=1}^{\infty}\sum_{n=1}^{\infty}\phi_{mn}(x,y)\phi_{mn}(x',y')\tag{5.101}$$

将式(5.100)和式(5.101)代入式(5.95),并注意到这是级数 $\phi_{mn}(x,y)$ 中的正交展开,得到:

$$\left(\frac{\mathrm{d}^2}{\mathrm{d}z^2}+k^2-k_{mn}^2\right)G_{mn}(z,z') = -\delta(z-z') \tag{5.102}$$

注意到在 z 方向上,这个区域是开放的,所以使用齐次方程的两个解的表示。$z>z'$的解为

$$y_1(z) = \mathrm{e}^{-\mathrm{j}\sqrt{k^2-k_{mn}^2}(z-z')}$$

对于 $z<z'$:

$$y_2(z) = \mathrm{e}^{\mathrm{j}\sqrt{k^2-k_{mn}^2}(z-z')} \tag{5.103}$$

而朗斯基式仅仅是常数:

$$\Delta(y_1,y_2) = \mathrm{j}\cdot 2\sqrt{k^2-k_{mn}^2} \tag{5.104}$$

因此,最终得到:

$$G = \sum_{m=1}^{\infty}\sum_{n=0}^{\infty}\frac{\phi_{mn}(x,y)\phi_{mn}(x',y')\mathrm{e}^{-\mathrm{j}\sqrt{k^2-k_{mn}^2}|z-z'|}}{\mathrm{j}\cdot 2\sqrt{k^2-k_{mn}^2}} \tag{5.105}$$

5.8 导电圆柱的激励

举另一个例子,考虑用一个小长度 dl 的电流元,其携带指向 z 方向的电流激励导电圆柱的问题(图5.8)。有一个标量波动方程:

$$(\nabla^2+k^2)\Pi_z = -\frac{I_0\mathrm{d}l}{\mathrm{j}\omega\varepsilon}\frac{\delta(\phi-\phi')\delta(\rho-\rho')\delta(z-z')}{\rho} \tag{5.106}$$

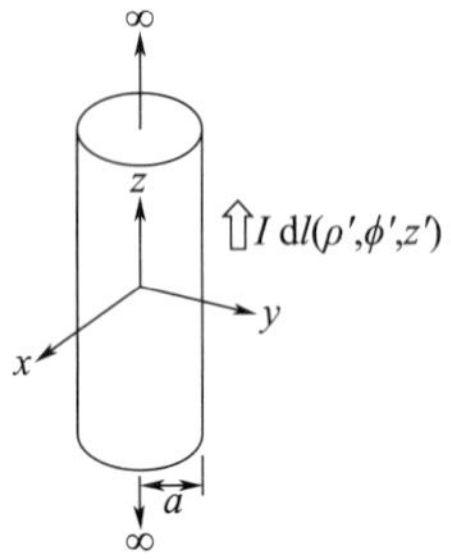

图5.8 导电圆柱的激励情况

考虑到 $\rho=a$ 的 $\Pi_z=0$,问题被简化为求解以下表达式:

$$(\nabla^2+k^2)G = -\frac{\delta(\phi-\phi')\delta(\rho-\rho')\delta(z-z')}{\rho} \tag{5.107}$$

$\rho=a$ 处 $G=0$。首先,对 z 取傅里叶变换:

$$G = \frac{1}{2\pi}\int g(\rho,\phi,h)\mathrm{e}^{-\mathrm{j}h(z-z')}\mathrm{d}h \tag{5.108}$$

然后有:

$$\left[\frac{1}{\rho}\frac{\partial}{\partial\rho}\left(\partial\frac{\partial}{\partial\rho}\right)+\frac{1}{\rho^2}\frac{\partial^2}{\partial\phi^2}+k^2-h^2\right]g = -\frac{\delta(\rho-\rho')\delta(\phi-\phi')}{\rho} \tag{5.109}$$

在圆柱体周围的特征函数级数 $\phi_n(\phi)$ 中展开 g，得到①：

$$\begin{cases} g = \sum_{n=-\infty}^{\infty} \dfrac{e^{-jn(\phi-\phi')}}{2\pi} g_n(\rho,\rho') \\ \left[\dfrac{1}{\rho}\dfrac{d}{d\rho}\left(\rho\dfrac{d}{d\rho}\right) - \dfrac{n^2}{\rho^2} + k^2 - h^2\right] g_n(\rho,\rho') = -\dfrac{\delta(\rho-\rho')}{\rho} \end{cases} \tag{5.110}$$

现在，用齐次方程的解来表示 g_n，在这种情况下是贝塞尔微分方程。对于这两个不同的区域选取合适的贝塞尔函数。在 $\rho>\rho'$ 范围内，为了满足辐射条件，解应该是一个出射波。因此，

$$\begin{cases} y_1(\rho) = H_n^{(2)}(q\rho), \text{对于 } \rho>\rho' \\ q = (k^2-h^2)^{1/2} \end{cases} \tag{5.111}$$

在 $a<\rho<\rho'$ 的范围内，解应该是两个独立的贝塞尔函数的线性组合，因为在该范围内，波来回移动形成一个驻波。例如，两个独立的函数可以是 $J_n(q\rho)$ 和 $N_n(q\rho)$。但是此处选择了 $J_n(q\rho)$ 和 $H_n^{(2)}(q\rho)$，会在后面给出这样选择的原因。因此有

$$y_2(\rho) = AJ_n(q\rho) + BH_n^{(2)}(q\rho), \text{对于 } a<\rho<\rho' \tag{5.112}$$

利用 $G=0$ 在 $\rho=a$ 处的边界条件，确定了常数 A 与 B 的比值，得到

$$y_2(\rho) = J_n(q\rho) + H_n^{(2)}(qa) - J_n(qa)H_n^{(2)}(q\rho) \tag{5.113}$$

为了求 y_1 和 y_2 的朗斯基式，注意到 $y_2(\rho)$ 的第二项与 $y_1(\rho)$ 具有相同的形式，且它们是相关的。因此，朗斯基式为 0，得到：

$$\Delta(y_1,y_2) = H_n^{(2)}(qa)q\Delta(H_n^{(2)}(x),J_n(x))$$

式中：q 对于 $\Delta(y_1,y_2)$ 的导数是关于 ρ 的，但对于 $\Delta(H_n(x),J_n(x))$ 的导数是关于 x 的。考虑 $\Delta(H_n^{(2)}(x),J_n(x))$，$J_n(x)$ 写为

$$J_n(x) = \frac{1}{2}(H_n^{(1)}(x) + H_n^{(2)}(x))$$

注意：$\Delta(H_n^{(2)}(x),H_n^{(2)}(x))=0$，得到：

$$\Delta(H_n^{(2)}(x),J_n(x)) = \frac{1}{2}\Delta(H_n^{(2)}(x),H_n^{(1)}(x))$$

为了计算最后一个朗斯基式，首先注意到 $f\Delta$ 应该是常数。$f(x)$ 在圆柱形的情况下就是 x，因此，朗斯基式 Δ 应该等于(常数)/x。为了确定这个常数，可以选择任意的 x 计算 Δ。令 $x\to\infty$，注意到：

$$\begin{cases} H_n^{(2)}(x) \to \left(\dfrac{2}{\pi x}\right)^{1/2} \exp\left[-j\left(x-\dfrac{n\pi}{2}-\dfrac{\pi}{4}\right)\right] \\ H_n^{(1)}(x) \to \left(\dfrac{2}{\pi x}\right)^{1/2} \exp\left[+j\left(x-\dfrac{n\pi}{2}-\dfrac{\pi}{4}\right)\right] \\ H_n^{(2)\prime}(x) \to \left(\dfrac{2}{\pi x}\right)^{1/2} \exp\left[-j\left(x-\dfrac{n\pi}{2}+\dfrac{\pi}{4}\right)\right] \\ H_n^{(1)\prime}(x) \to \left(\dfrac{2}{\pi x}\right)^{1/2} \exp\left[+j\left(x-\dfrac{n\pi}{2}+\dfrac{\pi}{4}\right)\right] \end{cases} \tag{5.114}$$

---

① 译者注：根据公式推导，将式(5.110)中的 $gn(\rho,\rho')$ 更正为 $g_n(\rho,\rho')$。

得到:

$$\Delta(y_1,y_2)=\mathrm{j}\frac{2}{\pi\rho'}H_n^{(2)}(qa) \tag{5.115}$$

因此,有

$$g_n(\rho,\rho')=\frac{y_1(\rho_>)y_2(\rho_<)}{\mathrm{j}(2/\pi)H_n^{(2)}(qa)} \tag{5.116}$$

完整的解为

$$G(\rho,\phi,z;\rho',\phi',z')=\frac{1}{2\pi}\int g(\rho,\phi,h)\mathrm{e}^{-\mathrm{j}h(z-z')}\mathrm{d}h \tag{5.117}$$

式中:

$$g(\rho,\phi,h)=-\mathrm{j}\frac{1}{4}\sum_{n=-\infty}^{\infty}\mathrm{e}^{-\mathrm{j}n(\phi-\phi')}\times\frac{[J_n(q\rho_<)H_n^{(2)}(qa)-J_n(qa)H_n^{(2)}(q\rho_<)]H_n^{(2)}(q\rho_>)}{H_n^{(2)}(qa)}$$

式中:$\rho_<$ 和 $\rho_>$ 是小于或大于 ρ 和 ρ' 的值。

注意,式(5.117)包含两个部分,即

$$g=g_i+g_s \tag{5.118}$$

式中:

$$g_i=-\mathrm{j}\frac{1}{4}\sum_{n=-\infty}^{\infty}\mathrm{e}^{-\mathrm{j}n(\phi-\phi')}J_n(q\rho_<)H_n^{(2)}(q\rho_>)$$

g_i 项不包含 a(圆柱体的半径),代表入射波或主波。g_s 项包含了圆柱体半径的影响,被称为散射波或次级波。

从式(5.118)中注意到,如果 $\rho_<$ 变为零,所有满足 $n\neq0$ 的项都会因为 J_n 而消失,因此有

$$g_i=-\mathrm{j}\frac{1}{4}H_0^{(2)}(q\rho) \tag{5.119}$$

式(5.119)表示距离源 ρ 处的主波。最终的解式(5.117)以傅里叶逆变换的形式表示。为了满足辐射条件,必须选择复 h 平面上的面积分。此外,如果观测点远离偶极子,则可以简单地用鞍点技术求得辐射场,将在第11章中进行详细的讨论。

5.9 导电球体的激励

接下来,考虑用径向偶极子激发导电球体的问题(图5.9)。如4.15节所示,电赫兹矢量 $\overline{\boldsymbol{\Pi}}=\Pi_{\hat{r}}$ 指向径向,满足方程:

$$(\nabla^2+k^2)\Pi=-\frac{J_r}{\mathrm{j}\omega\varepsilon r} \tag{5.120}$$

$r=a$ 处的边界条件为(4.16节)

$$\frac{\partial}{\partial r}(r\Pi)=0 \tag{5.121}$$

对于一个长度为 $\mathrm{d}l$ 的短电偶极子,有

$$J_r=I_0\mathrm{d}l\delta(\bar{\boldsymbol{r}}-\bar{\boldsymbol{r}}')$$

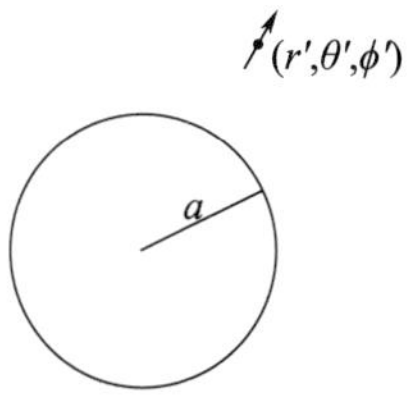

图5.9 径向偶极子激发导电球

因此,将该问题简化为求格林函数 G 的问题,满足:

$$\begin{cases}(\nabla^2+k^2)G=-\delta(\bar{\boldsymbol{r}}-\bar{\boldsymbol{r}}') \\ \dfrac{\partial}{\partial r}(rG)=0,\text{在 } r=a \text{ 处}\end{cases} \tag{5.122}$$

首先,格林函数 G 由主波 G_p 和散射波 G_s 组成。主波 G_p 是在无球面的情况下的自由空间中的格林函数,G_s 代表球面的影响。先求出 G_p,它可以简单地表示为 $G_p=\exp(-\mathrm{j}k|\bar{\boldsymbol{r}}-\bar{\boldsymbol{r}}'|)/4\pi|\bar{\boldsymbol{r}}-\bar{\boldsymbol{r}}'|$。然而,为了满足 $r=a$ 处的边界条件,需要在球谐波中展开 G_p。在 ϕ 方向的傅里叶级数中展开 G_p,在 θ 方向上展开勒让德函数级数。因此有

$$G_p=\sum_{n=0}^{\infty}\sum_{m=-n}^{n}G_{nm}(r,r')Y_{nm}(\theta,\phi)Y_{nm}^*(\theta',\phi') \tag{5.123}$$

式中:

$$Y_{nm}(\theta,\phi)=\left[\frac{2n+1}{2}\frac{(n-m)!}{(n+m)!}\right]^{1/2}P_n^m(\cos\theta)\frac{\mathrm{e}^{\mathrm{j}m\phi}}{(2\pi)^{1/2}}$$

$Y_{nm}(\theta,\phi)$ 是球谐函数,结合 θ 和 ϕ,并正交化、归一化(见4.15节)。

$$\int_0^{\pi}\sin\theta\mathrm{d}\theta\int_0^{2\pi}\mathrm{d}\phi Y_{nm}Y_{n'm'}^*=\begin{cases}0,\text{如果 } n\neq n' \text{ 或 } m\neq m' \\ 1,\text{如果 } n=n' \text{ 且 } m=m'\end{cases} \tag{5.124}$$

同时,注意到对于 $m>n$ 有 $P_n^m(\cos\theta)=0$。式(5.122)右侧的函数为

$$\delta(\bar{\boldsymbol{r}}-\bar{\boldsymbol{r}}')=\frac{\delta(r-r')\delta(\theta-\theta')\delta(\phi-\phi')}{r^2\sin\theta} \tag{5.125}$$

现在将该 δ 函数展开为球谐函数级数的和为

$$\frac{\delta(\theta-\theta')\delta(\phi-\phi')}{\sin\theta}=\sum_{n=0}^{\infty}\sum_{m=-n}^{\infty}Y_{nm}(\theta,\phi)Y_{nm}^*(\theta',\phi') \tag{5.126}$$

将式(5.123)和式(5.126)代入式(5.122),得[①]

$$\left[\frac{1}{r^2}\frac{\mathrm{d}}{\mathrm{d}r}\left(r^2\frac{\mathrm{d}}{\mathrm{d}r}\right)+k^2-\frac{n(n+1)}{r^2}\right]G_n=-\frac{\delta(r-r')}{r^2} \tag{5.127}$$

式中:因为微分方程只包含 n,用 G_n 代替 G_{mn}。利用5.5节中讨论的方法,解为

$$G_n=\frac{y_1(r_>)y_2(r_<)}{D}$$

式中:$D=r^2\Delta=r^2(y_1y_2'-y_1'y_2)$;$y_1=h_n^{(2)}(kr)$;$y_2=j_n(kr)$。

现在可以计算朗斯基式 Δ,当 kr 的值很大时得到:

---

① 译者注:根据公式推导,将式(5.127)中的 $\partial(r-r')$ 更正为 $\delta(r-r')$。

$$h_n^{(2)}(kr)\to\frac{1}{kr}\exp\left[-\mathrm{j}\left(kr-\frac{n+1}{2}\pi\right)\right]$$

$$j_n(kr)\to\frac{1}{kr}\cos\left(kr-\frac{n+1}{2}\pi\right)$$

然后,得到 $\Delta=\mathrm{j}/(kr^2)$ 和 $D=\mathrm{j}/k$。主波的格林函数 G_p 的最终表达式为

$$\begin{cases}G_p=\sum_{n=0}^{\infty}\sum_{m=-n}^{\infty}G_n(r,r')Y_{nm}(\theta,\phi)Y_{nm}^*(\theta',\phi')\\G_n=\begin{cases}-\mathrm{j}kj_n(kr')h_n^{(2)}(kr),\text{当 }r'<r\\-\mathrm{j}kj_n(kr)h_n^{(2)}(kr'),\text{当 }r'>r\end{cases}\end{cases}\tag{5.128}$$

则式(5.128)可重新表示为:

$$P_n^{-m}(x)=(-1)^m\frac{(n-m)!}{(n+m)!}P_n^m(x)\tag{5.129}$$

由加法定理:

$$\begin{cases}P_n(\cos\gamma)=\sum_{m=0}^{n}\varepsilon_m\frac{(n-m)!}{(n+m)!}P_n^n(\cos\theta)P_n^m(\cos\theta')\cos m(\phi-\phi')\\\cos\gamma=\hat{\boldsymbol{r}}\cdot\hat{\boldsymbol{r}}'=\cos\theta\cos\theta'+\sin\theta\sin\theta'\cos m(\phi-\phi')\\\varepsilon_0=1,\varepsilon_m=2,\text{对于 }m\geqslant 1\end{cases}\tag{5.130}$$

然后有

$$G_p=\sum_{n=0}^{\infty}\frac{2n+1}{4\pi}G_n(r,r')P_n(\cos\gamma)\tag{5.131}$$

现在,回到问题式(5.122),求 G_s。在相同的球面谐波中展开 G_s,有

$$G_s=\sum_{n=0}^{\infty}A_nh_n^{(2)}(kr)P_n(\cos\gamma)\tag{5.132}$$

式中:A_n为由边界条件确定的未知系数,即

$$\frac{\partial}{\partial r}[r(G_p+G_s)]=0,\text{在 }r=a\text{ 处}\tag{5.133}$$

注意到 $G_n=-\mathrm{j}kj_n(kr)h_n^{(2)}(kr')(r<r')$,得到:

$$A_n=\frac{(2n+1)\mathrm{j}kh_n^{(2)}(kr')}{4\pi}\left\{\frac{\frac{\partial}{\partial r}[rj_n(kr)]}{\frac{\partial}{\partial r}[rh_n^{(2)}(kr)]}\right\}_{r=a}\tag{5.134}$$

格林函数的最终表达式为 $G=G_p+G_s$,其中,G_p 和 G_s 分别由式(5.131)和式(5.132)计算得到。

习　题

5.1　垂直电偶极子位于导电平面上 h 高度处,求辐射场$\overline{\boldsymbol{E}}$和$\overline{\boldsymbol{H}}$。

5.2　计算单极子的辐射电阻,如图 P5.2 所示。

5.3　水平电偶极子位于导电平面上 h 高度处,求辐射场。

5.4 证明在自由空间中的一维格林函数为①

$$G(x,x')=\frac{\exp(-\mathrm{j}k|x-x'|)}{2\mathrm{j}k}$$

5.5 证明在自由空间中的二维格林函数为②

$$G(\bar{\boldsymbol{r}},\bar{\boldsymbol{r}}')=\frac{\mathrm{j}}{4}H_0^{(2)}(k|\bar{\boldsymbol{r}}-\bar{\boldsymbol{r}}'|)$$

5.6 沿 x 方向流动的均匀电流 I_0(A/m)片位于自由空间中 $z=0$ 处(见习题 2.6)。求赫兹矢量$\overline{\boldsymbol{\Pi}}$、$\overline{\boldsymbol{E}}$和$\overline{\boldsymbol{H}}$。

5.7 习题 5.6 中所示的导电薄板位于 $z=z'$,理想导电薄板放置在 $z=0$ 和 $z=d$ 处,如图 P5.7 所示。

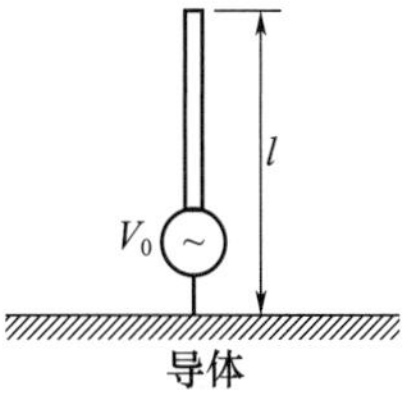

图 P5.2 单极子

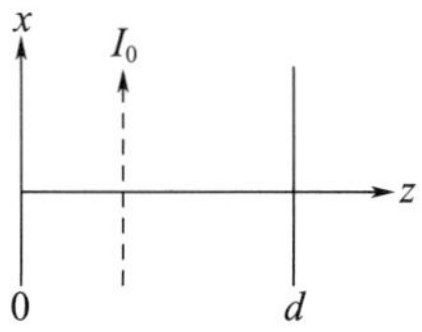

图 P5.7 在 $z=z'$处的电流表 I_0

求$\overline{\boldsymbol{E}}$和$\overline{\boldsymbol{H}}$,求电流提供的实际功率和无功功率[见公式(2.76)]。

5.8 如果一个阻抗片被放在如习题 5.7 中 $z=d$ 处,假设在 $z=d$ 处,$E_x/H_y=100\Omega$,求$\overline{\boldsymbol{E}}$、$\overline{\boldsymbol{H}}$和电流提供的功率。

5.9 表明球形贝塞尔函数的归一化常数为(Abramowitz 和 Stegun,1964,第 485 页):

$$\int_0^a j_v(\alpha r)j_v(\alpha r)r^2\mathrm{d}r=\begin{cases}\dfrac{a^3}{2}[j_{v+1}(\alpha a)]^2,\text{如果} j_v(\alpha a)=0\\[2ex]\dfrac{a^3}{2}\left[\dfrac{1}{4(\alpha a)^2}+1-\dfrac{v+\dfrac{1}{2}}{(\alpha a)^2}\right][j_v(\alpha a)]^2,\text{如果}\dfrac{\partial}{\partial r}(rj_v)=0,\text{在 } r=a\text{ 处}\end{cases}$$

5.10 在满足边界条件的球形腔内求格林函数 $G(r,r')$:

$$\frac{\partial}{\partial r}[rG]=0,\text{在 } r=a \text{ 处}$$

5.11 对于宽度为 a,长度为 b,高度为 c,满足狄利克雷边界条件的矩形空腔,求出格林函数。

5.12 求半径为 a、高度为 h 的圆柱形腔的格林函数,其在圆柱壁上满足诺依曼边界条件。

5.13 求在具有狄利克雷边界条件,半径为 a 的无限长圆柱形波导内的格林函数。

5.14 证明:在自由空间中的三维格林函数 $G(\bar{\boldsymbol{r}}-\bar{\boldsymbol{r}}')=\exp(-\mathrm{j}k|\bar{\boldsymbol{r}}-\bar{\boldsymbol{r}}'|)/4\pi$

① 译者注:根据公式推导,将式中的 $-\mathrm{j}k/x-x'$更改为 $-\mathrm{j}k|x-x'|$。

② 译者注:根据公式推导,将式中的 $G(x,x')$更正为 $G(\bar{\boldsymbol{r}},\bar{\boldsymbol{r}}')$。

$|\bar{\boldsymbol{r}}-\bar{\boldsymbol{r}}'|$可以表示为①

$$G=\frac{1}{(2\pi)^2}\iint\frac{\exp[-\mathrm{j}q_1|x-x'|-\mathrm{j}q_2|y-y'|-\mathrm{j}q|z-z'|]}{2\mathrm{j}q}\mathrm{d}q_1\mathrm{d}q_2$$

式中：

$$q=\begin{cases}(k^2-q_1^2-q_2^2)^{1/2},当|k|>(q_1^2+q_2^2)^{1/2}\\ -\mathrm{j}(q_1^2+q_2^2-k^2)^{1/2},当|k|<(q_1^2+q_2^2)^{1/2}\end{cases}$$

5.15　考虑波动方程的格林函数：

$$\left(\nabla^2-\frac{1}{\mathrm{c}^2}\frac{\partial}{\partial t^2}\right)g(\bar{\boldsymbol{r}},t)=-\delta(\bar{\boldsymbol{r}})\delta(t)$$

(1)定义 $g(\bar{\boldsymbol{r}},t)$ 的傅里叶变换为 $G(\bar{\boldsymbol{r}},\omega)$，有

$$g(\bar{\boldsymbol{r}},t)=\frac{1}{2\pi}=\int\mathrm{d}\omega\mathrm{e}^{\mathrm{j}\omega t}G(\bar{\boldsymbol{r}},\omega)$$

证明：$G(\bar{\boldsymbol{r}},\omega)=\dfrac{\mathrm{e}^{-\mathrm{j}k\bar{\boldsymbol{r}}}}{4\pi\bar{\boldsymbol{r}}}$

(2)通过傅里叶反变换，证明：

$$g(\bar{\boldsymbol{r}},t)=\frac{\delta\left(t-\dfrac{\bar{\boldsymbol{r}}}{\mathrm{c}}\right)}{4\pi r}$$

① 译者注：根据公式推导，将式中的 $-\mathrm{j}q_1(x-x')-\mathrm{j}q_2(y-y')-\mathrm{j}q|z-z'|$ 更改为 $-\mathrm{j}q_1|x-x'|-\mathrm{j}q_2|y-y'|-\mathrm{j}q|z-z'|$。

第6章

孔径和束波的辐射

在第5章中，讨论了格林函数及其对不同问题的表示。在本章中，将利用格林函数获得从孔中辐射出来的波。将谱域法应用于波传播、古斯－汉欣位移和高阶束波(Tamir 和 Blok,1986)。此外，将讨论电磁孔径问题，包括斯特拉顿－朱公式、等价定理和基尔霍夫近似。

6.1 惠更斯原理与零场定理

根据惠更斯原理，在某个点上的场是来自位于观测点和源之间表面的球形小波的叠加(图6.1)。在本节中，将讨论标量波的惠更斯原理的数学公式。

被表面 S_f 包围的源 $f(\bar{\boldsymbol{r}})$ 生成的场 $\psi(\bar{\boldsymbol{r}})$(图6.2)，有

$$(\nabla^2 + k^2)\psi(\bar{\boldsymbol{r}}) = -f(\bar{\boldsymbol{r}}) \tag{6.1}$$

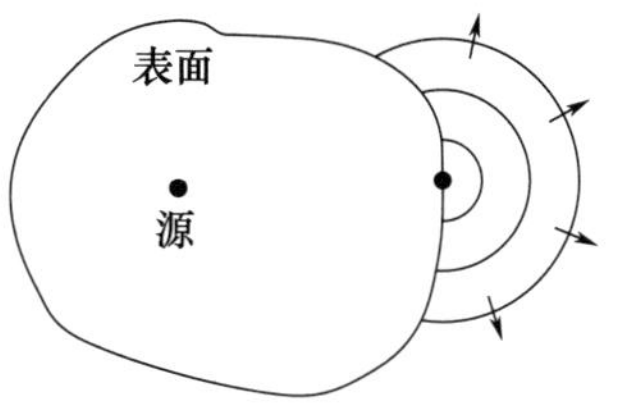

图6.1　惠更斯原理

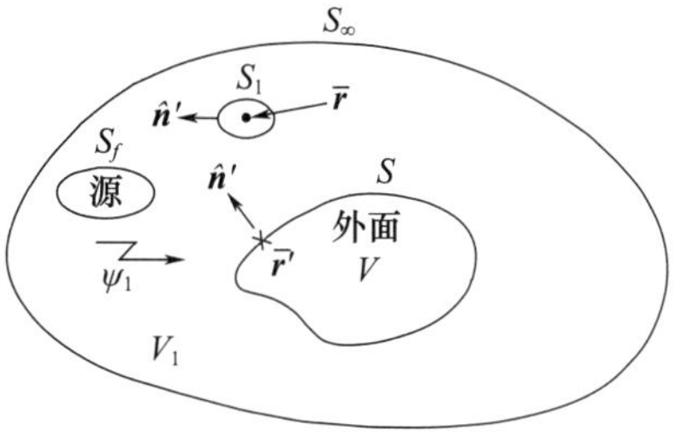

图6.2　由 S_f、S_1、S 和 S_∞ 围着体积 V_1，观测点$\bar{\boldsymbol{r}}$在 S 之外

现在，将格林定理应用于被 S、S_∞ 和 S_1 包围的体积 V_1。曲面 S 是任意的；S_∞ 为在无穷远处的曲面；S_1 为一个以$\bar{\boldsymbol{r}}$为中心、半径为 ε 的小球表面，被确定为观测点。虽然使用 S_1 的步骤较为复杂，但考虑$\bar{\boldsymbol{r}}$在表面上的情况时，这是必要的。

将格林定理应用于 V_1，有

$$\int_{V_1}(u\,\nabla^2 v - v\,\nabla^2 u)\,\mathrm{d}V = \int_{S_t}\left(u\,\frac{\partial v}{\partial n} - v\,\frac{\partial u}{\partial n}\right)\mathrm{d}S \tag{6.2}$$

式中：$S_t = S + S_\infty + S_1$ 和$\partial/\partial n$ 为向外法向的导数。首先，$\bar{\boldsymbol{r}}$表示积分点，令$\partial/\partial n$ 为体积 V_1 的法向导数而不是向外的导数。然后有

$$\begin{cases} u(\bar{\boldsymbol{r}}') = \psi(\bar{\boldsymbol{r}}') \\ v(\bar{\boldsymbol{r}}') = G(\bar{\boldsymbol{r}}', \bar{\boldsymbol{r}}) = G(\bar{\boldsymbol{r}}, \bar{\boldsymbol{r}}') = \text{格林函数} \end{cases} \tag{6.3}$$

格林函数的源点$\bar{\boldsymbol{r}}$在 S_1 内，因此，它在体积 V_1 之外，则 ψ 和 G 分别满足式(6.1)和 V_1 中的均匀波动方程，有

$$(\nabla'^2 + k^2) G(\bar{\boldsymbol{r}}', \bar{\boldsymbol{r}}) = 0 \tag{6.4}$$

式中：∇'^2 为关于$\bar{\boldsymbol{r}}'$的拉普拉斯算子，有：

$$\psi \nabla'^2 G - G \nabla'^2 \psi = \psi(\nabla'^2 + k^2) G - G(\nabla'^2 + k^2)\psi = Gf, \text{在 } V_1 \text{ 内}$$

因此，式(6.2)变为以下形式，注意$\partial/\partial n = \partial/\partial n'$，有

$$\psi_i(\bar{\boldsymbol{r}}) = -\int_{S_t} \left[\psi(\bar{\boldsymbol{r}}') \frac{\partial G(\bar{\boldsymbol{r}}, \bar{\boldsymbol{r}}')}{\partial n'} - G(\bar{\boldsymbol{r}}, \bar{\boldsymbol{r}}') \frac{\partial \psi(\bar{\boldsymbol{r}}')}{\partial n'} \right] \mathrm{d}S' \tag{6.5}$$

式中：$\psi_i(\bar{\boldsymbol{r}}) = \int_{V_f} G(\bar{\boldsymbol{r}}, \bar{\boldsymbol{r}}') f(\bar{\boldsymbol{r}}') \mathrm{d}V'$ 。

现在，考虑每个曲面的积分，S_∞，S_1 和 S。S_∞ 上无穷远处的场是一个传播常数为 k 的输出球形波，由于 k 在任何物理介质中都有一些小的负虚部，所以 S_∞ 上的积分收敛，称为辐射条件，表示为

$$\lim_{r \to \infty} r\left(\frac{\partial}{\partial r} + \mathrm{j}k\right) \psi(\bar{\boldsymbol{r}}) = 0 \tag{6.6}$$

接下来，考虑一下 S_1 上的积分。注意到 $G(\bar{\boldsymbol{r}}, \bar{\boldsymbol{r}}')$在$\bar{\boldsymbol{r}} = \bar{\boldsymbol{r}}'$处有一个奇点，得到：

$$G(\bar{\boldsymbol{r}}, \bar{\boldsymbol{r}}') = \frac{\mathrm{e}^{-\mathrm{j}k\varepsilon}}{4\pi\varepsilon} + G_1(\bar{\boldsymbol{r}}')$$

式中：$\varepsilon = |\bar{\boldsymbol{r}} - \bar{\boldsymbol{r}}'|$和 G_1 在$\bar{\boldsymbol{r}} = \bar{\boldsymbol{r}}'$处没有奇点，并且是正则的，得到：

$$\lim_{\varepsilon \to 0} \int_{S_1} \psi(\bar{\boldsymbol{r}}') \frac{\partial G(\bar{\boldsymbol{r}}, \bar{\boldsymbol{r}}')}{\partial n'} \mathrm{d}S' = \lim_{\varepsilon \to 0} \left[\psi(\bar{\boldsymbol{r}}) \frac{\partial}{\partial \varepsilon} \left(\frac{\mathrm{e}^{-\mathrm{j}k\varepsilon}}{4\pi\varepsilon} \right) 4\pi\varepsilon^2 \right] = -\psi(\bar{\boldsymbol{r}}) \tag{6.7}$$

此外，还有：

$$\lim_{\varepsilon \to 0} \int_{S_1} G(\bar{\boldsymbol{r}}, \bar{\boldsymbol{r}}') \frac{\partial \psi(\bar{\boldsymbol{r}}')}{\partial n'} \mathrm{d}S' = 0 \tag{6.8}$$

因此，在 S_1 上的积分等于 $-\psi(\bar{\boldsymbol{r}})$。式(6.5)变为

$$\psi_i(\bar{\boldsymbol{r}}) + \int_S \left[\psi(\bar{\boldsymbol{r}}') \frac{\partial G(\bar{\boldsymbol{r}}, \bar{\boldsymbol{r}}')}{\partial n'} - G(\bar{\boldsymbol{r}}, \bar{\boldsymbol{r}}') \frac{\partial \psi(\bar{\boldsymbol{r}}')}{\partial n'} \right] \mathrm{d}S' = \psi(\bar{\boldsymbol{r}}), \text{如果} \bar{\boldsymbol{r}} \text{ 在 } S \text{ 外面} \tag{6.9}$$

式中：场 ψ 和$\partial\psi/\partial n'$表示$\bar{\boldsymbol{r}}'$从外部接近表面。场 $\psi_i(\bar{\boldsymbol{r}})$由式(6.5)计算得到，在没有表面 S 时等于入射场。此处，还没有对格林函数施加任何边界条件。对于 G，最常见的选择是简单的自由空间格林函数 $G(\bar{\boldsymbol{r}}, \bar{\boldsymbol{r}}') = G_0(\bar{\boldsymbol{r}}, \bar{\boldsymbol{r}}') = \exp(-\mathrm{j}k|\bar{\boldsymbol{r}} - \bar{\boldsymbol{r}}'|)/(4\pi|\bar{\boldsymbol{r}} - \bar{\boldsymbol{r}}'|)$。稍后将讨论其他选择。式(6.9)给出了由入射场 $\psi_i(\bar{\boldsymbol{r}})$和散射场 $\psi_s(\bar{\boldsymbol{r}})$组成的物体外的场 $\psi(\bar{\boldsymbol{r}})$的基本表达式，表示该场对表面 S 的作用。

接下来，考虑当观察点$\bar{\boldsymbol{r}}$从外部接近表面 S 时的情况(图 6.3)。半球面 S_2 如图 6.3 所示，考虑到 S_2 的法向方向 $\hat{\boldsymbol{n}}'$与 S_1 的法向方向 $\hat{\boldsymbol{n}}'$相反，得到：

$$\begin{cases}\int_{S_1} \mathrm{d}S' = -\psi(\bar{\boldsymbol{r}}) \\ \int_{S_2} \mathrm{d}S' = \frac{1}{2}\psi(\bar{\boldsymbol{r}})\end{cases} \tag{6.10}$$

因此得到：

$$\psi_i(\bar{\boldsymbol{r}}) + \int_S \left[\psi(\bar{\boldsymbol{r}}')\frac{\partial G(\bar{\boldsymbol{r}},\bar{\boldsymbol{r}}')}{\partial n'} - G(\bar{\boldsymbol{r}},\bar{\boldsymbol{r}}')\frac{\partial \psi(\bar{\boldsymbol{r}}')}{\partial n'}\right]\mathrm{d}S' = \frac{1}{2}\psi(\bar{\boldsymbol{r}}), \text{当} \bar{\boldsymbol{r}} \text{在} S \text{上} \tag{6.11}$$

式中：曲面积分称为柯西主值，表示曲面 S 上的积分，除去半径为 ε 的小圆形面积。

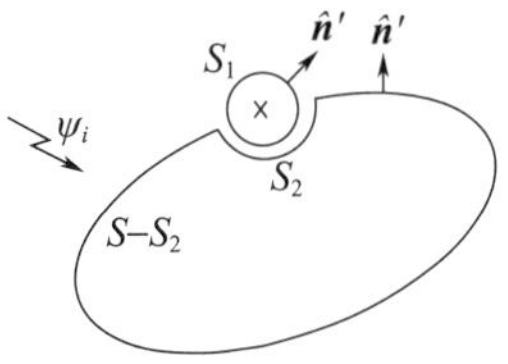

图 6.3　表面 S 上的观测点 $\bar{\boldsymbol{r}}$

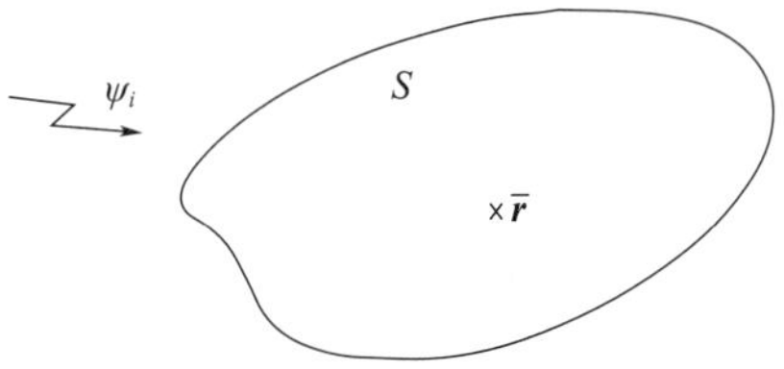

图 6.4　表面 S 内的观测点 $\bar{\boldsymbol{r}}$

最后，考虑观测点 $\bar{\boldsymbol{r}}$ 在表面 S 内的情况（图 6.4）。积分不包括曲面 S_1，因此得到：

$$\psi_i(\bar{\boldsymbol{r}}) + \int_S \left[\psi(\bar{\boldsymbol{r}}')\frac{\partial G(\bar{\boldsymbol{r}},\bar{\boldsymbol{r}}')}{\partial n'} - G(\bar{\boldsymbol{r}},\bar{\boldsymbol{r}}')\frac{\partial \psi(\bar{\boldsymbol{r}}')}{\partial n'}\right]\mathrm{d}S' = 0, \text{当} \bar{\boldsymbol{r}} \text{在} S \text{内} \tag{6.12}$$

式(6.9)、式(6.11)和式(6.12)这三个方程是许多问题的基本方程。它们是构造曲面积分方程的基础，这将在后面的章节中讨论。然而，本节考虑了式(6.12)的物理含义。它指出，在表面 S 的内部，入射场 $\psi_i(\bar{\boldsymbol{r}})$ 和来自表面的场结合在一起，产生了零场。因此，表面内的入射场 $\psi_i(\bar{\boldsymbol{r}})$ 被表面场“熄灭”。因此，式(6.12)被称为消光定理、埃瓦尔德－奥辛（Ewald－Oseen）消光定理或零场定理。后面将证明该定理可以作为边界条件得到一个扩展的积分方程，该方法称为扩展边界条件法或 T 矩阵法。

接下来，将零场定理应用到 S 内部没有物体的特殊情况下。所有的场都是入射波 $\psi_i(\bar{\boldsymbol{r}})$ 本身。然后，得到零场定理如下：

$$\psi_i(\bar{\boldsymbol{r}}) = \int_S \left[\psi_i(\bar{\boldsymbol{r}}')\frac{\partial G_0(\bar{\boldsymbol{r}},\bar{\boldsymbol{r}}')}{\partial n} - G_0(\bar{\boldsymbol{r}},\bar{\boldsymbol{r}}')\frac{\partial \psi_i(\bar{\boldsymbol{r}}')}{\partial n}\right]\mathrm{d}S' \tag{6.13}$$

式中：$G_0(\bar{\boldsymbol{r}},\bar{\boldsymbol{r}}') = \exp(-k|\bar{\boldsymbol{r}}-\bar{\boldsymbol{r}}'|)/(4\pi|\bar{\boldsymbol{r}}-\bar{\boldsymbol{r}}'|)$ 为一个自由空间的格林函数且 $\partial/\partial n$ 作为法向导数指向 S。式(6.13)表明，在 $\bar{\boldsymbol{r}}$ 的场可以通过已知 S 表面的场 ψ 和 $\partial\psi/\partial n$ 计算，该场表现为球面波的次级源，这就是惠更斯原理（Huygens' principle）的数学陈述。

注意到三个基本方程(6.9)、式(6.11)和式(6.12)可应用于二维问题（$\partial/\partial z = 0$），其中，格林函数为二维格林函数 $G_0(\bar{\boldsymbol{r}},\bar{\boldsymbol{r}}') = -(\mathrm{j}/4)H_0^{(2)}(k|\bar{\boldsymbol{r}}-\bar{\boldsymbol{r}}'|)$，$\bar{\boldsymbol{r}} = x\hat{\boldsymbol{x}} + y\hat{\boldsymbol{y}}$，$\bar{\boldsymbol{r}}' = x'\hat{\boldsymbol{x}} + y'\hat{\boldsymbol{y}}$，且线积分代替曲面积分。

6.2　表面场分布形成的场

在 6.1 节中，当 r 在 S 表面之外时，得到了式(6.9)中的标量场 $\psi(\bar{\boldsymbol{r}})$。场 $\psi(\bar{\boldsymbol{r}})$ 由入

射场 $\psi_i(\bar{\boldsymbol{r}})$ 和从 S 表面散射的场 $\psi_s(\bar{\boldsymbol{r}})$ 组成。

$$\begin{cases}\psi(\bar{\boldsymbol{r}}) = \psi_i(\bar{\boldsymbol{r}}) + \psi_s(\bar{\boldsymbol{r}}) \\ \psi_s(\bar{\boldsymbol{r}}) = \int_S \left[\psi(\bar{\boldsymbol{r}}')\dfrac{\partial G(\bar{\boldsymbol{r}},\bar{\boldsymbol{r}}')}{\partial n'} - G(\bar{\boldsymbol{r}},\bar{\boldsymbol{r}}')\dfrac{\partial \psi(\bar{\boldsymbol{r}}')}{\partial n'}\right]\mathrm{d}S'\end{cases} \tag{6.14}$$

为了推导这一点,使用格林函数 $G(\bar{\boldsymbol{r}},\bar{\boldsymbol{r}}')$,它在 $\bar{\boldsymbol{r}}=\bar{\boldsymbol{r}}'$ 处有一个奇异点,并且满足方程:

$$(\nabla^2 + k^2)G(\bar{\boldsymbol{r}},\bar{\boldsymbol{r}}') = -\delta(\bar{\boldsymbol{r}}-\bar{\boldsymbol{r}}') \tag{6.15}$$

但是,没有对 G 加任何边界条件。最简单的格林函数是自由空间的格林函数:

$$G(\bar{\boldsymbol{r}},\bar{\boldsymbol{r}}') = G_0(\bar{\boldsymbol{r}},\bar{\boldsymbol{r}}') = \frac{\exp(-\mathrm{j}k|\bar{\boldsymbol{r}},\bar{\boldsymbol{r}}'|)}{4\pi|\bar{\boldsymbol{r}}-\bar{\boldsymbol{r}}'|} \tag{6.16}$$

利用自由空间格林函数,如果表面上都有 ψ 和 $\partial\psi/\partial n'$,那么计算散射场为

$$\psi_s(\bar{\boldsymbol{r}}) = \int_S \left[\psi(\bar{\boldsymbol{r}}')\frac{\partial G_0(\bar{\boldsymbol{r}},\bar{\boldsymbol{r}}')}{\partial n'} - G_0(\bar{\boldsymbol{r}},\bar{\boldsymbol{r}}')\frac{\partial \psi(\bar{\boldsymbol{r}}')}{\partial n'}\right]\mathrm{d}S' \tag{6.17}$$

这称为亥姆霍兹－基尔霍夫公式(Helmholtz－Kirchhoff formula)。然而,应该认识到,不需要同时知道表面上的 ψ 和 $\partial\psi/\partial n$,因为根据唯一性定理(2.10 节),如果表面上已知 ψ(或 $\partial\psi/\partial n$),则该场应该在表面外的任何地方唯一确定。

为了得到表面场的 ψ_s 表达式,使用满足边界条件的格林函数 $G_1(\bar{\boldsymbol{r}},\bar{\boldsymbol{r}}')$,有

$$G_1(\bar{\boldsymbol{r}},\bar{\boldsymbol{r}}') = 0,\text{当}\bar{\boldsymbol{r}}'\text{在 } S \text{ 上} \tag{6.18}$$

得到:

$$\psi_s(\bar{\boldsymbol{r}}) = \int_S \psi(\bar{\boldsymbol{r}}')\frac{\partial}{\partial n'}G_1(\bar{\boldsymbol{r}},\bar{\boldsymbol{r}}')\mathrm{d}S' \tag{6.19}$$

也可以利用 $G_2(\bar{\boldsymbol{r}},\bar{\boldsymbol{r}}')$ 在表面上以 $\partial\psi/\partial n'$ 的形式表示场 $\psi_s(\bar{\boldsymbol{r}})$,它满足 S 上的诺依曼边界条件。

$$\frac{\partial}{\partial n'}G_2(\bar{\boldsymbol{r}},\bar{\boldsymbol{r}}') = 0,\text{当}\bar{\boldsymbol{r}}'\text{在 } S \text{ 上} \tag{6.20}$$

然后得到:

$$\psi_s(\bar{\boldsymbol{r}}) = -\int_S G_2(\bar{\boldsymbol{r}},\bar{\boldsymbol{r}}')\frac{\partial \psi(\bar{\boldsymbol{r}}')}{\partial n'}\mathrm{d}S' \tag{6.21}$$

这三个方程式(6.17)、式(6.19)和式(6.21)都是精确的,应该得到相同的精确场 $\psi_s(\bar{\boldsymbol{r}})$。然而,在实际应用中,关于 S 的具体区域可能是未知的,因此,根据具体问题,选择其中更优的方案。

考虑平面屏幕后面的场 $\psi_s(\bar{\boldsymbol{r}})$,其孔径处的场已知(图 6.5),可以用前三个公式来表示。

首先在屏幕上求出满足狄利克雷条件的格林函数。在这种情况下,格林函数是自由空间格林函数 $\bar{\boldsymbol{r}}'$ 与其镜像位置 $\bar{\boldsymbol{r}}''$ 之间的差(图 6.6)。

$$G_1(\bar{\boldsymbol{r}},\bar{\boldsymbol{r}}') = \frac{\exp(-\mathrm{j}kr_1)}{4\pi r_1} - \frac{\exp(-\mathrm{j}kr_2)}{4\pi r_2} \tag{6.22}$$

式中:$r_1 = |\bar{\boldsymbol{r}}-\bar{\boldsymbol{r}}'|$ 和 $r_2 = |\bar{\boldsymbol{r}}-\bar{\boldsymbol{r}}''|$。要计算 $\partial/(\partial n')G$,注意到:

$$\begin{cases}\dfrac{\partial}{\partial n'}\left[\dfrac{\exp(-jkr_1)}{4\pi r_1}\right]=\dfrac{\partial}{\partial r_1}\left[\dfrac{\exp(-jkr_1)}{4\pi r_1}\right]\dfrac{\partial r_1}{\partial n'}=\dfrac{\exp(-jkr_1)}{4\pi r_1}\left(-jk-\dfrac{1}{r_1}\right)\dfrac{z'-z}{r_1}\\ \dfrac{\partial}{\partial n'}\left[\dfrac{\exp(-jkr_2)}{4\pi r_2}\right]=\dfrac{\exp(-jkr_2)}{4\pi r_2}\left(-jk-\dfrac{1}{r_2}\right)\dfrac{z'+z}{r_2}\end{cases}\tag{6.23}$$

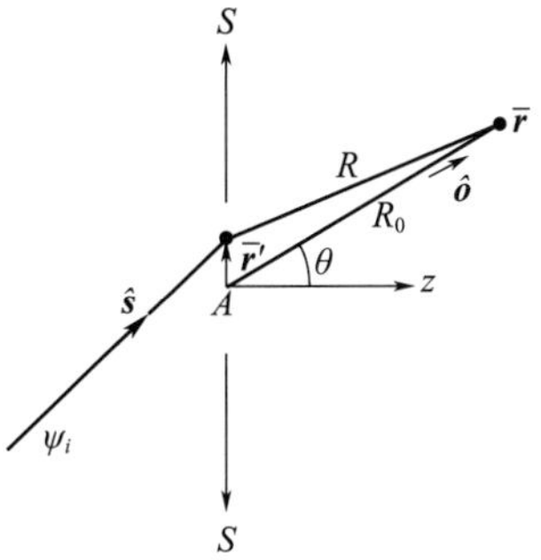

图 6.5　屏幕 S 上的孔径 A

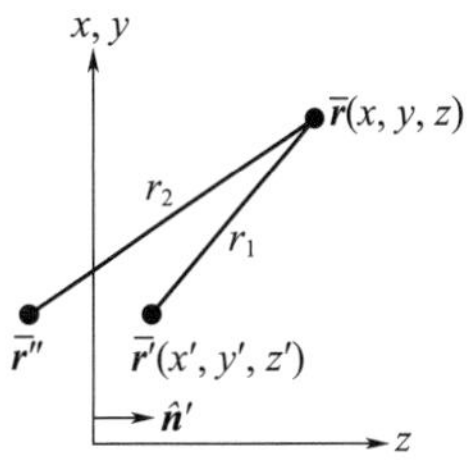

图 6.6　满足狄利克雷条件的格林函数 $G_1(\bar{\boldsymbol{r}},\bar{\boldsymbol{r}}')$

式中：

$$r_1^2=(x-x')^2+(y-y')^2+(z-z')^2$$
$$r_2^2=(x-x')^2+(y-y')^2+(z+z')^2$$

因此得到：

$$\frac{\partial}{\partial n'}G(\bar{\boldsymbol{r}},\bar{\boldsymbol{r}}')=\frac{\exp(-jkR)}{2\pi R}\left(jk+\frac{1}{R}\right)\frac{z}{R}\tag{6.24}$$

式中：$R^2=(x-x')^2+(y-y')^2+z^2$

场 $\psi(\bar{\boldsymbol{r}})$ 为

$$\psi_s(\bar{\boldsymbol{r}})=\int_S\frac{\exp(-jkR)}{2\pi R}\left(jk+\frac{1}{R}\right)\frac{z}{R}\psi(\bar{\boldsymbol{r}}')\mathrm{d}S'\tag{6.25}$$

如果 r 接近 z 轴（$z/R\approx1$）和 $kR\gg1$，得到：

$$\psi_s(\bar{\boldsymbol{r}})=\frac{jk}{2\pi}\int_S\frac{\exp(-jkR)}{R}\psi(\bar{\boldsymbol{r}}')\mathrm{d}S'\tag{6.26}$$

屏幕上的孔径场 $\psi(\bar{\boldsymbol{r}}')$ 通常用于计算场 $\psi_s(\bar{\boldsymbol{r}})$。

接下来讨论格林函数 G_2，它在平面屏幕上满足诺依曼条件，有

$$G_2(\bar{\boldsymbol{r}},\bar{\boldsymbol{r}}')=\frac{e^{-jkr_1}}{4\pi r_1}+\frac{e^{-jkr_2}}{4\pi r_2}\tag{6.27}$$

因此得到：

$$\psi_s(\bar{\boldsymbol{r}})=-\frac{1}{2\pi}\int_S\frac{\exp(-jkR)}{R}\frac{\partial\psi(\bar{\boldsymbol{r}}')}{\partial n'}\mathrm{d}S'\tag{6.28}$$

当知道一个平面表面上的孔径场时，式(6.25)和式(6.26)都适用。当场在平面上的法向导数已知时，可使用式(6.28)。当场和它的法向导数都已知时，可以使用式(6.17)。

6.3　基尔霍夫近似

在式(6.17)中，证明了如果已知表面上的场及其法向导数，则可以计算出任意一点

上的场。然而，要准确地计算表面上的场是很困难的，如屏幕上的孔径场（图 6.5），这需要求解完全边值问题。如果孔径尺寸在波长方面较大，则孔径场可以近似等于入射场的孔径场。这被称为基尔霍夫近似，可以用数学方法表述如下。

在孔径 A（图 6.5）上，假设：

$$\psi = \psi_i \text{ 且} \frac{\partial \psi}{\partial n} = \frac{\partial \psi_i}{\partial n} \tag{6.29}$$

在屏幕 S 上，假设：

$$\psi = 0 \text{ 且} \frac{\partial \psi}{\partial n} = 0 \tag{6.30}$$

利用式（6.23），得到了图 6.5 中所示的孔径问题的基尔霍夫近似：

$$\psi(\bar{\boldsymbol{r}}) = \int_S \left[\psi_i(\bar{\boldsymbol{r}}') \left(\mathrm{j}k + \frac{1}{R} \right) \frac{z}{R} - \frac{\partial \psi_i}{\partial n'} \right] \frac{\exp(-\mathrm{j}kR)}{4\pi R} \mathrm{d}S' \tag{6.31}$$

例如，如果入射场为在 $\hat{\boldsymbol{s}}$ 方向传播的平面波，孔径在平面 $z=0$ 处（图 6.5），有

$$\begin{cases} \psi_i(\bar{\boldsymbol{r}}') = A_0 \mathrm{e}^{-\mathrm{j}k\hat{\boldsymbol{s}} \cdot \bar{\boldsymbol{r}}'} \\ \dfrac{\partial \psi_i(\bar{\boldsymbol{r}}')}{\partial n'} = -\mathrm{j}k\hat{\boldsymbol{s}} \cdot \hat{\boldsymbol{z}} A_0 \mathrm{e}^{-\mathrm{j}k\hat{\boldsymbol{s}} \cdot \bar{\boldsymbol{r}}'} \end{cases} \tag{6.32}$$

如果考虑离孔径很大距离的场，可以忽略（$\mathrm{j}k + 1/R$）中的 $1/R$，设 z/R 为 $\cos\theta$，且 $1/R = 1/R_0$。然而，相位 kR 不能等于 kR_0，因为需要考虑 R 和 R_0 在波长上的差异。然后，应该使用 $R = R_0 - \bar{\boldsymbol{r}}' \cdot \hat{\boldsymbol{o}}$，得到了远离孔径的电场：

$$\psi(\bar{\boldsymbol{r}}) = \frac{\exp(-\mathrm{j}kR_0)}{4\pi R_0} \int_S \mathrm{j}k\psi_i(\bar{\boldsymbol{r}}')(\cos\theta + \hat{\boldsymbol{s}} \cdot \hat{\boldsymbol{z}}) \mathrm{e}^{\mathrm{j}k\bar{\boldsymbol{r}}' \cdot \hat{\boldsymbol{o}}} \mathrm{d}S' \tag{6.33}$$

基尔霍夫近似可以应用于物体的散射问题（图 6.7）。在 $\bar{\boldsymbol{r}}'$ 处，假设场近似等于表面是平面时的场，且与 $\bar{\boldsymbol{r}}'$ 处的表面相切。如果入射场为一个在 $\hat{\boldsymbol{s}}$ 方向上传播的平面波，有

$$\psi_i = A_0 \exp(-\mathrm{j}k\hat{\boldsymbol{s}} \cdot \bar{\boldsymbol{r}}) \tag{6.34}$$

如果一个平面表面在 $\bar{\boldsymbol{r}}'$ 处的反射系数为 R，那么，在表面的照射部分有

$$\begin{cases} \psi = (1+R)\psi_i \\ \dfrac{\partial \psi}{\partial n'} = (-\mathrm{j}k\hat{\boldsymbol{s}} \cdot \hat{\boldsymbol{n}}')(1-R)\psi_i \end{cases} \tag{6.35}$$

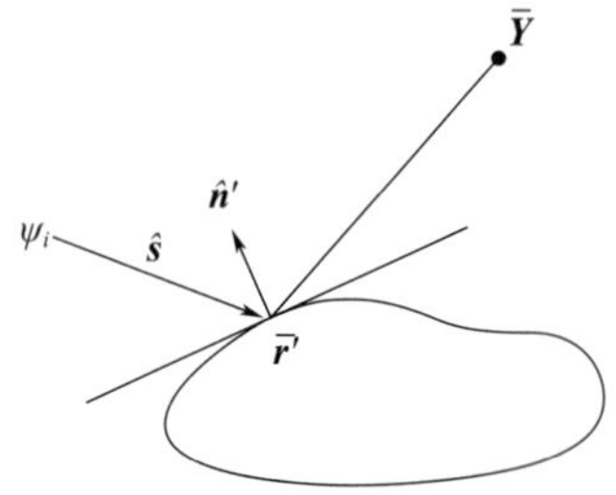

图 6.7　基尔霍夫近似

在阴影区域，假设：

$$\psi = 0 \text{ 且} \frac{\partial \psi}{\partial n'} = 0 \tag{6.36}$$

然后，将式（6.34）~式（6.36）代入式（6.17）中，得到基尔霍夫近似。由于使用的近似是表面上任何点的场等于与表面相切的平面的场，有时称之为切线近似。这种近似的电磁等效被称为物理光学近似。

6.4　菲涅尔衍射和夫琅禾费衍射

接下来考虑$\bar{\boldsymbol{r}}$处的场 u,其中,场 $u_0(\bar{\boldsymbol{r}}')$ 在 $z=0$ 处的孔径处计算得到(图6.8),详见式(6.25)。考虑一个观测点(x,y,z),设 r_0 为离孔径的原点 $x'=y'=0$ 的距离。假设 $kr\gg1$,$z/r\approx1$ 和 $1/r\approx1/r_0$。相位 kr 不能近似为 kr_0,因为其差值可以是波长的量级。使用以下近似值:

$$\boldsymbol{r}=[z^2+(x-x')^2+(y-y')^2]^{1/2}\approx z+\frac{(x-x')^2+(y-y')^2}{2z} \tag{6.37}$$

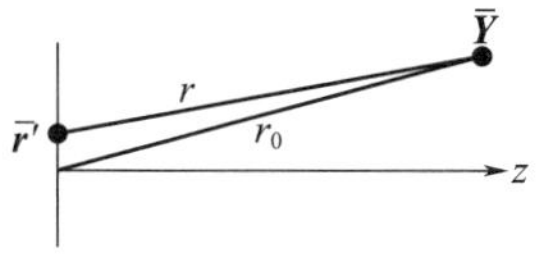

图6.8　菲涅耳和夫琅禾费衍射

然后得到以下"菲涅耳衍射"公式:

$$u(x,y,z)=\frac{\mathrm{j}k}{2\pi z}\mathrm{e}^{-\mathrm{j}kz}\iint u_0(x',y')\exp\left[-\mathrm{j}k\frac{(x-x')^2+(y-y')^2}{2z}\right]\mathrm{d}x'\mathrm{d}y' \tag{6.38}$$

将式(6.37)重写为

$$r\approx r_0-\frac{xx'+yy'}{z}+\frac{x'^2+y'^2}{2z}$$

式中:

$$r_0=z+\frac{x^2+y^2}{2z} \tag{6.39}$$

注意,在很大的距离 z 处,$kx'^2/z<1$,可以近似 r 为

$$r\approx r_0-\frac{xx'}{z}-\frac{yy'}{z} \tag{6.40}$$

然后得到夫琅禾费衍射公式,该公式在距离孔径较大距离 r_0 时有效,式(6.40)成立。

$$u(x,y,z)=\frac{\mathrm{j}k}{2\pi r_0}\mathrm{e}^{-\mathrm{j}kr_0}\iint u_0(x',y')\mathrm{e}^{+\mathrm{j}k(xx'/z+yy'/z)}\mathrm{d}x'\mathrm{d}y' \tag{6.41}$$

注意菲涅耳衍射公式(6.38)和夫琅禾费衍射公式(6.41)之间的差异。菲涅耳公式包含二次项 x 和 y,适用于近场孔径 $z<\alpha^2/\lambda$,而夫琅禾费公式只包含线性项 x 和 y,适用于远场 $z\gg\alpha^2/\lambda$,其中,α 为孔径大小。还注意到,式(6.41)是傅里叶变换的一种形式,因此,可以说夫琅禾费场是孔径场的傅里叶变换。在天线理论中,认为孔径天线的辐射模式是孔径场的傅里叶变换。

考虑半径为 a 的圆形孔径中产生的具有恒定场的夫琅禾费衍射,有

$$u_0(x',y')=\begin{cases}A_0,\text{当}\ \rho'\leqslant a\\0,\text{当}\ \rho'>a\end{cases} \tag{6.42}$$

令:

$$x'=\rho'\cos\phi',y'=\rho'\sin\phi'$$

$$\frac{x}{z}=\sin\theta\cos\phi,\frac{y}{z}=\sin\theta\sin\phi$$

由式(6.41)得到：

$$u(x,y,z)=\frac{\mathrm{j}k}{2\pi r_0}\mathrm{e}^{-\mathrm{j}kr_0}A_0\int_0^a\int_0^{2\pi}\exp[\mathrm{j}k\rho'\sin\theta\cos(\phi-\phi')]\mathrm{d}\phi'\rho'\mathrm{d}\rho' \tag{6.43}$$

利用以下贝塞尔函数的积分表示和积分公式：

$$\begin{cases}J_0(x)=\dfrac{1}{2\pi}\displaystyle\int_0^{2\pi}\mathrm{e}^{\mathrm{j}x\cos\phi}\mathrm{d}\phi\\ \displaystyle\int J_0(x)x\mathrm{d}x=xJ_1(x)\end{cases} \tag{6.44}$$

得到：

$$\begin{aligned}u(x,y,z)&=u(r_0,\theta)\\&=\frac{\mathrm{j}k}{2\pi r_0}\mathrm{e}^{-\mathrm{j}kr_0}A_0\pi a^2\frac{2J_1(ka\sin\theta)}{ka\sin\theta}\end{aligned} \tag{6.45}$$

在 $\theta=0$ 处将 u 归一化，得到：

$$\frac{u(r_0,\theta)}{u(r_0,0)}=\frac{2J_1(ka\sin\theta)}{ka\sin\theta} \tag{6.46}$$

$u(r_0,\theta)$ 的第一个零点对应的角 θ_a 由下式计算：

$$ka\sin\theta_a=3.832\ 或\ \sin\theta_a=0.610\lambda/a \tag{6.47}$$

衍射模式(6.46)称为艾里模式(Airy pattern)，在 $0\leqslant\theta\leqslant\theta_a$ 中的主瓣称为艾里盘(Airy disk)。

举一个菲涅耳衍射的例子，考虑方孔径中的均匀场。

$$U_0=\begin{cases}A_0,对于|x'|<a\ 且\ |y'|<b\\0,外侧\end{cases} \tag{6.48}$$

轴上($x=y=0$)的场由下式计算：

$$U(z)=\frac{\mathrm{j}k}{2\pi z}\mathrm{e}^{-\mathrm{j}kz}\int_{-a}^{a}\mathrm{d}x'\int_{-b}^{b}\mathrm{d}y'A_0\exp\left[-\frac{\mathrm{j}k(x'^2+y'^2)}{2z}\right] \tag{6.49}$$

利用菲涅耳积分，定义为

$$F(Z)=\int_0^z\exp\left(-\mathrm{j}\frac{\pi}{2}t^2\right)\mathrm{d}t=C(Z)-\mathrm{j}S(Z) \tag{6.50}$$

式(6.49)中的场为

$$U(Z)=\mathrm{j}2A_0\mathrm{e}^{-\mathrm{j}kz}F(Z_1)F(Z_2) \tag{6.51}$$

式中：$Z_1=(k/\pi z)^{1/2}a$ 且 $Z_2=(k/\pi z)^{1/2}b$。

再举一个菲涅尔衍射的例子，考虑一个圆孔径场，其场分布为 $A_0(x',y')$，在 $z=0$ 处有曲率半径为 R_0 的二次相位波前。

$$U_0(x',y')=A_0(x',y')\exp\left[+\mathrm{j}\frac{k(x'^2+y'^2)}{2R_0}\right] \tag{6.52}$$

上述相位分布将波聚集在 $z=R_0$ 处，因为波从(x',y')传播到($x=0,y=0,z=R_0$)的相位为

$$\exp(-\mathrm{j}kR)=\exp[-\mathrm{j}k\,(R_0^2+x'^2+y'^2)^{\frac{1}{2}}]$$
$$\simeq\exp\left[-\mathrm{j}kR_0-\frac{\mathrm{j}k(x'^2+y'^2)}{2R_0}\right]$$

式(6.52)中的二次相位分布正好补偿了 $\exp(-\mathrm{j}kR)$ 中的二次项。将式(6.52)代入式(6.38)。如果考虑焦平面 $z=R_0$ 上的场,得到:

$$U(x,y,z)=\frac{\mathrm{j}k}{2\pi z}\mathrm{e}^{-\mathrm{j}kr_0}\iint A_0\mathrm{e}^{+\mathrm{j}k(xx'+yy')/R_0}\mathrm{d}x'\mathrm{d}y' \tag{6.53}$$

这与夫琅禾费衍射的式(6.41)相同。如果 A_0 为常数,得到式(6.46),其中,$\sin\theta=(x^2+y^2)^{1/2}/R_0$。

最后一个例子表明,如果孔径场具有二次相位分布,使波聚焦在 $z=0$ 处,则焦平面 $z=R_0$ 处的场分布与夫琅禾费衍射完全相同。也可以说,焦平面上的场是孔径场的傅里叶变换。这常应用于需要傅里叶变换的光信号处理。

6.5 傅里叶变换(谱)表示法

考虑平面 $z=0$ 上,$U_0(x',y')$ 场产生的标量波 $U(x,y,z)$ 的情况。有两种方法可以从 $U_0(x',y')$ 中得到 $U(x,y,z)$。一种是求格林函数,即 (x',y') 处的函数 $U(x,y,z)$ 的场,然后把它乘以 $U_0(x',y')$,最后在 $z=0$ 处的孔径上积分。这类似于利用脉冲响应来求由输入引起的网络输出电压,已在6.4节中讨论。另一种方法是傅里叶变换法,首先,取孔径场 $U_0(x',y')$ 的傅里叶变换,再乘以传递函数,然后取傅里叶逆变换得到 $U(x,y,z)$。这类似于利用输入的频谱,乘以传递函数,然后进行逆变换得到输出来求解网络问题。在本节中,首先讨论傅里叶变换法。

从标量波动方程开始讨论:

$$(\nabla^2+k^2)u(\bar{\boldsymbol{r}})=0 \tag{6.54}$$

首先对 x 和 y 进行傅里叶变换:

$$U(q_1,q_2,z)=\iint u(x,y,z)\mathrm{e}^{\mathrm{j}q_1x+\mathrm{j}q_2y}\mathrm{d}x\mathrm{d}y \tag{6.55}$$

然后得到:

$$\left(\frac{\mathrm{d}^2}{\mathrm{d}z^2}+k^2-q_1^2-q_2^2\right)U(q_1,q_2,z)=0 \tag{6.56}$$

它的通解由两个分别在 $+z$ 方向和 $-z$ 方向上运动的波组成。

$$U(q_1,q_2,z)=A_+(q_1,q_2)\mathrm{e}^{-\mathrm{j}qz}+A_-(q_1,q_2)\mathrm{e}^{+\mathrm{j}qz} \tag{6.57}$$

式中:

$$q=\begin{cases}(k^2-q_1^2-q_2^2)^{1/2},\text{当 }k^2>q_1^2+q_2^2\\ -\mathrm{j}(q_1^2+q_2^2-k^2)^{1/2},\text{当 }k^2<q_1^2+q_2^2\end{cases}$$

注意到对于具有 $\exp(-\mathrm{j}qz)$ 的正向波,$q=q_r+\mathrm{j}q_i$ 必须在复平面的第四象限($q_r\geqslant0$ 和 $q_i\leqslant0$),因为 $\exp(-\mathrm{j}qz)=\exp(-\mathrm{j}q_rz+q_iz)$ 必须在 $z\to+\infty$ 时呈指数衰减。同样的条件也保证了负向波 $\exp(+\mathrm{j}qz)$ 在 $z\to-\infty$ 时呈指数衰减。

考虑波在 $z \geqslant 0$ 区域沿 $+z$ 方向的传播，且 $A_- = 0$。取傅里叶逆变换，得到：

$$u(x,y,z) = \frac{1}{(2\pi)^2}\iint A_+(q_1,q_2)\,e^{-jq_1x - jq_2y - jqz}\,dq_1 dq_2 \tag{6.58}$$

函数 $A_+(q_1,q_2)$ 可以由式(6.58)中令在 $z=0$ 处 $u(x',y',z)=u_0(x',y')$ 得到，然后得到：

$$A_+(q_1,q_2) = \iint u_0(x',y')\,e^{jq_1x' + jq_2y'}\,dx'dy' \tag{6.59}$$

因此，根据在平面 $z=0$ 上给定的场 u_0，式(6.58)和式(6.59)给出了任意点 (x,y,z) 处的场。

6.6 束　　波

举一个 6.5 节中描述的谱方法的例子，讨论一类重要的波，称为束波。典型的例子是一束激光束和一束在大气中传播的毫米波束。波束的特性也表现在抛物面反射天线、透镜波导和开放谐振器(激光谐振器)前的近场中(图 6.9)。

式(6.58)是准确的，但对束波可以进行进一步的简化。如果假设波主要在 z 方向传播，如波束，在 x 和 y 方向的传播常数 q_1 和 q_2 比在 z 方向的传播常数 q 小得多。因此，在式(6.58)中对傅里叶积分的主要贡献来自 $|q|$ 接近 k，$|q_1|$ 和 $|q_2|$ 远小于 k 的区域。因此，对 q 做出傍轴近似：

$$q = (k^2 - q_1^2 - q_2^2)^{1/2} \simeq k - \frac{q_1^2 + q_2^2}{2k} \tag{6.60}$$

利用傍轴近似式(6.60)得到波束的表达式。假设 $z = 0$ 处的场具有高斯振幅分布和曲率半径为 R_0 的二次相位波前(图 6.10)。

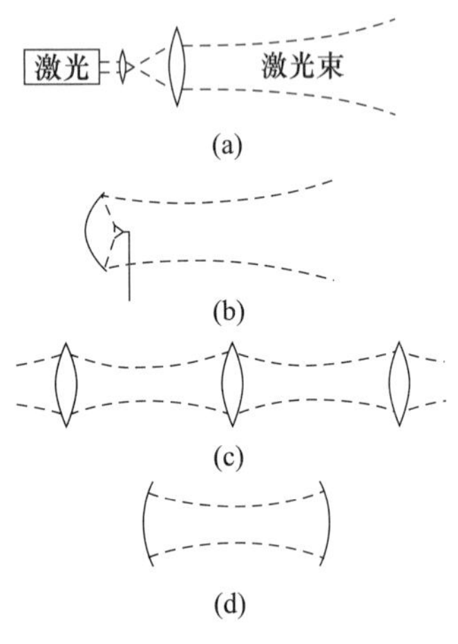

图 6.9　波束

(a)激光束；(b)抛物面反射天线；(c)透镜波导；(d)激光谐振器。

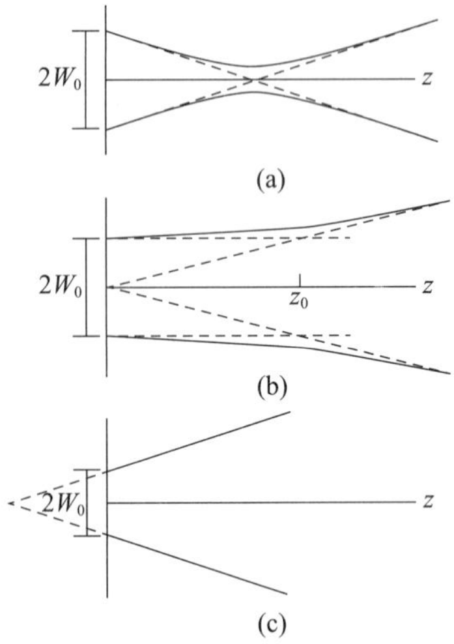

图 6.10　(a)聚焦波束 $R_0>0$；(b)准直波束 $R_0\to\infty$；(c)发散波束 $R_0<0$[①]

① 译者注：根据上下文，将(c)中的 > 改为 <。

$$u_0(x,y)=A_0\exp\left(-\frac{\rho^2}{W_0^2}+\mathrm{j}\frac{k\rho^2}{2R_0}\right) \tag{6.61}$$

式中:$\rho^2=x^2+y^2$;W_0 为 $z=0$ 处的波束宽度。

二次相移补偿了焦点的实际距离$(R_0^2+\rho^2)^{1/2}$和焦距 R_0 之间的差,有

$$(R_0^2+\rho^2)^{1/2}-R_0\approx\frac{\rho^2}{2R_0} \tag{6.62}$$

将式(6.61)代入式(6.59),并使用以下公式:

$$\int_{-\infty}^{\infty}\exp(-at^2+bt)\,\mathrm{d}t=\left(\frac{\pi}{a}\right)^{1/2}\exp\left(\frac{b^2}{4a}\right),\mathrm{Re}\ a>0 \tag{6.63}$$

然后得到:

$$A_+(q_1,q_2)=\frac{2\pi A_0}{k\alpha}\exp\left(-\frac{q_1^2+q_2^2}{2k\alpha}\right) \tag{6.64}$$

式中:

$$\alpha=\frac{1}{z_0}-\mathrm{j}\frac{1}{R_0},z_0=\frac{kW_0^2}{2}$$

将式(6.64)代入式(6.58),并使用傍轴近似式(6.60),得到:

$$u(x,y,z)-\frac{A_0}{1-\mathrm{j}\alpha z}\exp\left(-\mathrm{j}kz-\frac{k\alpha}{2}\frac{\rho^2}{1-\mathrm{j}\alpha z}\right) \tag{6.65}$$

当 $z=0$ 处的场为式(6.61)时,这是高斯波束的表达式。

考虑强度 $I=|u|^2$,从式(6.65)得到:

$$I(x,y,z)=I_0\frac{W_0^2}{W^2}\exp\left(-\frac{2\rho^2}{W^2}\right) \tag{6.66}$$

式中:$I_0=|A_0|^2$ 为 $z=0$ 处的强度,且

$$W^2=W_0^2\left[\left(1-\frac{z}{R_0}\right)^2+\left(\frac{z}{z_0}\right)^2\right] \tag{6.67}$$

式(6.66)表明,波束宽度 W 随式(6.67)变化,总强度 I_t 如预期那样与距离 z 无关。

$$I_t=\iint I(x,y,z)\,\mathrm{d}x\mathrm{d}y=I_0W_0^2\left(\frac{\pi}{2}\right) \tag{6.68}$$

如果曲率半径 R_0 为正,则波束聚焦;如果 R_0 为无穷大,则波束准直;如果 R_0 为负,则波束发散(图 6.10)。首先关注聚焦波束 $R_0>0$。在焦点 $z=R_0$ 处的波束宽度 W 称为束斑尺寸,由式(6.67)计算得到。

$$\frac{W_s}{W_0}=\frac{\lambda R_0}{\pi W_0^2} \tag{6.69}$$

在给定的 λ 和 R_0 下,随着初始束斑尺寸 W_0 的增大,束斑尺寸 W_s 变小。可以通过菲涅耳数 N_f 来了解式(6.69)中的关系。在距离宽度为 W_0 的孔的中心的给定距离 z 处,到孔的边缘的距离与到中心的距离之差可以为半波长的倍数(图 6.11)。这个倍数的数目是菲涅耳数 N_f。

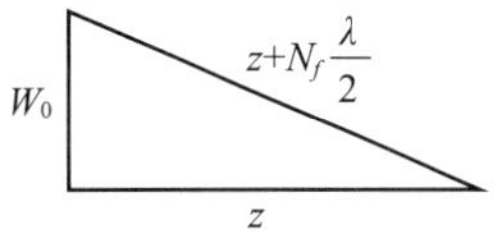

图 6.11　菲涅耳数

$N_f=W_0^2/\lambda z$

为了得到 N_f,令:

$$z + N_f \frac{\lambda}{2} = (z^2 + W_0^2)^{1/2}$$

然后,在 $z = R_0$ 处得到:

$$\begin{cases} N_f \approx \dfrac{W_0^2}{\lambda z} \\ W_0 \ll z \end{cases} \tag{6.70}$$

因此,束斑大小 W_s 为

$$\frac{W_s}{W_0} = \frac{1}{\pi N_f} \tag{6.71}$$

束斑尺寸与孔径尺寸的比值与菲涅耳数 N_f 成反比。

对于一个准直光束 $R_0 \to \infty$:

$$u(x,y,z) = \frac{A_0}{1 - \mathrm{j}\alpha_1 z} \exp\left(-\mathrm{j}kz - \frac{\rho^2}{W_0^2} \frac{1}{1 - \mathrm{j}\alpha_1 z} \right)$$

式中:

$$\begin{cases} \alpha_1 = \dfrac{\lambda}{\pi W_0^2} \\ \alpha_1 z = \dfrac{1}{\pi N_f} \end{cases} \tag{6.72}$$

在 $z \to \infty$ 时的半功率波束宽度 θ_b 通过下式得到:

$$\exp\left(-\frac{2\rho^2}{W^2} \right) = \frac{1}{2}$$

$$\rho = \frac{z\theta_b}{2}$$

$$W^2 \approx W_0^2 (\alpha_1 z)^2$$

然后得到:

$$\theta_b = \frac{\lambda (2\ln 2)^{1/2}}{\pi W_0} \tag{6.73}$$

6.7 古斯 - 汉欣效应

当波束波入射到平面边界时,通常会发生透射和反射。如果束波从密度较高介质入射到密度较低介质上,如果入射角大于临界角,就会发生全反射。当这种情况发生时,注意到反射波束在空间中发生了位移,这被称为古斯 - 汉欣位移。这一现象为深入了解全反射机制提供了一些有趣的物理见解。

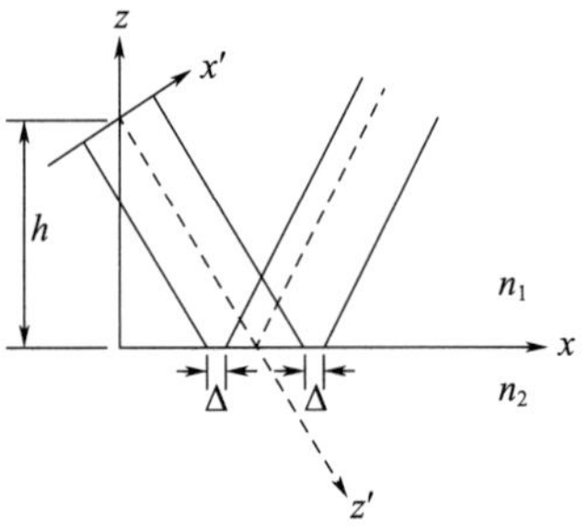

图 6.12 古斯 - 汉森位移

考虑一个束波入射到一个平面边界上,如图 6.12 所示。为了简化分析,考虑一个二维($\partial/\partial y = 0$)问题。入射束波 $u_i(x',z')$ 经过准直处理,振幅分布为 $A(x')$,有

$$u_i(x',z') = A(x') \exp(-\mathrm{j}k_1 z') \tag{6.74}$$

然后，使用从(x',z')到(x,z)的坐标变换：

$$\begin{cases} x' = x\cos\theta_0 + (z-h)\sin\theta_0 \\ z' = x\sin\theta_0 - (z-h)\cos\theta_0 \end{cases} \tag{6.75}$$

在 $z=h$ 处的入射场为

$$u_i(x,h) = A(x\cos\theta_0)\exp(-\mathrm{j}\beta_0 x) \tag{6.76}$$

式中：$\beta_0 = k_1\sin\theta_0$。

取式(6.76)的傅里叶变换：

$$U(\beta-\beta_0) = \int u_i(x,h)\mathrm{e}^{\mathrm{j}\beta x}\mathrm{d}x = \int A(x\cos\theta_0)\mathrm{e}^{\mathrm{j}(\beta-\beta_0)x}\mathrm{d}x \tag{6.77}$$

入射场 $u_i(x,z)$ 满足波动方程：

$$\left(\frac{\partial^2}{\partial x^2} + \frac{\partial^2}{\partial z^2} + k_1^2\right)u_i(x,z) = 0 \tag{6.78}$$

如果在 x 方向上进行傅里叶变换，并让 $u_i(x,z)$ 在 $z=h$ 处等于式(6.76)，得到：

$$u_i(x,z) = \frac{1}{2\pi}\int U(\beta-\beta_0)\exp[-\mathrm{j}\beta x + \mathrm{j}q(z-h)]\mathrm{d}\beta \tag{6.79}$$

式中：$q=(k_1^2+\beta^2)^{1/2}$。请注意：入射波 u_i 由以 β_0 为中心的频谱 $U(\beta-\beta_0)$ 组成。例如，如果 u_i 是一个高斯波束，有

$$\begin{cases} A(x') = A_0\exp\left[-\left(\dfrac{x'}{W_0}\right)^2\right] \\ U(\beta-\beta_0) = \dfrac{A_0W_0\sqrt{\pi}}{\cos\theta_0}\exp\left[-\dfrac{W_0^2(\beta-\beta_0)^2}{4\cos^2\theta_0}\right] \end{cases} \tag{6.80}$$

在 x 方向上的波数 β 从 $-\infty$ 延伸到 $+\infty$。范围 $-k_1<\beta<k_1$ 对应于入射实角 θ_i 的平面波 $\beta=k_1\sin\theta_i(-\pi/2<\theta_i<\pi/2)$。然而，范围 $\beta>k_1$ 对应于入射复角 $\theta_i=\pi/2+\mathrm{j}\theta''$，$0\leqslant\theta''\leqslant\infty$；范围 $\beta<k_1$ 对应于 $\theta_i=-\pi/2-\mathrm{j}\theta''$，$0\leqslant\theta''\leqslant\infty$。范围 $|\beta|>k_1$ 代表倏逝波。一般来说，有限波束或来自区域源的波会同时激发扩散波 $|\beta|<k_1$ 和倏逝波 $|\beta|>k_1$。反射波 $u_r(x,z)$ 可以写成：

$$u_r(x,z) = \frac{1}{2\pi}\int R(\beta)U(\beta-\beta_0)\exp[-\mathrm{j}\beta x - \mathrm{j}q(z+h)]\mathrm{d}\beta \tag{6.81}$$

式中：$R(\beta)$为应用边界条件确定的反射系数。当对式(6.79)、式(6.81)和透射波在 $z=0$ 处应用边界条件时，得到：

$$u_t(x,z) = \frac{1}{2\pi}\int T(\beta)U(\beta-\beta_0)\mathrm{e}^{-\mathrm{j}\beta x+\mathrm{j}q_t z-\mathrm{j}qh}\mathrm{d}\beta \tag{6.82}$$

式中：$q_t=(k_2^2-\beta^2)^{1/2}$，得到了与平面波情况相同的关系，除了用 β 代替一个平面波 $k_1\sin\theta_i$。因此，每个傅里叶分量 $U(\beta-\beta_0)$ 表现得就像一个具有 $\beta=k_1\sin\theta_i$ 的平面波。不同之处在于，傅里叶分量包括所有的 β，包括扩散波和倏逝波，而平面波被限制在真实的入射角。如果 u 代表 3.4 节中的一个 TE 波，得到(当 $\mu_1=\mu_2=\mu_0$)：

$$R(\beta) = \frac{q-q_t}{q+q_t} \tag{6.83}$$

式中：$q=(k_1^2-\beta^2)^{1/2}$和 $q_t=(k_2^2-\beta^2)^{1/2}$。

如果 u 表示 3.5 节中的 TM 波,得到:

$$R(\beta)=\frac{(q_t/n_2^2)-(q/n_1^2)}{(q_t/n_2^2)+(q/n_1^2)} \tag{6.84}$$

如果 u 表示 3.8 节中的一个声波,

$$R(\beta)=\frac{(\rho_2/q_t)-(\rho_1/q)}{(\rho_2/q_t)+(\rho_1/q)} \tag{6.85}$$

接下来,研究一下反射场式(6.81)。首先注意到,对于束波,$U(\beta-\beta_0)$在 $\beta=\beta_0$ 处有一个峰值,并从 $\beta=\beta_0$ 处衰减,如式(6.80)所示。如果波束宽度 W_0 是多个波长宽,U 集中在$\beta=\beta_0$ 附近。如果反射系数 $R(\beta)$是一个随 β 缓慢变化的函数,那么作为一级近似,可以让 $R(\beta)\sim R(\beta_0)$。然后,从式(6.81)中得到反射波,该波除反射系数外与镜像点 $z=-h$处产生的波束 $u_{r0}(x,z)$相等。

$$\begin{cases} u_r(x,z)\sim R(\beta_0)u_{r0}(x,z) \\ u_{r0}(x,z)=\dfrac{1}{2\pi}\displaystyle\int U(\beta-\beta_0)\exp[-\mathrm{j}\beta x-\mathrm{j}q(z+h)]\mathrm{d}\beta \end{cases} \tag{6.86}$$

然而,当入射角 θ_0 与 n_1 和 n_2 发生全反射时,$\sin\theta_0>(n_2/n_1)$,近似 $R(\beta)\approx R(\beta_0)$不再有效。然后,波束不仅被完全反射,而且由于反射系数的附加相位,反射波束在空间上发生了位移。以 TE 波式(6.83)为例。在$\beta\approx\beta_0$,$q_t=(k_2^2-\beta^2)^{1/2}\sim k\ (n_2^2-n_1^2\sin^2\theta_0)^{1/2}\sim -\mathrm{j}k\ (n_1^2\sin^2\theta_0-n_2^2)^{1/2}$附近,令 $q_t=-\mathrm{j}\alpha_t$,然后得到:

$$R(\beta)=\frac{q-q_t}{q+q_t}=\frac{q+\mathrm{j}\alpha_t}{q-\mathrm{j}\alpha_t}=\exp[\mathrm{j}\phi(\beta)] \tag{6.87}$$

式中:$\phi(\beta)=2\tan^{-1}(\alpha_t/q)$。由于对积分式(6.81)的主要贡献来自 $\beta=\beta_0$ 的邻域,所以在关于 β_0 的泰勒级数中展开 $\phi(\beta)$,并保留了前两项。

$$\phi(\beta)=\phi(\beta_0)+(\beta-\beta_0)\phi'(\beta_0) \tag{6.88}$$

将式(6.87)和式(6.88)代入式(6.81),得到:

$$u_r(x,z)=R(\beta_0)\mathrm{e}^{-\mathrm{j}\beta_0\phi'(\beta_0)}u_{r0}(x-\phi'(\beta_0),z) \tag{6.89}$$

这表明反射波束 $u_r(x,z)$与来镜像点的波束 u_{r0}成正比,u_{r0}的横向偏移为 $\Delta=\phi'(\beta_0)$(图6.12)。这种偏移 Δ 称为古斯-汉欣效应,入射角 θ_0 离临界角$\sin^{-1}(n_2/n_1)$越近时越大。当 θ_0 接近临界角时,一阶近似式(6.88)变得不够准确,在临界角附近,反射线形成一个焦散曲线(图6.13)。

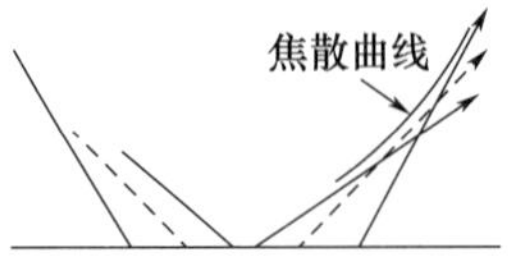

图6.13 束波在接近临界角度发生时的焦散

6.8 高阶束波模态

在6.6节和6.7节中,讨论了振幅分布为高斯分布的波束,这是最实用的波束。然而,这构成了基本的束波模式,除了基本模式外,还有无限数量的高阶束波模式。为了研究这些高阶模,可以从波动方程的抛物线近似开始。考虑满足波动方程的场 $u(x,y,z)$,有

$$(\nabla^2 + k^2)u(x,y,z) = 0 \tag{6.90}$$

对于束波,场主要沿 z 方向传播,因此有

$$u(x,y,z) = U(x,y,z)\mathrm{e}^{-\mathrm{j}kz} \tag{6.91}$$

函数 U 应该是一个关于 z 的缓慢变化的函数。将式(6.91)代入式(6.90),并注意到:

$$\nabla u = (\nabla U)\mathrm{e}^{-\mathrm{j}kz} - \mathrm{j}k\hat{z}U\mathrm{e}^{-\mathrm{j}kz}$$

$$\nabla^2 u = \left(\nabla^2 U - \mathrm{j}2k\frac{\partial}{\partial z}U - k^2 U\right)\mathrm{e}^{-\mathrm{j}kz}$$

得到:

$$\left(\nabla^2 - \mathrm{j}2k\frac{\partial}{\partial z}\right)U = 0 \tag{6.92}$$

如果 U 在 z 中缓慢变化,使得 U 在一个波长上的变化可以忽略不计,有

$$\left|\frac{\partial U}{\partial z}\right| \sim \left|\frac{\Delta U}{\Delta z}\right| < \left|\frac{\Delta U}{\lambda}\right| \ll \left|\frac{U}{\lambda}\right| \sim |kU| \tag{6.93}$$

因此,可以令式(6.92)近似为

$$\left(\nabla_t^2 - \mathrm{j}2k\frac{\partial}{\partial z}\right)U = 0 \tag{6.94}$$

式中:∇_t^2 为 x 和 y 的拉普拉斯算子(横向于 z)。这是波动方程式(6.92)的抛物线近似,大大简化了束波的数学分析。这个抛物线近似等价于傍轴近似式(6.60)。

由于式(6.94)与傍轴近似相同,可以得到式(6.65)中所示的高斯波束:

$$U_g(x,y,z) = \frac{A_0}{1-\mathrm{j}\alpha z}\exp\left[-\frac{\rho^2}{W_0^2(1-\mathrm{j}\alpha z)}\right] \tag{6.95}$$

式中:$\alpha = \dfrac{\lambda}{\pi W_0^2}$。

式(6.95)满足式(6.94)。

为了得到高阶模,令:

$$U(x,y,z) = U_g(x,y,z)f(t)g(\tau)\mathrm{e}^{\mathrm{j}\phi(z)} \tag{6.96}$$

式中:

$$t = \sqrt{2}\frac{x}{W}, \tau = \sqrt{2}\frac{y}{W}$$

$$W = W_0\left[1 + (\alpha z)^2\right]^{1/2}$$

将式(6.96)代入式(6.94),U_g 满足式(6.94),得到:

$$\frac{1}{f}\left(\frac{\mathrm{d}^2 f}{\mathrm{d}t^2} - 2t\frac{\mathrm{d}f}{\mathrm{d}t}\right) + \frac{1}{g}\left(\frac{\mathrm{d}^2 g}{\mathrm{d}\tau^2} - 2\tau\frac{\mathrm{d}g}{\mathrm{d}\tau}\right) - kW^2\frac{\mathrm{d}\phi}{\mathrm{d}z} = 0 \tag{6.97}$$

注意到 x 和 y 分别在第一项和第二项,则为了满足式(6.97)中任意的 x 和 y,要求每项都是常数,即:

$$\begin{cases}\dfrac{1}{f}\left(\dfrac{\mathrm{d}^2 f}{\mathrm{d}t^2}-2t\dfrac{\mathrm{d}f}{\mathrm{d}t}\right)=2m\\ \dfrac{1}{g}\left(\dfrac{\mathrm{d}^2 g}{\mathrm{d}\tau^2}-2\tau\dfrac{\mathrm{d}f}{\mathrm{d}\tau}\right)=2n\\ kW^2\dfrac{\mathrm{d}\phi}{\mathrm{d}z}=2(m+n)\end{cases} \tag{6.98}$$

式中：m 和 n 为常数。

式(6.98)的前两个方程是埃尔米特微分方程(Hermite differential equations)：

$$\left(\frac{\mathrm{d}^2}{\mathrm{d}t^2}-2t\frac{\mathrm{d}}{\mathrm{d}t}+2m\right)H_m(t)=0 \tag{6.99}$$

其解 $H_m(t)$ 是埃尔米特多项式。式(6.98)可以通过积分得到：

$$\phi=\int_0^z\frac{2(m+n)}{kW^2}\mathrm{d}z=\frac{2(m+n)}{kW_0^2}\int_0^z\frac{\mathrm{d}z}{1+(\alpha z)^2}=(m+n)\tan^{-1}\alpha z \tag{6.100}$$

因此，得到高阶束波的一般表示形式为

$$U_{mn}(x,y,z)=U_g(x,y,z)H_m(t)H_n(\tau)\exp[\mathrm{j}(m+n)\tan^{-1}\alpha z] \tag{6.101}$$

其中，t 和 τ 的定义见式(6.96)，α 的定义见式(6.95)。

埃尔米特多项式 $H_m(t)$ 是正交的。

$$\int_{-\infty}^{\infty}\mathrm{e}^{-t^2}H_m(t)H_{m'}(t)\mathrm{d}t=\begin{cases}0,当\ m\neq m'\\ 2^m\sqrt{\pi}m,当\ m=m'\end{cases} \tag{6.102}$$

因此，注意到：

$$|U_g|^2=\frac{A_0^2}{W^2}\exp[-(t^2+\tau^2)] \tag{6.103}$$

所有模 $U_{mn}(x,y,z)$ 在一个常数 z 平面上是正交的。

$$\iint U_{mn}U_{m'n'}^*\mathrm{d}x\mathrm{d}y=0,当\ m\neq n'\ 或\ n\neq n' \tag{6.104}$$

其中，前几项埃尔米特多项式 $H_m(t)$ 为：

$$H_0(t)=1,H_1(t)=2t$$

$$H_2(t)=4t^2-2,H_3(t)=8t^3-12t$$

函数 $H_m(t)\exp(-t^2/2)$ 如图 6.14 所示。由氦-氖激光器辐射出来的束波由基本高斯波束和上述高阶模组成。

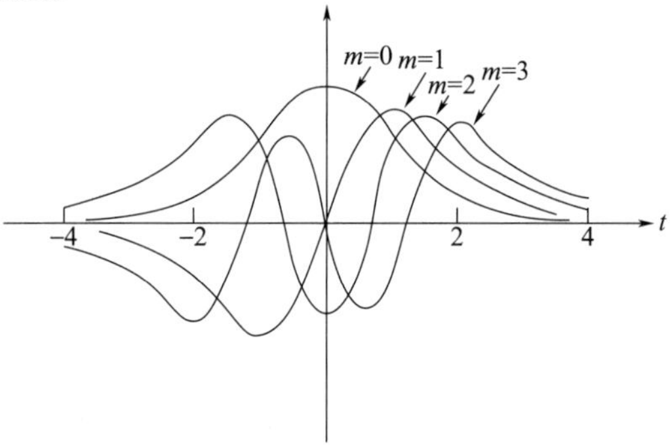

图 6.14　函数 $H_m(t)\exp(-t^2/2)$ 归一化为 $(2^m\sqrt{\pi}m)^{1/2}$

6.9　矢量格林定理、斯特拉顿－朱公式和弗朗兹公式

在 6.1 节中，讨论了标量格林定理。在本节中，讨论矢量场的等价定理。考虑被曲面 S 包围的体积 V 中的矢量场 $\overline{\boldsymbol{P}}(\bar{\boldsymbol{r}})$ 和 $\overline{\boldsymbol{Q}}(\bar{\boldsymbol{r}})$。假设 $\overline{\boldsymbol{P}}$ 和 $\overline{\boldsymbol{Q}}$ 以及它们的一阶和二阶导数在 V 和 S 上是连续的。利用散度定理，有：

$$\int_V \nabla\cdot(\overline{\boldsymbol{P}}\times\nabla\times\overline{\boldsymbol{Q}})\mathrm{d}V = \int_S \overline{\boldsymbol{P}}\times\nabla\times\overline{\boldsymbol{Q}}\cdot\mathrm{d}\overline{\boldsymbol{S}} \tag{6.105}$$

使用下式：

$$\nabla\cdot(\overline{\boldsymbol{A}}\times\overline{\boldsymbol{B}}) = \overline{\boldsymbol{B}}\cdot\nabla\times\overline{\boldsymbol{A}} - \overline{\boldsymbol{A}}\cdot\nabla\times\overline{\boldsymbol{B}} \tag{6.106}$$

令 $\overline{\boldsymbol{A}}=\overline{\boldsymbol{P}}$ 和 $\overline{\boldsymbol{B}}=\nabla\times\overline{\boldsymbol{Q}}$，得到矢量格林第一恒等式：

$$\int_V(\nabla\times\overline{\boldsymbol{Q}}\cdot\nabla\times\overline{\boldsymbol{P}} - \overline{\boldsymbol{P}}\cdot\nabla\times\nabla\times\overline{\boldsymbol{Q}})\mathrm{d}V = \int_S \overline{\boldsymbol{P}}\times\nabla\times\overline{\boldsymbol{Q}}\cdot\mathrm{d}\overline{\boldsymbol{S}} \tag{6.107}$$

为了得到第二个恒等式或格林定理，在式(6.107)中交换 $\overline{\boldsymbol{P}}$ 和 $\overline{\boldsymbol{Q}}$。

$$\int_V(\nabla\times\overline{\boldsymbol{P}}\cdot\nabla\times\overline{\boldsymbol{Q}} - \overline{\boldsymbol{Q}}\cdot\nabla\times\nabla\times\overline{\boldsymbol{P}})\mathrm{d}V = \int_S \overline{\boldsymbol{Q}}\times\nabla\times\overline{\boldsymbol{P}}\cdot\mathrm{d}\overline{\boldsymbol{S}} \tag{6.108}$$

式(6.107)减去式(6.108)，得到矢量格林定理或矢量格林第二恒等式。

$$\int_V(\overline{\boldsymbol{Q}}\cdot\nabla\times\nabla\times\overline{\boldsymbol{P}} - \overline{\boldsymbol{P}}\cdot\nabla\times\nabla\times\overline{\boldsymbol{Q}})\mathrm{d}V = \int_S(\overline{\boldsymbol{P}}\times\nabla\times\overline{\boldsymbol{Q}} - \overline{\boldsymbol{Q}}\times\nabla\times\overline{\boldsymbol{P}})\cdot\mathrm{d}\overline{\boldsymbol{S}} \tag{6.109}$$

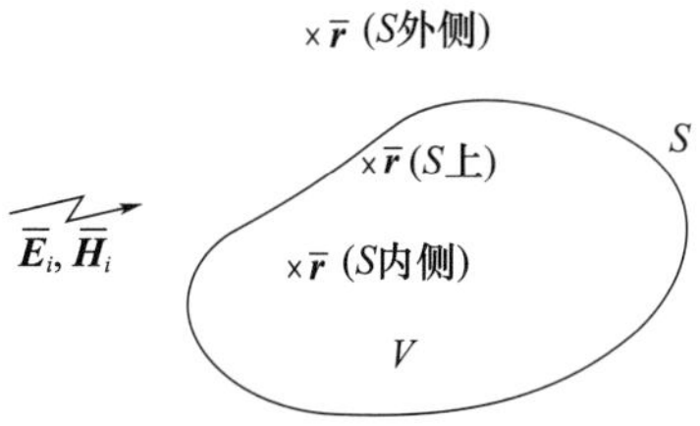

图 6.15　斯特拉顿－朱公式

上面讨论的矢量格林定理可以应用于电磁场问题，而散射问题如 6.1 节中所讨论的。电磁场 $\overline{\boldsymbol{E}}_i$ 和 $\overline{\boldsymbol{H}}_i$ 入射在一个体积 V 被表面 S 包围的物体上(图 6.15)，利用斯特拉顿－朱公式(Stratton－Chu formula)可以分为以下三种情况。

(1) 当观测点 $\bar{\boldsymbol{r}}$ 在表面 S 之外时，有

$$\begin{cases}\overline{\boldsymbol{E}}_i(\bar{\boldsymbol{r}}) + \int_S \overline{\boldsymbol{E}}_s\mathrm{d}S' = \overline{\boldsymbol{E}}(\bar{\boldsymbol{r}})\\ \overline{\boldsymbol{H}}_i(\bar{\boldsymbol{r}}) + \int_S \overline{\boldsymbol{E}}_s\mathrm{d}S' = \overline{\boldsymbol{E}}(\bar{\boldsymbol{r}})\end{cases} \tag{6.110}$$

(2) 当 $\bar{\boldsymbol{r}}$ 在表面 S 上时，有

$$\begin{cases}\overline{\boldsymbol{E}}_i(\bar{\boldsymbol{r}}) + \int_S \overline{\boldsymbol{E}}_s\mathrm{d}S' = \dfrac{1}{2}\overline{\boldsymbol{E}}(\bar{\boldsymbol{r}})\\ \overline{\boldsymbol{H}}_i(\bar{\boldsymbol{r}}) + \int_S \overline{\boldsymbol{H}}_s\mathrm{d}S' = \dfrac{1}{2}\overline{\boldsymbol{H}}(\bar{\boldsymbol{r}})\end{cases} \tag{6.111}$$

(3)当$\bar{r}$在 S 内时，有

$$\begin{cases}\overline{\boldsymbol{E}}_i(\bar{\boldsymbol{r}}) + \int_S \overline{\boldsymbol{E}}_s \mathrm{d}S' = 0 \\ \overline{\boldsymbol{H}}_i(\bar{\boldsymbol{r}}) + \int_S \overline{\boldsymbol{E}}_s \mathrm{d}S' = 0\end{cases} \tag{6.112}$$

式中：

$$\begin{cases}\overline{\boldsymbol{E}}_s = -[\mathrm{j}\omega\mu G\hat{\boldsymbol{n}}' \times \overline{\boldsymbol{H}} - (\hat{\boldsymbol{n}}' \times \overline{\boldsymbol{E}}) \times \nabla' G - (\hat{\boldsymbol{n}}' \cdot \overline{\boldsymbol{E}})\nabla' G] \\ \overline{\boldsymbol{H}}_s = \mathrm{j}\omega\mu G\hat{\boldsymbol{n}}' \times \overline{\boldsymbol{E}} + (\hat{\boldsymbol{n}}' \times \overline{\boldsymbol{H}}) \times \nabla' G + (\hat{\boldsymbol{n}}' \cdot \overline{\boldsymbol{H}})\nabla' G \\ \overline{\boldsymbol{E}} = \overline{\boldsymbol{E}}(\bar{\boldsymbol{r}}') \\ \overline{\boldsymbol{H}} = \overline{\boldsymbol{H}}(\bar{\boldsymbol{r}}')\end{cases} \tag{6.113}$$

式中：$G(\bar{\boldsymbol{r}} - \bar{\boldsymbol{r}}') = \exp(-\mathrm{j}k|\bar{\boldsymbol{r}} - \bar{\boldsymbol{r}}'|)/(4\pi|\bar{\boldsymbol{r}} - \bar{\boldsymbol{r}}'|)$为标量自由空间格林函数，$\nabla'$为相对于$\bar{\boldsymbol{r}}'$的梯度。式(6.111)中的曲面积分为该积分的柯西主值，场$\overline{\boldsymbol{E}}(\bar{\boldsymbol{r}}')$和$\overline{\boldsymbol{H}}(\bar{\boldsymbol{r}}')$为$\bar{\boldsymbol{r}}'$从外部接近 S 时的场。

接下来，利用式(6.111)建立电场积分方程(EFIE)和磁场积分方程(MFIE)。式(6.112)是矢量消光定理，也称为矢量埃瓦尔德－奥辛消光定理或矢量零场定理。在表面 S 内部，入射场的$\overline{\boldsymbol{E}}_i$ 和$\overline{\boldsymbol{H}}_i$ 被表面场的作用抵消。式(6.113)的证明见附录 6. A。

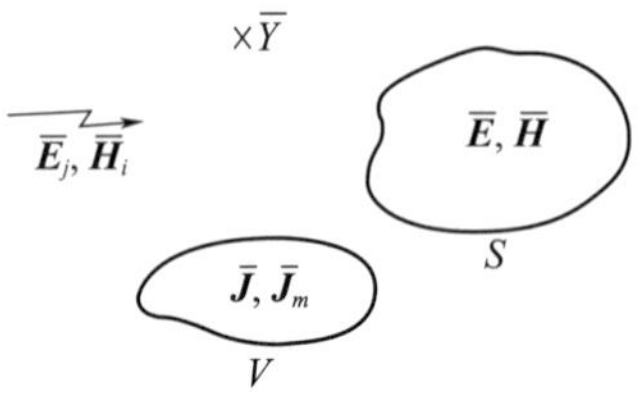

图 6.16　弗兰茨公式

除了斯特拉顿－朱公式外，还有其他关于电磁场的等价表示。考虑表面 S 外的电场$\overline{\boldsymbol{E}}(\bar{\boldsymbol{r}})$和$\overline{\boldsymbol{H}}(\bar{\boldsymbol{r}})$以及体积 V(图 6.16)。斯特拉顿－朱公式如下：

$$\begin{cases}\overline{\boldsymbol{E}}(\bar{\boldsymbol{r}}) = \overline{\boldsymbol{E}}_i(\bar{\boldsymbol{r}}) + \int_S \overline{\boldsymbol{E}}_s \mathrm{d}S' + \int_V \overline{\boldsymbol{E}}_v \mathrm{d}V' \\ \overline{\boldsymbol{H}}(\bar{\boldsymbol{r}}) = \overline{\boldsymbol{H}}_i(\bar{\boldsymbol{r}}) + \int_S \overline{\boldsymbol{E}}_s \mathrm{d}S' + \int_V \overline{\boldsymbol{H}}_v \mathrm{d}V'\end{cases} \tag{6.114}$$

式中：$\overline{\boldsymbol{E}}_s$ 和$\overline{\boldsymbol{H}}_s$ 由式(6.113)计算得到，$\overline{\boldsymbol{E}}_v$ 和$\overline{\boldsymbol{H}}_v$ 为

$$\begin{cases}\overline{\boldsymbol{E}}_v(\bar{\boldsymbol{r}}) = -\left(\mathrm{j}\omega\mu G\bar{\boldsymbol{J}} + J_m \times \nabla' G - \dfrac{\rho}{\varepsilon}\Delta' G\right) \\ \overline{\boldsymbol{H}}_v(\bar{\boldsymbol{r}}) = -\left(\mathrm{j}\omega\varepsilon G\bar{\boldsymbol{J}}_m - J \times \nabla' G - \dfrac{\rho_m}{\mu}\Delta' G\right)\end{cases} \tag{6.115}$$

以下等效表示称为弗兰茨公式(Franz formula)(Tai,1972)：

$$\begin{cases}\overline{\boldsymbol{E}}(\bar{\boldsymbol{r}}) = \overline{\boldsymbol{E}}_i(\bar{\boldsymbol{r}}) + \nabla \times \nabla \times \bar{\boldsymbol{\pi}} - \mathrm{j}\omega\mu\, \nabla \times \bar{\boldsymbol{\pi}}_m \\ \overline{\boldsymbol{H}}(\bar{\boldsymbol{r}}) = \overline{\boldsymbol{H}}_i(\bar{\boldsymbol{r}}) + \mathrm{j}\omega\varepsilon\, \nabla \times \bar{\boldsymbol{\pi}} + \nabla \times \nabla \times \bar{\boldsymbol{\pi}}_m\end{cases} \tag{6.116}$$

式中：

$$\pi(\bar{\boldsymbol{r}}) = \frac{1}{\mathrm{j}\omega\varepsilon}\left(\int_V \bar{\boldsymbol{J}} G \mathrm{d}V' + \int_S \hat{\boldsymbol{n}}' \times \overline{\boldsymbol{H}} G \mathrm{d}S'\right)$$

$$\pi_m(\bar{\boldsymbol{r}}) = \frac{1}{\mathrm{j}\omega\mu}\left(\int_V \bar{\boldsymbol{J}}_m G \mathrm{d}V' - \int_S \hat{\boldsymbol{n}} \times \overline{\boldsymbol{E}} G \mathrm{d}S'\right)$$

Tai 证明了斯特拉顿－朱公式与弗兰茨公式的等价性。

6.10　等价定理

在 6.9 节中，讨论了斯特拉顿－朱公式及其等效的弗兰茨公式。根据弗兰茨公式，表面 S 外的场由入射场、切向电场 $\hat{\boldsymbol{n}}'\times\overline{\boldsymbol{E}}$ 和切向磁场 $\hat{\boldsymbol{n}}'\times\overline{\boldsymbol{H}}$ 给出。在表面 S 内，场为零，如零场定理所示。由于表面 S 是任意的，可以说明在实际磁场外表面 S 的场等于由等效表面磁电流 $\overline{\boldsymbol{J}}_{ms}=\overline{\boldsymbol{E}}\times\hat{\boldsymbol{n}}'$ 和等效表面电流 $\overline{\boldsymbol{J}}_s=\hat{\boldsymbol{n}}'\times\overline{\boldsymbol{H}}$ 产生的场。这些虚构的电流 $\overline{\boldsymbol{J}}_{ms}$ 和 $\overline{\boldsymbol{J}}_s$ 在 S 上产生的场等于在 S 外的初始场，但它们消除了 S 内的场，产生零场（Harrington，1968，第 3 章）（图 6.17）。

如上所述，在表面上同时使用了 $\overline{\boldsymbol{J}}_{ms}$ 和 $\overline{\boldsymbol{J}}_s$。但是，根据唯一性定理，如果在 S 上指定 $\overline{\boldsymbol{J}}_{ms}$ 和 $\overline{\boldsymbol{J}}_s$，那么 S 外部的场是唯一确定的，因此，可以使用 $\overline{\boldsymbol{J}}_{ms}$ 和 $\overline{\boldsymbol{J}}_s$。例如，考虑一个表面有孔径 A 的导电体，孔径上的切向电场为 $\overline{\boldsymbol{E}}\times\hat{\boldsymbol{n}}'$（图 6.18）。注意，$\overline{\boldsymbol{E}}\times\hat{\boldsymbol{n}}'$ 在 S 上的 $\overline{\boldsymbol{J}}_{ms}$ 后面等于零，但在 $\overline{\boldsymbol{J}}_{ms}$ 前面与初始场相等。

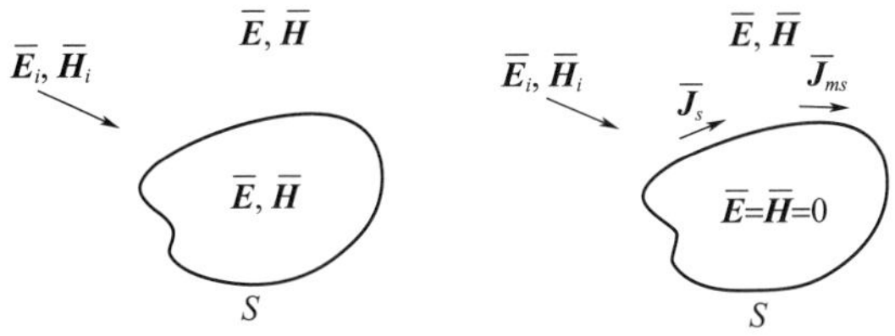

图 6.17　等价定理

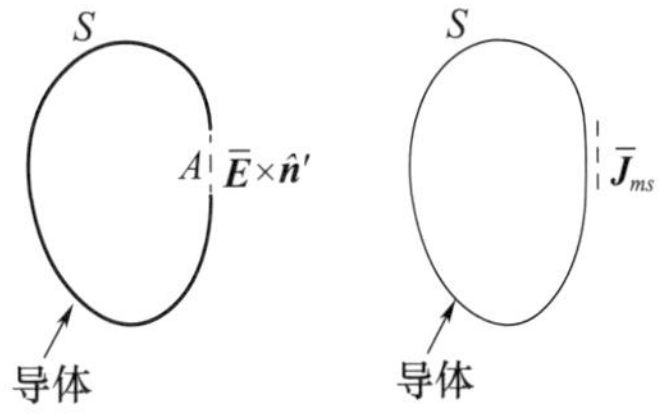

图 6.18　导电表面上的孔径

6.11　电磁波的基尔霍夫近似

在 6.3 节中，讨论了标量场的基尔霍夫近似。用同样的方法也可以得到电磁基尔霍夫近似。考虑屏幕上的大孔径的情况。根据基尔霍夫近似，假设与孔径相切的电场和磁场等于入射场的电场。

$$\begin{cases}\hat{\boldsymbol{n}}'\times\overline{\boldsymbol{H}}=\hat{\boldsymbol{n}}'\times\overline{\boldsymbol{H}}_i\\ \overline{\boldsymbol{E}}\times\hat{\boldsymbol{n}}'=\overline{\boldsymbol{E}}_i\times\hat{\boldsymbol{n}}'\end{cases}\tag{6.117}$$

然后用弗兰茨公式(6.116)，得到：

$$\begin{cases}\overline{\boldsymbol{E}}(\bar{\boldsymbol{r}})=\nabla\times\nabla\times\overline{\boldsymbol{\Pi}}-\mathrm{j}\omega\mu\nabla\times\overline{\boldsymbol{\Pi}}_m\\ \overline{\boldsymbol{\Pi}}=\dfrac{1}{\mathrm{j}\omega\varepsilon}\displaystyle\int_S\hat{\boldsymbol{n}}'\times\overline{\boldsymbol{H}}_iG\mathrm{d}S\\ \overline{\boldsymbol{\Pi}}_m=\dfrac{1}{\mathrm{j}\omega\mu}\displaystyle\int_S\overline{\boldsymbol{E}}_i\times\hat{\boldsymbol{n}}'G\mathrm{d}S'\\ G=\dfrac{\exp(-\mathrm{j}k|\bar{\boldsymbol{r}}-\bar{\boldsymbol{r}}'|)}{4\pi|\bar{\boldsymbol{r}}-\bar{\boldsymbol{r}}'|}\end{cases}\tag{6.118}$$

这里所有的量都是已知的，因此，可以计算出任何点 $\bar{\boldsymbol{r}}$ 上的 $\overline{\boldsymbol{E}}(\bar{\boldsymbol{r}})$。

如果考虑孔径远区的场 $\overline{\boldsymbol{E}}(\bar{\boldsymbol{r}})$，其中，$|\bar{\boldsymbol{r}}|\gg D^2/\lambda$，$D$ 为孔径的大小，可以用以下方法近似 G（图 6.5）：

$$G=\frac{\exp(-jkR_0+jk\hat{\boldsymbol{o}}\cdot\bar{\boldsymbol{r}}')}{4\pi R_0} \tag{6.119}$$

还要注意，在远区，场沿 $\hat{\boldsymbol{o}}$ 方向传播，因此，场与 $\exp(-jk\hat{\boldsymbol{o}}\cdot\bar{\boldsymbol{r}})$ 成正比。由于 $\nabla\exp(-jk\hat{\boldsymbol{o}}\cdot\bar{\boldsymbol{r}})=-jk\hat{\boldsymbol{o}}\exp(-jk\hat{\boldsymbol{o}}\cdot\bar{\boldsymbol{r}})$，所以运算符$\nabla$等于 $-jk\hat{\boldsymbol{o}}$。因此，有$\nabla\times\nabla\times=-k^2\hat{\boldsymbol{o}}\times\hat{\boldsymbol{o}}\times$和$\nabla\times=-jk\hat{\boldsymbol{o}}\times$。

同时，还考虑了 E_θ 和 E_ϕ。最后，当入射场$\bar{\boldsymbol{E}}_i$ 和$\bar{\boldsymbol{H}}_i$ 在孔径 S 上已知时，可以得到以下辐射场的基尔霍夫近似。

$$\begin{cases}E_\theta=-\dfrac{j\omega\mu}{4\pi R_0}e^{-jkR_0}\displaystyle\int\hat{\boldsymbol{\theta}}\cdot(\hat{\boldsymbol{n}}'\times\bar{\boldsymbol{H}}_i)e^{jk\hat{o}\cdot\bar{r}'}dS'-\dfrac{jk}{4\pi R_0}e^{-jkR_0}\displaystyle\int\hat{\boldsymbol{\phi}}\cdot(\bar{\boldsymbol{E}}_i\times\hat{\boldsymbol{n}}')e^{jk\hat{o}\cdot\bar{r}'}dS'\\ E_\phi=-\dfrac{j\omega\mu}{4\pi R_0}e^{-jkR_0}\displaystyle\int\hat{\boldsymbol{\phi}}\cdot(\hat{\boldsymbol{n}}'\times\bar{\boldsymbol{H}}_i)e^{jk\hat{o}\cdot\bar{r}'}dS'+\dfrac{jk}{4\pi R_0}e^{-jkR_0}\displaystyle\int\hat{\boldsymbol{\theta}}\cdot(\bar{\boldsymbol{E}}_i\times\hat{\boldsymbol{n}}')e^{jk\hat{o}\cdot\bar{r}'}dS'\end{cases} \tag{6.120}$$

例如，如果入射波为沿 x 方向上极化且沿法向入射到 $x-y$ 平面上的一个矩形孔径$(2a\times2b)$上的平面波，有$\bar{\boldsymbol{E}}_i=E_0\hat{\boldsymbol{x}}$ 和$\bar{\boldsymbol{H}}_i=(E_0/\eta)\hat{\boldsymbol{y}}$，其中 $\eta=\sqrt{\mu_0/\varepsilon_0}$。辐射场$\bar{\boldsymbol{E}}$为

$$\bar{\boldsymbol{E}}=\frac{jke^{-jkR_0}}{4\pi R_0}(1+\cos\theta)[\hat{\boldsymbol{\theta}}\cos\phi-\hat{\boldsymbol{\phi}}\sin\phi]F(\theta,\phi) \tag{6.121}$$

式中：$F(\theta,\phi)=4ab\dfrac{\sin K_1a}{K_1a}\dfrac{\sin K_2b}{K_2b}$。

式中：$K_1=k\sin\theta\cos\phi$；$K_2=k\sin\theta\sin\phi$。

习　题

6.1　平面标量波法向入射在一个 a (m) $\times b$ (m)的大方形孔径上。利用基尔霍夫近似求辐射场。

6.2　如果一个平面波法向入射到一个反射系数为 $R=-1$ 的 $a\times b$ 方形平面，使用基尔霍夫近似求出散射场。

6.3　频率为 10GHz，$a=3$m，$b=1$m 的方形孔径的孔径场分布为 $U_0(x,y)=A_0\cos^2(\pi x/a)$，求在 $x-z$ 平面和 $y-z$ 平面的辐射模式、半功率束宽和第一旁瓣电平(单位 dB)。

6.4　是否有可能从地球发出一束光($\lambda=0.5\mu$m)，照亮月球表面半功率点之间直径为 500m 的区域？

如果是，发射机的孔径大小应该是多少？月球和地球之间的距离约为 384400m。

6.5　计划通过同步卫星上的一块大型太阳能电池板收集太阳能，将其转换为微波，并将其送入地球。要传输的总功率应为 5GW，地面上的功率密度应小于$10mW/cm^2$，使用 2.45GHz 的微波。假设发射器为直径为 1km 的圆形孔径，且孔径分布均匀。假设该卫星在地球同步赤道轨道上的高度为 35800km，求在地面上的强度分布。

6.6　绘制在 $\lambda=0.6\mu$m 处 $W_0=1$cm 的聚焦光束的光束尺寸 W 与距离的函数图，焦距为 1m。远距离上的半功率波束宽度(单位为度)是多少？

6.7　计算 $\lambda=0.6\mu$m 的光束从介质 $n=2.5$ 到空气的古斯－汉欣位移 Δx。波在入射平面上极化。绘制 Δx 与入射角的函数关系图。

6.8　当孔径场的 x 和 y 分量都已知时，求$\bar{\boldsymbol{E}}$在式(6.121)中的表达式。

第 7 章

周期结构与耦合模理论

空间中有许多具有周期性特征的重要结构,如晶体的三维晶格结构、由周期性平板导电片组成的人工介质、具有周期间隔单元的八木天线、波纹表面和具有周期性载荷的波导。此外,等间距放置透镜系统和开放式谐振器的也被视为周期性结构。沿着这些结构传播的导波会表现出一种独特的频率依赖性,通常以阻带和通带为特征。这些周期结构的散射波通过不同方向的波的周期性干涉表现出光栅模式。求解周期结构问题的出发点是弗洛凯定理,将在 7.1 节中对此定理进行描述。

在本章中,讨论沿周期结构传播的导波,通过周期层传播的波,以及入射到周期性结构上的平面波。在讨论这些问题时,给出了在许多电磁问题中广泛应用的积分方程公式。还讨论了正弦表面的散射问题,并对耦合模理论作了简短的描述。

7.1 弗洛凯定理

接下来,考虑在周期结构中传播的波的情况,可以是周期边界条件,也可以是周期性变化的介电常数(图 7.1)。注意到,无限周期结构中 z 点处的场与周期 L 以外的场存在复常数的不同。这显然是正确的,因为在无限周期结构中,除常数衰减和相移外,在 z 和 $z+L$ 处的场之间应该没有差别。设函数 $u(z)$ 表示波,那么 z 处的 $u(z)$ 波和 $z+L$ 处的 $u(z+L)$ 的关系与 $z+L$ 处的 $u(z+L)$ 波和 $z+2L$ 处的 $u(z+2L)$ 的关系是相同的。

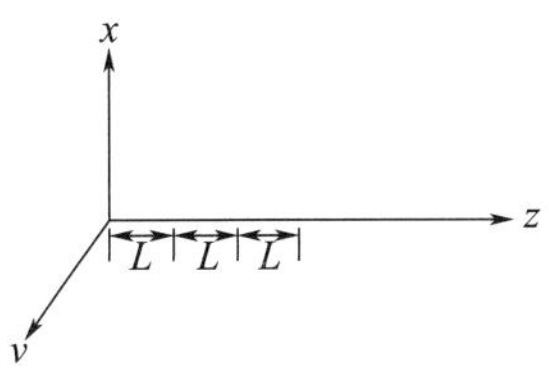

图 7.1　周期性结构

数学上记做:

$$\frac{u(z+L)}{u(z)}=\frac{u(z+2L)}{u(z+L)}=\frac{u(z+mL)}{u[z+(m-1)L]}=C=\text{常数} \tag{7.1}$$

由这个方程得到:

$$u(z+mL)=C^{m}u(z) \tag{7.2}$$

常量 C 是一般复数，记做：

$$C = e^{-j\beta L}, \beta = \text{复数} \tag{7.3}$$

β 表示传播常数，接下来考虑以下函数：

$$R(z) = e^{j\beta z} u(z) \tag{7.4}$$

则 $R(z+L) = e^{j\beta(z+L)} u(z+L) = R(z)$，因此，$R(z)$ 是周期为 L 的周期函数，因此，可以用傅里叶级数表示。

$$R(z) = \sum_{n=-\infty}^{\infty} A_n e^{-j(2n\pi/L)z} \tag{7.5}$$

利用式(7.4)，最终得到周期为 L 的周期结构中波的一般表达式：

$$\begin{aligned} u(z) &= \sum_{n=-\infty}^{\infty} A_n e^{-j(\beta+2n\pi/L)z} \\ &= \sum_{n=-\infty}^{\infty} A_n e^{-j\beta_n z} \end{aligned} \tag{7.6}$$

式中：$\beta_n = \beta + \dfrac{2n\pi}{L}$。

注意，一般来说，一个波包括正向波和负向波，记做：

$$u(z) = \sum_{n=-\infty}^{\infty} A_n e^{-j\beta_n z} + \sum_{n=-\infty}^{\infty} B_n e^{+j\beta_n z} \tag{7.7}$$

这是周期结构中波的无穷级数形式的表示，类似于时间上的谐波表示（$e^{-j\omega_n t}$），第 n 项称为第 n 次空间谐波或哈特利谐波。式(7.7)方程是弗洛凯定理的数学表示，它指出周期结构中的波由无限多的空间谐波组成。在本章中，讨论了两种情况：一种是周期结构上的导波，另一种是周期结构中平面波的散射。

7.2 沿周期结构的导波

考虑周期为 L 且沿周期结构传播的波，正向波由式(7.6)表示，当波传播时，β 为实数，每一次谐波的相位速度是不同的。

$$v_{pn} = \frac{\omega}{\beta_n} = \frac{\omega}{\beta + 2n\pi/L} \tag{7.8}$$

但是，对于所有的谐波，群速度是相同的。

$$v_{gn} = \frac{1}{d\beta_n/d\omega} = \frac{1}{d\beta/d\omega} = v_{g0} \tag{7.9}$$

在某些频率范围内，传播常数 β 是实数，称为通带 β 为纯虚数且波为倏逝波的频率范围称为阻带。

现在，讨论周期结构的 $k-\beta$ 图。首先，注意到，如果 β 增加 $2\pi/L$，这相当于将 β_n 改为 β_{n+1}，其一般表达式不变。因此，k 是周期为 $2\pi/L$、关于 β 的周期函数，这也清楚地表明，由于波在 $+z$ 和 $-z$ 中的传播方向应该具有相同的特性，因此 k 是 β 的偶函数。例如，图 7.2 给出了带螺旋的 $k-\beta$ 图。通常，需要对各模态进行标记，用零阶模来标记斜率为正的最小 β（$v_g > 0$），用 n 阶模标记 $\beta + 2n\pi/L$，类似地，对于斜率为负（$v_g < 0$）的模态，用 n 阶

模标识 $-(\beta+2n\pi/L)$。

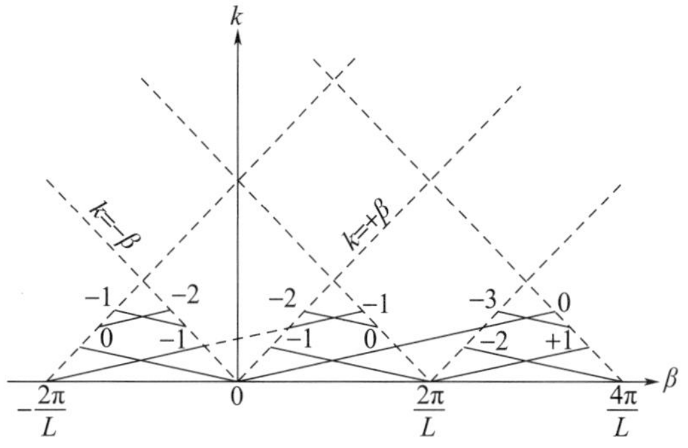

图 7.2　周期结构的 $k-\beta$ 图

举一个例子,考虑 TM 模沿波纹表面传播(图 7.3),求出表面波的解。在本节中,使用积分方程的形式来求解边值问题,在积分方程中,将微分方程和边界条件结合起来得到一个积分方程。积分方程包含积分算子下的未知函数,正如微分方程包含微分算子下的未知函数一样。利用这个方法来解决波纹表面的问题。

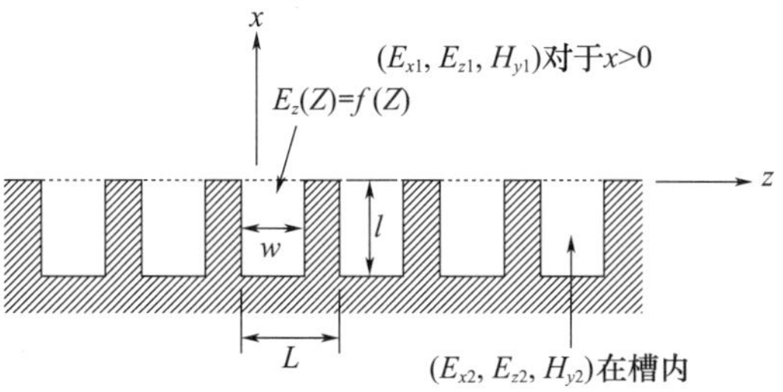

图 7.3　波纹表面

在这个问题中,我们首先表示由 $x=0$ 处未知切向电场引起的在区域 $x>0$ 处的磁场 H_1。接下来,由于在$x=0$时存在"相同"切向电场,用 H_2 表示 $x<0$ 区域的磁场。因此,在 $x=0$ 处,使用相同的电场,虽然仍然未知,但满足了在 $x=0$ 处切向电场连续的边界条件。然后,通过令 H_1 等同于 H_2 来满足切向磁场连续的边界条件,得到了在 $x=0$ 处未知切向电场的积分方程。

根据前面的步骤,首先,由满足标量波动方程的 H_y 计算出所有的 TM 模,有

$$\left(\frac{\partial^2}{\partial x^2}+\frac{\partial^2}{\partial z^2}+k^2\right)H_y=0 \tag{7.10}$$

以及

$$E_x=\mathrm{j}\,\frac{1}{\varepsilon\omega}\frac{\partial}{\partial z}H_y,\ E_z=-\mathrm{j}\,\frac{1}{\varepsilon\omega}\frac{\partial}{\partial x}H_y$$

接下来,在 $x>0$ 区域计算 H_1。根据弗洛凯定理,把 $x>0$ 区域中的 H_{y1} 表示为空间谐波级数。

$$H_{y1}(x,z)=\sum_{n=-\infty}^{\infty}f_n(x)\,\mathrm{e}^{-\mathrm{j}\beta_n z} \tag{7.11}$$

式中：$\beta_n = \beta + \dfrac{2n\pi}{L}$。

由于这必须满足波动方程(7.10)，$f_n(x)$应该有形式$f_n(x) \approx e^{\pm jq_n x}$，其中，$q_n^2 + \beta_n^2 = k^2$。此外，该结构在$+x$方向上是开放的，$H_y$必须满足$x \to +\infty$处的辐射条件，因此，$f_n(x)$必须含有$e^{-jq_n x}$的形式。

由于只对捕获慢波的解感兴趣，所以q_n必须是纯虚数，$q_n = -j\alpha_n$。因此得到：

$$H_{y1}(x,z) = \sum_{-\infty}^{\infty} A_n e^{-\alpha_n x - j\beta_n z}, x > 0 \tag{7.12}$$

式中：$\alpha_n^2 = \beta_n^2 - k^2$，$A_n$为每个空间谐波的振幅。

为了用$x=0$处的切向电场E_z表示H_{y1}，用式(7.10)和式(7.12)表示E_{z1}：

$$E_{z1}(x,z) = j\frac{1}{\omega\varepsilon}\sum_{-\infty}^{\infty} \alpha_n A_n e^{-\alpha_n x - j\beta_n z} \tag{7.13}$$

现在，在$x=0$处，在波纹顶面上$E_z(0,z)=0$，$E_z(0,z)$等于槽中的场$f(z)$。

$$E_z(0,z) = \begin{cases} 0, 当\dfrac{W}{2} < |z| < \dfrac{L}{2} \\ f(z), 当|z| < \dfrac{W}{2} \end{cases} \tag{7.14}$$

使用式(7.13)和式(7.14)，并认识到空间谐波是正交的，就可以用$f(z)$表示系数A_n。

$$\int_{-L/2}^{L/2} (e^{-j\beta_n z})(e^{-j\beta_m z})^* dz = \int_{-L/2}^{L/2} e^{-j(\beta_n - \beta_m)z} dz = \int_{-L/2}^{L/2} e^{-j(n-m)(2\pi/L)z} dz = L\delta_{mn} \tag{7.15}$$

当$m=n$，克罗内克尔符号$\delta_{mn}=1$，当$m \neq n$，$\delta_{mn}=0$。式(7.13)是$f(z)$正交级数中的展开式，可以通过将式(7.14)的两边乘以$e^{j\beta_n z}$并在周期L上积分来得到这个级数的系数。

$$\frac{j\alpha_n A_n}{\omega\varepsilon} = \frac{1}{L}\int_{-W/2}^{W/2} f(z) e^{j\beta_n z} dz \tag{7.16}$$

将此代入式(7.12)，得到H_{y1}的如下形式：

$$H_{y1}(x,z) = -j\omega\varepsilon \int_{-W/2}^{W/2} f(z') G_1(z,x;z',0) dz', x > 0 \tag{7.17}$$

式中：

$$G_1(z,x;z',0) = \sum_{-\infty}^{\infty} \frac{e^{-\alpha_n x - j\beta_n (z-z')}}{L\alpha_n}$$

式(7.17)是为了符合格林的函数的表述，且G_1是格林函数的周期结构(见附录7.A)。

接下来，考虑在$x=0$处的场$f(z)$在槽内产生的场。H_y在槽中应包括TEM模和高阶TM模。注意到在$z=\pm W/2$处，$E_x=0$，以及在$x=-l$处，$E_z=0$，则得到：

$$H_{y2} = \sum_{n=0}^{\infty} B_n \cos\frac{n\pi(z + W/2)}{W}\cos[k_n(x + l)] \tag{7.18}$$

式中：$k_n^2 + (n\pi + W)^2 = k^2$ 和 B_0 代表 TEM 模式，B_n 和 $n \neq 0$ 代表所有高阶模。在式(7.18)中运用$E_z = -j(1/\omega\varepsilon)(\partial/\partial x)H_y$得到$E_z$。在$x=0$处，令其等于$f(z)$，得到$B_n$，并将$B_n$代入式(7.18)，得到：

$$H_{y2}(x,z) = -j\omega\varepsilon \int_{-W/2}^{W/2} f(z') G_2(z,x;z',0) dz' \tag{7.19}$$

式中：

$$G_2(z,x;z',0) = \frac{\cos k(l+x)}{Wk\ \sin kl} + \sum_{n=1}^{\infty} \frac{2\psi_n(z)\psi_n(z')\cos k_n(l+x)}{Wk_n\ \sin k_n l}$$

$$\psi_n(z) = \cos\left[\frac{n\pi}{W}\left(z+\frac{W}{2}\right)\right]$$

式(7.17)和式(7.19)分别给出了在 $x>0$ 和 $x<0$ 区域内的 $H_y(x,z)$，用槽内相同的切向电场 $f(z)$ 表示。现在，考虑在 $x=0$ 处的边界条件，要求在 $x=0$ 处切向电磁场保持连续性。注意，槽上的切向电场在 $x=0$ 处是连续的，因为使用了相同的电场 $f(z)$。切向磁场的连续性要求式(7.17)和式(7.19)在槽上的 $z=0$ 处相等。因此得到：

$$\int_{-W/2}^{W/2} f(z')G_1(z,0;z',0)\mathrm{d}z' = 0,\ |z| < \frac{W}{2} \tag{7.20}$$

式中：$G(z,0;z',0) = G_1(z,0;z',0) - G_2(z,0;z',0)$。

如果可以求解式(7.20)中的未知函数 $f(z')$ 和传播常数 β，则所有的场都可以由式(7.17)和式(7.19)计算得到，但一般情况下式(7.20)的解析解是不存在的。可以用矩量法等数值方法求解式(7.20)。然而，在本节中，并不关注 $f(z)$ 的详细描述，而是对获取传播常数 β 感兴趣。

在这种情况下，通过令槽开的口两侧的总复功率相等来得到一个简便的解(图 7.4)。注意，$P_1 = P_2$，且有

$$\begin{cases} P_1 = \int_{-W/2}^{W/2} E_z^*(z)H_{y1}(z)\mathrm{d}z \\ P_2 = \int_{-W/2}^{W/2} E_z^*(z)H_{y2}(z)\mathrm{d}z \end{cases}$$

利用式(7.20)，可以表示为

$$\int_{-W/2}^{W/2}\mathrm{d}z\int_{-W/2}^{W/2}\mathrm{d}z' f^*(z)G(z,0;z',0)f(z') = 0 \tag{7.21}$$

式(7.21)可以表示为传播常数 β 的变分形式(见附录 7.B)。

使用最简单的试验函数，$f(z)$ = 常数，有：

$$\sum_{-\infty}^{\infty} \frac{1}{\alpha_n}\left[\frac{\sin\beta_n(W/2)}{\beta_n(W/2)}\right]^2 = \frac{L}{kW}\cot kl \tag{7.22}$$

这个结构的 $k-\beta$ 图如图 7.5 所示。

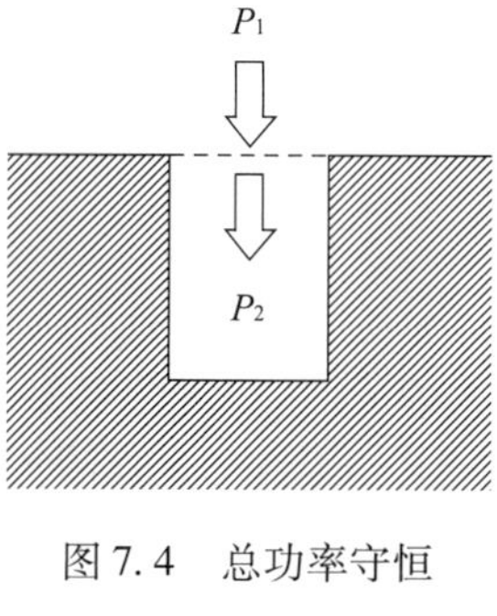

图 7.4　总功率守恒

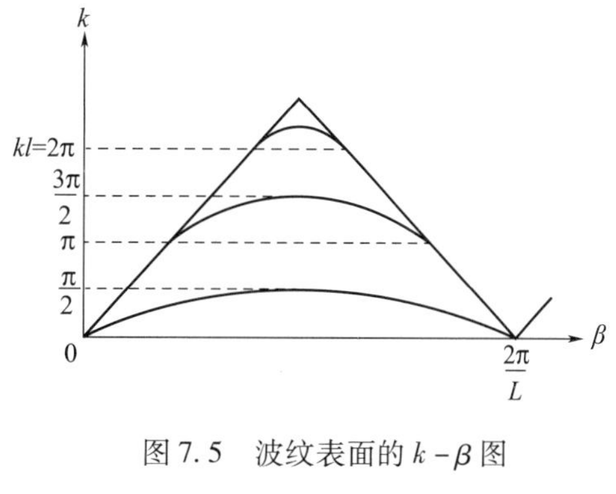

图 7.5　波纹表面的 $k-\beta$ 图

上述$f(z)$是为了在数学计算上方便,最好的选择是要满足边缘条件的。边缘附近的电场行为不是任意的,必须满足边缘条件(见附录7.C)。例如,以图7.6所示,角度为θ_0的边缘法向电场应为

$$E_z \approx \left(\frac{W}{2} - z\right)^{(\pi/\phi_0)-1} \tag{7.23}$$

由于$\phi_0 = 3\pi/2$,场$f(z)$应为

$$f(z) = C\left[\left(\frac{W}{2}\right)^2 - z^2\right]^{-1/3} \tag{7.24}$$

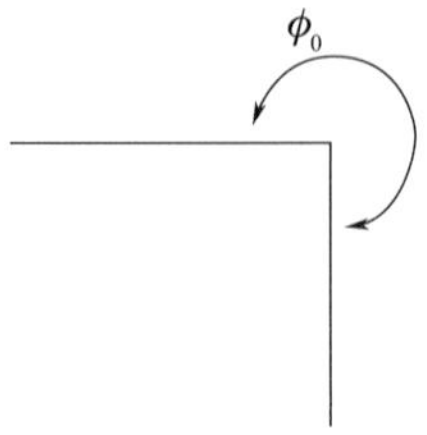

图7.6　边缘条件

式中:C为常数。

如果周期结构在横向上是开放的,则吸附表面波沿该结构传播不衰减。由于吸附表面波是慢波,所以波只存在于$k-\beta$图中的$|\beta|>k$区域。由于该图是关于β的周期函数,周期为$2\pi/L$,所以吸附表面波只能存在于图7.7中的三角形中。在这些三角形之外,波的速度很快,能量从结构中泄露出来导致衰减,因此,这一区域被称为禁区,波在这种结构不能无衰减地传播。例如,行波管的螺旋线被用于慢波传播,显然不应在禁区内传播。另一方面,如果该结构为天线,能量的损耗代表辐射,因此,这一禁区的特性是非常有趣的。对数周期的天线可以用波在禁区内的行为进行分析。

然而,如果结构在横向上是封闭的,则传播的波不一定很慢,因此,不存在禁区。例如,如果前面讨论的表面是封闭的,则$k-\beta$图可能会如图7.8所示。当然,精确的图还要取决于L、W和l的相对尺寸和波长。

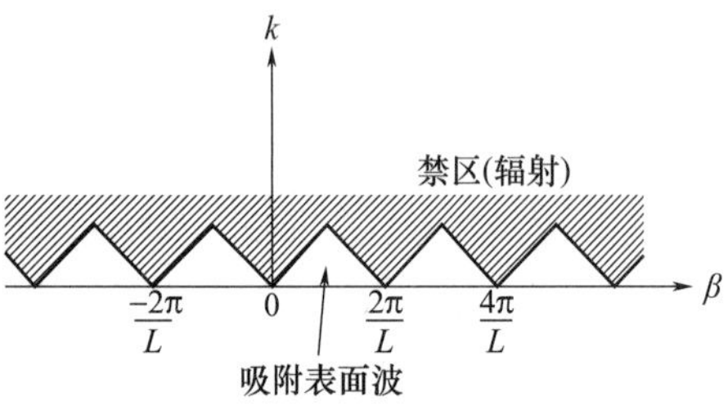

图7.7　禁区

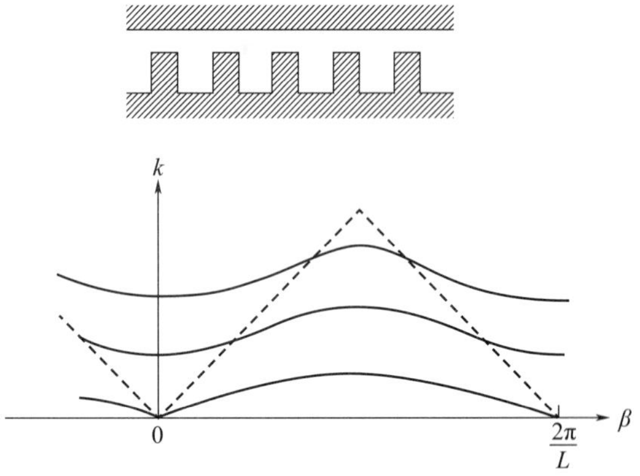

图7.8　封闭式波纹波导

7.3　周期分层介质

周期分层介质在许多光学和微波应用中都很重要。考虑由两种不同折射率的交替层组成的周期介质的最简单情况(图7.9)。希望获得波在这个结构中传播时的传播常数。首先注意到,在无限周期结构中,没有衰减和相移,在某点处的场$U(x)$与周期d相隔的另一点上的场$U(x+d)$相等,数学表达为

$$U(x+d)=U(x)\exp(-\mathrm{j}qd) \tag{7.25}$$

式中：q 为一个复传播常数。这个概念是弗洛凯定理，用式(7.25)表示，前面已经讨论过了。

考虑结构的一个周期，如果选择电压和电流 V_1，I_1，V_2 和 I_2，如图 7.10 所示，由弗洛凯定理得到：

$$\begin{cases}V_2=V_1\exp(-\mathrm{j}qd)\\ I_2=I_1\exp(-\mathrm{j}qd)\end{cases} \tag{7.26}$$

式中：q 为复传播常数，$d=d_1+d_2$。

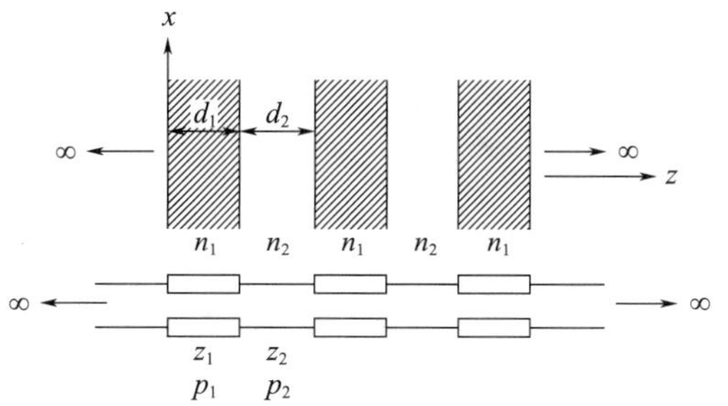

图 7.9　周期层

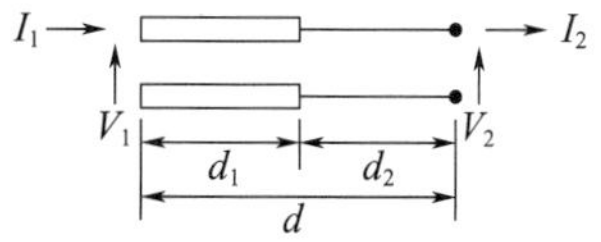

图 7.10　周期层中的一个周期

还注意到，这是一个线性无源网络，输入 V_1 和 I_1 以及输出 V_2 和 I_2 通过 $ABCD$ 参数相关，如 3.7 节和 4.6 节所述。

$$\begin{bmatrix}V_1\\ I_1\end{bmatrix}=\begin{bmatrix}A & B\\ C & D\end{bmatrix}\begin{bmatrix}V_2\\ I_2\end{bmatrix} \tag{7.27}$$

式中：$ABCD$ 矩阵是每层 $ABCD$ 矩阵的乘积。

$$\begin{bmatrix}A & B\\ C & D\end{bmatrix}=\begin{bmatrix}A_1 & B_1\\ C_1 & D_1\end{bmatrix}\begin{bmatrix}A_2 & B_2\\ C_2 & D_2\end{bmatrix} \tag{7.28}$$

矩阵元素为

$$\begin{cases}A_i=D_i=\cos q_i d_i\\ B_i=\mathrm{j}Z_i\sin q_i d_i\\ C_i=\dfrac{\mathrm{j}\sin q_i d}{Z_i}\end{cases} \tag{7.29}$$

式中：$i=1,2$ 表示第一层和第二层，$q_i^2+\beta^2=k_0^2n_i^2$，且有

$$Z_i=\begin{cases}\dfrac{\omega\mu}{q_i}，垂直极化\ E_y\neq 0\\ \dfrac{q_i}{\omega\varepsilon}，水平极化\ H_y\neq 0\end{cases}$$

对于互易网络，A、B、C 和 D 满足条件：

$$AD-BC=1 \tag{7.30}$$

常数 β 为沿 x 方向的相位常量(图 7.9)，根据斯涅耳定律，β 在所有的层中都是常数。

$$\beta=k_0n_1\sin\theta_1=k_0n_2\sin\theta_2 \tag{7.31}$$

式中：θ_1 和 θ_2 为每个层中波方向和 z 方向之间的夹角。

为了求 z 方向的传播常数 q，结合式(7.26)和式(7.27)并得到以下特征值方程：

$$\begin{bmatrix} A & B \\ C & D \end{bmatrix}\begin{bmatrix} V_2 \\ I_2 \end{bmatrix} = \lambda \begin{bmatrix} V_2 \\ I_2 \end{bmatrix} \tag{7.32}$$

式中：$\lambda = \exp(jqd)$ 为特征值。通过求解下式得到特征值。

$$\begin{vmatrix} A-\lambda & B \\ C & D-\lambda \end{vmatrix} = 0 \tag{7.33}$$

得到：

$$\begin{aligned} qd &= -j\ln\left[\frac{A+D}{2} \pm j\sqrt{1-\left(\frac{A+D}{2}\right)^2}\right] \\ &= \cos^{-1}\frac{A+D}{2} \end{aligned} \tag{7.34}$$

式中：λ 的两个特征值对应于正、负向波的 $\lambda = \exp(\pm jqd)$。

式(7.34)为传播常数 q 的基本表达式。如果 $|(A+D)/2| < 1$，则 q 是实数，对应于传播波，这种情况的频率范围称为通带。如果 $|(A+D)/2| > 1$，$q = m\pi + j$(实数)对应于倏逝波的频率范围，这种情况称为阻带。传播常数 q 和频率的关系如图7.11所示。注意，$qd = \pi$ 对应于频带边沿 $|(A+D)/2| = 1$。周期性介质主要应用于分布式反馈激光器和分布式布拉格反射激光器。

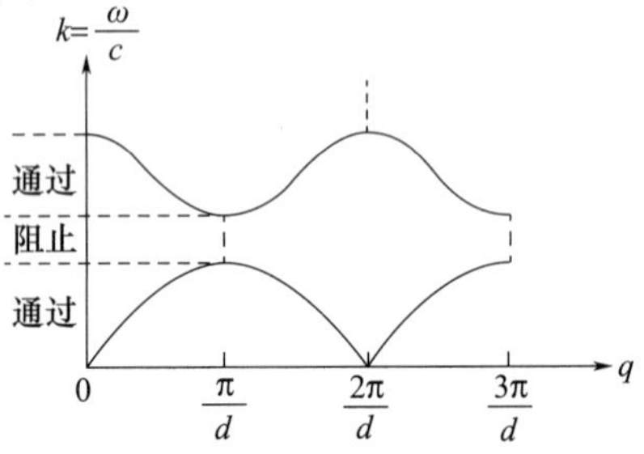

图7.11　通带和阻带

7.4　周期结构上的平面波入射

平面波在周期结构上的反射和透射在工程和物理学的许多领域都非常重要。例如，微波网状反射器、光学光栅和晶体结构。在本节中，将概述这个问题的基本解法。

设一个周期结构位于 $z=0$ 处，一个平面波从 (θ_p, ϕ_p) 定义的方向(图7.12)入射到该曲面上。无论是电场，磁场，还是赫兹势，都可以写成：

$$U_i = A_i e^{-jk_x x - jk_y y - jk_z z} \tag{7.35}$$

式中：$k_x = k\sin\phi_p\cos\theta_p$，$k_y = k\sin\theta_p\sin\phi_p$，$k_z = k\cos\theta_p$。

现在，反射波 U_r 用 x 和 y 方向上的空间谐波的级数表示。因此，在 $z=0$ 处，记做：

$$U_r = \sum_{m=-\infty}^{\infty}\sum_{n=-\infty}^{\infty} B_{mn} e^{-jk_{xm}x - jk_{yn}y} \tag{7.36}$$

式中：

$$k_{xm} = k_x + \frac{2m\pi}{L_x},\ k_{yn} = k_y + \frac{2n\pi}{L_y}$$

考虑到 U 满足波动方程，反射波为

$$U_r(x,y,z) = \sum_{m=-\infty}^{\infty}\sum_{n=-\infty}^{\infty} B_{mn}\exp\left[-jk_{xm}x - jk_{yn}y - j(k^2 - k_{xm}^2 - k_{yn}^2)^{1/2}z\right] \tag{7.37}$$

用边界条件来确定 B_{mn} 值。注意,在 z 方向上每个模式的传播常数 $\beta_{mn}=(k^2-k_{xm}^2-k_{yn}^2)^{1/2}$ 可以是实数,也可以是纯虚数,这取决于入射方向(θ_p,ϕ_p)以及 m 和 n。如果 β_{mn} 是实数,则波从表面携带有功功率传播出去,被称为光栅模式。如果 β_{mn} 是纯虚数,波不携带有功功率离开表面,而且会快速衰减。

举一个例子,考虑波入射到周期性导电光栅上的情况,如图 7.13 所示。假设入射面在 $x-z$ 平面上,所有的光栅与 y 轴平行,则这是一个二维问题。对于 TE 波,$E_x=E_z=0$,E_y 满足波动方程和狄利克雷边界条件($E_y=0$)。对于 TM 波,$H_x=H_z=0$ 且 H_y 在导电带上满足波动方程和诺依曼边界条件。

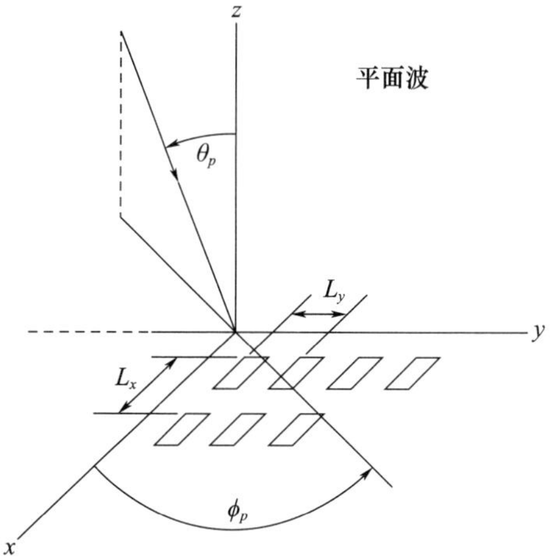

图 7.12　周期性结构上的平面波入射

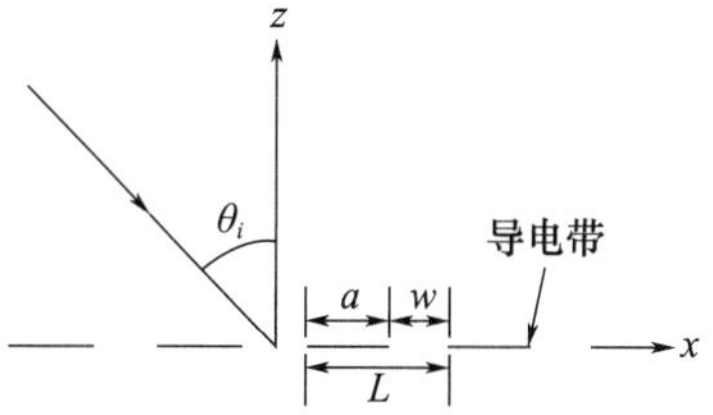

图 7.13　平面波入射到光栅上

接下来,讨论 TM 波。由入射波 H_{yi}、孔径完全闭合时的反射波 H_{yr} 以及在孔径内的磁场产生的散射波 H_{ys} 组成了 $z>0$ 区域的磁场 H_y。

$$\begin{cases} H_{yi} = A_0 \mathrm{e}^{+\mathrm{j}qz-\mathrm{j}\beta x} \\ H_{yr} = A_0 \mathrm{e}^{-\mathrm{j}qz-\mathrm{j}\beta x} \\ H_{ys1} = \sum_{n=-\infty}^{\infty} B_n \mathrm{e}^{-\mathrm{j}q_n z-\mathrm{j}\beta_n x} \end{cases} \tag{7.38}$$

式中:$\beta=k\sin\theta$,$q=k\cos\theta_i$,$\beta_n=\beta+\dfrac{2n\pi}{L}$,$q_n^2+\beta_n^2=k^2$。

注意,$E_x=(\mathrm{j}/\omega\varepsilon)(\partial/\partial z)H_y$,因此,在 $z=0$ 处,$E_{xi}+E_{xr}=0$。

$z=0$ 处的场分量 E_x 等于孔径 $|x|<(w/2)$ 中的未知函数 $f(x)$。

$$E_x(x,z=0)=\begin{cases} 0, 当\dfrac{w}{2}<|x|<\dfrac{L}{2} \\ f(x), 当|x|<\dfrac{w}{2} \end{cases} \tag{7.39}$$

与 7.2 节的步骤相同,得到:

$$H_{ys1}(x,z) = \mathrm{j}\omega\varepsilon\int_{-w/2}^{w/2} f(x')G_1(x,z;x',0)\mathrm{d}x', z>0 \tag{7.40}$$

式中:

$$G_1(x,z;x',0) = \sum_{n=-\infty}^{\infty} \frac{e^{-jq_n z - j\beta_n(x-x')}}{jq_n L}$$

类似，当 $z<0$，得到：

$$H_{ys2}(x,z) = j\omega\varepsilon \int_{-w/2}^{w/2} f(x') G_2(x,z;x',0)\,dx', z < 0 \tag{7.41}$$

式中：

$$G_2(x,z;x',0) = \sum_{n=-\infty}^{\infty} \frac{e^{+jq_n z - j\beta_n(x-x')}}{jq_n L}$$

现在，考虑 $z=0$ 的边界条件。由于使用相同的函数 $f(x')$，已经满足切向电场 E_x 的连续性。切向磁场的连续性要求为

$$H_{yi} + H_{yr} + H_{ys1} = H_{ys2}, \text{在 } z=0 \text{ 处} \tag{7.42}$$

代入式(7.38)、式(7.40)和式(7.41)，得到：

$$A_0 = -j\omega\varepsilon \int_{-w/2}^{w/2} f(x') G(x,x')\,dx' \tag{7.43}$$

式中：

$$G(x,x') = \sum_{n=-\infty}^{\infty} \frac{e^{-j\beta_n(x-x')}}{jq_n L}$$

假设符合以下条件，则可得到式(7.43)的近似解。

$$f(x) = \frac{Ce^{-j\beta x}}{[(w/2)^2 - x^2]^{1/2}} \tag{7.44}$$

式中：包含了 E_z 的边条件且 C 为常数。然后，将式(7.43)的两边乘以 $f^*(x)$，并对孔径进行积分。

$$A_0 \int_{-w/2}^{w/2} f^*(x)\,dx = -j\omega\varepsilon \int_{-w/2}^{w/2} dx \int_{-w/2}^{w/2} dx' f^*(x) f(x') G(x,x')$$

然后得到：

$$C = A_0 \left[-j\omega\varepsilon \sum_{n=-\infty}^{\infty} \frac{\pi}{jq_n L} J_0^2\left(\frac{n\pi w}{L}\right)\right]^{-1} \tag{7.45}$$

一旦得到了 $f(x)$ 的解，利用式(7.40)和式(7.41)来计算散射场。例如，在区域 $z>0$ 中，使用近似解式(7.45)，由式(7.40)得到 H_{ys1}。

注意，在远离表面的地方，所有的倏逝模都是小到可以忽略的，且只有传播模式存在。对于传播模式，q_n 为实数，因此，$k > |\beta_n|$，这是图 7.7 所示的禁止(辐射)区域。

接下来，考虑功率的守恒。入射功率在 $-z$ 方向，从式(7.38)得到：

$$\overline{\boldsymbol{P}}_i = \mathrm{Re}\left(\frac{1}{2} E_{xi} H_{yi}^*\right)\hat{\boldsymbol{z}} = -P_i \hat{\boldsymbol{z}} \tag{7.46}$$

式中：$P_i = \dfrac{1}{2\omega\varepsilon} |A_0|^2 q$。

散射波由式(7.38)的 H_{yr} 和 H_{ys1} 组成。单位周期 L 的散射功率为

$$\begin{cases} \overline{\boldsymbol{P}}_s = P_s \hat{\boldsymbol{z}} \\ P_s = \dfrac{1}{L} \displaystyle\int_0^L \mathrm{Re}\left(\frac{1}{2} E_{xs} H_{ys}^*\right) dx \end{cases} \tag{7.47}$$

式中：

$$H_{ys}=H_{yr}+H_{ys1},E_{xs}=\frac{1}{\omega\varepsilon}\frac{\partial}{\partial z}H_{ys}$$

将式(7.38)代入式(7.47)，注意到所有空间谐波都是正交的，并且 $E_{xs}H_{ys}^{*}$ 对于所有倏逝模都是纯虚数，得到：

$$P_{s}=\frac{1}{2\omega\varepsilon}\left(q\left|A_{0}+B_{0}\right|^{2}+\sum_{\substack{n=N_{1}\\n\neq0}}^{N_{2}}q_{n}\left|B_{n}\right|^{2}\right)\tag{7.48}$$

式中：$N_1 \leqslant n \leqslant N_2$ 包括所有的传播模式（q_n 为实数）。

传输功率同样由以下公式计算：

$$\begin{cases}\overline{\boldsymbol{P}}_{t}=\dfrac{1}{L}\displaystyle\int_{0}^{L}\mathrm{Re}\left(\frac{1}{2}E_{xt}H_{yt}^{*}\right)\hat{\boldsymbol{z}}\mathrm{d}x=-P_{t}\hat{\boldsymbol{z}}\\P_{t}=\dfrac{1}{2\omega\varepsilon}\left(\displaystyle\sum_{N_{1}}^{N_{2}}q_{n}\left|C_{n}\right|^{2}\right)\end{cases}\tag{7.49}$$

式中①，

$$H_{yt}=\sum_{n=-\infty}^{\infty}C_{n}\mathrm{e}^{+\mathrm{j}q_{n}z-\mathrm{j}\beta_{n}x}$$

然后，功率的守恒公式为

$$P_{i}=P_{s}+P_{t}\tag{7.50}$$

接下来，考虑 TE 波的情况。在 $z>0$ 区域的电场 E_y 由入射波 E_{yi}、从导电平面 $z=0$ 处反射的波 E_{yr}，以及 $z=0$ 处孔径场产生的波 E_{ys1} 组成。

$$\begin{cases}E_{y}=E_{yi}+E_{yr}+E_{ys1}\\E_{yi}=A_{0}\mathrm{e}^{+\mathrm{j}qz-\mathrm{j}\beta x}\\E_{yr}=-A_{0}\mathrm{e}^{-\mathrm{j}qz-\mathrm{j}\beta x}\\E_{ys1}=\displaystyle\sum_{n=-\infty}^{\infty}B_{n}\mathrm{e}^{-\mathrm{j}q_{n}z-\mathrm{j}\beta_{n}x}\end{cases}\tag{7.51}$$

式中：$\beta=k\sin\theta_i,q=k\cos\theta_i,\beta_n=\beta+\dfrac{2n\pi}{L},q_n^2+\beta_n^2=k^2$。

现在，令孔径场为 $f(x)$，有

$$E_{y}(x,z=0)=\begin{cases}0,\text{当}\dfrac{w}{2}<|x|<\dfrac{L}{2}\\f(x),\text{当}|x|<\dfrac{w}{2}\end{cases}\tag{7.52}$$

然后，可以用 $f(x)$ 来表示 B_n，有

$$B_{n}=\frac{1}{L}\int_{-w/2}^{w/2}f(x')\mathrm{e}^{+\mathrm{j}\beta_{n}x'}\mathrm{d}x'\tag{7.53}$$

磁场分量 H_{x1} 为

① 译者注：根据公式推导，将式中的 H_{ys2} 更正为 H_{yt}。

$$H_{x1}(x,z)=\frac{1}{\mathrm{j}\omega\mu}\frac{\partial}{\partial z}E_y=H_{x0}(x,z)+\frac{1}{\mathrm{j}\omega\mu}\int_{-w/2}^{w/2}Kf(x')\mathrm{d}x' \tag{7.54}$$

式中：

$$\begin{aligned}H_{x0}(x,z)&=H_{xi}(x,z)+H_{xr}(x,z)\\&=\frac{1}{\mathrm{j}\omega\mu}2\mathrm{j}qA_0\cos qz\mathrm{e}^{-\mathrm{j}\beta x}\end{aligned}$$

$$K=K(x,z;x')=\sum_{n=-\infty}^{\infty}\frac{-\mathrm{j}q_n}{L}\mathrm{e}^{-\mathrm{j}q_nz-\mathrm{j}\beta_n(x-x')}$$

类似地，在区域 $z<0$，有

$$E_y=E_{s2}=\sum_{n=-\infty}^{\infty}C_n\mathrm{e}^{+\mathrm{j}q_nz-\mathrm{j}\beta_nx}$$

式中：使用式(7.52)和式(7.53)，$B_n=C_n$。然后，磁场为

$$H_{x2}(x,z)=\frac{-1}{\mathrm{j}\omega\mu}\int_{-w/2}^{w/2}Kf(x')\mathrm{d}x' \tag{7.55}$$

令孔径 $z=0$ 处的 H_{x1} 等于 H_{x2}，得到：

$$\int_{-w/2}^{w/2}K(x,x')f(x')\mathrm{d}x'=-2qA_0\mathrm{e}^{-\mathrm{j}\beta x} \tag{7.56}$$

式中：

$$K(x,x')=\sum_{n=-\infty}^{\infty}\frac{-\mathrm{j}q_n}{L}\mathrm{e}^{-\mathrm{j}\beta_n(x-x')}$$

作为式(7.56)的近似解，利用边缘条件令 $f(x')=C[(w/2)^2-x'^2]^{1/2}\mathrm{e}^{-\mathrm{j}\beta x}$（见附录7.C），且在孔径上进行积分。然后，得到：

$$\int_{-w/2}^{w/2}\mathrm{d}x\int_{-w/2}^{w/2}\mathrm{d}x'f(x)f(x')K(x,x')=-\mathrm{j}qA_0\int_{-w/2}^{w/2}f(x)\mathrm{e}^{-\mathrm{j}\beta x}\mathrm{d}x \tag{7.57}$$

由此，得到 C(Gradshteyn 和 Ryzhik，1965，第 482 页)。

$$C=qA_0\left(\frac{\pi}{2}\right)\left\{\sum_{n=-\infty}^{\infty}\frac{q_n}{L}\left[\frac{\pi J_1(n\pi w/L)}{n\pi w/L}\right]^2\right\}^{-1} \tag{7.58}$$

功率守恒满足：

$$P_i=P_s+P_t \tag{7.59}$$

式中：P_i、P_s 和 P_t 由与式(7.46)、式(7.48)和式(7.49)相同的方程计算得到，除了 $1/2\omega\varepsilon$ 和 $1/2\omega\mu$ 不同。

7.5 基于瑞利假设的周期性表面散射

接下来，考虑一个平面波照射到正弦变化表面的散射波(图 7.14)。令其为二维问题，表面不随 y 方向变化，入射平面在 $x-z$ 平面上，曲面由 $z=\xi$ 表示，有

$$\zeta=-h\cos\frac{2\pi x}{L} \tag{7.60}$$

这个方法首先被瑞利提出，因此，被称为瑞利假说。

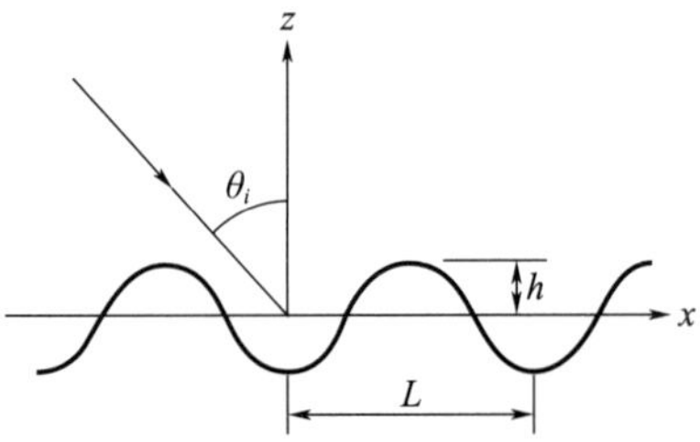

图 7.14 平面波照射的正弦变化表面

7.5.1　狄利克雷问题

$$(\nabla^2 + k^2)\psi = 0,\ 表面\ \psi = 0 \tag{7.61}$$

入射波 ψ_i 可写为

$$\psi_i = A_0 e^{+jqz - j\beta x} \tag{7.62}$$

式中:$q = k\cos\theta_i$;$\beta = k\sin\theta_i$。散射波 ψ_s 可以用空间谐波表示。

$$\psi_s = \sum_{n=-\infty}^{\infty} B_n e^{-jq_n z - j\beta_n x} \tag{7.63}$$

式中:$\beta_n = \beta + 2n\pi/L, q_n^2 = k_n - \beta_n^2$。注意,在式(7.63)中,散射场 ψ_s 仅用 $\exp(-jq_n z)$ 的出射波表示,而不包括带 $\exp(+jq_n z)$ 的入射波。曲面最高点($z > h$)以上区域的波为出射波时,在区域 $-h < z < h$ 内的波同时存在出射波和入射波。即使在 $-h < z < h$ 的区域,散射波也只能用出射波来表示,这种方法称为瑞利假设。虽然瑞利假设对一般周期表面无效,但当表面的最大斜率$(\partial\zeta/\partial x)_{\max} = (2\pi h/L)$小于 0.448 时,则证明瑞利假说对正弦表面是成立的。

利用瑞利假设,在曲面上应用边界条件 $\psi_i + \psi_s = 0(z = \zeta)$。注意,$\exp(-j\beta x)$对所有项都是通用的,得到:

$$A_0 \exp(+jq\zeta) + \sum_{n=-\infty}^{\infty} B_n \exp\left(-jq_n\zeta - j\frac{2n\pi}{L}x\right) = 0 \tag{7.64}$$

通过用傅里叶级数展开式(7.64),并令所有的傅里叶系数等于零,即可得到 B_n 和 A_0 之间的关系。为此,将式(7.64)乘以 $\exp(j2m\pi x/L)$,并对 L 上的结果进行积分。

$$\frac{1}{2\pi}\int_0^{2\pi} e^{jz\cos\beta + jn\beta - jn(\pi/2)} d\beta = J_n(z) \tag{7.65}$$

对于 $m = -\infty \cdots +\infty$,得到:

$$A_0 e^{-j(\pi/2)|m|} J_{|m|}(qh) + \sum_{n=-\infty}^{\infty} B_n e^{-j(\pi/2)|m-n|} J_{|m-n|}(q_n h) = 0 \tag{7.66}$$

将上式按下列矩阵形式排列:

$$[K_{mn}][B_n] = [A_m]A_0 \tag{7.67}$$

式中:

$$K_{mn} = e^{-j(\pi/2)|m-n|} J_{|m-n|}(q_n h)$$

$$A_m = -e^{-j(\pi/2)|m|} J_{|m|}(qh)$$

这会出现截断,由$[K]^{-1}[A]A_0$ 得到$[B_n]$。例如,如果与波长相比,高度较小,周期 L 远大于波长,则对于传播模式有 $qh \ll 1$ 和$|q_n h| \gg 1$,因此,$J_{m-n}(q_n h)$为$|q_n h|^{m-n}$阶,且矩阵可以被截断而不会产生太多的误差。功率守恒可以很好地检验解的收敛性。

7.5.2　诺依曼问题

对于诺依曼问题,把入射波和散射波写成:

$$\begin{cases} \psi_i = A_0 e^{-jqz - j\beta x} \\ \psi_s = \sum\limits_{n=-\infty}^{\infty} B_n e^{-jq_n z - j\beta_n x} \end{cases} \tag{7.68}$$

式中:β, q, β_n 和 q_n 的定义见7.4节,边界条件为:

$$\frac{\partial}{\partial n}(\psi_i + \psi_s) = \hat{\boldsymbol{n}} \cdot \nabla(\psi_i + \psi_s) = 0, \text{在 } z = \zeta \text{ 处} \tag{7.69}$$

式中:$\hat{\boldsymbol{n}}$ 为表面的单位法向量,有

$$\hat{\boldsymbol{n}} = \frac{-(\partial\zeta/\partial x)\hat{\boldsymbol{x}} - (\partial\zeta/\partial y)\hat{\boldsymbol{y}} + \hat{\boldsymbol{z}}}{[1 + (\partial\zeta/\partial x)^2 + (\partial\zeta/\partial y)^2]^{1/2}} \tag{7.70}$$

将式(7.68)代入式(7.69),得到:

$$-\frac{\partial\zeta}{\partial x}\left[-\mathrm{j}\beta A_0 \mathrm{e}^{\mathrm{j}q\zeta} + \sum_{n=-\infty}^{\infty}(-\mathrm{j}\beta_n)B_n \mathrm{e}^{-\mathrm{j}q_n\zeta - \mathrm{j}(2n\pi x/L)}\right] +$$

$$\left[-\mathrm{j}qA_0 \mathrm{e}^{\mathrm{j}q\zeta} + \sum_{n=-\infty}^{\infty}(-\mathrm{j}q_n)B_n \mathrm{e}^{-\mathrm{j}q_n\zeta - \mathrm{j}(2n\pi x/L)}\right] = 0 \tag{7.71}$$

注意,$\zeta = -h\cos(2\pi x/L)$ 和 $\partial\zeta/\partial x = (2\pi x/L)\sin(2\pi x/L)$,可以将式(7.71)乘以 $\exp[\mathrm{j}(2m\pi x/L)]$,并在 L 上对 x 进行积分,得到以下矩阵方程:

$$[H_{mn}][B_n] = [D_m]A_0 \tag{7.72}$$

其中,

$$H_{mn} = \frac{\pi h\beta_n}{L}\left[\mathrm{e}^{-\mathrm{j}(\pi/2)|m-n+1|}J_{|m-n+1|}(q_n h) - \mathrm{e}^{-\mathrm{j}(\pi/2)|m-n-1|}J_{|m-n-1|}(q_n h)\right]$$
$$- \mathrm{j}q_n \mathrm{e}^{-\mathrm{j}(\pi/2)|m-n|}J_{|m-n|}(q_n h)$$

$$D_m = -\frac{\pi h\beta}{L}\left[\mathrm{e}^{-\mathrm{j}(\pi/2)|m+1|}J_{|m+1|}(qh) - \mathrm{e}^{-\mathrm{j}(\pi/2)|m-1|}J_{|m-1|}(qh)\right] - \mathrm{j}q\mathrm{e}^{-\mathrm{j}(\pi/2)|m|}J_{|m|}(qh)$$

7.5.3 双介质问题

在本章中,利用瑞利假设讨论了狄利克雷和诺依曼问题。同样的方法也可以用来解决双介质的问题。介质1中的入射波 ψ_i,散射波 ψ_s,介质2中的透射波 ψ_t 分别表示为

$$\begin{cases} \psi_i = A_0 \mathrm{e}^{+\mathrm{j}qz - \mathrm{j}\beta x} \\ \psi_s = \sum_{n=-\infty}^{\infty} B_n \mathrm{e}^{-\mathrm{j}q_n z - \mathrm{j}\beta_n x} \\ \psi_t = \sum_{n=-\infty}^{\infty} C_n \mathrm{e}^{+\mathrm{j}q_{tn} z - \mathrm{j}\beta_n x} \end{cases} \tag{7.73}$$

式中:

$$\beta = k\sin\theta_i$$

$$q = k\cos\theta_i$$

$$\beta_n = \beta + \frac{2n\pi}{L}$$

$$q_n = (k_1^2 - \beta_n^2)^{1/2}$$

$$q_{tn} = (k_2^2 - \beta_n^2)^{1/2}$$

$$k_1 = \frac{\omega}{\mathrm{c}}n_1$$

$$k_2 = \frac{\omega}{\mathrm{c}}n_2$$

边界条件是:

$$\rho_1\psi_1=\rho_2\psi_2,\frac{\partial\psi_1}{\partial n}=\frac{\partial\psi_2}{\partial n}$$

按照狄利克雷和诺依曼问题的处理步骤,有

$$\begin{cases}[K_{mn}][B_n]-[K_{tmn}][C_n]=[A_m]A_0\\ [H_{mn}][B_n]-[H_{tmn}][C_n]=[D_m]A_0\end{cases} \tag{7.74}$$

式中:$[K_{mn}]$、$[H_{mn}]$、$[A_m]$、$[D_m]$已知。$[K_{tmn}]$、$[H_{tmn}]$和$[K_{mn}]$、$[H_{mn}]$有相同的形式,除了 $-q_{tn}$和 q_n 不同。

功率守恒如下:对于狄利克雷和诺依曼问题,有

$$q|A_0|^2=\sum_{n=N_1}^{N_2}q_n|B_n|^2 \tag{7.75}$$

式中:$N_1\leqslant N\leqslant N_2$ 包括所有传播模式。对于双介质的问题,有

$$\rho_1 q|A_0|^2=\rho_1\sum_{n=N_1}^{N_2}q_n|B_n|^2+\rho_2\sum_{n=N_3}^{N_4}q_{tn}|C_n|^2 \tag{7.76}$$

在这一节中,讨论了从正弦波表面散射的瑞利假设。当$(2\pi h/L)<0.448$ 时,这是成立的。如果表面斜率高于这个值,或者如果表面是比正弦波表面更普通的形状,瑞利假设通常是不成立的,应该采用更严格的方法,如 T 矩阵法,稍后将讨论。

此处注意,散射波的每个模式,$B_n\exp(-\mathrm{j}q_n z-\mathrm{j}\beta_n x)$,都是从 z 轴沿角 θ_n 传播的。

$$k\sin\theta_n=\beta_n=\beta+\frac{2n\pi}{L}=k\sin\theta_i+\frac{2n\pi}{L} \tag{7.77}$$

当这个角 θ_n 接近 $\pm\pi/2$ 时,散射模式沿表面传播,在波长或角度的微小变化范围内,所有模中的功率迅速重新分布,这一效应被称为伍德异常(Wood anomalies),因为这一效应已经被广泛地研究过,因此,此处直接给出伍德异常的条件:

$$\lambda=\frac{L}{n}(\pm1-\sin\theta_i) \tag{7.78}$$

这个波长被称为瑞利波长。

7.6 耦合模理论

考虑两种波导结构耦合的情况,如两根波导、两根光纤或两条条形线。每个波导中的波以一定的传播常数传播。假设这两个导频器靠近,就会产生一些功率耦合。例如,对于波导来说,两个波导之间的一系列孔缝组成像定向耦合器那样的结构。对于两条带状线,这两条线的位置紧密,这两条线的功率可以耦合。如果耦合较弱,则耦合会轻微干扰原导轨模式,并将功率从一个导模转移到另一个导模。本节描述的耦合模理论给出了这种耦合过程的数学表达式。由此可见,耦合模理论仅适用于弱耦合系统。对于具有强耦合性的系统,应采用改进的理论(Hardy,Strefer,1986;Tsang,Chuang,1988)。

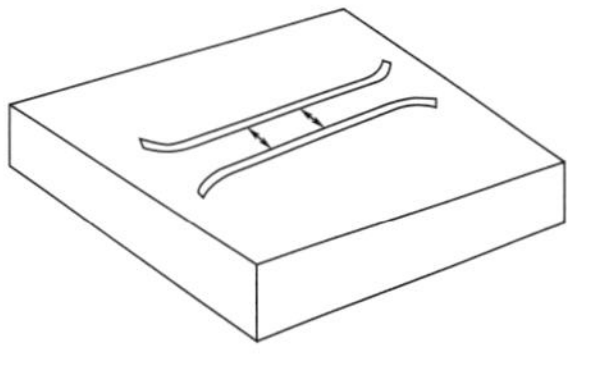

图 7.15 两条带状线之间的耦合

考虑两种模式 a_1,a_2 分别表示在两个波导中传播的波(图 7.15)。如果两个波导被隔离,则假设每一个模式都以传播常数 β_{10} 和 β_{20} 进行传播。因此,隔离波导中的 a_1,a_2 满足以下条件:

$$\begin{cases}\dfrac{da_1}{dz}=-j\beta_{10}a_1\\ \dfrac{da_2}{dz}=-j\beta_{20}a_2\end{cases}\tag{7.79}$$

如果这两个导轨是耦合的,则式(7.79)中包括 a_1 和 a_2 之间的耦合项。因此,写出下列耦合方程:

$$\begin{cases}\dfrac{da_1}{dz}=-j\beta_{10}a_1-jc_{12}a_2\\ \dfrac{da_2}{dz}=-jc_{21}a_1-j\beta_{20}a_2\end{cases}\tag{7.80}$$

常数 c_{12} 和 c_{21} 为单位长度的互耦合系数。注意,在无损系统中,β_{10} 和 β_{20} 为实数,当 $\beta_{10}>0,\beta_{20}>0$ 时,a_1 模态和 a_2 模态的相速度沿正 z 方向,当 $\beta_{10}<0,\beta_{20}<0$ 时,相速度沿负 z 方向。

接下来,考虑模式 a_1 所携带的功率 P_1。

$$\frac{dP_1}{dz}=\frac{d}{dz}(a_1a_1^*)=a_1\frac{da_1^*}{dz}+\frac{da_1}{dz}a_1^*\tag{7.81}$$

代入式(7.80),得到:

$$\frac{dP_1}{dz}=-ja_1(\beta_{10}-\beta_{10}^*)a_1^*+2\mathrm{Re}(ja_1c_{12}^*a_2^*)\tag{7.82}$$

同样地,因为 $P_2=|a_2|^2$,得到:

$$\frac{dP_2}{dz}=-ja_2(\beta_{20}-\beta_{20}^*)a_2^*+2\mathrm{Re}(-ja_1c_{21}a_2^*)\tag{7.83}$$

式中:Re 代表实部。

如果系统是无损的,则 β_{10},β_{20} 是实数,因此,$\beta_{10}-\beta_{10}^*=0,\beta_{20}-\beta_{20}^*=0$,如果 P_1,P_2 都沿相同的方向传播,则 a_1,a_2 的群速度沿相同的方向,功率守恒要求:

$$\frac{d}{dz}(P_1+P_2)=0\tag{7.84}$$

利用式(7.82)和式(7.83),这意味着对于一个无损系统,得到:

$$c_{12}=c_{21}^*\tag{7.85}$$

这就是所谓的同向耦合器。如果 P_1,P_2 沿相反的方向传播,那么群速度是相反的,要求:

$$\frac{d}{dz}(P_1-P_2)=0\tag{7.86}$$

因此,对于一个无损系统:

$$c_{12}=-c_{21}^*\tag{7.87}$$

这就是所谓的反向耦合器。

7.6.1　同向耦合器

考虑一个由两个波导弱耦合而成的无损系统,假定波 a_1,a_2 的相速度和群速度都沿正 z 方向,得到:

$$\begin{cases}\beta_{10} > 0\\ \beta_{20} > 0\\ c_{12} = c_{21}^*\end{cases} \tag{7.88}$$

为了求解耦合方程(7.80),令:

$$\begin{cases}a_1(z) = A_1\exp(-\mathrm{j}\beta z)\\ a_2(z) = A_2\exp(-\mathrm{j}\beta z)\end{cases} \tag{7.89}$$

将其代入式(7.80),得到以下特征值问题:

$$\begin{bmatrix}\beta_{10} & c_{12}\\ c_{21} & \beta_{20}\end{bmatrix}\begin{bmatrix}A_1\\ A_2\end{bmatrix} = \beta\begin{bmatrix}A_1\\ A_2\end{bmatrix} \tag{7.90}$$

式中:传播常数 β 为特征值,$[A_1,A_2]$ 为特征向量。

通过令式(7.90)中矩阵的行列式等于零,可以得到传播常数 β。

$$\begin{vmatrix}\beta_{10}-\beta & c_{12}\\ c_{21} & \beta_{20}-\beta\end{vmatrix} = 0 \tag{7.91}$$

由此,得到了 β 的两个值。将这两个传播常数 β_1,β_2 按以下形式排列:

$$\begin{cases}\beta_1 = \beta_a + \beta_b\\ \beta_2 = \beta_a - \beta_b\end{cases} \tag{7.92}$$

式中:

$$\beta_a = \frac{1}{2}(\beta_{10} + \beta_{20})$$

$$\beta_b = (\beta_d^2 + c_{12}c_{21})^{1/2}$$

$$\beta_d = \frac{1}{2}(\beta_{10} - \beta_{20})$$

由于这两个功率沿同一方向传播,这是一个同向耦合器,因此,$c_{12}c_{21} = |c_{12}|^2$,$\beta_a$ 和 β_b 都是实数。当 β_a,β_b 都是实数时,认为这两种模式是“被动”耦合的。

β_1,β_2 的特征向量$[A_1,A_2]$由式(7.90)计算得到:

$$\frac{A_2}{A_1} = \frac{\beta - \beta_{10}}{c_{12}} = \frac{c_{21}}{\beta - \beta_{20}} \tag{7.93}$$

然后,a_1,a_2 的通解为

$$\begin{cases}a_1(z) = C_1\mathrm{e}^{-\mathrm{j}\beta_1 z} + C_2\mathrm{e}^{-\mathrm{j}\beta_2 z}\\ a_2(z) = C_1\dfrac{\beta_1 - \beta_{10}}{c_{12}}\mathrm{e}^{-\mathrm{j}\beta_1 z} + C_2\dfrac{\beta_2 - \beta_{10}}{c_{12}}\mathrm{e}^{-\mathrm{j}\beta_2 z}\end{cases} \tag{7.94}$$

式中:C_1、C_2 为常数。常数 C_1、C_2 是由边界条件决定的。假设波在导体 1 的 $z=0$ 处入射,在导体 2 的 $z=0$ 处没有波入射。

$$\begin{cases} a_1(0)=a_0 \\ a_2(0)=0 \end{cases} \tag{7.95}$$

由式(7.95),得到:

$$\begin{cases} a_1(z)=a_0\left(\cos\beta_b z-\mathrm{j}\dfrac{\beta_d}{\beta_b}\sin\beta_b z\right)\exp(-\mathrm{j}\beta_a z) \\ a_2(z)=-\mathrm{j}a_0\dfrac{c_{12}}{\beta_b}\sin\beta_b z\ \exp(-\mathrm{j}\beta_a z) \end{cases} \tag{7.96}$$

每个导体中的功率由下式计算:

$$\begin{cases} P_1(z)=|a_1(z)|^2 \\ P_2(z)=|a_2(z)|^2 \end{cases} \tag{7.97}$$

将式(7.96)代入式(7.97),很容易证明 $P_1(z)+P_2(z)=$常数。然后,在两个导体之间周期性地传送功率(图 7.16)。

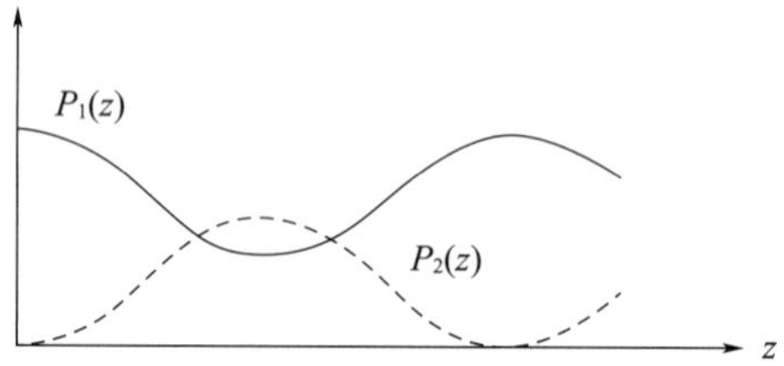

图 7.16 共向耦合器的周期性功率传递

注意,最大转移功率 $P_{2\max}(z)$是:

$$P_{2\max}=\frac{|c_{12}|^2}{|\beta_d|^2+|c_{12}|^2}|a_0|^2 \tag{7.98}$$

因此,如果 $\beta_{10}=\beta_{20}$,则功率转移为 100%。

7.6.2 反向耦合器

考虑一个无损的反向耦合器。在这种情况下,两种模式的相速度是相同的方向,而群速度是相反的方向,有

$$\begin{cases} \beta_{10}>0 \\ \beta_{20}>0 \\ c_{12}=-c_{21}^* \end{cases} \tag{7.99}$$

按照 7.6 节中描述的步骤,得到:

$$\begin{cases} \beta_1=\beta_a+\beta_b \\ \beta_2=\beta_a-\beta_b \end{cases} \tag{7.100}$$

式中:

$$\beta_a=\frac{1}{2}(\beta_{10}+\beta_{20})$$

$$\beta_b=[\beta_d^2+|c_{12}|^2]^{1/2}$$

$$\beta_d = \frac{1}{2}(\beta_{10} - \beta_{20})$$

注意,此处使用了 $c_{12}c_{21} = |c_{12}|^2$。

β_b 的表达式表明,如果 $|\beta_d| < |c_{12}|$,则 β_b 是纯虚数,波将呈指数增长或衰减。当 β_1、β_2 为复数时,这两种模式被称为"主动"耦合。

如果在 $z=0$ 处向导体 1 注入功率,则此功率耦合到导体 2 中,并沿负 z 方向传播。如果在 $z=L$ 处没有功率注入导体 2 中,则边界条件为

$$\begin{cases} a_1(0) = a_0 \\ a_2(L) = 0 \end{cases} \tag{7.101}$$

根据所给出的共向情况的步骤,功率 $P_1(z)$,$P_2(z)$ 如图 7.17 所示,注意,$P_1(z) - P_2(z) =$ 常数。

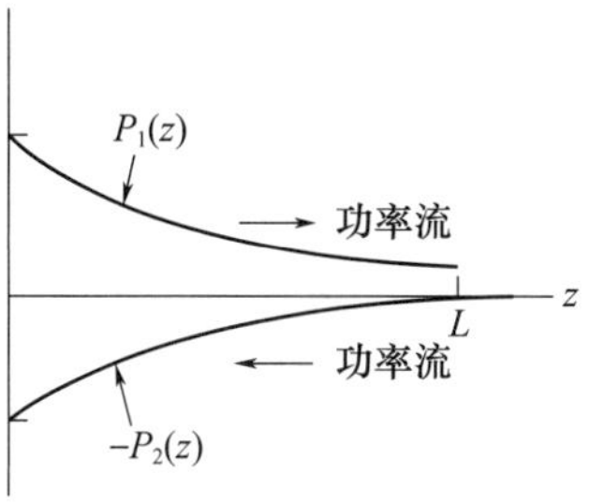

图 7.17　反方向耦合器

在 7.2 节和 7.3 节中,讨论了无净功率增益的无损耗耦合系统。如果导体中含有活性介质,则该电磁波被放大,这跟行波管中电子束与电路耦合的情况一样。Tamir(1975)、Hardy 和 Streifer(1986)、Tsang 和 Chuang(1988)对介质波导耦合系数的确定进行了讨论。

习　题

7.1　求一个方程来确定波在有壁结构的波导中传播的传播常数,如图 P7.1 所示。假设在 y 方向没有变化,波在 $x-z$ 平面上极化,将极限设为 $l \to 0$ 或 $w \to 0$。

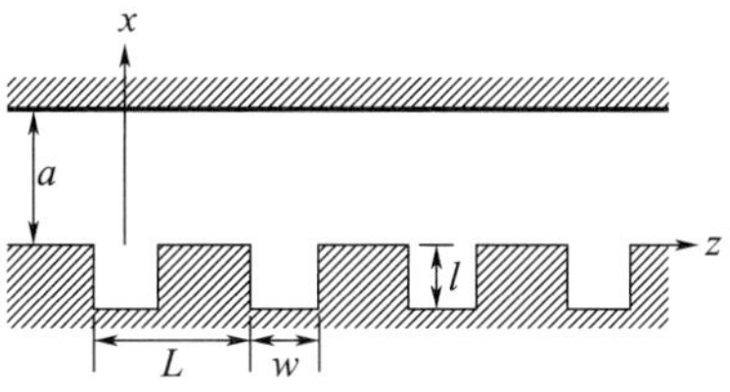

图 P7.1　周期波导

7.2　如果习题7.1 中的周期 L 比波长小得多,则表面 $x=0$ 可以用平均表面阻抗 Z_s 近似。

$$\frac{E_z}{H_y} = Z_s = \mathrm{j}\,\frac{W}{L}\sqrt{\frac{\mu_0}{\varepsilon_0}}\tan kl$$

求这种情况下的传播常数,并与习题 7.1 的结果进行比较。

7.3　波通过图 P7.3 中的周期结构沿 z 方向传播,在 0 ~ 10GHz 频率范围内绘制 $k-q$ 图。

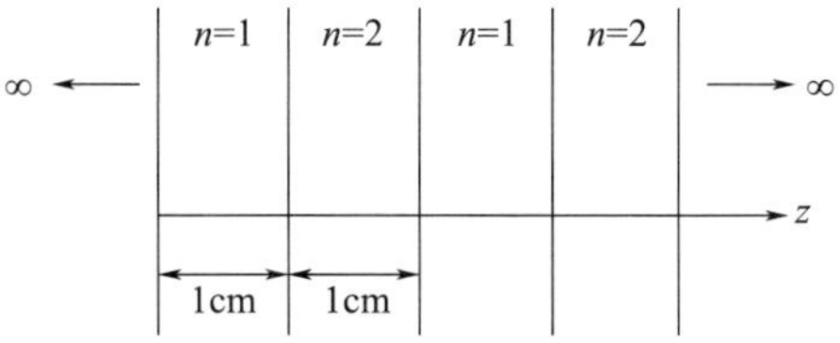

图 P7.3　周期性层

7.4 考虑一个法向入射到周期光栅上的 TM 平面波,如图 7.13 所示。$a = W = 5\text{cm}$,频率为 10GHz。请确定所有传播模式,并求出每个模式的传播方向以及每个模式大小的表达式,并验证功率守恒。

7.5 考虑式(7.60)中的周期性狄利克雷曲面。如果波在表面法向入射,且 $kh = 0.1$,$L = 1.5\lambda$,则求出传播模式的振幅及其传播方向,并验证功率守恒。

7.6 在 $k-\beta$ 图(图 7.2)中,设 $\beta = k\sin\theta_i$,在图上定位满足瑞利波长条件的点。

7.7 考虑两个矩形波导中的 TE_{10}模,$a = 1$ in 和 $b = \dfrac{1}{2}$ in,频率为 10GHz。如果这两种模式是弱耦合的,且在 20cm 的距离内,从一个波导到另一个波导的最大传输功率为 20dB,请求解耦合系数 c_{12},假设 c_{12}是正实数。

7.8 考虑 $\beta_{10} = 1$,$\beta_{20} = 1.1$,$c_{12} = -c_{21} = 0.1$ 的反向耦合器,求出特征值和特征向量。边界条件 $a_1(0) = 1$,$a_2(5) = 0$,计算并绘制 $P_1(z)$,$P_2(z)$。

7.9 如图 P7.9 所示,长度为 l_1,l_2,质量为 m_1,m_2 的两个摆锤通过弹簧常数为 k 的无重量弹簧耦合。假设振荡的振幅很小,而 l_1,l_2 几乎没有差别。

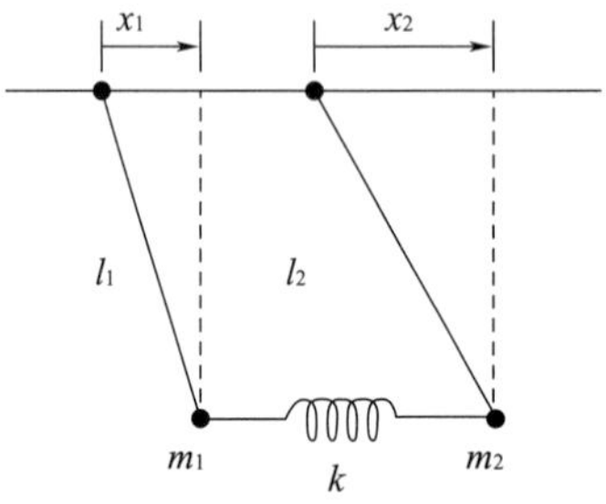

图 P7.9 耦合的摆锤

(a)推导 x_1,x_2 的耦合模方程。

(b)已知 $l_1 = l_2 = 1\text{m}$,$m_1 = m_2 = 1$ g,$k = 10^{-3}\text{N/m}$,当 $t = 0$ 时,$x_1 = \mathrm{d}x/\mathrm{d}t = \mathrm{d}x_2/\mathrm{d}t = 0$,$x_2 = x_0$,求出解。

第 8 章

色散和各向异性介质

在 2.3 节中,讨论了$\overline{\boldsymbol{D}}=\varepsilon\overline{\boldsymbol{E}}$和$\overline{\boldsymbol{B}}=\mu\overline{\boldsymbol{H}}$的基本关系。它们在“线性”介质中是成立的,其中,$\overline{\boldsymbol{D}}$和$\overline{\boldsymbol{B}}$分别与$\overline{\boldsymbol{E}}$和$\overline{\boldsymbol{H}}$成正比。$\overline{\boldsymbol{D}}$或$\overline{\boldsymbol{B}}$是$\overline{\boldsymbol{E}}[\overline{\boldsymbol{D}}=\overline{\boldsymbol{D}}(\overline{\boldsymbol{E}})]$更具有普适性的函数,即“非线性”介质的情况。对于时谐的情况,ε 和 μ 为关于频率的一般函数 $\varepsilon(\omega)$ 和 $\mu(\omega)$,这就是色散介质。而对于非色散介质,ε 和 μ 与频率无关。如果 ε 和 μ 是关于位置的函数,这就称为非均匀介质;而对于均匀介质,ε 和 μ 为常数。在各向同性介质中,ε 和 μ 为标量,因此,$\overline{\boldsymbol{D}}$和$\overline{\boldsymbol{B}}$分别与$\overline{\boldsymbol{E}}$和$\overline{\boldsymbol{H}}$成正比。在各向异性介质中,如 8.7 节所示,$\overline{\boldsymbol{D}}$与$\overline{\boldsymbol{E}}$、$\overline{\boldsymbol{B}}$与$\overline{\boldsymbol{H}}$通常不是平行的。在双各向异性介质中,$\overline{\boldsymbol{D}}$同时依赖于$\overline{\boldsymbol{E}}$和$\overline{\boldsymbol{B}}$,且$\overline{\boldsymbol{H}}$也同时依赖于$\overline{\boldsymbol{E}}$和$\overline{\boldsymbol{B}}$。手征介质是双各向同性介质的一个例子,将在 8.22 节中讨论。高频超导体的双流体模型在 8.23 节和 8.24 节中讨论。

8.1 介电材料和极化率

在 2.3 节中,讨论了介质的介电常数 ε、电磁化率 χ_e 和电极化率$\overline{\boldsymbol{P}}$的基本关系,关系如下(式(2.45)和式(2.46)):

$$\overline{\boldsymbol{P}}=(\varepsilon-\varepsilon_0)\overline{\boldsymbol{E}}=\chi_e\varepsilon_0\overline{\boldsymbol{E}} \tag{8.1}$$

极化矢量$\overline{\boldsymbol{P}}$还可以看作是单位体积的介质偶极矩。

$$\overline{\boldsymbol{P}}=N\overline{\boldsymbol{P}}=N\alpha\overline{\boldsymbol{E}}' \tag{8.2}$$

式中:N 为单位体积中产生$\overline{\boldsymbol{P}}$的偶极子数;$\overline{\boldsymbol{P}}$为每个基本偶极子的矩。偶极矩$\overline{\boldsymbol{P}}$又由局域电场$\overline{\boldsymbol{E}}'$产生,$\alpha$ 称为极化率。注意,区域电场$\overline{\boldsymbol{E}}'$不等于外加的电场$\overline{\boldsymbol{E}}$。

在介质中产生偶极矩的机制主要有四种。用极化率 α_e 表示的电子极化,由于在电场$\overline{\boldsymbol{E}}'$的作用下,围绕带正电的原子核转动的电子发生了轻微位移,形成偶极子。原子极化 α_a 是由带不同电荷的原子相互位移引起的。偶极子极化 α_d 也称为取向极化,是由介质中等效偶极子的取向变化引起的。极化 α_e、α_a 和 α_d 是由原子或分子中的局部束缚电荷引起的。第四种极化 α_s 称为空间电荷或界面极化。我们将在接下来的章节中讨论这些极化的色散特性。

在式(8.1)和式(8.2)中,注意到外加场$\overline{\boldsymbol{E}}$通常不等于引起极化的区域场$\overline{\boldsymbol{E}}'$。它们对低压气体作用效果几乎相同,但对固体、液体和高压气体则不同。通过构建介质中围绕分子的虚拟球体,可以得到$\overline{\boldsymbol{E}}'$和$\overline{\boldsymbol{E}}$之间的关系(图8.1)。作用在半径为$r_0$的球腔中心分子上的区域场$\overline{\boldsymbol{E}}'$为外加场$\overline{\boldsymbol{E}}$与围绕球腔的极化矢量$\overline{\boldsymbol{P}}$产生的场$\overline{\boldsymbol{E}}_p$的和。

$$\overline{\boldsymbol{E}}' = \overline{\boldsymbol{E}} + \overline{\boldsymbol{E}}_p \tag{8.3}$$

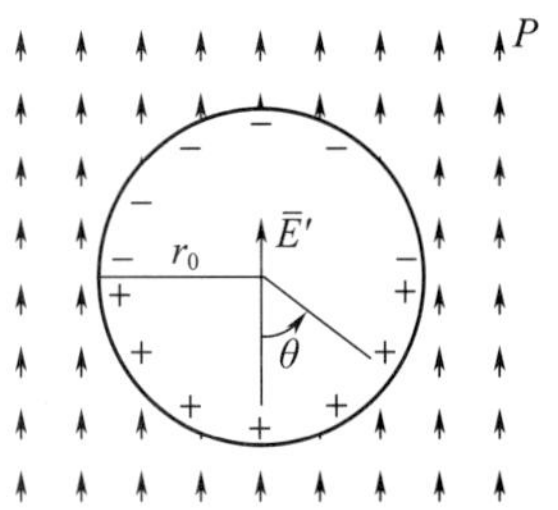

图8.1　区域场$\overline{\boldsymbol{E}}'$和极化$\overline{\boldsymbol{P}}$

极化$\overline{\boldsymbol{P}}$在球体壁上产生等效电荷,而单元面积$\mathrm{d}\overline{\boldsymbol{a}}$上的等效电荷由$\overline{\boldsymbol{P}} \cdot \mathrm{d}\overline{\boldsymbol{a}} = P\cos\theta \mathrm{d}a$,$\mathrm{d}a = 2\pi r \sin\theta r \mathrm{d}\theta$计算得到。

场$\overline{\boldsymbol{E}}_p$为电荷$\overline{\boldsymbol{P}} \cdot \mathrm{d}\overline{\boldsymbol{a}}$的累加,指向$z$方向,其大小为

$$E_p = \int_0 \frac{P\cos^2\theta}{4\pi\varepsilon_0 r_0^2} 2\pi r_0 \sin\theta r_0 \mathrm{d}\theta = \frac{P}{3\varepsilon_0} \tag{8.4}$$

由此,可以得到用外加场$\overline{\boldsymbol{E}}$表示的区域场$\overline{\boldsymbol{E}}'$,也称为莫索蒂场(Mossotti field)。

$$\overline{\boldsymbol{E}}' = \overline{\boldsymbol{E}} + \frac{\overline{\boldsymbol{P}}}{3\varepsilon_0} = \frac{\varepsilon_r + 2}{3}\overline{\boldsymbol{E}} \tag{8.5}$$

式中:$\varepsilon_r = \dfrac{\varepsilon}{\varepsilon_0}$。

利用式(8.1)、式(8.2)和式(8.5),可以用极化率α表示电磁化率χ_e为

$$\chi_e = \frac{N\alpha/\varepsilon_0}{1 - N\alpha/3\varepsilon_0} \text{或} \frac{\varepsilon}{\varepsilon_0} = \frac{1 + 2N\alpha/3\varepsilon_0}{1 - N\alpha/3\varepsilon_0} \tag{8.6}$$

同样,可以将极化率α与相对介电常数ε_r联系起来。

$$\alpha = \frac{3\varepsilon_0}{N}\frac{\varepsilon_r - 1}{\varepsilon_r + 2} \tag{8.7}$$

这被称为克劳修斯-莫索蒂公式(Clausius-Mossotti formula)或洛伦兹-劳伦斯公式(Lorentz-Lorenz formula)。

8.2　介电材料的色散

任何材料的介电常数一般都与频率有关,只有在很窄的频带内才能认为是常数。然而,如果一个宽带脉冲通过这样的介质传播,就不能忽略介质的频率依赖性。介电常数随频率的变化称为色散。在本节中,将讨论一些色散介质的简单例子。

先考虑介电材料的色散特性。假设一个简化的分子模型,其中电子被弹性地束缚在原子核上。电子的运动方程为

$$m\frac{\mathrm{d}^2\overline{\boldsymbol{r}}}{\mathrm{d}t^2} = -m\omega_0^2\overline{\boldsymbol{r}} - m\nu\frac{\mathrm{d}\overline{\boldsymbol{r}}}{\mathrm{d}t} + \overline{\boldsymbol{F}} \tag{8.8}$$

式中:m为电子的质量;$\overline{\boldsymbol{r}}$为电子的位移;$-m\omega_0^2\overline{\boldsymbol{r}}$为弹性回复力;$-m\nu \mathrm{d}\overline{\boldsymbol{r}}/\mathrm{d}t$为阻尼力;$\nu$为碰撞频率;$\overline{\boldsymbol{F}}$为作用在电子上的洛伦兹力。假设回复力与电子的位移成正比,常数ω_0等于仅在回复力影响下电子自由振荡的频率。洛伦兹力为

$$\overline{\boldsymbol{F}} = \mathrm{e}(\overline{\boldsymbol{E}}' + \overline{\boldsymbol{v}} \times \overline{\boldsymbol{B}}') \tag{8.9}$$

式中:e 为电子的电荷;$\overline{\boldsymbol{E}}'$和$\overline{\boldsymbol{B}}'$为式(8.5)中的区域莫索蒂场;$\overline{\boldsymbol{v}}$为电子的速度。由于$\overline{\boldsymbol{B}}' = \mu_0 \overline{\boldsymbol{H}}'$且$|\overline{\boldsymbol{H}}'|$的数量级与$(\varepsilon_0/\mu_0)^{1/2}|\overline{\boldsymbol{E}}'|$相当,$|\overline{\boldsymbol{B}}'|$的数量级与$(1/\mathrm{c})|\overline{\boldsymbol{E}}'|$相当,因此,假设$|\overline{\boldsymbol{v}}| \ll \mathrm{c}$,则式(8.9)的第二项与第一项相比可以忽略不计。

考虑具有 $\exp(\mathrm{j}\omega t)$的时谐场。假设每单位体积有 N 个束缚电子。极化矢量$\overline{\boldsymbol{P}}$为

$$\overline{\boldsymbol{P}} = N\mathrm{e}\,\overline{\boldsymbol{r}} \tag{8.10}$$

对于时谐场,式(8.8)写为

$$-m\omega^2 \overline{\boldsymbol{r}} = -m\omega_0^2 \overline{\boldsymbol{r}} - \mathrm{j}\omega m\nu \overline{\boldsymbol{r}} + \mathrm{e}\left(\overline{\boldsymbol{E}} + \frac{N\mathrm{e}\,\overline{\boldsymbol{r}}}{3\varepsilon_0}\right) \tag{8.11}$$

注意,$\overline{\boldsymbol{D}} = \varepsilon_0\varepsilon_r$,$\overline{\boldsymbol{E}} = \varepsilon_0 \overline{\boldsymbol{E}} + \overline{\boldsymbol{P}}$,就得到相对介电常数 ε_r 关于频率的函数。

$$\varepsilon_r = 1 + \frac{N\mathrm{e}^2}{m\varepsilon_0(\omega_1^2 - \omega^2 + \mathrm{j}\omega\nu)} \tag{8.12}$$

式中:$\omega_1^2 = \omega_0^2 - N\mathrm{e}^2/3\varepsilon_0 m$。图 8.2 显示了 ε_r 随频率的变化。

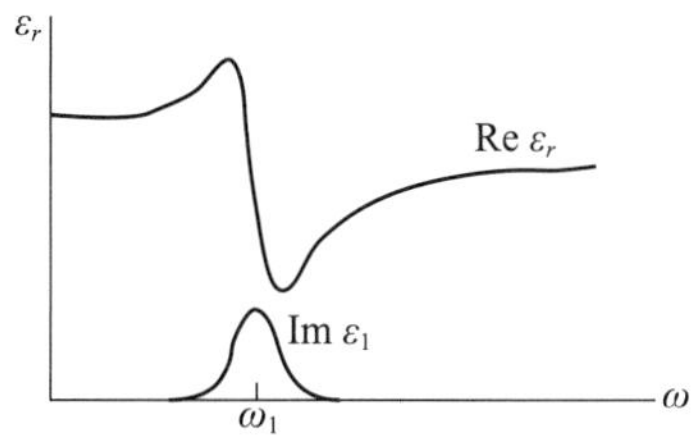

图 8.2 色散

在更一般的情况下,共振不止一个,需要将式(8.12)推广为

$$\varepsilon_r = 1 + \sum_s \frac{N_s\mathrm{e}^2}{m_s\varepsilon_0(\omega_s^2 - \omega^2 + \mathrm{j}\omega\nu_s)} \tag{8.13}$$

对于无损材料,将式(8.13)写为

$$\begin{aligned}\varepsilon_r &= 1 + \sum_s \frac{N_s\mathrm{e}^2}{m_s\varepsilon_0(\omega_s^2 - \omega^2)} \\ &= 1 + \sum_s \frac{\lambda^2 B_s}{\lambda^2 - \lambda_s^2}\end{aligned} \tag{8.14}$$

式中:$\omega/\mathrm{c} = 2\pi/\lambda$ 和 B_s 都为实验确定的常数。式(8.14)又称塞耳迈耶尔方程(Sellmeier equation),常用于研究光纤中的色散。例如,在波长 λ 为 0.5 ~ 2.0μm 的光纤中,熔融二氧化硅(SiO_2)的折射率可由式(8.14)求得,其中,$\lambda_1 = 0.1\mu\mathrm{m}$,$B_1 = 1.0955$,$\lambda_2 = 9\mu\mathrm{m}$,$B_2 = 0.9$(Marcuse,1982,第 485 页)。

8.3 导体和各向同性等离子体的色散

在介电材料中,式(8.12)中的谐振频率 ω_1 非零,在低频 $\omega \to 0$ 时,式(8.12)中的 ε_r 接近静态介电常数。然而,在导体中,存在不与分子结合的自由电子,因此,式(8.8)中的回复力($-m\omega_0^2 \overline{\boldsymbol{r}}$)是不存在的。同样,分子之间的相互作用也可以忽略不计,区域场$\overline{\boldsymbol{E}}'$等

于外加场$\overline{\boldsymbol{E}}$，则式(8.12)也称为德鲁德模型①，写为

$$\varepsilon_r = 1 + \frac{\omega_p^2}{-\omega^2 + \mathrm{j}\omega\nu} \tag{8.15}$$

式中：$\omega_p = (N\mathrm{e}^2/m\varepsilon_0)^{1/2}$称为等离子体频率。$N$为每单位体积的自由电子数，称为电子密度。阻尼是由电子与其他分子的碰撞产生的，ν称为碰撞频率。如果将式(8.15)与导电介质的表达式进行比较(注意$\varepsilon' = 1$，表2.1)，

$$\varepsilon_r = 1 - \mathrm{j}\frac{\sigma}{\omega\varepsilon_0} \tag{8.16}$$

得到等效电导率σ为

$$\frac{\sigma}{\varepsilon_0} = \frac{\omega_p^2}{\nu + \mathrm{j}\omega} \tag{8.17}$$

因此，在频率$\omega \ll \nu$时，电导率σ几乎是恒定的。不过，一般来说，电导率σ为关于频率的函数。

金属在可见光的波长内的介电常数可以由式(8.15)近似计算得到。例如，在$\lambda = 0.6\mu\mathrm{m}$处，银的等离子体频率为$f_p = 2\times10^{15}$(紫外线)，碰撞频率$f_\nu = 5.7\times10^{13}$(红外线)，$\varepsilon_r = -17.2 - \mathrm{j}0.498$。如果频率增加到等离子体频率以上，介电常数几乎为正实数，且波可以在金属中传播，这被称为金属的紫外透明度(Jackson，1975)。

电磁波在电离气体中的传播多年来一直备受关注。特别是无线电波的反射以及经过电离层的传输问题得到了广泛的研究。电离层在1902年被假定为肯尼利－赫维赛德层(Kennelly － Heaviside layer)，其折射率公式，即现在所说的A－H(Appleton－Hartree)公式，大约在1930年被提出。这种电子和离子密度基本上相同的电离气体是电中性的，称为等离子体。导弹、火箭等高速飞行器的重返大气层问题引起了人们对等离子体的兴趣。当高速飞行器进入大气层时，飞行器前方的高温高压会使空气分子电离，产生所谓的等离子体鞘。天线特性、波在等离子体中的传播、雷达截面等问题都具有相当重要的意义。此外，在电离层中人造卫星的天线传播特性和波传播特性在飞行器与地面站之间的通信中也很重要。

如果存在直流磁场，等离子体就会变得各向异性，这通常被称为磁等离子体。在没有直流磁场的情况下，等离子体是各向同性的，等效介电常数由式(8.15)计算得到。因此，折射率n取决于工作频率ω、等离子体频率ω_p、碰撞频率ν。电子等离子体频率在磁离子理论中起着至关重要的作用。代入m、e和ε_0的值，得到：

$$f_p = \begin{cases} 8.98 N_e^{1/2} & (N_e(\mathrm{m}^{-3})) \\ 8.98\times10^3 N_e^{1/2} & (N_e(\mathrm{cm}^{-3})) \end{cases} \tag{8.18}$$

平面波在无损各向同性等离子体中传播的传播常数β为

$$\beta = k_0 n = (k_0^2 - k_p^2)^{1/2} \tag{8.19}$$

式中：$k_p = \dfrac{\omega_p}{c}$。

---

① 译者注：根据原作者提供的更正说明，增加德鲁德模型。

从数学上看,这与空心波导的传播常数是一样的。

$$\beta = (k_0^2 - k_c^2)^{1/2} \tag{8.20}$$

式中:k_c 为截止波数。

在波导中,如果频率高于截止频率,波就会传播,如果频率低于截止频率,波就会快速衰减至消失。同样地,等离子体频率起着截止频率的作用。

截止现象的一个典型例子是波通过电离层的传播。当工作频率高于等离子体频率时,无线电波可以穿透电离层,但在较低频率时,无线电波会从电离层反射,从而促进远距离无线电波传播。较低电离层的典型特征如图 8.3 所示。电子密度的一些典型值如表 8.1所列。

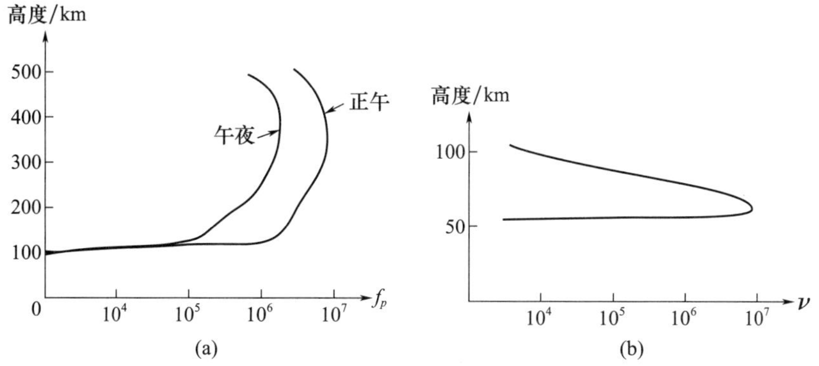

图 8.3 电离层的典型

(a)等离子体频率;(b)碰撞频率。

表 8.1 电子密度的典型值

	N_e/cm^{-3}	温度/K
电离层	$10^3 \sim 3\times10^6$	$300 \sim 3000$
太空	$1 \sim 10^4$	—
日冕	$10^4 \sim 3\times10^8$	10^6
星际空间	$10^{-3} \sim 10$	$100 \sim 10^4$
热核反应	10^{15}	$10^6 \sim 10^7$
气体放电器件	10^{12}	—
金属	3×10^{22}	—

8.4 德拜弛豫方程和水的介电常数

水在微波频率下的介电常数主要受弛豫现象的影响。水分子之间具有偶极矩,当施加微波时,极性分子倾向于旋转,好像它们处于阻尼摩擦介质中一样。在式(8.12)中,这种摩擦力用 ν 表示。然而,式(8.11)中的加速度项 $-m\omega^2\bar{\boldsymbol{r}}$与其他项相比可以忽略不计。因此,极性分子介质的介电常数可表示为

$$\varepsilon_r = \varepsilon_\infty + \frac{\varepsilon_s - \varepsilon_\infty}{1 + j\omega\tau} \tag{8.21}$$

式中：ε_s 为 $\omega \to 0$ 时的静态介电常数，ε_∞ 为 $\omega \to \infty$ 时的高频极限，且 τ 为弛豫时间，都是关于温度的函数。德拜公式(8.21)适用于 0.3 ~ 300GHz 的频率范围(Oguchi，1983；Ray，1972)。

8.5 界面极化

在 8.1 节中，讨论了三种极化机制：电子极化、原子极化和方向极化。它们是由束缚电子或自由电子的位移或分子偶极矩方向的变化引起的。除了这三种，还有另一种极化，称为界面极化或空间电荷极化。这是空间电荷的堆积或具有不同特性的各种材料之间界面处的表面电荷引起的大规模场畸变。

复介电常数 ε_r 的形式为

$$\varepsilon_r = -j\frac{\sigma_0}{\omega\varepsilon_0} + \sum_{m=1}^{M}\left(a_m + \frac{b_m - a_m}{1 + j\omega\tau_m}\right) \tag{8.22}$$

注意，除了电导率项，这个表达式与式(8.21)没有区别。地球物理介质经常表现出这些特征。关于地球复电阻率的完整讨论，见 Wait(1989)。

8.6 混合公式

在 8.1 节中，讨论了克劳修斯－莫索蒂公式，将介电常数与极化率联系起来。介质材料被认为是由区域莫索蒂场在自由空间中产生的许多等效偶极子组成的。克劳修斯－莫索蒂公式可用于计算两种或两种以上介电常数不同的材料混合物的有效介电常数。计算有效介电常数的公式称为混合公式。

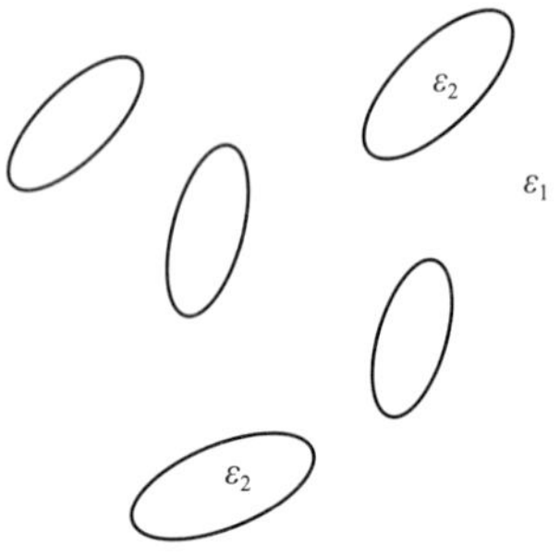

图 8.4　混合物的有效介电常数

首先考虑一个简单例子，在相对介电常数为 ε_1 的介电材料中遍布许多半径为 a、相对介电常数为 ε_2 的球体(图 8.4)。如果半径 a 与波长相等或大于波长，则会出现大量散射。同样，如果体积分数 f(球体所占体积的百分比)是几个百分点或更高，则还需要考虑球体之间的相关性。此处，假设球的尺寸远小于一个波长，并且球是稀疏分布的。那么，这里描述的情况就类似于 8.1 节中讨论的情况，其中，由许多偶极子组成的介质的相对介电常数 ε_r 为

$$\varepsilon_r = 1 + \chi_e = \frac{1 + 2N\alpha/3\varepsilon_0}{1 - N\alpha/3\varepsilon_0} \tag{8.23}$$

其中，N 为每单位体积的偶极子数；α 为偶极子的极化率。

在图 8.4 所示的情况下，背景介电常数为 $\varepsilon_1\varepsilon_0$，从而得到有效介电常数 ε_e。

$$\frac{\varepsilon_e}{\varepsilon_1}=\frac{1+2N\alpha/3\varepsilon_1}{1-N\alpha/3\varepsilon_1} \tag{8.24}$$

式中：N 为每单位体积的球体数。球的极化率 α 为（10.5 节）：

$$\alpha=\frac{3(\varepsilon_2-\varepsilon_1)}{\varepsilon_2+2\varepsilon_1}\varepsilon_1 V \tag{8.25}$$

式中：V 为球体的体积。体积分数 f 为

$$f=NV \tag{8.26}$$

将式（8.25）和式（8.26）代入式（8.24），得到有效介电常数 ε_e。

$$\varepsilon_e=\varepsilon_1\frac{1+2fy}{1-fy} \tag{8.27}$$

式中：$y=\dfrac{\varepsilon_2-\varepsilon_1}{\varepsilon_2+2\varepsilon_1}$。

式（8.2）被称为麦克斯韦－加内特（Maxwell－Garnett）混合公式。注意，即使希望这个公式仅在 $f\ll 1$ 时成立，但是当 $f=0$ 时，有效介电常数 $\varepsilon_e=\varepsilon_1$；当 $f=1$ 时，$\varepsilon_e=\varepsilon_2$。因此，可以假设，当 f 不是很小时，麦克斯韦－加内特公式是一个合理的近似。然而，如果不均匀体不是球形的，那么极化率就不同，即使当 $f=0$ 时，$\varepsilon_e=\varepsilon_1$，但当 $f=1$ 时，ε_e 并不等于 ε_2。因此，只有当 f 很小时，麦克斯韦－加内特公式才适用。也可以将式（8.27）重新排列成下面的形式，称为瑞利（Rayleigh）混合公式。

$$\frac{\varepsilon_e-\varepsilon_1}{\varepsilon_e+2\varepsilon_1}=f\frac{\varepsilon_2-\varepsilon_1}{\varepsilon_2+2\varepsilon_1} \tag{8.28}$$

如果不均匀体具有非球形形状，则应使用该形状的极化率来代替式（8.25）所求的球的极化率。

麦克斯韦－加内特公式（8.27）是基于不均匀体 ε_2 嵌入 ε_1 中。然而，更一般的情况下，当两个不同物质混合时，不能区分背景和不均匀体。因此，可以看作 ε_1、f_1 的不均匀体和 ε_2、f_2（$f_1+f_2=1$）的不均匀体都嵌在人工背景中，有效介电常数为 ε_e。

此处，假设不均匀体是各向同性的，没有特定的形状或方向。这些不均匀体，即 ε_1 和 ε_e 之间以及 ε_2 和 ε_e 之间的差异，形成了单位体积的等效偶极矩（$N_1\alpha_1+N_2\alpha_2$）$\overline{\boldsymbol{E}}_e$，其中，$\overline{\boldsymbol{E}}_e$ 为具有有效介电常数 ε_e 的背景介质的平均场。有效介电常数 ε_e 使得这些偶极矩的平均值为零。则有：

$$N_1\alpha_1+N_2\alpha_2=0 \tag{8.29}$$

由于不均匀体是各向同性的，平均而言，极化率应该等于球体的极化率。

$$\begin{cases}\alpha_1=\dfrac{3(\varepsilon_1-\varepsilon_e)}{\varepsilon_1+2\varepsilon_e}V_1\\[2ex]\alpha_2=\dfrac{3(\varepsilon_2-\varepsilon_e)}{\varepsilon_2+2\varepsilon_e}V_2\end{cases} \tag{8.30}$$

$N_1V_1=f_1$，$N_2V_2=f_2$，且 $f_1+f_2=1$。重新排列这些，得到：

$$f_1\frac{\varepsilon_1-\varepsilon_e}{\varepsilon_1+2\varepsilon_e}+f_2\frac{\varepsilon_2-\varepsilon_e}{\varepsilon_2+2\varepsilon_e}=0 \tag{8.31}$$

这被称为波尔德－范－桑滕混合公式（Polder－van Santen mixing formula）或布吕热

曼公式(Bruggeman formula)①,可以重新排列为以下形式:

$$f_1 \frac{\varepsilon_1 - \varepsilon_0}{\varepsilon_1 + 2\varepsilon_e} + f_2 \frac{\varepsilon_2 - \varepsilon_0}{\varepsilon_2 + 2\varepsilon_e} = \frac{\varepsilon_e - \varepsilon_0}{3\varepsilon_e} \tag{8.32}$$

注意,波尔德-范-桑滕形式是完全对称的,ε_1、f_1 和 ε_2、f_2 互换可以得到完全相同的公式;麦克斯韦-加尼特(Maxwell - Garnett)公式是不对称的。波尔德-范-桑滕公式可以推广到 ε_n 和 f_n:

$$\sum_{n=1}^{M} \frac{\varepsilon_n - \varepsilon_0}{\varepsilon_n + 2\varepsilon_e} f_n = \frac{\varepsilon_e - \varepsilon_0}{3\varepsilon_e} \tag{8.33}$$

式中:$\sum_{n=1}^{M} f_n = 1$

请注意,上面的混合公式是针对低频情况,其中散射可以忽略不计。更精确的公式,包括散射和粒子之间的相关性,必须通过考虑相干波的传播常数 K 来得到。有效介电常数 ε_e 与 K 的关系为 $K^2 = k^2 \varepsilon_e$,其中,k 为自由空间波数。关于这一讨论已有详细的研究,见 Tsang 等(1985)。

8.7 各向异性介质的介电常数和磁导率

电磁场与介质的相互作用由本构参数表征:复介电常数 ε 和磁导率 μ。在各向同性介质中,介质的性质不依赖于电场或磁场极化的方向。因此,ε 和 μ 为标量。

然而,在各向异性介质中,介质的特性取决于电场矢量或磁场矢量的方向,因此,一般情况下,位移矢量 $\overline{\boldsymbol{D}}$ 和磁感应强度矢量 $\overline{\boldsymbol{B}}$ 分别与电场矢量 $\overline{\boldsymbol{E}}$ 和磁场矢量 $\overline{\boldsymbol{H}}$ 不在同一个方向上。此时,用张量 ε_{ij} 来表示介电常数 ε。

$$D_i = \sum_{j=1}^{3} \varepsilon_{ij} E_j, i = 1,2,3 \tag{8.34}$$

式中:$i,j = 1, 2, 3$ 分别表示 x,y,z 分量。可以将式(8.34)写成以下形式:

$$\overline{\boldsymbol{D}} = \overline{\overline{\boldsymbol{\varepsilon}}}\,\overline{\boldsymbol{E}} \tag{8.35}$$

采用矩阵表示法,式(8.34)可表示为

$$\begin{bmatrix} D_x \\ D_y \\ D_z \end{bmatrix} = \begin{bmatrix} \varepsilon_{11} & \varepsilon_{12} & \varepsilon_{13} \\ \varepsilon_{21} & \varepsilon_{22} & \varepsilon_{23} \\ \varepsilon_{31} & \varepsilon_{32} & \varepsilon_{33} \end{bmatrix} \begin{bmatrix} E_x \\ E_y \\ E_z \end{bmatrix} \tag{8.36}$$

同样,将磁导率张量 $\overline{\overline{\boldsymbol{\mu}}}$ 与 $\overline{\boldsymbol{B}}$ 和 $\overline{\boldsymbol{H}}$ 联系起来。

$$\overline{\boldsymbol{B}} = \overline{\overline{\boldsymbol{\mu}}}\,\overline{\boldsymbol{H}} \tag{8.37}$$

一般来说,互易性定理对各向异性介质并不成立,且对于平面波,$\overline{\boldsymbol{E}}$ 和 $\overline{\boldsymbol{H}}$ 不一定横向于波传播方向。

① 译者注:根据原作者提供的更正说明,增加布吕热曼公式。

8.8　各向异性等离子体的磁离子理论

等离子体中经常存在直流电磁场。例如,电离层中的地球磁场和应用于实验室的等离子体的直流磁场。直流电磁场的存在使得等离子体具有各向异性。在本节中,讨论这种各向异性等离子体的特征(Yeh 和 Liu,1972)。

在直流磁场$\overline{\boldsymbol{H}}_{\mathrm{dc}}$存在下,电子在电磁场($\overline{\boldsymbol{E}}$,$\overline{\boldsymbol{H}}$)中的运动方程为

$$m\frac{\mathrm{d}\overline{\boldsymbol{v}}}{\mathrm{d}t}=\mathrm{e}\,\overline{\boldsymbol{E}}+\mathrm{e}[\overline{\boldsymbol{v}}\times(\overline{\boldsymbol{B}}+\overline{\boldsymbol{B}}_{\mathrm{dc}})]-m\,\overline{\boldsymbol{v}}\tag{8.38}$$

式中:$\overline{\boldsymbol{B}}=\mu_0\,\overline{\boldsymbol{H}}$,$\overline{\boldsymbol{B}}_{\mathrm{dc}}=\mu_0\,\overline{\boldsymbol{H}}_{\mathrm{dc}}$。如 8.2 节所示,带$\overline{\boldsymbol{B}}$的项与 e $\overline{\boldsymbol{E}}$的项相比可以忽略不计。

对于具有时间相关性的时谐电磁场 $\exp(\mathrm{j}\omega t)$,忽略带有$\overline{\boldsymbol{B}}$的项,得到:

$$\mathrm{j}\omega m\,\overline{\boldsymbol{v}}=\mathrm{e}\,\overline{\boldsymbol{E}}+\mu_0\mathrm{e}(\overline{\boldsymbol{v}}\times\overline{\boldsymbol{H}}_{\mathrm{dc}})-m\nu\,\overline{\boldsymbol{v}}\tag{8.39}$$

用等离子体频率 ω_p 重写这个方程:

$$\omega_p^2=\frac{N_e\mathrm{e}^2}{m\varepsilon_0}\tag{8.40}$$

回旋频率 ω_c 为

$$\omega_c=\frac{|\mathrm{e}|\mu_0H_{\mathrm{dc}}}{m}\tag{8.41}$$

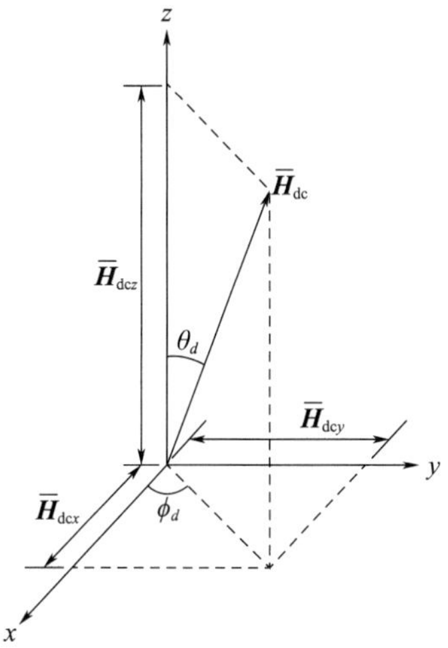

图 8.5　等离子体中直流磁场指向方向(θ_d,ϕ_d)

注意,ω_c 为电子在与直流磁场平行的平面上做圆周运动的频率。这是令离心力$(mu^2)/r$与磁场产生的力$\mathrm{e}v\mu_0H_{dc}$相等得到,注意,$\omega_c=2\pi/T$,$T=2\pi r/v$。

直流磁场$\overline{\boldsymbol{H}}_{\mathrm{dc}}$指向方向($\theta$,$\phi$),其直角坐标分量表示为(图 8.5):

$$\begin{aligned}\overline{\boldsymbol{H}}_{\mathrm{dc}}&=H_{\mathrm{dc}}[\sin\theta_d\cos\phi_d\hat{\boldsymbol{x}}+\sin\theta_d\sin\phi_d\hat{\boldsymbol{y}}+\cos\theta_d\hat{\boldsymbol{z}}]\\&=H_{\mathrm{dc}x}\hat{\boldsymbol{x}}+H_{\mathrm{dc}y}\hat{\boldsymbol{y}}+H_{\mathrm{dc}z}\hat{\boldsymbol{z}}\end{aligned}\tag{8.42}$$

极化矢量$\overline{\boldsymbol{P}}$为

$$\overline{\boldsymbol{P}}=N_0\mathrm{e}\,\overline{\boldsymbol{r}}\tag{8.43}$$

现在,将式(8.39)改写为

$$-\overline{\boldsymbol{P}}U=\varepsilon_0X\,\overline{\boldsymbol{E}}+\mathrm{j}\,\overline{\boldsymbol{P}}\times\overline{\boldsymbol{Y}}\tag{8.44}$$

式中:$Z=\mathrm{j}(\nu/\omega)$,$X=\omega_p^2/\omega^2$,$U=1-\mathrm{j}(\nu/\omega)$,$\overline{\boldsymbol{Y}}=\mathrm{e}\mu_0\,\overline{\boldsymbol{H}}_{\mathrm{dc}}/m\omega$。注意,由于电子 e 是负的,$\overline{\boldsymbol{Y}}$指向与$\overline{\boldsymbol{H}}_{\mathrm{dc}}$相反的方向。

现在,把式(8.44)写成以下矩阵形式(见附录 8.A):

$$-U[\boldsymbol{P}]=\varepsilon_0X[\boldsymbol{E}]+\mathrm{j}[\boldsymbol{Y}][\boldsymbol{P}]$$

式中:

$$[\boldsymbol{P}]=\begin{bmatrix}P_x\\P_y\\P_z\end{bmatrix}$$

$$[\boldsymbol{E}]=\begin{bmatrix}E_x\\E_y\\E_z\end{bmatrix}$$

$$[\boldsymbol{Y}]=\begin{bmatrix}0 & Y_z & -Y_y\\-Y_z & 0 & Y_x\\Y_y & -Y_x & 0\end{bmatrix}$$

上式可以重新排列为

$$\varepsilon_0[\boldsymbol{E}]=[\boldsymbol{\sigma}][\boldsymbol{P}] \tag{8.45}$$

式中：

$$[\boldsymbol{\sigma}]=-\frac{1}{X}\begin{bmatrix}U & \mathrm{j}Y_z & -\mathrm{j}Y_y\\-\mathrm{j}Y_z & U & \mathrm{j}Y_x\\\mathrm{j}Y_y & -\mathrm{j}Y_x & U\end{bmatrix}$$

求逆矩阵，得到张量电磁化率$[\chi_e]$，有①

$$[\boldsymbol{P}]=\varepsilon_0[\boldsymbol{\chi}_e][\boldsymbol{E}]$$

$$[\boldsymbol{\chi}_e]=[\boldsymbol{\sigma}]^{-1}$$

$$=-\frac{X}{U(U^2-Y^2)}\begin{bmatrix}U^2-Y_x^2 & -\mathrm{j}Y_zU-Y_xY_y & \mathrm{j}Y_yU-Y_xY_z\\\mathrm{j}Y_zU-Y_xY_y & U^2-Y_y^2 & -\mathrm{j}Y_xU-Y_yY_z\\-\mathrm{j}Y_yU-Y_xY_z & \mathrm{j}Y_xU-Y_yY_z & U^2-Y_z^2\end{bmatrix} \tag{8.46}$$

式中：$Y^2=Y_x^2+Y_y^2+Y_z^2=\omega_c^2/\omega^2$。相对张量介电常数$[\boldsymbol{\varepsilon}_r]$为

$$[\boldsymbol{\varepsilon}_r]=[\boldsymbol{I}]+[\boldsymbol{\chi}_e] \tag{8.47}$$

式中：$[\boldsymbol{I}]$为 3×3 单位矩阵。

注意，如果直流电磁场反转，即所有的 Y_x，Y_y 和 Y_z 改变符号，如式(8.46)所示，这相当于矩阵$[\boldsymbol{\chi}_e]$和$[\boldsymbol{\varepsilon}_r]$的转置。

$$\begin{cases}[\boldsymbol{\chi}_e]\rightarrow[\tilde{\boldsymbol{\chi}}_e]\\[\boldsymbol{\varepsilon}_r]\rightarrow[\tilde{\boldsymbol{\varepsilon}}_r]\end{cases} \tag{8.48}$$

还要注意，各向异性是由回旋频率 ω_c 产生的。地球磁场的回旋频率 $f_c=\omega/2\pi$ 近似为 $f_c=1.42\mathrm{MHz}$。

8.9 各向异性介质中的平面波传播

考虑平面波在各向异性介质中传播的特性。令$\bar{\boldsymbol{k}}=k\hat{\boldsymbol{\iota}}$，$k$ 为传播常数，$\hat{\boldsymbol{\iota}}$ 为波传播方向上的单位向量。一般来说，传播常数 k 取决于方向 $\hat{\boldsymbol{\iota}}$。

求具有以下一般形式的平面波解：

$$\mathrm{e}^{\mathrm{j}(\omega t-\bar{\boldsymbol{k}}\cdot\bar{\boldsymbol{r}})} \tag{8.49}$$

① 译者注：根据公式推导，将式(8.46)中的 T 更改为 Y。

注意，一般情况下，$\overline{\boldsymbol{E}}$和$\overline{\boldsymbol{H}}$不一定垂直于$\overline{\boldsymbol{k}}$，但$\overline{\boldsymbol{D}}$和$\overline{\boldsymbol{B}}$总是垂直于$\overline{\boldsymbol{k}}$。为了证明这一点，对于平面波，有

$$\frac{\partial}{\partial x}(\mathrm{e}^{-\mathrm{j}\bar{k}\cdot\bar{r}}) = -\mathrm{j}k_x(\mathrm{e}^{-\mathrm{j}\bar{k}\cdot\bar{r}})$$

$$\overline{\boldsymbol{k}} = k_x\hat{\boldsymbol{x}} + k_y\hat{\boldsymbol{y}} + k_z\hat{\boldsymbol{z}}$$

因此得到：

$$\begin{aligned}\nabla &= \hat{\boldsymbol{x}}\frac{\partial}{\partial x} + \hat{\boldsymbol{y}}\frac{\partial}{\partial y} + \hat{\boldsymbol{z}}\frac{\partial}{\partial z}\\ &= -\mathrm{j}k_x\hat{\boldsymbol{x}} - \mathrm{j}k_y\hat{\boldsymbol{y}} - \mathrm{j}k_z\hat{\boldsymbol{z}}\\ &= -\mathrm{j}\overline{\boldsymbol{k}}\end{aligned} \tag{8.50}$$

散度方程为

$$\begin{cases}\nabla\cdot\overline{\boldsymbol{B}} = 0\\ \nabla\cdot\overline{\boldsymbol{D}} = 0\end{cases}$$

于是上式变为：

$$\begin{cases}-\mathrm{j}\overline{\boldsymbol{k}}\cdot\overline{\boldsymbol{B}} = 0\\ -\mathrm{j}\overline{\boldsymbol{k}}\cdot\overline{\boldsymbol{D}} = 0\end{cases} \tag{8.51}$$

这证明了$\overline{\boldsymbol{B}}$和$\overline{\boldsymbol{D}}$垂直于$\overline{\boldsymbol{k}}$。然而，这并不表示$\overline{\boldsymbol{E}}$和$\overline{\boldsymbol{H}}$垂直于$\overline{\boldsymbol{k}}$，因为$\overline{\boldsymbol{E}}$和$\overline{\boldsymbol{D}}$（或$\overline{\boldsymbol{H}}$和$\overline{\boldsymbol{B}}$）在各向异性介质中不是平行的。

8.10 磁等离子体中的平面波传播

利用式(8.50)写出平面波的麦克斯韦方程：

$$\begin{cases}-\mathrm{j}\overline{\boldsymbol{k}}\times\overline{\boldsymbol{E}} = -\mathrm{j}\omega\overline{\boldsymbol{B}}\\ -\mathrm{j}\overline{\boldsymbol{k}}\times\overline{\boldsymbol{H}} = \mathrm{j}\omega\overline{\boldsymbol{D}}\end{cases} \tag{8.52}$$

在磁等离子体中，有

$$\begin{cases}\overline{\boldsymbol{B}} = \mu_0\overline{\boldsymbol{H}}\\ \overline{\boldsymbol{D}} = \varepsilon_0\bar{\bar{\boldsymbol{\varepsilon}}}_r\overline{\boldsymbol{E}}\end{cases} \tag{8.53}$$

然后将式(8.53)代入式(8.52)中，得到关于$\overline{\boldsymbol{E}}$的方程：

$$\overline{\boldsymbol{k}}\times\overline{\boldsymbol{k}}\times\overline{\boldsymbol{E}} + \omega^2\mu_0\varepsilon_0\bar{\bar{\boldsymbol{\varepsilon}}}_r\overline{\boldsymbol{E}} = 0 \tag{8.54}$$

$\overline{\boldsymbol{H}}$可表示为

$$\overline{\boldsymbol{H}} = \frac{\overline{\boldsymbol{k}}\times\overline{\boldsymbol{E}}}{\omega\mu_0} \tag{8.55}$$

现在可以从式(8.54)中得到传播常数k。先把式(8.54)写成矩阵形式。注意

$$\overline{\boldsymbol{k}}\times\overline{\boldsymbol{k}}\times\overline{\boldsymbol{E}} = \overline{\boldsymbol{k}}(\overline{\boldsymbol{k}}\cdot\overline{\boldsymbol{E}}) - (\overline{\boldsymbol{k}}\cdot\overline{\boldsymbol{k}})\overline{\boldsymbol{E}} \tag{8.56}$$

式中：$\overline{\boldsymbol{k}} = k_x\hat{\boldsymbol{x}} + k_y\hat{\boldsymbol{y}} + k_z\hat{\boldsymbol{z}}$。

把式(8.54)写成以下的矩阵形式：

$$\{\boldsymbol{K}\tilde{\boldsymbol{K}} - k^2[\boldsymbol{I}] + k_0^2[\boldsymbol{\varepsilon}_r]\}[\boldsymbol{E}] = 0 \tag{8.57}$$

式中：

$$\boldsymbol{K}=\begin{bmatrix}k_x\\k_y\\k_z\end{bmatrix},\boldsymbol{K}\tilde{\boldsymbol{K}}=\begin{bmatrix}k_xk_x & k_xk_y & k_xk_z\\k_yk_x & k_yk_y & k_yk_z\\k_zk_x & k_zk_y & k_zk_z\end{bmatrix}$$

且 $k=|\bar{\boldsymbol{k}}|$，$k_0^2=\omega^2\mu_0\varepsilon_0$；$[\boldsymbol{I}]$为 3×3 单位矩阵；$[\boldsymbol{\varepsilon}_r]$为由式(8.47)计算出的 3×3 矩阵；$[\boldsymbol{E}]$为由式(8.45)计算出的列矩阵。

式(8.57)为张量介电常数$[\boldsymbol{\varepsilon}_r]$的各向异性介质的基本矩阵方程。由于它是$[\boldsymbol{E}]$的齐次线性方程，当下面行列式为零时，得到$[\boldsymbol{E}]$的非零解。

$$|\boldsymbol{K}\tilde{\boldsymbol{K}}-k^2[\boldsymbol{I}]+k_0^2[\boldsymbol{\varepsilon}_r]|=0 \tag{8.58}$$

由这个方程的解得到传播常数 k。

8.11 节至 8.13 节将说明，对于沿直流电磁场传播的波，有两个传播常数不同的圆极化波，对于垂直于直流电磁场方向传播的波，有两个传播常数不同的线极化波。一般情况下，对于沿任意方向传播的波，有两个椭圆极化波。

8.11 沿直流磁场的传播

取 z 轴为传播方向$\bar{\boldsymbol{k}}$和直流磁场$\bar{\boldsymbol{H}}_{\mathrm{dc}}$的方向，有

$$\begin{cases}\bar{\boldsymbol{k}}=k\hat{\boldsymbol{z}}\\ \bar{\boldsymbol{H}}_{\mathrm{dc}}=H_{\mathrm{dc}}\hat{\boldsymbol{z}}\end{cases} \tag{8.59}$$

注意，在式(8.46)中 $Y_z=Y$，$Y_x=Y_y=0$，得到：

$$[\boldsymbol{\chi}_e]=-\frac{X}{U(U^2-Y^2)}\begin{bmatrix}U^2 & -\mathrm{j}YU & 0\\ \mathrm{j}YU & U^2 & 0\\ 0 & 0 & U^2-Y^2\end{bmatrix} \tag{8.60}$$

然后，得到张量相对介电常数$[\boldsymbol{\varepsilon}_r]$。

$$[\boldsymbol{\varepsilon}_r]=\begin{bmatrix}\varepsilon & \mathrm{j}a & 0\\ -\mathrm{j}a & \varepsilon & 0\\ 0 & 0 & \varepsilon_z\end{bmatrix} \tag{8.61}$$

式中：

$$\varepsilon=1-\frac{XU}{U^2-Y^2}=1-\frac{(\omega_p/\omega)^2[1-\mathrm{j}(\nu/\omega)]}{[1-\mathrm{j}(\nu/\omega)]^2-(\omega_c/\omega)^2}$$

$$a=\frac{XY}{U^2-Y^2}=-\frac{(\omega_p/\omega)^2(\omega_c/\omega)}{[1-\mathrm{j}(\nu/\omega)]^2-(\omega_c/\omega)^2}$$

$$\varepsilon_z=1-\frac{X}{U}=1-\frac{(\omega_p/\omega)^2}{1-\mathrm{j}(\nu/\omega)}$$

注意，Y 对于电子是负的，因此，$Y=-(\omega_c/\omega)$。

式(8.57)则变为

$$\begin{bmatrix}-k^2+k_0^2\varepsilon & \mathrm{j}k_0^2a & 0\\ -\mathrm{j}k_0^2a & -k^2+k_0^2\varepsilon & 0\\ 0 & 0 & k_0^2\varepsilon_z\end{bmatrix}\begin{bmatrix}E_x\\E_y\\E_z\end{bmatrix}=0 \tag{8.62}$$

由此，可以得到传播常数 k 的两个值：

$$\begin{cases} k_+ = k_0 n_+ \\ k_- = k_0 n_- \end{cases} \tag{8.63}$$

式中：

$$\begin{cases} n_+ = \sqrt{\varepsilon_+} = \sqrt{\varepsilon - a} \\ n_- = \sqrt{\varepsilon_-} = \sqrt{\varepsilon + a} \end{cases}$$

等效介电常数 ε_+ 和 ε_- 如图 8.6 所示。很明显，ε_+ 的特性与各向同性的情况类似，正因为如此，ε_+ 的波被称为 O 波(ordinary wave)，另一种带 ε_- 的波被称为 X 波(extraordinary wave)。

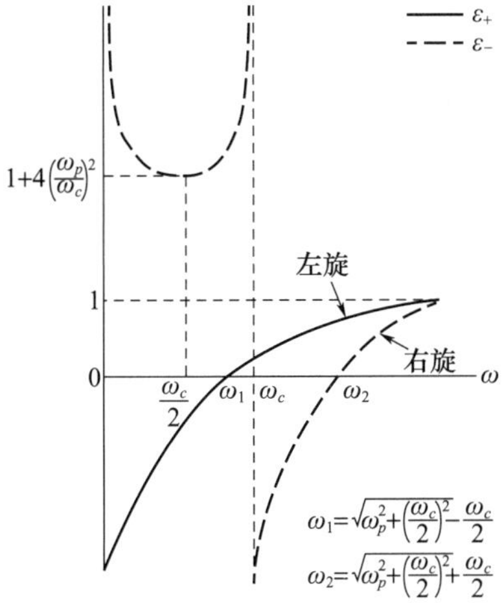

图 8.6 等效介电常数 ε_+(左)为 O 波，ε_-(右)表示 X 波(假定介质是无损的)

电场的特性可以通过解式(8.62)来讨论。第一个方程为

$$(k_0^2\varepsilon - k^2)E_x + \mathrm{j}k_0^2 a E_y = 0 \tag{8.64}$$

对于 O 波，$k = k_+$，因此得到：

$$k_0^2 a E_x + \mathrm{j}k_0^2 a E_y = 0$$

由此得到：

$$E_x = -\mathrm{j}E_y \tag{8.65}$$

这是一个左手圆极化波(LHC)，其电场矢量在 $x-y$ 平面上顺时针旋转(图 8.7)。另外，从式(8.56)中，注意到：

$$E_z = 0 \tag{8.66}$$

位移矢量 D 为①

$$\begin{cases} D_x = \varepsilon_+ E_x \\ D_y = \varepsilon_+ E_y \\ D_z = 0 \end{cases} \tag{8.67}$$

① 译者注：根据公式推导，将式(8.67)中的 $\varepsilon+$ 更改为 ε_+。

磁场垂直于$\bar{\boldsymbol{k}}$和$\bar{\boldsymbol{E}}$,有

$$\begin{cases}\dfrac{E_x}{H_y}=-\dfrac{E_y}{H_x}=Z_+=\dfrac{Z_0}{\sqrt{\varepsilon-a}}\\ Z_0=\left(\dfrac{\mu_0}{\varepsilon_0}\right)^{1/2}\end{cases}\tag{8.68}$$

当传播方向沿 $-z$ 方向时,得到:

$$\bar{\boldsymbol{k}}=-k\hat{z}\tag{8.69}$$

该式既不改变电场 E,也不改变 D,但磁场反转,如图 8.7 所示。

类似地,对于 X 波,$k=k_-$,得到:

$$\begin{cases}E_x=+\mathrm{j}E_y\\ E_z=0\end{cases}\tag{8.70}$$

这是一个右手圆极化波(RHC),其矢量在 $x-y$ 平面上逆时针旋转。此外,得到:

$$\begin{cases}D_x=\varepsilon_-E_x\\ D_y=\varepsilon_-E_y\\ D_z=0\end{cases}\tag{8.71}$$

等效波阻抗为

$$Z_-=\frac{Z_0}{\sqrt{\varepsilon+a}}\tag{8.72}$$

从图 8.7 中注意到当 $\omega<\omega_1$ 时 ε_+ 为负的,因此,O 波不传播。然而,在这个频率范围内,ε_- 为正的,因此,X 波传播。在没有直流磁场的情况下,VLF 波不能穿透电离层,因为频率低于等离子体频率。然而,在地球磁场存在的情况下,VLF 频段的 X 波可以沿直流磁场的方向传播。这就是哨声模式的主要机理。

在声频范围内(1 ~ 20kHz),哨声是一种以哨音为特征的无线电噪声。闪电产生的短电磁脉冲的 VLF 分量可以通过 X 波模穿透电离层,沿地球地磁场传播,如图 8.8 所示。然后,信号可能会反射,并沿磁场传播返回。哨声效应是由不同的群速度和不同频率分量的时间延迟产生的(图 8.8)。信号在群速度为 v_g 的特定频率下所需的时间 T 为

$$T=\int_{\text{path}}\frac{\mathrm{d}s}{v_g}=\int_{\text{path}}\frac{\partial k_-}{\partial\omega}\mathrm{d}s\tag{8.73}$$

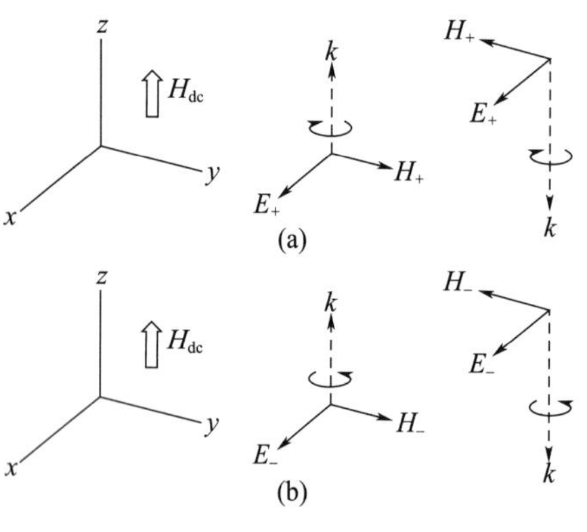

图 8.7　沿直流磁场的传播

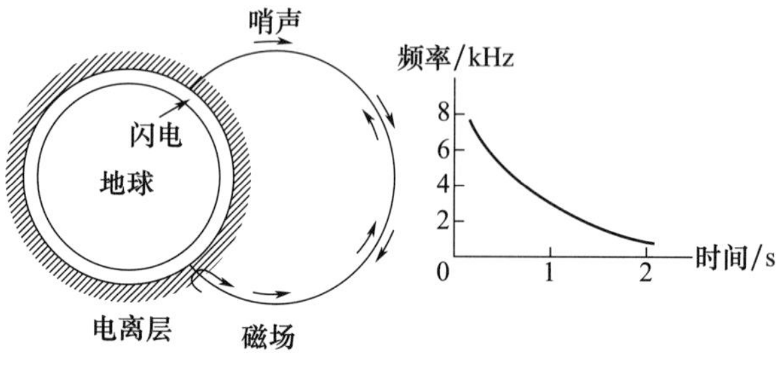

图 8.8　哨声波模

8.12 法拉第旋转

如 8.11 节所述,当波沿直流磁场方向在各向异性介质中传播时,两个圆极化波可以以不同的传播常数传播。因此,如果将这两个圆极化波组合在一起,从而在某一点上产生线极化波,那么随着波的传播,极化面会旋转,旋转角度与距离成正比,称为法拉第旋转。

为了说明这一点,假设在 $z=0$ 处,两个圆极化波结合,有

$$\begin{cases} E_x = E_{x0} \\ E_y = 0 \end{cases} \tag{8.74}$$

一般来说,对于任何其他点,有

$$E_x = E_{x+}\mathrm{e}^{-\mathrm{j}k_+z} + E_{x-}\mathrm{e}^{-\mathrm{j}k_-z} \tag{8.75}$$

式中:E_{x+} 和 E_{x-} 为 8.11 节中给出的两个圆极化波的幅值。每个 E_{x+} 和 E_{x-} 必须伴随着 E_{y+} 和 E_{y-},如式(8.65)和式(8.70)所示。因此得到:

$$E_y = \mathrm{j}E_{x+}\mathrm{e}^{-\mathrm{j}k_+z} - \mathrm{j}E_{x-}\mathrm{e}^{-\mathrm{j}k_-z} \tag{8.76}$$

在 $z=0$ 处,$E_x = E_{x+} + E_{x-} = E_0$,$E_y = \mathrm{j}(E_{x+} - E_{x-}) = 0$,正如式(8.74)所示,因此得到:

$$E_{x+} + E_{x-} = \frac{E_0}{2}$$

因此得到:

$$\begin{cases} E_x = \dfrac{E_0}{2}(\mathrm{e}^{-\mathrm{j}k_+z} + \mathrm{e}^{-\mathrm{j}k_-z}) \\ E_y = \mathrm{j}\dfrac{E_0}{2}(\mathrm{e}^{-\mathrm{j}k_+z} - \mathrm{e}^{-\mathrm{j}k_-z}) \end{cases} \tag{8.77}$$

令:

$$k_{\pm} = \frac{k_+ + k_-}{2} \pm \frac{k_+ - k_-}{2}$$

则可将 E_x 和 E_y 表示为

$$\begin{cases} E_x = E_0\mathrm{e}^{-\mathrm{j}[(k_+ + k_-)/2]z}\cos\dfrac{k_+ - k_-}{2}z \\ E_y = E_0\mathrm{e}^{-\mathrm{j}[(k_+ + k_-)/2]z}\sin\dfrac{k_+ - k_-}{2}z \end{cases} \tag{8.78}$$

这是以传播常数 k_f 传播的线性极化波,有

$$k_f = \frac{k_+ + k_-}{2} \tag{8.79}$$

该波的极化面随角度 θ_f 旋转,有

$$\theta_f = \frac{k_+ - k_-}{2}z \tag{8.80}$$

角 θ_f 与距离 z 成正比。

如果波沿负 z 方向传播,则上述公式中 $k_+ \to -k_+$,$k_- \to -k_-$,$z \to -z$。因此,如果波沿正 z 方向传播,然后在路径的末端反射回来并向负 z 方向传播,法拉第旋转就会加倍。

这是磁旋转的一个重要特征。与此相反，当波向前传播，然后反射回来时，自然旋转就会消失。自然旋转是在糖溶液等液体中极化平面的旋转，这些液体具有不对称束缚的碳原子。在石英、氯酸钠等具有螺旋结构的晶体中也会发生自然旋转。它们的特征是有两种类型的结构，彼此相关，就像左右手螺旋一样。这两种螺旋在其他方面是相同的，但在三维空间中的任何旋转都不能使它们重合（详见 Sommerfeld，1954，第 106 和 164 页）。这种自然旋转也被称为光学活性，发生在双各向异性介质中，如手征介质（见 8.22 节）。

8.13 垂直于直流磁场的传播

考虑 x 方向上的传播和 z 方向上的直流电磁场，有

$$\bar{\boldsymbol{k}} = k\hat{\boldsymbol{x}}, k = k_x = k_0 n, \bar{\boldsymbol{H}}_{\mathrm{dc}} = H_{\mathrm{dc}}\hat{\boldsymbol{z}}$$

那么式（8.57）就变为

$$\begin{bmatrix} k_0^2\varepsilon & \mathrm{j}k_0^2 & 0 \\ -\mathrm{j}k_0^2 a & k_0^2\varepsilon - k^2 & 0 \\ 0 & 0 & k_0^2\varepsilon_z - k^2 \end{bmatrix} \begin{bmatrix} E_x \\ E_y \\ E_z \end{bmatrix} = 0 \tag{8.81}$$

由此，得到两个解：

$$\begin{cases} k = k_0 n_0 = k_0\sqrt{\varepsilon_z} \\ k = k_0 n_e = k_0\left(\dfrac{\varepsilon^2 - a^2}{\varepsilon}\right)^{1/2} \end{cases} \tag{8.82}$$

对于传播常数为 $k_0 n_0$ 的波，有

$$\begin{cases} E_x = E_y = 0 \\ E_z \neq 0 \\ D_x = D_y = 0 \\ D_z = \varepsilon_z E_z \\ H_x = H_z = 0 \\ -\dfrac{E_z}{H_y} = Z_1 = \dfrac{Z_0}{\sqrt{\varepsilon}} \\ B_y = \mu_0 H_y \end{cases} \tag{8.83}$$

这个波是 O 波，因为 ε_z 与各向同性等离子体的情况相同，直流磁场对这种平面波传播没有影响。因为电矢量和位移矢量都在 z 方向上，电子沿着直流电磁场运动，它们的运动不受直流电磁场存在的影响。

对于具有传播常数 $k = k_0 n_e = k_0\sqrt{\varepsilon_t}, \varepsilon_t = (\varepsilon^2 - a^2)/\varepsilon$ 的波，可以得到：

$$\begin{cases} \varepsilon E_x = -\mathrm{j}aE_y \\ E_z = 0 \\ D_x = D_z = 0 \\ D_y = \varepsilon_0\varepsilon_t E_y \\ \dfrac{E_y}{H_z} = Z_2 = \dfrac{Z_0}{\sqrt{\varepsilon_t}} \end{cases} \tag{8.84}$$

H_z,D_y 和 B_z 的特性如同介质具有等效介电常数 $\varepsilon_0\varepsilon_t$。但除了这些场之外,还出现了沿传播方向的分量 E_x。这是由各向异性介质中 E_x 和 E_y 之间的耦合产生的。

8.14　电离层高度

考虑垂直向电离层发送的无线电波脉冲。电离层的电子密度取决于高度,其典型剖面如图 8.3 所示。电子密度随高度的分布可以通过观测来解释,电子的产生速率取决于太阳辐射和空气密度,但太阳辐射随高度而增加,而空气密度随高度而减小,因此,在一定高度存在最大电子密度。

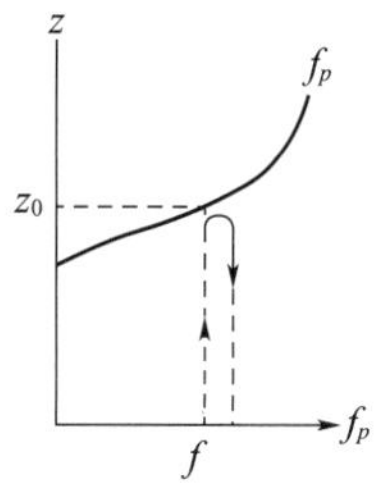

图 8.9　电离层高度

假设地球磁场和碰撞频率的影响可以忽略不计。具有一定频率 $f=\omega/2\pi$ 的无线电波向上传播到高度 z_0,在此等离子体频率 $f_p=\omega_p/2\pi$ 等于 f(图 8.9)。这个高度 z_0 称为真实高度。假设 v_g 为一个关于 z 的缓慢变化的函数,则无线电脉冲从地面传播到高度 z_0 再返回所需的时间 τ 为

$$\tau = 2\int_0^{z_0}\frac{\mathrm{d}z}{v_g} \tag{8.85}$$

式中:v_g 为群速度。

$$\frac{1}{v_g}=\frac{\partial k(\omega,z)}{\partial\omega}=\frac{1}{\mathrm{c}}\frac{\partial}{\partial\omega}[\omega_n(\omega,z)]$$

式中:折射率 n 随高度变化。等效高度 h_e 为脉冲在 $\tau/2$ 时间内在自由空间中传播的虚拟距离。

$$h_e = \frac{\mathrm{c}\tau}{2} = \int_0^{z_0}\frac{\partial}{\partial\omega}[\omega n(\omega,n)]\mathrm{d}z \tag{8.86}$$

相高 h_p 等于自由空间中从 $z=0$ 到 $z=z_0$ 的总相的虚拟距离。

$$h_p = \int_0^{z_0} n(\omega,z)\mathrm{d}z \tag{8.87}$$

8.15　各向异性介质中的群速度

用下面的公式定义传播常数为 k 的波的群速度 v_g:

$$v_g=\frac{\partial\omega}{\partial k} \tag{8.88}$$

在各向异性介质中,传播常数 $k=(\omega/\mathrm{c})n$ 取决于波的传播方向,因此,式(8.88)适用于群速度 v_g 的每个分量。

$$\begin{cases}\bar{\boldsymbol{v}}_g = v_{gx}\hat{\boldsymbol{x}}+v_{gy}\hat{\boldsymbol{y}}+v_{gz}\hat{\boldsymbol{z}}\\ \quad=\left(\dfrac{\partial}{\partial k_x}\hat{\boldsymbol{x}}+\dfrac{\partial}{\partial k_y}\hat{\boldsymbol{y}}+\dfrac{\partial}{\partial k_z}\hat{\boldsymbol{z}}\right)\omega=\nabla_k\omega\\ \bar{\boldsymbol{k}}=k_x\hat{\boldsymbol{x}}+k_y\hat{\boldsymbol{y}}+k_z\hat{\boldsymbol{z}}\end{cases} \tag{8.89}$$

这是 v_g 的一般表达。

由式(8.89)可知,群速度 v_g 垂直于常数 ω 的表面,这是有固定频率色散关系的面(图8.10)。

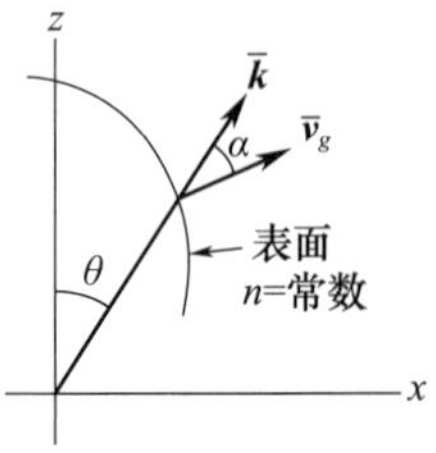

图8.10　各向异性介质中的群速度

$$k(\theta,\phi)=\frac{\omega}{c}n(\theta,\phi) \tag{8.90}$$

k 为常数的面称为波矢量面。通常需要引入折射率面,其中,折射率 n 为常数。显然,这两个面是成比例的,并且携带相同的信息。

如果折射率 n 是关于 z 轴对称的,那么 $n=n(\theta)$ 如图8.10所示,很容易看出:

$$\tan\alpha=-\frac{1}{n}\frac{\partial n}{\partial\theta} \tag{8.91}$$

更一般情况下的群速度 v_g 表示为

$$\begin{cases}\overline{\boldsymbol{v}}_g=v_{gk}\hat{\boldsymbol{k}}+v_{g\theta}\hat{\boldsymbol{\theta}}+v_{g\phi}\hat{\boldsymbol{\phi}}\\ v_{gk}=\dfrac{c}{\partial(n\omega)/\partial\omega}\\ v_{g\theta}=-\dfrac{c}{\partial(n\omega)/\partial\omega}\dfrac{1}{n}\dfrac{\partial n}{\partial\theta}\\ v_{g\phi}=-\dfrac{c}{\partial(n\omega)/\partial\omega}\dfrac{1}{n\sin\theta}\dfrac{\partial n}{\partial\phi}\end{cases} \tag{8.92}$$

式中:$\hat{\boldsymbol{k}}$,$\hat{\boldsymbol{\theta}}$ 和 $\hat{\boldsymbol{\phi}}$ 分别是 k,θ 和 ϕ 方向上的单位向量(Yeh,Liu,1972)。

8.16　热等离子体

在8.8节讨论的磁离子理论中,假设电子的运动是由洛伦兹力引起的。然而,由于电子气体的温度是有限的,电子的运动也会受到电子气压力变化的影响。磁离子理论忽略了有限温度和压力变化的影响,因为这些影响通常很小,因此,相当于在忽略温度的情况下研究电子气。因此,磁离子理论可以理解为是处理冷等离子体的理论。然而,最近关于电离层天线阻抗的研究表明,有必要将有限温度和热等离子体的影响包括在内。热等离子体的压力变化可以认为是一种声波,因此,考虑有限温度意味着研究电磁波和声波在电子气中的相互作用。

从以下热等离子体的基本方程开始讨论。

麦克斯韦方程:

$$\begin{cases}\nabla\times\overline{\boldsymbol{E}}=-\mu_0\dfrac{\partial\overline{\boldsymbol{H}}}{\partial t}\\ \nabla\times\overline{\boldsymbol{H}}=\varepsilon_0\dfrac{\partial\overline{\boldsymbol{E}}}{\partial t}+Ne\,\overline{\boldsymbol{v}}\end{cases} \tag{8.93}$$

流体动力学方程:

$$m\frac{\partial\overline{\boldsymbol{v}}}{\partial t}=e(\overline{\boldsymbol{E}}+\overline{\boldsymbol{v}}\times\overline{\boldsymbol{B}})-\frac{1}{N}\nabla p \tag{8.94}$$

连续性方程：

$$\nabla\cdot(N\bar{\boldsymbol{v}})+\frac{\partial}{\partial t}N=0 \tag{8.95}$$

状态方程：

$$P=\mathrm{k}_b NT \tag{8.96}$$

式中：$\bar{\boldsymbol{v}}$为电子速度；e，m 为电子的电荷和质量；N 为电子密度（单位体积电子数）；P 为压力；k_b 为玻尔兹曼常数；T 为温度（开尔文）。

注意，电流密度$\bar{\boldsymbol{J}}$在式（8.93）中表示为 $N\mathrm{e}\bar{\boldsymbol{v}}$。式（8.94）右侧的第二项是由于压力梯度而产生的力，式（8.95）表示每单位体积电子数的变化。

假设不存在直流电磁场，即 $H_{\mathrm{dc}}=0$。把 N 和 P 写成平均值 N_0 和 P_0 与交流（声学）分量 n 和 p 的和。

$$\begin{aligned} N&=N_0+n\\ P&=P_0+p \end{aligned} \tag{8.97}$$

现在假设交流分量与平均值相比很小，因此，所有包含两个交流分量乘积的非线性项都可以忽略不计。

在上述假设下，式（8.93）至式（8.95）变为

$$\nabla\times\bar{\boldsymbol{E}}=-\mu_0\frac{\partial\bar{\boldsymbol{H}}}{\partial t} \tag{8.98}$$

$$\nabla\times\bar{\boldsymbol{H}}=\varepsilon_0\frac{\partial\bar{\boldsymbol{E}}}{\partial t}+N_0\mathrm{e}\bar{\boldsymbol{v}} \tag{8.99}$$

$$\frac{\partial\bar{\boldsymbol{v}}}{\partial t}=\frac{\mathrm{e}}{m}\bar{\boldsymbol{E}}-\frac{1}{mN_0}\nabla p \tag{8.100}$$

$$N_0\nabla\cdot\bar{\boldsymbol{v}}+\frac{\partial n}{\partial t}=0 \tag{8.101}$$

等温情况（T＝常数）下的状态方程（8.96）变为

$$p=n\mathrm{k}_b T \tag{8.102}$$

然而，对于声波来说，没有发生热传递的绝热过程更适合。在这种情况下，P 和 N 满足以下条件：

$$\frac{P}{N_\gamma}=\frac{P}{N_0^\gamma}=\text{常数} \tag{8.103}$$

式中：γ 为等压和等体积下比热的比率。由此得到：

$$p=\gamma n\mathrm{k}_b T \tag{8.104}$$

式（8.98）～式（8.101）和式（8.104）构成了各向同性热等离子体的基本方程。等离子体的 γ 值近似等于 3。（注意，对于理想单原子气体 $\gamma=5/3$，对于双原子气体如空气 $\gamma=7/5$，对于多原子气体 $\gamma=4/3$（Yeh，Liu，1972，第 94 页））。

8.17　热等离子体的波动方程

为了得到声波的波动方程，取式（8.100）的散度，用式（8.101）和式（8.104）消去$\bar{\boldsymbol{v}}$和

n,可以得到:

$$\nabla^2 p - \frac{1}{u^2}\frac{\partial^2}{\partial t^2}p - N_0 \mathrm{e}\,\nabla \cdot \overline{\boldsymbol{E}} = 0 \tag{8.105}$$

式中:$u = (\gamma \mathrm{k}_b T/m)^{1/2}$为电子气在没有电荷,即 e = 0 时的声速,在绝热情况下称为拉普拉斯声速。相反,在等温情况称为牛顿声速,等于$(\mathrm{k}_b T/m)^{1/2}$。式(8.105)的最后一项通过式(8.99)与$\nabla \cdot \overline{\boldsymbol{v}}$成正比,通过式(8.101)和式(8.104)又与 p 成正比。取式(8.99)的散度,得到:

$$\begin{aligned}\nabla \cdot \nabla \times \overline{\boldsymbol{H}} = 0 &= \varepsilon_0 \frac{\partial}{\partial t}\nabla \cdot \overline{\boldsymbol{E}} + N_0 \mathrm{e}\,\nabla \cdot \overline{\boldsymbol{v}} \\ &= \varepsilon_0 \frac{\partial}{\partial t}\nabla \cdot \overline{\boldsymbol{E}} - \frac{\mathrm{e}}{\gamma \mathrm{k}_b T}\frac{\partial p}{\partial t}\end{aligned} \tag{8.106}$$

然后,得到:

$$N_0 \mathrm{e}\,\nabla \cdot \overline{\boldsymbol{E}} = \frac{\omega_p^2}{u^2}p,\ \omega_p^2 = \frac{N_0 \mathrm{e}^2}{m\varepsilon_0}$$

将其代入式(8.105),得到以下波动方程:

$$\nabla^2 p - \frac{1}{u^2}\frac{\partial^2}{\partial t^2}p - \frac{\omega_p^2}{u^2}p = 0 \tag{8.107}$$

对于时谐情况[exp(jωt)],得到:

$$(\nabla^2 + k_p^2)p = 0 \tag{8.108}$$

式中:$k_p^2 = \dfrac{\omega^2 - \omega_p^2}{u^2}$。

因此,相速度为

$$v_p = \frac{u}{[1 - (\omega_p/\omega)^2]^{1/2}} \tag{8.109}$$

注意,声速 u 是由等离子体频率 ω_p 修正的。

取式(8.98)的旋度,代入式(8.99),得到电磁场的波动方程。然后,得到①:

$$-\nabla \times \nabla \times \overline{\boldsymbol{E}} - \mu_0 \varepsilon_0 \frac{\partial^2}{\partial t^2}\overline{\boldsymbol{E}} - \mu_0 \varepsilon_0 \omega_p^2 \overline{\boldsymbol{E}} + \mu_0 \varepsilon_0 u^2\,\nabla(\nabla \cdot \overline{\boldsymbol{E}}) = 0 \tag{8.110}$$

考虑时谐情况,假定平面波沿传播矢量$\overline{\boldsymbol{k}}$所给出的方向传播。这样所有的电矢量和磁矢量都与 exp($-\mathrm{j}\,\overline{\boldsymbol{k}} \cdot \overline{\boldsymbol{r}}$)相关,因此,可以用 $-\mathrm{j}k$ 代替算子∇。需要注意到:

$$\overline{\boldsymbol{\nabla}} \times \overline{\boldsymbol{\nabla}} \times \overline{\boldsymbol{E}} = -\overline{\boldsymbol{k}} \times \overline{\boldsymbol{k}} \times \overline{\boldsymbol{E}} = -[\overline{\boldsymbol{k}}(\overline{\boldsymbol{k}} \cdot \overline{\boldsymbol{E}}) - \overline{\boldsymbol{E}}k^2]$$

式中:$\overline{\boldsymbol{k}} \cdot \overline{\boldsymbol{k}} = k^2$,得到:

$$\overline{\boldsymbol{k}}(\overline{\boldsymbol{k}} \cdot \overline{\boldsymbol{E}})(1 - \mu_0 \varepsilon_0 u^2) - \left[k^2 - k_0^2\left(1 - \frac{\omega_p^2}{\omega^2}\right)\right]\overline{\boldsymbol{E}} = 0 \tag{8.111}$$

现在,考虑$\overline{\boldsymbol{E}}$平行于$\overline{\boldsymbol{k}}$和垂直于$\overline{\boldsymbol{k}}$的分量。

$$\overline{\boldsymbol{E}} = \overline{\boldsymbol{E}}_{/\!/} + \overline{\boldsymbol{E}}_{\perp} \tag{8.112}$$

---

① 译者注:根据公式推导,将式(8.110)中的$\dfrac{\partial^2}{\partial^2}$更改为$\dfrac{\partial^2}{\partial t^2}$。

取式(8.111)中平行于$\bar{\boldsymbol{k}}$的分量,可以得到:

$$k^2(1-\mu_0\varepsilon_0 u^2)-\left[k^2-k_0^2\left(1-\frac{\omega_p^2}{\omega^2}\right)\right]=0 \tag{8.113}$$

从中得到$\bar{\boldsymbol{E}}_{/\!/}$的传播常数 $k_{/\!/}$:

$$k_{/\!/}^2=\frac{\omega^2-\omega_p^2}{u^2}=k_p^2 \tag{8.114}$$

分量$\bar{\boldsymbol{E}}_{/\!/}$的传播常数 $k_{/\!/}$与压力波的传播常数 k_p 相同,因此,被称为声波。

另一方面,垂直分量$\bar{\boldsymbol{E}}_{\perp}$的传播常数可以由式(8.111)求得①:

$$k_{\perp}^2=k_0^2\left(1-\frac{\omega_p^2}{\omega^2}\right) \tag{8.115}$$

这与冷等离子体的传播常数相同。

由于$\bar{\boldsymbol{H}}=(1/\omega\mu_0)\bar{\boldsymbol{k}}\times\bar{\boldsymbol{E}}$,没有磁场与$\bar{\boldsymbol{E}}_{/\!/}$相关,但$\bar{\boldsymbol{H}}_{\perp}$与$\bar{\boldsymbol{E}}_{\perp}$相关,其给出方式与冷等离子体相同。这两种波$\bar{\boldsymbol{E}}_{/\!/}$和$\bar{\boldsymbol{E}}_{\perp}$可以独立存在于一个无限空间中,具有两个不同的传播常数。然而,这两个分量在边界处或在激振源处耦合在一起。例如,平面波入射到热等离子体上,会激发这两个分量,每个分量的激发量取决于边界条件。此外,热等离子体中的偶极子源会激发声波,因此,天线的阻抗会受到声波的影响。

8.18　铁氧体及其磁导率张量的推导

1845 年,法拉第发现光在各种材料中传播时,在直流磁场的影响下,极化面会发生旋转,现在称为法拉第旋转。直到 1946 年,由于铁磁材料的高损耗,这种效应不能在微波频率应用。但低损耗铁氧体材料的发现使得它有可能应用于各种微波场景。Polder 在 1949 年提出了铁氧体的一般张量磁导率,1948 年 Tellegen 和 1952 年 Hogan 都利用了铁氧体开发一种称为回相器的微波网络元件。1953 年,商业铁氧体器件已经问世。

首先,根据自旋电子的简化模型推导出铁氧体的磁导张量。一个自旋电子可以被认为是一个磁旋陀螺。设角动量为$\bar{\boldsymbol{J}}$,那么磁矩$\bar{\boldsymbol{m}}$与$\bar{\boldsymbol{J}}$平行,方向相反。m 的大小与 J 成正比。

$$\bar{\boldsymbol{m}}=\gamma\bar{\boldsymbol{J}} \tag{8.116}$$

式中:比例常数 γ 为负,$\gamma=-\dfrac{\mathrm{e}}{\mathrm{m}_e}=-1.7592\times10^{11}\ \mathrm{C/kg}$ = 磁旋比。

单个电子的角运动方程为

$$\frac{\mathrm{d}\bar{\boldsymbol{J}}}{\mathrm{d}t}=\text{转矩} \tag{8.117}$$

磁矩 m 上的转矩由$\bar{\boldsymbol{m}}\times\bar{\boldsymbol{B}}$表示。然后,得到:

$$\frac{\mathrm{d}\bar{\boldsymbol{m}}}{\mathrm{d}t}=\gamma\bar{\boldsymbol{m}}\times\bar{\boldsymbol{B}} \tag{8.118}$$

---

① 译者注:根据上下文,将式(8.115)中 k^2 更改为 $k_{\perp}^2$。

首先，注意，当这个磁旋陀螺被置于直流磁场中时，它以角速度 ω_0 绕磁场方向运动。

$$\omega_0 = -\gamma B = -\gamma\mu_0 H \tag{8.119}$$

这也被称为拉莫尔进动频率（Larmor precessional frequency）。这种进动描述为

$$\frac{\mathrm{d}J}{\mathrm{d}t} = J \times \omega_0 \tag{8.120}$$

然而由于阻尼，这种进动最终逐渐消失，所有的磁旋陀螺都与直流磁场对齐。这时，铁氧体就饱和了。$\boldsymbol{H}_0$ 为外加直流磁场，则铁氧体中的磁场为

$$\boldsymbol{H}_i = \boldsymbol{H}_0 - \boldsymbol{H}_{\mathrm{dem}} \tag{8.121}$$

式中：$\boldsymbol{H}_{\mathrm{dem}}$为退磁场。一般来说，$\boldsymbol{H}_i$ 与 $\boldsymbol{H}_0$ 方向不同，它取决于介质的形状。然而，如果铁氧体是椭球体，则 $\boldsymbol{H}_i$ 与 $\boldsymbol{H}_0$ 平行。必须记住，内部场 H_i 与外加场不相同，甚至可能不是平行方向的。

考虑单位体积的磁极化：

$$\overline{\boldsymbol{M}} = N_e \overline{\boldsymbol{m}} \tag{8.122}$$

式中：N_e 为单位体积的有效电子数。利用$\overline{\boldsymbol{M}}$，可以将式（8.118）写为

$$\frac{\mathrm{d}\overline{\boldsymbol{M}}}{\mathrm{d}t} = \gamma \overline{\boldsymbol{M}} \times \overline{\boldsymbol{B}} \tag{8.123}$$

接下来，将 $\boldsymbol{B}$、$\boldsymbol{H}$ 和 $\boldsymbol{M}$ 分别表示为直流分量和小型交流分量的和，即：

$$\begin{cases} \boldsymbol{B} = \mu_0(\boldsymbol{H} + \boldsymbol{M}) \\ \boldsymbol{H} = \boldsymbol{H}_i + \boldsymbol{H}_a \\ \boldsymbol{M} = \boldsymbol{M}_i + \boldsymbol{M}_a \end{cases} \tag{8.124}$$

式中：$\boldsymbol{H}_i$ 和 $\boldsymbol{M}_i$ 为直流分量；$\boldsymbol{H}_a$ 和 $\boldsymbol{M}_a$ 为小型交流分量。

注意，$\overline{\boldsymbol{M}} \times \overline{\boldsymbol{M}} = 0$，可以得到：

$$\frac{\mathrm{d}\overline{\boldsymbol{M}}}{\mathrm{d}t} = \mu_0\gamma(\overline{\boldsymbol{M}} \times \overline{\boldsymbol{H}}) \tag{8.125}$$

然后，得到：

$$\frac{\mathrm{d}\boldsymbol{M}_i}{\mathrm{d}t} + \frac{\mathrm{d}\boldsymbol{M}_a}{\mathrm{d}t} = \mu_0\gamma(\boldsymbol{M}_i \times \boldsymbol{H}_i + \boldsymbol{M}_i \times \boldsymbol{H}_a + \boldsymbol{M}_a \times \boldsymbol{H}_i + \boldsymbol{M}_a \times \boldsymbol{H}_a) \tag{8.126}$$

注意，$\boldsymbol{M}_i$ 为常数，$\boldsymbol{M}_i$ 和 $\boldsymbol{H}_i$ 是平行的，因此，$\mathrm{d}\boldsymbol{M}_i/\mathrm{d}t = 0$，$\boldsymbol{M}_i \times \boldsymbol{H}_i = 0$。

假设交流分量比直流分量小，则最后一项与其他项相比可以忽略不计。然后，得到以下线性化方程：

$$\frac{\mathrm{d}\boldsymbol{M}_a}{\mathrm{d}t} = \mu_0\gamma(\boldsymbol{M}_i \times \boldsymbol{H}_a + \boldsymbol{M}_a \times \boldsymbol{H}_i) \tag{8.127}$$

取 z 轴为内部磁场 $\boldsymbol{H}_i$ 和 $\boldsymbol{M}_i$ 的方向。还考虑了带有 $\exp(\mathrm{j}\omega t)$ 的时谐情况，利用下面的矩阵形式表示式（8.127）：

$$\begin{bmatrix} \mathrm{j}\omega & \omega_0 \\ -\omega_0 & \mathrm{j}\omega \end{bmatrix}\begin{bmatrix} M_x \\ M_y \end{bmatrix} = \begin{bmatrix} 0 & \omega_M \\ -\omega_M & 0 \end{bmatrix}\begin{bmatrix} H_x \\ H_y \end{bmatrix} \tag{8.128}$$

式中：$M_z = 0$；$\boldsymbol{M}_a = \begin{bmatrix} M_x \\ M_y \\ M_z \end{bmatrix}$；$\boldsymbol{H}_a = \begin{bmatrix} H_x \\ H_y \\ H_z \end{bmatrix}$；$\omega_0 = -\gamma\mu_0 H_i$，且 ω_0 等于陀螺磁响应频率；$\omega_M =$

$-\gamma\mu_0 M_i$，且 ω_M 等于饱和磁化频率。

由此，$\boldsymbol{M}_a$ 可表示为

$$\boldsymbol{M}_a=\begin{bmatrix}M_x\\M_y\\M_z\end{bmatrix}=\frac{\omega_M}{\omega_0^2-\omega^2}\begin{bmatrix}\omega_0 & \mathrm{j}\omega & 0\\-\mathrm{j}\omega & \omega_0 & 0\\0 & 0 & 0\end{bmatrix}\begin{bmatrix}H_x\\H_y\\H_z\end{bmatrix} \tag{8.129}$$

上式可写成：

$$\boldsymbol{M}_a=\bar{\bar{\boldsymbol{\chi}}}\boldsymbol{H}_a \tag{8.130}$$

因此，对于交流分量，有

$$\begin{aligned}\boldsymbol{B}_a&=\mu_0(\boldsymbol{H}_a+\boldsymbol{M}_a)\\&=\bar{\bar{\boldsymbol{\mu}}}\boldsymbol{H}_a\end{aligned} \tag{8.131}$$

其中，磁导率张量$\bar{\bar{\boldsymbol{\mu}}}$可以写成：

$$\begin{cases}\bar{\bar{\boldsymbol{\mu}}}=\mu_0(1+\bar{\bar{\boldsymbol{\chi}}})=\begin{bmatrix}\mu & -\mathrm{j}\kappa & 0\\\mathrm{j}\kappa & \mu & 0\\0 & 0 & \mu_0\end{bmatrix}\\\dfrac{\mu}{\mu_0}=1-\dfrac{\omega_0\omega_M}{\omega^2-\omega_0^2}\\\dfrac{\kappa}{\mu_0}=\dfrac{\omega\omega_M}{\omega^2-\omega_0^2}\end{cases} \tag{8.132}$$

8.19　平面波在铁氧体中的传播

在铁氧体介质中，介电常数为标量，因此得到：

$$\begin{cases}\bar{\boldsymbol{k}}\times\bar{\boldsymbol{k}}\times\bar{\boldsymbol{H}}=\omega^2\varepsilon\bar{\bar{\boldsymbol{\mu}}}\bar{\boldsymbol{H}}\\\bar{\boldsymbol{E}}=-\dfrac{1}{\omega\varepsilon}\bar{\boldsymbol{k}}\times\bar{\boldsymbol{H}}\end{cases} \tag{8.133}$$

这也可以通过对偶原理得到，其中，$E,H,\bar{\bar{\boldsymbol{\varepsilon}}},\bar{\bar{\boldsymbol{\mu}}}$可以替换为 $H,-E,\bar{\bar{\boldsymbol{\varepsilon}}},\bar{\bar{\boldsymbol{\mu}}}$①。由于它与磁等离子体形式相同，所以此处直接给出结果。

8.19.1　平行于直流磁场的传播

传播常数 $k=k_z$ 为

$$\begin{cases}k_+=\omega\sqrt{\varepsilon(\mu+\kappa)}\\k_-=\omega\sqrt{\varepsilon(\mu-\kappa)}\end{cases} \tag{8.134}$$

当 $k=k_+$ 时，可以得到：

$$H_x=-\mathrm{j}H_y \tag{8.135}$$

则得到了在 $x-y$ 平面上顺时针旋转的圆偏振波。电场 E 为

① 译者注：根据上下文，将 $-\bar{E}$ 更改为 $-E$。

$$\begin{cases} E_y = -Z_+ H_x \\ E_x = Z_+ H_y \end{cases} \tag{8.136}$$

式中：$Z_+ = Z_0 \dfrac{k^+}{k_0} = Z_0 \sqrt{\dfrac{\mu + \kappa}{\mu_0}}$。

当 $k = k_-$ 时，得到：

$$H_x = \mathrm{j} H_y \tag{8.137}$$

波阻抗为

$$Z_- = Z_0 \sqrt{\frac{\mu - \kappa}{\mu_0}} \tag{8.138}$$

8.19.2 垂直于直流磁场的传播

令：

$$\bar{\boldsymbol{k}} = k_x \hat{\boldsymbol{x}} = k \hat{\boldsymbol{x}} \tag{8.139}$$

则得到了两种情况。满足下式的情况与各向同性介质相同。

$$k = k_1 = \omega \sqrt{\mu_0 \varepsilon} \tag{8.140}$$

唯一的磁场分量是 H_z，且 H_x 与 H_y 之间没有耦合。当 $k = k_2 = \omega \sqrt{\varepsilon \mu_t}$，$\mu_t = (\mu^2 - \kappa^2)/\mu$ 时，得到：

$$\begin{cases} \mu H_x - \mathrm{j} \kappa H_y = 0 \\ B_y = \mu_t H_y \\ E_z = -Z_2 H_y \\ Z_2 = Z_0 \sqrt{\dfrac{\mu_t}{\mu_0}} \end{cases} \tag{8.141}$$

8.20 使用铁氧体的微波器件

8.20.1 法拉第旋转和循环器

法拉第旋转可用于构造非互易微波网络。例如，图 8.11(a)所示的设备包含产生 90° 极化旋转的铁氧体。如果波从左侧入射，则相位在另一侧反转。但如果波从右侧入射，则没有相移(图 8.11(b))。因此，该装置由图 8.11(c)中的示意图表示，图中显示向右传播的波的相移为 180°，而向左传播的波没有相移。

我们可以利用这个装置，将它与两个魔 T 结合起来，组成一个循环器。进入终端 A 的波被等分，但由于存在 π 相移，这两个波并没有出现在 d 中，而是被组合成 b。同样，进入 b 的波只出现在 c 中，进入 c 的波只出现在 d 中，进入 d 的波只出现在 a 中。

8.20.2 单向线

利用法拉第旋转也可以构造一条单向线。一种方案可能为：从左边进入的波通过这个装置时衰减很小，但从右边进入的波被电阻片吸收，电阻片与电场平行放置。该装置放置在振荡器的输出端,以隔离振荡器与负载的作用变化,称为隔离器(图 8.13)。铁氧体负载波导的其他用途包括移相器和调制器。

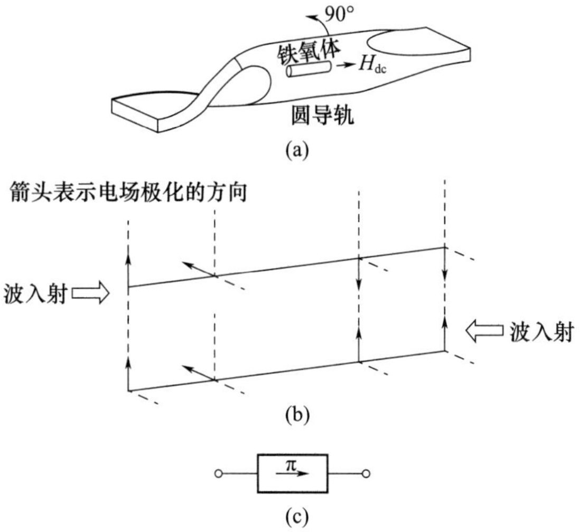

图 8.11　非互易器件

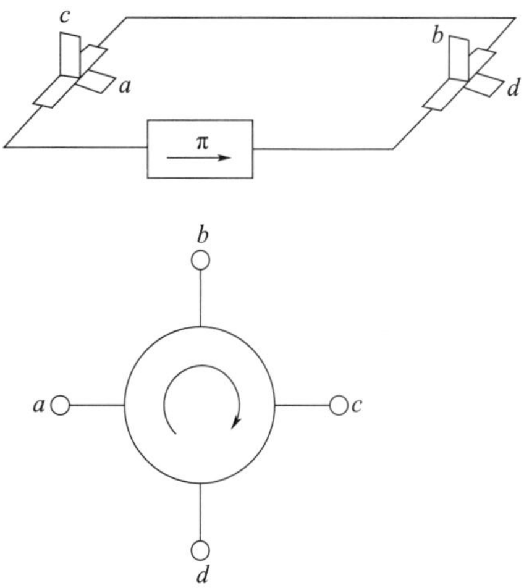

图 8.12　循环器

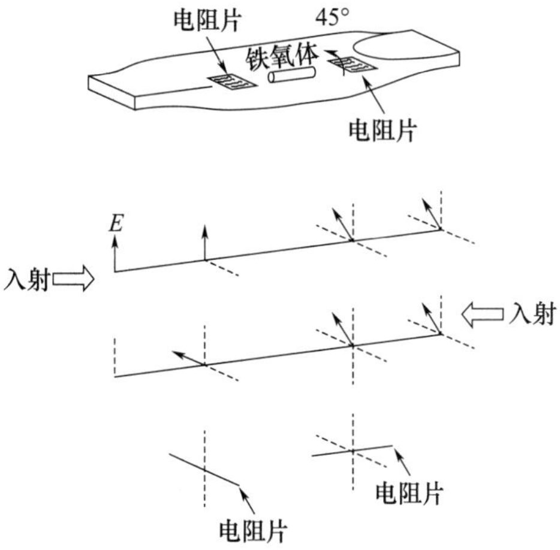

图 8.13　单向线

8.20.3　单向线的热力学悖论

在上面单向线的例子中,波可以向右传播,而向左传播的波会被电阻片吸收。如果没有电阻片,就说明这不是一条单向线。实际上,不存在无损的单向线,因为如果单向线是无损的,一侧的能量就可以转移到另一侧,在没有外部做功的情况下造成升温。这就违背了热力学第二定律。然而,在研究微波在铁氧体加载波导中的传播时,发现可以解出铁氧体加载无损波导的麦克斯韦方程,并在一定的频率和参数范围内获得一个单向传播常数。这就引出了一个问题,即无损麦克斯韦方程是否违反热力学定律。

这个所谓的"热力学悖论"的答案可以在这样一个概念中找到:任何物理问题的数学

公式都必须满足三个条件，分别为(1)唯一性；(2)存在性；(3)解必须一直依赖于物理参数的变化。满足这三个条件的问题被称为恰当定态问题。对于上面的微波问题，可以证明，如果求解有耗铁氧体的麦克斯韦方程组，取电阻率趋于零的极限，就可以正确计算吸收功率，与热力学定律并不冲突。只有从无损麦克斯韦方程出发，才可能违反热力学第二定律，但这种情况下的问题是不恰当的，因此，不是物理问题。

8.21 各向异性介质的洛伦兹互易定理

各向异性介质中的电磁场一般不服从互易关系。然而，对于各向异性介质，可能找到互易关系成立的条件，本节对此进行讨论。

首先，考虑时谐情况($e^{j\omega t}$)。考虑介质为$\bar{\bar{\boldsymbol{\varepsilon}}}_1$ 和$\bar{\bar{\boldsymbol{\mu}}}_1$ 中的场 $\boldsymbol{E}_1$ 和 $\boldsymbol{H}_1$ 与介质为$\bar{\bar{\boldsymbol{\varepsilon}}}_2$ 和$\bar{\bar{\boldsymbol{\mu}}}_2$ 中的场 $\boldsymbol{E}_2$ 和 $\boldsymbol{H}_2$，写出两组麦克斯韦方程：

$$\begin{cases}\nabla\times\boldsymbol{E}_1=-j\omega\boldsymbol{B}_1-\boldsymbol{J}_{m1}\\ \nabla\times\boldsymbol{H}_1=j\omega\boldsymbol{D}_1+\boldsymbol{J}_1\\ \nabla\times\boldsymbol{E}_2=-j\omega\boldsymbol{B}_2-\boldsymbol{J}_{m2}\\ \nabla\times\boldsymbol{H}_2=j\omega\boldsymbol{D}_2+\boldsymbol{J}_2\end{cases} \tag{8.142}$$

现在考虑恒等式：

$$\nabla\cdot(\boldsymbol{E}_1\times\boldsymbol{H}_2)=\boldsymbol{H}_2\cdot\nabla\times\boldsymbol{E}_1-\boldsymbol{E}_2\cdot\nabla\times\boldsymbol{H}_2$$

把麦克斯韦方程代入，得到：

$$\begin{cases}\nabla\cdot(\boldsymbol{E}_1\times\boldsymbol{H}_2)=-j\omega(\boldsymbol{H}_2\cdot\boldsymbol{B}_1+\boldsymbol{E}_1\cdot\boldsymbol{D}_2)-\boldsymbol{H}_2\cdot\boldsymbol{J}_{m1}-\boldsymbol{E}_1\cdot\boldsymbol{J}_2\\ \nabla\cdot(\boldsymbol{E}_2\times\boldsymbol{H}_1)=-j\omega[\boldsymbol{H}_1\cdot\boldsymbol{B}_2+\boldsymbol{E}_2\cdot\boldsymbol{D}_1]-\boldsymbol{H}_1\cdot\boldsymbol{J}_{m2}-\boldsymbol{E}_2\cdot\boldsymbol{J}_1\end{cases} \tag{8.143}$$

在各向同性介质中，用第一个方程减去第二个方程，并设置 $\varepsilon_1=\varepsilon_2,\mu_1=\mu_2$，可以得到洛伦兹互易定理。

$$\nabla\cdot(\boldsymbol{E}_1\times\boldsymbol{H}_2)-\nabla\cdot(\boldsymbol{E}_2\times\boldsymbol{H}_1)=\boldsymbol{H}_1\cdot\boldsymbol{J}_{m2}-\boldsymbol{H}_2\cdot\boldsymbol{J}_{m1}+\boldsymbol{E}_2\cdot\boldsymbol{J}_1-\boldsymbol{E}_1\cdot\boldsymbol{J}_2 \tag{8.144}$$

注意，式(8.144)中有这样一个事实：对于各向同性介质，式(8.143)中两个方程右侧的第一项是相同的，因此，在取两者之差时，这一项就消去了。

$$\boldsymbol{H}_2\cdot\boldsymbol{B}_1-\boldsymbol{H}_1\cdot\boldsymbol{B}_2=(\mu_2-\mu_2)\boldsymbol{H}_1\cdot\boldsymbol{H}_2=0$$

然而，在各向异性介质中，这两项并不相互抵消。用矩阵形式表示，得到：

$$\widetilde{\boldsymbol{H}}_2\widetilde{\bar{\bar{\boldsymbol{\mu}}}}\boldsymbol{H}_1=\widetilde{\boldsymbol{H}}_1\widetilde{\bar{\bar{\boldsymbol{\mu}}}}_2\boldsymbol{H}_2=\widetilde{\boldsymbol{H}}_1(\widetilde{\bar{\bar{\boldsymbol{\mu}}}}_1-\bar{\bar{\boldsymbol{\mu}}}_2)\boldsymbol{H}_2 \tag{8.145}$$

当$\bar{\bar{\boldsymbol{\mu}}}_1=\bar{\bar{\boldsymbol{\mu}}}_2$ 时，它不为零。要使这一项为零，$\bar{\bar{\boldsymbol{\mu}}}_2$ 必须是$\bar{\bar{\boldsymbol{\mu}}}_1$ 的转置。

$$\begin{cases}\widetilde{\bar{\bar{\boldsymbol{\mu}}}}_1=\bar{\bar{\boldsymbol{\mu}}}_2\\ \widetilde{\bar{\bar{\boldsymbol{\varepsilon}}}}_1=\bar{\bar{\boldsymbol{\varepsilon}}}_2\end{cases} \tag{8.146}$$

这种情况发生在直流磁场反转，或者$\bar{\bar{\boldsymbol{\varepsilon}}}$和$\bar{\bar{\boldsymbol{\mu}}}$是对称张量时。因此，有了同样的互易定理。

在式(8.146)条件下，考虑 $\boldsymbol{J}_{m1}=\boldsymbol{J}_{m2}=0$ 的情况。对体积 V 积分，得到：

$$\int_S(\boldsymbol{E}_1\times\boldsymbol{H}_2-\boldsymbol{E}_2\times\boldsymbol{H}_1)\cdot dS=\int_V(\boldsymbol{E}_2\cdot\boldsymbol{J}_1-\boldsymbol{E}_1\cdot\boldsymbol{J}_2)dV \tag{8.147}$$

现在，让表面 S 扩大到无穷远。在距离较远时，$\boldsymbol{R}$、$\boldsymbol{E}$ 和 $\boldsymbol{H}$ 表现为平面波，$\boldsymbol{E}$ 和 $\boldsymbol{H}$ 垂直于 $\boldsymbol{R}$ 且彼此垂直。因此得到：

$$\boldsymbol{E}_1 = A\frac{\mathrm{e}^{-\mathrm{j}kR}}{\boldsymbol{R}}, \boldsymbol{H}_1 = \sqrt{\frac{\varepsilon_0}{\mu_0}} i_R \times \boldsymbol{E}_1$$

$$\boldsymbol{E}_2 = B\frac{\mathrm{e}^{-\mathrm{j}kR}}{\boldsymbol{R}}, \boldsymbol{H}_2 = \sqrt{\frac{\varepsilon_0}{\mu_0}} i_R \times \boldsymbol{E}_2$$

然后，得到：

$$\boldsymbol{E}_2 \times \boldsymbol{H}_2 \cdot \mathrm{d}S = \boldsymbol{E}_1 \times \boldsymbol{H}_2 \cdot i_R \mathrm{d}S = \sqrt{\frac{\varepsilon_0}{\mu_0}} \boldsymbol{H}_1 \cdot \boldsymbol{H}_2 \mathrm{d}S$$

$$\boldsymbol{E}_2 \times \boldsymbol{H}_1 \cdot \mathrm{d}S = \sqrt{\frac{\varepsilon_0}{\mu_0}} \boldsymbol{H}_1 \cdot \boldsymbol{H}_2 \mathrm{d}S$$

因此，对 S 的积分就变成了零。然后，得到：

$$\int_V \boldsymbol{E}_2 \cdot \boldsymbol{J}_1 \mathrm{d}V = \int_V \boldsymbol{E}_1 \cdot \boldsymbol{J}_2 \mathrm{d}V \tag{8.148}$$

式中：V 为整个空间。

思考一下式(8.148)的物理意义。令 $\boldsymbol{J}_1 = \boldsymbol{J}_1(r_1)$，$\boldsymbol{J}_2 = \boldsymbol{J}_2(r_2)$，则该方程表明，在 r_2 处由 r_1 处的源 $\boldsymbol{J}_1$ 引起的场 $\boldsymbol{E}_1$ 等于在 r_1 处由 r_2 处的源 $\boldsymbol{J}_2$ 引起的场 $\boldsymbol{E}_2$，前提是$\bar{\bar{\boldsymbol{\varepsilon}}}$和$\bar{\bar{\boldsymbol{\mu}}}$是转置的。因此，在各向同性介质中，互易定理成立，但在各向异性介质中，对于以下情况，互易定理成立：(1)当$\bar{\bar{\boldsymbol{\varepsilon}}}$和$\bar{\bar{\boldsymbol{\mu}}}$像晶体一样对称时；(2)当直流磁场反转为铁氧体和磁等离子体的情形。当铁氧体材料用于天线时，除非直流电磁场反转，否则发射图不等于接收图。在测量天线辐射图时，这是一个重要的考虑因素。

8.22　双各向异性介质和手征介质

在 8.12 节的最后，提到了法拉第旋转和自然旋转的区别。如果一个波沿直流磁场在等离子体或铁氧体中传播，然后反射回来并向相反方向传播，则极化面旋转加倍，则没有自然旋转。这种极化面自然旋转被称为“旋光性”，是由介质的右旋或左旋（如右手螺旋或左手螺旋）引起的。旋光性在许多年前就已经被提出，其数学公式也被许多工作者所研究（Sommerfeld，1954；Kong，1972，1974；Bassiri 等，1988；Lakhtakia 等，1988）。

在 8.21 节中，讨论了以本构关系为特征的各向异性介质。

$$\begin{cases} \overline{\boldsymbol{D}} = \bar{\bar{\boldsymbol{\varepsilon}}}\overline{\boldsymbol{E}} \\ \overline{\boldsymbol{B}} = \bar{\bar{\boldsymbol{\mu}}}\overline{\boldsymbol{H}} \end{cases} \tag{8.149}$$

可以将这些关系推广到双各向异性介质：

$$\begin{bmatrix} \overline{\boldsymbol{D}} \\ \hline \overline{\boldsymbol{H}} \end{bmatrix} = \begin{bmatrix} \overline{\boldsymbol{P}} & \overline{\boldsymbol{L}} \\ \overline{\boldsymbol{M}} & \overline{\boldsymbol{Q}} \end{bmatrix} \begin{bmatrix} \overline{\boldsymbol{E}} \\ \hline \overline{\boldsymbol{B}} \end{bmatrix} \tag{8.150}$$

式中：$\overline{\boldsymbol{P}}$，$\overline{\boldsymbol{L}}$，$\overline{\boldsymbol{M}}$和$\overline{\boldsymbol{Q}}$一般为 3×3 矩阵，请注意，在式(8.150)中，$\overline{\boldsymbol{D}}$和$\overline{\boldsymbol{H}}$以$\overline{\boldsymbol{E}}$和$\overline{\boldsymbol{B}}$的形式表示，如 2.1 节的末尾所示，力取决于$\overline{\boldsymbol{E}}$和$\overline{\boldsymbol{B}}$，因此，$\overline{\boldsymbol{E}}$和$\overline{\boldsymbol{B}}$为基本的场量，$\overline{\boldsymbol{D}}$和$\overline{\boldsymbol{H}}$为通过本构关系导出的场。

如果介质是无损耗的，则 $\mathrm{Re}(\nabla\cdot\overline{\boldsymbol{S}})$ 必须为零，其中，$\overline{\boldsymbol{S}}=\dfrac{1}{2}\overline{\boldsymbol{E}}\times\overline{\boldsymbol{H}}^*$ 为复数坡印廷向量（2.3 节）。注意：

$$\nabla\cdot\overline{\boldsymbol{S}}=-\frac{\mathrm{j}\omega}{2}[\overline{\boldsymbol{H}}^*\cdot\overline{\boldsymbol{B}}-\overline{\boldsymbol{E}}\cdot\overline{\boldsymbol{D}}^*] \tag{8.151}$$

$\mathrm{Re}(\nabla\cdot\overline{\boldsymbol{S}})=0$ 相当于：

$$\overline{\boldsymbol{H}}^*\cdot\overline{\boldsymbol{B}}-\overline{\boldsymbol{H}}\cdot\overline{\boldsymbol{B}}^*-\overline{\boldsymbol{E}}\cdot\overline{\boldsymbol{D}}^*+\overline{\boldsymbol{E}}^*\cdot\overline{\boldsymbol{D}}=0 \tag{8.152}$$

将式(8.150)代入该式中，得到：

$$\begin{cases}\overline{\boldsymbol{P}}=\overline{\boldsymbol{P}}^+\\ \overline{\boldsymbol{Q}}=\overline{\boldsymbol{Q}}^+\\ \overline{\boldsymbol{M}}=-\overline{\boldsymbol{L}}^+\end{cases} \tag{8.153}$$

式中：$\overline{\boldsymbol{P}}^+$ 为 $\overline{\boldsymbol{P}}$ 的转置复共轭。Kong(1972)对此做了详细的阐述。

如果 $\overline{\boldsymbol{P}}$，$\overline{\boldsymbol{L}}$，$\overline{\boldsymbol{M}}$ 和 $\overline{\boldsymbol{Q}}$ 为标量，这就称为双各向同性介质，也称为手征介质。注意到对称关系式(8.153)，将无损手征介质的本构关系写为

$$\begin{cases}\overline{\boldsymbol{D}}=\varepsilon\overline{\boldsymbol{E}}-\mathrm{j}\gamma\overline{\boldsymbol{B}}\\ \overline{\boldsymbol{H}}=-\mathrm{j}\gamma\overline{\boldsymbol{E}}+\dfrac{1}{\mu}\overline{\boldsymbol{B}}\end{cases} \tag{8.154}$$

式中：ε、μ 和 γ 为实标量常数。注意，γ 具有导纳维度 $(\varepsilon/\mu)^{1/2}$。可以将式(8.154)改写为以下形式：

$$\begin{cases}\overline{\boldsymbol{D}}=(\varepsilon+\gamma^2\mu)\overline{\boldsymbol{E}}-\mathrm{j}\gamma\mu\overline{\boldsymbol{H}}\\ \overline{\boldsymbol{B}}=\mathrm{j}\gamma\mu\overline{\boldsymbol{E}}+\mu\overline{\boldsymbol{H}}\end{cases} \tag{8.155}$$

此外，由于 $\nabla\times\overline{\boldsymbol{H}}=+\mathrm{j}\omega\overline{\boldsymbol{D}}$，$\nabla\times\overline{\boldsymbol{E}}=-\mathrm{j}\omega\overline{\boldsymbol{B}}$，可以将式(8.155)重写为以下形式：

$$\begin{cases}\overline{\boldsymbol{D}}=\varepsilon_1[\overline{\boldsymbol{E}}+\beta\nabla\times\overline{\boldsymbol{E}}]\\ \overline{\boldsymbol{B}}=\mu_1[\overline{\boldsymbol{H}}+\beta\nabla\times\overline{\boldsymbol{H}}]\end{cases} \tag{8.156}$$

这个形式表明，对于双各向同性介质，$\overline{\boldsymbol{D}}$ 不仅依赖于某一点上的 $\overline{\boldsymbol{E}}$，而且依赖于 $\overline{\boldsymbol{E}}$ 在该点附近以 $\nabla\times\overline{\boldsymbol{E}}$ 表示的特性。$\overline{\boldsymbol{D}}$ 的这种非局域特性称为空间色散。

将麦克斯韦方程与本构关系式(8.155)结合起来。

$$\begin{cases}\nabla\times\overline{\boldsymbol{E}}=-\mathrm{j}\omega\overline{\boldsymbol{B}}=-\mathrm{j}\omega(\mu\overline{\boldsymbol{H}}+\mathrm{j}\gamma\mu\overline{\boldsymbol{E}})\\ \nabla\times\overline{\boldsymbol{H}}=\mathrm{j}\omega\overline{\boldsymbol{D}}=\mathrm{j}\omega[(\varepsilon+\gamma^2\mu)\overline{\boldsymbol{E}}-\mathrm{j}\gamma\mu\overline{\boldsymbol{H}}]\end{cases} \tag{8.157}$$

首先，将第一个方程中的 $\overline{\boldsymbol{H}}$ 代入第二个方程，并将 $\nabla\times\overline{\boldsymbol{H}}$ 用 $\nabla\times\overline{\boldsymbol{E}}$ 和 $\overline{\boldsymbol{E}}$ 来表示。然后取第一个方程的旋度，代入 $\nabla\times\overline{\boldsymbol{H}}$，就可以得到 $\overline{\boldsymbol{E}}$ 的方程。

$$-\nabla\times\nabla\times\overline{\boldsymbol{E}}+2\omega\gamma\mu\nabla\times\overline{\boldsymbol{E}}+\omega^2\mu\varepsilon\overline{\boldsymbol{E}}=0 \tag{8.158}$$

同理，也得到了关于 $\overline{\boldsymbol{H}}$ 的相同方程。

然后，求出平面波在 z 方向上传播的传播常数 K。由于 $\overline{\boldsymbol{E}}$ 表现出 $\exp(-\mathrm{j}Kz)$ 特性，得到 $\nabla=-\mathrm{j}K\hat{z}$，因此，式(8.158)变为

$$\begin{bmatrix}-K^2+k^2 & \mathrm{j}K2\omega\gamma\mu\\ \mathrm{j}K2\omega\gamma\mu & -K^2+k^2\end{bmatrix}\begin{bmatrix}E_x\\ E_y\end{bmatrix}=0 \tag{8.159}$$

式中：$k^2=\omega^2\mu\varepsilon$①。

令系数行列式为零，得到式(8.159)的非零解，有

$$\begin{vmatrix} -K^2+k^2 & \mathrm{j}K2\omega\gamma\mu \\ \mathrm{j}K2\omega\gamma\mu & -K^2+k^2 \end{vmatrix}=0 \tag{8.160}$$

求解可以得到两个传播常数：

$$\begin{cases} K_1=\omega\mu\gamma+[(\omega\mu\gamma)^2+k^2]^{1/2} \\ K_2=-\omega\mu\gamma+[(\omega\mu\gamma)^2+k^2]^{1/2} \end{cases} \tag{8.161}$$

将 K_1 代入方程式(8.159)，可以得到：

$$(-K_1^2+k^2)E_x+\mathrm{j}K_1 2\omega\gamma\mu E_y=0$$

从中，得到：

$$E_x=\mathrm{j}E_y \tag{8.162}$$

上式代表 RHC。对应的磁场由式(8.157)得到②：

$$\overline{\boldsymbol{H}}=\frac{\mathrm{j}}{\omega\mu}\nabla\times\overline{\boldsymbol{E}}-\mathrm{j}\gamma\,\overline{\boldsymbol{E}} \tag{8.163}$$

由$\nabla=-\mathrm{j}K\hat{z}$ 和式(8.162)可得：

$$\frac{E_x}{H_y}=-\frac{E_y}{H_x}=\frac{\omega\mu}{[(\omega\mu\gamma)^2+k^2]^{1/2}} \tag{8.164}$$

同样地，代入 K_2，可以得到 LHC。

$$E_x=-\mathrm{j}E_y \tag{8.165}$$

E 与 H 的比值与式(8.164)中求得的相同。由式(8.161)可知，如果 $\gamma>0$，$K_1>k>K_2$，那么 RHC 的相速度比 LHC 慢。如果 $\gamma<0$，$K_1<k<K_2$，那么 LHC 波的相速度比 RHC 波慢。从式(8.157)中，知道带散度的$\nabla\cdot\overline{\boldsymbol{B}}=0$，$\nabla\cdot\overline{\boldsymbol{D}}=0$。从式(8.158)中得到$\nabla\cdot\overline{\boldsymbol{H}}=0$。因此，将$\nabla=-\mathrm{j}\overline{\boldsymbol{K}}$ 应用于平面波，可以得出手征介质中的平面波是 TEM 波。

以上所示的所有分析都可以由式(8.156)推导出来，对应如下：

$$\begin{cases} \mu=\dfrac{\mu_1}{1-k_1^2\beta^2} \\ \varepsilon=\varepsilon_1 \\ \gamma=\omega\varepsilon_1\beta \\ k_1^2=\omega^2\mu_1\varepsilon_1 \end{cases} \tag{8.166}$$

波动方程变为

$$\nabla\times\nabla\times\overline{\boldsymbol{E}}=2\gamma_1^2\beta\,\nabla\times\overline{\boldsymbol{E}}+\gamma_1^2\,\overline{\boldsymbol{E}} \tag{8.167}$$

式中：$\gamma_1^2=k_1^2/(1-k_1^2\beta^2)$，传播常数为

---

① 译者注：根据公式推导，将 $k^2=\omega^{2\mu}\varepsilon$ 更改为 $k^2=\omega^2\mu\varepsilon$。

② 译者注：根据公式推导，将$\frac{\mathrm{j}}{\omega\mu}-\nabla\times\overline{\boldsymbol{E}}$更改为$\frac{\mathrm{j}}{\omega\mu}\nabla\times\overline{\boldsymbol{E}}$。

$$\begin{cases} K_1 = \dfrac{k_1}{1 - k_1\beta} \\ K_2 = \dfrac{k_1}{1 + k_1\beta} \end{cases} \tag{8.168}$$

8.23 超导体、伦敦方程式和迈斯纳效应

超导体被用于传输线、波导和谐振腔，因为它们损耗低，色散小，可用于宽带传输。在本节和8.24节中，讨论伦敦方程的推导、迈斯纳效应以及超导体在高频时的复导电性、穿透深度和表面阻抗。不讨论超导体的物理学或历史发展，如1911年Kamerlingh Onnes发现超导、Meissner的研究、Fritz和Heinz London的研究、BCS理论（Bardeen，Cooper和Schrieffer）、Ginzburg－Landau理论和高温超导体的研究，这些显然不在本书的讨论范围内。对于本节所讨论的主题，读者可以参考Mendelssohn（1966）、Van Duzer和Turner（1981）、Ghoshal和Smith（1988）以及Lee和Itoh（1989）。

在正常导体中，自由电子在电场的影响下运动，并发生如8.3节所述的碰撞。在超导体中，涉及成对的电子，它们的特性与单电子有很大的不同。电子对不会发生碰撞。

考虑电子对流体，运动方程为

$$\mathrm{m}^* \frac{\partial \bar{\boldsymbol{v}}_s}{\partial t} = \mathrm{e}^* \bar{\boldsymbol{E}} \tag{8.169}$$

式中：$\mathrm{m}^* = 2\mathrm{m}$，$\mathrm{e}^* = -2\mathrm{e}$为电子对有效质量和电子对有效电荷。m和e为电子质量和电荷。对电流密度$\bar{\boldsymbol{J}}_s$为

$$\bar{\boldsymbol{J}}_s = n_s^* \mathrm{e}^* \bar{\boldsymbol{v}}_s \tag{8.170}$$

式中：n_s^*为电子对的数密度。把这两个结合起来，得到了第一个伦敦方程：

$$\begin{cases} \Lambda \dfrac{\partial \bar{\boldsymbol{J}}_s}{\partial t} = \bar{\boldsymbol{E}} \\ \Lambda = \dfrac{\mathrm{m}^*}{n_s^* \mathrm{e}^{*2}} \end{cases} \tag{8.171}$$

接下来，利用麦克斯韦方程：

$$\nabla \times \bar{\boldsymbol{E}} = -\frac{\partial \bar{\boldsymbol{B}}_s}{\partial t} \tag{8.172}$$

将第一个伦敦方程代入该式，得到：

$$\Lambda \nabla \times \bar{\boldsymbol{J}}_s + \bar{\boldsymbol{B}}_s = 0 \tag{8.173}$$

这是第二个伦敦方程。有趣的是，在普通电磁理论中，稳态电流通过$\nabla \times \bar{\boldsymbol{H}} = \bar{\boldsymbol{J}}_s$产生磁场，但稳态磁场并不会在导体中产生电流。但是，在超导体中，稳定磁场会产生电流，如式（8.173）所示。

对于直流的情况：

$$\nabla \times \bar{\boldsymbol{H}} = \bar{\boldsymbol{J}}_s \tag{8.174}$$

取这个方程的旋度，代入式（8.173），注意$\mu \cong \mu_0$，$\nabla \cdot \bar{\boldsymbol{B}} = 0$，可以得到：

$$\nabla^2 \overline{\boldsymbol{B}} = \frac{\overline{\boldsymbol{B}}}{\lambda^2} \tag{8.175}$$

式中：$\lambda^2 = \Lambda/\mu_0 = \mathrm{m}^*/(n_s^* \mathrm{e}^{*2}\mu_0)$。设 $z=0$ 为超导体表面，$\overline{\boldsymbol{B}} = B(z)\hat{\boldsymbol{x}}$，由式(8.175)，得

$$B(z) = B_0 \exp\left(-\frac{z}{\lambda}\right) \tag{8.176}$$

这表明，静磁场穿透超导体的距离为 λ。这个 λ 称为渗透距离，量级为 0.05 ~ 0.1μm。超导体倾向于排斥静态磁通量的现象称为迈斯纳效应。

当一块小磁铁落在超导板上时，磁通量无法穿透表层，在表面感应出电流。实际上，这产生了具有相同极性的磁体镜像，位于表面以下，因此，磁体被镜像排斥，不能接近超导体，所以悬浮在空气中。

渗透距离 λ 取决于式(8.175)所示的电子对密度 n_s^*。成对电子数 $n_s = 2n_s^*$ 为关于温度 T 的函数。

$$\frac{n_s}{n} = 1 - \left(\frac{T}{T_c}\right)^4 \tag{8.177}$$

式中：n 为导电电子的数量；T_c 为临界温度。因此，渗透距离 λ 也是关于温度的函数。

$$\lambda(T) = \lambda(0)\left[1 - \left(\frac{T}{T_c}\right)^4\right]^{-1/2} \tag{8.178}$$

8.24　高频超导体的双流体模型

接下来，考虑超导体的高频特性。一般来说，只有一小部分导电电子处于超导状态，其余的则处于正常状态。由式(8.169)可知，处于超导态的电子对，有①

$$\mathrm{m}^* \frac{\mathrm{d}\,\overline{\boldsymbol{v}}_s}{\mathrm{d}t} = -\mathrm{e}^* \overline{\boldsymbol{E}} \tag{8.179}$$

式中：$\mathrm{m}^* = 2\mathrm{m}, \mathrm{e}^* = -2\mathrm{e}$。对于正常状态：

$$\mathrm{m}\frac{\mathrm{d}\,\overline{\boldsymbol{v}}_n}{\mathrm{d}t} + \mathrm{m}\frac{\overline{\boldsymbol{v}}_n}{\tau} = -\mathrm{e}\,\overline{\boldsymbol{E}} \tag{8.180}$$

式中：τ 为动量弛豫时间，一般比10^{-11}s 还要短。总电流密度$\overline{\boldsymbol{J}}$等于超导电流$\overline{\boldsymbol{J}}_s$ 与正常电流$\overline{\boldsymbol{J}}_n$ 之和。

$$\overline{\boldsymbol{J}} = \overline{\boldsymbol{J}}_s + \overline{\boldsymbol{J}}_n \tag{8.181}$$

式中：$\overline{\boldsymbol{J}}_s = -n_s \mathrm{e}\overline{\boldsymbol{v}}_s$，$\overline{\boldsymbol{J}}_n = -n_n \mathrm{e}\overline{\boldsymbol{v}}_n$，且 $n = n_s + n_n$。

对于具有 $\exp(\mathrm{j}\omega t)$ 的时谐场，可以从式(8.179)和式(8.180)中得到：

$$\begin{cases} \overline{\boldsymbol{J}}_s = -\mathrm{j}\dfrac{\mathrm{e}^2 n_s}{m\omega}\overline{\boldsymbol{E}} \\ \overline{\boldsymbol{J}}_N = -\mathrm{j}\dfrac{\mathrm{e}^2 n_n}{m\omega}\dfrac{\overline{\boldsymbol{E}}}{1-\mathrm{j}(1/\omega\tau)} \end{cases} \tag{8.182}$$

然后，得到复电导率 σ：

---

① 译者注：根据上下文，将 m、e 更改为 m^*、e^*。

$$\overline{J}=\sigma\overline{E} \tag{8.183}$$

式中：$\sigma=\sigma_1-\mathrm{j}\sigma_2$，且有 $\sigma_1=\dfrac{\mathrm{e}^2 n_n\tau}{m(1+\omega^2\tau^2)}$，$\sigma_2=\dfrac{\mathrm{e}^2 n_s}{m\omega}+\dfrac{\mathrm{e}^2 n_n(\omega\tau)^2}{m\omega(1+\omega^2\tau^2)}$。

在大多数应用中，当频率 $<10^{11}$ Hz 时 $\omega^2\tau^2\ll 1$①，因此，得到：

$$\begin{cases}\sigma_1=\dfrac{\mathrm{e}^2 n_n\tau}{m}=\sigma_n\left(\dfrac{n_n}{n}\right)=\sigma_n\left(\dfrac{T}{T_c}\right)^4\\ \sigma_2=\dfrac{\mathrm{e}^2 n_s}{m\omega}=\dfrac{1}{\omega\mu_0\lambda^2}\end{cases} \tag{8.184}$$

式中：σ_n 为正常状态下的电导率，$\sigma_n=\mathrm{e}^2 n\tau/m$。

接下来，考虑电磁波对超导体的穿透。电磁波在超导体中传播（$z>0$），然后得到场量 $\overline{E}=E_x\hat{x}$，由下式计算得到：

$$E_x(z)=E_x(0)\exp(-\mathrm{j}Kz) \tag{8.185}$$

已知位移电流与传导电流相比可以忽略不计，则得到：

$$\begin{aligned}K&=\omega\left[\mu_0\left(\varepsilon-\mathrm{j}\frac{\sigma}{\omega}\right)\right]^{1/2}\\&\approx\omega\left[\mu_0\left(-\mathrm{j}\frac{\sigma}{\mu}\right)\right]^{1/2}\end{aligned} \tag{8.186}$$

使用 $\sigma=\sigma_1-\mathrm{j}\sigma_2$，得到：

$$\begin{aligned}\exp(-\mathrm{j}Kz)&=\exp\left[-\frac{1}{\lambda}\left(1+\tau\omega\frac{n_n}{n_s}\right)^{1/2}\right]z\\&=\exp(-\alpha-\mathrm{j}\beta)z\end{aligned} \tag{8.187}$$

渗透深度由 α^{-1} 表示且近似等于 λ。注意，当 $\omega\to 0$ 时，渗透距离减小到 λ，但随着频率的增加，渗透深度减小。

接下来，考虑表面阻抗 Z_s：

$$Z_s=\left[\frac{\mu}{\varepsilon-\mathrm{j}(\sigma/\omega)}\right]^{1/2}\approx\left(\frac{\mathrm{j}\mu_0\omega}{\sigma}\right)^{1/2}$$

注意到 $\sigma=\sigma_1-\mathrm{j}\sigma_2$，则得到：

$$\begin{cases}Z_s=R_s+\mathrm{j}X_s\\ R_s=\dfrac{1}{2}\sigma_n\left(\dfrac{n_n}{n}\right)(\omega\mu_0)^2\lambda^3\\ X_s=\omega\mu_0\lambda\end{cases} \tag{8.188}$$

注意，R_s 随 ω^2 而增加，而普通导体的 R_s 仅随 $\omega^{1/2}$ 而增加。

使用高温超导体的微带线具有低损耗和几乎没有色散的特点（Lee，Itoh，1989；Ghoshal，Smith，1988）。使用的典型值为 $T_c=92.5$K，$T=77$K（液氮），$\lambda(0)=0.14\mu$m，$\sigma_n=0.5$S/μm。因此，在 10GHz 时，$\sigma_1=0.24$S/μm，$\sigma_2=336$S/μm。与铝线 1dB/cm 的衰减相比，带状线的衰减为10^{-3} dB/cm。超导线的相速度在较宽的频率范围内几乎是恒定

---

① 译者注：根据上下文，将 $\omega^{2\tau2}$ 更改为 $\omega^2\tau^2$。

的(Lee,Itoh,1989)。

习 题

8.1 利用塞耳迈耶尔方程计算并绘制熔融二氧化硅的折射率随波长(0.5 ~ 2.0μm)的函数。

8.2 假设8.3节中的等离子体频率和银的碰撞频率是常数,计算并绘制银的介电常数(实部和虚部)随波长的函数($\lambda = 0.01 \sim 1.0\mu m$)。

8.3 对于各向同性等离子体,假设电子密度为$10^6\ cm^{-3}$,碰撞可以忽略不计。在$f =$ 10MHz时,一个$|E| = 1\ V/m$的平面波通过等离子体传播。求相速度、群速度、磁场大小H、位移矢量D、磁通量B和功率通量密度,同时求出电子的最大位移。

8.4 利用麦克斯韦-加内特和波尔德-范-桑滕公式,计算并绘制$\varepsilon_1 = 2$和$\varepsilon_2 = 3$的两种介质混合物的有效介电常数与分数体积$f_1(0 \sim 1)$的函数关系图。

8.5 无线电波沿直流电磁场穿过电离层。假设电子密度$N_e = 10^3\ cm^{-3}$,地磁场为0.5G,碰撞频率为零,无线电频率为10kHz。计算传播常数,相速度和群速度。如果电场的大小是0.1V/m,请描述电子的运动($1\ Tesla = 1Wb/m^2 = 10^4 G$)。

8.6 平面波垂直于等离子体表面的直流磁场入射,入射波在x方向上极化。求反射波E_x和E_y(图P8.6)。

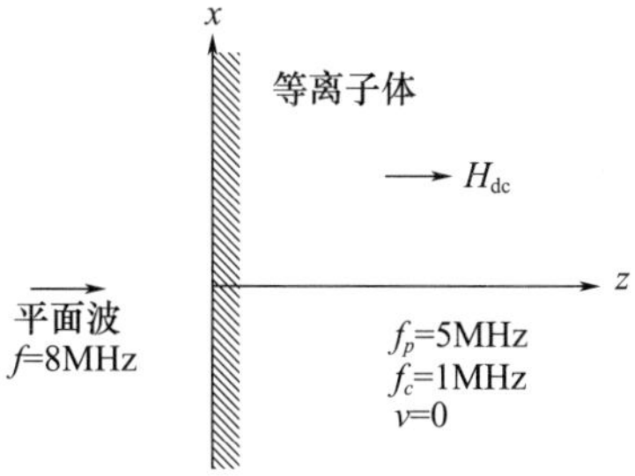

图P8.6 等离子体上的平面波入射

8.7 考虑一个波在垂直于直流磁场的无损等离子体中传播。绘制等效介电常数ε_z和ε_t随频率的函数,并展示介电常数为正的频率范围。

8.8 计算图P8.8所示的1MHz无线电波从空气中入射到电离层的反射系数。直流磁场沿z方向。电离层特征与8.5题相同。求反射系数随入射角$\theta(-\pi/2 < \theta < \pi/2)$的函数。对TM波和TE波分别进行求解。

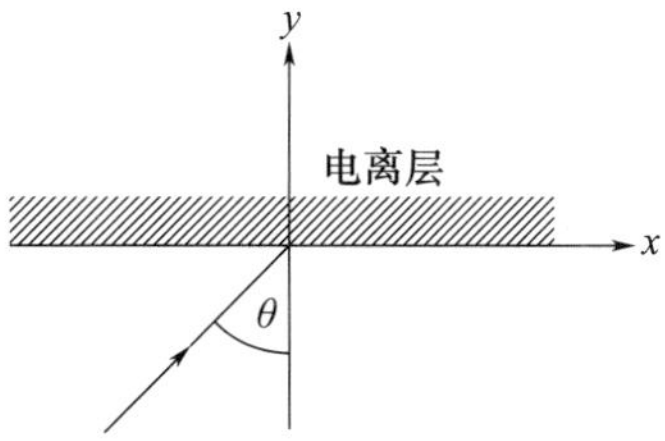

图P8.8 电离层入射波

8.9 假设电离层具有以下等离子体频率分布：

$$f_p^2 = f_0^2\left[1-\left(\frac{z-z_1}{h_0}\right)^2\right],当|z-z_1|<h_0$$

式中：$f_0 = 1\text{MHz}$，$z_1 = 200\text{km}$，$h_0 = 100\text{km}$，而当$|z-z_1|>h_0$时，$f_p = 0$。对于500kHz的无线电波，求出其真实高度、相位高度和等效高度。

8.10 对于哨声模，如果$\omega \ll \omega_p$，$\omega \ll \omega_c$，证明群速度由下式近似：

$$v_g \sim 2c\frac{(ff_c)^{1/2}}{f_p}$$

且证明波沿磁场传播所需的时间与$f^{-1/2}$成正比。

8.11 假设回旋频率为1.42MHz，等离子体频率为0.5MHz。计算哨声模式在1～10kHz频率范围内传播50000km所需的时间。

8.12 求$T=3000\text{K}$时磁等离子体声波和电磁波的相速度和群速度。等离子体频率为8MHz，工作频率为10MHz。假设碰撞频率为零。

8.13 考虑铁氧体置于直流磁场中（内部直流磁场$H_i = 1000\text{Oe}$，饱和磁化强度$M_i = 1700\text{G}$），其相对介电常数$\varepsilon_r = 10$。求法拉第旋转发生的频率范围（$1\text{A/m} = 4\pi\times10^{-3}\ \text{Oe}$；$1\text{Wb/m}^2 = 10^4\text{G}$）。

8.14 对于8.13题中的铁氧体，请画出$\mu+k$、$\mu-k$、μ_t与频率之间的函数关系。

8.15 证明式(8.156)中的ε_1、μ_1和β与式(8.166)中的ε、μ和γ有关。

8.16 线极化平面波从空气法向入射到手征介质中。手征介质性质为$\varepsilon = 9\varepsilon_0$且$\mu = \mu_0$。分别计算$\gamma(\mu_0/\varepsilon_0)^{1/2} = 0.1, 1.0, 10$时的反射波和透射波。

8.17 在液氮温度为77K时，10GHz的微波法向入射到8.24节末所示的超导体上。首先推导出式(8.188)，需考虑到$\sigma_1 \ll \sigma_2$。接下来，如果入射功率通量密度为1mW/cm^2，计算表面吸收的功率。将其与77K温度时$\sigma = 450\text{S}/\mu\text{m}$和常温时$\sigma = 58\text{S}/\mu\text{m}$的铜表面吸收功率进行比较。

第 9 章

天线，孔径和阵列

在本章中，将回顾与天线、孔径天线、线性天线、阵列相关的基本定义和公式。对于这些内容的更完整的讨论，参见 Elliott(1981), Jull(1981), Mittra(1973), Wait(1986), Bal(1982), Ma(1974), Hansen(1966), Stutzman 和 Thiele(1981), Stark(1974), Mailloux(1982), Lo 和 Lee(1988)。

9.1 天线原理

通常根据各种环境中产生所需的辐射模式的方向对天线进行设计。衡量天线特性最有用的方法是确定其方向性和增益。如果在(θ,ϕ)方向上单位立体角辐射的功率为$P(\theta,\phi)$和总辐射功率为P_t，则指向性D为

$$D=\frac{4\pi P(\theta,\phi)}{P_t} \tag{9.1}$$

请注意，如果天线是各向同性散热器，$P_t/4\pi$为单位立体角的平均功率，因此，方向性表示天线在某一方向产生的功率比各向同性散热器大，而在其他方向产生的功率更小。从定义式(9.1)可以清楚地看出，指向性对所有立体角的积分是4π。

$$\int_{4\pi} D(\theta,\phi)\,\mathrm{d}\Omega = 4\pi \tag{9.2}$$

增益函数$G(\theta,\phi)$定义为

$$G(\theta,\phi)=\frac{4\pi P(\theta,\phi)}{P_i} \tag{9.3}$$

式中：P_i为天线的输入功率。

如果天线是无损的，则$P_i=P_t$，因此$G=D$。发射模式是由$D(\theta,\phi)/D_m$定义的归一化方向性，其中，D_m为D的最大值。

接收天线从入射波中吸收能量。若入射波来自(θ,ϕ)方向的功率流密度为$S(\theta,\phi)$，接收功率为P_r，则接收截面$A_r(\theta,\phi)$定义为

$$P_r=SA_r \tag{9.4}$$

接收模式由 $A_r(\theta,\phi)/A_{rm}$ 表示，其中，A_{rm} 为接收横截面的最大值。

接下来，证明天线的发射和接收模式是相同的。

$$\frac{D(\theta,\phi)}{D_m}=\frac{A_r(\theta,\phi)}{A_{rm}} \tag{9.5}$$

此外，还表明，任何匹配天线的接收截面 $A_r(\theta,\phi)$ 和增益 $G(\theta,\phi)$ 有以下关系：

$$A_r(\theta,\phi)=\frac{\lambda^2}{4\pi}G(\theta,\phi) \tag{9.6}$$

为了表明这些关系，考虑两个匹配的无损天线 1 和天线 2（图 9.1）。如果给天线 1 输入功率 P_1，天线 2 接收到的功率 P_{r2} 为

$$P_{r2}=\frac{P_1G_1A_{r2}}{4\pi R^2} \tag{9.7}$$

同理，如果给天线 2 输入功率 P_2，天线 1 接收到的功率为

$$P_{r1}=\frac{P_2G_2A_{r1}}{4\pi R^2} \tag{9.8}$$

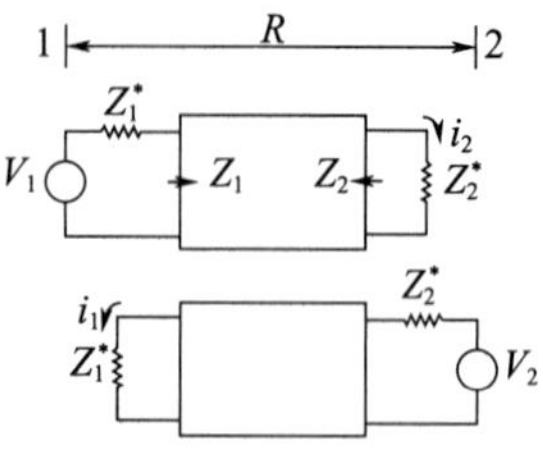

图 9.1　互易性

现在，可以通过图 9.1 所示的等效网络来表明 P_{r2} 和 P_{r1} 之间的关系。阻抗与共轭相匹配阻抗。P_1 和 P_{r2} 表示为

$$\begin{cases}P_1=\dfrac{|V_1|^2}{8R_1}\\[2ex] P_{r2}=\dfrac{R_2|i_2|^2}{2}\end{cases} \tag{9.9}$$

式中：$Z_1=R_1+jX_1$ 和 $Z_2=R_2+jX_2$ 为如图 9.1 所示的输入阻抗。

类似地，得到：

$$\begin{cases}P_2=\dfrac{|V_2|^2}{8R_2}\\[2ex] P_{r1}=\dfrac{R_1|i_1|^2}{2}\end{cases} \tag{9.10}$$

因此得到：

$$\begin{cases}\dfrac{P_{r2}}{P_1}=\dfrac{4R_1R_2|i_2|^2}{|V_1|^2}\\[2ex] \dfrac{P_{r1}}{P_2}=\dfrac{4R_1R_2|i_1|^2}{|V_2|^2}\end{cases} \tag{9.11}$$

根据互易定理，得到：

$$\frac{i_2}{V_1}=\frac{i_1}{V_2} \tag{9.12}$$

因此得到：

$$\frac{P_{r2}}{P_1}=\frac{P_{r1}}{P_2}=\frac{G_1A_{r2}}{4\pi R^2}=\frac{G_2A_{r1}}{4\pi R^2} \tag{9.13}$$

由此得到：

$$\frac{G_1}{A_{r1}}=\frac{G_2}{A_{r2}} \tag{9.14}$$

由于上述天线是任意的，得出结论：

$$\frac{G}{A_r}=C(\text{通用常数}) \tag{9.15}$$

上式适用于最大增益的方向，因此由式(9.5)得到：

$$\frac{G(\theta,\phi)}{A_r(\theta,\phi)}=\frac{G_m}{A_{rm}} \tag{9.16}$$

为了得到式(9.15)中无损匹配天线的通用常数，考虑平均接收截面：

$$\frac{1}{4\pi}\int A_r(\theta,\phi)\,\mathrm{d}\Omega = \frac{1}{4\pi C}\int G\mathrm{d}\Omega = \frac{1}{C} \tag{9.17}$$

由于这适用于任何天线，常数 C 是通过计算一个简单天线的平均接收横截面得到的。以短偶极子天线为例，端部具有匹配的共轭阻抗，辐射电阻为 R_0，则在包含偶极子的平面上极化的平面波以 θ 角入射时，接收功率 P_r 为(图 9.2)：

$$P_r=\frac{V^2}{8R_0}=\frac{E_0^2 l^2 \sin^2\theta}{8R_0}=A_r(\theta)\frac{|E_0|^2}{2\eta} \tag{9.18}$$

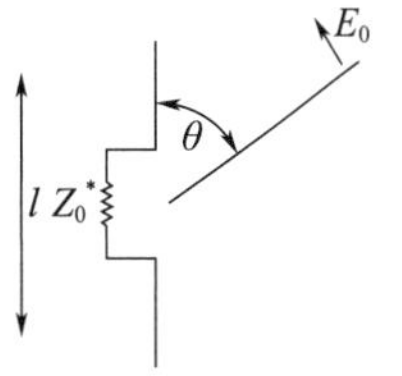

图 9.2　端部有共轭阻抗的短偶极子 Z_0^*

因此得到：

$$A_r(\theta)=\frac{\eta l^2}{4R_0}\sin^2\theta \tag{9.19}$$

平均接收截面为

$$\frac{1}{C}=\frac{1}{4\pi}\int A_r(\theta)\,\mathrm{d}\Omega=\frac{\eta l^2}{6R_0} \tag{9.20}$$

然而，短偶极子的辐射电阻为(见式(5.27))：

$$R_0=\eta\left(\frac{l}{\lambda}\right)^2\frac{2\pi}{3} \tag{9.21}$$

因此得到：

$$\frac{1}{C}=\frac{\lambda^2}{4\pi} \tag{9.22}$$

式(9.22)证明了式(9.6)。

9.2　给定电、磁电流分布的辐射场

天线(线天线)上的精确电流分布必须通过解边值问题来确定，我们将在 9.8 节中讨论。然而，在许多实际天线中，近似的电流分布是基于更精确的计算或实验数据的。在本节中，将介绍由给定电流分布产生的辐射场。

考虑给定的电流 $\bar{J}$ 和磁电流 $\bar{J}_m$ 在空间中的分布情况(图 9.3)。源区外的电场由 5.2 节和 5.3 节中的赫兹矢量公式表示。

$$\begin{cases}\overline{\boldsymbol{E}} = \nabla\times\nabla\times\overline{\boldsymbol{\pi}} - \mathrm{j}\omega\mu_0\nabla\times\overline{\boldsymbol{\pi}}_m \\ \overline{\boldsymbol{\pi}} = \int G_0(\overline{\boldsymbol{r}},\overline{\boldsymbol{r}}')\dfrac{\overline{\boldsymbol{J}}(\overline{\boldsymbol{r}}')}{\mathrm{j}\omega\varepsilon_0}\mathrm{d}V' \\ \overline{\boldsymbol{\pi}}_m = \int G_0(\overline{\boldsymbol{r}},\overline{\boldsymbol{r}}')\dfrac{\overline{\boldsymbol{J}}_m(\overline{\boldsymbol{r}}')}{\mathrm{j}\omega\mu_0}\mathrm{d}V'\end{cases} \tag{9.23}$$

式中：

$$G_0(\overline{\boldsymbol{r}},\overline{\boldsymbol{r}}') = \frac{\exp(-\mathrm{j}k|\overline{\boldsymbol{r}}-\overline{\boldsymbol{r}}'|)}{4\pi|\overline{\boldsymbol{r}}-\overline{\boldsymbol{r}}'|}$$

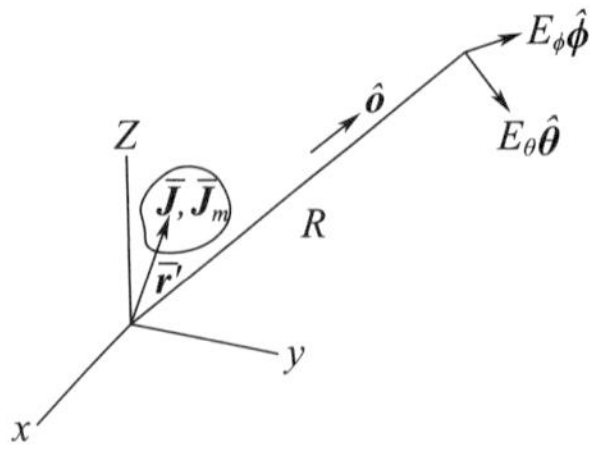

图 9.3　由$\overline{\boldsymbol{J}}(\overline{\boldsymbol{r}}')$和$\overline{\boldsymbol{J}}_m(\overline{\boldsymbol{r}}')$引起的辐射场 E_θ 和 E_ϕ

在无限远的区域内，格林函数近似为式(6.119)：

$$G_0(\overline{\boldsymbol{r}},\overline{\boldsymbol{r}}') = \frac{\mathrm{e}^{-\mathrm{j}kR+\mathrm{j}k\hat{\boldsymbol{o}}\cdot\overline{\boldsymbol{r}}'}}{4\pi R}$$

算子$\nabla = -\mathrm{j}k\hat{\boldsymbol{o}}$。因此，在无限远的区域内，得到：

$$\overline{\boldsymbol{E}} = \frac{\mathrm{j}\omega\mu_0}{4\pi R}\mathrm{e}^{-\mathrm{j}kR}\hat{\boldsymbol{O}}\times\hat{\boldsymbol{O}}\times\overline{\boldsymbol{I}} + \frac{\mathrm{j}k}{4\pi R}\mathrm{e}^{-\mathrm{j}kR}\hat{\boldsymbol{O}}\times\overline{\boldsymbol{I}}_m \tag{9.24}$$

式中：

$$I = \int\overline{\boldsymbol{J}}(\overline{\boldsymbol{r}}')\mathrm{e}^{\mathrm{j}k\hat{\boldsymbol{o}}\cdot\overline{\boldsymbol{r}}'}\mathrm{d}V'$$

$$I_m = \int\overline{\boldsymbol{J}}_m(\overline{\boldsymbol{r}}')\mathrm{e}^{\mathrm{j}k\hat{\boldsymbol{o}}\cdot\overline{\boldsymbol{r}}'}\mathrm{d}V'$$

现在，分量 E_θ 和 E_ϕ 由下式计算：

$$\begin{cases}E_\theta = \hat{\boldsymbol{\theta}}\cdot\overline{\boldsymbol{E}} \\ E_\phi = \hat{\boldsymbol{\phi}}\cdot\overline{\boldsymbol{E}}\end{cases} \tag{9.25}$$

需要注意①：

$$\hat{\boldsymbol{O}}\times\hat{\boldsymbol{O}}\times\overline{\boldsymbol{J}} = \hat{\boldsymbol{O}}(\hat{\boldsymbol{O}}\cdot\overline{\boldsymbol{J}}) - \overline{\boldsymbol{J}}$$

$$\hat{\boldsymbol{\theta}}\cdot(\hat{\boldsymbol{O}}\times\overline{\boldsymbol{J}}_m) = \overline{\boldsymbol{J}}_m\cdot(\hat{\boldsymbol{\theta}}\times\hat{\boldsymbol{O}}) = -\hat{\boldsymbol{\phi}}\cdot\overline{\boldsymbol{J}}_m$$

$$\hat{\boldsymbol{\phi}}\cdot(\hat{\boldsymbol{O}}\times\overline{\boldsymbol{J}}_m) = \overline{\boldsymbol{J}}_m\cdot(\hat{\boldsymbol{\phi}}\times\hat{\boldsymbol{O}}) = \hat{\boldsymbol{\theta}}\cdot\overline{\boldsymbol{J}}_m$$

得到：②

① 译者注：根据原作者提供的更正说明，将下面第三式中的 $-\hat{\boldsymbol{\theta}}\cdot\overline{\boldsymbol{J}}_m$ 更改为 $\hat{\boldsymbol{\theta}}\cdot\overline{\boldsymbol{J}}_m$。

② 译者注：根据原作者提供的更正说明，将式(9.26)中的第 2 个等式的第 2 个负号更正为正号。

$$\begin{cases} E_\theta = -\dfrac{\mathrm{j}\omega\mu_0}{4\pi R}\mathrm{e}^{-\mathrm{j}kR}\int \hat{\boldsymbol{\theta}}\cdot\hat{\boldsymbol{J}}(\bar{\boldsymbol{r}}')\mathrm{e}^{\mathrm{j}k\hat{\boldsymbol{o}}\cdot\bar{\boldsymbol{r}}'}\mathrm{d}V' - \dfrac{\mathrm{j}k}{4\pi R}\mathrm{e}^{-\mathrm{j}kR}\int \hat{\boldsymbol{\phi}}\cdot\bar{\boldsymbol{J}}_m(\bar{\boldsymbol{r}}')\mathrm{e}^{-\mathrm{j}k\hat{\boldsymbol{o}}\cdot\bar{\boldsymbol{r}}'}\mathrm{d}V' \\ E_\phi = -\dfrac{\mathrm{j}\omega\mu_0}{4\pi R}\mathrm{e}^{-\mathrm{j}kR}\int \hat{\boldsymbol{\phi}}\cdot\hat{\boldsymbol{J}}(\bar{\boldsymbol{r}}')\mathrm{e}^{\mathrm{j}k\hat{\boldsymbol{o}}\cdot\bar{\boldsymbol{r}}'}\mathrm{d}V' + \dfrac{\mathrm{j}k}{4\pi R}\mathrm{e}^{-\mathrm{j}kR}\int \hat{\boldsymbol{\theta}}\cdot\bar{\boldsymbol{J}}_m(\bar{\boldsymbol{r}}')\mathrm{e}^{-\mathrm{j}k\hat{\boldsymbol{o}}\cdot\bar{\boldsymbol{r}}'}\mathrm{d}V' \end{cases} \tag{9.26}$$

远区磁场 $\bar{\boldsymbol{H}}$ 只与 $\bar{\boldsymbol{E}}$ 有关:

$$\bar{\boldsymbol{H}} = \frac{1}{\eta}\hat{\boldsymbol{o}} \times \bar{\boldsymbol{E}} \tag{9.27}$$

式中:$\eta = \left(\dfrac{\mu_0}{\varepsilon_0}\right)^{1/2}$。

因此得到:

$$\begin{cases} H_\theta = \dfrac{E_\phi}{\eta} \\ H_\phi = \dfrac{E_\theta}{\eta} \end{cases} \tag{9.28}$$

这是远场分量 E_θ 和 E_ϕ 的基本公式,由给定的电流分布 $\bar{\boldsymbol{J}}$ 和$\bar{\boldsymbol{J}}_m$产生。注意,J 的 θ 和 ϕ 分量构成了 E_θ 和 E_ϕ,J 的 ϕ 和 θ 分量构成了 E_θ 和 E_ϕ。实际的计算可以在不同的坐标系中进行。例如,在笛卡尔坐标系中,有

$$\begin{cases} \hat{\boldsymbol{\theta}} = \hat{\boldsymbol{x}}\cos\theta\cos\phi + \hat{\boldsymbol{y}}\cos\theta\sin\phi - \hat{\boldsymbol{z}}\sin\theta \\ \hat{\boldsymbol{\phi}} = -\hat{\boldsymbol{x}}\sin\phi + \hat{\boldsymbol{y}}\cos\phi \\ \hat{\boldsymbol{o}} = \hat{\boldsymbol{x}}\sin\theta\cos\phi + \hat{\boldsymbol{y}}\sin\theta\sin\phi + \hat{\boldsymbol{z}}\cos\theta \\ \bar{\boldsymbol{r}}' = \hat{\boldsymbol{x}}x' + \hat{\boldsymbol{y}}y' + \hat{\boldsymbol{z}}z' \end{cases} \tag{9.29}$$

因此得到:

$$\begin{cases} \hat{\boldsymbol{\theta}}\cdot\bar{\boldsymbol{J}} = \cos\theta\cos\phi J_x + \cos\theta\sin\phi J_y - \sin\theta J_z \\ \hat{\boldsymbol{\phi}}\cdot\bar{\boldsymbol{J}} = -\sin\phi J_x + \cos\phi J_y \\ \hat{\boldsymbol{o}}\cdot\bar{\boldsymbol{r}}' = x'\sin\theta\cos\phi + y'\sin\theta\sin\phi + z'\cos\theta \end{cases} \tag{9.30}$$

在圆柱坐标系中,有①

$$\begin{cases} \bar{\boldsymbol{J}}(r',\phi',z') = \hat{\boldsymbol{r}}'J_{r'} + \hat{\boldsymbol{\phi}}'J_{\phi'} + \hat{\boldsymbol{z}}'J_{z'} \\ \bar{\boldsymbol{r}}' = \hat{\boldsymbol{x}}\rho'\cos\phi' + \hat{\boldsymbol{y}}\rho'\sin\phi' + \hat{\boldsymbol{z}}z' \end{cases} \tag{9.31}$$

因此得到②:

$$\begin{cases} \hat{\boldsymbol{\theta}}\cdot\bar{\boldsymbol{J}} = \cos\theta\sin(\phi-\phi')J_{\phi'} + \cos\theta\cos(\phi-\phi')J_{r'} - \sin\theta J_{z'} \\ \hat{\boldsymbol{\phi}}'\cdot\bar{\boldsymbol{J}} = \cos(\phi-\phi')J_{\phi'} - \sin(\phi-\phi')J_{r'} \\ \hat{\boldsymbol{o}}\cdot\bar{\boldsymbol{r}} = \rho'\sin\theta\cos(\phi-\phi') + z'\cos\theta \end{cases} \tag{9.32}$$

---

① 译者注:根据原作者提供的更正说明,将式(9.31)中的 $\phi' J_\phi$ 更改为 $\hat{\boldsymbol{\phi}}'J_{\phi'}$。

② 译者注:根据原作者提供的更正说明,将式(9.32)中的 $+\sin(\phi-\phi')J_{r'}$ 更改为 $-\sin(\phi-\phi')J_{r'}$。

9.3 偶极子、槽和环的辐射场

在本节中，将介绍一些基于式(9.26)的已知电流分布的辐射场的例子。众所周知(Elliott，1981，第2章)，线天线上的电流分布近似于正弦。对于图9.4所示的线天线，电流分布为①

$$I(z') = I_0 \frac{\sin[k(l - |z'|)]}{\sin kl} \tag{9.33}$$

将此式代入式(9.26)，得到：

$$E_\theta = \frac{j\omega\mu_0 \sin\theta e^{-jkR}}{4\pi R}\int_{-l}^{l} I(z') e^{jkz'\cos\theta} dz' \tag{9.34}$$

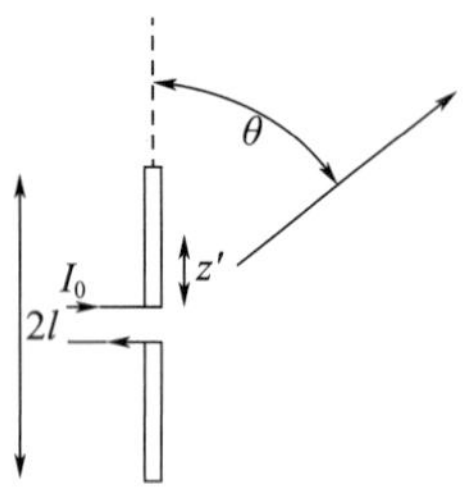

图9.4 线天线的辐射

注意到 $I(z')$ 是 z' 的偶函数，可以简化积分，因此，积分为

$$2\int_0^l I(z')\cos(kz'\cos\theta)dz'$$

积分之后，得到：

$$\begin{cases} E_\theta = \dfrac{j\eta I_0}{2\pi R} e^{-jkR} \dfrac{\cos(kl\cos\theta) - \cos kl}{\sin kl \sin\theta} \\ E_\phi = 0 \end{cases} \tag{9.35}$$

对于半波偶极子，$2l = \lambda/2$，得到：

$$E_\theta = \frac{j\eta I_0}{2\pi R} e^{-jkR} \frac{\cos[(\pi/2)\cos\theta]}{\sin\theta} \tag{9.36}$$

总辐射功率为②

$$P_t = \int_0^{2\pi}\int_0^{\pi} \frac{|E_\theta|^2}{2\eta} R^2 \sin\theta d\theta d\phi \tag{9.37}$$

辐射电阻 R_r 定义为：

$$P_t = \frac{1}{2} I_0^2 R_r \tag{9.38}$$

对于半波偶极子，式(9.37)中的积分可以用数值或分析方法计算，使用正弦和余弦积分，得到：

$$R_r = 73.09\Omega \tag{9.39}$$

注意，输入阻抗 $Z_i = R_r + jX$ 的电阻性分量由辐射功率计算得到，与线径无关，但无功分量 X 取决于近场储存的能量。因此，X 取决于线径，必须通过求解边值问题得到。半波偶极子天线的最大增益在 $\theta = \pi/2$ 方向，由下式计算得到：

$$G = \frac{4\pi R^2 |E_\theta|^2/2\eta}{P_t} = 1.64 \tag{9.40}$$

对于短偶极子 $2l \ll \lambda$，辐射电阻 R_r 和最大增益为

---

① 译者注：根据原作者提供的更正说明，将式(9.33)中 $1 - |z'|$ 更改为 $l - |z'|$。

② 译者注：根据原作者提供的更正说明，将式(9.37)中的 $\int^{\pi}$ 更改为 $\int_0^{\pi}$。

$$\begin{cases} R_r = 20\left(\dfrac{\pi 2l}{\lambda}\right)^2 \\ G = 1.5 \end{cases} \tag{9.41}$$

如图 9.5 所示,线天线通常放置在导电地平面的前面。且辐射场是天线辐射和其镜像辐射的总和。因此,辐射场由下式计算:

$$E_\theta = \frac{\mathrm{j}\eta I_0}{2\pi R}\mathrm{e}^{-\mathrm{j}kR}\frac{\cos(kl\cos\theta) - \cos kl}{\sin kl\sin\theta}2\mathrm{j}\sin(kh\sin\theta\sin\phi) \tag{9.42}$$

接下来,考虑从地平面上一个中心馈电槽产生的辐射(图 9.6)。槽内的电场为

$$E_x = \frac{V_0}{w}\frac{\sin k(l - |z|)}{\sin kl} \tag{9.43}$$

如 6.10 节所示,这与地平面前的磁电流 $\boldsymbol{J}_m$ 相同。

$$\bar{\boldsymbol{J}}_m = \bar{\boldsymbol{E}} \times \hat{\boldsymbol{n}} = E_x\hat{\boldsymbol{x}} \times \hat{\boldsymbol{y}} = E_x\hat{\boldsymbol{z}} \tag{9.44}$$

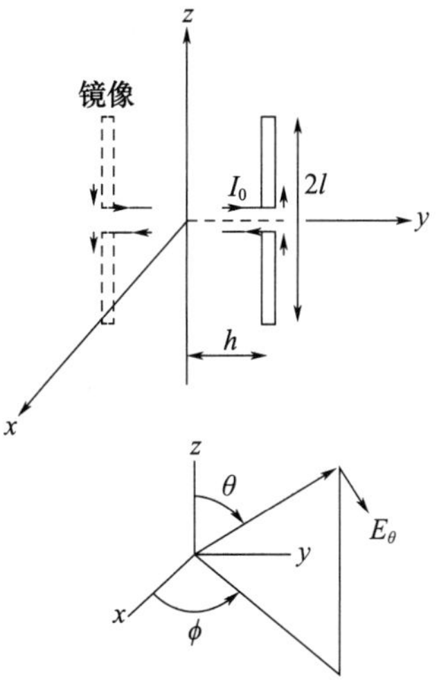

图 9.5　偶极子在地平面前的辐射($x-z$)

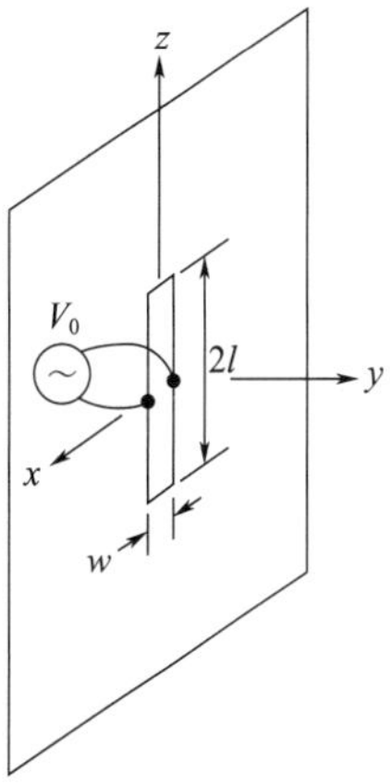

图 9.6　中心馈电槽

这等价于磁电流 $\bar{\boldsymbol{J}}_m$ 及其在自由空间中的镜像。因此,该场等于 $2\bar{\boldsymbol{J}}_m$ 产生的场。使用式(9.26),得到:

$$\begin{cases} E_\theta = 0 \\ E_\phi = -\mathrm{j}\dfrac{\mathrm{e}^{-\mathrm{j}kR}}{\pi R}V_0\dfrac{\cos(kl\cos\theta) - \cos kl}{\sin kl\sin\theta} \end{cases} \tag{9.45}$$

接下来,考虑一个半径为 a 的小电流环的辐射,假设环路中电流 I_ϕ 为常数。

$$\begin{cases} \hat{\boldsymbol{o}} = \hat{\boldsymbol{x}}\sin\theta\cos\phi + \hat{\boldsymbol{y}}\sin\theta\sin\phi + \hat{\boldsymbol{z}}\cos\theta \\ \hat{\boldsymbol{o}} \cdot \bar{\boldsymbol{r}}' = a\sin\theta\cos(\phi - \phi') \end{cases} \tag{9.46}$$

使用式(9.31)、式(9.32)和式(9.46),得到:

$$\begin{cases} E_\theta = 0 \\ E_\phi = -\dfrac{\mathrm{j}\omega\mu_0\mathrm{e}^{-\mathrm{j}kR}}{4\pi R}(\mathrm{j}k\pi a^2 I_\phi\sin\theta) \end{cases} \tag{9.47}$$

辐射电阻为

$$R_r = \frac{\pi\eta}{6}(ka)^4 = 320\pi^6\left(\frac{a}{\lambda}\right)^4 \tag{9.48}$$

9.4 等间距和不等间距的天线阵列

考虑由电流 I_n 激励的线天线的辐射场。根据式(9.35)可以把辐射场$\overline{\boldsymbol{E}}_n$写成:

$$\overline{\boldsymbol{E}}_n = \frac{I_n}{R_n}\overline{\boldsymbol{f}}_n(\theta,\phi)\mathrm{e}^{-\mathrm{j}kR_n} \tag{9.49}$$

式中:$\overline{\boldsymbol{f}}_n(\theta,\phi)$表示辐射模式(图9.7)。对于远场:

$$\begin{cases}\dfrac{1}{R_1}\approx\dfrac{1}{R_2}\approx\dfrac{1}{R_n}\approx\dfrac{1}{R_0}\\ KR_n = kR_0 - \phi_n\end{cases} \tag{9.50}$$

式中:ϕ_n 为图9.7所示的相位差。假设所有天线都是相同的。

$$\overline{\boldsymbol{f}}_1 = \overline{\boldsymbol{f}}_2 = \cdots = \overline{\boldsymbol{f}}(\theta,\phi) \tag{9.51}$$

总辐射场为

$$\overline{\boldsymbol{E}} = \frac{\overline{\boldsymbol{f}}(\theta,\phi)}{R_0}\mathrm{e}^{-\mathrm{j}kR_0}F(\theta,\phi) \tag{9.52}$$

式中:

$$F(\theta,\phi) = \sum_{n=1}^{N} I_n \mathrm{e}^{\mathrm{j}\phi_n}$$

函数 $F(\theta,\phi)$被称为数组因子。对于图9.7所示的情况,其中所有天线都位于 y 轴上,间距 d 相等,得到:

$$F(\theta,\phi) = \sum_{n=1}^{N} I_n \mathrm{e}^{\mathrm{j}kd(n-1)\sin\theta\sin\phi} \tag{9.53}$$

如图9.7所示,如果所有天线都位于一条直线上,则称为线性阵列。如果天线位于圆形或球体表面,则称为圆形阵列或球形阵列。

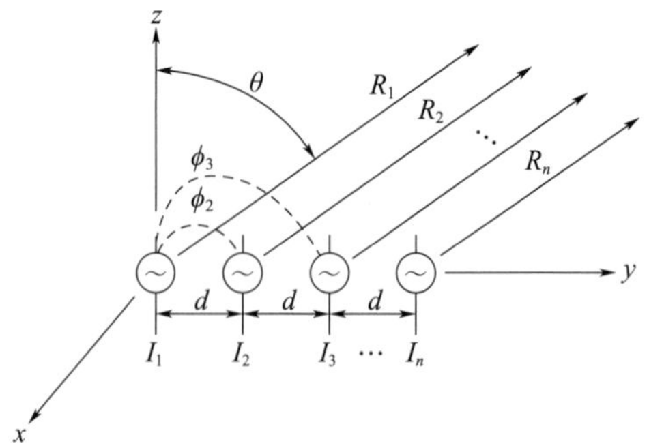

图9.7 天线阵的辐射

如果线性阵列中的所有电流都相同,得到:

$$
\begin{cases}
I_n = I_0 \\
F(\theta,\phi) = I_0 \sum_{n=1}^{N} e^{j(n-1)\gamma} \\
\quad = NI_0 \exp\left[\dfrac{j(N-1)\gamma}{2}\right]\dfrac{\sin(N\gamma/2)}{\sin(\gamma/2)}
\end{cases}
\tag{9.54}
$$

式中:$\gamma = kd\sin\theta\sin\phi$。

阵列因子$\|F(\theta,\phi)\|$的大小与 NI_0 的归一化关系如图 9.8 所示。需要注意主瓣、栅瓣和可见区域($-\pi/2 < \theta < \pi/2$)。

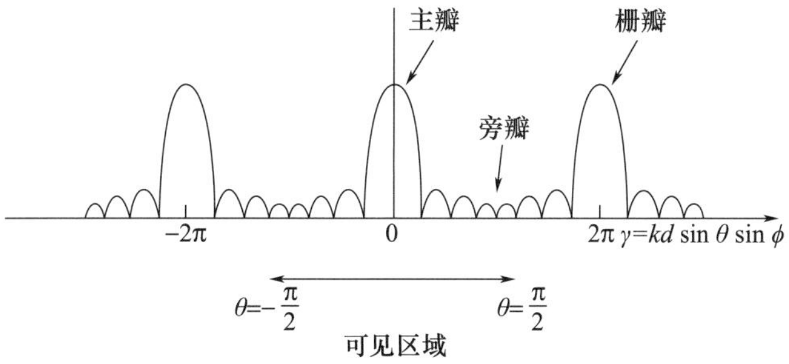

图 9.8　均匀阵列的辐射

天线阵列问题已经有了广泛的研究(Elliott,1981;Ma,1974)。在本节中,将介绍一些关于线性数组的有趣想法。考虑 $y-z$ 平面中的数组因子 $\phi = \pi/2$,如式(9.53)所示。令:

$$Z = \exp(jkd\sin\theta) \tag{9.55}$$

得到:

$$F = \sum_{n=1}^{N} I_n Z^{n-1} \tag{9.56}$$

这是一个 $N-1$ 次的多项式,得到:

$$F = A(Z-Z_1)(Z-Z_2)\cdots(Z-Z_{N-1}) \tag{9.57}$$

式中:Z_n 为多项式的零点;A 为常数。注意,阵列因子$\|F\|$是由复 Z 平面单位圆上 F 的大小计算得到,可以通过在复 Z 平面中放置零点 Z_n 来获得所需的阵列因子(图 9.9)。该方法最早由 Shelkunoff 在 1943 年提出的。

接下来,考虑一种合成所需辐射模式的方法。如图 9.10 所示,放置 $2N+1$ 天线。数组因子为

$$
\begin{aligned}
F(\theta) = & I_0 + I_1 e^{j\gamma} + I_2 e^{j2\gamma} + \cdots I_n e^{jN\gamma} + \\
& I_{-1} e^{-j\gamma} + I_{-2} e^{-j2\gamma} + \cdots + I_{-N} e^{-jN\gamma}
\end{aligned}
\tag{9.58}
$$

这是 $F(\theta) = F(\gamma)$ 的傅里叶级数表示,因此对于期望的辐射图 $F(\gamma)$,在傅里叶级数中展开 $F(\gamma)$,傅里叶系数可以被认为是每个天线元件中的电流。有关天线图合成的更详细的讨论,可以参见 Collin 和 Zucker(1969)和 Ma(1974)。

上述只考虑了等间距的数组,在数学表达上是最简便的,通常应用于实际问题中。然而,在某些应用场景中,应该选择不等间距的数组。例如,天线的分辨能力取决于总尺寸:$\Delta\theta = \lambda/$尺寸。但是,如果间距 d 大于一个波长且均匀,可见区域就会有光栅瓣(图 9.8)。

然而,如果使用不等间距阵列,即使间距远远大于波长,也可以消除这些光栅瓣。因此,非等间距阵列可以用更少的天线单元获得更好的分辨率。

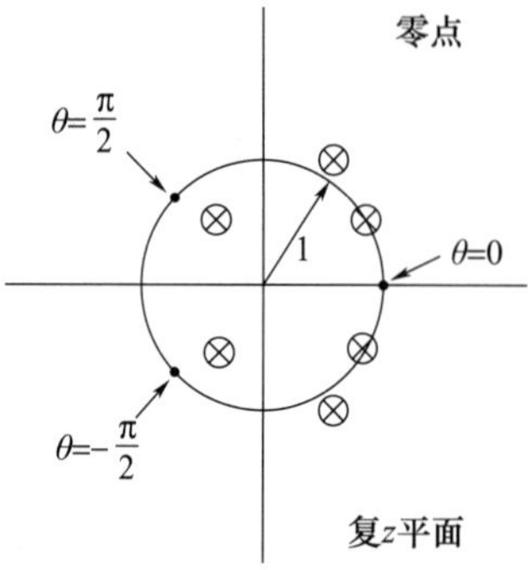

图 9.9　Schelkunoff 单位圆

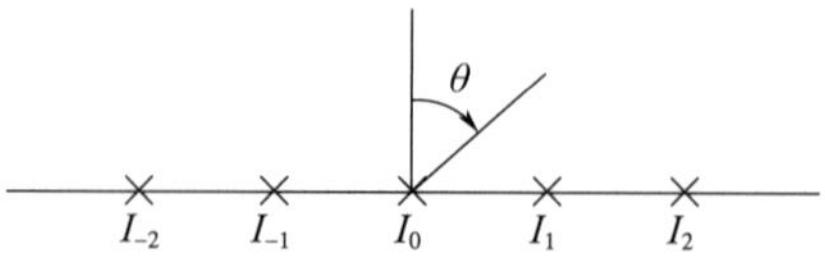

图 9. 10　傅里叶级数合成

考虑非等间距阵列的阵列因子(图 9. 11):

$$F(\theta) = \sum_{n=0}^{N-1} I_n \mathrm{e}^{\mathrm{j}(k\sin\theta) y_n} \tag{9.59}$$

得到:

$$F(\theta) = \sum_{n=0}^{N-1} I(n) \mathrm{e}^{\mathrm{j}(k\sin\theta) y(n)} \tag{9.60}$$

式中:$I(n)$和 $y(n)$为 n 的函数(图 9. 12)。现在,使用泊松和公式:

$$\sum_n f(n) = \sum_m \int f(\nu) \mathrm{e}^{-\mathrm{j}2m\pi\nu} \mathrm{d}\nu \tag{9.61}$$

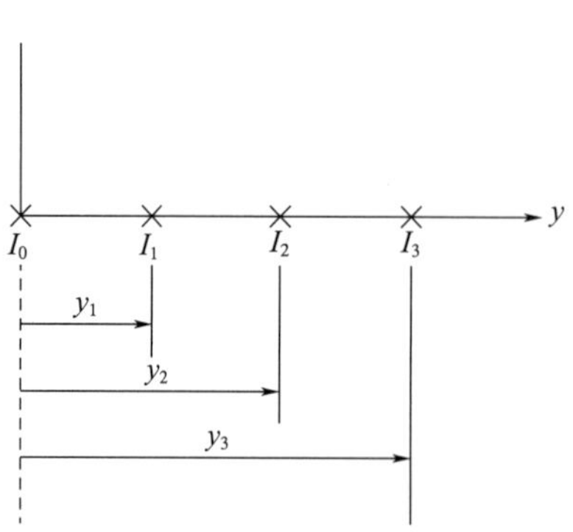

图 9. 11　非等距排列

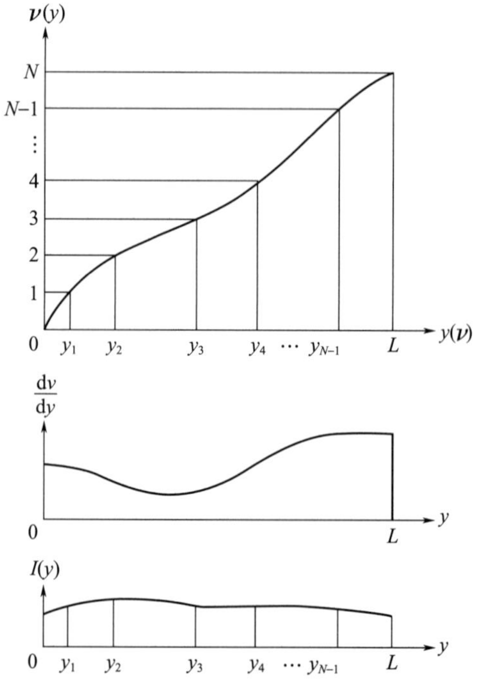

图 9. 12　非等距数组的元素位置

然后,得到:

$$
\begin{aligned}
F(\theta) &= \sum_{m=-\infty}^{\infty} F_m(\theta) \\
F_m(\theta) &= \int_0^N I(\nu)\,\mathrm{e}^{\mathrm{j}(k\sin\theta)y(\nu)-\mathrm{j}2m\pi\nu}\mathrm{d}\nu \\
&= \int_0^L I(y)\,\mathrm{e}^{\mathrm{j}(k\sin\theta)y-\mathrm{j}2m\pi\nu(y)}\left(\frac{\mathrm{d}\nu}{\mathrm{d}y}\right)\mathrm{d}y
\end{aligned}
\tag{9.62}
$$

此处,将有限和式(9.60)转换为无限和式(9.62)。然而,这个无限和揭示了一些有趣的特征。例如,考虑 $m=0$ 项:

$$
F_0(\theta) = \int_0^L I(y)\left(\frac{\mathrm{d}\nu}{\mathrm{d}y}\right)\mathrm{e}^{\mathrm{j}ky\sin\theta}\mathrm{d}y \tag{9.63}
$$

这和等效连续源分布 $S_0(y)$ 的辐射是一样的。

$$
S_0(y) = I(y)\frac{\mathrm{d}\nu}{\mathrm{d}y} \tag{9.64}
$$

这意味着这个等效的源分布等于由密度函数 $\mathrm{d}\nu/\mathrm{d}y$ 修正的实际电流分布 $I(y)$。F_m 的等效源分布 $S_m(y)$ 为

$$
S_m(y) = S_0(y)\,\mathrm{e}^{-\mathrm{j}2m\pi\nu(y)} \tag{9.65}
$$

这在孔径上有额外的相移。如果间距是均匀的,$\nu(y)=Ny/L$,这就产生了 $k\sin\theta = 2m\pi N/L$ 的光栅瓣。但如果间距不均匀,则该角度的光栅瓣消失,该瓣所含的功率在该角度分散。

此处,如多尔夫切比雪夫阵列、圆形阵列、球形阵列、保形阵列、三维阵列、随机间距阵列和相控阵等重要阵列问题,在许多文献中被讨论过(Hansen,1966;Lo,Lee,1988),不再赘述。

9.5　给定孔径场分布的辐射场

如果已知曲面 S 上的精确场$(\overline{\boldsymbol{E}}_s,\overline{\boldsymbol{H}}_s)$,可以用弗朗荍公式(6.9 节)得到任意一点上的场$(\overline{\boldsymbol{E}}_s,\overline{\boldsymbol{H}}_s)$,其形式为切向场$\overline{\boldsymbol{E}}_s\times\hat{\boldsymbol{n}}$ 和 $\hat{\boldsymbol{n}}\times\overline{\boldsymbol{H}}_s$。

$$
\begin{cases}
\overline{\boldsymbol{E}} = \nabla\times\nabla\times\overline{\boldsymbol{\pi}} - \mathrm{j}\omega\mu_0\nabla\times\overline{\boldsymbol{\pi}}_m \\
\overline{\boldsymbol{\pi}} = \displaystyle\int G_0(\overline{\boldsymbol{r}},\overline{\boldsymbol{r}}')\frac{\hat{\boldsymbol{n}}\times\overline{\boldsymbol{H}}_s(\overline{\boldsymbol{r}}')}{\mathrm{j}\omega\varepsilon_0}\mathrm{d}S' \\
\overline{\boldsymbol{\pi}}_m = \displaystyle\int G_0(\overline{\boldsymbol{r}},\overline{\boldsymbol{r}}')\frac{\overline{\boldsymbol{E}}_s(\overline{\boldsymbol{r}}')\times\hat{\boldsymbol{n}}}{\mathrm{j}\omega\mu_0}\mathrm{d}S'
\end{cases}
\tag{9.66}
$$

式中:

$$
G_0(\overline{\boldsymbol{r}},\overline{\boldsymbol{r}}') = \frac{\exp(-\mathrm{j}k|\overline{\boldsymbol{r}}-\overline{\boldsymbol{r}}'|)}{4\pi|\overline{\boldsymbol{r}}-\overline{\boldsymbol{r}}'|}
$$

$\hat{\boldsymbol{n}}$ 为指向观测点的曲面 S 的法向单位矢量。按照 9.2 节的步骤,通过曲面 S 上已知的场分布得到远场:

$$\begin{cases} E_\theta = -\dfrac{\mathrm{j}\omega\mu_0}{4\pi R}\mathrm{e}^{-\mathrm{j}kR}\int\hat{\boldsymbol{\theta}}\cdot(\hat{\boldsymbol{n}}\times\overline{\boldsymbol{H}}_s(\overline{\boldsymbol{r}}'))\mathrm{e}^{\mathrm{j}k\hat{\boldsymbol{o}}\cdot\overline{\boldsymbol{r}}'}\mathrm{d}S' - \\ \qquad \dfrac{\mathrm{j}k}{4\pi R}\mathrm{e}^{-\mathrm{j}kR}\int\hat{\boldsymbol{\phi}}\cdot(\overline{\boldsymbol{E}}_s(\overline{\boldsymbol{r}}')\times\hat{\boldsymbol{n}})\mathrm{e}^{\mathrm{j}k\hat{\boldsymbol{o}}\cdot\overline{\boldsymbol{r}}'}\mathrm{d}S' \\ E_\phi = -\dfrac{\mathrm{j}\omega\mu_0}{4\pi R}\mathrm{e}^{-\mathrm{j}kR}\int\hat{\boldsymbol{\phi}}\cdot(\hat{\boldsymbol{n}}\times\overline{\boldsymbol{H}}_s(\overline{\boldsymbol{r}}'))\mathrm{e}^{\mathrm{j}k\hat{\boldsymbol{o}}\cdot\overline{\boldsymbol{r}}'}\mathrm{d}S' + \\ \qquad \dfrac{\mathrm{j}k}{4\pi R}\mathrm{e}^{-\mathrm{j}kR}\int\hat{\boldsymbol{\theta}}\cdot(\overline{\boldsymbol{E}}_s(\overline{\boldsymbol{r}}')\times\hat{\boldsymbol{n}})\mathrm{e}^{\mathrm{j}k\hat{\boldsymbol{o}}\cdot\overline{\boldsymbol{r}}'}\mathrm{d}S' \end{cases} \tag{9.67}$$

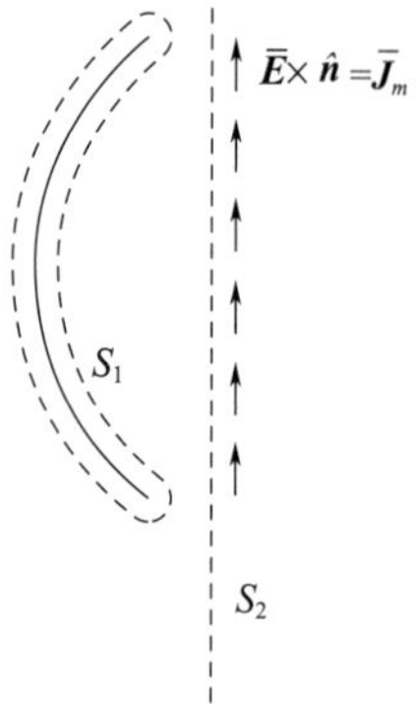

图 9.13　反射面 S_1 与平面孔径面 S_2

如果已知确切的表面场 $\hat{\boldsymbol{n}}\times\overline{\boldsymbol{H}}_s$ 和 $\overline{\boldsymbol{E}}_s\times\hat{\boldsymbol{n}}$，可以得到确切的场 (E_θ, E_ϕ)。在实际情况中，很难知道精确的表面场 $\overline{\boldsymbol{E}}_s$ 和 $\overline{\boldsymbol{H}}_s$，需要使用近似值。

例如，如果孔径较大，如抛物面反射天线，则导体反射面 S_1 上的场 $\overline{\boldsymbol{E}}_s$、$\overline{\boldsymbol{H}}_s$ 可以很好地近似为反射面局部为平面时的场（图 9.13）。因此得到：

$$\begin{cases} \overline{\boldsymbol{E}}_s\times\hat{\boldsymbol{n}} = 0 \\ \hat{\boldsymbol{n}}\times\overline{\boldsymbol{H}}_s = 2\hat{\boldsymbol{n}}\times\overline{\boldsymbol{H}}_i,\text{在 } S_1 \text{ 上} \end{cases} \tag{9.68}$$

式中：$\overline{\boldsymbol{H}}_i$ 为在没有反射器的情况下来自馈源喇叭的场。近似式(9.68)被称为基尔霍夫近似，与物理光学近似相同。

除了使用式(9.68)所示的反射面 S_1 上的场，还可以使用反射器前面平面孔径 S_2 上的场。可以用式(9.67)和从反射器反射的馈源在 S_2 上的场来近似 $\overline{\boldsymbol{E}}_s$ 和 $\overline{\boldsymbol{H}}_s$，或者可以使用等效定理(6.10 节)，并需要注意到 S_2 右侧的场为 $2\overline{\boldsymbol{E}}\times\hat{\boldsymbol{n}}$，由磁电流 $\overline{\boldsymbol{J}}_m=\overline{\boldsymbol{E}}\times\hat{\boldsymbol{n}}$ 和其在自由空间中的镜像 $\overline{\boldsymbol{E}}\times\hat{\boldsymbol{n}}$ 激发。远场为

$$\begin{cases} E_\theta = -\dfrac{\mathrm{j}k}{2\pi R}\mathrm{e}^{-\mathrm{j}kR}\int_{S_2}\hat{\boldsymbol{\phi}}\cdot(\overline{\boldsymbol{E}}_s\times\overline{\boldsymbol{n}})\mathrm{e}^{\mathrm{j}k\hat{\boldsymbol{o}}\cdot\overline{\boldsymbol{r}}'}\mathrm{d}S' \\ E_\phi = -\dfrac{\mathrm{j}k}{2\pi R}\mathrm{e}^{-\mathrm{j}kR}\int_{S_2}\hat{\boldsymbol{\theta}}\cdot(\overline{\boldsymbol{E}}_s\times\overline{\boldsymbol{n}})\mathrm{e}^{\mathrm{j}k\hat{\boldsymbol{o}}\cdot\overline{\boldsymbol{r}}'}\mathrm{d}S' \end{cases} \tag{9.69}$$

原则上，如果表面场 $\overline{\boldsymbol{E}}_s$ 和 $\overline{\boldsymbol{H}}_s$ 是准确已知的且表面完全包围物体，由式(9.67)和式(9.69)应该可以求出相同的正确远场。然而，在实践中，这是不可能实现的。S_1 或 S_2 上的场只是近似已知的，因此，在远旁瓣区域，式(9.67)和式(9.69)之间有轻微的差异。在主瓣区域，两者几乎相同，且结果较准确。

举一个例子，考虑一个矩形孔径（图 9.14）的辐射场分布。

$$\overline{\boldsymbol{E}}_s = \hat{\boldsymbol{x}}E_{sx}(x', y'),\text{在孔径中} \tag{9.70}$$

式中：$-a/2\leqslant x'\leqslant a/2$，$-b/2\leqslant y'\leqslant b/2$。

利用式(9.69)和式(9.29)，$\overline{\boldsymbol{E}}_s\times\hat{\boldsymbol{n}} = -\hat{\boldsymbol{y}}E_0$，得到：

$$\begin{cases} E_\theta = \dfrac{\mathrm{j}k}{2\pi R}\mathrm{e}^{-\mathrm{j}kR}\cos\phi F(k\sin\theta\cos\phi, k\sin\theta\sin\phi) \\ E_\phi = \dfrac{\mathrm{j}k}{2\pi R}\mathrm{e}^{-\mathrm{j}kR}(-\cos\theta\sin\phi)F(k\sin\theta\cos\phi, k\sin\theta\sin\phi) \end{cases} \tag{9.71}$$

其中①:

$$F(k_x,k_y) = \iint E_{sx}(x',y')\mathrm{e}^{\mathrm{j}k_x x'+\mathrm{j}k_y y'}\mathrm{d}x'\mathrm{d}y'$$

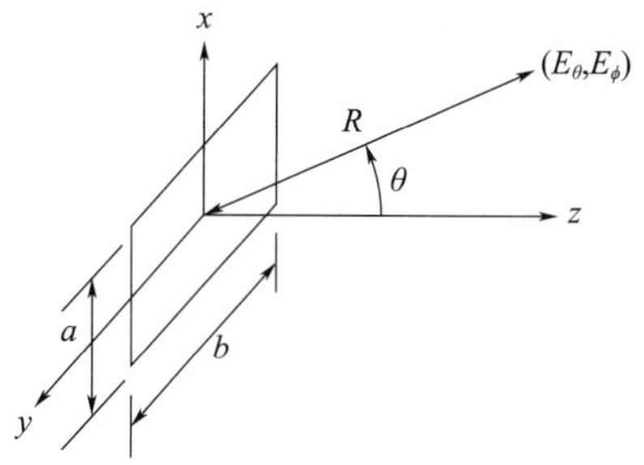

图 9.14 矩形孔径的辐射

注意,辐射模式与孔径场 $E_{sx}(x',y')$ 在 $k_x = k\sin\theta\cos\phi$ 和 $k_y = k\sin\theta\sin\phi$ 处的傅里叶变换 $F(k_x,k_y)$ 成正比。孔径场分布与辐射图之间的傅里叶变换关系非常重要且应用广泛。如果孔径分布均匀,$E_{sx} = E_0 =$ 常数,则得到:

$$F(k_x,k_y) = ab\frac{\sin(k_x a/2)}{k_x a/2}\frac{\sin(k_y b/2)}{k_y b/2} \tag{9.72}$$

如果孔径是圆形的,孔径场 $\overline{\boldsymbol{E}}_s$ 在圆柱坐标系中为

$$\overline{\boldsymbol{E}}_s = \hat{\boldsymbol{x}}E_{sx}(\rho',\phi'),\text{在 } \rho' \leqslant a \text{ 的孔径里} \tag{9.73}$$

式(9.71)与式(9.73)相似,只是 F 在圆柱坐标系应表示为

$$F(\theta,\phi) = \iint E_{sx}(\rho',\phi')\mathrm{e}^{\mathrm{j}k\rho'\sin\theta\cos(\phi,\phi')}\rho'\mathrm{d}\rho'\mathrm{d}\phi' \tag{9.74}$$

此外,如果 E_{sx} 与 ϕ' 不相关,得到:

$$F(\theta) = 2\pi\int_0^a E_{sx}(\rho')J_0(k\rho'\sin\theta)\rho'\mathrm{d}\rho' \tag{9.75}$$

对于均匀孔径场分布 $E_{sx} = E_0 =$ 常数,有

$$\int xJ_0(x)\mathrm{d}x = xJ_1(x)$$

得到:

$$F(\theta) = E_0\pi a^2\frac{J_1(ka\sin\theta)}{(ka\sin\theta)/2} \tag{9.76}$$

如果一个狭缝由波导馈电(图 9.15),且狭缝长度等于半波长,孔径场已知近似为正弦,表示为

$$E_x = E_0\cos kz \tag{9.77}$$

辐射场由式(9.45)计算得到,$kl = \pi/2$,$V_0 = E_0 w$,有

$$\begin{cases} E_\theta = 0 \\ E_\phi = -\mathrm{j}\dfrac{\mathrm{e}^{-\mathrm{j}kR}}{\pi R}E_0 w\dfrac{\cos[(\pi/2)\cos\theta]}{\sin\theta} \end{cases} \tag{9.78}$$

① 译者注:根据公式推导,式中的 $\mathrm{d}x'\mathrm{d}x'$ 修正为 $\mathrm{d}x'\mathrm{d}y'$。

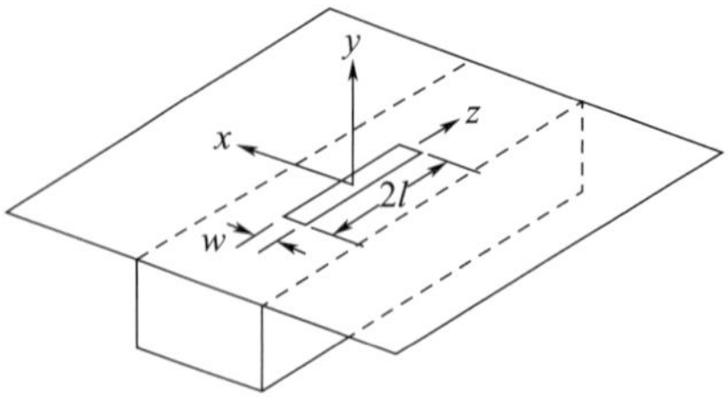

图 9.15　由波导馈电的半波长槽形天线($2l=\lambda/2$)

9.6　微带天线的辐射

微带天线是由一层薄薄的金属片在接地的介电板上制成的，如图 9.16 所示。金属贴片长约为半波长，由同轴线或带状线馈电。因此，它可以被看作是一个半波长的传输线腔，在两端有开放的终端，功率从终端泄漏。这是一种窄带天线，它具有低剖面和轻巧的特点。它的辐射模式接近于向表面法向辐射的半波偶极子，因此，可以很容易地形成微带天线阵列实现高增益扫描功能。

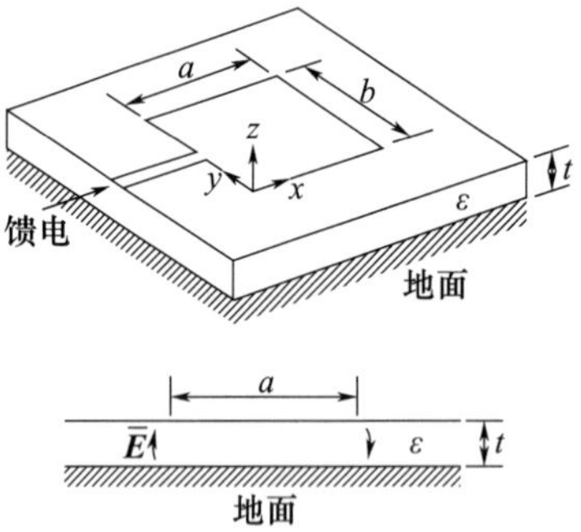

图 9.16　矩形微带天线

首先，考虑矩形贴片天线(图 9.16)，可以看作尺寸为 $a\times b\times t$ 的矩形腔，其边缘的边界条件是切向磁场为零(磁壁)(见 4.14 节)。因此，腔内的电场为

$$E_z(x,y)=E_0\cos\frac{m\pi x}{a}\cos\frac{n\pi y}{b} \tag{9.79}$$

谐振频率 $f_r=\omega_r/2\pi$ 为

$$\frac{\omega_r}{c}\sqrt{\varepsilon_r}=\left[\left(\frac{m\pi}{a}\right)^2+\left(\frac{n\pi}{b}\right)^2\right]^{1/2} \tag{9.80}$$

天线在接近此谐振频率的频率下工作。对于 $a>b$，当 $m=1$ 和 $n=0$ 时，谐振频率最低。(不包括静态场 $m=n=0$)

辐射场可以用几种等效方法计算(Lo 等，1979；Bahl，Bhartia，1980，第 8 页；Elliott，1981，第 105 页)。这里使用了贴片边缘的等效磁电流及其由于地平面而产生的镜像。然后，在贴片边缘得到以下磁电流：

$$\overline{\boldsymbol{E}}_s \times \hat{\boldsymbol{n}} = \begin{cases} \hat{\boldsymbol{y}}\left(-E_0\cos\dfrac{n\pi y}{b}\right), x=0 \\ \hat{\boldsymbol{y}}(-1)^m E_0\cos\dfrac{n\pi y}{b}, x=a \\ \hat{\boldsymbol{x}}E_0\cos\dfrac{m\pi x}{a}, y=0 \\ \hat{\boldsymbol{x}}\left[-(-1)^n E_0\cos\dfrac{m\pi x}{a}\right], y=b \end{cases} \tag{9.81}$$

将这些代入式(9.69)并注意:

$$\begin{cases} \hat{\boldsymbol{\phi}}\cdot(\overline{\boldsymbol{E}}_s\times\hat{\boldsymbol{n}}) = -\sin\phi E_x + \cos\phi E_y \\ \hat{\boldsymbol{\theta}}\cdot(\overline{\boldsymbol{E}}_s\times\hat{\boldsymbol{n}}) = -\cos\theta\cos\phi E_x + \cos\theta\sin\phi E_y \\ \hat{\boldsymbol{o}}\cdot\overline{\boldsymbol{r}}' = x'\sin\theta\cos\phi + y'\sin\theta\sin\phi \end{cases} \tag{9.82}$$

然后,得到:

$$\begin{cases} E_\theta = -\dfrac{\mathrm{j}k}{2\pi R}\mathrm{e}^{-\mathrm{j}kR}V_0(-\sin\phi g_1 - \cos\phi g_2) \\ E_\phi = +\dfrac{\mathrm{j}k}{2\pi R}\mathrm{e}^{-\mathrm{j}kR}V_0(\cos\theta\cos\phi g_1 - \cos\theta\sin\phi g_2) \end{cases} \tag{9.83}$$

式中①:

$$V_0 = E_0 t$$

$$g_1 = \left[1-(-1)^n\mathrm{e}^{\mathrm{j}kb\sin\theta\sin\phi}\right]\int_0^a \cos\frac{m\pi x'}{a}\mathrm{e}^{\mathrm{j}kx'\sin\theta\cos\phi}\mathrm{d}x'$$

$$g_2 = \left[1-(-1)^n\mathrm{e}^{\mathrm{j}kb\sin\theta\sin\phi}\right]\int_0^b \cos\frac{n\pi y'}{b}\mathrm{e}^{\mathrm{j}ky'\sin\theta\sin\phi}\mathrm{d}y'$$

在这里,假设贴片的厚度 t 比波长小得多,则磁电流是位于地平面上方的贴片边缘的窄线电流。

当 $m=1$ 和 $n=0$ 时,微带天线的谐振频率最低,故 $k=2\pi f_r/\mathrm{c}=\pi/a\sqrt{\varepsilon_r}$。为了解释边缘场,Lo(1979)使用以下有效尺寸,得到了理论与实验的一致性:

$$\begin{cases} a_{\text{eff}} = a + \dfrac{t}{2} \\ b_{\text{eff}} = b + \dfrac{t}{2} \end{cases} \tag{9.84}$$

半径为 a 的圆形贴片天线可以用腔内的场(4.14 节)进行类似的分析:

$$E_z = E_0 J_1(k_{11}\rho)\cos\phi \tag{9.85}$$

式中:$k_{11}=\dfrac{1.841}{a}$。

磁电流为

$$\overline{\boldsymbol{E}}_s\times\hat{\boldsymbol{n}} = \hat{z}E_z\times\hat{\boldsymbol{\rho}} = E_z\hat{\boldsymbol{\phi}} \tag{9.86}$$

然后,将其代入式(9.69)。应该注意区分角度 ϕ 和观测点(R,θ,ϕ)以及角度 ϕ'和贴

① 译者注:根据上下文,将第3个等式中 g_1 更改为 g_2。

片边缘场(a,ϕ')(见式(9.31)和式(9.32))。远场为

$$\begin{cases} E_\theta = -\dfrac{\mathrm{j}k}{2\pi R}\mathrm{e}^{-\mathrm{j}kR}\displaystyle\int_0^{2\pi}\cos(\phi-\phi')V_0 a\cos\phi'\exp[\mathrm{j}ka\sin\theta\cos(\phi-\phi')]\mathrm{d}\phi' \\ \quad = -\dfrac{\mathrm{j}k}{R}V_0 aJ_1'(ka\sin\theta)\cos\phi \\ E_\phi = \dfrac{\mathrm{j}kV_0 a}{R}\dfrac{J_1(ka\sin\theta)}{ka\sin\theta}\cos\theta\sin\phi \end{cases} \tag{9.87}$$

式中:$V_0=E_0tJ_1(k_{11}a)$为$\rho=a$和$\phi=0$处的边缘电压,$k=1.841/a\sqrt{\varepsilon_r}$。

9.7 给定电流分布的线天线的自阻抗和互阻抗

考虑由给定电压源激励的线天线(图9.17)。输入阻抗Z为

$$Z=\frac{V_0}{I(0)} \tag{9.88}$$

一般来说,有两种方法来确定输入阻抗。一种方法是,对于给定的电压,可以通过求解边值问题来确定精确的电流分布$I(z)$,然后使用$z=0$处的电流来获得输入阻抗。然而,这需要大量的理论和数值工作。在许多情况下,通常不关注确切的电流分布,但希望用一个简单的方法来计算近似的输入阻抗。这种方法基于阻抗的变分表达式,因此,可以比使用近似电流分布获得的阻抗更准确(Elliott,1981,第7章)。

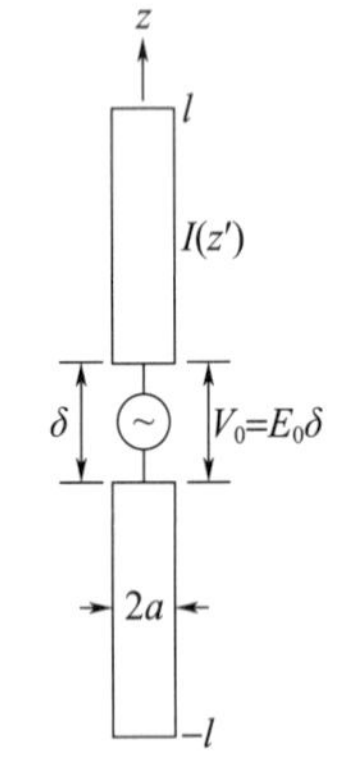

图9.17 由电压V_0激励的线状天线

假设导线尺寸a远小于波长,导线表面的电流密度J_z均沿z方向,因此,电场的z分量E_z计算如下:

$$\overline{\boldsymbol{E}}=\nabla\times\nabla\times\overline{\boldsymbol{\pi}}=\nabla(\nabla\cdot\overline{\boldsymbol{\pi}})+k^2\overline{\boldsymbol{\pi}} \tag{9.89}$$

取z分量,并有$\overline{\boldsymbol{\pi}}=\pi_z\hat{z}$,得到:

$$\begin{cases} E_z=\left(\dfrac{\partial^2}{\partial z^2}+k^2\right)\pi_z \\ \pi_z=\dfrac{1}{\mathrm{j}\omega\varepsilon_0}\displaystyle\int_{S'}G_0(\overline{\boldsymbol{r}},\overline{\boldsymbol{r}}')J_z(\overline{\boldsymbol{r}}')\mathrm{d}s' \end{cases} \tag{9.90}$$

式中:S'为包含导线的面积。由于$J_z(\overline{\boldsymbol{r}}')$没有方位变化,设$\mathrm{d}s'=a\mathrm{d}\phi'\mathrm{d}z'$,对$\phi'$进行积分,并设$I(z')$为$z'$处的总电流。让电流$I(z')$位于导线的轴上,并计算导线表面上的$E_z$。然后,得到:

$$E_z(z)=\int_{-l}^{l}K(z,z')I(z')\mathrm{d}z' \tag{9.91}$$

式中:

$$K(z,z')=\frac{1}{4\pi\mathrm{j}\omega\varepsilon_0}\left(\frac{\partial^2}{\partial z^2}+k^2\right)\frac{\mathrm{e}^{-\mathrm{j}kr}}{r}$$

$$r=[a^2+(z-z')^2]^{1/2}$$

现在,电场E_z在导线表面上为零,但在缝隙处等于$-E_0$。因此得到:

$$E_z(z)=\begin{cases}-E_0, 当 |z|<\dfrac{\delta}{2}\\ 0, 当\dfrac{\delta}{2}<|z|<l\end{cases} \tag{9.92}$$

如果两边乘以 $I(z)$,然后对$(-l,l)$积分,得到:

$$\int_{-l}^{l} E_z(z)I(z)\mathrm{d}z=-V_0I(0) \tag{9.93}$$

由此,输入阻抗 Z 为

$$Z=\frac{V_0}{I(0)}=\frac{\int_{-l}^{l}E_z(z)I(z)\mathrm{d}z}{I(0)^2} \tag{9.94}$$

式中:$E_z(z)$为电流 $I(z')$产生的电场的 z 分量,由式(9.91)计算得到。有

$$Z=-\frac{1}{I(0)^2}\int_{-l}^{l}\int_{-l}^{l}I(z)K(z,z')I(z')\mathrm{d}z'\mathrm{d}z \tag{9.95}$$

式(9.94)或式(9.95)是 Z 的变分表达式,因此,如果电流为 $I+\delta I$,对应阻抗为 $Z+\delta Z$,由式(9.95)得到 $\delta Z=0$,表明对于 I 的一阶近似,阻抗具有二阶误差。因此,计算阻抗的准确性优于公式中使用的电流分布的准确性(见附录 7.B)。

现在可以使用式(9.95)和近似的电流分布 $I(z)$来求阻抗。如果 $a/\lambda\ll1$,则已知电流分布为正弦,即

$$I(z)=I_m\sin k(l-|z|) \tag{9.96}$$

然后,得到(Elliott,1981,第 300 页):

$$Z=\frac{\mathrm{j}60}{\sin^2 kl}\{4\cos^2 klS(kl)-\cos 2klS(2kl)-\sin 2kl[2C(kl)-C(2kl)]\} \tag{9.97}$$

式中:

$$C(ky)=\ln\frac{2y}{a}-\frac{1}{2}\mathrm{Cin}(2ky)-\frac{\mathrm{j}}{2}\mathrm{Si}(2ky)$$

$$S(ky)=\frac{1}{2}\mathrm{Si}(2ky)-\frac{\mathrm{j}}{2}\mathrm{Cin}(2ky)-ka$$

$\mathrm{Si}(x)$为正弦积分①:

$$\mathrm{Si}(x)=\int_0^x\frac{\sin u}{u}\mathrm{d}u$$

$\mathrm{Cin}(x)$为修正余弦积分:

$$\mathrm{Cin}(x)=\int_0^x\frac{1-\cos u}{u}\mathrm{d}u$$

需要注意的是,输入阻抗的电阻性分量与辐射功率有关,因此,它对导线尺寸 a 不敏感。然而,无功分量与无功功率有关,无功功率代表了近场储存的能量,它在很大程度上取决于导线尺寸。

接下来,考虑天线 1 和天线 2 之间的互阻抗(图 9.18)。电压

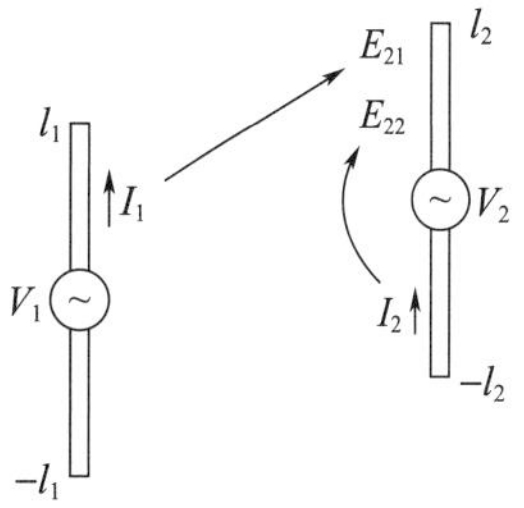

图 9.18　互阻抗

① 译者注:根据上下文,将正弦积分 $\int^x\frac{\sin u}{u}\mathrm{d}u$ 更改为$\int_0^x\frac{\sin u}{u}\mathrm{d}u$。

V_1 和 V_2 以及终端上的电流 $I_1(0)$ 和 $I_2(0)$ 之间存在线性关系，这种关系适用于任何线性无源网络。

$$\begin{cases} V_1 = Z_{11}I_1(0) + Z_{12}I_2(0) \\ V_2 = Z_{21}I_1(0) + Z_{22}I_2(0) \end{cases} \tag{9.98}$$

式中：$Z_{12} = Z_{21}$。Z_{11} 和 Z_{22} 为自阻抗，Z_{12} 为互阻抗。现在，考虑导线 2 表面上电场 E_2 的 z 分量。这包括电流 $I_1(z)$ 和 $I_2(z)$ 的作用，则有

$$E_2(z) = E_{21}(z) + E_{22}(z) \tag{9.99}$$

式中：$E_{21}(z)$ 为电流 I_1 在导线 2 表面产生的场，$E_{22}(z)$ 为电流 I_2 在导线 2 表面产生的场。现在，除了在间隙 $|z| < \delta/2$ 处施加电压 V_2 外，导线表面的 E_2 必须为零，则有

$$E_2(z) = \begin{cases} -E_0, \text{ 当} |z| < \dfrac{\delta}{2} \\ 0, \text{当} \dfrac{\delta}{2} < |z| < l_2 \end{cases} \tag{9.100}$$

两边同时乘以 $I_2(z)$，然后对 $(-l_2, l_2)$ 积分，得到：

$$\int_{-l_2}^{l_2} [E_{21}(z)I_2(z) + E_{22}(z)I_2(z)]\mathrm{d}z = -V_2I_2(0) \tag{9.101}$$

这可以写为

$$V_2 = Z_{21}I_1(0) + Z_{22}I_2(0) \tag{9.102}$$

式中：

$$\begin{cases} Z_{21} = -\dfrac{1}{I_0(0)I_2(0)} \displaystyle\int_{-l_2}^{l_2} E_{21}(z)I_2(z)\mathrm{d}z \\ Z_{22} = -\dfrac{1}{I_2(0)^2} \displaystyle\int_{-l_2}^{l_2} E_{22}(z)I_2(z)\mathrm{d}z \end{cases}$$

互阻抗 Z_{21} 也可以写成：

$$Z_{21} = -\frac{1}{I_0(0)I_2(0)} \int_{-l_1}^{l_1} \int_{-l_2}^{l_2} I_2(z)K_{21}(z,z')I_1(z')\mathrm{d}z\mathrm{d}z' \tag{9.103}$$

其中，由 I_1 产生的 E_{21} 场为

$$E_{21}(z) = \int_{-l_1}^{l_1} K_{21}(z,z')I_1(z')\mathrm{d}z' \tag{9.104}$$

K_{21} 与式(9.91)的形式相同，只是 a 替换为两根线天线之间的间距。自阻抗 Z_{22} 与式(9.94)中的 Z 具有相同的形式。

如果假设电流 $I_1(z')$ 是正弦的，有

$$I_1(z') = I_{m1}\sin k(l_1 - |z'|) \tag{9.105}$$

如式(9.104)所示进行积分(Elliott, 1981, 第 331 页)，得到简单准确的表达式(图 9.19)：

$$E_{21}(z) = -\mathrm{j}30 \cdot I_m\left(\frac{\mathrm{e}^{-\mathrm{j}kr_1}}{r_1} + \frac{\mathrm{e}^{-\mathrm{j}kr_2}}{r_2} - 2\cos kl_1 \frac{\mathrm{e}^{-\mathrm{j}kr_0}}{r_0}\right) \tag{9.106}$$

然后，将其代入式(9.102)得到互阻抗。

微带天线的输入阻抗可由同样的公式(9.94)得到。场 $E_z(z)$ 是在微带天线存在时馈线上电流 $I(z)$ 产生的场。这里必须考虑馈线尺寸，来获得输入阻抗无功分量的准确值。

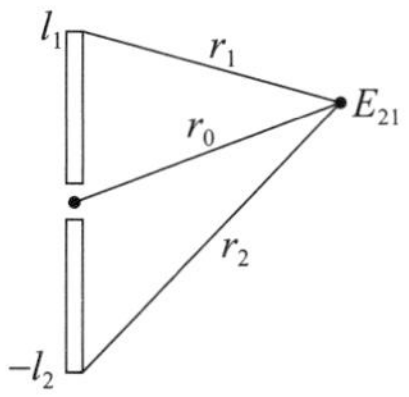

图9.19　正弦波电流 I_1 产生的场 E_{21}

9.8　线天线的电流分布

在9.7节中,使用假定的正弦电流分布来计算自阻抗和互阻抗。这些电流分布是近似值,准确的分布必须通过求解以下的积分方程来确定:积分方程见式(9.92)。

$$\int_{-l}^{l} K(z,z')I(z')\mathrm{d}z' = -E_i(z) \tag{9.107}$$

式中:$K(z,z')$ 见式(9.91),$E_i(z)$ 为外加场或入射场。

$$E_i(z)=\begin{cases}E_0, 当|z|<\dfrac{\delta}{2}\\ 0, 当\dfrac{\delta}{2}<|z|<l\end{cases}$$

积分方程(9.107)被称为波克林顿积分方程。$K(z,z')$ 可以进一步简化为里士满形式(Mittra,1973,第13页)。

$$K(z,z')=\frac{1}{4\pi \mathrm{j}\omega\varepsilon_0}\frac{\mathrm{e}^{-\mathrm{j}kr}}{r^5}[(1+\mathrm{j}kr)(2r^2-3a^2)+k^2a^2r^2] \tag{9.108}$$

式中:$r=[a^2+(z-z')^2]^{1/2}$。

以上积分方程可用矩量法求解(见10.14节)。

习　　题

9.1　大圆形孔径天线的增益 G 通过孔径效率 η_a 与实际孔径面积 A 相关联。

$$G=\eta_a\frac{4\pi A}{\lambda^2}$$

半功率波束宽度(单位rad)为 $\theta_b=a\lambda/D$,其中,D 为孔径的直径。使用直径为3m的抛物面天线在500km的距离上发射20GHz的微波,并使用相同的天线作为接收天线。假设 $\eta_a=0.75$ 和 $a=1.267$。发射功率为1 W。求接收器的功率通量密度,并求出天线的增益(以dB为单位)和接收功率与发射功率之比。

9.2　考虑式(9.18),如果开路电压 $V=E_0 l\sin\theta$,证明电流为 $V_0/2R_0$,并且由该电流辐射的功率等于式(9.18)中的接收功率。

9.3　如图P9.3所示,考虑在导电平面前面放置由均匀激励的五个半波线天线组成的线性阵列。求出 $x-y$ 平面和 $z-y$ 平面上的辐射模式。$h=\lambda/4$,$d=3\lambda/4$,求第一个副瓣电平(dB)。

9.4 证明在半径为 a 的圆上均匀激励并均匀分布 N 根相同天线的圆形阵列的阵列因子为：$F(\theta,\phi) = \sum_{m=-\infty}^{\infty} J_{mN}(ka\sin\theta)\mathrm{e}^{\mathrm{j}mN(\pi/2-\phi)}$

如果 $ka \ll N$,则可以近似为

$$F(\theta,\phi) \approx J_0(ka\sin\theta)\text{(使用泊松和公式(9.61))}$$

9.5 设计一个具有五个元素的阵列,使其产生尽可能接近图 P9.5 所示的矩形模式。用傅里叶级数法求出 I_1/I_0 和 I_2/I_0,间隔为 $\lambda/2$,并展示其实际方向图。

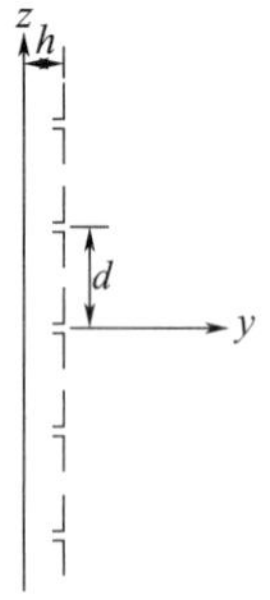

图 P9.3 半波天线阵列

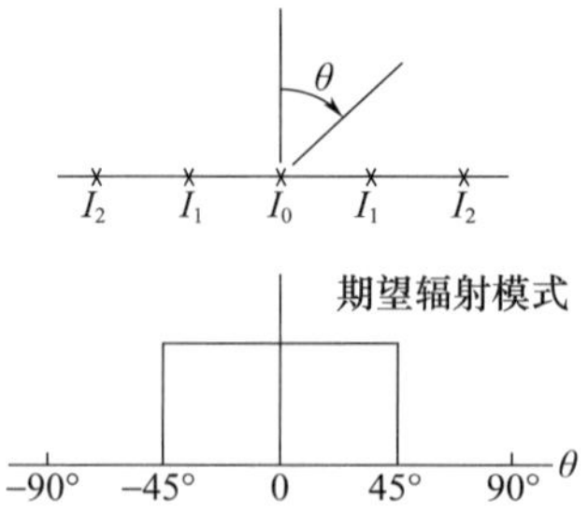

图 P9.5 阵列综合

9.6 矩形孔径内的场由式(9.70)计算为

$$E_{sx} = \frac{1}{3} + \frac{2}{3}\cos^2\frac{\pi x}{a}\text{,当}|x| < \frac{a}{2}\text{且}|y| < \frac{b}{2}$$

求出 $a = 100\lambda$ 和 $b = 50\lambda$ 时的辐射模式、第一副瓣电平和半功率波束宽度。

9.7 由式(9.73)计算出圆形孔径内的场为

$$E_{sx} = (a^2 - \rho'^2)^n\text{,当}\rho' \leqslant a$$

$$a = 50\lambda$$

求 $n = 0$ 和 $n = 1$ 时的辐射模式、第一副瓣电平和半功率波束宽度。

9.8 求出直径为 3cm,$t = 2\text{mm}$,$\varepsilon_r = 2.5$ 的圆形微带天线在 $x - z$ 平面和 $y - z$ 平面的辐射曲线图。

9.9 两根半径为 $a = 0.005\lambda$ 的半波线天线以 $\lambda/4$ 的距离并排放置。求其自阻抗和互阻抗。

第 10 章

导电体和介电体对波的散射

在雷达中，无线电波向着目标发射，天线接收到的散射波揭示了目标的特征，如位置和运动。在生物医学应用中，微波、光波或声波在生物介质中传播，人体各部分的散射用于识别目标，以达到诊断目的。波的散射可用于探测大气状况，如雨、雾、雾霾和云粒的大小、密度和运动，从而提供有关环境和天气预报的有用信息。在微波和空间通信系统中，对更高频率毫米波的需求与日俱增，因为它们具有更大的信道容量。然而，毫米波比微波更容易受到大气的吸收和散射，因此，了解这些散射特性对可靠的通信至关重要。

在本章中，将推导散射问题的基本公式，并讨论其潜在应用。但只讨论单个目标的散射问题(Kerker,1969;van de Hulst,1957)。此外，在本章中，不讨论第 11 ~ 13 章中涉及的球形、圆柱形和其他复杂目标的严格边界值解。第 10 章的部分内容摘自《随机介质中的波传播与散射》的第 2 章(IEEE 出版社和牛津大学出版社,1997)。

10.1 截面和散射振幅

当目标受到波的照射时，一部分入射功率被散射出去，另一部分被目标吸收。散射和吸收这两种现象的特征可以通过假设入射平面波来进行表示，该方法最为方便。对于在介电常数为 ε_0、磁导率为 μ_0 的介质中传播的线性极化电磁平面波，电场表示为

$$\overline{\boldsymbol{E}}_i(\overline{\boldsymbol{r}}) = \hat{\boldsymbol{e}}_i \exp(-\mathrm{j}k\hat{\boldsymbol{i}} \cdot \overline{\boldsymbol{r}}) \tag{10.1}$$

取振幅 $|\overline{\boldsymbol{E}}_i|$ 为 1 (V/m)，$k = \omega\sqrt{\mu_0\varepsilon_0} = (2\pi/\lambda)$ 为波数，λ 为介质中的波长，$\hat{\boldsymbol{i}}$ 为波传播方向的单位矢量，$\hat{\boldsymbol{e}}_i$ 为波极化方向的单位矢量。

目标可以是电介质粒子，如雨滴或冰粒，也可以是导电体，如飞机(图 10.1)。在单位矢量 $\hat{\boldsymbol{o}}$ 的方向上，在距离目标参考点 R 处的总场 $\overline{\boldsymbol{E}}$ 为入射场 $\overline{\boldsymbol{E}}_i$ 和被粒子散射的场 $\overline{\boldsymbol{E}}_s$ 之和。在距离 $R < D^2/\lambda$(其中 D 是目标的典型尺寸，如直径)的范围内，由于来自目标不同部分的干扰，场 $\overline{\boldsymbol{E}}_s$ 具有复杂的振幅和相位变化，观测点 R' 设在目标的近场中。

当 $R > D^2/\lambda$ 时，散射场 $\overline{\boldsymbol{E}}_s$ 表现为球面波。

$$\overline{\boldsymbol{E}}_s(\bar{\boldsymbol{r}}) = \bar{\boldsymbol{f}}(\hat{\boldsymbol{o}},\hat{\boldsymbol{i}})\frac{\mathrm{e}^{-\mathrm{j}kR}}{R},\text{当 } R > \frac{D^2}{\lambda} \tag{10.2}$$

式中：$\bar{\boldsymbol{f}}(\hat{\boldsymbol{o}},\hat{\boldsymbol{i}})$ 表示当目标被沿 $\hat{\boldsymbol{i}}$ 方向传播的平面波以单位振幅照射时，散射波在远场 $\hat{\boldsymbol{o}}$ 方向的振幅、相位和偏振，称为散射振幅。需要注意的是，即使入射波是线偏振的，散射波一般也是椭圆偏振的。

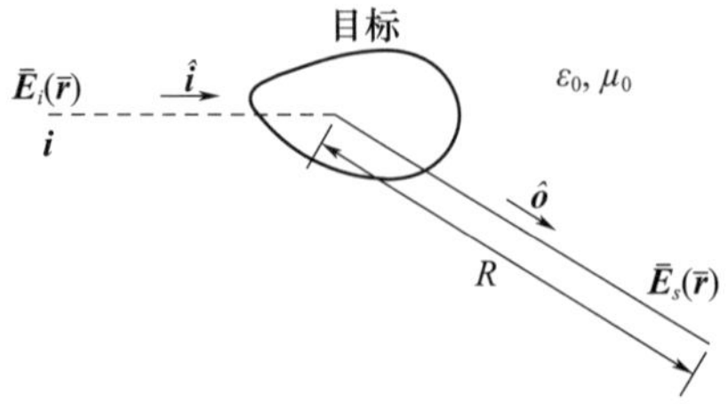

图 10.1　入射到目标上的平面波$\overline{\boldsymbol{E}}_i(\bar{\boldsymbol{r}})$，在距离 R 的方向上观测到散射场$\overline{\boldsymbol{E}}_s(\bar{\boldsymbol{r}})$

下面讨论 $\hat{\boldsymbol{o}}$ 方向上距离目标 R 处的散射功率通量密度 S_s，其由入射功率通量密度 S_i 产生。定义微分散射截面为

$$\sigma_d(\hat{\boldsymbol{o}},\hat{\boldsymbol{i}}) = \lim_{R\to\infty}\frac{R^2 S_s}{S_i} = |f(\hat{\boldsymbol{o}},\hat{\boldsymbol{i}})|^2 = \frac{\sigma_t}{4\pi}p(\hat{\boldsymbol{o}},\hat{\boldsymbol{i}}) \tag{10.3}$$

式中：$\boldsymbol{S}_i$ 和 $\boldsymbol{S}_s$ 是入射强度和散射功率的磁通密度矢量。

$$\begin{cases}\overline{\boldsymbol{S}}_i = \dfrac{1}{2}(\overline{\boldsymbol{E}}_i \times \overline{\boldsymbol{H}}_i^*) = \dfrac{|E_i|^2}{2\eta_0}\hat{\boldsymbol{i}} \\ \overline{\boldsymbol{S}}_s = \dfrac{1}{2}(\overline{\boldsymbol{E}}_s \times \overline{\boldsymbol{H}}_i^*) = \dfrac{|E_s|^2}{2\eta_0}\hat{\boldsymbol{o}}\end{cases} \tag{10.4}$$

$\eta_0 = (\mu_0/\varepsilon_0)^{1/2}$ 为介质的特性阻抗。σ_d 尺寸为面积/立体角，物理定义为：假设在 $\hat{\boldsymbol{o}}$ 方向上观测到的散射功率通量密度均匀地扩展到关于 $\hat{\boldsymbol{o}}$ 的球面度立体角上。能产生这种散射量的物体横截面为 σ_d，因此，σ_d 随 $\hat{\boldsymbol{o}}$ 而变化。式(10.3)中的无量纲量 $p(\hat{\boldsymbol{o}},\hat{\boldsymbol{i}})$ 称为相位函数，常用于辐射传递理论。“相位函数”这一名称源于天文学，指的是月相，与波的相位无关。σ_t 是总截面，将在式(10.9)中定义。

在雷达应用中，通常使用双站雷达的散射截面 σ_{bi} 和后向散射截面 σ_b，有

$$\begin{cases}\sigma_{bi}(\hat{\boldsymbol{o}},\hat{\boldsymbol{i}}) = 4\pi\sigma_d(\hat{\boldsymbol{o}},\hat{\boldsymbol{i}}) \\ \sigma_b = 4\pi\sigma_d(-\hat{\boldsymbol{i}},\hat{\boldsymbol{i}})\end{cases} \tag{10.5}$$

σ_b 也称为雷达截面。σ_{bi} 的物理概念可通过类似于上述获取 σ_d 的方法得到。假设在 $\hat{\boldsymbol{o}}$ 方向上观测到的功率通量密度从目标向所有方向均匀地扩展到整个 4π 立体实角。那么造成这种情况的横截面将是 $\hat{\boldsymbol{o}}$ 方向上 σ_d 的 4π 倍。

接下来讨论在目标周围所有角度观测到的总散射功率。产生这种散射量的目标横截面称为散射截面 σ_s，即

$$\sigma_s = \int_{4\pi}\sigma_d \mathrm{d}\omega = \int_{4\pi}|\bar{\boldsymbol{f}}(\hat{\boldsymbol{o}},\hat{\boldsymbol{i}})|^2 \mathrm{d}\omega = \frac{\sigma_t}{4\pi}\int_{4\pi}p(\hat{\boldsymbol{o}},\hat{\boldsymbol{i}})\mathrm{d}\omega \tag{10.6}$$

式中：$\mathrm{d}\omega$ 为微分立体角。

或者，σ_s 可以笼统地表示为

$$\sigma_s = \frac{\int_{S_0} \mathrm{Re}\left(\frac{1}{2}\overline{\boldsymbol{E}}_s \times \overline{\boldsymbol{H}}_s^*\right)\cdot \mathrm{d}\,\overline{\boldsymbol{a}}}{|S_i|} \tag{10.7}$$

式中：S_0 为包围目标的任意曲面，d $\overline{\boldsymbol{a}}$表示向外的微分表面积的矢量（图 10.2）。

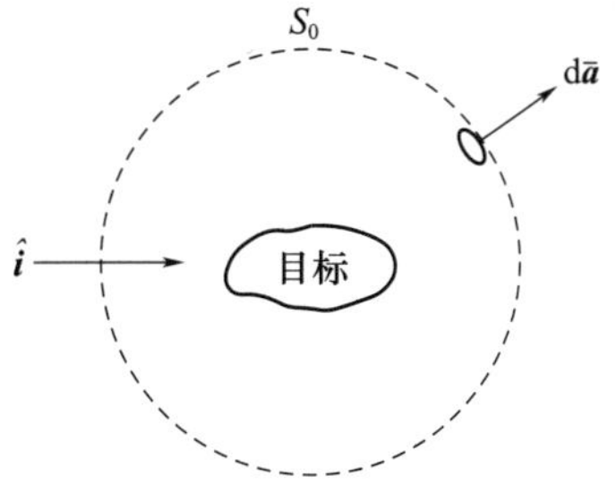

图 10.2　目标周围的区域 S_0

接下来讨论目标吸收的总功率，其对应的物体横截面称为 σ_a，即吸收截面。它既可以用进入目标的总功率通量来表示，也可以用目标内部损耗的体积积分来表示。

$$\sigma_a = \frac{-\int_{S_0} \mathrm{Re}\left(\frac{1}{2}\overline{\boldsymbol{E}} \times \overline{\boldsymbol{H}}^*\right)\cdot \mathrm{d}\,\overline{\boldsymbol{a}}}{|S_i|} = \frac{\int_V k\varepsilon''_r(\overline{\boldsymbol{r}}')\ |\overline{\boldsymbol{E}}(\overline{\boldsymbol{r}}')|^2 \mathrm{d}V'}{|E_i|^2} \tag{10.8}$$

式中：$\overline{\boldsymbol{E}} = \overline{\boldsymbol{E}}_i + \overline{\boldsymbol{E}}_s$ 和 $\overline{\boldsymbol{H}} = \overline{\boldsymbol{H}}_i + \overline{\boldsymbol{H}}_s$ 为总场。散射和吸收截面之和称为总截面 σ_t 或消光截面。

$$\sigma_t = \sigma_s + \sigma_a \tag{10.9}$$

散射截面与总截面的比值 W_0 称为目标的反照率，表示为

$$W_0 = \frac{\sigma_s}{\sigma_t} = \frac{1}{\sigma_t}\int_{4\pi} |\bar{f}(\hat{\boldsymbol{o}},\hat{\boldsymbol{i}})|^2 \mathrm{d}\omega = \frac{1}{4\pi}\int_{4\pi} p(\hat{\boldsymbol{o}},\hat{\boldsymbol{i}})\mathrm{d}\omega \tag{10.10}$$

这些截面也被几何截面归一化，分别称为吸收效率 Q_a、散射效率 Q_s 和消光效率 Q_t。

$$\begin{cases} Q_a = \dfrac{\sigma_a}{\sigma_g} \\ Q_s = \dfrac{\sigma_s}{\sigma_g} \\ Q_t = \dfrac{\sigma_t}{\sigma_g} \end{cases} \tag{10.11}$$

上述内容假设入射波是线性偏振平面波。在普遍的情况下，入射波应该是椭圆偏振平面波。这样，散射振幅就可以用一个 2×2 的散射振幅矩阵来表示。10.10 节将对此有更详细的解释。

10.2　雷达方程

发射机 *Tr* 照射在远距离 R_1 处的目标上。设 $G(\hat{\boldsymbol{i}})$ 为发射机的增益函数，P_t 为发射的总功率。在远距离 R_2 处的接收机 Re 接收到散射波。设 $A_r(\hat{\boldsymbol{o}})$ 为接收机的接收截面，P_r

为接收功率。现在希望求出比值 P_r/P_t（图 10.3）。假设 R_1 和 R_2 都很大，并且目标位于两根天线的远场中。这近似要求：

$$R_1 > \frac{2D_t^2}{\lambda} \text{和} R_2 > \frac{2D_r^2}{\lambda}$$

式中：D_t 和 D_r 分别为发射机和接收机的孔径大小。

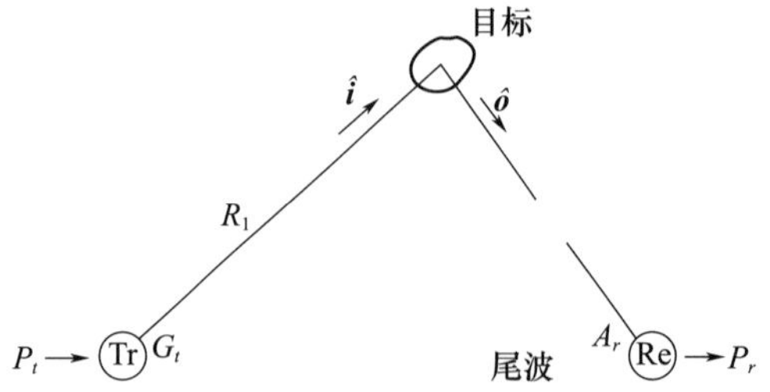

图 10.3　雷达方程

天线的增益函数 $G(\hat{\boldsymbol{\imath}})$ 是 $\hat{\boldsymbol{\imath}}$ 方向上每单位立体角辐射的实际功率通量 $P(\hat{\boldsymbol{\imath}})$ 与各向同性辐射器单位立体角的功率通量 $P_t/4\pi$ 之比。

$$G(\hat{\boldsymbol{\imath}}) = \frac{P(\hat{\boldsymbol{\imath}})}{P_t/4\pi} \tag{10.12}$$

根据发射机的增益 $G_t(\hat{\boldsymbol{\imath}})$ 可以得到目标处的入射功率通量密度 S_i。

$$S_i = \frac{G_t(\hat{\boldsymbol{\imath}})}{4\pi R_1^2} P_t \tag{10.13}$$

接收机的功率磁通密度 S_r 为

$$S_r = \frac{\sigma_{bi}(\hat{\boldsymbol{o}}, \hat{\boldsymbol{\imath}}) S_i}{4\pi R_2^2} \tag{10.14}$$

其中，σ_{bi} 为式（10.5）中的双站散射截面。当波从给定方向（$\hat{\boldsymbol{o}}$）入射到接收机上时，接收功率 P_r 为

$$P_r = A_r(\hat{\boldsymbol{o}}) S_r \tag{10.15}$$

其中，$A_r(\hat{\boldsymbol{o}})$ 为接收截面。

已知，对于所有匹配天线，接收截面与增益函数成正比，其比值为 $\lambda^2/4\pi$（见 9.1 节）。

$$A_r(\hat{\boldsymbol{o}}) = \frac{\lambda^2}{4\pi} G_r(-\hat{\boldsymbol{o}}) \tag{10.16}$$

式中：$G_r(-\hat{\boldsymbol{o}})$ 为 $-\hat{\boldsymbol{o}}$ 方向上的增益函数。

结合式（10.13）~式（10.16），得到接收功率与发射功率的之比为

$$\frac{P_r}{P_t} = \frac{\lambda^2 G_i(\hat{\boldsymbol{\imath}}) G_r(-\hat{\boldsymbol{o}}) \sigma_{bi}(\hat{\boldsymbol{o}}, \hat{\boldsymbol{\imath}})}{(4\pi)^3 R_1^2 R_2^2} \tag{10.17}$$

这是双站雷达方程。在雷达应用中，同一天线既用作发射机，也用作接收机。因此，$\hat{\boldsymbol{o}} = -\hat{\boldsymbol{\imath}}$，$R_1 = R_2 = R$。因此，对于雷达：

$$\frac{P_r}{P_t} = \frac{\lambda^2 [G_i(\hat{\boldsymbol{\imath}})]^2 \sigma_b(-\hat{\boldsymbol{\imath}}, \hat{\boldsymbol{\imath}})}{(4\pi)^3 R^4} \tag{10.18}$$

式（10.17）和式（10.18）根据天线增益、距离和横截面得到接收功率。这适用于目标

远离发射机和接收机的情况。此外，还要求接收天线在极化和阻抗方面与入射波相匹配。如果存在不匹配，式(10.17)和式(10.18)必须乘以小于 1 的不匹配系数。此外，发射机和接收机都必须位于目标的远区($R_1 > 2D_0/\lambda^2$ 和 $R_2 > 2D_0/\lambda^2$；D_0 为目标大小)。

10.3　截面的一般性质

在讨论各种横截面的数学表示方法之前，不妨先从整体上了解一下这些横截面与几何横截面、波长和介电常数之间的关系。如果目标尺寸远大于波长，随着尺寸的增大，总截面 σ_t 将接近目标几何截面 σ_g 的两倍。为了证明这一点，需要对一个功率通量密度为 S_i 的入射波进行讨论(图 10.4)。几何截面 σ_g 内的总通量 $S_i\sigma_g$ 要么被目标反射出去，要么被目标吸收。在目标后面，应该有一个几乎没有波的阴影区域。在这个阴影区域内，来自目标的散射波与入射波完全相等，但相位差 180°，散射通量的大小等于 $S_i\sigma_g$。因此，散射和吸收的总通量接近于($S_i\sigma_g + S_i\sigma_g$)，总截面 σ_t 接近于：

$$\sigma_t \to \frac{2S_i\sigma_g}{S_i} = 2\sigma_g \tag{10.19}$$

还可以看出，当目标很大时，总吸收功率不可能大于 $S_i\sigma_g$，因此，吸收截面 σ_a 趋近于一个略小于几何截面的常数。

$$\sigma_a \to \sigma_g \tag{10.20}$$

如果尺寸远小于波长，则散射截面 σ_s 与波长的四次方成反比，与目标体积的平方成正比。小目标的这些特性一般称为瑞利散射。小散射体的吸收截面 σ_a 与波长成反比，与体积成正比。与几何横截面相比，得到：

$$\frac{\sigma_s}{\sigma_g} \sim \left(\frac{\text{尺寸}}{\lambda}\right)^4 \left[(\varepsilon_r' - 1)^2 + \varepsilon_r''^2\right] \tag{10.21}$$

$$\frac{\sigma_a}{\sigma_g} \sim \frac{\text{尺寸}}{\lambda}\varepsilon_r'' \tag{10.22}$$

图 10.5 给出了上述归一化截面随物体相对大小变化的曲线。

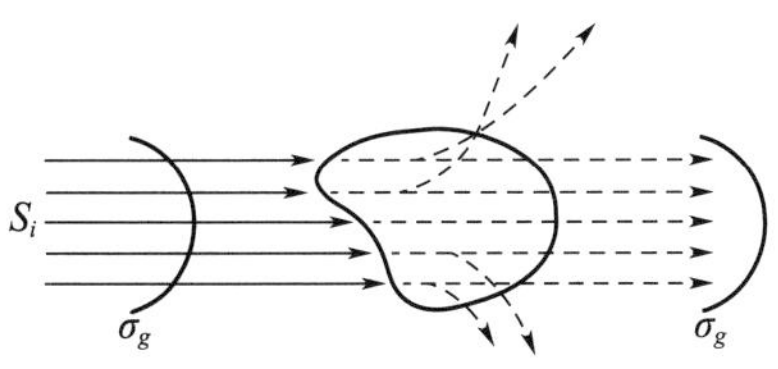

图 10.4　大型目标总横截面与几何横截面的关系

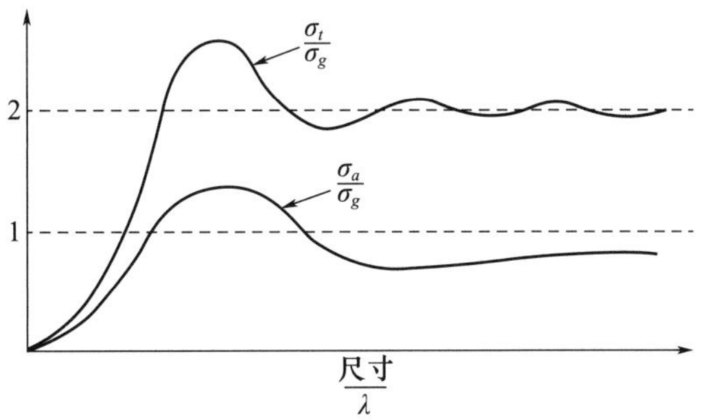

图 10.5　总截面 σ_t 和吸收截面 σ_a 归一化为几何截面 σ_g

还可以得到大型目标的反向散射截面 σ_b 的变化情况。考虑目标表面的镜面反射点(图 10.6)。功率通量密度为 S_i 的入射波入射到一个小区域 $\Delta l_1 \Delta l_2 = (a_1\Delta\theta_1)(a_2\Delta\theta_2)$。

由于曲率半径较大，表面可视为局部平面，因此，利用平面边界上法线入射的反射系数，表面上的反射功率通量密度为

$$S_r = \left| \frac{\sqrt{\varepsilon_r} - 1}{\sqrt{\varepsilon_r} + 1} \right|^2 S_i$$

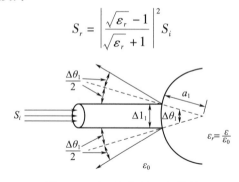

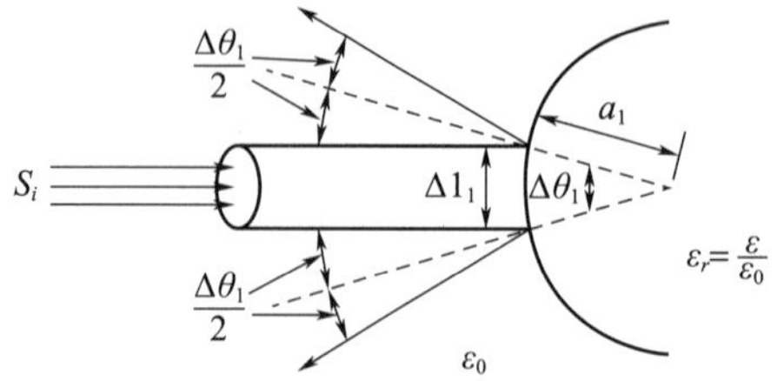

图 10.6　大型目标的后向散射

距离目标较远的 R 处，小区域 $\Delta l_1 \Delta l_2$ 内的通量扩散到区域 $R^2(2\delta\theta_1)(2\delta\theta_2)$ 上，因此，R 处的散射通量密度 S_s 与 S_r 相关，即 $S_s R^2(2\delta\theta_1)(2\delta\theta_2) = S_r(a_1\delta\theta_2)(a_2\delta\theta_2)$，由此得到后向散射截面 σ_b 为

$$\sigma_b = 4\pi\sigma_d(-\hat{\boldsymbol{i}}, \hat{\boldsymbol{i}}) = \lim_{R\to\infty} \frac{4\pi R^2 S_s}{S_i} = \pi a_1 a_2 \left| \frac{\sqrt{\varepsilon_r} - 1}{\sqrt{\varepsilon_r} + 1} \right|^2 \tag{10.23}$$

这是当目标尺寸增加到无穷大时 σ_b 的极限值，因此，对于任何有限尺寸，σ_b 的值都可能与式(10.23)相差很大。

总截面 σ_t 表示由于目标对波的散射和吸收而造成的入射波总功率损失。这种损耗与前向散射波的特性密切相关，这种一般关系体现在前向散射定理中，也称为光学定理。

正向散射定理指出，总截面 σ_t 与前向散射振幅 $\bar{\boldsymbol{f}}(-\hat{\boldsymbol{i}}, \hat{\boldsymbol{i}})$ 的虚部有以下关系：

$$\sigma_t = \frac{4\pi}{k} \mathrm{Im}[\bar{\boldsymbol{f}}(-\hat{\boldsymbol{i}}, \hat{\boldsymbol{i}})] \cdot \hat{\boldsymbol{e}}_i \tag{10.24}$$

式中：Im 为虚部；$\hat{\boldsymbol{e}}_i$ 为入射波偏振方向上的单位向量。证明见附录 10. A。

10.4　散射振幅和吸收截面的积分表示

对散射振幅和吸收截面的数学描述有两种方法。如果目标的形状比较简单，如球体，则可以得到截面和散射振幅的精确表达式。电介质球的精确解法称为米氏解法（Mie solution），将在第 12 章中讨论。然而在许多实际情况中，目标的形状十分复杂。因此，需要一种方法来确定形状复杂目标的近似截面。这可以通过散射振幅的一般积分表示来实现。该方法也适用于具有简单形状的目标，因为计算简单。

下面讨论介电体，其相对介电常数是介电体内位置的函数。

$$\varepsilon_r(\bar{\boldsymbol{r}}) = \frac{\varepsilon(\bar{\boldsymbol{r}})}{\varepsilon_0} = \varepsilon_r'(\bar{\boldsymbol{r}}) - \mathrm{j}\varepsilon_r''(\bar{\boldsymbol{r}})，在\ V\ 内 \tag{10.25}$$

介电体体积为 V，被介电常数为 ε_0 的介质所包围。

麦克斯韦方程为

$$\begin{cases}\nabla\times\overline{\boldsymbol{E}}=-\mathrm{j}\omega\mu_0\overline{\boldsymbol{H}}\\ \nabla\times\overline{\boldsymbol{H}}=-\mathrm{j}\omega\varepsilon(\overline{\boldsymbol{r}})\overline{\boldsymbol{E}}\end{cases}\tag{10.26}$$

此处假设介电体内外的磁导率 μ_0 为常数。将式(10.26)中的第二个方程写成：

$$\nabla\times\overline{\boldsymbol{H}}=\mathrm{j}\omega\varepsilon_0\overline{\boldsymbol{E}}+\overline{\boldsymbol{J}}_{eq}\tag{10.27}$$

式中：

$$\overline{\boldsymbol{J}}_{eq}=\begin{cases}\mathrm{j}\omega\varepsilon_0[\varepsilon_r(\overline{\boldsymbol{r}})-1]\overline{\boldsymbol{E}},\text{在 }V\text{ 内}\\ 0,\ \text{在外面}\end{cases}$$

可将 $\overline{\boldsymbol{J}}_{eq}$ 项视为产生散射波的等效电流源。式(10.26)和式(10.27)的解为

$$\begin{cases}\overline{\boldsymbol{E}}(\overline{\boldsymbol{r}})=\overline{\boldsymbol{E}}_i(\overline{\boldsymbol{r}})+\overline{\boldsymbol{E}}_s(\overline{\boldsymbol{r}})\\ \overline{\boldsymbol{H}}(\overline{\boldsymbol{r}})=\overline{\boldsymbol{H}}_i(\overline{\boldsymbol{r}})+\overline{\boldsymbol{H}}_s(\overline{\boldsymbol{r}})\end{cases}\tag{10.28}$$

式中：$(\overline{\boldsymbol{E}}_i,\overline{\boldsymbol{H}}_i)$ 为不存在目标时的初波（或入射波）；$(\overline{\boldsymbol{E}}_s,\overline{\boldsymbol{H}}_s)$ 为该目标的散射波。利用赫兹矢量 $\overline{\boldsymbol{\Pi}}_s$ 得到：

$$\begin{cases}\overline{\boldsymbol{E}}_s(\overline{\boldsymbol{r}})=\nabla\times\nabla\times\overline{\boldsymbol{\Pi}}_s(\overline{\boldsymbol{r}})\\ \overline{\boldsymbol{H}}_s(\overline{\boldsymbol{r}})=\mathrm{j}\omega\varepsilon_0\nabla\times\overline{\boldsymbol{\Pi}}_s(\overline{\boldsymbol{r}})\\ \overline{\boldsymbol{\Pi}}_s(\overline{\boldsymbol{r}})=\dfrac{1}{\mathrm{j}\omega\varepsilon_0}\displaystyle\int_V G_0(\overline{\boldsymbol{r}},\overline{\boldsymbol{r}}')\overline{\boldsymbol{J}}_{eq}(\overline{\boldsymbol{r}}')\mathrm{d}V'\\ \qquad\quad=\displaystyle\int_V[\varepsilon_r(\overline{\boldsymbol{r}})-1]\overline{\boldsymbol{E}}_s(\overline{\boldsymbol{r}})G_0(\overline{\boldsymbol{r}},\overline{\boldsymbol{r}}')\mathrm{d}V'\end{cases}\tag{10.29}$$

式中：

$$G_0(\overline{\boldsymbol{r}},\overline{\boldsymbol{r}}')=\frac{\exp(-\mathrm{j}k|\overline{\boldsymbol{r}}-\overline{\boldsymbol{r}}'|)}{4\pi|\overline{\boldsymbol{r}}-\overline{\boldsymbol{r}}'|}$$

这是自由空间格林函数。式(10.29)只适用于 $\overline{\boldsymbol{r}}\neq\overline{\boldsymbol{r}}'$。

为了得到散射振幅，需要讨论目标远场的 $\overline{\boldsymbol{E}}_s(\overline{\boldsymbol{r}})$。由图 10.7 可知，$\overline{\boldsymbol{r}}=R\hat{\boldsymbol{o}}$，且在远区，格林函数的幅度 $1/|\overline{\boldsymbol{r}}-\overline{\boldsymbol{r}}'|$ 可近似为 $1/R$。但是，相位 $k/|\overline{\boldsymbol{r}}-\overline{\boldsymbol{r}}'|$ 不能用 kR 来近似，因为两者在波长上的差别可能很大。将用二项级数展开 $|\overline{\boldsymbol{r}}-\overline{\boldsymbol{r}}'|$ 并保留第一项，得到①：

$$|\overline{\boldsymbol{r}}-\overline{\boldsymbol{r}}'|=(R^2+\overline{\boldsymbol{r}}'^2-2R\overline{\boldsymbol{r}}'\cdot\hat{\boldsymbol{o}})^{1/2}\simeq R-\overline{\boldsymbol{r}}'\cdot\hat{\boldsymbol{o}}$$

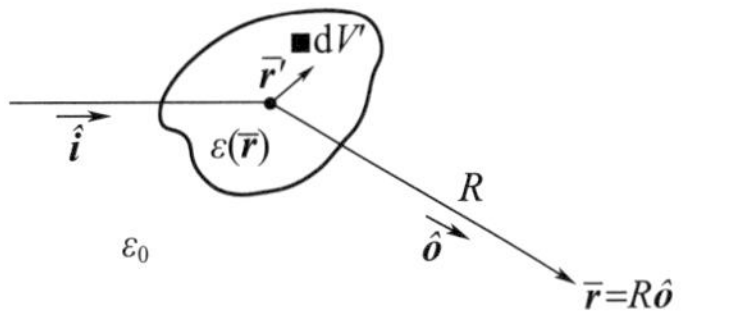

图 10.7　目标内某点 $\overline{\boldsymbol{r}}'$ 与观察点 $\overline{\boldsymbol{r}}$ 的几何关系

当 R 较大时，格林函数变为

$$G_0(\overline{\boldsymbol{r}},\overline{\boldsymbol{r}}')=\frac{\exp(-\mathrm{j}kR+\mathrm{j}k\overline{\boldsymbol{r}}'\cdot\hat{\boldsymbol{o}})}{4\pi R}\tag{10.30}$$

在远场：

$$\nabla\left(\frac{\mathrm{e}^{-\mathrm{j}kR}}{R}\right)\simeq\frac{\mathrm{e}^{-\mathrm{j}kR}}{R}(-\mathrm{j}k\nabla R)=-\mathrm{j}k\hat{\boldsymbol{o}}\frac{\mathrm{e}^{-\mathrm{j}kR}}{R}\tag{10.31}$$

① 译者注：根据公式推导将等式中的 $\boldsymbol{r}'^2$ 改为 $\overline{\boldsymbol{r}}'^2$。

因此，$\nabla = -\mathrm{j}k\hat{\boldsymbol{o}}$。将式(10.30)、式(10.31)代入式(10.29)，得到：

$$\begin{cases}\overline{\boldsymbol{E}}_s(\overline{\boldsymbol{r}}) = \bar{f}(\hat{\boldsymbol{o}},\hat{\boldsymbol{i}})\dfrac{\exp(-\mathrm{j}kR)}{R} \\ \bar{f}(\hat{\boldsymbol{o}},\hat{\boldsymbol{i}}) = \dfrac{k^2}{4\pi}\displaystyle\int_V [E - \hat{\boldsymbol{o}}(\hat{\boldsymbol{o}}\cdot\overline{\boldsymbol{E}})][\varepsilon_r(\overline{\boldsymbol{r}}') - 1]\exp(\mathrm{j}k\overline{\boldsymbol{r}}'\cdot\hat{\boldsymbol{o}})\mathrm{d}V'\end{cases} \tag{10.32}$$

式中：$-\hat{\boldsymbol{o}}\times(\hat{\boldsymbol{o}}\times\hat{\boldsymbol{E}}) = E - \hat{\boldsymbol{o}}(\hat{\boldsymbol{o}}\cdot\overline{\boldsymbol{E}})$。还请注意，$\hat{\boldsymbol{o}}(\hat{\boldsymbol{o}}\cdot\overline{\boldsymbol{E}})$为$\overline{\boldsymbol{E}}$沿$\hat{\boldsymbol{o}}$的分量，因此，$E - \hat{\boldsymbol{o}}(\hat{\boldsymbol{o}}\cdot\overline{\boldsymbol{E}})$是$\overline{\boldsymbol{E}}$垂直于$\hat{\boldsymbol{o}}$的分量。这是目标内部总电场$\overline{\boldsymbol{E}}(\overline{\boldsymbol{r}}')$的散射振幅$\bar{f}(\hat{\boldsymbol{o}},\hat{\boldsymbol{i}})$的精确表达式。场量$\overline{\boldsymbol{E}}(\overline{\boldsymbol{r}}')$一般来说是未知的，因此，式(10.32)并不能完全描述已知量的散射振幅。

在许多实际情况下，可以用一些已知的函数来近似$\overline{\boldsymbol{E}}(\overline{\boldsymbol{r}}')$，从而得到$\bar{f}(\hat{\boldsymbol{o}},\hat{\boldsymbol{i}})$的近似表达式。这将在10.5节~10.7节中进行讨论。介电体的吸收截面σ_a由式(10.8)计算得到。

这里注意到，可以为磁场$\overline{\boldsymbol{H}}(\overline{\boldsymbol{r}})$而非$\overline{\boldsymbol{E}}(\overline{\boldsymbol{r}})$建立另一个积分方程。根据麦克斯韦方程，可以得到关于$\overline{\boldsymbol{H}}$的矢量波动方程：

$$\nabla\times\nabla\times\overline{\boldsymbol{H}}(\overline{\boldsymbol{r}}) - \omega^2\mu_0\varepsilon_0\overline{\boldsymbol{H}}(\overline{\boldsymbol{r}}) = \omega^2\mu_0\varepsilon_0[\varepsilon_r(\overline{\boldsymbol{r}}) - 1]\overline{\boldsymbol{H}}(\overline{\boldsymbol{r}}) + \mathrm{j}\omega\varepsilon_0[\nabla\varepsilon_r(\overline{\boldsymbol{r}})\times\overline{\boldsymbol{E}}(\overline{\boldsymbol{r}})] \tag{10.33}$$

因此，$\overline{\boldsymbol{H}}$的积分方程有两项：

$$\begin{cases}\overline{\boldsymbol{H}}(\overline{\boldsymbol{r}}) = \overline{\boldsymbol{H}}_i(\overline{\boldsymbol{r}}) + \overline{\boldsymbol{H}}_s(\overline{\boldsymbol{r}}) = \overline{\boldsymbol{H}}_i(\overline{\boldsymbol{r}}) + \nabla\times\nabla\times\overline{\boldsymbol{\Pi}}_{ms}(\overline{\boldsymbol{r}}) \\ \overline{\boldsymbol{\Pi}}_{ms}(\overline{\boldsymbol{r}}) = \displaystyle\int_V [\varepsilon_r(\overline{\boldsymbol{r}}') - 1]G_0\left(\frac{\overline{\boldsymbol{r}}}{\overline{\boldsymbol{r}}'}\right)\overline{\boldsymbol{H}}(\overline{\boldsymbol{r}})\mathrm{d}V' - \frac{1}{\omega\mu_0}\int_V G_0\left(\frac{\overline{\boldsymbol{r}}}{\overline{\boldsymbol{r}}'}\right)\nabla'\varepsilon_r(\overline{\boldsymbol{r}}')\times\overline{\boldsymbol{E}}(\overline{\boldsymbol{r}})\mathrm{d}V'\end{cases} \tag{10.34}$$

式中：$\nabla'\varepsilon_r(\overline{\boldsymbol{r}}')$为$\overline{\boldsymbol{r}}'$的梯度。因此，$\overline{\boldsymbol{\Pi}}_{ms}$中的第二项包含了介电常数不均匀性导致的去极化效应。对于均质目标，$\nabla'\varepsilon_r(\overline{\boldsymbol{r}}')$给出了表面上的$\delta$函数，因此，第二项为表面积分。

10.5 球形目标的瑞利散射

10.3节中指出了小型目标的一般散射特性，这通常被称为瑞利散射。在本节中，将对一些简单的几何形状进行详细分析。对于尺寸远小于波长的电介质球，由于尺寸很小，球内及附近的碰撞电场几乎必须为静电场。在静电学中，当恒定的电场E_i作用于电介质球时，球内的电场$\overline{\boldsymbol{E}}$是均匀的，其值为(图10.8)：

$$\overline{\boldsymbol{E}} = \frac{3}{\varepsilon_r + 2}\overline{\boldsymbol{E}}_i \tag{10.35}$$

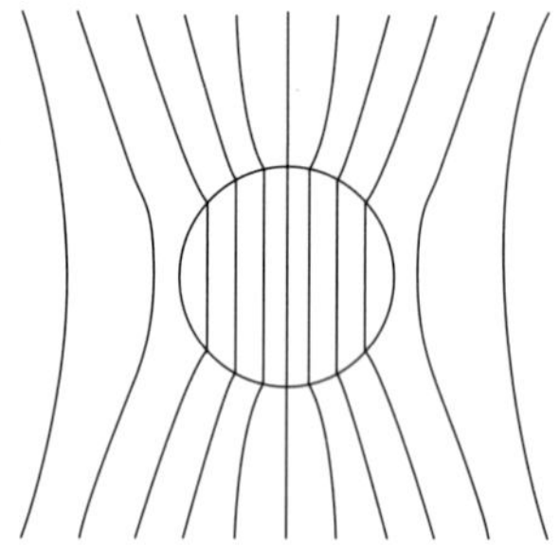

图10.8　电介质球内的静电场

式中：$\overline{\boldsymbol{E}}_i = E_i\,\hat{\boldsymbol{e}}_i$。

在式(10.32)中，由于$k\overline{\boldsymbol{r}}' \ll 1$，$\exp(\mathrm{j}k\overline{\boldsymbol{r}}'\cdot\hat{\boldsymbol{o}}) \approx 1$。现在将式(10.35)代入式(10.32)，得到散射振幅$\bar{f}$。不过，为了得到更简洁的形式，注意到散射是由式(10.27)中的等效电流$\overline{\boldsymbol{J}}_{eq} = \mathrm{j}\omega\varepsilon_0(\varepsilon_r - 1)\overline{\boldsymbol{E}}$产生的。此外，还需使用极化矢量$\overline{\boldsymbol{P}} =$

$\bar{J}_{eq}/\mathrm{j}\omega$ 和球体的等效偶极矩 $\bar{\boldsymbol{p}}$,其中 $\bar{\boldsymbol{p}}$ 由 $\bar{\boldsymbol{P}}$ 在球体体积 V 上的积分表示。

$$\bar{\boldsymbol{p}} = \int_V \bar{\boldsymbol{P}}\mathrm{d}V' = \int_V \varepsilon_0(\varepsilon_r - 1)\bar{\boldsymbol{E}}\mathrm{d}V' = \frac{3(\varepsilon_r - 1)}{\varepsilon_r + 2}\varepsilon_0 V \bar{\boldsymbol{E}}_i \tag{10.36}$$

将瑞利散射的散射振幅重新表示为

$$\bar{\boldsymbol{f}}(\hat{\boldsymbol{o}},\hat{\boldsymbol{i}}) = \frac{k^2}{4\pi\varepsilon_0}[\bar{\boldsymbol{p}} - \hat{\boldsymbol{o}}(\hat{\boldsymbol{o}}\cdot\bar{\boldsymbol{p}})] \tag{10.37}$$

其中,V 为球体的体积。

请注意,$\bar{\boldsymbol{p}} - \hat{\boldsymbol{o}}(\hat{\boldsymbol{o}}\cdot\bar{\boldsymbol{p}})$ 为 $\bar{\boldsymbol{p}}$ 垂直于 $\hat{\boldsymbol{o}}$ 的分量,因此,其大小等于 $p\sin\chi$,其中 χ 为 $\bar{\boldsymbol{p}}$ 和 $\hat{\boldsymbol{o}}$ 之间的夹角(图 10.9)。这是意料之中的,因为这代表了电偶极子 $\bar{\boldsymbol{p}}$ 的辐射模式。即使目标是有损耗的,且 ε_r 为复数,式(10.36)也是成立的。微分截面 $\sigma_d(\hat{\boldsymbol{o}},\hat{\boldsymbol{i}})$ 为

$$\sigma_d(\hat{\boldsymbol{o}},\hat{\boldsymbol{i}}) = \frac{k^4}{(4\pi)^2}\left|\frac{3(\varepsilon_r - 1)}{\varepsilon_r + 2}\right|^2 V^2 \sin^2\chi \tag{10.38}$$

式中:$\sin^2\chi = 1 - (\hat{\boldsymbol{o}}\cdot\hat{\boldsymbol{e}}_i)^2$。

截面与波长的四次方成反比,与散射体体积的平方成正比。小型散射体的这两个特征是瑞利通过维度分析得到的,一般称为瑞利散射。天空的蓝色可以解释为光谱中的蓝色部分比红色部分散射更多的光,这是由于 λ^{-4} 相关性。此外,如图 10.9 所示,与太阳成直角的天光必须是线性偏振的。蓝色和偏振这两个特征在 19 世纪是一个巨大的科学难题,最终由瑞利(Kerker,1969)成功解释。瑞利指出,散射体不一定是当时人们普遍认为的水或冰,空气分子本身也会产生散射。日落的红色是由于瑞利散射导致光谱中蓝色部分减少造成的。

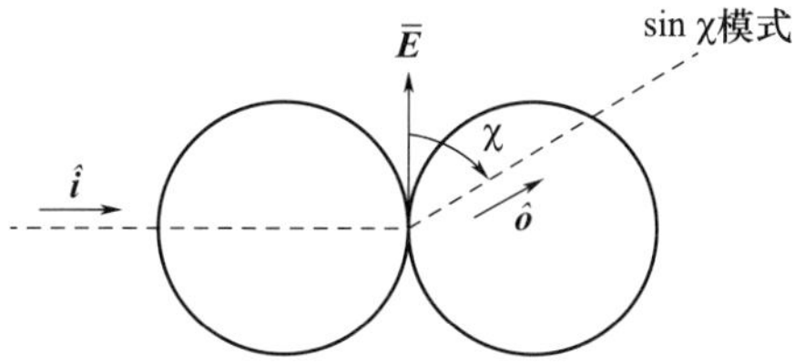

图 10.9　瑞利散射的偶极子辐射图

下面讨论小电介质球的散射截面 σ_s。

$$\begin{aligned}\sigma_s &= \int_{4\pi}\sigma_d\mathrm{d}\omega \\ &= \frac{1}{4\pi}\int_{4\pi}\sigma_{bi}\mathrm{d}\omega \\ &= \frac{k^4}{(4\pi)^2}\left|\frac{3(\varepsilon_r - 1)}{\varepsilon_r + 2}\right|^2 V^2 \int_0^{\pi}\sin\chi\mathrm{d}\chi\int_0^{2\pi}\mathrm{d}\phi\,\sin^2\chi \\ &= \frac{24\pi^3 V^2}{\lambda^4}\left|\frac{(\varepsilon_r - 1)}{\varepsilon_r + 2}\right|^2 \\ &= \frac{128\pi^5 a^6}{3\lambda^4}\left|\frac{(\varepsilon_r - 1)}{\varepsilon_r + 2}\right|^2\end{aligned} \tag{10.39}$$

通常需要将散射截面与实际几何截面 πa^2 进行比较。由此得到瑞利方程:

$$Q_s=\frac{\sigma_s}{\pi a^2}=\frac{8\ (ka)^4}{3}\left|\frac{(\varepsilon_r-1)}{\varepsilon_r+2}\right|^2 \tag{10.40}$$

上面的瑞利方程只对较小的 ka 成立。散射体半径的近似上限一般取 $a=0.05\lambda$。在此半径处,式(10.40)中瑞利方程的误差小于 4%(Kerker,1969,第 85 页)。

吸收截面 σ_a 由式(10.8)和式(10.35)计算得到:

$$\begin{cases}\sigma_a=k\varepsilon_r''\left|\dfrac{3}{\varepsilon_r+2}\right|^2 V\\[2ex] Q_a=\dfrac{\sigma_a}{\pi a^2}=ka\varepsilon''\left|\dfrac{3}{\varepsilon_r+2}\right|^2\dfrac{4}{3}\end{cases} \tag{10.41}$$

总截面 σ_t 为式(10.40)与式(10.41)之和。注意到,对式(10.37)应用前向散射定理无法得到 σ_t,因为当 $\varepsilon_r''=0$ 时,由式(10.37)得到 $\sigma_t=0$。一般来说,对于物体内 $\overline{\boldsymbol{E}}(\bar{\boldsymbol{r}}')$ 的给定近似值,通过对式(10.32)或式(10.37)中的 $|f|^2$ 在 4π 上进行积分而得到的散射截面,加上式(10.8)或式(10.41)中的吸收截面,可以得到比直接在式(10.32)中应用前向散射定理得到更优的总截面近似值。

10.6 小型椭球体目标的瑞利散射

实践中遇到的许多粒子和物体都不是球形的,但它们通常可以近似为椭球体,其表面表示为

$$\frac{x^2}{a^2}+\frac{y^2}{b^2}+\frac{z^2}{c^2}=1 \tag{10.42}$$

如果目标尺寸与波长相比很小,且入射场 $\overline{\boldsymbol{E}}_i$ 分别在 x、y 和 z 方向上分别有 E_{ix}、E_{iy} 和 E_{iz} 分量,则通过适当地交换 a、b 和 c 来表示 E_y 和 E_z,物体内部的场分量由以下静态解法计算得到(Stratton,1941,第 213 页;van der Hulst,1957,第 71 页):

$$E_x=\frac{E_{ix}}{1+(\varepsilon_r-1)L_x} \tag{10.43}$$

式中:$L_x=\dfrac{abc}{2}\displaystyle\int_0^\infty (s+a^2)^{-1}\left[(s+a^2)(s+b^2)(s+c^2)\right]^{-1/2}\mathrm{d}s$。

很容易证明,L_x、L_y 和 L_z 只是关于比例 b/a 和 c/a 的函数,不取决于 a、b 和 c 的值。

$$L_x+L_y+L_z=1 \tag{10.44}$$

对于长椭球($a=b<c$):

$$\begin{cases}L_z=\dfrac{1-e^2}{e^2}\left(-1+\dfrac{1}{2e}\ln\dfrac{1+e}{1-e}\right)\\[2ex] L_x=L_y=\dfrac{1}{2}(1-L_z)\\[2ex] e^2=1-\left(\dfrac{a}{c}\right)^2\end{cases} \tag{10.45}$$

对于扁椭球($a=b>c$):

$$
\begin{cases}
L_z = \dfrac{1+f^2}{f^2}\left(1-\dfrac{1}{f}\arctan f\right) \\
L_x = L_y = \dfrac{1}{2}(1-L_z) \\
f^2 = \left(\dfrac{a}{c}\right)^2 - 1
\end{cases}
\tag{10.46}
$$

散射振幅$\bar{\boldsymbol{f}}(\hat{\boldsymbol{o}},\hat{\boldsymbol{i}})$为

$$
\bar{\boldsymbol{f}}(\hat{\boldsymbol{o}},\hat{\boldsymbol{i}}) = \frac{k^2}{4\pi\varepsilon_0}[\bar{\boldsymbol{p}} - \hat{\boldsymbol{o}}(\hat{\boldsymbol{o}}\cdot\bar{\boldsymbol{p}})]
\tag{10.47}
$$

式中：

$$
V = \frac{4}{3}\pi abc
$$

$$
\bar{\boldsymbol{p}} = \alpha_x E_{ix}\hat{\boldsymbol{x}} + \alpha_y E_{iy}\hat{\boldsymbol{y}} + \alpha_z E_{iz}\hat{\boldsymbol{z}}
$$

$$
\alpha_x = \frac{\varepsilon_0(\varepsilon_r - 1)V}{1+(\varepsilon_r - 1)L_x}
$$

用L_y和L_z分别代替L_x得到α_y和α_z。α_x、α_y和α_z分别为目标在x、y和z方向上的极化率。

例如，一个平面波沿(θ',ϕ')方向传播，其分量为E_θ和E_ϕ。目标位于原点处，主轴方向沿$x_b-y_b-z_b$坐标系，其表面表示为（图 10.10）

$$
\frac{x_b^2}{a^2} + \frac{y_b^2}{b^2} + \frac{z_b^2}{c^2} = 1
\tag{10.48}
$$

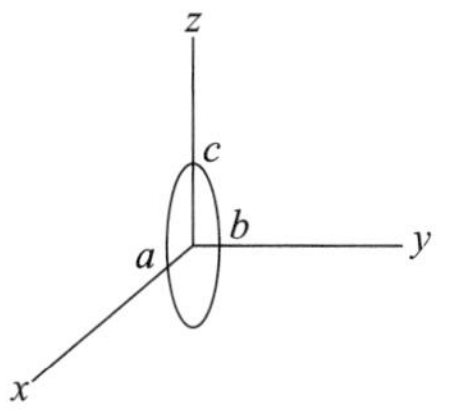

图 10.10　椭球体

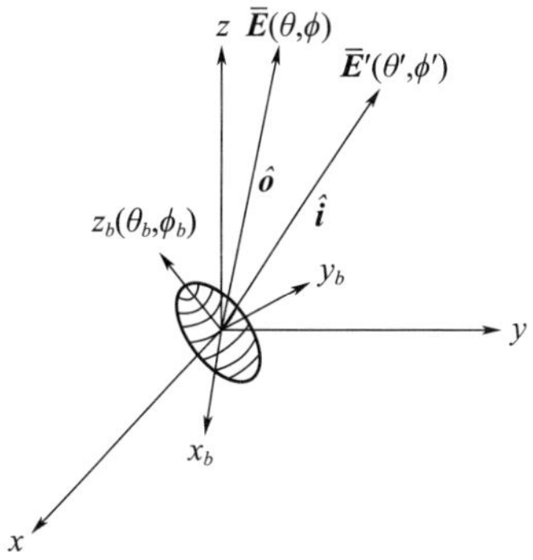

图 10.11　散射振幅矩阵

希望用场分量E_θ和E_ϕ（图 10.11）求得(θ,ϕ)方向上的散射振幅。将散射振幅表示为2×2矩阵$[\boldsymbol{F}]=[\boldsymbol{f}_{ij}]$。

$$
\begin{bmatrix} E_\theta \\ E_\phi \end{bmatrix} = \frac{e^{-jkR}}{R}\begin{bmatrix} f_{11} & f_{12} \\ f_{21} & f_{22} \end{bmatrix}\begin{bmatrix} E'_\theta \\ E'_\phi \end{bmatrix}
\tag{10.49}
$$

然后得到散射振幅矩阵如下：

$$
[\boldsymbol{F}] = \frac{k^2}{4\pi\varepsilon_0}[\boldsymbol{C}_1][\boldsymbol{\alpha}][\boldsymbol{C}_2]
\tag{10.50}
$$

式中：

$$[\boldsymbol{C}_1] = \begin{bmatrix} \hat{\boldsymbol{\theta}} \cdot \hat{\boldsymbol{x}}_b & \hat{\boldsymbol{\theta}} \cdot \hat{\boldsymbol{y}}_b & \hat{\boldsymbol{\theta}} \cdot \hat{\boldsymbol{z}}_b \\ \hat{\boldsymbol{\phi}} \cdot \hat{\boldsymbol{x}}_b & \hat{\boldsymbol{\phi}} \cdot \hat{\boldsymbol{y}}_b & \hat{\boldsymbol{\phi}} \cdot \hat{\boldsymbol{z}}_b \end{bmatrix}$$

$$[\boldsymbol{C}_2] = \begin{bmatrix} \hat{\boldsymbol{\theta}}' \cdot \hat{\boldsymbol{x}}_b & \hat{\boldsymbol{\phi}}' \cdot \hat{\boldsymbol{x}}_b \\ \hat{\boldsymbol{\theta}}' \cdot \hat{\boldsymbol{y}}_b & \hat{\boldsymbol{\phi}}' \cdot \hat{\boldsymbol{y}}_b \\ \hat{\boldsymbol{\theta}}' \cdot \hat{\boldsymbol{z}}_b & \hat{\boldsymbol{\phi}}' \cdot \hat{\boldsymbol{z}}_b \end{bmatrix}$$

$$[\boldsymbol{\alpha}] = \begin{bmatrix} \alpha_x & 0 & 0 \\ 0 & \alpha_y & 0 \\ 0 & 0 & \alpha_z \end{bmatrix}$$

由欧拉变换$[\boldsymbol{A}_e]$表示$(\hat{\boldsymbol{x}}_b,\hat{\boldsymbol{y}}_b,\hat{\boldsymbol{z}}_b)$和$(\hat{\boldsymbol{x}},\hat{\boldsymbol{y}},\hat{\boldsymbol{z}})$之间的关系。

$$\begin{bmatrix} \hat{\boldsymbol{x}}_b \\ \hat{\boldsymbol{y}}_b \\ \hat{\boldsymbol{z}}_b \end{bmatrix} = [\boldsymbol{A}_e] \begin{bmatrix} \hat{\boldsymbol{x}} \\ \hat{\boldsymbol{y}} \\ \hat{\boldsymbol{z}} \end{bmatrix} \tag{10.51}$$

Goldstein(1981)提出了几种欧拉变换的表示形式。对于轴向方向为(θ_b,ϕ_b)的轴对称目标(图 10.11),$L_x = L_y$,有

$$[\boldsymbol{A}_e] = \begin{bmatrix} \cos\theta_b\cos\phi_b & \cos\theta_b\sin\phi_b & -\sin\theta_b \\ -\sin\phi_b & \cos\phi_b & 0 \\ \sin\theta_b\cos\phi_b & \sin\theta_b\sin\phi_b & \cos\theta_b \end{bmatrix} \tag{10.52}$$

然后,可以根据 θ、ϕ、θ'、ϕ'和 θ_b、ϕ_b 来计算$[\boldsymbol{C}_1]$和$[\boldsymbol{C}_2]$,且注意到:

$$\hat{\boldsymbol{\theta}} = \cos\theta\cos\phi\hat{\boldsymbol{x}} + \cos\theta\sin\phi\hat{\boldsymbol{y}} - \sin\theta\hat{\boldsymbol{z}}$$

$$\hat{\boldsymbol{\phi}} = -\sin\phi\hat{\boldsymbol{x}} + \cos\phi\hat{\boldsymbol{y}}$$

用 θ'、ϕ'表示的$\hat{\boldsymbol{\theta}}'$、$\hat{\boldsymbol{\phi}}'$来代替 θ 和 ϕ。

下面讨论轴对称目标的散射截面和吸收截面,该目标位于 $x-z$ 平面上,与 z 轴成 θ_b 角度倾斜,入射波沿 z 轴方向传播(图 10.12)。如式(10.6)所示,散射截面必须通过在所有的立体角上对$|\bar{\boldsymbol{f}}|^2$ 进行积分来计算,吸收截面则由式(10.8)计算得到。对于非球面目标,散射截面和吸收截面取决于入射波的极化。如果入射波在 x 方向上极化($\overline{\boldsymbol{E}}_i = E_{ix}\hat{\boldsymbol{x}}$),则进行上述计算,得到:

$$\begin{cases} \sigma_{sx} = \left(\dfrac{k^2}{4\pi\varepsilon_0}\right)^2 \dfrac{8\pi}{3}\left(|\alpha_x\cos^2\theta_b + \alpha_z\sin^2\theta_b|^2 + |\alpha_x - \alpha_z|^2\sin^2\theta_b\cos^2\theta_b\right) \\ \sigma_{ax} = k\varepsilon_r''\dfrac{|\alpha_x|^2\cos^2\theta_b + |\alpha_z|^2\sin^2\theta_b}{\varepsilon_0^2 V|\varepsilon_r - 1|^2} \end{cases} \tag{10.53}$$

如果入射波在 y 方向上极化($\overline{\boldsymbol{E}}_i = \overline{\boldsymbol{E}}_{iy}\hat{\boldsymbol{y}}$),则得到:

$$\begin{cases} \sigma_{sy} = \left(\dfrac{k^2}{4\pi\varepsilon_0}\right)^2 |\alpha_y|^2\dfrac{8\pi}{3} \\ \sigma_{ay} = k\varepsilon_r''\dfrac{|\alpha_y|^2}{|\varepsilon_r - 1|^2\varepsilon_0 V} \end{cases} \tag{10.54}$$

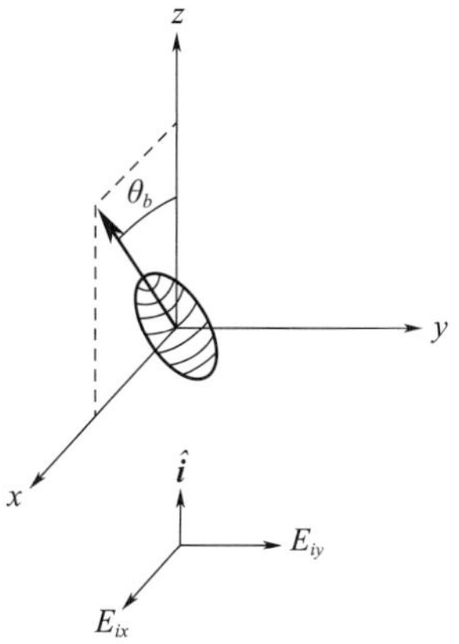

图 10.12　被平面波照射的轴对称目标

10.7　瑞利-德拜散射(伯恩近似)

现在讨论相对介电常数 ε_r 接近于 1 的散射体的散射特性。在这种情况下,散射体内部的场可以近似为入射场。

$$\bar{\boldsymbol{E}}(\bar{\boldsymbol{r}}) = \bar{\boldsymbol{E}}_i(\bar{\boldsymbol{r}}) = \hat{\boldsymbol{e}}_i \exp(-\mathrm{j}k\bar{\boldsymbol{r}} \cdot \hat{\boldsymbol{i}}) \tag{10.55}$$

将其代入式(10.32)中,得到:

$$\bar{\boldsymbol{f}}(\hat{\boldsymbol{o}},\hat{\boldsymbol{i}}) = \frac{k^2}{4\pi}[-\hat{\boldsymbol{o}} \times (\hat{\boldsymbol{o}} \times \hat{\boldsymbol{e}}_i)]VS(\bar{\boldsymbol{k}}_s) \tag{10.56}$$

$$S(\bar{\boldsymbol{k}}_s) = \frac{1}{V}\int_V [\varepsilon_r(\bar{\boldsymbol{r}}') - 1]\exp(-\mathrm{j}\,\bar{\boldsymbol{k}}_s \cdot \bar{\boldsymbol{r}}')\mathrm{d}V' \tag{10.57}$$

式中:$\bar{\boldsymbol{k}}_s = k\,\bar{\boldsymbol{i}}_s = k(\hat{\boldsymbol{i}} - \hat{\boldsymbol{o}})$,$|\bar{\boldsymbol{i}}_s| = 2\sin\dfrac{\theta}{2}$,$\theta$ 为 $\hat{\boldsymbol{i}}$ 和 $\hat{\boldsymbol{o}}$ 之间的夹角(图 10.13)。

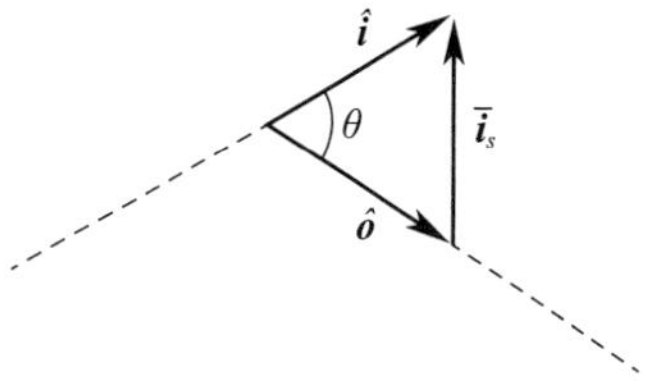

图 10.13　$\bar{\boldsymbol{i}}_s$ 和 θ 之间的关系

当满足下式时,这种近似成立。

$$(\varepsilon_r - 1)kD \ll 1 \tag{10.58}$$

式中:D 为目标的典型尺寸,如直径。注意到式(10.57)是$[\varepsilon_r(r') - 1]$在$\bar{\boldsymbol{i}}_s$ 方向上的傅里叶变换。因此,散射振幅$f(\hat{\boldsymbol{o}},\hat{\boldsymbol{i}})$与$[\varepsilon_r(r') - 1]$在波数 $\bar{\boldsymbol{k}}_s$ 处的傅里叶变换成正比。一般来说,如果$[\varepsilon_r(r') - 1]$集中在一个与波长相比较小的区域,那么截面在$\bar{\boldsymbol{k}}_s$ 处发散,因此,在角度 θ 处,散射几乎是各向同性的。如果目标尺寸与波长相比较大,则散射集中在一个较小的正向角区域 $\theta \approx 0$。这种情况类似于时间函数与其频谱之间的关系。如果一个函数在时间 T 内是有限的,则其频谱在 $1/T$ 的频率范围内展开。

瑞利-德拜吸收截面由式(10.8)计算得到。

$$\sigma_a = k\int_V \varepsilon''_r(\bar{\boldsymbol{r}})\mathrm{d}V \tag{10.59}$$

下面举几个例子。

10.7.1 半径为 a 的均匀球体散射

在本例中,由于球对称,选择 $\bar{\boldsymbol{i}}_s$ 方向的 z' 轴(图 10.14),则得到①:

$$\bar{\boldsymbol{f}}(\hat{\boldsymbol{o}},\hat{\boldsymbol{i}})=\frac{k^2}{4\pi}[-\hat{\boldsymbol{o}}\times(\hat{\boldsymbol{o}}\times\hat{\boldsymbol{e}}_i)](\varepsilon_r-1)VF(\theta) \tag{10.60}$$

$$\begin{aligned}F(\theta)&=\frac{1}{V}\int_V \exp(-\mathrm{j}k\,\bar{\boldsymbol{i}}_s\cdot\bar{\boldsymbol{r}}')\mathrm{d}V'\\&=\frac{1}{V}\int_0^{2\pi}\mathrm{d}\phi'\int_0^{\pi}\sin\theta'\mathrm{d}\theta'\int_0^{a}r'^2\mathrm{d}r'\exp(-\mathrm{j}k_s r'\cos\theta')\\&=\frac{3}{k_s^2a^3}(\sin k_s a-k_s a\cos k_s a)\end{aligned} \tag{10.61}$$

式中:$k_s=2k\sin(\theta/2)$。$|F(\theta)|^2$ 的曲线如图 10.15 所示。

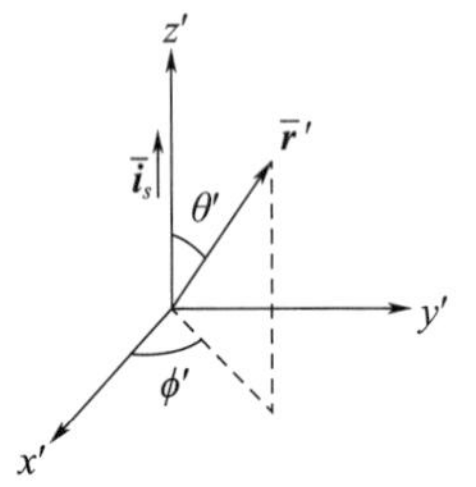

图 10.14 计算式(10.61)时的坐标轴

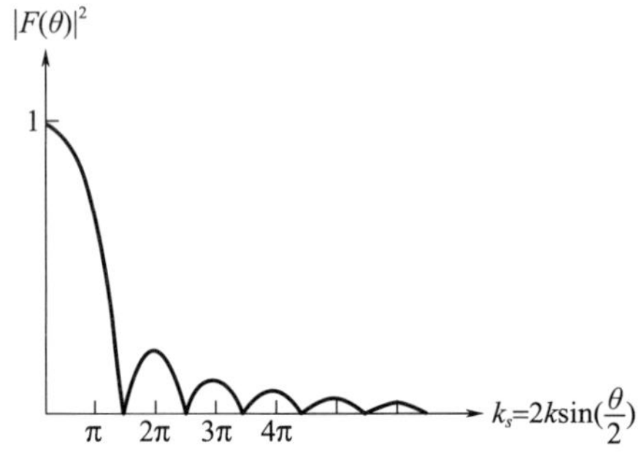

图 10.15 半径为 a 的均质球体在式(10.61)中的散射图②

10.7.2 椭球体的散射

对于如图 10.16 所示的椭球体,入射波沿(θ_i,ϕ_i)方向传播,散射波沿(θ_0,ϕ_0)方向观测。椭球体的曲面表示为

$$\frac{x^2}{a^2}+\frac{y^2}{b^2}+\frac{z^2}{c^2}=1 \tag{10.62}$$

在球坐标系中表示入射波方向 $\hat{\boldsymbol{\iota}}$ 和观测点方向 $\hat{\boldsymbol{o}}$。

$$\begin{cases}\bar{\boldsymbol{k}}_s=k_{s1}\hat{\boldsymbol{x}}+k_{s2}\hat{\boldsymbol{y}}+k_{s3}\hat{\boldsymbol{z}}\\k_{s1}=k(\sin\theta_i\cos\phi_i-\sin\theta_0\cos\phi_0)\\k_{s2}=k(\sin\theta_i\sin\phi_i-\sin\theta_0\sin\phi_0)\\k_{s3}=k(\cos\theta_i-\cos\theta_0)\end{cases} \tag{10.63}$$

---

① 译者注:根据公式推导,将式(10.61)第 2 个等式中的 $\int_0^{\pi}\sin\theta'\mathrm{d}\phi'$ 更改为 $\int_0^{\pi}\sin\theta'\mathrm{d}\theta'$,及将 $\cos,k_sa$ 更改为 $\cos k_sa$。

② 译者注:根据上下文,将图中的 $k_sa=ka2\sin\frac{\theta}{2}$ 更改为 $k_s=2k\sin\left(\frac{\theta}{2}\right)$。

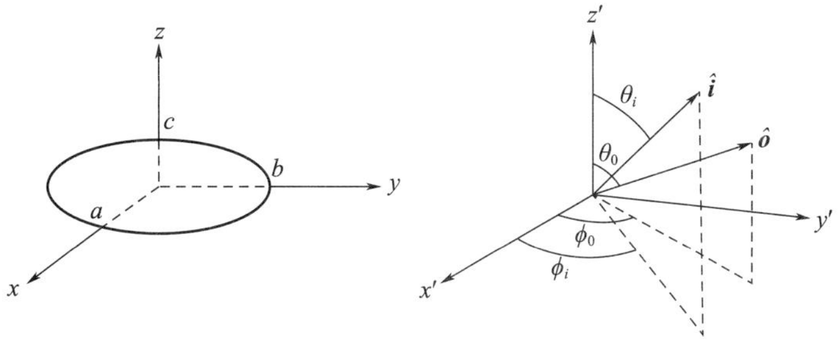

图 10.16　椭圆目标及式(10.63)中的方向 $\hat{\boldsymbol{i}}$ 和 $\hat{\boldsymbol{o}}$

然后得到:

$$F = \frac{1}{V}\int_V \exp[-\mathrm{j}(k_{s1}x + k_{s2}y + k_{s3}z)]\mathrm{d}x\mathrm{d}y\mathrm{d}z \tag{10.64}$$

该式为在椭球体的体积上进行积分计算,但如果使用下面的归一化坐标,则可以在单位半径的球上进行积分计算。

$$\begin{cases} x' = \dfrac{x}{a} \\ y' = \dfrac{y}{b} \\ z' = \dfrac{z}{c} \end{cases} \tag{10.65}$$

然后得到:

$$\begin{aligned} F &= \frac{3}{4\pi}\int \exp(-\mathrm{j}\bar{\boldsymbol{k}}\cdot\bar{\boldsymbol{r}})\mathrm{d}x'\mathrm{d}y'\mathrm{d}z' \\ &= \frac{3}{K^3}(\sin K - K\cos K) \end{aligned} \tag{10.66}$$

式中:

$$K = [(k_{s1}a)^2 + (k_{s2}b)^2 + (k_{s3}c)^2]^{1/2}$$

10.7.3　轴对称随机定向目标的散射

在式(10.63)中,$\sqrt{k_{s1}^2 + k_{s2}^2}$ 和 k_{s3} 分别为 $k\bar{\boldsymbol{i}}_s = k(\hat{\boldsymbol{i}} - \hat{\boldsymbol{o}})$ 在垂直于 z 轴和平行于 z 轴方向上的分量。设 β 为 $\bar{\boldsymbol{i}}_s$ 与 z 轴之间的夹角,则得到:

$$\sqrt{k_{s1}^2 + k_{s2}^2} = k_s\sin\beta$$
$$k_{s3} = k_s\cos\beta$$

对于随机方向,对目标所有可能方向的散射强度进行平均。此处由于随机性,必须对强度而非场量进行平均。

$$|F|_{\text{ave}}^2 = \begin{cases} \dfrac{1}{4\pi}\displaystyle\int |F|^2\mathrm{d}\omega, \mathrm{d}\omega = \sin\beta\mathrm{d}\beta\mathrm{d}\phi \\ \dfrac{1}{2}\displaystyle\int_{-1}^{1} |F|^2\mathrm{d}\mu, \mu = \cos\beta \end{cases} \tag{10.67}$$

10.8 椭圆偏振和斯托克斯参数

在 10.1 至 10.7 节中,讨论了线性偏振入射波。但一般来说,要考虑具有椭圆偏振的入射波。对于一个沿 z 方向传播的平面波,其电场分量的时间函数表示为

$$\begin{cases} E_x = \mathrm{Re}(E_1 \mathrm{e}^{\mathrm{j}\omega t}) = \mathrm{Re}[a_1 \exp(\mathrm{j}\omega t - \mathrm{j}kz + \mathrm{j}\delta_1)] = a_1 \cos(\tau + \delta_1) \\ E_y = \mathrm{Re}(E_2 \mathrm{e}^{\mathrm{j}\omega t}) = \mathrm{Re}[a_2 \exp(\mathrm{j}\omega t - \mathrm{j}kz + \mathrm{j}\delta_2)] = a_2 \cos(\tau + \delta_2) \\ E_z = 0 \end{cases} \tag{10.68a}$$

式中:$\tau = \omega t - kz$,E_1 和 E_2 是 E_x 和 E_y 的相量。

上面的公式中,使用了 IEEE 协定的 $\exp(\mathrm{j}\omega t)$。在许多使用斯托克斯参数的研究中,使用 $\exp(\mathrm{i}\omega t)$ 更为常见。则式(10.68a)重新表示为

$$\begin{aligned} E_x &= \mathrm{Re}(E_1 e^{-\mathrm{i}\omega t}) = \mathrm{Re}[a_1 \exp(-\mathrm{i}\omega t + \mathrm{i}kz - \mathrm{i}\delta_1)] = a_1 \cos(\tau + \delta_1) \\ E_y &= \mathrm{Re}(E_2 e^{-\mathrm{i}\omega t}) = \mathrm{Re}[a_2 \exp(-\mathrm{i}\omega t + \mathrm{i}kz - \mathrm{i}\delta_2)] = a_2 \cos(\tau + \delta_2) \end{aligned} \tag{10.68b}$$

对于普遍的椭圆极化波,电场向量 $\overline{\boldsymbol{E}} = E_x\hat{\boldsymbol{x}} + E_y\hat{\boldsymbol{y}}$ 端点轨迹是一个椭圆。从式(10.68a)或(10.68b)中消去 τ,就可以得到这个椭圆的方程。

$$\left(\frac{E_x}{a_1}\right)^2 + \left(\frac{E_y}{a_2}\right)^2 - \frac{2E_xE_y}{a_1a_2}\cos\delta = \sin^2\delta \tag{10.69}$$

式中:$\delta = \delta_2 - \delta_1$ 为相位差。

为了描述式(10.68)中的椭圆极化波,需要三个独立参数。例如,它们可以是 a_1、a_2 和 δ。不过,使用相同维度的参数更为方便。1852 年,G. G. Stokes 提出了现在所谓的斯托克斯参量:

$$\begin{cases} I = a_1^2 + a_2^2 = |E_1|^2 + |E_2|^2 \\ Q = a_1^2 - a_2^2 = |E_1|^2 - |E_2|^2 \\ U = 2a_1a_2\cos\delta = 2\mathrm{Re}(E_1E_2^*) \\ V = \mp 2a_1a_2\sin\delta = 2\mathrm{Im}(E_1E_2^*) \end{cases} \tag{10.70}$$

式中:E_1 和 E_2 是电场分量 E_x 和 E_y 的相量,表示为

$$\begin{aligned} E_1 &= a_1\exp(\mathrm{j}\delta_1 - \mathrm{j}kz) = a_1\exp(-\mathrm{i}\delta_1 + \mathrm{i}kz) \\ E_2 &= a_2\exp(\mathrm{j}\delta_2 - \mathrm{j}kz) = a_2\exp(-\mathrm{i}\delta_2 + \mathrm{i}kz) \end{aligned}$$

需要注意到,V 的正负号分别表示 $\exp(\mathrm{j}\omega t)$ 和 $\exp(-\mathrm{i}\omega t)$ 的依赖性。可由式(10.70)得到这四个参数的关系:

$$I^2 = Q^2 + U^2 + V^2 \tag{10.71}$$

式(10.70)和式(10.71)提供了描述椭圆偏振波的三个独立量。

例如,对于相对于 x 轴沿 ψ_0 方向线偏振的波,有 $a_1 = E_0\cos\psi_0$,$a_2 = E_0\sin\psi_0$ 和 $\delta = 0$,则斯托克斯参数为

$$\begin{cases} I = E_0^2 \\ Q = E_0^2 \cos 2\psi_0 \\ U = E_0^2 \sin 2\psi_0 \\ V = 0 \end{cases} \tag{10.72}$$

对于右旋圆偏振波，有 $a_1 = a_2 = E_0$，$\delta = -\pi/2$，且

$$\begin{cases} I = 2E_0^2 \\ Q = 0 \\ U = 0 \\ V = \pm 2E_0^2 \end{cases} \tag{10.73}$$

这里 V 的正负符号分别表示 $\exp(\mathrm{j}\omega t)$ 和 $\exp(-\mathrm{i}\omega t)$ 的依赖性。通常还使用改进的斯托克斯参数：

$$\begin{cases} I_1 = |E_1|^2 \\ I_2 = |E_2|^2 \\ U = 2\mathrm{Re}(E_1 E_2^*) \\ V = 2\mathrm{Im}(E_1 E_2^*) \end{cases} \tag{10.74}$$

或者，也可以用椭圆的长半轴（a）和短半轴（b）以及方向角（ψ）来描述图 10.17 中的椭圆。使用 I、b/a 和 Ψ，对于 $\exp(-\mathrm{i}\omega t)$ 依赖性，斯托克斯参数变为：

$$\begin{cases} Q = I\cos 2\chi \cos 2\Psi \\ U = I\cos 2\chi \sin 2\Psi \\ V = I\sin 2\chi \end{cases} \tag{10.75}$$

式中：$\tan\chi = \pm b/a$，正号表示左旋偏振，负号表示右旋偏振。当电场旋转为沿传播方向前进的右旋螺旋时，偏振被定义为右旋。

由式（10.75）可以看出，I 和 V 取决于总强度和椭圆度角 χ，且不受椭圆方位角 ψ 的影响，但 Q 和 U 随坐标的选择而变化。

式（10.75）可以与半径为 $r = I$、$\theta = (\pi/2) - 2\chi$ 和 $\phi = 2\psi$ 的球面上点（r,θ,ϕ）的直角坐标（X,Y,Z）进行比较，$X = r\sin\theta\cos\theta$、$Y = r\sin\theta\sin\phi$、$Z = r\cos\theta$。这个球被称为庞加莱球，其南北两极分别代表左旋和右旋圆偏振。南北半球分别代表左旋和右旋椭圆偏振，赤道代表线偏振（图 10.18）。

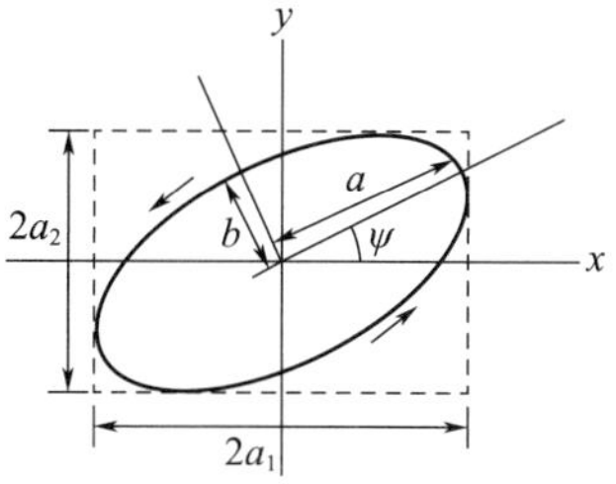

图 10.17　右旋椭圆偏振

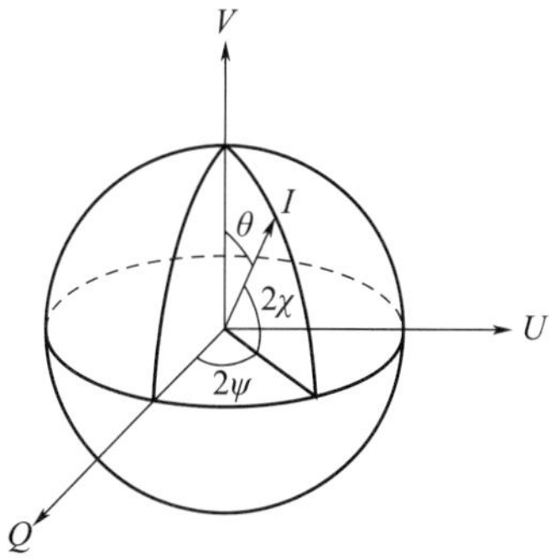

图 10.18　庞加莱球

10.9 部分偏振和自然光

在 10.8 节讨论的椭圆偏振中,振幅 a_1 和 a_2 的比值以及相位差 $\delta=\delta_2-\delta_1$ 是绝对常数。这发生在纯单色(单频)波的情况下。对于具有带宽 $\Delta\omega$ 的多色波的普遍情况,振幅和相位差会随着 $\Delta\omega$ 内的不同频率发生连续变化,因此,a_1、a_2 和 δ 是随时间缓慢变化的随机函数。因此,一般来说,斯托克斯参数应该用平均值来表示。用角括号〈·〉表示时间平均值,对于 $\exp(-\mathrm{i}\omega t)$ 依赖性,得到:

$$\begin{cases}I=\langle a_1^2\rangle+\langle a_2^2\rangle=\langle|E_1|^2\rangle+\langle|E_2|^2\rangle\\ Q=\langle a_1^2\rangle-\langle a_2^2\rangle=\langle|E_1|^2\rangle-\langle|E_2|^2\rangle\\ U=2\langle a_1a_2\cos\delta\rangle=2\mathrm{Re}\langle E_1\ E_2^*\rangle\\ V=2\langle a_1a_2\sin\delta\rangle=2\mathrm{Im}\langle E_1\ E_2^*\rangle\end{cases} \tag{10.76}$$

对于改进的斯托克斯参数(I_1,I_2,U,V),有 $I_1=\langle|E_1|^2\rangle$ 和 $I_2=\langle|E_2|^2\rangle$。在这种情况下,式(10.71)中的条件必须替换为

$$I^2\geqslant Q^2+U^2+V^2 \tag{10.77}$$

自然光的特点是,垂直于光线方向的任何方向上的光强都是相同的,而且光场的矩形分量之间没有关联。因此,自然光的充要条件是:$I=2\langle|E|^2\rangle$,且有

$$Q=U=V=0 \tag{10.78}$$

一般来说,波可能是部分偏振的。偏振度 m 由比值定义:

$$m=\frac{(Q^2+U^2+V^2)^{1/2}}{I} \tag{10.79}$$

式中:$m=1$ 表示椭圆偏振,$0<m<1$ 表示部分偏振,$m=0$ 表示非偏振波(自然光)。

显然,斯托克斯参数$[\boldsymbol{I}]$可以表示为椭圆极化波$[\boldsymbol{I}_p]$和非极化波$[\boldsymbol{I}_u]$之和。

$$[\boldsymbol{I}]=[\boldsymbol{I}_p]+[\boldsymbol{I}_u] \tag{10.80}$$

式中:

$$[\boldsymbol{I}]=\begin{bmatrix}I\\Q\\U\\V\end{bmatrix},\ [\boldsymbol{I}_p]=\begin{bmatrix}mI\\Q\\U\\V\end{bmatrix},\ [\boldsymbol{I}_u]=\begin{bmatrix}(1-m)I\\0\\0\\0\end{bmatrix}$$

10.10 散射振幅函数 f_{11},f_{12},f_{21},f_{22} 和斯托克斯矩阵

在 10.1 节中,散射振幅 $\bar{f}(\hat{\boldsymbol{o}},\hat{\boldsymbol{i}})$ 定义为

$$\overline{\boldsymbol{E}}_s(\bar{\boldsymbol{r}})=\bar{f}(\hat{\boldsymbol{o}},\hat{\boldsymbol{i}})\frac{\mathrm{e}^{ikR}}{R} \tag{10.81a}$$

对于线偏振入射波:

$$\overline{\boldsymbol{E}}_i(\bar{\boldsymbol{r}})=\hat{\boldsymbol{e}}_i\mathrm{e}^{ik\hat{\boldsymbol{i}}\cdot\bar{r}} \tag{10.81b}$$

为了将散射波的描述推广到椭圆波、部分偏振波和非偏振波,选择以下坐标系(van de Hulst,1957)。在本节中使用 $\exp(-\mathrm{i}\omega t)$。选择 z 轴为入射波的方向,$y-z$ 平面为散射

面，定义为包含入射波方向 $\hat{\boldsymbol{i}}$ 和观测方向 $\hat{\boldsymbol{o}}$ 的平面（图 10.19）。入射波在垂直于散射平面和平行于散射平面的方向上分别有$\boldsymbol{E}_{ix}=\boldsymbol{E}_{i\perp}$和$\boldsymbol{E}_{iy}=\boldsymbol{E}_{i\parallel}$两个分量。散射波在 $\hat{\boldsymbol{o}}$ 方向上有两个分量，即$\boldsymbol{E}_{sx}=\boldsymbol{E}_{s\perp}$和$\boldsymbol{E}_{sy}=\boldsymbol{E}_{s\parallel}$，分别垂直和平行于散射平面。很明显，$\boldsymbol{E}_{s\perp}$与$\boldsymbol{E}_{x\parallel}$和$\boldsymbol{E}_{i\perp}$与$\boldsymbol{E}_{s\parallel}$呈线性关系，可以表示为

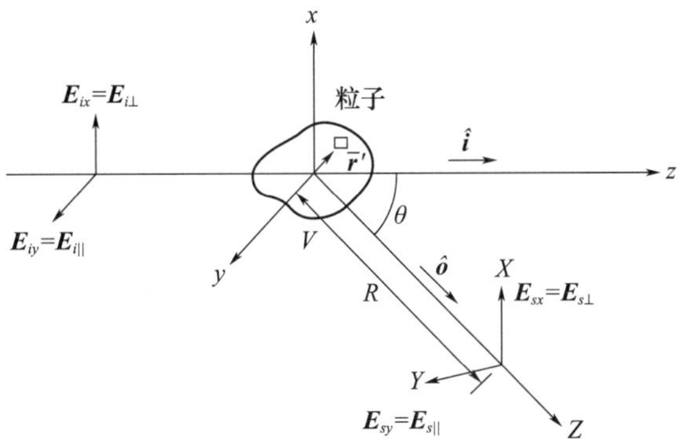

图 10.19　定义散射振幅的几何图形（$y-z$ 和 $Y-Z$ 平面是散射平面）

$$\begin{bmatrix}\boldsymbol{E}_{s\perp}\\ \boldsymbol{E}_{s\parallel}\end{bmatrix}=\frac{e^{ikR}}{R}\begin{bmatrix}f_{11} & f_{12}\\ f_{21} & f_{22}\end{bmatrix}\begin{bmatrix}\boldsymbol{E}_{i\perp}\\ \boldsymbol{E}_{i\parallel}\end{bmatrix} \tag{10.82}$$

在 $x=y=z=0$ 的原点处求$\boldsymbol{E}_{i\perp}$与$\boldsymbol{E}_{i\parallel}$，在离原点较大距离 R 处求$\boldsymbol{E}_{s\perp}$与$\boldsymbol{E}_{s\parallel}$。$f_{11}$，$f_{12}$，$f_{21}$，$f_{22}$为 θ 的函数，它们与 van de Hulst 和球面米氏解法中使用的散射函数 S_1，S_2，S_3，S_4 有关（见第 11 章）。

$$\begin{cases}f_{11}=\dfrac{i}{k}S_1\\ f_{12}=\dfrac{i}{k}S_4\\ f_{21}=\dfrac{i}{k}S_3\\ f_{22}=\dfrac{i}{k}S_2\end{cases} \tag{10.83}$$

此外，还经常使用如图 10.11 所示的球坐标系。散射波（$\boldsymbol{E}_\theta$，$\boldsymbol{E}_\phi$）与入射波（$\boldsymbol{E}'_\theta$，$\boldsymbol{E}'_\phi$）相关，f_{ij}为 θ、ϕ、θ'和 ϕ'的函数。

$$\begin{bmatrix}\boldsymbol{E}_{\theta}\\ \boldsymbol{E}_{\phi}\end{bmatrix}=\frac{e^{ikR}}{R}\begin{bmatrix}f_{11} & f_{12}\\ f_{21} & f_{22}\end{bmatrix}\begin{bmatrix}\boldsymbol{E}'_{\theta}\\ \boldsymbol{E}'_{\phi}\end{bmatrix} \tag{10.84}$$

如果已知散射函数，入射波具有任意偏振态，其斯托克斯参数为 I_{1i}，I_{2i}，U_i 和 V_i，那么散射波的斯托克斯参数 I_{1s}，I_{2s}，U_s 和 V_s 为多少？利用式（10.74）和式（10.82），并由以下 4×4 穆勒矩阵（Mueller matrix）$\overline{\overline{S}}$得到其关系：

$$\boldsymbol{I}_s=\frac{1}{R^2}\overline{\overline{\boldsymbol{S}}}\boldsymbol{I}_i \tag{10.85}$$

式中：$\boldsymbol{I}_s$ 和$\boldsymbol{I}_i$ 为 4×1 列矩阵，而$\overline{\overline{S}}$为 4×4 矩阵。

$$\begin{cases} \boldsymbol{I}_s = \begin{bmatrix} I_{1s} \\ I_{2s} \\ U_s \\ V_s \end{bmatrix} \\ \boldsymbol{I}_i = \begin{bmatrix} I_{1i} \\ I_{2i} \\ U_i \\ V_i \end{bmatrix} \\ \bar{\bar{\boldsymbol{S}}} = \begin{bmatrix} |f_{11}|^2 & |f_{12}|^2 & \mathrm{Re}(f_{11}f_{12}^*) & -\mathrm{Im}(f_{11}f_{12}^*) \\ |f_{21}|^2 & |f_{22}|^2 & \mathrm{Re}(f_{21}f_{22}^*) & -\mathrm{Im}(f_{21}f_{22}^*) \\ 2\mathrm{Re}(f_{11}f_{21}^*) & 2\mathrm{Re}(f_{12}f_{22}^*) & \mathrm{Re}(f_{11}f_{22}^* + f_{12}f_{21}^*) & -\mathrm{Im}(f_{11}f_{22}^* - f_{12}f_{21}^*) \\ 2\mathrm{Im}(f_{11}f_{21}^*) & 2\mathrm{Im}(f_{12}f_{22}^*) & \mathrm{Im}(f_{11}f_{22}^* + f_{12}f_{21}^*) & \mathrm{Re}(f_{11}f_{22}^* - f_{12}f_{21}^*) \end{bmatrix} \end{cases} \tag{10.86}$$

上述矩阵表示法用于描述矢量辐射传递理论。

10.11 声散射

在本节中，将讨论目标在单位振幅入射声波照射下的吸收和散射特性（图 10.20）。

$$P_i(\bar{\boldsymbol{r}}) = \exp(-jk\hat{\boldsymbol{i}} \cdot \bar{\boldsymbol{r}}) \tag{10.87}$$

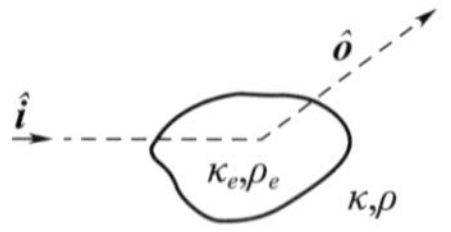

图 10.20 目标的声散射

散射振幅 $\bar{\boldsymbol{f}}(\hat{\boldsymbol{o}},\hat{\boldsymbol{i}})$ 为标量，散射声场为

$$P_s(\bar{\boldsymbol{r}}) = \bar{\boldsymbol{f}}(\hat{\boldsymbol{o}},\hat{\boldsymbol{i}})\frac{e^{-jkR}}{R}, \text{对于 } R > \frac{D^2}{\lambda} \tag{10.88}$$

入射和散射功率通量为

$$\begin{cases} \bar{\boldsymbol{S}}_i = \dfrac{|p_i|^2}{2\eta_0}\hat{\boldsymbol{i}} \\ \bar{\boldsymbol{S}}_s = \dfrac{|p_s|^2}{2\eta_0}\hat{\boldsymbol{o}} \end{cases} \tag{10.89}$$

式中：$\eta_0 = \rho_0 c_0$ 为特征阻抗，ρ_0 和 c_0 分别为介质的平衡密度和波在介质中的传播速度。微分散射截面 σ_d、散射截面 σ_s、吸收截面 σ_a 和总截面 σ_t 的定义公式与 10.1 节所示完全相同。前向散射定理为

$$\sigma_t = -\frac{4\pi}{k}\mathrm{Im}\bar{\boldsymbol{f}}(\hat{\boldsymbol{o}},\hat{\boldsymbol{i}}) \tag{10.90}$$

由于式(2.131)中的散度运算中含有因子 $1/\rho_0$，散射振幅 $\bar{\boldsymbol{f}}(\hat{\boldsymbol{o}},\hat{\boldsymbol{i}})$ 的积分表示与电磁波的积分表示有些不同。

对于 exp(jωt)的时谐情况，式(2.131)变为

$$\nabla^2 p + k^2 p = -k^2\gamma_\kappa p + \mathrm{div}[\gamma_\rho \mathrm{grad}\, p] \tag{10.91}$$

式中：$\gamma_\kappa=(\kappa_e-\kappa)/\kappa,\gamma_\rho=(\rho_e-\rho)/\rho_e,k^2=\omega^2/c^2=\omega^2\kappa\rho$，$\kappa$ 和 ρ 分别为目标周围介质的压缩率和密度，κ_e 和 ρ_e 分别为目标的压缩率和密度。

式(10.91)右侧产生散射波，散射振幅 $\bar{f}(\hat{o},\hat{i})$ 为

$$\bar{f}(\hat{o},\hat{i})=\frac{k^2}{4\pi}\int_V\left(\gamma_\kappa p+\mathrm{j}\gamma_\rho\frac{\hat{o}}{k}\cdot\nabla'p\right)\mathrm{e}^{+\mathrm{j}k\hat{o}\cdot\bar{r}'}\mathrm{d}V' \tag{10.92}$$

此处，使用散度定理将式(10.91)右边第二项的积分转化为式(10.92)积分的第二项。

根据式(10.92)得到以下波恩近似：

$$\bar{f}(\hat{o},\hat{i})=\frac{k^2}{4\pi}\int_V(\gamma_\kappa p+\gamma_\rho\cos\theta)\exp(-\mathrm{j}\,\bar{k}_s\cdot\bar{r}')\mathrm{d}V' \tag{10.93a}$$

式中：$\bar{k}_s=k(\hat{i}-\hat{o})$，$|\bar{k}_s|=2k\sin(\theta/2)$ 和 $\cos\theta=\hat{i}\cdot\hat{o}$。这适用于以下情况：

$$\left(\frac{\kappa_e\rho_e}{\kappa\rho}-1\right)kD\ll 1 \tag{10.93b}$$

式中：D 为目标的典型尺寸。

值得注意的是，对于小型目标，式(10.93a)中积分内的第一项表示与电磁情况类似的各向同性散射，但第二项表示的散射与 $\hat{o}\cdot\hat{i}=\cos\theta$ 成正比。

对于小球体的瑞利散射，幅度为 p_0 的入射压强 p_i 和球内压强 p_e 表示为

$$\begin{cases}p_i=p_0\mathrm{e}^{-\mathrm{j}kx}\approx p_0(1-\mathrm{j}kx)\\ p_e\approx p_0\left(1-\dfrac{\mathrm{j}kx\cdot 3\rho_e}{\rho+2\rho_e}\right)\end{cases} \tag{10.94}$$

得到：

$$f(\hat{o},\hat{i})=\frac{k^2a^3}{3}\left(\frac{\kappa_e-\kappa}{\kappa}+\frac{3(\rho_e-\rho)}{2\rho_e+\rho}\cos\theta\right)$$

$$\frac{\sigma_s}{\pi a^2}=\frac{4\,(ka)^4}{9}\left(\left|\frac{\kappa_e-\kappa}{\kappa}\right|^2+3\left|\frac{\rho_e-\rho}{2\rho_e+\rho}\right|^2\right)$$

10.12　导电体的散射截面

航空航天应用中的许多物体都有导电表面，如飞机、火箭、航天器和导弹。因此，研究导电体的散射特性，特别是雷达应用中的后向散射截面非常重要。

首先研究这个问题的一般公式。导电表面 S 被以下入射波照射：

$$\bar{E}_i(r)=E_i\mathrm{e}^{-\mathrm{j}k\hat{i}\cdot\bar{r}}\hat{e}_i \tag{10.95}$$

散射场 $\bar{E}_s(r)$ 表示为(见 10.3 节)：

$$\begin{cases}\bar{E}_s(r)=\nabla\times\nabla\times\bar{\pi}_s(\bar{r})\\ \bar{H}_s(r)=\mathrm{j}\omega\varepsilon_0\,\nabla\times\bar{\pi}_s(\bar{r})\end{cases} \tag{10.96}$$

式中：

$$\bar{\pi}_s(\bar{r})=\frac{1}{\mathrm{j}\omega\varepsilon_0}\int_S G_0(\bar{r},\bar{r}')\,\bar{J}_s(\bar{r}')\mathrm{d}a$$

$\bar{\boldsymbol{J}}_s$ 为导体表面的表面电流。因此，可以得到了距离目标很远位置的散射场。

$$\begin{aligned}\bar{\boldsymbol{E}}_s(r) &= \hat{\boldsymbol{e}}_s f(\hat{\boldsymbol{o}},\hat{\boldsymbol{i}})\frac{\mathrm{e}^{-\mathrm{j}kR}}{R}\\ &= -\mathrm{j}k\eta_0\frac{\mathrm{e}^{-\mathrm{j}kR}}{4\pi R}\int_S[-\hat{\boldsymbol{o}}\times(\hat{\boldsymbol{o}}\times\hat{\boldsymbol{j}})J_s(r')]\mathrm{e}^{\mathrm{j}k\hat{\boldsymbol{o}}\cdot\bar{\boldsymbol{r}}'}\mathrm{d}a\end{aligned}\tag{10.97}$$

式中：$\bar{\boldsymbol{J}}_s(\bar{\boldsymbol{r}}')=J_s(\bar{\boldsymbol{r}}')\hat{\boldsymbol{j}}$，$\eta_0=120\pi\Omega$ 为自由空间特征阻抗。

双站散射截面表示为

$$\begin{aligned}\sigma_{bi}(o,i) &= \frac{4\pi\,|f(\hat{\boldsymbol{o}},\hat{\boldsymbol{i}})|^2}{|E_i|^2}\\ &= \frac{k^2\eta_0^2}{4\pi}\left|\int_S[-\hat{\boldsymbol{o}}\times(\hat{\boldsymbol{o}}\times\hat{\boldsymbol{j}})]\frac{J_s(\bar{\boldsymbol{r}}')}{|E_i|}\mathrm{e}^{\mathrm{j}k\hat{\boldsymbol{o}}\cdot\bar{\boldsymbol{r}}'}\mathrm{d}a\right|^2\end{aligned}\tag{10.98}$$

如果已知准确的表面电流 $\bar{\boldsymbol{J}}_s(\bar{\boldsymbol{r}}')$，则上述公式就能表示出准确的散射特性。

接下来讨论雷达横截面 σ_b。通常情况下，天线接收的是散射波中沿入射波偏振方向 $\hat{\boldsymbol{e}}_i$ 的分量。因此，在这种情况下使用：

$$\begin{aligned}\sigma_b &= \lim_{R\to\infty}\frac{4\pi R^2\,|\hat{\boldsymbol{e}}_i\cdot\bar{\boldsymbol{E}}_s|^2}{|E_i|^2}\\ &= \frac{4\pi\,|\hat{\boldsymbol{e}}_i\cdot\hat{\boldsymbol{e}}_s f(-\hat{\boldsymbol{\imath}},\hat{\boldsymbol{\imath}})|^2}{|E_i|^2}\\ &= \frac{k^2\eta_0^2}{4\pi}\left|\int_S\frac{\hat{\boldsymbol{e}}_i\cdot\bar{\boldsymbol{J}}_s(\bar{\boldsymbol{r}}')}{|E_i|}\mathrm{e}^{-\mathrm{j}k\hat{\boldsymbol{\imath}}\cdot\bar{\boldsymbol{r}}'}\mathrm{d}a\right|^2\\ &= \frac{k^2\eta_0^2}{4\pi}\frac{\left|\int_S\bar{\boldsymbol{E}}_i\cdot\bar{\boldsymbol{J}}_s(\bar{\boldsymbol{r}})\mathrm{d}a\right|}{|E_i|^4}\end{aligned}\tag{10.99}$$

在上述公式中，表面电流 $\bar{\boldsymbol{J}}_s(\bar{\boldsymbol{r}}')$ 仍然未知。下一节将讨论一种称为物理光学的近似方法。

10.13 物理光学近似

如果物体比波长大（曲率半径远大于波长），而且表面光滑，那么表面电流 $\bar{\boldsymbol{J}}_s(\bar{\boldsymbol{r}}')$ 可以很好地近似于在 $\bar{\boldsymbol{r}}'$ 处与表面相切的导电平面上的电流。因此，可以认为该曲面局部是平面的。在这种情况下，在被照射区域，$\bar{\boldsymbol{J}}_s$ 为入射磁场切向分量的两倍。

$$\bar{\boldsymbol{J}}_s(\bar{\boldsymbol{r}})=\begin{cases}2(\hat{\boldsymbol{n}}\times\hat{\boldsymbol{H}}_i)，在照亮区域\\ 0，在暗处\end{cases}\tag{10.100}$$

式中：$\hat{\boldsymbol{n}}$ 为表面的单位法向矢量（图 10.21）。使用此近似，且注意到：

$$\bar{\boldsymbol{E}}_i\cdot\bar{\boldsymbol{J}}_s=2\,\bar{\boldsymbol{E}}_i\cdot(\hat{\boldsymbol{n}}\times\bar{\boldsymbol{H}}_i)=2\hat{\boldsymbol{n}}\cdot\bar{\boldsymbol{E}}_i\times\bar{\boldsymbol{H}}_i$$

则得到：

$$\sigma_b=\frac{k^2}{\pi}\left|\int_{S_1}\hat{\boldsymbol{n}}\cdot\hat{\boldsymbol{\imath}}\mathrm{e}^{-\mathrm{j}2k\hat{\boldsymbol{\imath}}\cdot\hat{\boldsymbol{r}}'}\mathrm{d}a\right|^2\tag{10.101}$$

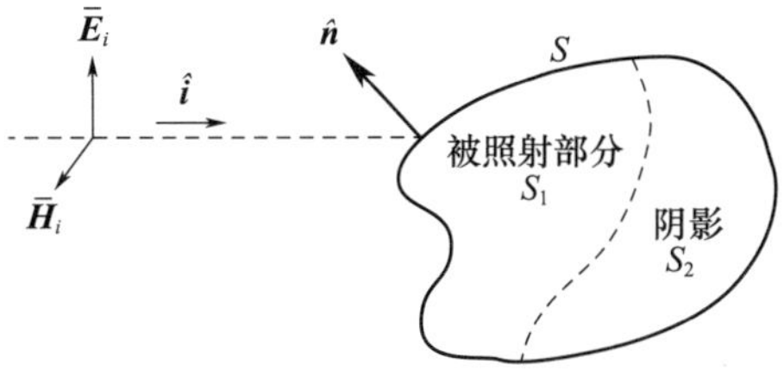

图 10.21　物理光学近似

例如，对于一个薄的矩形导电板，它受到从 (θ,ϕ) 方向传播的平面波的照射（图 10.22）。在这种情况下：

$$\begin{cases} -\hat{\boldsymbol{\iota}} = \sin\theta\cos\phi\hat{\boldsymbol{x}} + \sin\theta\sin\phi\hat{\boldsymbol{y}} + \cos\theta\hat{\boldsymbol{z}} \\ \hat{\boldsymbol{n}} = \hat{\boldsymbol{z}} \end{cases}$$

因此得到：

$$\sigma_b = \frac{4\pi}{\lambda^2}(A^2\cos^2\theta)\left[\frac{\sin(2ka\sin\theta\cos\phi)}{(2ka\sin\theta\cos\phi)} \quad \frac{\sin(2kb\sin\theta\sin\phi)}{(2kb\sin\theta\sin\phi)}\right]^2 \tag{10.102}$$

式中：A 为平板的面积。对于半径为 a 的圆板：

$$\sigma_b = \frac{4\pi}{\lambda^2}(a^2\cos^2\theta)\left[\frac{J_1(2ka\sin\theta)}{ka\sin\theta}\right]^2 \tag{10.103}$$

其中使用到了下式：

$$\begin{cases} \int_0^a r\mathrm{d}r\int_0^{2\pi}\mathrm{d}\phi\mathrm{e}^{\mathrm{j}2kr\sin\theta\sin\phi} = 2\pi\int_0^a r\mathrm{d}rJ_0(2kr\sin\theta) \\ \int x\mathrm{d}xJ_0(x) = xJ_1(x) \end{cases}$$

接下来讨论沿轴入射到无限导电锥上的波（图 10.23）。需要注意到 $-\hat{\boldsymbol{n}}\cdot\hat{\boldsymbol{\tau}} = \sin\theta_0$，从而得到：

$$\begin{aligned} \sigma_b &= \frac{4\pi}{\lambda^2}\left|\int_0^{2\pi}\mathrm{d}\phi\int_0^{\infty}r\mathrm{d}r\sin^2\theta_0\mathrm{e}^{\mathrm{j}2kr\cos\theta_0}\right|^2 \\ &= \frac{\pi}{4k^2}\tan^4\theta_0 \end{aligned} \tag{10.104}$$

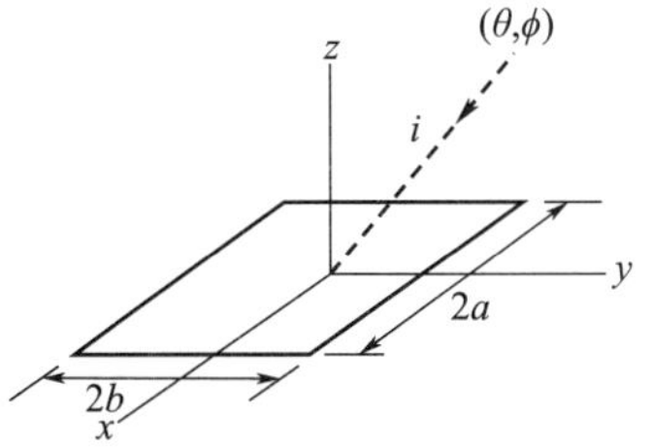

图 10.22　被平面波照射的矩形导体板

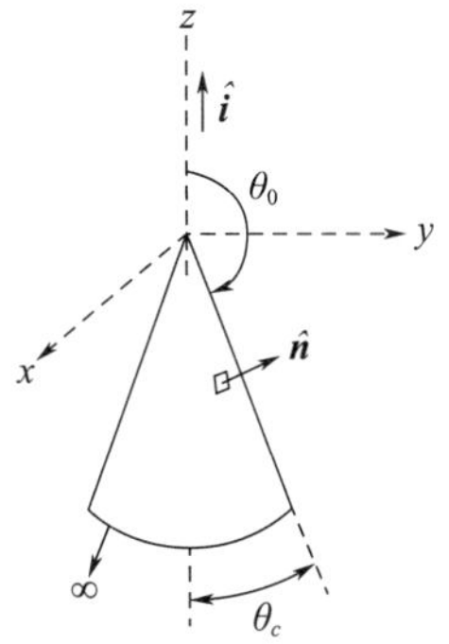

图 10.23　无限导电锥

物理光学近似给出了方便简单的散射截面表达式，因此该方法被广泛使用。这种近似的有效性仅限于表面光滑的大型导电物体。与稍后讨论的几何光学近似不同，物理光学近似包含波长依赖性，其结果通常与实验数据十分吻合，不过很难确定物理光学在一般情况下的确切有效性。物理光学等同于 6.3 节和 6.11 节讨论的孔径问题中使用到的基尔霍夫近似。

10.14 矩量法：计算机应用

10.13 节所述的物理光学近似法对表面电流进行了简便表示，因此该方法被广泛应用。然而，该近似只适用于表面光滑的大型物体，小型物体则需要另一种能进行表面电流合理近似的方法。在本节中，将从表面电流积分方程的一般公式入手，应用矩量法求解表面电流。

首先注意到，总场 $\overline{\boldsymbol{E}}(r)$ 由入射场 $\overline{\boldsymbol{E}}_i(r)$ 和被物体散射的场 $\overline{\boldsymbol{E}}_s(r)$ 组成，有

$$\overline{\boldsymbol{E}}(r)=\overline{\boldsymbol{E}}_i(r)+\overline{\boldsymbol{E}}_s(r) \tag{10.105}$$

式中：散射场 $\overline{\boldsymbol{E}}_s(r)$ 为

$$\begin{aligned}\overline{\boldsymbol{E}}_s(r)&=\nabla\times\nabla\times\overline{\boldsymbol{\pi}}(r)\\&=\frac{1}{\mathrm{j}\omega\varepsilon_0}\nabla\times\nabla\times\int_S G_0(\overline{\boldsymbol{r}},\overline{\boldsymbol{r}}')J_s(r')\,\mathrm{d}a\end{aligned} \tag{10.106}$$

$G_0(\overline{\boldsymbol{r}},\overline{\boldsymbol{r}}')$ 为自由空间格林函数。现在，边界条件要求 $\overline{\boldsymbol{E}}(r)$ 的切向分量不存在于导体表面。因此，在表面 S 上得到：

$$\overline{\boldsymbol{E}}(r)\big|_{\tan}=\overline{\boldsymbol{E}}_i(r)\big|_{\tan}+\overline{\boldsymbol{E}}_s(r)\big|_{\tan}=0 \tag{10.107}$$

将式(10.107)表示为

$$L(\overline{\boldsymbol{J}}_s)=\overline{\boldsymbol{E}}_i\big|_{\tan} \tag{10.108}$$

式中：

$$\begin{aligned}\overline{\boldsymbol{E}}_s\big|_{\tan}&=-L(\overline{\boldsymbol{J}}_s)\\&=\left[\frac{1}{\mathrm{j}\omega\varepsilon_0}\nabla\times\nabla\times\int_S G_0(\overline{\boldsymbol{r}},\overline{\boldsymbol{r}}')J_s(r')\,\mathrm{d}a\right]_{\tan}\end{aligned}$$

式(10.108)为表面电流 $\overline{\boldsymbol{J}}_s$ 的积分微分方程。需要注意到，在这个方程中，$\overline{\boldsymbol{L}}$ 和 $\overline{\boldsymbol{E}}_i\big|_{\tan}$ 是已知的，$\overline{\boldsymbol{J}}_s$ 是未知的。下面用矩量法（见第 18 章）求解式(10.108)。

将未知电流 $\overline{\boldsymbol{J}}_s(r)$ 展开为已知电流分布和未知系数 I_n 的级数。

$$\overline{\boldsymbol{J}}_s(r)=\sum_n I_n\overline{\boldsymbol{J}}_n(r) \tag{10.109}$$

式中：$\overline{\boldsymbol{J}}_n(r)$ 为基函数。将式(10.109)代入式(10.108)，得到：

$$\sum_n I_n L(\overline{\boldsymbol{J}}_n(r))=\overline{\boldsymbol{E}}_i\big|_{\tan} \tag{10.110}$$

现在选择一组测试函数 $\overline{\boldsymbol{W}}_1,\overline{\boldsymbol{W}}_2\cdots$ 它们是 S 上的切向向量。将式(10.110)的两边与 $\overline{\boldsymbol{W}}_m$ 作内积：

$$\sum_n I_n\langle\overline{\boldsymbol{W}}_m,L(\overline{\boldsymbol{J}}_n)\rangle=\langle\overline{\boldsymbol{W}}_m,\overline{\boldsymbol{E}}_i\rangle \tag{10.111}$$

内积的定义为

$$\langle \overline{\boldsymbol{W}}_m, \overline{\boldsymbol{E}} \rangle = \int_S \overline{\boldsymbol{W}}_m \cdot \overline{\boldsymbol{E}} \mathrm{d}a \tag{10.112}$$

定义矩阵：

$$\begin{cases} \boldsymbol{I} = (I_n) = \begin{bmatrix} I_1 \\ I_2 \\ \vdots \end{bmatrix} \\ \boldsymbol{V} = (V_m) = \begin{bmatrix} \langle \overline{\boldsymbol{W}}_1, \overline{\boldsymbol{E}}_i \rangle \\ \langle \overline{\boldsymbol{W}}_2, \overline{\boldsymbol{E}}_i \rangle \\ \vdots \end{bmatrix} \\ \boldsymbol{Z} = (Z_{mn}) \begin{bmatrix} \langle W_1, L(J_1) \rangle & \langle W_1, L(J_2) \rangle & \cdots \\ \langle W_2, L(J_1) \rangle & \langle W_2, L(J_2) \rangle & \cdots \end{bmatrix} \end{cases} \tag{10.113}$$

式(10.111)可以写成以下矩阵形式：

$$\boldsymbol{ZI} = \boldsymbol{V} \tag{10.114}$$

注意到，一旦选择了基函数$\overline{\boldsymbol{J}}_n(r)$和测试函数$\overline{\boldsymbol{W}}_m(r)$，则矩阵 $\boldsymbol{Z}$ 和 $\boldsymbol{V}$ 是已知的，$\boldsymbol{I}$ 是未知的。因此，对矩阵 $\boldsymbol{Z}$ 求逆，得到解为

$$\boldsymbol{I} = \boldsymbol{Z}^{-1}\boldsymbol{V} \tag{10.115}$$

表面电流 $\overline{\boldsymbol{J}}(r)$为

$$\overline{\boldsymbol{J}}(r) = \sum_n I_n \overline{\boldsymbol{J}}_n(r) \tag{10.116}$$

以长度为 l，直径为 $2a(l \gg a)$的细导线散射(图 10.24)为例。注意到，$\overline{\boldsymbol{J}}_s(r')$只有 z 分量，则表示为

$$\overline{\boldsymbol{J}}_s(r')\mathrm{d}a = I_z(z')\mathrm{d}z'\hat{\boldsymbol{z}} \tag{10.117}$$

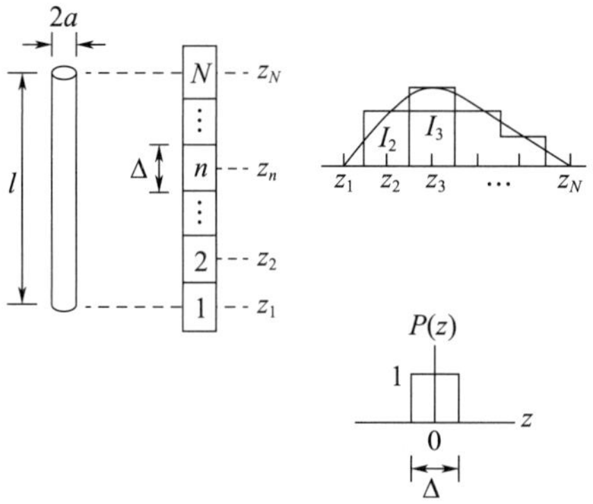

图 10.24　应用于细导线散射的矩量法

这里假设电流 $I_z(z')$是导线轴线上的线电流，但导线表面必须满足边界条件(图 10.25)。这种简便的近似避免了格林函数在$\bar{\boldsymbol{r}} = \bar{\boldsymbol{r}}'$处的奇异性。

利用式(10.117)，积分方程(10.111)变为

$$-\frac{1}{j\omega\varepsilon_0}\int_{-l/2}^{l/2}\left(\frac{\partial^2}{\partial z^2}+k^2\right)G(r,r')I_z(z')\mathrm{d}z' = E_{iz}(z') \tag{10.118}$$

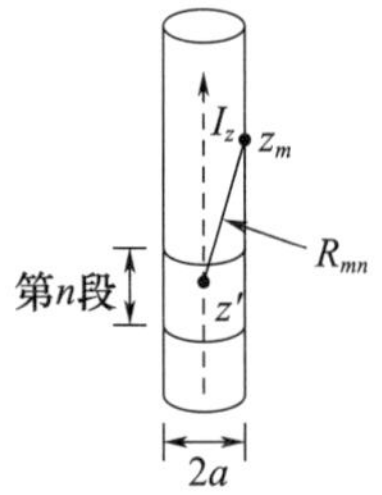

图 10.25　电流 $I_z(z')$ 在轴线上，边界条件在 z_m 处的表面上得到满足

这个方程通常被称为波克林顿方程(Pocklington equation, Mittra, 1973)。对于一根直导线，需要注意到 $R=|\bar{\boldsymbol{r}}-\bar{\boldsymbol{r}}'|=[(z-z')^2+a^2]^{1/2}$，则也可以将式(10.118)表示为

$$\int_{-l/2}^{l/2}K(z,z')I_z(z')\mathrm{d}z' = E_{iz}(z') \tag{10.119}$$

式中：

$$K(z,z') = -\frac{\mathrm{e}^{-\mathrm{j}kR}}{\mathrm{j}4\pi\omega\varepsilon_0}[(1+\mathrm{j}kR)(2R^2-3a^2)+k^2a^2R^2]R^{-5}$$

现在将长度 l 分成 $N-1$ 段，并选择基函数 $\bar{\boldsymbol{J}}_n(r)$ 作为第 N 段导线中的矩形电流 $P(z-z_n)$。因此，$I(z)$ 可以通过步长的级数来近似，其值位于每段的中点(图 10.24)。请注意，第 1 段和第 N 段在导线外延伸了 $\Delta/2$。令 $I_1=I_N=0$，这是导线末端所需的条件。

$$I(z) = \sum_{n=1}^{N} I_nP(z-z_n) \tag{10.120}$$

式中：$P(z-z_n)$ 为基函数。选择 $\delta(z-z_n)$ 作为测试函数。

$$W_m=\delta(z-z_n) \tag{10.121}$$

因此，根据式(10.112)中的内积可以计算出式(10.119)在这些离散点 z_m 处的值。然后，式(10.119)变为

$$\sum_{n=1}^{N} Z_{mn}I_n = V_m \tag{10.122}$$

式中：

$$V_m = E_{iz}(z_m)\Delta$$

$$Z_{mn} = \Delta\int_{z_n-\Delta/2}^{z_n+\Delta/2}K(z,z')\mathrm{d}z'$$

求出 Z_{mn} 值后，通过反演 Z 来解矩阵方程式(10.114)，从而很容易得到解，电流分布由式(10.116)得到。注意到，$I_1=I_N=0$，因此，$[\boldsymbol{Z}]$ 是一个 $(N-2)\times(N-2)$ 矩阵。

后向散射截面 $\boldsymbol{\sigma}_b$ 由式(10.99)计算得到。以矩阵形式得到：

$$\boldsymbol{\sigma}_b=\frac{k^2\eta_0^2}{4\pi}|\tilde{\boldsymbol{V}}\boldsymbol{I}|^2=\frac{k^2\eta_0^2}{4\pi}|\tilde{\boldsymbol{V}}\boldsymbol{Z}^{-1}\boldsymbol{V}|^2 \tag{10.123}$$

式中：入射电场 $\bar{\boldsymbol{E}}_i$ 归一化，故 $|\bar{\boldsymbol{E}}_i|=1$。

习　题

10.1　月球表面粗糙，雷达截面约为其几何截面的 4×10^{-4}。假设月球被一个直径 142ft、孔径效率为 60% 的雷达发射机照射。峰值功率为 130kW，频率为 400MHz。计算接收功率。

10.2　在 $\lambda=5\text{cm}$ 处，20℃ 时水的折射率为 $8.670-\text{j}1.202$。雨滴的中位粒径（mm）为

$$D_m=1.238p^{0.182}$$

式中：p（mm/h）为降水率，终端速度（m/s）为

$$v=200.8a^{1/2}$$

式中：a（m）为雨滴的半径（$a=D_m/2$）。假设瑞利公式适用，计算雨滴的散射截面和吸收截面，此外求出每立方米雨滴的数量。假设 $p=12.5\text{mm/h}$。以 dB/km 为单位求出波的衰减。

10.3　如图 10.11 所示，在原点放置一个有损耗的椭圆形粒子（$a=b<c$），且 $\theta_b=0$。当 $\varepsilon_r=1-\text{j}15$，$a=b=10\mu\text{m}$，$c=1\text{mm}$，$\lambda=3\text{cm}$ 时，求 x、y、z 方向上的极化率。当 $\theta'=\phi'=0$，$\theta'=\pi/2$，$\phi'=0$ 时，求散射振幅矩阵以及散射截面和吸收截面。

10.4　利用瑞利 - 德拜近似计算半径为 a_1、球心半径为 a_2 的球形物体在 $\lambda_1=0.6\mu\text{m}$ 处的后向散射截面（图 P10.4）。

$$n_1=1.01,a_1=2\mu\text{m}$$

$$n_2=1.02,a_2=0.5\mu\text{m}$$

$$d=1\mu\text{m}$$

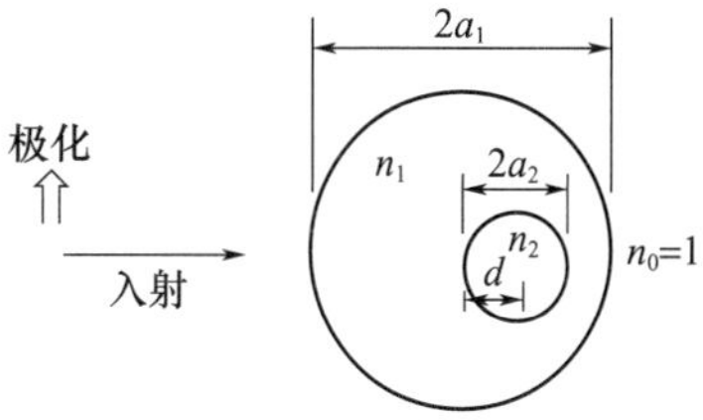

图 P10.4　瑞利 - 德拜散射

10.5　如果波的斯托克斯参量为

$$I=3,U=2$$

$$Q=1,V=-2$$

求出 E_x 和 E_y，并画出类似于图 10.17 的轨迹。

10.6　一个波的分量为

$$\begin{cases}E_x=2\cos\left(\omega t+\dfrac{\pi}{8}\right)\\E_y=3\cos\left(\omega t+\dfrac{3\pi}{2}\right)\end{cases}$$

求出这个波的斯托克斯参量和庞加莱表示，并展示它在庞加莱球上的位置。

10.7　计算血浆中红细胞在 5MHz 频率下的声散射截面。假设球面半径为 $2.75\mu\text{m}$，$\kappa_l=34.1\times10^{-12}\text{cm}^2/\text{dyne}$，$\rho_1=1.092\text{g/cm}^3$。血细胞周围的血浆：$\kappa_l=40.9\times10^{-12}\text{cm}^2/\text{dyne}$，$\rho=1.021\text{g/cm}^3$。

10.8　利用物理光学近似，求出图 P10.8 所示有限导电圆柱体的后向散射截面。

10.9　一根长度为 L 的短导线在包含偶极子的平面上受到偏振入射波的照射。求这

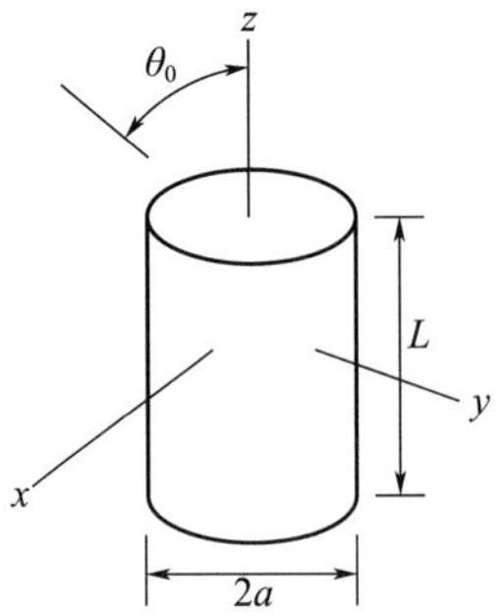

图 P10.8　有限导电圆柱体

条短导线的后向散射截面。

10.10　当沿导线方向偏振的波从侧面入射时，求一根半径为 a，长度为 l 的导线的后向散射截面 σ_b/λ^2。$ka=0.0314$，$\frac{1}{2}kl=1.5$。

第 11 章

圆柱形结构、球体和楔形结构中的波

许多有实际意义的目标，如生物介质、火箭和飞机的一部分，都可以用圆柱形结构、球体和楔形结构来近似。这些形状定义明确，并与波方程可分离的一个或多个坐标相吻合。对于大多数问题，都能以封闭形式获得精确解。这些目标表面上或其附近可能有缝隙天线和偶极子天线等辐射器，其辐射特性受目标的几何形状影响较大。此外，这些目标在外部照射时的散射和吸收特性在许多实际问题中也很重要，如雷达截面研究和微波危害。在本章中，将研究这些目标对波的散射以及这些结构对天线辐射特性的影响。

在分析本章中的各种问题时，介绍了一些高效的分析方法，包括傅里叶变换、鞍点技术、沃森变换、留数序列表示和几何光学解法。这些方法不仅对这些问题有用，而且也是其他问题的重要数学工具（参见 Bowman 等（1969）对这些内容的详细论述）。

11.1 入射到导电圆柱体上的平面波

确定雷达截面是最重要和最实际的问题之一。它提供了有关目标的信息，并有助于设计具有特定雷达截面的媒介。

由于许多目标和媒介都是由圆柱层组成的，因此，必须设计出一种系统的技术，以便在平面波入射到这种目标时可以求得其散射波。首先讨论沿（θ_0,ϕ_0）方向传播的入射平面波，考虑两种情况：TM 和 TE。TM 波在平行于 z 轴的平面上极化，因此，$H_z=0$。TE 波在垂直于 z 轴的平面上极化，因此，$E_z=0$。令 E_0 为入射电场的振幅（图 11.1）。

TM 波在柱坐标系（ρ,ϕ,z）中具有以下电场分量：

$$\begin{cases}E_{zi}=E_0\sin\theta_0 e^{-j\bar{k}\cdot\bar{r}}\\ E_{\rho i}=-E_0\cos\theta_0\cos(\phi-\phi_0)e^{-j\bar{k}\cdot\bar{r}}\\ E_{\phi i}=E_0\cos\theta_0\sin(\phi-\phi_0)e^{-j\bar{k}\cdot\bar{r}}\end{cases}\tag{11.1}$$

式中：

$$\bar{\boldsymbol{k}}=k(\sin\theta_0\cos\phi_0\hat{\boldsymbol{x}}+\sin\theta_0\sin\phi_0\hat{\boldsymbol{y}}+\cos\theta_0\hat{\boldsymbol{z}}),$$

$$\bar{\boldsymbol{r}} = x\hat{\boldsymbol{x}} + y\hat{\boldsymbol{y}} + z\hat{\boldsymbol{z}}$$
$$= \rho\cos\phi\hat{\boldsymbol{x}} + \rho\sin\phi\hat{\boldsymbol{y}} + z\hat{\boldsymbol{z}}$$
$$\bar{\boldsymbol{k}} \cdot \bar{\boldsymbol{r}} = kz\cos\theta_0 + k\rho\sin\theta_0\cos(\phi - \phi_0)$$

TM 波由下式生成：

$$\Pi_{zi} = A_i \mathrm{e}^{-\mathrm{j}\bar{\boldsymbol{k}} \cdot \bar{\boldsymbol{r}}} = A_i \mathrm{e}^{-\mathrm{j}kz\cos\theta_0 - \mathrm{j}k\rho\sin\theta_0\cos(\phi - \phi_0)} \tag{11.2}$$

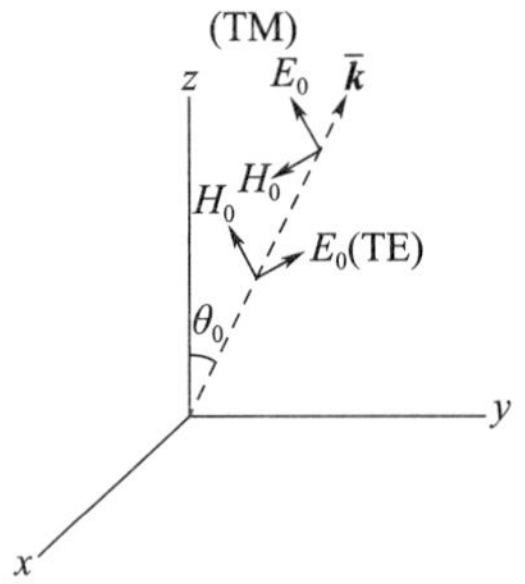

图 11.1　方向(θ_0,ϕ_0)上的平面波 TE($\bar{\boldsymbol{E}} = E_0\hat{\boldsymbol{\phi}}$ 和 $\bar{\boldsymbol{H}} = -H_0\hat{\boldsymbol{\phi}}$)和 TM($\bar{\boldsymbol{E}} = -E_0\hat{\boldsymbol{\theta}}$ 和 $\bar{\boldsymbol{H}} = -H_0\hat{\boldsymbol{\phi}}$)

E_z 和 Π_z 的关系为

$$E_{zi} = \left(\frac{\partial^2}{\partial z^2} + k^2\right)\Pi_{zi} = A_i k^2 \sin^2\theta_0 \mathrm{e}^{-\mathrm{j}\bar{\boldsymbol{k}} \cdot \bar{\boldsymbol{r}}} \tag{11.3}$$

比较式(11.3)和式(11.1)，得到：

$$A_i = \frac{E_0}{k^2\sin\theta_0} \tag{11.4}$$

要确定散射波，式(11.2)中的入射波不再满足边界条件，因此，有必要将入射波展开为 ϕ 的傅里叶级数。把式(11.2)展开为傅里叶级数：

$$\Pi_{zi} = \sum_{n=-\infty}^{\infty} a_n(z,\rho)\mathrm{e}^{-\mathrm{j}n(\phi-\phi_0)} \tag{11.5}$$

系数 a_n 通过下式求得：

$$a_n = \frac{1}{2\pi}\int_0^{2\pi} \Pi_{zi}\mathrm{e}^{\mathrm{j}n(\phi-\phi_0)}\mathrm{d}(\phi - \phi_0) \tag{11.6}$$

利用贝塞尔函数的积分表示：

$$\begin{cases} J_n(Z) = \dfrac{1}{2\pi}\displaystyle\int_0^{2\pi} \mathrm{e}^{\mathrm{j}Z\cos\phi + \mathrm{j}n(\phi - \pi/2)}\mathrm{d}\phi \\ J_{-n}(Z) = (-1)^n J_n(Z) = J_n(-Z) \end{cases} \tag{11.7}$$

然后得到：

$$a_n = A_i \mathrm{e}^{-\mathrm{j}kz\cos\theta_0} J_n(k\rho\sin\theta_0)\mathrm{e}^{-\mathrm{j}n(\pi/2)} \tag{11.8}$$

因此，式(11.2)中的 Π_{zi} 表示为以下形式：

$$\Pi_{zi} = \sum_{n=-\infty}^{\infty} A_i \mathrm{e}^{-\mathrm{j}kz\cos\theta_0} J_n(k\rho\sin\theta_0)\mathrm{e}^{-\mathrm{j}n(\phi-\phi_0+\pi/2)} \tag{11.9}$$

下面讨论式(11.9)中的 TM 波入射半径为 a 的导电圆柱体时的散射情况，用赫兹势 Π_{zs} 来表示散射波。它们应满足波方程和辐射条件，得到：

$$\Pi_{zs} = \sum_{n=-\infty}^{\infty} A_{ns} e^{-jkz\cos\theta_0} H_n^{(2)}(k\rho\sin\theta_0) e^{-jn[\phi-\phi_0+(\pi/2)]} \tag{11.10}$$

式中:A_{ns}为由边界条件确定的未知系数。

边界条件是 E_z 和 E_ϕ 必须在 $\rho = a$ 处为零,这要求 $\Pi_z = \Pi_{zi} + \Pi_{zs}$ 在 $\rho = a$ 处为零,因此得到:

$$A_{ns} = -\frac{J_n(ka\sin\theta_0)}{H_n^{(2)}(ka\sin\theta_0)} A_i \tag{11.11}$$

总的赫兹势 Π_z 表示为

$$\Pi_z = \sum_{n=-\infty}^{\infty} A_i e^{-jkz\cos\theta_0} \left[J_n(k\rho\sin\theta_0) - \frac{J_n(ka\sin\theta_0) H_n^{(2)}(k\rho\sin\theta_0)}{H_n^{(2)}(ka\sin\theta_0)} \right] e^{-jn[\phi-\phi_0+(\pi/2)]} \tag{11.12}$$

包括 TM(Π_z)波和 TE(Π_{mz})波的场分量为

$$\begin{cases} E_z = \left(\dfrac{\partial^2}{\partial z^2} + k^2\right)\Pi_z \\ H_z = \left(\dfrac{\partial^2}{\partial z^2} + k^2\right)\Pi_{mz} \\ E_\rho = \dfrac{\partial^2}{\partial\rho\partial z}\Pi_z - j\omega\mu \dfrac{1}{\rho}\dfrac{\partial}{\partial\phi}\Pi_{mz} \\ E_\phi = \dfrac{1}{\rho}\dfrac{\partial^2}{\partial\phi\partial z}\Pi_z + j\omega\mu \dfrac{\partial}{\partial\rho}\Pi_{mz} \\ H_\rho = j\omega\varepsilon \dfrac{1}{\rho}\dfrac{\partial}{\partial\phi}\Pi_z + \dfrac{\partial^2}{\partial\rho\partial z}\Pi_{mz} \\ H_\phi = -j\omega\varepsilon \dfrac{\partial}{\partial\rho}\Pi_z + \dfrac{1}{\rho}\dfrac{\partial^2}{\partial\phi\partial z}\Pi_{mz} \end{cases} \tag{11.13}$$

例如,导电圆柱体上的电流密度 $\bar{J}$ 为

$$\bar{J} = J_\phi\hat{\boldsymbol{\phi}} + J_z\hat{z} = -H_z\hat{\boldsymbol{\phi}} + H_\phi\hat{z}, \text{在 } \rho = a \text{ 处} \tag{11.14}$$

接下来讨论入射在圆柱体上的 TE 波。使用磁赫兹势 Π_{mz}将入射波表示为

$$\Pi_{mzi} = B_i e^{-j\bar{k}\cdot\bar{r}} = B_i e^{-jkz\cos\theta_0 - jk\rho\sin\theta_0\cos(\phi-\phi_0)} \tag{11.15}$$

式中:$H_0 = E_0/\eta = k_0^2 \sin\theta_0 B_i$,$\eta = (\mu/\varepsilon)^{1/2}$。这可以用傅里叶级数进行表示:

$$\Pi_{mzi} = \sum_{n=-\infty}^{\infty} B_i e^{-jkz\cos\theta_0} J_n(k\rho\sin\theta_0) e^{-jn(\phi-\phi_0+\pi/2)} \tag{11.16}$$

用未知系数 B_{ns} 表示散射波为

$$\Pi_{mzs} = \sum_{n=-\infty}^{\infty} B_{ns} e^{-jkz\cos\theta_0} H_n^{(2)}(k\rho\sin\theta_0) e^{-jn(\phi-\phi_0+\pi/2)} \tag{11.17}$$

$\rho = a$ 处的边界条件是:$(\partial/\partial\rho)\Pi_{mz} = 0$,这决定了 B_{ns}的值。

$$B_{ns} = -\frac{J_n'(ka\sin\theta_0)}{H_n^{(2)\prime}(ka\sin\theta_0)} B_i \tag{11.18}$$

最终的解为

$$\Pi_{mz} = \sum_{n=-\infty}^{\infty} B_i e^{-jkz\cos\theta_0} \left[J_n(k\rho\sin\theta_0) - \frac{J'_n(ka\sin\theta_0) H_n^{(2)}(k\rho\sin\theta_0)}{H_n^{(2)\prime}(ka\sin\theta_0)} \right] e^{-jn(\phi-\phi_0+\pi/2)} \tag{11.19}$$

式(11.12)和式(11.19)分别是入射的 TM 波和 TE 波产生的总场。由此可以得到所有电场和磁场分量。请注意,入射的 TM 波 A_i 只产生散射的 TM 波,而入射的 TE 波 B_i 只产生 TE 波,且 TM 和 TE 模式之间没有耦合。这只适用于某些特殊情况,如导电圆柱或介电圆柱上的法线入射。一般来说,如 11.2 节所述,入射的 TM 波可以同时产生 TM 和 TE 散射波。

11.2 入射到介电圆柱体的平面波

下面讨论半径为 a、相对介电常数为 ε_r 的介电圆柱体对平面波的散射情况(图 11.2)。设 k 和 $k_1 = k\sqrt{\varepsilon_r}$ 分别为圆柱体外部和内部的波数。一般来说,平面入射波由 TM 波和 TE 波组成。入射的 TM 波和 TE 波的赫兹电势根据式(11.9)和式(11.16)求得。

$$\begin{cases} \Pi_{zi} = \sum_{n=-\infty}^{\infty} A_i \mathrm{e}^{-\mathrm{j}kz\cos\theta_0} J_n(k\rho\sin\theta_0)\mathrm{e}^{-\mathrm{j}n(\phi-\phi_0+\pi/2)} \\ \Pi_{mzi} = \sum_{n=-\infty}^{\infty} B_i \mathrm{e}^{-\mathrm{j}kz\cos\theta_0} J_n(k\rho\sin\theta_0)\mathrm{e}^{-\mathrm{j}n(\phi-\phi_0+\pi/2)} \end{cases} \tag{11.20}$$

用未知系数 A_{sn} 和 B_{sn} 表示圆柱体外的散射场。

$$\begin{cases} \Pi_{zs} = \sum_{n=-\infty}^{\infty} A_{sn} \mathrm{e}^{-\mathrm{j}kz\cos\theta_0} H_n^{(2)}(k\rho\sin\theta_0)\mathrm{e}^{-\mathrm{j}n(\phi-\phi_0+\pi/2)} \\ \Pi_{mzs} = \sum_{n=-\infty}^{\infty} B_{sn} \mathrm{e}^{-\mathrm{j}kz\cos\theta_0} H_n^{(2)}(k\rho\sin\theta_0)\mathrm{e}^{-\mathrm{j}n(\phi-\phi_0+\pi/2)} \end{cases} \tag{11.21}$$

此处需考虑 TM 和 TE 模,因为它们通常是耦合的。

在介电圆柱体内部,使用未知系数 A_{en} 和 B_{en},得到①:

$$\begin{cases} \Pi_{ze} = \sum_{n=-\infty}^{\infty} A_{en} \mathrm{e}^{-\mathrm{j}kz\cos\theta_0} J_n(k_1\rho\sin\theta_1)\mathrm{e}^{-\mathrm{j}n(\phi-\phi_0+\pi/2)} \\ \Pi_{mze} = \sum_{n=-\infty}^{\infty} B_{en} \mathrm{e}^{-\mathrm{j}kz\cos\theta_0} J_n(k_1\rho\sin\theta_1)\mathrm{e}^{-\mathrm{j}n(\phi-\phi_0+\pi/2)} \end{cases} \tag{11.22}$$

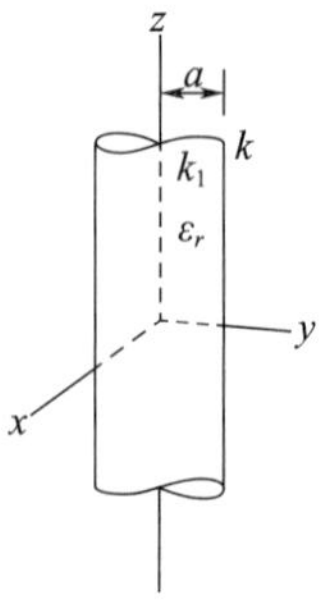

图 11.2 介电圆柱体

① 译者注:根据上下文,将式(11.22)中的 B_{sn} 更正为 B_{en}。

此处，由于在所有 z 处必须满足边界条件，则 $\exp(-\mathrm{j}kz\cos\theta_0)$ 与在入射场中的值相同。这需要满足：$k\cos\theta_0 = k_1\cos\theta_1$，

$$k_1\sin\theta_1 = (k_1^2 - k_1^2\cos^2\theta_1)^{1/2} = (k_1^2 - k^2\cos^2\theta_0)^{1/2} \tag{11.23}$$

边界条件是：E_z, E_ϕ, H_z 和 H_ϕ 在 $\rho = a$ 处是连续的。由于 $E_z = \left(\frac{\partial^2}{\partial z^2} + k^2\right)\Pi_z$，根据 E_z 和 H_z 的连续性得到以下公式：

$$\begin{cases}(k^2\sin^2\theta_0)[A_iJ_n(ka\sin\theta_0) + A_{sn}H_n^{(2)}(ka\sin\theta_0)] = k_1^2\sin^2\theta_1 A_{en}J_n(k_1a\sin\theta_1) \\ (k^2\sin^2\theta_0)[B_iJ_n(ka\sin\theta_0) + B_{sn}H_n^{(2)}(ka\sin\theta_0)] = k_1^2\sin^2\theta_1 B_{en}J_n(k_1a\sin\theta_1)\end{cases} \tag{11.24}$$

接下来讨论 E_ϕ 的连续性：

$$E_\phi = \frac{1}{\rho}\frac{\partial^2}{\partial\phi\partial z}\Pi_z + \mathrm{j}\omega\mu\frac{\partial}{\partial\rho}\Pi_{mz} \tag{11.25}$$

得到：

$$\begin{aligned}&-\frac{kn\cos\theta_0}{a}[A_iJ_n(ka\sin\theta_0) + A_{sn}H_n^{(2)}(ka\sin\theta_0)] + \mathrm{j}\omega\mu k\sin\theta_0[B_iJ_n{}'(ka\sin\theta_0) + B_{sn}H_n^{(2)}{}'(ka\sin\theta_0)] \\ &= -\frac{kn\cos\theta_0}{a}[A_{en}J_n(k_1a\sin\theta_1)] + \mathrm{j}\omega\mu k_1\sin\theta_1 B_{en}J_n{}'(k_1a\sin\theta_1)\end{aligned} \tag{11.26}$$

同样值得注意的是：

$$H_\phi = -\mathrm{j}\omega\varepsilon\frac{\partial}{\partial\rho}\Pi_z + \frac{1}{\rho}\frac{\partial^2}{\partial\phi\partial z}\Pi_{mz}$$

得到：

$$\begin{aligned}&-\mathrm{j}\omega\varepsilon k\sin\theta_0[A_iJ_n{}'(ka\sin\theta_0)] + A_{sn}H_n^{(2)}{}'(ka\sin\theta_0] - \frac{kn\cos\theta_0}{a}[B_iJ_n(ka\sin\theta_0) + B_{sn}H_n^{(2)}(ka\sin\theta_0)] \\ &= -\mathrm{j}\omega\varepsilon_1k_1\sin\theta_1 A_{en}J_n{}'(k_1a\sin\theta_1) - \frac{kn\cos\theta_0}{a}B_{en}J_n(k_1a\sin\theta_1)\end{aligned} \tag{11.27}$$

式(11.24)～式(11.27)可以求解四个未知系数 A_{sn}, B_{sn}, A_{en} 和 B_{en}，然后将它们代入式(11.21)和式(11.22)中，即可得到 Π 和 Π_m 的最终解，然后由式(11.13)得到场量，每个区域都有对应的 k 和 ε。

对于分层介质圆柱体，也可以使用类似的方法。让 ε_m 和 k_m 分别为半径从 a_{m-1} 到 a_m 的圆柱层的相对介电常数和波数。那么，在 a_{m-1} 处的场$(E_z, H_z, E_\phi, H_\phi)$与 a_m 处的场通过一个 4×4 矩阵相关。然后就可以应用边界条件得到完整的解。

11.3　导电圆柱体附近的轴向偶极子

偶极子和环形天线通常用于圆柱形结构附近。在本节中，将研究位于导电圆柱体附近的轴向偶极子的辐射情况(图 11.3)。首先讨论偶极子在自由空间中产生的场。假设一个轴向偶极子位于 r'，(ρ', ϕ', z')。赫兹电势的矩形分量满足标量波方程：

$$(\nabla^2 + k^2)\Pi_z = -\frac{J_z}{\mathrm{j}\omega\varepsilon} \tag{11.28}$$

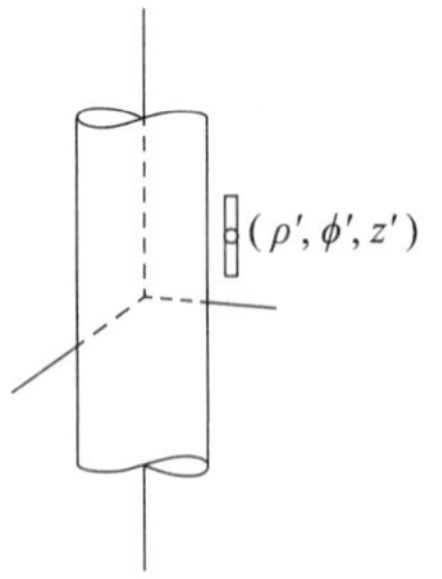

图 11.3　圆柱体附近的轴向偶极子[①]

电流为 I、长度为 L 的轴向电偶极子表示为

$$J_z = IL\delta(r - r') \tag{11.29}$$

得到：

$$\Pi_z = \frac{IL}{\mathrm{j}\omega\varepsilon} G(r/r') \tag{11.30}$$

格林函数 $G(r/r')$ 在圆柱坐标系中满足：

$$\left(\frac{\partial^2}{\partial\rho^2} + \frac{1}{\rho^2}\frac{\partial}{\partial\rho} + \frac{1}{\rho^2}\frac{\partial^2}{\partial\phi^2} + \frac{\partial^2}{\partial z^2} + k^2\right)G(r/r') = -\frac{\delta(\rho-\rho')\delta(\phi-\phi')\delta(z-z')}{\rho} \tag{11.31}$$

将自由空间的格林函数 $G(r/r')$ 在 z 方向上表示成傅里叶积分，在 ϕ 方向上表示为傅里叶级数（见 5.8 节）。

$$G(r/r') = \frac{1}{2\pi}\int_c \sum_{n=-\infty}^{\infty} G_n(h,\rho,\rho')\,\mathrm{e}^{-\mathrm{j}n(\phi-\phi')-\mathrm{j}h(z-z')}\,\mathrm{d}h \tag{11.32}$$

式中：

$$\begin{cases} G_n(h,\rho,\rho') = \begin{cases} -\mathrm{j}\,\dfrac{1}{4}J_n(\lambda\rho)H_n^{(2)}(\lambda\rho')\text{，对于 } \rho<\rho' \\ -\mathrm{j}\,\dfrac{1}{4}J_n(\lambda\rho')H_n^{(2)}(\lambda\rho)\text{，对于 } \rho'<\rho \end{cases} \\ \lambda^2 = k^2 - h^2 \end{cases} \tag{11.33}$$

现在讨论在半径为 a 的圆柱体外部的场，即在 (ρ',ϕ',z') 处受到轴偶极子激励时的场。散射场 $G_s(r)$ 表示为

$$G_s(r) = \frac{1}{2\pi}\int_c \sum_{n=-\infty}^{\infty} A_n H_n^{(2)}(\lambda\rho)\,\mathrm{e}^{-\mathrm{j}n(\phi-\phi')-\mathrm{j}h(z-z')}\,\mathrm{d}h \tag{11.34}$$

边界条件为

$$G(r/r') + G_s(r) = 0\text{，在 } \rho = a \text{ 处}$$

得到：

$$A_n = -\mathrm{j}\,\frac{1}{4}\,\frac{J_n(\lambda a)H_n^{(2)}(\lambda\rho')}{H_n^{(2)}(\lambda a)} \tag{11.35}$$

式(11.34)和式(11.35)为半径为 a 的导电圆柱体在 (ρ',ϕ',z') 处受到偶极子激励时

---

① 译者注：根据上下文，将图 11.3 中 (p',ϕ',z') 更正为 (ρ',ϕ',z')。

散射场的完整表达式。它们以傅里叶逆变换表示，积分轮廓 c 位于复 h 平面内。

首先要注意的是，积分包含 λ，因此，需要考虑 λ 取 $+(k^2-h^2)^{1/2}$ 还是取 $-(k^2-h^2)^{1/2}$。这需要进一步讨论附录 11.A 中的分支点和黎曼曲面(Riemann surface)。一般来说，由于 $\lambda=\pm(k^2-h^2)^{1/2}$，积分项不是单值的。为了确保积分的单值，从分支点 $h=\pm k$ 画出支割线，如图 11.4 或图 11.5 所示。只要轮廓线不穿过分支切点，积分就是单值的(见附录 11.B)。

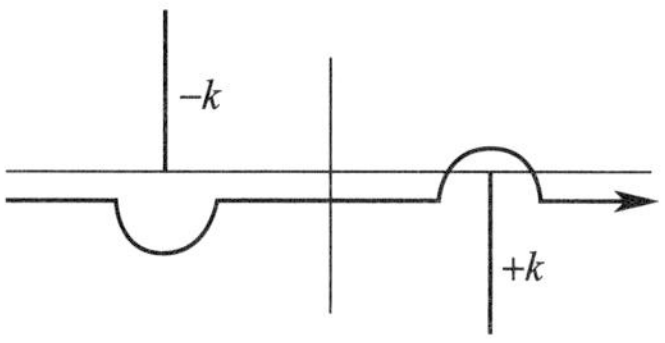

图 11.4　支割线 $\mathrm{Re}h=k$

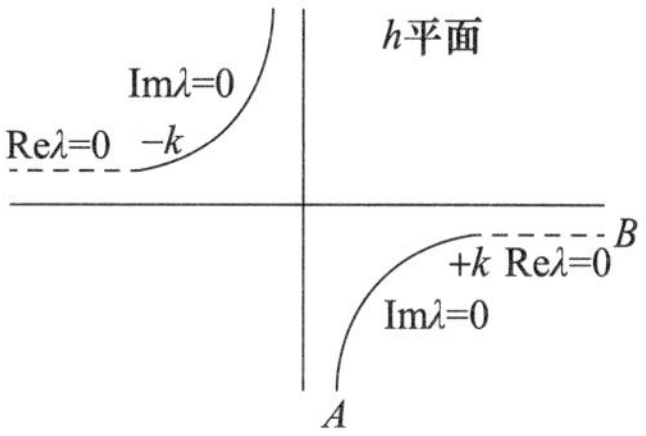

图 11.5　割线 $\mathrm{Im}\lambda=0$

11.4　辐射场

天线的重要特征之一是辐射方向图，即在远距离上的场特性。可以简单地在球坐标系中表示辐射方向图，并考虑 E_θ、E_ϕ 和 H_θ、H_ϕ 分量。首先注意到在远场中，电场和磁场相互垂直，且都垂直于传播方向，其大小与自由空间特性阻抗 η 有关。

$$\begin{cases} E_\theta=\eta H_\phi \\ E_\phi=-\eta H_\theta \\ \eta=\left(\dfrac{\mu_0}{\varepsilon_0}\right)^{1/2} \end{cases} \tag{11.36}$$

因此，坡印廷矢量表示为

$$\begin{cases} \overline{\boldsymbol{S}}=\dfrac{1}{2}\mathrm{Re}(\overline{\boldsymbol{E}}\times\overline{\boldsymbol{H}}^*)=S_r\hat{\boldsymbol{r}} \\ S_r=\dfrac{1}{2\eta}(|E_\theta|^2+|E_\phi|^2)=\dfrac{1}{2\eta}[\eta^2|H_\phi|^2+|E_\phi|^2] \end{cases} \tag{11.37}$$

由于 E_ϕ 和 H_ϕ 在圆柱坐标系和球坐标系中都是相同的，故式(11.37)中的最后一个表达式便于表示圆柱形结构的辐射场。E_ϕ 和 H_ϕ 由赫兹势计算得到。

11.3 节中已经详细讨论过在导电圆柱体附近的轴向偶极子的辐射场。根据式(11.30)、式(11.32)和式(11.34)可以求得 E_ϕ 和 H_ϕ。当 $\rho>\rho'$ 时：

$$E_\phi=\frac{1}{\rho}\frac{\partial^2}{\partial\phi\partial z}\Pi_z=\sum_{n=-\infty}^{\infty}\int_c C_n(h)H_n^{(2)}(\lambda\rho)\mathrm{e}^{-\mathrm{j}h(z-z')}\mathrm{d}h \tag{11.38}$$

$$H_\phi=-\mathrm{j}\omega\varepsilon\frac{\partial}{\partial\rho}\Pi_z=\sum_{n=-\infty}^{\infty}\int_c D_n(h)H_n^{(2)'}(\lambda\rho)\mathrm{e}^{-\mathrm{j}h(z-z')}\mathrm{d}h \tag{11.39}$$

式中：

$$C_n(h)=\frac{IL}{\mathrm{j}\omega\varepsilon}\frac{\mathrm{j}nh}{8\pi\rho}\frac{J_n(\lambda\rho')H_n^{(2)}(\lambda a)-J_n(\lambda a)H_n^{(2)}(\lambda\rho')}{H_n^{(2)}(\lambda a)}\mathrm{e}^{-\mathrm{j}n(\phi-\phi')}$$

$$D_n(h)=\frac{IL}{j\omega\varepsilon}\frac{-j\omega\varepsilon\lambda}{2\pi}\frac{J_n(\lambda\rho')H_n^{(2)}(\lambda a)-J_n(\lambda a)H_n^{(2)}(\lambda\rho')}{H_n^{(2)}(\lambda a)}e^{-jn(\phi-\phi')}$$

$$\lambda=\sqrt{k^2-h^2}$$

辐射场可通过式(11.38)和式(11.39)计算得到,并与天线保持较远距离。这可以通过11.5节中讨论的鞍点技术来实现。

11.5 鞍点技术

对于距离原点很远距离的 R 处,式(11.38)中的积分为

$$I_1=\int_{-\infty}^{\infty}C_n(h)H_n^{(2)}(\sqrt{k^2-h^2}\rho)e^{-jhz}dh \tag{11.40}$$

首先,用汉克尔函数(Hankel function)的渐近形式对其进行近似处理。

$$H_n^{(2)}(x)=\sqrt{\frac{2}{\pi x}}e^{-jx+j(2n+I)(\pi/4)}$$

该式在当 $|x|\gg|n|$ 时成立。因此,将式(11.40)表示为

$$I_1=\int_{-\infty}^{\infty}A(h)e^{-j\sqrt{k^2-h^2}\rho-jhz}dh \tag{11.41}$$

式中:

$$A(h)=C_n(h)\sqrt{\frac{2}{\pi\rho}}\frac{e^{j(2n+1)(\pi/4)}}{(k^2-h^2)^{1/4}}$$

在球坐标系中表示式(11.41)。方便起见,使用 $\theta_c=(\pi/2)-\theta$。

$$\begin{cases}z=R\cos\theta=R\sin\theta_c\\ \rho=R\sin\theta=R\cos\theta_c\end{cases} \tag{11.42}$$

此外,将 h 变换到 α 平面。

$$h=k\sin\alpha \tag{11.43}$$

然后得到:

$$\begin{aligned}I_1&=\int_c A(k\sin\alpha)e^{-jkR\cos(\alpha-\theta_c)}k\cos\alpha d\alpha\\&=\int_c F(k\sin\alpha)e^{-jkR\cos(\alpha-\theta_c)}d\alpha\end{aligned} \tag{11.44}$$

h 和 α 平面的轮廓线如图11.6所示。

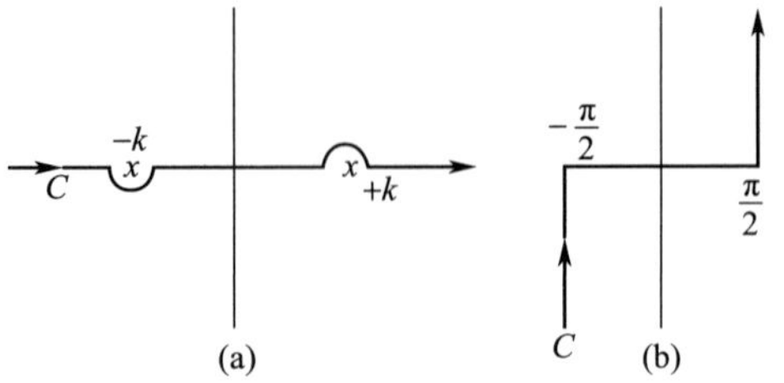

图11.6 轮廓线 C
(a) h 平面;(b) α 平面。

现在希望能够对远离原点的观察点(kR 较大)进行积分。首先需要知道,在轮廓线的两端,积分项变为零。在此例中:

$$\cos(\alpha-\theta_c)=\cos(x+\mathrm{j}y)=\cos x\cosh y-\mathrm{j}\sin x\sinh y \tag{11.45}$$

绝对值变为

$$\left|\mathrm{e}^{-\mathrm{j}kR\cos(\alpha-\theta_c)}\right|=\mathrm{e}^{-kR\sin x\sinh y}$$

该值在 $0<x<\pi$ 和 $y\to+\infty$ 以及 $-\pi<x<0$ 和 $y\to-\infty$ 两种情况下变为零。图 11.7 展示了分量($-kR\sin x\sinh y$),原始轮廓线从山谷中的一个点开始,这个点的指数是 $-\infty$,因此,幅值为零,沿着路径 C 幅值增加,最后,在另一个山谷区域幅值减少到零。沿着原始轮廓线 C,指数的实部和虚部都在变化。因此,将该路径变形为最陡下降轮廓线(steepest descent contour,SDC),沿该轮廓线,指数的虚部恒定(图 11.7 和图 11.8),并对较大的 kR 进行积分求值(见附录 11.C)。

$$f(\alpha)=-\mathrm{j}\cos(\alpha-\theta_c) \tag{11.46}$$

因此,鞍点位于:

$$\frac{\mathrm{d}f}{\mathrm{d}\alpha}=\mathrm{j}\sin(\alpha-\theta_c)=0 \tag{11.47}$$

从而得到 $\alpha_s=\theta_c$。

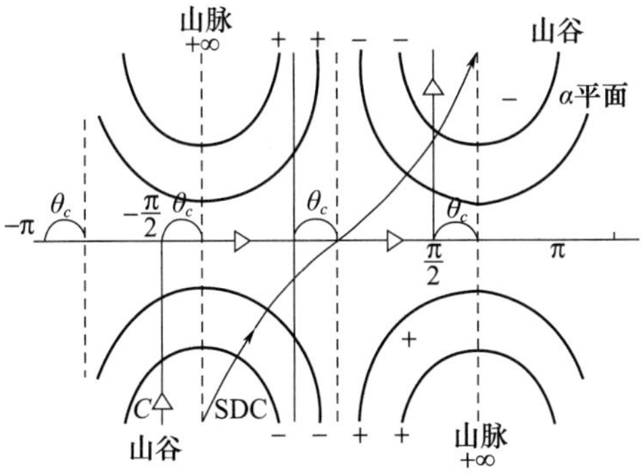

图 11.7　指数的实部 $-\mathrm{j}kR\cos(\alpha-\theta_c)$

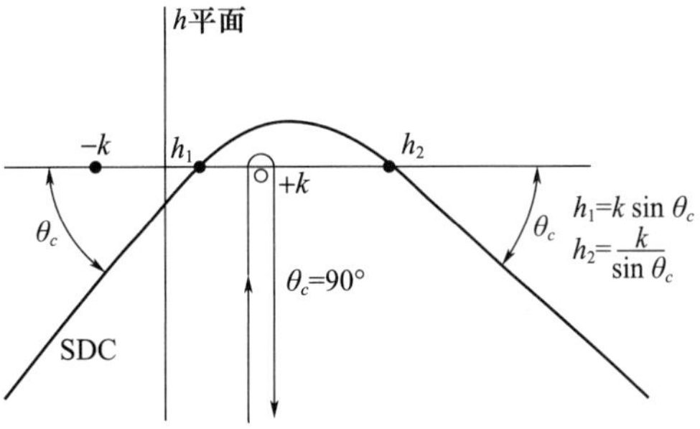

图 11.8　h 平面内的最陡下降轮廓线

令 $\alpha-\alpha_s=s\mathrm{e}^{\mathrm{j}\gamma}$,并注意到:

$$\begin{cases}f(\alpha_s)=-\mathrm{j}\\ f''(\alpha_s)=\mathrm{j}\end{cases}$$

在 $\alpha=\alpha_s$ 处展开 $f(\alpha)$:

$$f(\alpha)=-\mathrm{j}+\mathrm{j}\frac{s^2\mathrm{e}^{\mathrm{j}2\gamma}}{2}$$

必须选择适当的 γ,使得第二项为实数和负数,这要求:

$$2\gamma+\frac{\pi}{2}=\pm\pi$$

可得 $\gamma=\pi/4$ 或 $-3\pi/4$。$\gamma=\pi/4$ 表示从第三象限到第一象限的路径,$\gamma=-3\pi/4$ 表示从第一象限到第三象限的路径。两者都是最陡下降路径,但显然在这个问题中只能选择:

$$\gamma=\frac{\pi}{4}$$

且

$$f(\alpha)=-\mathrm{j}-\frac{s^2}{2}$$

使用上述 γ,对于较大的 kR,得到:

$$\begin{aligned}I_1&=\int_c A(k\sin\alpha)\mathrm{e}^{-\mathrm{j}kR\cos(\alpha-\theta_c)}k\cos\alpha\mathrm{d}\alpha\\&\simeq F(\theta)\sqrt{\frac{2\pi}{kR}}\mathrm{e}^{-\mathrm{j}kR+\mathrm{j}(\pi/4)}\\&=A(k\sin\theta_c)k\cos\theta_c\sqrt{\frac{2\pi}{kR}}\mathrm{e}^{-\mathrm{j}kR+\mathrm{j}(\pi/4)}\end{aligned}\tag{11.48}$$

因此,得到以下积分的近似值:

$$\begin{aligned}I_1&=\int_{-\infty}^{\infty}C_n(h)H_n^{(2)}(\sqrt{k^2-h^2}\rho)\mathrm{e}^{-\mathrm{j}hz}\mathrm{d}h\\&\simeq C_n(k\cos\theta_c)\frac{2}{R}\mathrm{e}^{-\mathrm{j}kR+\mathrm{j}(n+1)(\pi/2)},\text{对于较大的 }kR\end{aligned}\tag{11.49}$$

11.6 偶极子辐射和帕塞瓦尔定理

现在回到式(11.38)和式(11.39)求辐射场。利用式(11.49),首先注意到,对于较大的 kR,E_ϕ 与 R^{-2}有关,而 H_ϕ 与 R^{-1}有关。这意味着 E_ϕ 的衰减速度比 H_ϕ 快,因此,H_ϕ 和 E_θ 是辐射场的唯一分量。因此,利用式(11.49)得到:

$$H_\phi=(IL)\frac{\mathrm{e}^{-\mathrm{j}kR}}{R}\sum_{n=-\infty}^{\infty}f_n(\theta)\mathrm{e}^{-\mathrm{j}n(\phi-\phi')}\tag{11.50}$$

式中:

$$f_n(\theta)=\frac{k\sin\theta}{\pi}\frac{J_n(k\rho'\sin\theta)H^{(2)}(ka\sin\theta)-J_n(ka\sin\theta)H_n^{(2)}(k\rho'\sin\theta)}{H_n^{(2)}(ka\sin\theta)}\mathrm{e}^{\mathrm{j}n(\pi/2)}$$

式(11.37)中的坡印廷矢量 S_r 表示为

$$S_r=\frac{1}{2}\eta\ |H_\phi|^2\tag{11.51}$$

辐射阻抗 R_{rad}定义为

$$\frac{1}{2}I^2R_{\mathrm{rad}}=P_t\tag{11.52}$$

式中:总辐射功率 $P_t=\int_0^\pi\sin\theta\mathrm{d}\theta\int_0^{2\pi}\mathrm{d}\phi S_r(\theta,\phi)R^2$。

从而得到辐射阻抗:

$$\frac{R_{\mathrm{rad}}}{\eta}=L^2\int_0^\pi\sin\theta\mathrm{d}\theta\int_0^{2\pi}\mathrm{d}\phi\left|\sum_{n=-\infty}^{\infty}f_n(\theta)\mathrm{e}^{-\mathrm{j}n\phi}\right|^2\tag{11.53}$$

下面讨论式(11.53)中关于 ϕ 的积分:

$$
\begin{aligned}
&\int_0^{2\pi} \mathrm{d}\phi \left| \sum_{n=-\infty}^{\infty} f_n \mathrm{e}^{-\mathrm{j}n\phi} \right|^2 \\
&= \int_0^{2\pi} \mathrm{d}\phi \sum_n \sum_{n'} f_n f_{n'}^* \mathrm{e}^{-\mathrm{j}(n-n')\phi} \\
&= 2\pi \sum_{n=-\infty}^{\infty} |f_n|^2
\end{aligned} \tag{11.54}
$$

式(11.54)说明,周期函数的幅值平方的积分是每个谐波分量幅值平方的和,这就是帕塞瓦尔定理(Parseval's theorem)。周期电流传递到电阻上的总功率就是一个例子。不同频率分量之间没有耦合,总功率等于每个频率分量的功率之和。根据式(11.54),辐射阻抗表示为

$$
\frac{R_{\mathrm{rad}}}{\eta} = 2\pi L^2 \int_0^{\pi} \sin\theta \mathrm{d}\theta \sum_{n=-\infty}^{\infty} |f_n(\theta)|^2 \tag{11.55}
$$

式(11.54)是周期函数的帕塞瓦尔定理。连续函数的等效帕塞瓦尔定理可表示为

$$
\int_{-\infty}^{\infty} \mathrm{d}z \left| \frac{1}{2\pi} \int_{-\infty}^{\infty} f(h) \mathrm{e}^{-\mathrm{j}hz} \mathrm{d}h \right|^2 = \frac{1}{2\pi} \int_{-\infty}^{\infty} |f(h)|^2 \mathrm{d}h \tag{11.56}
$$

这可以通过下式证明:

$$
\int_{-\infty}^{\infty} \mathrm{e}^{-\mathrm{j}(h-h')z} \mathrm{d}z = 2\pi\delta(h-h') \tag{11.57}
$$

11.7　大型圆柱体和沃森变换

在前面的 11.4 节、11.5 节和 11.6 节中,用 ϕ 的傅里叶级数和 z 方向的傅里叶变换表示了圆柱形结构中的波。这些形式化的解被称为谐波级数表示。与谐波级数表示相关的两个考虑因素使得它们很难在许多实际问题中使用。

首先是即使求得了谐波级数形式的解,实际场量的计算也需要对无穷级数进行截断,从而知道其收敛性。因此,最好能有具有不同收敛特性的替代表示法。这一点尤为重要,因为用计算机计算各种高阶贝塞尔函数时,往往要耗费大量的时间和金钱才能有足够的准确性。

其次,谐波级数表示法只能用于少数结构,这些结构的表面与波方程可分离的 11 个坐标系(矩形、圆柱、椭圆柱、抛物柱、球面、圆锥、抛物面、长椭球、扁椭球、椭球面和抛物面;见 Morse 和 Feshback,第 656 页)重合。因此,有必要提出一种替代表示法,以用于描述更复杂形状的波。本节介绍的沃森变换方法能进行这种替代表示法,可用于解决更复杂的问题(第 13 章)。

首先通过式(11.50)所示偶极子的辐射来讨论与大型圆柱相关的问题。在计算辐射模式时,涉及无穷级数:

$$
S = \sum_{n=-\infty}^{\infty} f(n) \mathrm{e}^{-\mathrm{j}n\phi} \tag{11.58}
$$

这个数列的计算可以用有限项的求和来代替无限项的求和,如果数列是合理收敛的,那么有限项的求和理应得到一个较好的解。那么重要的问题是:需要多少项才能充分表示总和?涉及圆柱体和球体的问题实际上包含贝塞尔函数,其参数的数量级为 ka,其中 a

是物体的半径或大小。

根据参数远小于、近似等于或者远大于阶数，贝塞尔函数的特性截然不同。正因为如此，一般来说，式(11.58)中这类型数列需要至少两个 ka 项才能在百分之几的精度内表示总和。对于大型圆柱体，不仅必须对大量的项进行求和，而且这些项还包含了较大的自变量和高阶的贝塞尔函数。在许多实际问题中，这是一个艰巨的计算任务。

如果能将式(11.58)中这类型数列转换为较大 ka 的快速收敛数列，从而只需几个项就能求得数值结果，这将非常有用。本节介绍的沃森变换方法可以实现这一目的。历史上，短波无线电波在地球上的传播是20世纪初的核心实际问题之一。由于地球的 ka 值非常大，因此，计算非常困难。1919年，G. N. Watson 成功地提出了该方法，将慢速收敛数列转换为快速收敛数列(Bremmer，1949，第6页)。

首先讨论积分：

$$I = \int_{C_1+C_2} \frac{A(v)}{\sin v\pi} \mathrm{d}v \tag{11.59}$$

被积函数在 $v=n$ 个整数处有极点，因此，可以通过求每个极点处的留数来计算积分。积分线 C_1+C_2 包围了 $2N+1$ 个极点。令 $N\to\infty$ (图11.9)，得到：

$$I = 2\pi \mathrm{j} \sum_{-\infty}^{\infty} \left. \frac{A(v)}{\dfrac{\partial}{\partial v}(\sin v\pi)} \right|_{v=n} = 2\mathrm{j} \sum_{-\infty}^{\infty} A(n)\mathrm{e}^{-\mathrm{j}n\pi} \tag{11.60}$$

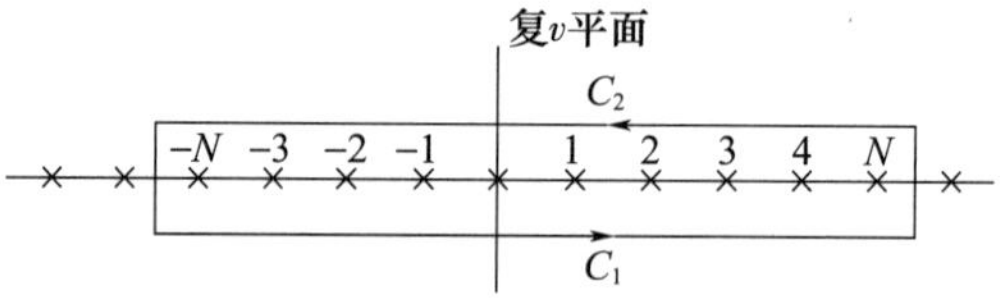

图11.9 沃森变换的周线积分

比较式(11.60)和式(11.58)，注意到式(11.58)中的级数可以用以下复积分表示(Wait，1959，第8、9章)：

$$S = \sum_{-\infty}^{\infty} f(n)\mathrm{e}^{-\mathrm{j}n\phi} = \frac{1}{2\mathrm{j}} \int_{C_1+C_2} \frac{f(v)\mathrm{e}^{-\mathrm{j}v(\phi-\pi)}}{\sin v\pi} \mathrm{d}v \tag{11.61}$$

许多涉及圆柱形和球形结构问题的级数表示都可以转化为这种形式的复积分。式(11.61)的这种变换被称为沃森变换(Watson transform)。

式(11.58)中的原始级数被称为调和级数，对于小型圆柱体显然是足够的。然而，对于大型圆柱体，调和级数的收敛速度太慢，而式(11.61)中的积分更有用。根据式(11.61)的积分形式可以得到三种方法，在不同的空间区域，每种方法都能提供很好的表示形式。这三种方法是：

(1)留数序列表示法。在 $f(\nu)$ 的极点处对式(11.61)中的积分进行求值，得到留数序列。这种表示方法高度收敛，只需要在阴影区域的几个项。在这一区域，波沿着表面爬行，称为爬行波。

(2)几何光学表示法。式(11.61)中的积分可以通过鞍点技术进行求值，这在照射区域内提供简化的表示。

(3)福克函数表示法。在光照区和阴影区之间的边界区域，前面的两种方法都不适用，必须使用福克提出的方法。

上述三个区域如图 11.10 所示，现在分别讨论这三种方法。

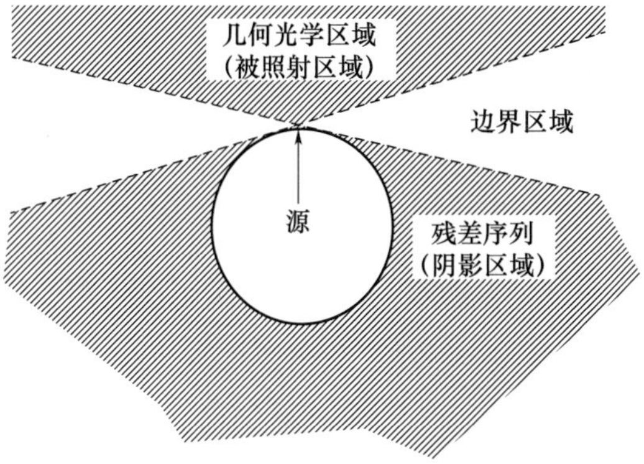

图 11.10　三个区域的波表示

11.8　留数序列表示和爬行波

对式(11.61)积分的计算可以通过将积分线 C_1 变换为 C'_1 以及 C_2 变换为 C'_2，并在 $f(\nu)$ 的极点处取留数。需要注意到(图 11.11)(见附录 11.D)：

$$\begin{cases}\int_{C_1} \mathrm{d}\nu = \int_{C'_1} \mathrm{d}\nu - 2\pi \mathrm{j} \sum_{m=1}^{\infty} (\nu_m \text{ 处的留数}) \\ \int_{C_2} \mathrm{d}\nu = \int_{C'_2} \mathrm{d}\nu - 2\pi \mathrm{j} \sum_{m=1}^{\infty} (-\nu_m \text{ 处的留数})\end{cases} \tag{11.62}$$

接下来需要证明式(11.61)的被积函数沿着积分线 C'_1 和 C'_2 趋近于零。为此需要研究积分项在 $|\nu| \to \infty$ 时的性质。

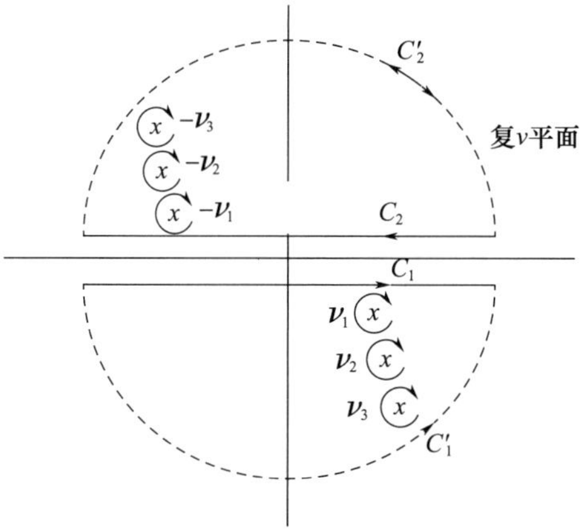

图 11.11　留数序列的积分线

详见 Wait(1959)，此处省略。注意到式(11.62)中的积分沿 C'_1 和 C'_2 为零，则得到：

$$
\begin{aligned}
S &= \sum_{n=-\infty}^{\infty} f(n)\,\mathrm{e}^{-\mathrm{j}n\phi} \\
&= \frac{1}{2\mathrm{j}}\int_{C_1+C_2} \frac{f(\nu)\,\mathrm{e}^{-\mathrm{j}\nu(\phi-\pi)}}{\sin\nu\pi}\mathrm{d}\nu \\
&= -\pi\sum_{m=1}^{\infty}\mathrm{Re}(\nu_m) - \pi\sum_{m=1}^{\infty}\mathrm{Re}(-\nu_m)
\end{aligned}
\tag{11.63}
$$

式中:在$f(\nu)$的极点,即$\nu=\nu_m$处,可得$\mathrm{Re}(\nu_m)$等于$\dfrac{f(\nu)\,\mathrm{e}^{-\mathrm{j}\nu(\phi-\pi)}}{\sin\nu\pi}$的留数。

式(11.63)中的最后一个表达式被称为留数序列。

首先研究$f(\nu)$的极点ν_m的位置。请注意,在式(11.50)中,$f(\nu)$的分母是$H_{\nu}^{(2)}(ka\sin\theta)$。因此,极点为

$$
H_{\nu_m}^{(2)}(ka\sin\theta)=0 \tag{11.64}
$$

可以证明,当$|z|\gg 1$时,$H_{\nu}^{(2)}(z)$的零点近似为

$$
\nu_m = z + \left(\frac{z}{2}\right)^{1/3}\left[\frac{3}{2}\left(m-\frac{1}{4}\right)\right]^{2/3}\mathrm{e}^{-\mathrm{j}(\pi/3)},\ m=1,2,\cdots \tag{11.65}
$$

请注意,ν_m为复数,其虚部为负(图11.12)。

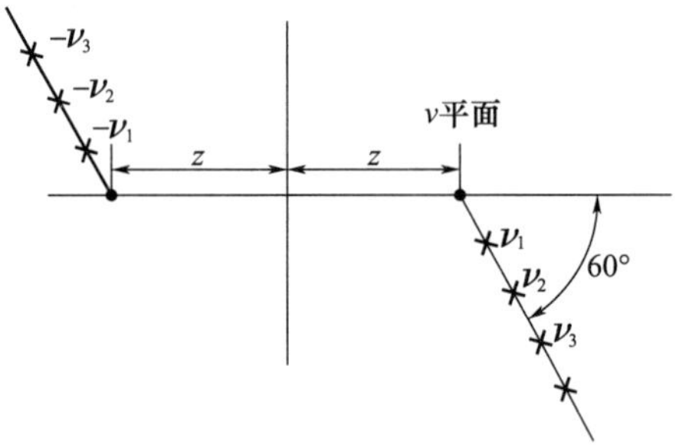

图11.12 留数序列的极点位置

把留数序列表示为

$$
S = \sum_{m=1}^{\infty}\frac{N^{+}(\nu_m)}{\left(\dfrac{\partial}{\partial\nu}D\right)\nu_m}\mathrm{e}^{-\mathrm{j}\nu_m\phi} + \sum_{m=1}^{\infty}\frac{N^{-}(\nu_m)}{\left(\dfrac{\partial}{\partial\nu}D\right)\nu_m}\mathrm{e}^{-\mathrm{j}\nu_m(2\pi-\phi)} \tag{11.66}
$$

式中:

$$
f(\nu)=\frac{N(\nu)}{D(\nu)}
$$

$$
D(\nu)=H_{\nu}^{(2)}(ka\sin\theta)
$$

$$
N^{+}(\nu)=\frac{(-\pi)N(\nu)\,\mathrm{e}^{\mathrm{j}\nu\pi}}{\sin\nu\pi}
$$

$$
N^{-}(\nu)=\frac{(-\pi)N(\nu)\,\mathrm{e}^{-\mathrm{j}\nu\pi}}{\sin\nu\pi}
$$

函数$N^{+}(\nu)/D(\nu)$在$\nu=\nu_m$处的留数为

$$\lim_{\nu\to\nu_m}(\nu-\nu_m)\frac{N^+(\nu)}{D(\nu)}=\left.\frac{N^+(\nu)}{\frac{\partial}{\partial\nu}D(\nu)}\right|_{\nu=\nu_m} \tag{11.67}$$

下面讨论式(11.66)中的留数序列。由于 ν_m 处的极点而产生的第一个级数具有角相关性 $e^{-j\nu_m\phi}$。如式(11.65)所示，ν_m 的实部略大于 $z=ka\sin\theta$，虚部为负。因此，当 $\theta=\pi/2$，$\nu_{mr}>ka$ 时，有

$$\begin{cases}e^{-j\nu_m\phi}=e^{-j\nu_{mr}\phi-\nu_{mi}\phi}\\ \nu_m=\nu_{mr}-j\nu_{mi}\end{cases} \tag{11.68}$$

因此，$\nu_{mr}\phi>ka\phi$。由于 ϕ 为沿表面的距离，令 $\nu_{mr}=\beta a$，其中 β 为沿表面传播的波的相位常数，得到 $\beta>k$，表明沿表面的相速度小于光速。因此，第一个序列表示波在表面传播时的相速度小于光速，且有衰减。式(11.66)中对应于 $-\nu_m$ 的第二个序列表示以相同传播常量反向传播的波。这些波沿着表面爬行，被称为爬行波(图 11.13)。

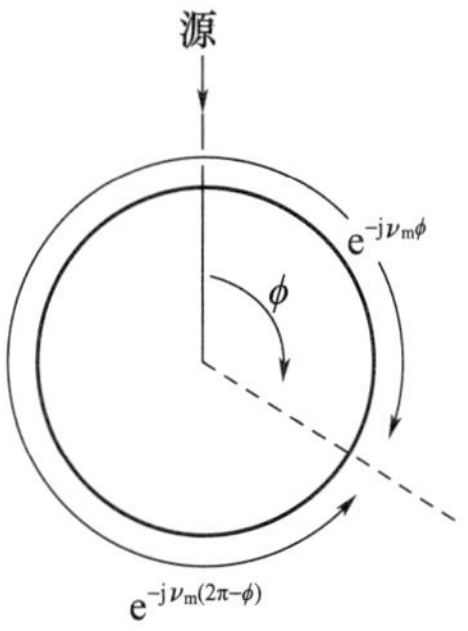

图 11.13　爬行波

此外还注意到，原始的调和级数表示为以下形式：

$$\sum_{n=-\infty}^{\infty}(\cdots)e^{-jn\phi}$$

这是在 $0<\phi<2\pi$ 区间内的傅里叶级数表示。可以把它表示为 $\cos n\phi$ 和 $\sin n\phi$ 的级数。可以知道：调和级数实质上是以围绕圆柱体的一系列驻波($\sin n\phi$ 和 $\cos n\phi$)来表示波。显然，对于小型圆柱体来说，由于波的 ϕ 变化很小，调和级数的少量项就能合理地表示场。另一方面，对于大型圆柱体来说，从槽处辐射出来的波沿着圆柱体表面传播，并在辐射能量时因曲率而衰减，因此，波本质上是沿表面的行波。显然，留数序列是一个合适的表示方法，因为每个 $e^{-j\nu_m\phi}$ 项都表示行波，只需几个项就能充分描述波。

11.9　泊松和公式、几何光学区域和福克表示法

在讨论几何光学区域的波之前，先讨论式(11.58)中级数的另一种表示方法，将其表示为

$$S=\sum_{n=-\infty}^{\infty}F(n) \tag{11.69}$$

在本节中将证明，式(11.69)中的和可以表示为 $F(n)$ 的傅里叶变换 $G(m)$ 之和，即

$$\sum_{n=-\infty}^{\infty}F(n)=\sum_{m=-\infty}^{\infty}G(m) \tag{11.70}$$

式中：

$$G(m)=\int_{-\infty}^{\infty}F(\nu)e^{-j2m\pi\nu}d\nu$$

这就是所谓的泊松和公式。当原数列收敛较慢，而变换后的数列收敛较快时，这个公式很有效。为了证明这一点，从沃森变换开始进行讨论：

$$S=\sum_{n=-\infty}^{\infty}F(n)=\frac{1}{2j}\int_{C_1+C_2}\frac{F(\nu)e^{j\nu\pi}}{\sin\nu\pi}d\nu \tag{11.71}$$

用一种不同的方式来表达该式。沿着 C_1，$\mathrm{Im}\nu<0$，因此，$|e^{-j\nu\pi}|<1$。

$$\frac{1}{\sin\nu\pi}=\frac{2j}{e^{j\nu\pi}(1-e^{-2j\nu\pi})}=2je^{-j\nu\pi}\sum_{m=0}^{\infty}e^{-j2\nu\pi m}$$

得到：

$$\frac{1}{2j}\int_{C_1}\frac{F(\nu)e^{j\nu\pi}}{\sin\nu\pi}d\nu=\sum_{m=0}^{\infty}G(m)$$

式中：

$$G(m)=\int_{C_1}F(\nu)e^{-j2\nu\pi m}d\nu$$

沿着 C_2，$\mathrm{Im}\,\nu>0$，则 $|e^{j\nu\pi}|<1$。

$$\frac{1}{\sin\nu\pi}=-2je^{j\nu\pi}\sum_{m=0}^{\infty}e^{j2\nu\pi m}$$

得到：

$$\frac{1}{2j}\int_{C_2}\frac{F(\nu)e^{j\nu\pi}}{\sin\nu\pi}d\nu=\sum_{m=1}^{\infty}G(-m)$$

式中：

$$G(-m)=-\int_{C_2}F(\nu)e^{j2\nu\pi m}d\nu=\int_{-C_2}F(\nu)e^{j2\nu\pi m}d\nu$$

注意到，沿 C_1 的 $F(\nu)$ 与沿 $(-C_2)$ 的 $F(\nu)$ 相同。得到泊松和公式为

$$S=\sum_{n=-\infty}^{\infty}F(n)=\frac{1}{2j}\int_{C_1+C_2}\frac{F(\nu)e^{j\nu\pi}}{\sin\nu\pi}d\nu=\sum_{m=-\infty}^{\infty}G(m)\tag{11.72}$$

式中：

$$G(m)=\int_{-\infty}^{\infty}F(\nu)e^{-j2\nu\pi m}d\nu$$

将泊松和公式应用于式(11.58)中的问题。

$$\begin{cases}S=\displaystyle\sum_{n=-\infty}^{\infty}f(n)e^{-jn\phi}=\sum_{m=-\infty}^{\infty}S_m\\ S_m=\displaystyle\int_{-\infty}^{\infty}f(\nu)e^{-j\nu(\phi+2m\pi)}d\nu\end{cases}\tag{11.73}$$

讨论 $m>0$ 的 S_m。S_m 和 S_0 的区别在于 S_m 的角度 ϕ 增加了 $2m\pi$，因此，S_m 代表了环绕圆柱体 m 次的波(图 11.14(a))。当 $m<0$ 时，令 $\nu=-\nu'$，$m=-m'$，得到：

$$S_m=S_{-m'}=\int_{-\infty}^{\infty}f(-\nu')e^{j\nu'(\phi-2m'\pi)}d\nu'\tag{11.74}$$

这被认为是沿相反方向环绕圆柱体的波(图 11.14(b))。

在照射区域(图 11.10)，显然场主要来源于 S_0 项。因此，可以通过鞍点技术来计算 S_0 项，从而得到几何光学解。

从前面的 11.7 节和 11.8 节可以清楚地看出，留数序列或几何光学表示法无法充分表示阴影和照明区域间边界的波。在这一区域，重要的是要考虑汉克尔函数的阶数 ν 接近其参数 z 的情况。利用汉克尔近似，可以用福克提出的函数来表示这一区域的场。详细内容见 Wait 的书(Wait，1959，第 64 ~ 68 页)。

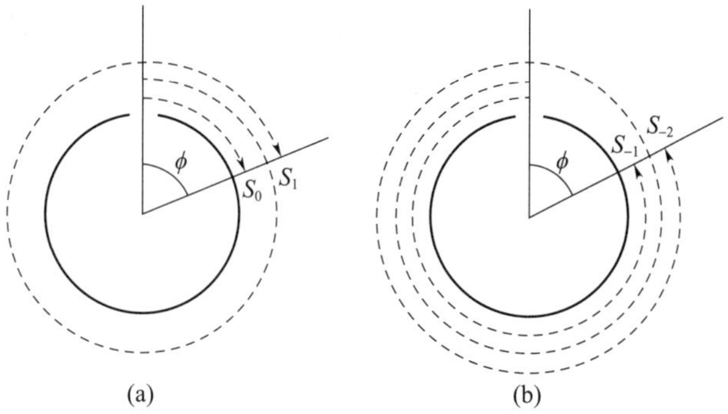

图 11.14 环绕圆柱体的波

11.10 介电球的米氏散射

各向同性、任意大小的均质介质球对平面电磁波散射的精确求解通常称为米氏理论，尽管洛伦兹在米氏理论之前就提出了基本相同的结果(Kerker,1969,3.4 节)。在本章中，采用了一种使用电赫兹矢量和磁赫兹矢量径向分量的技术。这种方法不同于 Stratton 的矢量波动方程，但它在处理标量波动方程方面具有明显的优势。

在球面坐标中，可以用两个标量函数 π_1 和 π_2 表示完整的电磁场。它们是电赫兹矢量和磁赫兹矢量的径向分量(见 4.15 节)。

$$\overline{\boldsymbol{\pi}}_e=\pi_1\hat{\boldsymbol{r}}\ \text{且}\ \overline{\boldsymbol{\pi}}_m=\pi_2\hat{\boldsymbol{r}} \tag{11.75}$$

π_1 产生 $H_r=0$ 时的所有 TM 模式，π_2 产生 $E_r=0$ 时的所有 TE 模式，π_1 和 π_2 满足标量波方程：

$$\begin{cases}(\nabla^2+k^2)\pi_1=0\\(\nabla^2+k^2)\pi_2=0\end{cases} \tag{11.76}$$

由这两个标量函数推导得到电场和磁场：

$$\begin{cases}\overline{\boldsymbol{E}}=\nabla\times\nabla\times(r\pi_1\hat{\boldsymbol{r}})-\mathrm{j}\omega\mu\,\nabla\times(r\pi_2\hat{\boldsymbol{r}})\\\overline{\boldsymbol{H}}=\mathrm{j}\omega\varepsilon\,\nabla\times(r\pi_1\hat{\boldsymbol{r}})+\nabla\times\nabla\times(r\pi_2\hat{\boldsymbol{r}})\end{cases} \tag{11.77}$$

在球坐标系中表示为

$$\begin{cases}E_r=\dfrac{\partial^2}{\partial r^2}(r\pi_1)+k^2r\pi_1\\E_\theta=\dfrac{1}{r}\dfrac{\partial^2}{\partial r\partial\theta}(r\pi_1)-\mathrm{j}\omega\mu\dfrac{1}{\sin\theta}\dfrac{\partial}{\partial\phi}\pi_2\\E_\phi=\dfrac{1}{r\sin\theta}\dfrac{\partial^2}{\partial r\partial\phi}(r\pi_1)+\mathrm{j}\omega\mu\dfrac{\partial}{\partial\theta}\pi_2\\H_r=\dfrac{\partial^2}{\partial r^2}(r\pi_2)+k^2r\pi_2\\H_\theta=\mathrm{j}\omega\varepsilon\dfrac{1}{\sin\theta}\dfrac{\partial}{\partial\phi}\pi_1+\dfrac{1}{r}\dfrac{\partial^2}{\partial r\partial\theta}(r\pi_2)\\H_\phi=-\mathrm{j}\omega\varepsilon\dfrac{\partial}{\partial\phi}\pi_1+\dfrac{1}{r\sin\theta}\dfrac{\partial^2}{\partial r\partial\phi}(r\pi_2)\end{cases} \tag{11.78}$$

对于一个具有复介电常数 ε_1，磁导率 μ_1 的球体，其浸没在介电常数为 ε_2 和 μ_2 的介质中（图 11.15）。入射波在 x 方向极化，表示为

$$\overline{\boldsymbol{E}}_{\text{inc}}(z) = \mathrm{e}^{-\mathrm{j}k_2 z}\hat{\boldsymbol{x}} \tag{11.79}$$

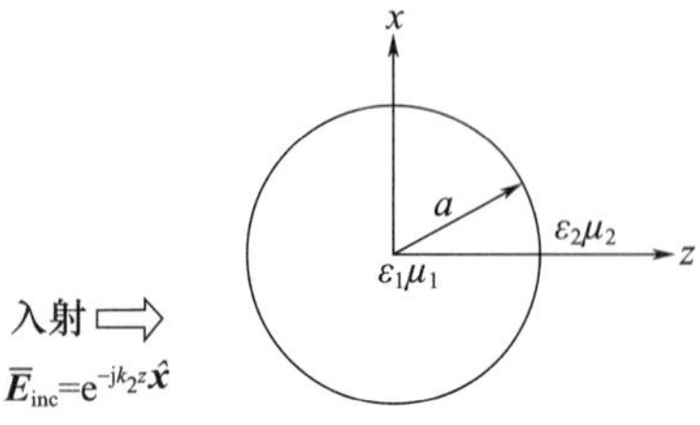

图 11.15　米氏散射

对于边界条件，切向电场和磁场在 $r=a$ 处必须是连续的，因此，用 $\overline{\boldsymbol{E}}_1$ 和 $\overline{\boldsymbol{H}}_1$ 表示内部的场，用 $\overline{\boldsymbol{E}}_2$ 和 $\overline{\boldsymbol{H}}_2$ 表示外部的场，$r=a$ 处的边界条件为

$$\begin{cases} E_{1\theta} = E_{2\theta} \\ E_{1\phi} = E_{2\phi} \\ H_{1\theta} = H_{2\theta} \\ H_{1\phi} = H_{2\phi} \end{cases} \tag{11.80}$$

从式(11.78)可以看出，上述边界条件包含 π_1 和 π_2。因此，将它们简化为单独的 π_1 边界条件和单独的 π_2 边界条件来考虑会很方便。为此，如果以下列方式对 E_θ 和 E_ϕ 进行线性组合，含有 π_2 的项就会被消去，条件就变成了下式，在边界层 $r=a$ 满足连续性：

$$\frac{\partial}{\partial\theta}(\sin\theta E_\theta) + \frac{\partial}{\partial\phi}E_\phi = \left[\frac{\partial}{\partial\theta}\left(\sin\theta\frac{\partial}{\partial\theta}\right) + \frac{1}{\sin\theta}\frac{\partial^2}{\partial\phi^2}\right]\frac{1}{r}\frac{\partial}{\partial r}(r\pi_1)$$

由于该式对任意 θ 和 ϕ 都必须成立，因此，要求 $\partial(r\pi_1)/\partial r$ 在 $r=a$ 处是连续的。

类似地，$\partial E_\theta/\partial\phi - \partial(\sin\theta E_\phi)/\partial\theta$，则得到 $\mu\pi_2$ 在 $r=a$ 处连续的边界条件。对 H_θ 和 H_ϕ 进行同样的考虑，得到 $\partial(r\pi_2)/\partial r$ 和 $\varepsilon\pi_1$ 在 $r=a$ 处连续的边界条件。

现在用球面谐波来表示入射场 $\overline{\boldsymbol{E}}_{\text{inc}}$，则 $\overline{\boldsymbol{E}}_{\text{inc}}$ 可以由两个满足波动方程的标量函数 π_1^i 和 π_2^i 推导出来。π_1^i 和 π_2^i 的一般表达式为

$$\begin{cases} \pi_1^i = \displaystyle\sum_{n=0}^{\infty}\sum_{m=0}^{\infty} j_n(k_2 r)P_n^m(\cos\theta)\left[A_{mn}^{(1)}\cos m\phi + B_{mn}^{(1)}\sin m\phi\right] \\ \pi_2^i = \displaystyle\sum_{n=0}^{\infty}\sum_{m=0}^{\infty} j_n(k_2 r)P_n^m(\cos\theta)\left[A_{mn}^{(2)}\cos m\phi + B_{mn}^{(2)}\sin m\phi\right] \end{cases} \tag{11.81}$$

这里使用在 $r=0$ 处有限的 j_n，以及在 $\theta=0$ 和 π 处有限的 P_n^m。

为了确定常数 $A_{mn}^{(1)}, A_{mn}^{(2)}, B_{mn}^{(1)}, B_{mn}^{(2)}$，需要讨论 $\overline{\boldsymbol{E}}_i$ 和 $\overline{\boldsymbol{H}}_i$ 的径向分量：

$$E_{ir} = \overline{\boldsymbol{E}}_{\text{inc}}\cdot\hat{\boldsymbol{r}} = \mathrm{e}^{-k_2 r\cos\theta}\sin\theta\cos\phi \tag{11.82}$$

用球面谐波展开 E_{ir}，并根据式(11.81)将其等同于 E_{ir}，即

$$\begin{aligned} E_{ir} &= \frac{\partial^2}{\partial r^2}(r\pi_1^i) + k_2^2 r\pi_1^i \\ &= \sum_{n=0}^{\infty}\sum_{m=0}^{\infty}\frac{n(n+1)}{r}j_n(k_2 r)P_n^m(\cos\theta)\left[A_{mn}^{(1)}\cos m\phi + B_{mn}^{(1)}\sin m\phi\right] \end{aligned} \tag{11.83}$$

此处使用了下式：

$$\left[\frac{\mathrm{d}^2}{\mathrm{d}r^2} + k^2 - \frac{n(n+1)}{r^2}\right][rz_n(kr)] = 0 \tag{11.84}$$

式中：$z_n(kr)$ 为任意球面贝塞尔函数。

式(11.82)中 E_{ir} 的展开式可以通过下面的方法得到。首先注意到：

$$e^{-jkr\cos\theta} = \sum_{n=0}^{\infty} (-j)^n (2n+1) j_n(kr) P_n(\cos\theta) \tag{11.85}$$

这是通过在球面谐波中展开 $\exp(-jkr\cos\theta)$ 得到的。

$$\exp(-jkr\cos\theta) = \sum_{n=0}^{\infty} a_n(r) P_n(\cos\theta)$$

注意到 $P_n(\cos\theta)$ 是正交的，并使用以下关系：

$$\int_0^{\pi} e^{-jkr\cos\theta} P_n(\cos\theta)\sin\theta \mathrm{d}\theta = 2(-j)^n j_n(kr)$$

$$\int_0^{\pi} [P_n(\cos\theta)]^2 \sin\theta \mathrm{d}\theta = \frac{2}{2n+1}$$

注意到：

$$E_{ir} = \frac{1}{jkr}\frac{\partial}{\partial\theta}\exp(-jkr\cos\theta)\cos\phi$$

$$\frac{\partial}{\partial\theta}P_n(\cos\theta) = -P_n^1(\cos\theta)$$

因此，得到 E_{ir} 的展开式：

$$E_{ir} = \sum_{n=0}^{\infty} \frac{(-j)^{n-1}(2n+1)}{k_2 r} j_n(k_2 r) P_n^1(\cos\theta)\cos\phi \tag{11.86}$$

对比式(11.83)与式(11.86)，得到：

$$B_{mn}^{(1)} = 0, A_{mn}^{(1)} = 0, m \neq 1, A_{1n}^{(1)} = \frac{(-j)^{n-1}(2n+1)}{n(n+1)k_2}$$

将这些代入式(11.81)，得到入射赫兹势的球谐表示 π_1^i。

$$r\pi_1^i = \frac{1}{k_2^2}\sum_{n=1}^{\infty} \frac{(-j)^{n-1}(2n+1)}{n(n+1)} \Psi_n(k_2 r) P_n^1(\cos\theta)\cos\phi \tag{11.87}$$

类似地，得到：

$$r\pi_2^i = \frac{1}{(\mu_2/\varepsilon_2)^{1/2} k_2^2}\sum_{n=1}^{\infty} \frac{(-j)^{n-1}(2n+1)}{n(n+1)} \Psi_n(k_2 r) P_n^1(\cos\theta)\sin\phi \tag{11.88}$$

其中，$\Psi_n(x) = x j_n(x) = \sqrt{\pi x/2} J_{n+1/2}(x)$。

现在得到了入射赫兹电势的表达式，即式(11.87)和式(11.88)。接下来，写出散射场的一般表达式，并满足边界条件。边界条件要求球外的 π_1 只与球体内的 π_1 相耦合。因此，由于 π_1^i 与 $\cos\phi$ 相关，认为散射场和球内场对 ϕ 具有相同的相关性。同样地，所有的 π_2 都应该与 $\sin\phi$ 相关。

因此，散射场的一般表达式应为

$$\begin{cases} r\pi_1^s = \dfrac{(-1)}{k_2^2}\displaystyle\sum_{n=1}^{\infty} \dfrac{(-j)^{n-1}(2n+1)}{n(n+1)} a_n \zeta_n(k_2 r) P_n^1(\cos\theta)\cos\phi \\ r\pi_2^s = \dfrac{(-1)}{\sqrt{\mu_2/\varepsilon_2} k_2^2}\displaystyle\sum_{n=1}^{\infty} \dfrac{(-j)^{n-1}(2n+1)}{n(n+1)} b_n \zeta_n(k_2 r) P_n^1(\cos\theta)\sin\phi \end{cases} \tag{11.89}$$

式中：$\zeta_n(x) = x h_n^{(2)}(x) = \sqrt{\pi x/2} H_{n+1/2}^{(2)}(x)$。在球体内部：

$$
\begin{cases}
r\pi_1^r = \dfrac{1}{k_1^2}\displaystyle\sum_{n=1}^{\infty}\dfrac{(-\mathrm{j})^{n-1}(2n+1)}{n(n+1)}c_n\Psi_n(k_1r)P_n^1(\cos\theta)\cos\phi \\
r\pi_2^r = \dfrac{1}{\sqrt{\mu_1/\varepsilon_1}k_1^2}\displaystyle\sum_{n=1}^{\infty}\dfrac{(-\mathrm{j})^{n-1}(2n+1)}{n(n+1)}d_n\Psi_n(k_1r)P_n^1(\cos\theta)\sin\phi
\end{cases}
\tag{11.90}
$$

式中：a_n、b_n、c_n 和 d_n 为由边界条件决定的常数。

对在 $r=a$ 处的 π_1 应用边界条件，有

$$
\begin{cases}
\dfrac{\partial}{\partial r}[r(\pi_1^i+\pi_1^s)] = \dfrac{\partial}{\partial r}[r\pi_1^r] \\
\varepsilon_2(\pi_1^i+\pi_1^s) = \varepsilon_1\pi_1^r
\end{cases}
\tag{11.91}
$$

将式(11.87)、式(11.89)和式(11.90)代入式(11.91)，得到：

$$
m[\psi_n'(k_2a) - a_n\zeta_n'(k_2a)] = c_n\Psi_n'(k_1a)
$$

$$
\frac{1}{\mu_2}[\psi_n(k_2a) - a_n\zeta_n(k_2a)] = \frac{1}{\mu_1}c_n\Psi_n(k_1a)
$$

由这两式得到：

$$
a_n = \frac{\mu_1\Psi_n(\alpha)\Psi_n'(\beta) - \mu_2 m\Psi_n(\beta)\Psi_n'(\alpha)}{\mu_1\zeta_n(\alpha)\Psi_n'(\beta) - \mu_2 m\Psi_n(\beta)\zeta_n'(\alpha)}
\tag{11.92}
$$

式中：$m = k_1/k_2 = \sqrt{\mu_1\varepsilon_1/\mu_2\varepsilon_2}$，$\alpha = k_2a$，$\beta = k_1a$。

为了求得 π_2 的 b_n，使用边界条件：

$$
\begin{cases}
\dfrac{\partial}{\partial r}[r(\pi_2^i+\pi_2^s)] = \dfrac{\partial}{\partial r}[r\pi_2^r] \\
\mu_2(\pi_2^i+\pi_2^s) = \mu_1\pi_2^r
\end{cases}
\tag{11.93}
$$

得到：

$$
b_n = \frac{\mu_2 m\Psi_n(\alpha)\Psi_n'(\beta) - \mu_1\Psi_n(\beta)\psi_n'(\alpha)}{\mu_2 m\zeta_n(\alpha)\Psi_n'(\beta) - \mu_1\Psi_n(\beta)\zeta_n'(\alpha)}
\tag{11.94}
$$

然后从式(11.91)和式(11.93)得到常数 c_n 和 d_n 为

$$
\begin{cases}
c_n = \dfrac{\mathrm{j}m\mu_1}{\mu_1\zeta_n(\alpha)\Psi_n'(\beta) - \mu_2 m\Psi_n(\beta)J_n'(\alpha)} \\
d_n = \dfrac{\mathrm{j}m\mu_1}{\mu_2 m\zeta_n(\alpha)\Psi_n'(\beta) - \mu_1\Psi_n(\beta)J_n'(\alpha)}
\end{cases}
\tag{11.95}
$$

有了常数 a_n、b_n、c_n 和 d_n，式(11.89)和式(11.90)就构成了介电球的完整米氏解。

下面讨论远场。注意到，对于 $r\to\infty$：

$$
\zeta_n(k_2r)\to \mathrm{j}^{n+1}\mathrm{e}^{-\mathrm{j}k_2r}
$$

得到：

$$
\begin{cases}
r\pi_1^s \to \dfrac{\mathrm{e}^{-\mathrm{j}k_2r}}{k_2^2}\displaystyle\sum_{n=1}^{\infty}\dfrac{2n+1}{n(n+1)}a_nP_n^1(\cos\theta)\cos\phi \\
r\pi_2^s \to \dfrac{\mathrm{e}^{-\mathrm{j}k_2r}}{\sqrt{\dfrac{\mu_2}{\varepsilon_2}}k_2^2}\displaystyle\sum_{n=1}^{\infty}\dfrac{2n+1}{n(n+1)}b_nP_n^1(\cos\theta)\sin\phi
\end{cases}
\tag{11.96}
$$

远场 E_θ 和 E_ϕ 可以由式(11.78)计算得到。

注意到：

$$\frac{\partial}{\partial r}(r\pi_1^s) = -\mathrm{j}k_2 r\pi_1^s$$

$$\frac{\partial}{\partial r}(r\pi_2^s) = -\mathrm{j}k_2 r\pi_2^s$$

得到①：

$$\begin{cases} E_\theta = f_\theta(\theta,\phi)\dfrac{\mathrm{e}^{-\mathrm{j}k_2 r}}{r} \\ E_\phi = f_\phi(\theta,\phi)\dfrac{\mathrm{e}^{-\mathrm{j}k_2 r}}{r} \\ f_\theta = -\dfrac{\mathrm{j}\cos\phi S_2(\theta)}{k_2} \\ f_\phi = \dfrac{\mathrm{j}\sin\phi S_1(\theta)}{k_2} \\ S_1(\theta) = \displaystyle\sum_{n=1}^{\infty}\frac{2n+1}{n(n+1)}[a_n\pi_n(\cos\theta) + b_n\tau_n(\cos\theta)] \\ S_2(\theta) = \displaystyle\sum_{n=1}^{\infty}\frac{2n+1}{n(n+1)}[a_n\tau_n(\cos\theta) + b_n\pi_n(\cos\theta)] \end{cases} \tag{11.97}$$

式中：

$$\pi_n(\cos\theta) = \frac{P_n^1(\cos\theta)}{\sin\theta} \text{且 } \tau_n = \frac{d}{\mathrm{d}\theta}P_n^1(\cos\theta)$$

式(11.97)为入射波在 x 方向极化时介电粒子在远区散射场的表达式。

通过前向散射定理来计算总截面。

$$\sigma_t = -\frac{4\pi}{k_2}\hat{\boldsymbol{e}}_i \cdot \hat{\boldsymbol{e}}_s I_m f(\hat{\boldsymbol{i}},\hat{\boldsymbol{i}}) \tag{11.98}$$

需要注意到$\hat{\boldsymbol{e}}_i = \hat{\boldsymbol{x}}$，且

$$\pi_n(\cos\theta)\big|_{\theta=0} = \tau_n(\cos\theta)\big|_{\theta=0} = \frac{n(n+1)}{2} \tag{11.99}$$

得到：

$$\sigma_t = \frac{4\pi}{k_2^2}\mathrm{Re}S_1(0) = \frac{4\pi}{k_2^2}\mathrm{Re}S_2(0) \tag{11.100}$$

因此，相对于几何横截面 πa^2 的归一化总截面为

$$\frac{\sigma_t}{\pi a^2} = \frac{2}{\alpha^2}\sum_{n=1}^{\infty}(2n+1)[\mathrm{Re}(a_n + b_n)], \alpha = k_2 a \tag{11.101}$$

后向散射截面 σ_b 为

$$\sigma_b = 4\pi|f|^2_{\substack{\theta=\pi \\ \phi=0}}$$

且由于：

---

① 译者注：根据公式推导，式(11.97)中第二式 E_θ、f_θ 改为 E_ϕ、f_ϕ；第三式中 f_θ 改为 f_ϕ。

$$\pi_n(\cos\theta)\big|_{\theta=\pi} = -\tau_n(\cos\theta)\big|_{\theta=\pi} = -(-1)^n \frac{n(n+1)}{2}$$

得到：

$$\frac{\sigma_b}{\pi a^2} = \frac{1}{\alpha^2}\left|\sum_{n=1}^{\infty}(2n+1)(-1)^n(a_n - b_n)\right|^2 = \frac{|S_2(\pi)|^2}{\alpha^2} \tag{11.102}$$

散射截面 σ_s 为

$$\begin{aligned}\sigma_s &= \int_{4\pi}|f(\theta,\phi)|^2 \mathrm{d}\Omega \\ &= \int_0^{2\pi}\mathrm{d}\phi \int \mathrm{d}\theta\sin\theta\left[\left|\frac{\cos\phi S_2(\theta)}{k_2}\right|^2 + \left|\frac{\cos\phi S_1(\theta)}{k_2}\right|^2\right] \\ &= \frac{\pi}{k_2^2}\int_0^{\pi}\mathrm{d}\theta\sin\theta\left[|S_2(\theta)|^2 + |S_1(\theta)|^2\right]\end{aligned} \tag{11.103}$$

由式(11.97)得到：

$$|S_2(\theta)|^2 = \sum_{n=1}^{\infty}\sum_{m=1}^{\infty}\frac{(2n+1)(2m+1)}{n(n+1)m(m+1)}\left[a_n a_m^* \pi_n\pi_m + b_n b_n^* \tau_n\tau_m + a_n b_m^* \pi_n\tau_m + a_m^* b_n \pi_m\tau_n\right]$$

$$|S_1(\theta)|^2 = \sum_{n=1}^{\infty}\sum_{m=1}^{\infty}\frac{(2n+1)(2m+1)}{n(n+1)m(m+1)}\left[a_n a_m^* \tau_n\tau_m + b_n b_m^* \pi_n\pi_m + a_n b_m^* \tau_n\pi_m + a_m^* b_n \tau_m\pi_n\right]$$

将这两式相加，并注意到勒让德函数的正交性。

$$\int_0^{\pi}(\pi_n\pi_m + \tau_n\tau_m)\sin\theta\mathrm{d}\theta = 0，当 n \neq m$$

$$\int_0^{\pi}(\pi_n\pi_m + \tau_n\tau_m)\sin\theta\mathrm{d}\theta = \frac{2}{2n+1}\frac{(n+1)!}{(n-1)!}n(n+1)，当 n = m$$

$$\int_0^{\pi}(\pi_n\tau_m + \tau_n\pi_m)\sin\theta\mathrm{d}\theta = 0$$

得到：

$$\frac{\sigma_s}{\pi a^2} = \frac{2}{\alpha^2}\sum_{n=1}^{\infty}(2n+1)(|a_n|^2 + |b_n|^2) \tag{11.104}$$

式(11.101)、式(11.102)和式(11.104)是介质球的总截面、后向散射截面和散射截面的最终表达式。在本节中，讨论了均匀介质球的散射。不过，可以将上述分析扩展到由多个同心介质层组成的球体的散射，通过使用两个球面贝塞尔函数的线性组合来表示 π_1 和 π_2，每层有两个未知数，而非式(11.90)所示的一个球形函数。

11.11 导电楔附近的轴向偶极子

位于楔形附近的偶极子(图 11.16)有许多实际应用。例如，位于飞机机翼或翼片等尖锐边缘附近的天线，以及带有角反射器的天线。在本节中，将研究受给定角度导电楔影响的轴偶极子的辐射特性。

这种情况下的微分方程为

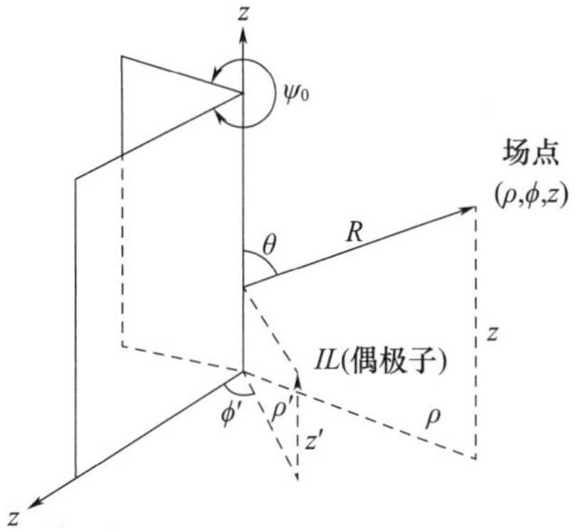

图 11.16 楔形体附近的电偶极子

$$\begin{cases}\pi_z = \dfrac{IL}{\mathrm{j}\omega\varepsilon}G(r/r') \\ \left(\dfrac{\partial^2}{\partial\rho^2}+\dfrac{1}{\rho}\dfrac{\partial}{\partial\rho}+\dfrac{1}{\rho^2}\dfrac{\partial^2}{\partial\phi^2}\dfrac{\partial^2}{\partial z^2}+k^2\right)G(r/r') = \dfrac{\delta(\rho-\rho')\delta(\phi-\phi')\delta(z-z')}{\rho}\end{cases} \tag{11.105}$$

导电表面的边界条件为

$$G=0 \text{ 在 } \phi=0,\phi=\Psi_0 \text{ 处} \tag{11.106}$$

用归一化的特征函数 $\Phi_m(\phi)$ 的级数来展开 $G(r/r')$，即

$$G(r/r') = \sum_{m=1}^{\infty} G_m(\rho,z)\Phi_m(\phi)\Phi_m(\phi') \tag{11.107}$$

式中:特征函数为

$$\Phi_m(\phi) = \sqrt{\frac{2}{\Psi_0}}\sin\frac{m\pi}{\Psi_0}\phi \tag{11.108}$$

其特征值为 $\nu_m = m\pi/\Psi_0, m=1,2,3,\cdots,\infty$。

$$\int_0^{\Psi_0}[\Phi_m(\phi)]^2\mathrm{d}\phi = 1$$

注意到,在式(11.105)的右侧中:

$$\delta(\phi-\phi') = \sum_{m=1}^{\infty}\Phi_m(\phi)\Phi_m(\phi') \tag{11.109}$$

因此,将式(11.107)和式(11.109)代入式(11.105),得到:

$$\left(\frac{\partial^2}{\partial\rho^2}+\frac{1}{\rho}\frac{\partial}{\partial\rho}-\frac{\nu_m^2}{\rho^2}+\frac{\partial^2}{\partial z^2}+k^2\right)G_m = -\frac{\delta(\rho-\rho')\delta(z-z')}{\rho} \tag{11.110}$$

在 z 方向上进行傅里叶变换,按照 11.3 节给出的步骤得到:

$$\begin{cases}G(r/r') = \dfrac{1}{2\pi}\displaystyle\int_c\sum_{m=1}^{\infty}G_m(\rho,h)\Phi_m(\phi)\Phi_m(\phi')\mathrm{e}^{-\mathrm{j}h(z-z')}\mathrm{d}h \\ G_m(\rho,h) = -\mathrm{j}\dfrac{\pi}{2}J_{\nu_m}(\sqrt{k^2-h^2}\rho')H_{\nu_m}^{(2)}(\sqrt{k^2-h^2}\rho),\text{当}\rho'<\rho \\ G_m(\rho,h) = -\mathrm{j}\dfrac{\pi}{2}J_{\nu_m}(\sqrt{k^2-h^2}\rho)H_{\nu_m}^{(2)}(\sqrt{k^2-h^2}\rho'),\text{当}\rho'>\rho\end{cases} \tag{11.111}$$

由此得出轴向偶极子产生的赫兹电势。电场和磁场通过微分得到，远场通过鞍点技术得到。

轴向磁偶极子产生的场可以用特征函数 $\Psi_m(j)$, $m=1,2,\cdots$表示，它满足诺曼边界条件：

$$\Psi_m(\phi)=\begin{cases}\left(\dfrac{2}{\Psi_0}\right)^{1/2}\cos\left(\dfrac{m\pi}{\Psi_0}\phi\right),\text{当 } m=1,2,\cdots\\ \left(\dfrac{1}{\Psi_0}\right)^{1/2},\text{当 } m=0\end{cases} \tag{11.112}$$

11.12 线源和入射在楔形体上的平面波

利用11.1节中的结果，可以得到线源激发波和楔形体存在时平面波激发波的精确解。这个解对于研究13章讨论的衍射几何理论（GTD）非常重要。对于一个由位于 $\bar{\boldsymbol{r}}'=(\rho,\theta_i)$处的线电流 I_0 激发的导电楔形体（图11.17）。$\bar{\boldsymbol{r}}=(s,\theta_s)$处的电场 E_z 满足下式和边界条件：

$$\begin{cases}E_z=-\mathrm{j}\omega\mu I_0 G_1\\ (\nabla_t^2+k^2)G_1=-\delta(\bar{\boldsymbol{r}}-\bar{\boldsymbol{r}}')\\ G_1=0,\text{在 } \theta=0 \text{ 和 } \theta=\Psi_0 \text{ 处}\end{cases} \tag{11.113}$$

利用式（11.111）中的结果，则对于 $s>\rho$ 得到：

$$G_1=\left(-\mathrm{j}\frac{\pi}{\Psi_0}\right)\sum_{m=1}^{\infty}J_{\nu_m}(k\rho)H_{\nu_m}^{(2)}(ks)\sin\nu_m\theta_i\sin\nu_m\theta_s \tag{11.114}$$

式中：$\nu_m=m\pi/\Psi_0$。对于 $s<\rho$，式（11.114）中的 ρ 和 s 应该互换。

$$G_1=\left(-\mathrm{j}\frac{\pi}{\Psi_0}\right)\sum_{m=1}^{\infty}J_{\nu_m}(ks)H_{\nu_m}^{(2)}(k\rho)\sin\nu_m\theta_i\sin\nu_m\theta_s \tag{11.115}$$

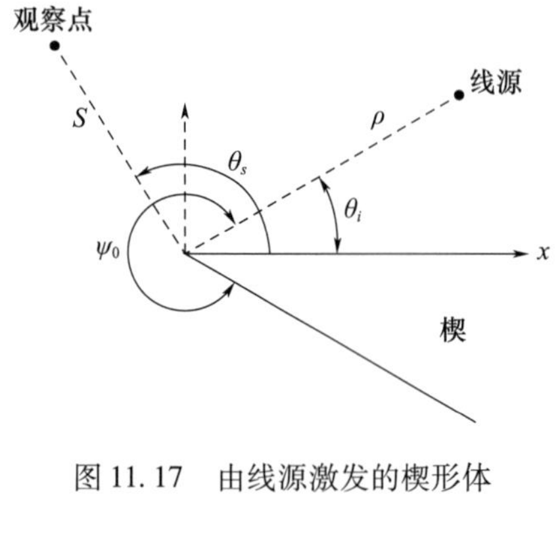

图11.17 由线源激发的楔形体

对于磁流线源 I_m：

$$\begin{cases}H_z=-\mathrm{j}\omega\varepsilon I_m G_2\\ (\nabla_t^2+k^2)G_2=-\delta(\bar{\boldsymbol{r}}-\bar{\boldsymbol{r}}')\\ \dfrac{\partial G_2}{\partial n}=0,\text{在 } \theta=0 \text{ 和 } \theta=\Psi_0 \text{ 处}\end{cases} \tag{11.116}$$

则格林函数 G_2 为

$$G_2 = \left(-\mathrm{j}\frac{\pi}{\Psi_0}\right)\sum_{m=0}^{\infty}\frac{\varepsilon_m}{2}J_{v_m}(ks)H_{v_m}^{(2)}(k\rho)\cos v_m\theta_i\cos v_m\theta_s \quad 对于 s<\rho \tag{11.117}$$

式中：$m=0$ 时 $\varepsilon_m=1$，$m\neq 0$ 时 $\varepsilon_m=2$，ρ 和 s 在 $s>\rho$ 时互换。

接下来讨论平面波入射在楔形体上的情况。对于从 θ_i 方向入射的 z 方向偏振的平面波，令 $\rho\to\infty$，并使用 $H_v^{(2)}$ 的渐近形式。

$$H_v^{(2)}(k\rho) \sim \left(\frac{2}{\pi k\rho}\right)^{1/2}\mathrm{e}^{-\mathrm{j}[k\rho-(v\pi/2)-(\pi/4)]} \tag{11.118}$$

将此代入式(11.115)，并注意到原点处的入射场为

$$\begin{cases} E_0 = -\mathrm{j}\omega\mu I_0 G_0 \\ G_0 = -\dfrac{\mathrm{j}}{4}H_0^{(2)}(k\rho) \sim -\dfrac{\mathrm{j}}{4}\left[\dfrac{2}{\pi k\rho}\right]^{1/2}\mathrm{e}^{-\mathrm{j}[k\rho-(\pi/4)]} \end{cases} \tag{11.119}$$

则得到原点处入射电场为 E_0 的平面波产生的场为

$$E_z = E_0\frac{4\pi}{\Psi_0}\sum_{m=1}^{\infty}\mathrm{e}^{\mathrm{j}v_m(\pi/2)}J_{v_m}(ks)\sin v_m\theta_i\sin v_m\theta_s \tag{11.120}$$

同样，当磁场垂直于 z 轴极化时，原点处入射磁场为 H_0 的平面波所产生的磁场为

$$H_z = H_0\frac{4\pi}{\Psi_0}\sum_{m=0}^{\infty}\frac{\varepsilon_m}{2}\mathrm{e}^{\mathrm{j}v_m(\pi/2)}J_{v_m}(ks)\cos v_m\theta_i\cos v_m\theta_s \tag{11.121}$$

式(11.113)~式(11.117)为导电楔形体受线源激励时总场的精确解。式(11.120)和式(11.121)为楔形体受平面波激励时的精确总场。这些是精确的级数解，但在某些实际问题中，有必要获得更简单的闭式解。只有当平面波入射到刀刃(半平面)$\Psi_0=2\pi$ 时，才有可能得到简便的闭式精确解。对于其他情况，如入射到楔形体 $\Psi_0\neq 2\pi$ 上的平面波及线源激励，可以得到一些简便的近似表达式。

11.13　被平面波激发的半平面

对于半平面(刀刃)，在式(11.120)和式(11.121)中令 $\Psi_0=2\pi$，即得到精确解。然而，这个半平面衍射问题最早是由 Sommerfeld 在 1896 年通过菲涅尔积分解决的。该问题也曾用维纳-霍普夫方法(Wiener-Hopf technique)进行求解(James，1976；Jull，1981；Noble，1958)。本书仅展示最终表达式，详情请读者参阅上述参考文献。

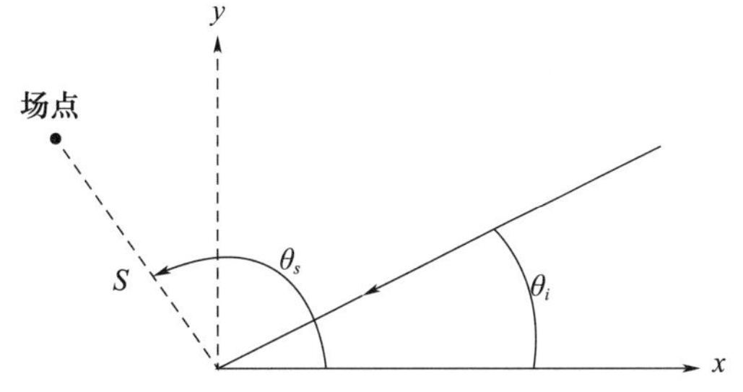

图 11.18　入射在半平面上的平面波($x>0,y=0$)

对于从 θ_i 方向入射到半平面上的 z 方向极化的平面波(图 11.18),电场表示为

$$E_{zi} = E_0 e^{jk\rho\cos(\theta-\theta_i)} \tag{11.122}$$

总电场满足半平面上的狄利克雷边界条件,(s,θ_s) 处的电场表示为

$$E_z = \frac{E_0 e^{j(\pi/4)}}{\sqrt{\pi}}\left[e^{jks\cos(\theta_s-\theta_i)}F(a_1) - e^{jks\cos(\theta_s+\theta_i)}F(a_2)\right] \tag{11.123}$$

式中:

$$F(a) = \int_a^{\infty} e^{-j\tau^2}d\tau \text{ 为复菲涅耳积分}$$

$$a_1 = -(2ks)^{1/2}\cos\frac{\theta_s-\theta_i}{2}$$

$$a_2 = -(2ks)^{1/2}\cos\frac{\theta_s+\theta_i}{2}$$

还需注意到:

$$F(a) + F(-a) = \int_{-\infty}^{\infty} e^{-j\tau^2}d\tau = \sqrt{\pi}e^{-j(\pi/4)} \tag{11.124}$$

对于垂直于 z 轴偏振的平面波,入射磁场表示为

$$H_{zi} = H_0 e^{jk\rho\cos(\theta-\theta_i)} \tag{11.125}$$

总场满足半平面上的诺依曼边界条件,场表示为

$$H_z = \frac{H_0 e^{j(\pi/4)}}{\sqrt{\pi}}\left[e^{jks\cos(\theta_s-\theta_i)}F(a_1) + e^{jks\cos(\theta_s+\theta_i)}F(a_2)\right] \tag{11.126}$$

请注意,式(11.123)和式(11.126)之间的唯一区别是第二项前面的减号或加号,将在第 13 章中使用这些结果。

习　题

11.1　平面波法向入射到半径为 a 的导电圆柱体上,$a = 1\text{cm}$,$f = 1\text{GHz}$,分别求得 TM 和 TE 模式下圆柱体上的总电流(ϕ 上的积分)。

11.2　平面波法向入射到半径为 a,相对介电常数为 ε_r 的介质圆柱体上,求入射场 E_0 极化平行于圆柱轴时(TM 模式),求圆柱轴上的电场。$a = 10\text{cm}$,$f = 1\text{GHz}$,ε_r 的实部为 60,损耗角正切为 0.5。

11.3　平面声波 p_0 从具有 C_0 和 ρ_0 的介质中斜入射到具有 C_1 和 ρ_1 的圆柱体上,求圆柱体内外的压力 p。

11.4　求导电圆柱体上的槽辐射的场。槽上的电场如图 P11.4 所示。要对这个问题进行求解,首先要写出 Π_z 和 Π_{mz} 的一般表达式,并求得 E_ϕ 和 E_z 的表达式。然后令 $\rho = a$,将 E_ϕ 和 E_z 等同于给定的槽场。

11.5　求导电圆柱体上环形槽天线的辐射方向图(图 P11.5)。

11.6　伽马(阶乘)函数的积分形式如下:

$$\Gamma(z+1) = z! = \int_0^{\infty} t^z e^{-t}dt$$

对于较大的 z，由斯特林公式近似表示 $\Gamma(z)$ 为

$$\Gamma(z) \sim e^{-z} z^{z-1/2} (2\pi)^{1/2}$$

用鞍点技术推导出这个公式。（提示：令 $t = z\nu$）

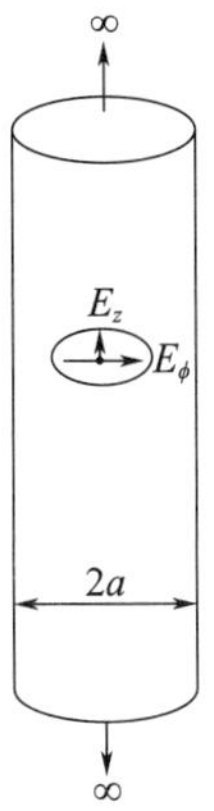

图 P11.4　导电圆柱体上的槽

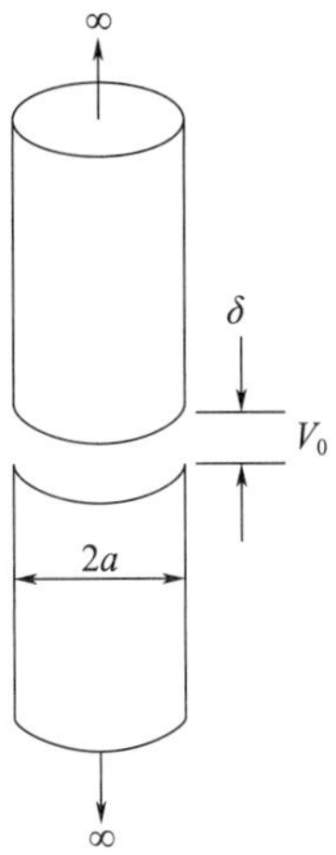

图 P11.5　环形槽

11.7　证明艾里积分 $Ai(x)$。

$$Ai(x) = \frac{x^{1/3}}{2\pi} \int_{-\infty}^{\infty} e^{jx[(t^3/3)+t]} dt$$

该式对于较大 x 由下式求得：

$$Ai(x) \sim \frac{x^{1/3}}{2\pi} e^{-2x/3} \sqrt{\frac{\pi}{x}}$$

且展示在复 t 平面上的鞍点、原始积分线和 SDC。

11.8　勒让德函数 $P_n(\cos\theta)$ 的积分表示为

$$P_n(\cos\theta) = \frac{1}{2\pi} \int_0^{2\pi} (\cos\theta + i\sin\theta\cos\phi)^n d\phi$$

证明对于较大的 n，下式成立。

$$P_n(\cos\theta) \sim \left(\frac{2}{n\pi\sin\theta}\right)^{1/2} \cos\left[\left(n + \frac{1}{2}\right)\theta - \frac{\pi}{4}\right]$$

11.9　对于较大的 z，用以下的积分表示法计算贝塞尔函数 $J_0(z)$：

$$J_0(z) = \frac{1}{\pi} \int_0^{\infty} \exp(jz\cos\phi) d\phi$$

11.10　对于较大的 n，用下面的定义计算勒让德函数 $P_n^m(\cos\theta)$：

$$P_n^m(\cos\theta) = \frac{c}{2\pi j} \oint e^{nf(w)} dw$$

其中：在单位圆上取逆时针方向的积分，且

$$f(w) = \ln\left[\cos\theta + \frac{j}{2}\sin\theta\left(w + \frac{1}{w}\right)\right] - \frac{m+1}{n}\ln w$$

$$c = \frac{(n+m)!}{n!}\mathrm{e}^{-\mathrm{j}m\pi/2}$$

11.11　求 k 较大时 I 的积分(图 P11.11)

$$I = \int_{-\infty}^{\infty} \frac{\exp[-\mathrm{j}k(r_1 + r_2)]}{r_1 r_2}\mathrm{d}y$$

其中:$r_1 = \sqrt{y^2 + a^2}$;$r_2 = \sqrt{(y-c)^2 + b^2}$。

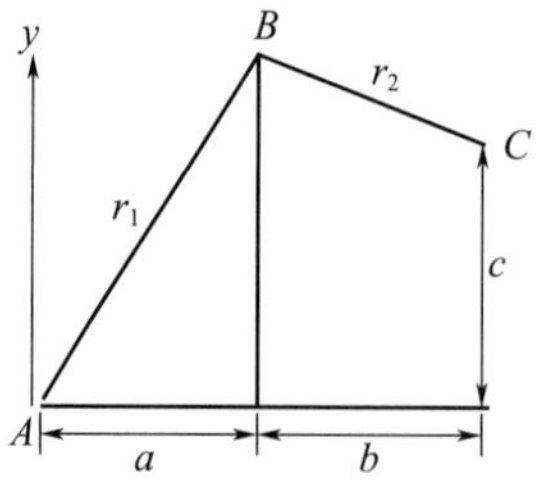

图 P11.11　从 A 到 B 再到 C 的辐射

11.12　平面电磁波入射到半径为 a 的导电球上,求球体的总截面、后向散射截面和散射截面。

11.13　平面声波 p_0 从一个含有 c_0 和 ρ_0 的介质入射到一个半径为 a、含有 c_1 和 ρ_1 的球体上。求球体的总截面、后向散射截面和散射截面。

第 12 章

复杂目标的散射

在第 10 章中,讨论了计算简单目标散射的一些近似方法,如瑞利散射和瑞利 - 德拜散射。在第 11 章中,讨论了圆柱体和球体等简单目标的精确解法。在许多实际情况中,目标通常具有复杂的形状、尺寸和介电常数。因此,第 10 章和第 11 章中讨论的简单解法并不适用。本章将讨论处理这些问题的几种方法。在本章中,将从标量场的积分方程公式入手,讨论狄利克雷问题、诺依曼问题和双介质问题,接下来讨论电场积分方程(EFIE)和磁场积分方程(MFIE),T 矩阵方法,然后讨论非均质介质,包括并矢格林函数。本章最后讨论孔径衍射问题、小孔径和巴比涅原理(Babinet's principle)。关于雷达截面,请参见 Ruck 等(1970)。孔径问题的讨论见 Maandersand 和 Mittra(1977)、Rahmat - Samii 和 Mittra(1977)、Arvas 和 Harrington(1983)和 Butler 等(1978)。本章还讨论了低频散射(Kleinman,1978;van Bladel,1968;Stevenson,1953;Senior,1984)以及窄带和窄槽(Butler,Wilton,1980;Senior,1979)。关于并矢格林,请参见 Tai(1971)、Yaghjian(1980)以及 Livesay 和 Chen(1974)。曲面结构可参见 Lewin 等(1977)。

12.1 软、硬表面的标量表面积分方程

在 6.1 节中,利用惠更斯原理得到了入射波场和表面场的表达式。在本节中,当目标是软体或硬体时,将利用这些关系得到表面积分方程。可穿透的均质体将在 12.2 节中进行讨论。共有两个表面方程。一个是场与表面积分的关系;另一个是场的法向导数与表面积分的关系。

12.1.1 软体的积分方程

如果目标为软体,边界条件为狄利克雷型,在表面上为

$$\psi(\bar{r}) = 0 \tag{12.1}$$

使用式(6.11)(图 12.1),当 $\bar{r}$ 在 S 上得到

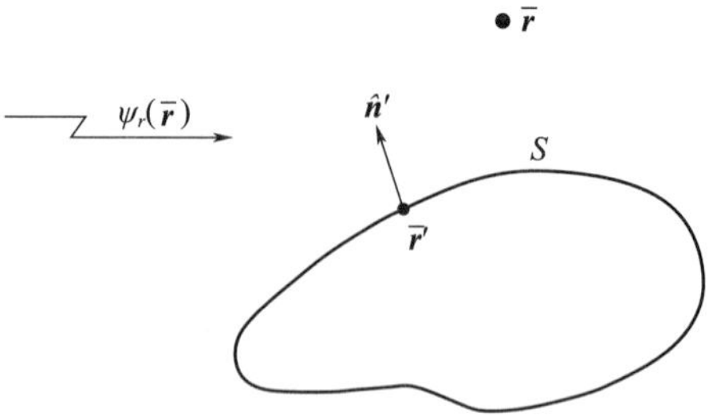

图 12.1　表面积分方程

$$\psi_i(\bar{r}) + \int_S\left[\psi(\bar{r}')\frac{\partial G(\bar{r},\bar{r}')}{\partial n'} - G(\bar{r},\bar{r}')\frac{\partial\psi(\bar{r}')}{\partial n'}\right]dS' = \frac{1}{2}\psi(\bar{r}) \tag{12.2}$$

然后使用式(12.1)中的边界条件得到：

$$\psi_i(\bar{r}) = \int_S G_0(\bar{r},\bar{r}')\frac{\partial\psi(\bar{r}')}{\partial n'}dS' \tag{12.3}$$

式中：

$$G_0(\bar{r},\bar{r}') = \frac{\exp(-jk|\bar{r}-\bar{r}'|)}{4\pi|\bar{r}-\bar{r}'|}\text{且 }\bar{r}、\bar{r}'\text{位于表面 }S\text{ 上}$$

请注意，当 $\bar{r}'$ 接近 $\bar{r}$ 时，G_0 变得无穷大，因此，这是一个不完全积分。但如附录 12. A 所示，当 G_0 与 R^{-1} 成正比时，该积分是收敛的，其中 $R=|\bar{r}-\bar{r}'|$，如果积分为 $R^{-\alpha}$ 且 $0<\alpha<2$，则表面积分是收敛的，因此，这是一个弱奇异积分方程。

式(12.3)是未知函数 $\partial\psi/\partial n'$ 的第一类弗里德曼积分方程（Fredholm equation，见附录 12. B）。

或者，可以得到第二类弗里德曼方程。为此，取式(6.9)的法向导数，让 $\bar{r}$ 接近表面 S。如附录 12. A 所示，得到：

$$\frac{\partial}{\partial n}\int_S G_0(\bar{r},\bar{r}')\frac{\partial\psi(\bar{r}')}{\partial n'}dS' = \frac{1}{2}\frac{\partial\psi(\bar{r})}{\partial n} + ⨍\frac{\partial G_0(\bar{r},\bar{r}')}{\partial n}\frac{\partial\psi(\bar{r}')}{\partial n'}dS' \tag{12.4}$$

然后得到：

$$\frac{\partial\psi_i(\bar{r})}{\partial n} = \frac{1}{2}\frac{\partial\psi(\bar{r})}{\partial n} + ⨍\frac{\partial G_0(\bar{r},\bar{r}')}{\partial n}\frac{\partial\psi(\bar{r}')}{\partial n'}dS' \tag{12.5}$$

其中：$\bar{r}$ 和 $\bar{r}'$ 都在表面 S 上，这就是第二类弗里德曼积分方程。可以证明，该积分是收敛的（见附录 12. A）。

12.1.2　硬体的积分方程

硬表面的边界条件是诺依曼型，有

$$\frac{\partial\psi}{\partial n} = 0 \tag{12.6}$$

由式(6.11)得到 $\psi(\bar{r})$ 的第二类弗里德曼积分方程，即

$$\psi_i(\bar{r}) + ⨍_S\psi(\bar{r}') = \frac{\partial G_0(\bar{r},\bar{r}')}{\partial n'}dS' = \frac{1}{2}\psi(\bar{r}) \tag{12.7}$$

该积分是收敛的（见附录 12. A）。

此外还可得到第一类弗里德曼积分方程，即

$$\frac{\partial\psi_i(\bar{\boldsymbol{r}})}{\partial n}+\frac{\partial}{\partial n}\int\psi(\bar{\boldsymbol{r}}')\frac{\partial G_0(\bar{\boldsymbol{r}},\bar{\boldsymbol{r}}')}{\partial n'}\mathrm{d}S'=0 \tag{12.8}$$

在这种情况下核函数是奇异的(见附录 12. A)。

需注意到，在上述公式中，散射场满足辐射条件，因为使用了格林函数 G_0，它是向外的，满足辐射条件。如果表面包含边角，则表面上的场也应该满足边缘条件。

如上所述，有两个关于软体的积分方程，即式(12.3)和式(12.5)。可以任选一种进行求解。但在数值计算中，式(12.5)中的第二种积分方程通常更为稳定。还要注意的是，如果式(12.5)中的表面积分小到可以忽略不计，就可以得到基尔霍夫近似：

$$\frac{\partial\psi}{\partial n}\simeq 2\frac{\partial\psi_i}{\partial n} \tag{12.9}$$

同样，对于硬表面，式(12.7)更容易进行求解，忽略表面积分即可得到基尔霍夫近似。

$$\psi(\bar{\boldsymbol{r}})\simeq 2\psi_i(\bar{\boldsymbol{r}}) \tag{12.10}$$

12.2 可穿透均质体的标量表面积分方程

现在讨论从密度为 ρ_0、声速为 c_0 的介质中入射的标量声波在 ρ_1 和 c_1 的均质体上的散射，这有时被称为双媒介问题(图 12.2)。用场 ψ 来表示速度势。

$$\begin{cases}(\nabla^2+k_0^2)\overline{\boldsymbol{\psi}}_0=0, & \text{在体外}\\(\nabla^2+k_1^2)\overline{\boldsymbol{\psi}}_1=0, & \text{在体内}\end{cases} \tag{12.11}$$

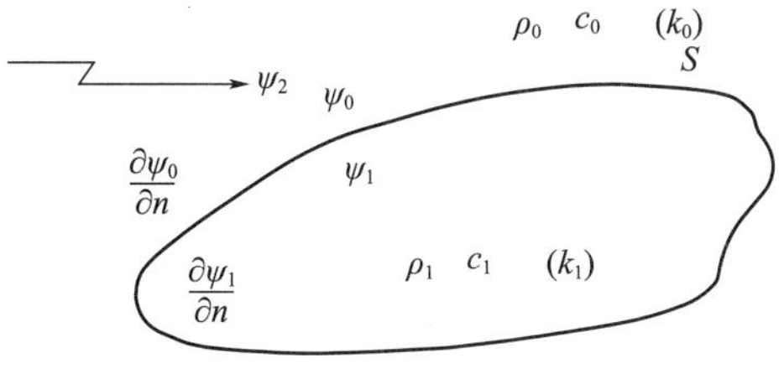

图 12.2 双媒介问题

S 的边界条件是：

$$\rho_0\psi_0=\rho_1\psi_1 \text{ 且} \frac{\partial\psi_0}{\partial n}=\frac{\partial\psi_1}{\partial n} \tag{12.12}$$

在曲面 S 上，有两个未知数：ψ_0 和 $\partial\psi_0/\partial n$(或 ψ_1 和 $\partial\psi_1/\partial n$)。因此，将为 ψ_0 和 $\partial\psi_0/\partial n$ 建立两个耦合曲面积分方程。

首先讨论体外区域。当观察点 $\bar{\boldsymbol{r}}$ 从外部接近表面 S 时，得到(见式(6.11))：

$$\psi_i(\bar{\boldsymbol{r}})+⨍_S\left(\psi_0(\bar{\boldsymbol{r}}')\frac{\partial G_0(\bar{\boldsymbol{r}},\bar{\boldsymbol{r}}')}{\partial n'}-G_0(\bar{\boldsymbol{r}},\bar{\boldsymbol{r}}')\frac{\partial\psi_0(\bar{\boldsymbol{r}}')}{\partial n'}\right)\mathrm{d}S'=\frac{1}{2}\psi_0(\bar{\boldsymbol{r}}) \tag{12.13}$$

式中：

$$G_0(\bar{\boldsymbol{r}},\bar{\boldsymbol{r}}')=\frac{\exp(-\mathrm{j}k_0|\bar{\boldsymbol{r}}-\bar{\boldsymbol{r}}'|)}{4\pi|\bar{\boldsymbol{r}}-\bar{\boldsymbol{r}}'|}$$

接下来对体内区域使用相同的式(12.11),让 $\bar{\boldsymbol{r}}$ 从内部接近表面 S。

$$\oint_S \left(\psi_1(\bar{\boldsymbol{r}}')\frac{\partial G_1(\bar{\boldsymbol{r}},\bar{\boldsymbol{r}}')}{\partial n'} - G_1(\bar{\boldsymbol{r}},\bar{\boldsymbol{r}}')\frac{\partial \psi_1(\bar{\boldsymbol{r}}')}{\partial n'}\right)\mathrm{d}S' = -\frac{1}{2}\psi_1(\bar{\boldsymbol{r}}) \tag{12.14}$$

式中:

$$G_1(\bar{\boldsymbol{r}},\bar{\boldsymbol{r}}') = \frac{\exp(-\mathrm{j}k_1|\bar{\boldsymbol{r}}-\bar{\boldsymbol{r}}'|)}{4\pi|\bar{\boldsymbol{r}}-\bar{\boldsymbol{r}}'|}$$

注意右边为 $-\frac{1}{2}\psi_1$ 而非 $+\frac{1}{2}\psi_1$,这是因为$\partial/\partial n'$现在是向外的法向导数。使用边界条件将式(12.14)重新表示为

$$\oint_S \left[\left(\frac{\rho_0}{\rho_1}\right)\psi_0(\bar{\boldsymbol{r}}')\frac{\partial G_1(\bar{\boldsymbol{r}},\bar{\boldsymbol{r}}')}{\partial n'} - G_1(\bar{\boldsymbol{r}},\bar{\boldsymbol{r}}')\frac{\partial \psi_0(\bar{\boldsymbol{r}}')}{\partial n'}\right]\mathrm{d}S' = -\frac{1}{2}\left(\frac{\rho_0}{\rho_1}\right)\psi_0(\bar{\boldsymbol{r}}) \tag{12.15}$$

式(12.13)和式(12.15)为两个未知数 $\psi_0(\bar{\boldsymbol{r}}')$ 和$\partial\psi_0(\bar{\boldsymbol{r}}'/\partial n')$的积分方程。这两个方程可以用数值方法求解。或者,取式(6.9)的法向导数,让 $\bar{\boldsymbol{r}}$ 接近表面 S,然后得到:

$$\frac{\partial \psi_i(\bar{\boldsymbol{r}})}{\partial n} + \frac{\partial}{\partial n}\int_S \psi_0(\bar{\boldsymbol{r}}')\frac{\partial G_0(\bar{\boldsymbol{r}},\bar{\boldsymbol{r}}')}{\partial n}\mathrm{d}S' - \oint_S \frac{\partial G_0(\bar{\boldsymbol{r}},\bar{\boldsymbol{r}}')}{\partial n}\frac{\partial \psi_0(\bar{\boldsymbol{r}}')}{\partial n'}\mathrm{d}S' = \frac{1}{2}\frac{\partial \psi_0(\bar{\boldsymbol{r}})}{\partial n} \tag{12.16}$$

现在对体内区域使用式(6.9),让 $\bar{\boldsymbol{r}}$ 从内部接近表面 S,然后使用边界条件,得到:

$$\frac{\rho_0}{\rho_1}\frac{\partial}{\partial n}\int_S \psi_0(\bar{\boldsymbol{r}}')\frac{\partial G_1(\bar{\boldsymbol{r}},\bar{\boldsymbol{r}}')}{\partial n'}\mathrm{d}S' - \oint \frac{\partial G_1(\bar{\boldsymbol{r}},\bar{\boldsymbol{r}}')}{\partial n}\frac{\partial \psi_0(\bar{\boldsymbol{r}}')}{\partial n'}\mathrm{d}S' = -\frac{1}{2}\frac{\partial \psi_0(\bar{\boldsymbol{r}})}{\partial n} \tag{12.17}$$

注意到式(12.16)和式(12.17)都含有奇异核,这是由于式(12.16)中第一个积分项和式(12.17)的第一个积分项。

还请注意,共有四个方程,即式(12.13)、式(12.15)至式(12.17)。前两个方程将表面内外的场与表面积分联系起来,后两个方程将表面内外的场的法向导数与表面积分联系起来。可以将这四个方程进行不同的组合,得到不同的积分方程,从而在计算上获得不同程度的优势。

12.3 EFIE 和 MFIE

下面讨论电磁波($\overline{\boldsymbol{E}}_i$,$\overline{\boldsymbol{H}}_i$)入射到表面为 S 的完全导电体上(图 12.3)。有两个表面积分方程,以电场为单位的方程为 EFIE,以磁场为单位的方程为 MFIE。

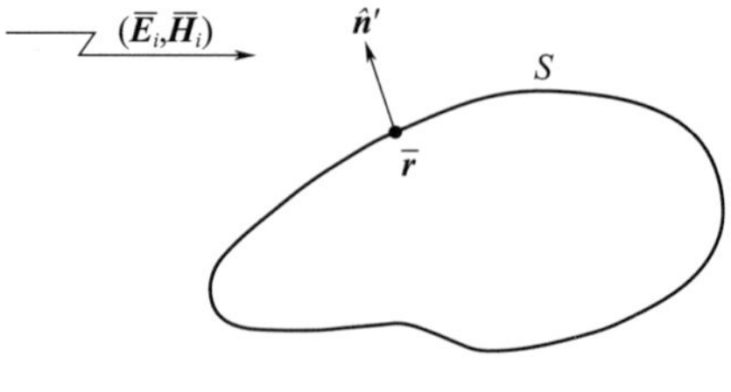

图 12.3　EFIE 和 MFIE

EFIE 是通过使用式(6.111)中的表面积分表示法并施加边界条件得到的。

$$\overline{\boldsymbol{E}}_i(\bar{\boldsymbol{r}}) + \oint_S \overline{\boldsymbol{E}}_S\mathrm{d}S' = \frac{1}{2}\overline{\boldsymbol{E}}(\bar{\boldsymbol{r}}) \tag{12.18}$$

S 的边界条件为

$$\hat{\boldsymbol{n}}' \times \overline{\boldsymbol{E}}(\bar{\boldsymbol{r}}) = 0 \tag{12.19}$$

因此得到：

$$\hat{\boldsymbol{n}}' \times \overline{\boldsymbol{E}}_i(\bar{\boldsymbol{r}}) + \hat{\boldsymbol{n}}' \times ⨍\overline{\boldsymbol{E}}_s \mathrm{d}S' = 0 \tag{12.20}$$

式中：

$$\overline{\boldsymbol{E}}_s = -[\mathrm{j}\omega\mu G(\hat{\boldsymbol{n}}' \times \overline{\boldsymbol{H}}) - (\hat{\boldsymbol{n}}' \times \overline{\boldsymbol{E}}) \times \nabla' G - (\hat{\boldsymbol{n}}' \cdot \overline{\boldsymbol{E}})\nabla' G]$$

注意到：$\hat{\boldsymbol{n}}' \times \overline{\boldsymbol{H}} = \overline{\boldsymbol{J}}_s$ = 表面电流，$\hat{\boldsymbol{n}}' \cdot \overline{\boldsymbol{E}} = \rho_s/\varepsilon$，$\rho_s$ = 表面电荷，使用连续性条件：

$$\nabla_s \cdot \overline{\boldsymbol{J}}_s + \mathrm{j}\omega\rho_s = 0$$

式中：∇_s 为表面散度，得到以下表面电流 $\overline{\boldsymbol{J}}_s$ 的 EFIE：

$$\hat{\boldsymbol{n}}' \times \overline{\boldsymbol{E}}_i(\bar{\boldsymbol{r}}) = \frac{1}{\mathrm{j}\omega\varepsilon}\hat{\boldsymbol{n}}' \times ⨍_S[-k^2 G(\bar{\boldsymbol{r}},\bar{\boldsymbol{r}}')\overline{\boldsymbol{J}}_s(\bar{\boldsymbol{r}}') + (\nabla'_s \cdot \overline{\boldsymbol{J}}_s(\bar{\boldsymbol{r}}'))\nabla' G(\bar{\boldsymbol{r}},\bar{\boldsymbol{r}}')]\mathrm{d}S'$$

式中：

$$G = G(\bar{\boldsymbol{r}},\bar{\boldsymbol{r}}') = \frac{\mathrm{e}^{-\mathrm{j}k|\bar{\boldsymbol{r}}-\bar{\boldsymbol{r}}'|}}{4\pi|\bar{\boldsymbol{r}}-\bar{\boldsymbol{r}}'|} \tag{12.21}$$

从式(6.111)开始讨论 MFIE。

$$\overline{\boldsymbol{H}}_i + ⨍_S \overline{\boldsymbol{H}}_s \mathrm{d}S' = \frac{1}{2}\overline{\boldsymbol{H}} \tag{12.22}$$

式中：

$$\overline{\boldsymbol{H}}_s = \mathrm{j}\omega\varepsilon G\hat{\boldsymbol{n}}' \times \overline{\boldsymbol{E}} + (\hat{\boldsymbol{n}}' \times \overline{\boldsymbol{H}}) \times \nabla' G + (\hat{\boldsymbol{n}}' \cdot \overline{\boldsymbol{H}})\nabla' G$$

表面的边界条件是 $\hat{\boldsymbol{n}}' \times \overline{\boldsymbol{E}} = 0$ 和 $\hat{\boldsymbol{n}}' \cdot \overline{\boldsymbol{H}} = 0$。令 $\hat{\boldsymbol{n}}' \times \overline{\boldsymbol{H}} = \overline{\boldsymbol{J}}_s$ = 表面电流，则得到表面电流 $\overline{\boldsymbol{J}}_s$ 的 MFIE。

$$\hat{\boldsymbol{n}}' \times \overline{\boldsymbol{H}}_i(\bar{\boldsymbol{r}}) + ⨍_S[\hat{\boldsymbol{n}}' \times \overline{\boldsymbol{J}}_s(\bar{\boldsymbol{r}}') \times \nabla' G(\bar{\boldsymbol{r}},\bar{\boldsymbol{r}}')]\mathrm{d}S' = \frac{1}{2}\overline{\boldsymbol{J}}_s(\bar{\boldsymbol{r}}) \tag{12.23}$$

注意，对于 MFIE，第一项代表物理光学近似。

$$\overline{\boldsymbol{J}}_s = 2\hat{\boldsymbol{n}}' \times \overline{\boldsymbol{H}}_i \tag{12.24}$$

因此，对于表面光滑、曲率半径比波长大的大型目标，MFIE 比较有用。那么物理光学为较好的近似项，表面积分为很小的修正项。另一方面，EFIE 更适用于细长的目标，如导线。

12.4 T 矩阵法（扩展边界条件法）

到本章为止，一直在讨论用未知表面场的表面积分方程来表述散射问题。在本节中，将介绍由 P. C. Waterman(1969)提出的一种不同方法，它利用了消光定理(6.1 节和 6.9 节)。根据消光定理，表面场会在物体内部产生场作用，它可以完全抵消或消灭整个物体内部的入射场。首先，将证明使用该消光定理作为扩展边界条件，可以得到整个物体内部表面场的积分方程。其次，这个积分方程不一定在整个内部都成立；由于解析连续性，它只需在内部体积的任意部分成立即可。这两点是 T 矩阵法（扩展边界条件法）的关键要素。在实际应用中，这两种思想被用来推导过渡矩阵(T 矩阵)，它将散射波与入射波联系起来。以狄利克雷问题为例说明这一方法并解释其含义。

入射波 ψ_i 进入表面为 S 的物体,狄利克雷边界条件成立(图 12.4)。这是一个二维问题,首先需要用适当的基函数的级数来表示入射场 ψ_i。对于二维问题,当然选择圆柱谐波进行分析。

$$\psi_i(\bar{\boldsymbol{r}}) = \sum_{n=-\infty}^{\infty} a_n J_n(kr)\mathrm{e}^{\mathrm{j}n\phi} \tag{12.25}$$

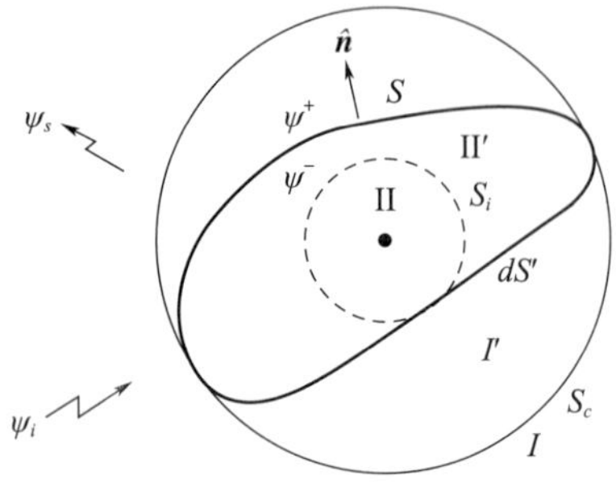

图 12.4 T 矩阵法

请注意,入射场 ψ_i 在包括原点在内的任何地方都是有限的,因此,必须使用 $J_n(kr)$。对于给定的入射波,a_n 是已知系数。例如,对于沿 ϕ_i 方向传播的平面波 $\psi_i(\bar{\boldsymbol{r}}) = \exp(-\mathrm{j}k\hat{\boldsymbol{i}}\cdot\bar{\boldsymbol{r}})$:

$$\begin{cases}\hat{\boldsymbol{i}} = \cos\phi_i\hat{\boldsymbol{x}} + \sin\phi_i\hat{\boldsymbol{y}}\\ \bar{\boldsymbol{r}} = r\cos\phi\hat{\boldsymbol{x}} + r\sin\phi\hat{\boldsymbol{y}}\\ a_n = \mathrm{e}^{-\mathrm{j}n(\phi_i+\pi/2)}\end{cases} \tag{12.26}$$

接下来,将外切圆柱 S_c 外区域 I 中的散射波 $\psi_s(\bar{\boldsymbol{r}})$ 用相同的圆柱谐波表示出来。

$$\psi_s(\bar{\boldsymbol{r}}) = \sum_{n=-\infty}^{\infty} b_n H_n^{(2)}(kr)\mathrm{e}^{\mathrm{j}n\phi} \tag{12.27}$$

在该区域,波是外向的,使用第二类汉克尔函数来满足辐射条件。

转移矩阵或 T 矩阵[$\boldsymbol{T}$]定义为

$$[\boldsymbol{b}] = [\boldsymbol{T}][\boldsymbol{a}] \tag{12.28}$$

式中:$[\boldsymbol{b}] = [b_n]$和$[\boldsymbol{a}] = [a_n]$为列矩阵,[$\boldsymbol{T}$]为方阵。为便于数值计算,这些矩阵被截断和有限化,然后利用消光定理系统地求出 T 矩阵,具体方法如下。

为了求得 T 矩阵,首先写出式(6.12)中的消光定理:当$\bar{\boldsymbol{r}}$在 S 里时有

$$\psi_i(\bar{\boldsymbol{r}}) + \oint_S\left[\psi(\bar{\boldsymbol{r}}')\frac{\partial G(\bar{\boldsymbol{r}},\bar{\boldsymbol{r}}')}{\partial n'} - G(\bar{\boldsymbol{r}},\bar{\boldsymbol{r}}')\frac{\partial\psi(\bar{\boldsymbol{r}}')}{\partial n'}\right]\mathrm{d}S' = 0 \tag{12.29}$$

该定理适用于图 12.4 中的区域Ⅱ和Ⅱ′。然而,只将其应用于内切圆柱 $\mathrm{S_i}$ 内的区域Ⅱ中。那么$|\bar{\boldsymbol{r}}| < |\bar{\boldsymbol{r}}'|$,因此,对于$\bar{\boldsymbol{r}} < \bar{\boldsymbol{r}}'$格林函数 $G(\bar{\boldsymbol{r}},\bar{\boldsymbol{r}}')$可以表示为

$$G(\bar{\boldsymbol{r}},\bar{\boldsymbol{r}}') = -\frac{\mathrm{j}}{4}\sum_{n=-\infty}^{\infty} J_n(kr)H_n^{(2)}(kr')\mathrm{e}^{\mathrm{j}n(\phi-\phi')} \tag{12.30}$$

现在将式(12.30)和式(12.25)代入式(12.29)中。注意到式(12.29)中的 ψ_i 为关于 $J_n(kr)\exp(\mathrm{j}n\phi)$的级数,式(12.29)中的积分项也是关于 $J_n(kr)\exp(\mathrm{j}n\phi)$的级数,呈现在式(12.30)的 $G(\bar{\boldsymbol{r}},\bar{\boldsymbol{r}}')$中。由于 $J_n\exp(\mathrm{j}n\phi)$是正交的,可以将 $J_n\exp(\mathrm{j}n\phi)$的每个系数等价为零,从而得到:

$$a_n = \frac{\mathrm{j}}{4}\oint_S\left[\psi(\bar{\boldsymbol{r}}')\frac{\partial}{\partial n'}H_n^{(2)}(kr')\mathrm{e}^{-\mathrm{j}n\phi'} - \frac{\partial\psi(\bar{\boldsymbol{r}}')}{\partial n'}H_n^{(2)}(kr')\mathrm{e}^{-\mathrm{j}n\phi'}\right]\mathrm{d}S' \tag{12.31}$$

式中:$\mathrm{d}S' = [r'^2 + (\mathrm{d}r'/\mathrm{d}\phi')^2]^{1/2}\mathrm{d}\phi'$为沿表面 S 的基本距离,其中 $r' = r'(\phi')$,且

$$\frac{\partial}{\partial n'} = \hat{\boldsymbol{n}}\cdot\nabla = \left[r'^2 + \left(\frac{\mathrm{d}r'}{\mathrm{d}\phi'}\right)^2\right]^{-1/2}\left(\bar{\boldsymbol{r}}'\frac{\partial}{\partial r'} - \frac{1}{r'}\frac{\partial r'}{\partial\phi'}\frac{\partial}{\partial\phi'}\right)$$

这个方程将入射波的系数 a_n 与表面场 $\psi(\bar{\boldsymbol{r}}')$和$\partial\psi(\bar{\boldsymbol{r}}')/\partial n'$联系起来,并仅在区域Ⅱ中应

用消光定理就能得到。因此，将式(12.31)得到的表面场代入式(12.29)中的消光定理后，应在区域Ⅱ中完全抵消入射场。然而，式(12.29)中消光定理的左侧是波方程在Ⅱ′和Ⅱ中的正则解，因此，如果它在Ⅱ中为空值，那么通过解析延续，它在Ⅱ′中也应为空值。因此，在所有内部区域Ⅱ和Ⅱ′中，根据式(12.31)求得的表面场应该是满足式(12.29)的真实表面场。

接下来用下面的方法求得区域Ⅰ的散射场ψ_s：

$$\begin{cases}\psi_s(\bar{\boldsymbol{r}}) = \int_S\left[\psi(\bar{\boldsymbol{r}}')\dfrac{\partial G(\bar{\boldsymbol{r}},\bar{\boldsymbol{r}}')}{\partial n'} - G(\bar{\boldsymbol{r}},\bar{\boldsymbol{r}}')\dfrac{\partial \psi(\bar{\boldsymbol{r}}')}{\partial n'}\right]\mathrm{d}S' \\ G(\bar{\boldsymbol{r}},\bar{\boldsymbol{r}}') = -\dfrac{\mathrm{j}}{4}\sum_{n=-\infty}^{\infty} J_n(kr')H_n^{(2)}(kr)\mathrm{e}^{\mathrm{j}n(\phi-\phi')}, \text{对于 } r > r'\end{cases} \tag{12.32}$$

利用式(12.27)中ψ_s的展开式，以及$H_n^{(2)}(kr)\mathrm{e}^{\mathrm{j}n\phi}$的正交性，得到：

$$b_n = -\frac{\mathrm{j}}{4}\int_S\left[\psi(\bar{\boldsymbol{r}}')\frac{\partial}{\partial n'}(J_n(kr')\mathrm{e}^{-\mathrm{j}n\phi'}) - \frac{\partial\psi(\bar{\boldsymbol{r}}')}{\partial n'}J_n(kr')\mathrm{e}^{-\mathrm{j}n\phi'}\right]\mathrm{d}S' \tag{12.33}$$

现在式(12.31)中的a_n和式(12.33)中的b_n都可以用表面场来表示。接下来，利用边界条件，用一组完整的函数来表示表面场。然后，从式(12.31)和式(12.33)两式中消除表面场，最后得到T矩阵。

用狄利克雷问题(表面S上$\psi=0$)来说明这个过程。

$$\begin{cases}a_n = -\dfrac{\mathrm{j}}{4}\int_S \dfrac{\partial\psi(\bar{\boldsymbol{r}}')}{\partial n'}H_n^{(2)}(kr')\mathrm{e}^{-\mathrm{j}n\phi'}\mathrm{d}S' \\ b_n = \dfrac{\mathrm{j}}{4}\int_S \dfrac{\partial\psi(\bar{\boldsymbol{r}}')}{\partial n'}J_n(kr')\mathrm{e}^{-\mathrm{j}n\phi'}\mathrm{d}S'\end{cases} \tag{12.34}$$

现在把未知曲面函数$\partial\psi/\partial n'$展开成完整的函数级数。函数的选择是任意的，这里使用的是：

$$\frac{\partial\psi(\bar{\boldsymbol{r}}')}{\partial n'} = \sum_{n=-\infty}^{\infty}\alpha_n\frac{\partial}{\partial n'}[J_n(kr')\mathrm{e}^{\mathrm{j}n\phi'}] \tag{12.35}$$

式中：α_n为未知系数，且假设$(\partial/\partial n')[J_n\mathrm{e}^{\mathrm{j}n\phi'}]$是一个完全集。将式(12.35)代入式(12.34)，得到：

$$\begin{aligned}[\boldsymbol{a}] &= [\boldsymbol{Q}^-][\boldsymbol{\alpha}] \\ [\boldsymbol{b}] &= -[\boldsymbol{Q}^+][\boldsymbol{\alpha}]\end{aligned} \tag{12.36}$$

式中：$[\boldsymbol{a}]$、$[\boldsymbol{b}]$和$[\boldsymbol{\alpha}]$为列矩阵，且

$$\begin{cases}Q_{mn}^- = -\dfrac{\mathrm{j}}{4}\int_S\psi_m\phi_n{}'\mathrm{d}S' \\ Q_{mn}^+ = -\dfrac{\mathrm{j}}{4}\int_S\psi_{rm}\phi_n{}'\mathrm{d}S' \\ \psi_m = H_m^{(2)}(kr')\mathrm{e}^{-\mathrm{j}m\phi'} \\ \psi_{rm} = J_m(kr')\mathrm{e}^{-\mathrm{j}m\phi'} \\ \phi_n{}' = \dfrac{\partial}{\partial n'}[J_n(kr')\mathrm{e}^{\mathrm{j}n\phi'}]\end{cases}$$

最后，从式(12.36)中消除表面场$[\boldsymbol{\alpha}]$，得到T矩阵：

$$\begin{cases}[\boldsymbol{b}] = [\boldsymbol{T}][\boldsymbol{a}] \\ [\boldsymbol{T}] = -[\boldsymbol{Q}^+][\boldsymbol{Q}^-]^{-1}\end{cases} \tag{12.37}$$

接下来讨论诺依曼问题，S 上的边界条件是 $(\partial/\partial n')\psi(\bar{\boldsymbol{r}}')=0$。由式(12.31)和式(12.33)得到表面上用 $\psi(\bar{\boldsymbol{r}}')$ 表示的 a_n 和 b_n。

将 $\psi(\bar{\boldsymbol{r}}')$ 用一组完整的函数 $J_n(kr')e^{jn\phi'}$ 展开，得到：

$$\psi(\bar{\boldsymbol{r}}')=\sum_{n=-\infty}^{\infty}\alpha_n J_n(kr')e^{jn\phi'} \tag{12.38}$$

式中：α_n 为未知系数。将其代入式(12.31)和式(12.33)，得到：

$$\begin{cases}[\boldsymbol{a}]=[\boldsymbol{Q}^-][\boldsymbol{\alpha}]\\ [\boldsymbol{b}]=-[\boldsymbol{Q}^+][\boldsymbol{\alpha}]=[\boldsymbol{T}][\boldsymbol{a}]\\ [\boldsymbol{T}]=-[\boldsymbol{Q}^+][\boldsymbol{Q}^-]^{-1}\end{cases} \tag{12.39}$$

式中：

$$\begin{cases}Q_{mn}^-=\dfrac{j}{4}\displaystyle\int_S\psi'_m\phi_n dS'\\ Q_{mn}^+=\dfrac{j}{4}\displaystyle\int_S\psi'_{rm}\phi_n dS'\end{cases} \tag{12.40}$$

且

$$\begin{cases}\psi'_m=\dfrac{\partial}{\partial n'}[H_m^{(2)}(kr')e^{-jm\phi'}]=\dfrac{\partial}{\partial n'}\psi_m\\ \psi'_{rm}=\dfrac{\partial}{\partial n'}[J_m(kr')e^{-jm\phi'}]=\dfrac{\partial}{\partial n'}\psi_{rm}\\ \phi_n=J_n(kr')e^{jn\phi'}\end{cases} \tag{12.41}$$

对于双介质问题，表面 S 外的波数和密度分别为 k_0 和 ρ_0，S 内的波数和密度分别为 k_1 和 ρ_1，用 ψ^+ 和 ψ^- 表示表面 S 外和 S 内的表面场(图12.4)。S 内部的场满足波数为 k_1 的波方程，并且是正则的，因此，可以用下面的圆柱谐波展开：

$$\psi(\bar{\boldsymbol{r}})=\sum_{n=-\infty}^{\infty}\beta_n J_n(k_1 r)e^{jn\phi'} \tag{12.42}$$

式中：β_n 为未知系数。可以把 S 内部的场表示为

$$\begin{cases}\psi^-(\bar{\boldsymbol{r}}')=\displaystyle\sum_{n=-\infty}^{\infty}\beta_n J_n(k_1 r)e^{jn\phi'}\\ \dfrac{\partial\psi^-(\bar{\boldsymbol{r}}')}{\partial n'}=\displaystyle\sum_{n=-\infty}^{\infty}\beta_n\dfrac{\partial}{\partial n'}[J_n(k_1 r')e^{jn\phi'}]\end{cases} \tag{12.43}$$

此时的边界条件为

$$\psi^+(\bar{\boldsymbol{r}}')=\frac{\rho_1}{\rho_0}\psi^-(\bar{\boldsymbol{r}}')$$

$$\frac{\partial\psi^+(\bar{\boldsymbol{r}}')}{\partial n'}=\frac{\partial\psi^-(\bar{\boldsymbol{r}}')}{\partial n'}$$

式(12.31)中的 a_n 表达式和式(12.33)中的 b_n 表达式包含了表面 S 外部的场，用 β_n 表示其与内部场的关系。

$$\begin{cases}[\boldsymbol{a}]=[\boldsymbol{Q}^-][\boldsymbol{\beta}]\\ [\boldsymbol{b}]=-[\boldsymbol{Q}^+][\boldsymbol{\beta}]=[\boldsymbol{T}][\boldsymbol{a}]\\ [\boldsymbol{T}]=-[\boldsymbol{Q}^+][\boldsymbol{Q}^-]^{-1}\end{cases} \tag{12.44}$$

式中：

$$\begin{cases} Q^-_{mn} = \dfrac{j}{4}\int_S \left(\dfrac{\rho_1}{\rho_0}\psi'_m\phi_n - \psi_m\phi_n\right)dS' \\ Q^+_{mn} = \dfrac{j}{4}\int_S \left(\dfrac{\rho_1}{\rho_0}\psi'_{rm}\phi_n - \psi_{rm}\phi'_n\right)dS' \\ \psi_m = H_m^{(2)}(k_0 r')e^{-jm\phi'} \\ \psi'_m = \dfrac{\partial}{\partial n'}\psi_m \\ \psi_{rm} = J_m(k_0 r')e^{-jm\phi'} \\ \psi'_{rm} = \dfrac{\partial}{\partial n'}\psi_{rm} \\ \phi_n = J_n(k_1 r')e^{jn\phi'} \\ \phi'_n = \dfrac{\partial}{\partial n'}\phi_n \end{cases}$$

T 矩阵法已成功用于复杂形状目标的散射，如不规则形状的粒子。由于该方法利用了场的圆柱谐波展开（三维目标使用球面谐波，周期性结构使用傅里叶展开），如果轴比（主轴与次轴之比）远大于 5 或者如果目标有角，矩阵可能会变成病态矩阵。

在本节中，用了一个二维问题和圆柱形谐波来说明 T 矩阵方法。T 矩阵法同样适用于使用球面谐波的三维问题。对于电磁问题，必须使用矢量场的完整圆柱或球面展开（Waterman，1969）。

12.5 T 矩阵、散射矩阵的对称性和统一性

由于互易原理，T 矩阵满足一定的对称关系。如果一个 δ 函数源位于$\bar{r}_1(r_1,\phi_1)$，在$\bar{r}_2(r_2,\phi_2)$处观测到散射场 $\psi_s(\bar{r}_2)$，另一个 δ 函数源位于 β_2，在$\bar{r}_1$处观测到散射场$\psi_s(\bar{r}_1)$，那么根据互易原理得到：

$$\psi_s(\bar{r}_1) = \psi_s(\bar{r}_2) \tag{12.45}$$

对于第一种情况，入射波为

$$\psi_i(\bar{r}) = -\frac{j}{4}\sum_n J_n(kr)H_n^{(2)}(kr_1)e^{+jn(\phi-\phi_1)} \tag{12.46}$$

因此得到：

$$a_n = -\frac{j}{4}H_n^{(2)}(kr_1)e^{-jn\phi_1} \tag{12.47}$$

散射场 $\psi_s(\bar{r}_2)$为

$$\psi_s(\bar{r}_2) = \sum_n b_n H_n^{(2)}(kr_2)e^{jn\phi_2} = \left(-\frac{j}{4}\right)\sum_n\sum_m T_{nm}H_m^{(2)}(kr_1)H_n^{(2)}(kr_2)e^{jn\phi_2 - jm\phi_1} \tag{12.48}$$

如果互换$\bar{r}_1$和$\bar{r}_2$，则得到：

$$\psi_s(\bar{\boldsymbol{r}}_1) = \left(-\frac{\mathrm{j}}{4}\right)\sum_n\sum_m T_{nm}H_m^{(2)}(kr_2)H_n^{(2)}(kr_1)\mathrm{e}^{\mathrm{j}n\phi_1-\mathrm{j}m\phi_2} \tag{12.49}$$

注意到$\psi_s(\bar{\boldsymbol{r}}_1)=\psi_s(\bar{\boldsymbol{r}}_2)$，在式(12.49)中令$m=-n'$和$n=-m'$，并使用$H_{-n}^{(2)}=(-1)^n H_n^{(2)}$，得到：

$$T_{mn}=(-1)^{m+n}T_{-n,-m} \tag{12.50}$$

这就是T矩阵所满足的对称性关系。

下面讨论散射矩阵S。首先注意到，入射波在原点是正则的，用正则圆柱谐波的级数$J_n\exp(\mathrm{j}n\phi)$表示。使用下式重新表示入射波：

$$J_n(z)=\frac{1}{2}\left(H_n^{(1)}(z)+H_n^{(2)}(z)\right)$$

式中：包含$H_n^{(2)}$的部分是出射波，而包含$H_n^{(1)}$的部分是入射波。

$$\begin{cases}\psi_i(\bar{\boldsymbol{r}}) = \sum\limits_n a_nJ_n(kr)\mathrm{e}^{\mathrm{j}n\phi} \\ \qquad\;\; = \psi_i^-(\bar{\boldsymbol{r}})+\psi_i^+(\bar{\boldsymbol{r}}) \\ \psi_i^-(\bar{\boldsymbol{r}}) = \sum\limits_n a_n\dfrac{1}{2}H_n^{(1)}(kr)\mathrm{e}^{\mathrm{j}n\phi} \\ \psi_i^+(\bar{\boldsymbol{r}}) = \sum\limits_n a_n\dfrac{1}{2}H_n^{(2)}(kr)\mathrm{e}^{\mathrm{j}n\phi}\end{cases} \tag{12.51}$$

注意到ψ_s是外向的。

$$\psi_s(\bar{\boldsymbol{r}}) = \sum_n b_nH_n^{(2)}(kr)\mathrm{e}^{\mathrm{j}n\phi} \tag{12.52}$$

将波表示为入射波和出射波的组合。

$$\begin{cases}\psi_i^-(\bar{\boldsymbol{r}}) = \sum\limits_n \dfrac{a_n}{2}H_n^{(1)}(kr)\mathrm{e}^{\mathrm{j}n\phi}，\text{入射} \\ \psi_i^+(\bar{\boldsymbol{r}})+\psi_s(\bar{\boldsymbol{r}}) = \sum\limits_n\left(\dfrac{a_n}{2}+b_n\right)H_n^{(2)}(kr)\mathrm{e}^{\mathrm{j}n\phi}，\text{出射}\end{cases} \tag{12.53}$$

散射矩阵$\boldsymbol{S}$定义为

$$\frac{a_n}{2}+b_n = \sum_m S_{nm}\frac{a_m}{2}$$

或者表示为

$$\frac{1}{2}[\boldsymbol{a}]+[\boldsymbol{b}]=[\boldsymbol{S}]\frac{1}{2}[\boldsymbol{a}] \tag{12.54}$$

由于$[\boldsymbol{b}]=[\boldsymbol{T}][\boldsymbol{a}]$，显然$[\boldsymbol{S}]$与$[\boldsymbol{T}]$相关。

$$[\boldsymbol{U}]+2[\boldsymbol{T}]=[\boldsymbol{S}] \tag{12.55}$$

式中：$[\boldsymbol{U}]$为单位矩阵。

接下来讨论无损耗目标的功率守恒问题。如果目标是无损耗的，则总输入功率应等于总输出功率。总输入功率的计算公式为

$$P_i = \int_0^{2\pi}\mathrm{d}\phi\,|\psi_i^-(\bar{\boldsymbol{r}})|^2 \tag{12.56}$$

如果用$\exp(\mathrm{j}n\phi)$的正交性来求这个总功率，则可以得到：

$$P_i = \frac{\pi}{2}\sum_n |A_n|^2 \tag{12.57}$$

式中：$A_n = a_n H_n^{(1)}(kr)$。同样地，对于输出功率，得到：

$$P_0 = \int_0^{2\pi} \mathrm{d}\phi \, |\psi_i^+(\bar{r}) + \psi_s(\bar{r})|^2 = \frac{\pi}{2}\sum_n |A_n + 2B_n|^2 \tag{12.58}$$

式中：$B_n = b_n H_n^{(1)}(kr)$，且使用了关系式 $|H_n^{(1)}(kr)| = |H_n^{(2)}(kr)|$。

现在用矩阵形式表示式(12.57)和式(12.58)。令 $\boldsymbol{A}$ 为列矩阵$[\boldsymbol{A}_n]$。那么 $P_i = (\pi/2)\boldsymbol{A}^+\boldsymbol{A}$，其中$\boldsymbol{A}^+$是 $\boldsymbol{A}$ 的转置的复共轭矩阵，称为邻接矩阵(见附录 8. A)。类似地，式(12.58)变成：

$$P_0 = \frac{\pi}{2}(\boldsymbol{A} + 2\boldsymbol{TA})^+(\boldsymbol{A} + 2\boldsymbol{TA})$$

令 P_0 与 P_i 相等，并表示为矩阵形式，得到：

$$\boldsymbol{A}^+\boldsymbol{A} = \boldsymbol{A}^+\boldsymbol{S}^+\boldsymbol{SA} \tag{12.59}$$

式(12.59)使用了式(12.55)，可以看出，对于无损目标，散射矩阵 $\boldsymbol{S}$ 为酉矩阵。

$$\boldsymbol{S}^+\boldsymbol{S} = \boldsymbol{U} \tag{12.60}$$

12.6 周期性正弦表面散射的 T 矩阵解法

在 7.5 节中，利用瑞利假说讨论了周期性表面的波散射问题。尽管该方法仅限于斜率小于 0.448 的情况，但其解法非常简单，并被广泛用于有关光栅和波纹壁的许多问题。使用 T 矩阵方法可以获得更精确的解法。

对于狄利克雷问题，其曲面定义为

$$\zeta = -h\cos\frac{2\pi x}{L} \tag{12.61}$$

入射波 ψ_i 为

$$\psi_i = A_0 \mathrm{e}^{+\mathrm{j}qz - \mathrm{j}bz} \tag{12.62}$$

式中：$\beta = k\sin\theta_i$ 和 $q = k\cos\theta_i$，θ_i 为入射角。在 $z > h$ 区域的散射场 ψ_s 由空间谐波表示为

$$\psi_s = \sum_n B_n \mathrm{e}^{\mathrm{j}q_n z - \mathrm{j}\beta_n x} \tag{12.63}$$

式中：

$$\beta_n = \beta + \frac{2n\pi}{L}$$

$$q_n = \begin{cases} (k^2 - \beta_n^2)^{1/2}, 当\ k > |\beta_n| \\ -\mathrm{j}(\beta_n^2 - k^2)^{1/2}, 当\ k < |\beta_n| \end{cases}$$

在 $z < -h$ 区域使用式(12.29)中的消光定理，并使用周期性格林函数：

$$G(\bar{r}, \bar{r}') = \sum_{n=-\infty}^{\infty} \frac{1}{2\mathrm{j}q_n L} \mathrm{e}^{-\mathrm{j}q_n(z'-z) - \mathrm{j}\beta_n(x-x')}, 当\ z < z' \tag{12.64}$$

此外，令：

$$\psi_i(\bar{r}) = \sum_n a_n \mathrm{e}^{\mathrm{j}q_n z - \mathrm{j}\beta_n x} \tag{12.65}$$

对于式(12.62)中的问题,$a_0=A_0$,$a_n=0$,$n\neq 0$。然而,可以根据式(12.65)所表示的更一般情况来解决问题。将式(12.64)和式(12.65)代入式(12.29)中,注意表面上$\psi(\bar{\boldsymbol{r}}')=0$。还可以用以下正交空间谐波来表示表面场$(\partial/\partial n')\psi(\bar{\boldsymbol{r}})$:

$$\frac{\partial}{\partial n'}\psi(\bar{\boldsymbol{r}}')\mathrm{d}S' = \sum_n \alpha_n \mathrm{e}^{-\mathrm{j}\beta_n x'}\mathrm{d}x' \tag{12.66}$$

注意到:

$$\frac{\partial}{\partial n'}\mathrm{d}S' = \left(\frac{\partial}{\partial z'} - \frac{\partial \zeta}{\partial x'}\frac{\partial}{\partial x'}\right)\mathrm{d}x' \tag{12.67}$$

因此,使用式(12.66)中的展开式,而不是用空间谐波展开$(\partial/\partial n')\psi(\bar{\boldsymbol{r}}')$。

将式(12.66)代入式(12.29),令$z'=\zeta=-h\cos(2\pi x/L)$,得到:

$$[\boldsymbol{a}] = [\boldsymbol{Q}^-][\boldsymbol{\alpha}] \tag{12.68}$$

式中:

$$Q_{mn}^- = \frac{1}{2\mathrm{j}q_m}J_{|m-n|}(q_m h)\mathrm{e}^{-\mathrm{j}(\pi/2)|m-n|}$$

接下来,将式(12.63)代入式(12.32),表面上$\psi(\bar{\boldsymbol{r}}')=0$,周期性格林函数为

$$G(\bar{\boldsymbol{r}},\bar{\boldsymbol{r}}') = \sum_n \frac{1}{2\mathrm{j}q_n L}\mathrm{e}^{-\mathrm{j}q_n(z-z')-\mathrm{j}\beta_n(x-x')},\text{当 } z>z' \tag{12.69}$$

然后得到:

$$[\boldsymbol{b}] = -[\boldsymbol{Q}^+][\boldsymbol{\alpha}] \tag{12.70}$$

式中:

$$Q_{mn}^+ = \frac{1}{2\mathrm{j}q_m}J_{|m-n|}(q_m h)\mathrm{e}^{-\mathrm{j}(\pi/2)|m-n|}$$

结合式(12.68)和式(12.70),得到:

$$\begin{cases}[\boldsymbol{b}] = [\boldsymbol{T}][\boldsymbol{a}]\\ [\boldsymbol{T}] = -[\boldsymbol{Q}^+][\boldsymbol{Q}^-]^{-1}\end{cases} \tag{12.71}$$

即使斜率大于 0.448,式(12.71)中的 T 矩阵解法也应该是精确的,并且适用于式(12.61)中的周期曲面。但在实际数值计算中,如果斜率过大,矩阵就会成病态矩阵。

12.7 非均质体的体积积分方程:TM 为例

在前面的 12.3 节和 12.4 节中,讨论了解决复杂目标散射问题的两种方法:表面积分方程法和 T 矩阵法。这两种方法都适用于狄利克雷问题、诺依曼问题和双介质问题。但是,这两种方法不能用于非均质介质体或各向异性体的散射问题。本节讨论的体积积分方程可用于这些问题。但应注意的是,表面积分方程和 T 矩阵法处理的是未知“表面”场分布的积分方程,而体积分方程处理的是未知场的“体积”分布,对于类似大小的物体,体积分方程需要比表面积分方程更大的矩阵。

下面讨论二维的电介质物体(图 12.5),介电常数$\varepsilon(x,y)$为关于位置的函数。在麦克斯韦方程中,$\varepsilon=\varepsilon_0\varepsilon_r$的介电材料问题相当于有等效电流源$J_{\mathrm{eq}}$。

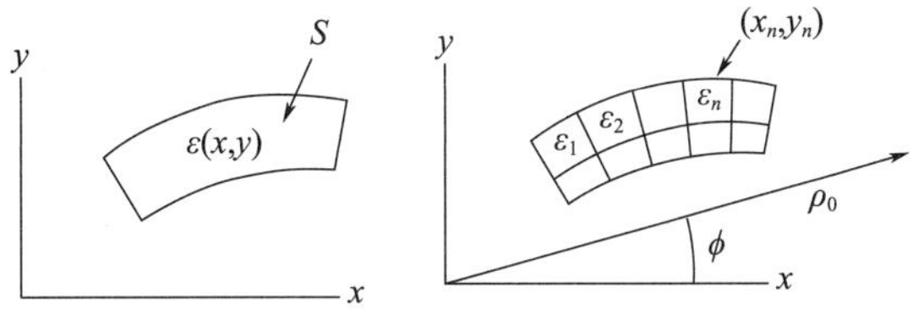

图 12.5　非均质体的散射

$$\begin{cases}\nabla\times\overline{\boldsymbol{E}}=-\mathrm{j}\omega\mu_0\overline{\boldsymbol{H}}\\ \nabla\times\overline{\boldsymbol{H}}=\mathrm{j}\omega\varepsilon\overline{\boldsymbol{E}}=\mathrm{j}\omega\varepsilon_0\overline{\boldsymbol{E}}+\overline{\boldsymbol{J}}_{\mathrm{eq}}\\ J_{\mathrm{eq}}=\mathrm{j}\omega\varepsilon_0(\varepsilon_r-1)\overline{\boldsymbol{E}}\end{cases}\tag{12.72}$$

总场 $\overline{\boldsymbol{E}}$ 由入射场 $\overline{\boldsymbol{E}}_i$ 和由等效电流 J_{eq} 产生的场 $\overline{\boldsymbol{E}}_s$ 组成。使用赫兹矢量 $\overline{\boldsymbol{\pi}}$，得到（关于三维目标，见 12.9 节）：

$$\begin{cases}\overline{\boldsymbol{E}}=\overline{\boldsymbol{E}}_i+\overline{\boldsymbol{E}}_s\\ \overline{\boldsymbol{E}}_s=\nabla\nabla\cdot\overline{\boldsymbol{\pi}}+k_0^2\overline{\boldsymbol{\pi}}\\ \overline{\boldsymbol{\pi}}=\int G(\overline{\boldsymbol{r}},\overline{\boldsymbol{r}}')\dfrac{\overline{\boldsymbol{J}}_{\mathrm{eq}}(\overline{\boldsymbol{r}}')}{\mathrm{j}\omega\varepsilon_0}\mathrm{d}V'\end{cases}\tag{12.73}$$

对于具有场分量 E_z、H_x 和 H_y 的二维 TM 波（$\partial/\partial z=0$，$\overline{\boldsymbol{H}}$ 垂直于 z 轴）。总场 $\overline{\boldsymbol{E}}$ 由入射场 $\overline{\boldsymbol{E}}_i$ 和由 $\overline{\boldsymbol{J}}_{\mathrm{eq}}$ 产生的散射场 $\overline{\boldsymbol{E}}_s$ 组成。对于 TM 波，赫兹矢量 $\overline{\boldsymbol{\pi}}$ 和电场 $\overline{\boldsymbol{E}}$ 只有 z 分量，则从式（12.73）中得到：

$$\begin{cases}E_z(\overline{\boldsymbol{r}})=E_{zi}(\overline{\boldsymbol{r}})+E_{zs}(\overline{\boldsymbol{r}})\\ E_{zs}(\overline{\boldsymbol{r}})=-\mathrm{j}\omega\mu_0\int_S G(\overline{\boldsymbol{r}},\overline{\boldsymbol{r}}')\overline{\boldsymbol{J}}_{\mathrm{eq}}(\overline{\boldsymbol{r}}')\mathrm{d}S'\end{cases}\tag{12.74}$$

式中：

$$G(\overline{\boldsymbol{r}},\overline{\boldsymbol{r}}')=-\mathrm{j}\frac{1}{4}H_0^{(2)}(k_0\rho)\tag{12.75}$$

式中：$\rho=|\overline{\boldsymbol{r}}-\overline{\boldsymbol{r}}'|$。

在式（12.74）中，$\mathrm{d}S'=\mathrm{d}x'\mathrm{d}y'$，在截面 S 上进行积分。将式（12.74）重新表示为

$$E_z(\overline{\boldsymbol{r}})+\frac{\mathrm{j}k_0^2}{4}\int_S[\varepsilon_r(\overline{\boldsymbol{r}}')-1]E_z(\overline{\boldsymbol{r}}')H_0^{(2)}(k_0\rho)\mathrm{d}S'=E_{zi}(\overline{\boldsymbol{r}})\tag{12.76}$$

将横截面 S 分成足够小的单元，从而假定每个单元的电场和介电常数为常数（图 12.5）。用 E_n 和 ε_n 表示第 n 个单元的电场和介电常数。在第 m 个单元中心对式（12.76）求值，得到：

$$\sum_{n=1}^{N}C_{mn}E_n=E_{mi},m=1,2,\cdots,N\tag{12.77}$$

式中：

$$C_{mn}=\delta_{mn}+\frac{\mathrm{j}k_0^2}{4}(\varepsilon_n-1)\int_{\mathrm{cell}n}H_0^{(2)}(k_0\rho)\mathrm{d}S'$$

δ_{mn} 为克罗内克函数，定义为

$$\delta_{mn}=\begin{cases}1, m=n\\0, m\neq n\end{cases}$$

$$\rho=[(x_m-x')^2+(y_m-y')^2]^{1/2}$$

式中：(x_m,y_m)为单元格 m 的中心；E_{mi}为(x_m,y_m)处的入射场。

对 C_{mn}中的每个单元格进行数值积分，但由于每个单元格的形状可能不同，计算可能会变得繁琐。Richmond 提出了一种计算 C_{mn}的简单近似方法。对于一个足够小的单元，可以用一个横截面积相同的圆形单元来代替。第 n 个等效圆形单元的半径为 a_n。这样就可以得到 C_{mn}的简单分析表达式。对于 $m\neq n$，使用以下 $H_0^{(2)}(k_0\rho)$ 的展开式，该展开式在 $\rho_{mn}>\rho'$ 时成立（图 12.6）：

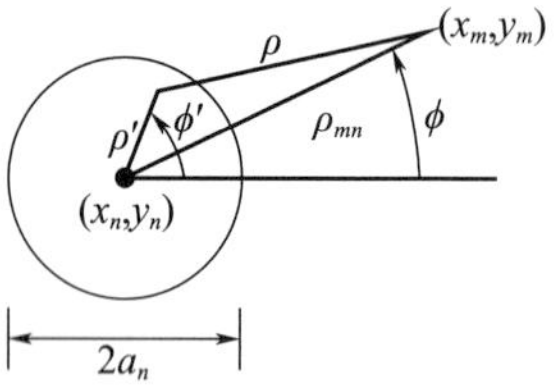

图 12.6　等效圆形单元

$$H_0^{(2)}(k_0\rho)=\sum_{n=-\infty}^{\infty}\mathrm{e}^{-\mathrm{j}n(\phi-\phi')}J_n(k_0\rho')H_n^{(2)}(k_0\rho_{mn}) \tag{12.78}$$

注意到：$\mathrm{d}S'=\rho'\mathrm{d}\rho'\mathrm{d}\phi'$且

$$\int J_0(x)x\mathrm{d}x=xJ_1(x) \tag{12.79}$$

然后得到：

$$C_{mn}=\frac{\mathrm{j}\pi k_0a_n}{2}(\varepsilon_n-1)J_1(k_0a_n)H_0^{(2)}(k_0\rho_{mn}) \tag{12.80}$$

式中：a_n 为等效圆形单元的半径。对于 $m=n$，有

$$\int H_0^{(2)}(x)x\mathrm{d}x=xH_1^{(2)}(x)$$

式中：当 $x\to0$ 时，$H_1^{(2)}(x)\approx\mathrm{j}\dfrac{2}{\pi x}$。

然后得到：

$$C_{nn}=1+\frac{\mathrm{j}\pi}{2}(\varepsilon_n-1)\left[k_0a_nH_0^{(2)}(k_0a_n)-\frac{\mathrm{j}2}{\pi}\right] \tag{12.81}$$

式(12.80)和(12.81)为 C_{mn}的简便近似表达式。

将式(12.77)重新表示为矩阵形式，并对矩阵进行反转，得到：

$$[\boldsymbol{E}]=[\boldsymbol{C}]^{-1}[\boldsymbol{E}_i] \tag{12.82}$$

式中：$[\boldsymbol{E}]=[E_n]$和$[E_i]=[E_{ni}]$为 $1\times N$ 的列矩阵，$[\boldsymbol{C}]=[C_{mn}]$为 $N\times N$ 的方形矩阵。

接下来讨论离目标较远的观察点(x,y)的散射场。当移动(x_m,y_m)到(x,y)时，来自圆形单元 n 的散射场 E_s 由 $-C_{mn}E_n$ 表示。因此，得到：

$$E_s(x,y)=-\sum_{n=1}^{N}C_{mn}E_n \tag{12.83}$$

式中：$x_m=x$；$y_m=y$；C_{mn}由式(12.80)计算得到。

在目标的远场区（图 12.6）：

$$\rho_{mn}=[(x-x_n)^2+(y-y_n)^2]^{1/2}$$
$$\to\rho_0-x_n\cos\phi-y_n\sin\phi$$

$$H_0^{(2)}(k_0\rho_{mn}) \to \left(\frac{2\mathrm{j}}{\pi k_0\rho_0}\right)^{1/2} \mathrm{e}^{-\mathrm{j}k_0\rho_{mn}} \tag{12.84}$$

式中:振幅中的 ρ_{mn} 由 ρ_0 代替。

目标在平面波照射下的散射模式可用回波宽度 $W(\phi)$ 表示(Harrington,1961)。

$$W(\phi) = \lim_{\rho_0\to\infty} 2\pi\rho_0 \left|\frac{E_s}{E_i}\right|^2 \tag{12.85}$$

利用式(12.84),可以得到以波长为单位的回波宽度。

$$\frac{W(\phi)}{\lambda} = \left(\frac{\pi}{2}\right)\left|\sum_{n=1}^{N}(\varepsilon_n - 1)\frac{E_n}{|E_i|}k_0 a_n J_1(k_0 a_n)\mathrm{e}^{\mathrm{j}k_0(x_n\cos\phi + y_n\sin\phi)}\right|^2 \tag{12.86}$$

为了得到准确的结果,上述方法中的单元尺寸 a_n 不应超过 $0.06/\sqrt{\varepsilon_r}$ 波长,该圆形单元尺寸和计算时间决定了该体积积分法可处理的目标尺寸。

12.8　非均质体的体积积分方程:TE 为例

对于 TM 情况,假设介质是非均匀的,但具有各向同性,因此,E_z 与电场的其他分量之间不存在耦合。如果介质是各向异性的,则需要考虑 E_x、E_y 和 E_z 之间的耦合。在本节中,将讨论不均匀和各向同性体的 TE 情况。

12.7 节中讨论的 TM 情况分析可扩展到 TE 情况。不过,对于 TE 情况,E_x 和 E_y 之间存在耦合。令入射波为

$$E_i = \hat{\boldsymbol{x}}E_{ix} + \hat{\boldsymbol{y}}E_{iy} \tag{12.87}$$

等效电流 $\overline{\boldsymbol{J}}_{\mathrm{eq}}$ 为

$$\begin{aligned}\overline{\boldsymbol{J}}_{\mathrm{eq}} &= \mathrm{j}\omega\varepsilon_0(\varepsilon_r - 1)\overline{\boldsymbol{E}} \\ &= \hat{\boldsymbol{x}}J_x + \hat{\boldsymbol{y}}J_y\end{aligned} \tag{12.88}$$

由式(12.73),得到:

$$\begin{cases}\overline{\boldsymbol{E}}_s = \hat{\boldsymbol{x}}E_{sx} + \hat{\boldsymbol{y}}E_{sy} \\ E_{sx} = \left(\dfrac{\partial^2}{\partial x^2} + k_0^2\right)\pi_x + \dfrac{\partial^2}{\partial x\partial y}\pi_y \\ E_{sy} = \dfrac{\partial^2}{\partial x\partial y}\pi_x + \left(\dfrac{\partial^2}{\partial y^2} + k_0^2\right)\pi_y \\ \pi_x(\bar{\boldsymbol{r}}) = \displaystyle\int G(\bar{\boldsymbol{r}},\bar{\boldsymbol{r}}')\frac{J_x}{\mathrm{j}\omega\varepsilon_0}\mathrm{d}S' \\ \pi_y(\bar{\boldsymbol{r}}) = \displaystyle\int G(\bar{\boldsymbol{r}},\bar{\boldsymbol{r}}')\frac{J_y}{\mathrm{j}\omega\varepsilon_0}\mathrm{d}S'\end{cases} \tag{12.89}$$

按照 TM 情况的步骤,得到 E_x 和 E_y 的积分方程。

$$\begin{cases}E_x(\bar{\boldsymbol{r}}) - E_{sx}(\bar{\boldsymbol{r}}) = E_{ix}(\bar{\boldsymbol{r}}) \\ E_y(\bar{\boldsymbol{r}}) - E_{sy}(\bar{\boldsymbol{r}}) = E_{iy}(\bar{\boldsymbol{r}})\end{cases} \tag{12.90}$$

式中:E_{sx} 和 E_{sy} 由式(12.89)中与 J_x、J_y 相关的积分计算得到,J_x、J_y 通过式(12.88)与 E_x、E_y 相关。

现在把横截面分成 N 个小单元，然后用半径为 a_n 的圆形单元近似每个单元，其横截面积与原始单元的横截面积相同。然后假设每个单元的电场和介电常数为常数。在第 n 个单元，用 E_{xn} 和 E_{yn} 分别表示电场 E_x 和 E_y。第 n 个单元的相对介电常数是 ε_n，第 n 个单元中心 $\bar{\boldsymbol{r}}_n$ 处的入射场分量为 E_{ixn} 和 E_{iyn}，则可以将式(12.90)转换成以下 $2N$ 个线性方程。

$$\begin{cases}\sum_{n=1}^{N}(A_{mn}E_{xn}+B_{mn}E_{yn}) = E_{ixm}\\ \sum_{n=1}^{N}(C_{mn}E_{xn}+D_{mn}E_{yn}) = E_{iym}\end{cases} \tag{12.91}$$

要计算这些系数 A_{mn}、B_{mn}、C_{mn} 和 D_{mn}，需要计算第 n 个单元中的恒定电流 $\bar{\boldsymbol{J}}$ 在第 m 个单元产生的 E_s。首先讨论第 n 个单元($m\neq n$)中的电流 J_{xn} 和 J_{yn} 产生的 E_{xm}。

$$\begin{cases}J_{xn}=\mathrm{j}\omega\varepsilon_0(\varepsilon_n-1)E_{xn}\\ J_{yn}=\mathrm{j}\omega\varepsilon_0(\varepsilon_n-1)E_{yn}\end{cases} \tag{12.92}$$

利用式(12.78)和式(12.89)中的扩展式，得到：

$$\begin{bmatrix}E_{sxm}\\ E_{sym}\end{bmatrix}=K\begin{bmatrix}h_{11} & h_{12}\\ h_{21} & h_{22}\end{bmatrix}\begin{bmatrix}J_{xn}\\ J_{yn}\end{bmatrix} \tag{12.93}$$

式中：

$$\begin{cases}h_{11}=[k_0\rho y^2H_0^{(2)}(k_0\rho)+(x^2-y^2)H_1^{(2)}(k_0\rho)]\\ h_{12}=h_{21}=xy[2H_1^{(2)}(k_0\rho)-k_0\rho H_0^{(2)}(k_0\rho)]\\ h_{22}=[k_0\rho x^2H_0^{(2)}(k_0\rho)+(y^2-x^2)H_1^{(2)}(k_0\rho)]\\ K=-\dfrac{\pi a_nJ_1(k_0a_n)}{2\omega\varepsilon_0\rho^3}\end{cases}$$

且

$$\begin{cases}\rho=[(x_m-x_n)^2+(y_m-y_n)^2]^{1/2}\\ x=x_m-x_n\\ y=y_m-y_n\end{cases}$$

为了得到由第 n 个单元的 J_x、J_y 在第 n 个单元($m=n$)产生的 E_{sx} 和 E_{sy}，需要注意 ρ 为同一圆形单元内 $\bar{\boldsymbol{r}}$ 和 $\bar{\boldsymbol{r}}'$ 之间的距离。使用式(12.78)和式(12.89)并在单元内进行积分，得到：

$$\begin{cases}E_{sxn}=h_0J_{xn}\\ E_{syn}=h_0J_{yn}\end{cases} \tag{12.94}$$

式中：$h_0=-\dfrac{1}{4\omega\varepsilon_0}[\pi k_0a_nH_1^{(2)}(k_0a_n)-4\mathrm{j}]$。

使用式(12.93)和式(12.94)，最终得到式(12.91)中的系数。对于 $m\neq n$：

$$\begin{cases}A_{mn}=K'h_{11}\\ B_{mn}=C_{mn}=K'h_{12}\\ D_{mn}=K'h_{22}\end{cases} \tag{12.95}$$

式中：

$$K' = K\mathrm{j}\omega\varepsilon_0(\varepsilon_n - 1) = \frac{\mathrm{j}\pi a_n J_1(k_0 a_n)(\varepsilon_n - 1)}{2\rho^3}$$

h_{11}、h_{12}、h_{21}和 h_{22}见式(12.93)。对于 $m = n$：

$$\begin{cases} A_{nn} = D_{nn} = 1 - h_0\mathrm{j}\omega\varepsilon_0(\varepsilon_n - 1) \\ B_{nn} = C_{nn} = 0 \end{cases} \tag{12.96}$$

式中：h_0 见式(12.94)。

平面入射波的散射场可以按照 TM 情况的步骤得到。在距离目标很远的地方，散射场只有一个 ϕ 分量，它是由目标中电场的 ϕ 分量产生的。

$$E_\phi = E_y\cos\phi - E_x\sin\phi \tag{12.97}$$

因此，得到以波长为单位的回波宽度。

$$\frac{W(\phi)}{\lambda} = \left(\frac{\pi}{2}\right)\left|\sum_{n=1}^{N}(\varepsilon_n - 1)k_0 a_n J_1(k_0 a_n)\frac{E_{\phi n}}{|E_i|}\mathrm{e}^{\mathrm{j}\psi}\right|^2 \tag{12.98}$$

式中：

$$\begin{cases} E_{\phi n} = E_{yn}\cos\phi - E_{xn}\sin\phi \\ \psi = k(x_n\cos\phi + y_n\sin\phi) \end{cases}$$

12.9　三维电介质体

在 12.7 节和 12.8 节中，讨论了二维介质目标的散射，并建立了目标内部电场的积分方程。这种方法可以推广到三维目标。不过，必须注意格林函数的奇异性，这一点已被广泛研究(Yaghjian，1980；van Bladel，1964；Tai，1971)。

从式(12.72)和式(12.73)开始讨论。对于三维目标，如果观测点$\bar{r}$在介质之外，这些方程成立。但要构建$\bar{\boldsymbol{E}}(\bar{\boldsymbol{r}})$的积分方程，观测点$\bar{r}$必须在介质内部。在介质内部的$\bar{r}$处，总场$\bar{\boldsymbol{E}}(\bar{\boldsymbol{r}})$表示为

$$\bar{\boldsymbol{E}}(\bar{\boldsymbol{r}}) = \bar{\boldsymbol{E}}_i(\bar{\boldsymbol{r}}) + \bar{\boldsymbol{E}}_s(\bar{\boldsymbol{r}}) \tag{12.99}$$

式中：$\bar{\boldsymbol{E}}_i$ 为入射场；$\bar{\boldsymbol{E}}_s$ 为散射场。散射场$\bar{\boldsymbol{E}}_s(\bar{\boldsymbol{r}})$由等效电流 $J_{\mathrm{eq}}(\bar{\boldsymbol{r}}')$产生，点$\bar{\boldsymbol{r}}$可以与$\bar{\boldsymbol{r}}'$重合。为了研究$\bar{\boldsymbol{r}} \neq \bar{\boldsymbol{r}}'$的情况以及$\bar{\boldsymbol{r}}$与$\bar{\boldsymbol{r}}'$重合的情况，把电介质的体积分为以$\bar{\boldsymbol{r}}$为中心的小球体 V_δ 和剩余的体积 $V - V_\delta$。在体积 $V - V_\delta$ 中，$\bar{\boldsymbol{r}}'$不与$\bar{\boldsymbol{r}}$重合，因此，使用式(12.73)。在体积 V_δ 中，已经证明电场等于 $-\bar{\boldsymbol{J}}_{\mathrm{eq}}/3\mathrm{j}\omega\varepsilon_0$。因此得到：

$$\bar{\boldsymbol{E}}_s(\bar{\boldsymbol{r}}) = (-\mathrm{j}\omega\mu_0)\lim_{\delta\to 0}\int_{V-V_\delta}\bar{\bar{\boldsymbol{G}}}(\bar{\boldsymbol{r}},\bar{\boldsymbol{r}}')\bar{\boldsymbol{J}}_{\mathrm{eq}}(\bar{\boldsymbol{r}}')\mathrm{d}v' - \frac{\bar{\boldsymbol{J}}_{\mathrm{eq}}(\bar{\boldsymbol{r}})}{3\mathrm{j}\omega\varepsilon_0} \tag{12.100}$$

式中：$\bar{\bar{\boldsymbol{G}}}$为自由空间电并矢格林函数，定义为

$$\begin{cases} \bar{\bar{\boldsymbol{G}}}(\bar{\boldsymbol{r}},\bar{\boldsymbol{r}}') = \dfrac{1}{k^2}\nabla\times\nabla\times(G_0\bar{\bar{\boldsymbol{I}}}) = \left[\bar{\bar{\boldsymbol{I}}} + \dfrac{\bar{\nabla}\nabla}{k^2}\right]G_0(\bar{\boldsymbol{r}},\bar{\boldsymbol{r}}') \\ \bar{\boldsymbol{G}}_0(\bar{\boldsymbol{r}},\bar{\boldsymbol{r}}') = \dfrac{\exp[-\mathrm{j}k|\bar{\boldsymbol{r}} - \bar{\boldsymbol{r}}'|]}{4\pi|\bar{\boldsymbol{r}} - \bar{\boldsymbol{r}}'|} \end{cases} \tag{12.101}$$

式中：$\bar{\bar{\boldsymbol{I}}}$ = 单位并矢式。

在直角坐标中，$\bar{\bar{\boldsymbol{G}}}$ 定义为

$$\overline{\overline{G}}(\overline{r},\overline{r}')=\begin{bmatrix}1+\frac{1}{k^2}\frac{\partial^2}{\partial x^2} & \frac{1}{k^2}\frac{\partial^2}{\partial x\partial y} & \frac{1}{k^2}\frac{\partial^2}{\partial x\partial z}\\ \frac{1}{k^2}\frac{\partial^2}{\partial x\partial y} & 1+\frac{1}{k^2}\frac{\partial^2}{\partial y^2} & \frac{1}{k^2}\frac{\partial^2}{\partial x\partial z}\\ \frac{1}{k^2}\frac{\partial^2}{\partial x\partial z} & \frac{1}{k^2}\frac{\partial^2}{\partial x\partial z} & 1+\frac{1}{k^2}\frac{\partial^2}{\partial^2 z}\end{bmatrix}G_0(\overline{r},\overline{r}') \tag{12.102}$$

将式(12.100)代入式(12.99),得到$\overline{E}(\overline{r})$的积分方程。

$$\left[1+\frac{\varepsilon_r(\overline{r})-1}{3}\right]\overline{E}(\overline{r})-k^2 ⨍ \overline{\overline{G}}(\overline{r},\overline{r}')[\varepsilon_r(\overline{r}')-1]\overline{E}(\overline{r}')\mathrm{d}v'=\overline{E}_i(\overline{r}) \tag{12.103}$$

式中:$⨍$ 表示 $\lim\limits_{\delta\to 0}\int_{V-V_\delta}$,这可以通过取有限的小体积 V_δ 来近似计算。

上述内容中将 V_δ 当作小球形体积。如果 V_δ 是立方体,上述公式也同样成立(Livesay,Chen,1974)(图 12.7)。但是,如果 V_δ 为其他形状,则其在$\overline{r}$的电场也会不同,并取决于其形状。可通过计算得到体积 V_δ 为椭圆体、直圆柱、矩形平行四边形或柱形的电场(Yaghjian,1980)。

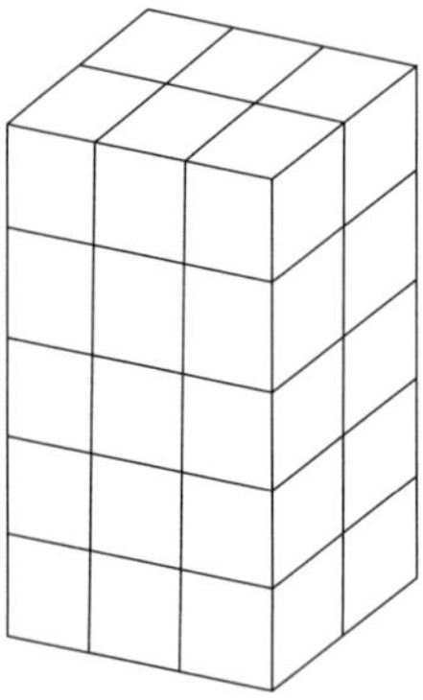

图 12.7 介电体被分成许多立方体单元

12.10 导电屏的电磁孔径积分方程

在 12.7 节至 12.9 节中,讨论了导电体和介电体的散射。在本节中,将讨论散射和通过导电屏孔径的波传播。例如,通过外壳上的缝隙和孔隙的电磁穿透,会影响内部电子系统的性能。

对于导电屏 S,从左侧照射上面的孔径 A。根据等效定理,这个问题可以用一个具有等效磁流源的封闭屏幕来代替(图 12.8),有

$$\begin{cases}\overline{J}_{ms2}=\overline{E}\times\hat{n}\\ \overline{J}_{ms1}=\overline{E}\times(-\hat{n})\end{cases} \tag{12.104}$$

式中:$\overline{E}$为孔径上的实际场。

屏幕左侧的磁场等于入射磁场$\overline{H}_i$、孔径关闭时屏幕的反射磁场$\overline{H}_r$ 以及$\overline{J}_{ms1}$的值。$\overline{J}_{ms1}$

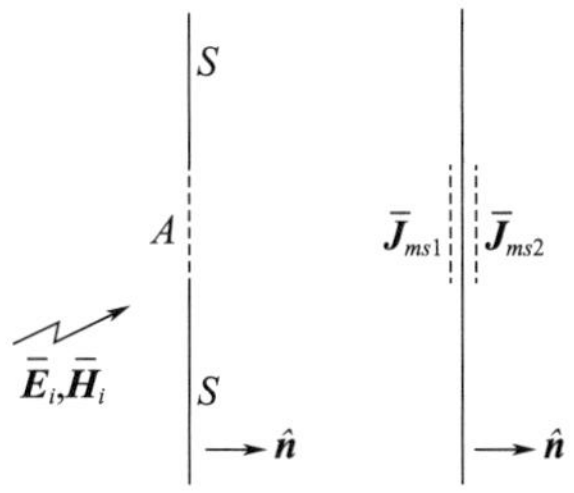

图 12.8 导电屏 S 上的孔径 A

在屏幕前的值等于$\bar{J}_{ms1}$及其成像在没有屏幕时的值。$\bar{J}_{ms1}$的成像与$\bar{J}_{ms1}$的方向相同，且$\bar{J}_{ms1}$和其成像等于 2 $\bar{J}_{ms1}$。因此，使用弗朗荧公式(6.9 节)或 2.9 节中的磁赫兹矢量，可以得到：

$$\bar{H}_1(\bar{r}) = \bar{H}_i(\bar{r}) + \bar{H}_r(\bar{r}) + [\nabla\nabla\cdot + k^2]\bar{\pi}_{m1}(\bar{r})$$

式中：

$$\bar{\pi}_{m1}(\bar{r}) = \int_A G(\bar{r},\bar{r}')\frac{2\bar{J}_{ms1}(\bar{r}')}{j\omega\mu}dS' \tag{12.105}$$

式中：

$$G(\bar{r},\bar{r}') = \frac{e^{-jk|\bar{r}-\bar{r}'|}}{4\pi|\bar{r}-\bar{r}'|}$$

屏幕右侧的场同样表示为

$$\bar{H}_2(\bar{r}) = [\nabla\nabla\cdot + k^2]\bar{\pi}_{m2} \tag{12.106}$$

式中：

$$\bar{\pi}_{m2}(\bar{r}) = \int_A G(\bar{r},\bar{r}')\frac{2\bar{J}_{ms2}}{j\omega\mu}dS'$$

现在，孔径的边界条件是切向电场和切向磁场的连续性。在式(12.104)中使用切向电场的连续性。磁场的连续性为

$$\hat{n}\times\bar{H}_1 = \hat{n}\times\bar{H}_2,\text{在 } A \text{ 平面上} \tag{12.107}$$

将式(12.105)、式(12.106)代入式(12.107)，得到关于$\bar{J}_{ms1}$的表面积分方程。

$$\hat{n}\times[(\nabla\nabla\cdot + k^2)\bar{\pi}_m(\bar{r}) + \bar{H}_i(\bar{r})] = 0,\text{在 } A \text{ 平面上} \tag{12.108}$$

式中：

$$\bar{\pi}_m(\bar{r})\int_A G(\bar{r},\bar{r}')\frac{2\bar{J}_{ms1}(\bar{r}')}{j\omega\mu}dS'$$

在 A 平面上，$\hat{n}\times[\bar{H}_i + \bar{H}_r] = 2\hat{n}\times\bar{H}_i$。上式是孔径中未知磁流$\bar{J}_{ms1}$的基本积分方程，一般来说，必须使用矩法或其他数值方法进行数值求解。磁流$\bar{J}_{ms1} = \bar{\bar{E}}\times(-\hat{n})$还必须满足孔缘的边缘条件。

在孔径上，切向磁场和法向电场满足以下简单关系：

(1)切向磁场等于切向入射磁场。

$$\hat{n}\times\bar{H}_1 = \hat{n}\times\bar{H}_2 = \hat{n}\times\bar{H}_i,\text{在 } A \text{ 平面上} \tag{12.109}$$

为了推导出该公式，使用式(12.108)和式(12.109)，得到：

$$\hat{\boldsymbol{n}}\times\overline{\boldsymbol{H}}_1(\bar{\boldsymbol{r}})=2\hat{\boldsymbol{n}}\times\overline{\boldsymbol{H}}_i(\bar{\boldsymbol{r}})-\hat{\boldsymbol{n}}\times\overline{\boldsymbol{H}}_i(\bar{\boldsymbol{r}})$$
$$=\hat{\boldsymbol{n}}\times\overline{\boldsymbol{H}}_i(\bar{\boldsymbol{r}}),\text{在 } A \text{ 平面上} \tag{12.110}$$

(2)电场的法向分量等于入射电场的法向分量①。

$$\hat{\boldsymbol{n}}\cdot\overline{\boldsymbol{E}}_1=\hat{\boldsymbol{n}}\cdot\overline{\boldsymbol{E}}_2=\hat{\boldsymbol{n}}\cdot\overline{\boldsymbol{E}}_i,\text{在 } A \text{ 上} \tag{12.111}$$

为了证明这一点,需对电场进行讨论。屏幕左侧的电场$\overline{\boldsymbol{E}}_1$ 表示为

$$\overline{\boldsymbol{E}}_1(\bar{\boldsymbol{r}})=\overline{\boldsymbol{E}}_i(\bar{\boldsymbol{r}})+\overline{\boldsymbol{E}}_r(\bar{\boldsymbol{r}})-\mathrm{j}\omega\mu\,\nabla\times\bar{\boldsymbol{\pi}}_{m1}(\bar{\boldsymbol{r}}) \tag{12.112}$$

类似地,右侧的电场$\overline{\boldsymbol{E}}_2$ 为

$$\overline{\boldsymbol{E}}_2(\bar{\boldsymbol{r}})=-\mathrm{j}\omega\mu\,\nabla\times\bar{\boldsymbol{\pi}}_{m2}(\bar{\boldsymbol{r}}) \tag{12.113}$$

注意到$\bar{\boldsymbol{\pi}}_{m1}=-\bar{\boldsymbol{\pi}}_{m2}$,$\overline{\boldsymbol{E}}_1$ 和$\overline{\boldsymbol{E}}_2$ 的法向分量为

$$\begin{cases}\hat{\boldsymbol{n}}\cdot\overline{\boldsymbol{E}}_1=\hat{\boldsymbol{n}}\cdot(\overline{\boldsymbol{E}}_i+\overline{\boldsymbol{E}}_r)+\hat{\boldsymbol{n}}\cdot(-\mathrm{j}\omega\mu\,\nabla\times\bar{\boldsymbol{\pi}}_m)\\ \hat{\boldsymbol{n}}\cdot\overline{\boldsymbol{E}}_2=\hat{\boldsymbol{n}}\cdot(\mathrm{j}\omega\mu\,\nabla\times\boldsymbol{\pi}_m)\end{cases} \tag{12.114}$$

$\overline{\boldsymbol{E}}$的法向分量在 A 上也必须是连续的,因此得到:

$$\hat{\boldsymbol{n}}\cdot\overline{\boldsymbol{E}}_1=\hat{\boldsymbol{n}}\cdot\overline{\boldsymbol{E}}_2=\frac{1}{2}\hat{\boldsymbol{n}}\cdot(\overline{\boldsymbol{E}}_i+\overline{\boldsymbol{E}}_r) \tag{12.115}$$

但孔径关闭时,$\overline{\boldsymbol{E}}_i$ 和$\overline{\boldsymbol{E}}_r$ 的法向分量为$\overline{\boldsymbol{E}}_i$ 法向分量的两倍,证明了式(12.111)。

12.11 小孔径

如果孔径比波长小,则可以用等效磁偶极子和电偶极子来表示孔径场的效应(Butler 等,1978)。式(12.113)中的电场$\overline{\boldsymbol{E}}_2$ 位于距离 $R\gg\lambda$ 处,且方向沿 $z>0$ 区域的单位矢量 $\hat{\boldsymbol{o}}$(图 12.9)。则格林函数 $G(\bar{\boldsymbol{r}},\bar{\boldsymbol{r}}')$可以近似为

$$G(\bar{\boldsymbol{r}},\bar{\boldsymbol{r}}')=\frac{1}{4\pi R}\exp(-\mathrm{j}kR+\mathrm{j}k\,\bar{\boldsymbol{r}}'\cdot\hat{\boldsymbol{o}}) \tag{12.116}$$

式中:$|\bar{\boldsymbol{r}}-\bar{\boldsymbol{r}}'|\simeq R-\bar{\boldsymbol{r}}'\cdot\hat{\boldsymbol{o}}$。在式(12.113)中使用该式,并注意到$\nabla=-\mathrm{j}k\hat{\boldsymbol{o}}$,得到:

$$\overline{\boldsymbol{E}}_2(\bar{\boldsymbol{r}})=\mathrm{j}2k\frac{\mathrm{e}^{-\mathrm{j}kR}}{4\pi R}\hat{\boldsymbol{o}}\times\int_A\overline{\boldsymbol{J}}_{ms2}(\bar{\boldsymbol{r}}')\mathrm{e}^{\mathrm{j}k\bar{\boldsymbol{r}}'\cdot\hat{\boldsymbol{o}}}\mathrm{d}S' \tag{12.117}$$

由于孔径尺寸比波长小得多,将泰勒级数中的 $\exp(\mathrm{j}k\,\bar{\boldsymbol{r}}'\cdot\hat{\boldsymbol{o}})$展开,得到:

$$\overline{\boldsymbol{E}}_2(\bar{\boldsymbol{r}})=\sum_{n=-\infty}^{\infty}\overline{\boldsymbol{E}}_{2n}(\bar{\boldsymbol{r}}) \tag{12.118}$$

可以证明,$n=0$ 时的项与磁偶极子$\bar{\boldsymbol{p}}_m$ 在屏幕存在时产生的场相同,即$\bar{\boldsymbol{p}}_m$ 和其成像$\bar{\boldsymbol{p}}_m$ 之和(图 12.9)。

$$E_{20}(\bar{\boldsymbol{r}})=-\omega\mu k\frac{\mathrm{e}^{-\mathrm{j}kR}}{4\pi R}\hat{\boldsymbol{o}}\times(2\,\bar{\boldsymbol{p}}_m) \tag{12.119}$$

式中:

$$2\,\bar{\boldsymbol{p}}_m=\frac{2}{\mathrm{j}\omega\mu}\int\overline{\boldsymbol{J}}_{ms2}(\bar{\boldsymbol{r}}')\mathrm{d}S'$$

---

① 译者注:根据上下文,将式(12.111)中的 E_1 更正为 $\overline{\boldsymbol{E}}_1$。

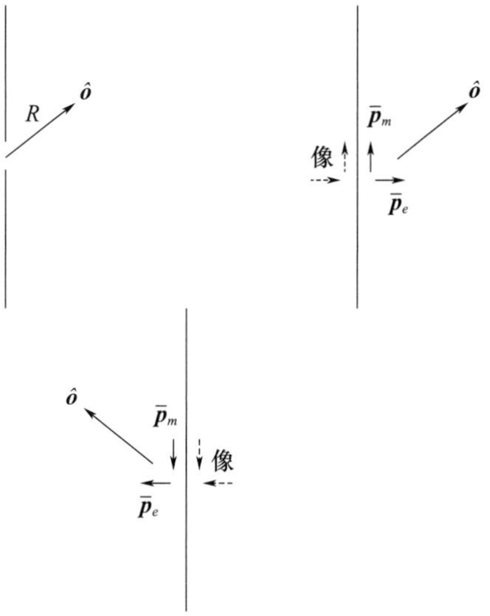

图 12.9 小孔径

还可以证明,磁场和$\bar{\boldsymbol{p}}_m$ 的尺寸为(体积)×(磁场)。当孔径关闭(短路)时,磁矩$\bar{\boldsymbol{p}}_m$ 与孔径处的磁场$\overline{\boldsymbol{H}}_{sc}$的切向分量成正比,可表示为

$$\bar{\boldsymbol{p}}_m = -\bar{\bar{\boldsymbol{\alpha}}}_m \cdot \overline{\boldsymbol{H}}_{sc}, \text{区域 } z>0 \tag{12.120}$$

或表示为矩阵形式:

$$\begin{bmatrix} p_{mx} \\ p_{my} \end{bmatrix} = -\begin{bmatrix} \alpha_{mxx} & \alpha_{mxy} \\ \alpha_{myx} & \alpha_{myy} \end{bmatrix}\begin{bmatrix} H_{scx} \\ H_{scy} \end{bmatrix}$$

式中:$\bar{\bar{\boldsymbol{\alpha}}}_m$ 被称为磁极化度。对于半径为 a 的圆形孔径,$\bar{\bar{\boldsymbol{\alpha}}}_m$ 的值为

$$\begin{cases} \alpha_{mxx} = \alpha_{myy} = \dfrac{4}{3}a^3 \\ \alpha_{mxy} = \alpha_{myx} = 0 \end{cases} \tag{12.121}$$

同样地,根据式(12.112)和式(12.113),对于 $z<0$ 的区域,等效磁矩$\bar{\boldsymbol{p}}_m$ 表示为

$$\bar{\boldsymbol{p}}_m = +\bar{\bar{\boldsymbol{\alpha}}}_m \cdot \overline{\boldsymbol{H}}_{sc} \tag{12.122}$$

Butler 等(1978)使用椭圆孔径的磁极化率对上述结果进行了详细推导。

式(12.118)中对于 $n=1$ 的下一项表示等效电偶极子和四极矩引起的磁场,有

$$\begin{cases} \overline{\boldsymbol{E}}_{21}(\bar{\boldsymbol{r}}) = \overline{\boldsymbol{E}}_{21d}(\bar{\boldsymbol{r}}) + \overline{\boldsymbol{E}}_{21q}(\bar{\boldsymbol{r}}) \\ \overline{\boldsymbol{E}}_{21d} = -\dfrac{k^2}{\varepsilon}\dfrac{\mathrm{e}^{-\mathrm{j}kR}}{4\pi R}\hat{\boldsymbol{o}} \times [\hat{\boldsymbol{o}} \times (2\bar{\boldsymbol{p}}_e)] \\ \overline{\boldsymbol{E}}_{21q} = \text{四极} \end{cases} \tag{12.123}$$

式中:

$$\bar{\boldsymbol{p}}_e = -\frac{\varepsilon}{2}\int \bar{\boldsymbol{r}}' \times \overline{\boldsymbol{J}}_{ms2}(\bar{\boldsymbol{r}}')\,\mathrm{d}S'$$

上面的$\overline{\boldsymbol{E}}_{21d}$与屏幕存在时电偶极矩$\bar{\boldsymbol{p}}_e$ 产生的场相同,等于 $\bar{\boldsymbol{p}}_e$ 及其镜像 $\bar{\boldsymbol{p}}_e$ 的和(图 12.9)。偶极矩 $\bar{\boldsymbol{p}}_e$ 指向 z 方向,与孔径关闭时孔径处电场 E_{scz}的法向分量成正比,有

$$\bar{\boldsymbol{p}}_e = p_e\hat{\boldsymbol{z}} = \varepsilon\alpha_e E_{scz}\hat{\boldsymbol{z}} \tag{12.124}$$

式中：α_e 为电极化率。半径为 a 的圆形孔径的 α_e 表示为

$$\alpha_e = \frac{2}{3}a^3 \tag{12.125}$$

对于 $z<0$ 的区域，偶极矩$\overline{\boldsymbol{p}}_e$ 表示为

$$\overline{\boldsymbol{p}}_e = -\varepsilon\alpha_e E_{scz}\hat{\boldsymbol{z}} \tag{12.126}$$

限于最低阶的散射，可以得出结论：小孔径等同于式（12.120）、式（12.122）、式（12.124）和式（12.126）中所示的磁偶极子和电偶极子。

前面讨论了平面屏幕上的小孔径，这可以概括为波导或空腔之间的电磁波通过小孔径从区域1到区域2的耦合。让(E_s, H_s)成为孔径关闭（短路）时区域1中的场，令 E_{sz}为孔径处 E_s 的法向分量，令 H_{st}为孔径处 H_s 的切向分量（图12.10）。那么，当孔径打开时，区域1中的场就是(E_s, H_s)与区域1中闭合孔径上的 $\overline{\boldsymbol{p}}_e$ 和 $\overline{\boldsymbol{p}}_m$ 所产生的场之和（图12.10），有

$$\begin{cases}\overline{\boldsymbol{p}}_e = -\varepsilon\alpha_e E_{sz}\hat{\boldsymbol{z}}\\ \overline{\boldsymbol{p}}_m = \overline{\overline{\boldsymbol{\alpha}}}_m \cdot \overline{\boldsymbol{H}}_{st}\end{cases} \tag{12.127}$$

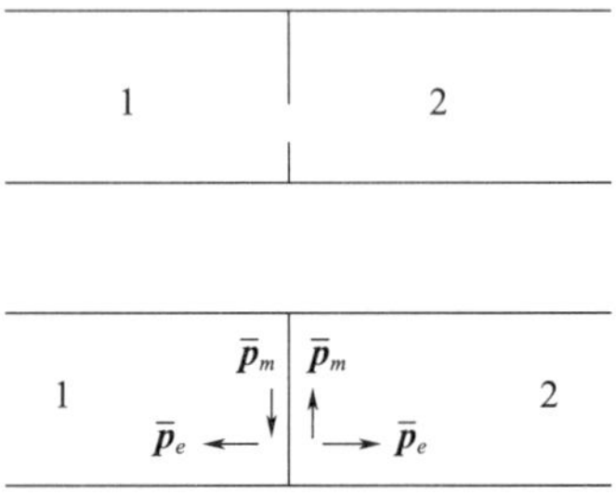

图12.10 通过小孔进行耦合

则区域2的场是由在区域2中闭合孔径上的$\overline{\boldsymbol{p}}_e$ 和$\overline{\boldsymbol{p}}_m$ 生成：

$$\begin{cases}\overline{\boldsymbol{p}}_e = \varepsilon\alpha_e E_{sz}\hat{\boldsymbol{z}}\\ \overline{\boldsymbol{p}}_m = -\overline{\overline{\boldsymbol{\alpha}}}_m \cdot \overline{\boldsymbol{H}}_{st}\end{cases} \tag{12.128}$$

12.12 巴比涅原理、缝隙天线和线天线

下面讨论导电屏上的缝隙及其互补问题，其中缝隙被导电片所取代，而屏变成孔径。由于这两个互补问题具有对称性，可以用其中一个问题的解来解决另一个问题。这种等价关系称为巴比涅原理。

对于图12.11中所示的两个问题，在图12.11(a)中，带缝隙的导电屏受到电流$\overline{\boldsymbol{J}}$的照射，$(\overline{\boldsymbol{E}}_1, \overline{\boldsymbol{H}}_1)$是缝隙的衍射场；图12.11(b)所示的互补问题中，金属线受到源电流$(\varepsilon/\mu)\overline{\boldsymbol{J}}_{mc}$的激励，线散射的场为$(\overline{\boldsymbol{E}}_{cs}, \overline{\boldsymbol{H}}_{cs})$。根据巴比涅原理得到：

$$\begin{cases}\overline{\boldsymbol{E}}_1 = -\sqrt{\dfrac{\mu}{\varepsilon}}\overline{\boldsymbol{H}}_{cs}\\ \overline{\boldsymbol{H}}_1 = \sqrt{\dfrac{\varepsilon}{\mu}}\overline{\boldsymbol{E}}_{cs}\end{cases} \tag{12.129}$$

式(12.129)的证明可以分为两步。首先考虑图 12.12 所示的三种情况。在图 12.12(a)中,有一个源$\overline{\boldsymbol{J}}$和一个带缝隙的完全导电屏(切向电场为零的电壁),设屏后的场为 E_1 和 H_1(图 12.12(a))。接下来讨论互补问题,即屏和缝隙互换,电壁换成磁壁(切向磁场为零)。在这种情况下,同一位置的场分别为$\overline{\boldsymbol{E}}_2$ 和$\overline{\boldsymbol{H}}_2$(图 12.12(b))。

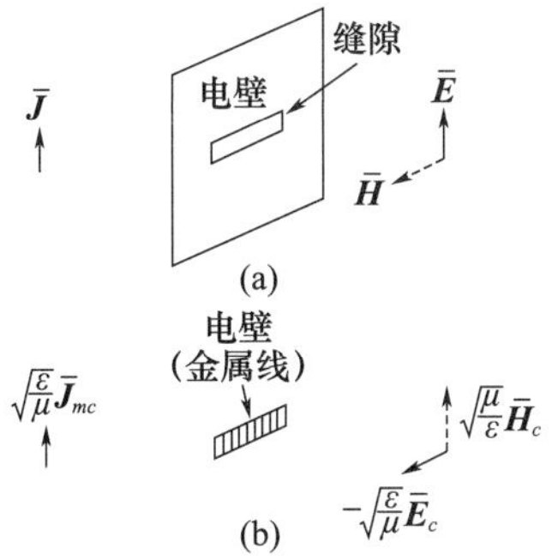

图 12.11　将巴比涅原理应用于(a)缝隙和(b)线

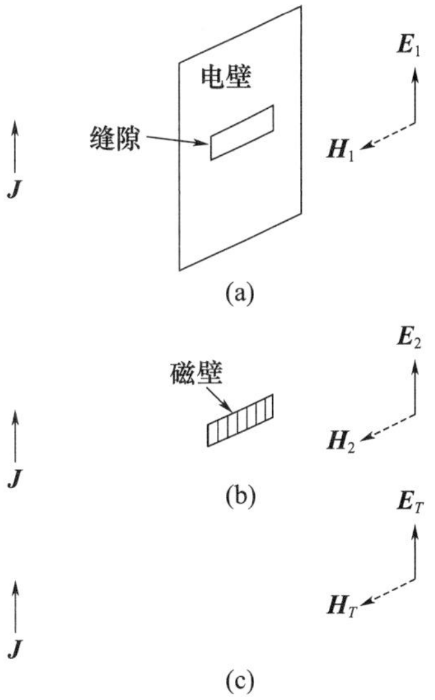

图 12.12　关于式(12.130)中巴比涅原理的三个例子

第三种情况考虑没有屏幕时的场,相同位置的场设为$\overline{\boldsymbol{E}}_T$ 和$\overline{\boldsymbol{H}}_T$(图 12.12(c)),则巴比涅原理表明:

$$\begin{cases}\overline{\boldsymbol{E}}_1+\overline{\boldsymbol{E}}_2=\overline{\boldsymbol{E}}_T\\ \overline{\boldsymbol{H}}_1+\overline{\boldsymbol{H}}_2=\overline{\boldsymbol{H}}_T\end{cases}\tag{12.130}$$

为了证明这一点,可以从式(12.109)中注意到,图 12.12(a)中缝隙上的切向磁场等于入射场的切向磁场。S_1 上的切向电场 E_1 为零。因此,对于图 12.12(a),总的切向电场和切向磁场(E_1,H_1)为

$$\begin{cases}E_1=E_T=0,\text{在屏}(S_1)\text{上}\\ H_1=H_T,\text{在槽}(S_2)\text{上}\end{cases}\tag{12.131}$$

对于图 12.12(b)所示的磁屏:

$$\begin{cases}E_2=E_T,\text{在孔径}(S_1)\text{上}\\ H_2=H_T=0,\text{在磁壁}(S_2)\text{上}\end{cases}\tag{12.132}$$

将上述两个场量相加,得到:

$$\begin{cases}E_1+E_2=E_T,\text{在 }S_1\text{ 上}\\ H_1+H_2=H_T,\text{在 }S_2\text{ 上}\end{cases}\tag{12.133}$$

根据唯一性定理,S_1 上的 E_1 和 S_2 上的 H_1 可以唯一地确定所有位置的场。同样,S_1 上的 E_2 和 S_2 上的 H_2 也唯一地决定了所有位置的场。但是由(E_1,H_1)和(E_2,H_2)的叠加

得到 S_1 上的场 E_T 和 S_2 上的场 H_T，根据唯一性定理，当 $z>0$ 时，这两个场能够表示与入射场相同的各处场，则证明了式(12.130)中的巴比涅原理。

在前文中，使用带孔径的导电屏和带磁壁的圆盘阐述了巴比涅原理。更实际、更有用的是将巴比涅原理应用于导电屏和线上的缝隙。需要注意到麦克斯韦方程的对偶性及其不变性，将所有量替换为下标为 c 的量：

$$\begin{cases} E\to\sqrt{\dfrac{\mu}{\varepsilon}}H_c \\ H\to-\sqrt{\dfrac{\varepsilon}{\mu}}E_c \\ J_m\to-\sqrt{-\dfrac{\mu}{\varepsilon}}J_c \\ J\to\sqrt{\dfrac{\varepsilon}{\mu}}J_{mc} \\ \rho_m\to-\sqrt{\dfrac{\mu}{\varepsilon}}\rho_c \\ \rho\to\sqrt{\dfrac{\varepsilon}{\mu}}\rho_{mc} \end{cases} \tag{12.134}$$

此外，如果电壁和磁壁互换，则边界条件相同，解也应相同。例如，图 12.13(a)中的 E 和 H 与图 12.13(b)中的 $-\sqrt{\mu/\varepsilon}H_c$ 和 $-\sqrt{\varepsilon/\mu}E_c$ 相同。利用这一对偶性，可以发现图 12.11(a)中的情况与图 12.11(b)中的情况相同。因此，式(12.133)可以表示为

$$\begin{cases} E_1+\sqrt{\dfrac{\mu}{\varepsilon}}H_c=E_T \\ H_1-\sqrt{\dfrac{\varepsilon}{\mu}}E_c=H_T \end{cases} \tag{12.135}$$

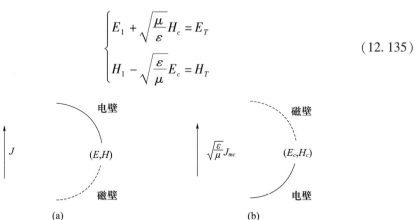

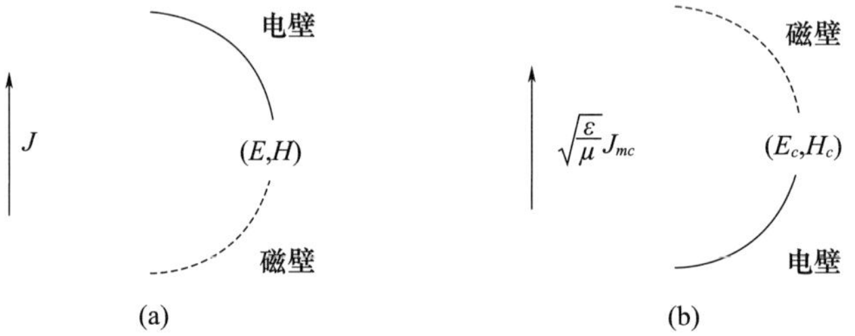

图 12.13　对偶原理

如果把 $\overline{\boldsymbol{H}}_c$ 和 $\overline{\boldsymbol{E}}_c$ 表示为入射波和散射波的总和，则有

$$\begin{cases} \sqrt{\dfrac{\mu}{\varepsilon}}H_c=\sqrt{\dfrac{\mu}{\varepsilon}}H_{cT}+\sqrt{\dfrac{\mu}{\varepsilon}}H_{cs}=E_T+\sqrt{\dfrac{\mu}{\varepsilon}}H_{cs} \\ -\sqrt{\dfrac{\varepsilon}{\mu}}E_c=\sqrt{\dfrac{\varepsilon}{\mu}}E_{cT}-\sqrt{\dfrac{\varepsilon}{\mu}}E_{cs}=H_T-\sqrt{\dfrac{\varepsilon}{\mu}}E_{cs} \end{cases} \tag{12.136}$$

式中：H_{cs} 和 E_{cs} 为电流在线上产生的散射场，然后可以将式(12.135)改写为式(12.129)，从而证明巴比涅原理。

利用巴比涅原理可以讨论缝隙天线阻抗与其互补线天线的阻抗之间的关系。对于图 12.14中所示的缝隙和其互补的线天线，其电场分别为 E_1、H_1 和 E_{cs}、H_{cs}，并通过式(12.129)相关联。对于缝隙天线，电压 V_s 和电流 I_s 表示为

$$\begin{cases} V_s = \int_a^b E_1 \cdot \mathrm{d}l \\ I_s = 2\int_c^d H_1 \cdot \mathrm{d}l \end{cases} \tag{12.137}$$

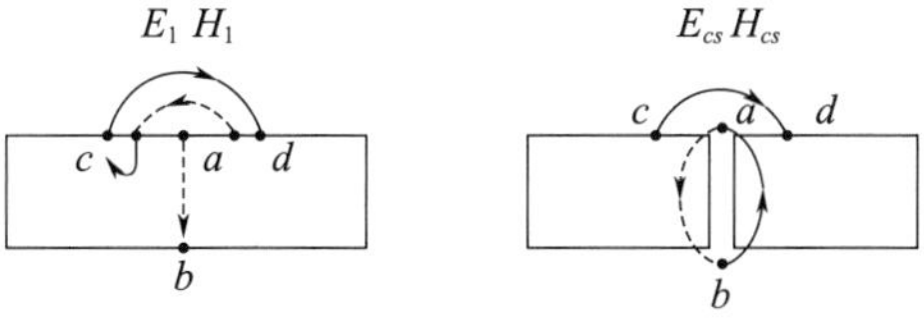

(a) (b)

图 12.14 缝隙天线线天线

电流 I_s 由屏幕一侧的 $\int_c^d H_1 \cdot \mathrm{d}l$ 加上另一侧的 $\int_d^c H_1 \cdot \mathrm{d}l$ 表示。对于线天线，电压 V_w 和电流 I_w 表示为

$$\begin{cases} V_w = \int_c^d E_{cs} \cdot \mathrm{d}l \\ I_w = 2\int_b^a H_{cs} \cdot \mathrm{d}l \end{cases} \tag{12.138}$$

上述 c 和 d 两点无限接近 a。利用式(12.129)和式(12.137)，将式(12.138)表示为

$$\begin{cases} V_w = \eta \int_c^d H_1 \cdot \mathrm{d}l = \dfrac{\eta I_s}{2} \\ I_w = \dfrac{2}{\eta}\int_b^a E_1 \cdot \mathrm{d}l = \dfrac{2}{\eta} V_s \end{cases} \tag{12.139}$$

因此，线阻抗 $Z_w = (V_w/I_w)$ 和缝隙阻抗 $Z_s = (V_s/I_s)$ 的关系为

$$Z_w Z_s = \frac{\eta^2}{4} \tag{12.140}$$

式中：$\eta = \sqrt{\mu/\varepsilon}$。

这一重要关系称为布克关系(Booker' s relation)，它表明如果已知缝隙阻抗(或线天线阻抗)，则线天线阻抗(或缝隙阻抗)可通过式(12.140)解得。

Mushiake 指出，由于布克关系，如果缝隙和线具有相同的形状(图 12.15)，则天线是自互补的，阻抗不变，等于 $\eta/2$，与天线形状和频率无关，即

$$Z = \frac{\eta}{2} \tag{12.141}$$

这被称为穆夏克关系(Mushiake relation)，这显然为非频变天线(Rumsey，1966)。

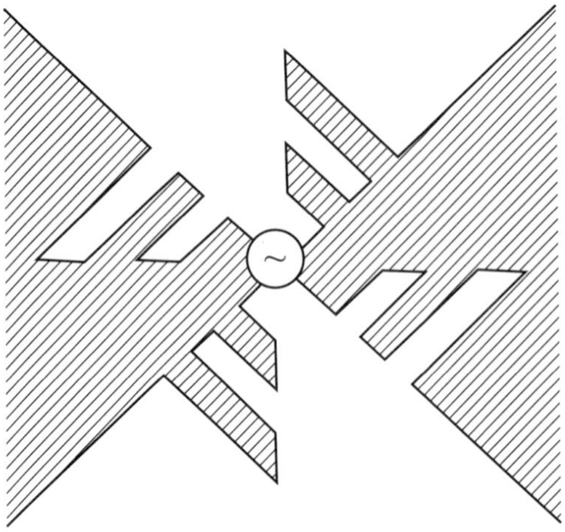

图 12.15　自互补天线

12.13　狭缝和带状的电磁衍射

以 12.10 节讨论的导电屏上孔径的电磁散射为例，考虑一个更简单的二维问题$\partial/\partial y=0$，即导电屏上狭缝的衍射问题（图 12.16）。从式（12.108）中的一般积分方程开始讨论，对于 TE（$\overline{\boldsymbol{E}}\perp\hat{\boldsymbol{y}}$）的情况，$\overline{\boldsymbol{J}}_{ms1}=\overline{\boldsymbol{E}}\times(-\hat{\boldsymbol{z}})=E_x\hat{\boldsymbol{y}}$，$\overline{\boldsymbol{E}}_i=E_i\hat{\boldsymbol{x}}$ 和$\overline{\boldsymbol{H}}_i=H_i\hat{\boldsymbol{y}}$ 的入射波入射到屏幕上，式（12.108）变为

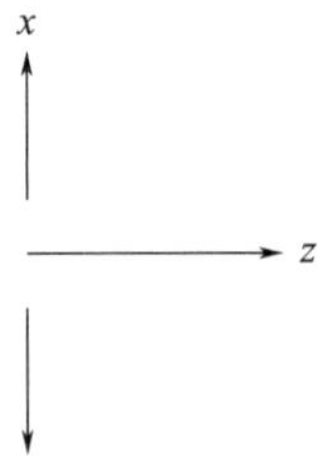

图 12.16　狭缝的衍射

$$2\mathrm{j}\omega\varepsilon_0\int_{-a}^{a}G(x,x')E_x(x')\,\mathrm{d}x' = H_i \tag{12.142}$$

式中：$G(x,x')=-(\mathrm{j}/4)H_0^{(2)}(k|x-x'|)$。

这可以用矩量法进行数值求解。如果波法向入射，则 $H_i=A\exp(-\mathrm{j}kz)$，且已经求得了狭缝的解。

$$\mathrm{j}\omega\varepsilon_0E_x(x')=C_1\left[1-\left(\frac{x'}{a}\right)^2\right]^{-1/2} \tag{12.143}$$

$$C_1=\frac{-A}{a(\ln ka+\ln(\gamma/4)+\mathrm{j}\pi/2)} \tag{12.144}$$

式中：$\gamma=1.78107$（欧拉常数），$\ln\gamma=0.5772$。注意到，E_x 满足边界条件（见附录 7.C）。

屏幕右侧的远场计算公式为

$$H_y=-\frac{\mathrm{j}}{2}a\pi C_1\left(\frac{2}{\pi kr}\right)^{1/2}\mathrm{e}^{-\mathrm{j}kr+\mathrm{j}\pi/4} \tag{12.145}$$

对于 TM（$\overline{\boldsymbol{H}}\perp\hat{\boldsymbol{y}}$），$\overline{\boldsymbol{J}}_{ms1}=-E_y\hat{\boldsymbol{x}}$，得到：

$$\left(\frac{\partial^2}{\partial x^2}+k^2\right)\int_{-a}^{a}G(x,x')\,\frac{2E_y(x')}{\mathrm{j}\omega\mu}\mathrm{d}x' = H_{ix} \tag{12.146}$$

这可以用数值方法求解。然而，对于狭缝，当波法向入射时，$E_{iy}=A\exp(-\mathrm{j}kz)$，孔径

场的计算公式为①

$$E_y = C_2 \left[1 - \left(\frac{x'}{a}\right)^2\right]^{1/2} \tag{12.147}$$

式中：$C_2 = \mathrm{j}kaA$。

屏幕右侧远场的计算公式为

$$E_y = \frac{\pi kaC_2}{4}\left(\frac{2}{\pi kr}\right)^{1/2}\frac{z}{r}\mathrm{e}^{-\mathrm{j}kr+\mathrm{j}(\pi/4)} \tag{12.148}$$

根据上述结果，可以利用巴比涅原理计算出带状的衍射。

12.14　相关问题

瞬态现象可以在频域内处理，然后通过傅里叶变换得到时域解。或者，也可以使用时间步进法在时域中研究瞬态现象（Felsen，1976）。时域有限差分法（Finite difference time domain，FDTD）是时域方法中一种有用的数值技术（Yee，1966）。时域解可以用复指数级数来表示，这些复指数与拉普拉斯变换中的奇点相对应。这是由 Baum 在 1971 年提出的，被称为奇点扩展法（SEM）（Baum，1976；Tesche，1973；Felsen，1976；Uslenghi，1978）。

此外，还有其他处理复杂体散射的数值技术。Yasuura 方法（Ikuno，Yasuura，1978；Yasuura，Okuno，1982）于 20 世纪 60 年代末提出，利用了模式匹配方法的平滑过程。结果表明这是一种强大的数值方法，具有高精度和高效率。

习　题

12.1　对于式（12.62）中的平面波照射式（12.61）中的正弦波表面的二维狄利克雷问题，求出类似于式（12.3）和式（12.5）的积分方程。用基尔霍夫近似法求得散射波。

12.2　对于题 12.1 中的正弦波曲面，求得双介质问题的积分方程。

12.3　一个被平面波照射的刀刃如图 11.18 所示，对于入射波 E_{zi} 为式（11.122）中所示的 TM 波，求表面电流的 EFIE 和 MFIE。同样，对于式（11.125）中的 TE 波，求表面电流的 EFIE 和 MFIE。

12.4　应用 T 矩阵法求解来自导电椭圆柱的散射波，其表面表示为

$$\frac{x^2}{a^2} + \frac{y^2}{b^2} = 1$$

入射波为沿 z 方向极化的平面波。

12.5　对于图 12.5 中所示的二维问题，如果该物体的横截面为 $a \times a$ 的正方形，请使用图 P12.5 所示的四个单元格求得回波宽度。

12.6　功率密度为 P_0、频率为 10GHz 的线偏振波法向入射到导电屏上一个半径为 2mm 的圆形小孔中。求通过该孔径传输的总功率。

① 译者注：根据公式推导，将式（12.147）中的 E_yC_2 更正为 $E_y = C_2$。

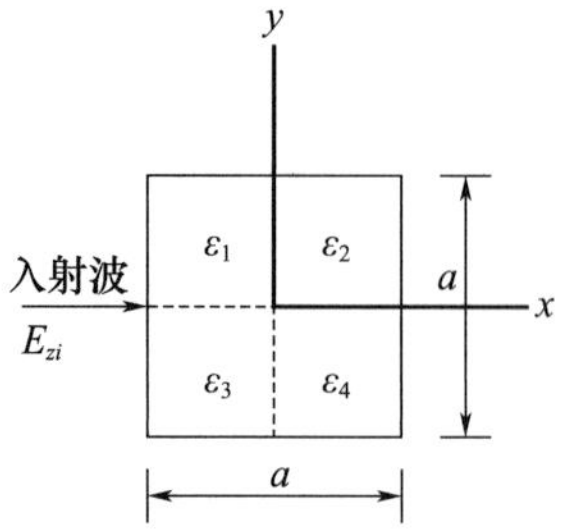

图 P12.5　电介质物体的散射($a=0.1\lambda_0,\varepsilon_1=1.1,\varepsilon_2=1.2,\varepsilon_3=1.3,\varepsilon_4=1.4$)

12.7　导电屏有一个宽度为1mm的缝隙,被功率密度为P_0、频率为10GHz的TE电磁波法向照射,求通过单位长度狭缝传输的功率。此外,计算当入射波为TM波的情况。

第 13 章

几何绕射理论和低频技术

在第 12 章中,讨论了处理目标散射和衍射的积分方程法。需要注意的是,尽管积分方程本身是精确的,但实际求解通常需要大量的数值计算和矩阵计算,如矩量法和 T 矩阵法。显然矩阵的大小取决于目标的大小。事实上,在许多应用中,每个波长大约需 10 个点才能将误差控制在几个百分点以内;因此,对于大型目标,不能使用精确积分方程法。另一方面,如果目标尺寸远小于波长,则求解方法就应该接近静态情况。在本章中,将研究适用于远大于波长的目标的高频技术和适用于远小于波长的目标的低频技术。对于接近波长的目标,即共振区,可以有效地使用矩量法和其他数值技术。

有关几何绕射理论(geometric theory of diffraction,GTD)及其相关主题的文献资料非常丰富。有关 GTD 的重要论文已收录在《IEEE press reprint series》(Hansen,1981)中。James(1976)和 Jull(1981)最近出版的书也对其进行了广泛讨论。Kouyoumjian(1974)和 Pathak(1974)讨论了均匀几何绕射理论(uniform geometric theory of diffraction,UTD),Deschamps 等(1984)和 Lee(1977)讨论了边缘衍射的均匀渐近理论(uniform asymptotic theory of edge diffraction,UAT)。

13.1 几何绕射理论

当波长 λ 接近于零时,场可以用几何光学来描述,但不包含绕射效应。J. Keller 提出了几何光学的一个重要延伸,将绕射包括在内,称为几何绕射理论或 GTD(Keller,1962)。除了通常的几何光学光线外,还引入了绕射线。与几何光学不同,绕射线可以进入阴影区域。GTD 处理的是源于边、角(顶点)和曲面的绕射线,它基于以下假设:

(1)费马原理可以推广并适用于绕射线,因此,绕射光线在两点之间的所有路径中遵循一条固定光程的曲线。

(2)绕射在高频率下是一种局部现象,因此,绕射线的大小取决于入射波的性质和绕射点附近的边界。

(3)衍射线的相位与射线的光学长度成正比,而振幅的变化是为了保持狭长射线管的功率。

根据上述假设,绕射线与入射波和绕射系数的乘积成正比,这与从表面反射的几何光学光线类似,反射光线与入射波和反射系数成正比。一般来说,绕射系数在边缘上与 $\lambda^{1/2}$ 成正比,在顶点上与 λ 成正比,在表面上与 λ^{-1} 成指数递减。因此,边缘的绕射最强,顶点的绕射较弱,表面的绕射最弱。绕射系数是通过考虑较简单正则问题的精确解的渐近形式得到的。例如,边缘绕射系数就是由无限楔形的精确解的渐近形式决定的。

用二维完全导电的刀刃(图 13.1)来讨论边缘绕射,首先讨论 TM 情况(E_z,H_x,H_y)。

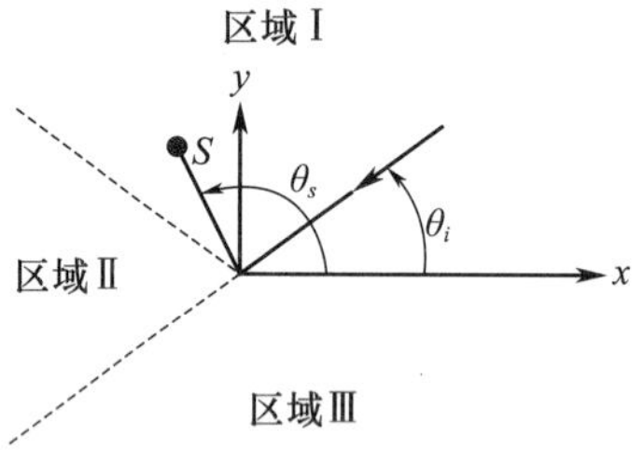

图 13.1 边缘绕射

磁场横向于 z 轴。导体上($x>0, y=0$)的场分量 E_z 满足波动方程和狄利克雷边界条件(软表面)($E_z=0$),这等价于标量问题:标量场 $\psi=E_z$ 在表面上满足波动方程和狄利克雷条件 $\psi=0$。

设 A_i 为边缘处的入射波 ψ_i。则根据 GTD,在(s,θ_s)处的绕射线 ψ_d 为

$$\psi_d(s,\theta_s)=A_i D(\theta_s,\theta_i)\frac{\mathrm{e}^{-\mathrm{j}ks}}{\sqrt{s}} \tag{13.1}$$

式中:$D=(\theta_s,\theta_i)$ 为绕射系数;$\dfrac{\mathrm{e}^{-\mathrm{j}ks}}{\sqrt{s}}$ 为柱面波。

要确定式(13.1)中的绕射系数 $D=(\theta_s,\theta_i)$,需要考虑刀刃平面波绕射的典型问题。由于刀刃绕射的精确解是众所周知的,因此,绕射系数可以通过精确解的渐近形式与式(13.1)的比较来得到。

假设平面入射波为

$$\psi_i=A_i\mathrm{e}^{\mathrm{j}ks\cos(\theta_s-\theta_i)} \tag{13.2}$$

前文已经讨论过刀刃问题的精确解(11.13 节)。在(s,θ_s)处的精确总场表示为

$$\psi(s,\theta_s)=\frac{A_i\mathrm{e}^{\mathrm{j}(\pi/4)}}{\sqrt{\pi}}\left[\mathrm{e}^{\mathrm{j}ks\cos(\theta_s-\theta_i)}F(a_1)-\mathrm{e}^{\mathrm{j}ks\cos(\theta_s+\theta_i)}F(a_2)\right] \tag{13.3}$$

式中:

$$\begin{cases} F(a)=\displaystyle\int_a^{\infty}\mathrm{e}^{-\mathrm{j}\tau^2}\mathrm{d}\tau \text{ 是菲涅尔积分} \\ a_1=-(2ks)^{1/2}\cos\dfrac{\theta_s-\theta_i}{2} \\ a_2=-(2ks)^{1/2}\cos\dfrac{\theta_s+\theta_i}{2} \end{cases}$$

然后,通过研究离边缘较远的距离 s 处式(13.3)中的精确场,并将此渐近形式与

式(13.1)进行比较,即可确定式(13.1)中的绕射系数 D。

首先讨论图 13.1 中 Ⅰ、Ⅱ和Ⅲ区域内距离边缘较远的总场 ψ。在区域Ⅰ中,有:

$$\begin{cases}\psi = \psi_i + \psi_r + \psi_d \\ \psi_r = -A_i e^{jks\cos(\theta_s + \theta_i)}\end{cases} \tag{13.4}$$

式中:ψ_i 为式(13.2)中的入射场;ψ_r 为式(13.1)中的反射场;ψ_d 为式(13.1)中的绕射场。

在区域Ⅱ中,没有反射波,则有

$$\psi = \psi_i + \psi_d \tag{13.5}$$

在区域Ⅲ中,没有入射波或反射波,则有

$$\psi = \psi_d \tag{13.6}$$

请注意,尽管精确场是连续的,但这些渐近形式在区域Ⅰ、Ⅱ和Ⅲ的边界处表现出不连续。由于式(13.3)为精确解,因此,当 kr 较大时,应化简为式(13.4)、式(13.5)和式(13.6)。首先需注意到,菲涅尔积分有不同的渐近形式,这取决于 a 的符号。如果 $a>0$,则有

$$F(a) \approx \frac{e^{-ja^2}}{j2a}, a > \sqrt{10} \tag{13.7}$$

但是,如果 $a<0$,则有

$$F(a) + F(-a) = \sqrt{\pi} e^{-j(\pi/4)} \tag{13.8}$$

且得到:

$$F(a) = \frac{e^{-ja^2}}{j2a} + \sqrt{\pi} e^{-j(\pi/4)}, a<0 \text{ 且 } |a| > \sqrt{10} \tag{13.9}$$

附加常数 $\sqrt{\pi} e^{-j(\pi/4)}$ 对应于式(13.4)、式(13.5)和式(13.6)中渐近形式的不连续特征。

接下来讨论区域Ⅰ中的式(13.3),此处 $a_1<0$ 和 $a_2<0$,则使用式(13.9)得到:

$$\psi = \psi_i + \psi_r + \psi_d \tag{13.10}$$

$$\psi_d = A_i D(\theta_s, \theta_i) \frac{e^{-jks}}{\sqrt{s}} \tag{13.11}$$

式中:

$$D(\theta_s, \theta_i) = -\frac{e^{-j(\pi/4)}}{2(2\pi k)^{1/2}} \left\{ \frac{1}{\cos[(\theta_s - \theta_i)/2]} - \frac{1}{\cos[(\theta_s + \theta_i)/2]} \right\}$$

在区域Ⅱ中,$a_1<0$ 且 $a_2>0$,则得到:

$$\psi = \psi_i + \psi_d \tag{13.12}$$

在区域Ⅲ中,$a_1>0$ 且 $a_2>0$,则得到:

$$\psi = \psi_d \tag{13.13}$$

式中:ψ_d 见式(13.11)。因此,得出结论:在平面波入射情况下,绕射场的渐近形式表示为式(13.11)。

现在将其推广为当边缘的任意入射场表示为 A_i 时,来自边缘的绕射光线也由式(13.11)表示。利用这一概括,现在可以为更复杂的问题构建 GTD 解。不过,应该注意的是,在区域Ⅰ和区域Ⅱ之间的反射边界($\theta_s + \theta_i = \pi$)以及区域Ⅱ和区域Ⅲ之间的阴影边

界($\theta_s-\theta_i=\pi$),式(13.11)中的绕射系数将变为无限大。GTD 在过渡区域的失效可以通过 UTD 或 UAT 来解决,这些方法将在后面讨论。

对于 TE 情况(H_z,E_x,E_y),场分量 H_z 满足导体上的波方程和诺依曼边界条件($x>0$, $y=0$)。在这种情况下,用 H_z 代替 E_z,那么精确解也由式(13.3)计算得到,只是第二项的负号换成了正号。因此,可以将 TM 和 TE 的情况总结如下。对于 TM,设 ψ 为 E_z;对于 TE,设 ψ 为 H_z。如果用 A_i 表示边缘处的入射波 ψ_i,在 GTD 近似中,(s,θ_s)处的二维绕射场表示为

$$\psi_d(s,\theta_s)=A_iD(\theta_s,\theta_i)\frac{e^{-jks}}{\sqrt{s}} \tag{13.14}$$

式中:绕射系数 D 可表示为

$$D(\theta_s,\theta_i)=-\frac{e^{-j(\pi/4)}}{2(2\pi k)^{1/2}}\left\{\frac{1}{\cos[(\theta_s-\theta_i)/2]}\mp\frac{1}{\cos[(\theta_s+\theta_i)/2]}\right\} \tag{13.15}$$

在上式中,TM(狄利克雷)问题应使用负号,TE(诺依曼)问题应使用正号。为了方便,用 D_s 表示狄利克雷问题(软屏),用 D_h 表示诺依曼问题(硬屏)。还要注意,式(13.14)仅在 $|a_1|>\sqrt{10}$ 和 $|a_2|>\sqrt{10}$ 区域内成立。如果 $|a_1|<\sqrt{10}$ 和 $|a_2|<\sqrt{10}$,则应使用 UTD(13.4 节)或其他高频方法(13.9 节)。

13.2 狄利克雷问题的狭缝衍射

下面讨论在导电平面上宽度为 $2a$ 的狭缝所衍射的场的二维问题(图 13.2)。首先,考虑狄利克雷(TM)问题,其中 $\psi=E_z$。现在根据 13.1 节的公式得到 GTD 解。在观测点 P 处,在边缘($x=a,y=0$)处衍射一次的场为

$$\psi_{s1}=A_1D(\theta_1,\theta_0)\frac{e^{-jkr_1}}{\sqrt{r_1}} \tag{13.16}$$

式中:$D(\theta_1,\theta_0)$ 见式(13.15)。

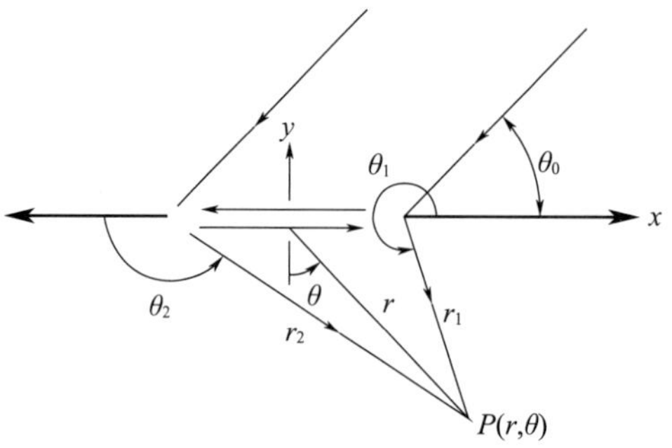

图 13.2 狭缝宽度为 $2a$ 的衍射

令 $D(r_1,\theta_1,\theta_0)=D(\theta_1,\theta_0)\cdot e^{-jkr_1}/\sqrt{r_1}$,单次衍射表示为(图 13.3 中的射线 a):

$$\psi_{s1}=A_1D(r_1,\theta_1,\theta_0) \tag{13.17}$$

式中:A_1 为边缘处的入射场。

如果入射波 ψ_i 为平面波,则有

$$\psi_i = A_0 e^{jk(x\cos\theta_0 + y\sin\theta_0)} \tag{13.18}$$

那么 A_1 表示为

$$A_1 = A_0 e^{jka\cos\theta_0} \tag{13.19}$$

类似地,在($x = -a, y = 0$)处,边缘的单次衍射表示为(图 13.3 中的射线 c):

$$\psi_{s2} = A_2 D(r_2, \theta_2, \pi + \theta_0) \tag{13.20}$$

式中:A_2 为边缘处的入射波,对于式(13.18)中的平面入射波,A_2 表示为

$$A_2 = A_0 e^{-jka\cos\theta_0} \tag{13.21}$$

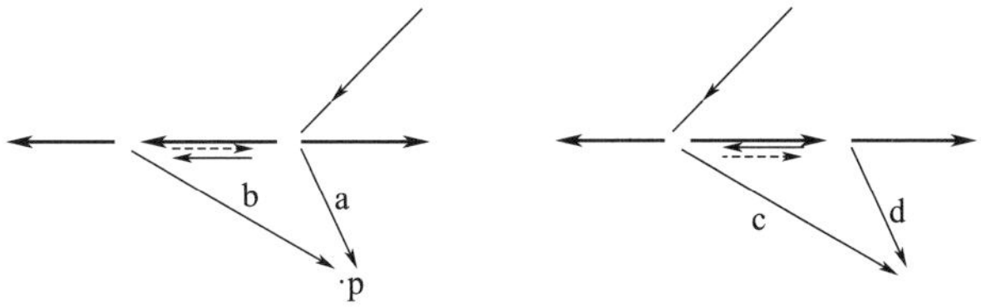

图 13.3 四束衍射光线(a 和 c 为单次衍射;b 和 d 是二次衍射;虚线表示多重衍射)

接下来讨论如图 13.3 中射线 b 和射线 d 所示的二次衍射。

$$\begin{cases} \psi_{d1} = A_1 D(2a, \pi, \theta_0) D(r_2, \theta_2, \pi) \\ \psi_{d2} = A_2 D(2a, \pi, \pi + \theta_0) D(r_1, \theta_1, \pi) \end{cases} \tag{13.22}$$

单次衍射和双重衍射项占主导地位,通常在 $ka > 1.5$ 时精度较高。三重和多重衍射也可以包括在内。可以在 ψ_{s1} 中加入从 $x = a$ 处的边缘到 $x = -a$ 处的边缘,再回到 $x = a$ 处的边缘,然后衍射到点 P 的射线。这个三重衍射场表示为

$$\psi_{t1} = A_1 D(2a, \pi, \theta_0) D(2a, \pi, \pi) D(r_1, \theta_1, \pi) \tag{13.23}$$

从 $x = a$ 到 $x = -an$ 次再衍射到点 P 的射线表示为 $[D(2a, \pi, \pi)]^{2n}\psi_{t1}$,因此,将图 13.3 中射线 a 所示的这些多重衍射射线相加,得到:

$$\psi_{t1} \sum_{n=0}^{\infty} [D(2a, \pi, \pi)]^{2n} = \psi_{t1} [1 - D(2a, \pi, \pi)^2]^{-1} \tag{13.24}$$

对于射线 b,得到:

$$\psi_{d1} \sum_{n=0}^{\infty} [D(2a, \pi, \pi)]^{2n} = \psi_{d1} [1 - D(2a, \pi, \pi)^2]^{-1} \tag{13.25}$$

式中:$\psi_{d1} = A_1 D(2a, \pi, \theta_0) D(r_2, \theta_2, \pi)$。同样,得到了图 13.3 中 c 和 d 的所有射线。完整的衍射场 ψ_d 表示为

$$\psi_d = \psi_{s1} + \psi_{s2} + (\psi_{d1} + \psi_{d2} + \psi_{t1} + \psi_{t2})[1 - D(2a, \pi, \pi)^2]^{-1} \tag{13.26}$$

式中:ψ_{s1} 和 ψ_{s2} 由式(13.17)和式(13.20)计算得到,ψ_{d1} 和 ψ_{d2} 由式(13.22)计算得到,ψ_{t1} 由式(13.23)计算得到。

$$\psi_{t2} = A_2 D(2a, \pi, \pi + \theta_0) D(2a, \pi, \pi) D(r_2, \theta_2, \pi)$$

对于式(13.26)中的衍射场 ψ_d,当波法向入射到狭缝时,它与狭缝的距离较大($kr \gg 1$)。然后得到(图 13.2):

$$\begin{cases} r_1 = r - a\sin\theta \\ r_2 = r + \sin\theta \\ \theta_0 = \dfrac{\pi}{2} \\ \theta_1 = \dfrac{3\pi}{2} + \theta \\ \theta_2 = \dfrac{\pi}{2} + \theta \\ A_1 = A_2 = A_0 \end{cases} \tag{13.27}$$

对于远场，衍射波是圆柱形的，则得到：

$$\psi_d = A_1 f_d(\theta)\left(\frac{k}{2\pi r}\right)^{1/2} e^{-jkr - j(\pi/4)} \tag{13.28}$$

式中：$f_d(\theta)$为散射振幅。现在讨论单次衍射和双重衍射。对于远场，单次衍射的散射振幅由式(13.17)和式(13.20)推导得到：

$$\begin{cases} f_{s1} = \dfrac{e^{jka\sin\theta}}{2k}\left[\dfrac{1}{\sin(\theta/2)} - \dfrac{1}{\cos(\theta/2)}\right] \\ f_{s2} = \dfrac{e^{-jka\sin\theta}}{2k}\left[\dfrac{-1}{\sin(\theta/2)} + \dfrac{-1}{\cos(\theta/2)}\right] \end{cases} \tag{13.29}$$

请注意，$\theta = 0$ 是每条边的光照区域和阴影区域之间的边界，因此，当 $\theta \to 0$ 时，ψ_{s1} 和 ψ_{s2} 都变为无穷大。然而在远场中，这两个奇点相互抵消，产生有限的衍射场：

$$f_{s1} + f_{s2} = \frac{1}{k}\left[\frac{j\sin(ka\sin\theta)}{\sin(\theta/2)} - \frac{\cos(ka\sin\theta)}{\cos(\theta/2)}\right] \tag{13.30}$$

对于宽狭缝，可以忽略多重衍射($\psi_{d1}, \psi_{d2}, \psi_{t1}, \psi_{t2}$)，由式(13.30)可以得到一个很好的近似值，这与较大 ka 时的基尔霍夫衍射理论是一致的(6.3 节)。

如式(13.30)所示，单衍射项 f_{s1} 和 f_{s2} 的散射振幅与 k^{-1} 成正比。双衍射项的散射振幅分别为 f_{d1} 和 f_{d2}，它们与 $k^{-3/2}$ 成正比。项 f_{t1} 和 f_{t2} 与 k^{-2} 成正比，而多重衍射项 $[1 - D(2a,\pi,\pi)^2]^{-1}$ 则表示 k 的所有高负次幂。例如，正向 $\theta = 0$ 的散射振幅为

$$\begin{cases} f_{s1}(0) + f_{s2}(0) = j2a - \dfrac{1}{k} \\ f_{d1}(0) = f_{d2}(0) = \dfrac{e^{-jk2a - j(\pi/4)}}{\sqrt{\pi}(ka)^{1/2}k} \\ f_{t1}(0) = f_{t2}(0) = \dfrac{e^{-jk4a + j(\frac{\pi}{2})}}{2\pi k^2 a} \\ D^2(2a,\pi,\pi) = \dfrac{e^{-jk4a - j(\pi/2)}}{2\pi ka} \end{cases} \tag{13.31}$$

屏幕上孔径的透射截面 σ 定义为平面波入射时，通过孔径透射的总功率与入射功率通量密度之比。根据前向散射定理，二维狭缝的透射截面 σ 由前向散射振幅的虚部表示：

$$\sigma = \mathrm{Im} f_d(\theta = 0) \tag{13.32}$$

式中：f_d 定义在式(13.28)中，σ 定义为单位狭缝长度单位功率通量密度的总传输功率。

如果只考虑单次衍射 f_{s1} 和 f_{s2}，则可以得到：

$$\frac{\sigma}{2a}=1 \tag{13.33}$$

透射截面等于几何截面 $\sigma_g=2a$。如果把双重衍射项 f_{d1} 和 f_{d2} 包括在内，就可以得到：

$$\frac{\sigma}{2a}=1-\frac{\cos(2ka-\pi/4)}{\sqrt{\pi}(ka)^{3/2}} \tag{13.34}$$

因此，当 ka 大于 2 时，该解与精确解十分一致，即使 $ka>1$ 时一致性也相当高。

13.3 诺依曼问题的狭缝衍射和斜率衍射

在诺依曼条件下，刀刃的二维衍射系数见式(13.15)，且 $\psi=H_z$。单次衍射 ψ_{s1} 和 ψ_{s2} 表示为

$$\begin{cases}\psi_{s1}=A_1D(r_1,\theta_1,\theta_0)\\ \psi_{s2}=A_2D(r_2,\theta_2,\pi+\theta_0)\end{cases} \tag{13.35}$$

式中：

$$\begin{cases}D(r_s,\theta_s,\theta_i)=\dfrac{e^{-jkr_s}}{\sqrt{r_s}}D(\theta_s,\theta_i)\\ D(\theta_s,\theta_i)=-\dfrac{e^{-j(\pi/4)}}{2(2\pi k)^{1/2}}\left[\dfrac{1}{\cos[(\theta_s-\theta_i)/2]}+\dfrac{1}{\cos[(\theta_s+\theta_i)/2]}\right]\end{cases}$$

接下来讨论双折射：

$$\psi_{d1}=A_1D(2a,\pi,\theta_0)D(r_2,\theta_2,\pi) \tag{13.36}$$

对于狄利克雷问题，这是有限且非零的。然而，对于诺依曼问题，如式(13.15)所示，当 $\theta_s=\pi$ 或 $\theta_i=\pi$ 时，$D(\theta_s,\theta_i)=0$(图 13.4)。因此，入射到边缘的波与 $D(2a,\pi,\theta_0)$ 成正比，且为零。由于衍射场显然不为零，这意味着我们需要考虑高阶项(Keller，1962；Jull，1981)。入射场 H_z 在边缘处为零，但它的导数与 E_x 成正比，且不为零，并对高阶项有贡献。对于一个在边缘处为零但在边缘附近是非均匀的波，其最简单表示为

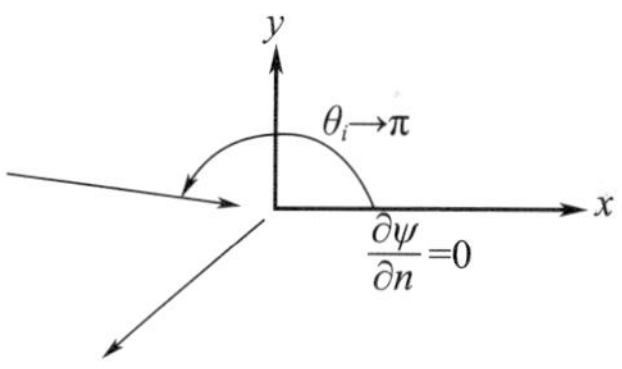

图 13.4 入射角为 π 时硬半平面的衍射

$$\psi_i=yA_0e^{-jkx} \tag{13.37}$$

它沿 $-y$ 方向的法向导数是：

$$\frac{\partial\psi_i}{\partial n}=-\frac{\partial\psi_i}{\partial y}=-A_0 \tag{13.38}$$

入射波也可以描述为平面波对 θ_i 的导数，即

$$\psi_i=-\frac{A_0}{jk}\frac{\partial}{\partial\alpha}\left[e^{jk(x\cos\alpha+y\sin\alpha)}\right]_{\alpha=\pi} \tag{13.39}$$

与该入射波相对应的衍射波表示为(Keller，1962)：

$$\psi_d(r_s,\theta_s)=\frac{\partial\psi_i}{\partial n}D'(\theta_s,\theta_i)\frac{\mathrm{e}^{-\mathrm{j}kr_s}}{\sqrt{r_s}} \tag{13.40}$$

式中:

$$D'(\theta_s,\theta_i)=\frac{1}{\mathrm{j}k}\left[\frac{\partial}{\partial\alpha}D(\theta_s,\alpha)\right]_{\alpha=\pi}$$

利用式(13.40)得到了双折射场 ψ_{d1}:

$$\psi_{d1}=A_1\frac{\partial}{\partial n}D(2a,\pi,\theta_0)D'(r_2,\theta_2,\pi) \tag{13.41}$$

式中:

$$\begin{aligned}\frac{\partial}{\partial n}D(2a,\pi,\theta_0)&=\left[\frac{-1}{r}\frac{\partial}{\partial\alpha}D(r,\theta_0)\right]_{\substack{r=2a\\ \alpha=\pi}}\\&=\frac{\exp(-\mathrm{j}k2a-\mathrm{j}\pi/4)}{8\ (\pi ka)^{1/2}a}\frac{\cos(\theta_0/2)}{\sin^2(\theta_0/2)}\\D'(r_2,\theta_2,\pi)&=\left[\frac{1}{\mathrm{j}k}\frac{\partial}{\partial\alpha}D(r_2,\theta_2,\alpha)\right]_{\alpha=\pi}\\&=\frac{\exp(-\mathrm{j}kr_2+\mathrm{j}\pi/4)}{2k\ (2\pi kr_2)^{1/2}}\frac{\cos(\theta_2/2)}{\sin^2(\theta_2/2)}\end{aligned}$$

这些涉及法线导数的高阶项称为斜率衍射。

对于远场,利用散射振幅,可以将衍射场表示为

$$\psi_d=A_0f_d(\theta)\left(\frac{k}{2\pi r}\right)^{1/2}\mathrm{e}^{-\mathrm{j}kr-\mathrm{j}(\pi/4)} \tag{13.42}$$

对于法向入射,单次衍射的散射振幅表示为

$$\begin{cases}f_{s1}=\dfrac{\mathrm{e}^{\mathrm{j}ka\sin\theta}}{2k}\left[\dfrac{1}{\sin(\theta/2)}+\dfrac{1}{\cos(\theta/2)}\right]\\f_{s2}=\dfrac{\mathrm{e}^{-\mathrm{j}ka\sin\theta}}{2k}\left[\dfrac{-1}{\sin(\theta/2)}+\dfrac{1}{\cos(\theta/2)}\right]\\f_{s1}+f_{s2}=\dfrac{1}{k}\left[\dfrac{\mathrm{j}\sin(ka\sin\theta)}{\sin(\theta/2)}+\dfrac{\cos(ka\sin\theta)}{\cos(\theta/2)}\right]\end{cases} \tag{13.43}$$

利用前向散射定理,可以求得单次衍射和双重衍射的透射截面:

$$\frac{\sigma}{2a}=1-\frac{\sin(2ka-\pi/4)}{8\sqrt{\pi}(ka)^{5/2}} \tag{13.44}$$

请注意,对于诺依曼问题,双衍射项与$(ka)^{-5/2}$成正比,而对于狄利克雷问题,双衍射项与$(ka)^{-3/2}$成正比,如式(13.34)。因此,诺依曼问题的双衍射比狄利克雷问题的双衍射弱。当 $ka>1.5$ 时,可以使用式(13.44)且不会有太大误差。

13.4　边缘衍射的均匀几何理论

我们在13.1节中已经注意到,式(13.15)中的衍射系数 D_s 和 D_h 在 $\theta_i\pm\theta_s=\pi$ 时变奇异,因此,不能用于过渡区域$|a_1|<\sqrt{10}$或$|a_2|<\sqrt{10}$,其中 a_1 和 a_2 见式(13.3)。Kouyoumjian 等(1974)对 GTD 进行了扩展,使衍射系数在过渡区域仍然有效。我们将用 13.1 节中讨论的二维刀刃问题来阐述这种 UTD 方法(图 13.5)。

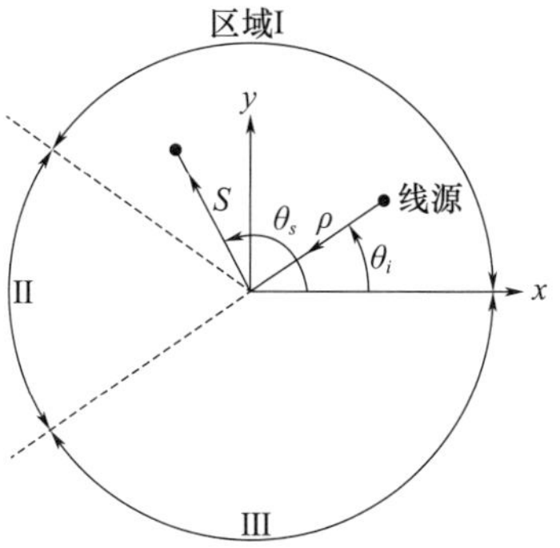

图 13.5　刀刃衍射的 UTD

对于位于(ρ,θ_i)的线源和位于(s,θ_s)的观测点,总场表示为(图 13.5):

$$\begin{cases}\psi=\psi_i+\psi_r+\psi_d,\text{在区域 I 内}\\ \psi=\psi_i+\psi_d,\text{在区域 II 内}\\ \psi=\psi_d,\text{在区域 III 内}\end{cases}\tag{13.45}$$

式中:ψ_i、ψ_r、ψ_d 分别是入射场、反射场和衍射场。如果用式(13.14)所示的 GTD 方法求解 ψ_d,它在过渡区域变奇异。但可以使用式(13.3)所示的菲涅尔积分表示法,在过渡区域内是连续的,但它是平面波入射的解,而不是来自线源的圆柱波入射的解。我们可以得到线源激发半平面的精确解,但它并不是已知函数的封闭形式,不过可以将式(13.3)修改为远离边缘的线源($k\rho\gg1$)。

根据 UTD(Kouyoumjian,Pathak,1974),线源激发的近似边缘衍射场表示为

$$\psi_d=A_iD(\theta_s,\theta_i)\frac{e^{-jks}}{\sqrt{s}}\tag{13.46}$$

在边缘处的入射圆柱波 A_i 表示为

$$A_i=A_0\frac{e^{-jk\rho}}{\sqrt{\rho}}$$

UTD 衍射系数 $D(\theta_s,\theta_i)$ 表示为

$$D(\theta_s,\theta_i)=D(\theta_s-\theta_i)\mp D(\theta_s+\theta_i)\tag{13.47}$$

式中:负号表示软(狄利克雷)曲面;正号表示硬(诺依曼)曲面。

$D(\beta)$表示为

$$D(\beta)=-\frac{e^{-j\left(\frac{\pi}{4}\right)}}{2\,(2\pi k)^{\frac{1}{2}}}\frac{2j\sqrt{X}e^{jX}F(\sqrt{X})}{\cos\left(\dfrac{\beta}{2}\right)}\tag{13.48}$$

式中:

$$X=2kL\cos^2\left(\frac{\beta}{2}\right)$$

$$\sqrt{X}=(2kL)^{1/2}\left|\cos\left(\frac{\beta}{2}\right)\right|$$

$$F(a) = \int_a^\infty e^{-j\tau^2} d\tau$$

$$L = 距离参数 = \frac{s\rho}{s+\rho}$$

需要注意到$\sqrt{X}/\cos(\beta/2) = \pm(2kL)^{1/2}$，根据$\cos(\beta/2)$的符号，可以将式(13.48)改写为

$$D(\beta) = e^{j(\pi/4)}(L/\pi)^{1/2} e^{jX} F(\sqrt{X}) \operatorname{sgn}(\beta - \pi) \tag{13.49}$$

式中：

$$\operatorname{sgn}(\beta-\pi) = \begin{cases} 1, 当 \beta - \pi > 0 \\ -1, 当 \beta - \pi < 0 \end{cases}$$

因此，函数$D(\beta)$在过渡区域$\beta = \pi$上是不连续的。这种不连续性正好抵消了ψ_i和ψ_r的不连续性，从而得到各处连续的总场。

为了证明这一点，考虑区域Ⅰ和区域Ⅱ之间的过渡区域，此时$\theta_s + \theta_i = \pi$，$F(0) = (\sqrt{\pi})/2e^{-j(\pi/4)}$。当$\theta_s$接近$\pi - \theta_i$时，

$$D(\theta_s + \theta_i) = \begin{cases} -\frac{\sqrt{L}}{2}, 当 \theta_s < \pi - \theta_i \\ +\frac{\sqrt{L}}{2}, 当 \theta_s > \pi - \theta_i \end{cases} \tag{13.50}$$

因此，对于软表面，有

$$\psi_d = A_i D(\theta_s - \theta_i)\frac{e^{-jks}}{\sqrt{s}} \pm A_0 \frac{e^{-jk(\rho+s)}}{\sqrt{\rho+s}}\frac{1}{2} \tag{13.51}$$

式中：上面的符号对应$\theta_s < \pi - \theta_i$；下面的符号对应$\theta_s > \pi - \theta_i$。入射波$\psi_i$在过渡角上是连续的，但$\psi_r$是不连续的。对于软表面，有

$$\psi_i = \begin{cases} -A_0 \frac{e^{-jk(\rho+s)}}{\sqrt{\rho+s}}, 当 \theta_s < \pi - \theta_i \\ 0, 当 \theta_s > \pi - \theta_i \end{cases} \tag{13.52}$$

将式(13.51)和式(13.52)相加就得到了连续总场，如图13.6所示。总结本节，总场由式(13.45)至式(13.47)以及式(13.49)计算得到。现在我们有两种方法可以选择：13.1节至13.3节中讨论的GTD在过渡区域外简单实用；本节讨论的UTD使用菲涅尔积分，需要比GTD更多的数值计算。不过，UTD可以用于所有区域，即使在过渡区域也能得到连续且有用的结果。

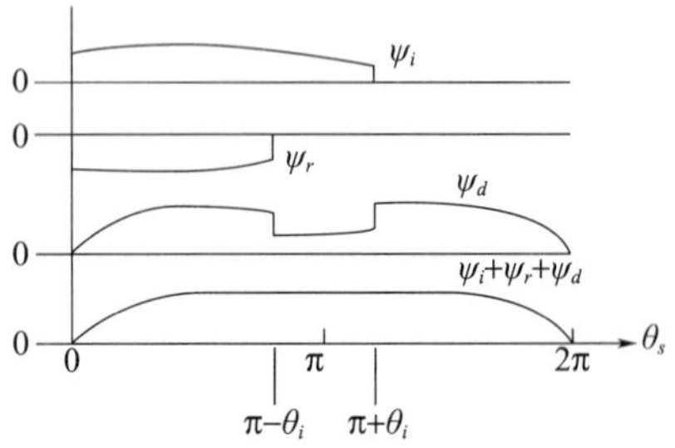

图13.6 UTD和取消反射边界($\pi - \theta_i$)和阴影边界($\pi + \theta_i$)上ψ_i、ψ_r和ψ_d的不连续性

13.5 点源的边缘衍射

目前，我们只讨论了平面波或线源激发刀刃的二维问题。如果刀刃被点源照射，则需

要考虑入射角(图 13.7)。根据费马原理,衍射光线应该沿着光学长度,而在从源到观察点的所有路径中光长是静止的。由此得出结论:入射光线和衍射光线与边缘的夹角相等。这个角度用图 13.7 中的 β_0 表示。

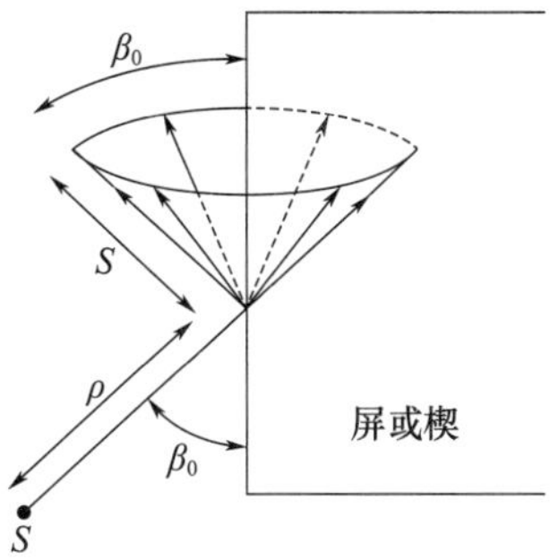

图 13.7　从点光源 S 照射的边缘衍射光线形成的圆锥体

现在讨论点源产生的衍射场的 GTD 解法。观测点处的标量衍射场 ψ_0 表示为

$$\psi_d = A_i D(\theta_s, \theta_i)\left[\frac{\rho}{s(s+\rho)}\right]^{1/2} e^{-jks} \tag{13.53}$$

式中:$A_i = A_0 e^{-jk\rho}/\rho$ 为边缘处的入射波。

发散因子$[\rho/s(s+\rho)]^{1/2}$是根据几何光学射线管中的功率守恒得到的。在图 13.8 中,通过很小截面积 dA 的总功率是守恒的。

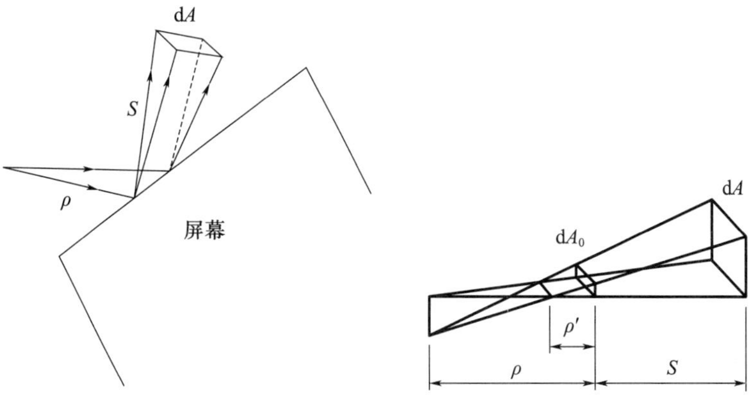

图 13.8　功率守恒定理

$$|\psi_d^2| dA = |\psi_0|^2 dA_0 \tag{13.54}$$

截面积之比为

$$\frac{dA}{dA_0} = \frac{(\rho + s)(\rho' + s)}{\rho\rho'} \tag{13.55}$$

因此,得到:

$$|\psi_d|^2 = \frac{\rho\rho'}{(\rho + s)(\rho' + s)} |\psi_0|^2 \tag{13.56}$$

当 $\rho' \to 0$ 时,$|\psi_0|$变为无穷大,但 $\rho'|\psi_0|^2$ 是有限的。因此,得到结论:当 $\rho' \to 0$ 时,ψ_d 正比于$[\rho/s(s+\rho)]^{1/2}$。

通过研究平面波斜向入射到边缘时场的精确解,可以得到不靠近过渡区的区域的衍射系数 $D(\theta_s,\theta_i)$。设入射场为(图 13.9)

$$\psi_i = A_i\exp[\mathrm{j}kr\sin\beta_0\cos(\theta-\theta_i)+\mathrm{j}kz\cos\beta_0] \tag{13.57}$$

则在(r,θ,z)处的总场为

$$\psi = \frac{A_i \mathrm{e}^{\mathrm{j}kz\cos\beta_0+\mathrm{j}(\pi/4)}}{\sqrt{\pi}}[\mathrm{e}^{\mathrm{j}kr\sin\beta_0\cos(\theta-\theta_i)}F(a_1)\mp \mathrm{e}^{\mathrm{j}kr\sin\beta_0\cos(\theta+\theta_i)}F(a_2)] \tag{13.58}$$

式中:

$$a_1 = -(2kr\sin\beta_0)^{\frac{1}{2}}\cos\frac{\theta-\theta_i}{2}$$

$$a_2 = -(2kr\sin\beta_0)^{\frac{1}{2}}\cos\frac{\theta+\theta_i}{2}$$

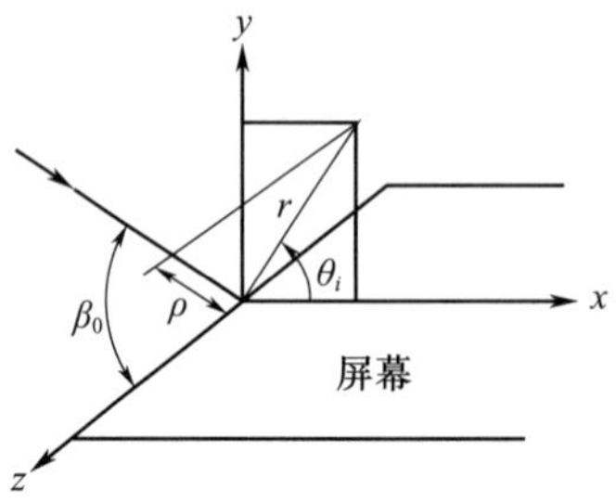

图 13.9 平面波从(β_0,θ_i)方向入射到边缘上

式(13.58)中,第二项前面的负号表示狄利克雷问题,正号表示诺依曼问题。如果像在 13.1 节中那样考虑式(13.58)的远场近似,并注意到 $s=r\sin\beta_0-z\cos\beta_0$,就可以得到衍射系数:

$$D(\theta_s,\theta_i) = -\frac{\mathrm{e}^{-\mathrm{j}(\pi/4)}}{2(2\pi k)^{1/2}\sin\beta_0}\left\{\frac{1}{\cos[(\theta_s-\theta_i)/2]}\mp\frac{1}{\cos[(\theta_s+\theta_i)/2]}\right\} \tag{13.59}$$

因此,适用于所有角度(包括过渡区域)的 UTD 解法为

$$\psi = \begin{cases}\psi_i+\psi_r+\psi_d,\text{在区域 I 内}\\ \psi_i+\psi_d,\text{在区域 II 内}\\ \psi_d,\text{在区域 III 内}\end{cases} \tag{13.60}$$

式中:

$$\psi_d = A_i D(\theta_s,\theta_i)\left[\frac{\rho}{s(s+\rho)}\right]^{\frac{1}{2}}\mathrm{e}^{-\mathrm{j}ks}$$

$$A_i = A_0\frac{\mathrm{e}^{-\mathrm{j}k\rho}}{\rho}$$

$$D(\theta_s,\theta_i) = D(\theta_s-\theta_i)\mp D(\theta_s+\theta_i)$$

负号代表狄利克雷表面,正号代表诺依曼表面。

$$D(\beta) = \frac{\mathrm{e}^{\mathrm{j}(\frac{\pi}{4})}}{\sin\beta_0}\left(\frac{L}{\pi}\right)^{\frac{1}{2}}\mathrm{e}^{\mathrm{j}X}F(\sqrt{X})\,\mathrm{sgn}(\beta-\pi) \tag{13.61}$$

式中:

$$X = 2kL\cos^2\frac{\beta}{2}$$

$$\sqrt{X} = (2kL)^{1/2}\left|\cos\frac{\beta}{2}\right|$$

$$F(a) = \int_a^{\infty} e^{-j\tau^2}|\,d\tau$$

$$L = \frac{s\rho\sin^2\beta_0}{\rho + s}$$

式(13.59)展示了适用于过渡区以外区域的 GTD 解法，而式(13.60)则是适用于所有角度的 UTD 解法。两者都适用于不太靠近边缘的区域，即 $kL > 1.0$。

上述标量解很容易扩展到电磁问题。注意，平行于入射面和垂直于入射面的电场分量($E^i_{\beta 0}, E^i_{\phi}$)分别与 E^i_z 和 H^i_z 成正比，因此，我们利用软表面和硬表面的衍射系数 D_s、D_h 计算衍射场($E^d_{\beta 0}, E^d_{\phi}$)(图 13.10)。

$$\begin{bmatrix} E^d_{\beta 0} \\ E^d_{\phi} \end{bmatrix} = \begin{bmatrix} -D_s & 0 \\ 0 & -D_h \end{bmatrix}\begin{bmatrix} E^i_{\beta 0} \\ E^i_{\phi} \end{bmatrix}\left[\frac{\rho}{s(\rho + s)}\right]^{1/2} e^{-jks} \tag{13.62}$$

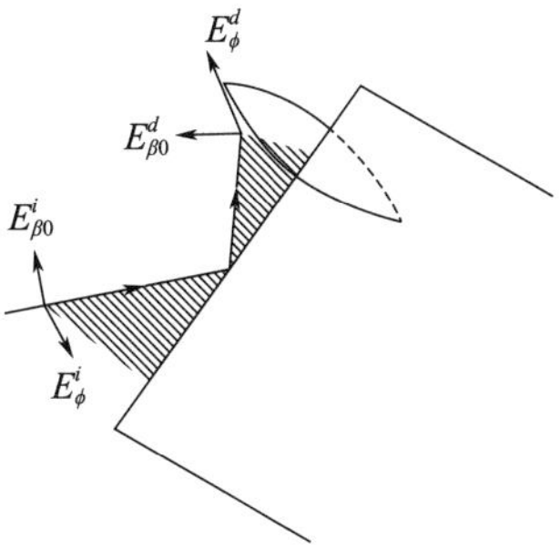

图 13.10　边缘衍射

13.6　点源的楔形衍射

目前为止，我们已经讨论了边缘的 GTD 和 UTD 解。现在讨论角度为$(2-n)\pi$ 的楔形的 GTD 和 UTD 解(图 13.11)。点源、线源和平面波照射楔形物的精确解可以通过无穷级数和傅里叶积分形式获得，但它们并不是一种简便的封闭形式。对于远离楔形的场点，精确解可以通过求值得到渐近闭合表达式。本节将总结 GTD 和 UTD 解法的结果。

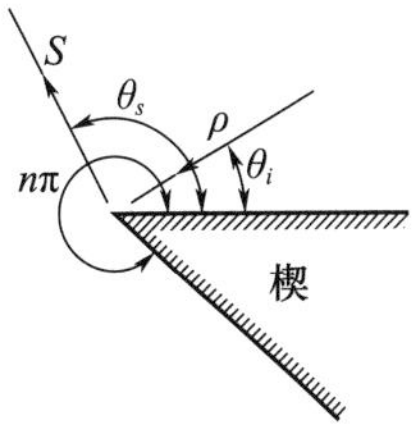

图 13.11　楔形衍射

楔形衍射场的 GTD 解法适用于远离边缘的区域，不包括过渡区域。对于二维问题，衍射场的计算公式为

$$\psi_d = A_i D(\theta_s, \theta_i)\frac{e^{-jks}}{\sqrt{s}} \tag{13.63}$$

式中：A_i 为边缘处的入射波。对于线源，A_i 可表示为

$$A_i = A_0 \frac{e^{-jk\rho}}{\sqrt{\rho}}$$

对于点源照射的楔形,衍射场表示为(图 13.7)

$$\psi_d = A_i D(\theta_s, \theta_i) \left[\frac{\rho}{s(s+\rho)}\right]^{1/2} e^{-jks} \tag{13.64}$$

式中:$A_i = A_0 e^{-jk\rho}/\rho$。GTD 衍射系数表示为:

$$D(\theta_s, \theta_i) = D(\theta_s - \theta_i) \mp D(\theta_s + \theta_i) \tag{13.65}$$

式中:正(负)号代表软(硬)面楔。

$$D(\beta) = \frac{e^{-j(\pi/4)} \sin(\pi/n)}{n\ (2\pi k)^{1/2} \sin\beta} \frac{1}{\cos(\pi/n) - \cos(\beta/n)} \tag{13.66}$$

请注意,对于刀刃,$n=2$ 和 $D(\beta)$ 简化为刀刃形式。还需注意,$D(\theta_s, \theta_i)$ 在反射边界和阴影边界是奇异的。

UTD 衍射系数适用于所有区域,由 Kouyoumjian 和 Pathak(1974,第 1453 页)给出。

$$D(\theta_s, \theta_i) = D_+(\theta_s - \theta_i) + D_-(\theta_s - \theta_i) \mp [D_+(\theta_s + \theta_i) + D_-(\theta_s + \theta_i)] \tag{13.67}$$

式中:符号 $\mp$ 中的负(正)号代表软(硬)面。

$$D_\pm(\beta) = \frac{e^{-j(\frac{\pi}{4})}}{2n\ (2\pi k)^{\frac{1}{2}} \sin\beta_0} \cos\frac{\pi \pm \beta}{2n} F(X_\pm)$$

式中:

$$X_\pm = 2kL\cos^2 \frac{2n\pi N^\pm - \beta}{2}$$

$$F(X) = 2j\ \sqrt{|X|} e^{jX} \int_{\sqrt{|X|}}^{\infty} e^{-j\tau^2} d\tau$$

$N^\pm$ 表示最接近满足 $2\pi n N^\pm - \beta = \pm\pi$ 的整数。

13.7 斜面衍射和斜入射

我们在 13.3 节中讨论过,如果入射波在边缘处为零,则需要考虑入射波的导数。一般来说,如果入射波不是缓慢变化的,则需要包含导数或高阶项。因此,将软表面表示为

$$\psi_d = \left(\psi_i D_s + \frac{\partial \psi_i}{\partial n} d_s\right) \left[\frac{\rho}{s(\rho+s)}\right]^{1/2} e^{-jks} \tag{13.68}$$

式中:

$$d_s = \frac{1}{jk\sin\beta_0} \frac{\partial}{\partial \theta_i} D_s(\theta_s, \theta_i)$$

$D_s(\theta_s, \theta_i)$ 见式(13.67)。例如,如果波以入射余角 $\theta_i = 0$ 入射到软楔上,则入射波由直接波和反射波组成。它们在表面上相互抵消,因此,入射波为零。在这种情况下,斜率项占主导地位,其计算公式为

$$\psi_d = \frac{1}{2} \frac{\partial \psi_i}{\partial n} \frac{1}{jk\sin\beta_0} \frac{\partial}{\partial \theta_i} D_s \left[\frac{\rho}{s(\rho+s)}\right]^{1/2} e^{-jks} \tag{13.69}$$

之所以需要系数 1/2,是因为入射波中只有一半是直接入射到边缘的波。

如果楔形体很硬，波以入射余角入射，则得到：

$$\psi_d = \frac{1}{2}\psi_i D_h \left[\frac{\rho}{s(s+\rho)}\right]^{1/2} e^{-jks} \tag{13.70}$$

此处也需要使用系数 1/2。

13.8　曲面楔形体

如果楔形具有曲率半径为 a 的弯曲边缘，则必须修改发散因子$[\rho/s(s+\rho)]^{1/2}$，以考虑曲率半径的影响。衍射光线的起始距离应为ρ'，而不是ρ。要得出ρ'的值，首先要考虑入射光线和衍射光线都位于由边缘和法线 $\hat{\boldsymbol{n}}$（或曲率半径）形成的平面内的情况（图 13.12），很容易得到：

$$\Delta\theta = \Delta\theta_1 + 2\Delta\theta_2 \tag{13.71}$$

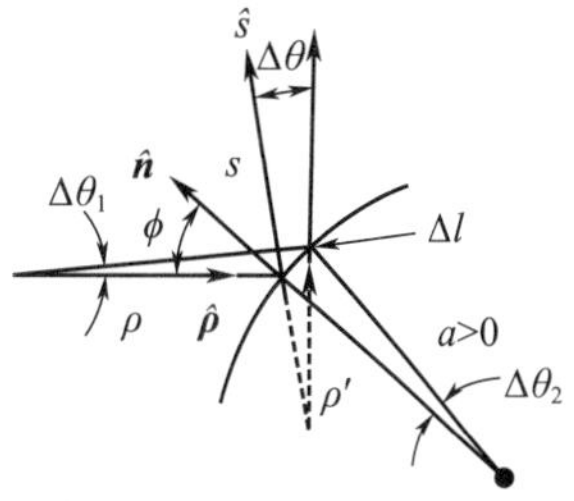

图 13.12　弧形楔形体的发散因子

由于 $\Delta\theta = \Delta l \cdot \cos\phi/\rho'$，$\Delta\theta_1 = \Delta l \cdot \cos\phi/\rho$ 和 $\Delta\theta_2 = \Delta l/a$，则得到：

$$\frac{1}{\rho'} = \frac{1}{\rho} + \frac{2}{a\cos\phi} \tag{13.72}$$

如果考虑不在这个平面上的入射光线和衍射光线，就需要考虑这些光线在这个平面上的投影。因此得到：

$$\frac{1}{\rho'} = \frac{1}{\rho} - \frac{\hat{\boldsymbol{n}}(\hat{\boldsymbol{\rho}} - \hat{\boldsymbol{s}})}{a\sin^2\beta_0} \tag{13.73}$$

发散因子表示为

$$\left[\frac{\rho'}{s(s+\rho')}\right]^{1/2} \tag{13.74}$$

因此，ρ'是衍射光线的边缘与焦点之间的距离。

例如，如果平面波法向入射到半径为 a 的圆形孔径上，$\rho\to\infty$，$\beta_0 = \pi/2$，$\hat{\boldsymbol{n}}\cdot\hat{\boldsymbol{\rho}} = 0$，则得到（图 13.13）：

$$\frac{1}{\rho'} = \frac{\hat{\boldsymbol{n}}\cdot\hat{\boldsymbol{s}}}{a} = -\frac{\sin\theta_1}{a} \tag{13.75}$$

因此，发散因子为

$$\left[\frac{\rho'}{s(s+\rho')}\right]^{1/2} = \frac{1}{\{s[1-(s\sin\theta_1)/a]\}^{1/2}} \tag{13.76}$$

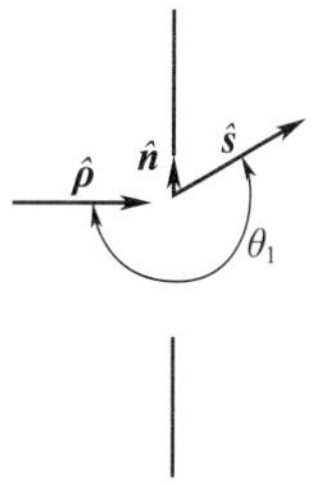

图 13.13　入射到圆形孔径上的波

曲面楔形的衍射系数与直楔块的衍射系数相同，因为它不受曲率半径的影响。

13.9　其他高频技术

我们已经讨论过 Keller 研发的 GTD 以及 Kouyoumjian 和 Pathak 研发的 UTD。除了 UTD，Lewis、Boersma、Ahluwalia、Lee 和 Deschamps 也研究了 UAT（Lee，1977，1978）。在本

节中，我们将概述 UAT 的一些基本思想，但省略详细描述。

从 Keller 的 GTD 开始讨论，表示为

$$\psi(\text{Keller}) = \psi_g + \psi_d \tag{13.77}$$

式中：ψ_g 为几何光学解，ψ_d 为 Keller 衍射场。正如 13.1 节和 13.4 节所讨论的，ψ_d 在阴影和反射边界处是奇异的。UTD 可以表示为

$$\psi(\text{UTD}) = \psi_g + \psi(K-P) \tag{13.78}$$

式中：$\psi(K-P)$ 为 Kouyoumjian 和 Pathak 提出的衍射场，且在所有区域都是连续的。UAT 可以表示为

$$\psi(\text{UAT}) = \psi(A) + \psi_d \tag{13.79}$$

式中：ψ_d 为 Keller 的 GTD 衍射场，$\psi(A)$ 为新的渐近项。这样，$\psi(\text{UAT})$ 在所有区域都是连续的，它也可以适用于边缘的近场，尽管其数学表达式可能有些复杂。

Ufimtsev（1975）在 1962 年提出了一种称为物理衍射理论（PTD）的方法。这是物理光学的扩展，包括了边缘电流产生的场。对于完全导电体，PTD 可以表示为

$$\psi(\text{PTD}) = \psi(\text{PO}) + \psi(\text{边缘}) \tag{13.80}$$

式中：$\psi(\text{PO})$ 是电流 $2\hat{\boldsymbol{n}} \times \hat{\boldsymbol{H}}_i$（$\hat{\boldsymbol{H}}_i$ 为入射磁场，$\hat{\boldsymbol{n}}$ 为表面法线的单位矢量）产生的物理光场和 $\psi(\text{边缘})$ 是边缘电流产生的边缘场。在远离边缘的地方，$\psi(\text{PO})$ 接近 ψ_g，而 $\psi(\text{边缘})$ 接近 ψ_d（Knott，Senior，1974）。

13.10 顶点和表面衍射

我们已经证明，来自边缘或楔形的 GTD 衍射场表示为

$$\psi_d = \psi_i D \left[\frac{\rho}{s(s+\rho)}\right]^{1/2} \mathrm{e}^{-\mathrm{j}ks} \tag{13.81}$$

式中：ψ_i 为边缘处的入射场；D 为衍射系数；$[\rho/s(s+\rho)]^{1/2}$ 为发散因子；s 为边缘到观测点的距离；ρ 为边缘到衍射光线焦散点的距离（见式（13.53））。

对于来自顶点的衍射波，得到球面波：

$$\psi_d = \psi_i D \frac{\mathrm{e}^{-\mathrm{j}ks}}{s} \tag{13.82}$$

衍射系数 D 可以通过研究相应的典型问题（如边的角或立方体的角）来确定。对于这个难题已经有了一些研究（Bowman 等，1969）。

光滑凸面的 GTD 衍射场可通过以下方式求得。对于从 P 点发出并在 Q 点观察到的波（图 13.14）。假设衍射光线遵循费马原理，即点 P 和 Q 之间的总光路长度最小。因此，衍射光线沿着一条测地线从 P 到 A、A'以及 Q。起源于 P 的波在 A 处切向入射，是一个从 A 到 A'的爬波，在每一点的特征都如同在半径等于实际表面曲率半径的圆柱体上的爬波。因此，Q 处的衍射场表示为

$$\psi_d = \psi_i(A) D \left[\frac{\rho_3}{(\rho_3+s)s}\right]^{1/2} \mathrm{e}^{-\mathrm{j}k(\tau+s)} \tag{13.83}$$

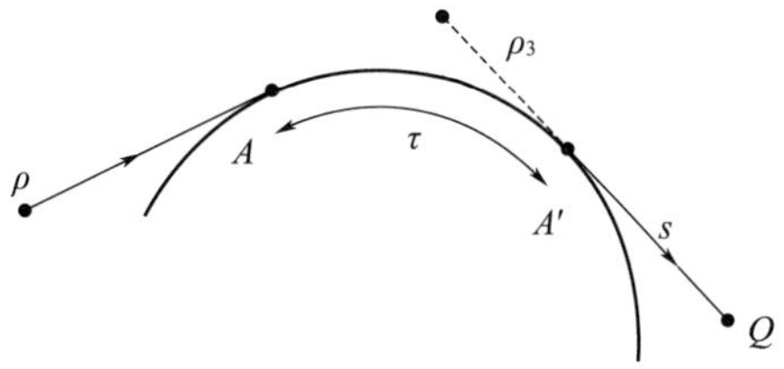

图 13.14 平滑凸面的衍射光线

式中:$\psi_i(A)$ 为 A 点处的入射场;衍射系数包括从 A 到 A' 的爬行波的衰减常数 $A'\left[\exp\left(-\int_0^{\tau}\alpha(\tau')\mathrm{d}\tau'\right)\right]$。式(13.83)中的曲率半径 ρ_3 表示垂直于与含射线 $P-A-A'-Q$ 平面内的曲率。James 对这方面进行了详细讨论(1976,第 6 章)。

13.11 低频散射

到本节为止,我们已经讨论了 GTD 及其一些变换形式,这些都是对几何光学的改进。一般来说,场的高频近似值(ψ、E 和 H)可以通过将场量展开为 $k=\omega/c$ 的负幂形式来得到。

$$\overline{\boldsymbol{E}}=\sum_{n=0}^{\infty}\frac{\overline{\boldsymbol{E}}_n}{(-\mathrm{j}k)^n} \tag{13.84}$$

第一项($n=0$)表示几何光学。与此相反,低频近似通过将场量展开为 $k=\omega/c$ 的幂形式来得到。

对于来自电介质物体的散射场,该物体的尺寸比波长小。将麦克斯韦方程表示为:

$$\begin{cases}\nabla\times\overline{\boldsymbol{E}}=(-\mathrm{j}k)\eta_0\overline{\boldsymbol{H}}\\ \nabla\times\overline{\boldsymbol{H}}=(-\mathrm{j}k)\left(-\dfrac{\varepsilon_r}{\eta_0}\right)\overline{\boldsymbol{E}}\\ \nabla\cdot(\varepsilon_r\overline{\boldsymbol{E}})=0\\ \nabla\cdot\overline{\boldsymbol{H}}=0\end{cases} \tag{13.85}$$

式中:$k=\omega/c$ 为自由空间波数,$\eta_0=\mu_0/\varepsilon_0$ 为自由空间特征阻抗,ε_r 为相对介电常数。我们以 k 的幂来展开场量。

$$\begin{cases}\overline{\boldsymbol{E}}=\displaystyle\sum_{n=0}^{\infty}(-\mathrm{j}k)^n\overline{\boldsymbol{E}}_n\\ \overline{\boldsymbol{H}}=\displaystyle\sum_{n=0}^{\infty}(-\mathrm{j}k)^n\overline{\boldsymbol{H}}_n\end{cases} \tag{13.86}$$

将式(13.86)代入式(13.85),并令式$(-\mathrm{j}k)$的同类幂相等,则得到零阶方程:

$$\begin{cases}\nabla\times\overline{\boldsymbol{E}}_0=0\\ \nabla\times\overline{\boldsymbol{H}}_0=0\\ \nabla\cdot(\varepsilon_r\overline{\boldsymbol{E}}_0)=0\\ \nabla\cdot\overline{\boldsymbol{H}}_0=0\end{cases} \tag{13.87}$$

请注意,电场和磁场并不耦合,它们与静态情况下的方程完全相同。

一阶方程表示为

$$\begin{cases}\nabla\times\overline{\boldsymbol{E}}_1=\eta_0\overline{\boldsymbol{H}}_0\\ \nabla\times\overline{\boldsymbol{H}}_1=-\dfrac{\varepsilon_r}{\eta_0}\overline{\boldsymbol{E}}_0\\ \nabla\cdot(\varepsilon_r\overline{\boldsymbol{E}}_1)=0\\ \nabla\cdot\overline{\boldsymbol{H}}_1=0\end{cases}\tag{13.88}$$

式中:$\overline{\boldsymbol{E}}_1$ 和$\overline{\boldsymbol{H}}_1$ 分别由$\overline{\boldsymbol{H}}_0$和$\overline{\boldsymbol{E}}_0$ 生成。

例如,对于入射到介电椭球体上的平面波,入射波($\overline{\boldsymbol{E}}_i$,$\overline{\boldsymbol{H}}_i$)以 k 的幂展开。

$$\begin{cases}\overline{\boldsymbol{E}}_i=\sum\limits_{n=0}^{\infty}(-\mathrm{j}k)^n\overline{\boldsymbol{E}}_n\\ \overline{\boldsymbol{H}}_i=\sum\limits_{n=0}^{\infty}(-\mathrm{j}k)^n\overline{\boldsymbol{H}}_n\end{cases}\tag{13.89}$$

$\overline{\boldsymbol{E}}_0$ 的零阶解法与静电情况相同(Stratton,1941,第 211 页),见 10.6 节。$\overline{\boldsymbol{H}}_0$ 的零阶解法见式(13.87)。入射场为 $\overline{\boldsymbol{H}}_i=\overline{\boldsymbol{E}}_0/\eta_0$,这些方程与自由空间中的方程相同,因此,$\overline{\boldsymbol{H}}_0=\overline{\boldsymbol{H}}_i=\overline{\boldsymbol{E}}_0/\eta_0$。高阶解由 Bladel(1964,第 279 页)提出。

请注意,对于零阶电场 $\overline{\boldsymbol{E}}_0$,我们使用的介电常数 ε_r 一般是复数。对于电导率为 σ 的有损介质,$\varepsilon_r=\varepsilon_r'-\mathrm{j}\varepsilon_r''=\varepsilon_r'-\mathrm{j}\sigma/\omega\varepsilon_0$。如果频率较低但不为零,我们应该使用复数 ε_r,而不是将 ε_r 分离为 ε_r'和 σ。如果包含直流场,则应该将麦克斯韦方程组改写为

$$\begin{cases}\nabla\times\overline{\boldsymbol{E}}=(-\mathrm{j}k)\eta_0\overline{\boldsymbol{H}}\\ \nabla\times\overline{\boldsymbol{H}}=(-\mathrm{j}k)\left(-\dfrac{\varepsilon_r'}{\eta_0}\right)\overline{\boldsymbol{E}}+\sigma\overline{\boldsymbol{E}}\\ \nabla\cdot\overline{\boldsymbol{H}}=0\\ \nabla\cdot\left[\sigma\overline{\boldsymbol{E}}-(-\mathrm{j}k)\dfrac{\varepsilon_r'}{\eta_0}\overline{\boldsymbol{E}}\right]=0\end{cases}\tag{13.90}$$

然后可以用 k 的幂来展开$\overline{\boldsymbol{E}}$和$\overline{\boldsymbol{H}}$,得到零阶方程。

$$\begin{cases}\nabla\times\overline{\boldsymbol{E}}_0=0\\ \nabla\times\overline{\boldsymbol{H}}_0=\sigma\overline{\boldsymbol{E}}_0\\ \nabla\cdot(\sigma\overline{\boldsymbol{E}}_0)=0\\ \nabla\cdot\overline{\boldsymbol{H}}_0=0\end{cases}\tag{13.91}$$

这是静磁方程。椭球导体的解见 Stratton(1941,第 207 页)。

接下来讨论导电体中的直流电流分布。根据式(13.91)中的$\nabla\cdot\overline{\boldsymbol{E}}_0=0$,得到:

$$\overline{\boldsymbol{E}}_0=-\nabla V\tag{13.92}$$

将其代入式(13.91)中的散度方程,得到:

$$\nabla\cdot(\sigma\nabla V)=0\tag{13.93}$$

电流密度$\overline{\boldsymbol{J}}$表示为

$$\bar{J} = \sigma \bar{E}_0 = -\sigma \nabla V \tag{13.94}$$

以图 13.15 所示的导电体为例。在表面 S_1 处施加电压 V_0，在 S_2 处电压为零，则电压 V 满足式(13.93)。表面 S 处的边界条件是表面法向电流为零。由式(13.94)得到：

$$\frac{\partial V}{\partial n} = 0,\text{在 } S \text{ 上}$$

总电流 I_0 为

$$I_0 = \int_{S_1} \bar{J} \cdot \hat{\boldsymbol{n}} \mathrm{d}s = -\int_{S_1} \sigma \frac{\partial V}{\partial n} \mathrm{d}s \tag{13.95}$$

在求解式(13.93)时，通常会采用有限元法等数值方法，并配以合适的边界条件。

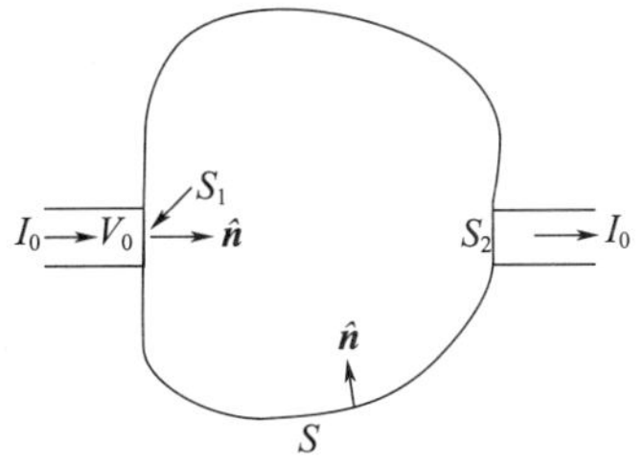

图 13.15 导电体中的直流电流分布

习 题

13.1 如图 P13.1 所示，导电刀刃受到电线源 I_z 的照射。求解并绘出在 $y=0$，$h=d=5\lambda$ 处的电场 $E_z(x)$，其为关于 x 的函数，$\lambda=300\text{m}$。

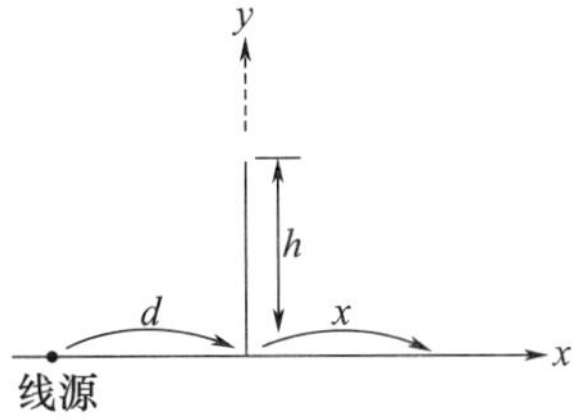

图 P13.1 刀刃衍射

13.2 证明狄利克雷屏上狭缝的透射截面由式(13.34)表示。

13.3 证明诺依曼屏上狭缝的透射截面由式(13.44)表示。

13.4 如图 P13.4 所示，无线电发射机和接收机之间有两座山。假设两座山的山脊可以近似为两个刀刃，请计算接收到的场归一化为自由空间中的直接场，其是关于距离 x 的函数。假设边缘是软的。

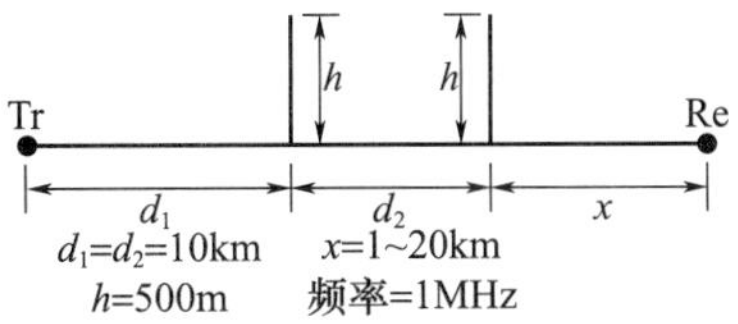

图 P13.4 双脊衍射

13.5　如图 P13.5 所示，点源位于 90°楔形附近。求衍射场 $\psi(x)$。$h=d=5\lambda$。

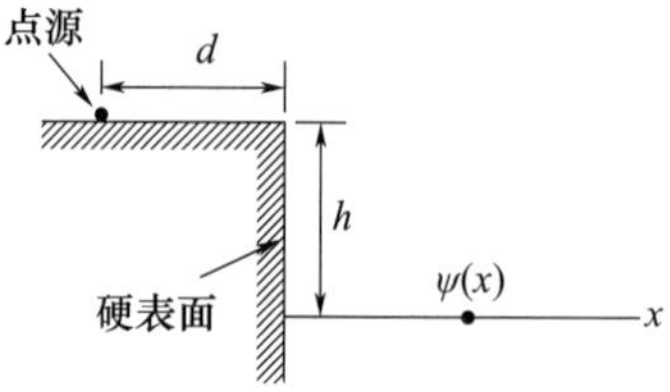

图 P13.5　垂直硬楔形体

13.6　求图 P13.6 所示方形板的总电阻。假设 A、B 两根接线端为完美导体。

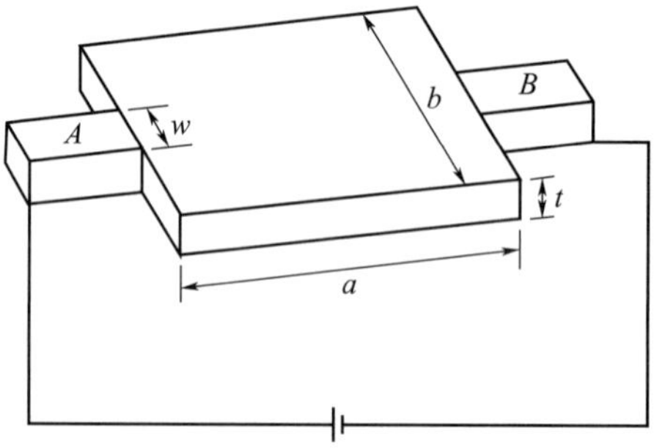

图 P13.6　电导率为 σ 的方形导电板

第 14 章

平面层、带状线、斑块和孔径

平面介质层和平板应用广泛，例如：导电表面的介电涂层、在大气和海洋中的传播问题、带状线、周期性斑块以及嵌入电介质层的孔径。在本章中，我们首先讨论平面层中波的激发。然后，我们将讨论微波和毫米波应用中有用的介电层中的带状线、斑块和孔径。有关平面结构的优秀论文集请参见 Itoh(1987)，有关平面波导的论文集请参见 Unger(1977)。Yamashita 和 Mittra(1968)、Itoh(1980)和 Scott(1989)均讨论了光谱域方法。

14.1 介质板中波的激发

下面讨论在导电平面上放置的电介质板上激发 TM 波。这是一个二维问题，场分量为 E_x、E_z 和 H_y。假设波是由图 14.1 所示的二维小槽激发的。在槽($x=0$)处，$E_z=E_0$。根据等效定理(6.10 节)，在导电表面孔径上，由孔径场 $\overline{\boldsymbol{E}}_a$ 所激发的场与放置在导电表面上的磁表面电流密度 $\overline{\boldsymbol{K}}_s$ 所激发的场相同，有

$$\overline{\boldsymbol{K}}_s=\overline{\boldsymbol{E}}_a\times\hat{\boldsymbol{n}}\tag{14.1}$$

式中：$\hat{\boldsymbol{n}}$ 为指向观测点的单位矢量(图 4.2)。因此，磁场与磁表面电流密度($\overline{\boldsymbol{K}}_s=E_0\hat{\boldsymbol{y}}$)所激发的磁场相同。

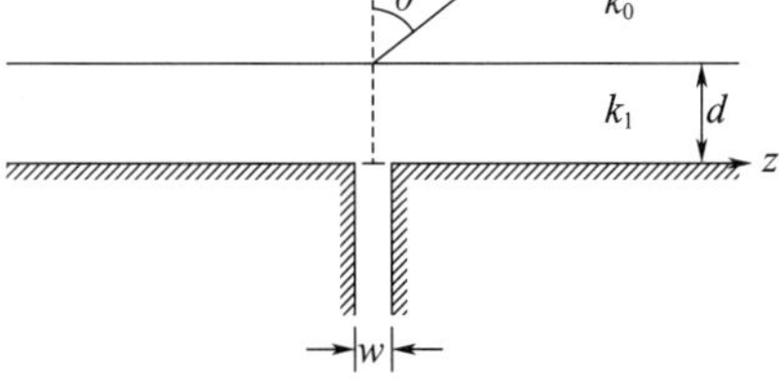

图 14.1　由槽激发的导电平面上的介质板

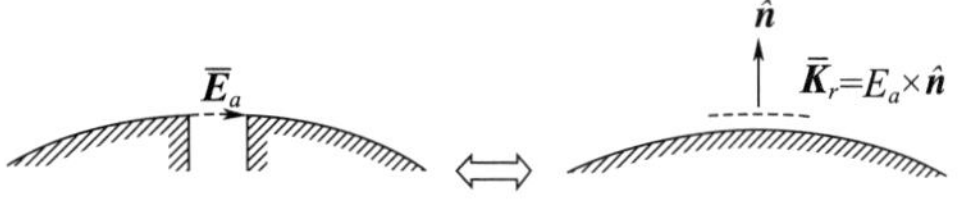

图 14.2　孔径场与磁电流的等效关系

假设槽宽 W 比波长小很多,则可以用以下方法近似计算磁源电流密度 $\overline{\boldsymbol{J}}_{ms}$,即

$$\overline{\boldsymbol{J}}_{ms}=\overline{\boldsymbol{K}}_s\delta(x)=E_0W\delta(x)\delta(z)\hat{\boldsymbol{y}} \tag{14.2}$$

式中:$\overline{\boldsymbol{J}}_{ms}$的单位为$\mathrm{V/m^2}$;$\overline{\boldsymbol{K}}_s$ 的单位为 V/m。

麦克斯韦方程:

$$\begin{cases}\nabla\times\overline{\boldsymbol{E}}=-\mathrm{j}\omega\mu\overline{\boldsymbol{H}}-\overline{\boldsymbol{J}}_{ms}\\ \nabla\times\overline{\boldsymbol{H}}=\mathrm{j}\omega\varepsilon\overline{\boldsymbol{E}}\end{cases} \tag{14.3}$$

令$\partial/\partial y=0$,得到:

$$\left(\frac{\partial^2}{\partial x^2}+\frac{\partial^2}{\partial z^2}+k^2\right)H_y=\mathrm{j}\omega\varepsilon E_0W\delta(x)\delta(z) \tag{14.4}$$

式中:空气中 $k=k_0$,电介质中 $k=k_1$。边界条件为:在 $x=0$ 处,$E_z=0$;在 $x=d$ 处,E_z 与 H_y 连续。对于 H_y,边界条件为

$$\begin{cases}\dfrac{\partial}{\partial x}H_y=0,\text{在 } x=0\text{ 处}\\ \dfrac{1}{\varepsilon}\dfrac{\partial}{\partial x}H_y\text{ 和 }H_y\text{ 在 }x=d\text{ 处连续}\end{cases} \tag{14.5}$$

先将式(14.4)中的 δ 函数置于平板任意点(x',z'),然后令 x'和 z'为零。则得到 $H_y=-\mathrm{j}\omega\varepsilon_1E_0WG$,且有

$$\begin{cases}\left(\dfrac{\partial^2}{\partial x^2}+\dfrac{\partial^2}{\partial z^2}+k_1^2\right)G=-\delta(x-x')\delta(z-z'),\text{在板内}\\ \left(\dfrac{\partial^2}{\partial x^2}+\dfrac{\partial^2}{\partial z^2}+k_0^2\right)G=0,\text{在外侧}\end{cases} \tag{14.6}$$

取式(14.6)在 z 方向的傅里叶变换为

$$\begin{cases}g(x,\beta)=\displaystyle\int_{-\infty}^{\infty}G(x,z)\mathrm{e}^{\mathrm{j}\beta z}\mathrm{d}z\\ G(x,z)=\dfrac{1}{2\pi}\displaystyle\int g(x,\beta)\mathrm{e}^{-\mathrm{j}\beta z}\mathrm{d}\beta\end{cases} \tag{14.7}$$

在平板内:

$$\left(\frac{\mathrm{d}^2}{\mathrm{d}x^2}+k_1^2-\beta^2\right)g(x,\beta)=-\delta(x-x')\mathrm{e}^{\mathrm{j}\beta z'} \tag{14.8}$$

因此,解为一次场 g_p 和二次场 g_s 之和。一次场是在没有任何边界的无限均质空间中由源激发的场,二次场代表边界的所有影响。一次场也可称为入射场,为式(14.8)中非齐次微分方程的特解。二次场也可称为散射场,是式(14.8)的互补解。

一次场可以很容易通过 5.5 节求得,即

$$g_p(x,\beta)=\frac{\exp[-\mathrm{j}q_1|x-x'|]}{2\mathrm{j}q_1} \tag{14.9}$$

式中:

$$q_1=\begin{cases}(k_1^2-\beta^2)^{1/2},\text{对于}|\beta|<|k_1|\\ -\mathrm{j}\,(\beta^2-k_1^2)^{1/2},\text{对于}|\beta|>|k_1|\end{cases}$$

二次场 g_s 由两个沿 $+x$ 和 $-x$ 方向上传播的波表示。

$$g_s(x,\beta)=B\exp(-\mathrm{j}q_1x)+C\exp(+\mathrm{j}q_1x) \tag{14.10}$$

在空气中，$x>d$ 处，有

$$\left(\frac{\mathrm{d}^2}{\mathrm{d}x^2}+k_0^2-\beta^2\right)g(x,\beta)=0 \tag{14.11}$$

则解为

$$g(x,\beta)=A\exp[-\mathrm{j}q_0(x-d)] \tag{14.12}$$

式中：

$$q_0=\begin{cases}(k_0^2-\beta^2)^{1/2}, \text{对于}|\beta|<|k| \\ -\mathrm{j}\,(\beta^2-k_0^2)^{1/2}, \text{对于}|\beta|>|k|\end{cases}$$

需要注意到，式(14.12)应该包括满足辐射条件的出射波和入射波 $\exp(+\mathrm{j}q_0x)$，但由于没有入射波，所以这一项为零。

此时满足了边界条件。在 $x=0$ 处，$(\partial/\partial x)G=0$。因此得到：

$$\frac{\exp(-\mathrm{j}q_1x')}{2\mathrm{j}q_1}-B+C=0 \tag{14.13}$$

在 $x=d$ 处，G 和 $(1/\varepsilon)(\partial/\partial x)G$ 是连续的。因此得到：

$$\begin{cases}\dfrac{\exp[-\mathrm{j}q_1(d-x')]}{2\mathrm{j}q_1}+B\exp(-\mathrm{j}q_1d)+C\exp(+\mathrm{j}q_1d)=A \\ \dfrac{q_1}{\varepsilon_1}\left\{\dfrac{\exp[-\mathrm{j}q_1(d-x')]}{2\mathrm{j}q_1}+B\exp(-\mathrm{j}q_1d)-C\exp(+\mathrm{j}q_1d)\right\}=\dfrac{q_0}{\varepsilon_0}A\end{cases} \tag{14.14}$$

由式(14.13)和式(14.14)可以很容易求解这三个未知数 A、B 和 C。当槽位于 $x=0\,(x'=0)$ 处，求得空气中 $(x>d)$ 的场 H_y。

$$G=\frac{1}{2\pi}\int_c A(\beta)\exp[-\mathrm{j}q_0(x-d)-\mathrm{j}\beta z]\mathrm{d}\beta \tag{14.15}$$

式中：

$$A(\beta)=\frac{\mathrm{e}^{-\mathrm{j}q_1d}}{\mathrm{j}q_1}\frac{T}{1-R\exp(-\mathrm{j}2q_1d)}$$

且

$$R=\frac{(q_1/\varepsilon_1)-(q_0/\varepsilon_0)}{(q_1/\varepsilon_1)+(q_0/\varepsilon_0)}$$

$$T=1+R$$

这个解的物理解释是：$\exp(-\mathrm{j}q_1d)/\mathrm{j}q_1$ 是一次波 $\exp(-\mathrm{j}q_1d)/(2\mathrm{j}q_1)$ 的两倍，代表来自磁电流源及其镜像波的总和。注意到与导电表面相切的电场为零，就很容易看到电流源和磁电流源的镜像(图 14.3)。T 为从电介质到空气的透射系数，R 为反射系数。如果将 $[1-R\exp(-\mathrm{j}2q_1d)]^{-1}$ 以级数展开，得到：

$$A(\beta)=\frac{\mathrm{e}^{-\mathrm{j}q_1d}}{\mathrm{j}q_1}\sum_{n=0}^{\infty}TR^n\exp(-\mathrm{j}2q_1nd) \tag{14.16}$$

每一项都为多重反射波(图 14.4)。

对于式(14.15)中的积分，首先注意到，在分母 $\beta=\beta_s$ 的根处存在极点。

$$1-R\exp(-\mathrm{j}2q_1d)=0 \tag{14.17}$$

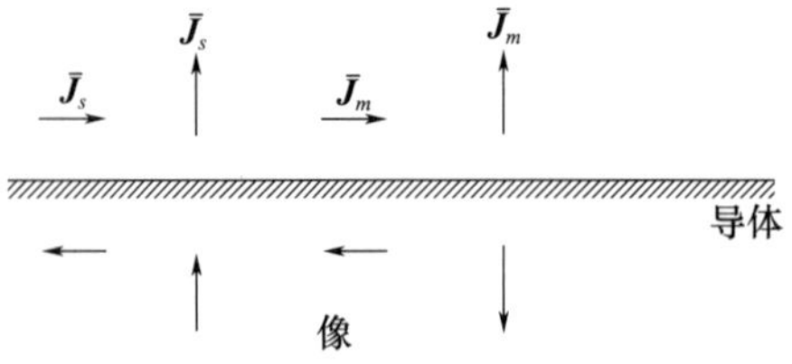

图 14.3　导电平面的镜像

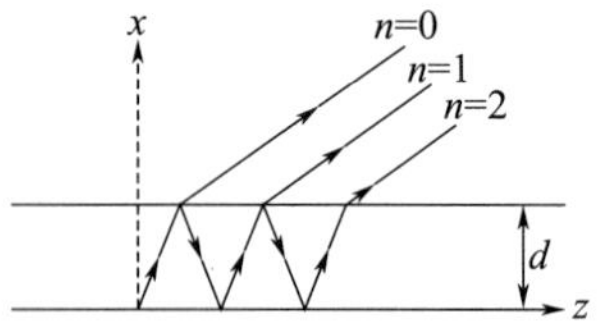

图 14.4　多重反射波

此外，由于 $q_0=(k_0^2-\beta^2)^{1/2}$，在 $\beta=\pm k_0$ 处存在分支点。然而，即使积分中含 $q_1=(k_1^2-\beta^2)^{1/2}$，在 $\beta=\pm k_1$ 处也没有分支点。这是因为 q_1 表示平板内 x 方向的传播常数，由于平板在 $x=0$ 和 $x=d$ 处有边界，因此，将 $+q_1$ 改为 $-q_2$，这只是将平板内的正向波和负向波互换，结果不变。当然，这可以通过将 $A(\beta)$ 中的 q_1 变为 $-q_1$ 来进行数学验证。

接下来讨论式(14.17)中的极点。这个方程可以很容易地转换为

$$\frac{q_1}{\varepsilon_1}\tan q_1 d=\frac{\mathrm{j}q_0}{\varepsilon_0} \tag{14.18}$$

这与吸附表面波的特征值方程相同，即式(3.84)。

因此，式(14.15)中的积分包含有限个吸附表面波极点 β_p，这些极点位于实轴上(图 14.5)。通常会使用从 β 到 α 的变换。

$$\beta=k_0\sin\alpha \tag{14.19}$$

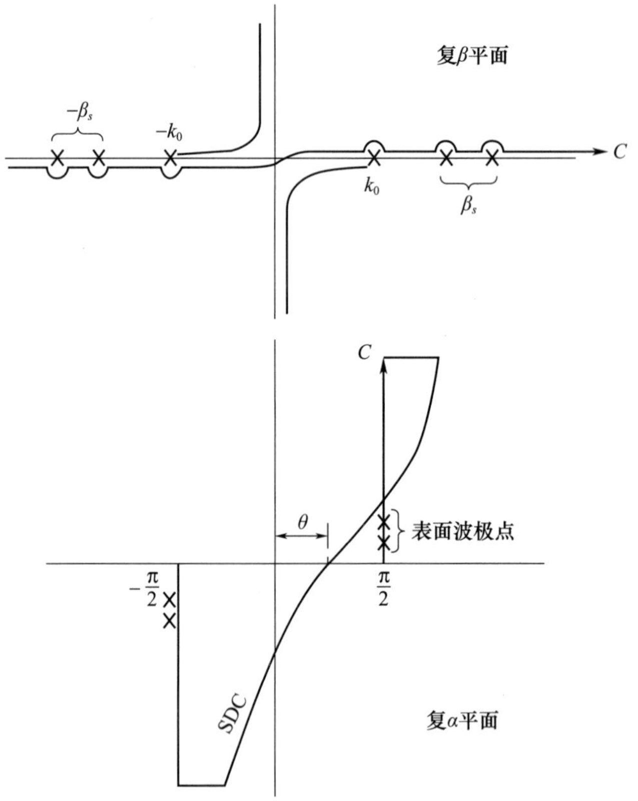

图 14.5　原始轮廓 C，SDC 和表面波极点

此外，令：

$$\begin{cases} x-d=r\cos\theta \\ z=r\sin\theta \end{cases} \tag{14.20}$$

则式(14.15)变为

$$G=\int_c F(\alpha)\exp[k_0 r f(\alpha)]\mathrm{d}\alpha \tag{14.21}$$

式中：

$$F(\alpha)=\frac{A(\alpha)k_0\cos\alpha}{2\pi}$$

$$f(\alpha)=-\mathrm{j}\cos(\alpha-\theta)$$

$F(\alpha)$在 α_p 处有极点($\beta_p=k_0\sin\alpha_p$)。

首先讨论远离源和表面的辐射场。如式(14.21)所示形式的辐射场已在 11.5 节中进行求解。根据由鞍点法得到的式(11.48)，辐射场表示为

$$G_r=\frac{A(\theta)k_0\cos\theta}{(2\pi k_0 r)^{1/2}}\mathrm{e}^{-\mathrm{j}k_0 r+\mathrm{j}(\pi/4)} \tag{14.22}$$

这在 $k_0 r\gg 1$ 且 $\theta\neq\pi/2$ 时成立。鞍点 α_s 位于复 α 平面上的 $\alpha_s=\theta$ 处(图 14.5)。

接下来讨论 $\theta=\pi/2$ 的曲面上的场(图 14.1)。在复 α 平面上，SDC 现在经过鞍点 $\alpha_s=\pi/2$。然后对原始轮廓 C 进行变形，如图 14.6 所示，得到：

$$\int_C g(\alpha)\mathrm{d}\alpha=\int_{\mathrm{SDC}} g(\alpha)\mathrm{d}\alpha-2\pi\mathrm{j}\sum \alpha_p \text{ 处的留数} \tag{14.23}$$

式中：$g(\alpha)$是式(14.21)中的积分。第一项为式(14.22)，其在曲面 $\theta=\pi/2$ 上消失。留数项可由式(14.15)求得。表面波极点由式(14.18)表示。设 β_s 为面波的传播常量，$q_0=-\mathrm{j}\alpha_t$。则式(14.23)中的留数项为

$$-2\pi\mathrm{j}\sum \text{留数}=-\mathrm{j}\sum\frac{N(\beta_s)}{D'(\beta_s)}\mathrm{e}^{-\alpha_t(x-d)-\mathrm{j}\beta_s z} \tag{14.24}$$

式中：$A(\beta)=N(\beta)/D(\beta)$(见附录 11. D)。

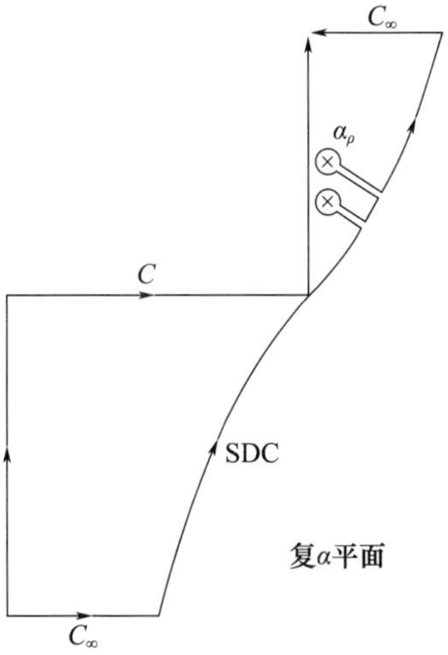

图 14.6　原始轮廓 C 变为 SDC

综上所述,$\theta \neq \pi/2$ 处的辐射场表示为式(14.22),$\theta = \pi/2$ 处的表面波表示为式(14.24)。图 14.7 展示了 $\alpha = \alpha_l$ 处的漏波极点,这在某些结构中可能会出现。如果存在漏波极点,那么当观测角 θ 增大到超过 θ_l 时,漏波存在作用。从 3.10 节可以看出,漏波是一种非正常的波,其本身是不可能存在的。然而如上图所示,漏波可以存在于 $\theta > \theta_l$ 空间中的一部分。

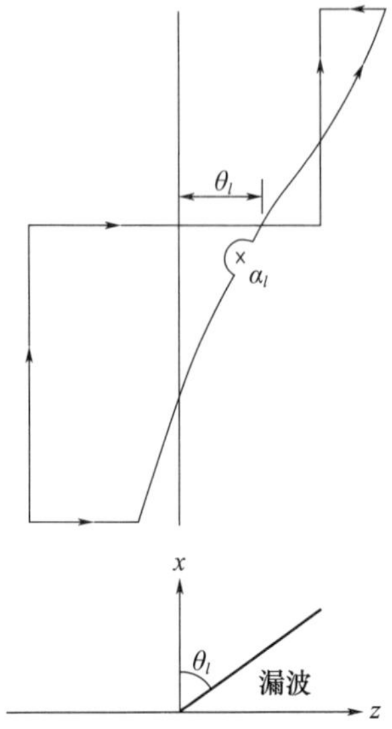

图 14.7　漏波的作用

如前所述,漏波不连续地出现在 $\theta = \theta_l$ 处。当然这并不是物理现象,而是由于我们分别计算了鞍点的作用和面波的作用。这两个作用应该一起计算,以得到连续的总场。这就是第 15 章将要讨论的修正鞍点技术。

14.2　垂直非均匀介质中波的激发

下面讨论位于非均质介质中的点源对波的激发,该介质的折射率 $n(z)$ 仅随 z 变化(图 14.8)。海洋中的声激励就是一个例子。使用 WKB 近似来表述这个问题。

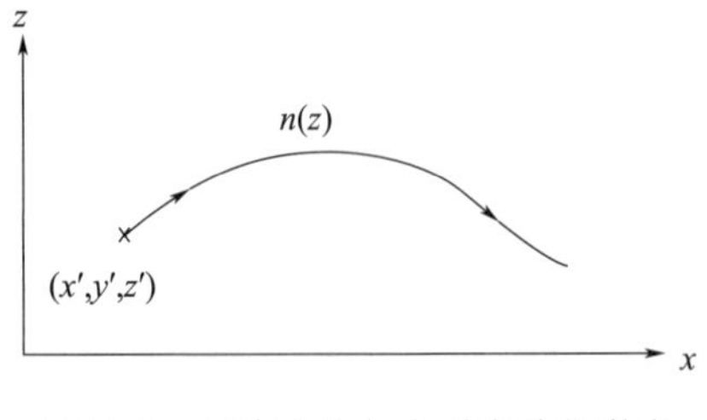

图 14.8　垂直非均匀介质中波的激发

考虑非均质介质中的标量格林函数 $G(\bar{\boldsymbol{r}},\bar{\boldsymbol{r}}')$,$\bar{\boldsymbol{r}} = (x,y,z)$ 和 $\bar{\boldsymbol{r}}' = (x',y',z')$,其折射率 n 仅为关于 z 的函数。

$$[\nabla^2 + k_0^2 n^2(z)]G(\bar{\boldsymbol{r}},\bar{\boldsymbol{r}}') = -\delta(\bar{\boldsymbol{r}} - \bar{\boldsymbol{r}}') \tag{14.25}$$

首先,在 x 和 y 方向上进行傅里叶变换。

$$g(q_1,q_2,z) = \iint G(\bar{\boldsymbol{r}},\bar{\boldsymbol{r}}')\exp(\mathrm{j}q_1x+\mathrm{j}q_2y)\mathrm{d}x\mathrm{d}y \tag{14.26}$$

式(14.25)变为

$$\left[\frac{\mathrm{d}^2}{\mathrm{d}z^2}+q^2(z)\right]g(q_1,q_2,z) = -\delta(z-z')\mathrm{e}^{\mathrm{j}q_1x'+\mathrm{j}q_2y'} \tag{14.27}$$

式中:$q^2(z)=k_0^2n^2(z)-q_1^2-q_2^2$。

式(14.27)中的 WKB 解为(3.14 节和 5.5 节):

$$g(q_1,q_2,z)=\begin{cases}\dfrac{y_1(z)y_2(z')\mathrm{e}^{\mathrm{j}q_1x'+\mathrm{j}q_2y'}}{\Delta}, z>z'\\[2ex]\dfrac{y_1(z')y_2(z')\mathrm{e}^{\mathrm{j}q_1x'+\mathrm{j}q_2y'}}{\Delta}, z<z'\end{cases} \tag{14.28}$$

式中:

$$\begin{cases}\Delta = y_1y_2'-y_1'y_2 = 2\mathrm{j}\\ y_1(z) = q^{-1/2}\exp\left(-\mathrm{j}\int_{z'}^{z}q\mathrm{d}z\right)\\ y_2(z) = q^{-1/2}\exp\left(+\mathrm{j}\int_{z'}^{z}q\mathrm{d}z\right)\end{cases}$$

请注意,$y_1(z)$ 和 $y_2(z)$ 分别代表满足 $z\to+\infty$ 和 $z\to-\infty$ 辐射条件的 $+z$ 和 $-z$ 方向的出射波,Δ 是 y_1 和 y_2 的朗斯基行列式。格林函数 $G(\bar{\boldsymbol{r}},\bar{\boldsymbol{r}}')$ 表示为 $g(q_1,q_2,z)$ 的反傅里叶变换。

$$G(\bar{\boldsymbol{r}},\bar{\boldsymbol{r}}') = \frac{1}{(2\pi)^2}\iint\frac{\exp[-\mathrm{j}f(z,q_1,q_2)]}{2\mathrm{j}q(z)^{1/2}q(z')^{1/2}}\mathrm{d}q_1\mathrm{d}q_2, \text{对于 } z>z' \tag{14.29}$$

式中:$f=-\int_{z'}^{z}q\mathrm{d}z+q_1(x-x')+q_2(y-y')$。

$z<z'$ 处的格林函数表达式相同,只是 f 被替换为

$$f=-\int_{z'}^{z}q\mathrm{d}z+q_1(x-x')+q_2(y-y') \tag{14.30}$$

式(14.29)表示格林函数的 WKB 解。它适用于远离转折点的情况。

用鞍点法(固定相位)来近似计算式(14.29)。鞍点 $q_1=q_{1s}$ 和 $q_2=q_{2s}$ 表示为

$$\frac{\partial f}{\partial q_1}=0 \text{ 且 } \frac{\partial f}{\partial q_2}=0 \tag{14.31}$$

格林函数由附录 14.A 中的式(14A.9)给出,即

$$G=\frac{1}{(2\pi)^2}\frac{\mathrm{e}^{-\mathrm{j}f_s}}{2\mathrm{j}q(z)^{1/2}q(z')^{1/2}}\frac{(2\pi)\mathrm{e}^{\mathrm{j}(\pi/2)}}{(f_{11}f_{22}-f_{12}^2)^{1/2}} \tag{14.32}$$

式中:

$$f_s=f(z,q_{1s},q_{2s}),\ f_{11}=\frac{\partial^2}{\partial q_1^2}f,\ f_{22}=\frac{\partial^2}{\partial q_2^2}f,\ f_{12}=\frac{\partial^2}{\partial q_1\partial q_2}f$$

f_{11}、f_{22} 和 f_{12} 在 q_{1s} 和 q_{2s} 处求值。当源位于折射率为 $n(z)$ 的介质中的(x',y',z')处时,式(14.32)表示(x',y',z')处的格林函数。这就需要根据式(14.31)求得鞍点 q_{1s} 和 q_{2s}。

不过，更简单的方法是先假设 q_{1s} 和 q_{2s}，然后确定这些鞍点的 (x,y,z)，稍后将说明。鞍点表示射线在源点的方向，下面的射线方程可以用来确定射线路径 $x=x(z)$ 和 $y=y(z)$。

利用式(14.29)中 f 的定义，式(14.31)中的鞍点 q_{1s} 和 q_{2s} 为

$$\begin{cases} x - x' = \displaystyle\int_{z'}^{z} \frac{q_{1s}\mathrm{d}z}{[k_0^2 n^2(z) - q_{1s}^2 - q_{2s}^2]^{1/2}} \\ y - y' = \displaystyle\int_{z'}^{z} \frac{q_{2s}\mathrm{d}z}{[k_0^2 n^2(z) - q_{1s}^2 - q_{2s}^2]^{1/2}} \end{cases} \tag{14.33}$$

这两个方程将被证明与几何光学的射线方程相同(第15章)。鞍点 q_{1s} 和 q_{2s} 的物理意义如下：对于给定 q_{1s} 和 q_{2s} 的射线，根据式(14.33)，沿着这条射线的很小距离 $\mathrm{d}s$ 表示为

$$\mathrm{d}s^2 = \mathrm{d}x^2 + \mathrm{d}y^2 + \mathrm{d}z^2 \tag{14.34}$$

式中：

$$\mathrm{d}x = \frac{q_{1s}\mathrm{d}z}{q_s}$$

$$\mathrm{d}y = \frac{q_{2s}\mathrm{d}z}{q_s}$$

式中：

$$q_s = [k_0^2 n^2(z) - q_{1s}^2 - q_{2s}^2]^{1/2}$$

因此得到：

$$\mathrm{d}s^2 = \frac{k_0^2 n^2 \mathrm{d}z^2}{q_s^2} = \frac{k_0^2 n^2 \mathrm{d}x^2}{q_{1s}^2} = \frac{k_0^2 n^2 \mathrm{d}y^2}{q_{2s}^2}$$

如果令：

$$\begin{cases} \dfrac{\mathrm{d}x}{\mathrm{d}s} = \sin\theta\cos\phi \\ \dfrac{\mathrm{d}y}{\mathrm{d}s} = \sin\theta\sin\phi \end{cases} \tag{14.35}$$

则得到：

$$\begin{cases} q_{1s} = k_0 n(z)\sin\theta\cos\phi \\ q_{2s} = k_0 n(z)\sin\theta\sin\phi \end{cases} \tag{14.36}$$

式(14.36)表明，对于给定的鞍点 q_{1s} 和 q_{2s}，$n(z)\sin\theta\cos\phi$ 和 $n(z)\sin\theta\sin\phi$ 是常数。由于 $q_{2s}/q_{1s} = \tan\phi =$ 常数，ϕ 沿射线为常数，则沿射线：

$$n(z)\sin\theta = \text{常数} \tag{14.37}$$

这和斯涅耳定律相同。因此，固定相位解等同于几何光学解。

求格林函数步骤如下。假设射线从 (x',y',z') 处沿 (θ_0,ϕ_0) 方向出发。那么 q_{1s} 和 q_{2s} 的值为

$$\begin{cases} q_{1s} = k_0 n(z')\sin\theta_0\cos\phi_0 \\ q_{2s} = k_0 n(z')\sin\theta_0\sin\phi_0 \end{cases} \tag{14.38}$$

将 q_{1s} 和 q_{2s} 用于式(14.33)中的射线方程来确定 z 处的 (x,y)，然后将这些 (x,y,z) 以及 q_{1s} 和 q_{2s} 代入式(14.32)以求得格林函数。

以抛物线折射率剖面为例：

$$n^2(z)=n_0^2\left[1-\left(\frac{z}{z_0}\right)^2\right] \tag{14.39}$$

源位于 $x'=0$ 和 $z'=0$ 处，射线沿 θ_0 方向发射，且 $\phi_0=0$。则将式(14.33)中的射线方程进行积分得到：

$$z=z_0\cos\theta_0\sin\left[\frac{x}{z_0\sin\theta_0}\right] \tag{14.40}$$

格林函数为

$$G=\frac{e^{-jfs}}{4\pi}\frac{q_{1s}q_0^{1/2}}{[x^2q_sq_0^2+xzq_{1s}^3]^{1/2}} \tag{14.41}$$

式中：$q_0=q(z')=q(0)$，q_{1s} 和 q_s 分别由式(14.38)和式(14.34)求得。如果 $n(z)=1$，式(14.41)将简化为 $\exp(-jkr)/(4\pi r)$。

14.3　带状线

我们现在来讨论另一个课题。带状线有许多吸引人的特点。它们结构紧凑、价格低廉，而且很容易制成印刷电路。最常见的类型是在接地电介质板上有一个带状导体(图 14.9)。尽管这是一种双导体线路，这种结构也无法支持 TEM 模式，因为电介质只占据了部分横截面(见 4.9 节)。因此，一般情况下，E_z 和 H_z 都不为零，则需要考虑由 TE 和 TM 模式组成的混合模式。

尽管混合模式分析是精确分析带状线所需的，但带状线的近似分析可以使用更简单的方法。其中一种有用的方法是准静态近似法，即忽略 E_z 和 H_z，并假定场为 TEM。这种近似方法带来的误差通常只是百分之一。准静态近似的一个缺点为：由于这是一种 TEM 解法，除了介电材料本身的频率依赖性之外，传播常量与频率无关(无模态色散)。本节首先讨论 TEM 解法，然后讨论准 TEM 近似法和精确混合解法。Itoh(1987)汇编了有关这一课题的重要文献。

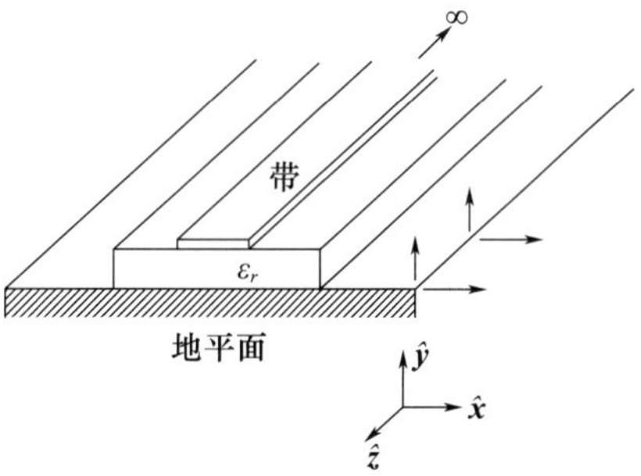

图 14.9　带状线

14.3.1　TEM 解

我们在 4.9 节中讨论过，如果传输线由两个导体和一个均质介质组成，那么这条传输线就可以支持 TEM 模。例如箱形带状线(图 14.10)。如 4.9 节所示，TEM 模表示为

$$\begin{cases}\overline{\boldsymbol{E}}_t = -(\nabla_t V)\,\mathrm{e}^{-\mathrm{j}kz} \\ \overline{\boldsymbol{H}}_t = \dfrac{1}{Z}\hat{z}\times\overline{\boldsymbol{E}}_t\end{cases} \tag{14.42}$$

式中：E_t 和 H_t 是分别垂直于波传播方向 $\hat{z}$ 的电场和磁场，分别由 $k=\omega/v$、$v=(\mu\varepsilon)^{-1/2}$ 和 $Z=(\mu/\varepsilon)^{1/2}$ 表示，这分别是波数、电磁波速度和介质的特性阻抗。式(14.12)中的静电势 $V(x,y)$ 满足二维拉普拉斯方程：

$$\left(\frac{\partial^2}{\partial x^2}+\frac{\partial^2}{\partial y^2}\right)V(x,y)=0 \tag{14.43}$$

接下来定义传输线的电压 V_0、电流 I_0 和特性阻抗 Z_0。电压 V_0 是一个导体相对于另一个导体的静电势，由电场的线积分表示（图 14.11）。

$$V_0=-\int_{s_1}^{s_2}\overline{\boldsymbol{E}}_t\cdot\mathrm{d}\bar{\boldsymbol{l}}=\int_{s_1}^{s_2}\nabla_t V\cdot\mathrm{d}\bar{\boldsymbol{l}} \tag{14.44}$$

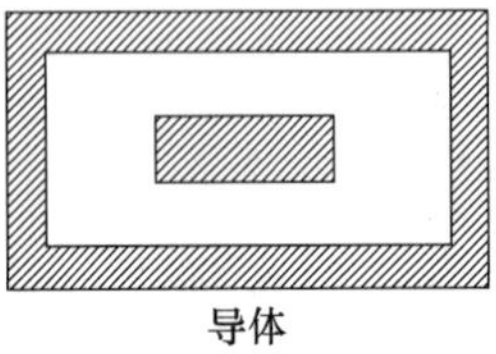

图 14.10　箱形带状线

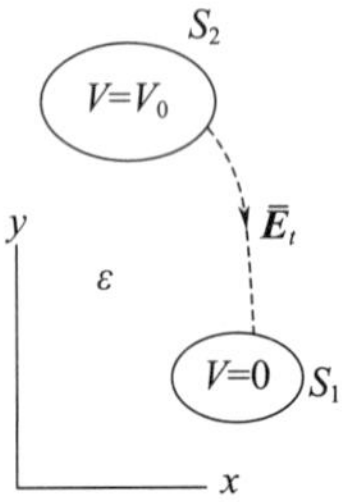

图 14.11　具有均质介质的双导线横截面图

电流由围绕导体的表面电流密度 J_s 的积分表示：

$$I_0=\oint|\overline{\boldsymbol{J}}_s|\,\mathrm{d}l \tag{14.45}$$

电流密度 $\overline{\boldsymbol{J}}_s$ 与 $\overline{\boldsymbol{H}}_t$ 的关系为 $\overline{\boldsymbol{J}}_s=\hat{\boldsymbol{n}}\times\overline{\boldsymbol{H}}_t$，其中 $\hat{\boldsymbol{n}}$ 为垂直于导体表面的单位矢量，$\overline{\boldsymbol{H}}_t$ 与 $\overline{\boldsymbol{E}}_t$ 相关。因此得到：

$$\overline{\boldsymbol{J}}_s=\hat{\boldsymbol{n}}\times\overline{\boldsymbol{H}}_t=\frac{1}{Z}\hat{\boldsymbol{n}}\times(\hat{z}\times\overline{\boldsymbol{E}}_t)=\frac{\hat{z}}{Z}(\hat{\boldsymbol{n}}\cdot\overline{\boldsymbol{E}})=\frac{\hat{z}}{Z}\frac{\rho_s}{\varepsilon}=\hat{z}v\rho_s \tag{14.46}$$

式中：ρ_s 为表面电荷密度。因此，电流 I_0 与总电荷 Q 相关：

$$I_0=\oint v\rho_s\,\mathrm{d}l=vQ \tag{14.47}$$

传输线的特性阻抗 Z_c 表示为

$$Z_c=\frac{V_0}{I_0}=\frac{V_0}{vQ}=\frac{1}{vC_e} \tag{14.48}$$

式中：C_e 为每单位长度线的静电电容。故显然一旦求得静电电容，就能根据式(14.48)计算特性阻抗，TEM 线问题的解就简化为求单位长度线的电容 C_e。

电容 C_e 可以用时间平均电储能 W_e 表示，即

$$W_e=\frac{1}{4}C_e V_0^2=\frac{1}{4}\frac{Q^2}{C_e} \tag{14.49}$$

现在可以用介质中的能量密度或者导体上的电荷来表示 W_e，即

$$W_e = \frac{1}{4}\int_a \varepsilon |\bar{\boldsymbol{E}}|^2 \mathrm{d}x\mathrm{d}y = \frac{1}{4}\int_a \varepsilon\ |\nabla_t V|^2 \mathrm{d}x\mathrm{d}y \tag{14.50}$$

$$W_e = \frac{1}{4}\oint_{S_2} \rho_s V \mathrm{d}l \tag{14.51}$$

式中：a 为两个导体之间的面积。式(14.51)中求的是导体 S_2 周围的积分。

根据式(14.49)和式(14.50)得到：

$$C_e = \frac{\int_a \varepsilon\ |\nabla_t V|^2 \mathrm{d}x\mathrm{d}y}{V_0^2} = \frac{\int_a \varepsilon\ |\nabla_t V|^2 \mathrm{d}x\mathrm{d}y}{\left|\int_{s_1}^{s_2} \nabla_t V \cdot \mathrm{d}\bar{\boldsymbol{l}}\right|^2} \tag{14.52}$$

如果求得静电势 $V(x,y)$，则可用上述公式计算电容 C_e，也可以根据式(14.49)和式(14.51)得到：

$$\begin{aligned}\frac{1}{C_e} &= \frac{\oint \rho V \mathrm{d}l}{Q^2} \\ &= \frac{\oint \mathrm{d}l \oint \mathrm{d}l' \rho_s(x,y) G(x,y;x',y') \rho_s(x',y')}{\left|\oint \rho_s(x,y)\mathrm{d}l\right|^2}\end{aligned} \tag{14.53}$$

式中，G 是满足下式的格林函数：

$$\nabla^2 G(\bar{\boldsymbol{r}},\bar{\boldsymbol{r}}') = -\frac{\delta(\bar{\boldsymbol{r}},\bar{\boldsymbol{r}}')}{\varepsilon} \tag{14.54}$$

有研究表明(Collin,1966,第 4 章)，式(14.52)和式(14.53)是电容 C_e 的变分表达式，式(14.52)表示 C_e 的上界，而式(14.53)表示的下界。一旦求得 $V(x,y)$ 或 $\rho_s(x,y)$ 的解，则可由式(14.52)或式(14.53)求得。

时间平均磁储存能量 W_m 为

$$W_m = \frac{L_e I_0^2}{4} = W_e \tag{14.55}$$

因此，特征阻抗 Z_c、传播常数 k、总传输功率 P 表示为

$$\begin{cases} Z_c = \left(\dfrac{L_e}{C_e}\right)^{\frac{1}{2}} \\ k = \dfrac{\omega}{v} = \omega(\mu\varepsilon)^{1/2} = \omega\ (L_e C_e)^{1/2} \\ P = \dfrac{V_0 I_0}{2} = \dfrac{Z_0 I_0^2}{2} \end{cases} \tag{14.56}$$

有几种方法可以求出 $V(x,y)$、$\rho_s(x,y)$ 或电容 C_e，分析方法包括保角映射和傅里叶变换，变分法还可与数值方法和傅里叶变换结合使用。

14.3.2　准静态近似

以上讨论的 TEM 解仅适用于具有均质介质的双导体线路。如图 14.9 所示，如果介质不均匀，由不同的介质板组成，则 TEM 波不存在，需要考虑 TE 和 TM 两种模式。然而，

电场和磁场的 z 分量通常很小，可以忽略不计。因此，非均质介质传输线的特性可以用下面描述的准静态近似来近似。

在准静态近似中，假定横向电场和磁场分布近似等于静态电场和磁场分布。假定时间平均电场和磁场存储能量为

$$W_e = W_m = \frac{1}{4}C_e V_0^2 = \frac{1}{4}L_e I_0^2 \tag{14.57}$$

特征阻抗 Z_c 近似为 $(L_e/C_e)^{1/2}$。然而，由于电感 L_e 并不取决于介电材料，它与自由空间的电感 L_e 相同。因此得到：

$$Z_c = Z_0\left(\frac{C_0}{C_e}\right)^{1/2} \tag{14.58}$$

式中：C_e 为传输线单位长度上的实际电容；$Z_0 = (L_e/C_0)^{1/2}$ 为传输线的特性阻抗；C_0 为介质为自由空间时传输线单位长度上的电容。传播常数 k 的近似值为

$$k = \omega\ (L_e C_e)^{1/2} = k_0\left(\frac{C_e}{C_0}\right)^{1/2} \tag{14.59}$$

式中：$k_0 = 2\pi/\lambda_0$ 为自由空间波数。

根据准静态近似，只需计算式(14.58)和式(14.59)中的 C_e 和 C_0。为了求得非均质介质中的 C_e，需注意到 $\nabla_t \times \overline{\boldsymbol{E}} = 0$，其中 $\nabla_t = \hat{\boldsymbol{x}}(\partial/\partial x) + \hat{\boldsymbol{y}}(\partial/\partial y)$，$\overline{\boldsymbol{E}}$ 由静电势 V 表示。

$$\overline{\boldsymbol{E}} = -\nabla_t V \tag{14.60}$$

将其代入 $\nabla_t \cdot \overline{\boldsymbol{D}} = \nabla_t \cdot (\varepsilon \overline{\boldsymbol{E}}) = 0$，则得到 $\nabla_t \cdot (\varepsilon\,\nabla_t V) = 0$，也可表示为

$$\left[\frac{\partial}{\partial x}\left(\varepsilon_r \frac{\partial}{\partial x}\right) + \frac{\partial}{\partial y}\left(\varepsilon_r \frac{\partial}{\partial y}\right)\right] V(x,y) = 0 \tag{14.61}$$

式中：$\varepsilon_r(x,y)$ 为介质的相对介电常数。

一旦式(14.61)求解出的 $V(x,y)$ 满足边界条件，即在一根导体上 $V = V_1 =$ 常数，在另一根导体上 $V = V_2 =$ 常数，那么电容 C_e 就可以根据式(14.52)求得。如果用下式代替式(14.54)，则还可以使用式(14.53)中的另一种变分形式。当然，这和用 δ 函数作为源项求解式(14.61)是一样的。

$$\nabla_t \cdot (\varepsilon\,\nabla_t) G(\bar{\boldsymbol{r}}, \bar{\boldsymbol{r}}') = -\delta(\bar{\boldsymbol{r}} - \bar{\boldsymbol{r}}') \tag{14.62}$$

14.3.3 精确混合解

TEM 解和准静态解都只取决于静电电容，因此，只要介电常数的频率相关性可以忽略不计，这两种解法就都是非色散的。然而，这些 TEM 解法都是近似的，精确解法则不是 TEM，而是 TE 和 TM 模式的组合。只有这种精确的混合解才能表现出带状线的完整色散特性。

如式(4.11)和式(4.16)所示，需要考虑 TM 和 TE 模式。在空气中的场($i = 1$)和介质中的场($i = 2$)表示为①

---

① 译者注：根据上下文，将式(14.63)中的 ∇_i 更正为 ∇_t。

$$\left\{\begin{aligned}E_{zi} &= k_{ci}\phi_i(x,y)\,\mathrm{e}^{-\mathrm{j}\beta z} \\ H_{zi} &= k_{ci}\psi_i(x,y)\,\mathrm{e}^{-\mathrm{j}\beta z} \\ \overline{\boldsymbol{E}}_{ti} &= [-\mathrm{j}\beta\,\nabla_t\phi_i(x,y) + \mathrm{j}\omega\mu_i\hat{\boldsymbol{z}}\times\nabla_t\psi_i(x,y)]\,\mathrm{e}^{-\mathrm{j}\beta z} \\ \overline{\boldsymbol{H}}_{ti} &= [-\mathrm{j}\omega\varepsilon_i\hat{\boldsymbol{z}}\times\nabla_t\phi_i(x,y) - \mathrm{j}\beta\,\nabla_t\psi_i(x,y)]\,\mathrm{e}^{-\mathrm{j}\beta z}\end{aligned}\right. \tag{14.63}$$

式中：

$$(\nabla_t^2 + k_{ci}^2)\phi_i = 0$$

$$(\nabla_t^2 + k_{ci}^2)\psi_i = 0$$

$$k_{ci}^2 = k_i^2 - \beta^2$$

边界条件是电场和磁场的切向分量在空气－电介质边界上是连续的，导体上的切向电场为零，场在无穷远处满足辐射条件。已经有几种方法来求解这一精确混合问题，其中一种为光谱域方法，在后面将进行概述。有限元法等数值方法也可用于求解这一问题（IEEE Trans. MTT，1985 年 10 月）。

14.4　介电层中垂直电流和磁流激发的波

在 14.1 节中，我们讨论了电介质层中二维波激励的问题。在本节中，我们将介绍一般三维问题的公式。对于图 14.12 所示的介质层，介质层中的垂直电偶极子只激发 TM 波，而 TM 波是由电赫兹矢量 $\Pi'\hat{\boldsymbol{z}}$ 产生的。同样，垂直磁偶极子只激发 TE 波，它由磁赫兹矢量 $\Pi''\hat{\boldsymbol{z}}$ 产生。

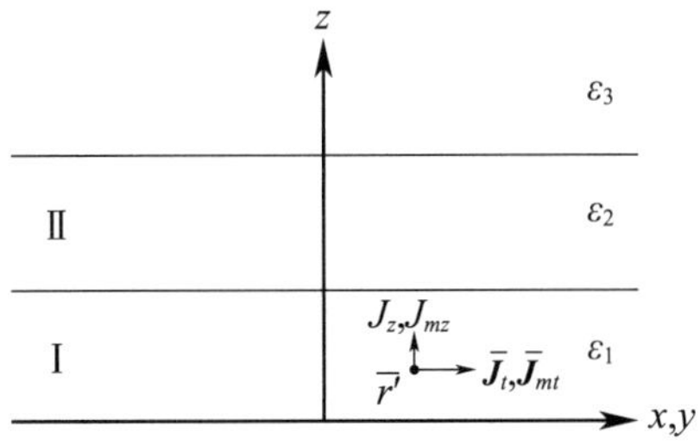

图 14.12　由位于$\bar{\boldsymbol{r}}'(x',y',z')$处的$\bar{\boldsymbol{J}}$和$\bar{\boldsymbol{J}}_m$激发的介电层

首先考虑指向 z 方向的电流密度 $J_z(x',y',z')$ 所激发的波。在第 1 层，电赫兹矢量 $\Pi'\hat{\boldsymbol{z}}$ 满足标量波方程：

$$(\nabla^2 + k_1^2)\Pi' = -\frac{J_z}{\mathrm{j}\omega\varepsilon_1} \tag{14.64}$$

在 x 和 y 方向上进行傅里叶变换：

$$\left\{\begin{aligned}\widetilde{\boldsymbol{\Pi}}'(\alpha,\beta,z) &= \int \Pi'(x,y,z)\,\mathrm{e}^{\mathrm{j}\alpha x+\mathrm{j}\beta y}\,\mathrm{d}x\mathrm{d}y \\ \widetilde{\boldsymbol{J}}_z(\alpha,\beta,z) &= \int J_z(x,y,z)\,\mathrm{e}^{\mathrm{j}\alpha x+\mathrm{j}\beta y}\,\mathrm{d}x\mathrm{d}y\end{aligned}\right. \tag{14.65}$$

式(14.64)可转换为

$$\left(\frac{\mathrm{d}^2}{\mathrm{d}z^2}+\gamma_1^2\right)\widetilde{\boldsymbol{\Pi}}'=-\frac{\widetilde{\boldsymbol{J}}_z}{\mathrm{j}\omega\varepsilon_1} \tag{14.66}$$

式中：

$$\gamma_1=\begin{cases}(k_1^2-\alpha^2-\beta^2)^{1/2}, 当\ k_1^2>\alpha^2+\beta^2\\ -\mathrm{j}\ (\alpha^2+\beta^2-k_1^2)^{1/2}, 当\ k_1^2<\alpha^2+\beta^2\end{cases}$$

切向电场和磁场为

$$\begin{cases}\overline{\boldsymbol{E}}_t=\nabla_t\dfrac{\partial}{\partial z}\Pi'\\ \overline{\boldsymbol{H}}_t=\mathrm{j}\omega\varepsilon(\nabla_t\Pi'\times\hat{\boldsymbol{z}})\end{cases} \tag{14.67}$$

令$\nabla_t=-\mathrm{j}\alpha\hat{\boldsymbol{x}}-\mathrm{j}\beta\hat{\boldsymbol{y}}=-\mathrm{j}\,\overline{\boldsymbol{\alpha}}$，从式(14.67)可以求得$\overline{\boldsymbol{E}}_t$ 和$\overline{\boldsymbol{H}}_t$ 的傅里叶变换。此外还注意到，$\overline{\boldsymbol{H}}_t$ 与 Π'成正比，而$\overline{\boldsymbol{E}}_t$与$\partial\Pi'/\partial z$ 成正比。这意味着，当 δ 函数源位于 z'处时，$\overline{\boldsymbol{E}}_t$的符号取决于 $z>z'$或 $z<z'$。因此，用电流来表示$\overline{\boldsymbol{E}}_t$ 更为方便，因为电流的符号也会以同样的方式发生变化。引入与 $\overline{\boldsymbol{H}}_t$ 成正比的磁电压 V'_m和与 $\overline{\boldsymbol{E}}_t$ 成正比的磁电流 I'_m，则$\overline{\boldsymbol{E}}_t$和$\overline{\boldsymbol{H}}_t$的傅里叶变换如下：

$$\begin{cases}\bar{\boldsymbol{e}}=\int\overline{\boldsymbol{E}}_t\mathrm{e}^{\mathrm{j}\alpha x+\mathrm{j}\beta y}\mathrm{d}x\mathrm{d}y\\ \bar{\boldsymbol{h}}=\int\overline{\boldsymbol{H}}_t\mathrm{e}^{\mathrm{j}\alpha x+\mathrm{j}\beta y}\mathrm{d}x\mathrm{d}y\\ \bar{\boldsymbol{e}}=-\mathrm{j}\overline{\boldsymbol{\alpha}}(-I'_m)\dfrac{\widetilde{\boldsymbol{J}}_z}{\mathrm{j}\omega\varepsilon_1}\\ \bar{\boldsymbol{h}}=-\mathrm{j}\hat{\boldsymbol{z}}\times\overline{\boldsymbol{\alpha}}(-V'_m)\dfrac{\widetilde{\boldsymbol{J}}_z}{\mathrm{j}\omega\varepsilon_1}\end{cases} \tag{14.68}$$

式中：

$$\begin{cases}\overline{\boldsymbol{\alpha}}=\alpha\hat{\boldsymbol{x}}+\beta\hat{\boldsymbol{y}}\\ V'_m=\mathrm{j}\omega\varepsilon_i G\\ Z'_m=\dfrac{\omega\varepsilon_i}{\gamma_i}\end{cases}$$

G 为格林函数：

$$\left(\frac{\mathrm{d}^2}{\mathrm{d}z^2}+\gamma_1^2\right)G=-\delta(z-z') \tag{14.69}$$

切向电场和磁场连续的边界条件等同于交界处电压 V'_m和电流 I'_m的连续性。因此，V'_m和 I'_m可通过图 14.13 所示的等效传输线形成。请注意，在完全导电平面上，$\bar{\boldsymbol{e}}=0$，因此，$I'_m=0$。另请注意，如图 14.13 所示，式(14.68)中 V'_m和 I'_m的选择是为了使得当 $J_z=1$，在源点注入的电流为 $I'_m=1$。

求$\overline{\boldsymbol{E}}_t$和$\overline{\boldsymbol{H}}_t$的步骤如下：首先求解图 14.13 中的传输线问题，源点 z'处的单位电流为 $I'_m=1$。每层都有特性阻抗 $Z'_{mi}=\omega\varepsilon_i/\gamma_i(i=1,2,\cdots)$和传播常数 γ_i。一旦求得电压和电流分布 V'_m和 I'_m后，就能求得式(14.68)中的$\bar{\boldsymbol{e}}$和 $\bar{\boldsymbol{h}}$，然后通过傅里叶逆变换得到 $\overline{\boldsymbol{E}}_t$：

$$\overline{\boldsymbol{E}}_t=\frac{1}{(2\pi)^2}\int\bar{\boldsymbol{e}}\mathrm{e}^{-\mathrm{j}\alpha x-\mathrm{j}\beta y}\mathrm{d}\alpha\mathrm{d}\beta$$

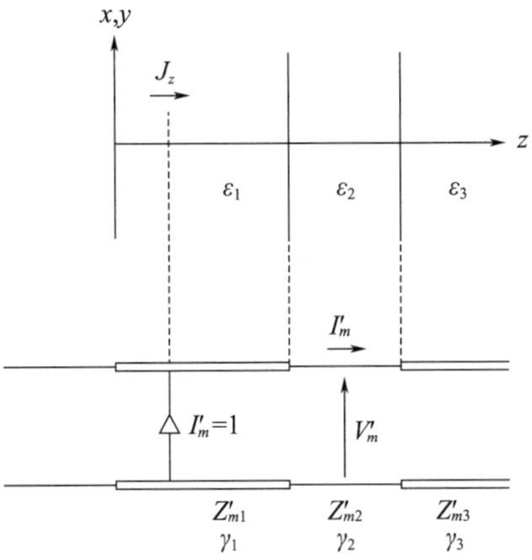

图 14.13 J_z 的等效传输线,完美导电平面为“开路终端”

类似地,根据 $\overline{\boldsymbol{h}}$ 求得 $\overline{\boldsymbol{H}}_t$。赫兹向量 $\Pi'\hat{z}$ 表示为

$$\Pi' = \frac{1}{(2\pi)^2}\int \frac{G\widetilde{\boldsymbol{J}}_z}{\mathrm{j}\omega\varepsilon_1}\mathrm{e}^{-\mathrm{j}\alpha x-\mathrm{j}\beta y}\mathrm{d}\alpha\mathrm{d}\beta \tag{14.70}$$

例如,对于介电常数为 ε_2 的电偶极子 $J_z = I_0L_0\delta(\bar{\boldsymbol{r}}-\bar{\boldsymbol{r}}')$,其位于地面上方$\bar{\boldsymbol{r}}'=(0,0,h)$处,空气满足 $\varepsilon=\varepsilon_0$,从图 14.13 中可以看出边界 $z=0$ 处的入射电压为

$$V_{\mathrm{in}} = \frac{Z'_1}{2}\mathrm{e}^{-\mathrm{j}\gamma_1 h}$$

则反射波为

$$V_{\mathrm{ref}} = \left|\frac{Z'_2-Z'_1}{Z'_2+Z'_1}\right|\frac{Z'_1}{2}\mathrm{e}^{-\mathrm{j}\gamma_1 h-\mathrm{j}\gamma_1 z}$$

根据式(14.70)求得空气中的反射赫兹矢量 Π'_r:

$$\Pi'_r = \frac{1}{(2\pi)^2}\int \frac{V_{\mathrm{ref}}}{\mathrm{j}\omega\varepsilon_1}\left[\frac{I_0L_0}{\mathrm{j}\omega\varepsilon_1}\right]\mathrm{e}^{-\mathrm{j}\alpha x-\mathrm{j}\beta y}\mathrm{d}\alpha\mathrm{d}\beta$$

当转换到圆柱坐标系中,这与索默菲尔德偶极子问题的表达式相同,见式(15.23)。

接下来讨论磁流源 J_{mz}。利用对偶性原理得到:

$$\begin{cases}\overline{\boldsymbol{E}}_t = \mathrm{j}\omega\mu(\hat{z}\times\nabla_t\Pi'') \\ \overline{\boldsymbol{H}}_t = \nabla_t\dfrac{\partial}{\partial z}\Pi''\end{cases} \tag{14.71}$$

$\overline{\boldsymbol{e}}$ 和$\overline{\boldsymbol{h}}$的傅里叶变换为

$$\begin{cases}\overline{\boldsymbol{e}} = -\mathrm{j}\overline{\boldsymbol{\alpha}}\times\hat{z}(-V'')\dfrac{\widetilde{\boldsymbol{J}}_{mz}}{\mathrm{j}\omega\mu} \\ \overline{\boldsymbol{h}} = -\mathrm{j}\overline{\boldsymbol{\alpha}}(-I'')\dfrac{\widetilde{\boldsymbol{J}}_{mz}}{\mathrm{j}\omega\mu} \\ \overline{\boldsymbol{\alpha}} = \alpha\hat{z}+\beta\hat{\boldsymbol{y}} \\ V'' = \mathrm{j}\omega\mu G \\ Z''_i = \dfrac{\omega\mu}{\gamma_i}\end{cases} \tag{14.72}$$

$\widetilde{J}_{mz}$是 J_{mz}的傅里叶变换。通过求解传输线问题得到电压 V''和电流 I''(图 14.14)。磁赫兹矢量 $\Pi''\hat{z}$ 表示为

$$\Pi'' = \frac{1}{(2\pi)^2}\int \frac{G\widetilde{J}_{mz}}{j\omega\mu} e^{-j\alpha x - j\beta y} d\alpha d\beta \tag{14.73}$$

14.5 介电层中横向电流和磁流激发的波

微带线在层层嵌入的 $x-y$ 平面上有电流。频率选择表面是由在介电层中 $x-y$ 平面上带有电流和磁流的周期性斑块和孔径组成的。因此,有必要讨论垂直于 z 方向的电流 $\overline{J}_t$ 和 $\overline{J}_{mt}$激发的波。

首先注意到Π_x 和Π_y 仅与J_x 和J_y 相关,但是Π_x 和Π_y 在介质交界面上是耦合的,因此,计算将变得相当复杂。一种更简单的方法是利用$\Pi'\hat{z}$ 和$\Pi''\hat{z}$,因为在介质交界面上Π' 和Π''之间没有耦合。这一公式由 Itoh(1980)和 Felsen 与 Marcuvitz(1973)提出。两者得出的结果相同。我们将沿用 Felsen - Marcuvitz 公式。$\overline{E}$和$\overline{H}$表示为

$$\begin{cases} \overline{E} = \nabla\times\nabla\times(\Pi'\hat{z}) - j\omega\mu\,\nabla\times(\Pi''\hat{z}) \\ \overline{H} = j\omega\varepsilon\,\nabla\times(\Pi'\hat{z}) + \nabla\times\nabla\times(\Pi''\hat{z}) \end{cases} \tag{14.74}$$

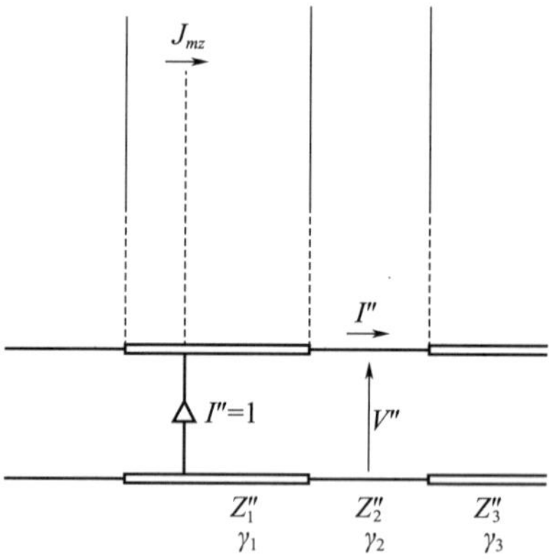

图 14.14 传输线为 J_{mz},完全导电平面短路

赫兹势 Π'和 Π''是由 $\overline{J}$ 和 $\overline{J}_m$ 产生的。

$$\begin{cases} \Pi' = g_0'\dfrac{J_z}{j\omega\varepsilon} + \left(\dfrac{1}{j\omega\varepsilon}\overline{J}_t\dfrac{\partial}{\partial z'} + \overline{J}_{mt}\times\hat{z}\right)\cdot\nabla_t' g' \\ \Pi'' = g_0''\dfrac{J_{mz}}{j\omega\mu} + \left(\hat{z}\times\overline{J}_t + \dfrac{1}{j\omega\mu}\overline{J}_{mt}\dfrac{\partial}{\partial z'}\right)\cdot\nabla_t' g'' \\ (\nabla^2 + k^2)g_0' = -\delta(\overline{r}-\overline{r}') \\ (\nabla^2 + k^2)g_0'' = -\delta(\overline{r}-\overline{r}') \\ -\nabla_t^2 g' = g_0' \\ -\nabla_t^2 g'' = g_0'' \\ \overline{J} = J_z\hat{z} + \overline{J}_t \\ \overline{J}_m = J_{mz}\hat{z} + \overline{J}_{mt} \end{cases} \tag{14.75}$$

第一项 J_z 和 J_{mz} 已在 14.4 节中讨论过。在上述公式中，∇'_t 是源 $\bar{r}'$ 坐标上的横向梯度算子，$\partial/\partial z'$ 是关于 z' 的导数。Felsen 和 Marcuvitz（1973，第 445 页）对式（14.75）进行了推导。对横向电场和磁场进行傅里叶变换：

$$\begin{cases}\bar{e}_t = \int \bar{E}_t e^{-j\alpha x - j\beta y} dx dy = \bar{\bar{e}} \cdot \bar{J} \\ \bar{h}_t = \int \bar{H}_t e^{j\alpha x + j\beta y} dx dy = \bar{\bar{h}} \cdot \bar{J}\end{cases} \tag{14.76}$$

式中：$\bar{J}$ 为 $\bar{J}_t$ 的傅里叶变换。

$$\bar{J} = \int \bar{J}_t e^{j\alpha x + j\beta y} dx dy$$

$\bar{\bar{e}}$ 和 $\bar{\bar{h}}$ 为并矢格林函数。一旦求得 $\bar{e}_t$ 和 $\bar{h}_t$，就可以通过傅里叶逆变换得到 $\bar{E}_t$ 和 $\bar{H}_t$①。

$$\begin{cases}\bar{E}_t = \dfrac{1}{(2\pi)^2}\int \bar{e}_t e^{-j\alpha x - j\beta y} d\alpha d\beta \\ \bar{H}_t = \dfrac{1}{(2\pi)^2}\int \bar{h}_t e^{-j\alpha x - j\beta y} d\alpha d\beta\end{cases} \tag{14.77}$$

由式（14.75）可以求得格林二项式 $[\bar{\bar{e}}]$ 和 $[\bar{\bar{h}}]$。利用图 14.15 所示的等效传输线电压和电流得到最终的 $\bar{\bar{e}}$ 和 $\bar{\bar{h}}$。

$$\begin{cases}[\bar{\bar{e}}] = \begin{bmatrix}\alpha^2 & \alpha\beta \\ \alpha\beta & \beta^2\end{bmatrix}\dfrac{-V'}{\alpha^2+\beta^2} + \begin{bmatrix}\beta^2 & -\alpha\beta \\ -\alpha\beta & \alpha^2\end{bmatrix}\dfrac{-V''}{\alpha^2+\beta^2} \\ [\bar{\bar{h}}] = \begin{bmatrix}\alpha\beta & \alpha^2 \\ -\alpha^2 & -\alpha\beta\end{bmatrix}\dfrac{I'}{\alpha^2+\beta^2} + \begin{bmatrix}\alpha\beta & -\alpha^2 \\ \beta^2 & -\alpha\beta\end{bmatrix}\dfrac{-I''}{\alpha^2+\beta^2}\end{cases} \tag{14.78}$$

式中：

$$V' = -\frac{\partial}{\partial z}\left(\frac{1}{j\omega\varepsilon_1}\frac{\partial}{\partial z'}g'\right)$$

$$I' = \frac{\varepsilon\partial}{\varepsilon_1\partial z'}g'$$

$$V'' = j\omega\mu g''$$

$$I'' = -\frac{\partial}{\partial z}g''$$

这些 V'、V''、I'、I'' 的定义用于推导 $[\bar{\bar{e}}]$ 和 $[\bar{\bar{h}}]$。它们的定义可以自动满足介质交界面的边界条件，即切向电场和磁场是连续的。

在实际计算中，用单位电流源求解图 14.15 中的传输线。如果使用特性阻抗 Z'，可以得到 V' 和 I'，如果使用特性阻抗 Z''，可以得到 V'' 和 I''。然后将它们代入式（14.78），就可以得到并矢格林函数 $[\bar{\bar{e}}]$ 和 $[\bar{\bar{h}}]$。

第 i 区域的特性阻抗和传播常数为

---

① 译者注：根据公式推导，将式（14.77）中的 $dxd\beta$ 更正为 $d\alpha d\beta$。

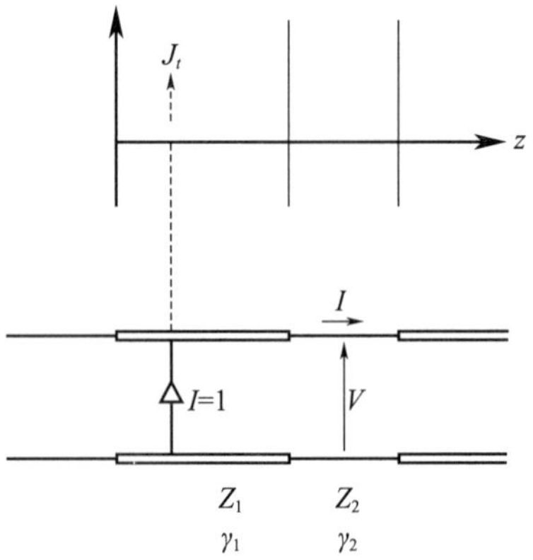

图 14.15　由横向电流源 J_t 激励的等效传输线（用 γ_i 和 Z_i'求得 V'和 I'，用 Z_i'求得 V''和 I'）

$$\begin{cases} Z_i' = \dfrac{\gamma_i}{\omega\varepsilon_i} \\ Z_i'' = \dfrac{\omega\mu}{\gamma_i} \\ \gamma_i = (k_i^2 - \alpha^2 - \beta^2)^{1/2}，当\ k_i^2 > \alpha^2 + \beta^2 \\ \quad = -\mathrm{j}\,(\alpha^2 + \beta^2 - k_i^2)^{1/2}，当\ k_i^2 < \alpha^2 + \beta \end{cases} \tag{14.79}$$

在导电表面，V'和 V''为零（短路）；E_z 的傅里叶变换 e_z 可通过$\nabla \cdot \overline{\boldsymbol{E}} = 0$ 得到。

$$e_z = -\frac{\alpha e_x + \beta e_y}{\gamma} \tag{14.80}$$

式中：$\overline{\boldsymbol{e}}_t = \hat{\boldsymbol{x}} e_x + \hat{\boldsymbol{y}} e_y$。

接下来讨论嵌入介电层中的孔径激励（图 14.16）。横向电场和磁场的傅里叶变换为

$$\begin{cases} \overline{\boldsymbol{e}}_t = \overline{\overline{\boldsymbol{e}}}_m \cdot \overline{\boldsymbol{e}}_a \\ \overline{\boldsymbol{h}}_t = \overline{\overline{\boldsymbol{h}}}_m \cdot \overline{\boldsymbol{e}}_a \end{cases} \tag{14.81}$$

式中：$\overline{\boldsymbol{e}}_a$ 为孔径场$\overline{\boldsymbol{E}}_a$ 的傅里叶变换。

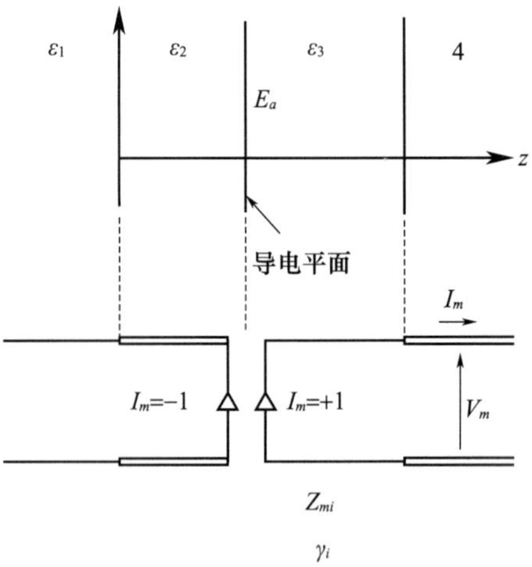

图 14.16　J_{mt}的等效传输线（孔径场$\overline{\boldsymbol{E}}_a$）（用 γ_i 和 Z_{mi}'求 V_m'和 I_m'，用 γ_i 和 Z_{mi}''求 V_m''和 I_m''）

利用图 14.16 中的等效传输线，则可以使用 Z'_{mi}得到 V'_m和 I'_m，使用 Z''_{mi}得到 V''_m和 I''_m。矩阵形式的格林并矢$\bar{\bar{e}}_m$ 和$\bar{\bar{h}}_m$ 为

$$\begin{cases}[\bar{\bar{e}}_m] = \begin{bmatrix}\alpha^2 & \alpha\beta \\ \alpha\beta & \beta^2\end{bmatrix}\dfrac{I'_m}{\alpha^2+\beta^2} + \begin{bmatrix}\beta^2 & -\alpha\beta \\ -\alpha\beta & \alpha^2\end{bmatrix}\dfrac{I''_m}{\alpha^2+\beta^2} \\ [\bar{\bar{h}}_m] = \begin{bmatrix}\alpha\beta & \alpha^2 \\ -\alpha^2 & -\alpha\beta\end{bmatrix}\dfrac{-V'_m}{\alpha^2+\beta^2} + \begin{bmatrix}\alpha\beta & -\alpha^2 \\ \beta^2 & -\alpha\beta\end{bmatrix}\dfrac{V''_m}{\alpha^2+\beta^2} \\ Z'_m = \dfrac{\omega\varepsilon}{\gamma_i}, Z''_m = \dfrac{\gamma_i}{\omega\mu}\end{cases} \tag{14.82}$$

在导电表面，I'_m和 I''_m均为零(开路)。电压和电流表示为

$$\begin{cases}V'_m = \mathrm{j}\omega\varepsilon g' \\ I'_m = -\dfrac{\partial}{\partial z}g' \\ V''_m = -\dfrac{1}{\mathrm{j}\omega\mu}\dfrac{\partial}{\partial z}\dfrac{\partial}{\partial z'}g'' \\ I''_m = \dfrac{\partial}{\partial z'}g''\end{cases} \tag{14.83}$$

推导式(14.82)时需要这些定义，但求解并矢格林函数时不需要。

14.6　嵌入介电层中的带状线

利用 14.5 节给出的公式，讨论计算带状线传播常数的方法(图 14.17)。在 $z=0$ 处，带状线上的切向电场为零。此外还注意到，该问题中的未知数是 β，即 y 方向上的传播常量。故只有关于 α 的积分。

$$\bar{\boldsymbol{E}}_t = \frac{1}{2\pi}\int \bar{\bar{e}} \cdot \bar{\boldsymbol{J}} \mathrm{e}^{-\mathrm{j}\alpha x}\mathrm{d}\alpha = 0，在 z = 0 且 |x| < w/2 处 \tag{14.84}$$

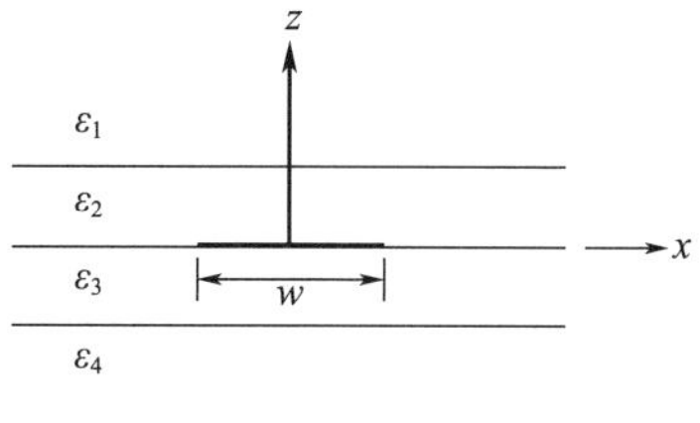

图 14.17　带状线，波沿 y 方向传播

此处使用矩量法，用 N 个基函数 $\bar{\boldsymbol{J}}_n$ 和 N 个未知系数 C_n 的级数表示 $\bar{\boldsymbol{J}}$，$\bar{\boldsymbol{J}}$ 为 $\bar{\boldsymbol{J}}_t$ 的傅里叶变换。

$$\bar{\boldsymbol{J}} = \sum_{n=1}^{N}\bar{\boldsymbol{J}}_n C_n \tag{14.85}$$

式中：

$$\bar{\boldsymbol{J}}_n = \begin{bmatrix}J_{nx} \\ J_{ny}\end{bmatrix}$$

$$\bar{\boldsymbol{C}}_n = \begin{bmatrix} C_1 \\ C_2 \\ \vdots \\ C_N \end{bmatrix}$$

$\bar{\boldsymbol{J}}_n$ 为基函数 $\bar{\boldsymbol{J}}_{tn}$的傅里叶变换。

$$\bar{\boldsymbol{J}}_n = \int \bar{\boldsymbol{J}}_{tn} \mathrm{e}^{+\mathrm{j}\alpha x} \mathrm{d}x \tag{14.86}$$

然后在式(14.84)从左边乘以 $\bar{\boldsymbol{J}}_{tm}$ 的转置,并在带状线上对 x 进行积分。这样就得到了 $\bar{\boldsymbol{J}}_m$ 的共轭转置,$m=1,2,\cdots,N$,进而得到下面的 $N\times N$ 矩阵方程:

$$[K_{mn}][C_n]=0 \tag{14.87}$$

式中:

$$K_{mn} = \int [J_{mx}^* J_{my}^*][\bar{\bar{e}}] \begin{bmatrix} J_{nx} \\ J_{ny} \end{bmatrix} \mathrm{d}\alpha$$

为了得到$[C_n]$的非零解,$[K]$的行列式必须为零。

$$|K_{mn}|=0 \tag{14.88}$$

由式(14.88)的解可得传播常数 β。上述使用基函数作为加权函数的技术称为伽勒金方法(Galerkin's method)。

满足边缘条件的基函数已被提出(Itoh,1980)。例如,对于 $n=1,2,\cdots,N$:

$$\begin{cases} J_{tnx} = \dfrac{\sin\left(\dfrac{2n\pi x}{w}\right)}{[1-(2x/w)^2]^{\frac{1}{2}}} \\ J_{tny} = 0 \end{cases} \tag{14.89}$$

对于 $n=N+1,N+2,\cdots,2N$,有

$$\begin{cases} J_{tnx} = 0 \\ J_{tny} = \dfrac{\cos\left[\dfrac{2(n-1)\pi x}{w}\right]}{[1-(2x/w)^2]^{\frac{1}{2}}} \end{cases} \tag{14.90}$$

对应的傅里叶变换为

$$\begin{cases} J_{nx} = \dfrac{\pi w}{4\mathrm{j}}\left[J_0\left(\left|\dfrac{w\alpha}{2}+n\pi\right|\right) - J_0\left(\left|\dfrac{w\alpha}{2}-n\pi\right|\right)\right] \\ J_{ny} = \dfrac{\pi w}{4\mathrm{j}}\left[J_0\left(\left|\dfrac{w\alpha}{2}+(n-1)\pi\right|\right) + J_0\left(\left|\dfrac{w\alpha}{2}-(n-1)\pi\right|\right)\right] \end{cases} \tag{14.91}$$

14.7 嵌入介电层中的周期性斑块和孔径

下面讨论嵌入电介质结构中的周期性的斑块和孔径。如果用空间谐波弗洛凯表示法(见第7章)代替傅里叶积分,就可以使用前面章节中的所有公式。具体来说,需要做出以下改动:

$$\frac{1}{(2\pi)^2}\iint f(\alpha,\beta)\,\mathrm{e}^{-\mathrm{j}\alpha x-\mathrm{j}\beta y}\mathrm{d}\alpha\mathrm{d}\beta \rightarrow \sum_m \sum_n \frac{f(\alpha_m,\beta_n)}{l_x l_y}\mathrm{e}^{-\mathrm{j}\alpha_m x-\mathrm{j}\beta_n y} \tag{14.92}$$

式中：

$$\alpha_m=\alpha_0+\frac{2m\pi}{l_x}$$

$$\beta_n=\beta_0+\frac{2n\pi}{l_y}$$

$$\alpha_0=k\sin\theta_0\cos\phi_0$$

$$\beta_0=k\sin\theta_0\sin\phi_0$$

x 和 y 方向上的周期分别为 l_x 和 l_y，且(θ_0,ϕ_0)为入射波的方向。

对于斜周期结构(图 14.18)，其在 x'和 y'上是周期性的，则得到：

$$\begin{cases} y'\sin\Omega=y \\ x'+y'\cos\Omega=x \end{cases} \tag{14.93}$$

由此得到：$y'=y/\sin\Omega, x'=x-y\cot\Omega$。在 x'和 y'上具有周期性的弗洛凯模表示为

$$\begin{aligned}&\exp\left[-\mathrm{j}\alpha_0 x-\mathrm{j}\frac{2\pi x}{l_x}x'-\mathrm{j}\beta_0 y-\mathrm{j}\frac{2\pi n\sin\Omega}{l_y}y'\right]\\ &=\exp\left[-\mathrm{j}\left(\alpha_0+\frac{2\pi m}{l_x}\right)x-\mathrm{j}\left(\beta_0+\frac{2\pi n}{l_y}-\frac{2m\pi}{l_x}\cot\Omega\right)y\right]\end{aligned}$$

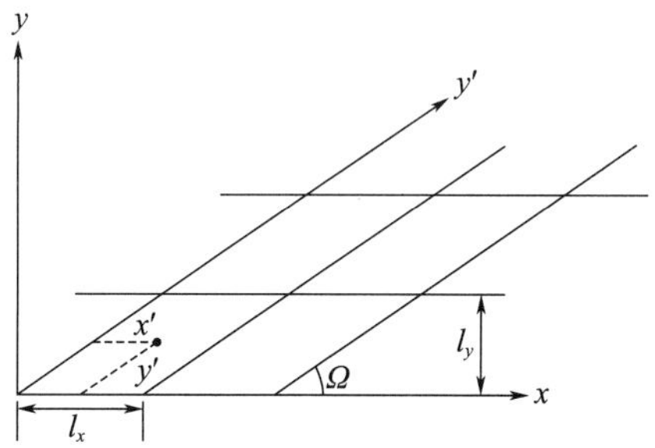

图 14.18　斜周期结构

因此，对于斜周期结构：

$$\begin{cases} \alpha_m=\alpha_0+\dfrac{2m\pi}{l_x} \\ \beta_{mn}=\beta_0+\dfrac{2n\pi}{l_y}-\dfrac{2m\pi}{l_x}\cot\Omega \end{cases} \tag{14.94}$$

下面讨论周期结构中斑块上的电流分布。总切向电场是入射波和散射波的总和，在斑块上必须为零。因此得到：

$$\bar{\boldsymbol{E}}_{\mathrm{inc}}+\bar{\boldsymbol{E}}_t=0\text{，在斑块上} \tag{14.95}$$

对于弗洛凯模：

$$\bar{\boldsymbol{E}}_{\mathrm{inc}}+\frac{1}{l_x l_y}\sum_m\sum_n \bar{\bar{\boldsymbol{e}}}\bar{\boldsymbol{J}}\mathrm{e}^{-\mathrm{j}\alpha_m x-\mathrm{j}\beta_n y}=0 \tag{14.96}$$

采用矩量法将电流 $\bar{\boldsymbol{J}}_t$ 表示为基函数 $\bar{\boldsymbol{J}}_{tj}$的级数及其傅里叶变换 $\bar{\boldsymbol{J}}_j$。

$$\begin{cases}\bar{\boldsymbol{J}}_t = \sum_j \bar{\boldsymbol{J}}_{tj} C_j \\ \bar{\boldsymbol{J}} = \sum_j \bar{\boldsymbol{J}}_j C_j\end{cases} \tag{14.97}$$

将式(14.97)代入式(14.96),将式(14.96)乘以 $\bar{\boldsymbol{J}}_{ti}$的转置,然后像在14.6节中那样对斑块进行积分,则得到:

$$[K_{ij}][C_j] + [E_i] = 0 \tag{14.98}$$

式中:

$$K_{ij} = \frac{1}{l_x l_y}\sum_m \sum_n [J_{ix}^* J_{iy}^*][\bar{\bar{\boldsymbol{e}}}]\begin{bmatrix}J_{jx}\\ J_{jy}\end{bmatrix}$$

$$[E_i] = [J_{i0}^*]^t[\bar{\boldsymbol{E}}_0]$$

式中:$[J_{i0}^*]^t$ 为在 $\alpha = \alpha_0$ 和 $\beta = \beta_0$ 处 J_i 的共轭转置,入射波 $\bar{\boldsymbol{E}}_{\mathrm{inc}}$表示为$\bar{\boldsymbol{E}}_{\mathrm{inc}} = \bar{\boldsymbol{E}}_0 \mathrm{e}^{-\mathrm{j}\alpha_0 x - \mathrm{j}\beta_0 y}$。由式(14.98)的解得到系数 C_i,电流分布由式(14.97)得到。

接下来讨论介电层中嵌入的孔径场。在孔径的一边,切向磁场为$\bar{\boldsymbol{H}}_{\mathrm{inc}} + \bar{\boldsymbol{H}}_1$,$\bar{\boldsymbol{H}}_1$由孔径场$\bar{\boldsymbol{E}}_a$生成。另一边是同样由孔径场$\bar{\boldsymbol{E}}_a$产生磁场$\bar{\boldsymbol{H}}_2$。这两个磁场在孔径处一定相等,则得到:

$$\bar{\boldsymbol{H}}_{\mathrm{inc}} + \bar{\boldsymbol{H}}_1 = \bar{\boldsymbol{H}}_2,\text{在孔径场} \tag{14.99}$$

利用式(14.81),用孔径场$\bar{\boldsymbol{E}}_a$ 表示$\bar{\boldsymbol{H}}_1$ 和$\bar{\boldsymbol{H}}_2$。

$$\bar{\boldsymbol{H}}_1 = \frac{1}{l_x l_y}\sum_m \sum_n \bar{\bar{\boldsymbol{h}}}_m \cdot \bar{\boldsymbol{e}}_a \mathrm{e}^{-\mathrm{j}\alpha_m x - \mathrm{j}\beta_n y} \tag{14.100}$$

$\bar{\boldsymbol{H}}_2$ 以同样的形式表示,只是在孔径的另一侧使用$\bar{\bar{\boldsymbol{h}}}_m$。

然后,将孔径场$\bar{\boldsymbol{E}}_a$ 及其傅里叶变换$\bar{\boldsymbol{e}}_a$ 分别表示为基函数$\bar{\boldsymbol{E}}_j$ 的级数及其傅里叶变换$\bar{\boldsymbol{e}}_j$,系数 C_j 未知。

$$\begin{cases}\bar{\boldsymbol{E}}_a = \sum_j \bar{\boldsymbol{E}}_j C_j \\ \bar{\boldsymbol{e}}_a = \sum_j \bar{\boldsymbol{e}}_j C_j\end{cases} \tag{14.101}$$

然后将孔径基函数$\bar{\boldsymbol{E}}_i$和式(14.99)进行向量乘积,并对孔径进行积分:

$$\int \mathrm{d}x\mathrm{d}y \bar{\boldsymbol{E}}_i \times (\bar{\boldsymbol{H}}_{\mathrm{inc}} + \bar{\boldsymbol{H}}_1) = \int \mathrm{d}x\mathrm{d}y \bar{\boldsymbol{E}}_i \times \bar{\boldsymbol{H}}_2 \tag{14.102}$$

上式等价于将式(14.99)乘以 $\hat{z} \times \bar{\boldsymbol{E}}_i$,并对孔径进行积分。由此得到矩阵方程:

$$[H_i] + [L_{ij}][C_j] = [M_{ij}][C_j] \tag{14.103}$$

式中:

$$L_{ij} = \frac{1}{l_x l_y}\sum_m \sum_n [-\mathrm{e}_{iy}^* \mathrm{e}_{ix}^*][\bar{\bar{\boldsymbol{h}}}]\begin{bmatrix}e_{jx}\\ e_{jy}\end{bmatrix}$$

M_{ij}与 L_{ij}相同,不同之处在于$[\bar{\bar{\boldsymbol{h}}}]$在孔径的另一侧。

$$[H_i] = [-\mathrm{e}_{iy0}^* \mathrm{e}_{ix0}^*][\bar{\boldsymbol{H}}_0]$$

$$\bar{\boldsymbol{H}}_{\mathrm{inc}} = \bar{\boldsymbol{H}}_0 \mathrm{e}^{-\mathrm{j}\alpha_0 x - \mathrm{j}\beta_0 y} \tag{14.104}$$

式(14.103)中的矩阵方程对未知系数$[C_j]$进行了求解,孔径场的最终表达式为式(14.101)。

习　题

14.1　如图 P14.1 所示，求出电线源 I_0 产生的场 E_y。同时求出辐射场。

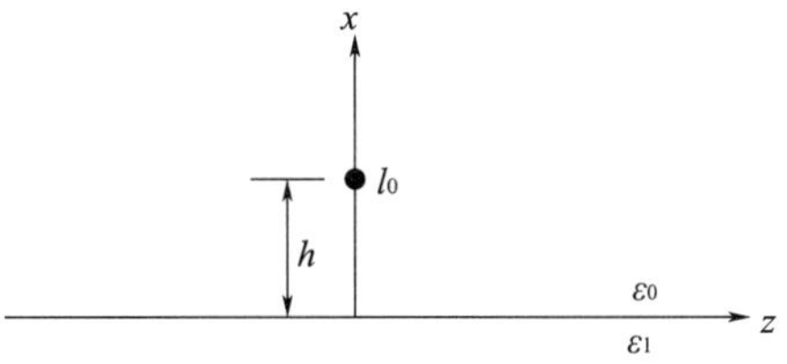

图 P14.1　介质半空间上方的线源

14.2　磁力线源 I_m 位于 $E_z/H_y = Z$ 的阻抗平面上方（图 P14.2）。当 $Z = \mathrm{j}X$ 时，求 $x > 0$ 时的磁场以及辐射场，此处 $Z = R_s + \mathrm{j}X_s = [\mathrm{j}\omega(\mu_0/\sigma)]^{1/2}$。

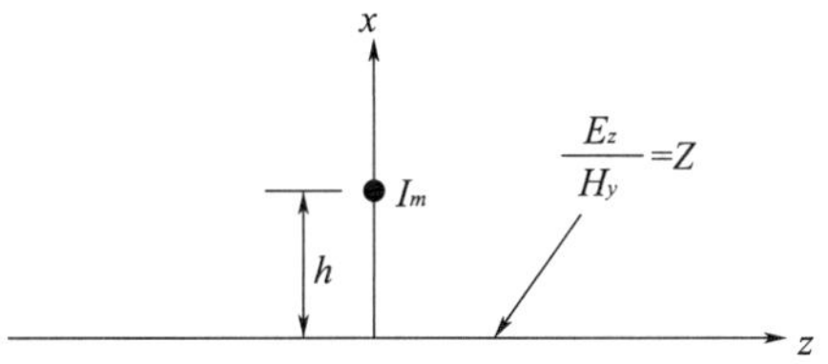

图 P14.2　阻抗表面

14.3　对于式（14.39）中抛物线剖面的格林函数。如果 $\theta_0 = 45°, \theta_0 = 0, z_0 = 1, n_0 = 2$，请求射线路径并计算格林函数的大小。

14.4　求如图 P14.4 所示带状线的特性阻抗。并使用式（14.53）求格林函数。电荷密度 ρ_s 满足边缘条件，表示为

$$\rho_s = \frac{\rho_0 \delta(y)}{[1 - (2x/W_0)^2]^{1/2}}$$

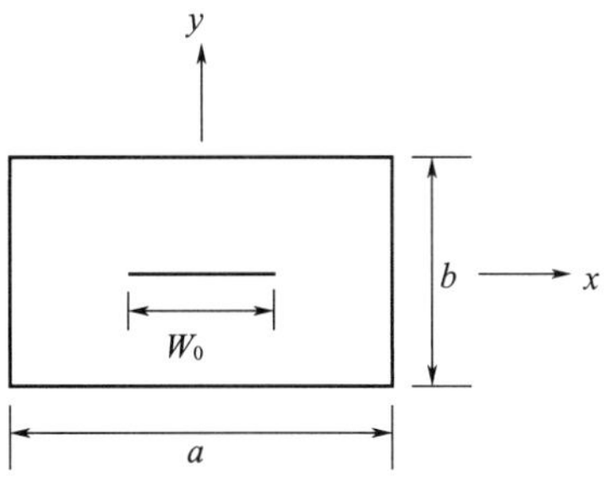

图 P14.4　带状线

14.5　如图 P14.5 所示，a 为外导体半径，b 为内导体半径，使用准静态近似法求得含两种同心介质材料的同轴线的归一化相速度和特性阻抗。$a = 0.5\mathrm{cm}, b = 0.2\mathrm{cm}, c = 0.3\mathrm{cm}, \varepsilon_1/\varepsilon_0 = 1.5, \varepsilon_2/\varepsilon_0 = 2$。

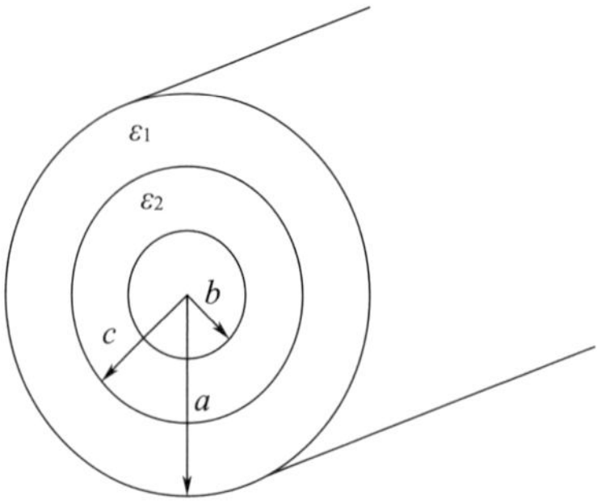

图 P14.5　同轴线

14.6　如图 P14.6 所示,垂直偶极子位于介电层中。求空气中的辐射场。

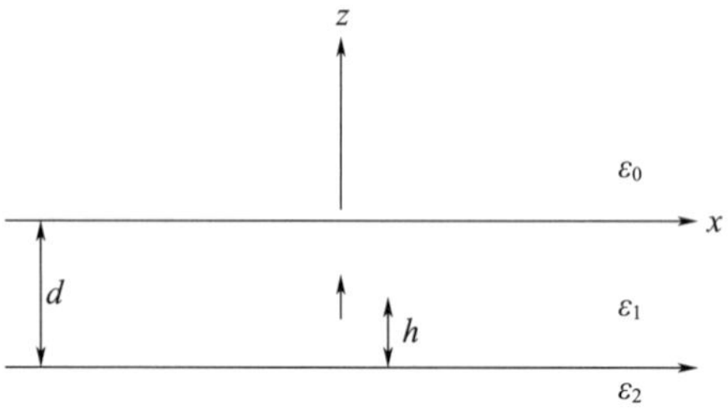

图 P14.6　介质层中的电偶极子

14.7　将图 P14.6 中的垂直偶极子换成指向 x 方向的水平偶极子。求空气中的辐射场。

14.8　平面波法向从左侧入射到图 14.16 所示的层上。求孔径场$\overline{\boldsymbol{E}}_a$ 的积分方程。

14.9　对于图 14.17 所示的带状线,求传播常数的方程。

14.10　求出图 P14.10 所示周期性斑块上电流的方程。

14.11　求出图 P14.11 所示周期孔径的场方程。

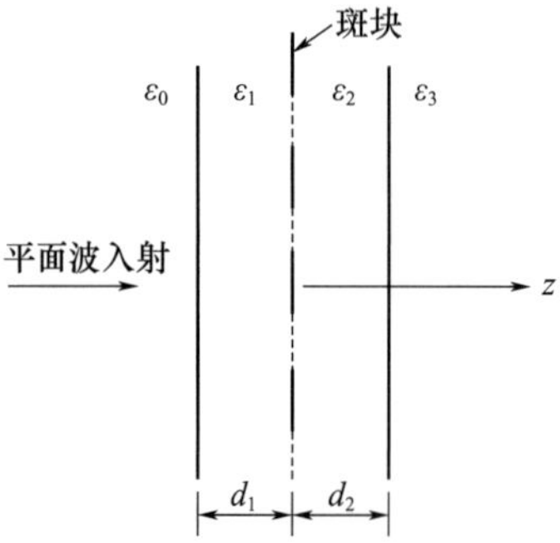

图 P14.10　周期性斑块

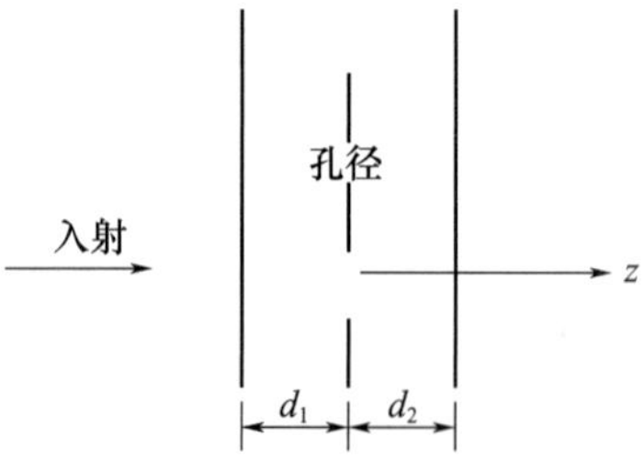

图 P14.11　周期性孔径

第 15 章

导电地球上偶极子的辐射

15.1 索默菲尔德偶极子问题

无线电领域的一个重要实际问题是确定无线电波在地球上的传播特性。然而,对这一问题的理论研究涉及一些精细的数学分析,在过去的几十年里吸引了众多数学家和科学家的关注。从历史上看,这个问题可以追溯到 1907 年浅涅克的研究工作,他研究了在地球表面传播的波的特性,即现在的浅涅克波。索默菲尔德在 1909 年研究了偶极子源对浅涅克波的激发。解的一部分在表面上具有浅涅克波的所有特征,因此,被称为表面波。

然而,索默菲尔德的研究引发了一场广为人知的争论,直到 20 世纪 40 年代末,奥特、范德瓦尔登和巴诺斯的研究才彻底解决了这一争论。争论的焦点包括浅涅克表面波的存在、表面波的定义、分支切割的选择以及黎曼曲面的极点是对还是错。此外,尽管索默菲尔德 1926 年的论文是正确的,但其 1909 年的论文中的一个符号却出现了错误,从而造成了相当大的混乱(Banos, 1966; Brekhovskikh, 1960; Sommerfeld, 1949; Wait, 1962, 1981; Bremmer, 1949; Wait, 1982)。在本章中,我们将对这一问题进行系统研究,并酌情指出历史争议的根源。

15.2 位于地球上方的垂直电偶极子

下面讨论来自地球上方垂直偶极子的辐射(图 15.1)。地球参数含相对电常数 ε_r、电导率 σ 或者等价的复相对介电常数 $\varepsilon/\varepsilon_r$ 或复折射率 n。

$$n^2 = \frac{\varepsilon}{\varepsilon_0} = \varepsilon_r - \mathrm{j}\frac{\sigma}{\omega\varepsilon_0} \tag{15.1}$$

偶极子位于空气中 $z=h$ 处,此处的波数为 k;地球内的波数为 k_e。在本例中,k 为实数,k_e 为复数,但该公式同样适用于 k 为复数(如电离层),k_e 为实数(空气)或者 k 和 k_e 均为复数(冰和水或地面)的情况。

首先讨论空气中的场($z>0$)。场可以用赫兹矢量元 $\boldsymbol{\pi}$ 来描述,其矩形分量满足标量波动方程:

$$(\nabla^2+k^2)\pi_z=-\frac{J_z}{\mathrm{j}\omega\varepsilon_0} \tag{15.2}$$

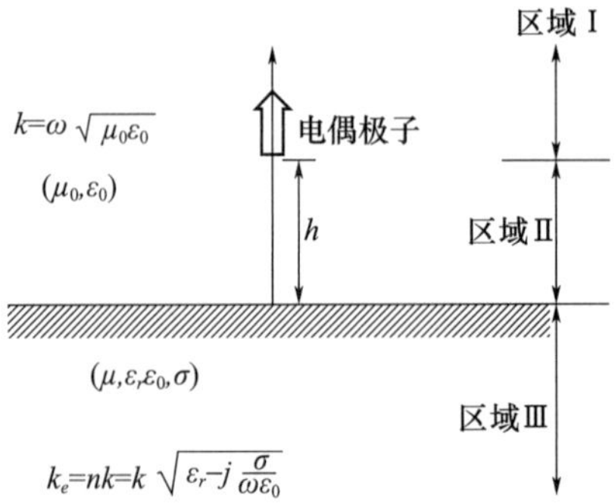

图 15.1　地面上方的垂直偶极子

位于 r' 处含电流 I、等效长度为 L 的电偶极子表示为

$$J_z=IL\delta(r-r') \tag{15.3}$$

为了方便,令:

$$\frac{IL}{\mathrm{j}\omega\varepsilon_0}=1 \tag{15.4}$$

则在空气中:

$$(\nabla^2+k^2)\pi_z=-\delta(r-r') \tag{15.5}$$

在地下($z<0$)①:

$$(\nabla^2+k_e^2)\pi_z=0 \tag{15.6}$$

$z=0$ 处的边界条件为切向电场和磁场在边界上都是连续的。式(15.5)和式(15.6)以及边界条件和辐射条件对问题进行了完整的数学描述。将式(15.5)的解表示为一次波和二次波之和。一次波为偶极子在无边界的无限空间中辐射出的波,在天线位置具有合理的奇异性。二次波表示边界的影响,但在天线位置没有奇点。

对于一次波 π_p:

$$\pi_p=\frac{\mathrm{e}^{-\mathrm{j}k|r-r'|}}{4\pi|r-r'|} \tag{15.7}$$

为了满足边界条件,需要用在空气中和地面上具有相同径向波数的圆柱波来表示式(15.7)。这可以通过下图所示的傅里叶-贝塞尔变换来实现。

在圆柱坐标系中表示式(15.5):

$$\left\{\frac{1}{\rho}\frac{\partial}{\partial\rho}\left(\rho\frac{\partial}{\partial\rho}\right)+\frac{1}{\rho^2}\frac{\partial^2}{\partial\phi^2}+\frac{\partial^2}{\partial z^2}+k^2\right\}\pi_p=\frac{\delta(\rho-\rho')\delta(\phi-\phi')\delta(z-z')}{\rho} \tag{15.8}$$

首先,用 ϕ 的傅里叶级数展开 π_p,π_p 为关于 $\phi-\phi'$ 的函数,则得到:

① 译者注:根据公式推导,将式(15.6)$(\nabla^2+ke^2)\pi_z+0$ 更正为 $(\nabla^2+k_e^2)\pi_z=0$。

$$\pi_p = \sum_{m=-\infty}^{\infty} \pi_m(\rho,z)\mathrm{e}^{-\mathrm{j}m(\phi-\phi')} \tag{15.9}$$

式中：

$$\pi_m(\rho,z) = \frac{1}{2\pi}\int_0^{2\pi}\pi_p \mathrm{e}^{\mathrm{j}m(\varphi-\varphi')}\mathrm{d}\varphi$$

得到：

$$\left[\frac{1}{\rho}\frac{\partial}{\partial\rho}\left(\rho\frac{\partial}{\partial\rho}\right) - \frac{m^2}{\rho^2} + \frac{\partial^2}{\partial z^2} + k^2\right]\pi_m = -\frac{\delta(\rho-\rho')\delta(z-z')}{2\pi\rho} \tag{15.10}$$

用傅里叶－贝塞尔变换来表示 π_m：

$$\pi_m(\rho,z) = \int_0^{\infty} g_m(\lambda,z)J_m(\lambda\rho)\lambda\mathrm{d}\lambda \tag{15.11}$$

式中：

$$g_m(\lambda,z) = \int_0^{\infty}\pi_m(\rho,z)J_m(\lambda\rho)\rho\mathrm{d}\rho$$

式(15.11)为傅里叶－贝塞尔变换，相当于通常傅里叶变换的圆柱变换。请注意，λ 是傅里叶－贝塞尔变换中常用的复变变量，在这里不是波长。将傅里叶－贝塞尔变换应用于式(15.10)的两边，得到：

$$\left(\frac{\mathrm{d}^2}{\mathrm{d}z^2} + k^2 - \lambda^2\right)g_m(\lambda,z) = -\frac{\delta(z-z')J_m(\lambda\rho')}{2\pi} \tag{15.12}$$

为了从式(15.10)中得到式(15.12)，使用到了分式积分，其中需要注意到 π_m 在 $\rho\to0$ 和 $\rho\to\infty$ 时的特性。式(15.12)很容易求解，得到：

$$g_m(\lambda,z) = \frac{\mathrm{e}^{-\mathrm{j}q|z-z'|}}{2\mathrm{j}q}\frac{J_m(\lambda\rho')}{2\pi} \tag{15.12a}$$

式中：$\lambda^2 + q^2 = k^2$。

将式(15.12a)代入式(15.11)，再代入式(15.9)，得到：

$$\pi_p = \frac{1}{4\pi}\sum_{m=-\infty}^{\infty}\mathrm{e}^{-\mathrm{j}m(\phi-\phi')}\int_0^{\infty}J_m(\lambda\rho)J_m(\lambda\rho')\mathrm{e}^{-\mathrm{j}q|z-z'|}\frac{\lambda\mathrm{d}\lambda}{\mathrm{j}q} \tag{15.13}$$

式(15.13)等价于式(15.7)，但它是用传播常数 λ（即 $J_m(\lambda,\rho)$）的圆柱波来表示的。通过用相同的波数 λ 展开边界上方和下方的场，其可以满足任意 ρ 的边界条件。相反，当边界平行于 z 轴时，如在介电圆柱体中，我们在 z 方向上进行傅里叶变换，并用 z 方向上的相同波数 $\mathrm{e}^{-\mathrm{j}hz}$ 表示圆柱体内外的场。

特别是，当天线位于 $\rho'=0$ 和 $z'=h$ 处，式(15.13)变为

$$\pi_p(\rho,z) = \frac{1}{4\pi}\int_0^{\infty}J_0(\lambda\rho)\mathrm{e}^{\mathrm{j}q|z-h|}\frac{\lambda\mathrm{d}\lambda}{\mathrm{j}q} \tag{15.14}$$

式中：$\lambda^2 + q^2 = k^2$。

现在来研究图 15.1 所示的问题。在空气（区域Ⅰ和Ⅱ）中，π_z 满足微分方程：

$$(\nabla^2 + k^2)\pi_z = -\delta(r-r') \tag{15.15}$$

式中：r' 位于 $\rho=0$ 和 $z=h$ 处。将 π_z 表示为主波 π_p 和散射波 π_s 之和：

$$\pi_z = \pi_p + \pi_s \tag{15.16}$$

把区域Ⅰ中的一次波 π_p 表示为

$$\pi_p = \frac{1}{4\pi}\int_0^\infty J_0(\lambda\rho)\,\mathrm{e}^{-\mathrm{j}q(z-h)}\,\frac{\lambda\mathrm{d}\lambda}{\mathrm{j}q} \tag{15.17a}$$

在区域Ⅱ中：

$$\pi_p = \frac{1}{4\pi}\int_0^\infty J_0(\lambda\rho)\,\mathrm{e}^{-\mathrm{j}q(h-z)}\,\frac{\lambda d\lambda}{\mathrm{j}q} \tag{15.17b}$$

式中：$\lambda^2 + q^2 = k^2$。

式(15.17a)和式(15.17b)中的指数$(z-h)$和$(h-z)$的差值表示$z=h$处的奇点。散射波π_s在$z=h$处没有奇点，它满足齐次波动方程。因此，对于区域Ⅰ和区域Ⅱ：

$$\pi_s = \frac{1}{4\pi}\int_0^\infty R(\lambda)J_0(\lambda\rho)\,\mathrm{e}^{-\mathrm{j}q(z+h)}\,\frac{\lambda\mathrm{d}\lambda}{\mathrm{j}q} \tag{15.18}$$

Ⅲ区中没有一次波，因此，散射波π_s满足波动方程：

$$(\nabla^2 + k_e^2)\pi_s = 0 \tag{15.19}$$

π_s表示为

$$\pi_s = \frac{1}{4\pi}\int_0^\infty T(\lambda)J_0(\lambda\rho)\,\mathrm{e}^{+\mathrm{j}q_e z-\mathrm{j}qh}\,\frac{\lambda\mathrm{d}\lambda}{\mathrm{j}q} \tag{15.20}$$

式中：$\lambda^2 + q_e^2 = k_e^2$。在式(15.17)和式(15.18)中选择$(-\mathrm{j}q)$而不是$(+\mathrm{j}q)$，是为了表示当$q$位于第四象限时在$+z$方向上的出射波，其满足“辐射条件”。类似地，式(15.20)中选择$(+\mathrm{j}q_e z)$是为了表示当q位于第四象限时在$-z$方向的出射波。用其他常用的符号μ或γ代替jq。选择jq是因为q表示z方向的波数，就像λ代表ρ方向的波数一样。

式(15.16)~式(15.18)和式(15.20)表示场的完整表达式，它们用两个未知函数$R(\lambda)$和$T(\lambda)$表示。这两个函数通过在$z=0$处使用边界条件来确定，其条件是切向电场和切向磁场在边界上是连续的。由于问题的对称性，唯一的切向电场是E_ρ，唯一的磁场是H_ϕ，有

$$\begin{cases} E_\rho = \dfrac{\partial^2}{\partial\rho\partial z}\pi_z \\ H_\phi = -\mathrm{j}\omega\varepsilon\dfrac{\partial}{\partial\rho}\pi_z \end{cases}$$

边界条件为

$$\begin{cases} \dfrac{\partial}{\partial z}\pi_z^{(2)} = \dfrac{\partial}{\partial z}\pi_z^{(3)} \\ \pi_z^{(2)} = n^2\pi_z^{(3)} \end{cases},z=0\text{ 处} \tag{15.21}$$

式中：$\pi_z^{(2)}$和$\pi_z^{(3)}$分别为Ⅱ和Ⅲ区域的π_z。

将式(15.21)应用于式(15.17)、式(15.18)以及式(15.20)，得到：

$$\begin{cases} R(\lambda) = \dfrac{n^2 q - q_e}{n^2 q + q_e} \\ T(\lambda) = \dfrac{2q}{n^2 q + q_e} \end{cases} \tag{15.22}$$

因此,图 15.1 所示原问题的解为①

$$\pi_z = \frac{1}{4\pi}\int_0^{\infty}\frac{n^2q - q_e}{n^2q + q_e}J_0(\lambda\rho)\mathrm{e}^{-\mathrm{j}q(z+h)}\frac{\lambda\mathrm{d}\lambda}{\mathrm{j}q}, 当 z > 0 \tag{15.23}$$

$$\pi_z = \left(\frac{IL}{\mathrm{j}\omega\varepsilon_0}\right)\frac{1}{4\pi}\int_0^{\infty}\frac{2}{n^2q + q_e}J_0(\lambda\rho)\mathrm{e}^{\mathrm{j}q_e z-\mathrm{j}qh}\frac{\lambda\mathrm{d}\lambda}{\mathrm{j}}, 当 z < 0 \tag{15.24}$$

式中:$\lambda^2 + q^2 = k^2$,$\lambda^2 q_e^2 = k_e^2$,且 q 和 q_e 在第四象限中,$IL/\mathrm{j}\omega\varepsilon_0$ 在该表达式中被再次使用,式(15.23)和式(15.24)是赫兹势的一般表达式,其他场分量可通过微分得到。

$$\begin{cases} E_z = \left(\dfrac{\partial^2}{\partial z^2} + k^2\right)\pi_z \\ E_\rho = \dfrac{\partial^2}{\partial\rho\partial z}\pi_z \\ H_\phi = -\mathrm{j}\omega\varepsilon\dfrac{\partial}{\partial\rho}\pi_z \end{cases} \tag{15.25}$$

15.3　空气中的反射波

对于不含 $IL/\mathrm{j}\omega\varepsilon_0$ 的式(15.23)②:

$$\begin{cases} \pi_z = \pi_p + \pi_s \\ \pi_p = \dfrac{\mathrm{e}^{-\mathrm{j}k|r-r'|}}{4\pi|r - r'|} \\ \pi_s = \dfrac{1}{4\pi}\displaystyle\int_0^{\infty}\frac{n^2q - q_e}{n^2q + q_e}J_0(\lambda\rho)\mathrm{e}^{-\mathrm{j}q(z-h)}\frac{\lambda\mathrm{d}\lambda}{\mathrm{j}q} \end{cases} \tag{15.26}$$

如图 15.2 所示,π_p 为从天线到观察点的直达波,π_s 为反射波。

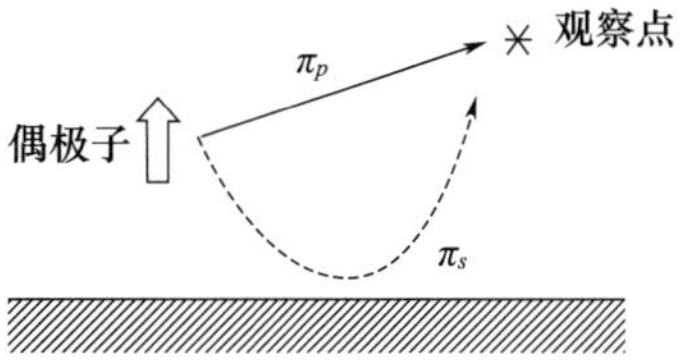

图 15.2　直达波和反射波

为了更方便地计算积分,需要将积分的范围从(0→+∞)转换为(-∞→+∞)。为此使用:

$$J_0(\lambda\rho) = \frac{1}{2}\left[H_0^{(1)}(\lambda\rho) + H_0^{(2)}(\lambda\rho)\right] \tag{15.27}$$

则积分表示为

---

① 译者注:根据上下文,将式(15.23)中第 1 个加号更正为 $\pi_z =$。

② 译者注:根据公式推导,将式(15.26)中的 $\mathrm{e}^{\mathrm{e}^{-\mathrm{j}k|r-r'|}}$更正为 $\mathrm{e}^{-\mathrm{j}k|r-r'|}$。

$$\int_{W_1} f(\lambda) J_0(\lambda\rho)\lambda \mathrm{d}\lambda = \frac{1}{2}\int_{W_1} f(\lambda) H_0^{(1)}(\lambda\rho)\lambda \mathrm{d}\lambda + \frac{1}{2}\int_{W_1} f(\lambda) H_0^{(2)}(\lambda\rho)\lambda \mathrm{d}\lambda \qquad (15.28)$$

式中：轮廓 W_1 如图 15.3 所示，现在把第一个积分转换到轮廓 W_2，它与 W_1 关于原点对称。$\lambda = \lambda'$，第一项积分表示为

$$\frac{1}{2}\int_{W_1} f(\lambda) H_0^{(1)}(\lambda\rho)\lambda \mathrm{d}\lambda = \frac{1}{2}\int_{W_1} f(-\lambda') H_0^{(1)}(-\lambda') H_0^{(1)}(-\lambda'\rho)\lambda' \mathrm{d}\lambda' \qquad (15.29)$$

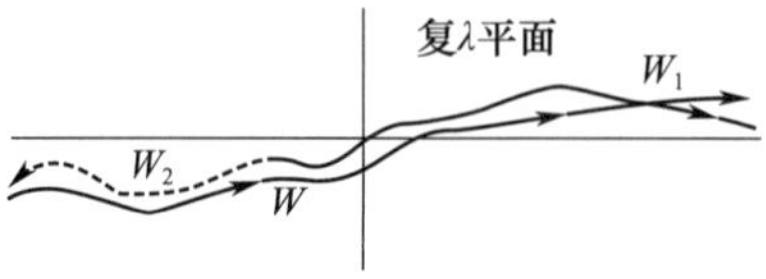

图 15.3　从(0→∞)的积分转换为从(-∞→+∞)的积分

需要注意：

$$H_\nu^{(1)}(\mathrm{e}^{\pi \mathrm{j}} Z) = -\mathrm{e}^{-\nu\pi \mathrm{j}} H_\nu^{(2)}(Z)$$

式(15.29)变为

$$-\frac{1}{2}\int_{W_2} f(-\lambda') H_0^{(2)}(\lambda'\rho)\lambda' \mathrm{d}\lambda'$$

将路径 W_2 反转为 $-W_2$，并注意到在问题中，$f(\lambda)$是关于 λ 的偶函数，最终得到：

$$\begin{aligned}\int_{W_1} f(\lambda) J_0(\lambda\rho)\lambda \mathrm{d}\lambda &= \frac{1}{2}\int_{-W_1} f(-\lambda) H_0^{(2)}(\lambda\rho)\lambda \mathrm{d}\lambda + \frac{1}{2}\int_{W_1} f(\lambda) H_0^{(2)}(\lambda\rho)\lambda \mathrm{d}\lambda \\ &= \frac{1}{2}\int_{W_1} f(\lambda) H_0^{(2)}(\lambda\rho)\lambda \mathrm{d}\lambda\end{aligned} \qquad (15.30)$$

利用式(15.30)，将式(15.26)中的反射波方程表示为

$$\pi_s = \frac{1}{8\pi}\int_W \frac{n^2 q - q_e}{n^2 q - q_e} H_0^{(2)}(\lambda\rho)\mathrm{e}^{-\mathrm{j}q(z+h)}\frac{\lambda \mathrm{d}\lambda}{\mathrm{j}q} \qquad (15.31)$$

轮廓 W 如图 15.4 所示。

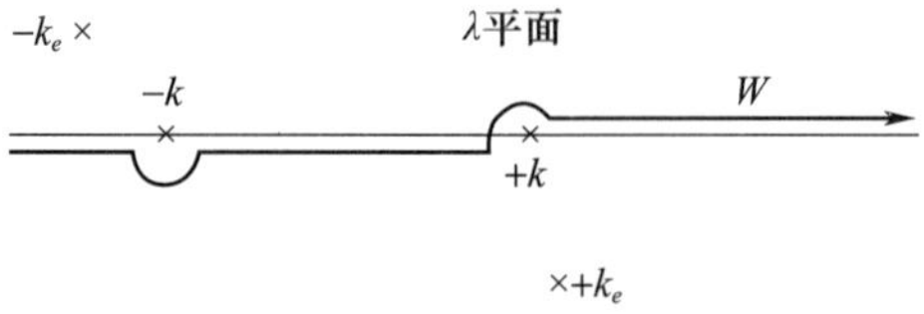

图 15.4　式(15.31)中的轮廓 W

无法用封闭形式的基本函数计算出式(15.31)中的积分。因此，有必要使用近似方法对积分进行计算。式(15.31)中积分的近似计算可分为以下三种情况：

(1)使用鞍点技术计算辐射场。我们可以使用鞍点技术在距离镜像点较远的地方对式(15.31)进行计算，这样就可以得到反射波辐射模式的简单表达式。

(2)沿地表的场。地表场的计算是索默菲尔德问题的核心。这可以通过因极点(索默菲尔德极点)的存在而修正的鞍点技术来实现。

(3)横向波。如果折射率 n 小于 1，则必须考虑分支切割处的积分，这就产生了横向波。

从数学角度看，上述三种情况分别源于鞍点计算、极点效应和分支点。在计算此类复积

分时,考虑这三点最为重要。除了上述三种分析方法,我们还可以用数值方法进行积分。当积分路径变形为最陡下降路径时,效率会有显著的提高。15.7 节将对此进行讨论。

15.4　辐射场:鞍点技术

当观测点远离天线时,可以求出式(15.31)中的积分,并得到辐射场的简单表达式。这种远场解法对靠近表面的区域无效,此时需要使用 15.5 节所述的修正鞍点技术。

用鞍点技术来计算式(15.31)时,首先用汉克尔函数的渐近形式对其进行近似计算①:

$$H_0^{(2)}(\lambda\rho)=\left(\frac{2}{\pi\lambda\rho}\right)^{1/2}\mathrm{e}^{-\mathrm{j}\lambda\rho+\mathrm{j}\left(\frac{\pi}{4}\right)} \tag{15.32}$$

这只对 $|\lambda\rho|\gg1$ 成立,但 λ 的范围为 $-\infty\sim\infty$。然而,请注意,对积分的主要贡献来自 $\lambda=k\sin\theta$ 的邻域,则 $|\lambda\rho|\sim kR_2\sin^2\theta$。因此,只要 θ 不是太小(靠近垂直轴的辐射),就可以使用式(15.32)(Banos,1966,第 76 页)。如果 θ 较小,则应使用双鞍点法,那么严格渐近解的第一项与式(15.32)得到的第一项相同。利用式(15.32)得到②:

$$\pi_s=\frac{1}{8\pi}\int_W\frac{n^2q-q_e}{n^2q+q_e}\left(\frac{2}{\pi\lambda\rho}\right)^{1/2}\frac{\mathrm{e}^{\mathrm{j}(\pi/4)}}{\mathrm{j}q}\mathrm{e}^{-\mathrm{j}\lambda q-\mathrm{j}q(z+h)}\lambda\mathrm{d}\lambda \tag{15.33}$$

利用积分的鞍点计算:

$$\int_W f(\lambda)\mathrm{e}^{-\mathrm{j}\lambda\rho-\mathrm{j}q(z+h)}\mathrm{d}\lambda\approx f(k\sin\theta)\sqrt{\frac{2\pi}{kR_2}}k\cos\theta\mathrm{e}^{-\mathrm{j}kR_2+\mathrm{j}(\pi/4)} \tag{15.34}$$

式中:

$$R_2=\sqrt{\rho^2+(z+h)^2},z+h=R_2\cos\theta,\rho=R_2\sin\theta$$

得到③:

$$\pi_2=\left(\frac{n^2\cos\theta-\sqrt{n^2-\sin^2\theta}}{n^2\cos\theta+\sqrt{n^2-\sin^2\theta}}\right)\frac{\mathrm{e}^{-hjR_2}}{4\pi R_2} \tag{15.35}$$

式中:将 $\lambda=k\sin\theta$ 替换为 $q=\sqrt{k^2-\lambda^2}$ 和 $q_e=\sqrt{k^2n^2-\lambda^2}$,$R_2$ 为距镜像点的距离(图 15.5)。

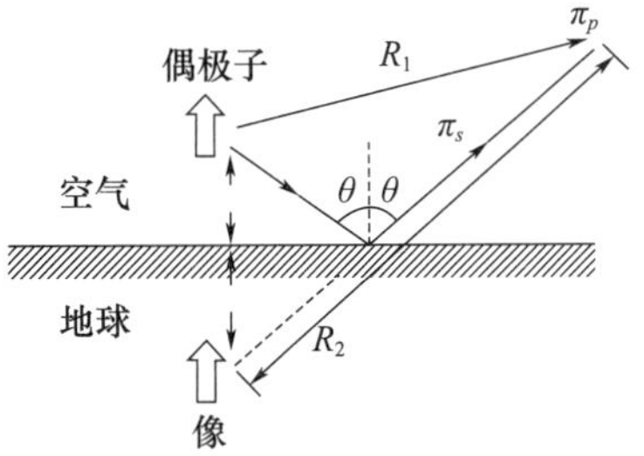

图 15.5　辐射场

① 译者注:根据公式推导,将式(15.32)中的(π/)更正为(π/4)。

② 译者注:根据上下文,将式(15.33)中的分母 n^2q-q_e 更正为 n^2q+q_e。

③ 译者注:根据上下文,将式(15.35)中的分母 $n^2\cos\theta-\sqrt{n^2-\sin^2\theta}$ 更正为 $n^2\cos\theta+\sqrt{n^2-\sin^2\theta}$。

式(15.35)是源自镜像点的球形波，但其波幅乘以反射系数 $R(\theta)$。

$$R(\theta)=\frac{n^2\cos\theta-\sqrt{n^2-\sin^2\theta}}{n^2\cos\theta+\sqrt{n^2-\sin^2\theta}} \tag{15.36}$$

当入射角为 θ 时，该反射系数与平面波反射系数完全相同。这是意料之中的，因为鞍点技术适用于远离声源的场，因此，预计波在局部表现为平面波。

总场为

$$\pi=\pi_p+\pi_s=\frac{e^{-jkR_1}}{4\pi R_1}+R(\theta)\frac{e^{-jkR_2}}{4\pi R_2} \tag{15.37}$$

然而，在地球表面，$R_1=R_2=R$ 且在较大距离上，θ 趋于 $\pi/2$，因此，$R(\theta)$ 趋于 -1。因此，在远离源的表面上，式(15.37)变为零。这是意料之中的，因为在远离源的地方，波的表现本质上应该是球面波，但在地表，空气和地球有两个不同的波数，即 k 和 k_e。因此，不可能在空气中和地球内存在两种不同的球面波具有相同的相位关系来满足边界条件。

一般来说，e^{-jkR}/R 类型的球面波应该沿着两种不同介质的界面衰减。当然，这并不意味着 $1/R^2$ 等其他类型的波也会衰减，事实上，15.5 节中的索默菲尔德问题本质上就是求表面上的场。

15.5 沿表面的场和积分的奇点

对偶极子源表面场的计算是索默菲尔德问题的核心，这是无线电波传播的一个重要实际问题。同时，它也是一个相当复杂的数学问题，故透彻理解其基本方法非常重要。

先把总场写成大地完全导电时的场与代表大地导电有限性的项之和。

$$\pi=\frac{e^{-jkR_1}}{4\pi R_1}+\frac{e^{-jkR_2}}{4\pi R_2}-2P \tag{15.38}$$

第一项为入射波，第二项为地球完全导电时的反射波，P 表示为

$$P=\frac{1}{8\pi}\int_W\frac{q_e}{n^2q+q_e}H_0^{(2)}(\lambda\rho)e^{-jq(z+h)}\frac{\lambda d\lambda}{jq} \tag{15.39a}$$

$$\approx\frac{1}{8\pi}\int_W\frac{q_e}{n^2q+q_e}\left(\frac{2}{\pi\lambda\rho}\right)^{\frac{1}{2}}\frac{e^{j\left(\frac{\pi}{4}\right)}}{jq}e^{-j\lambda\rho-jq(z+h)}\lambda d\lambda \tag{15.39b}$$

其中，式(15.32)中的近似值已用于式(15.39b)。

我们可以使用式(15.39b)这一形式，但正如稍后所示，这一形式在 $\lambda=\pm k$ 和 $\lambda=\pm k_e$ 处包含分支点。通过将积分变量从 λ 转换为 α，可以消除 $\lambda=\pm k$ 处的分支点：

$$\lambda=k\sin\alpha \tag{15.40}$$

此外，通过变换用 R_2、θ 代替 ρ、z：

$$\begin{cases}\rho=R_2\sin\theta\\ z+h=R_2\cos\theta\end{cases} \tag{15.41}$$

式(15.39)变为

$$P=\int_c F(\alpha)e^{-jkR_2\cos(\alpha-\theta)}d\alpha \tag{15.42}$$

式中：

$$F(\alpha)=\frac{k\mathrm{e}^{-\mathrm{j}(\pi/4)}}{4\pi}\left(\frac{1}{2\pi kR_2}\frac{\sin\alpha}{\sin\theta}\right)^{1/2}\frac{\sqrt{n^2-\sin^2\alpha}}{n^2\cos\alpha+\sqrt{n^2-\sin^2\alpha}}$$

式(15.39b)和式(15.42)是必须进行求解的基本积分。本节的实际计算是在 α 平面上使用式(15.42)，因为在 α 平面上的计算过程比在 λ 平面上更简单明了。在附录 15.B 中可见在 λ 平面中的相应讨论，特别是关于索默菲尔德问题的历史争议。

在求复积分时，有必要先检查被积函数的所有奇点。一般来说，奇点有三种：极点、本质奇点和分支点。函数 $f(\lambda)$ 的奇点为 $f(\lambda)$ 不能解析的点。

(1)极点(孤立奇点)。在极点附近，$f(\lambda)$ 可以用有限负幂的罗朗级数展开。

(2)本质奇点。$f(\lambda)$ 用负幂的无穷级数表示。例如，$\mathrm{e}^{1/\lambda}=1+1/\lambda+1/2!\lambda^2+\cdots+1/n!\lambda^n+\cdots$。

(3)分支点。函数 $f(\lambda)$ 在给定的 λ 处有多个值，代表多个分支。这些分支的交汇点就是分支点。例如，$f(\lambda)=\lambda^{1/2}$，$f(\lambda)=\ln\lambda$。

在我们的问题中，存在积分分母为零的极点：

$$n^2q+q_e=0\text{，在 }\lambda\text{ 平面上}\tag{15.43a}$$

$$n^2\cos\alpha+\sqrt{n^2-\sin^2\alpha}=0\text{，在 }\lambda\text{ 平面上}\tag{15.43b}$$

分支点：

$$\lambda=\pm k\text{ 和 }\lambda=\pm k_e\text{，在 }\lambda\text{ 平面上}\tag{15.44a}$$

和

$$\sin\alpha=\pm n\text{，在 }\lambda\text{ 平面上}\tag{15.44b}$$

此外，由于汉克尔函数 $H_0^{(2)}(\lambda\rho)$，在 $\lambda=0$ 处存在一个分支点。然而，由于 λ 代表径向传播常量，与该分支点 $\lambda=0$ 相对应的波不能在表面上传播，因此，该分支点对场几乎没有影响。

式(15.42)中的积分将使用鞍点技术进行计算。然而，积分的极点位于鞍点附近，因此，必须使用修正鞍点技术。进而必须确定极点的位置，特别是与分支点所产生的复平面的不同分支有关的位置。

下面讨论式(15.42)中的分支点。由于平方根为 $\sqrt{n^2-\sin^2\alpha}$，因此存在两个黎曼曲面。α 平面上的割线为①

$$\mathrm{Im}\sqrt{n^2-\sin^2\alpha}=0\tag{15.44c}$$

需要注意到 $q_e=k\sqrt{n^2\sin^2\alpha}$ 是地球内部 $-z$ 方向的波数，因此，$\mathrm{Im}q_e$ 必须为负，这是因为 $|\mathrm{e}^{\mathrm{j}q_ez}|=\mathrm{e}^{-(\mathrm{Im}q_e)z}(z<0)$ 在 $z\to-\infty$ 时为零。得到：

$$\mathrm{Im}\sqrt{n^2-\sin^2\alpha}<0\tag{15.45a}$$

上式对应于满足辐射条件的在 $-z$ 方向上衰减的波，因此，可以称之为固有黎曼曲面。

另一方面：

① 译者注：根据上下文，将式(15.44c)中的 $n^2\sin^2\alpha$ 更正为 $n^2-\sin^2\alpha$。

$$\mathrm{Im}\sqrt{n^2-\sin^2\alpha}>0 \tag{15.45b}$$

上式对应于向 $z\to-\infty$ 方向指数增长的波,因此,这可以称为反常黎曼曲面。显然,式(15.42)中的原始轮廓 C 位于固有黎曼曲面中,如图 15.6 所示(见附录 15.B)。①

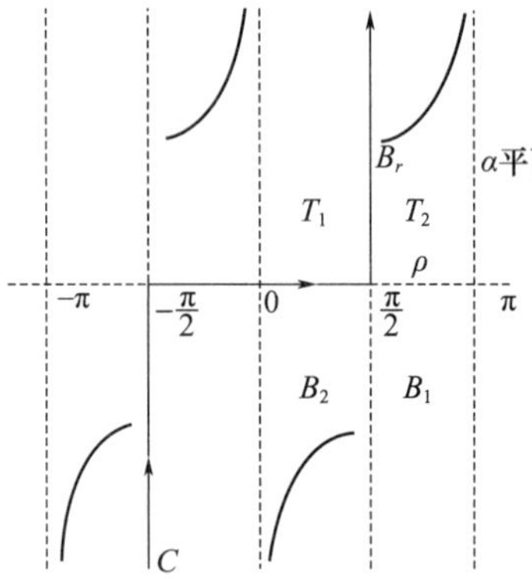

图 15.6　$\mathrm{Im}\sqrt{n^2-\sin^2\alpha}<0$ 对应的黎曼曲面(分支点在 $\sin\alpha\pm n$ 处,割线沿 $\mathrm{Im}\sqrt{n^2-\sin^2\alpha}=0$)②

15.6　索默菲尔德极点和泽涅克波

对于式(15.43a)中的极点:

$$n^2q+q_e=0 \tag{15.46}$$

这与用于确定泽涅克波传播常数的方程相同。为了证明这一点,需要讨论在 $z=0$ 处沿表面 x 方向传播的泽涅克波。对于 $z>0$,有

$$\pi_1=A\mathrm{e}^{-\mathrm{j}\lambda x-\mathrm{j}qz} \tag{15.47}$$

对于 $z<0$,有

$$\pi_2=B\mathrm{e}^{-\mathrm{j}\lambda x-\mathrm{j}q_e z} \tag{15.48}$$

现在满足边界条件:$n^2\pi$ 连续和 $\frac{\partial\pi}{\partial z}$ 连续。得到:$A=n^2B$ 和 $-\mathrm{j}qA=\mathrm{j}q_eB$。由此即可得到式(15.46)。

根据式(15.46)求出解 λ_p。将 $q^2=k^2-\lambda^2$ 和 $q_e^2=k^2n^2-\lambda^2$ 代入式(15.46)并将 $n^2q=-q_e$两边平方,得到 $n^4(k^2-\lambda_p^2)=k^2n^2-\lambda_p^2$。由此可得:

$$\frac{1}{\lambda_p^2}=\frac{1}{k^2}+\frac{1}{k^2n^2} \tag{15.49}$$

此处需注意到,通过对 $q_e=-n^2q$ 求平方,我们引入了与 $q_e=+n^2q$ 相应的额外解。这个解在 $z>0$ 时为 $\exp(+\mathrm{j}qz)$,因此,位于反常黎曼曲面中。为了更清楚地表示,利用式(15.49)得到 q 为

$$q=\pm\frac{k}{(n^2+1)^{1/2}} \tag{15.50}$$

---

① 译者注:根据上下文,将图 15.6 的 $\mathrm{Im}\sqrt{n^2-\sin^2\alpha<0}$ 更正为 $\mathrm{Im}\sqrt{n^2-\sin^2\alpha}<0$,将 $\mathrm{Im}\sqrt{n^2-\sin^2\alpha=0}$ 更正为 $\mathrm{Im}\sqrt{n^2-\sin^2\alpha}=0$。

现在需要选择 q 的符号，使其满足式(15.46)。注意到 $-n^2q=q_e$ 以及 $\mathrm{Im}q_e$ 必须是负数，则要求 $\mathrm{Im}(-n^2q)$ 为负数。

然而，考虑到 $\mathrm{Im}(n^2)$ 是负数，则 $\mathrm{Im}[n^2/(n^2+1)^{1/2}]$ 也是负数。因此，为了使 $\mathrm{Im}(-n^2q)$ 为负数，我们必须选择式(15.50)中的负号。

$$\begin{cases} q=-\dfrac{k}{(n^2+1)^{1/2}} \\ \lambda_p=\dfrac{nk}{(n^2+1)^{1/2}} \\ q_e=\dfrac{n^2k}{(n^2+1)^{1/2}} \end{cases} \tag{15.51}$$

索默菲尔德极点位置的详细特性见附录 15. B。

对于导电的大地，$|n|$ 通常远大于 1，因此，可以从式(15.51)中得到以下近似解：

$$\lambda_p\approx k\left(1-\frac{1}{2n^2}\right) \tag{15.52}$$

接下来，我们研究复 α 平面中的索默菲尔德极点：

$$\lambda_p=k\sin\alpha_p \tag{15.53}$$

按照上述 q 的计算过程得到①：

$$\begin{cases} \cos\alpha_p=-\dfrac{1}{(n^2+1)^{1/2}} \\ \sin\alpha_p=\dfrac{n}{(n^2+1)^{1/2}} \end{cases} \tag{15.54}$$

此处的 $\cos\alpha_p$ 位于第三象限。

$$\mathrm{Re}(\cos\alpha_p)<0 \text{ 和 } \mathrm{Im}(\cos\alpha_p)<0$$

因此，α_p 必须位于图 15.6 中的 T_2 中。考虑到 $|n|\gg1$，则 α_p 非常接近 $\pi/2$ 的位置，并略低于 45°线(图 15.7)，有

$$\begin{cases} \cos\alpha_p=\cos\left(\dfrac{\pi}{2}+\Delta\right)=-\sin\Delta=-\dfrac{1}{(n^2+1)^{1/2}} \\ \Delta=\sin^{-1}\dfrac{1}{(n^2+1)^{1/2}}=\left(\dfrac{\omega\varepsilon_0}{\sigma}\right)^{1/2}\mathrm{e}^{\mathrm{j}(\frac{\pi}{4})} \\ n^2=\varepsilon_r-\mathrm{j}\dfrac{\sigma}{\omega\varepsilon_0}\approx-\mathrm{j}\dfrac{\sigma}{\omega\varepsilon_0} \\ \alpha_p=\dfrac{\pi}{2}+\sin^{-1}\dfrac{1}{(n^2+1)^{1/2}}\approx\dfrac{\pi}{2}+\dfrac{1}{n} \end{cases} \tag{15.55}$$

① 译者注：根据上下文，将式(15.54)中的 $\cos\alpha_p=\dfrac{1}{(n^2+1)^{1/2}}$ 更正为 $\cos\alpha_p=-\dfrac{1}{(n^2+1)^{1/2}}$，$\sin\alpha_p=\dfrac{1}{(n^2+1)^{1/2}}$ 更正为 $\sin\alpha_p=\dfrac{n}{(n^2+1)^{1/2}}$。

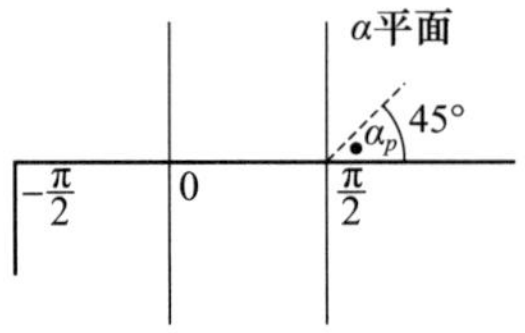

图 15.7　索默菲尔德极点 α_p 的位置

15.7　索默菲尔德问题的解

现在计算式(15.42)中的积分:

$$P = \int_C F(\alpha)\,\mathrm{e}^{-\mathrm{j}kR_2\cos(\alpha-\theta)}\,\mathrm{d}\alpha$$

式中:$F(\alpha)$的极点在 $\alpha = \alpha_p$ 处,见 15.6 节。该极点位于原始轮廓 C 的下方,因此,我们可以使用附录 15.C 中讨论的修正鞍点技术。

$$\begin{aligned} I_0 &= \int_C F(\alpha)\,\mathrm{e}^{zf(\alpha)}\,\mathrm{d}\alpha \\ &= I_1 + I_2 \end{aligned} \tag{15.56}$$

式中①:

$$I_1 = \mathrm{e}^{zf(\alpha_s)} \int_{-\infty}^{\infty} \left[F(s)\frac{\mathrm{d}\alpha}{\mathrm{d}s} - \frac{R_1(s_p)}{s - s_p} \right] \exp\left(-z\frac{s^2}{2}\right)\mathrm{d}s$$

$$I_2 = -\mathrm{j}\pi R(s_p)\,\mathrm{erfc}(\mathrm{j}\sqrt{z/2}\,s_p)$$

$$\begin{aligned} R(s_p) &= R_1(s_p)\exp[zf(\alpha_p)] \\ &= F(\alpha)\exp[zf(\alpha)]\text{在极点 }\alpha=\alpha_p\text{ 处的留数} \end{aligned}$$

$$f(\alpha) - f(\alpha_s) = -\frac{s^2}{2}$$

$$\mathrm{erfc}(z) = 1 - \mathrm{erf}(z)$$

$$\mathrm{erf}(z) = \frac{2}{\sqrt{\pi}}\int_0^z \mathrm{e}^{-t^2}\,\mathrm{d}t$$

鞍点位于 $s = s_s$ 处,极点位于 $s = s_p$ 处。

对于式(15.42)中的问题:

$$\begin{cases} f(\alpha) = -\mathrm{j}\cos(\alpha - \theta) \\ z = kR_2 \end{cases} \tag{15.57}$$

因此,鞍点位于 $\alpha_s = \theta$ 处,且有

$$f(\alpha) - f(\alpha_s) = \mathrm{j}[\cos(\alpha - \theta) - 1] = -\frac{s^2}{2} \tag{15.58}$$

由此得到:

---

① 译者注:根据原作者提供的更正说明,将第 3 个等式中 sf 更正为 zf。

$$\begin{cases} s = 2\mathrm{e}^{-\mathrm{j}(\pi/4)}\sin\dfrac{\alpha-\theta}{2} \\ \dfrac{\mathrm{d}\alpha}{\mathrm{d}s} = \left(1-\mathrm{j}\dfrac{s^2}{4}\right)^{-1/2}\mathrm{e}^{\mathrm{j}(\pi/4)} \\ \alpha = \theta + 2\sin^{-1}\left(\dfrac{s}{2}\mathrm{e}^{\mathrm{j}(\pi/4)}\right) \end{cases} \tag{15.59}$$

I_1 的积分路径位于 SDC 上，且沿着 s 的实轴。图 15.8 是 C 和 SDC 在 α 平面和 s 平面上的原始轮廓。由于式(15.59)，在 s 平面的 $s = \pm 2\mathrm{e}^{-\mathrm{j}(\pi/4)}$ 处出现了两个分支点(B_{r1} 和 B_{r2})，但这些分支点远离鞍点，对积分影响不大。需要注意到，I_1 的积分没有极点，因此，I_1 可以通过使用式(15.59)将式(15.56)中的积分表示为 s 的函数来进行数值计算。使用下面的积分公式(Abramowitz，Stegun，1964，第 890 页)：

$$\int_{-\infty}^{\infty} \mathrm{e}^{-x^2} f(x)\,\mathrm{d}x = \sum_{i=1}^{n} W_i f(x_i) + R_n \tag{15.60}$$

式中：x_i 为埃尔米特多项式 $H_n(x)$ 的第 i 个零点；W_i 为加权系数；R_n 为余数。x_i 和 W_i 的表格可参见 Abramowitz 和 Stegun(1964，第 924 页)。

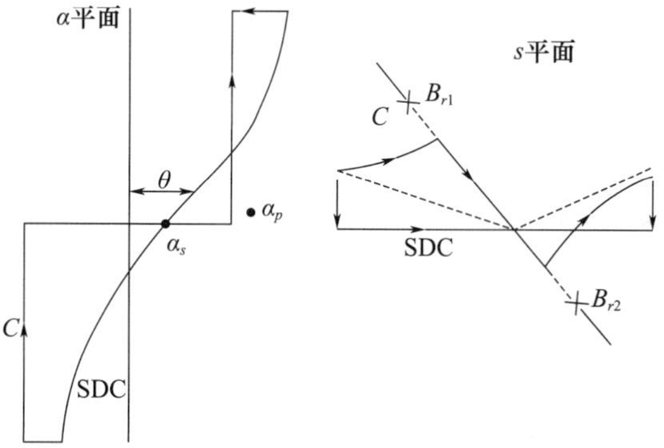

图 15.8　原始轮廓 C 和 α 平面中的最陡下降轮廓以及 s 平面

或者，我们可以使用附录 15. C 中的级数展开式(15C.31)。级数展开式为

$$I_1 = \mathrm{e}^{-\mathrm{j}kR_2} \sum_{n=0} B_{2n} \left(\frac{2}{kR_2}\right)^{n+1/2} \Gamma\left(n+\frac{1}{2}\right) \tag{15.61}$$

式中：

$$\begin{aligned} B_0 &= \left[F(s)\frac{\mathrm{d}\alpha}{\mathrm{d}s}\right]_{s=0} + \frac{R_1(s_p)}{s_p} \\ &= F(\alpha_s)\mathrm{e}^{\mathrm{j}(\pi/4)} + \frac{R_1(s_p)}{s_p} \end{aligned}$$

不过，随着 $|n|$ 变大，且 $\theta\to\pi/2$，项 B_0 会逐渐变小。因此，式(15.61)中的级数从项 $n=1$ 开始，因此，对于较大的 R_2，I_1 与 $1/R_2^2$ 成正比。这个项的衰减速度比 I_p 快得多，与 I_p 相比，I_1 可以忽略不计。因此，P 近似地由 I_2 表示。

$$P \approx -\mathrm{j}\pi R(s_p)\,\mathrm{erfc}\left(\mathrm{j}\sqrt{\frac{z}{2}}s_p\right) \tag{15.62a}$$

对于较大的折射率 $|n|$ 和 $\theta\to\pi/2$，这可以简化为

$$P=\frac{e^{-jkR_2}}{4\pi R_2}[\sqrt{\pi}j\sqrt{p_1}e^{-p_1}\mathrm{erfc}(j\sqrt{p_1})] \tag{15.62b}$$

式中：

$$p_1=kR_2\frac{s_p^2}{2}$$

将此代入式(15.38)，最终得到表面上的场：

$$\pi=2\frac{e^{-jkR}}{4\pi R}[1-\sqrt{\pi}j\sqrt{p_1}e^{-p_1}\mathrm{erfc}(j\sqrt{p_1})] \tag{15.63}$$

如下所示的等式表示波在完全导电表面上的衰减值，称为衰减函数。

$$F=1-\sqrt{\pi}j\sqrt{p_1}e^{-p_1}\mathrm{erfc}(j\sqrt{p_1}) \tag{15.64}$$

下面讨论衰减函数 F，F 只取决于 p_1。p_1 见式(15.62b)，可表示为

$$p_1=jkR\cos(\alpha_p-\theta)-jkR \tag{15.65}$$

第一项 $jkR\cos(\alpha_p-\theta)$ 是浅涅克波从原点到观测点的总复相位，因为：

$$e^{-jkR\cos(\alpha_p-\theta)}=[e^{-j\lambda\rho-jq(z+h)}]_{\lambda=\lambda_p}$$

式中：λ_p 为式(15.51)中的浅涅克波的径向传播常量。因此，p_1 为浅涅克波和自由空间波的传播常数之差。

显然，总波的特性并不只取决于距离(kR)，还取决于 p_1 的大小。索默菲尔德将 p_1 的大小称为数值距离。

对于很小的 $|p_1|$：

$$F=1-j\sqrt{\pi}\sqrt{p_1}e^{-p_1}+\cdots \tag{15.66}$$

当 $p_1\to 0$ 时式(15.66)趋近于 1。

对于较大的 $|p_1|$($|p_1|>10$)，使用渐近展开：

$$\mathrm{erfc}(Z)=\frac{e^{-Z^2}}{\sqrt{\pi}Z}\left[1-\frac{1}{2Z^2}+\frac{1\cdot 3}{(2Z^2)^2}-\cdots\right] \tag{15.67}$$

上式在 $\mathrm{Re}Z>0$ 时成立，得到：

$$F=-\frac{1}{2p_1}+\cdots \tag{15.68}$$

此外还需注意，对于较大的 n：

$$j\sqrt{p_1}=j\sqrt{\frac{kR}{2}}\frac{e^{-j(\pi/4)}}{n} \tag{15.69}$$

因此，$j\sqrt{p_1}$ 的角度接近但略小于 $+90°$。

式(15.63)可以表示为①

$$\pi=2\frac{e^{-jkR}}{4\pi R}\left(1-j\sqrt{p_1}e^{-p_1}-2\sqrt{p_1}e^{-p_1}\int_0^{\sqrt{p_1}}e^{\alpha^2}d\alpha\right) \tag{15.70}$$

这是索默菲尔德 1926 年论文中的形式（见附录 15. A 中关于符号错误的争论）。式(15.70)适用于较大的 kR 和中等数值距离，不适用于较小的 kR，则此时必须使用准静

① 译者注：根据上下文，将式(15.70)中的 $\sqrt{P_{1\pi}}$ 更正为 $\sqrt{P_1}$。

态方法。这种方法也不适用于极大的 kR 和大数值距离的情况,在这种情况下,极点的影响可以忽略不计,因此,可以采用传统的鞍点技术。表面上场的特性为

$$\frac{e^{-jkR}}{R^2} \tag{15.71}$$

此时不存在表现出浅涅克波特征的项。

15.8　横向波:割线积分

如 15.3 节所述,我们需要考虑复积分中的三个点:鞍点、极点和分支点。从 15.7 节中关于波在地球上传播的索默菲尔德问题中可以看出,极点离鞍点很近,但支点离鞍点很远。

然而对于折射率 n 小于 1 的情况,极点离鞍点很远,但支点离鞍点很近。因此,可以忽略极点的影响,但需要考虑支点的影响。我们首先讨论处理分支点的数学方法,然后再讨论其物理意义。

对于式(15.26)中的反射波①:

$$\begin{cases} \pi_z = \pi_p + \pi_s \\ \pi_p = \dfrac{e^{-jk|r-r'|}}{4\pi|r-r'|} \\ \pi_s = \dfrac{1}{8\pi}\displaystyle\int_W \dfrac{n^2q - q_e}{n^2q + q_e} H_0^{(2)}(\lambda\rho)e^{-jq(z+h)}\dfrac{\lambda d\lambda}{jq} \end{cases} \tag{15.72}$$

使用式(15.32)中的近似式以及式(15.40)中从 λ 到 α 的变换式,得到:

$$\pi_s = \frac{1}{4\pi}\left(\frac{k}{2\pi\rho}\right)^{1/2} e^{-j(\pi/4)} \int_C R(\alpha)e^{-jkR_2\cos(\alpha-\theta)}\sqrt{\sin\alpha}\,d\alpha \tag{15.73}$$

式中:反射系数为

$$R(\alpha) = \frac{n^2\cos\alpha - \sqrt{n^2 - \sin^2\alpha}}{n^2\cos\alpha + \sqrt{n^2 - \sin^2\alpha}}$$

从式(15.73)中可以明显看出,分支点位于:

$$\sin\alpha_b = n \tag{15.74}$$

如果像地球那样 $|n| > 1$,则 α_b 距离鞍点 $\alpha_s = \theta(0 \leqslant \theta \leqslant \pi/2)$ 的位置较远,而该分支点 α_b 对波在地球上的传播影响不大。

然而,如果 n 为实数且 $0 < n < 1$,则 α_b 为实数且 $0 \leqslant \alpha_b \leqslant \pi/2$,因此,在进行鞍点积分时,必须考虑到 α_b 的割线积分。例如,对于位于电离层以下空气中的天线或埋在地下的天线,天线边界另一侧介质的折射率 n_2 小于天线所在介质的折射率 n_1,因此,$|n| = |n_2/n_1| < 1$(图 15.9)。

使用鞍点技术计算式(15.73)。鞍点轮廓线如图 15.10 所示。首先注意到,如果观测角 θ 小于 α_b,且 $\alpha_b = \sin^{-1}n$,那么分支点 α_b 几乎没有作用,因此得到:

---

① 译者注:根据上下文,将式(15.72)第三式中分母中的负号改为正号。

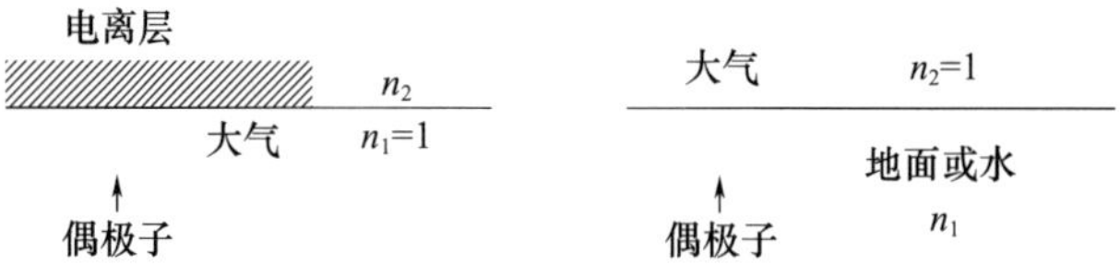

图 15.9　偶极子位于介质 n_1 中，且 $|n| = |n_2/n_1| < 1$

$$\pi_s = \int_C = \int_{\text{SDC}} = R(\theta)\frac{\mathrm{e}^{-\mathrm{j}kR_2}}{4\pi R_2} \tag{15.75}$$

这是之前得到的反射波。

另一方面，如果观测角 θ 大于 α_b，则沿 C 方向的积分为(图 15.11)：$\int_C = \int_{C_1}$。

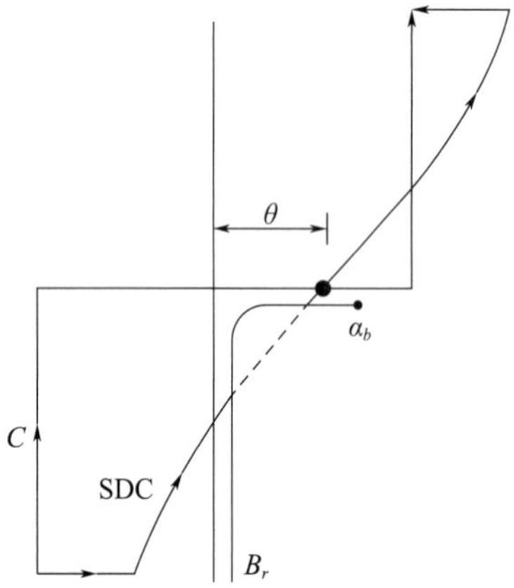

图 15.10　沿 IM $\sqrt{n^2 - \sin^2\alpha} = 0$ 绘制的割线 B_r[①]

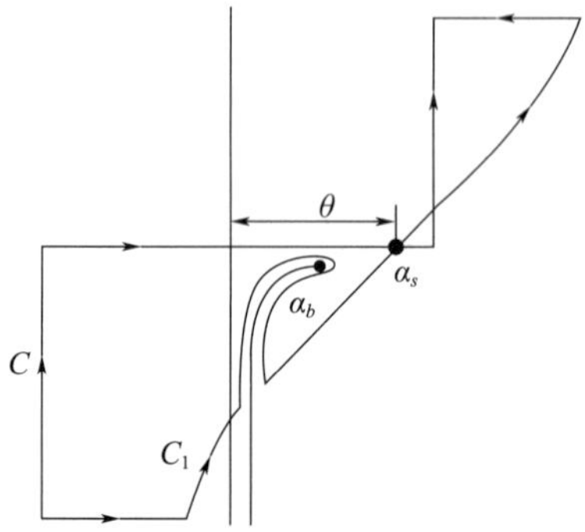

图 15.11　积分路径 C_1

而轮廓 C_1 可以变形为如图 15.12 所示的割线积分($A-B-C$)和 SDC($D-E$)。请注意，如虚线所示，SDC 的一部分位于黎曼曲面的底部：$\int_C = \int_{C_1} = \int_{B_r} + \int_{\text{SDC}}$。

因此，对于 $\theta > \alpha_b$[②]：

$$\pi_s = R(\theta)\frac{\mathrm{e}^{-\mathrm{j}kR_2}}{4\pi R_2} + \pi_l \tag{15.76}$$

式中：π_l 为割线积分。

$$\pi_l = \frac{1}{4\pi}\left(\frac{k}{2\pi\rho}\right)^{1/2}\mathrm{e}^{-\mathrm{j}(\pi/4)}\int_{B_r} R(\alpha)\,\mathrm{e}^{-\mathrm{j}kR_2\cos(\alpha-\theta)}\sqrt{\sin\alpha}\,\mathrm{d}\alpha \tag{15.77}$$

角度 α_b 的物理意义如图 15.13 所示。当观测点位于区域 $A(\theta < \alpha_b)$ 内时，波由一次波和反射波组成。请注意，根据斯涅耳定律，透射波与纵轴成 θ_t 角度。

$$\sin\theta = n\sin\theta_t \tag{15.78}$$

当 θ 超过其使得 $\theta_t = \pi/2$ 的角度时，就会发生全反射，这个临界角就为 α_b。

---

① 译者注：根据上下文，将图 15.10 中的 IM $\sqrt{n^2 - \sin^2\alpha = 0}$ 修正为 IM $\sqrt{n^2 - \sin^2\alpha} = 0$。

② 译者注：根据公式推导，将式(15.76)中的 $\mathrm{e} - \mathrm{j}kR_2$ 修正为 $\mathrm{e}^{-\mathrm{j}kR_2}$。

$$\sin\alpha_b = n \tag{15.79}$$

因此，区域 A 和区域 B 对应的是入射角 θ 小于或大于全反射临界角的情况。

对于较大 kR_2，计算式(15.77)：

$$\begin{cases}\pi_l = \dfrac{1}{4\pi}\left(\dfrac{k}{2\pi\rho}\right)^{1/2} e^{-j(\pi/4)} I \\ I = \displaystyle\int_{B_r} F(\alpha) e^{-f(\alpha)} d\alpha\end{cases} \tag{15.80}$$

式中：

$$f(\alpha) = jkR_2\cos(\alpha - \theta)$$

$$F(\alpha) = R(\alpha)\sqrt{\sin\alpha}$$

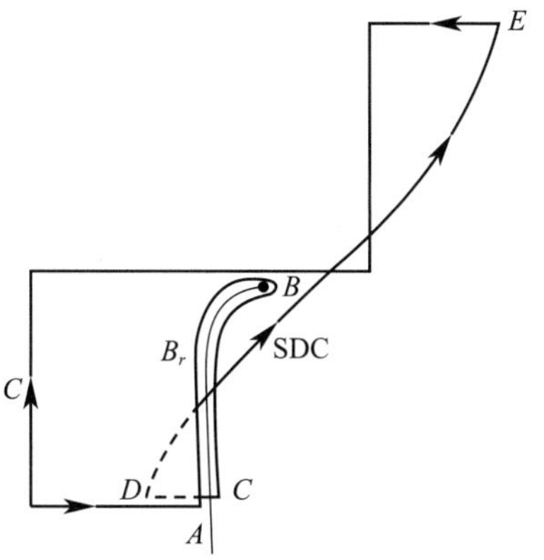

图 15.12　沿 C_1 的积分等于沿 B_r 和 SDC 的割线积分

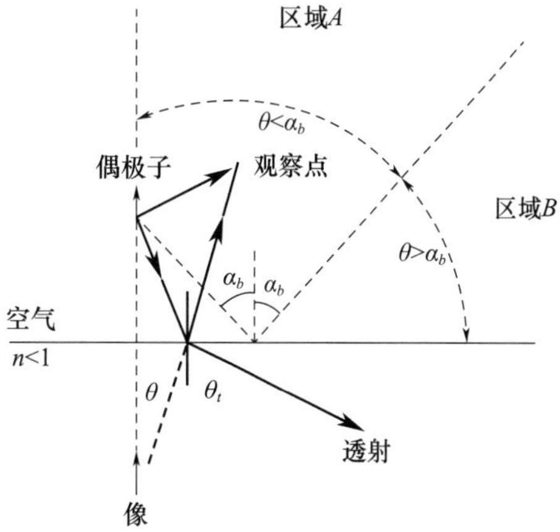

图 15.13　全反射临界角 α_b

积分沿着图 15.12 所示的路径 $A-B$ 和 $B-C$。然后注意到，沿 $A-B$ 与沿 $B-C$ 的 $F(\alpha)$ 值不同，因为 $F(\alpha)$ 包含 $\sqrt{n^2-\sin^2\alpha}$。需要注意到，沿着 $A-B$：

$$F_1(\alpha) = \frac{n^2\cos\alpha - \sqrt{n^2-\sin^2\alpha}}{n^2\cos\alpha + \sqrt{n^2-\sin^2\alpha}}\sqrt{\sin\alpha} \tag{15.81}$$

式中：$\mathrm{Re}\sqrt{n^2-\sin^2\alpha} > 0$，但沿着 $B-C$，$\sqrt{n^2-\sin^2\alpha}$ 的符号必须改变，因为它在割线的另一侧。因此得到：

$$F_2(\alpha) = \frac{n^2\cos\alpha + \sqrt{n^2-\sin^2\alpha}}{n^2\cos\alpha - \sqrt{n^2-\sin^2\alpha}}\sqrt{\sin\alpha} \tag{15.82}$$

利用式(15.81)和式(15.82)，对于式(15.80)，有

$$I = \int_A^B [F_1(\alpha) - F_2(\alpha)] e^{-f(\alpha)} d\alpha \tag{15.83}$$

为了计算这个积分，首先展开 $\alpha = \alpha_b$ 附近的 $f(\alpha)$，并保留第一项。稍后将说明这样做是合理的，因为对积分的主要贡献来自 α_b 的邻近区域①。

① 译者注：根据上下文，将式(15.84)中下标 αb 更正为 α_b。

$$f(\alpha)=f(\alpha_b)+(\alpha-\alpha_b)\left(\frac{\partial f}{\partial\alpha}\right)_{\alpha_b}$$
$$=\mathrm{j}kR_2\cos(\theta-\alpha_b)+[\mathrm{j}kR_2\sin(\theta-\alpha_b)](\alpha-\alpha_b) \tag{15.84}$$

接下来,我们对积分轮廓 $A-B$ 进行变形,使式(15.84)中的指数从分支点 α_b 开始沿 SDC 呈指数式下降,则指数为

$$\mathrm{e}^{-\mathrm{j}kR_2\sin(\theta-\alpha_b)(\alpha-\alpha_b)}=\mathrm{e}^{-[kR_2\sin(\theta-\alpha_b)]s}$$

式中:s 为实数,表示到分支点的距离。很显然的是:

$$\alpha-\alpha_b=-\mathrm{j}s \tag{15.85}$$

然后得到①:

$$I=\mathrm{e}^{-\mathrm{j}kR_2\cos(\theta-\alpha_b)}\int_0^{\infty}[-F_1(\alpha)+F_2(\alpha)]\mathrm{e}^{-[kR_2\sin(\theta-\alpha_b)]s}(-\mathrm{j})\,\mathrm{d}s \tag{15.86}$$

$$[-F_1(\alpha)+F_2(\alpha)]=\frac{4n^2\cos\alpha\sqrt{n^2-\sin^2\alpha}}{n^4\cos^2\alpha-(n^2-\sin^2\alpha)}\sqrt{\sin\alpha} \tag{15.87}$$

由于式(15.86)中的积分呈指数衰减,因此,大部分贡献值来源于 $s=0$ 附近。因此,有必要研究式(15.87)在 $s=0$ 附近的特性。

在 $s=0(\alpha=\alpha_b)$ 附近,我们将$(n^2-\sin^2\alpha)$在 $\alpha=\alpha_b$ 附近用泰勒级数展开,并保留第一项②。

$$\begin{cases}n^2-\sin^2\alpha\simeq-2\sin\alpha_b\cos\alpha_b(\alpha-\alpha_\alpha)\\ \qquad\qquad\quad=[2\mathrm{j}n\cos\alpha_b]s\\ \sqrt{n^2-\sin^2\alpha}=(2n\cos\alpha_b)^{1/2}\mathrm{e}^{-\mathrm{j}(\pi/4)}\sqrt{s}\end{cases} \tag{15.88}$$

因此,在 $s=0$ 附近,式(15.87)可以近似为

$$[-F_1(\alpha)+F_2(\alpha)]\simeq\frac{4\sqrt{2}}{n(\cos\alpha_b)^{1/2}}\mathrm{e}^{-\mathrm{j}(\pi/4)}\sqrt{s} \tag{15.89}$$

式(15.86)中的积分变为

$$I=\mathrm{e}^{-\mathrm{j}kR_2\cos(\theta-\alpha_b)}\frac{4\sqrt{2}\,\mathrm{e}^{-\mathrm{j}(\pi/4)}(-\mathrm{j})}{n(\cos\alpha_b)^{1/2}}\int_0^{\infty}\sqrt{s}\,\mathrm{e}^{-[kR_2\sin(\theta-\alpha_b)]s}\mathrm{d}s \tag{15.90}$$

使用如下积分:

$$\int_0^{\infty}\sqrt{s}\,\mathrm{e}^{-as}\mathrm{d}s=\frac{\sqrt{2\pi}}{(2a)^{3/2}}$$

式中③:$a=kR_2\sin(\theta-\alpha_b)$。

最终得到:

$$I=\mathrm{e}^{-\mathrm{j}kR_2\cos(\theta-\alpha_b)}\frac{2\sqrt{2\pi}\,\mathrm{e}^{\mathrm{j}(\pi/4)}(-\mathrm{j})}{n(\cos\alpha_b)^{1/2}}\frac{1}{[kR_2\sin(\theta-\alpha_b)]^{3/2}} \tag{15.91}$$

将其代入式(15.80)中,得到了割线贡献值的表达式:

---

① 译者注:根据公式推导,将式(15.87)分母中的 $n^2\cos\alpha$ 更正为 $n^4\cos^2\alpha$。

② 译者注:根据原作者提供的更正说明,将式(15.88)中第 2 个等式$(2n\cos\alpha_b)$更正为$(2n\cos\alpha_b)^{1/2}$。

③ 译者注:根据公式推导,增加 $a=kR_2\sin(\theta-\alpha_b)$。

$$\pi_l = \frac{(-\mathrm{j}2)}{4\pi kn\,(\rho\cos\alpha_b)^{1/2}}\frac{\mathrm{e}^{-\mathrm{j}kR_2\cos(\theta-\alpha_b)}}{[R_2\sin(\theta-\alpha_b)]^{3/2}} \tag{15.92}$$

用图 15.14 中的距离来解释 π_l 的物理意义。注意到：

$$kR_2\cos(\theta-\alpha_b) = k(L_0+L_2) + knL_1$$

$$R_2\sin(\theta-\alpha_b) = L_1\cos\alpha_b$$

因此得到：

$$\pi_l = \frac{(-\mathrm{j}2)}{4\pi kn(1-n^2)}\frac{1}{\rho^{1/2}L_1^{3/2}}\mathrm{e}^{-\mathrm{j}k(L_0+L_2)-\mathrm{j}knL_1} \tag{15.93}$$

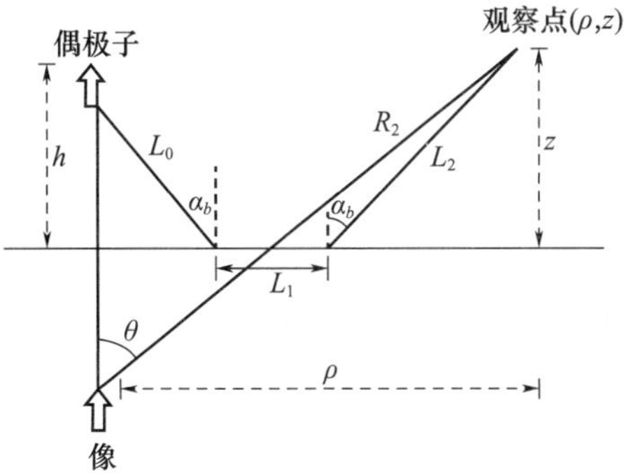

图 15.14　横向波的贡献

现在讨论式(15.93)的物理意义。首先注意到相位波前为

$$kL_0 + knL_1 + kL_2 = \text{常数}$$

这表明，该波首先以自由空间传播常数 k 传播到距离 L_0 处，并以临界角 α_b 入射到表面，然后波在表面下传播，下层介质的传播常数为 kn，同时沿临界角方向辐射到上层介质，如图 15.15 所示。这种特殊的波称为横向波、头波(kopfwelle)或侧波(flankenwelle)。横向波与以下地震现象有关。让地震脉冲(地震)发源于 $t=0$ 时地表上的一点，v(空气) $<v$(地面)，故因此，$n=v$(空气)$/v$(地面) <1。因此，在表面上，t 在空气中和地面上的波面是不同的(图 15.16)。但波前是连续的，因此，存在波前从地面波前到空气波前的切线。这个特殊波前的传播方向与横向波完全相同。此外在地面上，这个波首先到达，因此，也被称为头波。

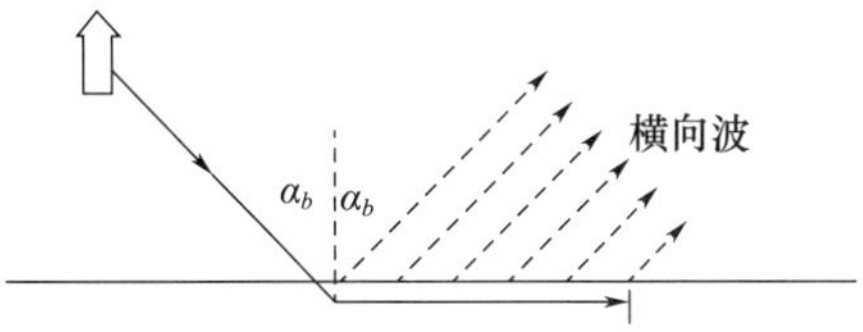

图 15.15　横向波

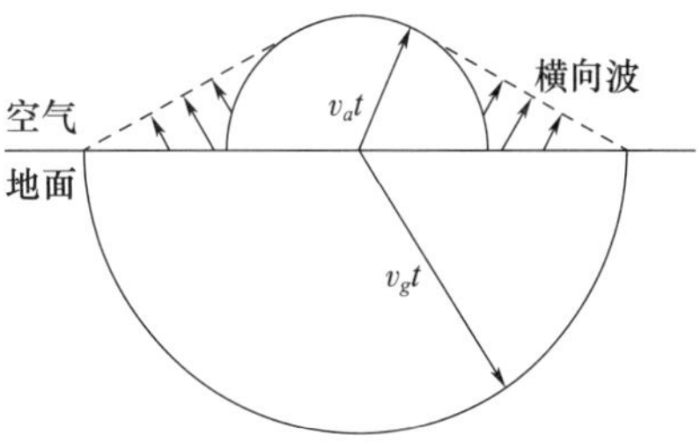

图 15.16　横向波与地震波

除了这种特殊的相位特征外，横向波还有一个明显的振幅特性：

$$\frac{1}{\rho^{1/2}}\frac{1}{L_1^{3/2}}$$

由于这种相关性，π_l 在 $L_1\to0$ 时变得无限大。这是因为在对式(15.93)进行求解时使用了近似值。事实上，当 $L_1\to0$ 时，鞍点趋近分支点($\theta\to\alpha_b$)，因此，鞍点和割线积分不能分开进行计算。Brekhovskikh(1960)研究了 $L_1\to0$(或 $\theta\to\alpha_b$)附近的场，显示出“焦散”行为。

当 $0<n<1$ 时出现上述横向波。电离层就是一个例子，其中 $n=\sqrt{1-(\omega_p/\omega)^2}$。横向波起主导作用的另一个重要情况是吸收介质(如海洋或地球)中两点之间的通信问题(图 15.17)。在这种情况下，k 为复波，其幅值较大，但 kn 为自由空间波数，因此，$|n|<1$。由于吸收作用，直达波和反射波在介质中几乎完全衰减。但横向波从天线传播到表面时会有衰减，然后在空气中传播很长一段距离而不衰减，最后到达接收机。因此，在这种情况下，通信只能通过横向波进行。森林中两点之间的通信通常是通过横向波完成的。

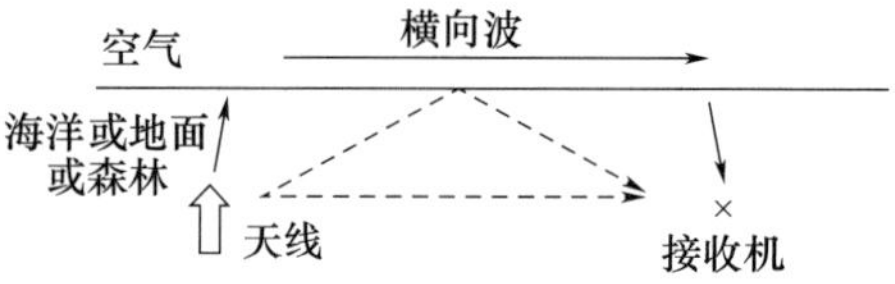

图 15.17　横向波通信

15.9　折射波

我们现在回到式(15.24)，讨论下层介质($z<0$)中的场。

$$\pi_z=\frac{1}{4\pi}\int_0^\infty\frac{2}{n^2q+q_e}J_0(\lambda\rho)\mathrm{e}^{\mathrm{j}q_ez-\mathrm{j}qh}\frac{\lambda\mathrm{d}\lambda}{\mathrm{j}}\tag{15.94}$$

使用式(15.30)来求得沿 $W(-\infty$ 到 $+\infty)$ 的积分，并对 $H_0^{(2)}(\lambda\rho)$ 使用式(15.32)中的渐近形式。因此得到：

$$\pi_z=\frac{1}{8\pi}\int_W\frac{2}{n^2q+q_e}\left(\frac{2}{\pi\lambda\rho}\right)^{1/2}\frac{\mathrm{e}^{-\mathrm{j}(\pi/4)\lambda}}{\mathrm{j}}\mathrm{e}^{-\mathrm{j}\lambda\rho-\mathrm{j}qh+\mathrm{j}q_ez}\mathrm{d}\lambda\tag{15.95}$$

通过鞍点技术来计算该式，使用渐近级数的第一项：

$$\int_WF(\lambda)\mathrm{e}^{-f(\lambda)}\mathrm{d}\lambda\simeq F(\lambda_s)\mathrm{e}^{-f(\lambda_s)}\sqrt{\frac{2\pi}{f''(\lambda_s)}}\tag{15.96}$$

式中：λ_s 为鞍点的位置。λ_s 由下式计算得到：

$$f'(\lambda_s)=\frac{\partial f}{\partial\lambda}\bigg|_{\lambda=\lambda_s}=0$$

式(15.95)的鞍点为①

$$\begin{aligned}\frac{\partial f}{\partial\lambda}&=\frac{\partial}{\partial\lambda}(\mathrm{j}\lambda\rho+\mathrm{j}qh-\mathrm{j}q_ez)\\&=\mathrm{j}\left(\rho+\frac{\partial q}{\partial\lambda}h-\frac{\partial q_e}{\partial\lambda}z\right)\\&=0\end{aligned}$$

① 译者注：根据公式推导，将下式 $\frac{\partial f}{\partial\lambda}=\frac{\lambda}{\partial\lambda}(\mathrm{j}\lambda\rho+\mathrm{j}qh-\mathrm{j}q_ez)s$ 更正为 $\frac{\partial f}{\partial\lambda}=\frac{\partial}{\partial\lambda}(\mathrm{j}\lambda\rho+\mathrm{j}qh-\mathrm{j}q_ez)$。

但需要注意到：

$$\frac{\partial q}{\partial \lambda} = -\frac{\lambda}{q} \text{且} \frac{\partial q_e}{\partial \lambda} = -\frac{\lambda}{q_e}$$

则鞍点 λ_s 为

$$\rho - \frac{\lambda_s}{q_s}h + \frac{\lambda_s}{q_{es}}z = 0 \tag{15.97}$$

式中：q_s 和 q_{es} 分别为 q 和 q_e 在 λ_s 处的值。

当使用如下转换式时，式(15.97)的物理意义十分明了。

$$\lambda = k\sin\alpha$$

则式(15.97)变为(图 15.18)：

$$\rho - (\tan\alpha_1)h + (\tan\alpha_2)z = 0 \tag{15.98}$$

式中：α_1 和 α_2 满足斯涅耳定律，有

$$\sin\alpha_1 = n\sin\alpha_2$$

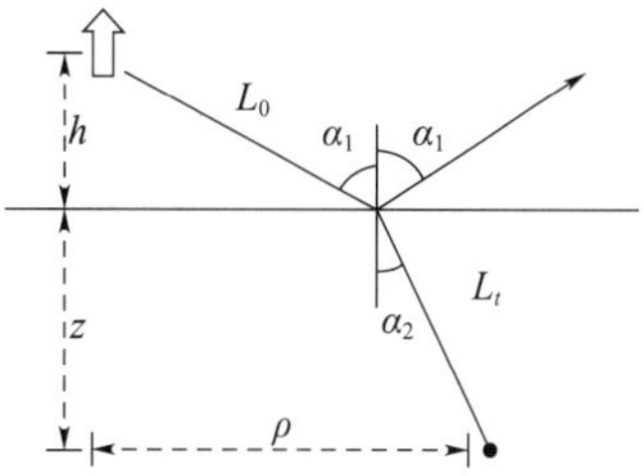

图 15.18　折射波

因此，偶极子发出的波到达表面后会根据斯涅耳定律发生折射，然后传播到观测点。总相位为

$$\begin{aligned} f(\lambda_s) &= \mathrm{j}\,(\lambda\rho + qh - q_e z)_{\lambda_s} \\ &= \mathrm{j}(kL_0 + knL_t) \end{aligned} \tag{15.99}$$

因此，完全折射场由式(15.96)计算得到。

$$\pi_z = \frac{1}{4\pi}\frac{T(\alpha_1)(\sin\alpha_1)^{1/2}\mathrm{e}^{-\mathrm{j}(kL_0 + knL_t)}}{\rho^{1/2}\cos\alpha_1\left[h/\cos^3\alpha_1 + (-z)/n\cos^3\alpha_2\right]^{1/2}} \tag{15.100}$$

式中：$T(\alpha_1)$ 为入射角 α_1 的透射系数，有

$$T(\alpha_1) = \frac{2\cos\alpha_1}{n^2\cos\alpha_1 + \sqrt{n^2 - \sin^2\alpha_1}} \tag{15.101}$$

式(15.100)基于鞍点技术，因此，在偶极子和观测点距离表面足够远时有效。可以看出，式(15.100)与应用几何光学技术得到的表达式相同。一般来说，使用鞍点技术可以得到几何光学解。

15.10　水平偶极子的辐射

与垂直偶极子的方位均匀辐射不同，水平偶极子的辐射具有方向性。此外，在地面上，大部分辐射都是沿着偶极子轴线方向的。这与自由空间的辐射不同，自由空间的辐射是宽边辐射(垂直于轴线的方向)。在实际应用中，水平偶极子必不可少的一个重要应用是埋地天线(埋在地下、冰层中或水下的天线)的辐射。已经证实在这种情况下水平偶极子是最有效、最实用的，而垂直偶极子无效。

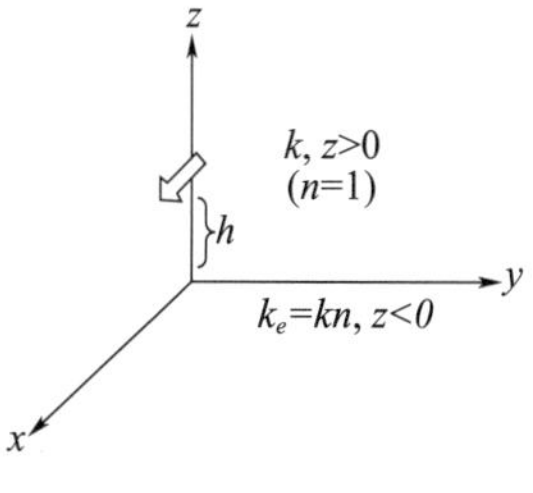

图 15.19　水平偶极子

对于位于$(0,0,h)$并沿 x 方向的水平偶极子(图 15.19)。由赫兹电势的 x 分量 π_x 可以很容易地求得一次场。

$$(\nabla^2+k^2)\pi_x=\frac{I_xL}{\mathrm{j}\omega\varepsilon_0}\delta(r-r') \tag{15.102}$$

一次场 π_{xp} 为

$$\begin{aligned}\pi_{xp}&=\frac{\mathrm{e}^{-\mathrm{j}k|r-r'|}}{4\pi|r-r'|}\\&=\frac{1}{4\pi}\int_0^\infty J_0(\lambda\rho)\mathrm{e}^{-\mathrm{j}q|z-h|}\frac{\lambda\mathrm{d}\lambda}{\mathrm{j}q}\\&=\frac{1}{8\pi}\int_W H_0^{(2)}(\lambda\rho)\mathrm{e}^{-\mathrm{j}q|z-h|}\frac{\lambda\mathrm{d}\lambda}{\mathrm{j}q}\end{aligned} \tag{15.103}$$

为方便起见，此处省略 $I_xL/\mathrm{j}\omega\varepsilon_0$。最终结果必须乘以 $I_xL/\mathrm{j}\omega\varepsilon_0$ 才能得到真正的场。

空中和地面的二次场为

$$\begin{cases}\pi_{xs1}=\dfrac{1}{4\pi}\displaystyle\int_0^\infty R(\lambda)J_0(\lambda\rho)\mathrm{e}^{-\mathrm{j}q|z+h|}\frac{\lambda\mathrm{d}\lambda}{\mathrm{j}q},\text{当 } z>0\\ \pi_{xs2}=\dfrac{1}{4\pi}\displaystyle\int_0^\infty T(\lambda)J_0(\lambda\rho)\mathrm{e}^{+q_ez-\mathrm{j}qh}\frac{\lambda\mathrm{d}\lambda}{\mathrm{j}q},\text{当 } z<0\end{cases} \tag{15.104}$$

现在看来，这两个函数 $R(\lambda)$ 和 $T(\lambda)$ 可以像垂直偶极子一样，通过应用边界条件来确定，但这是不可能的。一般来说，完整描述电磁场需要两个标量函数（如对于 TM 和 TE 模式使用 π_z 和 π_z^*）。因此，除了 π_{xs1} 和 π_{xs2} 之外，还需要另一个标量函数。一个较为方便的选择为 π，π_{zs1}，π_{zs2} 的 z 分量，这是索默菲尔德首次使用的。

现在讨论 $z=0$ 处的边界条件。在 $z=0$ 处，切向电场 E_x 和 E_y 以及切向磁场 H_x 和 H_y 必须是连续的。把这些条件写成 π_x 和 π_z 的形式，需要注意到：$\overline{\boldsymbol{E}}=\nabla(\nabla\cdot\overline{\boldsymbol{\pi}})+k^2\overline{\boldsymbol{\pi}}$，$\overline{\boldsymbol{H}}=\mathrm{j}\omega\varepsilon\nabla\times\overline{\boldsymbol{\pi}}$。

$$E_x\text{ 的连续性：}\pi_{x1}=n^2\pi_{x2} \tag{15.105a}$$

$$E_y\text{ 的连续性：}\frac{\partial}{\partial x}\pi_{x1}+\frac{\partial}{\partial z}\pi_{z1}=\frac{\partial}{\partial x}\pi_{x2}+\frac{\partial}{\partial z}\pi_{z2} \tag{15.105b}$$

$$H_x\text{ 的连续性：}\pi_{z1}=n^2\pi_{z2} \tag{15.105c}$$

$$H_y\text{ 的连续性：}\frac{\partial}{\partial z}\pi_{x1}=n^2\frac{\partial}{\partial z}\pi_{x2} \tag{15.105d}$$

用式（15.105a）和式（15.105d）来确定式（15.104）中关于 π_x 的 $R(\lambda)$ 和 $T(\lambda)$，即

$$\begin{cases}R(\lambda)=\dfrac{q-q_e}{q+q_e}\\ T(\lambda)=\dfrac{1}{n^2}\dfrac{2q}{q+q_e}\end{cases} \tag{15.106}$$

因此得到①：

$$\begin{cases}\pi_{x1}=\dfrac{1}{4\pi}\displaystyle\int_0^\infty J_0(\lambda\rho)\mathrm{e}^{-\mathrm{j}q|z-h|}\frac{\lambda\mathrm{d}\lambda}{\mathrm{j}q}+\\ \qquad\dfrac{1}{4\pi}\displaystyle\int_0^\infty\frac{q-q_e}{q+q_e}J_0(\lambda\rho)\mathrm{e}^{-\mathrm{j}q|z+h|}\frac{\lambda\mathrm{d}\lambda}{\mathrm{j}q},\text{当 } z>0\\ \pi_{x2}=\dfrac{1}{4\pi}\displaystyle\int_0^\infty\frac{2q}{n^2(q+q_e)}J_0(\lambda\rho)\mathrm{e}^{\mathrm{j}q_ez-\mathrm{j}qh}\frac{\lambda\mathrm{d}\lambda}{\mathrm{j}q},\text{当 } z<0\end{cases} \tag{15.107}$$

① 译者注：根据公式推导，将式（15.107）中关于 π_{x1} 的表达式的第一项中的 $\mathrm{e}^{-\mathrm{j}q|h-h|}$ 更正为 $\mathrm{e}^{-\mathrm{j}q|z-h|}$。

我们注意到，如果第二种介质是完全导电的，式(15.107)将简化为正确的镜像表示。现在使用式(15.105b)和式(15.105c)求出 π_{z1} 和 π_{z2}。首先由式(15.105b)得到：

$$\frac{\partial}{\partial z}(\pi_{z1}-\pi_{z2})=\frac{\partial}{\partial x}(\pi_{x2}-\pi_{x1}) \tag{15.108}$$

需要注意到：

$$\frac{\partial}{\partial x}=\frac{\partial\rho}{\partial x}\frac{\partial}{\partial\rho}+\frac{\partial\phi}{\partial x}\frac{\partial}{\partial\phi},\frac{\partial\rho}{\partial x}=\cos\phi,\frac{\partial}{\partial\phi}=0$$

因此，使用式(15.107)和 $J_0'(\lambda\rho)=-J_1(\lambda\rho)$ 来求得式(15.108)的右边①：

$$\frac{\partial}{\partial x}(\pi_{x2}-\pi_{x1})=\frac{\cos\phi}{4\pi}\int_0^{\infty}[T(\lambda)-1-R(\lambda)][-J_1(\lambda\rho)]\mathrm{e}^{-\mathrm{j}qh}\frac{\lambda^2\mathrm{d}\lambda}{\mathrm{j}q}$$

由于这必须等于式(15.108)的左边，所以左边的 π_z 必须与式(15.109)形式相同。

$$\cos\phi\int_0^{\infty}J_1(\lambda\rho)\cdots$$

因此得到：

$$\begin{cases}\pi_{z1}=\cos\phi\int_0^{\infty}A(\lambda)J_1(\lambda\rho)\mathrm{e}^{-\mathrm{j}q|z+h|}\lambda^2\mathrm{d}\lambda, 当\ z>0\\ \pi_{z2}=\cos\phi\int_0^{\infty}B(\lambda)J_1(\lambda\rho)\mathrm{e}^{q_ez-\mathrm{j}qh}\lambda^2\mathrm{d}\lambda, 当\ z<0\end{cases} \tag{15.109}$$

现在满足式(15.108)和式(15.105c)，则可以求得 $A(\lambda)$ 和 $B(\lambda)$。

$$\begin{cases}A(\lambda)=-\dfrac{2}{k^2}\dfrac{q-q_e}{n^2q+q_e}\\ B(\lambda)=-\dfrac{2}{n^2k^2}\dfrac{q-q_e}{n^2q+q_e}\end{cases} \tag{15.110}$$

式(15.107)和式(15.109)为水平偶极子场的完整表达式。

我们注意到，式(15.107)所示的辐射主要在垂直于轴的方向上，这与水平偶极子及其镜像的辐射相似。然而在表面上，这个场非常小，因为来自镜像的辐射倾向于抵消直接辐射。

另一方面，由于 $\cos\phi$ 因子，式(15.109)中由于 π_z 产生的场是有方向性的。此外，系数 $A(\lambda)$ 和 $B(\lambda)$ 与垂直偶极子具有相同的索默菲尔德分母(n^2q+q_e)。因此，水平偶极子产生的场 π_x 对表面场的贡献不大，但它会产生 π_z，其主要沿偶极子轴线方向传播，特性与垂直偶极子类似。

15.11　分层介质的辐射

在许多实际问题中，我们需要考虑不止一个界面。例如，电离层的存在会极大地影响波在地球上的传播，尤其是甚低频和较低频率的波。此外，稍后将讨论的热电离层也可以用分层介质来表示。另一个例子是航天器或高速飞行器表面的槽天线或偶极子天线的辐射，它们可能会被一些保护材料覆盖(图 15.20)。因此，研究层对辐射场的影响非常重要。

---

① 译者注：根据公式推导，将下式中的 $\mathrm{e}^{-\mathrm{j}ph}$ 更正为 $\mathrm{e}^{-\mathrm{j}qh}$。

我们考虑位于两个界面内的垂直偶极子,如图 15.21 所示。如 15.3 节所示,两个边界之间的场由一次波 π_{p0}和二次波 π_{s0}组成。

$$\pi_{z0} = \pi_{p_0} + \pi_{s0}, \text{当} 0 < z < h \tag{15.111}$$

式中:

$$\pi_{p0} = \frac{1}{4\pi}\int_0^\infty e^{-jq|z-z_0|}J_0(\lambda\rho)\frac{\lambda d\lambda}{jq} \tag{15.112}$$

$$\pi_{s0} = \frac{1}{4\pi}\int_0^\infty [a_0(\lambda)e^{jqz} + b_0(\lambda)e^{+jqz}]J_0(\lambda\rho)\frac{\lambda d\lambda}{jq} \tag{15.113}$$

为方便起见,此处我们再次省略 $IL/j\omega\varepsilon_0$。还请注意,式(15.113)中的 a_0 和 b_0 分别代表向上和向下的波。

下边界以下的场为

$$\pi_{s1} = \frac{1}{4\pi}\int_0^\infty [b_1(\lambda)e^{+jq_1z}]J_0(\lambda\rho)\frac{\lambda d\lambda}{jq}, \text{当} z < 0 \tag{15.114}$$

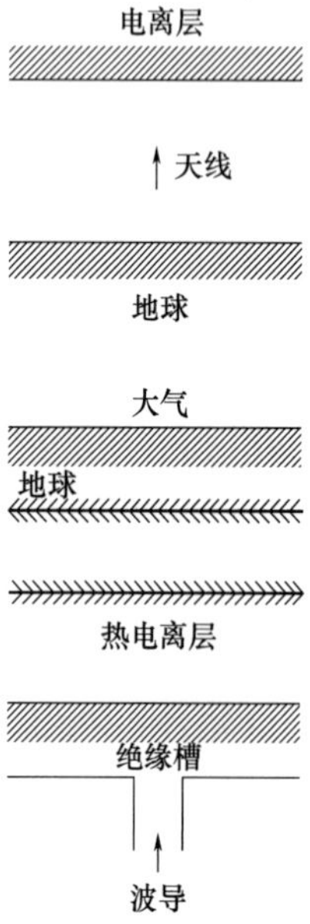

图 15.20 分层介质中的辐射

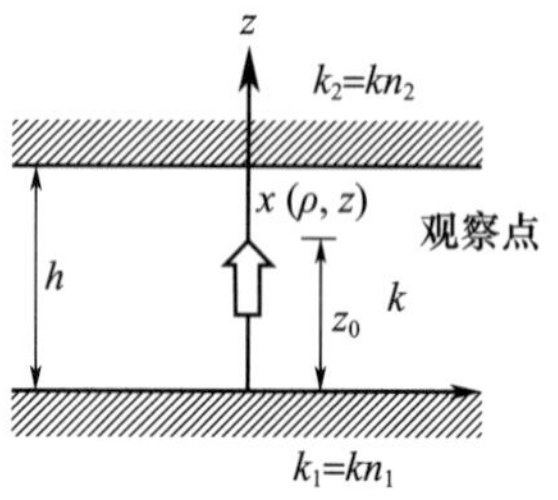

图 15.21 层中的垂直偶极子

上边界以上的场为

$$\pi_{s2} = \frac{1}{4\pi}\int_0^\infty [a_2(\lambda)e^{+jq_2z}]J_0(\lambda\rho)\frac{\lambda d\lambda}{jq}, \text{当} z > h \tag{15.115}$$

式中:

$$\begin{cases}\lambda^2 + q^2 = k^2 \\ \lambda^2 + q_1^2 = k_1^2 \\ \lambda^2 + q_2^2 = k_2^2\end{cases} \tag{15.116}$$

此处,b_1 和 a_2 代表出射波。

$z=0$ 和 $z=h$ 处的边界条件为

$$\begin{cases} n^2\pi \text{ 连续} \\ \dfrac{\partial \pi}{\partial z}\text{连续} \end{cases} \tag{15.117}$$

应用这四个条件,我们可以确定四个常数 a_0、b_0、b_1 和 a_1。不过,我们不能简单地应用式(15.117),而是希望用上下介质的反射系数和透射系数来表示这些常数。

$$\begin{cases} R_2 = \dfrac{n_2^2 q - q_2}{n_2^2 q + q_2} \\ T_2 = \dfrac{2q}{n_2^2 q + q_2} \\ R_1 = \dfrac{n_1^2 q - q_1}{n_1^2 q + q_1} \\ T_1 = \dfrac{2q}{n_1^2 q + q_1} \end{cases} \tag{15.118}$$

为此我们注意到,对于上层介质,对下式进行傅里叶 - 贝塞尔变换得到入射波。

$$[\mathrm{e}^{-\mathrm{j}q(z-z_0)} + a_0 \mathrm{e}^{-\mathrm{j}qz}]$$

反射波为

$$[b_0 \mathrm{e}^{\mathrm{j}qz}]$$

两者在 $z=h$ 处的比值就是反射系数 R_2。因此得到:

$$R_2[\mathrm{e}^{-\mathrm{j}q(h-z_0)} + a_0 \mathrm{e}^{-\mathrm{j}qh}] = [b_0 \mathrm{e}^{\mathrm{j}qh}] \tag{15.119}$$

同样地,在 $z=0$ 处,得到:

$$R_1[\mathrm{e}^{-\mathrm{j}qz_0} + b_0] = a_0 \tag{15.120}$$

求解这两个方程的 a_0 和 b_0,得到①:

$$a_0 = \frac{R_1 \mathrm{e}^{-\mathrm{j}qz_0} + R_1 R_2 \mathrm{e}^{-\mathrm{j}q(2h-z_0)}}{1 - R_1 R_2 \mathrm{e}^{-\mathrm{j}2qh}} \tag{15.121}$$

$$b_0 = \frac{R_2 \cdot \mathrm{e}^{-\mathrm{j}q(2h-z_0)} + R_1 R_2 \mathrm{e}^{-\mathrm{j}q(2h+z_0)}}{1 - R_1 R_2 \mathrm{e}^{-\mathrm{j}2qh}} \tag{15.122}$$

同样,我们也可以用 T_1 和 T_2 得到 $b_1(\lambda)$ 和 $\alpha_2(\lambda)$。

$$b_1 = \frac{T_1 \mathrm{e}^{-\mathrm{j}qz_0} + T_1 R_2 \mathrm{e}^{-\mathrm{j}q(2h-z_0)}}{1 - R_1 R_2 \mathrm{e}^{-\mathrm{j}2qh}} \tag{15.123}$$

$$a_2 = \frac{T_2 \mathrm{e}^{-\mathrm{j}qz_0} + T_2 R_1 \mathrm{e}^{-\mathrm{j}q(2h-z_0)}}{1 - R_1 R_2 \mathrm{e}^{-\mathrm{j}q2h}} \tag{15.124}$$

将式(15.121) ~ 式(15.124)代入式(15.112) ~ 式(15.115),则得到场的完整表达式。下面讨论一下这些表达式,首先求得积分中的奇点。很明显,有一些极点位于下式的根:

$$1 - R_1 R_2 \mathrm{e}^{-\mathrm{j}2qh} = 0 \tag{15.125}$$

---

① 译者注:根据公式推导,将式(15.122)分子由 $R_1 \mathrm{e}^{-\mathrm{j}qz_0} + R_1 R_2 \mathrm{e}^{-\mathrm{j}q(2h-z_0)}$ 更正为 $R_2 \mathrm{e}^{-\mathrm{j}q(2h-z_0)} + R_1 R_2 \mathrm{e}^{-\mathrm{j}q(2h+z_0)}$。

一般来说,式(15.125)有无数个根,因此,在 λ 平面上有一系列极点,这将在后面进一步讨论。还注意到被积函数包含 q、q_1 和 q_2,分别为

$$q = \sqrt{k^2 - \lambda^2}$$

$$q_1 = \sqrt{k_1^2 - \lambda^2}$$

$$q_2 = \sqrt{k_2^2 - \lambda^2}$$

因此,在 λ 平面上似乎有三个分支点:$\lambda = \pm k$、$\lambda = \pm k_1$ 和 $\lambda = \pm k_2$。然而,仔细观察会发现,在 $\lambda = \pm k$ 处不存在分支点,这可以通过证明当 q 变为 $-q$ 时积分不变来证明。另一种观点认为,在描述式(15.113)中的场时,无需区分 $+q$ 和 $-q$。例如,在式(15.113)中,e^{-jqz}表示向上的波,但将其改为 e^{+jqz},我们只需将 $a_0(b_0)$ 从向上(向下)转换为向下(向上)。不过,对于 q_1 和 q_2,我们确实需要区分 $+q_1$ 和 $-q_1$,$+q_2$ 和 $-q_2$,因为一个代表满足辐射条件的出射波,另一个代表入射波。一般来说,如果有许多层,如图 15.22 所示,即使被积函数包含 $q_1 = \sqrt{k_i^2 - \lambda^2}$,$i = 1,2,\cdots,6$,唯一的分支点位于:

$$\lambda = \pm k_1, \lambda = \pm k_6$$

被积函数是关于 q_2、q_3、q_4 和 q_5 的偶函数,在 k_2、k_3、k_4 和 k_5 处没有分支点。

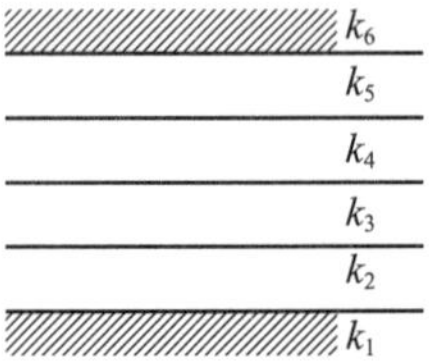

图 15.22 在 $\lambda = \pm k_2$、$\pm k_3$、$\pm k_4$ 和 $\pm k_5$ 处没有分支点,唯一的分支点位于 $\lambda = \pm k_1$ 和 $\pm k_6$ 处

15.12 几何光学表示法

现在我们对式(15.111)~式(15.115)中的积分进行计算,可以从以下两个方面着手:

(1)几何光学表示法。这是基于鞍点技术,适用于高度 h 高达多个波长的情况。

(2)模态和横向波表示法。这是基于留数级数和割线积分,适用于高度 h 较小的情况。现在我们来展示这两种方法的细节。

以上层介质 $z > h$ 中的场为例,表示为式(15.115)和式(15.124)。需要注意到式(15.124)中的两个指数项,π_{s2}表示为

$$\pi_{s2} = \pi'_{s2} + \pi''_{s2} \tag{15.126}$$

式中:

$$\pi'_{s2} = \frac{1}{4\pi}\int_0^\infty \left[\frac{T_2 e^{-jq(h-z_0)-jq_2(z-h)}}{1 - R_1 R_2 e^{-j2qh}}\right] J_0(\lambda\rho)\frac{\lambda d\lambda}{jq} \tag{15.127}$$

$$\pi''_{s2} = \frac{1}{4\pi}\int_0^\infty \left[\frac{T_2 R_1 e^{-jq(h+z_0)-jq_2(z-h)}}{1 - R_1 R_2 e^{-j2qh}}\right] J_0(\lambda\rho)\frac{\lambda d\lambda}{jq} \tag{15.128}$$

首先讨论 π'_{s2}及其括号中与 z 有关的项,展开如下:

$$\frac{1}{1-R_1R_2\mathrm{e}^{-\mathrm{j}2qh}}=\sum_{n=0}^{\infty}(R_1R_2)^n\mathrm{e}^{-\mathrm{j}2qnh} \tag{15.129}$$

并将式(15.127)中括号内的数写成级数形式：

$$[\cdot]=\sum_{n=0}^{\infty}u_n \tag{15.130}$$

式中：

$$u_n=T_2\mathrm{e}^{-\mathrm{j}q(h-z_0)-\mathrm{j}q_2(z-h)}(R_1R_2)^n\mathrm{e}^{-\mathrm{j}2qnh}$$

现在我们证明，u_n 中的每一项都代表了波在边界处的连续折射和反射。

注意到第一项 $u_0=T_2\mathrm{e}^{-\mathrm{j}q(h-z_0)-q_2(z-h)}$ 表示波从偶极子发出，以传播常数 q 传播距离 $(h-z_0)$，到达上表面，以传播常数 q_2 传播距离 $(z-h)$，然后到达观测点(图 15.23)。

第二项 $u_1=T_2\mathrm{e}^{-\mathrm{j}q(h-z_0)-\mathrm{j}q_2(z-h)}R_1R_2\mathrm{e}^{-\mathrm{j}2qh}$ 表示波以传播常数 q 传播 $2h$ 的额外距离，并被两侧反射一次(R_1R_2)。同样，其余项表示波在两个边界之间的多次反射。

同样地，对于 π''_{s2}：

$$[\cdot]=\sum_{n=0}^{\infty}v_n \tag{15.131}$$

式中：

$$v_n=T_2R_1\mathrm{e}^{-\mathrm{j}q(h-z_0)-\mathrm{j}q_2(z-h)}(R_1R_2)^n\mathrm{e}^{-\mathrm{j}2qnh}$$

每个 v_n 代表图 15.24 所示的波。

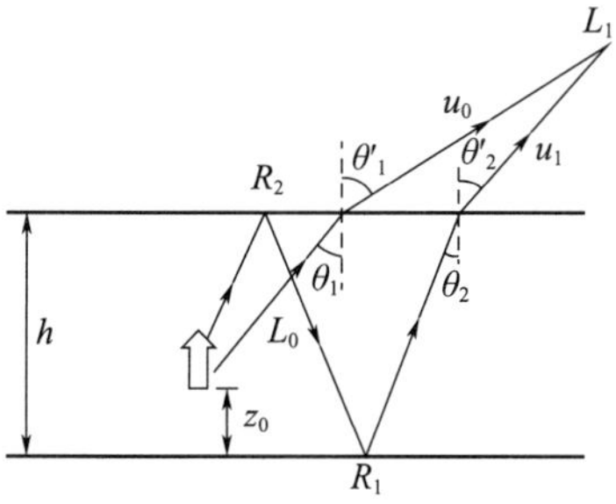

图 15.23 u_0 和 u_1 的几何光学表示

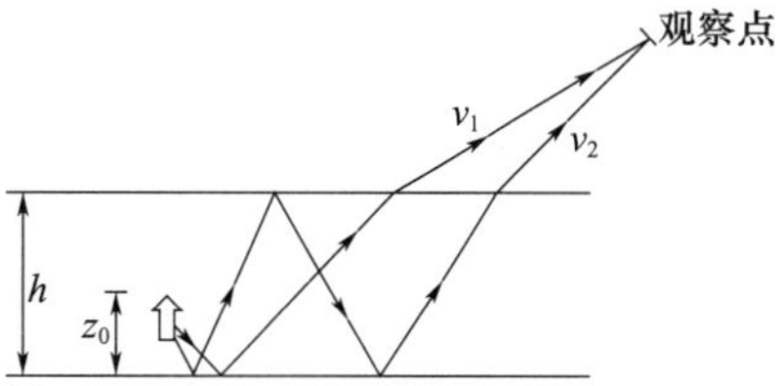

图 15.24 v_1 和 v_2 的几何光学表示

上述每个波都可以通过下面的鞍点技术进行计算①。

$$\frac{1}{4\pi}\int_0^{\infty}A(\lambda)\mathrm{e}^{-\mathrm{j}qH-\mathrm{j}q_2Z}J_0(\lambda\rho)\frac{\lambda\mathrm{d}\lambda}{\mathrm{j}q}=\frac{1}{8\pi}\int_W A(\lambda)\mathrm{e}^{-\mathrm{j}qH-\mathrm{j}q_2Z}H_0^{(2)}(\lambda\rho)\frac{\lambda\mathrm{d}\lambda}{\mathrm{j}q}$$
$$\simeq\frac{1}{8\pi}\int_W\left[A(\lambda)\left(\frac{2}{\pi\lambda\rho}\right)^{1/2}\frac{\lambda\mathrm{e}^{\mathrm{j}(\pi/4)}}{\mathrm{j}q}\right]\mathrm{e}^{-\mathrm{j}f(\lambda)}\mathrm{d}\lambda \tag{15.132}$$

式中：

$$f=qH+q_2Z+\lambda\rho$$

利用鞍点技术，可以由鞍点$\partial f/\partial\lambda=0$ 计算得到：

① 译者注：根据上下文，将式(15.132)中的 $\mathrm{e}^{-\mathrm{j}f(\lambda)}$ 更正为 $\mathrm{e}^{-\mathrm{j}f(\lambda)}$。

$$\frac{1}{8\pi}\left\{A(\lambda)\left(\frac{2}{\pi\lambda\rho}\right)^{1/2}\frac{\lambda e^{j(\pi/4)}}{jq}\right\}e^{j(\pi/4)}\sqrt{\frac{2\pi}{-f''(\lambda)}}$$

因此得到：

$$\begin{cases}\pi'_{s2}=\sum_{n=0}^{\infty}U_n\\ \pi''_{s2}=\sum_{n=0}^{\infty}V_n\end{cases}\tag{15.133}$$

式中：

$$\begin{cases}U_n=\frac{1}{4\pi}\int_0^{\infty}u_nJ_0(\lambda\rho)\frac{\lambda d\lambda}{jq}\\ V_n=\frac{1}{4\pi}\int_0^{\infty}v_nJ_0(\lambda\rho)\frac{\lambda d\lambda}{jq}\end{cases}$$

对 U_0 和 U_1 进行鞍点计算①：

$$\begin{cases}U_0\simeq 4\pi\frac{T_2(\theta_1)(\sin\theta_1)^{1/2}}{\rho^{1/2}\cos\theta_1}\frac{e^{-j(kL_0+k_2L_1)}}{\sqrt{L_0/\cos^2\theta_1+L_1/\cos^2\theta'_1}}\\ U_1\simeq 4\pi\frac{T_2(\theta_2)R_1(\theta_2)R_2(\theta_2)(\sin\theta_2)^{1/2}}{\rho^{1/2}\cos\theta_2}\frac{e^{-j(kL_2+k_2L_3)}}{\sqrt{L_2/\cos\theta_2+L_3/\cos\theta'_2}}\end{cases}\tag{15.134}$$

式中：θ_1、θ'_1和 θ_2、θ'_2是与鞍点相对应的角度；L_0 和 L_2 为从偶极子到射线离开表面的总路径长度；L_1 和 L_2 为从表面到观测点的路径长度。所有的 U_n 和 V_n 都可以用类似的方法表示。

由于鞍点技术用于求式(15.134)，因此，只有当距离 L_0、L_1、L_2 和 L_3 较大时才有效。当高度 h 较大且观测点远离表面时，就会出现这种情况。

另一方面，如果高度 h 较小，但观测点离表面较远，可以直接对式(15.126)应用鞍点技术。式(15.127)和式(15.128)表示为

$$\begin{cases}\pi'_{s2}=\frac{1}{4\pi}\int_0^{\infty}(A_1)e^{-jq2(z-h)}J_0(\lambda\rho)\frac{\lambda d\lambda}{jq}\\ \pi''_{s2}=\frac{1}{4\pi}\int_0^{\infty}(A_2)e^{-jq2(z-h)}J_0(\lambda\rho)\frac{\lambda d\lambda}{jq}\end{cases}\tag{15.135}$$

假设 A_1 和 A_2 是关于 λ 的缓慢变化函数，并根据距离 $R=\sqrt{(z-h)^2+\rho^2}$ 求得远场。这是获取覆盖电介质层的天线辐射模式的常用方法。

15.13 模态和横向波的表示

对于式(15.111)所给出的层 $0<z<h$ 内的场。我们注意到 π_{z0} 可以表示为

$$\pi_{z0}=\frac{1}{8\pi}\int_{-\infty}^{\infty}\frac{A(\lambda)e^{-jqz}+B(\lambda)e^{+jqz}}{1-R_1R_2e^{-j2qh}}H_0^{(2)}(\lambda\rho)\frac{\lambda d\lambda}{jq}\tag{15.136}$$

被积函数在下式的根处有一系列的极点。

---

② 译者注：根据公式推导，将 $T_2(\theta_1\ (\sin\theta_1)^{1/2}$ 更正为 $T_2(\theta_1)(\sin\theta_1)^{1/2}$，并将重复的 U_0 删除。

$$1-R_1R_2\mathrm{e}^{-\mathrm{j}2qh}=0 \tag{15.137}$$

两个分支点位于：

$$\lambda = \pm k_1$$

$$\lambda = \pm k_2$$

故积分表示为

$$\pi_{z0} = -2\pi\mathrm{j}\sum_{n=1}^{\infty}\text{留数,在极点 }\lambda_n + \int_{B_{r1}} + \int_{B_{r2}}\text{处} \tag{15.138}$$

式中：B_{r1}和B_{r2}为k_1和k_2的割线(图15.25)。

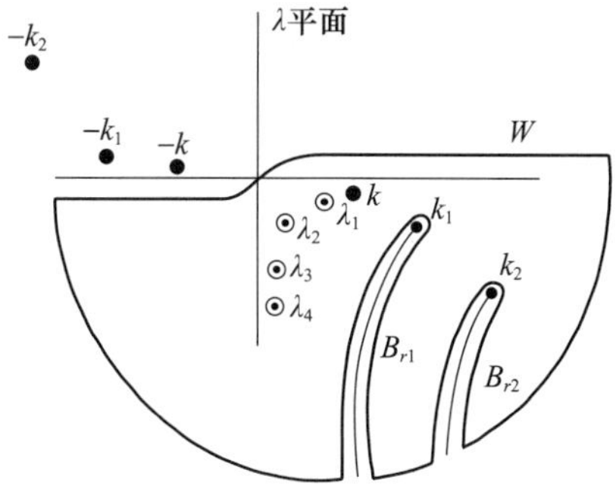

图15.25　λ_n处的极点以及在$\pm k_1$和$\pm k_2$处的分支点

一般来说，留数具有以下形式的径向依赖性：

$$\mathrm{e}^{-\mathrm{j}\lambda_n\rho} \tag{15.139}$$

上述留数代表波导模式。如图15.26所示，割线积分还具有横向波的特性。因此，如果k_1和k_2是有损耗的，则波导模式占主导地位，正如我们对有损耗波导的预期一样。另一方面，如果k_1和k_2是无损的，则横向波对场的贡献最大。

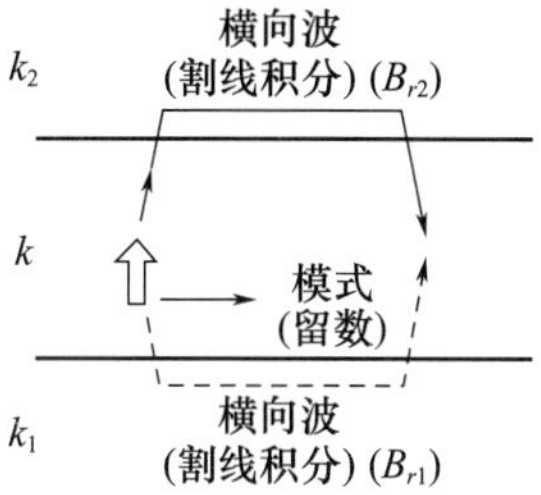

图15.26　横向波和波导模式

显然，如果高度较小，则传播模式的数量较少，其他模式几乎被截断，这意味着留数级数高度收敛。另外，如果h较大，则可能存在大量传播模式，留数级数收敛较慢，因此，几何光学方法更为有用。

习　题

15.1　求图15.1所示问题的$\overline{\boldsymbol{E}}$和$\overline{\boldsymbol{H}}$的表达式，并求出辐射场。地面的相对介电常

数为 10,电导率 $\sigma=5\times10^{-3}$S/m,频率为 1MHz。

15.2　地面上有一个垂直偶极子,工作频率为 1MHz。地面电导率 $\sigma=5\times10^{-3}$S/m,相对介电常数(实部)为 10。

(a)求 α 平面上的索默菲尔德极点 α_p。

(b)求距离地面 10km 处的数值距离 p。

(c)计算并绘制衰减因子与 $|p|$($10^{-2}\leqslant|p|\leqslant10^2$)的函数关系。

(d)计算地面上的 $|E_z|$ 与真空中 10km 处的 $|E_z|$ 的比值。

15.3　一个长度为 1m 的短垂直偶极子在 50MHz 频率下携带 1 A 电流。偶极子位于平地上。地面的相对介电常数为 15,电导率为 5×10^{-3}S/m。

(a)求浅涅克波的传播常数。

(b)求 3km 距离处的数值距离。

(c)求场强与距离的函数关系。

15.4　当地面上有一个垂直磁偶极子时,求地面上的磁场。

15.5　当水平磁偶极子位于地面上高度 h 时,求索默菲尔德问题的解。

15.6　如图 15.9 所示,一个垂直偶极子位于 $0<n_2<1$ 的半无限无损等离子介质上方 $h=10$km 处。等离子体频率为 1MHz,工作频率为 2MHz。求出空中的场。

15.7　如图 15.18 所示,一个垂直偶极子位于空气 $n_1=1$ 和无损介质 $n_2=2$ 的界面上方。求在第二种介质中传播的场。$h=5$km,频率为 1MHz。

第 2 部分

应 用

第 16 章

逆散射

在一般的散射问题中，先指定目标和入射波，然后尝试求得散射波，这是一个正问题。在反问题中，先测量给定入射波的散射波，然后尝试确定目标的属性。在反问题中有两个重要的考虑因素。第一，测量通常是有限的，只能在一定范围内测量某些量。第二，需要一种有效的反演方法，这样才能利用有限的测量数据确定目标的特性。所以也许逆解不是唯一的，解的存在性不明显。逆解不稳定的情况也很常见，因此，测量中的微小误差可能会导致未知数的巨大误差。在本章中，将概述几种反演方法及其优缺点。另外，在本章中，使用光学和声学中常用的约定 $\exp(-\mathrm{i}\omega t)$，而不是电气工程和 IEEE 使用的 $\exp(\mathrm{j}\omega t)$，这是因为声学和物理学中有许多关于本章内容的参考文献。

16.1 拉东变换和层析成像

在 CT 扫描仪（计算机断层扫描仪或 X 射线断层扫描仪）中，目标被 X 射线照射，并且记录不同照射角度下透射 X 射线的强度，然后利用这些记录的数据重建目标的图像。假设一个目标的二维横截面，其衰减系数为 $f(x,y)$（图 16.1）。目标在 $\hat{\boldsymbol{\eta}}$ 方向上受到 I_0 强度的均匀光照。发射功率 $I_t(\xi)$ 因目标的总衰减而减小，有

$$I_t(\xi) = I_0\exp\left[-\int f(x,y)\,\mathrm{d}\eta\right] \tag{16.1}$$

设 $\ln(I_0/I_t) = P_\phi(\xi)$，有：

$$P_\phi(\xi) = \int f(x,y)\,\mathrm{d}\eta \tag{16.2}$$

函数 $P_\phi(\xi)$ 表示当目标以角度 ϕ 被照射时在 ξ 处的总衰减，被称为“投影”。反问题是从测量的投影 $P_\phi(\xi)$ 中求 $f(x,y)$。式(16.2)可以重新用以下公式表示：

$$P_\phi(\xi) = \int f(x,y)\delta(\xi - \bar{\boldsymbol{r}}\cdot\hat{\boldsymbol{\xi}})\,\mathrm{d}x\mathrm{d}y \tag{16.3}$$

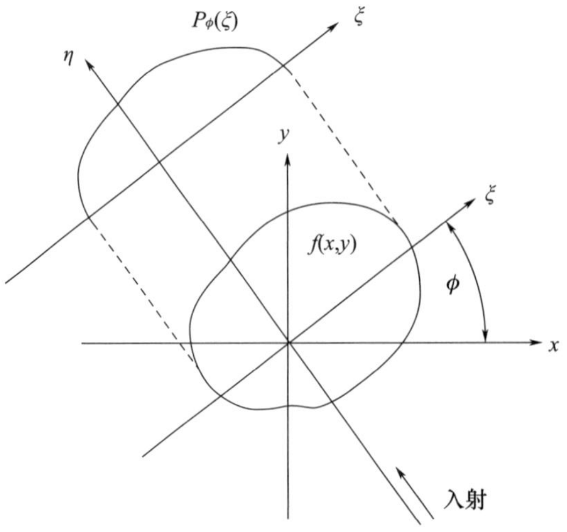

图 16.1　目标 $f(x,y)$ 的拉东变换或投影 $P_\phi(\xi)$

式中：$\bar{r}=x\hat{x}+y\hat{y}$；$\hat{r}\cdot\hat{\xi}=x\cos\phi+y\sin\phi$，且 $0\leqslant\phi<\pi$，$-\infty\leqslant\xi\leqslant+\infty$。式(16.3)被认为是一种从 $f(x,y)$ 到 $P_\phi(\xi)$ 的变换，称为拉东变换(Radon transform)。因此，反问题就是求拉东逆变换。这是 Radon 在 1917 年首次提出的(Devaney,1982;Kak,1979;Herman,1979)。

我们先讨论投影的一维傅里叶变换。

$$\overline{P}_\phi(K)=\int_{-\infty}^{\infty}P_\phi(\xi)\mathrm{e}^{-\mathrm{j}K\xi}\mathrm{d}\xi \tag{16.4}$$

代入式(16.3)并对 ξ 积分，得到：

$$\overline{P}_\phi(K)=\int f(x,y)\mathrm{e}^{-\mathrm{i}K\hat{\xi}\cdot\bar{r}}\mathrm{d}x\mathrm{d}y \tag{16.5}$$

在 $\overline{K}=K\hat{\xi}$ 处计算的 $f(x,y)$ 的二维傅里叶变换如下：

$$\overline{P}_\phi(K)=F(K\hat{\xi}) \tag{16.6}$$

式中：$F(\overline{K})=\int f(x,y)\mathrm{e}^{-\mathrm{i}\overline{K}\cdot\bar{r}}\mathrm{d}x\mathrm{d}y$，$0\leqslant\phi<\pi$，$-\infty\leqslant K\leqslant+\infty$。

可以将 $\overline{P}_\phi(K)$ 视为 $f(x,y)$ 沿角度 ϕ 的切片的傅里叶变换(图 16.2)。因此，目标 $f(x,y)$ 投影的一维傅里叶变换是 $f(x,y)$ 的傅里叶变换 $F(\overline{K})$ 沿角度 ϕ 的切片，这称为投影切片定理。

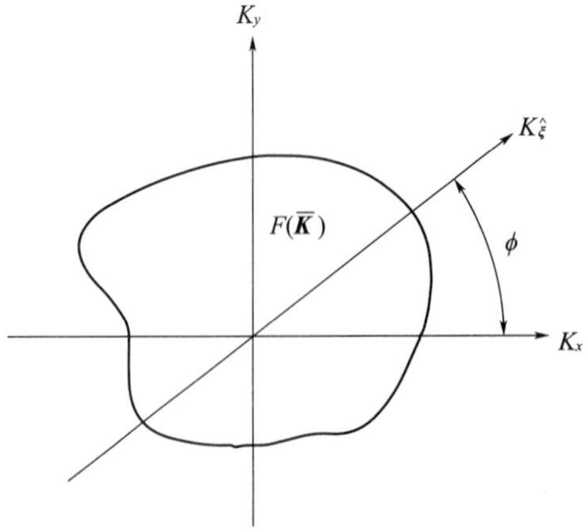

图 16.2　投影切片定理

现在，$f(x,y)$的完整傅里叶变换是通过对 K 空间上所有的切片求和而获得的，而$f(x,y)$则是通过傅里叶逆变换获得的。傅里叶逆变换如下：

$$f(x,y) = \frac{1}{(2\pi)^2}\int F(\bar{\boldsymbol{K}})\mathrm{e}^{\mathrm{i}\bar{\boldsymbol{K}}\cdot\bar{r}}\mathrm{d}K \tag{16.7}$$

式中：$F(\bar{\boldsymbol{K}}) = \bar{\boldsymbol{P}}_\phi(\bar{\boldsymbol{K}})$，$\mathrm{d}\bar{\boldsymbol{K}} = K\mathrm{d}K\mathrm{d}\phi$。为了使范围为$0\leqslant\phi<\pi$，把积分写成：

$$\int_0^\infty K\mathrm{d}K\int_0^\pi \mathrm{d}\phi + \int_0^\infty K\mathrm{d}K\int_\pi^{2\pi}\mathrm{d}\phi$$

然后，使用 $\phi' = \phi - \pi$ 和 $K' = -K$，第二个积分变为

$$-\int_{-\infty}^0 K'\mathrm{d}K'\int_0^\pi \mathrm{d}\phi' = \int_{-\infty}^0 |K'|\,\mathrm{d}K'\int_0^\pi \mathrm{d}\phi'$$

因此得到：

$$f(x,y) = \frac{1}{(2\pi)^2}\int_{-\infty}^{\infty}|K|\,\mathrm{d}K\int_0^\pi \mathrm{d}\phi\bar{\boldsymbol{P}}_\phi(K)\mathrm{e}^{\mathrm{i}K\hat{\boldsymbol{\xi}}\cdot\bar{r}} \tag{16.8}$$

将其表示为以下形式：

$$f(x,y) = \frac{1}{2\pi}\int_0^\pi \mathrm{d}\phi Q_\phi(t) \tag{16.9}$$

式中：

$$Q_\phi(t) = \frac{1}{2\pi}\int_{-W}^{W}|K|\,\mathrm{d}K\bar{\boldsymbol{P}}_\phi(K\hat{\boldsymbol{\xi}})\mathrm{e}^{\mathrm{i}Kt}$$

$$t = \hat{\boldsymbol{\xi}}\cdot\bar{\boldsymbol{r}} = x\cos\phi + y\sin\phi$$

请注意，$Q_\phi(t)$为$\bar{\boldsymbol{P}}_\phi$ 和$|K|$乘积的傅里叶变换，因此，$|K|$起着滤波函数 $\bar{\boldsymbol{h}}(K) = |K|$的作用。我们还使用了最高空间频率 W，因为只能在有限带宽$|K|\leqslant W$ 内测量投影。$Q_\phi(t)$称为滤波投影，其为 $t=\xi$ 的函数且与 η 无关。

由于 $Q_\phi(t)$是由两个傅里叶变换乘积的傅里叶变换给出的，故我们可以用以下的卷积积分来表示 $Q_\phi(t)$：

$$Q_\phi(t) = \int_{-\infty}^{\infty}P_\phi(\xi')h(t-\xi')\mathrm{d}\xi' \tag{16.10}$$

式中：

$$\begin{aligned}h(t) &= \frac{1}{2\pi}\int_{-W}^{W}|K|\,\mathrm{e}^{\mathrm{i}Kt}\mathrm{d}K \\ &= \frac{W^2}{\pi}\frac{\sin Wt}{Wt} - \frac{W^2}{2\pi}\left[\frac{\sin(Wt/2)}{(Wt/2)}\right]^2\end{aligned} \tag{16.11}$$

式中：W 为最高空间频率。

总结本节，我们从投影 $P_\phi(\xi)$重建目标$f(x,y)$，如下所示：

$$f(x,y) = \frac{1}{2\pi}\int_0^\pi \mathrm{d}\phi Q_\phi(t),\ t = x\cos\phi + \sin\phi \tag{16.12}$$

滤波投影 $Q_\phi(t)$有以下两种可替代形式：

$$\begin{aligned}Q_\Phi(t) &= \frac{1}{2\pi}\int_{-W}^{W}\bar{\boldsymbol{h}}(K)\bar{\boldsymbol{P}}_\phi\mathrm{e}^{\mathrm{i}Kt}\mathrm{d}K \\ &= \int_{-\infty}^{\infty}h(t-\xi')P_\phi(\xi')\mathrm{d}\xi'\end{aligned} \tag{16.13}$$

式中：

$$h(t) = \frac{1}{2\pi}\int_{-W}^{W} |K| e^{iKt} dK$$

$$\bar{\boldsymbol{h}}(K) = |K|$$

请注意，滤波投影 $Q_\phi(t)$ 是由投影 $P_\phi(K)$ 经过 $\bar{\boldsymbol{h}}(K)$ 过滤后的 $P_\phi(\xi)$ 进行傅里叶逆变换或卷积积分得到的。如式(16.12)所示，一旦得到给定 ϕ 的 $Q_\phi(t)$，就可以对从 0 到 π 的所有 ϕ 求和，然后重建目标，这个过程称为反投影。因此，将整个过程称为滤波投影的反投影。式(16.12)可以看作是拉东逆变换，由拉东变换 $P_\phi(\xi)$ 得到 $f(x,y)$。注意，如果目标用 δ 函数表示 $f(x,y)=\delta(x)\delta(y)$，重建的图像是 $[W/(2\pi r)]J_1(Wr)$，其中 $r=(x^2+y^2)^{1/2}$。

实际上，式(16.13)的计算是通过数字处理进行的(Kak，1979)。例如，$P_\phi(\xi)$ 的采样间隔必须为 $\tau=1/(2W)$ 且有

$$Q_\phi(n\tau) = \tau\sum_m P_\phi(m\tau)h[(n-m)\tau] \tag{16.14}$$

这也可以通过在频域中使用 FFT 来实现，如式(16.13)所示。

16.2 用希尔伯特变换表示交替拉东逆变换

在 16.1 节中，我们以滤波投影的反投影形式给出了拉东逆变换。也可以像 Radon 在 1917 年所做的那样，用希尔伯特变换来表示拉东逆变换。但是，这个反演公式包含导数并且对噪声更敏感。

首先考虑投影的傅里叶变换：

$$\bar{\boldsymbol{P}}_\phi(K) = \int P_\phi(\xi) e^{-iK\xi} d\xi \tag{16.15}$$

请注意，我们在本章中用 $i=\sqrt{-1}$，而不是 $j=\sqrt{-1}$。

我们使用分部积分且 $P_\phi(\xi)$ 随着 $\xi\to\pm\infty$ 衰减，得到：

$$\bar{\boldsymbol{P}}_\phi(K) = \int \frac{1}{iK}\frac{\partial}{\partial\xi}P_\phi(\xi) e^{-iK\xi} d\xi \tag{16.16}$$

将其代入式(16.13)中，得到：

$$Q_\phi(t) = \frac{1}{2\pi}\int\frac{|K|}{iK}dK\int\frac{\partial}{\partial\xi}P_\phi e^{iK(t-\xi)} d\xi \tag{16.17}$$

关于 K 的积分可以用下式来进行计算(详见附录 16.A)：

$$\frac{1}{2\pi}\int i\,\mathrm{sgn}(K) e^{iKt} dK = -\frac{1}{\pi t} \tag{16.18}$$

式中：

$$\mathrm{sgn}(K) = \frac{|K|}{K} = \begin{cases} 1, & \text{当 } K>0 \\ -1, & \text{当 } K<0 \end{cases}$$

用下面的希尔伯特变换进行表示(见附录 16.A)：

$$F_h(t) = \frac{1}{\pi}\,⨍_{-\infty}^{\infty}\frac{f(t')}{t'-t}dt' \tag{16.19}$$

式中：积分为柯西主值。因此得到：

$$f(x,y)=\frac{1}{2\pi}\int_0^{\pi}\mathrm{d}\phi Q_\phi(t) \tag{16.20}$$

式中：

$$Q_\phi(t)=\frac{\partial}{\partial\xi}P_\phi(\xi)\text{的希尔伯特变换}$$
$$=\int_{-\infty}^{\infty}\frac{1}{\pi(t-\xi)}\frac{\partial}{\partial\xi}P_\phi(\xi)\mathrm{d}\xi$$

这是拉东逆变换的另一种形式。

下面讨论三维拉东变换(图 16.3)。

$$\boldsymbol{R}(\xi,\hat{\boldsymbol{\omega}})=\int f(\bar{\boldsymbol{r}})\delta(\xi-\bar{\boldsymbol{r}}\cdot\hat{\boldsymbol{\omega}})\mathrm{d}x\mathrm{d}y\mathrm{d}z \tag{16.21}$$

拉东逆变换为

$$f(\bar{\boldsymbol{r}})=-\frac{1}{8\pi^2}\int\frac{\partial^2\boldsymbol{R}(\xi,\hat{\boldsymbol{\omega}})}{\partial\xi^2}\mathrm{d}\omega \tag{16.22}$$

式中：$\mathrm{d}\omega$ 为立体角微分单元。

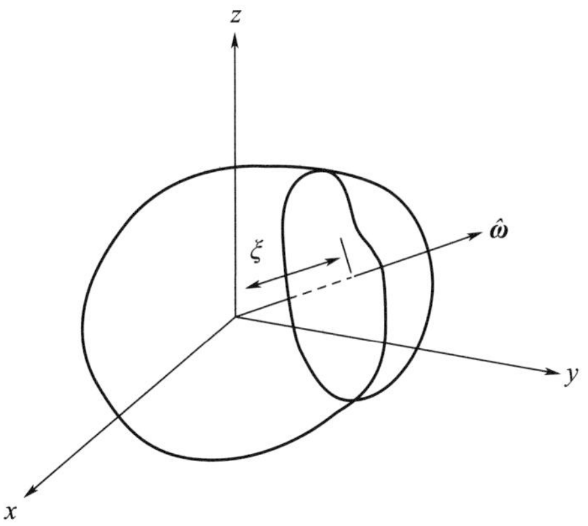

图 16.3　三维拉东变换[①]

16.3　衍射层析成像

16.2 节中介绍的 X 射线层析成像是根据均匀 X 射线照射目标所得到的投影重建目标的图像。假设所有光线都沿直线传播，这在波长为零的极限条件下是正确的。如果使用声波或电磁波重建目标，则不能忽略有限波长引起的衍射效应。一般来说，包括衍射在内的反问题的公式极其复杂，目前还没有通用的解。然而，如果散射很弱，则可以用类似于 X 射线层析成像的方式来表述逆问题，并获得一般的解。本节将对此进行介绍(Devaney，1982)。

对于弱散射介质，场 U 由玻恩近似(Born approximation)或雷托夫近似(Rytov approximation)表示。假设场 U 满足波动方程：

① 译者注：将图 16.3 中的 $z-y-z$ 轴更正为 $x-y-z$ 轴。

$$[\nabla^2 + k^2 n^2(x,y)]U(x,y) = 0 \tag{16.23}$$

式中:k 为背景介质的波数;$n(x,y)$ 为目标的折射率。例如,对于水中目标的超声成像,背景介质为水,n 表示水中目标折射率的偏差。式(16.23)重新表示为

$$(\nabla^2 + k^2)U = -f(x,y)U \tag{16.24}$$

式中:

$$f(x,y) = k^2(n^2 - 1)$$

这可以转换为 U 的积分方程:

$$U(\bar{\boldsymbol{r}}) = U_i(\bar{\boldsymbol{r}}) + \int G(\bar{\boldsymbol{r}},\bar{\boldsymbol{r}}')f(\bar{\boldsymbol{r}}')U(\bar{\boldsymbol{r}}')\mathrm{d}\bar{\boldsymbol{r}}' \tag{16.25}$$

式中:U_i 为入射波;$G(\bar{\boldsymbol{r}},\bar{\boldsymbol{r}}')$ 为满足方程的格林函数。

$$(\nabla^2 + k^2)G = -\delta(\bar{\boldsymbol{r}} - \bar{\boldsymbol{r}}')$$

将积分中的 U 近似为入射波,即可得到第一个玻恩近似值:

$$U(\bar{\boldsymbol{r}}) = U_i(\bar{\boldsymbol{r}}) + \int G(\bar{\boldsymbol{r}},\bar{\boldsymbol{r}}')f(\bar{\boldsymbol{r}}')U_i(\bar{\boldsymbol{r}}')\mathrm{d}\bar{\boldsymbol{r}}' \tag{16.26}$$

该式在满足下式时成立:

$$|k(n-1)D| \ll 1 \tag{16.27}$$

式中:D 为目标的典型尺寸。

考虑 U 的总复相位 Ψ 可以获得雷托夫近似。令:

$$U(x,y) = U_i(\bar{\boldsymbol{r}})\mathrm{e}^{\Psi(x,y)} \tag{16.28}$$

则得到一阶雷托夫近似值(见附录 16.B):

$$\Psi(x,y) = \frac{1}{U_i(\bar{\boldsymbol{r}})}\int G(\bar{\boldsymbol{r}},\bar{\boldsymbol{r}}')f(\bar{\boldsymbol{r}}')U_i(\bar{\boldsymbol{r}}')\mathrm{d}\bar{\boldsymbol{r}}' \tag{16.29}$$

请注意,如果我们展开式(16.28)中的指数并保留第一项,将获得一阶玻恩近似,因此,雷托夫近似包含更多的散射项并且是比一阶玻恩近似更好的近似。在玻恩或雷托夫解中,都可以使用散射场 U_s:

$$U_s(\bar{\boldsymbol{r}}) = \int G(\bar{\boldsymbol{r}},\bar{\boldsymbol{r}}')f(\bar{\boldsymbol{r}}')U_i(\bar{\boldsymbol{r}}')\mathrm{d}\,\bar{\boldsymbol{r}}' \tag{16.30}$$

在雷托夫解中,对于给定的入射场 U_i,我们测量总场 U 并通过计算获得场 U_s。函数 $f(x,y)$ 表示目标,然后将反问题简化为从 U_s 中求目标 $f(x,y)$。

对于目标 $f(x,y)$ 的二维横截面,它被沿 $\hat{\boldsymbol{s}}_0$ 方向传播的平面波照射,如图 16.4 所示。

$$U_i(\bar{\boldsymbol{r}}) = \mathrm{e}^{\mathrm{i}k\hat{\boldsymbol{s}}_0\cdot\bar{\boldsymbol{r}}} = \mathrm{e}^{\mathrm{i}k\eta'} \tag{16.31}$$

请注意,在本章中使用约定的 $\exp(-\mathrm{i}\omega t)$。

二维格林函数为

$$\begin{aligned} G(\bar{\boldsymbol{r}},\bar{\boldsymbol{r}}') &= \frac{\mathrm{i}}{4}H_0^{(1)}(K|\bar{\boldsymbol{r}} - \bar{\boldsymbol{r}}'|) \\ &= \frac{1}{2\pi}\int \frac{\mathrm{i}}{2K_2}\mathrm{e}^{\mathrm{i}K_1(\xi-\xi') + \mathrm{i}K_2(\eta-\eta')}\mathrm{d}K_1 \end{aligned} \tag{16.32}$$

式中:

$$K_2 = \begin{cases} (k^2 - K_1^2)^{1/2}, & \text{当} |K_1| < k \\ \mathrm{i}(K_1^2 - k^2)^{1/2}, & \text{当} |K_1| > k \end{cases}$$

选择空间频率 K_1 和 K_2 分别平行于 $\hat{\boldsymbol{\xi}}$ 和 $\hat{\boldsymbol{\eta}}$ 轴(图 16.5)。

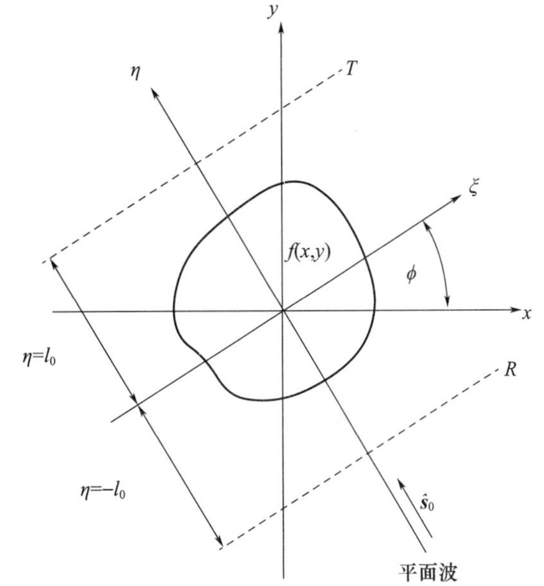

图 16.4　衍射层析成像(平面波入射到目标 $f(x,y)$ 上,T 为衍射层析成像的接收平面,R 为反射层析成像的接收平面)

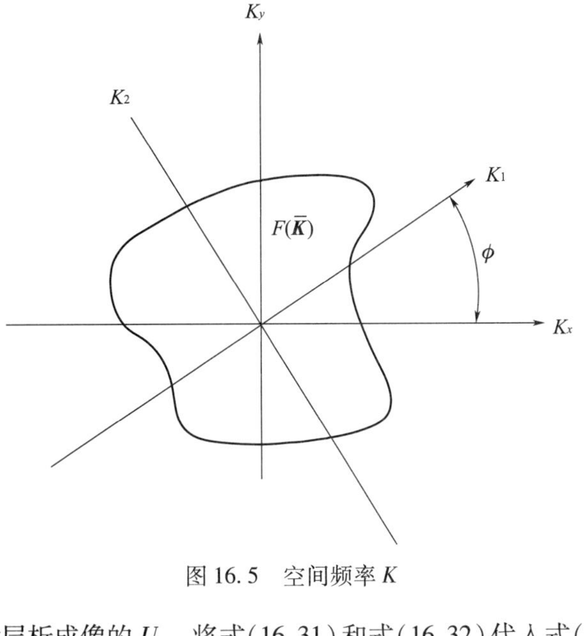

图 16.5　空间频率 K

首先,讨论透射层析成像的 U_s。将式(16.31)和式(16.32)代入式(16.30),$|\eta-\eta'|=l_0-\eta'$,得到:

$$U_s(\xi,l_0)=\frac{1}{2\pi}\int\frac{\mathrm{i}}{2K_2}\mathrm{e}^{\mathrm{i}K_1\xi+\mathrm{i}K_2l_0}F(K_1,K_2-k)\,\mathrm{d}K_1 \tag{16.33}$$

式中:F 为 $f(x,y)$ 的傅里叶变换。

$$F(K_1,K_2-k)=\int f(x',y')\,\mathrm{e}^{-\mathrm{i}K_1\xi'-\mathrm{i}(K_2-k)\eta'}\mathrm{d}\xi'\mathrm{d}\eta'$$

式(16.33)可以看作一维傅里叶变换。因此,如果对 $\eta = l_0$ 处的观测数据 $U_s(\xi, l_0)$ 进行一维傅里叶变换,由式(16.33)得到:

$$\overline{\boldsymbol{U}}_s(K_1, l_0) = \int U_s(\xi, l_0)\mathrm{e}^{-\mathrm{i}K_1\xi}\mathrm{d}\xi = \frac{\mathrm{i}\mathrm{e}^{\mathrm{i}K_2 l_0}}{2K_2}F(K_1, K_2 - k) \tag{16.34a}$$

如式(16.32)所示,K_1 和 K_2 通过下式相关:

$$K_1^{\ 2} + K_2^{\ 2} = k^2 \tag{16.34b}$$

因此,如果局限于实数 K_1 和 K_2 中,这仅代表了 $\overline{\boldsymbol{K}}$ 空间中半径为 k 的圆。实数 K_1 和 K_2 意味着只考虑传播波而忽略倏逝波。式(16.34)可重新表示为

$$\begin{cases} K_1\hat{\boldsymbol{\xi}} + K_2\hat{\boldsymbol{\eta}} = k\hat{\boldsymbol{s}} \\ K\hat{\boldsymbol{\eta}} = k\,\hat{\boldsymbol{s}}_0 \\ \overline{\boldsymbol{U}}_s(K_1, l_0) = \dfrac{\mathrm{i}\mathrm{e}^{\mathrm{i}K_2 l_0}}{2K_2}F[k(\hat{\boldsymbol{s}} - \hat{\boldsymbol{s}}_0)] \end{cases} \tag{16.35}$$

这意味着观测数据 $U_s(\xi, l_0)$ 在 $\eta = l_0$ 处的傅里叶变换与目标 $f(x, y)$ 在 $\overline{\boldsymbol{K}} = k(\hat{\boldsymbol{s}} - \hat{\boldsymbol{s}}_0)$ 处的傅里叶变换 $F(\overline{\boldsymbol{K}})$ 成正比。这是 $\overline{\boldsymbol{K}}$ 空间中的半圆,其中 $k > K_2 > 0$,如图 16.6 所示。这是 16.1 节中讨论的常规层析成像中投影切片定理的概括。此处为一个以 $\overline{\boldsymbol{K}} = -k\hat{\boldsymbol{s}}_0$ 为中心的半圆,而不是角度为 θ 的切片。请注意,在高频极限时,$k \to \infty$ 且半圆被拉伸为常规层析成像的切片。

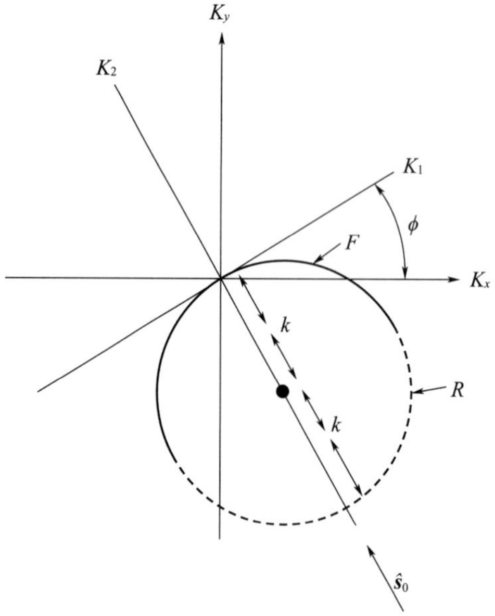

图 16.6　正向层析成像的半圆弧(F)和反射层析成像的(R)

对于反射层析成像,需注意到 $|\eta - \eta'| = \eta' + l_0$,且 $\eta = -l_0$ 处的观测数据 $U_s(\xi, -l_0)$ 的傅里叶变换为

$$\overline{\boldsymbol{U}}_s(K_1, -l_0) = \frac{\mathrm{i}\mathrm{e}^{\mathrm{i}K_2 l_0}}{2K_2}F(K_1, -K_2 - k) \tag{16.36}$$

这是图 16.6 所示半圆的下半部分。

从上面的讨论中可以清楚地看出,给定入射方向$\hat{\boldsymbol{s}}_0$时,观测数据的傅里叶变换与在半圆上求值目标的傅里叶变换成正比。如果对所有角度$0 \leqslant \phi < \pi$都进行此操作,那么对于透射层析成像而言可以覆盖半径为$\sqrt{2}k$的圆内的K空间,对于反射层析成像而言可以覆盖半径介于$\sqrt{2}k$和$2k$之间的带状内。然后我们可以通过傅里叶逆变换来重建目标。这种重建过程类似于传统层析成像的反投影,但由于它包含传播效应,因此,称为反向传播,下面对此进行解释。此外,我们还可以通过改变频率$k = \omega/c$来覆盖更大的K空间。

接下来讨论正向层析成像。测量$U_s(\xi, l_0)$并计算其一维傅里叶变换$\overline{\boldsymbol{U}}_s(K_1, l_0)$,获得计算函数:

$$F(K_1, K_2 - k) = -\mathrm{i}2K_2 \mathrm{e}^{-\mathrm{i}K_2 l_0} \overline{\boldsymbol{U}}_s(K_1, l_0) \tag{16.37}$$

由此,我们通过傅里叶逆变换求得目标:

$$f(x, y) = \frac{1}{(2\pi)^2} \int F(\overline{\boldsymbol{K}}) \mathrm{e}^{-\mathrm{i}\overline{K} \cdot \bar{r}} \mathrm{d}K_x \mathrm{d}K_y \tag{16.38}$$

式中:$\overline{\boldsymbol{K}} = k(\hat{\boldsymbol{s}} - \hat{\boldsymbol{s}}_0)$。

需注意到:

$$\overline{\boldsymbol{K}} = K_1 \hat{\boldsymbol{\xi}} + (K_2 - k) \hat{\boldsymbol{\eta}} \tag{16.39}$$

式中:

$$\hat{\boldsymbol{\xi}} = \cos\phi \hat{\boldsymbol{x}} + \sin\phi \hat{\boldsymbol{y}}$$
$$\hat{\boldsymbol{\eta}} = -\sin\phi \hat{\boldsymbol{x}} + \cos\phi \hat{\boldsymbol{y}}$$

因此得到:

$$\overline{\boldsymbol{K}} = K_x \hat{\boldsymbol{x}} + K_y \hat{\boldsymbol{y}} \tag{16.40}$$

式中:

$$K_x = K_1 \cos\phi - (K_2 - k) \sin\phi$$
$$K_y = K_1 \sin\phi + (K_2 - k) \cos\theta$$

将变量从(K_x, K_y)更改为(K_1, ϕ),并注意$K_1^2 + K_2^2 = k^2$,得到:

$$\mathrm{d}K_x \mathrm{d}K_y = \begin{vmatrix} \dfrac{\partial K_x}{\partial K_1} & \dfrac{\partial K_x}{\partial \phi} \\ \dfrac{\partial K_y}{\partial K_1} & \dfrac{\partial K_y}{\partial \phi} \end{vmatrix} \mathrm{d}K_1 \mathrm{d}\phi = \frac{kK_1}{K_2} \mathrm{d}K_1 \mathrm{d}\phi \tag{16.41}$$

按照 16.1 节中的步骤并利用式(16.37),可以得到:

$$f(x, y) = \frac{1}{2\pi} \int_0^{\pi} \mathrm{d}\phi Q_\phi(\xi, \eta) \tag{16.42}$$

式中①:

$$Q_\phi(\xi, \eta) = \frac{1}{2\pi} \int_{-k}^{+k} h(K_1, \eta) \overline{\boldsymbol{U}}_s(K_1, l_0) \mathrm{e}^{\mathrm{i}K_1 \xi} \mathrm{d}K_1$$

滤波函数$h(K_1, \eta)$为

① 译者注:根据上下文,将K_1'更正为K_1。

$$h(K_1,\eta) = -\mathrm{i}2k|K_1|\mathrm{e}^{-\mathrm{i}kl_0+\mathrm{i}(K_2-k)(\eta-l_0)}$$

式中：

$$\xi = x\cos\phi + y\sin\phi$$

$$\eta = -x\sin\phi + y\cos\phi$$

$$K_2 = (k^2 - K_1^{\ 2})^{1/2}$$

我们可以得出结论，Q_ϕ 为滤波投影的泛化，重建过程称为滤波反向传播。显然，Q_ϕ 也可以写成卷积积分，如 16.1 节所示。

需注意到，如果目标用 δ 函数 $f(x,y)=\delta(x)\delta(y)$ 表示，则重建图像是一个艾里盘：

$$f(x,y) = \frac{k}{\sqrt{2}\pi r}J_1(\sqrt{2}kr) \tag{16.43}$$

16.4 物理光学逆散射

基于物理光学近似可以推导出一个反演公式，该公式根据所有频率和所有方位角的单站散射知识得到导电目标的尺寸和形状。这个反散射公式首先由 Bojarski 于 1967 年提出，现在称为 Bojarski 恒等式（Bojarski，1982b；Lewis，1969）。

首先讨论来自导电目标的散射远场 $\boldsymbol{E}_s$。

$$\boldsymbol{E}_s = -\mathrm{j}k\eta_0\frac{\mathrm{e}^{-\mathrm{j}kR}}{4\pi R}\int_s[-\hat{\boldsymbol{o}}\times(\hat{\boldsymbol{o}}\times\boldsymbol{J}_s)]\mathrm{e}^{\mathrm{j}k\hat{\boldsymbol{o}}\cdot\vec{r}'}\mathrm{d}s' \tag{16.44}$$

式中：$\eta_0=(\mu_0/\varepsilon_0)^{1/2}$；$R$ 为距目标上参考点的距离；J_s 为表面电流密度；$\hat{\boldsymbol{o}}$ 为观测方向。

对于单站散射，$\hat{\boldsymbol{o}}=-\hat{\boldsymbol{i}}$，其中 $\hat{\boldsymbol{i}}$ 为入射波的方向。对于物理光学近似，有 $\boldsymbol{J}_s=2(\hat{\boldsymbol{n}}\times\boldsymbol{H}_i)$，其中 $\hat{\boldsymbol{n}}$ 为垂直于表面的单位向量。

$$\begin{cases}\hat{\boldsymbol{i}}\times(\hat{\boldsymbol{n}}\times\boldsymbol{H}_i) = -\boldsymbol{H}_i(\hat{\boldsymbol{i}}\cdot\hat{\boldsymbol{n}}) \\ -\hat{\boldsymbol{o}}\times(\hat{\boldsymbol{o}}\times\boldsymbol{J}_i) = \hat{\boldsymbol{i}}\times\boldsymbol{H}_i(\hat{\boldsymbol{i}}\cdot\hat{\boldsymbol{n}})\end{cases} \tag{16.45}$$

散射波 $\boldsymbol{E}_s$ 可以表示为

$$\boldsymbol{E}_s = \mathrm{j}k\eta_0\hat{\boldsymbol{e}}_i\frac{\mathrm{e}^{-\mathrm{j}kR}}{4\pi R}\int_s 2(\hat{\boldsymbol{i}}\cdot\hat{\boldsymbol{n}})\mathrm{e}^{\mathrm{j}2k\hat{\boldsymbol{o}}\cdot\boldsymbol{r}'}\mathrm{d}s' \tag{16.46}$$

式中：$\hat{\boldsymbol{e}}_i$ 为入射波偏振方向上的单位矢量 $\boldsymbol{E}_i=E_i\hat{\boldsymbol{e}}_i$。该公式表明单站散射波在 $\hat{\boldsymbol{e}}_i$ 方向发生偏振，因此，基于物理光学的单站散射波不存在交叉偏振。

定义在 $\hat{\boldsymbol{i}}$ 方向上照射时的归一化复远场散射振幅 $\rho(\boldsymbol{K})$。在本节中，我们使用 $\exp(-\mathrm{i}\omega t)$ 而不是 $\exp(\mathrm{j}\omega t)$，因为这在本项工作中很常用。

$$\rho(\boldsymbol{K}) = \frac{\mathrm{i}}{\sqrt{4\pi}}\int_{\boldsymbol{K}\cdot\hat{\boldsymbol{n}}>0}\mathrm{e}^{-\mathrm{i}\boldsymbol{K}\cdot\boldsymbol{r}'}\boldsymbol{K}\cdot\mathrm{d}\boldsymbol{s}' \tag{16.47}$$

式中：$\boldsymbol{K}=2k\hat{\boldsymbol{o}}=-2k\hat{\boldsymbol{i}}$，$\mathrm{d}\boldsymbol{s}'=\hat{\boldsymbol{n}}\mathrm{d}s'$，$\boldsymbol{K}\cdot\hat{\boldsymbol{n}}>0$ 表示照射表面（图 16.7）。定义归一化复散射振幅 $\rho(\boldsymbol{K})$，使得后向散射截面 σ_b 为（见式（10.101））：

$$\sigma_b = \rho\rho^*$$ (16.48)

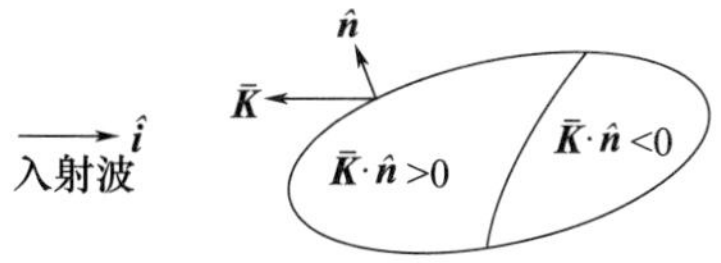

图16.7 照射表面 $\bar{K}\cdot\hat{n}>0$

接下来我们讨论从相反方向($\boldsymbol{K}\to-\boldsymbol{K}$)照射时的散射波,依旧采用复共轭形式,得到:

$$\rho^*(-\boldsymbol{K}) = \frac{\mathrm{i}}{\sqrt{4\pi}}\int_{\boldsymbol{K}\cdot\hat{\boldsymbol{n}}<0} \mathrm{e}^{-\mathrm{i}\boldsymbol{K}\cdot\boldsymbol{r}'}\boldsymbol{K}\cdot \mathrm{d}\boldsymbol{s}'$$ (16.49)

将 $\rho(\boldsymbol{K})$ 和 $\rho^*(-\boldsymbol{K})$ 相加,得到:

$$\rho(\boldsymbol{K}) + \rho^*(-\boldsymbol{K}) = \frac{\mathrm{i}}{\sqrt{4\pi}}\int_s \mathrm{e}^{-\mathrm{i}\boldsymbol{K}\cdot\boldsymbol{r}'}\boldsymbol{K}\cdot \mathrm{d}\boldsymbol{s}'$$ (16.50)

式中:s 为目标的完整表面。

通过使用散度定理,式(16.50)的右边变为

$$\frac{\mathrm{i}}{\sqrt{4\pi}}\int_v \nabla\cdot(\mathrm{e}^{-\mathrm{i}\boldsymbol{K}\cdot\boldsymbol{r}'}\boldsymbol{K})\mathrm{d}v' = \frac{2k^2}{\sqrt{\pi}}\int_v \mathrm{e}^{-\mathrm{i}\boldsymbol{K}\cdot\boldsymbol{r}'}\mathrm{d}v'$$ (16.51)

式中:v 为目标的体积。

定义散射体的复散射幅度 $\Gamma(\boldsymbol{K})$ 和特征函数 $\gamma(\boldsymbol{r}')$:

$$\begin{cases}\Gamma(\boldsymbol{K}) = \dfrac{\sqrt{\pi}}{2k^2}[\rho(\boldsymbol{K}) + \rho^*(-\boldsymbol{K})] \\ \gamma(\boldsymbol{r}') = \begin{cases}1, \text{当 } \boldsymbol{r}' \text{ 在散射体内部} \\ 0, \text{当 } \boldsymbol{r}' \text{ 在散射体外部}\end{cases}\end{cases}$$ (16.52)

则可以得到如下三维傅里叶变换关系:

$$\Gamma(\boldsymbol{K}) = \int_v \gamma(\boldsymbol{r}')\mathrm{e}^{-\mathrm{i}\boldsymbol{K}\cdot\boldsymbol{r}'}\mathrm{d}v'$$ (16.53)

对于有限体积的散射体,可以通过傅里叶逆变换得到:

$$\gamma(\boldsymbol{r}) = \frac{1}{(2\pi)^3}\int \Gamma(\boldsymbol{K})\mathrm{e}^{\mathrm{i}\boldsymbol{K}\cdot\boldsymbol{r}}\mathrm{d}\boldsymbol{K}$$ (16.54)

这是 Bojarski 恒等式,表明可以通过测量所有 $\boldsymbol{K}$ 上的后向散射远场来确定目标形状。这需要知道所有频率和所有角度的后向散射,这在实际测量中存在困难。此外,恒等式基于物理光学近似,仅对高频有效,不适用于较低频率或共振区域,因此,理论研究较为困难。即使散射信息不完整,大部分研究都是针对求解的(Bojarski,1982b;Lewis,1969)。

如果散射波的测量只能在 $\boldsymbol{K}$ 空间的某个部分 D 中进行,可以写成:

$$A(\boldsymbol{K}) = \begin{cases}1, \text{当 } \boldsymbol{K} \text{ 在 } D \text{ 内} \\ 0, \text{当 } \boldsymbol{K} \text{ 在 } D \text{ 外}\end{cases}$$ (16.55)

然后,可以对 $A(\boldsymbol{K})\Gamma(\boldsymbol{K})$ 进行测量。傅里叶逆变换表示为

$$f(\boldsymbol{r}) = \frac{1}{(2\pi)^3}\int A(\boldsymbol{K})\Gamma(\boldsymbol{K})\mathrm{e}^{\mathrm{i}\boldsymbol{K}\cdot\boldsymbol{r}}\mathrm{d}\boldsymbol{K}$$ (16.56)

该式还可表示为

$$f(\boldsymbol{r}) = \int \boldsymbol{A}(\boldsymbol{r}-\boldsymbol{r}')\gamma(\boldsymbol{r}')\mathrm{d}v' = \int \boldsymbol{A}(\boldsymbol{r}')\gamma(\boldsymbol{r}-\boldsymbol{r}')\mathrm{d}v' \tag{16.57}$$

式中：

$$\boldsymbol{A}(\boldsymbol{r}) = \frac{1}{(2\pi)^3}\int A(\boldsymbol{K})\mathrm{e}^{\mathrm{i}\boldsymbol{K}\cdot\boldsymbol{r}}\mathrm{d}\boldsymbol{K}$$

在式(16.57)中，$f(\boldsymbol{r})$由测量计算得出，$\boldsymbol{A}(\boldsymbol{r})$也是已知的，因此，这构成了$\gamma(\boldsymbol{r})$的积分方程。

例如，假设仅从一个方向$\hat{z}$进行测量，D是线，$K_x = K_y = 0$，那么：

$$A(K) = \delta(K_x)\delta(K_y) \tag{16.58}$$

然后得到：

$$\boldsymbol{A}(\boldsymbol{r}) = \frac{1}{(2\pi)^3}\int \mathrm{e}^{\mathrm{i}K_z z}\mathrm{d}K_z = \frac{1}{(2\pi)^2}\delta(z) \tag{16.59}$$

将其代入式(16.57)中，得到：

$$f(\boldsymbol{r}) = \frac{1}{(2\pi)^2}\iint \gamma(x,y,z)\mathrm{d}x\mathrm{d}y \tag{16.60}$$

这意味着根据测量数据计算的$f(\boldsymbol{r})$是目标的截面积与z之间的函数关系。

16.5　全息反源问题

如果在表面S上测量由源$\rho(r)$产生的场Ψ及其法向导数$\frac{\partial \Psi}{\partial n}$，则可以根据$S$上的$\Psi$和$\partial\Psi/\partial n$重建源分布$\rho(r)$。这种反演技术由 Porter 和 Bojarski 独立开发。其原理与传统的全息术相同，即把散射场记录在照相胶片上，胶片在光照下再现光源分布(Bojarski, 1982a, 综述; Porter, Devaney, 1982; Tsang 等, 1987)。

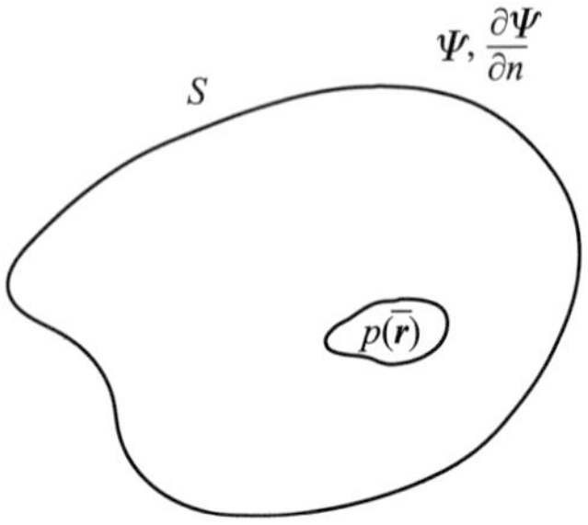

图 16.8　全息反演[1]

首先，我们写出曲面S所包围体积的格林定理(图 16.8)。

$$\int_V (u\,\nabla^2 v - v\,\nabla^2 u)\mathrm{d}V = \int_s \left(u\frac{\partial v}{\partial n} - v\frac{\partial u}{\partial n}\right)\mathrm{d}s \tag{16.61}$$

式中：$\partial/\partial n$为外法向导数。现在令标量函数u为场Ψ。Ψ由源ρ产生并满足以下非齐次波动方程：

$$(\nabla^2 + k^2)\Psi = -\rho \tag{16.62}$$

① 译者注：根据上下文，将图 16.8 中$\frac{\delta\psi}{\delta\eta}$更正为$\frac{\partial\Psi}{\partial n}$。

然后，我们将场反向传播到源。为此使用公式 $v=G^*$，其中 G 是满足如下的格林函数：

$$(\nabla^2+k^2)G=-\delta(\boldsymbol{r}-\boldsymbol{r}') \tag{16.63}$$

式中：

$$G=\frac{\exp(\mathrm{i}k|\boldsymbol{r}-\boldsymbol{r}'|)}{4\pi|\boldsymbol{r}-\boldsymbol{r}'|}$$

将式(16.62)和式(16.63)代入式(16.61)，得到：

$$\left(\Psi\frac{\partial G^*}{\partial n}-G^*\frac{\partial\Psi}{\partial n}\right)\mathrm{d}s=-\Psi+\int G^*\rho\mathrm{d}V \tag{16.64}$$

另外，如果使用 $v=G$，可以得到：

$$\int_s\left(\Psi\frac{\partial G}{\partial n}-G\frac{\partial\Psi}{\partial n}\right)\mathrm{d}s=-\Psi+\int G\rho\mathrm{d}V=0 \tag{16.65}$$

请注意，表面积分消失了，因为它在 S 内部不产生散射场。从式(16.65)中减去式(16.64)，可以得到关于 ρ 的积分方程：

$$\Gamma(\boldsymbol{r})=\int K(\boldsymbol{r},\boldsymbol{r}')\rho(\boldsymbol{r}')\mathrm{d}V' \tag{16.66}$$

式中：

$$\begin{cases}\Gamma(\boldsymbol{r})=\displaystyle\int_s\left\{\left[\Psi(\boldsymbol{r}_s)\frac{\partial g(\boldsymbol{r},\boldsymbol{r}_s)}{\partial n}\right]-\left[g(\boldsymbol{r},\boldsymbol{r}_s)\frac{\partial\Psi(\boldsymbol{r}_s)}{\partial n}\right]\right\}\mathrm{d}s\\ K(\boldsymbol{r},\boldsymbol{r}')=\dfrac{\sin(k|\boldsymbol{r}-\boldsymbol{r}'|)}{k|\boldsymbol{r}-\boldsymbol{r}'|}=G-G^*\\ g(\boldsymbol{r},\boldsymbol{r}_s)=\dfrac{\sin(k|\boldsymbol{r}-\boldsymbol{r}_s|)}{k|\boldsymbol{r}-\boldsymbol{r}_s|}=G-G^*\end{cases}$$

根据表面场 $\Psi(\boldsymbol{r}_s)$ 和 $\partial\Psi(\boldsymbol{r}_s)/\partial n$ 可以计算 $\Gamma(\boldsymbol{r})$，通过求解积分方程可以获得源分布 $\rho(\boldsymbol{r}')$。

积分方程还有另一种形式，可以使用共轭域 Ψ^* 获得：

$$\nabla^*(\boldsymbol{r})=\int\boldsymbol{K}(\boldsymbol{r},\boldsymbol{r}')r^*(r')\mathrm{d}V' \tag{16.67}$$

然而，式(16.66)和式(16.67)的解不是唯一的。源 ρ 由非辐射源 ρ_n 和辐射源 ρ_r 组成。非辐射源产生的场在源区域外为零，对 S 上的场没有贡献。事实证明，如果我们最小化源能量 E，会得到唯一解。

$$E=\int|\rho|^2\mathrm{d}V \tag{16.68}$$

有关唯一性和非辐射源的详细讨论，请参阅 Porter 和 Devaney(1982)以及 Cohen 和 Bleistein(1979)。另见 Devaney 和 Porter(1985)以及 Tsang 等(1987)关于非均匀和衰减介质的反演。

16.6 应用于电离层探测的反问题和阿贝尔积分方程

考虑电离层，其电子密度分布 $N_e(z)$ 是关于高度 z 的函数。折射率为

$$N(\omega)=\left(1-\frac{\omega_p^2}{\omega^2}\right)^{1/2} \tag{16.69}$$

式中：$\omega_p^2 = \dfrac{e^2 N_e}{m\varepsilon_0}$，$f_p = \omega_p / 2\pi$ 为等离子体频率；e 和 m 为电子的电荷和质量；ε_0 为自由空间介电常数，忽略损耗。

如果向上发射角频率为 ω 的无线电波，它会到达 $\omega_p = \omega$ 的高度 h 并返回地面。波传播到 $z = h$ 并返回到 $z = 0$ 的时间 $T(\omega)$ 为

$$T(\omega) = 2\int_0^h \frac{dz}{v_g} \tag{16.70}$$

群速度 v_g 可表示为

$$\frac{1}{v_g} = \frac{\partial k}{\partial \omega} = \frac{\omega}{c} \frac{1}{(\omega^2 - \omega_p^2)^{1/2}}$$

式中：

$$k = \frac{\omega}{c} n(\omega)$$

频率为 ω 的转折点处的高度 h 如下式：

$$\omega = \omega_p(h)$$

对于给定的 $N_e(z)$ 曲线和 $\omega_p(z)$，可以根据式(16.70)计算出 $T(\omega)$，这就是所谓的正问题。

现在考虑逆问题。我们发射不同频率的无线电波，并测量关于 ω 的函数 $T(\omega)$。根据测量数据 $T(\omega)$，我们尝试确定等离子体频率分布 $\omega_p(z)$ 和电子密度分布 $N_e(z)$，这就是逆问题(图 16.9)。

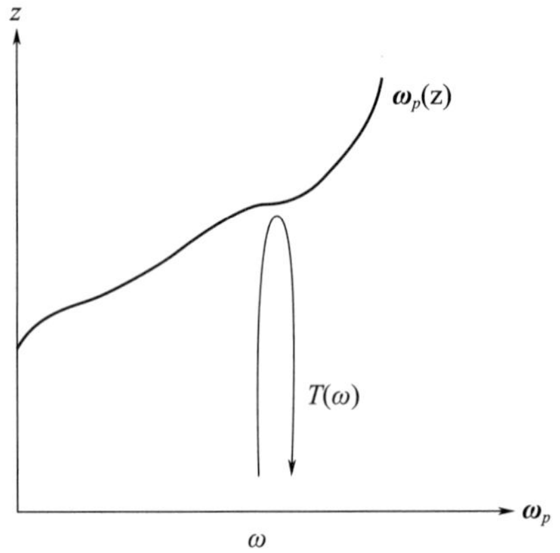

图 16.9　探测电子密度分布

将式(16.70)重新表示为

$$g(\omega) = \frac{T(\omega)}{2\omega/c} = \int_0^h \frac{dz}{[\omega^2 - \omega_p^2(z)]^{1/2}} \tag{16.71}$$

式中：$g(\omega)$ 为测量数据；$\omega_p(z)$ 为未知数。这是关于 $\omega_p(z)$ 的非线性方程。为了简化式(16.71)，令 $\omega^2 = E$，$\omega_p^2(z) = V(z)$，将式(16.71)写成如下形式：

$$\begin{aligned} g(E) &= \int_0^h \frac{dz}{[E - V(z)]^{1/2}} \\ &= \int_0^E \frac{1}{(E-V)^{1/2}} \frac{dz}{dV} dV \end{aligned} \tag{16.72}$$

式中：积分上限由 $E = V(h)$ 确定。我们假设 $V(z)$ 是关于 z 的单调函数，使用了 E 和 V，因

为这个问题与以初始动能 E 将粒子滑上无摩擦山丘并测量粒子返回所需的时间 $T(E)$ 的问题相同。测量不同 E 对应的时间 $T(E)$，并确定势能 $V(h)=mgh$ 表示的山丘形状。这就是 Abel 在 1826 年解决的问题。

式(16.72)为阿贝尔积分方程，可表示为

$$g(E)=\int_0^E \frac{f(V)}{(E-V)^{1/2}}\mathrm{d}V \tag{16.73}$$

式中：$g(E)$为已知函数，$f(V)$为未知函数。这是核为$(E-V)^{-1/2}$的第一类沃尔泰拉积分方程(Volterra integration equation)。其解为(见附录 16. C)：

$$z=\int_0^V f(V)\mathrm{d}V=\frac{1}{\pi}\int_0^V \frac{g(E)}{(V-E)^{1/2}}\mathrm{d}E \tag{16.74}$$

将 $g(E)$、E 和 V 转换为 $T(\omega)$、ω 和 ω_p，得到：

$$z=z(\omega_p)=\frac{\mathrm{c}}{\pi}\int_0^{\omega_p}\frac{T(\omega)\mathrm{d}\omega}{(\omega_p^2-\omega^2)^{1/2}} \tag{16.75}$$

通过测量 $T(\omega)$，可以根据式(16.75)确定 $\omega_p(z)$。例如，如果 $T(\omega)=(T_0/\omega_0)\omega$，则 $z=z(\omega_p)=(\mathrm{c}T_0/\pi)(\omega_p/\omega_0)$，因此，$\omega_p(z)=(\omega_0\pi/\mathrm{c}T_0)z$①。

16.7 雷达极化和雷达方程

在 10.2 节中，我们讨论了以下形式的常规雷达方程：

$$\frac{P_r}{P_t}=\frac{\lambda^2}{(4\pi)^3}\frac{G_tG_r}{R_1^2R_2^2}\sigma_{bi}m \tag{16.76}$$

式中：P_r 为接收功率；P_t 为发射功率；G_t 和 G_r 为发射机和接收机的增益；R_1 和 R_2 分别为发射机到目标的距离和目标到接收机的距离；σ_{bi}为目标的双站散射截面；m 为失配因子。如果阻抗和极化都匹配，则 $m=1$，否则 $0<m<1$。这个传统的雷达方程处理接收到的总功率，但它没有提供有关发射机、目标和接收机的极化特性之间关系的具体信息。然而，最近测量技术的进步使得获取更详细的极化信息成为可能，从而激发了对雷达极化测量的深入研究，即利用雷达的极化特性。极化技术也适用于地形遥感以及从杂波、干涉和干扰中辨别信号(Boerner，1985；Huynen，1978)。

现在让我们重新讨论雷达方程。在 10.2 节之后，首先考虑了目标上的场事件，假设目标在发射天线和接收天线的远场内。由于目标的入射磁通密度为 $S_i=|\overline{\boldsymbol{E}}_t|^2/2\eta$，其中电场$\overline{\boldsymbol{E}}_t$ 为

$$\overline{\boldsymbol{E}}_t=(2\eta S_i)^{1/2}\overline{\boldsymbol{E}}_{tn} \tag{16.77}$$

式中：$S_i=\dfrac{G_tP_t}{4\pi R_1^2}$。$E_{tn}$为归一化传输场，且$|\overline{\boldsymbol{E}}_{tn}|=1$。在正交坐标系中$\overline{\boldsymbol{E}}_t$ 表示为

$$\overline{\boldsymbol{E}}_t=E_{t1}\hat{\boldsymbol{x}}_1+E_{t2}\hat{\boldsymbol{x}}_2 \tag{16.78}$$

例如，在球形坐标系中，有

$$\overline{\boldsymbol{E}}_t=E_{t\theta}\hat{\boldsymbol{\theta}}+E_{t\phi}\hat{\boldsymbol{\phi}} \tag{16.79}$$

---

① 译者注：根据上下文，将 $\omega_{0\pi}$ 更正为 $\omega_0\pi$。

波$\overline{\boldsymbol{E}}_t$ 入射到目标上，则接收机处的散射波$\overline{\boldsymbol{E}}_s$ 为

$$[\boldsymbol{E}_s] = \frac{\mathrm{e}^{\mathrm{i}kR_2}}{R_2}[\boldsymbol{F}][\boldsymbol{E}_t] \tag{16.80}$$

式中使用到的矩阵符号为

$$\begin{cases} [\boldsymbol{E}_s] = \begin{bmatrix} E_{s1} \\ E_{s2} \end{bmatrix} \\ [\boldsymbol{F}] = \begin{bmatrix} f_{11} & f_{12} \\ f_{21} & f_{22} \end{bmatrix} \\ [\boldsymbol{E}_t] = \begin{bmatrix} E_{t1} \\ E_{t2} \end{bmatrix} \end{cases} \tag{16.81}$$

现在讨论当$\overline{\boldsymbol{E}}_s$ 入射到接收天线上时的接收功率 P_r，这个问题已经被详细研究过（Collin，Zucker，1969，第 4 章；Lo，Lee，1988，第 6 章）。已经证明，当波$\overline{\boldsymbol{E}}_s$ 入射到接收天线时，开路电压 V_0 为

$$V_0 = \overline{\boldsymbol{h}} \cdot \overline{\boldsymbol{E}}_s \tag{16.82}$$

式中：$\overline{\boldsymbol{h}}$ 为天线的复有效高度（如图 16.10 所示）。当接收机用作发射机时，它由辐射场$\overline{\boldsymbol{E}}_r$ 表示。如果接收机由电流$\overline{\boldsymbol{I}}_r$ 馈电，则远场由 9.2 节的式(9.26)表示。

$$\overline{\boldsymbol{E}}_r = -\frac{\mathrm{j}\omega\mu_0}{4\pi R}\mathrm{e}^{-\mathrm{j}kR}\overline{\boldsymbol{N}} \tag{16.83}$$

复有效高度 $\overline{\boldsymbol{h}}$ 定义为

$$\overline{\boldsymbol{h}} = \frac{\overline{\boldsymbol{N}}}{I_r} \tag{16.84}$$

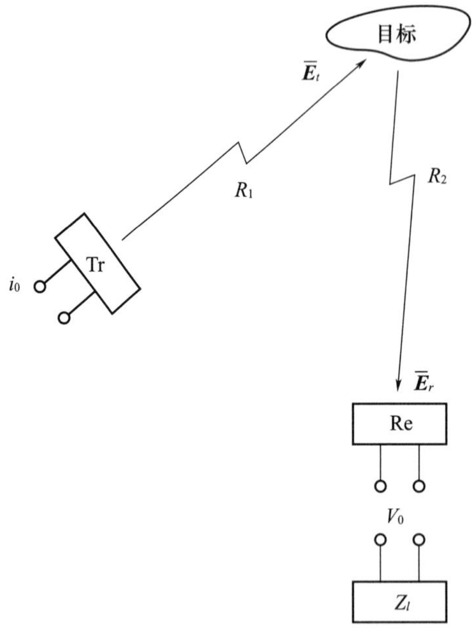

图 16.10　发射机、目标和接收机

如果天线的输入阻抗为 Z_i，负载阻抗为 $Z_l = R_l + \mathrm{i}X_l$，则接收功率 P_r 为

$$P_r = \frac{1}{2}\frac{|V_0|^2 R_l}{|Z_i + Z_l|^2} \tag{16.85}$$

当 $Z_l = Z_i^*$ 时获得最大接收功率，有

$$\frac{R_l}{|Z_i + Z_l|^2} = \frac{q}{4R_i} \tag{16.86}$$

式中：$q = 1 - \left|\frac{Z_l - Z_i^*}{Z_l + Z_i}\right|^2$。

则得到：

$$P_r = A_r S_r \tag{16.87}$$

式中：$S_r = \frac{|E_s|^2}{2\eta}$，$S_r$ 为功率通量密度，接收截面 A_r 为

$$A_r = \frac{\eta}{4R_i}\frac{|\bar{\boldsymbol{h}} \cdot \bar{\boldsymbol{E}}_s|^2}{|\bar{\boldsymbol{E}}_s|^2} q \tag{16.88}$$

如果阻抗匹配，则 $q = 1$，如果极化匹配，则 $|\bar{\boldsymbol{h}} \cdot \bar{\boldsymbol{E}}_s|^2$ 取其最大值 $|\bar{\boldsymbol{h}}|^2\ |\bar{\boldsymbol{E}}_s|^2$。

如果阻抗和极化都匹配，则接收截面等于 $(\lambda^2/4\pi)G_r$，其中 G_r 为接收天线的增益。因此，得到：

$$A_r = \frac{\lambda^2}{4\pi} G_r pq \tag{16.89}$$

式中：

$$p = \frac{|\bar{\boldsymbol{h}} \cdot \bar{\boldsymbol{E}}_s|^2}{|\bar{\boldsymbol{h}}|^2\ |\bar{\boldsymbol{E}}_s|^2} = |\bar{\boldsymbol{h}}_n \cdot \bar{\boldsymbol{E}}_{sn}|^2$$

$\bar{\boldsymbol{h}}_n$ 和 $\bar{\boldsymbol{E}}_{sn}$ 被归一化，使得 $|\bar{\boldsymbol{h}}_n| = 1$ 和 $|\bar{\boldsymbol{E}}_{sn}| = 1$。结合式(16.77)、式(16.80)和式(16.89)，得到：

$$\frac{P_r}{P_t} = \frac{\lambda^2 G_r qp}{4\pi}\frac{|\bar{\boldsymbol{E}}_s|^2}{2\eta} \tag{16.90}$$

式中：

$$\bar{\boldsymbol{E}}_s = \frac{1}{R^2}\bar{\bar{\boldsymbol{F}}} \cdot \bar{\boldsymbol{E}}_t$$

式(16.90)还可表示为以下形式的雷达方程：

$$\frac{P_r}{P_t} = \frac{\lambda^2 G_r G_t q}{(4\pi)^2 R_1^2 R_2^2}|\bar{\boldsymbol{h}}_n \cdot \bar{\boldsymbol{E}}_{sn}|^2 |\bar{\bar{\boldsymbol{F}}} \cdot \bar{\boldsymbol{E}}_{tn}|^2 \tag{16.91}$$

式中：$\bar{\boldsymbol{h}}_n$、$\bar{\boldsymbol{E}}_{sn}$ 和 $\bar{\boldsymbol{E}}_{tn}$ 均已归一化，因此，$|\bar{\boldsymbol{h}}_n|^2 = 1$，$|\bar{\boldsymbol{E}}_{sn}|^2 = 1$ 且 $|\bar{\boldsymbol{E}}_{tn}|^2 = 1$。用矩阵符号表示为

$$\begin{cases} V_{0n} = \bar{\boldsymbol{h}}_n \cdot \bar{\boldsymbol{E}}_{sn} = [\boldsymbol{h}_n]^t[\boldsymbol{E}_{sn}] \\ V = \bar{\bar{\boldsymbol{F}}} \cdot \bar{\boldsymbol{E}}_{tn} = [\boldsymbol{F}][\boldsymbol{E}_{tn}] \end{cases} \tag{16.92}$$

V_{0n}的极化意义可能会造成混淆,因此,必须对已知的物理问题进行检验。首先,如果向镜面反射体(如导电板)传输 LHC,则散射波将是向接收机传播的 RHC。那么接收到的电压为零。对于这种情况,有

$$\overline{\boldsymbol{h}}_n = \frac{1}{\sqrt{2}}(\hat{\boldsymbol{x}} - \mathrm{i}\hat{\boldsymbol{y}})$$

$$\overline{\boldsymbol{E}}_{sn} = \frac{1}{\sqrt{2}}(\hat{\boldsymbol{x}} - \mathrm{i}\hat{\boldsymbol{y}})$$

因此,$V_{0n} = 0$。

另一个例子是两个相同的螺旋天线彼此相对。那么如果 LHC 被发射,接收端的$\overline{\boldsymbol{E}}_{sn}$为

$$\overline{\boldsymbol{E}}_{sn} = \frac{1}{\sqrt{2}}(\hat{\boldsymbol{x}} + \mathrm{i}\hat{\boldsymbol{y}})$$

相同天线的复有效高度为

$$\overline{\boldsymbol{h}}_n = \frac{1}{\sqrt{2}}(\hat{\boldsymbol{x}} - \mathrm{i}\hat{\boldsymbol{y}})$$

因此,$V_{0n} = 1$,且它们是极化匹配的。

16.8 极化优化

下面讨论优化问题。我们试图求得发射机的极化和接收机的极化,使得接收功率最大。这将分三步完成(Kostinski, Boerner, 1986)。首先,先求发射机的极化以最大化$|V|^2$,如式(16.92)所示。使用矩阵符号,得到:

$$\begin{aligned} |V|^2 = \boldsymbol{V}^* \boldsymbol{V} &= [\boldsymbol{E}_{tn}]^+ [\boldsymbol{F}]^+ [F][\boldsymbol{E}_{tn}] \\ &= [\boldsymbol{E}_{tn}]^+ [\boldsymbol{G}][\boldsymbol{E}_{tn}] \end{aligned} \tag{16.93}$$

其中 + 表示“伴随”(转置的复共轭)。$[\boldsymbol{G}] = [\boldsymbol{F}]^+ [\boldsymbol{F}]$称为格雷伍斯幂矩阵(Graves power matrix),且为 Hermitian 矩阵(见附录 8. A)。

$$[\boldsymbol{G}]^+ = [\boldsymbol{G}] \tag{16.94}$$

为了最大化$|V|^2$,需要考虑特征值方程:

$$[\boldsymbol{G}][\boldsymbol{X}] = \lambda [\boldsymbol{X}] \tag{16.95}$$

式中:λ 为特征值,$[\boldsymbol{X}]$被归一化,因此,$[\boldsymbol{X}]^+[\boldsymbol{X}] = 1$。在式(16.95)左边乘以$[\boldsymbol{X}]^+$,可以得到:

$$[\boldsymbol{X}]^+[\boldsymbol{G}][\boldsymbol{X}] = \lambda [\boldsymbol{X}]^+[\boldsymbol{X}] = \lambda \tag{16.96}$$

因此,$[\boldsymbol{X}]^+[\boldsymbol{G}][\boldsymbol{X}]$的最大值由最大特征值 λ 进行表示。此外,

$$\lambda^* = \{[\boldsymbol{X}]^+[\boldsymbol{G}][\boldsymbol{X}]\}^+ = [\boldsymbol{X}]^+[\boldsymbol{G}]^+[\boldsymbol{X}] = [\boldsymbol{X}]^+[\boldsymbol{G}][\boldsymbol{X}] = \lambda \tag{16.97}$$

因此,特征值 λ 是实数。从式(16.95)很容易求出特征值:

$$\begin{vmatrix} g_{11}-\lambda & g_{12} \\ g_{21} & g_{22}-\lambda \end{vmatrix}=0 \tag{16.98}$$

因此，透射波的偏振由式(16.95)求得，如下：

$$[\boldsymbol{E}_{tn}]=\frac{1}{[1+|a|^2]^{1/2}}\begin{bmatrix}1\\a\end{bmatrix} \tag{16.99}$$

式中：$a=\lambda_1-g_{11}/g_{12}$，$\lambda_1$ 详见 Kostinski 和 Boerner(1986)的研究①。

第二步使用式(16.99)中获得的$[\boldsymbol{E}_t]$的最佳极化计算$[\boldsymbol{E}_s]=[\boldsymbol{F}][\boldsymbol{E}_t]$。第三步是调整接收机极化状态$\overline{\boldsymbol{h}}_n$ 以最大化$|V_{0n}|^2=|\overline{\boldsymbol{h}}_n\cdot\overline{\boldsymbol{E}}_{sn}|^2$。这种最佳极化状态为(Collin, Zucker, 1969, 第 108 页)：

$$\overline{\boldsymbol{h}}_n=\overline{\boldsymbol{E}}_{sn}^{*} \tag{16.100}$$

16.9 斯托克斯矢量雷达方程和极化特征

我们使用斯托克斯矢量方程重新表述 16.7 节中的雷达方程。首先，使用归一化斯托克斯矢量 $\boldsymbol{I}_{tn}$写出目标处的传输通量密度$[\boldsymbol{S}_i]$：

$$[\boldsymbol{S}_i]=\frac{G_tP_t}{4\pi R_1^2}[\boldsymbol{I}_{tn}] \tag{16.101}$$

式中，

$$[\boldsymbol{I}_{tn}]=\begin{bmatrix}I_{tn1}\\I_{tn2}\\U_{tn}\\V_{tn}\end{bmatrix}$$

$[\boldsymbol{I}_t]$被归一化，使得 $I_{tn1}+I_{tn2}=1$。这是目标上的入射，散射的斯托克斯矢量$[\boldsymbol{I}_s]$表示为

$$[\boldsymbol{I}_s]=[\boldsymbol{M}][\boldsymbol{S}_i] \tag{16.102}$$

式中：$[\boldsymbol{M}]$为 4×4 穆勒矩阵(见 10.10 节)。考虑接收功率 P_r，它与$|\overline{\boldsymbol{h}}\cdot\overline{\boldsymbol{E}}_s|^2$ 成正比，我们先使用斯托克斯矢量表示$|\overline{\boldsymbol{h}}\cdot\overline{\boldsymbol{E}}_s|^2$。$\overline{\boldsymbol{h}}=h_1\hat{\boldsymbol{e}}_1+h_2\hat{\boldsymbol{e}}_2$ 为发射波，$\overline{\boldsymbol{E}}_s=E_{s1}\hat{\boldsymbol{e}}_1+E_{s2}(-\hat{\boldsymbol{e}}_2)$为入射波(图 16.11)。需要注意，$\overline{\boldsymbol{h}}$ 指向$\hat{\boldsymbol{e}}_1\times\hat{\boldsymbol{e}}_2$，而$\overline{\boldsymbol{E}}_s$ 指向$\hat{\boldsymbol{e}}_1\times(-\hat{\boldsymbol{e}}_2)$。因此得到：

$$|\overline{\boldsymbol{h}}_n\cdot\overline{\boldsymbol{E}}_s|^2=|h_1E_{s1}-h_2E_{s2}|^2=I_{h1}I_{s1}+I_{h2}I_{s2}-\frac{1}{2}U_hU_s+\frac{1}{2}V_hV_s \tag{16.103}$$

式中：$[\boldsymbol{I}_h]$和$[\boldsymbol{I}_s]$分别为$\overline{\boldsymbol{h}}$ 和$\overline{\boldsymbol{E}}_s$ 的斯托克斯矢量。

$$[\boldsymbol{I}_h]=\begin{bmatrix}I_{h1}\\I_{h2}\\U_h\\V_h\end{bmatrix},[\boldsymbol{I}_s]=\begin{bmatrix}I_{s1}\\I_{s2}\\U_s\\V_s\end{bmatrix}$$

① 译者注：根据参考文献，将 $a=\dfrac{\lambda_1-g_{11}}{g_{12}}$更正为 $a=\lambda_1-g_{11}/g_{12}$，并增加说明。

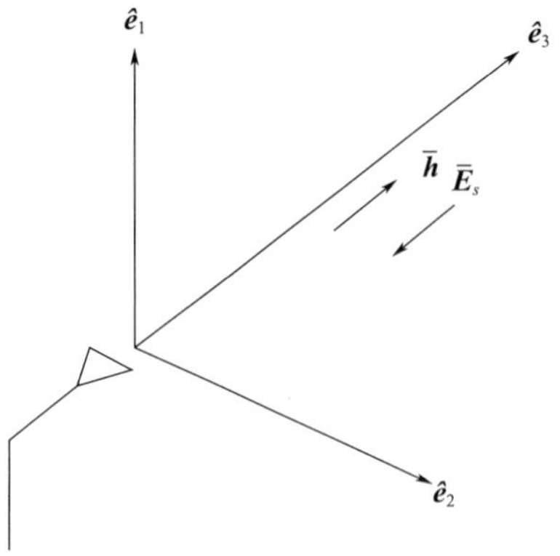

图 16.11 $\bar{\boldsymbol{h}}$ 指向 $\hat{\boldsymbol{e}}_1\times\hat{\boldsymbol{e}}_2$，而 $\bar{\boldsymbol{E}}_s$ 指向 $\hat{\boldsymbol{e}}_1\times(-\hat{\boldsymbol{e}}_2)$

则得到斯托克斯矢量雷达方程为

$$\frac{P_r}{P_t}=\frac{\lambda^2 G_r G_t q}{(4\pi)^2 R_1^2 R_2^2}[\tilde{\boldsymbol{h}}_n][\boldsymbol{I}_s] \tag{16.104}$$

式中：$[\tilde{\boldsymbol{h}}_n]$为归一化的有效高度斯托克斯矢量，定义为

$$[\tilde{\boldsymbol{h}}_n]=\frac{1}{\boldsymbol{I}_{h1}+\boldsymbol{I}_{h2}}\left(\boldsymbol{I}_{h1},\boldsymbol{I}_{h2},-\frac{U_h}{2},\frac{V_h}{2}\right)$$

$$[\boldsymbol{I}_s]=[\boldsymbol{M}][\boldsymbol{I}_{tn}]$$

如果单个天线同时用作发射机和接收机，使用方向角 ψ 和椭圆度角 χ 来表示发射斯托克斯矢量（见 10.8 节）。

$$\begin{cases}[\boldsymbol{I}_{tn}]=\begin{bmatrix}\frac{1}{2}(1+\cos2\chi\cos2\psi)\\ \frac{1}{2}(1-\cos2\chi\cos2\psi)\\ \cos2\chi\sin2\psi\\ \sin2\chi\end{bmatrix}\\ [\boldsymbol{h}_n]=\begin{bmatrix}\frac{1}{2}(1+\cos2\chi\cos2\psi)\\ \frac{1}{2}(1-\cos2\chi\cos2\psi)\\ -\frac{1}{2}\cos2\chi\sin2\psi\\ \frac{1}{2}\sin2\chi\end{bmatrix}\end{cases} \tag{16.105}$$

参量 $P_s=[\tilde{\boldsymbol{h}}_n][\boldsymbol{M}][\boldsymbol{I}_{tn}]$为极化特征，它是关于椭圆度角 χ 和方向角 ψ 的函数，用于成像雷达中目标、地形、植被等散射机制的识别（图 16.12）。举一个简单的例子，假设 RHC 波向镜面反射器传播，则有

$$[\boldsymbol{h}_n]=\begin{bmatrix}\frac{1}{2}\\ \frac{1}{2}\\ 0\\ -\frac{1}{2}\end{bmatrix},[\boldsymbol{I}_{tn}]=\begin{bmatrix}\frac{1}{2}\\ \frac{1}{2}\\ 0\\ 1\end{bmatrix}$$

因此,得到 $P_s=0$。

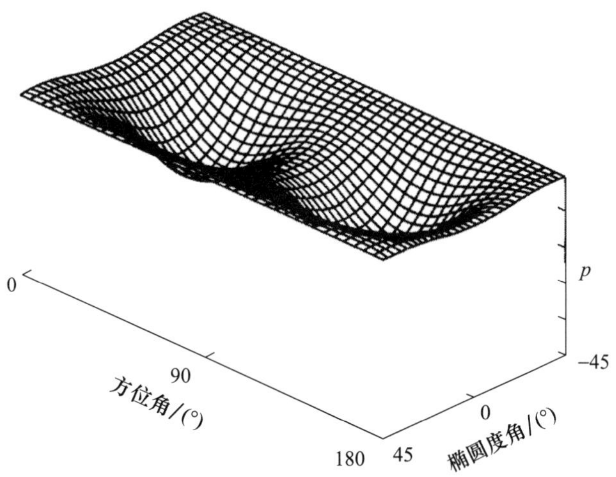

图 16.12　极化特征示例

16.10　斯托克斯参数的测量

斯托克斯参数(I_1,I_2,U,V)可以通过测量 E_1 和 E_2 的幅度和相位并计算 $I_1\langle|E_1|^2\rangle,I_2\langle|E_2|^2\rangle,U=2\mathrm{Re}\langle E_1E_2^*\rangle$ 和 $V=2\mathrm{Im}\langle E_1E_2^*\rangle$ 来获得。这称为相干测量,因为它涉及相位测量。当 E_1 和 E_2 随时间随机变化时,相干测量必须在部分相干时间内完成,因此,需要快速而精确的测量。

非相干测量使用功率测量,因此,不需要很快,但是它可能更容易受到噪声的影响。I_1 和 I_2 可以通过测量功率的 x 和 y 分量直接获得(图 16.13)。接下来测量分量在45°角处的功率,得到:

$$\begin{aligned}P_{45}&=\langle|E_{x'}|^2\rangle\\&=\frac{1}{2}[\langle|E_x|^2\rangle+\langle|E_y|^2\rangle+2\mathrm{Re}\langle E_xE_y^*\rangle]\\&=\frac{1}{2}[I_1+I_2+U]\end{aligned}\tag{16.106}$$

式中:$E_{x'}=1/\sqrt{2}[E_x+E_y]$。同样对于135°,得到:

$$P_{135}=\frac{1}{2}[I_1+I_2-U]\tag{16.107}$$

由以上两式得到：

$$\frac{U}{I}=\frac{P_{45}-P_{135}}{P_{45}+P_{135}} \tag{16.108}$$

式中：$I=I_1+I_2$。分母是为了保证归一化。

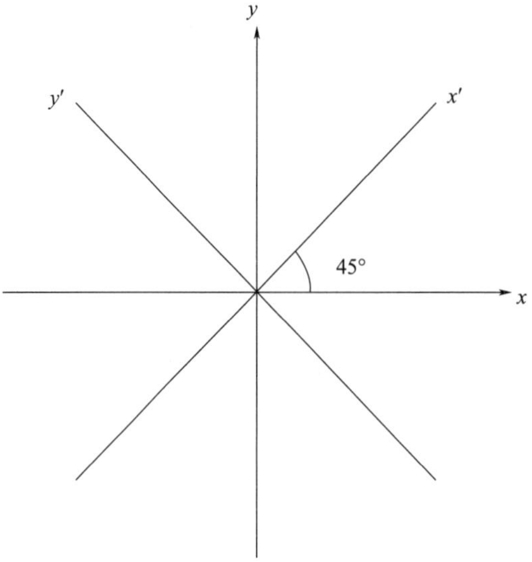

图 16.13　斯托克斯参数的测量

接下来我们使用接收 RHC 波的接收机，$\bar{\boldsymbol{h}}_n=1/\sqrt{2}[\hat{\boldsymbol{x}}+\mathrm{i}\hat{\boldsymbol{y}}]$，故用这个天线测得的功率是：

$$\begin{aligned}P_R&=\langle|\bar{\boldsymbol{h}}_n\cdot\bar{\boldsymbol{E}}_s|^2\rangle\\&=\left\langle\frac{1}{2}|E_x+\mathrm{i}E_y|^2\right\rangle\\&=\frac{1}{2}[I_1+I_2+V]\end{aligned} \tag{16.109}$$

类似地，对于接收 LHC 波的接收机，测得的功率为

$$P_L=\frac{1}{2}[I_1+I_2-V] \tag{16.110}$$

则得到：

$$\frac{V}{I}=\frac{P_R-P_L}{P_R+P_L} \tag{16.111}$$

习　题

16.1　证明如果目标用 δ 函数 $f(x,y)=\delta(x)\delta(y)$ 表示，重构图像是 $[W/(2\pi r)]J_1(W\gamma)$。

16.2　证明式(16.21)和式(16.22)所示的三维拉东逆变换。

16.3　证明如果目标用 δ 函数表示，则使用衍射层析成像重建的图像由式(16.43)表示。

16.4 如果目标是半径为 a 的球体,求出16.4节中讨论的复散射振幅 $\Gamma(\overline{\boldsymbol{K}})$ 和特征函数 $\gamma(\bar{\boldsymbol{r}})$。

16.5 推导一维源分布 $\rho(x)$ 的全息反源解。

16.6 假设等离子体频率为 $\omega_p^2 = A\ (z-z_0)^2$,当 $z > z_0$;$\omega_p = 0$,当 $z < z_0$。求出式(16.70)中的传播时间 $T(\omega)$ 和高度 h,其中 $\omega = \omega_p(h)$。证明 $T(\omega)$ 和高度满足式(16.25)。

16.7 一个左手螺旋天线正在发射LHC波,该波法向入射在导电板上。然后散射波被同样的螺旋天线接收。求得16.7节中给出的 $\overline{\boldsymbol{h}}_n$、$\overline{\boldsymbol{E}}_{tn}$、$\overline{\boldsymbol{E}}_{sn}$、$V_{0n}$ 和 V。如果散射波被右手螺旋天线接收,求接收功率。

16.8 假设散射矩阵 $[\boldsymbol{F}]$ 为

$$[\boldsymbol{F}] = \begin{bmatrix} 2\mathrm{j} & \dfrac{1}{2} \\ \dfrac{1}{2} & \mathrm{j} \end{bmatrix}$$

求发射波的特征值 λ 和最佳极化 $[\boldsymbol{E}_{tn}]$。求接收机的复有效高度,使接收功率最大化。

16.9 假设目标为角反射器,其散射矩阵为

$$[\boldsymbol{F}] = \begin{bmatrix} 1 & 0 \\ 0 & -1 \end{bmatrix}$$

求穆勒矩阵和极化特征图。

第 17 章

辐射测量、噪声温度和干涉测量

在本章中,我们首先讨论辐射测量,它是对来自各种介质、目标和物体自然辐射的被动检测,本次讨论包括亮度、天线温度、辐射传输和发射率。我们讨论了接收系统对系统噪声温度和最低可检测温度的影响,并在本章末使用干涉测量法绘制亮度分布图(Brookner,1977;King,1970;Kraus,1966;Skolnik,1970,1980 年;Tsang 等,1985;Ulaby 等,1981)。

17.1 辐射测量

所有天然和人造物体、地形和大气介质都会发射电磁能,热辐射通常占主导地位。它们也会辐射散射到自己身上。辐射计是一种非常灵敏的低噪声接收机,可以检测来自这些物体发出的天然非相干辐射。典型的辐射计可监测宽带连续辐射,接收功率与接收机的带宽成正比。辐射计用于地球轨道卫星和地面,以探测大气条件和地形,并以探测微波、毫米波和红外频率为目标。此外,它们还应用于医疗中探测生物介质的辐射。

17.2 亮度和通量密度

辐射测量中的基本量是亮度 B。考虑一个较小的区域 $\mathrm{d}a$ 以及以频率 ν 为中心的单位频带内,在单位立体角内从方向 $\hat{s}$ 入射到该区域的功率通量密度(图 17.1)。这个参量 $B(\hat{s})$ 称为亮度,单位为 $\mathrm{Wm^{-2}Hz^{-1}sr^{-1}}$(sr = 球面度 = 单位立体角)。亮度 B 在辐射传输理论中也称为特定强度,在红外辐射测量中称为辐射亮度。因此,在频率间隔$(\nu,\nu+\mathrm{d}\nu)$内,在立体角 $\mathrm{d}\Omega$ 内流经区域 $\mathrm{d}a$ 的功率 $\mathrm{d}P$ 表示为

$$\mathrm{d}P = B\cos\theta\,\mathrm{d}a\,\mathrm{d}\Omega\,\mathrm{d}\nu \tag{17.1}$$

在给定位置,亮度 B 为关于方向 $\hat{s}$ 的函数,因此,我们可以将 $B(\hat{s})$ 称为亮度分布。亮度 B 随频率的变化称为亮度谱。

太阳圆面在 $\lambda = 0.5\mu m$ 处的亮度 B 为 1.33×10^{-12}，而粗糙地面在 $\lambda = 3.9cm$ 处的亮度为 5.4×10^{-24}。激光和雷达等相干源的情况则完全不同。例如，氩离子激光器在 $\lambda = 0.5145\mu m$ 处的亮度为 7.1×10^3，Haystack X 波段雷达在 $\lambda = 3.9cm$ 处的亮度为 4.8×10^3（Skolnik，1970）。

假设接收天线的接收截面为 $A_r(\theta,\phi)$。以 W/Hz 为单位的接收功率 P_r 为（图 17.2）

$$P_r = \frac{1}{2}\int_{4\pi} B(\theta,\phi)A_r(\theta,\phi)\mathrm{d}\Omega \tag{17.2}$$

其中，积分是对所有立体角的积分，系数 1/2 的引入是因为亮度辐射通常是不连贯和非极化的，而任何天线都只能接收一种极化。但是，一般情况下，如果亮度是部分极化的，则该系数可以介于 0 ~ 1 之间。

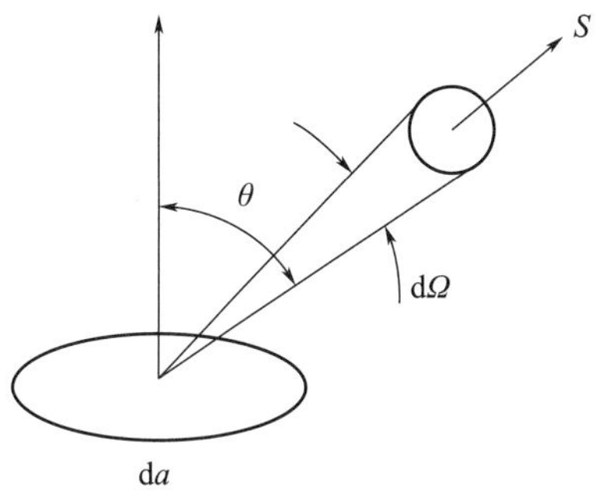

图 17.1　亮度 $B(\hat{s})$ 和接收功率 $\mathrm{d}P$

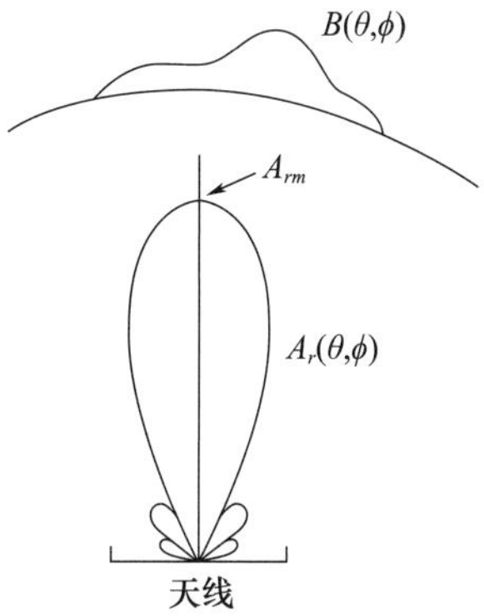

图 17.2　接收截面和亮度

如果将接收截面 A_r 归一化到最大值 A_{rm}，表示为

$$A_r(\theta,\phi) = A_{rm}P_n(\theta,\phi) \tag{17.3}$$

然后得到：

$$P_r = \frac{1}{2}A_{rm}S \tag{17.4}$$

式中：$S(\mathrm{Wm^{-2}Hz^{-1}})$称为实测通量密度。

$$S = \int_{4\pi} B(\theta,\phi)P_n(\theta,\phi)\mathrm{d}\Omega \tag{17.5}$$

另请注意，最大接收横截面 A_{rm} 和最大增益 G_m 的关系为

$$A_{rm} = \frac{\lambda^2}{4\pi}G_m \tag{17.6}$$

源的总通量密度为

$$S_s = \int_{4\pi} B(\theta,\phi)\mathrm{d}\Omega \tag{17.7}$$

式中：S_s 称为源通量密度。磁通密度的单位是 $\mathrm{Wm^{-2}/Hz^{-1}}$；在射电天文学中，这被称为 1jansky（$1\mathrm{jansky} = 1\mathrm{Wm^{-2}/Hz^{-1}}$），以纪念先驱射电天文学家 K. G. Jansky。射电天文学中大多数射电源的通量密度在10^{-26}jansky 数量级。

17.3 黑体辐射和天线温度

所有物体都发射电磁能,它们还可以吸收和散射入射到它们身上的能量。根据基尔霍夫的说法,一个良好的电磁能吸收体也是一个良好的发射体。能够吸收所有波长的电磁能的完美吸收体称为黑体,同时它也是完美发射体。

黑体电磁辐射的亮度仅取决于其温度和频率,并由普朗克辐射定律给出:

$$B(\text{黑体})=\frac{2\mathrm{h}\nu^3}{\mathrm{c}^2}\frac{1}{\exp(\mathrm{h}\nu/\mathrm{K}T)-1} \tag{17.8}$$

式中:h 为普朗克常数($6.63\times10^{-34}\mathrm{J\cdot s}$);$\nu$ 为频率(Hz);c 为光速($3\times10^8\mathrm{m/s}$);K 为玻尔兹曼常数($1.38\times10^{-23}\mathrm{J/K}$);$T$ 为温度(K)。

对于微波和毫米波,hν 远小于 KT;只有在红外线和更短的波长中,hν 才变得与 KT 相当或更大,表现出量子效应。因此,对于微波和毫米波,可以将 $\exp(\mathrm{h}\nu/\mathrm{K}T)$ 近似为 $1+\mathrm{h}\nu/\mathrm{K}T$ 并得到瑞利－金斯定律:

$$B(\text{黑体})=\frac{2\mathrm{K}}{\lambda^2}T \tag{17.9}$$

请注意,亮度与温度成正比(图 17.3)。

对于不是黑体的实际物体,其亮度与式(17.9)得到的实际温度不成比例。尽管如此,我们可以定义等效黑体温度 T_s,它定义的亮度与实际亮度 B 相同。

$$B=\frac{2\mathrm{K}}{\lambda^2}T_s \tag{17.10}$$

这个等效温度 T_s 称为源温度。由于 B 是关于方向的函数 $B(\theta,\phi)$,所以源温度也是关于方向的函数 $T_s(\theta,\phi)$。

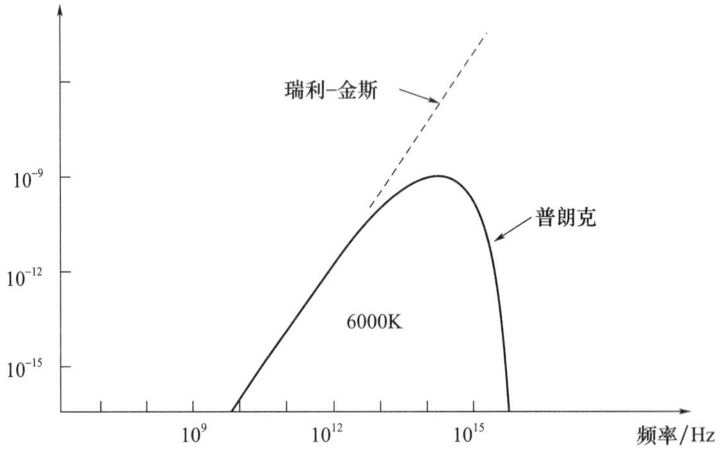

图 17.3　普朗克定律和瑞利－金斯定律

式(17.2)中的接收功率 P_r 表示为

$$P_r=\frac{\mathrm{K}}{\lambda^2}\int T_s(\theta,\phi)A_r(\theta,\phi)\mathrm{d}\Omega \tag{17.11}$$

需要注意到：

$$\int A_r(\theta,\phi)\,\mathrm{d}\Omega = \lambda^2 \tag{17.12}$$

如 9.1 节所述，得到：

$$P_r = \mathrm{K}T_A \tag{17.13}$$

式中：K 为玻尔兹曼常数，且

$$T_A = \frac{\int T_s(\theta,\phi)P_n(\theta,\phi)\,\mathrm{d}\Omega}{\int P_n(\theta,\phi)\,\mathrm{d}\Omega}$$

参量 T_A 称为天线温度。例如，如果源在很小的立体角 Ω_s 内是均匀的，并且天线接收方向图被限制在立体角 Ω_A 内，则得到：

$$T_A = \begin{cases} \dfrac{T_s\Omega_s}{\Omega_A}, & \text{当 } \Omega_s < \Omega_A \\ T_s, & \text{当 } \Omega_s > \Omega_A \end{cases} \tag{17.14}$$

比例 Ω_s/Ω_A 称为填充因子。

天线温度 T_A 也等于产生与实际功率 P_r 相同噪声功率的电阻的温度（图 17.4）。根据奈奎斯特公式，温度为 T 时，电阻 R 在频带 $\mathrm{d}\nu$ 上的开路均方根噪声电压（约翰逊噪声或热噪声）为

$$V = (4R\mathrm{K}T\mathrm{d}\nu)^{1/2} \tag{17.15}$$

该电阻传输给匹配负载时，单位频带内产生的可用功率 W 为 $\frac{1}{2}(V^2/2R)$，因此得到：

$$W = \mathrm{K}T \tag{17.16}$$

为了证明这等于天线温度，需注意到天线温度也等于嵌入天线的黑体外壳的温度（图 17.4）。在这种情况下，T_s 是常数，则从式（17.13）得到：

$$P_r = \mathrm{K}T \tag{17.17}$$

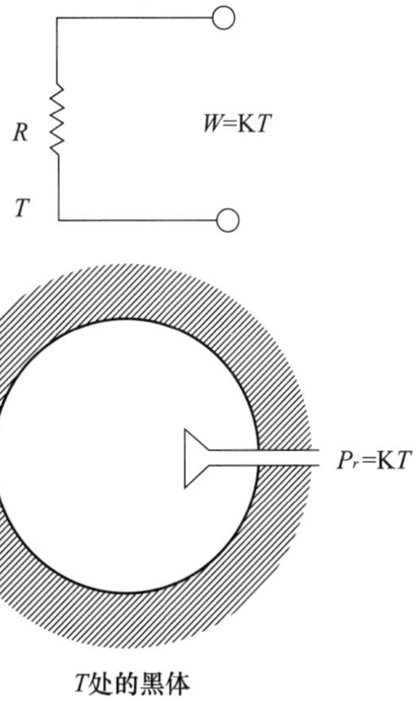

图 17.4 天线温度

17.4 辐射传输方程

在 17.3 节中,我们讨论了源温度和天线温度。源温度可能源自大气层之外,如太阳。此外,源温度可能来自大气本身或地面。本节和 17.5 节讨论了大气和地面温度的发射、传播、吸收和散射。

我们需考虑亮度在发射电磁辐射的介质中的传播。其中一个例子是大气中的亮度。由于亮度 B 与等效温度 T 成正比,我们可以用温度代替亮度。当亮度 B(或 T)在介质中沿 $\hat{\boldsymbol{s}}$ 方向传播时,其部分被吸收,部分被散射(图 17.5)。

$$\frac{\mathrm{d}T}{\mathrm{d}s} = -\gamma T \tag{17.18}$$

式中:消光系数 $\gamma = \gamma_a + \gamma_s$;$\gamma_a$ 为吸收系数;γ_s 为散射系数。

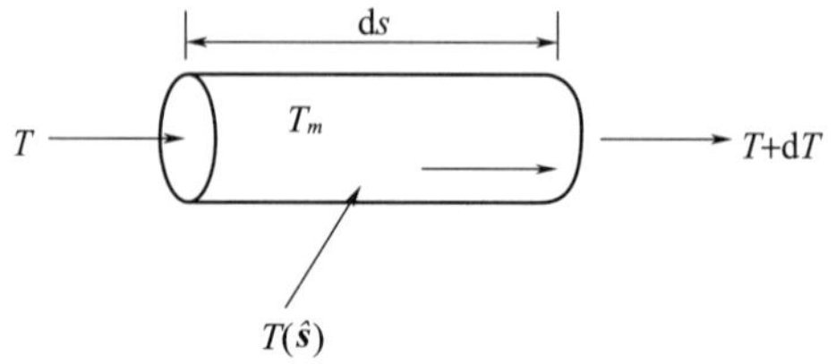

图 17.5 辐射传输方程

亮度也因为来自所有其他方向的亮度向 $\hat{\boldsymbol{s}}$ 方向的散射而增加,如下:

$$\frac{1}{4\pi}\int_{4\pi} p(\hat{\boldsymbol{s}},\hat{\boldsymbol{s}}')\,T(\hat{\boldsymbol{s}}')\,\mathrm{d}\Omega'$$

式中:$p(\hat{\boldsymbol{s}},\hat{\boldsymbol{s}}')$ 称为相位函数(Ishimaru,1978)。温度为 T_m 的介质的发射也增加了亮度。根据基尔霍夫定律,发射等于吸收,故得到 $\gamma_a T_m$。将所有这些项加起来,就得到了辐射传输方程(图 17.5):

$$\frac{\mathrm{d}T}{\mathrm{d}s} = -\gamma T + \frac{1}{4\pi}\int p(\hat{\boldsymbol{s}},\hat{\boldsymbol{s}}')\,T(\hat{\boldsymbol{s}})\,\mathrm{d}\Omega' + \gamma_a T_m \tag{17.19}$$

在大多数微波辐射测量中,散射效应与吸收相比可以忽略不计,因此,化简成:

$$\frac{\mathrm{d}T}{\mathrm{d}s} = -\gamma T + \gamma_a T_m \tag{17.20}$$

式中:$\gamma \approx \gamma_a$。

下面讨论指向上方的地面辐射计(图 17.6)。在高度 z 处的大气、云层或雨水的吸收系数为 $\gamma_a(z)$,温度为 $T_m(z)$。太阳等外部光源的温度为 T_e。辐射计测量的温度由式(17.20)的解求得:

$$T = \int_0^\infty \gamma_a(z)\,T_m(z)\exp\left[-\int_0^z \gamma(z')\sec\theta\mathrm{d}z'\right]\sec\theta\mathrm{d}z + T_e\exp\left[-\int_0^\infty \gamma(z')\sec\theta\mathrm{d}z'\right] \tag{17.21}$$

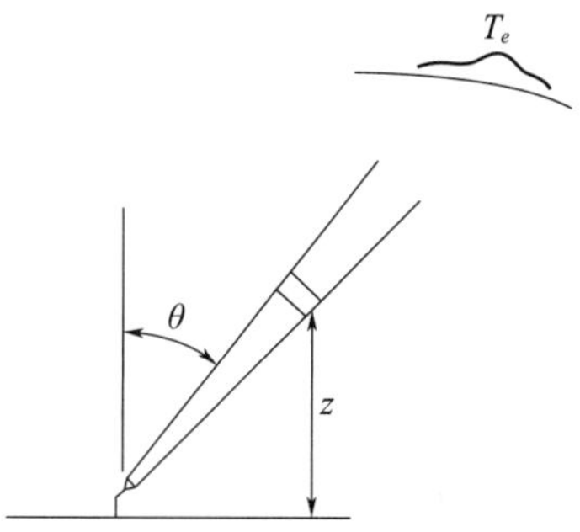

图 17.6　地面辐射计

还需注意到，如果 $T_e=0$ 并且 T_m、γ_a 和 γ 在高度 H 上是均匀的，将会得到：

$$T=T_m\frac{\gamma_a}{\gamma}[1-\exp(-\gamma H\sec\theta)] \tag{17.22}$$

例如，雨的近似值为 $T_m=273°$，$H\approx 3\text{km}$，γ_a 为雨水吸收系数。

由于散射和吸收，距离 l 上的总衰减 τ 称为光学厚度。

$$\tau=\int_0^l \gamma \mathrm{d}s \tag{17.23}$$

路径损耗 L 定义为：

$$L=\exp(\tau) \tag{17.24}$$

17.5　表面的散射截面、吸收率和发射率

所有表面都会吸收、散射和发射电磁辐射。考虑平面波 $\overline{E}^i$ 以 $\hat{\boldsymbol{i}}$ 方向入射到表面上，以及 $\overline{\boldsymbol{E}}^s$ 在离表面较大距离 R 处沿 $\hat{\boldsymbol{s}}$ 方向散射(图 17.7)的情况，则每单位面积表面的散射截面为

$$\sigma^0_{\beta\alpha}(\hat{\boldsymbol{s}},\hat{\boldsymbol{i}})=\lim_{R\to\infty}\frac{4\pi\,|\overline{\boldsymbol{E}}^s_\beta|^2R^2}{|\overline{\boldsymbol{E}}^i_\alpha|^2A} \tag{17.25}$$

式中：α 和 β 分别表示入射波和散射波的极化状态，α 和 β 可以等于 v 或 h，代表垂直和水平极化，因此，得到 σ^0_{vv}、σ^0_{hh}、σ^0_{vh} 和 σ^0_{hv}。

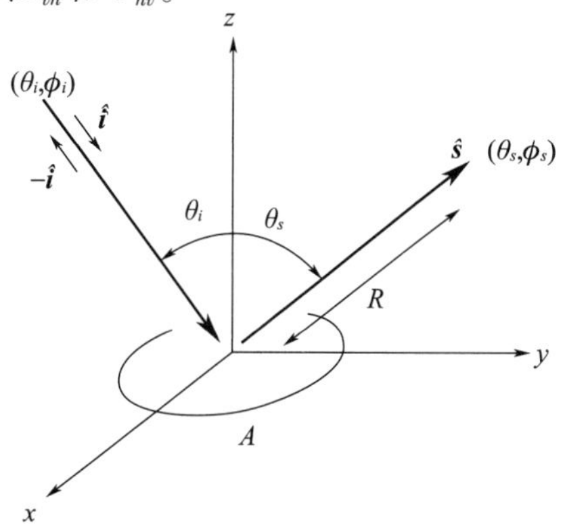

图 17.7　从表面 A 散射

散射系数 $\gamma_{\beta\alpha}$ 根据入射波的投影面积定义如下：

$$\gamma_{\beta\alpha}(\hat{\boldsymbol{s}},\hat{\boldsymbol{i}}) = \lim_{R\to\infty} \frac{4\pi\ |\overline{\boldsymbol{E}}_{\beta}^{s}|^2 R^2}{\cos\theta_i\ |\overline{\boldsymbol{E}}_{\alpha}^{i}|^2 A} \tag{17.26}$$

因此得到：

$$\sigma_{\beta\alpha}^{0}(\hat{\boldsymbol{s}},\hat{\boldsymbol{i}}) = \cos\theta_i \gamma_{\beta\alpha}(\hat{\boldsymbol{s}},\hat{\boldsymbol{i}}) \tag{17.27}$$

由互易定理得到：

$$\sigma_{\beta\alpha}^{0}(\hat{\boldsymbol{s}},\hat{\boldsymbol{i}}) = \sigma_{\beta\alpha}^{0}(\hat{\boldsymbol{i}},\hat{\boldsymbol{s}}) \tag{17.28}$$

当偏振态为 α 的波以 $\hat{\boldsymbol{i}}$ 方向入射到表面上时，单位功率通量密度入射到投影面积 $A\cos\theta_i$ 时的总散射功率为(图 17.7)

$$\begin{aligned}\varGamma_{\alpha}(\hat{\boldsymbol{i}}) &= \frac{1}{4\pi}\int_{2\pi}[\gamma_{\beta\alpha}(\hat{\boldsymbol{s}},\hat{\boldsymbol{i}}) + \gamma_{\alpha\alpha}(\hat{\boldsymbol{s}},\hat{\boldsymbol{i}})]\mathrm{d}\varOmega_s \\ &= \frac{1}{4\pi\cos\theta_i}\int_{2\pi}[\sigma_{\beta\alpha}^{0}(\hat{\boldsymbol{s}},\hat{\boldsymbol{i}}) + \sigma_{\alpha\alpha}^{0}(\hat{\boldsymbol{s}},\hat{\boldsymbol{i}})]\mathrm{d}\varOmega_s\end{aligned} \tag{17.29}$$

上式包含 α 和 β 偏振的散射功率。上式对上半球进行积分，4π 来源于式(17.26)。$\varGamma_{\alpha}(\hat{\boldsymbol{i}})$ 称为反照率，是投影面积 $A\cos\theta_i$ 中总散射功率与入射功率之比。因此，表面吸收的分数幂为

$$a_{\alpha}(\hat{\boldsymbol{i}}) = 1 - \varGamma_{\alpha}(\hat{\boldsymbol{i}}) \tag{17.30}$$

式中：参量 $a_{\alpha}(\hat{\boldsymbol{i}})$ 为吸收率。

接下来，我们讨论温度为 T 的表面以偏振态 α 沿 $(-\hat{\boldsymbol{i}})$ 方向发射的亮度或温度 $T_{\alpha}(\hat{\boldsymbol{i}})$(图 17.7)。如果表面是黑体，则源温度应为 T。实际发射 $T_{\alpha}(\hat{\boldsymbol{i}})$ 与黑体在温度 T 时的发射之比 $\varepsilon_{\alpha}(\hat{\boldsymbol{i}})$ 称为发射率。

$$T_{\alpha}(\hat{\boldsymbol{i}}) = \varepsilon_{\alpha}(\hat{\boldsymbol{i}})T \tag{17.31}$$

根据基尔霍夫定律，如果表面处于热平衡状态，则吸收率必须等于发射率，因此得到：

$$\varepsilon_{\alpha}(\hat{\boldsymbol{i}}) = a_{\alpha}(\hat{\boldsymbol{i}}) \tag{17.32}$$

通过考虑表面被黑体包围时的热力学平衡，可以对基尔霍夫定律式(17.32)进行严格证明(Tsang 等，1985)。

式(17.31)表示温度 T 时表面的发射，而式(17.29)、式(17.30)和式(17.32)将发射率与表面的散射特性联系起来。例如，如果表面非常粗糙并且向各个方向散射辐射，则其称为朗伯表面(Lambertian surface)。在这种情况下，对于投影面积 $A\cos\theta_s$ 中的给定入射通量，散射功率 $|\overline{\boldsymbol{E}}^{s}|^2$ 与投影面积 $A\cos\theta_s$ 成正比，并且 $\gamma_{\beta\alpha}(\hat{\boldsymbol{s}},\hat{\boldsymbol{i}})$ 与偏振无关。因此得到：

$$\sigma_{\beta\alpha}^{0}(\hat{\boldsymbol{s}},\hat{\boldsymbol{i}}) + \sigma_{\alpha\alpha}^{0}(\hat{\boldsymbol{s}},\hat{\boldsymbol{i}}) = \sigma_0^0 \cos\theta_s \cos\theta_i \tag{17.33}$$

将其代入式(17.29)，得到：

$$\begin{cases}\varGamma = \dfrac{\sigma_0^0}{4} \\ \varepsilon = a = 1 - \dfrac{\sigma_0^0}{4}\end{cases} \tag{17.34}$$

如果表面光滑，则散射波沿镜面方向且没有交叉偏振。反照率 $\varGamma_{\alpha}(\hat{\boldsymbol{i}})$ 由菲涅尔反射

系数 $R_\alpha(\hat{\boldsymbol{i}})$ 表示：

$$\Gamma_\alpha(\hat{\boldsymbol{i}}) = |R_\alpha(\hat{\boldsymbol{i}})|^2 \tag{17.35}$$

式中：

$$R_v = \frac{n_1\cos\theta_2 - n_2\cos\theta_1}{n_1\cos\theta_2 + n_2\cos\theta_1}, \text{对于垂直极化}$$

$$R_h = \frac{n_1\cos\theta_1 - n_2\cos\theta_2}{n_1\cos\theta_1 + n_2\cos\theta_2}, \text{对于水平极化}$$

波从折射率为 n_1 的介质入射到 n_2 的介质，入射角为 θ_1，$\cos\theta_2 = [1-(n_1/n_2)^2\sin^2\theta_1]^{1/2}$。如果入射波是完全非偏振的，得到：

$$\Gamma(\hat{\boldsymbol{i}}) = \frac{1}{2}[\,|R_v|^2 + |R_h|^2\,] \tag{17.36}$$

例如，考虑一个对于地球向下的辐射计（图 17.8）。辐射计处的温度 T 由大气发射 T_1、地面发射 T_2 和地面散射 T_3 组成：

$$T = T_1 + T_2 + T_3 \tag{17.37}$$

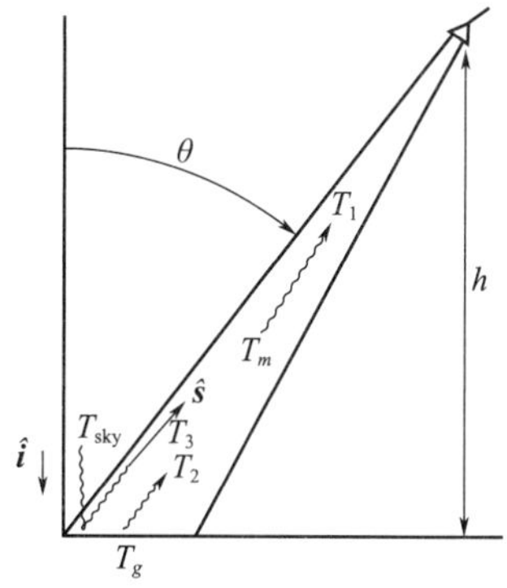

图 17.8　俯瞰地球的辐射计

大气发射 T_1 由温度为 $T_m(z)$ 的介质通过大气衰减后的发射量获得：

$$T_1 = \int_0^h \gamma_a(z)T_m(z)\exp\left[-\int_z^h \gamma(z')\sec\theta\mathrm{d}z'\right]\sec\theta\mathrm{d}z \tag{17.38}$$

通过大气衰减的地面发射量 T_2 为

$$T_2 = \varepsilon T_g\exp\left[-\int_0^h \gamma(z')\sec\theta\mathrm{d}z'\right] \tag{17.39}$$

式中：ε 为地球的发射率；T_g 为地面的实际温度。发射率取决于角度。表面法线发射率的近似值分别为：草地接近于 1，干燥土壤为 0.93，潮湿土壤为 0.68，混凝土为 0.85，水为 0.45，沥青为 0.9，金属接近于 0。

当天空温度 T_{sky} 入射到地面后经大气衰减时，散射分量 T_3 为地面散射的温度。因此得到：

$$T_3 = T_{3s}\exp\left[-\int_0^h \gamma(z')\sec\theta\mathrm{d}z'\right] \tag{17.40}$$

式中：T_{3s} 为当天空温度 T_{sky} 入射时地面散射的温度。如果地面是朗伯表面，得到（图 17.7）：

$$T_{3s}(\hat{\boldsymbol{s}}) = \frac{1}{4\pi\cos\theta_s}\int_{2\pi} T_{\text{sky}}(\hat{\boldsymbol{i}})\sigma_0^0\cos\theta_i\cos\theta_s \mathrm{d}\Omega_i$$
$$= \frac{\sigma_0^0}{4\pi}\int_{2\pi} T_{\text{sky}}(\hat{\boldsymbol{i}})\cos\theta_i \mathrm{d}\Omega_i \tag{17.41a}$$

上式对半球进行积分。如果天空温度均匀,得到:

$$T_{3s} = \frac{\sigma_0^0}{4}T_{\text{sky}} \tag{17.41b}$$

式中:$\sigma_0^0/4$ 为地表反照率。一般来说有:

$$T_\alpha(\hat{\boldsymbol{s}}) = \frac{1}{4\pi\cos\theta_s}\int_{2\pi}[\sigma_{\alpha\beta}^0(\hat{\boldsymbol{s}},\hat{\boldsymbol{i}})T_\beta(\hat{\boldsymbol{i}}) + \sigma_{\alpha\alpha}^0(\hat{\boldsymbol{s}},\hat{\boldsymbol{i}})T_\alpha(\hat{\boldsymbol{i}})]\mathrm{d}\Omega_i \tag{17.42}$$

式中:$T_\alpha(\hat{\boldsymbol{i}})$ 和 $T_\beta(\hat{\boldsymbol{i}})$ 是以偏振态 α 和 β 入射到表面的天空温度。

17.6 系统温度

从 17.1 节到 17.5 节中,我们讨论了噪声温度如何发射、传播、吸收和散射,然后到达天线。在本节中,我们将讨论接收机中发生的情况。除了式(17.13)中给出的天线温度外,接收机本身也会影响接收系统的总噪声。因此,我们引入系统噪声温度 T_{sys}。

$$T_{\text{sys}} = T_A + T_r \tag{17.43}$$

式中:T_r 为接收机噪声温度。如图 17.9 所示,如果接收机由若干个具有温度和增益的级联组成,则前几级的增益有效地降低了每一级对整个系统温度的贡献。因此,系统温度为

$$\begin{cases} T_{\text{sys}} = T_A + T_r \\ T_r = T_1 + \dfrac{T_2}{G_1} + \dfrac{T_3}{G_1G_2} \end{cases} \tag{17.44}$$

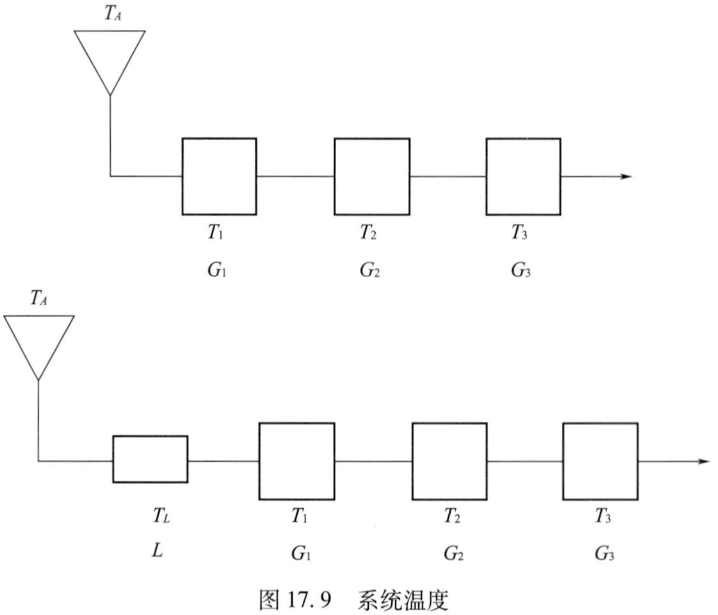

图 17.9 系统温度

需注意到的是，输出端的总噪声功率为 $T_{out}=G_1G_2T_{sys}$。如果第一级是损耗为 L（增益 $=\varepsilon=L^{-1}<1$）且物理温度保持在 T_L 的传输线，则传输线末端的有效噪声温度为 $T_L(1-\varepsilon)$。从 dx 中产生的噪声等于吸收功率 $\alpha T_L\mathrm{d}x$ 可以看出这一点，其中 α 为衰减常数。在长度为 l 的线路末尾，可以得到：

$$\int_0^l \alpha T_L \mathrm{e}^{-\alpha(l-x)}\mathrm{d}x = T_L(1-\varepsilon)$$

式中：$\varepsilon=\mathrm{e}^{-\alpha l}$。因此，对于接收机之后损耗为 L（增益 $=\varepsilon$）的衰减器，其噪声温度为 $T_L(1-\varepsilon)+T_r$。系统总温度为

$$\begin{aligned} T_{sys} &= T_A+\frac{1}{\varepsilon}[T_L(1-\varepsilon)+T_r] \\ &= T_A+T_L(L-1)+LT_r \end{aligned} \tag{17.45}$$

式中：T_r 由式（17.44）求得。

17.7　最低可测温度

测量总噪声功率的接收机称为“总功率接收机”（图 17.10）。检测器通常是平方律器件，输出电压与输出噪声功率成正比。入射功率由宽带系统噪声温度 T_{sys}和信号噪声温度 ΔT 组成。如果接收机的带宽为 B，则系统噪声温度的输出功率与 $(KT_{sys}B)^2$ 成正比，信号的输出功率与 $(K\Delta TB)^2$ 成正比。然而，系统噪声是每秒 B 个有效独立的噪声脉冲。这些脉冲在积分时间 τ 内取平均值，因此，有 $B\tau$ 个独立脉冲。在此期间，这些独立脉冲会相互抵消，因此，系统噪声通过 $B\tau$ 减小。

$$W_{sys}\sim\frac{(KT_{sys}B)^2}{B\tau} \tag{17.46}$$

这意味着系统温度可以有效降低至 $T_{sys}/(B\tau)^{1/2}$。信号输出 W_s 为

$$W_s\sim(K\Delta TB)^2 \tag{17.47}$$

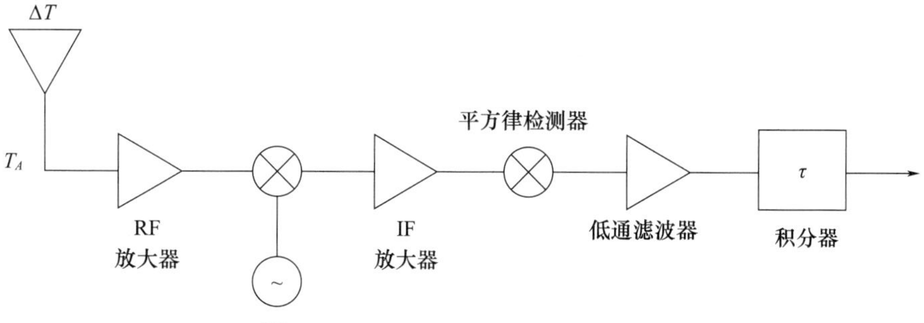

图 17.10　总功率接收机

灵敏度或最小可检测信号 ΔT_{min}定义为 ΔT，它产生输出 $W_s(=W_{sys})$。因此得到：

$$\Delta T_{min}=\frac{K_sT_{sys}}{\sqrt{B\tau}} \tag{17.48}$$

式中：K_s 为单位数量的灵敏度常数。例如，对于总功率接收机，$K_s=1$，而对于迪克接收机，$K_s=\pi/\sqrt{2}$。

总功率接收机受系统增益变化 $\Delta G/G$ 的影响。迪克接收机以恒定速率在接收天线和参考负载之间切换，从而消除了增益不稳定性（Kraus，1966，第 7 章；Skolnik，1970）。

17.8 雷达距离公式

当雷达方程中包含噪声温度时，雷达可以检测到目标的最大范围。对于给定的发射功率 P_t，由雷达方程可以求得接收功率 P_r（见 10.2 节）。

$$\frac{P_r}{P_t}=\frac{\lambda^2}{(4\pi)^3}\frac{G^2}{R^4}\sigma \tag{17.49}$$

对于温度为 T_{sys} 和带宽为 B 的系统，系统噪声功率 P_n 为

$$P_n=KT_{\text{sys}}B \tag{17.50}$$

因此，信噪比为

$$\frac{S}{N}=\frac{P_r}{P_n} \tag{17.51}$$

由此求得 P_r 的最小可检测值：

$$P_r=KT_{\text{sys}}B\frac{S}{N} \tag{17.52}$$

将其代入式(17.49)，我们可以得到雷达检测目标的最大范围，用 S/N、T_{sys} 和 B 表示。如果输出可以在时间 τ 上进行积分，则系统温度有效地降低到 $T_{\text{sys}}/(B\tau)^{1/2}$。

17.9 孔径照射和亮度分布

在可见光波段，大气是可穿透的，而在 1cm ~ 100m 波段内，大气也是可穿透的。对于波长超过 10m 的无线电波可能无法穿透电离层。在约 10μm ~ 1cm 之间，大气存在相当数量的分子吸收。同样对于小于 0.1μm 的波长，大气存在大量的分子吸收。因此，有穿过大气层的光学窗口和射电窗口。射电天文学利用的是射电窗口，而光学天文学利用的是光学窗口（Kraus，1966）。

由图 17.11 可见一个指向天空的射电望远镜。孔径场分布为 $A(x,y)$，辐射方向图 $g(\theta,\phi)$ 通过傅里叶变换与孔径场分布相关（见 9.5 节）。

$$g(\theta,\phi) = \int A(x,y)\,\mathrm{e}^{\mathrm{i}k_x x+\mathrm{j}k_y y}\,\mathrm{d}x\mathrm{d}y \tag{17.53}$$

式中：

$$k_x=k\sin\theta\cos\phi$$

$$k_y=k\sin\theta\sin\phi$$

接下来，我们讨论在 $x-z$ 平面（$y=0,\phi=0$）中扫描天空的天线波束。令 $g(\theta,0)=g(\beta)$ 和 $\int A(x,y)\mathrm{d}y = A(x)$，则式（17.53）可表示为

$$g(\beta) = \int A(x)\mathrm{e}^{\mathrm{j}\beta x}\mathrm{d}x \tag{17.54}$$

式中：$\beta = k\sin\theta$。

功率方向图 $p(\beta)$ 为

$$\begin{aligned} p(\beta) &= g(\beta)g^*(\beta) \\ &= \iint A(x)A^*(x')\mathrm{e}^{\mathrm{j}\beta(x-x')}\mathrm{d}x\mathrm{d}x' \end{aligned} \tag{17.55}$$

功率方向图的傅里叶变换 $P(x'')$ 为

$$\begin{aligned} P(x'') &= \frac{1}{2\pi}\int p(\beta)\mathrm{e}^{-\mathrm{j}\beta x''}\mathrm{d}\beta \\ &= \int A(x)A^*(x-x'')\mathrm{d}x \end{aligned} \tag{17.56}$$

这是孔径分布的卷积积分。图 17.12 直观地表示了这些关系。

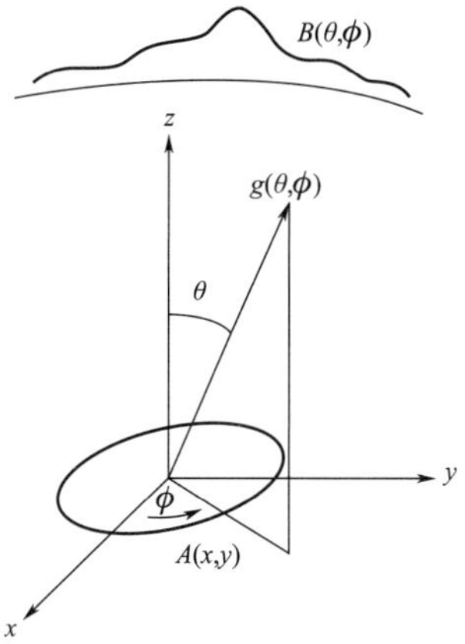

图 17.11　孔径分布 $A(x,y)$ 和辐射方向图 $g(\theta,\phi)$

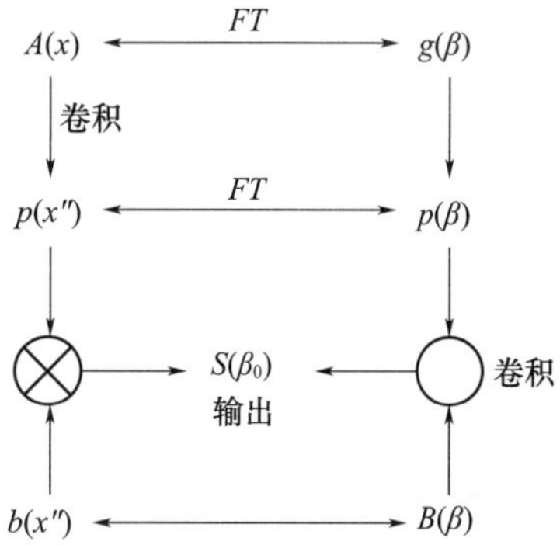

图 17.12　孔径分布 $A(x)$、功率方向图 $p(\beta)$、亮度分布 $B(\beta)$ 和输出 $S(\beta_0)$ 之间的关系

接下来将天线波束指向 θ_0 方向，以亮度分布 $B(\theta)=B(\beta)$ 扫描天空。这种扫描通常是通过地球的自转来完成的。输出 $S(\beta_0)$ 取决于扫描角度 θ_0，因此得到（图 17.13）：

$$S(\beta_0) = \int B(\beta)p(\beta_0-\beta)\mathrm{d}\beta \tag{17.57}$$

式中：$\beta_0 = k\sin\theta_0$。

输出 $S(\beta_0)$ 的傅里叶变换由以下乘积求得：

$$\begin{aligned} S(x) &= \frac{1}{2\pi}\int S(\beta_0)\mathrm{e}^{-\mathrm{j}\beta_0 x}\mathrm{d}\beta_0 \\ &= b(x)P(x) \end{aligned} \tag{17.58}$$

式中：

$$b(x) = \frac{1}{2\pi}\int B(\beta)\mathrm{e}^{-\mathrm{j}\beta x}\mathrm{d}\beta$$

$$P(x) = \frac{1}{2\pi}\int p(\beta)\mathrm{e}^{-\mathrm{j}\beta x}\mathrm{d}\beta$$

上述亮度分布 $B(\beta)$、功率方向图 $p(\beta)$ 和输出 $S(\beta_0)$ 之间的关系如图 17.12 所示。式(17.58)表明亮度分布的频谱被天线方向图滤波后产生输出。

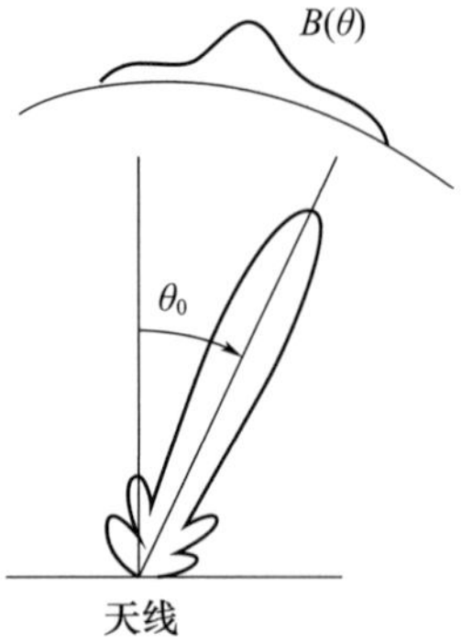

图 17.13　扫描天空的天线波束

17.10　双天线干涉仪

以双天线干涉仪为例说明 17.9 节所示关系。双天线的两点相隔距离 a(图 17.14)。孔径分布 $A(x)$ 为

$$A(x)=\frac{1}{2}\delta\left(x-\frac{a}{2}\right)+\frac{1}{2}\delta\left(x+\frac{a}{2}\right) \tag{17.59}$$

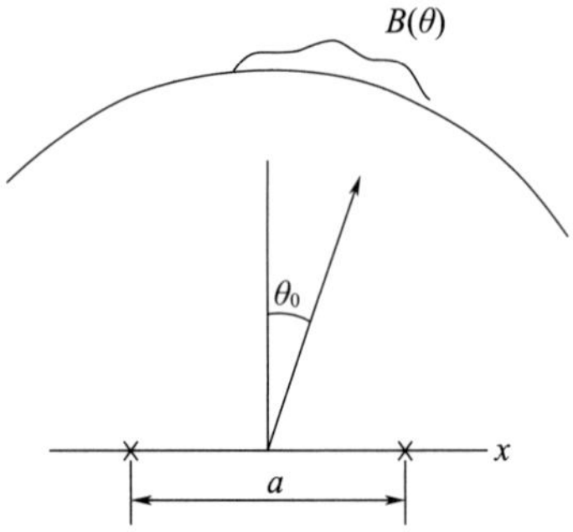

图 17.14　双天线干涉仪

场方向图、功率方向图和傅里叶变换为

$$\begin{cases} g(\beta)=\cos\dfrac{\beta a}{2}, \\ p(\beta)=\dfrac{1}{2}(1+\cos\beta a) \end{cases} \tag{17.60}$$

观察输出 $S(\beta_0)$ 与扫描角度 $\theta_0(\beta_0=k\sin\theta_0)$ 的函数关系为

$$S(\beta_0)=\frac{S_0}{2}[1+V(\beta_0,a)] \tag{17.61}$$

式中：

$$S_0 = \int B(\beta)\,\mathrm{d}\beta$$

$$V(\beta,a) = \frac{1}{S_0}\int B(\beta)\cos[(\beta_0 - \beta)a]\,\mathrm{d}\beta$$

接下来，讨论亮度分布 $B(\beta)$ 的傅里叶变换：

$$V_c(a) = \frac{1}{S_0}\int B(\beta)\,\mathrm{e}^{-\mathrm{j}\beta a}\,\mathrm{d}\beta \tag{17.62}$$

该函数 $V_c(a)$ 称为复能见度函数，是波在接收机处的归一化相关函数，且为关于间隔 a 的函数。当间隔 a 为零时，V_c 为 1，随着间隔 a 的增大，相关性降低。函数 $V_c(a)$ 是归一化的互相干函数或相干度。在式(17.62)中，非相干光源的光源亮度分布与观测点处的相干度之间的傅里叶变换关系是光源和观测点相距较远时 van Cittert – Zernike 定理的特例(Born、Wolf，1970，第 10 章)。

复可见度函数 $V_c(a)$ 可以表示为

$$V_c(a) = V_0(a)\,\mathrm{e}^{-\mathrm{j}\Delta a} \tag{17.63}$$

观察到的输出 $S(\beta_0)$ 为

$$S(\beta_0) = \frac{S_0}{2}\{1 + V_0(a)\cos[\beta_0 a - \Delta a]\} \tag{17.64}$$

式中：

$$V(\beta_0, a) = \mathrm{Re}[V_c(a)\,\mathrm{e}^{\mathrm{j}\beta_0 a}]$$

观察到的输出 $S(\beta_0)$ 作为扫描角 β_0 的函数，如图 17.15 所示。在射电天文学中，扫描是通过地球的自转来完成的。

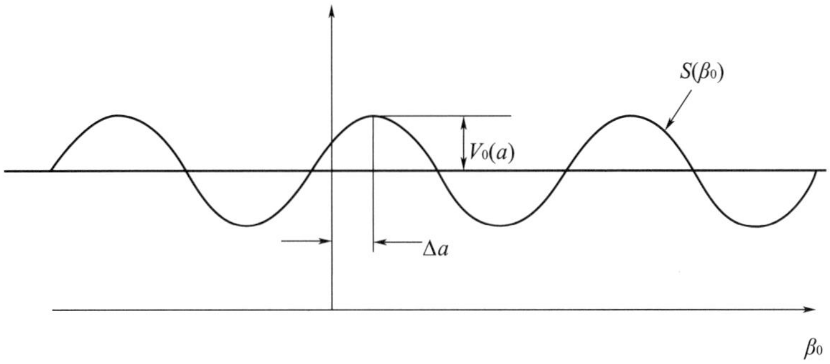

图 17.15　观察到的输出 $S(\beta_0)$ 和复可见度函数

可以通过测量观察到的输出 $S(\beta_0)$ 来确定复可见度函数。$S(\beta_0)$ 的最大值和最小值为

$$\begin{cases} S_{\max} = \dfrac{S_0}{2}[1 + V_0(a)] \\ S_{\min} = \dfrac{S_0}{2}[1 - V_0(a)] \end{cases} \tag{17.65}$$

由此得到：

$$V_0(a)=\frac{S_{\max}-S_{\min}}{S_{\max}+S_{\min}} \tag{17.66}$$

式中：幅度 $V_0(a)$ 称为条纹可见度或能见度。同样在 $\beta_0=0$ 处得到：

$$V_0(0,a)=V_0(a)\cos(\Delta a) \tag{17.67}$$

从式(17.66)和式(17.67)可以计算出 $V_0(a)$ 和 Δa，从而计算出 $V_c(a)$。一旦求得所有距离 a 对应的 $V_c(a)$，就可以通过式(17.62)所示的傅里叶逆变换求得亮度分布$B(\beta)$。

如式(17.53)中所示，傅里叶变换关系式(17.62)可以推广到二维。测量复可见度函数，然后得到射电源在天空中亮度分布图的技术称为孔径合成。要获得复可见度函数，必须在足够多的间隔下进行测量。在新墨西哥州建造的甚大天线阵(very large array，VLA)可以在1.4～24GHz的频率范围内进行高达35km的间隔测量。

习　题

17.1　假设太阳的角度大小为1°，其相当于一个6000K的黑体。$f=10\text{GHz}$ 的天线波束宽度为0.5°，接收机带宽为1MHz，该天线指向太阳。请计算：

(a)天线的增益(以dB为单位)；

(b)源通量密度；

(c)观测到的通量密度；

(d)源温度；

(e)天线温度。

17.2　用2°的波束宽度完成习题17.1。

17.3　假设雨滴从地面到3km高处均匀分布，当降水速率为12.5mm/hr，10GHz的降雨衰减为0.3dB/km。且假定雨水温度为273K。如果天线始终指向太阳，求天线温度与角度 θ 的函数关系。散射效应可以忽略不计。

17.4　考虑图17.8中所示的辐射计，它位于 $h=3\text{km}$ 和 $\theta=30°$ 处。10GHz时的波束宽度为1°。假设雨介质如问题17.3中所述，求雨水辐射 T_1。假定潮湿土壤的地面温度为283K，求地面辐射 T_2。假定均匀天空的温度为273K且地面为朗伯表面，求散射分量 T_3。计算总温度 $T_1+T_2+T_3$。如果地面被光滑的金属表面覆盖，温度是多少？

17.5　考虑图17.9中所示的系统。假设 $T_A=40\text{K}$，$T_L=290\text{K}$，$L=5\text{dB}$，$T_1=T_2=T_3=290\text{K}$，$G_1=G_2=G_3=20\text{dB}$。求系统温度。

17.6　10GHz的微波天线波束宽度为1°和带宽为1MHz。假设天线的系统噪声温度为290K，目标的雷达散射截面为10 m^2，要求的信噪比至少为10dB，目标最大探测距离为100km，求所需的发射功率。

17.7　假设外星文明(ETC)存在于距离 R 光年的地方。一个直径26m的天线用于检测来自ETC的信号。假设ETC使用发射功率为1MW、直径为100m的天线发射信号，接收机的系统噪声为20K，且 $\lambda=12\text{cm}$，$\Delta f=1\text{Hz}$，$\tau=1\text{s}$。计算能探测到ETC信号的最大距离 R(光年)。

17.8 考虑一个孔径分布为 $A(x)$ 指向太阳的天线(图 P17.8)。假设在等效黑体温度为 6000K 时,太阳的等效角尺寸为 1°。且波长 3cm,接收机带宽为 1MHz。

计算:

(a)源通量密度;

(b)观察到的通量密度;

(c)源温度;

(d)天线温度。

如有必要,使用适当的近似值。此外,求:

(e)$g(\lambda)$,$\lambda = k\sin\theta$;

(f)$P(\lambda)$;

(g)$\overline{\boldsymbol{P}}(x'')$;

(h)$B(\lambda)$;

(i)$\overline{\boldsymbol{B}}(x'')$;

(j)$S(\lambda_0)$。

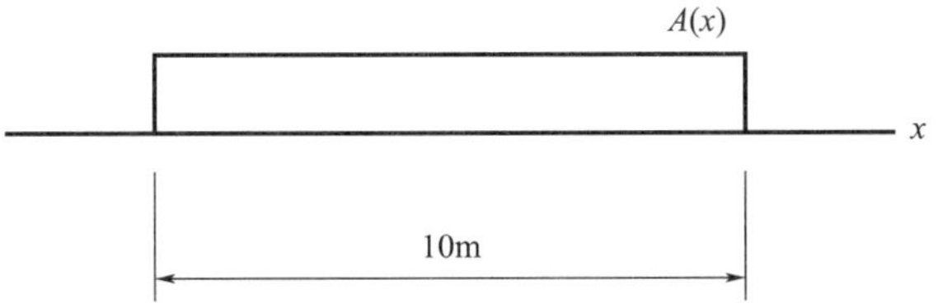

图 P17.8 孔径天线

17.9 如果一颗恒星具有图 P17.9 所示的亮度分布,则计算并绘制双天线干涉测量的 $S(\lambda_0)$。频率为 1GHz,$a = 500$m。

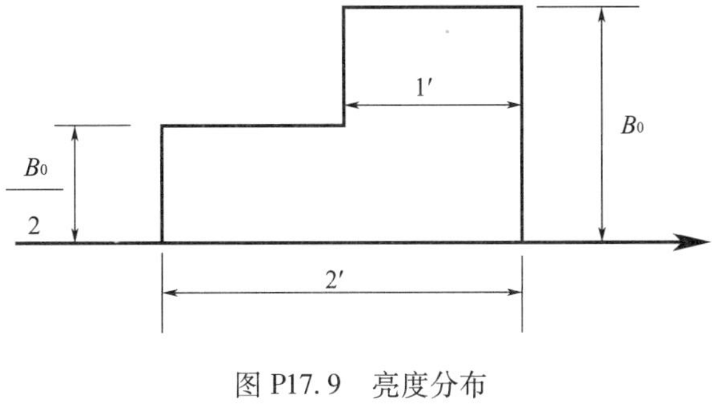

图 P17.9 亮度分布

17.10 假设某个星云在 1GHz 时的角尺寸为 1′,源通量密度为 1000×10^{-26} jansky。接收天线的直径为 10m,带宽为 5MHz。求天线温度。如果积分时间为 1s,那么探测到这个星云所允许的最大接收噪声温度是多少?

17.11 对于问题 17.10,使用两个相同的接收天线用于确定星云的角度大小。计算并绘制能见度关于两个天线之间距离的函数。

第 18 章 随机波动理论

我们研究的许多问题都可以分为“确定性”或“随机性”。对于本书中的大多数问题，研究的介质和目标在形状、位置和材料特性(如介电常数)方面都是明确定义的，如电场、磁场以及坡印廷矢量，这些被称为“确定性”问题。相反，在许多情况下，介质的特性、位置和形状可能会随时间和空间随机变化。如大多数地球物理和生物介质，它们被称为“随机介质”，在随机介质中传播的波在空间和时间上随机变化。然而，尽管介质和波随机变化，但随机现象的背后却存在着定义明确的理论。因此，统计波理论旨在发现和利用这些定义明确的随机现象理论。

我们在前面几个章节中讨论了统计波动理论的许多例子和应用，因此，在此不再重复这些讨论。在本章中，我们将总结这些理论的历史发展和新思想，以及悬而未决或需要进一步关注的关键问题。

18.1 随机波动方程与统计波动理论

随机介质包括空间和时间的连续随机函数特性，如介电常数，因此，可视为随机连续体。例如，大气、电离层或对流层中的湍流、海洋湍流、行星际、星际湍流以及非均匀地球(Keller,1964)。随机介质还包括用空间和时间连续随机函数来表示的随机边界表面，例如海洋表面。随机介质也可以被认为是雨、雾、雪和冰粒等随机分布的离散散射体，也包括扩散介质，如组织和血细胞(Twersky,1964)。

随机介质中的波受随机波动方程控制，通常需要求得场的统计平均值和统计矩的解。因此，“随机波动理论”也可称为“统计波动理论”。

18.2 对流层、电离层和大气光学中的散射

Booker 和 Gordon(1950)对对流层中的无线电波散射进行了早期研究，他们利用折射率波动的指数相关函数，得到了角度相关性、相关距离和波长之间的关系。众所周知，这

些结果与布拉格衍射有关(Ishimaru,1997)。其他光谱,如高斯模型和修正的科尔莫戈罗夫模型(Modified Kolmogorov model),已被研究并应用于对流层、行星大气和太阳风中的散射。

电离层湍流的散射已得到广泛研究,包括色散、闪烁指数、双通道效应和合成孔径雷达(synthetic aperture radar,SAR)电离层成像(Jin,2004;Rino,2011;Tatarskii 等,1992;Yeh 和 Lin,1992)。大气光学已得到广泛研究(Tatarskii,1961,1971),特别是对后向散射增强效应、四阶矩、散斑、定位、组织光学、湍流成像和自适应光学的研究(Ishimaru,1997)。此外,还有“薄屏”和“扩展惠更斯 - 菲涅尔”技术。Tatarskii 等(1993)应用了“路径积分”方法。且 Useinski 的基本解法和双尺度解法也受到关注(Tatarskii,1993)。

其中一个重要问题是脉冲在随机介质中的传播,这需要对随机介质的双频互相干函数(mutual coherence function,MCF)进行研究,已经提出了几种相关技术(Ishimaru,1997)。

18.3　浑浊介质、辐射传输和互易性

我们已经在第 17 章、19 章、20 章和 24 章中讨论过(并将进一步讨论)辐射传输理论及其应用。辐射传输的早期工作是由 Schuster(1905)完成的,用于研究雾霾天气中的辐射。Chandrasekhar(1950)完成了研究行星和恒星大气中辐射传输和散射的权威著作。传递方程等同于中子扩散中使用的玻尔兹曼方程。辐射传递理论也适用于地球物理介质和生物介质中的散射(第 19 章和 20 章)。

多重散射介质中波的基本方程由一阶的戴森方程(Dyson equation)和二阶的贝特 - 萨尔佩特方程(Bethe - Salpeter equation)组成。24.4 节将对此进行详细讨论。下面我们讨论辐射传递的互易关系。当点源在 r_i 处时,格林函数 $G(r_s r_i)$ 为位置 r_s 处的场。根据互易性得到:

$$G(r_s r_i) = G(r_i r_s) \tag{18.1}$$

格林函数的强度 L 为

$$L(r_s r_i r_s' r_i') = \langle G(r_s r_i) G^*(r_s' r_i') \rangle \tag{18.2}$$

现在考虑以下四种情况:

$$\begin{cases} L_1 = \langle G(r_s r_i) G^*(r_s' r_i') \rangle \\ L_2 = \langle G(r_i r_s) G^*(r_i' r_s') \rangle \\ L_3 = \langle G(r_s r_i) G^*(r_i' r_s') \rangle \\ L_4 = \langle G(r_i r_s) G^*(r_s' r_i') \rangle \end{cases} \tag{18.3}$$

如果没有统计平均值,则这四项是相同的,但是我们需要考虑干扰。L_1 和 L_2 对应于源点和观测点的互换,它们是相等的,这表明了辐射传输的互易性(图 18.1)。但是只有在精确的后向散射、正向传播与逆时反向传播路径相同的情况下,L_3 才与 L_1 相等。因此,在精确的后向散射下,强度变为 $L_1 + L_3 = 2L$。远离精确的后向散射的地方,干涉破坏 L_3 的大小,造成一个尖锐的峰值,其角宽度为 λ / l_{tr},其中 l_{tr} 为传播平均自由路径(图 18.2)。

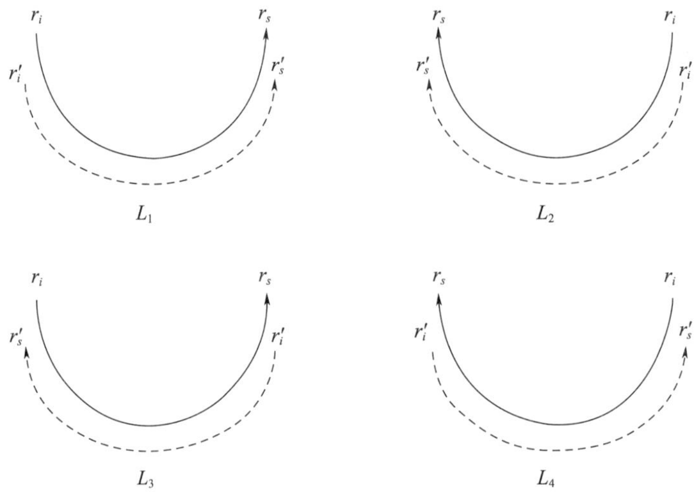

图 18.1　L_1 和 L_2 构成了辐射转移的互易性(在精确后向散射中，L_3 中为相长干涉,且与 L_1 完全相同)

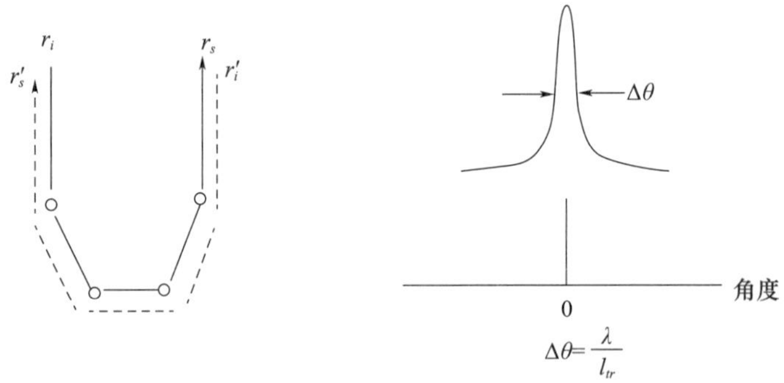

图 18.2　精确的后向散射

18.4　随机索默菲尔德问题、地震尾波和地下成像

在第 15 章中,我们讨论了导电地球上偶极子的辐射,这些是波在地球表面激发和传播的相关问题。如第 23 章中的粗糙表面散射,地震声脉冲在非均匀地球上的散射和传播,以及被称为“尾波”的波列。尽管它们是不同的问题,但可以从更统一和更广泛的角度来思考。

索默菲尔德问题研究的是平地上的无线电波。然而,如果我们考虑对海洋表面或地形附近目标的成像,则需要研究表面粗糙度的影响,即对粗糙表面的“随机格林函数”的研究。与 Watson – Keller 的研究(1984)类似,利用平滑图法,该问题使用戴森和贝特 – 萨尔佩特方程对相干和非相干场进行了研究(Ishimaru 等,2000)。Ishimaru 等人(2000)还研究了索默菲尔德波和浅涅克波,以及粗糙表面对索默菲尔德极点的影响。然而,这些研究并不全面,因为它们涉及的是一维粗糙表面和较小的均方根高度。故对平地上的地震脉冲激发展开了广泛的研究(deHoop,1985)。不过,最近的研究主要集中在随机不均匀地球效应的研究上,这种影响产生称为“尾波”的波列。虽然人们已经对尾波的特性进行了研究,但大多数研究都假定介质在三维空间中向所有方向延伸,没有考虑到土壤与空气之间边界的粗糙表面效应(Sato 等,2012,第 26 章)。在平坦的地表上的脉冲中考虑了地球 - 空气边界,然而我们感兴趣的是产生地震尾波的不均匀地球。因此,考虑地震脉冲在具有空气 - 土壤边界的不均匀地球中的激发和传播是有意义的。空气 - 土壤边界的边界条件见附录 26(26. A. 9),其中法向应力和切向应力均为零。利用时空傅里叶变换可以得到问题的形式解。需要计算相干波和非相干波。傅里叶变换包括瑞利表面波引起的极点,以及 p 波和 s 波入射波在空气 - 土壤边界的反射,但这尚未得到充分的研究和报道。最近有研究表明,等离子体薄膜的深层次表面粗糙度可以产生倏逝波,从而增强亚波长成像(Tsang 等,2015)。

18. 5　随机格林函数与随机边界问题

电气工程专业的学生都会学习格林函数。乔治·格林是诺丁汉一个面包师的儿子,他仅受过有限的教育。他在 1828 年发表了第一部著作,其中包含格林函数、格林定理和其他数学方法,这些研究成为连接经典场论与量子电动力学(施温格尔、费曼、朝永、费曼图、戴森和贝特 - 萨尔佩特方程以及凝聚态物理学)的重要纽带(Dyson,1993)。格林函数$G(r,t,r',t')$描述了给定点 r 上的场在稍后时间 t 的响应,该响应是由另一个给定点 r' 上的场在较早时间 t'的脉冲激励(δ 函数)引起的。这里我们简要地总结一下基本公式。

对于自由空间中的时谐确定性问题,标量格林函数为

$$G(r,r') = \frac{\exp(\mathrm{i}k_0 r)}{4\pi r} \tag{18.4}$$

式中:k_0 为自由空间波数。

如果介质是随机介质,相对介电常数为 $\varepsilon = \langle\varepsilon\rangle(1+\varepsilon')$,其中$\langle\varepsilon\rangle$为平均介电常数,$\varepsilon'$为介电常数的波动,格林函数是关于空间和时间的随机函数。因此,我们需要考虑平均格林函数和波动格林函数。一阶矩和二阶矩为

$$\begin{cases}\langle G\rangle = \text{一阶矩} \\ \langle G(r_1)G^*(r_2)\rangle = \text{二阶矩}\end{cases} \tag{18.5}$$

一阶矩为平均或相干的格林函数。波动格林函数(也称非相干格林函数)可表示为

$$G_f = G - \langle G\rangle \tag{18.6}$$

二阶矩被称为 MCF,有

$$\Gamma(r_1,r_2) = \langle G(r_1)G^*(r_2)\rangle = |\langle G\rangle|^2 + \langle G_f(r_1)G_f^*(r_2)\rangle \tag{18.7}$$

因此,需要求得一阶矩和二阶矩,这包括了边界条件和成像、通信和其他应用的目标特征。例如,对于一个点目标(图 18. 3),G_1G_2 是正向波和反向波,G_3G_4 是它们的共轭波。接收电场为 G_1G_2,接收功率为$(G_1G_2)(G_3^*G_4^*)$。每个格林函数由平均值$\langle G_i\rangle$和波动值 v_i 构成,$i=1,2,3,4$。则接收功率 P_r 为

$$\begin{aligned} P_r &= \langle (G_1G_2)(G_3^*G_4^*)\rangle \\ &= \langle (G_1+v_1)(G_2+v_2)(G_3+v_3)^*(G_4+v_4)^*\rangle \end{aligned} \tag{18.8}$$

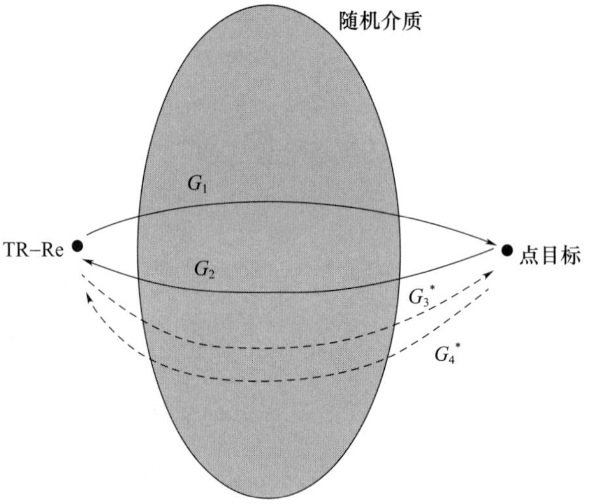

图 18.3　点目标的格林函数(G_1G_2 为正向和后向格林函数,$[G_3G_4]^*$ 为其共轭函数)

P_r 是四阶矩。现在假设随机格林函数为循环复高斯随机变量(附录 23. A)。由此得到:

$$P_r = \langle G_1\rangle\langle G_3^*\rangle\langle G_2\rangle\langle G_4^*\rangle + \langle G_1\rangle\langle G_3^*\rangle\langle v_2v_4^*\rangle + \langle G_2\rangle\langle G_4^*\rangle\langle v_1v_3^*\rangle + \langle v_1v_3^*\rangle \langle v_2v_4^*\rangle + \langle G_1\rangle\langle G_4^*\rangle\langle v_2v_3^*\rangle + \langle G_2\rangle\langle G_3^*\rangle\langle v_1v_4^*\rangle + \langle v_1v_4^*\rangle\langle v_2v_3^*\rangle \tag{18.9}$$

注意到 $G_1 = G_2$ 和 $G_3 = G_4$,$v_1 = v_2$ 和 $v_3 = v_4$,因此:

$$P_r = [\langle G_1\rangle\langle G_3^*\rangle]^2 + 4\langle G_1\rangle\langle G_3^*\rangle\langle v_1v_3^*\rangle + 2\langle v_1v_3^*\rangle^2 \tag{18.10}$$

这包括正向波和后向波之间的相关性。注意到$\langle v_1v_4^*\rangle = 0$ 和$\langle v_2v_3^*\rangle = 0$①,如果我们忽略这种相关性,将会得到:

$$P_r = \langle G_1\rangle\langle G_3^*\rangle^2 + 2\langle G_1\rangle\langle G_3^*\rangle\langle v_1v_3^*\rangle + \langle v_1v_3^*\rangle^2 \tag{18.11}$$

式(18. 10)和式(18. 11)之间的差异清楚地表明了正向波和后向波之间的相关性的影响。如果我们忽略式(18. 11)中的相关性,则这种效应等效于式(18. 10)中所示的后向散射功率的增加,这是双通道效应的表现。详请参见 24. 1 节和 24. 3 节。

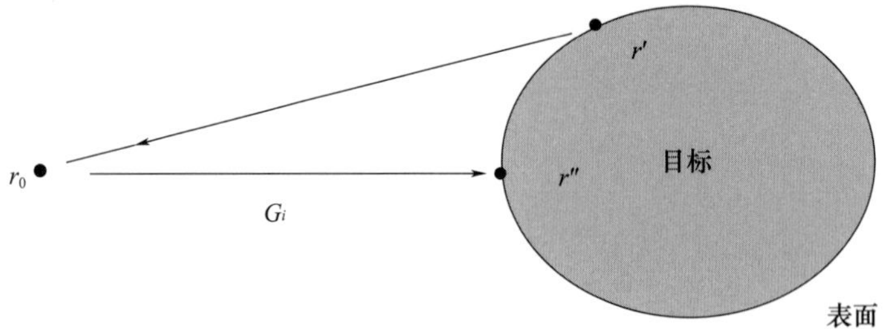

图 18.4　随机积分方程

下面我们来看一个随机积分方程的例子。考虑随机介质中的目标(图 18.4),目标表面

① 译者注:根据原作者提供的更正说明,增加$\langle v_1v_4^*\rangle = 0$ 和$\langle v_2v_3^*\rangle = 0$。

的边界条件为狄利克雷型的简单情况。这在12.1节中讨论过,其曲面积分方程为

$$G_i(r,r_0)=\int_S G(\bar{\boldsymbol{r}},\bar{\boldsymbol{r}}')J(\bar{\boldsymbol{r}}')\mathrm{d}s' \tag{18.12}$$

式中:$J(\bar{\boldsymbol{r}}')=\dfrac{\partial\psi(r')}{\partial n}$相当于表面电流;$G$为格林函数;$G_i$为源在$r_0$且在$r$处观察到的入射格林函数。这里假设入射波$G_i$是由$r=r_0$处的$\delta$函数激发的。

散射场$\psi_s(r')$为

$$\psi_s(r')=-\int_S G(\bar{\boldsymbol{r}},\bar{\boldsymbol{r}}')J(\bar{\boldsymbol{r}}')\mathrm{d}s' \tag{18.13}$$

请注意,当r位于表面上$r=r_s$处时,有

$$\psi_i(r_s)+\psi_s(r_s)=0 \tag{18.14}$$

该式满足狄利克雷边界条件。

目标在随机介质中,因此,G_i,ψ_s,G和J都是随机函数。首先考虑一阶矩①:

$$\langle G_i\rangle=\int\langle G(r,r')J(r^*)\rangle\mathrm{d}s' \tag{18.15}$$

如果我们知道随机介质的特征,就可以计算入射波$\langle G_i\rangle$。

把未知电流J写成:

$$J(r')=\int_S S(r',r'')\psi_i(r'')\mathrm{d}s'' \tag{18.16}$$

函数S被称为“转移算符”或“散射算符”(Frisch,1968),也被称为“电流发生器”(Meng-Tateiba,1996)。式(18.12)可写为

$$G_i(r,r_0)=\int_S\mathrm{d}s'\int_S\mathrm{d}s''G(r,r')S(r,r')G_i(r'',r_0) \tag{18.17}$$

式(18.13)中的散射场为

$$\psi_s=-\int_S\mathrm{d}s'G(r,r')\int_S\mathrm{d}s''S(r',r'')\psi_i(r'') \tag{18.18}$$

$r=r_0$处后向散射波的二阶矩为

$$\langle|G_s|^2\rangle=\mathrm{d}s_1''\mathrm{d}s_2'\mathrm{d}s_2''\langle[S(r_1',r_1'')S^*(r_2',r_2'')]G(r_0,r_1')G_i(r_1'',r_0)G^*(r_0,r_2')G_i^*(r_2'',r_0)\rangle \tag{18.19}$$

注意,S是一个随机函数。在r''处的电场产生了r'处的电流,因此,为了计算S,可以假设表面周围的介质具有平均介电常数。在此假设下,可以用一个确定的平均值$\langle S\rangle$来近似计算S。

$$\langle|G_s|^2\rangle=\mathrm{d}s_1''\mathrm{d}s_2'\mathrm{d}s_2''\langle S\rangle\langle S^*\rangle\langle GG_iG^*G_i^*\rangle \tag{18.20}$$

假设四阶矩是循环复高斯变量,则四阶矩可以用二阶矩表示(附录23.A)。

$$\langle GG_iG^*G_i^*\rangle=\langle GG^*\rangle\langle G_iG_i^*\rangle+\langle GG_i^*\rangle\langle G_iG^*\rangle \tag{18.21}$$

这些二阶矩已经计算出来了,因此,可以由$\langle|G_s|^2\rangle$计算雷达截面。

18.6 具有随机介质互相干函数的通信系统信道容量

一方面,人们对各种环境的通信信道容量进行了广泛研究。信道传输矩阵$\boldsymbol{H}$通常被

① 译者注:根据上下文,将式(18.15)中的$G(rr')$修正为$G(r,r')$,式(18.18)中的$G(rr')$修正为$G(r,r')$以及$S(r'r'')$修正为$S(r',r'')$,式(18.19)中的$G_i(r_1''r_0)$修正为$G_i(r_1'',r_0)$以及$G_i^*(r_2''r_0)$修正为$G_i^*(r_2'',r_0)$。

假设含有零均值循环复高斯随机变量(Paulraj 等,2003)。另一方面,人们对随机介质中的传播进行了广泛研究,并计算了各种随机介质环境下的 MCF。本节将说明信道容量和 MCF 之间的关系。

考虑一个具有 M 个发射机和 N 个接收机的多输入、多输出(multiple - input,multiple - output,MIMO)传播信道。输出 $\boldsymbol{y}(N\times 1$ 矩阵),输入 $\boldsymbol{x}(M\times 1$ 矩阵)和噪声 $\boldsymbol{N}(N\times N)$ 用常规模型表示(Chizhik 等,2002;Ishimaru 等,2010;Paulraj 等,2003),有

$$\boldsymbol{y}=\boldsymbol{Hx}+\boldsymbol{N} \tag{18.22}$$

$\boldsymbol{H}(N\times M)$ 为归一化的信道传输矩阵。

$$T_r\langle \boldsymbol{HH'}\rangle=\boldsymbol{MN} \tag{18.23}$$

式中:$\boldsymbol{H'}$ 为 $\boldsymbol{H}$ 的共轭转置。

信道容量为

$$C=\sum_i \log_2\left(1+\frac{(P_{SR})\boldsymbol{\lambda}_i}{M}\right) \tag{18.24}$$

式中:P_{SR} 为信噪比,$\boldsymbol{\lambda}_i$ 为 $\boldsymbol{HH'}$ 的特征值(或奇异值)。

本节的核心思想:如何使用 MCF 表达 H。H 为 n 个接收机到 m 个发射机的传输矩阵。因此,其元素 H_{nm} 与从 r_m 处发射机到 r_n 处接收机的随机格林函数成比例。

$$H_{nm}\propto G_{nm} \tag{18.25}$$

由此得到:

$$[HH']_{nn'}\propto\sum_m G_{nm}G_{mn'}^*=\sum_m \Gamma_{nn'} \tag{18.26}$$

请注意,当 δ 函数在 r_m 处,$\Gamma_{nn'}$ 为在 r_n 和 $r_{n'}$ 处的 MCF(图 18.5)。该图显示了可能的衍射效应,包括小孔(Chizhik 等人,2002)。

$$T_r\langle \boldsymbol{HH'}\rangle=\sum_i \lambda_i=\boldsymbol{MN} \tag{18.27}$$

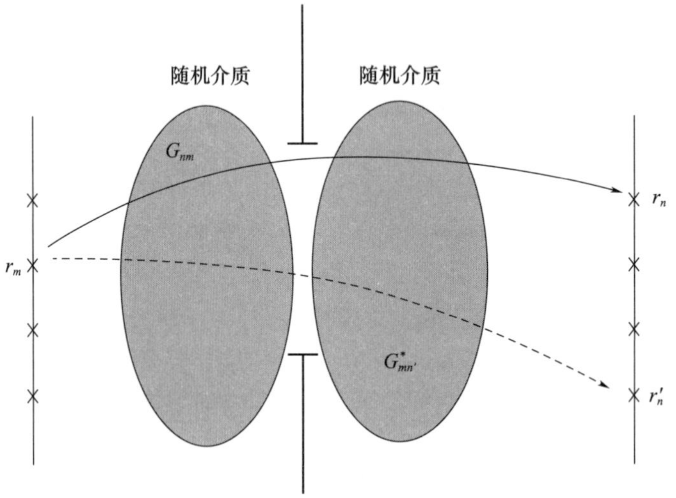

图 18.5 互相干函数 $\Gamma_{nn'}$,$\Gamma_{nn'}=G_{nm}G^*_{mn'}$。图中显示了由小孔引起的衍射。

$\boldsymbol{H}$ 的归一化是通过选择式(18.26)前面的常数来实现的,在计算式(18.26)中的 MCF

后,就可以由式(18.24)计算信道容量了。这适用于任何随机介质和衍射壁或小孔,因为该公式基于统计格林函数和 MCF,这可以在许多情况下求得。

本节给出的一般公式已用于计算 MIMO 模型在随机介质中的信道容量,包括雨中 60GHz、500m 链路的信道容量(Ishimaru,2010)。

18.7　统计波动理论与其他学科的结合

随机波动理论经过多年的发展,现在已经成为一门重要的学科。虽然统计波动理论可以被视为独立于许多其他确定性问题,但统计波动理论与其他物理学科的结合已被公认为一个重要的研究和应用领域。在本节中,我们将列举并重点介绍这种结合的一些实例。

1)统计信号处理

在 18.6 节中,我们讨论了将统计波动理论纳入通信问题的一个例子,问题的关键在于如何表示通过随机介质进行通信的信道传递函数 H。如 18.6 节所述,传递函数 H 可以由随机介质中的随机格林函数求得。在 18.6 节中,我们用均匀随机介质中的随机格林函数来表示 H,这可以推广到小孔效应或任何衍射效应。但在包含随机介质和含统计信号处理的确定性对象在内的介质中,通信问题尚未得到充分研究。

2)热传递和多物理场

如果波在随机介质中传播并入射到目标上,波能可能会被目标吸收并转化为热能,热能会在介质中扩散,造成温度分布的时间和空间变化。我们将在 20.2 节对此进行讨论。这也是"多物理场"问题的例子之一,即同时处理多个物理模型。在这种情况下处理的是电磁学和温度扩散方程。

3)地震波动和尾波、声波与电磁之间的相互作用

在第 26 章中,我们讨论了地震尾波问题,即随机非均匀固体大地中的声波波动,包括瑞利表面波。对于该问题,有必要理解固体中声波的基本理论和公式。这问题的解也适用于固体中声波的电磁激发(Sarabandi,2003)。

4)多孔介质和混合物

在 8.6 节中,我们讨论了如何使用"混合公式"来确定两种或两种以上具有不同介电常数的材料混合物的有效介电常数。混合物也可视为多孔介质,其中孔隙和孔隙率以及与体积分数的关系很重要,也与"渗流理论"有关。值得注意的是,对于页岩等多孔介质,石油的产量取决于孔隙度是否大于或小于临界孔隙度。关于多孔介质的进一步讨论在第 26 章。

5)量子电磁学、卡西米尔力和石墨烯

本书以经典电磁学为基础,量子电动力学不在本书的范围之内。然而,近年来人们利用经典电磁学数值计算卡西米尔力,这可能对微电磁系统(micro electromagnetic systems,MEMS)和纳米电磁系统(nano electromagnetic systems,NEMS)有潜在的应用价值。Casimir 在 1948 年预言了卡西米尔力,由于真空中电磁场的量子波动,它存在于电荷中性体之间。这种力非常小,但当电荷中性物体之间的距离小于微米时,它就变得非常重要(Xiong,Tong,

Atkins, Chew, 2010; Atkins, Chew 等, 2014)。计算电磁技术现已被用于计算卡西米尔力。

石墨烯是由单层碳原子组成的致密蜂窝状晶体结构。Geim 和 Novoselov 于 2004 年发现了石墨烯,并因此于 2010 年获得了诺贝尔物理学奖。石墨烯之所以备受关注,是因为它目前被认为是最坚固的成分、最佳热导体、最佳电导体,并且具有很强的宽带吸收特性。它的潜在应用包括太阳能电池、宽带太赫兹吸收器、等离子体天线、屏蔽等(Chen, Alu, 2011, 2013; Novoselov, Geim 等, 2005; SailingHe, 2013; Yao 等, 2013)。

18.8 统计波动理论的历史发展

统计波动理论已有一百多年的历史。在本节中,我们将概述一些重要的发展。

1)随机连续体

早期对于对流层湍流的微波散射的研究包括:布克 - 戈登公式(Booker - Gordon formula, 1950)、电离层湍流散射(Yeh - Liu, 1972)、大气光学(Tatarski, 1961, 1971)以及太阳风、行星大气和脉冲星闪烁中的天体物理波闪烁。这些研究的基础是相干波的"戴森方程"和非相干波的"贝斯 - 萨尔皮特方程"。这些方程可以用费曼图来表示。事实上,天体物理学中对随机格林函数和 MCF 的研究已经令统计波理论领域丰富多彩。

2)浑浊介质

与随机连续体中的波密切相关的是早期关于在雾状大气中辐射传播的研究(Schuster, 1905)。辐射传输理论(Chandrasekhar, 1950)已被广泛用于描述雾、雨、雪和地面中的波。辐射传输在地球物理遥感和散射领域有着广泛的应用,它还被用于生物医学组织光学、成像和组织超声波成像。辐射传输的基本公式与中子迁移和玻尔兹曼输运方程密切相关。

3)部分相干波

在大量研究后发现,部分相干波在时间、空间和极化上都不是严格意义上的单色波。伯恩和沃尔夫在《光学原理》(1964)中详细讨论了相干时间、相干度、MCF 和干涉。在讨论相干场和非相干场时,非常重要的一点是,非相干场实际上是部分相干场,大多数关于部分相干波的研究都适用于随机介质中的波。

4)粗糙表面和粗糙界面散射

关于粗糙表面散射的研究可以追溯到 1898 年,瑞利基于现在称为"瑞利假设"的理论对正弦波纹表面的散射进行了研究,其假设波纹内的散射波仅由出射波表示。如果最大斜率小于 0.448,则证明这个假设是正确的。Rice 等(1951)给出了进一步的研究,详见第 23 章。

5)增强后向散射和记忆效应

在第 24 章中,我们讨论了增强后向散射和记忆效应。两者都表示多重散射中的相干效应。

第19章

地球物理遥感与成像

地球物理遥感与成像是一门重要的工程学科,涉及地球、海洋、大气和空间的遥感。它涵盖了以IEEE地球科学与遥感学会(GRSS)为代表的广泛领域(Ulaby等,1981;Tsang,Kong,2001)。地球环境遥感是重要的社会需求之一。卫星或飞机对地球物理介质、大气和海洋的观测为环境提供了有用信息。在本章中,我们将讨论遥感和成像的几种技术和应用。主动雷达技术利用雷达信号的传输以及地球物理介质散射的波。被动传感器可探测地球物理介质发出的热辐射。我们还可以利用主动和被动传感器来探测隐藏在地球物理环境中的物体并使其进行成像。无论是主动还是被动传感器,我们都可以测量接收信号的振幅或强度。然而,最近我们对偏振特性和时空相关性进行了测量和处理,以提供有关环境和目标的更完整信息。本章将重点介绍题目主题。首先,我们回顾了应用于分解定理的偏振雷达,该定理有利于从雷达后向散射中获取介质特征。接下来,我们讨论非球形粒子和微分反射率以及非球面散射的一般特征值公式。此外,我们还介绍了时空矢量辐射传输和维格纳分布的基本公式,讨论了被动雷达与极化和海洋风向的关系,以及讨论了将天线温度纳入范西泰特-策尼克定理的问题。最后一节介绍电离层色散和法拉第旋转对合成孔径雷达(SAR)图像的影响。

19.1 极化雷达

在16.7节中,我们讨论了单目标的雷达极化,包括天线的复有效高度、匹配阻抗和极化。在16.8节中,我们讨论了最优极化及其与本征值问题的关系。然后,在16.9节介绍了斯托克斯矢量雷达方程和极化特征。在本节中,我们将讨论极化雷达的基本原理,包括分解目标散射矩阵以提取目标的物理信息。

20世纪50年代初,人们注意到有必要将极化特性纳入传输和接收的研究中(Sinclair,1950)。随后,Kennaugh、Huynen(1978)和Boerner(1983)进行了大量的研究,指出可以通过使用电磁波的矢量性质、散射矩阵、穆勒矩阵和相干矩阵来获得关于目标的新信息。Cloude(1985)、Kostinski和Boerner(1986)、Cloude和Pottier(1996)以及Cloude

(2009)对目标分解定理进行了开创性的全面研究,这些定理表明可将散射矩阵或穆勒矩阵分解为代表各分量物理基础的一组矩阵之和。用泡利矩阵展开 2×2 散射矩阵正是分解的一个例子。极化信息可以以极化特征的形式显示出不同物理对象的不同特征(van Zyl 等,1987;Zebker 等,1991)。Zebker 等(1991)对其进行了全面的分析。Freeman 和 Durden(1998)建立了一个散射模型,给出了冠层、二次反射和粗糙表面散射的三分量散射机理。Luneburg(1995)对雷达极化测量进行了介绍,Boerner(2003)介绍了合成孔径遥感中雷达偏振测量和雷达干涉测量的最新进展。Yamaguchi 等(2005)将 Freeman 和 Durden 的三分量模型扩展为四分量模型,并增加了螺旋散射。Lopez-Martinez、Pottier 和 Cloude(2005)讨论了基于特征向量分解的目标分解定理,包括熵 H、各向异性 A 以及 α 角和 β 角。Boerner(2003)对雷达极化和极化 SAR 进行了综述。Arii、van Zyl 和 Kim(2010)提出了植被冠层散射的一般化和基于模型的自适应分解技术。在本节中,我们将介绍雷达极化的基本理论。

19.1.1 坐标系

在讨论地球物理介质的散射矩阵时,有必要定义极化测量中常用的两种坐标系。图 19.1展示了双站电磁散射。对于前向散射定位(FSA),波以 $\hat{\boldsymbol{i}}$ 方向入射到散射体或表面上,接收天线接收沿方向 $\hat{\boldsymbol{o}}$ 的散射波。对于后向散射定位(BSA),散射波($\overline{\boldsymbol{E}}_{1s}$,$\overline{\boldsymbol{E}}_{2s}$)表示($\overline{\boldsymbol{E}}_{1s}\times\overline{\boldsymbol{E}}_{2s}$)指向散射体。BSA 的优势在于对于后向散射,入射波 $\hat{\boldsymbol{i}}$ 和散射波 $\hat{\boldsymbol{o}}$ 可以使用相同的条件。对于大多数地球物理成像,BSA 由于这一优势而被广泛使用。FSA 有大量的其他应用,特别还可用于矢量辐射转移,如 19.6 节所示。在本节中,我们使用了 BSA 的公式。

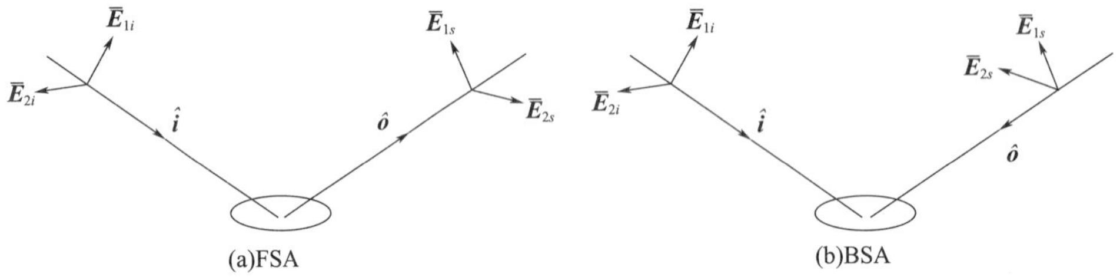

图 19.1 双站电磁散射

(a)FSA(前向散射定位);(b)BSA(后向散射定位)。

注:$\overline{\boldsymbol{E}}_{1i}\times\overline{\boldsymbol{E}}_{2i}$指向 $\hat{\boldsymbol{i}}$ 方向,$\overline{\boldsymbol{E}}_{1s}\times\overline{\boldsymbol{E}}_{2s}$指向 $\hat{\boldsymbol{o}}$ 方向。如果 FSA 和 BSA 的$\overline{\boldsymbol{E}}_{1s}$相同,则$\overline{\boldsymbol{E}}_{2s}$(BSA) = $-\overline{\boldsymbol{E}}_{2s}$(FSA)

19.1.2 散射矩阵[S]和穆勒矩阵[M]

如 16.7 节所述,散射波$\overline{\boldsymbol{E}}_s$ 可以用式(16.80)表示。

$$[\overline{\boldsymbol{E}}_s]=\frac{e^{ikR_2}}{R_2}[\boldsymbol{F}][\overline{\boldsymbol{E}}_i] \tag{19.1}$$

在地球物理遥感中,常用散射矩阵[$\boldsymbol{S}$]代替散射振幅矩阵[$\boldsymbol{F}$]。

$$[\overline{\boldsymbol{E}}_s]=\frac{e^{ikR_2}}{kR_2}[\boldsymbol{S}][\overline{\boldsymbol{E}}_i] \tag{19.2}$$

式中：

$$\begin{cases}[\boldsymbol{E}_s]=\begin{bmatrix}E_{s1}\\E_{s2}\end{bmatrix}\\[\boldsymbol{E}_i]=\begin{bmatrix}E_{i1}\\E_{i2}\end{bmatrix}\\[\boldsymbol{S}]=\begin{bmatrix}S_{11}&S_{12}\\S_{21}&S_{22}\end{bmatrix}\end{cases}$$

在地球物理应用中，经常使用水平极化和垂直极化，因此得到：

$$\begin{cases}[\boldsymbol{E}_s]=\begin{bmatrix}E_{h'}\\E_{v'}\end{bmatrix}\\[\boldsymbol{E}_i]=\begin{bmatrix}E_{h}\\E_{v}\end{bmatrix}\\[\boldsymbol{S}]=\begin{bmatrix}S_{h'h}&S_{h'v}\\S_{v'h}&S_{v'v}\end{bmatrix}\end{cases}\tag{19.3}$$

h'和 v'表示散射波的水平和垂直分量，h 和 v 表示入射波的水平和垂直分量。这里使用的是 BSA，因为它常用于遥感应用，此外使用的是时间相关参量 $\exp(-\mathrm{i}\omega t)$ 而不是 IEEE 约定的 $\exp(\mathrm{j}\omega t)$。

在 10.10 节中已经指出，散射波的斯托克斯参数（I_{1s}，I_{2s}，U_s 和 V_s）与入射波的斯托克斯参数（I_{1i}，I_{2i}，U_i 和 V_i）通过 4×4 穆勒矩阵[$\boldsymbol{M}$]相关联（Ishimaru，1997）。

$$[\boldsymbol{I}_s]=\frac{1}{(kR)^2}[\boldsymbol{M}][\boldsymbol{I}_i]\tag{19.4}$$

式中：

$$\begin{cases}\boldsymbol{I}_s=\begin{bmatrix}I_{1s}\\I_{2s}\\U_s\\V_s\end{bmatrix}\\\boldsymbol{I}_i=\begin{bmatrix}I_{1i}\\I_{2i}\\U_i\\V_i\end{bmatrix}\\[\boldsymbol{M}]=\begin{bmatrix}|S_{11}|^2&|S_{12}|^2&\mathrm{Re}(S_{11}S_{12}^*)&-\mathrm{Im}(S_{11}S_{12}^*)\\|S_{21}|^2&|S_{22}|^2&\mathrm{Re}(S_{21}S_{22}^*)&-\mathrm{Im}(S_{21}S_{22}^*)\\2\mathrm{Re}(S_{11}S_{21}^*)&2\mathrm{Re}(S_{12}S_{22}^*)&\mathrm{Re}(S_{11}S_{22}^*+S_{12}S_{21}^*)&-\mathrm{Im}(S_{11}S_{22}^*-S_{12}S_{21}^*)\\2\mathrm{Im}(S_{11}S_{21}^*)&2\mathrm{Im}(S_{12}S_{22}^*)&\mathrm{Im}(S_{11}S_{22}^*+S_{12}S_{21}^*)&\mathrm{Re}(S_{11}S_{22}^*-S_{12}S_{21}^*)\end{bmatrix}\end{cases}\tag{19.5}$$

对于双站电磁散射，[$\boldsymbol{S}$]中只有 7 个独立参数，含 4 个振幅，3 个相位，不包含绝对相位。对于单站情况，由于互易性，$S_{12}=S_{21}$，因此，只有 5 个独立参数。由于散射矩阵中只有 7 个独立参数，并且穆勒矩阵与散射矩阵等价，因此，16 个穆勒元素之间存在 9(=16－7)种关系。在单站情况下，[$\boldsymbol{M}$]有 10 个参数。由于只有 5 个独立参数，因此，穆勒元素之间存在 5(=10－5)种关系。以上是针对确定性散射的。

在大多数地球物理介质中，散射矩阵和穆勒矩阵中的所有元素都是随机的，因此，有必要取统计平均值。[$\boldsymbol{S}$]元素的平均值代表相干场，在许多应用中可以忽略不计，而[$\boldsymbol{M}$]元素的平均值代表强度和相关性。这清楚地表明，穆勒矩阵在地球物理遥感中至关重要。

19.1.3 散射矩阵与泡利矩阵的分解

2×2 目标散射矩阵[$\boldsymbol{S}$]包含着关于目标的信息。从[$\boldsymbol{S}$]中提取物理信息有几种方法。一种是使用泡利矩阵。已知任意 2×2 矩阵都可以表示为由单位矩阵[$\boldsymbol{\sigma}_0$]和三个泡利自旋矩阵[$\boldsymbol{\sigma}_1$]、[$\boldsymbol{\sigma}_2$]、[$\boldsymbol{\sigma}_3$]组成的 4 个基本矩阵的线性和(Cloude，Pottier，1996；Goldstein，1981)。

$$[\boldsymbol{S}]=e_0[\boldsymbol{\sigma}_0]+e_1[\boldsymbol{\sigma}_1]+e_2[\boldsymbol{\sigma}_2]+e_3[\boldsymbol{\sigma}_3] \tag{19.6}$$

式中：e_0、e_1、e_2 和 e_3 为复常数，且

$$\begin{cases}[\boldsymbol{\sigma}_0]=\begin{pmatrix}1 & 0\\0 & 1\end{pmatrix}\\[\boldsymbol{\sigma}_1]=\begin{pmatrix}0 & 1\\1 & 0\end{pmatrix}\\[\boldsymbol{\sigma}_2]=\begin{pmatrix}0 & -\mathrm{i}\\\mathrm{i} & 0\end{pmatrix}\\[\boldsymbol{\sigma}_3]=\begin{pmatrix}1 & 0\\0 & -1\end{pmatrix}\end{cases} \tag{19.7}$$

这些矩阵 $\boldsymbol{\sigma}_i(i=0,1,2,3)$是相互独立的，$\boldsymbol{\sigma}_1$、$\boldsymbol{\sigma}_2$ 和 $\boldsymbol{\sigma}_3$ 的迹(特征值总和)为零。

$$\begin{cases}Tr(e_i)=0,i=1,2,3\\Tr(\boldsymbol{\sigma}_i\boldsymbol{\sigma}_j)=0,i\neq j\\\boldsymbol{\sigma}_i\boldsymbol{\sigma}_i=\text{单位矩阵}=\boldsymbol{\sigma}_0,i=1,2,3\end{cases} \tag{19.8}$$

因此，可以得到式(19.6)中的所有系数 e_i。

$$e_i=\frac{1}{2}Tr([\boldsymbol{S}][\boldsymbol{\sigma}_i]) \tag{19.9}$$

请注意，式(19.6)的分解不是唯一的，还有许多其他分解方法。如式(19.6)和式(19.7)所示的将散射矩阵[$\boldsymbol{S}$]分解的过程是“目标分解定理”的几个例子之一。该定理表明散射矩阵是独立元素的总和，从而将物理机制和意义与每个元素联系起来，正如 Cloude 和 Pottier(1996)所论述的那样。

接下来讨论基矩阵[$\boldsymbol{\sigma}_i$]的物理解释及其物理机制(Boerner 等，1981)。[$\boldsymbol{\sigma}_0$]表示来自平面或球面的简单散射。[$\boldsymbol{\sigma}_3$]表示 90°角反射器(槽)的散射，[$\boldsymbol{\sigma}_1$]与[$\boldsymbol{\sigma}_2$]相同，只是

轴旋转了45°。$[\boldsymbol{\sigma}_2]$表示螺旋散射。例如①:

$$[\boldsymbol{\sigma}_+] = [\boldsymbol{\sigma}_3] + [\boldsymbol{\sigma}_2][\boldsymbol{\sigma}_3] = \begin{pmatrix} 1 & \mathrm{i} \\ \mathrm{i} & -1 \end{pmatrix} \tag{19.10}$$

$[\boldsymbol{\sigma}_+]$将线极化波$(\boldsymbol{E}_1, \boldsymbol{E}_2)$转换为右旋圆极化波$(\boldsymbol{E}_x, \mathrm{i}\boldsymbol{E}_x)$。

$$\begin{pmatrix} 1 & \mathrm{i} \\ \mathrm{i} & -1 \end{pmatrix} \begin{pmatrix} \boldsymbol{E}_1 \\ \boldsymbol{E}_2 \end{pmatrix} = \begin{pmatrix} \boldsymbol{E}_1 + \mathrm{i}\boldsymbol{E}_2 \\ \mathrm{i}(\boldsymbol{E}_1 + \mathrm{i}\boldsymbol{E}_2) \end{pmatrix} = \begin{pmatrix} \boldsymbol{E}_x \\ \mathrm{i}\boldsymbol{E}_x \end{pmatrix} \tag{19.11}$$

19.2　地球物理介质的散射模型与分解定理

地球物理介质的极坐标散射观测揭示了介质的散射机制和物理特性。森林、树木、地面粗糙度、介电常数和地形的后向散射可以由介质特性得到,这称为“正向问题”。从雷达后向散射中求得介质特性的“逆向”过程称为观测散射矩阵的“分解”。这些方法被称为“目标分解定理”,且已有全面的综述(Cloude,Pottier,1996)。在本节中,我们将概述Freeman 和 Durden(1998)提出的三分量模型以及基于特征向量的组合。

19.2.1　三分量散射模型

1998 年,Freeman 和 Durden 开发了一种基于三种简单散射机制组合的方法。如图19.2所示,分别是冠层模型,双回波模型以及粗糙表面模型。散射矩阵$[\boldsymbol{S}]$为

$$[\boldsymbol{S}] = \begin{bmatrix} S_{vv} & S_{vh} \\ S_{hv} & S_{hh} \end{bmatrix} \tag{19.12}$$

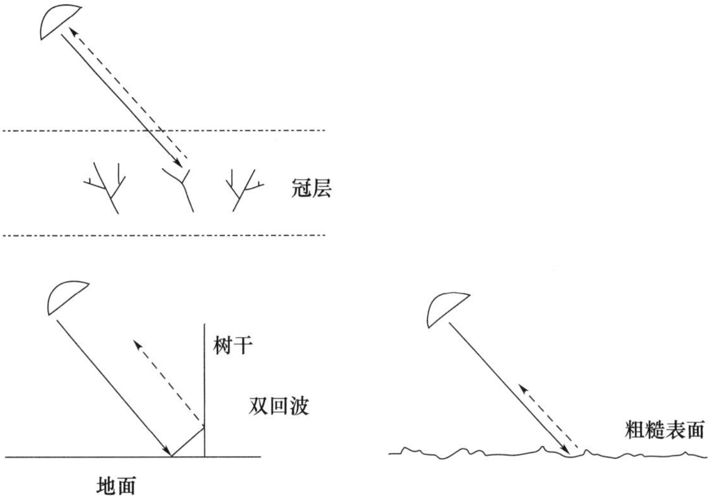

图19.2　三种散射机制(上:冠层模型;中:双回波模型;下:粗糙表面模型(Freeman 和 Darden,1998))

① 译者注:根据公式推导,将式(19.10)中的$\begin{pmatrix} 1 & \mathrm{i} \\ -\mathrm{i} & 1 \end{pmatrix}$改为$\begin{pmatrix} 1 & \mathrm{i} \\ \mathrm{i} & -1 \end{pmatrix}$,式(19.11)同。

由于散射是由多重散射引起的,因此,要考虑二阶矩,写为

$$\begin{cases}\langle |\boldsymbol{S}_{hh}|^2\rangle = f_s|\beta|^2 + f_d|\alpha|^2 + f_v \\ \langle |\boldsymbol{S}_{vv}|^2\rangle = f_s + f_d + f_v \\ \langle \boldsymbol{S}_{hh}\boldsymbol{S}_{vv}^*\rangle = f_s\beta + f_d\alpha + f_v(1/3) \\ \langle |\boldsymbol{S}_{hv}|^2\rangle = f_v(1/3) \\ \langle \boldsymbol{S}_{hh}\boldsymbol{S}_{hv}^*\rangle = \langle \boldsymbol{S}_{hv}\boldsymbol{S}_{vv}^*\rangle = 0\end{cases} \tag{19.13}$$

式中:f_s、f_d 和 f_v 分别代表表面散射、双回波散射和体积(冠层)散射。

冠层包含散射体(分支)偏离垂直方向的随机方向,结果为1/3。双回波包含垂直极化和水平极化的差值,用 α 表示。表面散射包含 β,表示水平偏振和垂直偏振的差值。

广泛的研究证明了三分量模型的适用性(Freeman,Durden,1998),并将其扩展到含螺旋散射的四分量模型(Yamaguchi 等,2005)。

19.2.2 基于特征向量的目标分解

Cloude 和 Pottier(1996)对三种类型的目标分解定理进行了全面的回顾。

第一类是基于穆勒矩阵和斯托克斯矢量,包含统计波动和多重散射中的相干后向散射。第二种是 Huynen(1970)提出的分解,第三种是基于特征向量的分解。

对于后向散射,散射矩阵[$\boldsymbol{S}$]由 S_{11},S_{12} 和 S_{22} 三个元素组成,形成目标向量$[\boldsymbol{k}_{3L}] = [S_{11},\sqrt{2}S_{12},S_{22}]^{\mathrm{T}}$,其中 T 表示转置。为了保持总散射功率$T_r(\boldsymbol{SS}^+) = |S_{11}|^2 + |S_{22}|^2 + 2|S_{12}|^2$恒定,需要使用$\sqrt{2}$。相干矩阵[$\boldsymbol{T}$]为

$$[\boldsymbol{T}] = [\boldsymbol{k}_{3L}][\boldsymbol{k}_{3L}]^{*\mathrm{T}} \tag{19.14}$$

Cloude 首次考虑了根据[$\boldsymbol{T}$]的特征值 λ_1、λ_2 和 λ_3 进行分解。他定义了目标熵 H(散射体随机性的度量)、各向异性 A 和 α 角度。不同的 H、A 和 α 值可用于识别浅水、粗糙表面、植被区、森林区等地球物理特征。Cloude 和 Pottier(1996)提供了大量工作实例。

19.3 极化天气雷达

气象雷达广泛应用于确定降雨率、雨滴大小分布和其他参数(Bringi,Chandrasekar,2001;Doviak,Zrnic,1984)。本节将概述其基本思想。我们首先考虑雷达向降水(降雨)区域辐射短脉冲的情况(图 19.3)。雷达波束较窄,角半功率波束宽度为 θ_b,脉冲持续时间为 T_0。该问题包括干涉雷达、平面和圆柱相控阵以及测距仪观测(Zhang 等,2006,2007,2011)。首先假设天线是线性极化的。波在雨中传播,一般情况下雨滴可能不是球形的,传播常数取决于与雨滴几何形状相关的天线极化。这种传播效应将在 19.4 节和 19.5 节进行讨论。在本节中,假设雨滴是球形的,含一个传播常量且是极化的。

图 19.3 所示问题的雷达方程众所周知。接收信号 P_r 为(Ishimaru,1997,式(5.35)):

$$P_r(t) = \frac{\lambda^2 G^2}{(4\pi)^3}\left(\frac{\pi\theta_b^2}{8\ln 2}\right)\int_{R_1}^{R_2}\frac{\eta_b}{R^2}\mathrm{e}^{-2\gamma}\left|U_i\left(t - \frac{2R}{C}\right)\right|^2 \mathrm{d}R \tag{19.15}$$

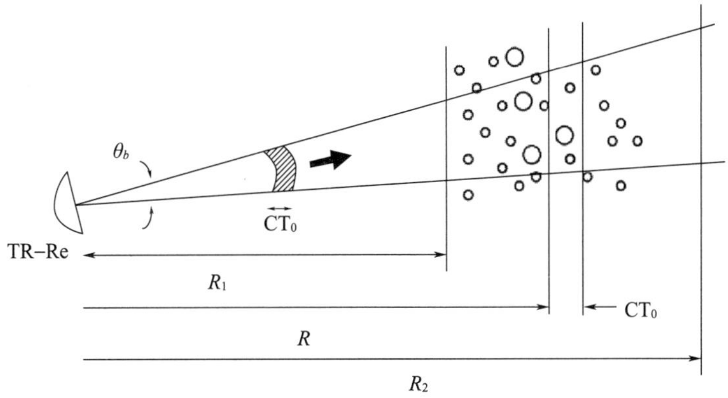

图 19.3 半功率波束宽度为 θ_b 的窄波束雷达发出持续时间为 T_0 的短脉冲，照亮雨区

式中：G 为天线增益；θ_b 为半功率波束宽度；η_b 为单位体积雨滴的后向散射系数。

$$\eta_b = \int_0^{\infty} \sigma_b(D) n(D) \mathrm{d}D, \mathrm{m}^2/\mathrm{m}^3 \tag{19.16}$$

式中：$\sigma_b(D)$ 为直径 D 的单个雨滴的后向散射截面（m^2）；$n(D)$ 为粒径分布，即直径 $D \sim D + \mathrm{d}D$ 范围内的粒子数。γ 为从 R_1 到 R 的衰减系数。

$$\gamma = \int_{R_1}^{R} \eta_t \mathrm{d}R \tag{19.17}$$

式中：η_t 为单位体积雨的总消光截面系数，$\eta_t = \int_0^{\infty} \sigma_t(D) n(D) \mathrm{d}D$。宽度为 T_0 的方波脉冲输入为

$$|u_i(t)|^2 = \begin{cases} P_t, \text{当 } 0 < t < T_0 \\ 0, \text{当 } t < 0 \text{ 或 } t > T_0 \end{cases} \tag{19.18}$$

对于方波脉冲，可以求出式(19.15)的值，需要注意到：

$$\begin{cases} R_2 = (ct)/2 \\ R_1 = c(t - T_0)/2 \end{cases} \tag{19.19}$$

然后得到：

$$P_r(t) = \frac{\lambda^2 G^2}{(4\pi)^3} \left(\frac{\pi \theta_b^2}{8 \ln 2}\right) \frac{\eta_b}{2\eta_t} \mathrm{e}^{-2\eta_t\left[\frac{c}{2}(t - T_0) - R_1\right]} \left[1 - \mathrm{e}^{-\eta_t c T_0}\right] \tag{19.20}$$

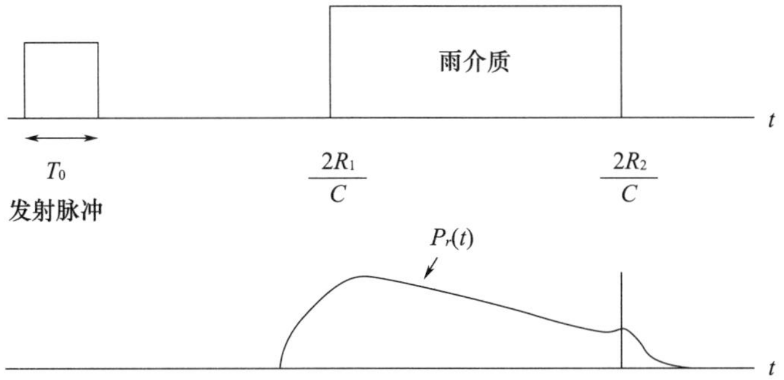

图 19.4 持续时间为 T_0 的方形脉冲

这在时间 $2R_1/c<t<2R_2/c$ 内有效。这里假设 R_1 到 R_2 范围内的 $(1/R^2)$ 可以近似表示为 $(1/R_2^2)$。式(19.20)的草图如图 19.4 所示。如果 cT_0 远小于平均自由程 $1/\eta_t$，则式(19.20)可以写为

$$P_r(t)=\frac{\lambda^2G^2}{(4\pi)^3}\left(\frac{\pi\theta_b^2}{8\ln 2}\right)\frac{\eta_b}{2}cT_0\mathrm{e}^{-2\eta_t\left[\frac{c}{2}(t-T_0)-R_1\right]} \tag{19.21}$$

对于球形粒子瑞利散射的特殊情况，当粒子直径小于 0.1λ 时，有

$$\sigma_b=\frac{k^4}{(4\pi)}\left|\frac{3(\varepsilon_r-1)}{\varepsilon_r+1}\right|^2V^2 \tag{19.22}$$

式中：$V=\dfrac{4\pi a^3}{3}$。

可以将式(19.16)重新表示为

$$\begin{aligned}\zeta_b&=\frac{\pi^5}{\lambda^4}K^2\int_0^\infty D^6n(D)\mathrm{d}D\\&=\frac{\pi^5}{\lambda^4}K^2Z,\end{aligned} \tag{19.23}$$

式中：$K=\dfrac{\varepsilon_r-1}{\varepsilon_r+1}$，$Z$ 为反射率因子。不过我们感兴趣的是非球形雨滴，这将在 19.4 节中进行讨论。

19.4 非球形雨滴与差分反射率

在 19.3 节中，天气雷达方程假设雨滴为球形，结果可以通过式(19.21)和式(19.23)来计算出反射率因子 Z 和后向散射系数 η_b。然而，降雨率 R 不能直接由 Z 确定。差分反射率 Z_{dr} 已被成功地用于估计降雨率 R(Seliga, Bringi, 1976)，其通过同时测量水平和垂直反射率(Z_H 和 Z_V)并推导出差分反射率 Z_{dr}。

$$\begin{aligned}Z_{dr}&=10\log(Z_H/Z_V)\\&=10\log(\eta_H/\eta_V)\end{aligned} \tag{19.24}$$

式中：

$$\begin{cases}\eta_H=\displaystyle\int_0^\infty\sigma_{bH}(D)n(D)\mathrm{d}D\\\eta_V=\displaystyle\int_0^\infty\sigma_{bV}(D)n(D)\mathrm{d}D\end{cases}$$

σ_{bH} 和 σ_{bV} 分别为入射波在水平和垂直极化时单个雨滴的后向散射截面。降雨率 R 为

$$R=\int_0^\infty v(D)V(D)n(D)\mathrm{d}D \tag{19.25}$$

式中：$v(D)$ 为终端速度(m/s)；$V(D)$ 为单个液滴的体积；$n(D)$ 为单位体积内直径介于 D 和 $D+\mathrm{d}D$ 之间的粒子数。此处，D 为体积与实际粒子相同的球体直径。雨量 R 的单位一

般为 mm/h，范围为 0.25mm/h（小雨）、10mm/h（中雨）、10～50mm/h（大雨）、大于 50mm/h（暴雨）。后向散射截面 σ_{bH} 和 σ_{bV} 可以通过瑞利散射（10.6 节）计算。对于长轴和短轴分别位于水平和垂直方向的球形雨滴，可以得到（10.6 节）：

$$\begin{cases} \sigma_{bH} = \dfrac{k^4}{4\pi}\left[\dfrac{\varepsilon_r - 1}{1 + (\varepsilon_r - 1)L_H}\right]^2 V^2 \\ \sigma_{bV} = \dfrac{k^4}{4\pi}\left[\dfrac{\varepsilon_r - 1}{1 + (\varepsilon_r - 1)L_V}\right]^2 V^2 \\ L_V = \dfrac{1+f^2}{f^2}\left(1 - \dfrac{1}{f}\arctan f\right) \\ L_H = \dfrac{1}{2}(1 - L_V) \end{cases} \tag{19.26}$$

式中：$f^2 = \left(\dfrac{a}{c}\right)^2 - 1$；$V = \dfrac{4\pi}{3}b^2 c$。

对于直径小于 1mm 的水滴，其形状为球形。对于较大的颗粒，其形状近似为扁球体，Pruppacher 和 Pitter（1971）已经证明了这一点。

降雨的大小分布 $n(D)$ 可以用伽马分布很好地表示：

$$n(D) = N_0 D^m \exp(-\Lambda D) \tag{19.27}$$

利用差分反射率估算降雨量已经有了广泛的研究。

19.5　随机分布的非球形粒子中的传播常数

在 19.4 节中，我们讨论了长轴和短轴分别位于水平和垂直方向的非球形雨滴的散射（图 19.5）。一般来说，雨滴的平均倾斜角度约为 10°（Oguchi，1983）。在这种随机分布的非球形粒子中传播的波由相干分量和非相干分量组成。相干分量 $\langle E_1 \rangle$ 和 $\langle E_2 \rangle$ 满足以下微分方程（Cheung，Ishimaru，1982；shimaru，Cheung，1980；Ishimaru，Yeh，1984）：

$$\frac{\mathrm{d}}{\mathrm{d}s}\begin{bmatrix} \langle E_1 \rangle \\ \langle E_2 \rangle \end{bmatrix} = [\boldsymbol{M}]\begin{bmatrix} \langle E_1 \rangle \\ \langle E_2 \rangle \end{bmatrix} \tag{19.28}$$

式中：

$$\begin{cases} [\boldsymbol{M}] = [\boldsymbol{M}_0] + [\boldsymbol{M}'] \\ [\boldsymbol{M}_0] = \mathrm{i}k\begin{bmatrix} 1 & 0 \\ 0 & 1 \end{bmatrix} \\ [\boldsymbol{M}'] = \mathrm{i}\dfrac{2\pi}{k}\begin{bmatrix} \rho f_{11} & \rho f_{12} \\ \rho f_{21} & \rho f_{22} \end{bmatrix} = \begin{bmatrix} M_{11} & M_{12} \\ M_{21} & M_{22} \end{bmatrix} \end{cases}$$

f_{ij} 为当入射波为 $\langle E_j \rangle$ 时，$\langle E_i \rangle$ 的正向散射振幅，ρf 是对尺寸分布的积分。

$$\rho f_{ij} = \int_0^\infty f_{ij} n(D)\,\mathrm{d}D \tag{19.29}$$

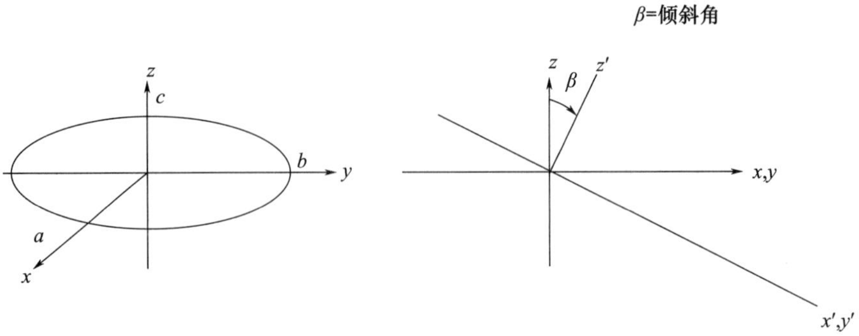

图 19.5　扁球状粒子表面$\left(\frac{x^2}{a^2}+\frac{y^2}{b^2}+\frac{z^2}{c^2}=1, a=b>c\right)$

通过对粒子板上(图 19.6)的值求和可得式(19.28)。相干场$\langle \boldsymbol{E} \rangle$的积分方程为

$$\langle \boldsymbol{E} \rangle = \boldsymbol{E}_{\text{in}} + \int \mathrm{d}v' \langle \boldsymbol{E}(\bar{\boldsymbol{r}}') \rangle f(\hat{\boldsymbol{n}} \cdot \hat{\boldsymbol{i}}) \frac{\mathrm{e}^{\mathrm{i}k|\bar{\boldsymbol{r}}-\bar{\boldsymbol{r}}'|}}{|\bar{\boldsymbol{r}}-\bar{\boldsymbol{r}}'|} \tag{19.30}$$

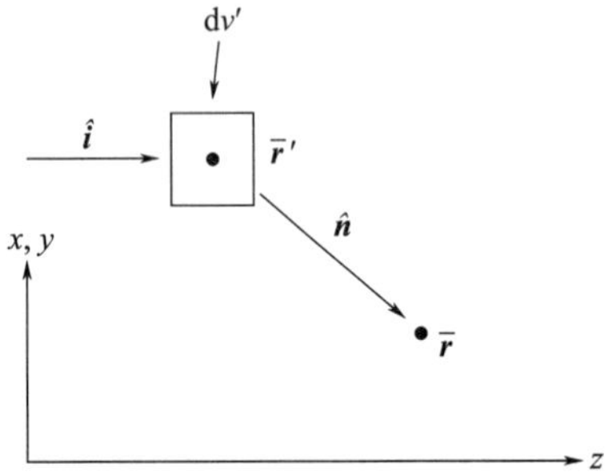

图 19.6　对$-\infty < x < \infty$，$-\infty < y < \infty$的值进行求和得到相干场$\langle \boldsymbol{E} \rangle$

将式(19.30)两边分别乘以(∇^2+k^2)，得到：

$$\begin{cases} (\nabla^2+k^2)\langle \boldsymbol{E} \rangle = 0 \\ K^2 = k^2 + 4\pi f(\hat{\boldsymbol{i}} \cdot \hat{\boldsymbol{i}})\rho \end{cases} \tag{19.31}$$

式中：K为相干场$\langle \boldsymbol{E} \rangle$的传播常数。需要注意：

$$\begin{cases} (\nabla^2+k^2)E_m = 0 \\ (\nabla^2+k^2)\dfrac{\mathrm{e}^{\mathrm{i}k|\bar{\boldsymbol{r}}-\bar{\boldsymbol{r}}'|}}{|\bar{\boldsymbol{r}}-\bar{\boldsymbol{r}}'|} = -4\pi\delta(\bar{\boldsymbol{r}}-\bar{\boldsymbol{r}}') \end{cases} \tag{19.32}$$

当粒子密度ρ很小时：

$$k^2 \gg 4\pi f(\hat{\boldsymbol{i}} \cdot \hat{\boldsymbol{i}})\rho \tag{19.33}$$

近似得到：

$$K = k + \frac{2\pi f(\hat{\boldsymbol{i}} \cdot \hat{\boldsymbol{i}})}{k}\rho \tag{19.34}$$

在此假设下得到式(19.28)。此外，对式(19.34)进行近似，可以得到相干强度：

$$|\langle \boldsymbol{E} \rangle|^2 = \mathrm{e}^{-I_m\left(\frac{4\pi f\rho}{k}\right)z} = \mathrm{e}^{-\rho\sigma_t z} \tag{19.35}$$

该式利用了前向散射定理：

$$I_m\left(\frac{4\pi f\rho}{k}\right) = \sigma_s + \sigma_a \tag{19.36}$$

相干斯托克斯矢量$[\boldsymbol{I}_c]$的消光矩阵为

$$\frac{\mathrm{d}}{\mathrm{d}s}[\boldsymbol{I}_c] = -[\boldsymbol{T}][\boldsymbol{I}_c] \tag{19.37}$$

式中：
$$-[\boldsymbol{T}] = \begin{bmatrix} 2\mathrm{Re}M_{11} & 0 & \mathrm{Re}M_{12} & \mathrm{Im}M_{12} \\ 0 & 2\mathrm{Re}M_{22} & \mathrm{Re}M_{21} & \mathrm{Im}M_{21} \\ 2\mathrm{Re}M_{21} & 2\mathrm{Re}M_{12} & \mathrm{Re}(M_{11}+M_{22}) & -\mathrm{Im}(M_{11}-M_{22}) \\ -2\mathrm{Im}M_{21} & 2\mathrm{Im}M_{12} & \mathrm{Im}(M_{11}-M_{22}) & \mathrm{Re}(M_{11}+M_{22}) \end{bmatrix}$$

下面讨论式(19.28)中非球形粒子的相干场，其存在两个传播常数 γ_1 和 γ_2，分别为矩阵$[\boldsymbol{M}]$的特征值。令$\langle \boldsymbol{E} \rangle$为 $\exp(\gamma s)$，得到：

$$\begin{vmatrix} \mathrm{i}k+M_{11}-\gamma & M_{12} \\ M_{21} & \mathrm{i}k+M_{22}-\gamma \end{vmatrix} = 0 \tag{19.38}$$

相干场$\langle \boldsymbol{E}_c \rangle$为

$$\langle \boldsymbol{E}_c \rangle = c_1[\boldsymbol{A}_1]\mathrm{e}^{\gamma_1 s} + c_2[\boldsymbol{A}_2]\mathrm{e}^{\gamma_2 s} \tag{19.39}$$

式中：$\boldsymbol{A}_1$ 和$\boldsymbol{A}_2$ 分别为 γ_1 和 γ_2 的特征向量。

$$[\boldsymbol{M}][\boldsymbol{A}_i] = \gamma_i[\boldsymbol{A}_i],\ i=1,2 \tag{19.40}$$

这两个特征值代表了相干场的两个基本特征极化。

式(19.28)中的矩阵$[\boldsymbol{M}]$可通过散射振幅 f_{ij} 计算得到。10.6 节讨论了小椭球体的瑞利散射静态解。10.7 节讨论了包括随机定向对象在内的瑞利－德拜散射。

19.6 矢量辐射传输理论

在 19.5 节中，我们求得了相干场中非球形粒子中的传播常数，这可以与非相干场相结合，形成完整的矢量辐射传输理论。从标量辐射传递方程式(17.19)开始进行讨论。亮度 B 又称为比强度 I，其满足：

$$\frac{\mathrm{d}I}{\mathrm{d}s} = -\gamma I + \frac{1}{4\pi}\int P(\hat{s},\hat{s}')I(\hat{s}')\mathrm{d}\Omega' \tag{19.41}$$

式中：γ 为消光系数；P 为相位函数。

为了包括所有的极化特性，我们使用的是 4×1 的斯托克斯比强度向量$[\boldsymbol{I}]$。完整的矢量辐射传递方程为(Cheung，1982；Ishimaru，1980)：

$$\frac{\mathrm{d}}{\mathrm{d}s}[\boldsymbol{I}] = -[\boldsymbol{T}][\boldsymbol{I}] + \int[\boldsymbol{S}(\hat{s},\hat{s}')][\boldsymbol{I}(\hat{s}')]\mathrm{d}\Omega' \tag{19.42}$$

式中：$[\boldsymbol{T}]$为式(19.37)中的消光矩阵；$[\boldsymbol{S}]$为 4×4 相函数散射矩阵，如下：

$$[\boldsymbol{S}] = \begin{bmatrix} \rho\,|f_{11}|^2 & \rho\,|f_{12}|^2 & \rho\mathrm{Re}(f_{11}f_{12}) & -\rho\mathrm{Im}(f_{11}f_{12}) \\ \rho\,|f_{21}|^2 & \rho\,|f_{22}|^2 & \rho\mathrm{Re}(f_{21}f_{22}) & -\rho\mathrm{Im}(f_{21}f_{22}) \\ \rho 2\mathrm{Re}(f_{11}f_{21}) & \rho 2\mathrm{Re}(f_{12}f_{22}) & \rho\mathrm{Re}(f_{11}f_{22}+f_{12}f_{21}) & -\rho\mathrm{Im}(f_{11}f_{22}-f_{12}f_{21}) \\ \rho 2\mathrm{Im}(f_{11}f_{21}) & \rho 2\mathrm{Im}(f_{12}f_{22}) & \rho\mathrm{Im}(f_{11}f_{22}+f_{12}f_{21}) & \rho\mathrm{Re}(f_{11}f_{22}+f_{12}f_{21}) \end{bmatrix} \tag{19.43}$$

斯托克斯矢量[$\boldsymbol{I}$]为

$$\boldsymbol{I}=\begin{bmatrix} I_1 \\ I_2 \\ U \\ V \end{bmatrix}=\begin{bmatrix} \langle E_1E_1^* \rangle \\ \langle E_2E_2^* \rangle \\ 2\mathrm{Re}\langle E_1E_2^* \rangle \\ 2\mathrm{Im}\langle E_1E_2^* \rangle \end{bmatrix} \tag{19.44}$$

通过数值计算(Ishimaru,1997)得到了平面波入射于随机球形颗粒介质平板上的矢量辐射传递式(19.42)的解(Ishimaru,Cheung,1980)。计算了 30GHz 雨的圆极化入射波、一阶解、相干分量和非相干分量以及交叉极化分辨率。

19.7 时空辐射传输

在 19.6 节中,我们讨论了连续波入射波,它也适用于窄带情况。然而,如果入射波是宽带短脉冲,连续波理论可能不适用,我们需要考虑完整的时空辐射传输。从式(19.41)中的标量辐射传递方程开始进行讨论。对于窄带短脉冲,比强度是关于时间的函数,则包含时间依赖性的传递方程为:

$$\frac{\mathrm{d}}{\mathrm{d}s}I=-\gamma I-\frac{\partial}{\mathrm{c}\partial t}I+\int S(\hat{\boldsymbol{s}},\hat{\boldsymbol{s}}')I(\hat{\boldsymbol{s}}',t)\mathrm{d}\Omega' \tag{19.45}$$

式中:$I(\hat{\boldsymbol{s}}',t)$为随时间变化的比强度;$\gamma$ 和 S 是载波频率处的消光系数和相位函数。这个随时间变化的辐射传递方程式(19.45)常用于脉冲传播问题。基于这个方程已经进行了大量的研究(Ishimaru 等,2001)。需要注意的是,式(19.45)是一个窄带近似,更广泛的公式应从双频比强度 $I(\omega_1,\omega_2)$ 开始推导。

$$\begin{aligned} I(t_1,t_2) &= I(t_c,t_d) \\ &= \frac{1}{(2\pi)^2}\iint I(\omega_1,\omega_2)\mathrm{e}^{-\mathrm{i}\omega_1t_1+\mathrm{i}\omega_2t_2}\mathrm{d}\omega_1\mathrm{d}\omega_2 \\ &= \frac{1}{(2\pi)^2}\iint I(\omega_c,\omega_d)\mathrm{e}^{-\mathrm{i}(\omega_ct_d+\omega_dt_c)}\mathrm{d}\omega_c\mathrm{d}\omega_d \end{aligned} \tag{19.46}$$

式中:$I(\omega_1,\omega_2)=\langle E(\omega_1)E^*(\omega_2)\rangle$;比强度 $I(t_1,t_2)$ 为电场在 t_1 和 t_2 时的相关性,$I(t_1,t_2)=\langle E(t_1)E^*(t_2)\rangle$;中心频率 $\omega_c=\frac{1}{2}(\omega_1+\omega_2)$;差分频率 $\omega_d=\omega_1-\omega_2$;中心时间 $t_c=\frac{1}{2}(t_1+t_2)$;时差 $t_d=t_1-t_2$。

$I(\omega_1,\omega_2)$的辐射传输方程为

$$\frac{\mathrm{d}}{\mathrm{d}s}I=\mathrm{i}[K(\omega_1)-K^*(\omega_2)]I+\int S(\omega_1,\omega_2)I'\mathrm{d}\Omega' \tag{19.47}$$

注意到 $K(\omega)=K_r(\omega)+\mathrm{i}K_i(\omega)$,则有

$$K(\omega_1)-K^*(\omega_2)=[K_r(\omega_1)-K_r(\omega_2)]+\mathrm{i}[K_i(\omega_1)+K_i(\omega_2)] \tag{19.48}$$

对于稀疏分布,使用式(19.34)近似得到:

$$K(\omega_1)-K^*(\omega_2)=\omega_d\left.\frac{\partial K}{\partial\omega}\right|_{\omega_c}+\mathrm{i}\rho\sigma_t \tag{19.49}$$

然后将辐射传输方程式(19.47)简化为

$$\frac{\mathrm{d}}{\mathrm{d}s}I = (\mathrm{i}(\omega_d/v_g) - \rho\sigma_t)I + \int SI'\mathrm{d}\Omega' \tag{19.50}$$

式中：v_g 为群速度。

注意到 $\mathrm{i}\omega_d \to -\frac{\partial}{\partial t}$，则得到随时间变化的辐射传输方程式(19.45)。

$$\frac{\mathrm{d}}{\mathrm{d}s}I = -\rho\sigma_t I - \frac{1}{\mathrm{c}}\frac{\partial}{\partial t}I + \int SI'\mathrm{d}\Omega'$$

然而，需要注意到的是式(19.45)只是一个近似方程，更精确的公式需要从双频辐射转移方程式(19.47)开始进行推导，此外，在给定时间 t_c 且 $t_1 = t_2$ 时，$I(t_c, t_d = 0)$ 表示在 t_c 时脉冲强度的比强度。

$$I(t_c) = \frac{1}{(2\pi)}\int I(\omega_d)\mathrm{e}^{-\mathrm{i}\omega_d t_c}\mathrm{d}\omega_d \tag{19.51}$$

因此，$I(t_c)$ 满足式(19.45)。

19.8　维格纳分布函数和比强度

在 19.7 节中，我们讨论了双频比强度及其与双频辐射传输理论的关系。然而，19.7 节中最后一部分公式可以根据维格纳分布这种更基本的公式来理解。

连续波互相干函数(MCF)为

$$\begin{aligned}\Gamma(\bar{\boldsymbol r}_1, \bar{\boldsymbol r}_2) &= \langle U(\bar{\boldsymbol r}_1)U^*(\bar{\boldsymbol r}_2)\rangle \\ &= \Gamma(\bar{\boldsymbol r}, \bar{\boldsymbol r}_d)\end{aligned} \tag{19.52}$$

式中：$\bar{\boldsymbol r} = \frac{1}{2}(\bar{\boldsymbol r}_1 + \bar{\boldsymbol r}_2)$，$\bar{\boldsymbol r}_d = \bar{\boldsymbol r}_1 - \bar{\boldsymbol r}_2$。

维格纳分布函数 $W(\bar{\boldsymbol r}, \bar{\boldsymbol K})$ 是 Γ 关于 $\bar{\boldsymbol r}_d$ 的傅里叶变换。

$$\begin{aligned}W(\bar{\boldsymbol r}, \bar{\boldsymbol K}) &= \int \Gamma(\bar{\boldsymbol r}, \bar{\boldsymbol r}_d)\mathrm{e}^{-\mathrm{i}\bar{\boldsymbol K}\bar{\boldsymbol r}_d}\mathrm{d}V_d \\ &= \int\left\langle U\left(\bar{\boldsymbol r} + \frac{\bar{\boldsymbol r}_d}{2}\right)U^*\left(\bar{\boldsymbol r} - \frac{\bar{\boldsymbol r}_d}{2}\right)\right\rangle \mathrm{e}^{-\mathrm{i}\bar{\boldsymbol K}\bar{\boldsymbol r}_d}\mathrm{d}V_d\end{aligned} \tag{19.53}$$

维格纳函数 W 具有如下性质。首先，W 对波向量 $\bar{\boldsymbol K}$ 的积分为“能量密度”。

$$\begin{aligned}\frac{1}{(2\pi)^3}\int W(\bar{\boldsymbol r}, \bar{\boldsymbol K})\mathrm{d}\bar{\boldsymbol K} &= \Gamma(\bar{\boldsymbol r}, \bar{\boldsymbol r}_d = 0) \\ &= \langle |U(\bar{\boldsymbol r})|^2\rangle\end{aligned} \tag{19.54}$$

注意[①]：

$$\int \mathrm{e}^{\mathrm{i}\bar{\boldsymbol K}\bar{\boldsymbol r}_d}\mathrm{d}\bar{\boldsymbol K} = (2\pi)^3\delta(\bar{\boldsymbol r}_d) \tag{19.55}$$

还需注意到，W 为实数。

$$W^*(\bar{\boldsymbol r}, \bar{\boldsymbol K}) = \int\left\langle U^*\left(\bar{\boldsymbol r} + \frac{\bar{\boldsymbol r}_d}{2}\right)U\left(\bar{\boldsymbol r} - \frac{\bar{\boldsymbol r}_d}{2}\right)\right\rangle \mathrm{e}^{\mathrm{i}\bar{\boldsymbol K}\bar{\boldsymbol r}_d}\mathrm{d}V_d \tag{19.56}$$

---

① 译者注：根据原作者提供的更正说明，将式(19.55)中 $\mathrm{e}^{ti\bar{\boldsymbol K}\bar{\boldsymbol r}_d}$ 更正为 $\mathrm{e}^{\mathrm{i}\bar{\boldsymbol K}\bar{\boldsymbol r}_d}$。

令$\bar{\boldsymbol{r}}_d = -\bar{\boldsymbol{r}}'_d$，可以得到①：

$$W^*(\bar{\boldsymbol{r}},\overline{\boldsymbol{K}}) = \int\left\langle U^*\left(\bar{\boldsymbol{r}}-\frac{\bar{\boldsymbol{r}}'_d}{2}\right)U\left(\bar{\boldsymbol{r}}+\frac{\bar{\boldsymbol{r}}'_d}{2}\right)\right\rangle \mathrm{e}^{-\mathrm{i}\overline{\boldsymbol{K}}\bar{\boldsymbol{r}}'_d}\mathrm{d}V_d$$

$$= W(\bar{\boldsymbol{r}},\overline{\boldsymbol{K}}) \tag{19.57}$$

上式表明 $W(\bar{\boldsymbol{r}},\overline{\boldsymbol{K}})$ 为实数。

维格纳分布函数 W 为实数，与比强度 $I(\bar{\boldsymbol{r}},\hat{\boldsymbol{s}})$ 密切相关。不同之处在于，比强度 I 是实数且为正，因为它代表了在 $\hat{\boldsymbol{s}}$ 方向上的真实功率流。如果 $\overline{\boldsymbol{K}}$ 限定为 $\overline{\boldsymbol{K}} = k\hat{\boldsymbol{s}}$，则 $W(\bar{\boldsymbol{r}},\overline{\boldsymbol{K}})$ 等于 $I(\bar{\boldsymbol{r}},\hat{\boldsymbol{s}})$，其中 $\hat{\boldsymbol{s}}$ 为单位向量，$|\hat{\boldsymbol{s}}| = 1$。当 I 是实数且为正时，W 是实数但不一定为正。

接下来考虑能量通量 $\overline{\boldsymbol{F}}$。对于比强度，有

$$\overline{\boldsymbol{F}} = \int I(\bar{\boldsymbol{r}},\hat{\boldsymbol{s}})\hat{\boldsymbol{s}}\mathrm{d}\Omega \tag{19.58}$$

由维格纳函数得到相应的通量：

$$\frac{1}{(2\pi)^3}\int W(\bar{\boldsymbol{r}},\overline{\boldsymbol{K}})\overline{\boldsymbol{K}}\mathrm{d}\overline{\boldsymbol{K}} \tag{19.59}$$

为了证明式(19.59)表示的是坡印廷向量，我们从式(19.53)中的傅里叶逆变换开始证明。

$$\frac{1}{(2\pi)^3}\int W(\bar{\boldsymbol{r}},\overline{\boldsymbol{K}})\mathrm{e}^{\mathrm{i}\overline{\boldsymbol{K}}\bar{\boldsymbol{r}}_d}\mathrm{d}\overline{\boldsymbol{K}}$$

$$= \left\langle U\left(\bar{\boldsymbol{r}}+\frac{\bar{\boldsymbol{r}}_d}{2}\right)U^*\left(\bar{\boldsymbol{r}}-\frac{\bar{\boldsymbol{r}}_d}{2}\right)\right\rangle$$

$$= \langle U_1 U_2^* \rangle \tag{19.60}$$

两边取散度，令 $r_d = 0$，得到：

$$\frac{1}{(2\pi)^3}\int W(\bar{\boldsymbol{r}},\overline{\boldsymbol{K}})(\mathrm{i}\overline{\boldsymbol{K}})\mathrm{d}\overline{\boldsymbol{K}} = \frac{1}{2}(\nabla U)U^* - \frac{1}{2}U(\nabla U^*) \tag{19.61}$$

注意到，$\nabla_{rd}U_1 = \nabla U, \nabla_{rd}U_2 = -\nabla U$。

式(19.61)的右边是坡印廷矢量。标量声压场 p 的坡印廷矢量见2.12节，如下：

$$\overline{\boldsymbol{S}} = \mathrm{Re}\left[\frac{1}{2}p\,\overline{\boldsymbol{V}}^*\right] \tag{19.62}$$

式中：粒子速度 $\overline{\boldsymbol{V}} = \dfrac{1}{\mathrm{i}\omega\rho_0}\nabla p$。

对于与压力场 p 成正比的标量场 U，除了常数值还有：

$$\overline{\boldsymbol{S}} = \frac{1}{(-\mathrm{i})}[U\nabla U^* - U^*\nabla U] \tag{19.63}$$

由式(19.61)得到：

$$\frac{1}{(2\pi)^3}\int W(\bar{\boldsymbol{r}},\overline{\boldsymbol{K}})\overline{\boldsymbol{K}}\mathrm{d}\overline{\boldsymbol{K}} = \overline{\boldsymbol{S}} \tag{19.64}$$

类似地，可以得到时间维格纳分布函数。

---

① 译者注：根据公式推导，将式(19.57)中的 $\mathrm{e}^{-\mathrm{i}\overline{\boldsymbol{K}}\bar{\boldsymbol{r}}_d}$ 更正为 $\mathrm{e}^{-\mathrm{i}\overline{\boldsymbol{K}}\bar{\boldsymbol{r}}'_d}$

$$W(t,\omega) = \int_{-\infty}^{\infty} \langle U(t_1) U^*(t_2) \rangle e^{i\omega t_d} dt_d \tag{19.65}$$

式中：

$$t_1 = t + \frac{t_d}{2}, t_2 = t - \frac{t_d}{2}$$

用傅里叶变换来表示式(19.65)：

$$\begin{cases} U(t) = \dfrac{1}{2\pi}\int \overline{\boldsymbol{U}}(\omega) e^{-i\omega t} d\omega \\ W(t,\omega) = \dfrac{1}{(2\pi)^2}\iint \langle \overline{\boldsymbol{U}}(\omega_1)\ \overline{\boldsymbol{U}}^*(\omega_2) \rangle e^{-i\omega_1 t_1 + i\omega_2 t_2 + i\omega t_d} d\omega_1 d\omega_2 dt_d \end{cases} \tag{19.66}$$

式中：$\langle \overline{\boldsymbol{U}}(\omega_1) \overline{\boldsymbol{U}}^*(\omega_2) \rangle$为双频 MCF。

由 $\omega_1 t_1 - \omega_2 t_2 = \omega_c t_d + \omega_d t_c$ 可以得到：

$$W(t,\omega) = \frac{1}{(2\pi)}\int \left\langle \overline{\boldsymbol{U}}\left(\omega + \frac{\omega_d}{2}\right) \overline{\boldsymbol{U}}^*\left(\omega - \frac{\omega_d}{2}\right) \right\rangle e^{-i\omega_d t} d\omega_d \tag{19.67}$$

维格纳分布函数 $W(t,\omega)$与“模糊函数”$\chi(\omega_d, t_d)$有关。

$$\chi(\omega_d, t_d) = \frac{1}{2\pi}\int U(t_1) U^*(t_2) e^{i\omega_d t} dt \tag{19.68}$$

由此，可以证明：

$$W(t,\omega) = \int \chi(\omega_d, t_d) e^{-i\omega_d t + i\omega t_d} d\omega_d dt_d \tag{19.69}$$

19.9 无源表面和海洋风向的斯托克斯矢量辐射率

在 17.5 节中，温度为 T 的表面在偏振态 α 下沿$(-\hat{\boldsymbol{i}})$方向发射的亮温 $T_\alpha(\hat{\boldsymbol{i}})$为

$$T_\alpha(\hat{\boldsymbol{i}}) = \varepsilon_\alpha(\hat{\boldsymbol{i}}) T \tag{19.70}$$

式中：$\varepsilon_\alpha(\hat{\boldsymbol{i}})$为“发射率”。如果表面处于热平衡状态，则吸收一定等于发射，因此，发射率等于吸收率。

$$\varepsilon_\alpha(\hat{\boldsymbol{i}}) = a_\alpha(\hat{\boldsymbol{i}}) \tag{19.71}$$

另外，如果功率入射到某一表面，则一部分功率被散射，另一部分被吸收。在投影区域 $A\cos\theta_i$ 中，总散射功率与入射功率之比称为“反照率”，记为 $\Gamma_\alpha(\hat{\boldsymbol{i}})$。吸收系数 a_α 为表面吸收的分数功率，有

$$a_\alpha(\hat{\boldsymbol{i}}) = 1 - \Gamma_\alpha(\hat{\boldsymbol{i}}) = \varepsilon_\alpha(\hat{\boldsymbol{i}}) \tag{19.72}$$

这表明无源表面的发射率与入射波在表面上的散射问题有关。反照率 $\Gamma_\alpha(\hat{\boldsymbol{i}})$见 17.5 节的式(17.29)。

式(19.72)可以推广到斯托克斯矢量公式。研究表明，式(19.70)中的 Γ_α 和 ε_α 可以推广到斯托克斯矢量(Tsang 等，2000)。

$$
\begin{bmatrix} T_1(\hat{\boldsymbol{i}}) \\ T_2(\hat{\boldsymbol{i}}) \\ U(\hat{\boldsymbol{i}}) \\ V(\hat{\boldsymbol{i}}) \end{bmatrix} = T \begin{bmatrix} 1-\Gamma_1 \\ 1-\Gamma_2 \\ 1-\Gamma_U \\ 1-\Gamma_V \end{bmatrix} \tag{19.73}
$$

式中:下标 1 和 2 表示垂直极化和水平极化。

$$
\begin{cases}
\Gamma_1 = \dfrac{1}{4\pi}\displaystyle\int_{2\pi}\left[\,|f_{11}(\hat{\boldsymbol{s}},\hat{\boldsymbol{i}})|^2 + |f_{21}(\hat{\boldsymbol{s}},\hat{\boldsymbol{i}})|^2\right]\mathrm{d}\Omega_s \\
\Gamma_2 = \dfrac{1}{4\pi}\displaystyle\int_{2\pi}\left[\,|f_{12}(\hat{\boldsymbol{s}},\hat{\boldsymbol{i}})|^2 + |f_{22}(\hat{\boldsymbol{s}},\hat{\boldsymbol{i}})|^2\right]\mathrm{d}\Omega_s \\
\Gamma_U = \dfrac{1}{4\pi}\displaystyle\int_{2\pi}2\mathrm{Re}\left[f_{11}(\hat{\boldsymbol{s}},\hat{\boldsymbol{i}})f_{12}^*(\hat{\boldsymbol{s}},\hat{\boldsymbol{i}}) + f_{21}(\hat{\boldsymbol{s}},\hat{\boldsymbol{i}})f_{22}^*(\hat{\boldsymbol{s}},\hat{\boldsymbol{i}})\right]\mathrm{d}\Omega_s \\
\Gamma_V = \dfrac{1}{4\pi}\displaystyle\int_{2\pi}2\mathrm{Im}\left[f_{11}(\hat{\boldsymbol{s}},\hat{\boldsymbol{i}})f_{12}^*(\hat{\boldsymbol{s}},\hat{\boldsymbol{i}}) + f_{21}(\hat{\boldsymbol{s}},\hat{\boldsymbol{i}})f_{22}^*(\hat{\boldsymbol{s}},\hat{\boldsymbol{i}})\right]\mathrm{d}\Omega_s
\end{cases}
$$

如果我们可以测量 T_1、T_2、U 和 V,那么表面和海洋风向的散射特性就可以确定,如式(19.73)。斯托克斯矢量的测量可以使用 16.10 节中描述的方式。T_1、T_2 可由垂直极化和水平极化强度得到。U 可通过测量 45°和 135°的功率获得。V 可以由右旋圆极化和左旋圆极化的功率得到。

需要注意的是,对于海面,T_v 和 T_h 是关于方位角 ϕ 的偶函数,U 和 V 为关于 ϕ 的奇函数,其中:$\phi=\phi_w-\phi_r$,ϕ_w 为风向,ϕ_r 为辐射计的观测方向(图 19.7)。使用到了 ϕ 的二次谐波:

$$
\begin{cases}
T_v \approx T_{vo} + T_{v1}\cos\phi + T_{v2}\cos 2\phi \\
T_h \approx T_{ho} + T_{h1}\cos\phi + T_{h2}\cos 2\phi \\
U \approx U_1\sin\phi + U_2\sin 2\phi \\
V \approx V_1\sin\phi + V_2\sin 2\phi
\end{cases} \tag{19.74}
$$

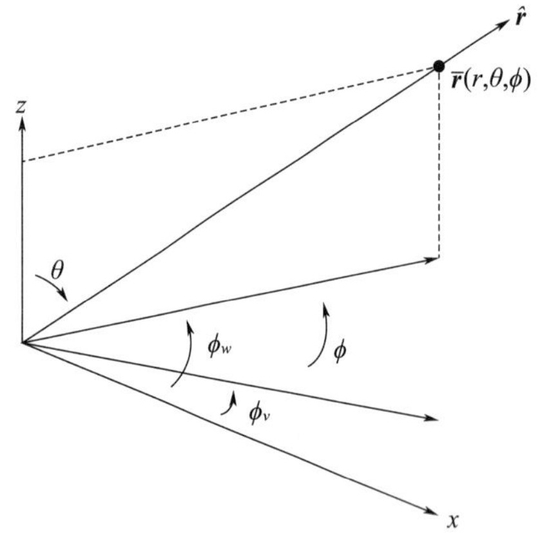

图 19.7 (r,θ,ϕ)方向的热辐射(ϕ_w = 风向,ϕ_r = 辐射计观测方向,$\phi=\phi_w-\phi_r$)

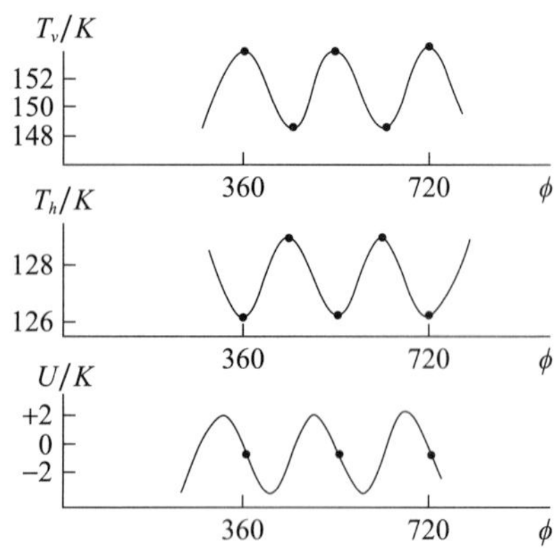

图 19.8 T_v 和 T_h 为关于 ϕ 的偶函数,U 为关于 ϕ 的奇函数

通过实验和数值计算，T_v、T_h 和 U 如图 19.8 所示，与理论预测一致（Yueh，1999）。因此，可以通过测量斯托克斯矢量参数 T_1，T_2，U 和 V 来确定海洋风向。

19.10　范西特－策尼克定理在含天线温度的孔径合成辐射计中的应用

在 17.9 节和 17.10 节中，我们讨论了非相干源的光源亮度分布与相干度之间的傅里叶变换关系的一个特例，即范西特－策尼克定理的一个特例。在本节中，我们将在被动微波遥感应用中重新讨论这个问题。此外，我们还考虑了天线温度的影响（Corbella 等，2004；Camps 等，2008；Wedge，Rutledge，1991）。

从范西特－策尼克定理开始进行讨论。它将电磁波在$\bar{\boldsymbol{r}}_i$ 和$\bar{\boldsymbol{r}}_j$ 两点处的 MCF $V(\bar{\boldsymbol{r}}_i,\bar{\boldsymbol{r}}_j)$ 以及热源亮度分布 $T(\bar{\boldsymbol{r}}_s,\hat{\boldsymbol{s}})$ 联系起来（图 19.9）。

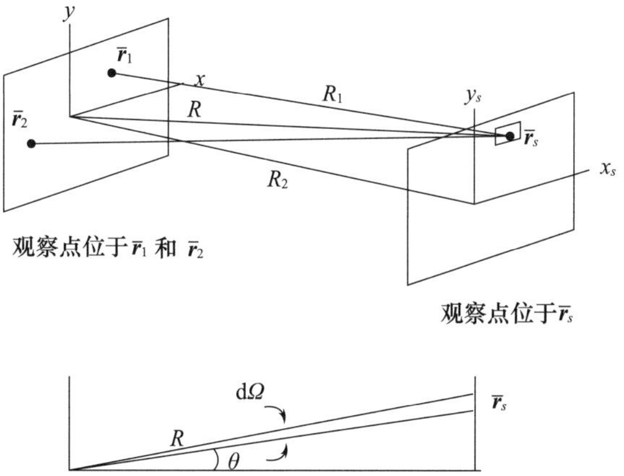

图 19.9　关于光源亮度分布 $T(\bar{\boldsymbol{r}}_s,\hat{\boldsymbol{s}})$ 与可见性函数 $V(\bar{\boldsymbol{r}}_1,\bar{\boldsymbol{r}}_2)$ 关系的范西特－策尼克定理

$$V(\bar{\boldsymbol{r}}_1,\bar{\boldsymbol{r}}_2) = \int G(\hat{\boldsymbol{s}})T(\bar{\boldsymbol{r}}_s,\hat{\boldsymbol{s}})\frac{e^{ik(R_1-R_2)}}{R_1R_2}d\Omega \tag{19.75}$$

式中：$\hat{\boldsymbol{s}}$ 为$\bar{\boldsymbol{r}}_s$方向上的单位矢量，$G(\hat{\boldsymbol{s}})$ 为天线方向图。$V(\bar{\boldsymbol{r}}_1,\bar{\boldsymbol{r}}_2)$ 称为“可见度函数”。$d\Omega$ 是单位立体角，$d\Omega=\sin\theta d\theta d\phi$。

在抛物线近似中，有

$$\begin{cases} R_1 = R + \dfrac{|\bar{\boldsymbol{r}}_1-\bar{\boldsymbol{r}}_s|^2}{2R} \\ R_2 = R + \dfrac{|\bar{\boldsymbol{r}}_2-\bar{\boldsymbol{r}}_s|^2}{2R} \end{cases} \tag{19.76}$$

然后得到：

$$V(\bar{\boldsymbol{r}}_1,\bar{\boldsymbol{r}}_2) = \int G(\hat{\boldsymbol{s}})T(\bar{\boldsymbol{r}}_s,\hat{\boldsymbol{s}})\exp\left[ik\frac{r_1^2-r_2^2}{2R} - ik\frac{(r_1-r_2)\cdot\bar{\boldsymbol{r}}_s}{R}\right]d\Omega \tag{19.77}$$

上式中令$\dfrac{1}{R_1R_2}\approx\dfrac{1}{R^2}$，其可被 $G(\hat{\boldsymbol{s}})$ 吸收。

需要注意到的是：

$$\mathrm{d}\zeta\mathrm{d}\eta = \cos\theta\mathrm{d}\Omega = \sqrt{1-\xi^2-\eta^2}\,\mathrm{d}\Omega$$

式中：$\xi = \sin\theta\cos\phi$ 和 $\eta = \sin\theta\sin\phi$ 为 $\hat{s}$ 的方向余弦。附加相位$\left[\mathrm{i}k\dfrac{(r_1^2-r_2^2)}{2R}\right]$是从$\bar{\boldsymbol{r}}_s=0$ 到$\bar{\boldsymbol{r}}_1$和$\bar{\boldsymbol{r}}_2$之间的波长差，与$\bar{\boldsymbol{r}}_s$无关，可以在 G 中被吸收。最终得到遥感中常用的范西特－策尼克定理的傅里叶变换形式表示。

$$V(u,v) = \int_{\xi^2+\eta^2\leqslant 1} G(\xi,\eta)T(\xi,\eta)\frac{\exp[-\mathrm{i}k(u\xi+v\eta)]}{\sqrt{1-\xi^2-\eta^2}}\mathrm{d}\xi\mathrm{d}\eta \tag{19.78}$$

式中：$u = x_1 - x_2$，$v = y_1 - y_2$。

这种傅里叶变换关系意味着，如果我们测量可见度函数，也就是关于不同组合的$\bar{\boldsymbol{r}}_1$和$\bar{\boldsymbol{r}}_2$两点上波的空间相关性，那么原则上可以通过傅里叶逆变换反演不同间距上的测量可见度，从而得到温度分布 $T(\bar{\boldsymbol{r}}_s,\hat{\boldsymbol{s}})$。

19.10.1 天线温度的影响和波斯马定理

见式(19.78)，范西特－策尼克定理不包含天线温度的影响。波斯马定理将噪声温度与天线温度和散射矩阵的相关性联系起来。考虑两个接收天线，天线温度为 T_a，末端为无反射的接收天线(图 19.10)。入射波(a_1,a_2)、输出波(b_1,b_2)和噪声波(b_{s1},b_{s2})通过散射矩阵 $\boldsymbol{S}$ 联系起来。

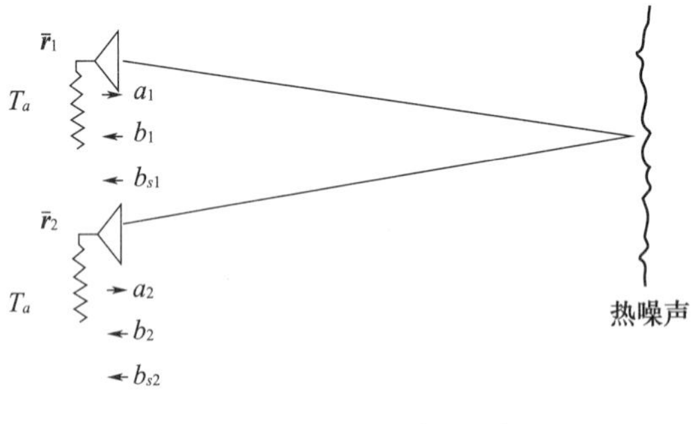

图 19.10 波斯马定理($\boldsymbol{b} = \boldsymbol{S}\boldsymbol{a} + \boldsymbol{b}_s$，$\langle \boldsymbol{b}_s \boldsymbol{b}_s^+ \rangle = kT_a(1 - \boldsymbol{S}\boldsymbol{S}^+)$)

$$[\boldsymbol{b}] = [\boldsymbol{S}][\boldsymbol{a}] + [\boldsymbol{b}_s] \tag{19.79}$$

式中：

$$[\boldsymbol{b}] = \begin{bmatrix} b_1 \\ b_2 \end{bmatrix}$$

$$[\boldsymbol{S}] = \begin{bmatrix} s_{11} & s_{12} \\ s_{21} & s_{22} \end{bmatrix}$$

$$[\boldsymbol{a}] = \begin{bmatrix} a_1 \\ a_2 \end{bmatrix}$$

$$[\boldsymbol{b}_s] = \begin{bmatrix} b_{s1} \\ b_{s2} \end{bmatrix}$$

入射波[$\boldsymbol{a}$]从终端发出，与噪声[$\boldsymbol{b}_s$]无关。入射功率来源于温度为 T_a 的终端产生的热噪声，对于每单位带宽(1Hz)有：

$$\begin{cases}\langle |\boldsymbol{a}_1|^2\rangle = \langle |\boldsymbol{a}_2|^2\rangle = KT_a \\ \langle \boldsymbol{a}_1 \boldsymbol{a}_2^* \rangle = 0\end{cases} \tag{19.80}$$

式中：K 为玻尔兹曼常数。

由式(19.79)得到：

$$\begin{aligned}\langle \boldsymbol{b}\boldsymbol{b}^+\rangle &= \langle \boldsymbol{S}\boldsymbol{a}\boldsymbol{a}^+\boldsymbol{S}^+\rangle + \langle \boldsymbol{b}_s \boldsymbol{b}_s^+\rangle \\ &= KT_a(\boldsymbol{S}\boldsymbol{S}^+) + \langle \boldsymbol{b}_s \boldsymbol{b}_s^+\rangle\end{aligned} \tag{19.81}$$

式中：$\boldsymbol{b}^+$ 是 $\boldsymbol{b}$ 的共轭转置。

因此，可以写出式(19.81)的分量。

$$\begin{cases}\langle \boldsymbol{b}_1 \boldsymbol{b}_1^+\rangle = KT_a[|\boldsymbol{S}_{11}|^2 + |\boldsymbol{S}_{12}|^2] + \langle |\boldsymbol{b}_{s1}|^2\rangle \\ \langle \boldsymbol{b}_1 \boldsymbol{b}_2^+\rangle = KT_a[\boldsymbol{S}_{11}\boldsymbol{S}_{21}^* + \boldsymbol{S}_{12}\boldsymbol{S}_{22}^*] + \langle \boldsymbol{b}_{s1}\boldsymbol{b}_{s2}^*\rangle\end{cases} \tag{19.82}$$

这表明输出波 $\boldsymbol{b}_1$ 和 $\boldsymbol{b}_2$ 的相关性。

热噪声波 $\boldsymbol{b}_{s1}$ 和 $\boldsymbol{b}_{s2}$ 的相关性见式(19.78)中的可见度函数。

$$\langle \boldsymbol{b}_{s1}\boldsymbol{b}_{s2}^*\rangle = V(u,v) \tag{19.83}$$

式(19.83)表明，输出波 $\langle \boldsymbol{b}_1\boldsymbol{b}_2^*\rangle$ 和可见度函数 $V(u,v)$ 之间的相关性存在差值。

为了找到差值 $KT_a[\boldsymbol{S}_{11}\boldsymbol{S}_{21}^* + \boldsymbol{S}_{12}\boldsymbol{S}_{22}^*]$，我们使用了波斯马定理，该定理将热力学平衡下的噪声波和散射矩阵联系起来，在这种情况下，功率 $|\boldsymbol{a}|^2$ 和 $|\boldsymbol{b}|^2$ 需要平衡，得到：

$$\begin{cases}|\boldsymbol{a}_1|^2 = |\boldsymbol{a}_2|^2 = |\boldsymbol{b}_1|^2 = |\boldsymbol{b}_2|^2 = KT_a \\ \langle \boldsymbol{a}_1\boldsymbol{a}_2^*\rangle = 0 \\ \langle \boldsymbol{b}_1 \boldsymbol{b}_2^*\rangle = 0\end{cases} \tag{19.84}$$

在这个热力学平衡条件下，可以将式(19.82)写为

$$\langle \boldsymbol{b}_s\boldsymbol{b}_s^+\rangle = KT_a(1 - \boldsymbol{S}\boldsymbol{S}^+) \tag{19.85}$$

这就是波斯马定理。

如果我们用恒温 T_a 的微波吸收器围绕这两个天线，就可以实现热力学平衡，适用波斯马定理。因此，可以将式(19.82)表示为

$$0 = KT_a[\boldsymbol{S}_{11}\boldsymbol{S}_{21}^* + \boldsymbol{S}_{12}\boldsymbol{S}_{22}^*] + V \tag{19.86}$$

式中：V 是 $T = T_a$ 时的可见度函数，见式(19.78)。因此得到：

$$KT_a[\boldsymbol{S}_{11}\boldsymbol{S}_{21}^* + \boldsymbol{S}_{12}\boldsymbol{S}_{22}^*] = -V \tag{19.87}$$

将它代入式(19.82)，最终得到：

$$\langle \boldsymbol{b}_1\boldsymbol{b}_2^*\rangle = \int G(\zeta,\eta)(T(\zeta,\eta) - T_a)\frac{\exp[-\mathrm{i}k(u\zeta + v\eta)]}{\sqrt{1-\zeta^2-\eta^2}}\mathrm{d}\zeta\mathrm{d}\eta \tag{19.88}$$

$\langle \boldsymbol{b}_1 \boldsymbol{b}_2^* \rangle$为天线位于$\bar{\boldsymbol{r}}_1$和$\bar{\boldsymbol{r}}_2$的可见度函数。因此，这是包含温度$T_a$的广义范西特－策尼克定理，这是由Corbella(2004)推导出来的。

19.11 电离层对SAR图像的影响

星载SAR已用于测量森林生物量。然而，常规SAR中使用的C波段(4～8GHz，波长7.5～3.8cm)等微波频率无法穿透树叶，因此，生物量研究采用了较低的频率，通常是P波段(250～500MHz)。然而在这些低频率下，电离层效应变得十分显著。这些效应包括相干长度减小导致的方位分辨率降低、色散引起的群延迟、一定范围内的图像偏移、脉冲展宽和法拉第旋转。在本节中，我们将对这些影响进行分析研究(Ishimaru等，1999)。

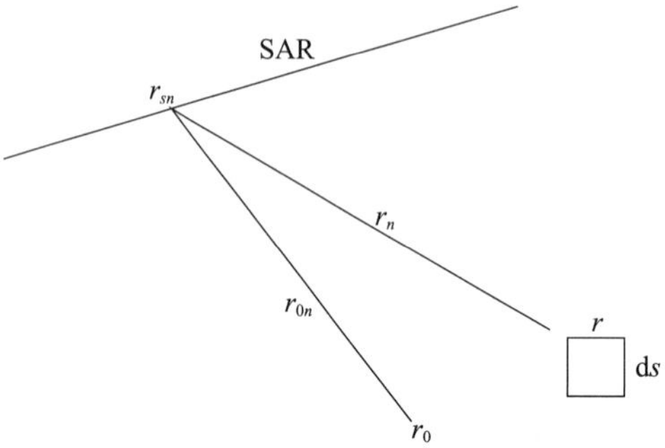

图19.11 SAR聚焦于点r_0(r_{sn}为接收机位置，r_{0n}和r_0分别为接收机到r_0和r的距离)

聚焦于$\bar{\boldsymbol{r}}_0$上的SAR相干接收信号$v(\bar{\boldsymbol{r}}_0)$为

$$v(\bar{\boldsymbol{r}}_0) = \int S(\bar{\boldsymbol{r}})\chi(\bar{\boldsymbol{r}},\bar{\boldsymbol{r}}_0)\,\mathrm{d}s \tag{19.89}$$

式中：$S(\bar{\boldsymbol{r}})$为在$\bar{\boldsymbol{r}}$处的地表反射率，χ为图19.11中所示的广义模糊函数(系统点目标响应)。

$$\chi(\bar{\boldsymbol{r}},\bar{\boldsymbol{r}}_0) = \sum_n \int g_n(t,\bar{\boldsymbol{r}}_n) f_n^*(t,\bar{\boldsymbol{r}}_{0n})\,\mathrm{d}t \tag{19.90}$$

这是在r_{sn}接收到信号$g_n(t,\bar{\boldsymbol{r}}_n)$的相干和，该信号是由入射脉冲$u_i(t)$照射$r$处的点目标产生的。$f_n(t,\bar{\boldsymbol{r}}_{0n})$是一个聚焦于$\bar{\boldsymbol{r}}_0$的匹配滤波函数。值得注意的是，在成像研究中，$f_n(t,\bar{\boldsymbol{r}}_{0n})$也被称为聚焦于“搜索点”$\bar{\boldsymbol{r}}_0$的“导引向量”或“调焦函数”(Ishimaru等，2012)。

对式(19.90)进行傅里叶变换，在频域中得到：

$$\begin{aligned}\chi(\bar{\boldsymbol{r}},\bar{\boldsymbol{r}}_0) &= \sum_n \frac{1}{2\pi}\int \bar{\boldsymbol{g}}_n(\omega,r_n)\,\bar{\boldsymbol{f}}_n^*(\omega,r_{0n})\,\mathrm{d}\omega \\ &= \sum_n \chi_n(r_n,r_{0n})\end{aligned} \tag{19.91}$$

式中：

$$\bar{\boldsymbol{g}}_n(\omega,r_n) = \int g_n(t,r_n)\,\mathrm{e}^{\mathrm{i}\omega t}\,\mathrm{d}t$$

$$\bar{\boldsymbol{f}}_n^*(\omega,r_{0n}) = \int f_n(t,r_{0n})\,\mathrm{e}^{\mathrm{i}\omega t}\,\mathrm{d}t$$

信号$\bar{\boldsymbol{g}}_n$由入射脉冲频谱$u_i(\omega)$和双向格林函数G^2组成。

$$\bar{\boldsymbol{g}}_n(\omega,r_n)=\bar{\boldsymbol{u}}_{il}(\omega)\overline{\boldsymbol{G}}_0(\omega,r_n) \tag{19.92}$$

式中：

$$\overline{\boldsymbol{G}}_0=G^2=\frac{\exp\left(\mathrm{i}2\int\beta\mathrm{d}s+\psi_d+\psi_u\right)}{(4\pi r_n)^2}$$

聚焦匹配滤波器为

$$\begin{aligned}\bar{\boldsymbol{f}}_n(\omega,r_{0n})&=\overline{\boldsymbol{U}}_i(\omega)\left[\frac{\exp(\mathrm{i}kr_{0n})}{4\pi r_{0n}}\right]^2\\&=\overline{\boldsymbol{U}}_i(\omega)G_s(\omega,\bar{\boldsymbol{r}}_{0n})^2\end{aligned} \tag{19.93}$$

需要注意的是式(19.92)中的β表示色散，而$\psi_d+\psi_u$表示电离层湍流的影响。

输入脉冲通常为线性调频，表示为

$$U_i(t)=\exp\left(-\mathrm{i}\omega_0 t-\mathrm{i}\frac{B}{4T_0}t^2\right),|t|<T_0 \tag{19.94}$$

为了数学表达简便，线性调频可以近似表示为

$$\begin{cases}U_i(t)=\exp(-\mathrm{i}\omega_0 t-\alpha t^2),|t|<\infty\\ \overline{\boldsymbol{U}}_i(\omega)=\sqrt{\dfrac{\pi}{\alpha}}\exp\left[-\dfrac{(\omega-\omega_0)^2}{4\alpha}\right]\end{cases} \tag{19.95}$$

式中：B 为带宽；$\alpha=\dfrac{\pi}{4T_0^2}+\mathrm{i}\dfrac{B}{4T_0}=\alpha_1+\mathrm{i}\alpha_2$。

接下来讨论式(19.91)中的χ_n。

$$\chi(\bar{\boldsymbol{r}},\bar{\boldsymbol{r}}_{0n})=\frac{1}{2\pi}\int\overline{\boldsymbol{U}}_i(\omega)\,\overline{\boldsymbol{U}}_i^*(\omega)G^2(\omega,\bar{\boldsymbol{r}}_n)G_s^2(\omega,r_{0n}) \tag{19.96}$$

注意到式(19.92)里，G^2 中的β表示电离层色散。因此，得到：

$$\beta(\omega)=\beta(\omega_0)+(\omega-\omega_0)\beta'(\omega_0)+\frac{(\omega-\omega_0)^2}{2}\beta''(\omega_0)+\cdots \tag{19.97}$$

$\beta'(\omega_0)$表示群延迟，$\beta''(\omega_0)$表示脉冲展宽。式(19.92)中的$\psi_d+\psi_u$是由电离层湍流波动引起的，并使 SAR 图像展宽。

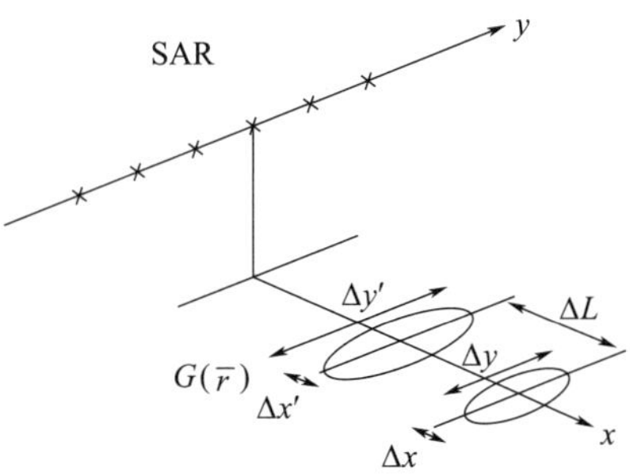

图 19.12　电离层对 SAR 的影响(自由空间图像由 $\Delta x-\Delta y$ 表示，$\Delta x'$ = 脉冲展宽，$\Delta y'$ = 方位分辨率，ΔL = 群延迟)

在图 19.12 中，我们展示了三种效应，即方位分辨率 $\Delta y'$、脉冲展宽 $\Delta x'$、群延迟 ΔL。

现在可以将式(19.96)中的χ_n 表示为

$$\chi(\bar{\boldsymbol{r}}_n,\bar{\boldsymbol{r}}_{0n}) = \frac{1}{2\pi}\int d\omega \frac{\exp[\mathrm{i}\Phi_0 + \mathrm{i}(\omega-\omega_0)\Phi_1 - (\omega-\omega_0)^2\Phi_2]}{(4\pi r_n)^2(4\pi r_{0n})^2} \tag{19.98}$$

式中：d_i 为电离层厚度；Φ_0 表示方位分辨率 $\Delta y'$；Φ_1 表示群延迟 ΔL；Φ_2 表示脉冲展宽 $\Delta x'$（图 19.12）。Φ_0 中的 $\psi_d+\psi_u$ 表示电离层波动。

$$\Phi_0 = 2\frac{\omega_0}{c}(r_n - r_{0n} - d_i) + 2\beta(\omega_0)d_i + \psi_d + \psi_u$$

$$\Phi_1 = \frac{2}{c}(r_n - r_{0n}) + 2\left[\beta'(\omega_0) - \frac{1}{c}\right]d_i$$

$$\Phi_2 = \frac{\alpha_2}{2|\alpha|^2} - \mathrm{i}\beta''(\omega_0)d_i$$

Ishimaru 等(1999)对这些效应进行了详细推导。

接下来考虑波动 $\psi_d+\psi_u$。由于互易性，$\psi=\psi_d=\psi_u$。设单向场 $\boldsymbol{u}=\exp(\psi)$，并假设 $\boldsymbol{u}$ 是复高斯场，则可以得到：

$$\begin{cases}\langle \boldsymbol{u}^2\rangle \approx \langle \boldsymbol{u}\rangle^2 \\ \langle \boldsymbol{u}_1^2\boldsymbol{u}_2^{*2}\rangle \approx 2\langle \boldsymbol{u}_1\boldsymbol{u}_2^*\rangle^2 - \langle \boldsymbol{u}_1\rangle^2\langle \boldsymbol{u}_2^*\rangle^2\end{cases} \tag{19.99}$$

然后得到相干分量：

$$\langle \exp(2\psi)\rangle = \langle \boldsymbol{u}\rangle^2 = \exp(-2\alpha_i d_i) \tag{19.100}$$

式中：

$$\alpha_i = 2\pi^2 k^2\int_0^\infty \Phi_n(k,\boldsymbol{\kappa})d\boldsymbol{\kappa}$$

此外，还可以得到：

$$\langle \boldsymbol{u}_1^2\,\boldsymbol{u}_2^{*2}\rangle = 2e^{-D_s} - e^{-4\alpha_i d_i} \tag{19.101}$$

式中①：

$$\begin{cases}D_s = 8\pi^2k^2d_i\int_0^\infty[1-J_0(\kappa\rho)]\Phi_n(z,\boldsymbol{\kappa})\boldsymbol{\kappa}d\boldsymbol{\kappa} \\ \rho = y_s - y_s' + \left[y - y' - (y_s - y'_s)\dfrac{z}{r_0}\right]\end{cases}$$

推导的细节见 Ishimaru 等(1999)。

19.11.1 法拉第旋转

如第 8 章所述，当线性极化电波在电离层中传播时，介质会变得各向异性，且电波会分裂成两个传播常数不同的圆极化波。传播后，这两个波重新结合，产生一个线性极化波，其极化平面随地磁场和距离成比例旋转。图 19.9 展示了地磁场 H_{dc} 指向截止角 θ 方向时沿 z 方向传播的波。$z=0$ 时，波由 $E_x(0)$ 和 $E_y(0)$ 表示，$z\neq0$ 时，波由 $E_x(z)$ 和 $E_y(z)$ 表示。它们通过 $\boldsymbol{T}(z)$ 相关联。

$$\begin{bmatrix}E_x(z)\\E_y(z)\end{bmatrix} = [\boldsymbol{T}(z)]\begin{bmatrix}E_x(0)\\E_y(0)\end{bmatrix} \tag{19.102}$$

---

① 译者注：根据公式推导，第 1 个等式中的 $\int_{0k}^{\infty}$ 更正为 $\int_0^{\infty}$。

式中：

$$
\begin{cases}
[\boldsymbol{T}(z)] = \dfrac{1}{R_1 - R_2}\begin{bmatrix} R_1 & -1 \\ 1 & -R_2 \end{bmatrix}\exp(\mathrm{i}kn_1 z) + \dfrac{1}{R_1 - R_2}\begin{bmatrix} -R_2 & 1 \\ -1 & R_1 \end{bmatrix}\exp(\mathrm{i}kn_2 z) \\
R_{1,2} = -\dfrac{\mathrm{i}}{Y_z}\left\{\dfrac{Y_y^2}{2(X-U)} \mp \left[\dfrac{Y_y^4}{4\,(X-U)^2} - Y_z^2\right]^{1/2}\right\} \\
X = \omega_p^2/\omega^2 \\
Y = \mathrm{e}\mu_0 H_{\mathrm{dc}}/m\omega \\
Y_z = Y\cos\theta \\
Y_y = Y\sin\theta \\
U = 1 - \mathrm{j}\,\dfrac{\nu}{\omega}
\end{cases}
$$

式中：ν 为碰撞频率；ω 为等离子频率。

对于 400 ~ 600km 高度的 P 波段（500MHz），SAR 的方位分辨率在平均电离层（30TECU，方差 10%）中会受到严重影响。TEC 是电子总含量，是从地面到电离层上部垂直路径上电子密度的积分。TECU 的单位是 $10^{16}\,\mathrm{el/m^2}$。对于 P 波段的距离分辨率，图像会有显著偏移，且法拉第旋转在 P 波段十分明显。

第 20 章

生物医学中的电磁学、光学和超声波

恶性组织的成像和检测在医疗保健中有着重要的作用。电磁能在医疗方面的应用非常重要,但这需要仔细避免对生物产生有害影响。从静态到太赫级的电磁场都可用于这些应用,但需要仔细研究安全和健康预防措施。在本章中,我们将讨论生物医学电磁学中的一些关键公式。大量的研究给出了静态太赫兹耦合到人体近场,比如移动电话,比吸收率(SAR),生物系统中的窄脉冲和 UWB 脉冲(Lin,2012)。在本章中,我们将讨论组织中的 SAR 和热扩散。在生物光学方面,我们将讨论组织中的光学散射和成像(Tuchin,Thompson,1994)以及光扩散和光子密度波。光学相干断层扫描(OCT)和低相干干涉测量被广泛应用于医学成像(Fujimoto,2001)。本章讨论了组织和血液的超声散射以及成像的基本原理(Shung,Thieme,1993)。Ishimaru(2001)对组织的声学和光的散射、成像进行了概述。

当我们研究这些公式时,必须清楚地了解生物介质中电磁、光学和超声特性之间的差异。电磁波的频率可能在 1GHz 左右,波长与人体的几何尺寸相当。因此,生物介质中的电场分布在很大程度上取决于介质的大小和形状,这需要对边界值问题进行数值研究。如果我们希望减短波长并提高分辨率,则有必要使用更高的频率。然而,更高的频率(更短的波长)会增加吸收和减少趋肤深度,从而导致较小的照明功率和较低的信噪比。

就光学而言,组织中的波长约为 $1\mu m$。然而,组织的损耗小,散射大,导致多重散射和扩散。且分辨率很差,需要使用到光子密度波等技术。对于短距离,可以使用 OCT 等其他技术,这将在后面进行讨论。对于 1、10MHz 和 50MHz 的超声波,波长(在水中)分别为 1.5mm、0.15mm 和 $30\mu m$。吸收率很显著,但散射率很小,故单一散射过程占主导地位,有助于分辨率和数学分析。组织的多重散射对超声波来说是可以忽略的。值得注意的是,高达 50MHz 的高频超声成像被认为是组织成像的新领域,尽管趋肤深度可能只有 8 ~ 9mm(Shung 等,2009)。

20.1 生物电磁学

频率范围在 1MHz ~ 100GHz 内的电磁场在生物介质中传输时会产生不同程度的吸

收、反射和散射。反射发生在组织边界，而散射是由组织中波长数量级的不均匀性引起的（Ishimaru，1997；Lin，2012；Johnson 和 Guy，1972）。

在美国，27.12MHz，915MHz 和 2450MHz 的微波被用于透热治疗，而欧洲则使用 433MHz。微波的其他医疗应用包括在输血前将冷藏库血液加热到体温，以及选择性加热癌症或肿瘤区域以施用抗癌药物。微波炉的工作频率通常为 2450MHz，正常功率为 2kW，最大功率为 5.25kW。手机使用的频带为 800MHz ~ 2.6GHz，其生物学效应已得到广泛研究（Lin，2012）。

微波对生物系统的影响可能是热效应，也可能是非热效应。组织吸收的功率会产生温升，这取决于组织的冷却和热扩散机制。当超过系统的温度调节能力时，就会导致组织损伤和死亡。在美国，建议人体长期暴露的最大安全功率密度为 $10mW/cm^2$。苏联科学家称中枢神经系统对强度低于热阈值的微波很敏感，并已将安全功率水平设置为 $0.01mW/cm^2$。

现已对肌肉和皮肤等高含水量组织的介电常数进行了深入研究（Johnson，Guy，1972），如图 20.1 所示。ε 和 σ 的值随温度的变化，速率分别为 +2%/℃和 -0.5%/℃。

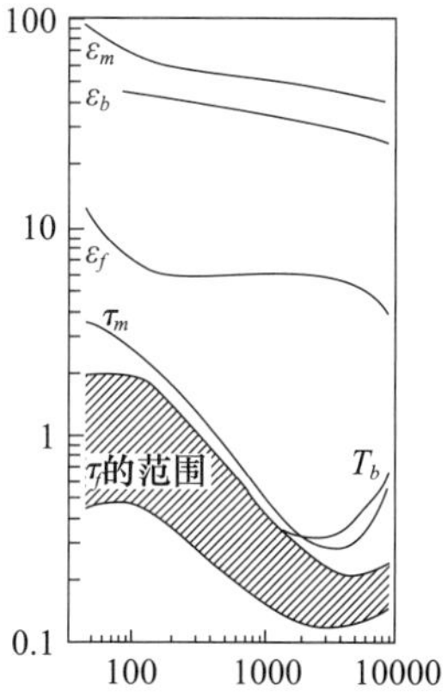

图 20.1　作为频率函数的脂肪、肌肉和大脑的介电常数 ε_m 和 ε_b 以及损耗角正切 τ_f，τ_m 和 τ_b（Johnson，Guy，1972）。

生物电磁中的一个关键量是"SAR"，即当入射功率通量密度为 $1mW/cm^2$（$=10W/m^2$）时，单位质量生物介质的功率损耗。

$$SAR = \frac{L}{\rho}(W/kg)$$

式中：

$$L = \frac{\omega\sigma_0\varepsilon''}{2}|E|^2 = \frac{\sigma|E|^2}{2} \tag{20.1}$$

L 为介质单位体积的功耗（W/m^3），E 为电场（V/m），σ 为介质的电导率（S/m），ρ 为介质的密度（kg/m^3）。式(20.1)中的 SAR 密度 ρ 通常为水的密度（$\rho = 10^3 kg/m^3$）。

生物介质中的电磁场已经有了广泛的研究（Lin，2012），涵盖的波段由极低频波（ELF）到射频波（RF）到微波。

20.2 生物电磁和组织中的热扩散

当组织受到电磁波照射时，部分电磁功率会在有损介质中耗散并转化为热能。热能随后在介质中扩散，相关温度随之变化。本节将简要介绍生物介质中的热扩散。

下面讨论由 1mW/cm^2 的入射功率通量照射的生物介质。通过电场 $\boldsymbol{E}$ 和生物介质的电导率 σ（或 ε''），可以计算单位体积的功率损失 L。功率损耗 L 转化为热量，从而使温度升高。如果介质中各点的温度各不相同，那么单位面积的热通量与温度梯度成正比。

$$\overline{\boldsymbol{F}} = -K\,\nabla T \tag{20.2}$$

式中：K 为导热系数（$\text{W/m}°\text{C}$）；$\overline{\boldsymbol{F}}$ 为单位面积的热通量（W/m^2）。

单位质量的内能 u（J/kg）根据比热容 C_S（J/kg℃）和温度 ΔT 得到。

$$\mathrm{d}u = C_S\mathrm{d}T \tag{20.3}$$

注意，能量单位为焦耳 J（$\text{Ws} = \text{Nm} = \text{m}^2\text{kg/S}^2$）。单位体积内能 ρu（J/m^3）和热流 $\overline{\boldsymbol{F}}$ 满足功率守恒要求；ρ（kg/m^3）为密度。

$$\rho C_S\frac{\partial T}{\partial t} + \nabla\cdot\overline{\boldsymbol{F}} = q \tag{20.4}$$

式中：q 为单位体积介质中加入或减去的能量（W/m^2），这将在后面进行讨论。将式(20.2)代入式(20.4)，得到温度的扩散方程：

$$\rho C_S\frac{\partial T}{\partial t} = \nabla\cdot(K\,\nabla T) + q \tag{20.5}$$

该扩散方程通常写为

$$\frac{\partial T}{\partial t} = a^2\,\nabla^2 T + \frac{q}{\rho C_S} \tag{20.6}$$

式中：a 被称为“扩散常数”。

$$a = \left[\frac{K}{\rho C_s}\right]^{\frac{1}{2}} \tag{20.7}$$

在生物介质中，能量由电磁功率损失 L 和能量 C 表示，前者转化为热量，后者则通过血液流动从介质中减去。因此得到：

$$q = L - C \tag{20.8}$$

L 见式(20.1)，C 为冷却函数，可以近似为

$$C = h_b(T - T_b) \tag{20.9}$$

式中：T 为组织温度；T_b 为平均局部动脉血温；h_b 为传热系数。

式(20.6)和式(20.8)中的扩散方程是由 Pennes 在 1948 年提出的生物热方程的简化形式。生物热方程更完整的形式包括组织的孔隙率和血液的速度（Khaled，Vafai，2003；Nakayama，Kuwahara，2008）。Van den Berg 等于 1983 年提出了包括冷却函数在内的组织电磁加热计算模型。式(20.9)中的冷却函数是一个一阶近似值，可适用于温度低于临界温度的情况（Chan 等，1973）。

式(20.6)中扩散方程的求解需要边界条件。在表面上，向外的功率通量必须与表面温度和环境温度 T_e 之间的差值成正比。

$$-K\frac{\partial T}{\partial n}=E(T-T_e) \tag{20.10}$$

这被称为“牛顿冷却定律”(Pennes,1948),这与 Ayappa 等(1991)使用的边界条件一致,其中常数(E/K)与毕奥数成正比(Chen,Peng,2005),这也与 Taflove 和 Brodwin(1975)使用的边界条件一致。然而,应该注意到的是,扩散方程的边界条件本质上是不准确的,因为任何物理量(如波或粒子)的扩散都需要离边界一定的距离。

在数学上,可以在边界处得到:

(1)温度恒定不变

$$T=\text{常数} \tag{20.11}$$

(2)没有热传递

$$\frac{\partial T}{\partial n}=0 \tag{20.12}$$

除此以外,光在多重散射介质中的扩散遵循相同的扩散方程。如果介质是各向同性散射体,则边界条件为(Ishimaru,1997)

$$U=0.7104l_s\frac{\partial}{\partial n}U \tag{20.13}$$

式中:l_s 为散射的平均自由程;U 为平均强度,满足扩散方程(Ishimaru,1997):

$$\frac{\partial U}{\partial t}=a^2\nabla^2U+Q \tag{20.14}$$

因此,多重散射介质中的平均强度 U 等于温度。

扩散方程式(20.6)需要结合边界条件来求解,而在无限大介质中找到扩散解是很有意义的。对于任意激励($q/\rho C_s$),都可以使用格林函数。对于一维扩散方程,有

$$\frac{\partial T}{\partial t}=a^2\frac{\partial^2}{\partial x^2}T+\left(\frac{q}{\rho C_s}\right) \tag{20.15}$$

令①:

$$\frac{q}{\rho C_s}=f_1(t)f_2(x) \tag{20.16}$$

然后得到:

$$T(t,x)=\int_0^t \mathrm{d}t'\int_0^x \mathrm{d}x'G(t-t',x-x')f_1(t')f_2(x') \tag{20.17}$$

格林函数 $G(t,x)$满足:

$$\frac{\partial}{\partial t}G=a^2\frac{\partial^2}{\partial x^2}G+S(t)S(x) \tag{20.18}$$

取 t 和 x 的傅里叶变换,得到:

$$\overline{\boldsymbol{G}}(w,\lambda)=\frac{1}{\mathrm{i}w-a^2\lambda^2} \tag{20.19}$$

取傅里叶逆变换,得到:

---

① 译者注:根据上下文,将该等式中$\frac{q}{\rho C_s}$−更改为$\frac{q}{\rho C_s}$。

$$G(t,x)=\frac{1}{(2\pi)^2}\int e^{-iwt}dw\int e^{+i\lambda x}d\lambda\,\overline{\boldsymbol{G}}(w,\lambda) \tag{20.20}$$

注意到 $w_p=-\mathrm{i}a^2\lambda^2$ 处的极点并求留数,就可以对 dw 进行积分,然后对 λ 进行积分,得到:

$$G(t,x)=\frac{1}{\sqrt{4\pi a^2 t}}\exp\left(-\frac{x^2}{4a^2t}\right) \tag{20.21}$$

这就是我们常用的扩散解法。

对于一个实际的问题,我们需要应用式(20.10)中的边界条件或式(20.11)、式(20.12)中的近似值。式(20.11)等效于表面温度等于周围温度的特例。如果介质是半无限的,并使用这一边界条件,就可以得到格林函数:

$$G(t,x)=G(t,x-x_0)G(t,x+x_0) \tag{20.22}$$

本节中的公式涉及组织的微波加热和热扩散。该技术可用于研究高功率光束照射下目标的热扩散和升温。不同脉冲持续时间的二氧化碳光束可穿过大气层聚焦,并入射到铜、水或复合材料目标上,从而导致温度上升(Stonebeck 等,2013)。

20.3 血液中的生物光学、光学吸收和散射

生物材料中的光传播主要是散射,因为细胞结构和粒子大小的不均匀性达到了光波长的数量级。细胞的直径通常为几个微米,肌肉细胞可能有几毫米,神经细胞可能超过一米。细胞由约有 75Å 厚的薄膜、细胞质和细胞核组成。上皮组织由覆盖或排列在表面的分层膜细胞组成,具有保护和调节分泌的功能。结缔组织支撑并连接细胞组织和骨骼。肌肉组织由长 1 ~ 40mm、直径达 40μm 的细胞组成。神经组织由被称为神经元的神经细胞组成,在中枢神经系统和肌肉、器官、腺体等之间传递信息(Johnson, Guy, 1972, 709 页;Ishimaru, 1997)。

用光来测定血液中的含氧量。红细胞呈双凹盘状,宽直径约为 7μm,中心厚度约为 1μm,边缘厚度约为 2μm。红细胞在骨髓中不断形成,进入血液,并在肝脏中被吸收和再生。正常情况下,每立方毫米约有 5×10^6 个红细胞。红细胞约占全血体积的 40%,这个百分比被称为血细胞比容 H。因此,在正常血液中,$H=0.4$。剩下的 60% 是近乎透明的水和盐溶液,称为血浆。

红细胞含有血红蛋白分子 Hb,它很容易被氧合为氧合血红蛋白分子 HbO_2。氧饱和度 OS 定义为氧血红蛋白[HbO_2]与总血红蛋白[HbO_2] + [Hb]的比值。为了获得血红蛋白本身的光学吸收特性,使红细胞膜破裂,将血红蛋白释放到溶液中。这种溶液被称为溶血血液,是一种均匀的吸收介质。在该介质中,光强度 dI 的减小与强度 I 和基本距离 dz 成正比。

$$dI=-\alpha I dz \tag{20.23}$$

因此,强度呈指数衰减:

$$I(z)=I(0)\exp(-\alpha z) \tag{20.24}$$

这称为朗伯 - 比耳定律(Lambert - Beer law)。吸收常数 α 取决于分子浓度 C(moles/cm^3)和比吸收系数 κ(cm^3/moles)。

$$\alpha=C\kappa \tag{20.25}$$

溶血血液的血红蛋白 Hb 和血氧红蛋白 HbO_2 的比吸收系数 κ_h 和 κ_o 如图 20.2 所示。氧血红蛋白 HbO_2 在光谱的红色区域的吸收率较低，因此，当血氧红蛋白占优势时，血液看起来呈红色。当 λ 分别为 0.548μm、0.568μm、0.587μm 和 0.805μm 时，Hb 和 HbO_2 的吸收相等，这些波长被称为等距点。

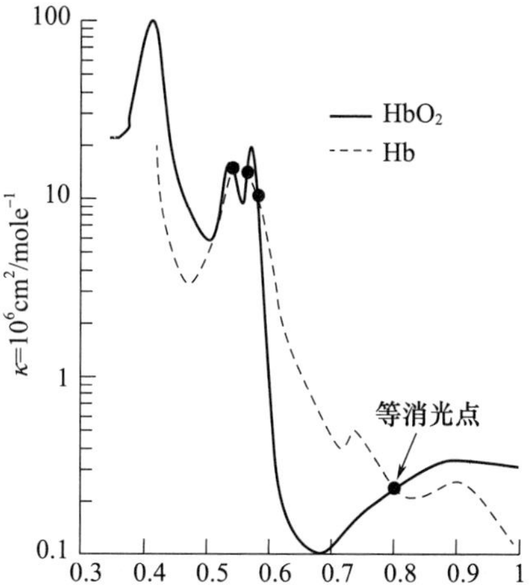

图 20.2　血红蛋白(Hb)和氧血红蛋白(HbO_2)的光学吸收光谱

考虑一束光穿过厚度为 D 的板。透射率 T 和反射率 R 分别定义为透射强度与入射强度之比以及反射强度与入射强度之比。光密度 OD 定义为

$$\mathrm{OD} = \log(T^{-1}) \tag{20.26}$$

含氧饱和度 OS 的溶血血液的光密度为

$$\mathrm{OD} = 0.4343 C\kappa d \tag{20.27}$$

其中，$C\kappa$ 为 κ_o 和 κ_h 的平均值，与它们的浓度成比例，$C_\kappa = C_o\kappa_o + C_h\kappa_h$。$C_o$ 和 C_h 分别为 HbO_2 和 Hb 的浓度，κ_o 和 κ_h 分别为 HbO_2 和 Hb 的比吸收系数。需要注意到 $\mathrm{OS} = C_o/(C_o + C_h)$，则：

$$\begin{cases} C = C_o + C_h \\ \kappa = \kappa_h + \mathrm{OS}(\kappa_o - \kappa_h) \end{cases} \tag{20.28}$$

通过测量两个波长下溶血血液的光密度 OD，并从图 20.2 中知道这些波长下的 κ_o 和 κ_h，就可以确定氧饱和度 OS。

全血的光密度与溶血的光密度明显不同，因为在全血中，血红蛋白被包裹在红细胞中，会发生相当大的光散射。红细胞(红血球)的散射和吸收特性用横截面表示最为简便。典型的横截面如表 20.1 所示。

表 20.1　体内组织的光学特性(Tuchin, Thompson, 1994)

	λ/nm	μ_t/cm^{-1}	μ_a/cm^{-1}	μ_s/cm^{-1}	$\mu_s(1-g)$/cm^{-1}	g
主动脉	632.8	316	0.52	316	41.0	0.87
全血	665	1247	1.3	1246	6.11	0.995
肺	635	332	8.1	324	81.0	0.75

红细胞比容 H 与单个红细胞的数量密度 ρ 和体积 V_e 有关，有

$$\rho = H/V_e \tag{20.29}$$

因此,吸收系数 $\rho\sigma_a$ 为

$$\mu_a = \rho\sigma_a = H\sigma_a/V_e \tag{20.30}$$

若 H 足够小($H<0.2$),则散射系数 $\rho\sigma_s$ 为

$$\mu_s = \rho\sigma_s = H\sigma_s/V_e \tag{20.31}$$

当 $H>0.5$,颗粒密集排列,介质几乎是均质的,吸收血红蛋白物质。在这种情况下,全血可以被看作是一种均匀的血红蛋白介质,散射颗粒由红细胞之间的血浆构成。在极限情况 $H\to1$,“血浆颗粒”消失,$\rho\sigma_s$ 应趋近于零。因此,$\rho\sigma_s$ 可近似表示为

$$\mu_s = \rho\sigma_s = H(1-H)\sigma_s/V_e \tag{20.32}$$

式中:乘法因子$(1-H)$考虑了 $H\to1$ 时散射的消失,通常无法达到完全填充($H=1$),并且填充的效果也不能用$(1-H)$这样简单的因子来表示。例如,如果粒子是刚性球体,H 不能超过 0.64。非完全填充时应该表示为

$$\mu_s = \rho\sigma_s = (H\sigma_s/V_e)f(H) \tag{20.33}$$

式中:$f(H)$从 $H=0$ 对应的 1 单调下降到 H 某一值对应的 0。函数 $f(H)$ 称为“填充因子”,刚性球体的珀卡斯-耶维克填充因子(Percus-Yevick packing factor)为

$$f(H) = \frac{(1-H)^4}{(1+2H)^2} \tag{20.34}$$

20.4 组织中的光学扩散

如 20.3 节所述,全血中的光传播不仅取决于单个血细胞的吸收和散射特性,还取决于微粒的填充程度,这由分数体积 H 表示,即粒子所占的体积与总体积之比。如果 H 小于 1,则散射很小,发生单散射。随着 H 的增大,需要考虑双重散射和多重散射。随着 H 的进一步增大,波会向各个方向散射,其行为趋于“随机游走”,这相当于“扩散”(图 20.3)。

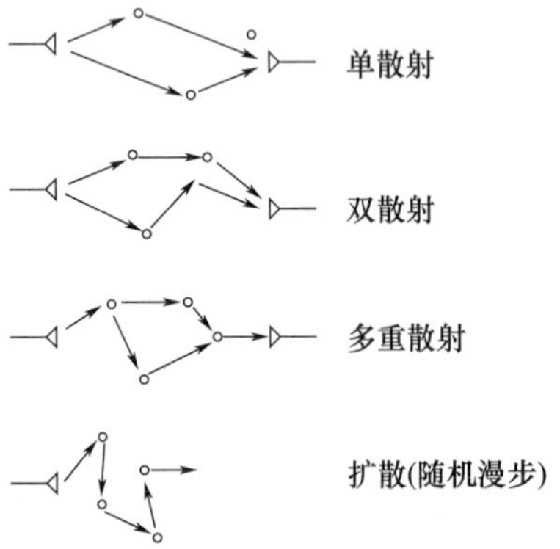

图 20.3　单、双、多重散射和扩散

本节将讨论扩散近似(Ishimaru,1997,7.3 节,第 9 章)。光在组织和血液中的传输由 17.4 节中的辐射传递方程表示。根据比强度 $I(\bar{r},\hat{s}')$ 写出转移方程,有

$$\frac{\mathrm{d}I}{\mathrm{d}s} = -\mu_t I + \frac{\mu_t}{4\pi}\int p(\hat{s},\hat{s}')I(\hat{s}')\,\mathrm{d}\Lambda' \tag{20.35}$$

式中：$\mu_t=\rho\sigma_t$ 为消光系数，$p(\hat{\boldsymbol{s}},\hat{\boldsymbol{s}}')$ 为相位函数，ρ 为数密度，σ_t 为单个粒子的消光截面。

比强度 I 由称为“降低入射强度”的相干分量 I_{ri} 和扩散分量 I_d 表示。I_{ri} 满足：

$$\frac{\mathrm{d}I_{ri}}{\mathrm{d}s}=-\mu_t I_{ri} \tag{20.36}$$

扩散分量 I_d 满足：

$$\frac{\mathrm{d}I_d}{\mathrm{d}s}=-\mu_t I_d+\frac{\mu_t}{4\pi}\int p(\hat{\boldsymbol{s}},\hat{\boldsymbol{s}}')\mathrm{I}'_d\mathrm{d}\Omega'+\sum_{ri}(\hat{\boldsymbol{r}},\hat{\boldsymbol{s}}) \tag{20.37}$$

式中：源函数表示为

$$\sum_{ri}(\hat{\boldsymbol{r}},\hat{\boldsymbol{s}})=\frac{\mu_t}{4\pi}\int p(\hat{\boldsymbol{s}},\hat{\boldsymbol{s}}')I_{ri}(\bar{\boldsymbol{r}},\hat{\boldsymbol{s}})\mathrm{d}\Omega' \tag{20.38}$$

相位函数 $p(\hat{\boldsymbol{s}},\hat{\boldsymbol{s}}')$ 与单个粒子的散射振幅 $f(\hat{\boldsymbol{s}},\hat{\boldsymbol{s}}')$ 有关，如 10.1 节所示。

$$|f(\hat{\boldsymbol{s}},\hat{\boldsymbol{s}}')|^2=\frac{\sigma_t}{4\pi}p(\hat{\boldsymbol{s}},\hat{\boldsymbol{s}}') \tag{20.39}$$

式中：

$$\frac{1}{4\pi}\int p(\hat{\boldsymbol{s}},\hat{\boldsymbol{s}}')\mathrm{d}\Omega=W_o=\frac{\sigma_s}{\sigma_t}=\text{单粒子的反照率}$$

此外，还需注意到：

$$\text{消光系数 }\mu_t=\rho\sigma_t=\frac{1}{l_t}$$

$$\text{吸光系数 }\mu_a=\rho\sigma_a=\frac{1}{l_a}$$

$$\text{散射系数 }\mu_s=\rho\sigma_s=\frac{1}{l_s}$$

$$\text{输运系数 }\mu_{tr}=\rho\sigma_{tr}=\frac{1}{l_{tr}}$$

l_t、l_a、l_s 和 l_{tr} 分别为消光、吸收、散射和输运平均自由程。输运系数将在式(20.50)中与 g（各向异性因子或散射角的平均余弦）一起解释。

如 Ishimaru(1997，第 9 章)所示，扩散近似基于以下假设：扩散强度遇到许多粒子，并且几乎均匀地向各个方向散射。扩散强度在稍靠前的方向上有振幅，即净前向通量（图 20.4）。这可以表示为(Ishimaru，1997)

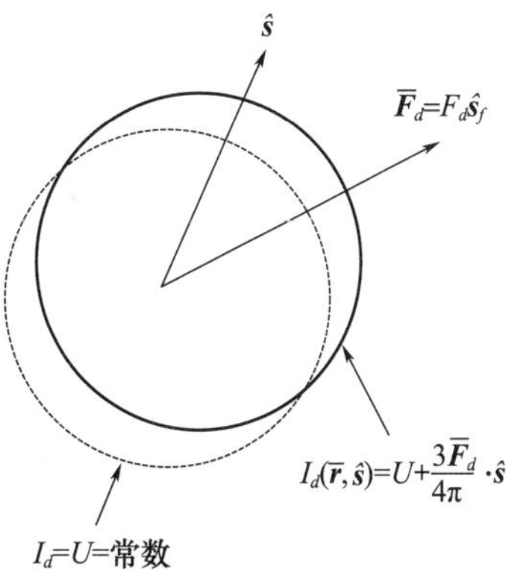

图 20.4　扩散近似时的扩散强度 $I_d(\bar{\boldsymbol{r}},\hat{\boldsymbol{s}})$

$$I_d(\bar{\boldsymbol{r}},\hat{\boldsymbol{s}}) = U_d(\bar{\boldsymbol{r}}) + \left(\frac{3}{4\pi}\right)\bar{\boldsymbol{F}}_d(\bar{\boldsymbol{r}}) \cdot \hat{\boldsymbol{s}} \tag{20.40}$$

式中：$U_d = \frac{1}{4\pi}\int I_d(\bar{\boldsymbol{r}},\hat{\boldsymbol{s}})\mathrm{d}\Omega$，$U_d$ 为平均扩散强度，也称为“光辐射能流率”（W/m^2）。

首先将式(20.37)在 4π 上进行积分，得到以下能量守恒方程。

$$\nabla \cdot \bar{\boldsymbol{F}}_d = -4\pi\mu_a U_d(\bar{\boldsymbol{r}}) + 4\pi\mu_s U_{\mathrm{ri}} + E(\bar{\boldsymbol{r}}) \tag{20.41}$$

式中：$E = \int_{4\pi}(\bar{\boldsymbol{r}},\hat{\boldsymbol{s}})\mathrm{d}\Omega$。

$\bar{\boldsymbol{F}}_d$ 为通量矢量，有

$$\begin{cases}\bar{\boldsymbol{F}}_d(\bar{\boldsymbol{r}},\hat{\boldsymbol{s}}_f) = \int_{4\pi} I_d(\bar{\boldsymbol{r}},\hat{\boldsymbol{s}})\hat{\boldsymbol{s}} \cdot \hat{\boldsymbol{s}}_f \mathrm{d}\Omega \\ U_{ri} = \frac{1}{4\pi}\int_{4\pi} I_{ri}(\bar{\boldsymbol{r}},\hat{\boldsymbol{s}})\mathrm{d}\Omega\end{cases} \tag{20.42}$$

接下来，将式(20.40)代入到(20.37)中，得到：

$$\mathrm{grad}U_d = -\frac{3}{4\pi}\mu_{tr}\bar{\boldsymbol{F}}_d + \frac{3}{4\pi}\int_{4\pi} E_{ri}(\bar{\boldsymbol{r}},\hat{\boldsymbol{s}})\hat{\boldsymbol{s}}\mathrm{d}\Omega \tag{20.43}$$

结合式(20.41)和式(20.43)得到：

$$\begin{cases}(\nabla^2 + K_d^2)U_d = -3\mu_s\mu_{tr}U_{ri} + \frac{3}{4\pi}\nabla\int E_{ri}\hat{\boldsymbol{s}}\mathrm{d}\Omega \\ K_d^2 = -3\mu_a\mu_{tr}\end{cases} \tag{20.44}$$

σ_{tr} 被称为“运输截面”，表示为

$$\begin{cases}\sigma_{tr} = \sigma_t - g\sigma_s, \\ g = \dfrac{\int_{4\pi} p(\hat{\boldsymbol{s}},\hat{\boldsymbol{s}}')\cos\theta \mathrm{d}\Omega'}{\int_{4\pi} p(\hat{\boldsymbol{s}},\hat{\boldsymbol{s}}')\mathrm{d}\Omega'}\end{cases} \tag{20.45}$$

首先，求出 $\nabla \cdot \bar{\boldsymbol{F}}$，然后将 $\bar{\boldsymbol{F}}$ 表示为 U 的梯度，并将两者结合起来求得基本方程式(20.44)，该过程在许多物理问题中都很常用。

输运截面 σ_{tr} 表明，如果散射不是各向同性的，则等效散射截面和由散射引起的衰减会减少一个因子 g，该因子称为“各向异性因子”或“散射角的平均余弦”。

需要注意的是，K_d^2 为负值，因此，K_d 为纯虚值，具有扩散特性。

扩散强度 I_d 的精确边界条件是，在表面不应有扩散强度从外部进入介质。然而，扩散近似是基于式(20.40)中的近似值的，因此，不能满足精确的边界条件。近似边界条件为向内的总扩散通量必须为零，可以表示为(Ishimaru，1997，9.2 节)：

$$U_{\mathrm{d}}(\bar{\boldsymbol{r}}_s) - \frac{2}{3\rho\sigma_{tr}}\frac{\partial}{\partial n}U_{\mathrm{d}}(\bar{\boldsymbol{r}}_s) + \frac{2\hat{\boldsymbol{n}} \cdot Q_1(\bar{\boldsymbol{r}}_s)}{4\pi} = 0 \tag{20.46}$$

式中：$Q_1(\bar{\boldsymbol{r}}) = \frac{\sigma_t}{\sigma_{tr}}\int_{4\pi}\mathrm{d}\Omega'\left[\frac{1}{4\pi}\int_{4\pi} p(\hat{\boldsymbol{s}},\hat{\boldsymbol{s}}')\hat{\boldsymbol{s}}\mathrm{d}\Omega\right]I_{ri}(\bar{\boldsymbol{r}},\hat{\boldsymbol{s}}')$

已经对入射到散射体板上的平面波、入射到板上的窄波束和扩散介质内点源的扩散方程和边界条件进行了大量的研究，并将其应用于组织中的光学扩散和光纤血氧计的研制(Ishimaru，1997)。

20.5　光子密度波

在 20.4 节中,我们讨论了辐射传递理论的扩散近似。在扩散近似中,比强度具有较宽的角频谱,因此,扩散波无法聚焦到一个小体积内。有一种方法可以聚焦扩散波,但聚焦需要焦点附近的相长干涉和其他地方的相消干涉。这是一种包括相位在内的波状行为。扩散是关于强度的扩散,而不是具有振幅和相位的场。有一种方法可以使强度的扩散近似中包含相位信息。如果强度由恒定背景和调制强度组成,所以总强度始终为正,那么调制强度则表现为一种波(Ishimaru,1978;Jaruwatanadilok 等,2002)。

把总的比强度表示为

$$I(\bar{\boldsymbol{r}},t)=I_c(\bar{\boldsymbol{r}})+I_m(\bar{\boldsymbol{r}})\mathrm{e}^{-\mathrm{i}\omega_m t} \tag{20.47}$$

式中:ω_m 为调制频率。分量 I_m 的时变辐射传递方程为

$$\frac{\mathrm{d}I_m}{\mathrm{d}s}=-\mu_t I_m-\frac{1}{c_b}\frac{\partial}{\partial t}I_m+\frac{\mu_t}{4\pi}\int p(\hat{\boldsymbol{s}},\hat{\boldsymbol{s}}')I_m(\hat{\boldsymbol{s}}')\mathrm{d}\Omega' \tag{20.48}$$

式中:c_b 为背景介质中的光速。利用时间依赖性 $\exp(-\mathrm{i}\omega_m t)$,将式(20.48)中的$\frac{\partial}{\partial t}$替换为$(-\mathrm{i}\omega_m)$。按照 20.4 节中的方法获得$\nabla\cdot\overline{\boldsymbol{F}}_d$ 和 $\mathrm{grad}U_d$,并将这两者结合起来。最终得到了以下关于强度调制部分的扩散方程:

$$(\nabla^2+K_d^2)U=0 \tag{20.49}$$

式中:$K_d^2=-3\mu_a\mu_{tr}+\mathrm{i}\frac{\omega_m}{c_b}3\mu_{tr}+\frac{3}{c_b^2}\omega_m^2$。

除了代表波传播的项$\frac{3}{c_b^2}\omega_m^2$ 之外,这与 Boas 等(1994)得到的结果一致。对于大多数生物应用,该项值很小,因此得到:

$$K_d^2=-3\mu_a\mu_{tr}+\mathrm{i}\frac{\omega_m}{c_b}3\mu_{tr} \tag{20.50}$$

可以注意的是,式(20.49)中的扩散方程与温度 T 时的热扩散方程相似。

$$\left(\nabla^2-\frac{1}{D}\frac{\partial}{\partial t}\right)T=0 \tag{20.51}$$

它也类似于电磁波在导电介质中的方程。

$$\left(\nabla^2-\mu\varepsilon\frac{\partial^2}{\partial t^2}-\mu\sigma\frac{\partial}{\partial t}\right)E=0 \tag{20.52}$$

因此,光子密度波的扩散与式(20.51)、式(20.52)中的波相似。

对微小的吸收作用进行研究可能有所启发。如果我们假设 μ_a 小得可以忽略不计,则:

$$\left(\nabla^2+\mathrm{i}\frac{\omega_m}{c_b}3\mu_{tr}\right)U=0 \tag{20.53}$$

这与在电导率大的导电介质中的波相同。可以得到:

$$U=\exp(\mathrm{i}K_d x) \tag{20.54}$$

式中：$K_d = \frac{1}{\sqrt{2}}(1+\mathrm{i})\left[\frac{2\pi}{\lambda_m}3\mu_{tr}\right]^{\frac{1}{2}}$，$\frac{\omega_m}{c_b} = \frac{2\pi}{\lambda_b}$。

可以观察到：衰减常数 α_d 和相位常数 β_d 是相同的。

$$U = \exp(-\alpha_d x + \mathrm{i}\beta_d)x \tag{20.55}$$

式中：$\alpha_d = \beta_d = \frac{1}{\sqrt{2}}\left[\left(\frac{2\pi}{\lambda_b}\right)3\mu_{tr}\right]^{\frac{1}{2}}$。

λ_b 和 c_b 分别为背景介质中的波长和光速。调制后的强度 I_m 以速度 v_m 传播，比介质传播速度速 c_b 慢得多。

$$v_m = \frac{\omega_m}{\beta_d} = \left[\frac{2\omega_m c_b}{3\mu_{tr}}\right]^{1/2} = \left[\frac{2\omega_m}{3\mu_{tr}c_b}\right]^{1/2} c_b \tag{20.56}$$

调制波的等效波长为

$$\lambda_m = \frac{2\pi}{\beta_d} = \left[\frac{4\pi}{\lambda_b 3\mu_{tr}}\right]^{1/2}\lambda_b \tag{20.57}$$

调制波波长可以比背景波长 λ_b 小得多，从而使调制强度具有更好的分辨率。例如，主动脉为 200MHz，$\mu_{tr} \approx 41$，λ_b（水中）$= 2.14 \times 10^8$m/s，然后得到 $\lambda_m \approx 3.3$cm。然而，这是基于式(20.53)得到的近似值，更精确的估计值应由式(20.49)来计算。

20.6 光学相干层析成像和低相干光干涉

引入 OTC 获取分辨率为 1 ~ 15μm 的生物组织的无创图像（Fujimoto，2001；Gabriele 等，2011；Huang 等，1991）。这些图像是通过测量回波时延和组织后向散射的光强生成的。回波时间延迟是通过使用低相干性光来测量的。样品的后向散射光受到低相干性光的干扰。只有当两个路径长度在相干长度范围内匹配时，才会发生干涉。通过改变低相干光的路径长度，可以改变回波的时延。这相当于短脉冲，但使用的是连续波光，且不需要超短脉冲。图 20.5 为 OTC 原理示意图。

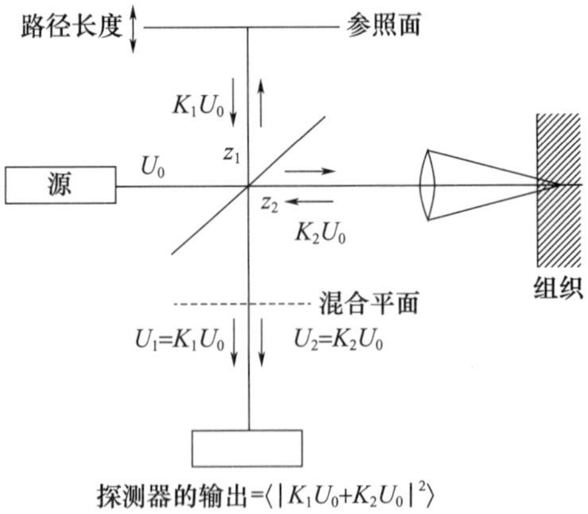

图 20.5　OTC 和低相干光干涉

在本节中，我们将讨论继 Schmitt 和 Knuttel（1997），Thrane 等（2000），Ishimaru（1997，2012），Ralston 等（2006）之后的 OTC 理论。探测器产生外差光电流 i_s（图 20.6）。光电流

的振幅与参考光束 U_r 和样品光束 U_s 的相关性成正比(Schmitt,Knittel,1997),i_s 定义为

$$i_s = (2\zeta \mathrm{q})\int_A U_r(\bar{\boldsymbol{\rho}},\omega)U_S^*(\bar{\boldsymbol{\rho}},\omega)d\bar{\boldsymbol{\rho}} \tag{20.58}$$

式中:ζ 为量子效率;q 为电子电荷。A 是在 $z=0$ 处的孔径面积。时域表达式稍后通过傅里叶变换获得。

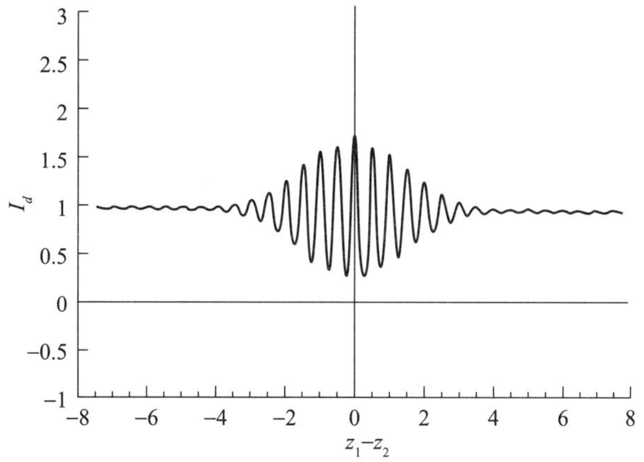

图 20.6　探测器上的入射强度

我们首先讨论轴向分辨率。有许多关于 OTC 的论文和书籍,包括 Izatt 和 Choma(2008)和 Schmitt(1999)。如图 20.5 所示,波 U_0 入射到迈克尔逊干涉仪上,入射波来自低相干源和多色波。我们用 4.10 节中所示的解析信号来表示 U_0(Goodman,1985)。

$$U_0(t) = u_0(t)\exp(-\mathrm{i}\omega_0 t) \tag{20.59}$$

式中:u_0 为复包络;ω_0 为中心频率(载波频率)。假设这是一个低相干波,并且复包络 u_0 在相干时间 τ_c 内基本恒定。入射波的互相干函数 $\Gamma(\tau)$ 为

$$\Gamma(\tau) = \langle u_0(t+\tau)u_0^*(t)\rangle \tag{20.60}$$

归一化谱 $S(\omega)$ 为

$$S(\omega) = \frac{\int_{-\infty}^{\infty}\Gamma(\tau)\mathrm{e}^{+\mathrm{i}\omega\tau}\mathrm{d}\tau}{\int_{-\infty}^{\infty}\Gamma(\tau)\mathrm{d}\tau} \tag{20.61}$$

假设 $S(\omega)$ 是一个高斯谱,则可以得到:

$$S(\omega) = \left(\frac{\sqrt{\pi}4\sqrt{\ln 2}}{\Delta\omega}\right)\exp\left(\frac{-4\ln[2(\omega-\omega_0)^2]}{\Delta\omega^2}\right) \tag{20.62}$$

式中:$S(\omega)$ 是归一化的,因此有

$$\frac{1}{2\pi}\int S(\omega)\mathrm{d}\omega = 1 \tag{20.63}$$

请注意,$\Delta\omega$ 为半功率频宽。

$$S\left(\omega_0 \pm \frac{\omega}{2}\right) = \frac{1}{2}S(\omega_0) \tag{20.64}$$

自相干函数 $\Gamma(\tau)$ 与频谱有关:

$$\Gamma(\tau) = \frac{1}{2\pi}\int S(\omega)\mathrm{e}^{-\mathrm{i}\omega\tau}\mathrm{d}\omega \tag{20.65}$$

对于式(20.62)所示的高斯光谱,可以得到:

$$\Gamma(\tau)=\exp\left(-\frac{\tau^2\Delta\omega^2}{4\cdot 4\ln 2}-\mathrm{i}\omega_0\tau\right)=\exp\left[-\left(\frac{\pi}{2}\right)\frac{\tau^2}{\tau_c^2}-\mathrm{i}\omega_0\tau\right]$$

式中:相干时间 τ_c 定义为(Goodman,1985)

$$\tau_c=\int_{-\infty}^{\infty}|\Gamma(\tau)|^2\mathrm{d}\tau \tag{20.66}$$

对于高斯频谱,有

$$\tau_c=\sqrt{\frac{2\ln 2}{\pi}}\frac{1}{\Delta\nu}=\frac{0.664}{\Delta\nu} \tag{20.67}$$

式中:$\Delta\nu=\frac{1}{2\pi}\Delta\omega_0$。

相干长度 l_c 为

$$l_c=\mathrm{c}\tau_c \tag{20.68}$$

相干长度还可以表示为

$$\frac{l_c}{\lambda_0}=\sqrt{\frac{2\ln 2}{\pi}}\left(\frac{\lambda_0}{\Delta\lambda_0}\right)=0.664\left(\frac{\lambda_0}{\Delta\lambda_0}\right) \tag{20.69}$$

典型的OCT相干光源为发光二极管(Schmitt,1999),中心波长 $\lambda_0=1300\text{nm}$,带宽 $\Delta\lambda_0$ 为 $50\sim100\text{nm}$,相干长度为 $l_c\approx22\sim11\mu\text{m}$。

如图20.5所示,具有式(20.67)中的相干时间和式(20.68)中的相干长度 l_c 的入射场 U_0 被入射到迈克尔逊干涉仪上。在图20.5中,入射波 $U_0(t)$ 传播并分裂为 U_1 和 U_2。U_1 传播到参考镜并反射回来,成为 K_1U_0,U_2 被样品反射回来,成为 K_2U_0。K_1 和 K_2 包含了分束器和反射的影响。总的 U_1+U_2 入射在探测器上,探测器的输出 I_d 为

$$I_d=\langle|K_1U_0+K_2U_0|^2\rangle=|U_0|^2(K_1^2+K_2^2+2\mathrm{Re}(K_1K_2)\Gamma_{12}) \tag{20.70}$$

式中:Γ_{12}为互相干函数。

需要注意到的是,U_1 移动的距离为 $2z_1$,而 U_2 移动的距离为 $2z_2$。因此,除了从分束器到探测器的共同距离外,还得到:

$$\begin{cases}U_1=U_0\mathrm{e}^{\mathrm{i}k(2z_1)}\\U_2=U_0\mathrm{e}^{\mathrm{i}k(2z_2)}\end{cases} \tag{20.71}$$

然后可以得到:

$$\Gamma_{12}=\langle|U_0|^2\mathrm{e}^{\mathrm{i}k2(z_1-z_2)}\rangle \tag{20.72}$$

式中:$k=(\omega/\mathrm{c})$。

检测到的输出 I_d 为

$$I_d=|U_0|^2[K_1^2+K_2^2+2K_1K_2\cos(k2(z_1-z_2))] \tag{20.73}$$

I_d 的示意图如图20.6所示。需要注意到的是,在 $k=k_0$ 附近,当 $k2(z_1-z_2)\approx k_02(z_1-z_2)$,$k\approx k_0$ 为 2π 的倍数时出现峰值,当路径长度差 $|z_1-z_2|$ 为 $\lambda_0/4$ 时出现第一个最小值。请注意:项 $K_1^2+K_2^2$① 为直流项;第二项表示两个光束 U_1 和 U_2 之间的交叉相关性,该项是所需

① 译者注:根据上下文,将 $k_1^2+k_2^2$ 更正为 $K_1^2+K_2^2$。

的分量。当 I_d 随着 $|z_1 - z_2|$ 的增加而减少时，出现主峰。特别是，当 $|z_1 - z_2|$ 超过相干长度 l_c 时，l_d 可以忽略不计。因此，轴向分辨率由路径差 $|z_1 - z_2| \approx l_c$ 计算得到。

接下来考虑横向分辨率。如果直径为 $2W_0$ 的孔径发射聚焦于 R_f 的光束波，则横向光斑尺寸和焦平面（$z = R_f$）的值为（6.6 节）：

$$W_S = \frac{\lambda R_f}{\pi W_0} \tag{20.74}$$

轴向光斑尺寸（分辨率）由式（20.67）中的相干长度 l_c 决定。

$$\Delta z = l_c = 0.664\left(\frac{\lambda_0^2}{\Delta\lambda_0}\right) \tag{20.75}$$

此外，焦深 Δz_d 为

$$\Delta z_d = \frac{\lambda R_f^{\,2}}{\pi W_0^2} \tag{20.76}$$

轴线上的光束波强度由式（6.66）得到：

$$I = I_0 \frac{W_0^2}{W^2} \tag{20.77}$$

通过求光束强度变为焦点处光强度 1/2 的距离得到 Δz_d。

$$I(z = R_f + \Delta z) = \frac{1}{2} I(Z = R_f) \tag{20.78}$$

如果 $R_f \gg W_0$，则 Δz_d 可能大于 $\Delta z = l_c$，相干长度决定了轴向分辨率（图 20.7）。

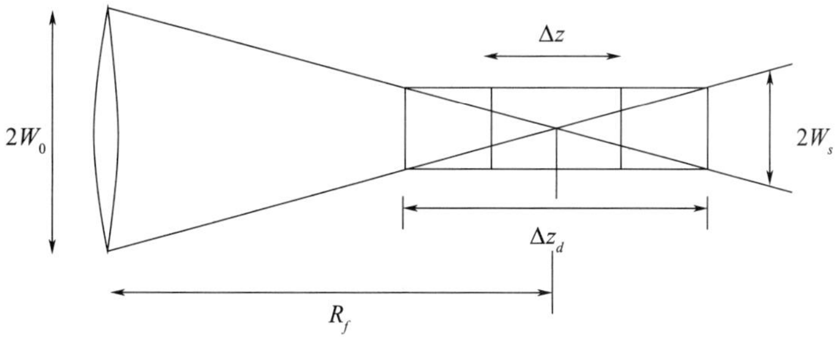

图 20.7　聚焦光束光斑尺寸为 W_s，轴向光斑尺寸为 Δz，焦深为 Δz_d[①]

20.7　超声散射和组织成像

在 20.1 节至 20.6 节中，我们讨论了电磁波和光波在生物介质中的传播和散射特性，以及其在生物介质成像中的应用。与其他电磁和光学成像相比，超声成像具有优势，它是无害的且收集解剖和血流信息的成本相对较低。然而，人们对超声斑点或纹理还不甚了解，因此，需要研究散射现象，以正确的解释和发展超声成像。在本节中，我们将从超声散射理论的基本表述开始（Ishimaru，1997；Ishimaru，2001；Shung，Thieme，1993；Shung 等，2009）。

---

① 译者注：根据原作者提供的更正说明，将图 20.7 图题中 W_0 更正为 W_s。

10.11 节讨论了声散射,10.2 节中的雷达方程可以用来描述超声照射下组织的散射功率。

对于超声,组织可视为一个“随机连续体”,这意味着密度 ρ 和压缩系数 κ 是关于位置的连续随机函数。根据这一假设,我们首先可以得到单位体积组织的散射截面。

考虑组织的体积 δ_v,其密度 ρ_e 和压缩系数 κ_e 与周围的平均密度 ρ 和压缩系数 κ 不同。假设介质 ρ_c 和 κ_c 与 ρ 和 κ 仅有细微差别,我们可以利用玻恩近似得到以下著名的散射振幅公式:

$$f(\hat{\boldsymbol{o}},\hat{\boldsymbol{i}}) = \frac{k^2}{4\pi}\int_{\delta v}(\gamma_k + \gamma_p\cos\theta)\,e^{i\bar{k}_s\cdot\bar{r}'}dv' \tag{20.79}$$

式中:压缩性波动 $\gamma_k = \dfrac{\kappa_e - \kappa}{\kappa}$;密度波动 $\gamma_\rho = \dfrac{\rho_e - \rho}{\rho}$。

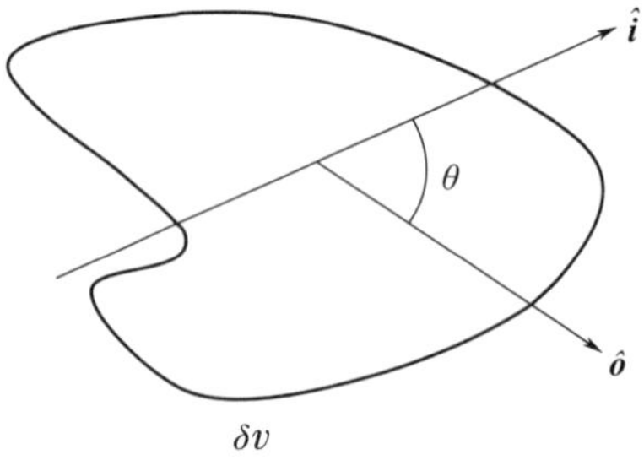

图 20.8　入射波向 $\hat{\boldsymbol{i}}$ 方向传播,散射波向 $\hat{\boldsymbol{o}}$ 方向传播

然后,我们得到了微分散射系数 σ_d 或单位体积组织的微分截面(图 20.8)。

$$\sigma_d(\hat{\boldsymbol{o}},\hat{\boldsymbol{i}}) = \frac{\langle ff^*\rangle}{\delta v} = \left(\frac{k^2}{4\pi}\right)^2\frac{1}{\delta v}\iint\langle\gamma(\bar{\boldsymbol{r}}_1)\gamma(\bar{\boldsymbol{r}}_2)\rangle\,e^{i\bar{k}_s(\bar{r}_1-\bar{r}_2)}dv_1dv_2 \tag{20.80}$$

式中:$\gamma(\bar{\boldsymbol{r}}) = \gamma_k(\bar{\boldsymbol{r}}) + \gamma_p(\bar{\boldsymbol{r}})\cos\theta$,$\bar{\boldsymbol{k}}_s = k(\hat{\boldsymbol{i}} - \hat{\boldsymbol{o}})$。

如果假设介质在统计上是均匀的和各向同性的,那么协方差 $\gamma(\bar{\boldsymbol{r}}_1)\gamma(\bar{\boldsymbol{r}}_2)$ 就是关于差值 $|\bar{\boldsymbol{r}}_1 - \bar{\boldsymbol{r}}_2|$ 大小的函数。那么,式(20.80)中的二重积分可以表示为协方差函数 $\gamma(\bar{\boldsymbol{r}}_1)\gamma(\bar{\boldsymbol{r}}_2)$ 的傅里叶变换,这就是维纳 - 辛钦定理(Wiener - Khinchin theorem)所述的谱密度。

可以用光谱密度来表示式(20.80),有

$$S_\gamma(\bar{\boldsymbol{k}}_s) = \frac{1}{(2\pi)^3}\int_{\delta v}B_\gamma(\bar{\boldsymbol{r}}_d)\,e^{i\bar{k}_s\cdot\bar{r}_d}dv_d \tag{20.81}$$

$B_\gamma(\bar{\boldsymbol{r}}_d)$ 为相关函数,定义如下:

$$B_\gamma(\bar{\boldsymbol{r}}_d) = \langle\gamma(\bar{\boldsymbol{r}}_1)\gamma(\bar{\boldsymbol{r}}_2)\rangle = B_\kappa(\bar{\boldsymbol{r}}_d) + B_\rho(\bar{\boldsymbol{r}}_d)\cos^2\theta + 2B_{\kappa\rho}(\bar{\boldsymbol{r}}_d)\cos\theta \tag{20.82}$$

因此,得到 σ_d 的表达式:

$$\sigma_d(\hat{\boldsymbol{o}},\hat{\boldsymbol{i}}) = \left(\frac{\pi}{2}\right)k^4[S_\kappa(k_s) + S_\rho(k_s)\cos^2\theta + 2S_{\kappa\rho}\cos\theta] \tag{20.83}$$

组织 σ_d(单位体积的微分截面)的常用单位是 $cm^2/(cm^3 sr) = cm^{-1}sr^{-1}$,其中 sr = 球面度。

心肌等组织通常是各向异性的。例如,它们可能在一个方向上拉长。这可以用高斯相关函数表示为

$$B_K(\bar{\boldsymbol{r}}_d) = \sigma_\kappa^2\exp\left(-\frac{x_d^2}{l_1^2} - \frac{y_d^2}{l_2^2} - \frac{z_d^2}{l_3^2}\right) \tag{20.84}$$

此外,可假定

$$\begin{cases} B_\rho(\bar{\boldsymbol{r}}_d) \approx \dfrac{1}{2} B_K(\bar{\boldsymbol{r}}_d) \\ B_{\kappa\rho}(\overline{\boldsymbol{r}_d}) \approx 0 \end{cases} \tag{20.85}$$

通常,$\sigma_k^2 \approx 10^{-4}$,$I_1 \approx I_2 \approx 30\mu m$,$I_3 \approx 200\mu m$。

然后得到:

$$S_\kappa(\bar{\boldsymbol{k}}_s) = \frac{\sigma_\kappa^2 l_1 l_2 l_3}{8\pi\sqrt{\pi}} \exp\left[-\frac{1}{4}(k_{s1}^2 l_1^2 + k_{s2}^2 l_2^2 + k_{s3}^2 l_3^2)\right] \tag{20.86}$$

式中:

$$\begin{cases} k_{s1} = k(\sin\theta_i \cos\phi_i - \sin\theta_0 \cos\phi_0) \\ k_{s2} = k(\sin\theta_i \sin\phi_i - \sin\theta_0 \sin\phi_0) \\ k_{s3} = k(\cos\theta_i - \cos\theta_0) \end{cases}$$

众所周知,上述各向异性组织在散射模式中表现出双峰。

通常使用式(20.66)来计算高斯谱,因为它在数学上很简单,并且包括基本参数 σ_κ、l_1、l_2 和 l_3。不过,也有人提出了其他更能代表实际组织的光谱,包括流体球、指数和修正指数。幂律频为

$$S_\kappa(\bar{\boldsymbol{k}}_s) = S_\kappa(0)(1 + k_{s1}^2 l_1^2 + k_{s2}^2 l_2^2 + k_{s3}^2 l_3^2)^{-n/2} \tag{20.87}$$

式中:k_{s1}、k_{s2}和 k_{s3} 由式(20.86)可计算得到,n 被称为“光谱指数”。

如果光谱指数 $n=3$,则式(20.87)可以简化为亨尼－格林斯坦公式(Henyey－Greenstein formula),如果 $n=4$,则简化为指数相关函数的谱。

一般来说,对于各向同性的情况,当 $v > -3/2$ 时可以表示为

$$\begin{cases} B(r_d) = B(0)\dfrac{1}{2^{v-1}\Gamma(v)}\left(\dfrac{r_d}{l}\right)^v K_v\left(\dfrac{r}{l}\right) \\ S(K_s) = B(0)\dfrac{\Gamma\left(v+\dfrac{3}{2}\right)}{\pi\sqrt{\pi}\Gamma(v)} \dfrac{l^3}{(1+k_s^2 l^2)^{v+\frac{3}{2}}} \end{cases} \tag{20.88}$$

利用上面所示的基本体积的微分截面,可以对雷达方程进行表示,得到由于发射功率 P_t 照射组织而产生的接收功率 P_r。

$$P_r = A_r \frac{\sigma_d}{R_2^2} S_i \tag{20.89}$$

组织的单位长度声衰减系数 α 通常随 f^n 变化,其中 f 为频率,n 的范围为 1 ~ 2。肌肉、肝脏、肾脏、大脑和脂肪的衰减系数 α 与频率 f 近似成正比,范围为$(0.5 \times 10^{-6} \sim 2 \times 10^{-6}) f$ dB/cm。衰减系数 α、声速 c 和密度 ρ_0 的典型值见 Ishimaru(1997)。

20.8　血液超声

人们对血液的超声波特性进行了广泛的研究。在生物介质中使用的几百 KHz 到 10MHz 的正常频率范围内,波长远远大于红细胞的大小。因此,与红细胞体积相同的球体

的瑞利公式应能很好地近似反映吸收和散射特性。散射振幅 $f(\hat{\boldsymbol{o}},\hat{\boldsymbol{i}})$ 为

$$f(\hat{\boldsymbol{o}},\hat{\boldsymbol{i}})=\frac{k^2a^3}{3}\left(\frac{\kappa_e-\kappa}{\kappa}+\frac{3\rho_e-3\rho}{2\rho_e+\rho}\cos\theta\right) \tag{20.90}$$

式中：$k=2\pi/\lambda$，λ 为周围介质（血浆）中的波长；a 为等效球体的半径；κ_e 和 ρ_e 分别为红细胞的绝热压缩系数和密度；κ 和 ρ 为血浆的绝热压缩系数和密度；θ 为 $\hat{\boldsymbol{o}}$ 和 $\hat{\boldsymbol{i}}$ 之间的夹角。正常血细胞的体积为 $87\mu m^3$，等效半径为 $a=2.75\mu m$。$\kappa_e=34.1\times10^{-12}\,cm^2/dyne$、$\rho_e=1.092g/cm^3$；$\kappa=40.9\times10^{-12}cm^2/dyne$ 和 $\rho_e=1.021g/cm^3$。

散射截面 σ_s 为

$$\frac{\sigma_s}{\pi a^2}=\frac{4(ka)^4}{9}\left|\left|\frac{\kappa_e-\kappa}{\kappa}\right|^2+\frac{1}{3}\left|\frac{3\rho_e-3\rho}{2\rho_e+\rho}\right|^2\right| \tag{20.91}$$

利用 $\kappa_e,\rho_e,\kappa,\rho$ 和 a 的值得到：

$$\sigma_s=0.47\times10^{-16}f^4\ cm^2 \tag{20.92}$$

式中：f 是以兆赫为单位的频率。后向散射截面近似为 $\sigma_b\cong1.86\sigma_s$。

吸收截面 σ_a 与频率成正比，有

$$\frac{\sigma_s}{\pi a^2}=\frac{4ka}{3}\mathrm{Im}\left(\frac{\kappa_e-\kappa}{\kappa}+\frac{3\rho_e-3\rho}{2\rho_e+\rho}\right) \tag{20.93}$$

式中：Im 表示“虚部”。κ_e,ρ_e,κ 和 ρ 的虚部未知。不过，众所周知，在 0.1 ~ 10MHz 的频率范围内，吸收截面 σ_a 远远大于散射截面 σ_s，因此，通过血液的衰减主要是由于吸收而不是散射。我们还知道，平面波在随机散射体中的衰减为 $\rho\sigma_a$（Np/cm）。衰减常数与血细胞比容 H 和频率 f（以兆赫为单位）成正比，近似为

$$\alpha=(5-7)\times10^{-2}Hf\ Np/cm=0.3Hf\ dB/cm \tag{20.94}$$

由于 $\alpha=\rho\sigma_a=(H/V_e)\sigma_a$，则单个红细胞的吸收横截面为

$$\sigma_a=6\times10^{-12}f\ cm^2 \tag{20.95}$$

式中：f 是以兆赫为单位的频率。血浆和红细胞的黏度对散射和吸收特性的影响可能很大（Ahuja，1970；Ishimaru，1997）。

因此，每单位体积血液的微分散射截面表示为

$$\sigma(\hat{\boldsymbol{o}},\hat{\boldsymbol{i}})=\frac{Hf_p(H)}{V_e}|f(\hat{\boldsymbol{o}},\hat{\boldsymbol{i}})|^2 \tag{20.96}$$

式中：H 为红细胞压积（人体内为 0.4）；V_e 为单个细胞的体积（$4\pi a^3/3$）；$f_p(H)$ 为填充因子。对于硬球体，珀卡斯－耶维克填充因子经常近似为

$$f_p(H)=\frac{(1-H)^4}{(1+2H)^2} \tag{20.97}$$

当波在随机介质中传播时，任何一点上的波都是相干波和非相干波的混合体。如果我们用透镜或探测器阵列观察这个波，则不会再观察到艾里斑（图 20.9 和图 20.10）。相干强度 P_c 是艾里斑，其大小因光学深度 $\exp(-\tau_0)$ 而减弱。非相干强度 P_i 由于角扩散 $\Delta\theta$ 而传播，这与波的相关距离（相干长度）ρ_0 有关（图 20.10）。

$$\Delta\theta\sim\frac{\lambda}{\rho_0}\sim\frac{1}{k\rho_0} \tag{20.98}$$

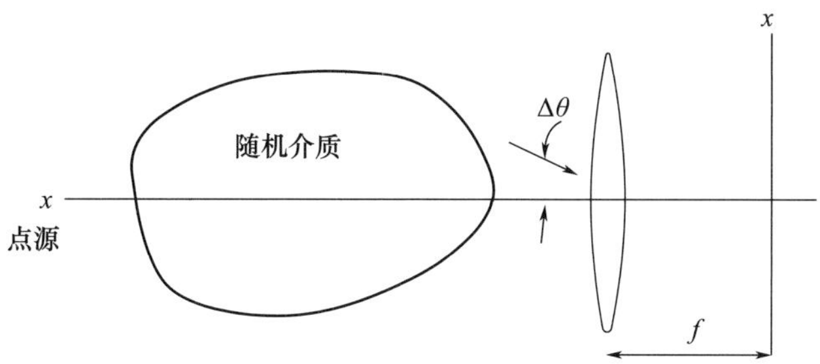

图 20.9 通过随机介质传播的波被入射到聚焦透镜上

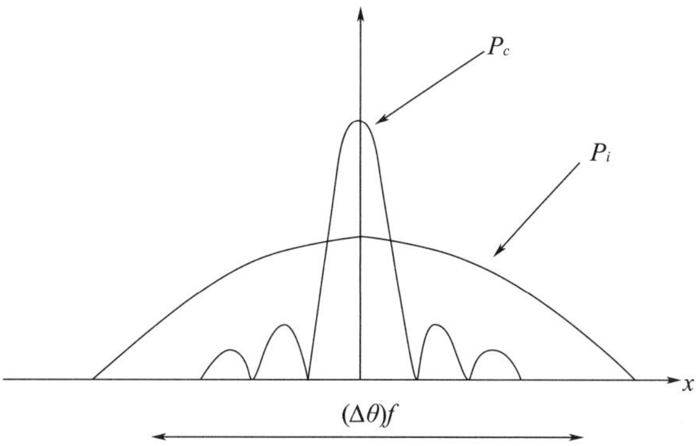

图 20.10 焦平面上的强度由相干强度 P_c 和非相干强度 P_i 组成。

相干长度 ρ_0 是一个重要的量,它不仅决定了角扩散,而且决定了脉冲展宽 Δt。

$$\Delta t \sim \frac{L}{C}\frac{\Delta\theta^2}{2} \sim \left(\frac{L}{C}\right)\frac{1}{2k^2\rho_0^2} \tag{20.99}$$

式中:L 为传播距离。需要注意到的是,相干长度 ρ_0 近似见 Ishimaru(1997)。

$$\rho_0 \sim \frac{l}{\sqrt{\tau_0}} \tag{20.100}$$

式中:l 为相关距离;τ_0 为光学深度。

Ishimaru(2001)概述了组织的散射和成像,包括光束的传播和散射、脉冲传播、边界效应、由血细胞运动引起的多普勒频移、图像分辨率和维格纳分布。

第 21 章

超材料和等离子体中的波

人们对开发新材料的兴趣与日俱增，因为这些材料的特性可能无法在自然界中找到。超材料就是这些材料的一个例子。“超”字表示这种材料超越了自然界中的材料。人造电介质就是超材料的一个例子，这种材料从 20 世纪 40 年代开始研发和使用。人造磁性材料具有自然界所没有的磁性，尽管这些材料是非磁性的。分裂谐振环（SRR）就是一个典型的例子，另一个例子是由金属螺旋组成的人造手征材料。我们稍后将讨论的另一个例子是各向异性介质。这些超材料的应用范围非常广泛，包括透镜、吸收器、天线结构、复合材料和频率选择表面。

1968 年，Veselago 发表了一篇论文，描述了“μ 和 ε 同为负值的物质”的电动力学，显示了波的一些特殊特性，但直到 1999 年，Pendry 等提出在微波频率下周期性堆叠的 SRR 时，才发现具有 ε 和 μ 同为负值的物理材料或装置。

从那时起，关于完美透镜的相关主题以及在透镜、吸收器、天线、光学和微波元件以及传感器中的潜在应用已经有许多研究报告。在本章中，我们将讨论超材料的一些基本原理，包括 EM 转换和屏蔽。在本章中，我们使用光学和声学中常用的 $\exp(-\mathrm{i}\omega t)$，而不是电气工程和 IEEE 中常用的 $\exp(\mathrm{j}\omega t)$，因为在光学、声学和物理学方面有许多关于这一主题的参考文献。已出版的大量文献包括 Solymar 和 Shamonina（2011），Eleftheriades 和 Balmain（2005），Sihvola（2007），Engheta 和 Ziolkowski（2006），以及 Caloz 和 Itoh（2006）。

21.1　折射率 n 和 $\mu-\varepsilon$ 图

除了相对介电常数小于 1 的等离子体外，我们在实践中遇到的大多数材料的相对介电常数都大于 1，而除了磁性材料外，相对磁导率都等于 1。相对介电常数和相对磁导率为

$$\begin{cases}\varepsilon=\dfrac{\varepsilon}{\varepsilon_0}=\varepsilon_r'+\mathrm{i}\varepsilon_r'' \\[2ex] \mu=\dfrac{\mu}{\mu_0}=\mu_r'+\mathrm{i}\mu_r''\end{cases} \tag{21.1}$$

对于线性无源各向同性介质,有

$$\begin{cases}\varepsilon_r'' = \mathrm{Im}\ \varepsilon_r > 0 \\ \mu_r'' = \mathrm{Im}\ \mu_r > 0\end{cases} \tag{21.2}$$

对于普通介电材料,有

$$\begin{cases}1 < \varepsilon_r' < \infty \\ \mu_r' = 1\end{cases} \tag{21.3}$$

对于等离子体,有 $\varepsilon_r' < 1, \mu_r' = 1$。

还要注意,磁性材料可按磁导率分为

$$\begin{cases}\text{抗磁质}\ \mu_r' \leqslant 1 \\ \text{顺磁质}\ \mu_r' \geqslant 1 \\ \text{铁磁质}\ \mu_r' \gg 1\end{cases} \tag{21.4}$$

上述普通材料如图 21.1 所示。

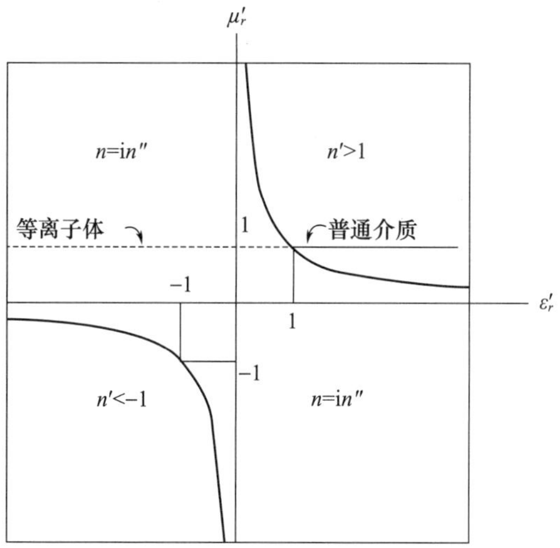

图 21.1　$\mu_r' - \varepsilon_r'$ 图

如果我们将这些区域扩展到普通材料之外,原则上可以覆盖 $\mu_r' - \varepsilon_r'$ 图中的所有区域。特别地,对于同时 $\mu_r' < 0$ 和 $\varepsilon_r' < 0$ 的区域,Veselago 将其称为负折射率材料(negative index material,NIM),也称为左手介质(left - handed medium,LHM)、负折射率介质(negative index medium,NIR)和双负介质(double negative medium,DNG)。

折射率 n 定义为

$$n = \sqrt{\varepsilon_r \mu_r} \tag{21.5}$$

因此需要为平方根选择正确的符号,可根据 $\exp(-\mathrm{i}\omega t)$ 依赖关系进行选择(图 21.2)。

$$\mathrm{Im}\ n = n'' > 0 \tag{21.6}$$

特征阻抗 Z 应选择为

$$Z = \sqrt{\mu_r / \varepsilon_r}\ \text{且}\ \mathrm{Re} Z > 0 \tag{21.7}$$

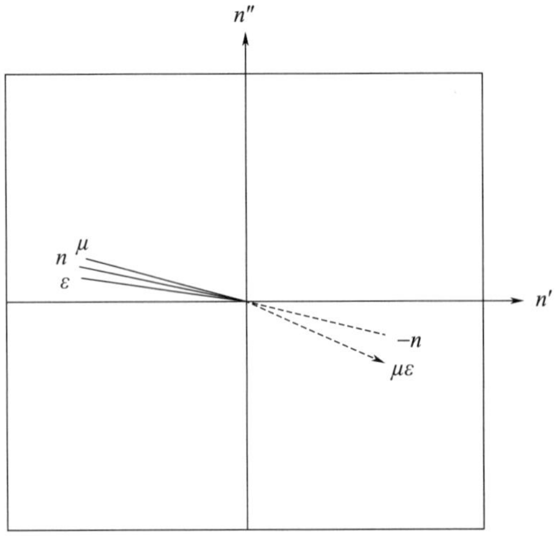

图 21.2　显示 n 和 $-n$ 的 NIM 折射率 $n = n' + \mathrm{i}n''$（$\mathrm{Im}\ n = n''$ 必须为正值）

还需注意到，如 2.8 节所述，如果将 $\overline{\boldsymbol{E}},\overline{\boldsymbol{H}},\overline{\boldsymbol{J}},\overline{\boldsymbol{J}}_m,\rho,\rho_m$，以及 ε 和 μ 互换为此处新的带撇号的场，麦克斯韦方程组是不变的。

$$\begin{cases}\overline{\boldsymbol{E}}\to\overline{\boldsymbol{H}}',\overline{\boldsymbol{J}}\to\overline{\boldsymbol{J}}'_m,\rho\to\rho'_m,\mu\to\varepsilon'\\ \overline{\boldsymbol{H}}\to\overline{\boldsymbol{E}}',\overline{\boldsymbol{J}}_m\to-\overline{\boldsymbol{J}}',\rho_m\to-\rho',\varepsilon\to\mu'\end{cases}\tag{21.8}$$

这意味着如果我们将 $\overline{\boldsymbol{E}},\overline{\boldsymbol{H}},\overline{\boldsymbol{J}}$ 和 ρ 变为如式(21.8)所示的带撇号的场，那么则可以将 μ 和 ε 变为 μ' 和 ε'。具体来说，如果我们在未带撇号的场中得到了具有 μ 和 ε 的 TM 解，那么根据上述场变化，我们也会得到具有 μ' 和 ε' 的 TE 解，这是非常有用且重要的一点。

21.2　平面波、能量关系和群速度

下面考虑平面波在 NIM 中的传播特性。波沿 z 方向传播，假设 $\overline{\boldsymbol{E}} = E_x\hat{\boldsymbol{x}}$ 和 $\overline{\boldsymbol{H}} = H_y\hat{\boldsymbol{y}}$，则对于 NIM 中的 $n'<0$ 和 $k_0n'<0$，可以得到：

$$\begin{cases}E_x = E_0\mathrm{e}^{\mathrm{i}k_0nz} = E_0\mathrm{e}^{\mathrm{i}k_0n'z-k_0n''z}\\ H_y = \dfrac{E_x}{Z},Z = Z_0\sqrt{\mu/\varepsilon}\end{cases}\tag{21.9}$$

坡印廷向量 $\overline{\boldsymbol{S}}$ 为

$$\overline{\boldsymbol{S}} = \mathrm{Re}\left(\frac{1}{2}E_xH^*\right) = \mathrm{Re}\left(\frac{1}{2}\ \frac{|E_x|^2}{Z^*}\right)\hat{z}\tag{21.10}$$

注意到 $\mathrm{Re}Z>0$，则有

$$\mathrm{Re}\left(\frac{1}{Z^*}\right) = \mathrm{Re}\left(\frac{Z}{ZZ^*}\right)>0\tag{21.11}$$

因此，$\overline{\boldsymbol{S}}$ 指向 $\hat{z}$ 方向。然而，$\overline{\boldsymbol{K}}_r = k_0n'\hat{z}$ 指向 $(-\hat{z})$ 方向。因此，相速度与坡印廷向量 $(\hat{z})$ 方向相反，与 $(-\hat{z})$ 方向相同。

众所周知，NIM 具有损耗和色散特性。下面研究一下时间平均存储能量。对于像 NIM 这样的色散介质，存储能量的计算公式为(2.5 节)

$$W=\frac{\varepsilon_0}{4}\frac{\partial}{\partial\omega}(\omega\varepsilon_r)|E|^2+\frac{\mu_0}{4}\frac{\partial}{\partial\omega}(\omega\mu_r)|H|^2 \tag{21.12}$$

需要注意到,如果下式成立,则 W 变成正数:

$$\begin{cases}\dfrac{\partial}{\partial\omega}(\omega\varepsilon_r)>0\\ \dfrac{\partial}{\partial\omega}(\omega\mu_r)>0\end{cases} \tag{21.13}$$

如果 NIM 是非色散的,则得到:

$$W=\frac{\varepsilon_0}{4}\varepsilon_r|E|^2+\frac{\mu_0}{4}\mu_r|H|^2 \tag{21.14}$$

如果 $\varepsilon_r<0$ 和 $\mu_r<0$,这个值就会变成负值,并且不是物理值。

对于 $\varepsilon_r<0$ 和 $\mu_r<0$,无损 NIM 的群折射率为

$$\begin{aligned}n_g&=\frac{\partial}{\partial\omega}(\omega n)=\frac{c}{v_g}\\&=\frac{n}{2}\left[\frac{1}{\varepsilon_r}\frac{\partial}{\partial\omega}(\omega\varepsilon_r)+\frac{1}{\mu_r}\frac{\partial}{\partial\omega}(\omega\mu_r)\right]\end{aligned} \tag{21.15}$$

式中:v_g 为群速度。

对于 NIM,$n<0$,$\varepsilon_r<0$,$\mu_r<0$,$\frac{\partial}{\partial\omega}(\omega\varepsilon_r)>0$ 且 $\frac{\partial}{\partial\omega}(\omega\mu_r)>0$,因此得到:

$$\begin{cases}n_g>0\\ v_g>0\end{cases} \tag{21.16}$$

21.3　分裂谐振环

正如我们已经讨论过的,Veselago 在 1968 年对 ε 和 μ 同为负值的材料进行的研究并没有引起太大的关注,因为当时还不存在具有这些特性的材料。当 Pendry 在 1999 年证明有可能制造出这种材料时,情况发生了变化。Smith 等(2000,2004)对超材料进行了广泛的研究,Sihvola(2007)对超材料进行了全面的概述。

Pendry 等提出的 SRR 是一种周期性结构,其格网单元的特征尺寸(间距)远小于波长,因此,可将其视为均质介质。这需要一些平均化过程,即所谓的“均质化”。它的有效介电常数和磁导率均为负值。人们已经研究了分裂环谐振器(split - ring resonators,SRR)在磁共振中的应用(Hardy,1981)。其尺寸可以很小,可以用作均质介质。谐振频率与(间隙间距/宽度)$^{1/2}$ = $(t/w)^{1/2}$成正比。

超材料的 SRR 由分裂圆环平盘的三维周期结构组成(图 21.3)。其介电常数和磁导率的共振特性如图 21.4 所示,这是通过数值计算得出的(Ishimaru 等,2003)。图中显示的共振频率略低于 5GHz。请注意,在略高于谐振频率的频率范围内,μ_{zz} 和 ε_{xx} 均为负值,折射率 $n=(\varepsilon_{yy}/\mu_{zz})^{1/2}$ 也为负值。这也说明了介质是各向异性的,这将在 21.4 节中进行讨论。

共振频率是一个关键参量。Pendry 提出了一个近似公式(1999)。

$$\omega_0^2=\frac{3lc_0^2}{\pi\left(\ln\dfrac{2c}{d}\right)r^3} \tag{21.17}$$

这接近图 21.4 的数值计算值。Shamonin 等(2004)研究了单分裂谐振器和 SRR 的等效电路,包括外环和内环的串联电感、环间互感、间隙电容、环间电容以及内外环中的感应电势。谐振频率为 LC 电路的谐振频率,电容包括这两个间隙电容。这些电路表示有助于理解 SRR 的物理意义。

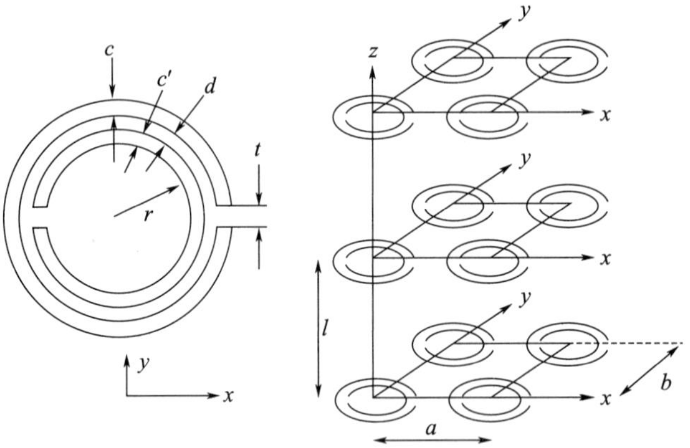

图 21.3　超材料由非磁性夹杂物的三维阵列组成,例如所示的分裂环式谐振器(SRRs)。x、y 和 z 方向上间距分别为 a、b 和 l。$x-y$ 为夹杂平面,z 轴垂直于 $x-y$ 平面

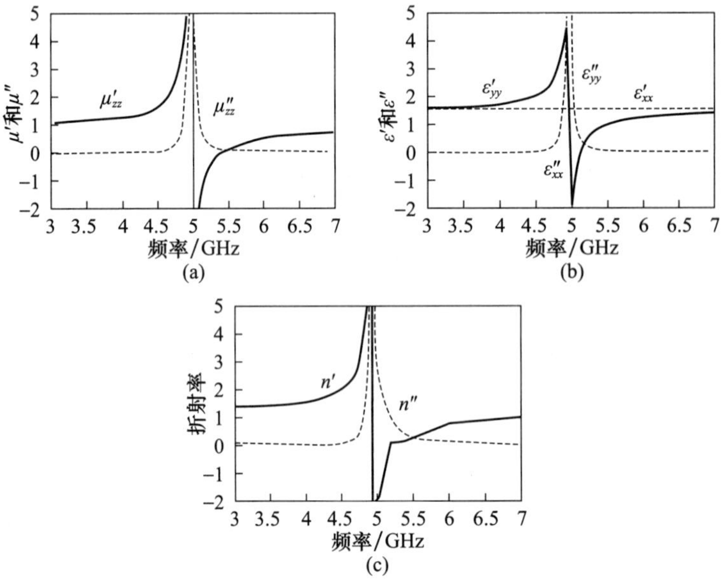

图 21.4　对于图 21.3 中分裂环形谐振器的超材料,有关 μ 和 ε 的数值计算结果。$r=1.5\text{mm}, c=0.8\text{mm}, d=0.2\text{mm}, a=8\text{mm}$ 和 $l=3.9\text{mm}$。环的电导率为 5.8×10^7[s/m]。环的厚度远大于趋肤深度。[①]

群折射率可以表示折射率 $n(\omega)$ 的色散特性。请注意,$n(\omega)$ 在 ω_0 附近表示为

$$n(\omega) = n(\omega_0) + \left.\frac{\partial n}{\partial \omega}\right|_{\omega_0}(\omega - \omega_0) \tag{21.18}$$

① 译者注:根据上下文,将 5.8×107 更正为 5.8×10^7。

需要注意到：

$$n_g(\omega)=\frac{\partial}{\partial\omega}(\omega n)=n(\omega_0)+\omega_0\left.\frac{\partial n}{\partial\omega}\right|_{\omega_0} \tag{21.19}$$

最后得到：

$$n(\omega)=n(\omega_0)+\frac{[n_g(\omega_0)-n(\omega_0)]}{\omega_0}(\omega-\omega_0) \tag{21.20}$$

当我们讨论波包的时空行为时，这一点就变得非常重要了，后面将对此进行说明。

21.4　超材料的广义本构关系

在研究 SRRs 时，通常将圆环平面作为 $x-y$ 平面，z 轴垂直于圆环平面。然而，根据入射波的偏振情况，SRR 显然会有不同的表现，这表明它是各向异性的。故介电常数和磁导率必须是 3×3 矩阵。更一般地说，正如 8.22 节所讨论的，电场和磁场激励和响应之间存在耦合，如手征材料中的耦合现象。这些耦合如果也用 3×3 矩阵表示，那么就可以得到一个 6×6 矩阵。

$$\begin{bmatrix}\overline{\boldsymbol{D}}\\ \overline{\boldsymbol{B}}\end{bmatrix}=\begin{bmatrix}\overline{\overline{\boldsymbol{\varepsilon}}} & \overline{\overline{\boldsymbol{\zeta}}}\\ \overline{\overline{\boldsymbol{\xi}}} & \overline{\overline{\boldsymbol{\mu}}}\end{bmatrix}\begin{bmatrix}\overline{\boldsymbol{E}}\\ \overline{\boldsymbol{H}}\end{bmatrix} \tag{21.21}$$

式中：$\overline{\boldsymbol{D}}$、$\overline{\boldsymbol{B}}$、$\overline{\boldsymbol{E}}$、$\overline{\boldsymbol{H}}$ 为 3×1 矩阵，$\overline{\overline{\boldsymbol{\varepsilon}}}$、$\overline{\overline{\boldsymbol{\xi}}}$、$\overline{\overline{\boldsymbol{\zeta}}}$、$\overline{\overline{\boldsymbol{\mu}}}$ 为 3×3 矩阵。这是双各向异性介质的一般本构关系。

这些矩阵之间存在着一些基本关系（Weiglhofer，1995，2002）。双各向异性非回旋介质满足以下互易关系（Kong，1986，1972）：

$$\begin{cases}[\overline{\overline{\boldsymbol{\varepsilon}}}]^{\mathrm{t}}=[\overline{\overline{\boldsymbol{\varepsilon}}}]\\ [\overline{\overline{\boldsymbol{\mu}}}]^{\mathrm{t}}=[\overline{\overline{\boldsymbol{\mu}}}]\\ [\overline{\overline{\boldsymbol{\zeta}}}]^{\mathrm{t}}=-[\overline{\overline{\boldsymbol{\zeta}}}]\end{cases} \tag{21.22}$$

式中：t 表示转置。

还需要注意的是，为了与麦克斯韦方程组兼容，必须满足以下一致性约束（Kong，1986）：

$$\mathrm{Trace}([\overline{\overline{\boldsymbol{\xi}}}][\overline{\overline{\boldsymbol{\mu}}}]+[\overline{\overline{\boldsymbol{\mu}}}]^{-1}[\overline{\overline{\boldsymbol{\zeta}}}])=0 \tag{21.23}$$

式(21.21)中的本构关系称为 E－H（或特勒根）表示法。

然而，物理上 $\overline{\boldsymbol{E}}$ 和 $\overline{\boldsymbol{B}}$ 是基本场，$\overline{\boldsymbol{D}}$ 和 $\overline{\boldsymbol{H}}$ 是响应场。因此，下面的 E－B（或 Boys－Post）表示法在物理上更为合适。

$$\begin{bmatrix}\overline{\boldsymbol{D}}\\ \overline{\boldsymbol{H}}\end{bmatrix}=\begin{bmatrix}\overline{\overline{\boldsymbol{\varepsilon}}}_p & \overline{\overline{\boldsymbol{\alpha}}}_p\\ \overline{\overline{\boldsymbol{\beta}}}_p & \overline{\overline{\boldsymbol{\mu}}}_p^{-1}\end{bmatrix}\begin{bmatrix}\overline{\boldsymbol{E}}\\ \overline{\boldsymbol{B}}\end{bmatrix} \tag{21.24}$$

式(21.21)和式(21.24)这两种表示法对于线性介质是等价的，并通过以下公式相关联：

$$\begin{cases}\bar{\bar{\boldsymbol{\varepsilon}}} = \bar{\bar{\boldsymbol{\varepsilon}}}_p - \bar{\bar{\boldsymbol{\alpha}}}_p \bar{\bar{\boldsymbol{\mu}}}_p \bar{\bar{\boldsymbol{\beta}}}_p \\ \bar{\bar{\boldsymbol{\mu}}} = \bar{\bar{\boldsymbol{\mu}}}_p \\ \bar{\bar{\boldsymbol{\xi}}} = \bar{\bar{\boldsymbol{\alpha}}}_p \bar{\bar{\boldsymbol{\mu}}}_p \\ \bar{\bar{\boldsymbol{\zeta}}} = -\bar{\bar{\boldsymbol{\mu}}}_p \bar{\bar{\boldsymbol{\beta}}}_p \end{cases} \tag{21.25}$$

大多数文献通常使用式(21.21)所示的 E－H 表示法。该方法很方便,因为麦克斯韦方程是对称的,且边界条件通常用 $\overline{\boldsymbol{E}}$ 和 $\overline{\boldsymbol{H}}$ 表示。然而,请注意,即使 E－H 表示法是非常常规的,但式(21.24)所示的 E－B 表示法在物理上是正确的。

现在让我们推导由非磁性夹杂物三维阵列组成的超材料的本构关系(图 21.3)。如 2.3 节所述,在各向同性和各向异性介质中,有

$$\begin{cases}\overline{\boldsymbol{D}} = \varepsilon_0 \overline{\boldsymbol{E}} + \overline{\boldsymbol{P}} \\ \overline{\boldsymbol{P}} = \chi_e \varepsilon_0 \overline{\boldsymbol{E}} \\ \overline{\boldsymbol{B}} = \mu_0 (\overline{\boldsymbol{H}} + \overline{\boldsymbol{M}}) \\ \overline{\boldsymbol{M}} = \chi_m \overline{\boldsymbol{H}} \end{cases} \tag{21.26}$$

式中:$\overline{\boldsymbol{P}}$ 和 $\overline{\boldsymbol{M}}$ 分别为电极化和磁极化,χ_e 和 χ_m 分别为电导率和磁化率。在本节中,我们将讨论如何把式(21.26)推广到超材料中。

图 21.3 所示的夹杂物波长很小,间距也比波长小得多,一般不超过 0.1λ,夹杂物也比间距小得多。在这些条件下,介质可视为均质介质,洛伦兹理论适用(Collin,1991;Ishimaru 等,2003)。根据洛伦兹理论,我们假设在电磁场的影响下,夹杂物产生电偶极子和磁偶极子。

利用 E－H 表示法,可以得到:

$$\begin{cases}\overline{\boldsymbol{D}} = \varepsilon_0 \overline{\boldsymbol{E}} + \overline{\boldsymbol{P}}(\overline{\boldsymbol{E}}, \overline{\boldsymbol{H}}) \\ \overline{\boldsymbol{B}} = \mu_0 \overline{\boldsymbol{H}} + \mu_0 \overline{\boldsymbol{M}}(\overline{\boldsymbol{E}}, \overline{\boldsymbol{H}}) \end{cases} \tag{21.27}$$

式中:电极化 $\overline{\boldsymbol{P}}$ 和磁极化 $\overline{\boldsymbol{M}}$ 由 $\overline{\boldsymbol{E}}$ 和 $\overline{\boldsymbol{H}}$ 产生。每个夹杂物都受到有效场($\overline{\boldsymbol{E}}_e$,$\overline{\boldsymbol{H}}_e$)的作用,产生电偶极子 $\overline{\boldsymbol{p}}$ 和磁偶极子 $\overline{\boldsymbol{m}}$。

$\overline{\boldsymbol{P}}$ 和 $\overline{\boldsymbol{M}}$ 为

$$\begin{cases}\overline{\boldsymbol{P}} = N \overline{\boldsymbol{p}} \\ \overline{\boldsymbol{M}} = N \overline{\boldsymbol{m}} \end{cases} \tag{21.28}$$

式中:$N = (abc)^{-1}$ 为单位体积内的夹杂物数量。

可以用 6×6 广义极化矩阵$[\bar{\bar{\boldsymbol{\alpha}}}]$表示 $\overline{\boldsymbol{p}}$ 和 $\overline{\boldsymbol{m}}$。

$$\begin{bmatrix}\overline{\boldsymbol{P}} \\ \overline{\boldsymbol{M}}\end{bmatrix} = N \begin{bmatrix}\overline{\boldsymbol{p}} \\ \overline{\boldsymbol{m}}\end{bmatrix} = N [\bar{\bar{\boldsymbol{\alpha}}}] \begin{bmatrix}\overline{\boldsymbol{E}}_e \\ \overline{\boldsymbol{H}}_e\end{bmatrix} \tag{21.29}$$

式中:

$$[\bar{\bar{\boldsymbol{\alpha}}}] = \begin{bmatrix}\bar{\bar{\boldsymbol{\alpha}}}_{ee} & \bar{\bar{\boldsymbol{\alpha}}}_{em} \\ \bar{\bar{\boldsymbol{\alpha}}}_{me} & \bar{\bar{\boldsymbol{\alpha}}}_{mm}\end{bmatrix}$$

需要注意的是，在 8.1 节中，使用了公式 $\overline{\boldsymbol{E}}' = \overline{\boldsymbol{E}} + \overline{\boldsymbol{E}}_p$，其中 $\overline{\boldsymbol{E}}'$ 是局部场，与 $\overline{\boldsymbol{E}}_e$ 相同，$\overline{\boldsymbol{E}}$ 是外加场，$\overline{\boldsymbol{E}}_p$ 为所计算偶极子周围的所有偶极子产生的场。$\overline{\boldsymbol{E}}_p$ 与 21.5 节中的 $\overline{\boldsymbol{E}}_i$（相互作用场）相同。

在本节中，我们泛化 $\overline{\boldsymbol{E}}' = \overline{\boldsymbol{E}} + \overline{\boldsymbol{E}}_p$ 为局部场 $(\overline{\boldsymbol{E}}_l, \overline{\boldsymbol{H}}_l)$。

$$
\begin{aligned}
\begin{bmatrix} \overline{\boldsymbol{E}}_l \\ \overline{\boldsymbol{H}}_l \end{bmatrix} &= \begin{bmatrix} \overline{\boldsymbol{E}} \\ \overline{\boldsymbol{H}} \end{bmatrix} + \begin{bmatrix} \overline{\boldsymbol{E}}_i \\ \overline{\boldsymbol{H}}_i \end{bmatrix} \\
&= \begin{bmatrix} \overline{\boldsymbol{E}} \\ \overline{\boldsymbol{H}} \end{bmatrix} + N\left[\overline{\overline{\boldsymbol{C}}}\right] \begin{bmatrix} \overline{\boldsymbol{p}} \\ \overline{\boldsymbol{m}} \end{bmatrix} \\
&= \begin{bmatrix} \overline{\boldsymbol{E}} \\ \overline{\boldsymbol{H}} \end{bmatrix} + N\left[\overline{\overline{\boldsymbol{C}}}\right]\left[\overline{\overline{\boldsymbol{\alpha}}}\right] \begin{bmatrix} \overline{\boldsymbol{E}}_l \\ \overline{\boldsymbol{H}}_l \end{bmatrix}
\end{aligned}
\tag{21.30}
$$

式中：$\left[\overline{\overline{\boldsymbol{C}}}\right]$ 为 6×6 矩阵，称为相互作用常数矩阵。

根据式(21.30)可以得到：

$$
\begin{bmatrix} \overline{\boldsymbol{E}}_l \\ \overline{\boldsymbol{H}}_l \end{bmatrix} = \left[\left[\overline{\overline{\boldsymbol{U}}}\right] - N\left[\overline{\overline{\boldsymbol{C}}}\right]\left[\overline{\overline{\boldsymbol{\alpha}}}\right]\right]^{-1} \begin{bmatrix} \overline{\boldsymbol{E}} \\ \overline{\boldsymbol{H}} \end{bmatrix} \tag{21.31}
$$

式中：$\left[\overline{\overline{\boldsymbol{U}}}\right]$ 为 6×6 单位矩阵。

我们将其代入式(21.29)，且

$$
\begin{bmatrix} \overline{\boldsymbol{D}} \\ \overline{\boldsymbol{B}} \end{bmatrix} = \begin{bmatrix} \varepsilon_0 \overline{\boldsymbol{E}} \\ \mu_0 \overline{\boldsymbol{H}} \end{bmatrix} + \begin{bmatrix} \overline{\boldsymbol{P}} \\ \mu_0 \overline{\boldsymbol{M}} \end{bmatrix} \tag{21.32}
$$

然后得到：

$$
\begin{aligned}
\begin{bmatrix} \overline{\boldsymbol{D}} \\ \overline{\boldsymbol{B}} \end{bmatrix} &= \begin{bmatrix} \overline{\overline{\boldsymbol{\varepsilon}}} & \overline{\overline{\boldsymbol{\zeta}}} \\ \overline{\overline{\boldsymbol{\xi}}} & \overline{\overline{\boldsymbol{\mu}}} \end{bmatrix} \begin{bmatrix} \overline{\boldsymbol{E}} \\ \overline{\boldsymbol{H}} \end{bmatrix} \\
&= \left[\begin{bmatrix} \varepsilon_0 \overline{\boldsymbol{U}} & 0 \\ 0 & \mu_0 \overline{\boldsymbol{U}} \end{bmatrix} + N \begin{bmatrix} \overline{\boldsymbol{U}} & 0 \\ 0 & -\overline{\boldsymbol{U}} \end{bmatrix} \left[\overline{\overline{\boldsymbol{\alpha}}}\right] \left[\left[\overline{\overline{\boldsymbol{U}}}\right] - N\left[\overline{\overline{\boldsymbol{C}}}\right]\left[\overline{\overline{\boldsymbol{\alpha}}}\right]\right]^{-1}\right] \begin{bmatrix} \overline{\boldsymbol{E}} \\ \overline{\boldsymbol{H}} \end{bmatrix}
\end{aligned}
\tag{21.33}
$$

式中：$\overline{\boldsymbol{U}}$ 为 3×3 单位矩阵。

这就是洛伦兹－劳伦斯公式或克劳修斯－莫索提公式的推广（见 8.1 节）。

6×6 相互作用矩阵 $[\boldsymbol{C}]$ 已经推算得到（Collin，1991；Ishimaru 等，2003），它取决于 x、y 和 z 方向上的间距。对于电偶极子和磁偶极子组成的三维夹杂物阵列，相互作用矩阵为

$$
\left[\overline{\overline{\boldsymbol{C}}}\right] = \begin{bmatrix} \dfrac{1}{\varepsilon_0}\overline{\boldsymbol{C}} & \overline{\boldsymbol{O}} \\ \overline{\boldsymbol{O}} & \dfrac{1}{\mu_0}\overline{\boldsymbol{C}} \end{bmatrix} \tag{21.34}
$$

式中：$\overline{\boldsymbol{O}}$ 为 3×3 零矩阵；$\overline{\boldsymbol{C}}$ 为 3×3 对角矩阵。

$$
\overline{\boldsymbol{C}} = \begin{bmatrix} C_x & 0 & 0 \\ 0 & C_y & 0 \\ 0 & 0 & C_z \end{bmatrix}
$$

对于 $a=b=c$ 的立方晶格，矩阵 $\overline{\boldsymbol{C}}$ 可简化为

$$\overline{\boldsymbol{C}}=\frac{1}{3}\begin{bmatrix}1 & 0 & 0\\0 & 1 & 0\\0 & 0 & 1\end{bmatrix} \tag{21.35}$$

式(21.29)中的极化率矩阵 $\overline{\overline{\boldsymbol{\alpha}}}$ 可以用夹杂物中产生的电流表示。当局部电场和磁场分别为 $\overline{\boldsymbol{E}}_l$ 和 $\overline{\boldsymbol{H}}_l$ 时，电偶极子 $\overline{\boldsymbol{p}}$ 和磁偶极子 $\overline{\boldsymbol{m}}$ 可以用电流 $\overline{\boldsymbol{J}}_e$ 和 $\overline{\boldsymbol{J}}_m$ 来表示(Jackson，1962)。

$$\begin{bmatrix}\overline{\boldsymbol{p}}\\\overline{\boldsymbol{m}}\end{bmatrix}=[\overline{\overline{\boldsymbol{\alpha}}}]\begin{bmatrix}\overline{\boldsymbol{E}}_l\\\overline{\boldsymbol{H}}_l\end{bmatrix} \tag{21.36}$$

式中：

$$\begin{cases}[\overline{\overline{\boldsymbol{\alpha}}}] = \begin{bmatrix}\overline{\overline{\boldsymbol{\alpha}}}_{ee} & \overline{\overline{\boldsymbol{\alpha}}}_{em}\\\overline{\overline{\boldsymbol{\alpha}}}_{me} & \overline{\overline{\boldsymbol{\alpha}}}_{mm}\end{bmatrix}\\ \overline{\overline{\boldsymbol{\alpha}}}_{ee} = \int \mathrm{d}v\,\dfrac{1}{(-\mathrm{i}\omega)}\overline{\boldsymbol{J}}_e\\ \overline{\overline{\boldsymbol{\alpha}}}_{em} = \int \mathrm{d}v\,\dfrac{1}{(-\mathrm{i}\omega)}\overline{\boldsymbol{J}}_m\\ \overline{\overline{\boldsymbol{\alpha}}}_{me} = \int \mathrm{d}v\,\dfrac{\overline{\boldsymbol{r}}}{2}\times\overline{\boldsymbol{J}}_e\\ \overline{\overline{\boldsymbol{\alpha}}}_{mm} = \int \mathrm{d}v\,\dfrac{\overline{\boldsymbol{r}}}{2}\times\overline{\boldsymbol{J}}_m\end{cases}$$

$\overline{\overline{\boldsymbol{\alpha}}}$ 是一个 6×6 矩阵；$\overline{\overline{\boldsymbol{\alpha}}}_{ee}$ 是一个 3×3 矩阵；$\overline{\boldsymbol{J}}_e$ 也是一个 3×3 矩阵。第一列是有效场 $\overline{\boldsymbol{E}}_l$ 的 x 分量在 x、y、z 方向上的电流密度，故单位为 $(\mathrm{A/m^2})/(\mathrm{V/m})$。同样，$\overline{\boldsymbol{J}}_m$ 的单位也是 $(\mathrm{A/m^2})/(\mathrm{V/m})$。$\overline{\overline{\boldsymbol{\alpha}}}_{em}$、$\overline{\overline{\boldsymbol{\alpha}}}_{me}$ 和 $\overline{\overline{\boldsymbol{\alpha}}}_{mm}$ 的其他分量也可以类似定义。

举个简单的例子，对于立方晶格中半径为 a_0 的夹杂物阵列，可以得到(8.1 节)：

$$\overline{\overline{\boldsymbol{\alpha}}}_{ee}=\frac{3(\varepsilon_r-1)V}{\varepsilon_r+2} \tag{21.37}$$

式中：$V=\dfrac{1}{N}=\dfrac{4\pi a_0^2}{3}$，$N$ 为单位体积内夹杂物的数量，分数体积 $f=NV$。

将其代入式(21.33)，得到：

$$\begin{aligned}\frac{\varepsilon}{\varepsilon_0}&=1+N\alpha_{ee}\left[1-\frac{N}{3}\alpha_{ee}\right]^{-1}\\&=\frac{1+2f\left(\dfrac{\varepsilon_r-1}{\varepsilon_r+2}\right)}{1-f\left(\dfrac{\varepsilon_r-1}{\varepsilon_r+2}\right)}\end{aligned} \tag{21.38}$$

式中：$f=NV$。

这是麦克斯韦－加奈特混合公式(8.6 节)。

同样，对于球形夹杂物，均匀有效场 $H_0\hat{z}$ 中球内的最低阶电场指向 ϕ 方向，且

$$(\pi\rho^2)(+\mathrm{i}\omega)\mu_0 H_0 = 2\pi\rho E_\phi \tag{21.39}$$

然后得到：

$$\overline{\boldsymbol{E}}_\phi = (+\mathrm{i}\omega\mu_0\boldsymbol{H}_0)\frac{\rho}{2}\hat{\boldsymbol{\phi}}$$

因此，电流$\overline{\boldsymbol{J}}_m$ 为

$$\overline{\boldsymbol{J}}_m = -\mathrm{i}\omega\varepsilon_0(\varepsilon_r - 1)\boldsymbol{E}_\phi \tag{21.40}$$

将其代入式(21.36)，对于 $\overline{\boldsymbol{H}} = H_0\hat{\boldsymbol{z}}$，得到：

$$\begin{aligned}\alpha_{mm} H_0 &= \int \mathrm{d}v \frac{\overline{\boldsymbol{r}}}{2} \times \overline{\boldsymbol{J}}_m \\ &= \int r^2 \mathrm{d}r\sin\theta\mathrm{d}\theta\mathrm{d}\phi\, \overline{\boldsymbol{J}}_m \\ &= (k_0 a_0)^2 \frac{(\varepsilon_r - 1)}{10} V \end{aligned} \tag{21.41}$$

将其代入式(21.35)，则对于含有球形夹杂物的介质，与麦克斯韦－加奈特公式等价的磁导率为

$$\begin{aligned}\frac{\mu}{\mu_0} &= 1 + N\alpha_{mm}\left(1 - \frac{N}{3}\alpha_{mm}\right)^{-1} \\ &= \frac{1 + 2f\dfrac{(k_0a_0)^2(\varepsilon_r - 1)}{10}}{1 - f\dfrac{(k_0a_0)^2(\varepsilon_r - 1)}{10}}\end{aligned} \tag{21.42}$$

式(21.42)为近似值，Braunisch(2001)对其进行了更完整的分析。

21.5　入射到色散材料上的时空波包和负折射率

我们已经注意到，NIM 通常具有色散性和损耗性。如果波入射到色散损耗介质上，波会发生反射和折射。如果介质是 NIM，根据斯涅耳定律，折射角可以是负值。

$$n_1\sin\theta_1 = n_2\sin\theta_2 \tag{21.43}$$

式中：n_1 和 θ_1 为介质 1 的折射率和入射角，n_2 和 θ_2 都是介质 2 的。如果 n_2 是负的，那么根据式(21.43)得到 $\theta_2 < 0$。这被称为“负折射”(图 21.5)。

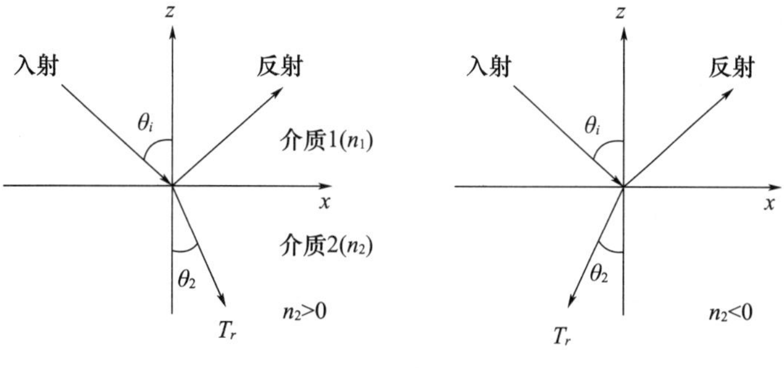

图 21.5　波从介质 1 入射到介质 2，当 $n_2 < 0$ 时表现为负折射

负折射和斯涅耳定律通常用于入射到表面上的平面波。这是否也适用于入射波，如波束或波包？色散介质如何影响负折射？为了回答这些问题，我们需要研究色散介质上的时空入射波。对于入射到包含 NIM 的半空间色散介质上的高斯波包，首先考虑 $-(\pi/2)<\theta_2<(\pi/2)$ 的情况。在后面的章节中，我们将讨论 θ_1 大于临界角 θ_c 的情况。

$$\sin\theta_c=\frac{n_2}{n_1} \tag{21.44}$$

这导致了古斯－汉欣位移（6.7 节）和侧向波（15.8 节）。当 $n_2<0$ 时，变为“负”的古斯－汉欣位移和“后向”侧波，这将在后面讨论。对于本节，我们只讨论 $|\theta_2|<(\pi/2)$ 的情况。

下面讨论 TM 极化的二维问题。使用时间相关性 $\exp(-\mathrm{i}\omega t)$ 的入射高斯波包表示为

$$\begin{cases}H_y(x,z,t)=\mathrm{Re}\{\boldsymbol{\Psi}_i(x,z,t)\}\\ \boldsymbol{\Psi}_i=\exp\left[-\mathrm{i}\omega_0\left(t-\dfrac{z'}{\mathrm{c}}\right)-\dfrac{\left(t-\dfrac{z'}{c}\right)^2}{T_0^2}-\dfrac{x'^2}{W_0^2}\right]\end{cases} \tag{21.45}$$

式中：$\omega_0=$ 载波频率，$T_0=2/\Delta\omega$，$\Delta\omega$ 为频率带宽，W_0 为波包的全宽（图 21.6）。波包沿 z' 轴传播，x' 为波包的横坐标，(x',z') 与 (x,z) 之间通过旋转 θ_0 角度相关。

$$\begin{cases}x'=x\cos\theta_0-z\sin\theta_0\\ z'=x\sin\theta_0+z\cos\theta_0\end{cases} \tag{21.46}$$

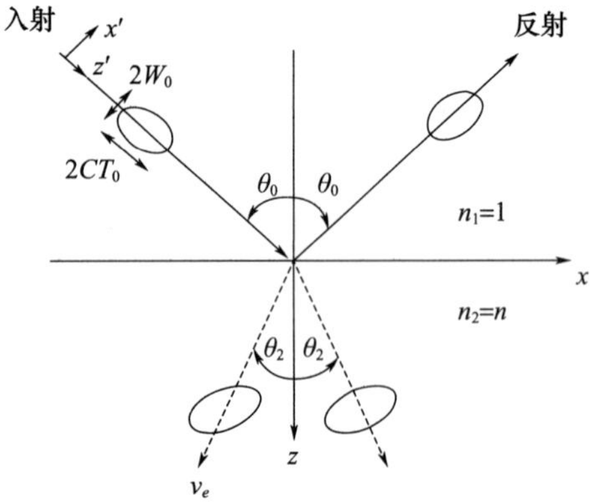

图 21.6　高斯波包从介质 n_1 入射到介质 n_2 中

在 $x-z$ 平面中，可以对 x 和时间 t 进行双重傅里叶变换。在 $z=0$ 处，得到：

$$\begin{aligned}\overline{\boldsymbol{\Psi}}_i(k_x,0,\omega)&=\int_{-\infty}^{\infty}\int_{-\infty}^{\infty}\boldsymbol{\Psi}_i(x,z,t)\mathrm{e}^{+\mathrm{i}\omega t-\mathrm{i}k_x x}\mathrm{d}t\mathrm{d}x\\&=\frac{\pi W\omega_0T_0}{\cos\theta_0}\exp\left[-\frac{(\omega-\omega_0)^2T_0^2}{4}-\frac{\left(k_x-\dfrac{\omega}{\mathrm{c}}\sin\theta_0\right)^2W_0^2}{4\cos^2\theta_0}\right]\end{aligned} \tag{21.47}$$

透射波和反射波由 $\overline{\boldsymbol{\Psi}}_i$ 乘以透射系数、反射系数和传播因子得到。透射波的计算公式为

$$\boldsymbol{\Psi}_t(x,z,t)=\frac{1}{(2\pi)^2}\int_{-\infty}^{\infty}\int_{-\infty}^{\infty}T(k_x,\omega)\,\overline{\boldsymbol{\Psi}}_i(k_x,0,\omega)\exp(+\mathrm{i}k_{z2}z+\mathrm{i}k_xx-\mathrm{i}\omega t)\mathrm{d}k_z\mathrm{d}\omega$$

式中①：

$$T=\frac{(2k_{z1}/\varepsilon_0)}{(k_{z1}/\varepsilon_1)+(k_{z2}/\varepsilon_2)} \tag{21.48}$$

式中②：$k_{z1}=\sqrt{k^2-k_x^2}$，$k_{z2}=\sqrt{(kn)^2-k_x^2}$，$k=\dfrac{\omega}{\mathrm{c}}$。

与此类似，反射波的计算公式为

$$\boldsymbol{\Psi}_r(x,z,t)=\frac{1}{(2\pi)^2}\int_{-\infty}^{\infty}\int_{-\infty}^{\infty}R(k_x,\omega)\,\overline{\boldsymbol{\Psi}}_i(k_x,0,\omega)\exp(-\mathrm{i}k_{z1}z+\mathrm{i}k_xx-\mathrm{i}\omega t)\mathrm{d}k_x\mathrm{d}\omega$$

式中：

$$R=\frac{(k_1/\varepsilon_1)-(k_{z2}/\varepsilon_2)}{(k_{z1}/\varepsilon_1)+(k_{z2}/\varepsilon_2)} \tag{21.49}$$

式(21.48)和式(21.49)可以通过数值计算得到。然而，求解析解更有指导意义。

可以利用渐近解法和最陡下降法求得解析解。首先注意到的是，k_{z2}可以用 k_x 和 ω 中关于静止位置 k_{x0}和 ω_0 的一阶展开项来表示。

$$k_{z2}=k_{z0}+k_x'\left(\frac{\partial k_{z2}}{\partial k_x}\right)_0+\omega'\left(\frac{\partial k_{z2}}{\partial\omega}\right)_0$$

式中：

$$\begin{cases}k_x'=k_x-k_{x0}=k_x-\dfrac{\omega}{\mathrm{c}}\sin\theta_0\\[2mm]\omega'=\omega-\omega_0\end{cases} \tag{21.50}$$

$\left(\dfrac{\partial k_{z2}}{\partial k_x}\right)_0$ 和 $\left(\dfrac{\partial k_{z2}}{\partial\omega}\right)_0$ 在 k_{x0}和 ω_0 处计算得到。假设 T 和 R 是关于 k_0 和 ω 的缓慢变化函数，因此，近似得到：

$$\begin{cases}T(k_x,\omega)\approx T(k_{x0},\omega_0)\\R(k_x,\omega)\approx R(k_{x0},\omega_0)\end{cases} \tag{21.51}$$

在这些假设下，我们可以对式(21.48)和式(21.49)进行积分，得到：

$$\begin{cases}\boldsymbol{\Psi}_t(x,z,t)=T(k_{x0},\omega_0)\mathrm{e}^{\mathrm{i}\phi}F_b\,F_a\\[1mm]\phi=+k_{z0}z+k_{x0}x-\omega_0t\\[1mm]F_b=\exp\left[-(x-(\tan\theta_z)z)^2\dfrac{\cos^2\theta_0}{W_0^2}\right]\\[2mm]F_a=\exp\left[-\dfrac{(t-\overline{\boldsymbol{N}}\cdot\bar{\boldsymbol{r}})^2}{T_0^2}\right]\end{cases}$$

式中③：

---

① 译者注：根据上下文，将式(21.48)中分母 kz_1 更正为 k_{z1}。

② 译者注：根据上下文，将 $k_{z2}=\sqrt{(kn)^2}-k_x^2$ 更正为 $k_{z2}=\sqrt{(kn)^2-k_x^2}$。

③ 译者注：根据上下文，将式(21.52)中 $n_g(w_0)-n(w_0))$ 更正为 $n_g(\omega_0)-n(\omega_0)$。

$$\begin{cases}\overline{\boldsymbol{N}}=\dfrac{\sin\theta_0}{c}\hat{\boldsymbol{x}}+\dfrac{1}{c}\dfrac{(nn_g-\sin^2\theta_c)}{\sqrt{n^2-\sin^2\theta_c}}\hat{\boldsymbol{z}}\\ n_g=\dfrac{\partial}{\partial\omega}(\omega n)\\ n(\omega)=n(\omega_0)+\dfrac{n_g(\omega_0)-n(\omega_0)\omega'}{\omega_0}\end{cases} \tag{21.52}$$

式(21.52)中的因子展示了详细的物理意义和波特性。n_g 为群折射率。相位因子 $\exp(\mathrm{i}\phi)$ 表示相位沿 θ_2 方向上以 $v_p=(c/n)$ 的相速度向前传播。且在 θ_2 方向上，$z=r\cos\theta_2$，$x=r\sin\theta_2$，$\phi=knr-\omega_0 t$。显然，NIM 就是这种情况。振幅变化由 F_b 计算得到，高斯波包的峰值沿 θ_2 方向移动，这意味着在 NIM 中，波包沿由 θ_2 导致的负折射方向运动。波包的速度由 F_a 计算得到。在负折射方向上，$\bar{\boldsymbol{r}}=r[(\sin\theta_2)\hat{\boldsymbol{x}}+(\cos\theta_2)\hat{\boldsymbol{z}}]$，如果将其代入 F_a 中，就会得到波包速度等于群速度 v_g。因此，相速度 v_p 和 v_g 方向相反。相速度和群速度的数值计算见 Ishimaru(2005)。

21.6 后向侧波和后向面波

首先考虑由磁线源 I_m 激发的 TM 波的二维问题($x-z$ 平面)。$H_y(x,z)$满足波动方程(图21.7)，边界条件为 H_y 和$(1/\varepsilon)(\partial/\partial z)H_y$ 在 $z=0$ 处连续。磁线源 I_m 的归一化为 $-\mathrm{j}\omega\varepsilon_i I_m=1$。

$$\left(\frac{\partial^2}{\partial x^2}+\frac{\partial^2}{\partial z^2}+k_i^2\right)H_y=-\delta(x)\delta(z-h) \tag{21.53}$$

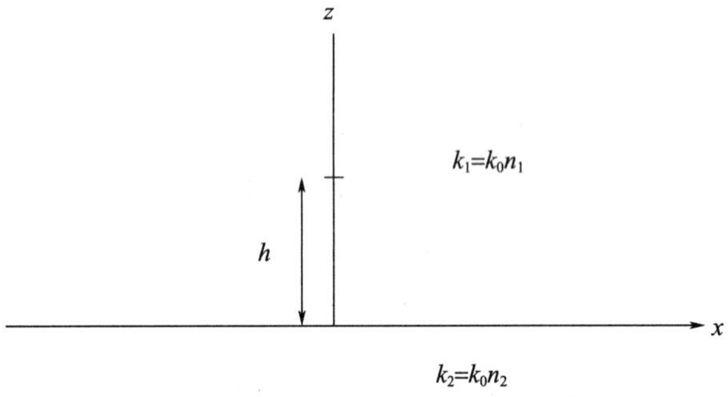

图 21.7　$x=0$ 和 $z=h$ 处的磁线源在超材料中激发 TM 波($z<0$)

众所周知，入射波 H_i，反射波 H_r，以及透射波 H_t 的傅里叶表示法如下：

$$\begin{cases}H_{yi}=\dfrac{1}{2\pi}\displaystyle\int\dfrac{\exp(-\mathrm{j}k_{z1}|z-h|-\mathrm{j}k_x x)}{2\mathrm{j}k_{z1}}\mathrm{d}k_x\\ H_{yr}=\dfrac{1}{2\pi}\displaystyle\int R(k_x)\dfrac{\exp(-\mathrm{j}k_{z1}(z+h)-\mathrm{j}k_x x)}{2\mathrm{j}k_{z1}}\mathrm{d}k_x\\ H_{yt}=\dfrac{1}{2\pi}\displaystyle\int T(k_x)\dfrac{\exp(-\mathrm{j}k_{z1}h+\mathrm{j}k_{z2}z-\mathrm{j}k_x x)}{2\mathrm{j}k_{z1}}\mathrm{d}k_x\end{cases} \tag{21.54}$$

式中：$k_{zi}=\sqrt{k_i^2-k_x^2}$；$R(k_x)=(Z_1-Z_2)/(Z_1+Z_2)$；$T(k_x)=(2Z_1)/(Z_1+Z_2)$；$Z_i=(k_{zi}/\omega\varepsilon_i)$，$i=1,2$。

下面考虑表面波。将反射系数的分母设为零,得到表面波的极点。

$$Z_1+Z_2=0 \tag{21.55}$$

由此得到：

$$\frac{k_{z1}}{\varepsilon_1}=-\frac{k_{z2}}{\varepsilon_2} \tag{21.56}$$

解得 k_x 后得到：

$$\begin{cases} k_{xp}=k_1 S \\ S^2=\dfrac{\varepsilon^2-n^2}{\varepsilon^2-1} \\ \varepsilon=\dfrac{\varepsilon_2}{\varepsilon_1} \\ n=\dfrac{n_2}{n_1} \end{cases} \tag{21.57}$$

注意式(21.56)所给出的极点既适用于表面波极点,也适用于浅涅克波极点。式(21.57)中的极点位置可在$\mu'-\varepsilon'$图(图 21.1)中进行检验,其中μ'和ε'为μ和ε的实部。假设μ和ε的虚部很小,可以忽略不计,因此,S是实数,可以在$\mu'-\varepsilon'$图中检验 S。

如果$S^2>1$,则前向和后向的表面波均可存在。若$0<S^2<1$,可能存在浅涅克波,如果$S^2<0$,波沿表面呈指数衰减。当$S^2>1$,表面波的极点必须在适当的黎曼面上。根据k_{z1}和k_{z2}的虚部,得到四种情况,其中极点位于k_x复平面上。它们被称为黎曼曲面(附录 15.A)。

黎曼曲面Ⅰ:$I_m(k_{z1})<0,I_m(k_{z2})<0$

黎曼曲面Ⅱ:$I_m(k_{z1})>0,I_m(k_{z2})<0$

黎曼曲面Ⅲ:$I_m(k_{z1})<0,I_m(k_{z2})>0$

黎曼曲面Ⅳ:$I_m(k_{z1})>0,I_m(k_{z2})>0$

在黎曼曲面Ⅰ上,因为$I_m(k_{z1})$和$I_m(k_{z2})$均为负值,所以波在$|z|\to\infty$时衰减。因此,这被称为“真黎曼曲面”。如果极点位于黎曼表面Ⅰ上,则表面波存在。为了验证极点是否在$I_m(k_{z1})<0$的真黎曼表面上,则需要确保满足式(21.56)。首先得到$k_{z2}=\sqrt{k_2^2-k_{xp}^2}$并取平方根,使得$I_m(k_{z2})<0$。这确保了极点位于黎曼曲面Ⅰ或Ⅱ中。然后根据式(21.56)计算k_{z1},并确定$I_m(k_{z1})$是否小于0。如果是,则极点在黎曼曲面Ⅰ中,否则在黎曼曲面Ⅱ中。如图 21.8 所示,前向表面波和后向表面波存在于SW^+和SW^-所表示的区域。

如图 21.8 所示,有一小块区域存在后向表面波SW^-。如图 21.9 所示,相速度指向负 x 方向。

空气中的坡印廷矢量与相速度方向一致,但介质 2(NIM)中的坡印廷矢量与相速度方向相反。

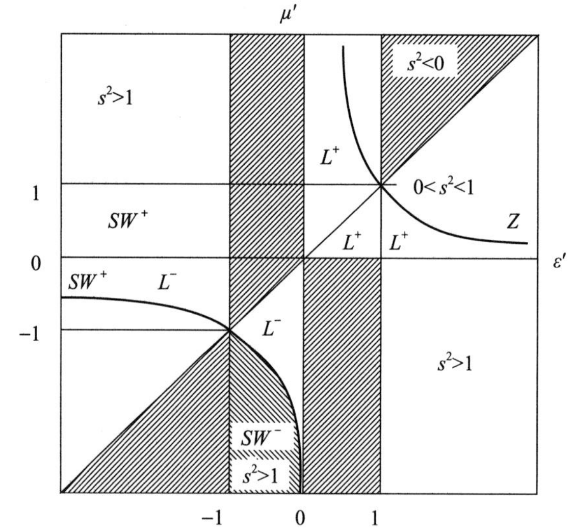

图 21.8 $\mu' - \varepsilon'$图显示了前向表面波 S^+,后向表面波 S^-,前向侧面波 L^+,后向侧面波 L^-和浅涅克波 Z 的区域

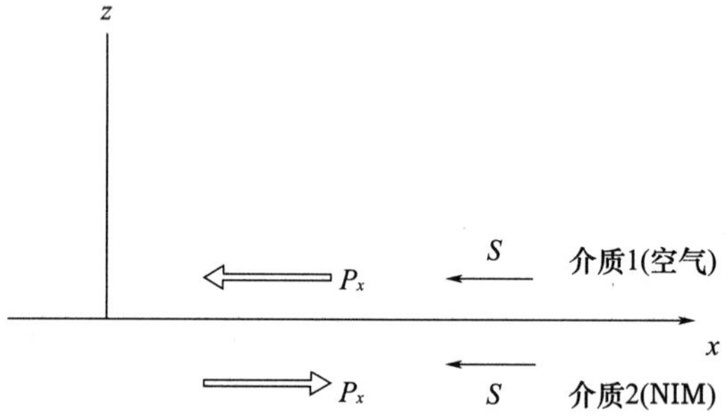

图 21.9 后向表面波(相速度指向负 x 方向,而坡印廷矢量在介质 2 中指向正 x 方向,在介质 1 中指向负 x 方向,总功率指向正 x 方向)

坡印廷矢量表示为

$$P_x = \frac{k_1 S}{2\omega\varepsilon_0\varepsilon_i}|H_y|^2 \tag{21.58}$$

式中:$i = 1,2$ 分别代表介质 1 和介质 2。

坡印廷矢量在介质 1 中指向负 x 方向,但在介质 2 中指向正 x 方向,因为 $S < 0, \varepsilon_2 < 0$。x 方向的总功率为

$$\begin{aligned} P_{总} &= \int_0^{\infty} P_x \mathrm{d}x + \int_{-\infty}^{0} P_x \mathrm{d}x \\ &= \frac{1}{4}\frac{S}{\omega\varepsilon_0\varepsilon_1}\frac{1}{\sqrt{S^2 - 1}}\left[1 - \frac{1}{\varepsilon^2}\right] \end{aligned} \tag{21.59}$$

如图 21.9 所示,$P_{总}$变为正。

如 15.8 节所示,在 $0 < n < 1$ 区域,常规侧面波可以存在。如果 $-1 < n < 0$,则会出现后向侧面波。图 21.10 展示了常规侧面波和后向侧面波。需要注意到的是,对于后向侧面波,相速度 v_p 为负值,$k_{x2} = k_0 n$ 处的分支点位于 k_x 平面的第三象限。

如图 21.10(a)所示，分支切割积分产生了指向负方向的侧向波。如图 21.10(b)所示，如果一个波包入射，介质 2 中的波包以群速度 v_g 沿 x 方向传播，并向负方向辐射脉冲。这是根据 21.5 节中的式(21.48)和式(21.49)以及数值积分计算得出的。图 21.10(c)展示了复 k_x 平面的分支截断。

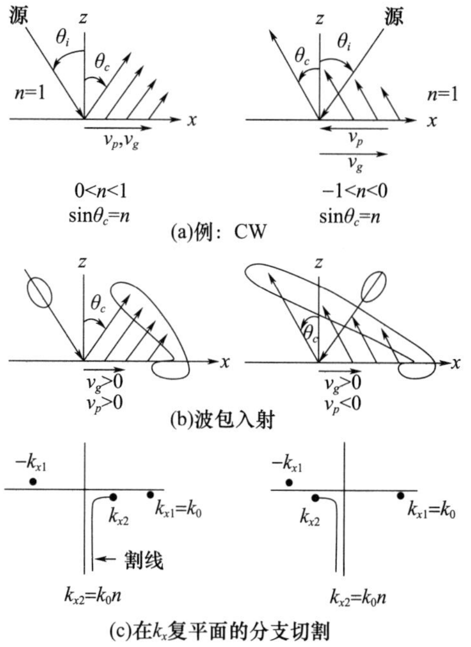

图 21.10　左：常规前向侧面波；右：后向侧面波（注意，为使后向侧面波与 $k_{x2}=k_0n_2$ 处分支点一致，取入射角 θ_i 为负）

21.7　负古斯－汉欣位移

我们已经在 6.7 节讨论了正古斯－汉欣位移。当光束从含 ε_1、μ_1 和 n_1 的介质 1 入射到含 ε_2、μ_2 和 n_2 的介质 2，其入射角导致全反射时，就会发生这种位移。这要求：

$$\left(\frac{n_2}{n_1}\right)^2 > \sin^2\theta_i \tag{21.60}$$

在这种情况下，反射系数 R 的大小为 1，相位为 ϕ。

$$R = \exp(\mathrm{j}\phi) \tag{21.61}$$

如 6.7 节所示，反射光束 $U_r(x,z)$ 为

$$U_r(x,z) = R(\beta_a)\mathrm{e}^{-\mathrm{j}\beta_0\phi'(\beta_0)}U_{r0}(x-\phi'(\beta_0),z) \tag{21.62}$$

式中：U_{r0}与来自图像源的束波相同(6.7 节)。位移表示为 $\phi'(\beta_0)$。

现在讨论$\mu-\varepsilon$图中所有情况下的位移$\phi'(\beta_0)$。

对于 s 极化,有

$$\begin{cases} R_s = \dfrac{(q_1/\mu_1)-(q_2/\mu_2)}{(q_1/\mu_1)+(q_2/\mu_2)} \\ q_1 = \sqrt{k_1^2-\beta^2} \\ q_2 = \sqrt{k_2^2-\beta^2} \\ \beta = k_1\sin\theta_i - \beta_0 \end{cases} \tag{21.63}$$

对于 p 极化,有

$$R_P = \frac{(q_1/\varepsilon_1)-(q_2/\varepsilon_2)}{(q_1/\varepsilon_1)+(q_2/\varepsilon_2)} \tag{21.64}$$

在全反射条件下有:

$$q_2 = \sqrt{k_2^2-\beta_0^2} = -\mathrm{j}\sqrt{\beta_0^2-k_2^2} = -\mathrm{j}\alpha_2 \tag{21.65}$$

然后得到:

$$\begin{cases} R_s = \dfrac{(q_1/\mu_1)+\mathrm{j}(\alpha_2/\mu_2)}{(q_1/\mu_1)-\mathrm{j}(\alpha_2/\mu_2)} = \exp(\mathrm{j}\phi_s) \\ R_p = \dfrac{(q_1/\varepsilon_1)+\mathrm{j}(\alpha_2/\varepsilon_2)}{(q_1/\varepsilon_1)-\mathrm{j}(\alpha_2/\varepsilon_2)} = \exp(\mathrm{j}\phi_p) \end{cases} \tag{21.66}$$

式中:

$$\phi_s = 2\tan^{-1}\left(\frac{\mu_1\alpha_2}{\mu_2 q_1}\right)$$

$$\phi_p = 2\tan^{-1}\left(\frac{\varepsilon_1\alpha_2}{\varepsilon_2 q_1}\right)$$

古斯-汉欣位移为(图 21.11)

$$\phi_s' = \frac{\partial\phi_s}{\partial\beta} = \left(\frac{\mu_1}{\mu_2}\right)F_s,\text{s 极化}$$

$$\phi_p' = \frac{\partial\phi_p}{\partial\beta} = \left(\frac{\varepsilon_1}{\varepsilon_2}\right)F_p,\text{p 极化}$$

式中:

$$\begin{cases} F_s = \dfrac{1}{\left[1+\left(\dfrac{\mu_1}{\mu_2}\dfrac{\alpha_2}{q_1}\right)^2\right]}\dfrac{\partial}{\partial\beta}\left(\dfrac{\alpha_2}{q_1}\right) \\ F_p = \dfrac{1}{\left[1+\left(\dfrac{\varepsilon_1}{\varepsilon_2}\dfrac{\alpha_2}{q_1}\right)^2\right]}\dfrac{\partial}{\partial\beta}\left(\dfrac{\alpha_2}{q_1}\right) \end{cases} \tag{21.67}$$

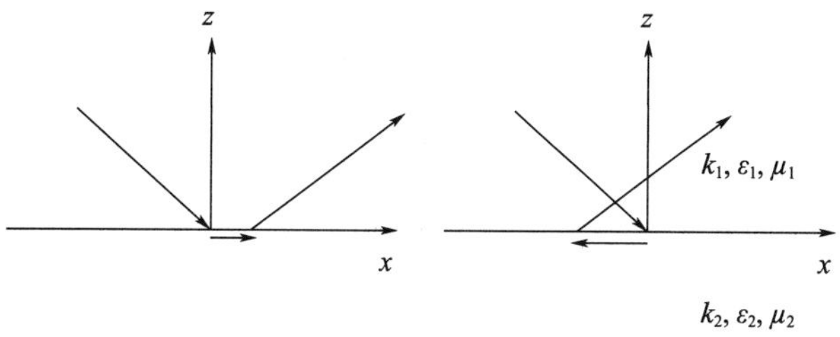

图21.11 正负古斯–汉欣位移

我们可以验证 F_s 和 F_p 均为正值。

由式(21.67)可以得到:

(1)图21.12中的a区域出现常规的正古斯–汉欣位移,此时 $n^2 > \sin^2\theta_i$ 且 $n>0$;

(2)在b区域出现负古斯–汉欣位移,此时 $n^2 > \sin^2\theta_i$ 且 $n<0$。ϕ_s' 和 ϕ_p' 为负值;

(3)在c区域,p极化出现负古斯–汉欣位移。$\varepsilon_2<0$;

(4)在d区域,p极化发生负位移。$\mu_2<0$。

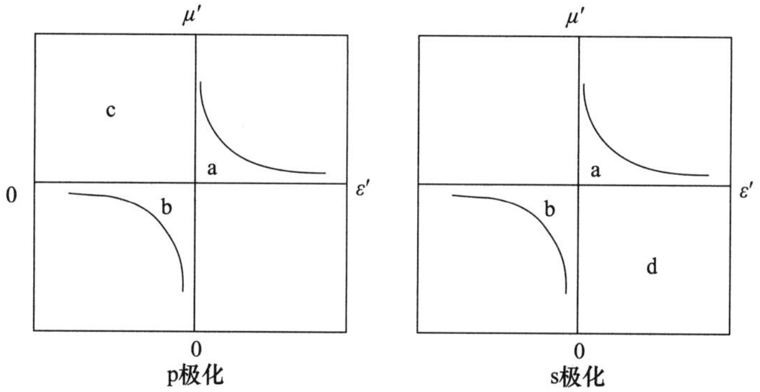

图21.12 在a、b和c区域发生负古斯–汉欣位移(s和p极化对称地分布在 $\mu-\varepsilon$ 图中(见21.1节))

21.8 理想透镜、亚波长聚焦以及倏逝波

正如Pendry在2000年所述的那样,$n=-1$ 的NIM板可以将来自 δ 函数点源的波聚焦为 δ 函数点像(图21.13)。而普通透镜无法聚焦到小于一个波长数量级的尺寸。因此,能聚焦到 δ 函数图像的 $n=-1$ 平板透镜被称为具有“超分辨率”的“理想透镜”。

当然,这是数学上的理想化,并不存在。众所周知,任何物理问题的数学公式都必须正确提出。这就要求解必须满足三个条件:①唯一性;②存在性;③必须连续依赖于物理参数的变化。$n=-1$ 的平板不能正确地构成,因此,超分辨率不存在。我们需要从 $\varepsilon=-1+\delta_\varepsilon$ 和 $\mu=-1+\delta_\mu$ 开始进行讨论,则亚波长聚焦取代了超分辨率。

举例来说,对于平板前面的磁线源(图21.14),$z>d_2$ 处的磁场 H_y 为

$$\left(\frac{\partial^2}{\partial x^2}+\frac{\partial^2}{\partial z^2}+k_i^2\right)H_y=\mathrm{j}\omega\varepsilon_0 I_m\delta(x)\delta(z+d_1) \tag{21.68}$$

式中:$k_1=k_0(n=1)$,$k_2=k_0 n$,将 I_m 归一化,那么 $-\mathrm{j}\omega\varepsilon_0 I_m=1$。解用傅里叶表示。对于 $z>d_2$:

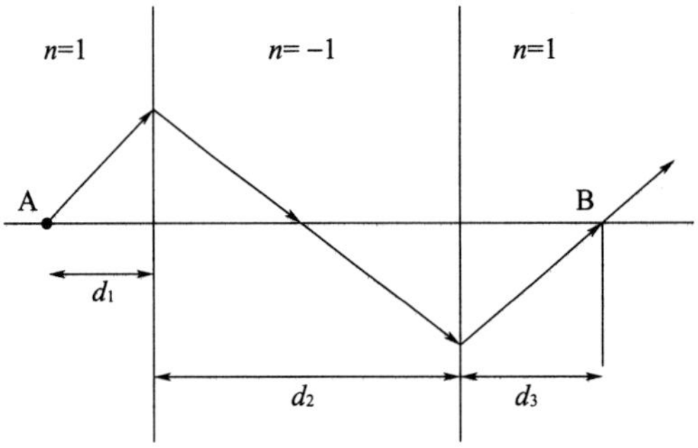

图 21.13　位于 A 点的 δ 函数源发射的波聚焦到位于 B 点的 δ 函数像点，普通透镜只能聚焦到波长数量级的像。因此，这种 $n=-1$ 的透镜被称为“超分辨率”。

$$H_y(x,z) = \frac{1}{2\pi}\int \frac{T(k_x)}{2jk_{z1}}\exp(-jk_{z2}(z-d_2+d_1)-jk_x x)\,dk_x \tag{21.69}$$

式中：$k_{z1}=(k_0^2-k_x^2)^{1/2}$，$k_{z2}=((k_0 n)^2-k_x^2)^{1/2}$。

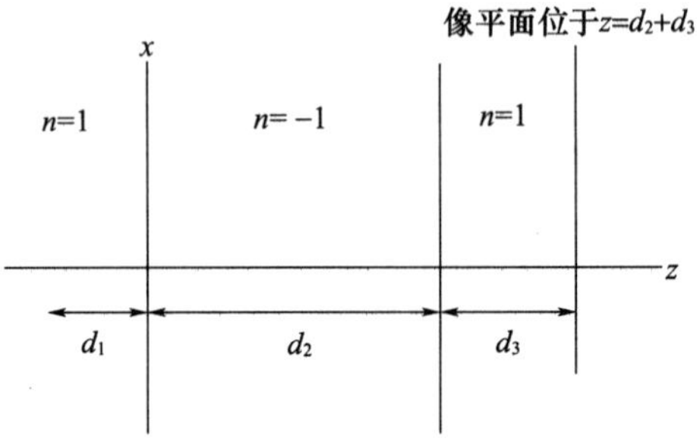

图 21.14　磁线源位于 $z=-d_1$（在像平面 $z=d_2+d_3$ 上观察像）

得到透射系数 $T(k_x)$ 并以如下形式进行表示：

$$T(k_x)=\frac{2\exp(-jk_{z2}d_2)}{1+M+\exp(-j2k_{z2}d_2)(1-M)}$$

式中：

$$\begin{cases} M=\dfrac{1}{2}\left(\dfrac{Z_2}{Z_1}+\dfrac{Z_1}{Z_2}\right) \\ Z_1=\dfrac{k_{z1}}{\omega\varepsilon_1} \\ Z_2=\dfrac{k_{z2}}{\omega\varepsilon_2} \end{cases} \tag{21.70}$$

对于 s 极化，E_y 由与式(12.69)相同的表达式表示①，其归一化为 $-j\omega\mu I=1$。式(21.70)中的透射系数相同，但

$$\begin{cases} Z_1=\dfrac{\omega\mu_1}{k_{z1}} \\ Z_2=\dfrac{\omega\mu_2}{k_{z2}} \end{cases} \tag{21.71}$$

① 译者注：根据上下文，将 E_g 更正为 E_y。

首先讨论一下特殊情况。对于 $n=+1$（自由空间），$Z_1=Z_2$，因此，$M=1$。透射系数变为 $T=\exp(-jk_{z1}d_2)$。如预期，当 $n=1$ 时：

$$H_y=\frac{1}{2\pi}\int\frac{1}{2jk_{z1}}\exp(-jk_{z1}(d_1+z)-jk_x x)\mathrm{d}k_x \tag{21.72}$$

这是由 $(x=0,z=-d_1)$ 处的点源引起的在 (x,z) 处的场，且其为一个二维格林函数 $-\frac{j}{4}H_0^{(2)}(k\sqrt{x^2+(d_1+z)^2})$。如果 $n\to-1$，那么 $\mu=-\mu_0$ 和 $\varepsilon=-\varepsilon_0$。因此，$Z_2=-Z_1$，$M=-1$，$k_{z2}=(k_2^2n^2-k_x^2)^{1/2}\to k_{z1}$。$T(k_x)$ 表示为

$$T(k_x)=\exp(+jk_{z1}d_2)$$

则场 H_y 表示为

$$H_y(x,z)=\frac{1}{2\pi}\int\frac{1}{2jk_{z1}}\exp(-jk_{z1}(z+d_1-2d_2)-jk_x x)\mathrm{d}k_x \tag{21.73}$$

这是汉克尔函数的积分表示，对于 $z>2d_2-d_1$，有

$$H_y(x,z)=-j\frac{1}{4}H_0^{(2)}(kr) \tag{21.74}$$

式中：$r=[(z+d_1-2d_2)^2+x^2]^{\frac{1}{2}}$。

对于 $z<2d_2-d_1$，r 变为 $-r$，汉克尔函数变为一阶。

$$H_y(x,z)=-j\frac{1}{4}H_0^{(1)}(k|r|) \tag{21.75}$$

这意味着在 $x=0,z=2d_2-d_1$ 附近，当 $z<2d_2-d_1$ 时，场表现为聚焦于一点的入射波，而当 $z>2d_2-d_1$ 时，场会发散。所有这些都只是理想化的数学问题，在物理问题中并不存在。更重要和有意义的问题是，如果折射率偏离 -1 会发生什么。如果 n 偏离 -1，ε 和 μ 偏离 $-\varepsilon_0$ 和 $-\mu_0$，则 M 偏离 -1。将其表示为

$$M\to-1+\delta \tag{21.76}$$

透射系数 T 表示为

$$T=\frac{2\exp(-jk_{z2}d_2)}{\delta+\exp(-j2k_{z2}d_2)(2-\delta)} \tag{21.77}$$

注意到 $n^2=1+\delta_n$，$\mu_2=-1+\delta_\mu$ 和 $\varepsilon_2=-1+\delta_\varepsilon$，我们可以仔细讨论 $M=-1+\delta$，然后可以得到用 δ_n，δ_μ 和 δ_ε 表示的 δ。详细的研究表明，δ_n、δ_μ 和 δ_ε 的一阶抵消，δ 与二阶 δ_μ^2 和 δ_ε^2 成正比。

从式(21.76)中可以注意到参量 H_y 在像平面 $z=2d_2-d_1$ 为①

$$\begin{cases}\boldsymbol{H}_y(x)=\dfrac{1}{2\pi}\displaystyle\int\overline{\boldsymbol{H}}_y e^{-jk_x x}\mathrm{d}k_x\\[2ex]\overline{\boldsymbol{H}}_y=\dfrac{1}{2jk_{z1}}\dfrac{2\exp(-2jk_{z2}d_2)}{\delta+\exp(-2jk_{z2}d_2)(2-\delta)}\end{cases} \tag{21.78}$$

$\overline{\boldsymbol{H}}_y$ 谱的大致形状如图 21.15 所示。在 $k_x\to0$ 时，$|\overline{\boldsymbol{H}}_y|$ 在断点 k_p 之前几乎是恒定的。超过 k_p，则呈指数下降。

---

① 译者注：根据公式推导，将式(21.78)中第 2 个等式的分子 $2\exp(-jk_{z2}d_2-jk_zd_20)$ 更正为 $2\exp(-2jk_{z2}d_2)$。

在 k_0 和 k_p 附近可能会有一些变化。对 k_x 的积分以 $k_x=0$ 到 k_p 的频谱部分为主，并显示与 $\sin(k_p x)/(k_p x)$ 成比例的正弦特征，因此，光斑大小 k_p 由 $k_p x_p \simeq \pi$ 近似表示。

由此得出第一个最小值的距离为

$$x_p \approx \frac{\pi}{k_p} \tag{21.79}$$

式中：k_p 近似通过将 $k_x \to 0$ 时的$\overline{\boldsymbol{H}}_y$ 等同于较大 k_x 时的$\overline{\boldsymbol{H}}_y$ 得到。k_p 的近似值为

$$k_p^2 = k^2 + \frac{1}{4d_2^2}\left[\ln\left|\frac{\delta}{2}\right|\right]^2 \tag{21.80}$$

式(21.79)中的光斑大小 x_p 表明 k_p 大于较小 $|\delta|$ 对应的波长。注意，随着 $|\delta|$ 变小，k_p 增大，光斑尺寸变小。

如图 21.15 所示的频谱，当 $k_x < k_0$ 时，传播常数 $k_{z1}=(k_0^2-k_x^2)^{1/2}$ 为实数，波以实波数传播。如果 $k_x > k_0$，$k_{z1}=(k_0^2-k_x^2)^{1/2}$ 为纯虚数，波是指数衰减的。这被称为“倏逝波”，与截止模式相同(见 4.6 节)。还需注意的是，当 $n=-1$ 时，倏逝波不衰减，并且频谱在所有 k 条件下都是常数的，光斑尺寸也趋于无限小。这是一种理想情况，但不符合实际。当 $n=-1+\delta$ 时，倏逝波在 $k_x > k_p$ 时呈指数衰减，因此，光斑大小有限。

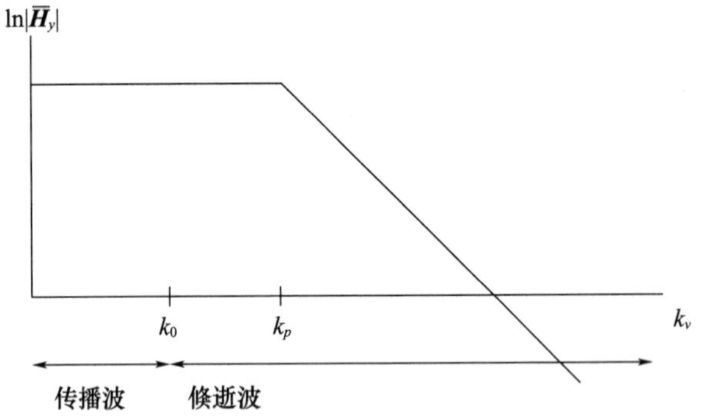

图 21.15 $\overline{\boldsymbol{H}}_y(k_x)$ 谱(对于较小的 k_x，到断点 k_p 之前都是平坦的，然后随着 k_x 的增加呈指数下降)

21.9 NIM 中的布鲁斯特角和声学布鲁斯特角

如 3.6 节所述，布鲁斯特角定义为 p 偏振波入射到两种介质的平面界面时，反射变为零的角度。如果第二种介质是有损介质，则在布鲁斯特角处反射将变为最小值。在 3.9 节和 15.1 节中，浅涅克波表示在地球表面传播的波。因此，布鲁斯特角和浅涅克波似乎是两种不同的波现象。然而，从数学角度来看，这两种现象是密切相关的，下面将对此进行说明。

考虑两种介质之间的界面。在 p 偏振中，平面波入射的反射系数为

$$R_p(k_x) = \frac{(k_{z1}/\varepsilon_1)-(k_{z2}/\varepsilon_2)}{(k_{z1}/\varepsilon_1)+(k_{z2}/\varepsilon_2)} \tag{21.81}$$

式中：$k_{z1}=\sqrt{k_1^2-k_x^2}$，$k_{z2}=\sqrt{k_2^2-k_x^2}$。

对于沿 θ_i 入射的平面波，$k_x=k_1\sin\theta_i$。因此，布鲁斯特角是由反射系数的零点得到的。

$$\frac{k_{z1}}{\varepsilon_1}-\frac{k_{z2}}{\varepsilon_2}=0 \tag{21.82}$$

另一方面,当分母为 0 时,得到浅涅克波。

$$\frac{k_{z1}}{\varepsilon_1}+\frac{k_{z2}}{\varepsilon_2}=0 \tag{21.83}$$

如果介质 1 是自由空间,可以将 ε 和 μ 归一化并表示为

$$\begin{cases}\varepsilon_1=\varepsilon_0\\ \mu_1=\mu_0\\ \varepsilon=(\varepsilon_2/\varepsilon_0)\\ \mu=(\mu_2/\mu_0)\\ k_{z1}=k_0\sqrt{1-S^2}\\ S=\sin\theta_i\\ k_{z2}=k_0\sqrt{n-S^2}\\ n^2=\mu\varepsilon\end{cases} \tag{21.84}$$

布鲁斯特角 θ_b 由式(21.82)得到:

$$\sqrt{1-S^2}=\frac{1}{\varepsilon}\sqrt{n^2-S^2}$$

式中:$S=\sin\theta_b$。

两边取平方,得到:

$$1-S^2=\frac{1}{\varepsilon^2}(n^2-S^2) \tag{21.85}$$

式中:$n^2=\mu\varepsilon$。

由此,得到 p 极化的布鲁斯特角 θ_b。

$$S_b=\sin\theta_b=\left[\frac{\varepsilon^2-\mu\varepsilon}{\varepsilon^2-1}\right]^{1/2} \tag{21.86}$$

对于 $\mu=1$ 的普通材料,S_b 被简化为众所周知的布鲁斯特角公式(3.6 节)。

$$S_b=\left[\frac{\varepsilon}{\varepsilon+1}\right]^{1/2}=\left[\frac{n^2}{n^2+1}\right]^{1/2} \tag{21.87}$$

注意到 $\mu\neq1$ 时,式(21.86)中的布鲁斯特角与式(21.87)中自由空间的布鲁斯特角不同。

到目前为止,我们只考虑了 p 偏振。对于 $\mu=1$ 的普通材料,s 偏振不存在布鲁斯特角。然而,p 极化存在布鲁斯特角。对于 s 偏振,式(21.81)中的反射系数表示为

$$R_s=\frac{(k_{z1}/\mu_1)-(k_{z2}/\mu_2)}{(k_{z1}/\mu_1)+(k_{z2}/\mu_2)} \tag{21.88}$$

正如之前在式(21.8)提到的,p 极化(TM)和 s 极化(TE)中的所有波特性都是对称的,其变化如下:ε 和 μ(TM)$\rightarrow\mu$ 和 ε(TE)。

因此,通过式(21.86)中 ε 和 μ 的交换得到 s 极化的布鲁斯特角(TE)。

$$S_b = \left[\frac{\mu^2 - \mu\varepsilon}{\mu^2 - 1}\right]^{1/2} \tag{21.89}$$

介质无损时的布鲁斯特角是实数,表示为

$$0 < S_b^2 < 1 \tag{21.90}$$

对于 p 偏振,如图 21.16 中阴影区域所示,对于 s 偏振,如图 21.17 所示。注意,图 21.16中的μ和ε在图 21.17 中变为ε和μ。

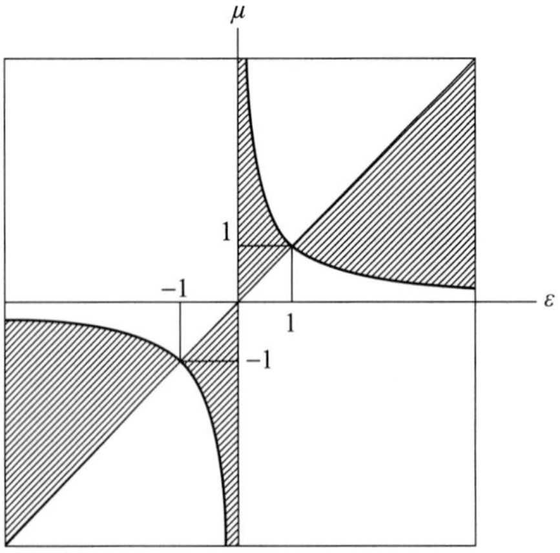

图 21.16　阴影区域为 p 偏振时布鲁斯特角可能发生的地方(假设μ和ε是实数)

将电磁布鲁斯特角与声学布鲁斯特角进行比较,可能有一定的指导意义。我们已经在 3.8 节讨论过这个问题。可以比较式(3.58)中所示的声波。

$$\begin{cases}(\nabla^2 + k^2)p = 0 \\ k^2 = \omega^2\rho\kappa \\ \bar{v} = -\dfrac{1}{\mathrm{j}\omega\rho}\nabla p\end{cases} \tag{21.91}$$

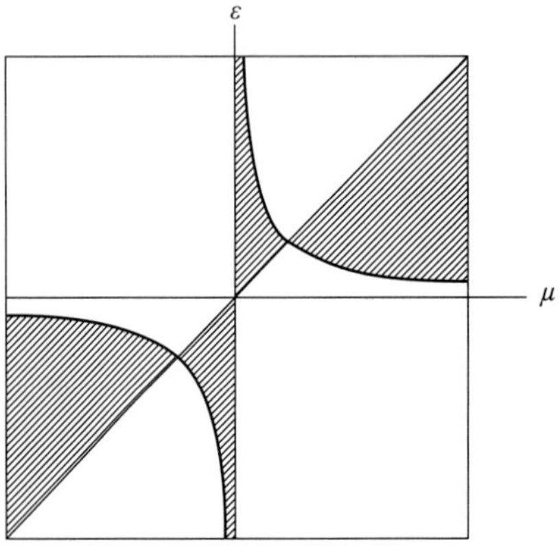

图 21.17　阴影区域为 s 偏振时布鲁斯特角可能发生的地方(注意,当$\mu = 1$时,s 极化不存在布鲁斯特角。注意图 21.16 中的$\mu - \varepsilon$在图 21.17 中变为$\varepsilon - \mu$)

平面波从含参数ρ_0和k_0的介质入射到从介质(ρ_0, k_0)到介质(ρ, k)之间的平面界面。为了比较 s 偏振与E_y,需要注意到:

$$\begin{cases}(\nabla^2+k^2)E_y=0\\ H_y=-\dfrac{1}{\mathrm{j}\omega\mu}\dfrac{\partial}{\partial z}E_y\\ k^2=k_0^2\mu\varepsilon\end{cases} \tag{21.92}$$

平面波入射到介质(μ_0,ε_0)和介质(μ,ε)的平面界面上。注意对应关系:

$$\begin{cases}\mu=(\rho/\rho_0)\\ \varepsilon=(k/k_0)\end{cases}$$

s 偏振对应于声波,区别在于 μ 和 ε 可以是 $-\infty\sim+\infty$,而 ρ 和 k 只能是正值。因此,我们得到了图 21.18 和声学布鲁斯特角发生的范围,然后得到:

$$\begin{cases}S_b=\left[\dfrac{(\rho/\rho_0)^2-(c_0/\mathrm{c})^2}{(\rho/\rho_0)^2-1}\right]^{1/2}\\ \dfrac{c_0^2}{\mathrm{c}^2}=\dfrac{k\rho}{k_0\rho_0}\end{cases} \tag{21.93}$$

该式已经在式(3.62)中进行了讨论。

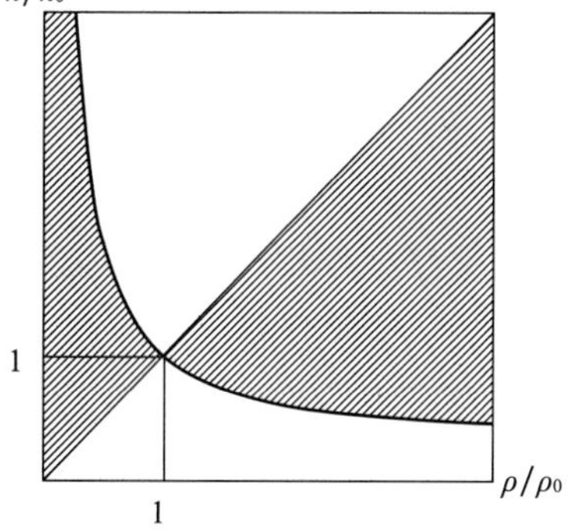

图 21.18　声学布鲁斯特角

21.10　变换电磁学和隐形斗篷

麦克斯韦方程在坐标变换时形式不变,这意味着麦克斯韦方程的形式在任何空间坐标系中都是有效的。我们通常使用最简单的坐标系,如直角坐标系、圆柱坐标系或球面坐标系,然而麦克斯韦方程在其他坐标系中也成立。例如,麦克斯韦方程在坐标系(x,y,z)和变换系(x',y',z')中都成立,更简便的写法是(x_1,x_2,x_3)表示(x,y,z),(x_1',x_2',x_3')表示(x',y',z'),因为可能在任意其他坐标系处理。3×3 变换矩阵 $\boldsymbol{A}$ 的计算公式为

$$\boldsymbol{A}=\begin{bmatrix}\dfrac{\partial x_1'}{\partial x_1} & \dfrac{\partial x_1'}{\partial x_2} & \dfrac{\partial x_1'}{\partial x_3}\\ \dfrac{\partial x_2'}{\partial x_1} & \dfrac{\partial x_2'}{\partial x_2} & \dfrac{\partial x_2'}{\partial x_3}\\ \dfrac{\partial x_3'}{\partial x_1} & \dfrac{\partial x_3'}{\partial x_2} & \dfrac{\partial x_3'}{\partial x_3}\end{bmatrix} \tag{21.94}$$

在这种变换下，材料的介电常数 ε 和磁导率 μ 变为非均匀和各向异性。若原空间为自由空间，则变换后的介质性质用相对介电常数矩阵 $\bar{\bar{\boldsymbol{\varepsilon}}}_r$ 和相对磁导率矩阵 $\bar{\bar{\boldsymbol{\mu}}}_r$ 表示：

$$\bar{\bar{\boldsymbol{\varepsilon}}}_r = \bar{\bar{\boldsymbol{\mu}}}_r = \frac{\boldsymbol{A}\boldsymbol{A}^{\mathrm{T}}}{\det\boldsymbol{A}} \tag{21.95}$$

式中：$\det\boldsymbol{A}$ 为 $\boldsymbol{A}$ 的行列式。

因此，变换后的介质是非均匀的和各向异性的，$\bar{\bar{\boldsymbol{\varepsilon}}}_r$ 和 $\bar{\bar{\boldsymbol{\mu}}}_r$ 是相同和对称的。这也意味着因为 $\bar{\bar{\boldsymbol{\varepsilon}}}_r = \bar{\bar{\boldsymbol{\mu}}}_r$，自由空间的阻抗在此变换空间中不会改变。因此，变换后的介质表现为各向异性阻抗匹配介质。

通过在变换坐标中表示麦克斯韦方程并确定构成方程，可以得到式（21.94）的推导过程（Leonhardt，Philbin，2010；Pendryetal，2006）。自由空间中的麦克斯韦方程为

$$\begin{cases}\nabla \times \overline{\boldsymbol{E}} = -\mathrm{j}\omega\mu_0\overline{\boldsymbol{H}}\\ \nabla \times \overline{\boldsymbol{H}} = +\mathrm{j}\omega\varepsilon_0\overline{\boldsymbol{E}}\end{cases} \tag{21.96}$$

$\overline{\boldsymbol{E}}$ 和 $\overline{\boldsymbol{H}}$ 的波动方程为

$$\nabla \times \nabla \times \overline{\boldsymbol{E}} = \omega^2\mu_0\varepsilon_0\overline{\boldsymbol{E}} \tag{21.97}$$

在变换空间中，麦克斯韦方程表示为

$$\begin{cases}\nabla' \times \overline{\boldsymbol{E}}' = -\mathrm{j}\omega\,\bar{\bar{\boldsymbol{\mu}}}\overline{\boldsymbol{H}}'\\ \nabla' \times \overline{\boldsymbol{H}}' = +\mathrm{j}\omega\,\bar{\bar{\boldsymbol{\varepsilon}}}\overline{\boldsymbol{E}}'\end{cases} \tag{21.98}$$

对应的波动方程为

$$\nabla' \times (\bar{\bar{\boldsymbol{\mu}}})^{-1}\nabla' \times \overline{\boldsymbol{E}}' = \omega^2\,\bar{\bar{\boldsymbol{\varepsilon}}}\overline{\boldsymbol{E}}' \tag{21.99}$$

式中：$\bar{\bar{\boldsymbol{\mu}}} = \mu_0\bar{\bar{\boldsymbol{\mu}}}_r$，$\bar{\bar{\boldsymbol{\varepsilon}}} = \boldsymbol{\varepsilon}_0\bar{\bar{\boldsymbol{\varepsilon}}}_r$，$\bar{\bar{\boldsymbol{\mu}}}_r = \bar{\bar{\boldsymbol{\varepsilon}}}_r$。$\nabla'$为变换坐标系中的算子。

考虑一个如图 21.19 所示的简单圆柱坐标系。原始坐标系(ρ,ϕ,z)被转换为(ρ',ϕ',z')：

$$\begin{cases}\rho' = \dfrac{R_2 - R_1}{R_2}\rho + R_1\\ \phi' = \phi\\ z' = z\end{cases} \tag{21.100}$$

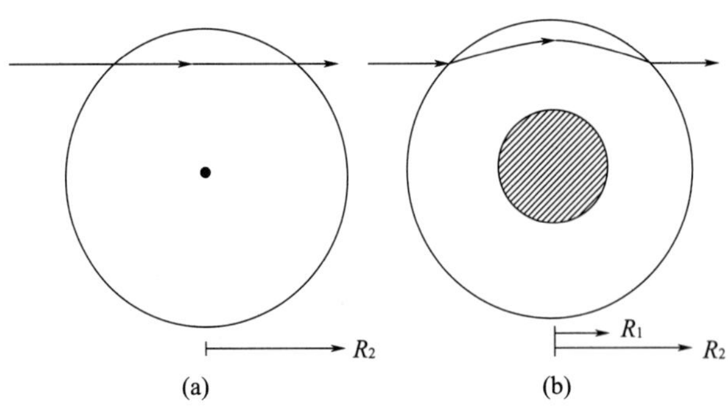

图 21.19 （a）为自由空间中的原始圆柱坐标系；（b）为变换后的坐标系(ρ',ϕ',z')。空间 $0<\rho<R_2$ 被转化为空间 $R_1<\rho<R_2$。$\rho=0$ 处的原点变换为 $0<\rho'<R_1$ 的空间。$R_2<\rho$ 和 $R_2<\rho'$以外的空间是相同的，波的性质也是相同的。然而，外界观察者看不到 $\rho'<R_1$ 内的任何物体，场也被排除在外。

在圆柱坐标系中，变换矩阵 $\boldsymbol{A}$ 表示为

$$\boldsymbol{A}=\begin{bmatrix}\dfrac{\partial\rho'}{\partial\rho} & \dfrac{\partial\rho'}{\rho\partial\phi} & \dfrac{\partial\rho'}{\partial z}\\ \dfrac{\rho'\partial\phi'}{\partial\rho} & \dfrac{\rho'\partial\phi'}{\rho\partial\phi} & \dfrac{\rho'\partial\phi'}{\partial z}\\ \dfrac{\partial z'}{\partial\rho} & \dfrac{\partial z'}{\rho\partial\phi} & \dfrac{\partial z'}{\partial z}\end{bmatrix}\tag{21.101}$$

对于式(21.99)，得到：

$$\boldsymbol{A}=\begin{bmatrix}\dfrac{R_2-R_1}{R_2} & 0 & 0\\ 0 & \dfrac{\rho'}{\rho} & 0\\ 0 & 0 & 1\end{bmatrix}\tag{21.102}$$

式中：$\det\boldsymbol{A}$ 为 $\boldsymbol{A}$ 的行列式，$\det\boldsymbol{A}=\dfrac{R_2-R_1}{R_2}\left(\dfrac{\rho'}{\rho}\right)$。

因此，式(21.94)中的$\bar{\bar{\boldsymbol{\varepsilon}}}_r$和$\bar{\bar{\boldsymbol{\mu}}}_r$ 表示为

$$\bar{\bar{\boldsymbol{\varepsilon}}}_r=\bar{\bar{\boldsymbol{\mu}}}_r=\begin{bmatrix}\dfrac{\rho'-R_1}{\rho'} & 0 & 0\\ 0 & \dfrac{\rho'}{\rho'-R_1} & 0\\ 0 & 0 & \left(\dfrac{R_2}{R_2-R_1}\right)^2\left(\dfrac{\rho'-R_1}{\rho'}\right)\end{bmatrix}\tag{21.103}$$

$$=[\varepsilon_{ij}]$$

请注意，图 21.20 中的 ε_{11}、ε_{22}和 ε_{33}表明变换后的介质是不均匀和各向异性的。上述分析是基于距离 $\mathrm{d}s$ 的不变性得到的，即

$$\mathrm{d}s^2=(\mathrm{d}\rho)^2+(\rho\mathrm{d}\phi)^2+(\mathrm{d}z)^2\tag{21.104}$$

这是圆柱坐标系特有的性质。对于更复杂的坐标系，它需要使用到“度量张量”。

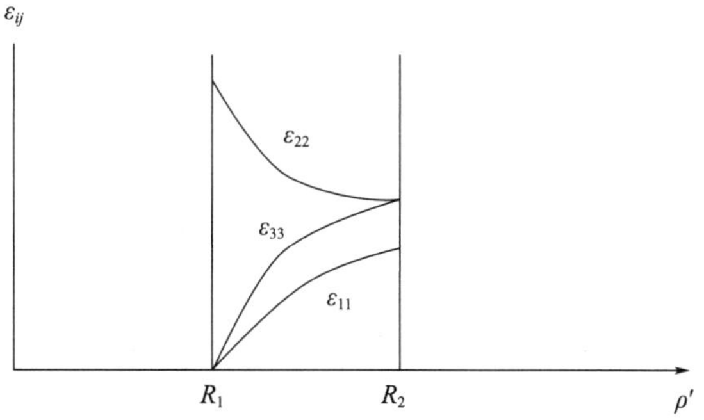

图 21.20　$\varepsilon_{ij}=\mu_{ij}$，如图 21.19 所示柱状坐标系，表明转换后的介质是不均匀的和各向异性的

如图 21.19 所示，原始圆柱空间 $\rho>R_2$ 外的波和变换后的空间 $\rho'>R_2$ 外的波都是相

同的。原坐标系中 $\rho=0$ 处的原点现在变换到了空间 $R_1<\rho'<R_2$，因此，变换空间 $\rho'<R_1$ 中的任何目标都不会影响圆柱外 $\rho'>R_2$ 的波。因此，目标在这个圆柱空间中被隐形了。

在球面隐形中，如果自由空间中 $r\leqslant R_2$ 的球形空间 (r,θ,ϕ) 变换为空间 (r',θ',ϕ')，变换条件为

$$\begin{cases} r'=R_1+\dfrac{R_2-R_1}{R_2}r \\ \theta'=\theta \\ \phi'=\phi \end{cases} \tag{21.105}$$

需要注意到：

$$(\mathrm{d}s)^2=(\mathrm{d}r)^2+(r\mathrm{d}\theta)^2+(r\sin\theta\mathrm{d}\phi)^2$$

然后得到：

$$\begin{cases} \boldsymbol{A}=\begin{bmatrix} \dfrac{\partial r'}{\partial r} & \dfrac{\partial r'}{r\partial\theta} & \dfrac{\partial r'}{r\sin\theta\partial\phi} \\ \dfrac{r'\partial\theta'}{\partial r} & \dfrac{r'\partial\theta'}{r\partial\theta} & \dfrac{r'\partial\theta'}{r\sin\theta\partial\phi} \\ \dfrac{r'\sin\theta'\partial\phi'}{\partial r} & \dfrac{r'\sin\theta'\partial\phi'}{r\partial\theta} & \dfrac{r'\sin\theta'\partial\phi'}{r\sin\theta\partial\phi} \end{bmatrix}=\begin{bmatrix} \dfrac{R_2-R_1}{R_2} & 0 & 0 \\ 0 & \dfrac{r'}{r} & 0 \\ 0 & 0 & \dfrac{r'}{r} \end{bmatrix} \\ \det\boldsymbol{A}=\dfrac{R_2-R_1}{R_2}\left(\dfrac{r'}{r}\right)^2 \end{cases} \tag{21.106}$$

由此可以得到：

$$\begin{cases} \bar{\bar{\boldsymbol{\varepsilon}}}_r=\bar{\bar{\boldsymbol{\mu}}}_r=[\varepsilon_{rij}] \\ \varepsilon_{r11}=\dfrac{(r'-R_1)^2}{r'^2}\dfrac{R_2}{R_2-R_1} \\ \varepsilon_{r22}=\dfrac{R_2}{R_2-R_1} \\ \varepsilon_{r33}=\dfrac{R_2}{R_2-R_1} \\ \varepsilon_{rih}=0 \end{cases} \tag{21.107}$$

上面提到了制造隐形材料的可能性。不过，这需要制造具有特定 $\varepsilon=\mu$ 的非均质和各向异性介质的材料。尽管超材料的进步提供了一些可能性，但要实现可能的隐形材料和装置，还需要更多的理论和实验工作。变换电磁学还可用于在散射和微型化波导中重塑目标（Ozgun，Kuzuoglu，2010），以及平面聚焦透镜、波准直器、偏振分光镜和旋转器以及弯束器（Kwon，Werner，2010）。

另一个需要考虑的重要问题是，坐标变换在数学上以“微分几何”、曲线和曲面理论、矢量和张量分析为基础，这显然超出了本书的范围（Leonhardt，Philbin，2010）。不过需要指出的是，在从原始坐标系 (x_1,x_2,x_3) 变换到空间 (x_1',x_2',x_3') 时，应注意以下基本关系：

$$
\begin{cases}
\mathrm{d}x_1 = \dfrac{\partial x_1}{\partial x_1'}\mathrm{d}x_1' + \dfrac{\partial x_1}{\partial x_2'}\mathrm{d}x_2' + \dfrac{\partial x_1}{\partial x_3'}\mathrm{d}x_3' \\
\dfrac{\partial}{\partial x_1} = \dfrac{\partial}{\partial x_1'}\dfrac{\partial x_1'}{\partial x_1} + \dfrac{\partial}{\partial x_2'}\dfrac{\partial x_2'}{\partial x_1} + \dfrac{\partial}{\partial x_3'}\dfrac{\partial x_3'}{\partial x_1}
\end{cases}
\tag{21.108}
$$

此关系将在 21.11 节中使用。

21.11 曲面展平坐标变换

在 21.10 节中,我们讨论了“变换电磁学”。通过将坐标系 (x,y,z) 转换到另一个坐标系 (x',y',z'),可以将原始空间变换为另一个空间,该空间的材料性质 ε 和 μ 见式(21.95)。如果原始空间是自由空间,则变换后的介质是不均匀和各向异性的,因此,有可能产生隐形。这种可能性引起了人们的极大兴趣。然而应该注意的是,这需要创造新材料,如具有特定非均质和各向异性 ε 和 μ 的超材料,但目前还无法通过物理方法制造出这种超材料。

在本节中,我们将讨论坐标变换的一种新的、不同的应用,不是用于制造新材料,而是用于解决波散射问题。我们考虑在粗糙表面传播的波,如海浪。表面是粗糙的,因此,表面高度是随机的。如果我们能将粗糙表面转换为平坦表面,那么就有可能将此散射问题作为平坦边界问题来求解。然而,正如我们在 21.10 节中所指出的,如果边界变得平坦,那么介质就会变得不均匀和各向异性,从而将上面是自由空间的粗糙表面问题转化为带有复杂介质的平坦表面问题。

这种称为“曲面展平变换”的方法由 Tapperted(1979)提出,Abarbanel(1998)、Yeh(2001)、Donohue(2000)和 Wu(2005)使用路径积分法对其进行了研究。本节将讨论展平变换的关键点。曲面高度为 $\zeta(x,y)$,坐标系 (x,y,z) 变换为 (x',y',z')。

$$
\begin{cases}
x' = x \\
y' = y \\
z' = z - \zeta(x,y)
\end{cases}
\tag{21.109}
$$

然后利用坐标变换对波动方程进行变换。式(21.93)中的变换矩阵 $\boldsymbol{A}$ 表示为

$$
\boldsymbol{A} = \begin{bmatrix}
\dfrac{\partial x'}{\partial x} & \dfrac{\partial x'}{\partial y} & \dfrac{\partial x'}{\partial z} \\
\dfrac{\partial y'}{\partial x} & \dfrac{\partial y'}{\partial y} & \dfrac{\partial y'}{\partial z} \\
\dfrac{\partial z'}{\partial x} & \dfrac{\partial z'}{\partial y} & \dfrac{\partial z'}{\partial z}
\end{bmatrix} = \begin{bmatrix}
1 & 0 & 0 \\
0 & 1 & 0 \\
-\dfrac{\partial \zeta}{\partial x} & -\dfrac{\partial \zeta}{\partial y} & 1
\end{bmatrix}
\tag{21.110}
$$

然后将 $z'=0$ 以上的介质转化为非均匀各向异性介质,$\bar{\bar{\boldsymbol{\varepsilon}}}$ 和 $\bar{\bar{\boldsymbol{\mu}}}$ 表示为

$$
\frac{\bar{\bar{\boldsymbol{\varepsilon}}}}{\varepsilon_0} = \frac{\bar{\bar{\boldsymbol{\mu}}}}{\mu_0} = \frac{\boldsymbol{A}\boldsymbol{A}^{\mathrm{T}}}{\det\boldsymbol{A}} = \begin{bmatrix}
1 & 0 & -\dfrac{\partial \zeta}{\partial x} \\
0 & 1 & -\dfrac{\partial \zeta}{\partial y} \\
-\dfrac{\partial \zeta}{\partial x} & -\dfrac{\partial \zeta}{\partial y} & \left(\dfrac{\partial \zeta}{\partial x}\right)^2 + \left(\dfrac{\partial \zeta}{\partial y}\right)^2 + 1
\end{bmatrix}
\tag{21.111}
$$

注意，$\boldsymbol{A}^{\mathrm{T}}$ 是 $\boldsymbol{A}$ 的转置，$\dfrac{\overline{\overline{\boldsymbol{\varepsilon}}}}{\varepsilon_0}$ 和 $\dfrac{\overline{\overline{\boldsymbol{\mu}}}}{\mu_0}$ 是相同且对称的。

麦克斯韦方程在坐标变换下是形式不变的，这意味着我们可以用相同的形式写出 (x,y,z) 和 (x',y',z') 中的麦克斯韦方程。下式左边为自由空间中的粗糙表面，右边为随机介质中的平坦表面。

$$\begin{cases}\nabla\times\overline{\boldsymbol{E}}=\mathrm{i}\omega\mu_0\overline{\boldsymbol{H}}\\ \nabla\times\overline{\boldsymbol{H}}=-\mathrm{i}\omega\varepsilon_0\overline{\boldsymbol{E}}\\ \nabla\times\nabla\times\overline{\boldsymbol{E}}=\omega^2\mu_0\varepsilon_0\overline{\boldsymbol{E}}\end{cases}\Rightarrow\begin{cases}\nabla'\times\overline{\boldsymbol{E}}'=\mathrm{i}\omega\,\overline{\overline{\boldsymbol{\mu}}}\overline{\boldsymbol{H}}'\\ \nabla'\times\overline{\boldsymbol{H}}'=-\mathrm{i}\omega\,\overline{\overline{\boldsymbol{\varepsilon}}}\overline{\boldsymbol{E}}'\\ \nabla'\times(\overline{\overline{\boldsymbol{\mu}}})^{-1}\nabla'\times\overline{\boldsymbol{E}}'=\omega^2\,\overline{\overline{\boldsymbol{\varepsilon}}}\overline{\boldsymbol{E}}'\end{cases}\tag{21.112}$$

请注意，在 (x',y',z') 坐标中，阻抗不会发生变化，这就是“各向异性阻抗匹配介质”。通过解式(21.112)右侧的麦克斯韦方程，可以解决自由空间中的粗糙表面问题①。

下面讨论被粗糙表面散射的标量(声)波。首先使用式(21.108)中的坐标变换，接下来考虑粗糙表面上方自由空间中的标量波方程，其边界条件为狄利克雷边界条件。

$$(\nabla^2+k^2)G=-\delta(x-x_0)\delta(y-y_0)\delta(z-z_0)\tag{21.113}$$

从原始空间 (x,y,z) 到变换平面空间 (x',y',z') 的转换可以通过坐标变换来完成。

$$\frac{\partial}{\partial x}=\frac{\partial}{\partial x'}\frac{\partial x'}{\partial x}+\frac{\partial}{\partial y'}\frac{\partial y'}{\partial x}+\frac{\partial}{\partial z'}\frac{\partial z'}{\partial x}\tag{21.114}$$

考虑式(21.108)得到：

$$\frac{\partial}{\partial x}=\frac{\partial}{\partial x'}-\frac{\partial\zeta}{\partial y'}\frac{\partial}{\partial z'}\tag{21.115}$$

接着可以得到：

$$\begin{cases}\dfrac{\partial^2}{\partial x^2}=\dfrac{\partial^2}{\partial x'^2}+2\left(-\dfrac{\partial\zeta}{\partial x}\right)\dfrac{\partial^2}{\partial z'\partial x'}+\left(-\dfrac{\partial\zeta}{\partial x}\right)^2\dfrac{\partial^2}{\partial z'^2}+\left(-\dfrac{\partial^2\zeta}{\partial x'^2}\right)\dfrac{\partial}{\partial z'}\\ \dfrac{\partial^2}{\partial y^2}=\dfrac{\partial^2}{\partial y'^2}+2\left(-\dfrac{\partial\zeta}{\partial y}\right)\dfrac{\partial^2}{\partial z'\partial y'}+\left(-\dfrac{\partial\zeta}{\partial y}\right)^2\dfrac{\partial^2}{\partial z'^2}+\left(-\dfrac{\partial^2\zeta}{\partial y'^2}\right)\dfrac{\partial}{\partial z'}\\ \dfrac{\partial^2}{\partial z^2}=\dfrac{\partial^2}{\partial z'^2}\end{cases}\tag{21.116}$$

最后得到变换空间中波动方程的表达式：

$$(\nabla^2+k^2+F)G=-\delta(x'-x_0)\delta(y'-y_0)\delta(z'-[z_0-(x,y)])\tag{21.117}$$

式中：$F=-2\,\nabla\zeta\,\nabla'\dfrac{\partial}{\partial z'}-(\nabla^2\zeta)\dfrac{\partial}{\partial z'}+|\nabla\zeta|^2\dfrac{\partial^2}{\partial z'^2}$。

边界条件为平面上 $G=0$。F 代表非均质介质，包含斜率 $\nabla\zeta$、曲率半径 $\nabla^2\zeta$ 和斜率大小 $|\nabla\zeta|^2$。

这个问题已经针对粗糙表面进行过研究，并使用时间反转技术对表面附近的目标进行了成像研究(Ishimaru 等，2013)。

---

① 译者注：根据上下文，将式(12.111)更正为(12.112)。

第22章

逆时影像

时间反转(time - reversal,TR)的概念可追溯到相位共轭镜和逆反射。它也被称为“时间反转镜(time - reversal mirror,TRM)”,由入射到TMR上的局部光源反射回原始光源。这相当于在相位共轭镜上产生了一个时间反转场,反射场传播回来聚焦到原始光源上。在这个反向传播过程中,即使该路径可能包括复杂的多散射介质,时间反向场也会通过原始路径返回。微波中的反向天线阵也表现出类似的行为。

光学相位共轭和微波反向天线阵主要用于窄带操作,通过相位共轭实现时间反转。但在声学中波通常是宽带的,因此,可能需要考虑宽带脉冲操作的时间反转。在本节中,我们将介绍TRM、共轭镜和时空反转聚焦成像的基本理论。我们将讨论时间反转算子分解(D'ecomposition de l'op'erateur de retournement temporel,DORT)、奇异值分解(singular value decomposition,SVD)和超分辨率在时间反转成像、时间反转多信号分类(TR - multiple signal classification,TR - MUSIC)以及相关波束前置和合成孔径雷达(SAR)成像中的应用。我们还将介绍SVD在随机介质通信中的应用。现已经有大量关于时间反转的讨论。Fink和Prada(1994、2003、1997、1995、1996、2000)、Devaney(2003、2005、2005、2012)、Yavuzand Teixeira(2008、2006)、Borcea、Papanicolaou等(2002)以及Ishimaru等(2012)提出了相关的基本理论。

22.1 自由空间中的时间反转镜

首先考虑图22.1所示的问题。位于$\bar{\boldsymbol{r}}_t$的点光源发出一个脉冲,位于$\bar{\boldsymbol{r}}_i$的阵列元件接收到该脉冲。接收到的脉冲经过时间反转后反向传播到同一介质中,并在点$\bar{\boldsymbol{r}}_s$处被观测到。发射的脉冲$f_t(t)$及其频谱$U(\omega)$为

$$\begin{cases} f_t(t) = \dfrac{1}{2\pi}\displaystyle\int U(\omega)\exp(-\mathrm{i}\omega t)\,\mathrm{d}\omega \\ U(\omega) = \displaystyle\int f_t(t)\exp(+\mathrm{i}\omega t)\,\mathrm{d}t \end{cases} \tag{22.1}$$

这个脉冲传播到$\bar{\boldsymbol{r}}_i$被接收。

$$f(\bar{\boldsymbol{r}}_i,t) = \frac{1}{2\pi}\int G_i(\bar{\boldsymbol{r}}_i,\bar{\boldsymbol{r}}_t,\omega)U(\omega)\exp(-\mathrm{i}\omega t)\mathrm{d}\omega \tag{22.2}$$

式中：G_i 是在$\bar{\boldsymbol{r}}_i$ 处观测到的格林函数；点源位于$\bar{\boldsymbol{r}}_t$ 处。

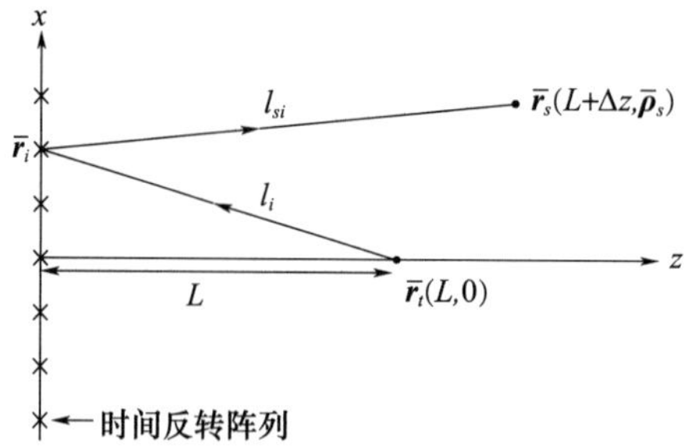

图 22.1　A 点源在$\bar{\boldsymbol{r}}_t$ 发射一个脉冲，该脉冲被位于$\bar{\boldsymbol{r}}_i$的接收机接收，时间反转，并反向传播到同一介质中，在$\bar{\boldsymbol{r}}_s$ 点被观测到。$z=0$ 处的平面称为“时间反转镜”或“相位共轭镜”

脉冲$f(\bar{\boldsymbol{r}}_i,t)$被时间反转，时间反转脉冲为

$$\begin{aligned} f_{\mathrm{TR}}(\bar{\boldsymbol{r}}_i,t) &= f(\bar{\boldsymbol{r}}_i,-t) \\ &= \frac{1}{2\pi}\int G_i(\bar{\boldsymbol{r}}_i,\bar{\boldsymbol{r}}_t,\omega)U(\omega)\mathrm{e}^{+\mathrm{i}\omega t}\mathrm{d}\omega \end{aligned} \tag{22.3}$$

时间反转脉冲f_{TR}的频谱 F_{TR}表示为

$$\begin{aligned} F_{\mathrm{TR}}(\bar{\boldsymbol{r}}_i,\omega) &= \int f_{\mathrm{TR}}(\bar{\boldsymbol{r}}_i,t)\mathrm{e}^{+\mathrm{i}\omega t}\mathrm{d}t \\ &= \frac{1}{2\pi}\int\left[G_i(\bar{\boldsymbol{r}}_i,\bar{\boldsymbol{r}}_t,\omega')U(\omega')\mathrm{e}^{+\mathrm{i}\omega' t}\mathrm{d}\omega'\right]\mathrm{e}^{+\mathrm{i}\omega t}\mathrm{d}t \end{aligned} \tag{22.4}$$

这里用 ω'来区分式(22.3)和式(22.4)中的 ω。

$$\int \mathrm{e}^{+\mathrm{i}(\omega'+\omega)t}\mathrm{d}\omega = 2\pi\delta(\omega'+\omega)$$

进而得到：

$$\begin{aligned} F_{\mathrm{TR}}(\bar{\boldsymbol{r}}_i,\omega) &= G_i(\bar{\boldsymbol{r}}_i,\bar{\boldsymbol{r}}_t,-\omega)U(-\omega) \\ &= G_i^*(\bar{\boldsymbol{r}}_i,\bar{\boldsymbol{r}}_t,\omega)U^*(\omega) \end{aligned} \tag{22.5}$$

注意 $G_i(-\omega)$和 $U(-\omega)$的傅里叶频谱在$(-\omega)$处的取值等于复共轭 $G_i^*(\omega)$和 $U^*(\omega)$。在 $\bar{\boldsymbol{r}}_i$ 处的时间反转脉冲传播到 $\bar{\boldsymbol{r}}_s$，则在 $\bar{\boldsymbol{r}}_s$ 观测到的脉冲表示为

$$f_{\mathrm{TR}}(\bar{\boldsymbol{r}}_s,\bar{\boldsymbol{r}}_i,\omega) = \frac{1}{2\pi}\int G_i(\bar{\boldsymbol{r}}_s,\bar{\boldsymbol{r}}_i,\omega')G_i^*(\bar{\boldsymbol{r}}_i,\bar{\boldsymbol{r}}_t,\omega)U^*(\omega)\mathrm{e}^{-\mathrm{i}\omega t}\mathrm{d}\omega \tag{22.6}$$

这是$\bar{\boldsymbol{r}}_s$处观测到的脉冲的最终表达式，它是由$\bar{\boldsymbol{r}}_t$处发射的脉冲在$\bar{\boldsymbol{r}}_i$处发生时间反转引起的。$G_i(\bar{\boldsymbol{r}}_s,\bar{\boldsymbol{r}}_i,\omega)$是从 $\bar{\boldsymbol{r}}_i$ 到 $\bar{\boldsymbol{r}}_s$ 的格林函数。

$\bar{\boldsymbol{r}}_s$ 处的总脉冲是 $\bar{\boldsymbol{r}}_i$ 处的脉冲的总和。

$$f_{\mathrm{TR}}(\bar{\boldsymbol{r}}_s,t) = \sum_i f_{\mathrm{TR}}(\bar{\boldsymbol{r}}_s,\bar{\boldsymbol{r}}_i,t) \tag{22.7}$$

这就是当 TRM 被位于$\bar{\boldsymbol{r}}_t$的光源照射时，在$\bar{\boldsymbol{r}}_s$处的时间反转场的一般公式。式(22.7)可以用下面的紧密矩阵进行表示。

让矩阵 $\boldsymbol{g}$ 表示所有入射在$\bar{\boldsymbol{r}}_i$ 的波，源在$\bar{\boldsymbol{r}}_t$处。

$$\boldsymbol{g} = [\,G_1\ G_2 \cdots\ G_N\,]^{\mathrm{T}} \tag{22.8}$$

式中：$G_i = G_i(\bar{\boldsymbol{r}}_i, \bar{\boldsymbol{r}}_t, \omega)$；$[\ ]^{\mathrm{T}}$ 为转置矩阵。

令：

$$\boldsymbol{g}_s = [\,G_{s1} G_{s2} \cdots\ G_{sN}\,]^{\mathrm{T}} \tag{22.9}$$

式中：$G_{si} = G_{si}(\bar{\boldsymbol{r}}_s, \bar{\boldsymbol{r}}_i, \omega)$，$G_i$ 和 G_{si}为格林函数。

利用这些矩阵表示，将式(22.7)写成如下的紧密矩阵形式：

$$f_{\mathrm{TR}}(\bar{\boldsymbol{r}}_s, t) = \sum_i \frac{1}{2\pi}\int \boldsymbol{g}_s^{\mathrm{T}} \boldsymbol{g}^* \boldsymbol{U}^* \mathrm{e}^{-\mathrm{i}\omega t}\mathrm{d}\omega \tag{22.10}$$

这种矩阵形式将在后续章节中使用。

以高斯调制脉冲为例。

$$\begin{cases} f_t(t) = A_0 \exp\left(-\dfrac{t^2}{T^2} - \mathrm{i}\omega_0 t\right), \\ U(\omega) = A_0 \dfrac{2\sqrt{\pi}}{\Delta\omega}\exp\left[-\dfrac{(\omega-\omega_0)^2}{\Delta\omega^2}\right] \end{cases} \tag{22.11}$$

式中：$\Delta\omega = 2/T_0$ 为带宽和 ω_0 为载波频率。此外，

$$\begin{cases} G_i(\bar{\boldsymbol{r}}_i, \bar{\boldsymbol{r}}_t, \omega) = \dfrac{\exp(\mathrm{i}k\ell_i)}{4\pi\ell_i} \\ G_{si}(\bar{\boldsymbol{r}}_s, \bar{\boldsymbol{r}}_i, \omega) = \dfrac{\exp(\mathrm{i}k\ell_{si})}{4\pi\ell_{si}} \end{cases} \tag{22.12}$$

式中：$k = \dfrac{\omega}{\mathrm{c}}$。

将式(22.11)和式(22.12)代入式(22.6)和式(22.7)，并对 ω 进行积分，可以得到在$\bar{\boldsymbol{r}}_s$ 处观测到的脉冲。

$$f_{\mathrm{TR}}(\bar{\boldsymbol{r}}_s, t) = \sum_i f_{\mathrm{TR}}(\bar{\boldsymbol{r}}_s, \bar{\boldsymbol{r}}_i, t)$$

式中：

$$f_{\mathrm{TR}}(\bar{\boldsymbol{r}}_s, \bar{\boldsymbol{r}}_i, t) = A_0 \frac{\exp\left[\mathrm{i}k_0(\ell_{si} - \ell_i - \mathrm{c}t) - \dfrac{k_0^2}{4}(\ell_{si} - \ell_i - \mathrm{c}t)^2\left(\dfrac{\Delta\omega}{\omega_0}\right)^2\right]}{(4\pi\ell_i)(4\pi\ell_{si})} \tag{22.13}$$

式中：$k_0 = \omega_0/\mathrm{c}$。

请注意，脉冲从 $\bar{\boldsymbol{r}}_s$ 到 $\bar{\boldsymbol{r}}_i$ 的传播时间为(ℓ_i/c)，时间反转后为 $-(\ell_i/\mathrm{c})$。从 $\bar{\boldsymbol{r}}_i$ 到 $\bar{\boldsymbol{r}}_s$ 的传播时间为(ℓ_{si}/c)。因此，当脉冲中心位于源点$\bar{\boldsymbol{r}}_s = \bar{\boldsymbol{r}}_t$($\ell_{si} = \ell_i$)时，$t = 0$ 对应于观测到时间反转脉冲的时间。

为了研究式(22.13)中的时间反转脉冲，下面讨论窄带脉冲，忽略指数的第二项$(\Delta\omega/\omega)^2$，并注意到($1/\ell_i$)和($1/\ell_{si}$)可以用 $1/L$ 来近似表示。

在 $z = L$ 的平面上，可以用以下方法近似计算 ℓ_{si}和 ℓ_i：

$$\begin{cases} \ell_{si} = L + \dfrac{(x - x_i)^2}{2L} \\ \ell_i = L + \dfrac{x_i^2}{2L} \end{cases} \tag{22.14}$$

且$\bar{\boldsymbol{\rho}}_s = x\hat{\boldsymbol{x}}$和$\bar{\boldsymbol{r}}_i = x_i\hat{\boldsymbol{x}}$。然后得到：

$$\begin{aligned} \ell_{si} - \ell_i &\approx \frac{1}{2L}((x - x_i)^2 - x_i^2) \\ &= \frac{1}{2L}(x^2 - 2xx_i) \end{aligned} \tag{22.15}$$

通过这些近似，得到了 $t=0$ 时的时间反转脉冲。

$$f_{\mathrm{TR}}(\bar{\boldsymbol{r}}_s, t) \cong \sum_i \frac{A_0 \exp\left[\mathrm{i}k_0 \dfrac{(x^2 - 2xx_i)}{2L}\right]}{(4\pi L)^2} \tag{22.16}$$

注意到 $x_i = nd$，$n = -\dfrac{N}{2} \sim \dfrac{N}{2}$，$d$ 为数组元素间距，然后得到：

$$\begin{aligned} f_{\mathrm{TR}}(\bar{\boldsymbol{r}}_s, t) &\cong A_0 \frac{\mathrm{e}^{\mathrm{i}k_0 \frac{x^2}{2L}}}{(4\pi L)^2} \sum_n \mathrm{e}^{\mathrm{i}k_0 \frac{x}{L} nd} \\ &= A_0 \frac{\mathrm{e}^{\mathrm{i}k_0 \frac{x^2}{2L}}}{(4\pi L)^2} \frac{\sin\left(\dfrac{k_0 xNd}{2L}\right)}{\sin\left(\dfrac{k_0 xd}{2L}\right)} \end{aligned} \tag{22.17}$$

式中：x 为横向距离。时间反转脉冲的光斑大小 W 近似为$\dfrac{k_0 WNd}{2L} \approx \pi$。

横向光斑的大小为

$$W = \frac{L}{Nd} = \lambda_0 (L/a) \tag{22.18}$$

式中：λ_0 为载波频率处的波长；$a = Nd$ 为孔径的总尺寸。

轴向光斑尺寸可近似由式(22.13)计算得到。注意，在轴上，使用 $\ell_i = L$，$\ell_{si} = L + \Delta z$ 和 $t=0$，然后得到轴向光斑大小 Δ。

$$\frac{k_0^2}{4}(\ell_{si} - \ell_i - \mathrm{c}t)^2 \left(\frac{\Delta\omega}{\omega_0}\right)^2 \approx 1$$

光斑大小 Δz 近似表示为

$$\Delta z \approx \left|\frac{2\mathrm{c}}{\Delta\omega}\right| \tag{22.19}$$

$z=0$ 处的平面被称为“时间反转镜”或“相位共轭镜”，因为入射到平面上某一点的波会发生时间反转，并重新发射到相同的介质中。时间反转脉冲的频谱是入射脉冲的复共轭。原点处的横向光斑大小与来自 TRM 上聚焦于脉冲原点处孔径的波相同，而轴向光斑大小则由脉冲的带宽决定（图 22.2）。

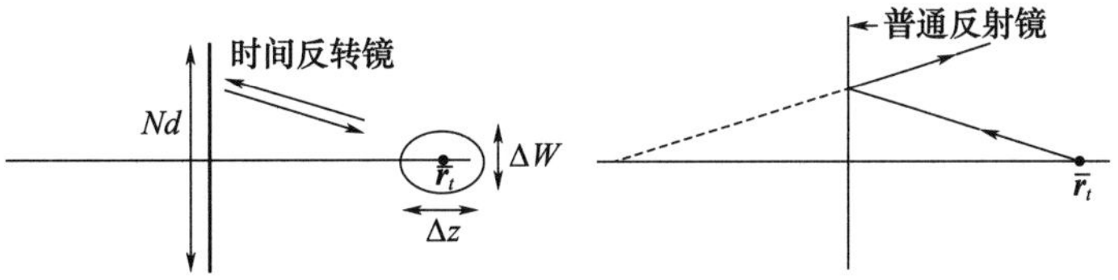

图 22.2 时间反转(共轭)镜和普通镜(ΔW 为横向光斑大小,Δz 为轴向光斑大小)

再举一个例子,在 $t=0$ 和 $t=\Delta t$ 时从位于 $\bar{\boldsymbol{r}}_t$ 的点源发射两个 δ 函数脉冲。

$$f_t(t)=A\delta(t)+B\delta(t-\Delta t) \tag{22.20}$$

式中:A 和 B 是常数。

$f_t(t)$ 的频谱是:

$$U(\omega)=A+B\mathrm{e}^{\mathrm{i}\omega\Delta t} \tag{22.21}$$

将其代入式(22.6)和式(22.7)中,得到 $\bar{\boldsymbol{r}}_s$ 处的时间反转脉冲。

$$f_{\mathrm{TR}}(\bar{\boldsymbol{r}}_s,\bar{\boldsymbol{r}}_i,t)=\frac{1}{(4\pi\ell_{si})(4\pi\ell_i)}\left[A\delta\left(t-\frac{\ell_{si}-\ell_i}{\mathrm{c}}\right)+B\delta\left(t+\Delta t-\frac{\ell_{si}-\ell_i}{\mathrm{c}}\right)\right] \tag{22.22}$$

注意,脉冲 A 先发射,但时间反转脉冲 B 先到达(图 22.3)。这表示时间反转过程,即首先在 $\bar{\boldsymbol{r}}_t$ 处发射的脉冲最后在$\bar{\boldsymbol{r}}_s$接收到(先进后出)。

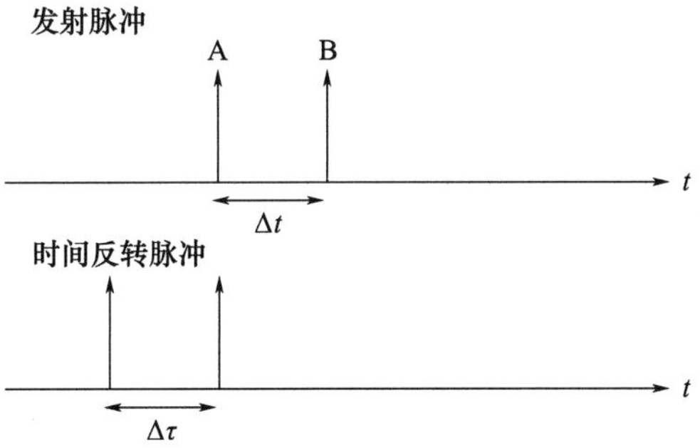

图 22.3 发射了两个脉冲 A 和 B(脉冲 B 延迟 Δt 时间发射,对于时间反转脉冲,脉冲 B 先到达,脉冲 A 在 Δτ 时间后到达)

22.2 多重散射介质中时间反转脉冲的超分辨率

在 22.1 节中,我们讨论了自由空间中的时间反转脉冲。式(22.18)表明横向光斑大小为 $\lambda_0(L/a)$。L 是阵列到源点的距离,a 是阵列的总尺寸。

一个问题是,如果介质不是自由空间,而是多重散射介质,分辨率会怎样?

直观地,我们可以预期多次散射会使分辨率变差。然而数值和实验表明,在多次散射下,分辨率有所提高。在本节中,我们对这种改进后的分辨率进行理论分析,称为“超分辨率”。

由式(22.10)可知,$(\bar{\boldsymbol{r}}_s,t)$处的时间反转脉冲为

$$f_{\mathrm{TR}}(\bar{\boldsymbol{r}}_s,t)=\sum_i\frac{1}{2\pi}\int g_s^{\mathrm{T}}g^*U^*\mathrm{e}^{-\mathrm{i}\omega t}\mathrm{d}\omega \tag{22.23}$$

式中：g 为从 $\bar{\boldsymbol{r}}_t$ 到 $\bar{\boldsymbol{r}}_i$ 的格林函数，g_s 为从 $\bar{\boldsymbol{r}}_i$ 到 $\bar{\boldsymbol{r}}_s$ 的格林函数。

在多重散射随机介质中，格林函数 g_s 和 g 都是随机函数，因此，时间反转脉冲 f_{TR} 是随机的。

下面讨论平均脉冲 f_{TR}，详见 Ishimaru 等(2007)。

$$f_{\mathrm{TR}}(\bar{\boldsymbol{r}}_s,t) = \sum_i \frac{1}{2\pi}\int g_s^{\mathrm{T}} g^* U^* \mathrm{e}^{-\mathrm{i}\omega t}\mathrm{d}\omega \tag{22.24}$$

相关函数 $g_s^{\mathrm{T}} g^*$ 称为互相干函数，表示源自 $\bar{\boldsymbol{r}}_i$ 的场和在 $\bar{\boldsymbol{r}}_s$ 和 $\bar{\boldsymbol{r}}_t$ 处观测到的场之间的相关性。

互相干函数是在粒子和湍流随机分布的情况下获得的(Ishimaru,1997)。此处使用 $z=L$ 处横截面上互相干函数的近似形式，如下：

$$g_s^{\mathrm{T}} g^* \approx \Gamma_0 \exp\left(-\frac{\rho_s^2}{\rho_0^2}\right) \tag{22.25}$$

式中：根据式(22.17)，Γ_0 在自由空间为 $g_s^{\mathrm{T}} g^*$，ρ_0 为相干长度，而 ρ_s 为 $z=L$ 时 $\bar{\boldsymbol{r}}_s$ 和 $\bar{\boldsymbol{r}}_t$ 之间的横向距离。

式(22.18)展示了自由空间光斑尺寸 $W_0=\lambda_0(L/a)$。因此，时间反转平均场 f_{TR} 的近似值为：

$$f_{\mathrm{TR}} \approx \frac{1}{(4\pi L)^2}\exp\left[-\left(\frac{1}{W_0^2}+\frac{1}{\rho_0^2}\right)\rho_s^2\right] \tag{22.26}$$

由此，可以得出随机介质中的光斑大小 W 为

$$\frac{1}{W^2} = \frac{1}{W_0^2} + \frac{1}{\rho_0^2} \tag{22.27}$$

注意到 $W_0=\lambda_0(L/a)$，可以由光斑大小 W 得到等效孔径尺寸 a_e。

$$\begin{cases} W_0 = (\lambda_0 L)/a \\ W = (\lambda_0 L)/a_e \end{cases}$$

得到等效有效孔径尺寸 a_e 为

$$a_e^2 = a^2 + (\lambda_0 L)^2/\rho_0^2 \tag{22.28}$$

因此，请注意，如果相干长度远大于自由空间光斑大小 W_0，则等效孔径 a_e 与 a 相差不大，随机介质对光斑大小 W 的影响也不大；另一方面，如果 ρ_0 远小于 W_0，则光斑大小 W 小于自由空间光斑大小 W_0。这是超分辨率的数学解释。另一种物理解释是，当 ρ_0 小于 W_0 时，角度扩散 $\Delta\theta=(\lambda/\rho_0)$ 大于(λ/W_0)，从而使等效孔径 a_e 大于实际阵列尺寸 a。

22.3 单目标、多目标的时间反转成像以及 DORT（时间反转算子分解）

正如在 22.2 节所讨论的，TRM 可以将入射波重新聚焦到原始源，这一特征可以用来形成目标的图像，其中一种方法被称为 DORT。

下面讨论 $z=0$ 处的 TRM(图 22.4)。

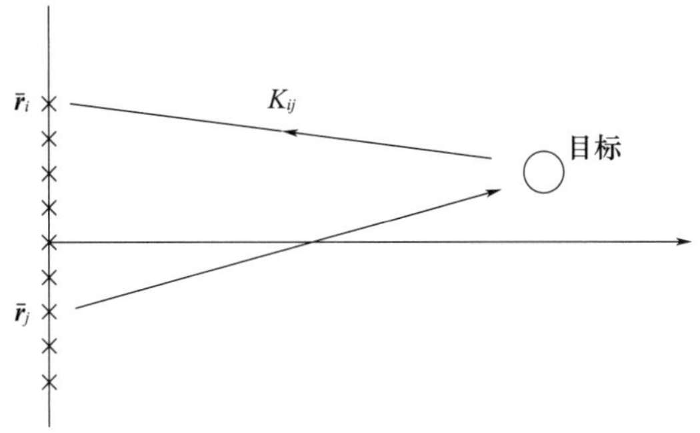

图 22.4 多基地数据矩阵 $\boldsymbol{K}=[K_{ij}]$,$\boldsymbol{K}$ 为 $N\times N$ 的矩阵,波在 $\bar{\boldsymbol{r}}_j$ 发射时,$\bar{\boldsymbol{r}}_i$ 处接收到的场为 K_{ij}

时间反转成像中的矩阵是"多基地数据矩阵"$\boldsymbol{K}=[K_{ij}]$。这是一个对称的 $N\times N$ 矩阵,它的元素K_{ij}表示当信号波从第 j 个天线发射并被目标反射时,位于 $\bar{\boldsymbol{r}}_i$ 处的第 i 个天线接收到的信号。对于应用于 N 个元素的波 $\boldsymbol{v}$($N\times 1$ 矩阵)。波传播并被目标反射,并被 N 个接收机接收。

接收信号用 $N\times 1$ 矩阵 $\boldsymbol{Kv}$ 表示,其中 $\boldsymbol{K}$ 是 $N\times N$ 的多基地数据矩阵。该接收信号在每个终端进行时间反转,发出下一个发射信号$(\boldsymbol{Kv})^*$。

继续这个步骤,如果这个序列收敛,那么除了常数 σ 外,可以得到与原始传输信号 $\boldsymbol{v}$ 相等的传输信号$(\boldsymbol{Kv})^*$。常数 σ 代表因散射和衍射损失的功率。

$$(\boldsymbol{Kv})^*=\sigma\boldsymbol{v} \tag{22.29}$$

进而得到:

$$\boldsymbol{Kv}=\sigma^*\boldsymbol{v}^*$$

等式两边乘以 $\boldsymbol{K}^*$ 可以转化为特征值方程。

$$\begin{cases}\boldsymbol{K}^*\boldsymbol{Kv}=\lambda\boldsymbol{v}\\ \lambda=|\sigma^2|\end{cases} \tag{22.30}$$

式中:λ 为特征值。

$N\times N$ 矩阵 $\boldsymbol{T}=\boldsymbol{K}^*\boldsymbol{K}$ 称为时间反转矩阵,是一个厄米矩阵。

$$\boldsymbol{T}'=\boldsymbol{T} \tag{22.31}$$

式中:$\boldsymbol{T}'$是 $\boldsymbol{T}$ 的共轭转置;$\boldsymbol{K}$ 是对称的,$\boldsymbol{K}'=\boldsymbol{K}^*$。

特征值方程可以表示为

$$\boldsymbol{Tv}=\lambda\boldsymbol{v} \tag{22.32}$$

注意,厄米矩阵的特征值 λ 是实数且非负的。

因为 $\boldsymbol{T}$ 是厄米矩阵,则:

$$\begin{cases}\boldsymbol{v}'\boldsymbol{Tv}=\boldsymbol{v}'\boldsymbol{K}^*\boldsymbol{Kv}=\boldsymbol{Kv}^2\\ \boldsymbol{v}'\lambda\boldsymbol{v}=\lambda\boldsymbol{v}^2\end{cases} \tag{22.33}$$

因此得到:

$$\lambda=\frac{\boldsymbol{Kv}^2}{\boldsymbol{v}^2}=\text{正实数} \tag{22.34}$$

式中：向量范数 $\boldsymbol{v}^2 = \sum_n |\boldsymbol{v}^2|$ 。

这表明，特征值 λ 是接收功率与输入功率的比值，并且最大的特征值代表具有最大反射功率的最大目标。

将特征值按递减顺序进行表示：

$$\lambda_1 > \lambda_2 > \lambda_3 > \cdots > \lambda_M \tag{22.35}$$

由此可见，特征值的顺序代表了目标反射能力的递减。

图 22.5 展示了 $\boldsymbol{v}$ 作为激励信号的过程，或者我们可以使用 $\boldsymbol{u}$ 作为接收信号，得到一个替代的特征值方程。

$$\boldsymbol{T}^* \boldsymbol{u} = \lambda \boldsymbol{u} \tag{22.36}$$

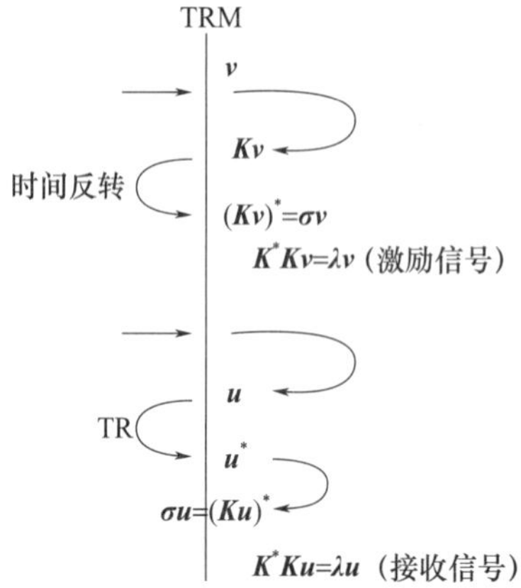

图 22.5　激励信号 $\boldsymbol{v}$ 是时间反演矩阵 $\boldsymbol{T} = \boldsymbol{K}^* \boldsymbol{K}$ 的特征向量。接收信号 $\boldsymbol{u}$ 是 $\boldsymbol{T}^*$ 的特征向量。如果激励和接收使用相同的阵列，则 $\boldsymbol{u} = \boldsymbol{v}^*$ 。

式(22.33)和式(22.36)与 22.5 节将要讨论的 SVD 密切相关。

一旦求得多站数据矩阵 $\boldsymbol{K}$、特征向量 $\boldsymbol{v}$ 和特征值 λ，就可以得到成像函数。

首先由式(22.29)中的 $(\boldsymbol{K}\boldsymbol{v})^* = \sigma \boldsymbol{v}$ 计算出发射信号。为了得到像，需要对成像函数 ψ_{TR} 进行讨论。

$$\psi_{\mathrm{TR}} = \boldsymbol{g}_s^{\mathrm{T}} \sigma \boldsymbol{v} \tag{22.37}$$

式中：$\boldsymbol{g}_s^{\mathrm{T}} = [G_{s1}(\bar{\boldsymbol{r}}_1, \bar{\boldsymbol{r}}_s) \cdots G_{sN}(\bar{\boldsymbol{r}}_N, \bar{\boldsymbol{r}}_s)]$，$\boldsymbol{v}$ 为由式(22.32)得到的 $N \times 1$ 特征向量。$N \times 1$ 向量 $\boldsymbol{g}_s$ 被称为“导向矢量”。

这相当于从每个接收机向搜索点 $\bar{\boldsymbol{r}}_s$ 发送一个波。在成像过程中，我们可能不知道目标的位置和强度。我们只知道或测量多站数据矩阵 $\boldsymbol{K} = [K_{\mathrm{ij}}]$ 和特征向量。

为了获得图像，我们使用信号 $\sigma \boldsymbol{v}$，并通过导向矢量 $\boldsymbol{g}_s$ 将波聚焦到搜索点 $\bar{\boldsymbol{r}}_s$。如果导向矢量是成像问题的格林函数，那么波就会聚焦在目标上。但在一般情况下，我们可能不知道格林函数，因此，使用近似的 $\boldsymbol{g}_s$，比如在均匀干扰背景下的格林函数。导向函数 $\boldsymbol{g}_s$ 与 SAR 中使用的聚焦匹配滤波函数相同。

如 22.2 节所讨论的，可以把时间相关性考虑在内。将 $U(\omega)$ 设置如式(22.1)中所示的时间频谱。我们可以将该脉冲作为输入信号来形成 K，然后得到时空反转成像。根据式(22.6)和式(22.7)给出的时空公式，我们可以得到时空成像函数：

$$\psi_{\mathrm{TR}} = \frac{1}{2\pi}\int |U(\omega)|^2 \sigma \boldsymbol{g}_s^{\mathrm{T}} \boldsymbol{v} \mathrm{e}^{-\mathrm{i}\omega t}\mathrm{d}\omega \tag{22.38}$$

式中：频谱 $U(\omega)$ 应用于输入以及匹配滤波器函数，结果为 $|U(\omega)|^2$。时间 $t=0$ 对应于如 22.1 节所示的目标处观察到导向矢量 $\boldsymbol{g}_s$ 脉冲的时间。

DORT 是"时间反转算子分解"的法语首字母缩写，由 Prada 和 Fink（1994，1994，2001）提出。它提供了对迭代时间反演过程的理论研究，并表明在多目标介质中，最显著的目标与最大特征值的特征向量相关。本节中式（22.29）也可以用 DORT 来解释。

图 22.6 展示了迭代时间反转过程。从应用于发射阵列的第一个信号 $\boldsymbol{E}_0$（$N\times1$ 矩阵）开始讨论。$\boldsymbol{E}_0$ 被目标反射，反射信号由 $\boldsymbol{KE}_0$ 表示。接收到的信号在每个末端进行时间反转，变成 $\boldsymbol{E}_1=\boldsymbol{K}^*\boldsymbol{E}_0^*$。

发射、接收信号由 $\boldsymbol{KE}_1$ 表示。继续这个过程，经过 n 次迭代得到：

$$\begin{cases}\boldsymbol{E}_{2n} = (\boldsymbol{K}^*\boldsymbol{K})^n\boldsymbol{E}_0 = \boldsymbol{T}^n\boldsymbol{E}_0 \\ \boldsymbol{K}_{2n+1} = (\boldsymbol{K}^*\boldsymbol{K})^n\boldsymbol{K}^*\boldsymbol{E}_0^* = \boldsymbol{T}^n(\boldsymbol{K}^*\boldsymbol{E}_0)\end{cases}$$

如果将第一个信号 $\boldsymbol{E}_0$ 表示为特征向量 $\boldsymbol{v}_p$ 的和，即

$$\boldsymbol{E}_0 = \boldsymbol{v}_1 + \boldsymbol{v}_2 + \cdots + \boldsymbol{v}_p$$

经过 $2n$ 次迭代得到：

$$\begin{aligned}\boldsymbol{E}_{2n} &= \boldsymbol{T}^n\boldsymbol{E}_0 \\ &= \lambda_1^n\boldsymbol{v}_1 + \lambda_2^n\boldsymbol{v}_2 + \cdots + \lambda_p^n\boldsymbol{v}_p\end{aligned}$$

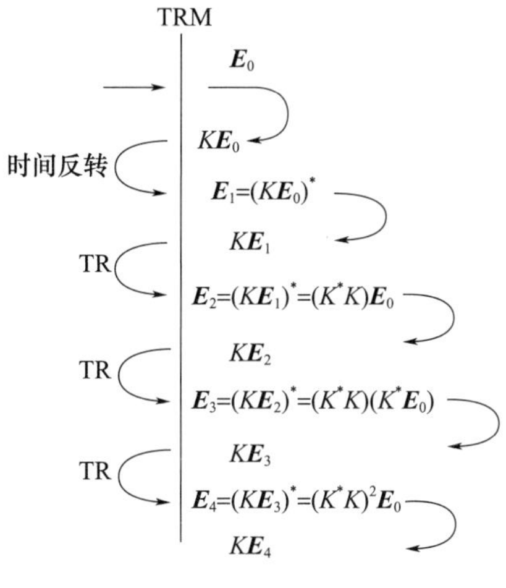

图 22.6　DORT 迭代过程，n 次迭代后得到 $\boldsymbol{E}_{2n}=(\boldsymbol{K}^*\boldsymbol{K})^n\boldsymbol{E}_0$，$\boldsymbol{E}_{2n+1}=(\boldsymbol{K}^*\boldsymbol{K})^n\boldsymbol{K}^*\boldsymbol{E}_0$

对于较大的 n：

$$\lambda_1 > \lambda_2 > \lambda_3 \cdots > \lambda_p$$

第一项占主导地位时得到：

$$\boldsymbol{E}_{2n} \approx \lambda_1^n\boldsymbol{v}_1$$

因此，得出结论：经过多次迭代后，阵列每个元素上的信号都会收敛到式（22.30）所示最大特征值 $\boldsymbol{\lambda}_1$ 的特征向量 $\boldsymbol{v}_1$。

22.4　自由空间中目标的时间反转成像

研究自由空间中点目标的成像可能具有一定的指导意义。下面从自由空间中的单个目标开始进行讨论。点目标位于$\bar{\boldsymbol{r}}_t$。多基地数据矩阵 $\boldsymbol{K}$ 很容易计算得到。

$$\begin{cases}\boldsymbol{K}=\boldsymbol{g}\boldsymbol{g}^{\mathrm{T}}=[K_{ij}]\\ \boldsymbol{K}_{ij}=G(\bar{\boldsymbol{r}}_i,\bar{\boldsymbol{r}}_t,\omega)G(\bar{\boldsymbol{r}}_j,\bar{\boldsymbol{r}}_t,\omega)\end{cases}\tag{22.39}$$

式中:$\boldsymbol{g}$ 为格林函数的 $N\times 1$ 矩阵。

$$\boldsymbol{g}=[G(\bar{\boldsymbol{r}}_1,\bar{\boldsymbol{r}}_t,\omega)\ \ G(\bar{\boldsymbol{r}}_2,\bar{\boldsymbol{r}}_t,\omega)\ \ \cdots\ \ G(\bar{\boldsymbol{r}}_N,\bar{\boldsymbol{r}}_t,\omega)]^{\mathrm{T}}$$

时间反转矩阵 $\boldsymbol{T}$ 为

$$\boldsymbol{T}=\boldsymbol{K}^*\boldsymbol{K}=\boldsymbol{g}^*\boldsymbol{g}'\boldsymbol{g}\boldsymbol{g}^{\mathrm{T}}\tag{22.40}$$

式中:$\boldsymbol{g}$ 是 $\boldsymbol{g}'$共轭转置。

需要注意到的是,$\boldsymbol{g}'\boldsymbol{g}$ 是常数,则得到:

$$\boldsymbol{T}=\boldsymbol{g}^2\boldsymbol{g}^*\boldsymbol{g}^{\mathrm{T}}\tag{22.41}$$

式中:向量模 $\boldsymbol{g}^2\boldsymbol{g}'\boldsymbol{g}\ =\ \sum_i|G(\bar{\boldsymbol{r}}_i,\bar{\boldsymbol{r}}_t,\omega)|^2$。

由式(22.41)可计算出特征向量 $\boldsymbol{v}$ 和特征值 λ。

$$\boldsymbol{T}\boldsymbol{v}=\lambda\boldsymbol{v}\tag{22.42}$$

式中:$\boldsymbol{v}=\boldsymbol{g}^*$ 且 $\lambda=\boldsymbol{g}^4$。需要注意到 $\boldsymbol{g}^*\boldsymbol{g}^{\mathrm{T}}\boldsymbol{g}^*=\boldsymbol{g}^2\boldsymbol{g}^*$。

对于自由空间中的单个目标,这是唯一的非零特征值,其他所有特征值都为零。然而,这只适用于自由空间。一般来说,如果介质是随机的,特征值并不总是零。

利用这个特征向量和特征值可以构造成像函数:

$$\psi_{\mathrm{TR}}\ =\frac{1}{2\pi}\int|U(\omega)|^2\sqrt{\lambda}\,\boldsymbol{g}_s^{\mathrm{T}}\boldsymbol{v}\exp(-\mathrm{i}\omega t)\tag{22.43}$$

式中:$\boldsymbol{v}=\boldsymbol{g}^*$。

请注意,式(22.43)中的时间反转成像函数与式(22.10)中 TRM 的重聚焦脉冲相同,除了式(22.38)后面讨论的额外频谱 $U(\omega)$。

对于导向矢量 $\boldsymbol{g}_s$,可表示为(图 22.7)

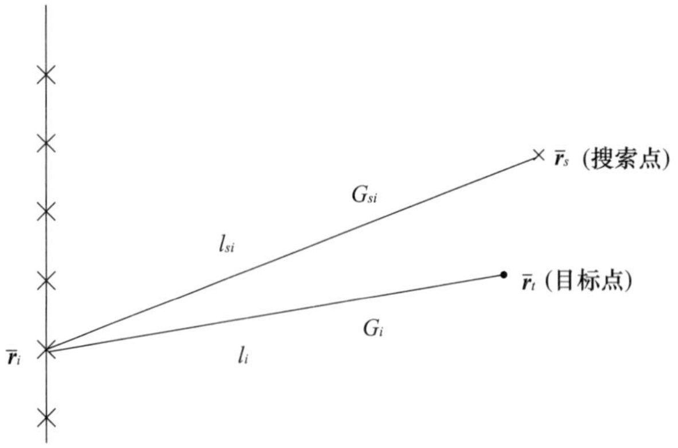

图 22.7　在 $\bar{\boldsymbol{r}}_t$ 处的单目标成像,搜索点位于 $\bar{\boldsymbol{r}}_s$

$$\boldsymbol{g}_s = [G_s(\bar{\boldsymbol{r}}_1,\bar{\boldsymbol{r}}_s,\omega) \ \cdots \ G_s(\bar{\boldsymbol{r}}_N,\bar{\boldsymbol{r}}_s,\omega)]^{\mathrm{T}} \tag{22.44}$$

注意：

$$\begin{cases} G_s(\bar{\boldsymbol{r}}_i,\bar{\boldsymbol{r}}_t,\omega) = \dfrac{\exp[\mathrm{i}k\ell_i]}{4\pi\ell_i} \\ G_s(\bar{\boldsymbol{r}}_i,\bar{\boldsymbol{r}}_s,\omega) = \dfrac{\exp[\mathrm{i}k\ell_{si}]}{4\pi\ell_{si}} \end{cases} \tag{22.45}$$

利用式(22.11)中的高斯谱得到：

$$\psi_{TR} = \sum_i \sqrt{\lambda}\ \frac{\exp\left[\mathrm{i}k_0(\ell_{si} - \ell_i - \mathrm{c}t) - \dfrac{k_0^2}{8}(\ell_{si} - \ell_i - \mathrm{c}t)^2\left(\dfrac{\Delta\omega}{\omega_0}\right)^2\right]}{(4\pi\ell_i)(4\pi\ell_{si})} \tag{22.46}$$

式中：$\sqrt{\lambda} = \boldsymbol{g}^2$。

根据式(22.43)和式(22.44)，$\boldsymbol{v} = \boldsymbol{g}^*$，$\boldsymbol{g}_s = \boldsymbol{g}(\bar{\boldsymbol{r}} = \bar{\boldsymbol{r}}_t)$。因此，$t = 0$ 对应于观测脉冲以目标点为中心的时间。将式(22.46)中自由空间的 TR 成像和式(22.13)中的时间反转脉冲成像进行比较，两者基本相同，因此，自由空间中的 TR 成像分辨率与来自 TR 镜的 TR 脉冲的分辨率相同。横向光斑的大小为 $\lambda_0(L/a)$，轴向光斑大小为 $|2c/\Delta\omega|$。

接下来讨论位于 $\bar{\boldsymbol{r}}_m (m = 1,2,\cdots,M)$ 的多个目标，多站数据矩阵 $\boldsymbol{K}$ 为

$$\boldsymbol{K} = \sum_m \nu_m \boldsymbol{g}_m \boldsymbol{g}_m^{\mathrm{T}} \tag{22.47}$$

式中：

$$\begin{cases} \boldsymbol{g}_m = [G(\bar{\boldsymbol{r}}_1,\bar{\boldsymbol{r}}_m,\omega) \ G(\bar{\boldsymbol{r}}_2,\bar{\boldsymbol{r}}_m,\omega) \ \cdots \ G(\bar{\boldsymbol{r}}_N,\bar{\boldsymbol{r}}_m,\omega)]^{\mathrm{T}} \\ \nu_m = \text{目标在 } \bar{\boldsymbol{r}}_m \text{ 的强度} \end{cases}$$

时间反转矩阵 $\boldsymbol{T}$ 为

$$\begin{aligned} \boldsymbol{T} &= \boldsymbol{K}^* \boldsymbol{K} \\ &= \sum_m \sum_{m'} \nu_m \nu_{m'} \boldsymbol{g}_m^* \boldsymbol{g}'_m \boldsymbol{g}_{m'} \boldsymbol{g}_{m'}^{\mathrm{T}} \end{aligned} \tag{22.48}$$

$H = \boldsymbol{g}'_m \boldsymbol{g}_{m'}$ 是一个常数①，可表示为

$$H = \sum_i G^*(\bar{\boldsymbol{r}}_i,\bar{\boldsymbol{r}}_m) G(\bar{\boldsymbol{r}}_i,\bar{\boldsymbol{r}}_{m'}) \tag{22.49}$$

这可以看作是 $\bar{\boldsymbol{r}}_m$ 和 $\bar{\boldsymbol{r}}_{m'}$ 处的场的相关性，点源位于 $\bar{\boldsymbol{r}}_m$ 处。这被称为“点扩散函数”。

将式(22.48)重新表示为 $m = m'$ 的项和其他项之和：

$$\boldsymbol{T} = \sum_m |\nu_m|^2 H(m = m') \boldsymbol{g}_m^* \boldsymbol{g}_m^{\mathrm{T}} + \sum_m \sum_{\substack{m' \\ m \neq m'}} \nu_m \nu'_m H(m \neq m') \boldsymbol{g}_m^* \boldsymbol{g}_{m'}^{\mathrm{T}} \tag{22.50}$$

式中：$H(m = m') = \sum_i G^*(\bar{\boldsymbol{r}}_i,\bar{\boldsymbol{r}}_m) G(\bar{\boldsymbol{r}}_i,\bar{\boldsymbol{r}}_{m'}) = \boldsymbol{g}^2$ ②。

需要注意的是，式(22.50)的第一项表示在每个目标 $\bar{\boldsymbol{r}}_m$ 处的时间反转矩阵之和，第二项表示目标在 $\bar{\boldsymbol{r}}_m$ 和 $\bar{\boldsymbol{r}}_{m'}$ 之间的相关性。

如果目标分辨良好且相互独立，则 $H(m \neq m') = 0$，因此，仅保留式(22.50)的第一项。

---

① 译者注：根据公式推导，将 $H = \boldsymbol{g}'_m \boldsymbol{g}_{m'}^{\mathrm{T}}$ 更正为 $H = \boldsymbol{g}'_m \boldsymbol{g}_{m'}$。

② 译者注：根据公式推导，将 $H(m,m')$ 更正为 $H(m = m')$。

分辨良好的多目标成像函数表示为式(22.43)中 M 个目标的所有贡献之和。

$m=m'$ 的特征值表示为 $\lambda_{mm'}=\nu_m^2H^2(m=m')$。因此,成像函数为

$$\psi_{\mathrm{TR}}=\frac{1}{2\pi}\int|U|^2\boldsymbol{g}_s^{\mathrm{T}}\sum_m \nu_m H(m=m')\boldsymbol{v}_m\mathrm{e}^{-\mathrm{i}\omega t}\mathrm{d}\omega \tag{22.51}$$

式中:$\boldsymbol{v}_m=\boldsymbol{g}_m^*$。

对于多个目标,式(22.51)表示了 M 个独立目标的成像函数。目标之间的相关性包含在式(22.50)的第二项中。对于($m\neq m'$)的情况,成像函数为

$$\psi_{\mathrm{TR}}=\frac{1}{2\pi}\int|U|^2\boldsymbol{g}_s^{\mathrm{T}}\sum_m\sum_{m'}\sqrt{\nu_m\nu_{m'}}H(m\neq m')\boldsymbol{v}_m\mathrm{e}^{-\mathrm{i}\omega t}\mathrm{d}\omega \tag{22.52}$$

完整的成像函数为式(22.51)和式(22.52)之和。

22.5 时间反转成像和奇异值分解(SVD)

在22.3节中,激励信号的特征向量 $\boldsymbol{v}$ 的特征值方程为

$$\boldsymbol{K}'\boldsymbol{K}\boldsymbol{v}=\lambda\boldsymbol{v} \tag{22.53}$$

类似地,接收信号的特征向量 $\boldsymbol{u}$ 的方程为:

$$\boldsymbol{K}'\boldsymbol{K}\boldsymbol{u}=\lambda\boldsymbol{u} \tag{22.54}$$

这两个公式实际上与多基地数据矩阵 $\boldsymbol{K}$ 的SVD相同。根据SVD方法,任意 $m\times n$ 矩阵 $\boldsymbol{K}$ 可以表示为

$$\boldsymbol{K}=\boldsymbol{u}\boldsymbol{D}\boldsymbol{v}' \tag{22.55}$$

式中:矩阵 $\boldsymbol{u}$ 大小为 $m\times k$,对角矩阵 $\boldsymbol{D}$ 大小为 $m\times n$,矩阵 $\boldsymbol{v}$ 大小为 $k\times n$。$\boldsymbol{u}$ 和 $\boldsymbol{v}$ 被称为 $\boldsymbol{K}$ 的"左"和"右"奇异向量,正交特征向量满足:

$$\begin{cases}\boldsymbol{u}'\boldsymbol{u}=\boldsymbol{I}_k\\ \boldsymbol{v}'\boldsymbol{v}=\boldsymbol{I}_k\end{cases} \tag{22.56}$$

需要注意的是,$m\times k$ 矩阵 $\boldsymbol{u}$ 代表 m 个元素接收阵列的特征向量,$k\times n$ 矩阵 $\boldsymbol{v}$ 表示 n 个元素发射阵列。如果发射机和接收机使用相同的阵列,则 $m=n$。

$\boldsymbol{D}$ 是元素为 $\sigma_1,\sigma_2,\cdots,\sigma_k$ 和 $\sigma_i^2=\lambda_i$ 的对角矩阵。

此外,还需注意到:

$$\begin{cases}\boldsymbol{K}\boldsymbol{v}_p=\sigma_p\boldsymbol{u}_p\\ \boldsymbol{K}'\boldsymbol{u}_p=\sigma_p\boldsymbol{v}_p\end{cases} \tag{22.57}$$

如果 $m=n$,则 $\boldsymbol{u}_p=\boldsymbol{v}_p^*$。

因此,22.3节中的特征向量公式可以被认为是SVD公式的一部分。

22.6 多信号分类(MUSIC)的时间反转成像

在22.4节中,我们讨论了自由空间中单个目标和多个目标的时间反转成像。对于一个点目标,时间反转矩阵 $\boldsymbol{T}=\boldsymbol{K}^*\boldsymbol{K}$ 只有一个特征值,特征向量由式(22.42)中的格林函数矩阵表示,特征值 λ 由式(22.42)中的 $\|\boldsymbol{g}^4\|$ 表示。其他特征向量的特征值均为零。如果

有 M 个点目标，则有 M 个非零特征值，其他 $(N-M)$ 个特征值为零，其中 N 为阵元数（Devaney，2005，2015）。

那些特征值非零的特征向量被认为处于信号空间，而其他特征值为零的特征向量则处于噪声空间。同时还表明，信号子空间和噪声子空间中的特征向量是正交的，因此，信号子空间和噪声子空间中的特征向量的内积为零。由此可以形成 MUSIC 伪频谱：

$$\psi_{\mathrm{TRMU}} = \frac{1}{\sum_{p=M+2}^{N} \int \mathrm{d}\omega \mid U \mid^2 \boldsymbol{g}_s^{\mathrm{T}} \boldsymbol{v}_p} \tag{22.58}$$

式中：$\boldsymbol{v}_p(p=M,\cdots,N)$ 是噪声子空间中的特征向量，如果 $\boldsymbol{g}_s$ 为信号子空间中的特征向量，则在目标点处分母为零。但是，我们不知道信号子空间中的特征向量 $\boldsymbol{g}$，因此，我们使用近似的 $\boldsymbol{g}_s$。

如果我们对 $\boldsymbol{g}_s$ 使用自由空间格林函数，分母虽然不为零，但也很小。这样，式(22.58)中的伪频谱就会在目标点处计算出一个较高的图像峰值。

22.7　利用时间反转技术进行最优功率传输

22.3 节至 22.5 节中描述的时间反转技术也可用于优化发射机和接收机之间的功率传输。

下面讨论由 N 个天线单元组成的发射机和由 M 个天线单元组成的接收机（图 22.8）。

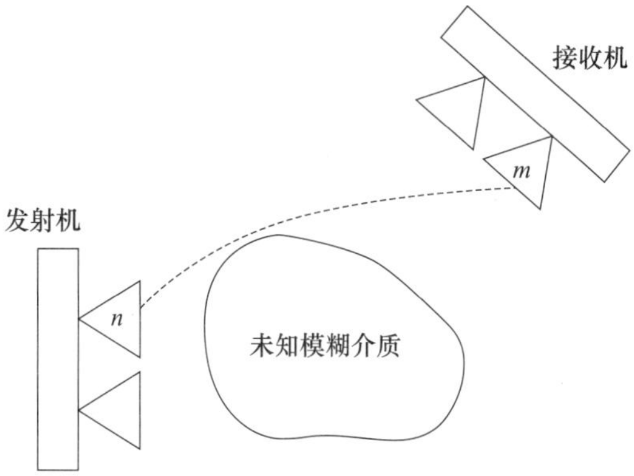

图 22.8　K_{mn} 是接收机第 m 个单元和发射机第 n 个单元之间的传递函数（尽管环境未知，K_{mn} 是已知测量值）

可采取以下步骤来计算最佳功率传输：

1. 测量传递矩阵 K_{mn}

我们测量发射机单元 n 和接收机单元 m 之间的传递函数 K_{mn}。因此，尽管环境是未知的，假定这 $M \times N$ 个元素 K_{mn} 是已知的。

2. 形成时间反转传递矩阵

利用 $M \times N$ 矩阵 $\boldsymbol{K}$ 形成 $N \times N$ 传递矩阵 $\boldsymbol{T}$。

$$\boldsymbol{T} = \overline{\boldsymbol{K}}^* \boldsymbol{K} \tag{22.59}$$

式中：$\overline{\boldsymbol{K}}^*$ 表示 $\boldsymbol{K}$ 的转置共轭，称为伴随矩阵。请注意，$\boldsymbol{K}$ 的每个元素都是互反的（$K_{mn}=K_{nm}$），但除非 $M=N$，否则 $\boldsymbol{K}$ 是不对称的。

3. 计算特征向量和特征值

下面计算特征向量 $\boldsymbol{V}_i$ 和特征值 λ_i。

$$\boldsymbol{T}\boldsymbol{V}_i=\lambda_i\boldsymbol{V}_i \tag{22.60}$$

一般来说，可能有 N 个特征值。由于 $\boldsymbol{T}$ 为厄米矩阵（$\widetilde{\boldsymbol{T}}^*=\boldsymbol{T}$），因此，所有 λ_i 都是正实数。

$$\lambda_i^*=\lambda_i \tag{22.61}$$

厄米矩阵 $\boldsymbol{T}$ 也称为格雷夫斯幂矩阵，用于优化接收功率。

4. 确定最大传输效率

最大的特征值 λ_i 等效于最大传输效率。对于发射机输入 $\boldsymbol{V}_i$，接收机输出 $\boldsymbol{V}_r$ 为

$$\boldsymbol{V}_r=\boldsymbol{K}\boldsymbol{V}_i \tag{22.62}$$

总接收功率 P_r 和总发射功率 P_i 为

$$\begin{cases}P_r=\widetilde{\boldsymbol{V}}_r^*\boldsymbol{V}_r\\ P_i=\widetilde{\boldsymbol{V}}_i^*\boldsymbol{V}_i\end{cases} \tag{22.63}$$

因此，传输效率 η 为

$$\eta=\frac{P_r}{P_i}=\frac{\widetilde{\boldsymbol{V}}_r^*\boldsymbol{V}_r}{\widetilde{\boldsymbol{V}}_i^*\boldsymbol{V}_i}=\frac{\widetilde{\boldsymbol{V}}_i^*\ \overline{\boldsymbol{K}}^*\boldsymbol{K}\boldsymbol{V}_i}{\widetilde{\boldsymbol{V}}_i^*\boldsymbol{V}}=\lambda \tag{22.64}$$

故最大传输效率由最大特征值进行表示。

5. 使用最大特征值的特征向量作为发射机激励 V_i

当 δ 函数的源位于发射机 m 处时，传递函数 K_{mn} 为在接收机 n 处观察到的格林函数。介质不一定是自由空间，也可能存在障碍物。

同样，也可以得到发射孔径和接收孔径之间的功率传递。

式（22.60）中的特征值方程可以重新表示为发射孔径 S_i 上的连续孔径分布 $V(s')$ 和接收孔径 S_r 上的连续孔径分布 $V_r(s')$（图 22.9）：

$$\int_{S_i}\boldsymbol{T}(s,s')\boldsymbol{V}(s')\mathrm{d}s'=\lambda\boldsymbol{V}(s) \tag{22.65}$$

式中：$\boldsymbol{T}(s,s')=\int_{S_i}\boldsymbol{K}^*(s,s')\boldsymbol{K}(s',s)\mathrm{d}s'$；$\boldsymbol{V}_r(s'')=\int_{S_r}\boldsymbol{K}(s'',s')\boldsymbol{V}(s')\mathrm{d}s'$。

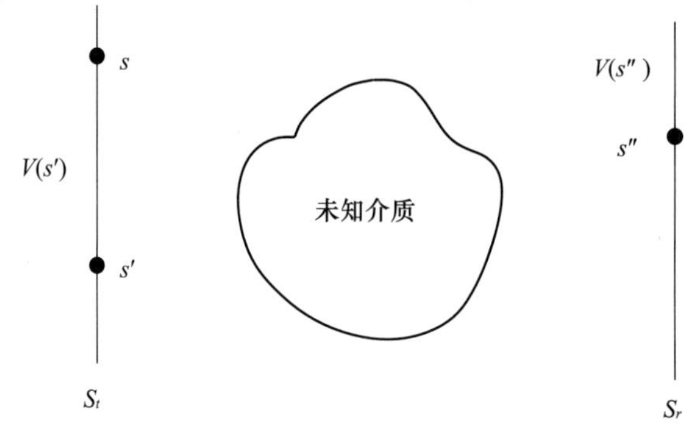

图 22.9　孔径积分方程

需要注意的是,式(22.65)为第二类齐次弗雷德霍姆积分方程,对特征函数 $\boldsymbol{V}_i(s)$ 和特征值 $\boldsymbol{\lambda}_i$ 进行求解。式(22.64)也可以表示为

$$\lambda = \frac{\int \mathrm{d}s \int \mathrm{d}s' \boldsymbol{T}(s,s') \boldsymbol{V}^*(s) \boldsymbol{V}(s')}{\int \mathrm{d}s \boldsymbol{V}^*(s) \boldsymbol{V}(s)} \tag{22.66}$$

值得注意的是,这种孔径积分公式类似于开放式谐振器的孔径积分公式,其中最大的特征值对应于最小的衍射损耗。

第 23 章

湍流、颗粒、弥散介质和粗糙表面的散射

在第 11 章中,我们关注的是明确定义的物体对波的散射,如雷达截面和球形物体的米氏散射。然而,还有其他一些重要的情况需要不同的处理方法。例如,湍流和颗粒物对微波和光学的散射,涉及的条件就不那么明确;组织对超声波的散射需要了解组织特征,而这些特征只能用统计术语来定义;海洋表面和地形是表面不断随机变化的。

在上述所有例子中,一个重要的特征是介质可以在空间和时间上随机变化,而我们只能用统计术语来描述这些特征。因此,理解统计波动理论与确定性波动理论的差异非常重要。

本章将介绍统计波动理论的基础知识及其应用。

本章中的大部分理论在 Ishimaru(1997)一书中有所涉及,该书介绍了更多细节。另请注意,在本章中,约定时间使用 $\exp(-i\omega t)$ 表示法。

23.1 大气层和电离层湍流散射

雷达方程根据天线增益、距离和物体的双站散射截面得到了接收功率 P_r 与发射功率 P_t 的比值,在式(10.17)中表示为

$$\frac{P_r}{P_t}=\frac{\lambda^2 G_t G_r \sigma_{bi}}{(4\pi)^3 R_1^2 R_2^2} \tag{23.1}$$

这下参量的解释见 10.12 节。如果发射机照射的不是物体,而是湍流空气,那么雷达方程应该怎样表示?(图 23.1)

在湍流中,$\sigma\delta V$ 替代了式(23.1)中的离散对象的双站散射截面 σ_{bi},$\sigma(\hat{\boldsymbol{o}},\hat{\boldsymbol{i}})$ 为单位体积湍流的散射截面。如式(10.5)所示,σ 为单位体积的微分截面,与双站散射截面的关系为

$$\sigma(\hat{\boldsymbol{o}},\hat{\boldsymbol{i}})=\frac{1}{4\pi}\sigma_{bi}(\hat{\boldsymbol{o}},\hat{\boldsymbol{i}}) \tag{23.2}$$

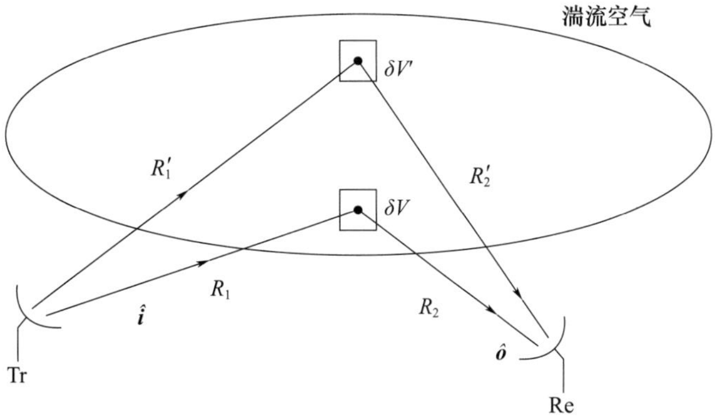

图 23.1　发射机 Tr 照射在沿 $\hat{\boldsymbol{i}}$ 方向的湍流空气，接收机 Re 接收到沿 $\hat{\boldsymbol{o}}$ 方向上的散射波

然而，通常使用 $\sigma(\hat{\boldsymbol{o}},\hat{\boldsymbol{i}})$ 来表示湍流的散射。还需注意，湍流体积 δV 的散射振幅 $\bar{\boldsymbol{f}}(\hat{\boldsymbol{o}},\hat{\boldsymbol{i}})$ 由式(10.32)计算得到：

$$\bar{\boldsymbol{f}}(\hat{\boldsymbol{o}},\hat{\boldsymbol{i}}) = \frac{k^2}{4\pi}\int_{\delta V}[\overline{\boldsymbol{E}} - \hat{\boldsymbol{o}}(\hat{\boldsymbol{o}}\cdot\overline{\boldsymbol{E}})][\varepsilon_r(\bar{\boldsymbol{r}}') - 1]\exp(-\mathrm{i}k\bar{\boldsymbol{r}}'\cdot\hat{\boldsymbol{o}})\mathrm{d}V \tag{23.3}$$

因此，$\sigma(\hat{\boldsymbol{o}},\hat{\boldsymbol{i}})$ 可以表示为

$$\sigma(\hat{\boldsymbol{o}},\hat{\boldsymbol{i}}) = |f(\hat{\boldsymbol{o}},\hat{\boldsymbol{i}})|^2/\delta V \tag{23.4}$$

不过，有必要注意以下几点。式(23.3)中的电场 $\overline{\boldsymbol{E}}$ 是湍流中 $\bar{\boldsymbol{r}}'$ 点处的总电场。假设相对介电常数 ε_r 接近于 1，因此，平均介电常数 $\varepsilon_r=1$，因此，波动 $\varepsilon_1=\varepsilon_r-1$ 很小，$|\varepsilon_1|\ll 1$。

假设电场 $\overline{\boldsymbol{E}}$ 和入射波 $\overline{\boldsymbol{E}}$ 相等，将其归一化，则 $|\overline{\boldsymbol{E}}_i|=1$，$\overline{\boldsymbol{E}}_i=\exp(\mathrm{i}k\hat{\boldsymbol{i}}\cdot\bar{\boldsymbol{r}}')$。

由此可以得到：

$$f(\hat{\boldsymbol{o}},\hat{\boldsymbol{i}}) = \hat{\boldsymbol{e}}_s\sin\chi\left(\frac{k^2}{4\pi}\right)\int_{\delta V}\varepsilon_1(\bar{\boldsymbol{r}}')\mathrm{e}^{\mathrm{i}\bar{\boldsymbol{k}}_s\cdot\bar{\boldsymbol{r}}'}\mathrm{d}V' \tag{23.5}$$

如 10.5 节所述，这些参量表示为

$$\begin{cases}\hat{\boldsymbol{e}}_s\sin\chi = -\hat{\boldsymbol{o}}\times\hat{\boldsymbol{o}}\times\hat{\boldsymbol{e}}_i\\ \bar{\boldsymbol{k}}_s = k(\hat{\boldsymbol{i}}-\hat{\boldsymbol{o}})\end{cases} \tag{23.6}$$

还需注意到相对介电系数 $\varepsilon_r(\bar{\boldsymbol{r}}')$ 是关于 $\bar{\boldsymbol{r}}'$ 的随机函数，因此，式(23.4)中的 $\sigma(\hat{\boldsymbol{o}},\hat{\boldsymbol{i}})$ 需要表示为统计平均值。

$$\sigma(\hat{\boldsymbol{o}},\hat{\boldsymbol{i}}) = \frac{\langle f(\hat{\boldsymbol{o}},\hat{\boldsymbol{i}})f^*(\hat{\boldsymbol{o}},\hat{\boldsymbol{i}})\rangle}{\delta V} \tag{23.7}$$

将式(23.5)代入到式(23.7)可以得到单位体积湍流的散射截面。

$$\sigma(\hat{\boldsymbol{o}},\hat{\boldsymbol{i}}) = \frac{k^4\sin^2\chi}{(4\pi)^2\delta V}\int_{\delta V}\mathrm{d}V_1'\int_{\delta V}\mathrm{d}V_2'\langle\varepsilon_1(\bar{\boldsymbol{r}}_1')\varepsilon_1(\bar{\boldsymbol{r}}_2')\rangle\exp[\mathrm{i}\bar{\boldsymbol{k}}_s\cdot(\bar{\boldsymbol{r}}_1'-\bar{\boldsymbol{r}}_2')] \tag{23.8}$$

式中：$\bar{\boldsymbol{k}}_s=k(\hat{\boldsymbol{i}},\hat{\boldsymbol{o}})$。

假设湍流在统计上是均匀和各向同性的，那么协方差 $\langle\varepsilon_1(\bar{\boldsymbol{r}}_1')\varepsilon_1(\bar{\boldsymbol{r}}_2')\rangle$ 是关于差值 $r_d=|\bar{\boldsymbol{r}}_d|=|\bar{\boldsymbol{r}}_1'-\bar{\boldsymbol{r}}_2'|$ 的函数。将式(23.8)中的积分表示为

$$\int_{\delta V}\mathrm{d}V_1'\int_{\delta V}\mathrm{d}V_2'B_\varepsilon(r_d)\mathrm{e}^{\mathrm{i}\bar{\boldsymbol{k}}_s\cdot\bar{\boldsymbol{r}}_d} = \int\mathrm{d}V_c\int\mathrm{d}V_dB_\varepsilon(r_d)\mathrm{e}^{\mathrm{i}\bar{\boldsymbol{k}}_s\cdot\bar{\boldsymbol{r}}_d} \tag{23.9}$$

式中:介电常数波动 ε_1 的相关函数为

$$B_\varepsilon(r_d)=\langle\varepsilon_1(\bar{\boldsymbol{r}}_1')\varepsilon_1(\bar{\boldsymbol{r}}_2')\rangle \tag{23.10}$$

令 δV 的大小远大于相关距离,因为如果 r_d 远大于相关距离,B_ε 的大小可以忽略不计,故得到:

$$\int \mathrm{d}V_c\int \mathrm{d}V_d \cong \int_{\delta V}\mathrm{d}V_c\int_\infty \mathrm{d}V_d$$

式(23.8)中的 $\sigma(\hat{\boldsymbol{i}},\hat{\boldsymbol{o}})$ 可以表示为相关函数 $B_\varepsilon(r_d)$ 的傅里叶变换。

$$\sigma(\hat{\boldsymbol{o}},\hat{\boldsymbol{i}})=\frac{\pi}{2}k^4\sin^2\chi\Phi_\varepsilon(k_s) \tag{23.11}$$

$$\Phi_\varepsilon(k_s)=\frac{1}{(2\pi)^3}\int B_\varepsilon(r_d)\mathrm{e}^{\mathrm{i}\bar{k}_s\cdot\bar{r}_d}\mathrm{d}V_d \tag{23.12}$$

式中:$\bar{\boldsymbol{k}}_s=k(\hat{\boldsymbol{i}}-\hat{\boldsymbol{o}})$,$k_s=2k\sin\dfrac{\theta}{2}$,$\theta$ 为散射角(图23.2)。

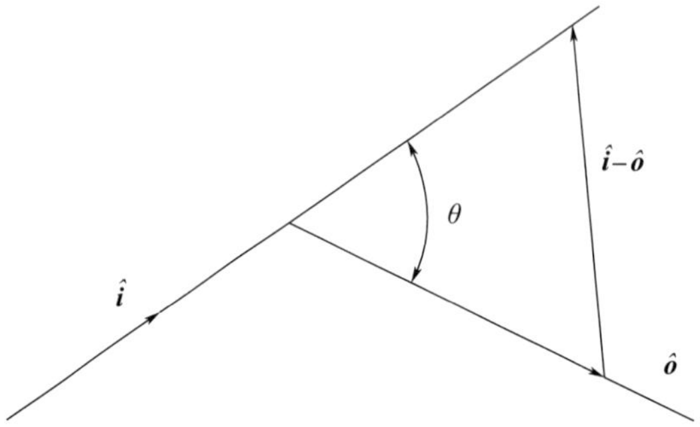

图23.2　散射角 θ 与 $\bar{\boldsymbol{k}}_s=k(\hat{\boldsymbol{i}}-\hat{\boldsymbol{o}})$。$|\hat{\boldsymbol{i}}-\hat{\boldsymbol{o}}|=2\sin(\theta/2)$。

式(23.11)和式(23.12)是单位体积湍流散射截面的基本表达式。式(23.12)将频谱 Φ_ε 表示为相关函数 B_ε 的傅里叶变换。这被称为维纳-辛钦定理。

由此,我们最终可以得到图23.1所示问题的雷达方程:

$$\frac{P_r}{P_t}=\int\frac{\lambda^2G_t(\hat{\boldsymbol{i}})G_r(\hat{\boldsymbol{o}})}{(4\pi)^2R_1^2R_2^2}\sigma(\hat{\boldsymbol{o}},\hat{\boldsymbol{i}}) \tag{23.13}$$

式中:$\sigma(\hat{\boldsymbol{o}},\hat{\boldsymbol{i}})$ 由式(23.11)和式(23.12)计算得到。

需要注意到的是,介电常数 ε_1 的波动仅与折射率 n_1 的波动有关。

$$\begin{cases}1+\varepsilon_1=(1+n_1)^2\approx 1+2n_1,\\ B_\varepsilon(r_d)=4B_n(r_d)\\ \Phi_\varepsilon(k_s)=4\Phi_n(k_s)\end{cases} \tag{23.14}$$

23.2　单位体积湍流的散射截面

如23.1节所述,湍流散射用单位体积湍流的散射截面表示,该截面由介质介电常数、折射率波动的相关函数或频谱给出。以下是三种常用的频谱。

1)布克－戈登公式

Book 和 Gorden 在 1950 年使用简单的折射率波动指数函数研究了大气湍流散射。

$$B_n(r_d) = \langle n_1^2 \rangle \exp(-r_d/\ell) \tag{23.15}$$

式中:ℓ 为相关距离。

频谱表示为

$$\Phi_n(k_s) = \frac{1}{(2\pi)^3}\int B_n(r_d)\mathrm{e}^{\mathrm{i}\bar{k}_s\cdot\bar{r}_d}\mathrm{d}V_d = \frac{n_1^2\ell^3}{[1+(k_s\ell)^2]^2}\frac{1}{\pi^2} \tag{23.16}$$

由此得到横截面 σ:

$$\sigma(\theta) = \frac{2}{\pi}\frac{k^4\ell^3\sin^2\chi n_1^2}{[1+4k^2\ell^2\sin^2(\theta/2)]^2} \tag{23.17}$$

这就是布克－戈登公式,它取决于湍流的两个参数,方差 n_1^2 和折射率波动的相关距离 ℓ。对于对流层湍流,方差数量级大约为 $n_1^2\approx 10^{-12}$,由式(20.130)可得相关距离大约为 50m。

2)高斯频谱

假设相关函数为高斯函数,则:

$$\begin{cases} B_n(r_d) = \langle n_1^2 \rangle \exp(-r_d^2/\ell^2) \\ \Phi_n(k_s) = \dfrac{\langle n_1^2 \rangle \ell^3}{8\pi\sqrt{\pi}}\exp\left[\dfrac{-k_s^2\ell^2}{4}\right] \\ \sigma(\theta) = \dfrac{\langle n_1^2 \rangle k^4\ell^3}{4\sqrt{\pi}}\sin^2\chi\exp\left[-\dfrac{k_s^2\ell^2}{4}\right] \end{cases} \tag{23.18}$$

3)科莫戈洛夫频谱

布克－戈登公式和高斯公式便于对湍流散射进行估算,但它们并非基于对湍流物理特性的考虑。

根据实际的湍流特征,Kolmogorov 提出了一种更符合实际的频谱。根据他的观点,湍流涡旋可以用两种大小来表征:外部尺寸 L_0 和内部尺寸 ℓ_0。在大于 L_0 的涡旋尺寸中,能量传入湍流中,而在 L_0 与 ℓ_0 之间的涡旋尺寸中,动能占主导地位,黏度导致的能量耗散占主导地位。科莫戈洛夫频谱近似表示为

$$\Phi_n(K) = 0.033C_n^2\left[K^2+\left(\frac{2\pi}{L_0}\right)^2\right]^{-11/6}\exp(-K^2/K_m^2) \tag{23.19}$$

式中:$K_m = 5.92/\ell_0$,C_n 数量级对于强湍流为 $10^{-7}(\mathrm{m}^{-1/3})$,对于弱湍流为 $10^{-9}(\mathrm{m}^{-1/3})$。

23.3　窄波束情况下的散射

如果发射和接收方向图被限制在狭窄的立体角内,那么增益函数 $G(\hat{\boldsymbol{i}})$ 可以用高斯函数近似表示。

$$G(\hat{\boldsymbol{i}}) = G(\hat{\boldsymbol{i}}_0)\exp(-\ln 2[(2\theta/\theta_1)^2+(2\phi/\phi_1)^2]) \tag{23.20}$$

式中:θ_1 和 ϕ_1 是两个正交方向上的半功率波束宽度,因此,在 $\theta=(\theta_1/2)$ 时,增益函数变

为(1/2)。对于双站情况(图 23.3),对 dV 进行积分得到(ishimaru,1997):

$$\frac{P_r}{P_t}=\frac{\lambda^2 G_t(\hat{\boldsymbol{i}}_0)G_r(\hat{\boldsymbol{o}}_0)}{(4\pi)^2R_1^2R_2^2}\sigma(\hat{\boldsymbol{o}}_0,\hat{\boldsymbol{i}}_0)V_c\exp(-\tau_1-\tau_2) \tag{23.21}$$

式中:$V_c=\frac{\pi\sqrt{\pi}}{8(\ln 2)^{2/3}}\frac{R_1^2R_2^2\theta_1\theta_2\phi_1\phi_2}{[R_1^2\phi_1^2+R_2^2\phi_2^2]^{1/2}}\frac{1}{\sin\theta_s}$。

从 τ_2 到 δV 到 Re 的衰减由 τ_1 和 τ_2 表示,也称为光学距离。对于单站情况(图 23.4)得到:

$$\frac{P_r}{P_t}=A\int_R\frac{\sigma(\hat{\boldsymbol{i}})}{R^2}\mathrm{e}^{-2\tau}\mathrm{d}R \tag{23.22}$$

式中:$A=\frac{\pi}{(4\pi)^2(8\ln 2)}(\lambda^2G_t^2\theta_1\phi_1)$。

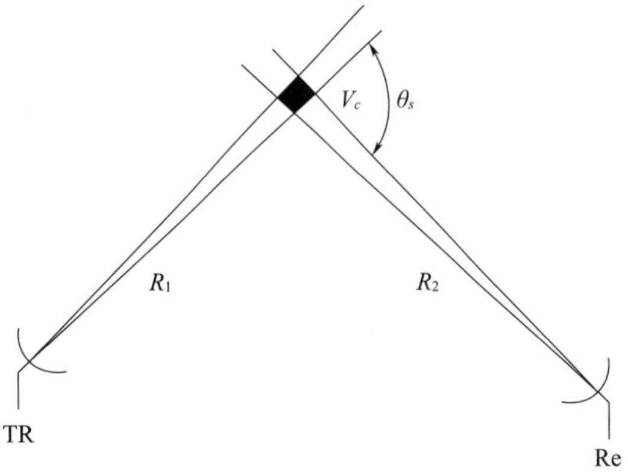

图 23.3　双站雷达与共同体积 V_c

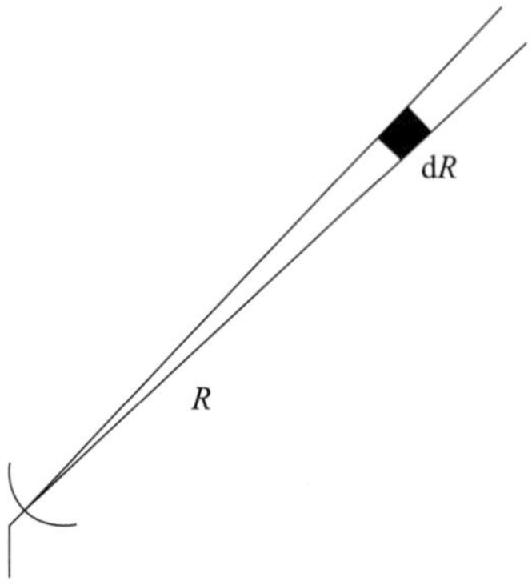

图 23.4　单站雷达

如果雷达发射一个 $E_i(t)$ 的短脉冲,就会得到接收脉冲:

$$I_r(t)=A\int_{R_1}^{R_2}\frac{\sigma(\hat{\boldsymbol{i}})}{R^2}\mathrm{e}^{-2\tau}\left|E_i\left(t-\frac{2R}{\mathrm{c}}\right)\right|^2\mathrm{d}R \tag{23.23}$$

本节中的衰减 τ 来自于介质衰减 τ_a,衰减 τ_s 是由散射引起的。衰减 τ_s 是在立体角 4π 上对 $\sigma(\hat{\boldsymbol{o}},\hat{\boldsymbol{i}})$ 进行积分计算得到的。

$$\tau_s=\int\alpha_s\mathrm{d}R \tag{23.24}$$

式中:$\alpha_s=\int_{4\pi}\sigma(\hat{\boldsymbol{o}},\hat{\boldsymbol{i}})\mathrm{d}\Omega$。

需要注意到:$\mathrm{d}\Omega=\sin\theta\mathrm{d}\theta\mathrm{d}\phi=(k_s\mathrm{d}k_s\mathrm{d}\phi)/k^2$,且 $k_s=2k\sin(\theta/2)$,则可近似得到:

$$\alpha_s=4\pi^2k^2\int_0^{2k}\Phi_n(k_s)k_s\mathrm{d}k_s \tag{23.25}$$

23.4　单位体积雨和雾的散射截面

在 23.1 节中,我们讨论了单位体积湍流的散射截面。在式(23.11)和式(23.12)中,用折射率或介电常数波动的相关函数来描述单位体积的散射截面。

单位体积雨的散射截面表示为

$$\sigma(\hat{\boldsymbol{o}},\hat{\boldsymbol{i}}) = \int_0^\infty n(p,a)\sigma_s(a)\mathrm{d}a \tag{23.26}$$

式中：$n(p,a)$ 为粒度分布，$n(p,a)\mathrm{d}a$ 为当降水速率 p(以 mm/h 为单位)时单位体积内半径介于 a 和 $a+\mathrm{d}a$ 之间的水滴数量，$\sigma_s(a)$ 是半径为 a 的单个水滴的散射截面。

降水率 p 表示为

$$p = (3600) \times 10^3 \int_0^\infty v(a)n(p,a)\left(\frac{4\pi a^3}{3}\right)\mathrm{d}a \tag{23.27}$$

式中：$v(a)$(以 m/s 为单位)是半径为 a(m)的雨滴的末端速度，$n\mathrm{d}a$ 的单位为 m^{-3}。

关于雨滴的大小分布已经有了大量的研究，最著名的是劳斯－帕森分布。马歇尔－帕尔默分布表示为

$$n(p,a) = n_0\exp(-\alpha a) \tag{23.28}$$

式中：$n_0 = 8\times10^6\,\mathrm{m}^{-4}$；$\alpha = 8200p^{-0.21}\,\mathrm{m}^{-1}$；$p$ 单位为 mm/hr。更多细节请参考 Ishimaru (1997)。终端速度 $v(a)$(以 m/s 为单位)近似表示为

$$v = 200.8a^{1/2}\ (a \text{ 的单位为 m}) \tag{23.29}$$

在实际应用中，很难获得精确的尺寸分布和散射特性，因此，我们采用近似公式。不同降水率下的雨散射特性已有报道，并得到了近似公式。在 23.5 节中，我们将讨论一些实用的公式。

23.5 高斯函数和亨尼－格林斯坦散射方程

具有粒度分布的粒子的散射函数通常可以用高斯函数来近似表示。单位体积介质的散射截面为：

$$\begin{aligned}\sigma(\hat{\boldsymbol{o}},\hat{\boldsymbol{i}}) &= \frac{\alpha_t}{4\pi}p(\theta)\\ &= \frac{\alpha_t}{4\pi}(4\alpha_p)\mathrm{e}^{-\alpha_p s^2}\end{aligned} \tag{23.30}$$

式中：α_t 为消光系数(m^{-1})；$p(\theta)$ 为相位函数；$s = 2\sin(\theta/2)$。

需要注意到的是，相位函数 $p(\theta)$ 是归一化的，因此：

$$\frac{1}{2}\int_0^\infty p(\theta)s\mathrm{d}s = 1 \tag{23.31}$$

高斯散射函数的数学表达式很简洁，但它并不直接基于物理特性。

亨尼－格林斯坦相位函数用于表示具有粒度分布的小颗粒的光学漫散射。它已被证明可用于表示雾的光散射和组织中的光扩散。亨尼－格林斯坦公式表示为

$$\begin{aligned}p(\theta) &= \frac{(1/2)(1-g^2)}{(1+g^2-2g\cos\theta)^{3/2}}\\ &= \frac{(1+g)(1/2)}{(1-g^2)\left[1+\left(\dfrac{S}{S_0}\right)^2\right]^{3/2}}\end{aligned} \tag{23.32}$$

式中：$s=2\sin(\theta/2)$；$s_0=\frac{(1-g^2)}{g}$；g 为各向异性因数。

将公式归一化得到：

$$\frac{1}{4\pi}\int p(\theta)\,\mathrm{d}\Omega = 1 \tag{23.33}$$

或

$$\frac{1}{2}\int_0^2 p(s)s\mathrm{d}s = 1$$

需要注意到的是，$g=0$ 表示各向同性散射，$p(\theta)=1$。当 g 趋近于 1，正向散射逐渐达到峰值。

23.6 单位体积湍流、颗粒和生物介质的散射截面

在 23.1 节中，我们讨论了单位体积湍流的散射截面 $\sigma(\hat{\boldsymbol{o}},\hat{\boldsymbol{i}})$。在 23.4 节中，我们讨论了雨水等分布颗粒的 $\sigma(\hat{\boldsymbol{o}},\hat{\boldsymbol{i}})$。在 20.7 节中，我们讨论了组织超声散射的 $\sigma(\hat{\boldsymbol{o}},\hat{\boldsymbol{i}})$。这三次讨论涉及三个不同的物理问题。但需要注意的是，这三种情况都表示介质单位体积的散射截面。将这三种情况总结如下：

对于湍流，由式(23.11)得到：

$$\sigma=\frac{\pi}{2}k^4\Phi_\varepsilon(k_s)$$

令 $\sin^2\chi=1$，则可忽略极化效应。

对于粒子，由式(23.26)得到：

$$\sigma = \int n\mathrm{d}a\sigma_s(a) = \int n\mathrm{d}a\,|f|^2$$

对于生物介质，由式(20.82)得到①：

$$\sigma=\frac{\pi}{2}k^4 S$$

式中：$S=S_k+S_\rho+2S_{k\rho}$。

综上，单位体积的横截面为

$$\begin{aligned}\sigma &= \frac{\pi}{2}k^4\Phi_\varepsilon = 2\pi k^4\Phi_n(\text{湍流})\\ &=\int n\mathrm{d}a\,|f|^2 = \frac{\gamma_\varepsilon}{4\pi}p(\theta)(\text{粒子})\\ &=\frac{\pi}{2}k^4 S(\text{生物介质})\end{aligned}$$

σ 的单位为($\mathrm{m}^2/\mathrm{m}^3$)即 m^{-1}。

---

① 译者注：根据上下文，将 $\sigma=\frac{\pi}{2}k^4Sm$ 更正为 $\sigma=\frac{\pi}{2}k^4S$。

23.7　视距传播、玻恩和里托夫近似

在前面的章节中，我们考虑了湍流和粒子对波的散射。现在考虑波在湍流中传播和被湍流散射的性质。波动方程为

$$[\nabla^2 + k^2(1+\varepsilon_1)]U = 0 \tag{23.34}$$

式中：ε_1 为介电常数 ε 的波动部分，$k^2 = k_0^2\langle\varepsilon\rangle$。$k_0$ 为自由空间波数，$\langle\varepsilon\rangle$ 为介电常数的平均值。

$$\varepsilon = \langle\varepsilon\rangle(1+\varepsilon_1) \tag{23.35}$$

由折射率 n 得到：

$$\varepsilon = \langle n\rangle^2(1+n_1)^2 \approx \langle n\rangle^2(1+2n_1) \tag{23.36}$$

式(23.34)的解可以表示为以下两个级数：

$$U = U_0 + U_1 + U_2 + \cdots \tag{23.37}$$

$$U = \exp(\psi_0 + \psi_1 + \psi_2 + \cdots) \tag{23.38}$$

第一个级数是场的展开，称为诺伊曼级数，第 n 项称为第 n 阶玻恩近似。

将式(23.34)表示为

$$(\nabla^2 + k^2)U = -k^2\varepsilon_1 U \tag{23.39}$$

将其转换为 U 的积分方程：

$$U(\bar{\boldsymbol{r}}) = U_0(\bar{\boldsymbol{r}}) + \int G(\bar{\boldsymbol{r}},\bar{\boldsymbol{r}}')V(\bar{\boldsymbol{r}}')U(\bar{\boldsymbol{r}}')\mathrm{d}V' \tag{23.40}$$

式中：$V(\bar{\boldsymbol{r}}') = k^2\varepsilon_1(\bar{\boldsymbol{r}}')$ 被称为势函数，G 为格林函数，满足：

$$(\nabla^2 + k^2)G(\bar{\boldsymbol{r}},\bar{\boldsymbol{r}}') = -\delta(\bar{\boldsymbol{r}},\bar{\boldsymbol{r}}') \tag{23.41}$$

式(23.40)称为李普曼－施温格积分方程。假设级数收敛，从式(23.40)可以得到式(23.37)的级数展开式：

$$U_n(\bar{\boldsymbol{r}}) = U_0(\bar{\boldsymbol{r}}) + \int G(\bar{\boldsymbol{r}},\bar{\boldsymbol{r}}')V(\bar{\boldsymbol{r}}')U_{n-1}(\bar{\boldsymbol{r}}')\mathrm{d}V' \tag{23.42}$$

第一项称为一阶玻恩近似：

$$U_1(\bar{\boldsymbol{r}}) = U_0(\bar{\boldsymbol{r}}) + \int G(\bar{\boldsymbol{r}},\bar{\boldsymbol{r}}')V(\bar{\boldsymbol{r}}')U_0(\bar{\boldsymbol{r}}')\mathrm{d}V' \tag{23.43}$$

注意，在没有波动($\varepsilon_1 = 0$)的自由空间中，得到：

$$U_0(\bar{\boldsymbol{r}}) = G(\bar{\boldsymbol{r}},\bar{\boldsymbol{r}}') = \frac{\exp(\mathrm{i}k|\bar{\boldsymbol{r}}-\bar{\boldsymbol{r}}'|)}{4\pi|\bar{\boldsymbol{r}}-\bar{\boldsymbol{r}}'|} \tag{23.44}$$

在前面几节讨论散射问题时，我们使用了一阶玻恩近似。现在讨论式(23.38)中的级数展开。首先注意到 $k^2\varepsilon_1$ 代表波动，因此，它的值很小，则得到：

$$U = U_0 + \varepsilon U_1 + \varepsilon^2 U_2 + \cdots \tag{23.45}$$

$$U = \exp(\psi_0 + \varepsilon\psi_1 + \varepsilon^2\psi_2 + \cdots) \tag{23.46}$$

式中：ε 是一个小参数，式(23.45)和式(23.46)是 ε 的幂展开式。把式(23.46)表示为级数形式为

$$U = \exp(\psi_0)\left[1 + (\varepsilon\psi_1 + \varepsilon^2\psi_2 + \cdots) + \frac{1}{2}(\varepsilon\psi_1 + \varepsilon^2\psi_2 + \cdots)^2 + \cdots\right] \tag{23.47}$$

将其与式(23.45)进行比较,并令从 ε 到 ε_2 的幂的阶数相等,则得到以下关系:

$$\begin{cases} U_0 = \exp(\psi_0) \\ \dfrac{U_1}{U_0} = \psi_1 \\ \dfrac{U_2}{U_0} = \psi_2 + \dfrac{1}{2}\psi_1^2 \end{cases} \tag{23.48}$$

由此可以看出,二阶 ψ_2 与一阶 ψ_1^2、(U_2/U_0) 相关联。

23.8 节将给出功率守恒的条件,即仅使用一阶雷托夫解法就能得到相干性函数(MCF)的表达式。

23.8 能量守恒的修正雷托夫解法和相干性函数

一阶雷托夫解已被广泛用于弱波动问题。对于强波动,矩方程法和扩展菲涅尔-惠更斯法被用来推导 MCF,这两种方法对场的二阶矩都得到了相同的结果。

一阶雷托夫解法能量不守恒,但在弱波动情况下对于求解对数振幅和相位波动很方便。在本节中,我们使用一阶和二阶雷托夫解推导 MCF,这样最终表达式就可以只使用一阶雷托夫解,且满足能量守恒。

一般来说,式(23.38)中所示的相位扰动级数与 WKB 方法(3.14 节)的级数表达式一致,后者通过保留一阶项和二阶项来实现能量守恒。这也符合几何光学公式,其中第一项满足程函方程,第二项需要满足能量守恒。

下面讨论保留二阶项的雷托夫解:

$$U = U_0 \exp[\varepsilon\psi_1 + \varepsilon^2\psi_2] \tag{23.49}$$

式中:ε 表示扰动级数的小参数。

接下来讨论 MCF。

$$\Gamma = \langle U_a U_b^* \rangle = (U_{a0} U_{b0}^*) \langle \exp[\varepsilon(\psi_{a1} + \psi_{b1}^*) + \varepsilon^2(\psi_{a2} + \psi_{b2}^*)] \rangle \tag{23.50}$$

现在假设式(23.50)中的指数是正态分布的,则 $\exp(\psi)$ 的平均值为

$$\langle \exp(\psi) \rangle = \exp\left[\langle \psi \rangle + \frac{1}{2}\langle (\psi - \langle \psi \rangle)^2 \rangle \right] \tag{23.51}$$

需要注意到:

$$\langle \psi \rangle = \varepsilon \langle (\psi_{a1} + \psi_{b1}^*) \rangle + \varepsilon^2 \langle (\psi_{a1} + \psi_{b1}^*) \rangle \tag{23.52}$$

式中:

$$\langle \psi_{a1} \rangle = \left\langle \left(\frac{U_{a1}}{U_0} \right) \right\rangle = 0$$

$$\left\langle \frac{1}{2}(\psi - \langle \psi \rangle)^2 \right\rangle = \left\langle \frac{1}{2}\varepsilon^2(\psi_{a1} - \psi_{b1}^*)^2 \right\rangle$$

最终得到:

$$\begin{aligned} \Gamma &= (U_{a0} U_{b0}^*) \exp\left[\varepsilon^2 \left(\langle \psi_{a2} \rangle + \langle \psi_{b2}^* \rangle + \frac{1}{2}\langle (\psi_{a1} + \psi_{b1}^*)^2 \rangle \right] \right) \\ &= (U_{a0} U_{b0}^*) \exp\left[\varepsilon^2 \left(\langle \psi_{a2} \rangle + \langle \psi_{b2}^* \rangle + \frac{1}{2}\langle \psi_{a1}^2 \rangle + \frac{1}{2}\langle \psi_{b1}^{*2} \rangle + \langle \psi_{a1}\psi_{b1}^* \rangle \right] \right) \end{aligned} \tag{23.53}$$

根据能量守恒定律得到：

$$\begin{aligned}\Gamma(a=b) &= |U_a|^2\exp[\varepsilon^2(2\mathrm{Re}\langle\psi_{a2}\rangle+\mathrm{Re}\langle\psi_{a1}^2\rangle+\langle\psi_{a1}+\psi_{b1}^*\rangle)]\\ &= |U_a|^2\end{aligned}\tag{23.54}$$

因此，我们就得到了能量守恒的条件：

$$2\mathrm{Re}\langle\psi_2\rangle+\mathrm{Re}\langle\psi_1^2\rangle+\langle|\psi_1|^2\rangle=0\tag{23.55}$$

能量守恒的充分条件为

$$2\langle\psi_2\rangle+\langle\psi_1^2\rangle+\langle|\psi_1|^2\rangle=0\tag{23.56}$$

式(23.56)的虚部不影响式(23.54)中所示的能量守恒。将式(23.56)代入式(23.53)就能最终得到 MCF。

$$\Gamma=\Gamma_0\exp\left(-\frac{1}{2}D\right)\tag{23.57}$$

式中：$\Gamma_0=(U_{a0}U_{b0}^*)$；$D=\langle|\psi_{a1}|^2\rangle+\langle|\psi_{b1}|^2\rangle-2\langle\psi_{a1}\psi_{b1}^*\rangle$。

这是 MCF 的最终表达式，使用了式(23.50)中的最高二阶扰动和式(23.56)中的能量守恒。ψ_{a1} 和 ψ_{b1} 是式(23.48)中的一阶雷托夫解。

$$\begin{cases}\psi_{a1}=\dfrac{U_1(\bar{\boldsymbol{r}}_a)}{U_0(\bar{\boldsymbol{r}}_a)}\\[2ex] \psi_{b1}=\dfrac{U_1(\bar{\boldsymbol{r}}_b)}{U_0(\bar{\boldsymbol{r}}_b)}\end{cases}\tag{23.58}$$

修正的雷托夫解法简单实用。不过这只是一种近似理论，更完整的理论已经提出，包括扩展惠更斯－菲涅尔公式、力矩方程、路径积分法和图解法。Tatarskii、Ishimaru 和 Zavorotny(1993)讨论了这些理论。

23.9　湍流中视距波传播的 MCF

湍流中 MCF 的最终表达式如式(23.57)所示。下面考虑湍流中辐射点源的 MCF(图 23.5)。

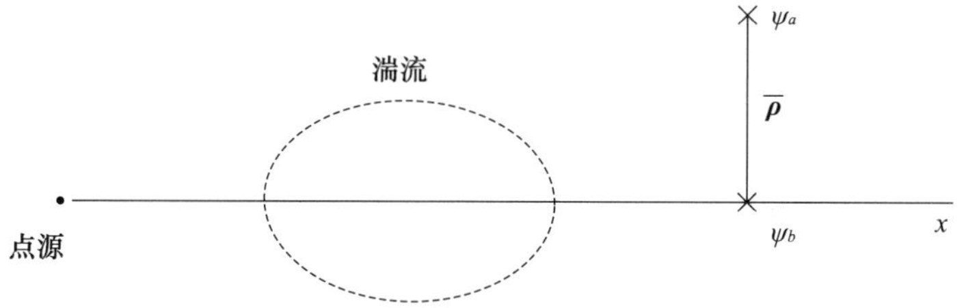

图 23.5　MCF $\langle\psi_a\psi_b^*\rangle$

对于视距传播，波沿一个方向传播，因此，波动方程可以用下面的抛物线方程近似表示。

u 的波动方程为

$$[\nabla^2+k^2(1+\varepsilon_1)]u=0\tag{23.59}$$

波动方程还可以转换为下面形式：

$$\begin{cases} u = U\exp(\mathrm{i}kx) \\ 2\mathrm{i}k\dfrac{\partial U}{\partial x} + \nabla^2 U + k^2\varepsilon_1 U = 0 \end{cases} \tag{23.60}$$

由于 U 是关于 x 缓慢变化的函数，则

$$|k\partial U/\partial x| \gg |\partial^2 U/\partial x^2| \tag{23.61}$$

然后就可以得到关于 U 的抛物线方程：

$$2\mathrm{i}k\frac{\partial U}{\partial x} + \nabla_t^2 U + k^2\varepsilon_1 U = 0 \tag{23.62}$$

式中：∇_t^2 是横向(y,z)方向上的拉普拉斯算子。

现在根据抛物线方程得到一阶雷托夫解：

$$\psi_1 = \frac{U_1}{U_0} \tag{23.63}$$

式中：

$$U_0 = \frac{1}{4\pi x}\exp\left[\mathrm{i}k\left(x + \frac{\rho^2}{2x}\right)\right]$$

$$U_1 = \int G(\bar{\boldsymbol{r}},\bar{\boldsymbol{r}}')V(\bar{\boldsymbol{r}}')U_0(\bar{\boldsymbol{r}}')\mathrm{d}V'$$

$$G = \frac{1}{4\pi|\bar{\boldsymbol{r}} - \bar{\boldsymbol{r}}'|}\exp\left\{\mathrm{i}k\left[(x - x') + \frac{|\bar{\boldsymbol{\rho}} - \bar{\boldsymbol{\rho}}'|^2}{2(x - x')}\right]\right\}$$

$$V = k^2\varepsilon_1 = 2k^2 n_1$$

现在求解式(23.57)中的 MCF，则需要求得：

$$\Gamma_{ab} = \langle \psi_{a1}\psi_{b1}^* \rangle \tag{23.64}$$

然后得到式(23.57)中的 MCFΓ：

$$\Gamma = \Gamma_0\exp\left(-\frac{1}{2}D\right) \tag{23.65}$$

式中：

$$\Gamma_0 = U_{a0}U_{b0}^*$$

$$D = \Gamma_{aa} + \Gamma_{bb} - 2\Gamma_{ab}$$

因此，有必要将式(23.63)代入式(23.64)来求得 Γ_{ab}。Ishimaru(1997，第 18 章)已经进行了广泛的讨论，因此，可以写出最终表达式。对于球面波，可以得到下面关于 D 的表达式：

$$D = 8\pi^2 k^2\int_0^x \mathrm{d}x'\int_0^\infty k\mathrm{d}k[1 - J_0(k\rho)]\Phi_n(k) \tag{23.66}$$

式中：$\rho = \left|\rho_d\dfrac{x'}{x}\right|$。

下面举出一些常用的例子(Ishimaru，1997，2004)。

1)科莫戈洛夫频谱

科莫戈洛夫频谱见式(23.19)。在光学传播中遇到湍流的情况下，间距 ρ 介于内尺度和外尺度之间，因此，使用式(23.19)中的 $L_0\to\infty$ 和 $\ell_0\to 0$。

$$\Phi_n(k)=0.033C_n^2k^{-11/2} \tag{23.67}$$

然后可以近似得到：

$$(D/2)\approx 0.547k^2xC_n^2\rho^{5/3}=\left(\frac{\rho}{\rho_0}\right)^{5/3} \tag{23.68}$$

式中：$\rho_0=[0.547k^2xC_n^2]^{-3/5}$。该距离 ρ_0 为"相关距离"。

2)高斯频谱

如果频谱 Φ_n 可以用式(23.18)中的高斯函数近似，则可以得到：

$$2\pi k^4\Phi_n=\frac{\alpha_t}{4\pi}p(s) \tag{23.69}$$

相位函数 $p(s)$ 为

$$p(s)=4\alpha_p\exp(-\alpha_p s^2) \tag{23.70}$$

将其代入式(23.66)，则可以得到：

$$\exp\left(-\frac{D}{2}\right)=\exp\left(-\frac{\rho^2}{\rho_0^2}\right) \tag{23.71}$$

式中：$\rho_0^2=\left[\frac{k^2}{12\alpha_p}\tau_s\right]^{-1}$。$\tau_s$ 是散射光学深度。

3)亨尼-格林斯坦(HG)相位函数

利用式(23.32)中的HG相位函数，可以得到：

$$\frac{D}{2}=\tau_s[1-\exp(-ks_0\rho)] \tag{23.72}$$

相关距离 ρ_0 近似为

$$\rho_0=\left(\frac{\tau_s ks_0}{2}\right)^{-1} \tag{23.73}$$

23.10　相关距离与角谱

由式(23.65)可计算出球面波的MCF，且在湍流中表示为

$$\Gamma(\rho)=\Gamma_0\exp\left(-\frac{1}{2}D\right)=\Gamma_0\exp\left(-\left(\frac{\rho}{\rho_0}\right)^{5/3}\right) \tag{23.74}$$

由 $\Gamma(\rho)$ 的傅里叶变换计算出角谱 $\Gamma(\theta)$。

$$\begin{aligned}\Gamma(\theta)&=\Gamma_0\int\Gamma\left(\frac{\rho}{\rho_0}\right)e^{-ik\bar{\boldsymbol{\rho}}\cdot\bar{\boldsymbol{\theta}}}d\left(\frac{\bar{\boldsymbol{\rho}}}{\rho_0}\right)\\&=\Gamma_0\int\Gamma\left(\frac{\rho}{\rho_0}\right)e^{-i\left(\frac{\bar{\boldsymbol{\rho}}}{\rho_0}\right)\frac{\bar{\boldsymbol{\theta}}}{\theta_c}}d\left(\frac{\bar{\boldsymbol{\rho}}}{\rho_0}\right)\end{aligned}$$

式中：

$$\theta_c=\frac{1}{k\rho_0} \tag{23.75}$$

由此可见，相关距离 ρ_0 与角展度 θ_c 相关联。

23.11　相干时间和光谱展宽

如果介质、发射机或接收机随时间移动,则接收信号的时间相关性与移动有关。例如,如果介质在视距传播路径上横向移动,则某一点接收信号的时间相关性与空间相关性相关联。当介质以速度 v 运动时,信号关于时延 τ 的时间相关性就等效于空间 $\rho = V\tau$ 的空间相关性。因此,时间频谱 $W(\omega)$ 是 MCF 的傅里叶变换,且 $\bar{\boldsymbol{\rho}} = \bar{\boldsymbol{V}}\tau$。

$$W(\omega) = \int \Gamma(\rho) e^{-i\omega\tau} d\tau \tag{23.76}$$

需要注意到:

$$W(\omega) = \Gamma_0 \int \Gamma\left(\frac{V\tau}{\rho_0}\right) e^{-i\left(\frac{\omega}{\omega_c}\right)(\omega_c\tau)} d\tau \tag{23.77}$$

ω_c 为扩频,也称为频谱展宽,由(V/ρ_0)计算得到。

比较式(23.75)和式(23.77),我们发现角展度 θ_c、频谱展宽 ω_c 与相关距离 ρ_0 紧密相关。

$$\begin{cases} \theta_c = \dfrac{1}{k\rho_0} \\ \omega_c = \dfrac{V}{\rho_0} \end{cases} \tag{23.78}$$

相干时间 T_c 定义为相关性降低到一定程度的时间滞后,它与扩频或频谱展宽 ω_c 成反比,如图 23.6 所示。

$$T_c \sim \frac{1}{\omega_c} \tag{23.79}$$

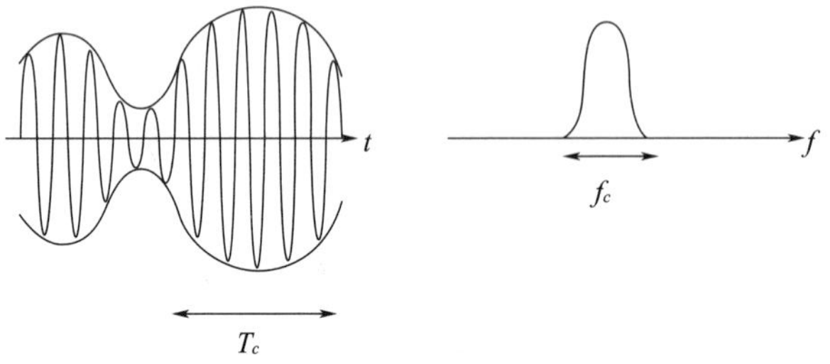

图 23.6　相干时间 T_c 与频谱展宽 $f_c\left(T_c \sim \dfrac{1}{f_c}\right)$

23.12　脉冲传播、相干带宽和脉冲展宽

在含湍流的多重散射环境中,宽带脉冲会出现脉冲展宽。可以使用双频 MCF 研究脉冲展宽。一般来说,MCFΓ_t 在时间上可以表示为

$$\Gamma_t = \langle U(\bar{\boldsymbol{r}}_1, t_1) U^*(\bar{\boldsymbol{r}}_2, t_2) \rangle = \frac{1}{(2\pi)^2} \int d\omega_1 \int d\omega_2 \Gamma_\omega(\bar{\boldsymbol{r}}_1, \bar{\boldsymbol{r}}_2) e^{-i\omega_1 t_1 + i\omega_2 t_2} \tag{23.80}$$

式中：$\Gamma_\omega = \langle U(\bar{\boldsymbol{r}}_1, \omega_1) U^*(\bar{\boldsymbol{r}}_2, \omega_2) \rangle$是双频 MCF。

双频 MCF Γ_ω 是分析脉冲传播和时延的基本函数，也是两个不同频率 ω_1 和 ω_2 的波的相关函数。

场 $U(\bar{\boldsymbol{r}}_1, t_1)$由傅里叶变换计算得到。

$$U(\bar{\boldsymbol{r}}_1, t_1) = \frac{1}{2\pi}\int U(\bar{\boldsymbol{r}}_1, \omega_1) \mathrm{e}^{-\mathrm{i}\omega_1 t_1} \mathrm{d}\omega_1 \tag{23.81}$$

然后得到强度 $I(t)$：

$$\begin{aligned} I(t) &= |U(\bar{\boldsymbol{r}}, t)|^2 \\ &= \frac{1}{(2\pi)^2}\int \mathrm{d}\omega_1 \mathrm{d}\omega_2 \Gamma_\omega(\omega_1, \omega_2) \mathrm{e}^{-\mathrm{i}(\omega_1 - \omega_2)t} \end{aligned} \tag{23.82}$$

这表明，脉冲形状 $I(t)$由双频 MCF 相对于 $\omega_d = \omega_1 - \omega_2$ 的傅里叶变换得到的。

现在讨论基于修正的雷托夫解法的双频 MCF $\Gamma_\omega(\omega_1, \omega_2)$。根据 23.8 节，由式(23.57)得到：

$$\Gamma_\omega(\omega_1, \omega_2) = U_0(\omega_1) U_0^*(\omega_2) \exp\left(-\frac{D}{2}\right) \tag{23.83}$$

式中：$D = |\psi_1(\omega_1)|^2 + |\psi_1(\omega_2)|^2 - 2\psi_1(\omega_1)\psi_1^*(\omega_2)$。

然后，考虑 $\psi_1(\omega_1)\psi_1^*(\omega_2)$。对于平面波：

$$\psi_1(\omega_1) = \int_0^L \mathrm{d}x' \int_{-\infty}^{\infty} \mathrm{d}y' \int_{-\infty}^{\infty} \mathrm{d}z' h(L - x', y - y', z - z') n_1(x', y', z') \tag{23.84}$$

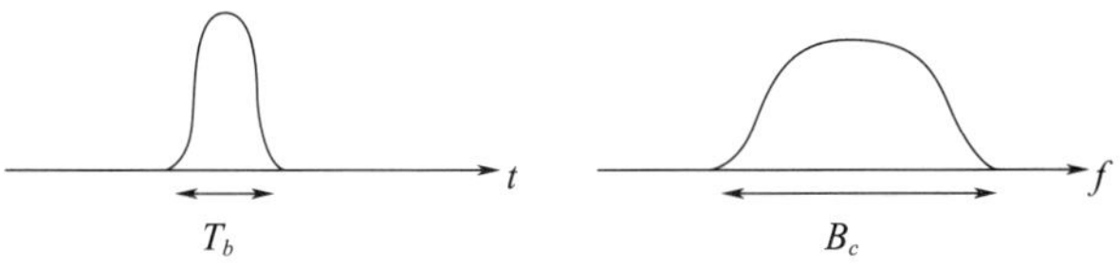

图 23.7 脉冲展宽 T_b 和相干带宽 $B_c\left(T_b \sim \frac{1}{B_c}\right)$

由 h 的傅里叶变换(Ishimaru，1997，17.7 节)得到：

$$\begin{aligned} H(L - x', k) &= \int \mathrm{d}\bar{\boldsymbol{\rho}} \mathrm{e}^{\mathrm{i}\bar{k}\cdot\bar{\rho}} h(L - x', \bar{\boldsymbol{\rho}}) \\ &= \mathrm{i}k\exp\left[-\mathrm{i}\frac{(L - x')}{2k}k^2\right] \end{aligned}$$

对于平面波得到：

$$\begin{cases} \Gamma_\omega(\omega_1, \omega_2) = U_0(\omega_1) U_0^*(\omega_2) \exp\left(-\dfrac{D}{2}\right) \\ U_0(\omega_1) = \exp(\mathrm{i}k_1 x) \\ U_0(\omega_2) = \exp(\mathrm{i}k_2 x) \\ D = 8\pi^2 \displaystyle\int_0^L \mathrm{d}x \left\{ \int k \mathrm{d}k \left\{ \frac{k_1^2 + k_2^2}{2} - k_1 k_2 J_0(k\rho) \times \right.\right. \\ \qquad \left.\left. \exp\left[-\dfrac{\mathrm{i}(L - x)}{2}\left(\dfrac{1}{k_1} - \dfrac{1}{k_2}\right)k^2\right] \right\} \Phi_n(k) \right\} \end{cases} \tag{23.85}$$

对于球面波，用$\rho_d\left(\frac{x'}{x}\right)$代替$\rho$。另见 Ishimaru(1979)①。

作为$\omega_d=\omega_1-\omega_2$的函数，双频 MCF 随着$\omega_d$的增加而减小。MCF 下降到一定程度的差分频率称为“相干带宽”B_c，与脉冲展宽T_b相关(图 23.7)。

$$B_c \sim \frac{1}{T_b}$$

23.13 强弱波动与闪烁指数

当波在随机介质中传播时，波动随距离的增加而增加。因此，波动可称为“弱”或“强”波动。为了对波动进行分类，首先考虑平均强度$I=|U|^2$。强度波动的方差称为闪烁指数：

$$\sigma_1^2=\frac{\langle(I-\langle I\rangle)^2\rangle}{\langle I\rangle^2}=\frac{\langle I^2\rangle-\langle I\rangle^2}{\langle I\rangle^2} \tag{23.86}$$

距离较短时，波动较弱，闪烁指数较小；距离较长时，波动较强，闪烁指数达到饱和值1(图 23.8)。

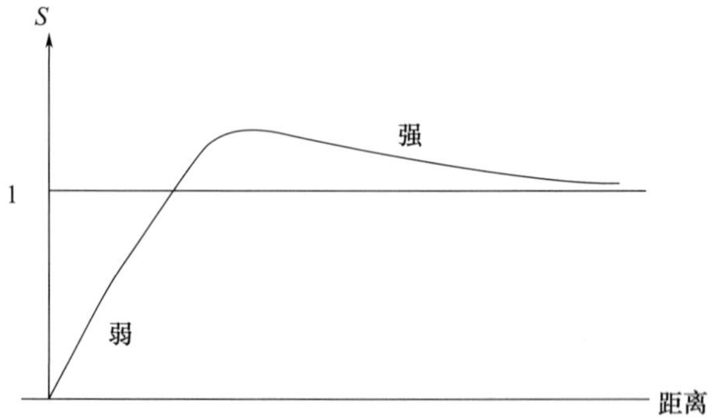

图 23.8 弱波动和强波动，S为闪烁指数

闪烁指数包含四阶矩$\langle I^2\rangle$。在 23.8 节中，我们讨论的是二阶矩 MCF。四阶矩需要使用矩方程、扩展惠更斯-菲涅尔原理等多种方法对波的传播进行广泛研究(Ishimaru，1997)。此处，我们使用基于“圆形复高斯随机变量”假设的方法(附录 23)。

在这个假设下，四阶矩可以用二阶矩来表示，并且对于弱波动和强波动，解都极限接近于正确值。为了证明这一点，首先在圆形复高斯假设下得到：

$$\langle I^2\rangle=2\langle I\rangle^2-\langle U\rangle^2\langle U^*\rangle^2 \tag{23.87}$$

式中：$U=\langle U\rangle+v$；$\langle U\rangle$为平均场；v为波动。

$$\langle I\rangle=\langle|U|^2\rangle=\langle U\rangle\langle U^*\rangle+\langle vv^*\rangle \tag{23.88}$$

得到：

$$\sigma_I^2=\frac{2\langle U\rangle\langle U^*\rangle\langle vv^*\rangle+\langle vv^*\rangle^2}{\langle U\rangle^2\langle U^*\rangle^2+2\langle U\rangle\langle U^*\rangle\langle vv^*\rangle+\langle vv^*\rangle^2} \tag{23.89}$$

① 译者注：根据原作者提供的更正说明，增加参考文献引用。

对于短距离的弱波动：

$$\langle U\rangle\langle U^*\rangle \gg \langle vv^*\rangle$$

因此，闪烁指数近似为

$$\sigma_I^2 \to \frac{2\langle vv^*\rangle}{\langle U\rangle\langle U^*\rangle} \tag{23.90}$$

对于强波动：

$$\langle U\rangle\langle U^*\rangle \ll \langle vv^*\rangle$$

因此，闪烁指数近似为

$$\sigma_I^2 \to 1 \tag{23.91}$$

圆形复高斯假设导致了闪烁指数在弱波动和强波动中体现出正确的特征，并计算出了弱波动和强波动之间区域的近似值。

研究波 $U = A\exp(\mathrm{i}\phi)$ 在弱波动和强波动区域的特性可能会有所启发。如图 23.9 所示，在短距离内，波动主要是相位波动，因为相位与距离直接相关。振幅波动很小，振幅波动较小是因为平均振幅基本不变，因为 A^2 在短距离内基本不变。振幅波动的概率分布近似于 Nakagami - Rice 分布：

$$W(A) = \frac{2A}{\sigma^2}\exp\left(-\frac{A^2 + \langle A\rangle^2}{\sigma^2}\right) I_0\left(\frac{2A\langle A\rangle}{\sigma^2}\right) \tag{23.92}$$

式中：σ^2 为 $(A - \langle A\rangle)$ 的方差。

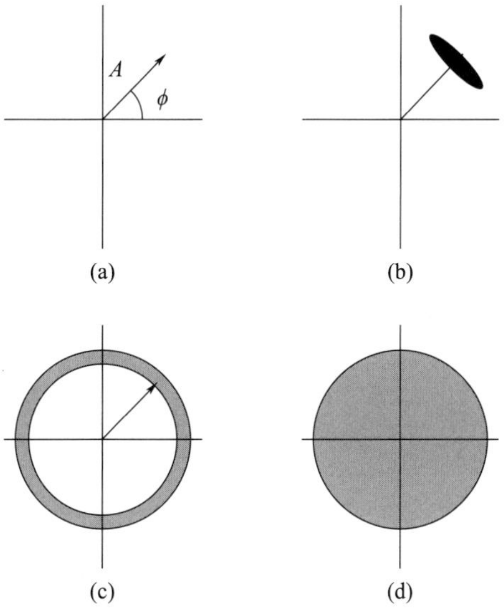

图 23.9　短距离和长距离湍流中波 $U = A\exp(\mathrm{i}\phi)$ 的特性

(a) 自由空间；(b) 短距离（Nakagami - Rice）；(c) 中间距离；(d) 远距离（Rayleigh）。

而对于较远距离，概率分布近似于瑞利分布。

$$W(A) = \frac{2A}{\sigma^2}\exp\left(-\frac{A^2}{\sigma^2}\right) \tag{23.93}$$

23.14 粗糙表面散射、扰动法和转移算子

许多自然表面，如海洋、地形、生物表面和界面，都有不同程度的粗糙度，这种粗糙度会影响波的传播和散射特性。沿着粗糙表面的传播不同于沿着光滑表面的传播。入射到粗糙表面的波不仅会向镜面反射，还会向各个方向散射，且通过粗糙界面成像与通过光滑界面成像不同。因此，了解粗糙度对波特性的影响非常重要。在本节和接下来的章节中，我们将讨论处理粗糙表面散射的不同方法的基本公式。

处理粗糙表面散射的标准方法有两种。一种是“扰动法”，另一种是“基尔霍夫近似法”。扰动法适用于均方根高度$(k\zeta)^{21/2}$远小于$\lambda/8$且斜率$|\partial\zeta/\partial x|$、$|\partial\zeta/\partial y|$远小于1的情况，其中$\zeta(x,y)$是粗糙表面高度与平均值的差值。在本章中，我们用$h(x,y)$来表示粗糙曲面的高度，文献中通常使用$\zeta$。基尔霍夫近似法适用于缓慢变化的粗糙表面，其曲率半径远大于波长。

Ishimaru(1997)、Bass 等(1979)、De Santo 和 Brown(1986)、Ogilvy(1991)、Tsang 等(1985)、Voronovich(1994)和 Fung(1994)对这两种标准方法进行了详细讨论，还包括更高级的粗糙表面散射内容。在 23.14 节和 23.15 节中，我们将重点讨论扰动法，基尔霍夫法将在 23.16 节中进行讨论。

首先讨论入射到粗糙表面上的标量波$\psi_i(\bar{\boldsymbol{r}})$，其边界条件为狄利克雷边界条件，其中高度$h(x,y)$是关于表面坐标$(x,y)$的随机函数(图 23.10 和图 23.11)。

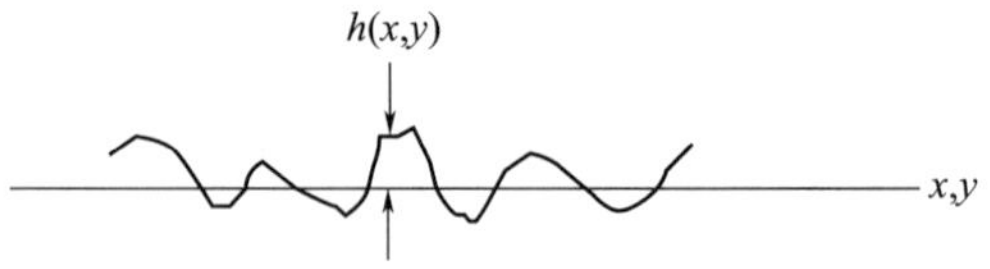

图 23.10 高度为$h(x,y)$的粗糙表面

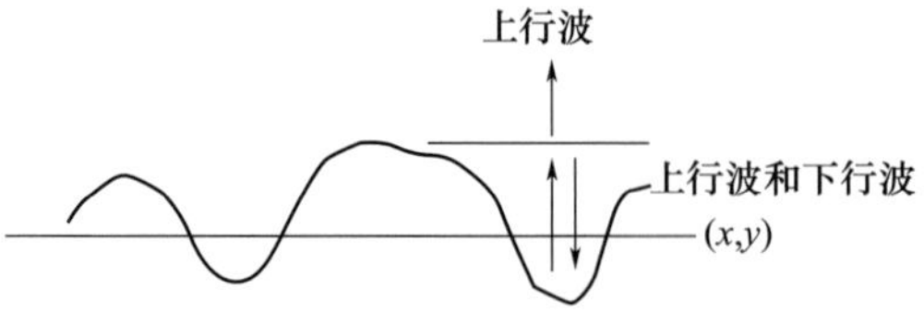

图 23.11 瑞利假设(假定波只在界面上方向上传播，对于正弦曲面，如果最大斜率小于 0.448，则瑞利假设成立)

入射波$\psi_i(\bar{\boldsymbol{r}})$可以用傅里叶变换$\overline{\psi}(\bar{\boldsymbol{r}})$表示：

$$\psi_i(\bar{\boldsymbol{r}}) = \frac{1}{(2\pi)^2}\iint \overline{\boldsymbol{\psi}}_i(\bar{\boldsymbol{k}})\,\mathrm{e}^{\mathrm{i}\bar{\boldsymbol{k}}\cdot\bar{\boldsymbol{x}}-\mathrm{i}k_z z}\,\mathrm{d}\bar{\boldsymbol{k}} \tag{23.94}$$

式中：$\bar{\boldsymbol{k}} = k_x\hat{\boldsymbol{x}} + k_y\hat{\boldsymbol{y}}$，$\bar{\boldsymbol{x}} = x\hat{\boldsymbol{x}} + y\hat{\boldsymbol{y}}$。

如果ψ_i是沿(θ_i,ϕ_i)方向传播的平面波，则有

$$\psi_i(\bar{\boldsymbol{r}}) = \exp(\mathrm{i}\bar{\boldsymbol{k}}\cdot\bar{\boldsymbol{x}} - \mathrm{i}k_{iz}z) \tag{23.95}$$

式中：$\overline{\boldsymbol{k}}_i = k\sin\theta_i\cos\phi_i\hat{\boldsymbol{x}} + k\sin\theta_i\sin\phi_i\hat{\boldsymbol{y}}$；$\overline{\boldsymbol{k}}_{iz} = k\cos\theta_i$；$\overline{\psi}_i(\overline{\boldsymbol{k}}) = (2\pi)^2\delta(\overline{\boldsymbol{k}} - \overline{\boldsymbol{k}}_i)$。

如果 ψ_i 是由 $\bar{\boldsymbol{r}}_0$ 处的点源生成的，则有

$$\begin{cases}\psi_i(\bar{\boldsymbol{r}}) = \dfrac{1}{4\pi R}\exp(\mathrm{i}kR), R = |\bar{\boldsymbol{r}} - \bar{\boldsymbol{r}}_0| \\ \overline{\psi}_i(\overline{\boldsymbol{k}}) = \dfrac{\mathrm{i}}{2k_z}\exp(-\mathrm{i}\overline{\boldsymbol{k}}\cdot\overline{\boldsymbol{x}}_0 + \mathrm{i}k_z z_0), z_0 > z\end{cases} \tag{23.96}$$

散射场 $\psi_s(\bar{\boldsymbol{r}})$ 表示为

$$\psi_s(\bar{\boldsymbol{r}}) = \frac{1}{(2\pi)^2}\int\overline{\boldsymbol{\psi}}_s(\overline{\boldsymbol{k}})\mathrm{e}^{\mathrm{i}\overline{\boldsymbol{k}}\cdot\overline{\boldsymbol{x}}+\mathrm{i}k_z z}\mathrm{d}k \tag{23.97}$$

散射场 $\psi_s(\bar{\boldsymbol{r}})$ 被假定为上行波，这被称为“瑞利假说”。事实上，只有当 z 大于表面最高点时，这种上行波才成立。在表面的最高点和最低点之间，波应包括上行波和下行波（图 23.12）。

对于正弦曲面，如果最大斜率小于 0.448，则瑞利假设成立。在海洋表面等大多数实际情况下，最大斜率都小于 0.448，因此，可以使用瑞利假设。

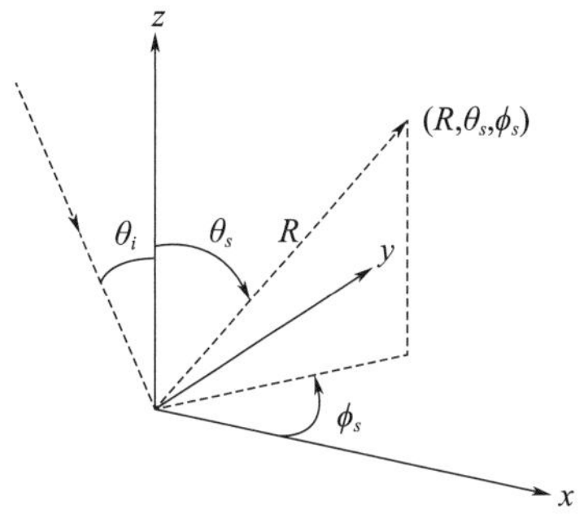

图 23.12　平面波入射方向为 $(\theta_i, \phi_i = 0)$ 时，粗糙表面 $h(x,y)$ 在 (θ_s, ϕ_s) 方向的散射

用转移算子 T（也称为散射算子）来表示散射波的频谱 $\overline{\boldsymbol{\psi}}_s(\overline{\boldsymbol{k}})$：

$$\overline{\boldsymbol{\psi}}_s(\overline{\boldsymbol{k}}) = \int T_s(\overline{\boldsymbol{k}}, \overline{\boldsymbol{k}}_i)\psi_i(\overline{\boldsymbol{k}}_i)\mathrm{d}\overline{\boldsymbol{k}}_i \tag{23.98}$$

然后使用边界条件：

$$\psi_i(\bar{\boldsymbol{r}}) + \psi_s(\bar{\boldsymbol{r}}) = 0,\text{当 } z = h \text{ 时（狄利克雷表面）} \tag{23.99}$$

因此，在 $z = h$ 时：

$$\frac{1}{(2\pi)^2}\int\overline{\boldsymbol{\psi}}_i(\overline{\boldsymbol{k}}_i)\mathrm{d}\overline{\boldsymbol{k}}_i\mathrm{e}^{-\mathrm{i}k_{zi}h+\mathrm{i}\overline{\boldsymbol{k}}_i\cdot\overline{x}} + \frac{1}{(2\pi)^2}\iint\overline{\boldsymbol{\psi}}_i(\overline{\boldsymbol{k}}_i)\mathrm{d}\overline{\boldsymbol{k}}_i T_s(\overline{\boldsymbol{k}}, \overline{\boldsymbol{k}}_i)\mathrm{e}^{\mathrm{i}k_{zi}h+\mathrm{i}\overline{\boldsymbol{k}}\cdot\overline{x}}\mathrm{d}\overline{\boldsymbol{k}} = 0 \tag{23.100}$$

现在求 $\int\mathrm{e}^{-\mathrm{i}\overline{\boldsymbol{k}}'\cdot\overline{x}}\mathrm{d}\overline{\boldsymbol{x}}$ 的傅里叶变换，得到：

$$\int\mathrm{e}^{-\mathrm{i}(\overline{\boldsymbol{k}}'-\overline{\boldsymbol{k}}_i)\cdot\overline{\boldsymbol{x}}-\mathrm{i}k_{zi}h}\mathrm{d}\overline{\boldsymbol{x}} + \int\mathrm{d}\overline{\boldsymbol{k}}T_s(\overline{\boldsymbol{k}}, \overline{\boldsymbol{k}}_i)\int\mathrm{e}^{-\mathrm{i}(\overline{\boldsymbol{k}}'-\overline{\boldsymbol{k}})\cdot\overline{\boldsymbol{x}}+\mathrm{i}k_z h}\mathrm{d}\overline{\boldsymbol{x}} = 0 \tag{23.101}$$

式(23.101)是精确的，现在需要获得不同均方根高度 $[(kh)]^{1/2}$ 和粗糙表面相关距离 ℓ 的转移算子 $T_s(\overline{\boldsymbol{k}}, \overline{\boldsymbol{k}}_i)$。

式(23.101)是关于 T_s 的积分方程，一般来说还无法求得解析解。然而，对于较小高

度 h,可以使用扰动法得到一个解,且保留到 $k_z h$ 的一阶。

$$\exp(\mathrm{i}k_z h) = 1 + \mathrm{i}k_z h + \cdots \tag{23.102}$$

然后得到:

$$\int \mathrm{e}^{-\mathrm{i}(\bar{\boldsymbol{k}}'-\bar{\boldsymbol{k}}_i)\cdot\bar{\boldsymbol{x}}}(1 - \mathrm{i}k_z h + \cdots)\mathrm{d}\bar{\boldsymbol{x}} + \int \mathrm{d}\bar{\boldsymbol{k}} T_s(\bar{\boldsymbol{k}},\bar{\boldsymbol{k}}_i)\int \mathrm{d}\bar{\boldsymbol{x}}\mathrm{e}^{-\mathrm{i}(\bar{\boldsymbol{k}}'-\bar{\boldsymbol{k}})\cdot\bar{\boldsymbol{x}}}(1 + \mathrm{i}k_z h + \cdots) = 0 \tag{23.103}$$

如果令 $\overline{\boldsymbol{H}}$ 是 $h(x,y)$ 的傅里叶变换,则有

$$\overline{\boldsymbol{H}}(\bar{\boldsymbol{k}}) = \int h\mathrm{e}^{-\mathrm{i}\bar{\boldsymbol{k}}\cdot\bar{\boldsymbol{x}}}\mathrm{d}\bar{\boldsymbol{x}} \tag{23.104}$$

把式(23.104)代入式(23.103)得到:

$$(2\pi)^2\delta(\bar{\boldsymbol{k}}' - \bar{\boldsymbol{k}}_i) - \mathrm{i}k_{zi}\overline{\boldsymbol{H}}(\bar{\boldsymbol{k}}' - \bar{\boldsymbol{k}}_i) + (2\pi)^2 T_s(\bar{\boldsymbol{k}}',\bar{\boldsymbol{k}}_i) + \int \mathrm{d}\bar{\boldsymbol{k}} T_s(\bar{\boldsymbol{k}},\bar{\boldsymbol{k}}_i)\mathrm{i}k_z\overline{\boldsymbol{H}}(\bar{\boldsymbol{k}}' - \bar{\boldsymbol{k}}) = 0 \tag{23.105}$$

$\widetilde{\boldsymbol{H}}(\bar{\boldsymbol{k}}) \sim \varepsilon$(值很小),得到表达式:

$$T_s = T_{s0} + \varepsilon T_{s1} + \varepsilon^2 T_{s2} + \cdots \tag{23.106}$$

将式(23.106)代入式(23.105),得到零阶:$\delta(\bar{\boldsymbol{k}}' - \bar{\boldsymbol{k}}_i) + T_{s0}(\bar{\boldsymbol{k}}',\bar{\boldsymbol{k}}_i) = 0$。

由此得到:

$$T_{s0}(\bar{\boldsymbol{k}}',\bar{\boldsymbol{k}}_i) = -\delta(\bar{\boldsymbol{k}}' - \bar{\boldsymbol{k}}_i) \tag{23.107}$$

类似地,对于一阶得到①:

$$-\mathrm{i}k_{zi}\overline{\boldsymbol{H}}(\bar{\boldsymbol{k}}' - \bar{\boldsymbol{k}}_i) + (2\pi)^2 T_{s1}(\bar{\boldsymbol{k}}',\bar{\boldsymbol{k}}_i) - \mathrm{i}k_{zi}\overline{\boldsymbol{H}}(\bar{\boldsymbol{k}}' - \bar{\boldsymbol{k}}_i) = 0$$

推导得到:

$$T_{s1}(\bar{\boldsymbol{k}}',\bar{\boldsymbol{k}}_i) = \frac{\mathrm{i}2k_{zi}\overline{\boldsymbol{H}}(\bar{\boldsymbol{k}}' - \bar{\boldsymbol{k}}_i)}{(2\pi)^2} \tag{23.108}$$

粗糙表面高度 $h(x,y)$ 是一个随机函数,因此,它的傅里叶变换 H 也是随机的。现在讨论散射波的一阶矩和二阶矩。相干散射波表示为

$$\langle\psi_s(\bar{\boldsymbol{r}})\rangle = \frac{1}{(2\pi)^2}\int\langle\psi_s(\bar{\boldsymbol{k}})\rangle\mathrm{e}^{\mathrm{i}\bar{\boldsymbol{k}}\cdot\bar{\boldsymbol{x}}+\mathrm{i}k_z z}\mathrm{d}\bar{\boldsymbol{k}} \tag{23.109}$$

需要注意到 $\langle H\rangle = 0$,则有

$$\begin{aligned}\langle\psi_s(\bar{\boldsymbol{k}})\rangle &= (2\pi)^2\langle T_s(\bar{\boldsymbol{k}},\bar{\boldsymbol{k}}_i)\rangle \\ &= (2\pi)^2 T_{s0}(\bar{\boldsymbol{k}},\bar{\boldsymbol{k}}_i) \\ &= -(2\pi)^2\delta(\bar{\boldsymbol{k}}' - \bar{\boldsymbol{k}}_i)\end{aligned} \tag{23.110}$$

式中:$\langle T_s\rangle = T_{s0}$。

相干散射波由式(23.104)的傅里叶逆变换表示:

$$\langle\psi_s(\bar{\boldsymbol{r}})\rangle = -\mathrm{e}^{\mathrm{i}\bar{k}_i\cdot\bar{x}+\mathrm{i}k_{zi}z} \tag{23.111}$$

这是散射方向为(θ_i,ϕ_i)的平面波,如式(23.95)所示。

接下来讨论非相干散射波,可表示为

---

① 译者注:根据公式推导,将式中的 $\boldsymbol{k}_i$ 更正为 $\bar{\boldsymbol{k}}_i$。

$$
\begin{aligned}
\psi_f(\bar{\boldsymbol{r}}) &= \psi_s(\bar{\boldsymbol{r}}) - \langle \psi_s(\bar{\boldsymbol{r}}) \rangle \\
&= \frac{1}{(2\pi)^2}\int [\overline{\boldsymbol{\psi}}_s(\bar{\boldsymbol{k}}) - \langle \overline{\boldsymbol{\psi}}_s(\bar{\boldsymbol{k}}) \rangle] \mathrm{e}^{\mathrm{i}\bar{\boldsymbol{k}}\cdot\bar{\boldsymbol{x}}+\mathrm{i}k_z z}\mathrm{d}\bar{\boldsymbol{k}} \\
&= \frac{1}{(2\pi)^2}\int (2\pi)^2 T_{s1}(k)\mathrm{e}^{\mathrm{i}\bar{\boldsymbol{k}}\cdot\bar{\boldsymbol{x}}+\mathrm{i}k_z z}\mathrm{d}k
\end{aligned}
\tag{23.112}
$$

式中：

$$
\begin{aligned}
T_{s1} &= T_s - \langle T_s \rangle \\
&= \frac{\mathrm{i}2k_{zi}\overline{\boldsymbol{H}}(\bar{\boldsymbol{k}}' - \bar{\boldsymbol{k}}_i)}{(2\pi)^2}
\end{aligned}
$$

对于远场：

$$
\begin{aligned}
\psi_f(\bar{\boldsymbol{r}}) &= \frac{1}{(2\pi)^2}\int \overline{\boldsymbol{\psi}}_f(\bar{\boldsymbol{k}})\mathrm{e}^{\mathrm{i}\bar{\boldsymbol{k}}\cdot\bar{\boldsymbol{x}}+\mathrm{i}k_z z}\mathrm{d}k \\
&= [-\mathrm{i}2k_z\overline{\boldsymbol{\psi}}_f(\bar{\boldsymbol{k}}_s)]\frac{\mathrm{e}^{\mathrm{i}kR}}{4\pi R}
\end{aligned}
\tag{23.113}
$$

式中：

$$
\begin{aligned}
\bar{\boldsymbol{k}}_s &= k\sin\theta\cos\phi\hat{\boldsymbol{x}} + k\sin\theta\sin\phi\hat{\boldsymbol{y}}, \\
k_z &= k\cos\theta, \\
\overline{\boldsymbol{\psi}}_s(\bar{\boldsymbol{k}}_s) &= (2\pi)^2 T_{s1}(\bar{\boldsymbol{k}}_s)
\end{aligned}
$$

因此，得到了粗糙表面单位面积的散射截面。

$$
\begin{aligned}
\sigma^0 &= \frac{4\pi R^2\langle |\psi_f(\bar{\boldsymbol{r}})|^2\rangle}{|\psi_i|^2\mathrm{d}\bar{\boldsymbol{x}}_c} = \frac{k_z^2(2\pi)^4}{\pi}\frac{\langle |T_{s1}|^2\rangle}{\mathrm{d}\bar{\boldsymbol{x}}_c} \\
&= \frac{4k_z^2k_{zi}^2}{\pi}\int \langle h(\bar{\boldsymbol{x}})h(\bar{\boldsymbol{x}}')\rangle \mathrm{e}^{-\mathrm{i}(\bar{\boldsymbol{k}}-\bar{\boldsymbol{k}}_i)\cdot\bar{\boldsymbol{x}}_d}\mathrm{d}x_d \\
&= \frac{4k_z^2k_{zi}^2}{\pi}W(\bar{\boldsymbol{k}},\bar{\boldsymbol{k}}_i)
\end{aligned}
\tag{23.114}
$$

式中：$[H(\bar{\boldsymbol{k}} - \bar{\boldsymbol{k}}_i)]^2 = W(\bar{\boldsymbol{k}} - \bar{\boldsymbol{k}}_i)\mathrm{d}\bar{\boldsymbol{x}}_c$。

需要注意的是，$W(\bar{\boldsymbol{k}} - \bar{\boldsymbol{k}}_i)$是表面高度相关函数的傅里叶变换。如果相关函数为高斯函数，则可以得到：

$$
\begin{cases}
\langle h(x,y)h(x',y')\rangle = \langle h^2\rangle\exp\left[-\dfrac{|\bar{\boldsymbol{x}} - \bar{\boldsymbol{x}}'|^2}{l^2}\right] \\
W(\bar{\boldsymbol{k}} - \bar{\boldsymbol{k}}_i) = \langle h^2\rangle(\pi l^2)\exp\left[\dfrac{|\bar{\boldsymbol{k}} - \bar{\boldsymbol{k}}_i|^2 l^2}{4}\right]
\end{cases}
\tag{23.115}
$$

式中：$[\langle h^2\rangle]^{1/2}$为粗糙表面高度的均方根；$l$ 为相关距离；且有

$$
\begin{cases}
\bar{\boldsymbol{k}} = k\sin\theta\cos\phi\hat{\boldsymbol{x}} + k\sin\theta\sin\phi\hat{\boldsymbol{y}} \\
\bar{\boldsymbol{k}}_i = k\sin\theta_i\cos\phi_i\hat{\boldsymbol{x}} + k\sin\theta_i\sin\phi_i\hat{\boldsymbol{y}}
\end{cases}
$$

接下来，我们将讨论具有诺依曼边界条件的粗糙表面。

$$\frac{\partial}{\partial n}\psi_i + \frac{\partial}{\partial n}\psi_s = 0\text{，在 } z = h \text{ 处} \tag{23.116}$$

求解粗糙表面单位面积散射截面的过程与本节中讨论的狄利克雷表面相似。区别如下：

$$\begin{cases} \dfrac{\partial}{\partial n} = \hat{\boldsymbol{N}} \cdot \nabla \\ \hat{\boldsymbol{N}} = \dfrac{-\dfrac{\partial h}{\partial x}\hat{\boldsymbol{x}} - \dfrac{\partial h}{\partial y}\hat{\boldsymbol{y}} + \hat{\boldsymbol{z}}}{\left[1 + \left(\dfrac{\partial h}{\partial x}\right)^2 + \left(\dfrac{\partial h}{\partial y}\right)^2\right]^{\frac{1}{2}}} \\ \dfrac{\partial}{\partial n} = -\dfrac{\partial h}{\partial x}\dfrac{\partial}{\partial x} - \dfrac{\partial h}{\partial y}\dfrac{\partial}{\partial y} + \dfrac{\partial}{\partial z} + \varepsilon^2 + \cdots \end{cases} \tag{23.117}$$

式中：$\hat{\boldsymbol{N}}$ 为垂直于曲面的单位向量；ε 很小，表示很小的高度（$h \sim \varepsilon$）和很小的斜率（$\partial h/\partial x \sim \varepsilon$，$\partial h/\partial y \sim \varepsilon$）。

$$\begin{cases} \dfrac{\partial}{\partial n}\psi_i = \displaystyle\int \overline{\boldsymbol{\psi}}_i(k)(-\mathrm{i}k_z - \mathrm{i}\overline{\boldsymbol{k}} \cdot \nabla_t h)\,\mathrm{e}^{\mathrm{i}\overline{\boldsymbol{k}}\cdot\overline{\boldsymbol{x}} - \mathrm{i}k_z h}\mathrm{d}\overline{\boldsymbol{k}} \\ \dfrac{\partial}{\partial n}\psi_s = \displaystyle\int \mathrm{d}\overline{\boldsymbol{k}}_i T_s(\overline{\boldsymbol{k}}, \overline{\boldsymbol{k}}_i)\overline{\boldsymbol{\psi}}_i(k)(\mathrm{i}k_z - \mathrm{i}\overline{\boldsymbol{k}} \cdot \nabla_t h)\,\mathrm{e}^{\mathrm{i}\overline{\boldsymbol{k}}\cdot\overline{\boldsymbol{x}} + \mathrm{i}k_z h}\mathrm{d}\overline{\boldsymbol{k}} \end{cases} \tag{23.118}$$

根据本节讨论的扰动过程得到：

$$T_{s_1}(\overline{\boldsymbol{k}}, \overline{\boldsymbol{k}}_i) = \frac{1}{\mathrm{i}k_z(2\pi)^2} 2(k^2 - \overline{\boldsymbol{k}}_i \cdot \overline{\boldsymbol{k}})\overline{\boldsymbol{H}}(\overline{\boldsymbol{k}} - \overline{\boldsymbol{k}}_i)$$

由此，得到了诺依曼边界条件的粗糙表面单位面积的散射截面：

$$\sigma^0 = \frac{k_z^2(2\pi)^4}{\pi}\frac{\langle T_{s1} T_{s1}^* \rangle}{\mathrm{d}\overline{\boldsymbol{x}}_c} = \frac{4}{\pi}|k^2 - \overline{\boldsymbol{k}}_i \cdot \overline{\boldsymbol{k}}|^2 W(\overline{\boldsymbol{k}} - \overline{\boldsymbol{k}}_i) \tag{23.119}$$

23.15 两种介质之间粗糙界面的散射

23.14 节中关于狄利克雷和诺依曼粗糙表面的扰动理论可以扩展到双介质问题。用瑞利假设来表示入射、散射和透射波。

$$\begin{cases} \psi_i(\overline{\boldsymbol{r}}) = \dfrac{1}{(2\pi)^2}\displaystyle\int \mathrm{d}\overline{\boldsymbol{k}}\,\overline{\boldsymbol{\psi}}_i(k)\,\mathrm{e}^{-\mathrm{i}k_{zi}z + \mathrm{i}\overline{\boldsymbol{k}}_i\cdot\overline{\boldsymbol{x}}} \\ \psi_s(\overline{\boldsymbol{r}}) = \dfrac{1}{(2\pi)^2}\displaystyle\int \mathrm{d}\overline{\boldsymbol{k}}_i \int \mathrm{d}\overline{\boldsymbol{k}} T_s(\overline{\boldsymbol{k}}, \overline{\boldsymbol{k}}_i)\overline{\boldsymbol{\psi}}_i(\overline{\boldsymbol{k}}_i)\,\mathrm{e}^{\mathrm{i}k_{z1}z + \mathrm{i}\overline{\boldsymbol{k}}\cdot\overline{\boldsymbol{x}}} \\ \psi_t(\overline{\boldsymbol{r}}) = \dfrac{1}{(2\pi)^2}\displaystyle\int \mathrm{d}\overline{\boldsymbol{k}}_i \int \mathrm{d}\overline{\boldsymbol{k}} T_t(\overline{\boldsymbol{k}}, \overline{\boldsymbol{k}}_i)\overline{\boldsymbol{\psi}}_i(\overline{\boldsymbol{k}}_i)\,\mathrm{e}^{-\mathrm{i}k_{z2}z + \mathrm{i}\overline{\boldsymbol{k}}\cdot\overline{\boldsymbol{x}}} \end{cases} \tag{23.120}$$

式中：T_s 和 T_t 为散射波和透射波的转移算子，且有

$$\begin{cases} k_{zi} = \sqrt{k_1^2 - k_i^2} \\ k_{z1} = \sqrt{k_1^2 - k^2} \\ k_{z2} = \sqrt{k_2^2 - k^2} \end{cases}$$

如 3.8 节所述，对于声波：$k_1=\frac{\omega}{c_1},k_2=\frac{\omega}{c_2}$。边界条件是 ψ 和 $(1/\rho_c)(\partial/\partial_n)\psi$ 的连续性。

如 3.4 节和 3.5 节所示，对于电磁波：

$$\begin{cases}k_1=k_0n_1=k_0(\mu_{r1}\varepsilon_{r1})^{1/2}\\k_2=k_0n_2=k_0(\mu_{r2}\varepsilon_{r2})^{1/2}\end{cases}$$

二维 (x,z) 问题的边界条件是 s 极化时 ψ 和 $(\partial/\partial n)\psi$ 的连续性，以及 p 极化时 ψ 和 $(1/\varepsilon)(\partial/\partial n)\psi$ 的连续性。

在本节中，我们考虑 ψ 和 $(1/\varepsilon)(\partial/\partial n)\psi$ 的连续性，采用与 23.14 节中的扰动法求解类似的步骤。零阶和一阶转移算子为

$$\begin{cases}T_s=T_{s0}+T_{s1}+\cdots\\T_t=T_{t0}+T_{t1}+\cdots\end{cases}\tag{23.121}$$

然后计算得到了零阶解。

根据 23.14 节中的扰动法，由 ψ 的连续性得到零阶转移算子 T_{s0} 和 T_{t0} 的方程。

$$\begin{cases}\delta(k'-k_i)+T_{s0}(k',k_i)=T_{t0}(k',k_i)\\k_{zi}[\delta(k'-k_i)-T_{s0}(k',k_i)]=\frac{k'_{z2}}{\varepsilon_r}T_{t0}(k',k_i)\end{cases}\tag{23.122}$$

由此得到：

$$\begin{cases}T_{s0}(\bar{\boldsymbol{k}},\bar{\boldsymbol{k}}_i)=R(k_i,k_i)\delta(\bar{\boldsymbol{k}}-\bar{\boldsymbol{k}}_i)\\T_{t0}(\bar{\boldsymbol{k}},\bar{\boldsymbol{k}}_i)=T(k_i,k_i)\delta(\bar{\boldsymbol{k}}-\bar{\boldsymbol{k}}_i)\end{cases}\tag{23.123}$$

式中：R 和 T 分别为平面界面的反射系数和透射系数。

$$\begin{cases}R(k_i,k_i)=\dfrac{(k_{z1}/\varepsilon_1)-(k_{z2}/\varepsilon_2)}{(k_{z1}/\varepsilon_1)+(k_{z2}/\varepsilon_2)}\\[2ex]T(k_i,k_i)=\dfrac{2(k_{z1}/\varepsilon_1)}{(k_{z1}/\varepsilon_1)+(k_{z2}/\varepsilon_2)}\end{cases}\tag{23.124}$$

类似地，对于一阶解得到：

$$\begin{cases}2\pi T_{s1}-2\pi T_{t1}=A(k,k_i)H(k-k_i)\\\mathrm{i}k'_{zi}2\pi T_{s1}-\frac{1}{\varepsilon_r}(-\mathrm{i}k'_{z2})2\pi T_{t1}=B(k,k_i)H(k-k_i)\end{cases}\tag{23.125}$$

由此得到了一阶转移算子：

$$\begin{cases}T_{s1}(k,k_i)=S_s(k,k_i)H(k-k_i)\\T_{t1}(k,k_i)=S_t(k,k_i)H(k-k_i)\end{cases}\tag{23.126}$$

式中：

$$S_s=\frac{\left(\frac{\mathrm{i}k_{z2}}{\varepsilon_r}A+B\right)}{\left(\frac{\mathrm{i}k_{z2}}{\varepsilon_r}+\mathrm{i}k_{zi}\right)}$$

$$S_t=\frac{B-(\mathrm{i}k_{zi}A)}{\left(\frac{\mathrm{i}k_{z2}}{\varepsilon_r}+\mathrm{i}k_{zi}\right)}$$

$$A = \mathrm{i}k_{zi} - \mathrm{i}k_{z1}R - \mathrm{i}k_{z2}T$$

$$B = -(k_i k - k_1^2)(1+R) + \frac{1}{\varepsilon_r}(k_i k - k_2^2)T$$

$$H(k' - k_i) = \int h \mathrm{e}^{-i(k'-k_i)\bar{x}} \mathrm{d}\bar{\boldsymbol{x}}$$

通过 23.14 节中的推导,我们得到了 $z>0$ 的非相干散射场 ψ_s。

$$\psi_s = \int T_{s1}(\bar{\boldsymbol{k}}, \bar{\boldsymbol{k}}_i) \mathrm{e}^{\mathrm{i}\bar{\boldsymbol{k}}\cdot\bar{\boldsymbol{x}} + \mathrm{i}k_z z} \mathrm{d}\bar{\boldsymbol{k}} \tag{23.127}$$

$z<0$ 的透射场 ψ_t 表示为

$$\psi_t = \int T_{t1}(\bar{\boldsymbol{k}}, \bar{\boldsymbol{k}}_i) \mathrm{e}^{\mathrm{i}\bar{\boldsymbol{k}}\cdot\bar{\boldsymbol{x}} - \mathrm{i}k_{z2} z} \mathrm{d}\bar{\boldsymbol{k}} \tag{23.128}$$

单位面积的散射截面为

$$\sigma_s^0 = \frac{k_z^2 (2\pi)^4}{\pi} \frac{\langle |T_{s1}|^2 \rangle}{\mathrm{d}\bar{\boldsymbol{x}}_c} \tag{23.129}$$

单位面积的透射截面为

$$\sigma_t^0 = \frac{k_{z2}^2 (2\pi)^4}{\pi} \frac{\langle |T_{t_1}|^2 \rangle}{\mathrm{d}\bar{\boldsymbol{x}}_c} \tag{23.130}$$

23.16 粗糙表面散射的基尔霍夫近似

正如我们在 23.14 节开头所述,粗糙表面散射有两种常规方法:扰动法和基尔霍夫近似。在本节中,我们将概述基尔霍夫近似法。Ishimaru(1997)对此已经进行了大量的研究,因此,我们在本节中只给出基本公式。

对于入射到粗糙表面上的平面波,其表面高度为 $h(x,y)$,这是由平均高度测量得到的,因此有

$$\langle h(x,y) \rangle = 0 \tag{23.131}$$

散射场 $\psi_s(\bar{\boldsymbol{r}})$ 由式(6.17)计算得到,即

$$\psi_s(\bar{\boldsymbol{r}}) = \int_s \left[\psi(\bar{\boldsymbol{r}}') \frac{\partial G_0(\bar{\boldsymbol{r}}, \bar{\boldsymbol{r}}')}{\partial n'} - G_0(\bar{\boldsymbol{r}}, \bar{\boldsymbol{r}}') \frac{\partial \psi(\bar{\boldsymbol{r}}')}{\partial n'} \right] \mathrm{d}s' \tag{23.132}$$

根据 6.3 节中的基尔霍夫近似,得到表面场:

$$\begin{cases} \psi_s(\bar{\boldsymbol{r}}') = (1+R_f)\psi_i(\bar{\boldsymbol{r}}') \\ \dfrac{\partial \psi(\bar{\boldsymbol{r}}')}{\partial n'} = (\mathrm{i}\bar{\boldsymbol{k}}_s \cdot \hat{\boldsymbol{N}})(-R_f)\psi_i(\bar{\boldsymbol{r}}') \end{cases} \tag{23.133}$$

式中:R_f 为 $\bar{\boldsymbol{r}}'$ 处的局部反射系数;$\hat{\boldsymbol{N}}$ 为垂直于曲面的单位向量,且

$$\begin{cases} \bar{\boldsymbol{k}}_s = (k\sin\theta_s\cos\phi_s)\hat{\boldsymbol{x}} + k(\sin\theta_s\sin\phi_s)\hat{\boldsymbol{y}} + (k\cos\theta_s)\hat{\boldsymbol{z}} \\ \bar{\boldsymbol{k}}_i = (k\sin\theta_i\cos\phi_i)\hat{\boldsymbol{x}} + k(\sin\theta_i\sin\phi_i)\hat{\boldsymbol{y}} + (k\cos\theta_i)\hat{\boldsymbol{z}} \end{cases} \tag{23.134}$$

请注意,$k_{iz} = -k\cos\theta_i$,这表明入射波为输入波。

此外，

$$\begin{cases}\hat{\boldsymbol{N}}=N_x\hat{\boldsymbol{x}}+N_y\hat{\boldsymbol{y}}+N_z\hat{\boldsymbol{z}}\\ \quad=\dfrac{-\dfrac{\partial h}{\partial x}\hat{\boldsymbol{x}}-\dfrac{\partial h}{\partial y}\hat{\boldsymbol{y}}+\hat{\boldsymbol{z}}}{\left[1+\left(\dfrac{\partial h}{\partial x}\right)^2+\left(\dfrac{\partial h}{\partial y}\right)^2\right]^{1/2}}\\ \mathrm{d}s'=\dfrac{\mathrm{d}x'\mathrm{d}y'}{N_z}\end{cases}\tag{23.135}$$

将式(23.133)和式(23.135)代入到式(23.132)，得到：

$$\psi_s(\bar{\boldsymbol{r}})=\frac{\mathrm{i}\exp(\mathrm{i}kR)}{4\pi R}\int_s(\bar{\boldsymbol{V}}R_f-\bar{\boldsymbol{W}})\cdot\hat{\boldsymbol{N}}\exp(\mathrm{i}\bar{\boldsymbol{V}}\cdot\bar{\boldsymbol{V}}')\mathrm{d}s'\tag{23.136}$$

式中：

$$\begin{cases}\bar{\boldsymbol{V}}=\bar{\boldsymbol{k}}_i-\bar{\boldsymbol{k}}_s\\ \bar{\boldsymbol{W}}=\bar{\boldsymbol{k}}_i+\bar{\boldsymbol{k}}_s\\ \bar{\boldsymbol{V}}\cdot\bar{\boldsymbol{V}}'=v_xx'+v_yy'+v_zz'\end{cases}$$

如果观测点 $r(R_s,\theta_s,\phi_s)$ 位于表面的远区，则可以对格林函数进行近似。

$$\begin{cases}G_0\cong\dfrac{\exp(\mathrm{i}kR-\mathrm{i}\bar{\boldsymbol{k}}_s\cdot\bar{\boldsymbol{r}}')}{4\pi R}\\ \dfrac{\partial G_0}{\partial n'}\cong-\mathrm{i}\bar{\boldsymbol{k}}_s\cdot\hat{\boldsymbol{N}}G_0\end{cases}$$

需要注意到：

$$\bar{\boldsymbol{V}}\cdot\hat{\boldsymbol{N}}\mathrm{d}s'=\left(-v_x\frac{\partial h}{\partial x}-v_y\frac{\partial h}{\partial y}+v_z\right)\mathrm{d}x'\mathrm{d}y'$$

$$\bar{\boldsymbol{W}}\cdot\hat{\boldsymbol{N}}\mathrm{d}s'=\left(-w_x\frac{\partial h}{\partial x}-w_y\frac{\partial h}{\partial y}+w_z\right)\mathrm{d}x'\mathrm{d}y'$$

包含$\partial h/\partial x$ 和$\partial h/\partial y$ 的积分可以用分部积分法来计算，即

$$\int\frac{\partial h}{\partial x}\mathrm{e}^{\mathrm{i}v_xx+\mathrm{i}v_zh}\mathrm{d}x'=\frac{\mathrm{e}^{\mathrm{i}v_xx+\mathrm{i}v_zh}}{\mathrm{i}v_z}\bigg|_{x_1}^{x_2}-\int\mathrm{d}x'\frac{v_x}{v_z}\mathrm{e}^{\mathrm{i}v_xx+\mathrm{i}v_zh}$$

第一项表示边缘效应，在大面积范围内较于第二项可以忽略不计。因此，可以将式(23.136)中的$\partial h/\partial x$ 替换为$(-v_x/v_z)$。同样地，把$\partial h/\partial y$ 替换为$(-v_y/v_z)$。

由近似得到：

$$\psi_s(\bar{\boldsymbol{r}})=\frac{\mathrm{i}\exp(\mathrm{i}kR)}{4\pi R}FR_f\int_s\exp(\mathrm{i}\bar{\boldsymbol{v}}\cdot\bar{\boldsymbol{r}}')\mathrm{d}x'\mathrm{d}y'\tag{23.137}$$

式中：F 表示为

$$F=\frac{\bar{\boldsymbol{V}}\cdot\bar{\boldsymbol{V}}}{v_z}=\frac{2k[1+\cos\theta_i\cos\theta_s-\sin\theta_i\sin\theta_s\cos(\phi_i-\phi_s)]}{\cos\theta_i+\cos\theta_s}$$

请注意：$\bar{\boldsymbol{V}}\cdot\bar{\boldsymbol{W}}=k_i^2-k_s^2=0$。

表面高度 h 出现在式(23.137)中的指数 v_zh 中。如果表面是平坦的，则 $h=0$ 且在镜面方向，有 $v_x=v_y=0$、$\theta_i=\theta_s$、$\phi_i=\phi_s$ 得到：

$$\psi_s(\bar{\boldsymbol{r}}) = \frac{\mathrm{i}\exp(\mathrm{i}kR)}{4\pi R}(2k\cos\theta_i)R_f\int_s \mathrm{d}x'\mathrm{d}y' \tag{23.138}$$

利用镜面反射场 ψ_0 对式(23.138)中的 ψ_s 进行归一化,得到:

$$\psi_s(\bar{\boldsymbol{r}}) = \psi_0(\bar{\boldsymbol{r}})[f]\frac{1}{S}\int_s \exp(\mathrm{i}\bar{\boldsymbol{V}}\cdot\bar{\boldsymbol{r}}')\mathrm{d}x'\mathrm{d}y' \tag{23.139}$$

式中:

$$f = \frac{F}{2k\cos\theta_i} = \frac{1+\cos\theta_i\cos\theta_s - \sin\theta_i\sin\theta_s\cos(\phi_i-\phi_s)}{\cos\theta_i[\cos\theta_i+\cos\theta_s]}$$

这是基尔霍夫近似中散射场的一般表达式。粗糙表面高度 $h(x,y)$ 在被积函数的指数中。利用式(23.137)可以得到镜面方向上的相干场:

$$\langle\psi_s(\bar{\boldsymbol{r}})\rangle = \psi_0(\bar{\boldsymbol{r}})[f]\langle \mathrm{e}^{\mathrm{i}v_z h}\rangle \tag{23.140}$$

式中:$\chi(v_z)$ 为随机高度 h 的特征函数,$\chi(v_z) = \langle \mathrm{e}^{\mathrm{i}v_z h}\rangle$。

如果高度 h 是方差为 σ_0^2 的正态分布,则概率密度函数 $W_0(h)$ 为

$$W_0(h) = \frac{1}{(2\pi)^{1/2}\sigma_0}\exp\left(-\frac{h^2}{2\sigma_0^2}\right) \tag{23.141}$$

特征函数 $\chi(v_z)$ 表示为

$$\chi(v_z) = \int_{-\infty}^{\infty} W_0(h)\exp(v_z h)\mathrm{d}h = \exp\left(-\frac{\sigma_0^2 v_z^2}{2}\right) = \exp(-2\sigma_0^2 k^2\cos^2\theta_i) \tag{23.142}$$

相干场表示为

$$\psi_s(\bar{\boldsymbol{r}}) = \psi_0(\bar{\boldsymbol{r}})\chi(v_z) = \psi_0(\bar{\boldsymbol{r}})\exp(-2\sigma_0^2 k^2\cos^2\theta_i) \tag{23.143}$$

式中:在镜面方向 $\theta_i = \theta$ 上,$[f]=1$。

$R_a = k\sigma_a\cos\theta_i$ 被称为瑞利参数。瑞利以此为标准,根据 $2R_a$ 大于还是小于 $\pi/2$ 来判断表面是粗糙还是光滑的。接下来从式(23.139)开始讨论非相干散射波。

$$\psi_s(\bar{\boldsymbol{r}}) = \psi_0(\bar{\boldsymbol{r}})[f]\frac{1}{S}\int_s \exp(\mathrm{i}\bar{\boldsymbol{V}}\cdot\bar{\boldsymbol{r}}')\mathrm{d}x'\mathrm{d}y'$$

非相干场 $\psi_d(\bar{\boldsymbol{r}})$ 表示为

$$\psi_d(\bar{\boldsymbol{r}}) = \psi_s(\bar{\boldsymbol{r}}) - \langle\psi_s(\bar{\boldsymbol{r}})\rangle \tag{23.144}$$

因此,单位面积的散射截面表示为

$$\sigma = \frac{4\pi R^2}{S}\langle|\psi_d|^2\rangle$$

由式(23.152)得到:

$$\sigma = \frac{k^2\cos^2\theta_i}{\pi}[f]^2 R_f^2 I$$

式中:

$$I = \frac{1}{S}\int_s \mathrm{d}x'\mathrm{d}y'\int_s \mathrm{d}x''\mathrm{d}y''\exp[\mathrm{i}v_x(x'-x'')+\mathrm{i}v_y(y'-y'')][\chi_2(v_z,-v_z)-|\chi(v_z)|^2]$$

$$= \int_s \mathrm{d}x_d\mathrm{d}y_d\exp[\mathrm{i}v_x x_d+\mathrm{i}v_y y_d][\chi_2(v_z,-v_z)-|\chi(v_z)|^2] \tag{23.145}$$

式中:$x_d = x'-x''$,$y_d = y'-y''$。$\chi_2(v_z,-v_z)$ 是高度函数 h 的联合特征函数。

$$\chi_2(v_z,-v_z) = \langle\exp(\mathrm{i}v_1h_1+\mathrm{i}v_2h_2)\rangle \tag{23.146}$$

假设表面在统计上是均质和各向同性的，则 $\chi(v_z, -v_z)$①仅是关于 $(x_d^2 + y_d^2)^{1/2}$ 的函数。

如果表面呈正态分布，则有②

$$\chi_2(v_z, -v_z) = \exp\{-v_z^2\sigma_0^2[1 - C(\rho)]\} \tag{23.147}$$

式中：$C(\rho)$ 为相关系数。

$$\begin{cases} h(x',y')h(x'',y'') = \sigma_0^2 C(t) \\ \rho = [(x'-x'')^2 + (y'-y'')^2]^{1/2} \end{cases} \tag{23.148}$$

下面研究以下两种情况中式(23.145)中的散射截面。首先，如果均方根高度 σ_0 很小，则可以展开得到：

$$\begin{aligned} \chi_2(v_z, -v_z) - |\chi(v_z)|^2 &= \exp[-v_z^2\sigma_0^2(1 - C(\rho))] - \exp(-v_t^2\sigma_0^2) \\ &= \exp(-v_z^2\sigma_0^2)\sum_{m=0}^{\infty}\frac{[v_z^2\sigma_0^2 C(\rho)]^m}{m!} - \exp(-v_t^2\sigma_0^2) \\ &= \exp(-v_z^2\sigma_0^2)\sum_{m=1}^{\infty}\frac{(v_z^2\sigma_0^2)^m}{m!}\exp\left(-m\frac{x_d^2}{\ell^2}\right) \end{aligned} \tag{23.149}$$

这里使用了高斯相关函数 $C(\rho) = \exp(-x_d^2/\ell^2)$。

将式(23.149)代入到式(23.145)，得到：

$$I = \exp(-v_z^2\sigma_0^2)\sum_{m=1}^{\infty}\frac{(v_z^2\sigma_0^2)^m}{m!}\frac{\pi\ell^2}{m}\exp\left(-\frac{v^2\ell^2}{4m}\right) \tag{23.150}$$

式中：

$$\begin{aligned} v_z^2 &= k^2(\cos\theta_i + \cos\theta_s)^2 \\ v^2 &= v_x^2 + v_y^2 \\ &= k^2[(\sin\theta_s\cos\phi_s - \sin\theta_i)^2 + \sin^2\theta_s\sin^2\phi_s] \\ &= k^2[\sin^2\theta_s + \sin^2\theta_i - 2\sin\theta_s\sin\theta_i\cos\phi_s] \end{aligned}$$

当 $v_z^2\sigma_0^2 \gg 1$，式(23.150)中的级数是发散的。对非常粗糙的曲面使用下面的近似：

$$\begin{cases} \chi_2(v_z, -v_z) - |\chi(v_z)|^2 \approx \chi_2(v_z, -v_z) \\ \exp[-v_z^2\sigma_0^2(1 - C(\rho))] \approx \exp(-v_z^2\sigma_0^2(\rho^2/\ell^2)) \end{cases} \tag{23.151}$$

然后得到：

$$\begin{cases} \sigma = \dfrac{k^2\cos^2\theta_i}{\pi}f^2 R_f^2 I \\ I \approx \dfrac{\pi\ell^2}{v_z^2\sigma_0^2}\exp\left(-\dfrac{v^2\ell^2}{4v_z^2\sigma_0^2}\right) \end{cases} \tag{23.152}$$

式中：$v^2 = v_x^2 + v_y^2$。

---

① 译者注：根据上下文，将 $\chi(v_1, -v_2)$ 更正为 $\chi(v_z, -v_z)$。

② 译者注：根据上下文，将 $\chi(v_{z1} - v_z)$ 更正为 $\chi_2(v_{z1}, -v_z)$。

23.17 粗糙表面散射波的频率、角关联及记忆效应

在 23.14 节中,我们讨论了粗糙表面散射波的常规扰动解。对于狄利克雷表面,用式(23.114)表示表面单位面积的散射截面;对于诺依曼表面,用式(23.119)表示表面单位面积的散射截面。如式(23.94)和式(23.95)所示,当波从 $\bar{\boldsymbol{K}}_i$ 方向入射时,$\bar{\boldsymbol{K}}$ 方向上的散射功率为

$$
\begin{cases}
\bar{\boldsymbol{k}} = k\sin\theta\cos\phi\hat{\boldsymbol{x}} + k\sin\theta\sin\phi\hat{\boldsymbol{y}} \\
\bar{\boldsymbol{k}}_i = k\sin\theta_i\cos\phi_i\hat{\boldsymbol{x}} + k\sin\theta_i\sin\phi_i\hat{\boldsymbol{y}}
\end{cases}
\tag{23.153}
$$

下面讨论一种更普遍的情况,即两个入射波来自 $\bar{\boldsymbol{k}}_i$ 和 $\bar{\boldsymbol{k}}_i'$ 方向,而散射波在 $\bar{\boldsymbol{k}}$ 和 $\bar{\boldsymbol{k}}'$方向上被观测到(图 23.13)。

下面讨论散射波 $\psi_s(\bar{\boldsymbol{k}})$ 和 $\psi_s^*(\bar{\boldsymbol{k}}')$ 的相关性。对于狄利克雷粗糙表面,相关性可以表示为粗糙表面照射区域 W_0^2 的散射相关截面。我们将看到,所得到的相关截面取决于照射面积,而不是 23.16 节所示的单位面积截面。

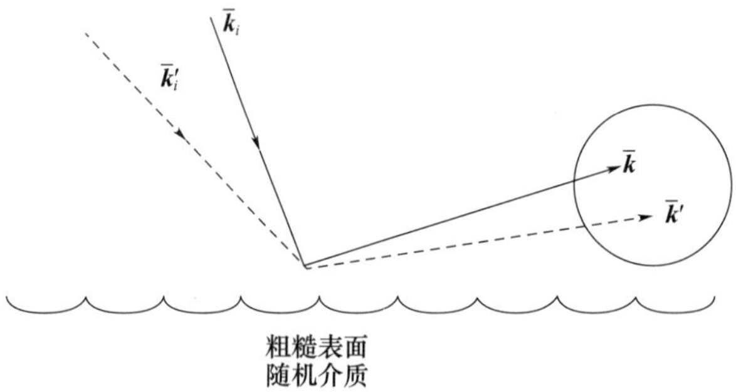

图 23.13 $\bar{\boldsymbol{k}}_i$ 和 $\bar{\boldsymbol{k}}_i'$方向的两个波入射到粗糙表面上,分别产生 $\bar{\boldsymbol{k}}$ 和 $\bar{\boldsymbol{k}}'$方向的散射波。需要考虑 $\bar{\boldsymbol{k}}$ 和 $\bar{\boldsymbol{k}}'$方向上波的相关性

根据式(23.114)可以得到以下粗糙表面照射面积 W_0^2 的散射相关截面。对于狄利克雷曲面:

$$
\sigma_c^0(\bar{\boldsymbol{k}}_i,\bar{\boldsymbol{k}}_i',\bar{\boldsymbol{k}},\bar{\boldsymbol{k}}') = \frac{4\pi R^2\psi_{f1}\psi_{f1}^*}{\psi_i\psi_i^*}
\tag{23.154}
$$

式中:ψ_{f1} 为来自 $\bar{\boldsymbol{k}}_i$ 方向的入射波 ψ_i 产生的沿 $\bar{\boldsymbol{k}}$ 方向的非相干散射波,ψ_{f1}^* 为来自 $\bar{\boldsymbol{k}}_i$ 方向的入射波 ψ_i^* 产生的沿 $\bar{\boldsymbol{k}}'$方向的非相干散射波。

根据式(23.114),得到:

$$
\sigma_c^0 = \frac{4k_z k_z' k_{zi} k_{zi}'}{\pi} W_c
\tag{23.155}
$$

式中:$W_c = \iint h(\bar{\boldsymbol{x}})h(\bar{\boldsymbol{x}}')\exp(-\mathrm{i}\bar{\boldsymbol{v}}\cdot\bar{\boldsymbol{x}} + \mathrm{i}\bar{\boldsymbol{v}}'\cdot\bar{\boldsymbol{x}}')\mathrm{d}\bar{\boldsymbol{x}}\mathrm{d}\bar{\boldsymbol{x}}'$,$\bar{\boldsymbol{v}} = \bar{\boldsymbol{k}} - \bar{\boldsymbol{k}}_i$,$\bar{\boldsymbol{v}}' = \bar{\boldsymbol{k}}' - \bar{\boldsymbol{k}}_i'$。

现在使用重心 $\bar{\boldsymbol{x}}_c$ 和差值 $\bar{\boldsymbol{x}}_d$,$\bar{\boldsymbol{v}}_c$ 和 $\bar{\boldsymbol{v}}_d$。

$$\begin{cases}\bar{\boldsymbol{x}}_c=\dfrac{1}{2}(\bar{\boldsymbol{x}}+\bar{\boldsymbol{x}}')\\ \bar{\boldsymbol{x}}_d=\bar{\boldsymbol{x}}-\bar{\boldsymbol{x}}'\\ \bar{\boldsymbol{v}}_c=\dfrac{1}{2}(\bar{\boldsymbol{v}}+\bar{\boldsymbol{v}}')\\ \bar{\boldsymbol{v}}_d=\bar{\boldsymbol{v}}-\bar{\boldsymbol{v}}_d\end{cases}\tag{23.156}$$

同时，假设高度 h 为正态分布，得到：

$$\langle h(\bar{\boldsymbol{x}})h(\bar{\boldsymbol{x}}')\rangle=\langle h^2\rangle\exp\left[-\frac{x_d^2}{\ell^2}\right]\tag{23.157}$$

然后可以将 W_c 重新表示为

$$\begin{cases}W_c=\iint h^2\exp\left(-\dfrac{x_d^2}{\ell^2}\right)\exp(-\mathrm{i}\bar{\boldsymbol{v}}_c\cdot\bar{\boldsymbol{x}}_d+\mathrm{i}\bar{\boldsymbol{v}}_d\cdot\bar{\boldsymbol{x}}_c)\mathrm{d}\bar{\boldsymbol{x}}_d\mathrm{d}\bar{\boldsymbol{x}}_c\\ \quad=h^2W_1W_2\\ W_1=\int\mathrm{e}^{-\frac{x_d^2}{\ell^2}-\mathrm{i}\bar{\boldsymbol{v}}_c\cdot\bar{\boldsymbol{x}}_d}\mathrm{d}\bar{\boldsymbol{x}}_d\\ \quad=\pi\ell^2\exp\left(-\dfrac{v_c^2\ell^2}{4}\right)\\ \quad=\pi\ell^2\exp\left[-|(\bar{\boldsymbol{k}}-\bar{\boldsymbol{k}}_i)+(\bar{\boldsymbol{k}}'-\bar{\boldsymbol{k}}_i')|^2(\ell^2/4)\right]\\ W_2=\int\mathrm{e}^{-\mathrm{i}\bar{\boldsymbol{v}}_d\cdot\bar{\boldsymbol{c}}_c}\mathrm{d}\bar{\boldsymbol{x}}_c\\ \quad=(2\pi)^2\delta\left[(\bar{\boldsymbol{k}}-\bar{\boldsymbol{k}}_i)_x+(\bar{\boldsymbol{k}}'-\bar{\boldsymbol{k}}_i')_x\right]\delta\left[(\bar{\boldsymbol{k}}-\bar{\boldsymbol{k}}_i)_y+(\bar{\boldsymbol{k}}'-\bar{\boldsymbol{k}}_i')_y\right]\end{cases}$$

(23.158)

如果考虑 W_0^2 的照射面积，则得到：

$$\begin{aligned}W_2&=\int\mathrm{e}^{-\frac{x_c^2}{W_0^2}-\mathrm{i}\bar{\boldsymbol{V}}_d\cdot\bar{\boldsymbol{x}}_c}\mathrm{d}\bar{\boldsymbol{x}}_c\\&=\pi W_0^2\exp\left[-|(\bar{\boldsymbol{k}}-\bar{\boldsymbol{k}}_i)+(\bar{\boldsymbol{k}}'-\bar{\boldsymbol{k}}_i')|^2(W_0^2/4)\right]\end{aligned}\tag{23.159}$$

式(23.155)、式(23.158)和式(23.159)表示图 23.13 所示的散射场相关性。为了阐明这种相关性的意义，下面讨论式(23.120)中 $\phi_i=\phi=0$ 的特殊情况。

$$\begin{cases}\bar{\boldsymbol{k}}=k\sin\theta\hat{\boldsymbol{x}}\\ \bar{\boldsymbol{k}}_i=k\sin\theta_i\hat{\boldsymbol{x}}\end{cases}\tag{23.160}$$

式(23.158)中的 W_1 和 W_2 表示为

$$\begin{cases}W_1=\pi\ell^2\exp\left[-|(\bar{\boldsymbol{k}}-\bar{\boldsymbol{k}}_i)+(\bar{\boldsymbol{k}}'-\bar{\boldsymbol{k}}_i')|^2(\ell^2/4)\right]\\ W_2=\pi W_0^2\exp\left[-|(\bar{\boldsymbol{k}}-\bar{\boldsymbol{k}}_i)+(\bar{\boldsymbol{k}}'-\bar{\boldsymbol{k}}_i')|^2(W_0^2/4)\right]\end{cases}\tag{23.161}$$

用 $k=k'$来检验 W_2。W_2 出现峰值时：

$$\sin\theta-\sin\theta_i=\sin\theta'-\sin\theta_i'\tag{23.162}$$

由图23.14和图23.15中可以看到$k=k'$的散射场情况,图23.16展示了当$k\neq k'$时的记忆线。

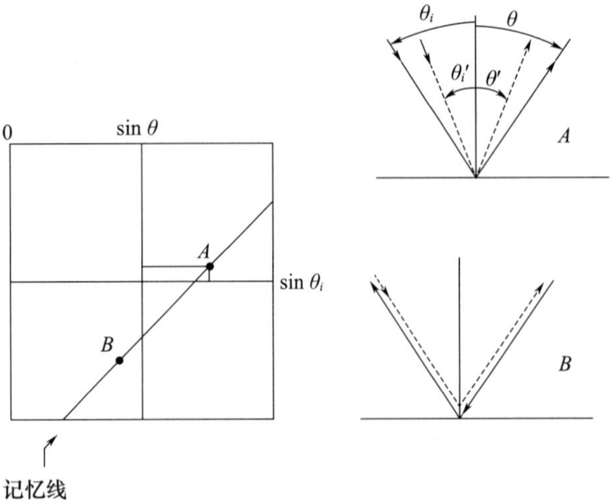

图23.14　相关性达到峰值的记忆线(线宽约为(λ/W_0),W_0为照射尺寸)

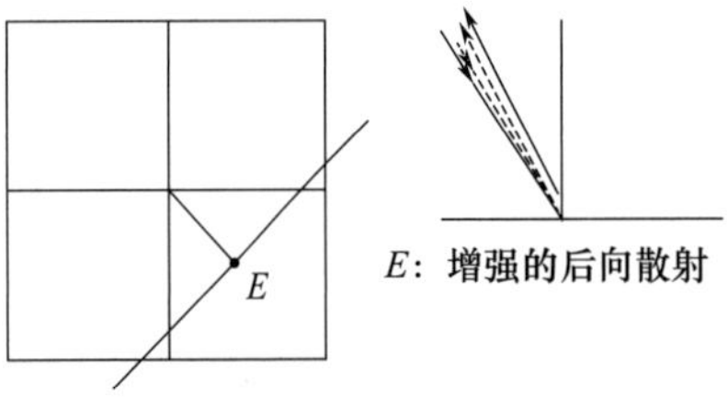

图23.15　增强的后向散射

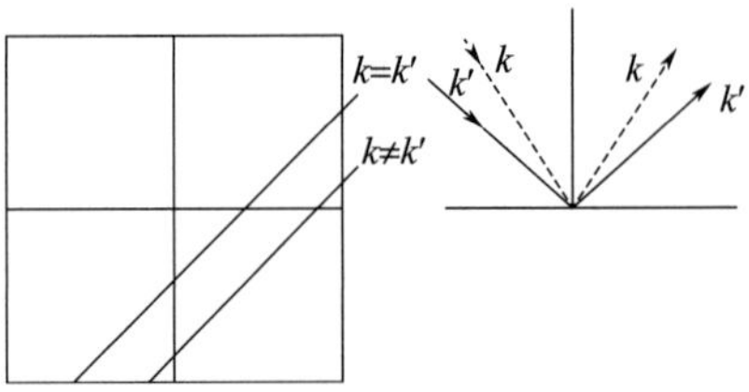

图23.16　当$k\neq k'$时的记忆线

这被称为"记忆效应",表明即使在多次散射条件下,散射波也能"记住"入射波的方向。这些图显示了粗糙表面散射的扰动理论下的部分记忆效应。但记忆效应比这里展示的更为普遍。该效应最初是由Feng(1985)提出的,并得到了广泛的研究。

第24章

多重散射中的相干性与图解法

当波在随机介质(如湍流、雨、雾或生物介质)中传播时,波会经历多次散射,从而导致振幅和相位的随机变化。因此,通常认为散射波大多是不相干的,而在后向散射的波一般也是不相干的,并且或多或少向各个方向散射。这种传统观点与辐射传输理论相一致,并得到证实。

令人惊讶的是,在对悬浮在水中的许多微型乳胶球进行光束入射的光学实验中,在后向散射中观察到一个尖锐的峰值。Kuga 和 Ishimaru(1984)的光学实验以及 Tsang 和 Ishimaru(1984)的理论解释是早期报道"相干后向散射"或"增强后向散射"的实验和理论解释的几部著作之一。它是弱安德森局域化的光学等效形式,Anderson(1958)讨论过这一现象,以解释无序介质中多重散射中没有电子扩散的原因。

可以在许多工程领域发现增强后向散射,包括粒子、粗糙表面和湍流的散射。这与"逆反射比"或"反向"效应有关,且土壤和植被中存在增强后向散射。本章将介绍"后向散射增强"。Ishimaru(1991)提供了一些历史资料和补充说明。

24.1 湍流中增强的雷达横截面

雷达横截面(radar cross section,RCS)在湍流中增加似乎令人惊讶,因为我们的传统观点可能认为 RCS 会在湍流中减小。然而,已经对这种增加在理论上进行了研究,指出湍流中的后向散射强度与四阶矩成正比,大约是多重散射强度的两倍。实验也验证了这一点。在本节中,我们将概述湍流中增强后向散射的基本思想。

考虑湍流中的物体(图24.1)。雷达方程为

$$P_r = P_t \frac{\lambda^2 G^2}{(4\pi)^3 R^4} \sigma_{ap} \tag{24.1}$$

视在目标 RCS σ_{ap} 与实际的 RCS σ_b 不同,可以表示为

$$\sigma_{ap} = \sigma_b \langle |e_u e_d|^2 \rangle \tag{24.2}$$

式中:e_u 为上行链路上的归一化随机场,e_d 是下行链路上的归一化随机场。注意,在没有

湍流时，$\langle e_u \rangle = \langle e_d \rangle = 1$。同时，由于互易性，有 $e_u = e_d = e$，且有

$$\sigma_{ap} = \sigma_b \langle |e|^4 \rangle \tag{24.3}$$

如果湍流中的场是瑞利分布，则有

$$\langle |e|^4 \rangle = \langle I^2 \rangle \tag{24.4}$$

式中：$I = |e|^2$ 为归一化强度。

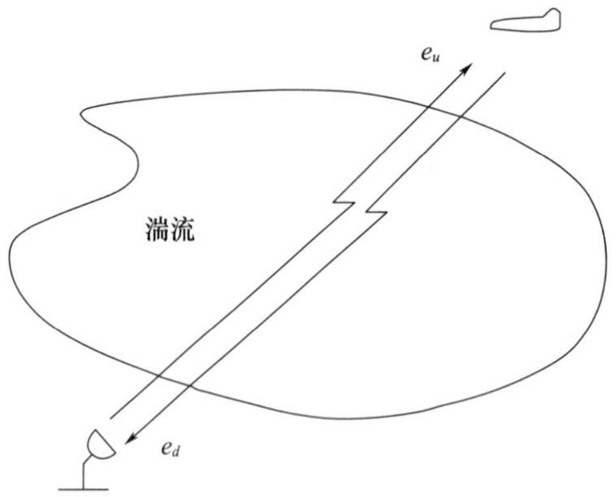

图 24.1　由于上行场和下行场之间的相关性，RCS 增强系数从 1 到 2（瑞利）到 3 不等，闪烁指数从 0 到 5（瑞利）到 10.7 不等

对于瑞利分布：

$$\langle I^N \rangle = \langle N! \rangle \langle I \rangle^N \tag{24.5}$$

因此得到：

$$\langle |e^4| \rangle = 2\langle |e|^2 \rangle \tag{24.6}$$

视在 RCS 表示为

$$\sigma_{ap} = 2\sigma_b \tag{24.7}$$

这表明 RCS 是实际横截面的两倍。闪烁指数 S_4^2 为

$$S_4^2 = \frac{\langle (I^2 - \langle I^2 \rangle)^2 \rangle}{\langle I^2 \rangle^2} = \frac{\langle I^4 \rangle - \langle I^2 \rangle^2}{\langle I^2 \rangle^2} \tag{24.8}$$

对于瑞利分布，根据式（24.5）得到：

$$S_4^2 = \frac{4! - 2^2}{2^2} = 5 \tag{24.9}$$

综上可知，视在截面是实际截面的两倍，假设为瑞利分布，则闪烁指数为 5。Knepp 和 Houpis（1991）发现了增强 RCS 和闪烁指数的实验证据。

瑞利分布是湍流中波的典型分布，但更普遍的分布可以用 Nakagami－m 分布（1960）来更好地表示，其中 m 的范围从 0.5 到 1（瑞利）→∞。则视在截面范围从 3 到 2（瑞利）到 1，闪烁指数范围从 32/3 到 5（瑞利）到 0。Fremouw 和 Ishimaru（1992）对其进行了更完整的研究。

关于湍流导致的增强后向散射，可能涉及有关功率守恒关系的问题。功率守恒要求增强的后向散射功率需要通过功率的降低来平衡。在本书的例子中，功率的降低出现在

偏离单站方向上,这种功率的降低应该在偏离后向散射角的方向上观察到,其中上行波和下行波之间的相关性可能为负。

24.2　粗糙表面的增强后向散射

已经有一种近似理论来解释这种现象增强后向散射不仅会发生在湍流中,也会发生在粗糙表面上。对于粗糙表面散射,有两种明显的增强现象,如图 24.2 中的 E 和 SE 所示。E 适用于均方根高度接近波长,且斜率也接近 1。在这种情况下,从倾斜表面散射出的两个波在后向上发生相长干涉,产生增强峰。角宽度很宽,且与斜率近似成正比(图 24.3),即通过利用一阶和二阶基尔霍夫近似值以及阴影校正(Ishimaru,Chen,1991)。

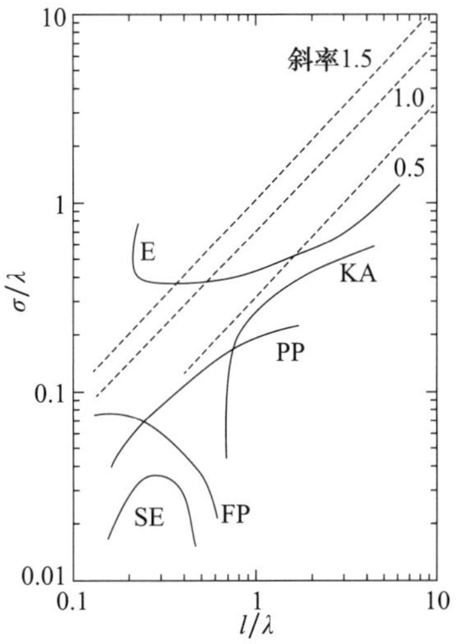

图 24.2　基尔霍夫(KA)、相位扰动(PP)和场扰动(FP)理论的有效范围。增强的后向散射发生在标记为 E 的范围内。此外,表面波模式引起的增强发生在标记为 SE 的范围内(σ 为粗糙曲面的均方根高度,l 为相关距离)

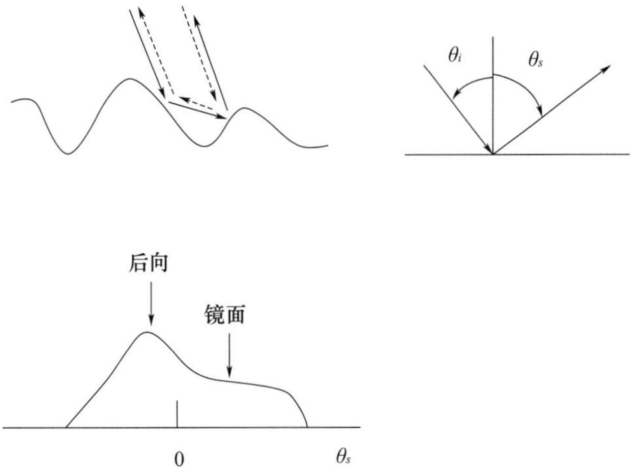

图 24.3　粗糙表面的增强后向散射

第二种增强情况，即 SE，发生在均方根高度远小于波长的情况，但第二种介质仅支持表面波。当波束从略微粗糙的金属表面散射时就会出现这种情况。如果入射波是偏振的（平行于入射面），且第二介质的介电常数实部为负，则在表面上就会激发表面波，两个表面波以相反的方向传播穿过表面，在后向产生相长干涉，从而产生增强效果。角宽度非常小，与（波长）/（表面波的衰减距离）成正比（Celli 等，1985）。粗糙表面的增强后向散射在许多应用中都很重要，包括粗糙金属表面的表面等离子体定位研究、声子局域化和海洋声学应用。

24.3 增强粒子后向散射和光子局域化

1984 年，Kuga 和 Ishimaru（1984）报道了一项光学实验，表明乳胶微球的散射后向增强，角宽只有几分之一度。Tsang 和 Ishimaru（1984）从理论上解释了增强的峰值是由两个以相反方向穿过同一粒子的波发生相长干涉造成的。物理学家已经明白，电子在强无序介质中的传输受多重散射的支配，而多重散射会导致由“相干后向散射”（John，1990）引起的“安德森局域”（1958，1985）。由此可以证明，无序材料中的电子局域化和无序电介质中的光子局域化都受相干后向散射的控制，而相干后向散射是由两个相反方向的波的相长干涉引起的。1984 年的实验工作之后又进行了几次独立的光学实验，结果表明后向散射增强是一种弱局域化现象。增强峰值接近 2，角宽度受介质中扩散长度的影响。

下面讨论平面波法向入射到随机分布的粒子平板上的情况。一阶后向散射比强度 I_1 近似为

$$\begin{aligned} I_1 &= \frac{\gamma_b I_0}{4\pi}\int_0^d \mathrm{e}^{-2\gamma_t z}\mathrm{d}z \\ &= \frac{\gamma_b I_0}{8\pi\gamma_t}(1-\mathrm{e}^{-2\gamma_t d}) \end{aligned} \tag{24.10}$$

式中：I_0 为入射强度；γ_b 和 γ_t 分别为后向散射系数和消光系数。

多重散射 I_m 包含 $I_{m\ell}$、I_{mc}。$I_{m\ell}$ 对应于波在多个粒子中的多重散射，称为“阶梯项”。I_{mc} 对应于以相反方向穿过相同粒子的两个波。这被称为“周期”或“最大交叉”项，其大小与 $I_{m\ell}$ 在后向时相等，但在远离后向时会减小（图 24.4）。因此，总强度近似如图 24.4 所示。增强因子为

$$\frac{I_1+I_{m\ell}+I_{mc}}{I_1+I_{m\ell}}=\frac{I_1+2I_{m\ell}}{I_1+I_{m\ell}} \tag{24.11}$$

因此，增强因子介于 1 和 2 之间。

如果平板的光学厚度为 1 或更小，角宽 $\Delta\theta$ 等于（波长）/（平均自由程）。如果光学厚度远远大于 1，粒子大多散射，则波是扩散的，角宽度 $\Delta\theta$ 为（波长）/（输运平均自由程）。请注意，平均自由程 ℓ 通常比波长大得多，输运平均自由程 ℓ_{tr} 通常是平均自由程的很多倍。因此，这是一个弱局域化，而不是强局域化，在强局域化中，输运平均自由路径为波长的数量级，粒子尺寸处于共振区。Lagendijk 等还观察到，在强局域化中，波速可以降低到光速的 10%。

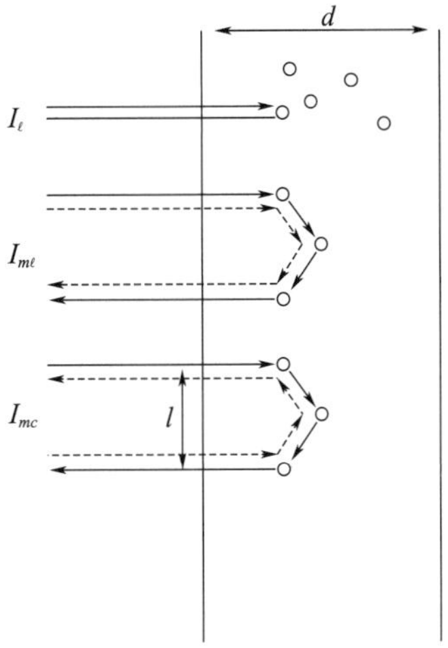

图 24.4　一阶散射 I_1，阶梯项 $I_{m\ell}$ 和周期性散射 I_{mc}（ℓ 为薄板的平均自由程，也是厚板的输运平均自由路径）

以上讨论的相干现象无法从辐射传输理论中获得；这些都是过去被忽视的新电磁现象，它们在激光雷达应用和地球物理遥感中发挥重要作用。上述光学实验是针对弱局域化的。有关强局域化的深入研究正在进行之中，可能会应用到光学设备、光学元件、光谱学、新型激光器和非线性光学中。

24.4　多重散射公式、戴森和贝特－萨佩特方程

在 24.1 节至 24.3 节中，我们对多重散射中有趣的相干现象进行了简单的讨论。精确的数学公式和求解涉及的内容非常多，且已被广泛研究。在本节中，我们将介绍这些重要的思想和公式的基础内容。

对于随机波动的介质，相对介电常数 $\varepsilon_r = 1 + \varepsilon_1$，考虑标量波动方程的格林函数。

$$[\nabla^2 + k^2(1+\varepsilon_1)]G = -\delta(r - r_0) \tag{24.12}$$

式(24.12)可重新表示为：

$$[\nabla^2 + k^2]G = -k^2\varepsilon_1 G - \delta(r - r_0) \tag{24.13}$$

然后得到 G 的积分方程：

$$G(r,r_0) = G_0(r,r_0) + \int G_0(r,r_1)V(r_1)G(r_1,r_0)\mathrm{d}V_1 \tag{24.14}$$

式中：$V(r_1) = k^2\varepsilon_1(r_1)$ 称为随机势。

使用算子 L_0 及其逆 $-L_0^{-1} = M_0$，得到：

$$L_0 G = -VG - \delta$$
$$L_0 = \nabla^2 + k^2$$
$$G = -L_0^{-1}VG - L_0^{-1}\delta = G_0 + M_0 VG$$
$$M_0 = \int \mathrm{d}V' G_0$$

重复步骤得到诺依曼级数：
$$G = G_0 + M_0VG_0 + M_0VMVG$$
$$= G_0 + \sum_{n=1}^{\infty}(M_0V)^nG_0 \tag{24.15}$$

可以用下面图来表示诺依曼级数。

$$G = \text{———} + \text{—•—} + \text{—•—•—} + \text{—•—•—•—} + \cdots \tag{24.16}$$

其中：———为自由空间格林函数 G_0；• 为随机势 V。可以用更明确的形式进行表示：

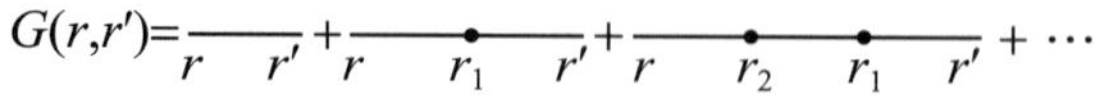

$$G(r,r') = \underset{r\ r'}{\text{———}} + \underset{r\ r_1\ r'}{\text{—•—}} + \underset{r\ r_2\ r_1\ r'}{\text{—•—•—}} + \cdots \tag{24.17}$$

因此，平均格林函数 $\langle G \rangle$ 为

$$\langle G \rangle = \langle\text{———}\rangle + \langle\text{—•—}\rangle + \langle\text{—•—•—}\rangle + \cdots \tag{24.18}$$

假设 $V(r)$ 为高斯随机函数，并推导出平均格林函数 $\langle G \rangle$ 的戴森方程。

$$\langle G \rangle = G_0 + G_0 M \langle G \rangle \tag{24.19}$$

其中：M 被称为"质量算子"。

用图的形式表示：

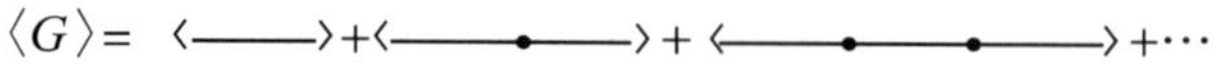

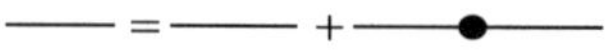

$$\text{———} = \text{———} + \text{—●—} \tag{24.20}$$

其中：

$$\begin{cases} \langle G \rangle = \text{———} \\ \text{●} = \text{—⌒—} + \text{—⌒⌒—} = \text{质量算子} \end{cases} \tag{24.21}$$

虚线表示相关性。例如：

$$\underset{r_2\ r_1}{\text{—⌒—}} = G_0(r_2,r_1)\langle V(r_2)V(r_1)\rangle dV_2 dV_1 \tag{24.22}$$

类似地，贝特－萨佩特方程表示为

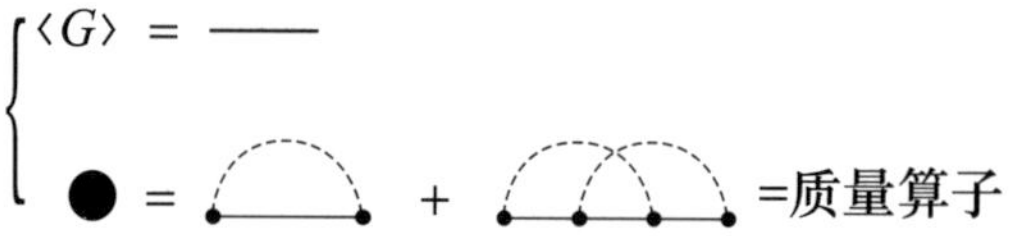

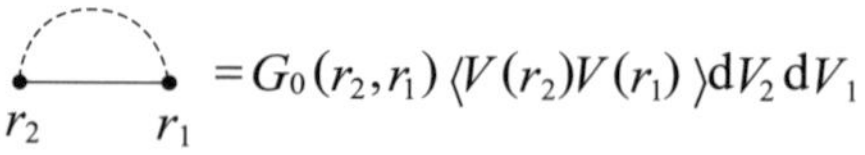

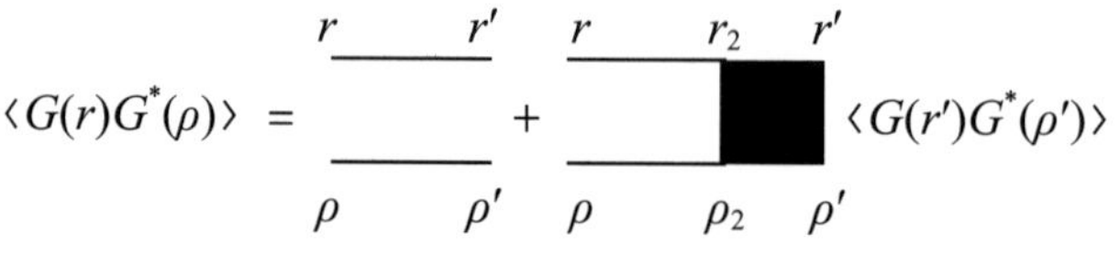

$$\langle G(r)G^*(\rho)\rangle = \underset{\rho\ \ \rho'}{\overset{r\ \ r'}{\text{———}}} + \underset{\rho\ \ \rho_2\ \ \rho'}{\overset{r\ \ r_2\ \ r'}{\text{—■—}}} \langle G(r')G^*(\rho')\rangle \tag{24.23}$$

其中：

$$\blacksquare = \text{⋮} + \triangledown + \triangle + \cdots = \text{强度算子}$$

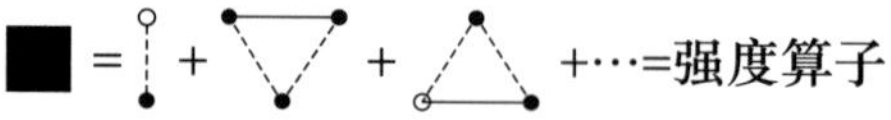

对于含式(24.21)中质量算子的平均格林函数，式(24.19)所示的戴森方程是随机介质中格林函数一阶矩的基本方程；式(24.23)所示的含强度算子协方差的贝特－萨佩特方程是随机介质中格林函数二阶矩的基本方程。

24.5 一阶平滑近似

很明显，24.4节中的戴森和贝特－萨佩特方程的精确公式很难求解，因此，需要找到有用的近似值。最简单的近似被称为"双局部近似"或"布雷近似"或"一阶平滑近似"。

式(24.21)中的质量算子近似为一阶项。

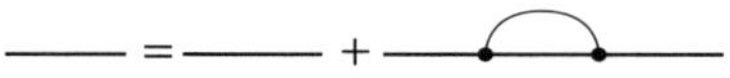

$$\underline{\quad\quad} = \underline{\quad\quad} + \underline{\quad\stackrel{\frown}{\quad}\quad} \tag{24.24}$$

对于正在讨论的标量波动方程,如式(24.20)所示的戴森方程表示为

$$\langle G(r,r') \rangle = G_0(r,r') + \int G_0(r,r_0) G_0(r_1,r_2) \langle V(r_1)V(r_2) \rangle \langle G(r_2,r') \rangle \mathrm{d}V_1 \mathrm{d}V_2 \tag{24.25}$$

这个积分方程可以用傅里叶变换解析求解。

$$G(r,r') = \frac{\exp(iK|r-r'|)}{4\pi|r-r'|} \tag{24.26}$$

式中:K 为下面方程的解。

$$K^2 = k^2 + \frac{1}{K} \int_0^\infty \mathrm{d}r \langle V(r_1)V(r_2) \rangle \mathrm{e}^{ikr} \sin Kr \tag{24.27}$$

式中:$V(r_1)V(r_2) = B(|r_1 - r_2|)$。

如式(24.23)所示的贝特-萨佩特方程表示为

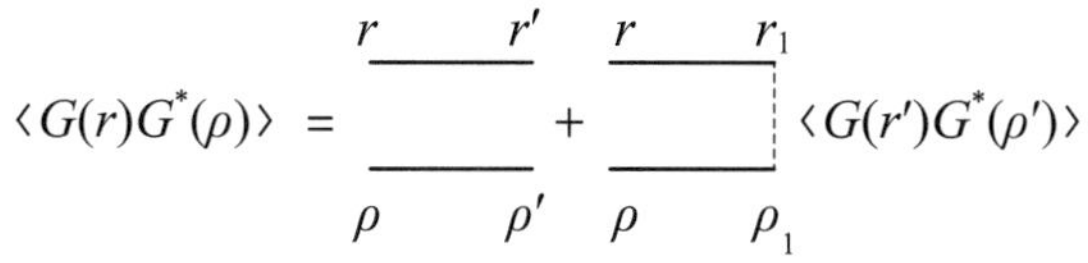

$$\langle G(r)G^*(\rho) \rangle = \underline{\stackrel{r\quad\quad r'}{\rho\quad\quad\rho'}} + \underline{\stackrel{r\quad\quad r_1}{\rho\quad\quad\rho_1}} \langle G(r')G^*(\rho') \rangle \tag{24.28}$$

经过分析,还可以表示为

$$\langle G(r,r')G^*(\rho,\rho') \rangle = \langle G(r,r')\, G^*(\rho,\rho') \rangle +$$
$$\int \langle G(r,r_1)\, G^*(\rho,\rho_1) \rangle \langle V(r_1)V(\rho_1) \rangle \langle G(r_1,r')G^*(\rho_1,\rho') \rangle \mathrm{d}\bar{r}_1 \mathrm{d}\bar{\rho}_1 \tag{24.29}$$

式中:在 r_1 处 $\mathrm{d}\bar{r}_1 = \mathrm{d}V$,在 $\bar{\rho}_1$ 处 $\mathrm{d}\bar{\rho}_1 = \mathrm{d}V$。

24.6 一阶、二阶散射以及后向散射增强

24.4 节中的戴森和贝特-萨佩特方程是平均矩和二阶矩的精确积分方程。虽然这些方程结构紧凑,能清晰地揭示物理散射过程,但实际的解析解却很难求得。对于均质随机介质,24.5 节中的一阶平滑近似可以解析求解。但在更普遍的情况下难以求解,则可以使用一阶和二阶散射理论。

只考虑一阶散射则能求得一阶解。因此,式(24.24)表示为

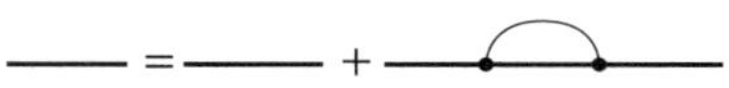

$$\underline{\quad\quad} = \underline{\quad\quad} + \underline{\quad\stackrel{\frown}{\quad}\quad} \tag{24.30}$$

经过分析,得到:

$$\langle G(r,r') \rangle = G_0(r,r') + \int G_0(r,r_1) G_0(r_1,r_2) \langle V(r_1)V(r_2) \rangle G_0(r_2,r') \mathrm{d}V_1 \mathrm{d}V_2 \tag{24.31}$$

需要注意的是,用 G_0 替换了式(24.20)中积分内的 $\langle G \rangle$。

二阶解为

$\langle G(r)G^*(\rho)\rangle =$ 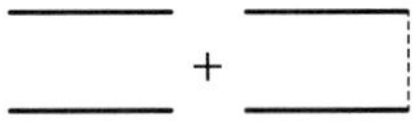 $\langle G_0(r_1,r')G_0^*(\rho_1,\rho')\rangle$ (24.32)

此外,用$\langle G_0G_0^*\rangle$替换了式(24.29)中积分内的$\langle GG^*\rangle$。

可以根据式(24.28)和式(24.29)求得二阶矩的解析表达式。

后向散射增强可以通过二阶散射理论得到。对于具有离散散射体随机分布的介质,可以表示为

$\langle\psi(r)\psi^*(\rho)\rangle =$ 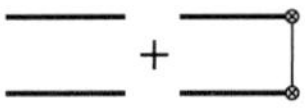 $(\langle\psi(r_1)\psi^*(\rho_1)\rangle)$

$+$ 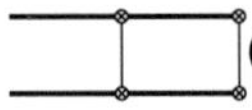 $(\langle\psi(r_1)\psi^*(\rho_1)\rangle)$ (24.33)

$+$ 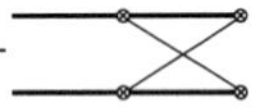 $(\langle\psi(r_1)\psi^*(\rho_1)\rangle)$

该图表示平均格林函数,⊗为转移算子,连接两个⊗的实线意味着两个⊗表示相同的散射体。

式(24.33)的第一项为平均场的强度;第二项为单次散射;第三项是二阶阶梯项,对应于辐射传递;第四项被称为“周期性”项,在后向有一个尖锐的峰值,但沿后向方向会减弱。图 24.5 对此进行了讨论和展示。

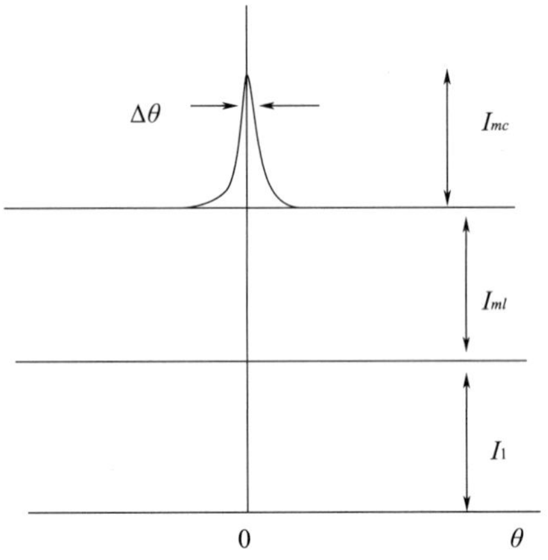

图 24.5 后向散射增强(后向方向为 $\theta=0$)

24.7 记忆效应

在 23.17 节中,我们利用粗糙面散射的扰动解简要地讨论了“记忆效应”。如前所述,记忆效应并不局限于粗糙面散射,它适用于随机介质的所有多重散射。Feng 提出的更普遍的记忆效应表述如下:

一个波数矢量为$\overline{\boldsymbol{K}}_i$ 的波以频率 $\omega\left(k=\dfrac{\omega}{c}\right)$入射到随机介质上,在 ω 处观察到波数矢

量 $\overline{\boldsymbol{K}}$ 方向的散射波。另一个波数矢量为 $\overline{\boldsymbol{K}}_i'$ 的波以频率 $\omega'\left(k'=\frac{\omega'}{c}\right)$ 入射到同一随机介质上，在 ω' 处观测到波数矢量 $\overline{\boldsymbol{K}}'$ 方向的散射波。如果入射波和散射波的波数矢量满足以下条件，那么在 $\overline{\boldsymbol{K}}$ 和 $\overline{\boldsymbol{K}}'$ 处的这两个散射波之间有很强的相关性。

$$(\overline{\boldsymbol{K}}-\overline{\boldsymbol{K}}_i)_t=(\overline{\boldsymbol{K}}'-\overline{\boldsymbol{K}}_i')_t \tag{24.34}$$

式中：下标 t 表示矢量沿表面的分量。

我们已经在 23.17 节中讨论了记忆效应。如图 23.13 所示，当波入射到随机介质上时，粗糙表面也会产生这些有趣的相干干涉效应。

第 25 章

孤波和光纤

25.1 历　史

孤波是非线性波的一种“奇异而美丽的现象”。这是 John Scott Russell 在 1844 年提交给英国协会的《Report on waves》中所描述的。该报告描述了他在 1834 年和 1835 年对流体力学孤子波的观察和大量波浪水槽实验。他在报告中指出，当一条由两匹马牵引的小船在狭窄的水道中突然停下时，大量的水向前翻滚，“呈现出一个巨大的孤峰形状，一个圆形、光滑且轮廓分明的水堆继续沿着水道前进，显然没有改变形状或降低速度。（他）骑马跟在它后面，发现它仍以每小时八、九英里的速度滚动着，保持着原来的形状，长约 30ft，高约 1 ~ 1.5ft……在追逐了一两英里后，（他）在海峡的蜿蜒处跟丢了……”这是对孤波的首次观测。1895 年，Korteweg 和 de Vries 提出了一项关于等离子体波的 KdV 方程的研究，并创造了“孤波”一词。

孤波是波方程的孤行波解，其形状和速度保持不变。如果多个孤波发生碰撞，那么在碰撞之后每个孤波除了相移外，其形状没有改变。因此，碰撞前的孤波表示为

$$\phi(x,t) = \sum_i \phi_{st}(x - u_i t) \tag{25.1}$$

碰撞后，孤波变为

$$\phi(x,t) = \sum_i \phi_{st}(x - u_i t + \delta_i) \tag{25.2}$$

如图 25.1 所示，振幅越大，速度越快，脉冲宽度越窄。

值得注意的是，如果波速随波长变化，则被称为“色散”。如果信号速度随信号幅值变化，这就是非线性波的特征。有趣的是，两个孤子结合起来能够平衡色散和非线性效应，并产生式（25.1）和式（25.2）中的孤波（图 25.2）。

如今，孤波在物理及地球物理环境的许多领域都可以被观察到。1973 年，Hasegawa 和 Tappert 证明了光纤中的光脉冲形成包络孤波。这将在后面进行讨论。

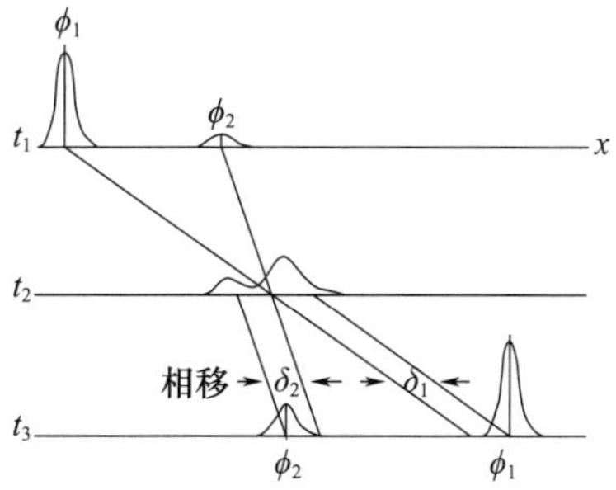

图 25.1　两个孤波在 $t = t_2$ 时碰撞，相移为 δ_1 和 δ_2（每个孤波的速度与振幅成正比，振幅越大，脉冲越窄，速度越快）

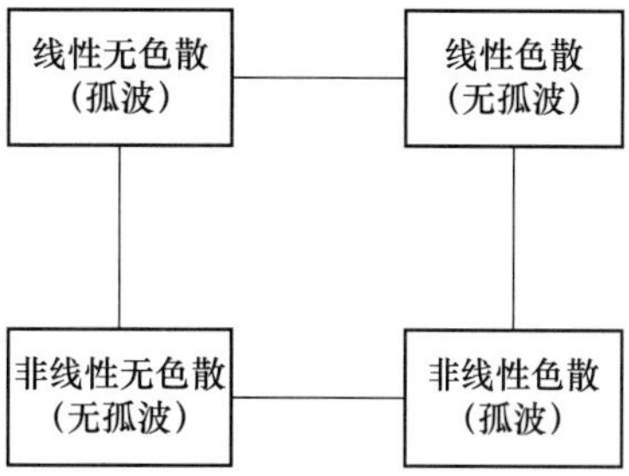

图 25.2　线性波和非线性波，以及无色散和色散（Scott 等，1973）

25.2　浅水中的 KDV（Korteweg – de Vries）方程

水面上的重力波是色散的。速度 V 取决于波长，表示为（Lighthill，1978）：

$$V^2 = \left(\frac{g}{k} + \frac{Tk}{\rho}\right)\tanh kd \tag{25.3}$$

式中：引力常数 g 为 $9.8\mathrm{m/s^2}$，表面张力 T 为 $0.074\mathrm{N/m}$，密度（水）ρ 为 $1000\mathrm{kg/m^3}$，深度为 d，相速度 V 为 ω/k，群速度为$\partial\omega/\partial k$。

式（25.3）中的第一项是由重力波引起的，第二项是由表面张力波引起的。因此，波长超过 0.1m 的波完全是重力波。

$$V^2 = \frac{g}{k}\tanh kd \tag{25.4}$$

对于深水，$\tanh kd \to 1$，则得到：

$$V = V_0 = \sqrt{(g/k)} \tag{25.5}$$

对于浅水，对式子扩展为

$$\tanh kd \to kd - ((kd)^3/3) + \cdots$$

然后得到：

$$V = V_0 - \sigma k^2 \tag{25.6}$$

式中：$\sigma = \frac{1}{6}V_0 d^2$。

如式（25.3）所示，速度 V 取决于波长，这是色散的特征。正如我们在 25.1 节中所讨论的，孤波是色散和非线性的结合。首先注意到在随波运动的坐标系 $\xi = x - vt$ 中，如果没有色散和非线性，则波高 h 不会变化。

$$\frac{\partial h}{\partial \tau} = 0 \tag{25.7}$$

式中：$\tau = t, \xi = x - vt$。

在 $x - t$ 坐标系中重新表示为

$$\frac{\partial h}{\partial \tau} = \frac{\partial h}{\partial t}\frac{\partial t}{\partial \tau} + \frac{\partial h}{\partial x}\frac{\partial x}{\partial \tau} = \frac{\partial h}{\partial t} + v\frac{\partial h}{\partial x} = 0 \tag{25.8}$$

如果我们引入弱色散，则使用式(25.6)中的 V。由于 h 与 $\exp(ikx-i\omega t)$ 成正比，则 $(\partial/\partial x)=ik$。因此，式(25.6)表示为

$$V=V_0+\sigma\frac{\partial^2}{\partial x^2} \tag{25.9}$$

将其代入到式(25.8)中，得到：

$$\frac{\partial h}{\partial t}+\left(V_0+\sigma\frac{\partial^2}{\partial x^2}\right)\frac{\partial h}{\partial x}=0 \tag{25.10}$$

接下来加入非线性效应。V_0 不再等于 $\sqrt{(g/k)}$，而是稍微受高度 h 的影响，表示为 $V_0\to V_0+\delta_1 h$。

$$\frac{\partial h}{\partial t}+(V_0+\delta_1 h)\frac{\partial h}{\partial x}+\sigma\frac{\partial^3}{\partial x^3}h=0 \tag{25.11}$$

式中：在 $h=0$ 处，$\delta_1=\frac{\partial V}{\partial h}$。

这就是 KdV 方程(Korteweg - de Vries)。将方程归一化，引入 $t'=\sigma t$ 和 $h'=h+\frac{V_0}{\delta_1}$。然后得到(Hasegawa，1989)：

$$\frac{\partial h'}{\partial t'}+\left(\frac{\delta_1}{\sigma}\right)h'\frac{\partial h'}{\partial x}+\frac{\partial^3 h'}{\partial x^3}=0 \tag{25.12}$$

它通常用以下规范化形式进行表示：

$$\phi_t+\alpha\phi\phi_x+\phi_{xxx}=0 \tag{25.13}$$

式中：下标 t 为$(\partial/\partial t)$，下标 x 为$(\partial/\partial x)$，α 为一个常数。

首先需要注意到，我们所求的是行波，则对式(25.13)进行求解。所求波表示为

$$\phi=\phi(\xi)=\phi(x-ut) \tag{25.14}$$

然后得到：

$$\phi_x=\phi_\xi$$
$$\phi_t=-u\phi_\xi$$

式中：下标 ξ 表示$(\partial/\partial\xi)$。

最初方程式(25.12)可以表示为

$$(\alpha\phi-u)\phi_\xi+\phi_{\xi\xi\xi}=0$$

对其进行一次积分，得到：

$$\alpha\frac{\phi^2}{2}-u\phi+\phi_{\xi\xi}=\text{常数}=k_1$$

再次积分，得到：

$$\begin{cases}\frac{\alpha}{6}\phi^3-u\frac{\phi^2}{2}+\frac{1}{2}\phi_\xi^2=k_1\phi+k_2\\ k_2=\text{常数}\end{cases}$$

在上面的内容中，我们使用到了$(\phi^2/2)_\xi=\phi\phi_\xi$ 和$(\phi^3/3)_\xi=\phi^2\phi_\xi$。

然后可以表示为

$$\phi_\xi=\sqrt{2k_2+2k_1\phi+u\phi^2-\frac{\alpha}{3}\phi^3}$$

现在使用边界条件，即当 $\xi \to \pm\infty$ 时，$\phi_\xi = \phi_{\xi\xi} = 0$，则 $k_1 = k_2 = 0$。然后得到：

$$\int \frac{\mathrm{d}\phi}{\phi\sqrt{u - \frac{\alpha}{3}\phi}} = \xi$$

对其进行积分，得到：

$$\phi = \frac{3u}{\alpha}\mathrm{sech}^2\left[\frac{\sqrt{u}}{2}(x - ut)\right] \tag{25.15}$$

这是式(25.13)的孤波解。

这展示了孤波的重要特征。第一，振幅($3u/\alpha$)与速度 u 成正比，因此，振幅越大，孤波传播得越快。第二，式中的 sech^2 表示脉冲宽度为 $(x - ut) = 2/\sqrt{u}$，则表明波速越快，脉冲带宽越窄。第三，波 ϕ 的符号与 α 的符号相同，表明如果 $\alpha > 0$(或 $\alpha < 0$)，则脉冲就是正的(或负的)。

Scott 等(1973)、Lonngren 和 Scott(1978 年)、Dodd 等(1982)以及 Uslenghi(1980)对孤波进行了历史回顾并发表了许多其他著作。

25.3　光纤中的光学孤波

1973 年，Hasegawa 和 Tappert 证明了介质中的光学脉冲会形成包络孤波(Hasegawa，1989；Yeh，Shimabukuro，2008；Agrawal，1989；Boyd，2008)。

与 25.2 节中讨论的 KdV 孤波不同，光学孤波是光波包络的孤波，是调制脉冲波。因此，有时也被称为“包络孤波”。正如我们在 25.2 节中所讨论的，孤波结合并平衡了色散和非线性效应，从而形成以及传播了一个静脉冲。这是光纤中光学孤波最重要、最有用的特性之一。

下面讨论光纤的非线性折射率。在此，我们只讨论线性极化波，因此，位移矢量 $\overline{\boldsymbol{D}}$，电场 $\overline{\boldsymbol{E}}$ 和极化矢量 $\overline{\boldsymbol{P}}$ 都是标量，且关系如下：

$$D = \varepsilon_0 E + P \tag{25.16}$$

非线性介质的极化矢量为

$$\begin{aligned} P &= P^{(1)} + P^{(2)} + P^{(3)} + \cdots \\ &= \varepsilon_0[\chi^{(1)}E + \chi^{(2)}E^2 + \chi^{(3)}E^3 + \cdots] \end{aligned} \tag{25.17}$$

式中：$E = E(t)$ 是标量且为关于时间的函数。

这里我们只考虑线极化，因此，$\chi^{(1)}$、$\chi^{(2)}$ 和 $\chi^{(3)}$ 都是标量。但是一般来说，如果我们考虑所有的极化，那么 $\chi^{(1)}$ 为二阶张量，$\chi^{(2)}$ 为三阶张量，$\chi^{(3)}$ 为四阶张量。

式(25.17)中的 $P^{(1)}$、$P^{(2)}$、$P^{(3)}$ 分别为一阶、二阶和三阶非线性极化。$\chi^{(1)}$ 负责主要线性磁化率。$\chi^{(2)}$ 负责二次谐波的产生，但对于光纤而言 $\chi^{(2)}$ 一般为零。因此，光纤上的最低阶非线性效应是由 $\chi^{(3)}$ 导致的。

接下来讨论 $P^{(3)}$，对于单色波 $E = E_0\cos\omega t$：

$$
\begin{aligned}
P^{(3)} &= \varepsilon_0 \chi^{(3)} E^3 \\
&= \varepsilon_0 \chi^{(3)} E_0^3 \cos^3 \omega t = \varepsilon_0 \chi^{(3)} E_0^3 \left(\frac{1}{4}\cos 3\omega t + \frac{3}{4}\cos \omega t \right)
\end{aligned} \tag{25.18}
$$

第一项为三次谐波，第二项表示非线性效应。非线性项变为

$$
P^{(3)}(\text{非线性}) = \varepsilon_0 \frac{3}{4}\chi^{(3)} E_0^2 (E_0 \cos \omega t) \tag{25.19}
$$

这导致了折射率的非线性项。折射率的线性项 n_0 和非线性项 n_{NL} 表示为

$$
\begin{cases}
\varepsilon = \varepsilon_L + \varepsilon_{NL} \\
\varepsilon_L = 1 + \chi^{(1)} + \mathrm{i}\alpha \\
\varepsilon_{NL} = \left(\dfrac{3}{4} \right) \chi^{(3)} |E|^2 \\
n = (\varepsilon_L + \varepsilon_{NL})^{1/2} = n_0 + n_{NL} + \mathrm{i}\dfrac{\alpha}{2n_0} \\
n_0 = (1 + \chi^{(1)})^{1/2} \\
n_{NL} = \dfrac{1}{2}\dfrac{\varepsilon_{NL}}{n_0} = n_2 |E|^2 = \dfrac{3}{8}\dfrac{\chi^{(3)}}{n_0}|E|^2, \text{当 } \varepsilon_L \gg \varepsilon_{NL}
\end{cases} \tag{25.20}
$$

非线性项 $n_2|E|^2$ 代表了克尔效应，n_2 为克尔系数。对于石英光纤，n_2 的数量级为 $10^{-20}(\mathrm{m^2W^{-1}})$，因此，需要激光等强度才能产生非线性效应。

根据式(25.20)，折射率 n 表示为

$$
n = n_0 + n_2 |E|^2 + \mathrm{i}\frac{\alpha}{2n_0} \tag{25.21}
$$

式中：$n_0 = 1 + \chi^{(1)}$，$n_2 = \dfrac{3}{8}\dfrac{\chi^{(3)}}{n_0}$。

利用式(25.21)，我们可以推导出非线性脉冲传播方程。这是通过使用扰动法得到的(Agrawal，1989；Yeh，Shimabukuro，2008；Hasegawa，1989)。

这里使用抛物方程推导出方程，该方程适用于在 x 方向上传播的波。

从波动方程开始进行讨论：

$$
(\nabla^2 + k^2) u = 0 \tag{25.22}
$$

式中：k 为波数，$k^2 = k_f^2 n^2$，k_f 为自由空间波数。k 包含色散和非线性项。

$$
u = U \exp(\mathrm{i}k_0 x) \tag{25.23}
$$

式中：$k_0 = k_f n_0$ 为介质的波数，不包含色散、非线性效应和衰减。

将式(25.23)代入式(25.22)中，且 $\nabla^2 u = [\nabla^2 U + 2\nabla U \cdot (\mathrm{i}k_0 \hat{\boldsymbol{x}}) + U(-k_0^2)]\exp(\mathrm{i}k_0 x)$，得到：

$$
\left[\frac{\partial^2}{\partial x^2} + \left(\frac{\partial^2}{\partial y^2} + \frac{\partial^2}{\partial z^2} \right) + \mathrm{i}2k_0 \frac{\partial}{\partial x} + (k^2 - k_0^2) \right] U = 0 \tag{25.24}
$$

注意到只要缓慢变化的函数 U 仅在远大于波长的距离内变化，那么 $\left| \dfrac{\partial^2}{\partial x^2} U \right| \ll \left| k \dfrac{\partial U}{\partial x} \right|$。然后得到抛物线方程：

$$i2k_0\frac{\partial U}{\partial x}+\nabla_t^2 U+(k^2-k_0^2)U=0 \tag{25.25}$$

式中：$\nabla_t^2=\frac{\partial^2}{\partial y^2}+\frac{\partial^2}{\partial z^2}$为横向拉普拉斯算子。

对于一维传播（$\nabla_t^2=0$）：

$$i\frac{\partial U}{\partial x}+\frac{(k^2-k_0^2)}{2k_0}U=0 \tag{25.26}$$

由于 k 和 k_0 差值很小，则得到

$$\frac{(k^2-k_0^2)}{2k_0}=\frac{(k+k_0)(k-k_0)}{2k_0}\approx(k-k_0)$$

因此，我们得到关于 U 的如下等式，其中色散、归一化效应和衰减都包含在 k 中。

$$i\frac{\partial U}{\partial x}+(k-k_0)U=0 \tag{25.27}$$

且有：

$$\begin{cases} k-k_0=k_0'(\Delta\omega)+\dfrac{k_0''}{2}(\Delta\omega)^2+\Delta k \\ \Delta k=k_0\left[n_2|E|^2+i\dfrac{\alpha}{2n_0}\right] \\ \quad\;=k_f\left[\dfrac{3}{8}\chi^{(3)}|E|^2+\dfrac{i\alpha}{2}\right] \\ |E|^2=|U|^2 \end{cases} \tag{25.28}$$

式中：$k_0'=\frac{\partial k_0}{\partial\omega}$，$k_0''=\frac{\partial^2 k_0}{\partial\omega^2}$。

利用下式将其转换到时域：

$$\int\frac{\partial}{\partial t}U(t)e^{i(\Delta\omega)t}dt=-i(\Delta\omega)U(\omega)$$

得到：

$$\begin{cases} \Delta\omega=i\dfrac{\partial}{\partial t} \\ (\Delta\omega)^2=\left(-\dfrac{\partial^2}{\partial t^2}\right) \end{cases}$$

将式（25.27）转换为

$$i\frac{\partial U}{\partial x}+ik_0'\frac{\partial}{\partial t}U-\frac{k_0''}{2}\frac{\partial^2 U}{\partial t^2}+k_f\frac{3}{8}\chi^{(3)}|U|^2U+k_f\left(\frac{i\alpha}{2}\right)U=0 \tag{25.29}$$

这是非线性脉冲传播方程的最终表达式。需要注意到的是，U 为电场 E，其包含了式（25.23）中的色散和非线性效应。如果 U 不同于 E，则需要改变非线性项中的系数，正如 Agrawal（1989）所述。

本节简要介绍光纤中的孤子，只考虑一维情况，即不考虑光纤横截面的横向变化。有大量文献对非线性光纤光学进行了更全面的讨论（Agrawal，1989）和（Yeh，Shimabukuro，2008），如果式（25.29）中的 k''为正值，则孤波以没有光波的形式出现，称为“暗”孤波（Hasegawa，1989）。

第 26 章

多孔介质、介电常数、页岩流体渗透率和地震尾波

本章将讨论多孔介质和地震微波的特性。多孔介质是一种含有孔隙或空隙的材料。框架是材料的骨架部分,通常称为“基质”。孔隙中通常充满液体(石油和天然气),如石油工程中水力压裂过程中在页岩层中发现的孔隙。在 8.6 节中,我们讨论了一种“混合公式”,用于表示两种或两种以上不同介电常数的材料混合物的有效介电常数。多孔介质与此类似。事实上,在混合公式中,第 i 种材料的体积分数 f_i 满足:

$$\sum_i f_i = 1 \tag{26.1}$$

对于多孔介质,使用孔隙率 ϕ,这与基质 f_m 的分数体积有关。

$$\phi = 1 - f_m \tag{26.2}$$

因此,孔隙率 ϕ 是孔隙(或空隙)的体积分数。

油页岩是多孔介质的重要实例之一。我们将讨论与油页岩有关的两方面内容:一个是根据阿尔奇定律得到的多孔介质的介电常数和电导率;另一个是根据达西定律和“流体”渗透率得到的石油等液体在多孔介质中的流动,其中的“流体”渗透率与在电磁研究中常用的“磁”导率概念不同。

26.1 多孔介质和页岩、超水压裂法

尽管本书对石油工程方面不感兴趣,且这方面的研究已经有大量报道,但我们还是要简要介绍一下超级压裂技术,这是一种众所周知的开采石油或天然气的技术。近年来,美国的天然气和石油产量不断增加,这主要归功于被称为“超级压裂”的水力压裂法,即用泵将大量低黏度水注入低渗透性页岩层中(Turcotte 等,2014)。

需要注意的是,多孔介质的渗透率并非电磁研究中常用的“磁”导率概念。相反,它是指流体在压力下通过多孔介质的扩散速率(Revil,Cathles,1999)。

图 26.1 展示了(a)传统压裂和(b)超级压裂。在传统压裂法中,高黏度流体形成单

一水力裂缝,石油或天然气通过该裂缝进入生产井。然而,在超级压裂法中,则是打出一个水平生产井,以获取分布广泛的水力裂缝。在美国,重要的页岩产地包括得克萨斯州的"巴尼特页岩",北达科他州、蒙大拿州和萨斯喀彻温省的"巴肯页岩",以及加利福尼亚州的"蒙特雷页岩"。

页岩是一种相当于泥浆的岩石,就像砂岩是一种相当于沙子的岩石一样。页岩可水平延伸上千千米,孔隙率为 2% ~20%。作为碳氢化合物主要来源的页岩被称为"黑页岩"(Turcotte 等,2014)。它们的孔隙中通常含有 2% ~18%(按重量计)的有机化合物碳。页岩中具有代表性的颗粒宽度小于 4μm(Turcotte 等,2014)。

压裂法会导致一些环境问题,包括减少和污染可用水量、甲烷气体泄漏到环境中以及引发地震。

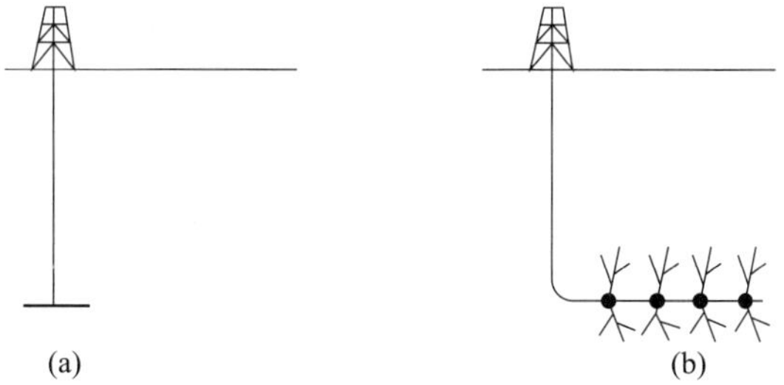

图 26.1　压裂法

(a)传统压裂;(b)水平井的超级压裂(Turcotte 等,2014)。

26.2　多孔介质的介电常数和电导率、阿尔奇定律、渗流和分形

探地雷达(ground penetrating radar,GPR)用于近地表地球物理地下成像。GPR 的关键参数包括介电常数、孔隙度和含水饱和度,频率通常为 25 ~1500MHz。在建模和实验数据方面已经有了广泛的研究(Martinez – Byrnes,2001)。研究地球物理材料的混合模型非常重要,布鲁格曼模型等有效介质模型对于研究体介电常数、水饱和度和孔隙度非常有效。Carcione 和 Serian(2000)讨论了底土中碳氢化合物的探测。在雷达频率 50MHz ~1GHz 时,碳氢化合物的相对介电常数为 2 ~30,而水的介电常数为 80。碳氢化合物的电导率范围为 0 ~10mS/m,而海水的电导率为 200mS/m 或者更高。(电导率的单位是 A/Vm 或 S/m,其中 S 代表西门子)。因此,碳氢化合物和水之间有充分的对比,便于碳氢化合物的探测和绘图。

根据混合物的成分确定多孔介质的介电常数,对于表征、监测和评估具有重要意义。图 26.2 是多孔介质的简图,其中岩石(基质)的体积分数为 f_m。孔隙或空隙部分被体积分数为 $f_h=(1-S_w)\phi$ 的碳氢化合物填满,部分被体积分数为 $f_w=S_w\phi$ 的水填满,其中 S_w 是水饱和的孔隙空间比例。这是固体 f_m 和两种液体 f_h、f_w 的混合物。其他复杂情况包括形状复杂、其他矿物和原材料。在本节中,我们将根据 8.8 节中的布鲁格曼模型(Polder – van Santen)的简化理论。由式(8.31)开始进行讨论。

$$f_m\frac{\varepsilon_m-\varepsilon_l}{\varepsilon_m+2\varepsilon_l}+f_h\frac{\varepsilon_h-\varepsilon_l}{\varepsilon_h+2\varepsilon_l}+f_w\frac{\varepsilon_w-\varepsilon_l}{\varepsilon_w-2\varepsilon_l}=0 \tag{26.3}$$

式中：ε_m 为基质的介电常数；ε_h 为碳氢化合物的介电常数；ε_w 为水的介电常数；ε_l 为介质的有效介电常数。σ_w 为水的电导率，σ_l 为有效介质的电导率。且有

$$\begin{cases}\varepsilon_m=\varepsilon_m'+\mathrm{i}\varepsilon_m'' \\ \varepsilon_h=\varepsilon_h'+\mathrm{i}\varepsilon_h'' \\ \varepsilon_w=\varepsilon_w'+\mathrm{i}\left(\varepsilon_w''+\dfrac{\sigma_w}{\omega\varepsilon_0}\right) \\ \varepsilon_l=\varepsilon_l'+\mathrm{i}\left(\varepsilon_l''+\dfrac{\sigma_l}{\omega\varepsilon_0}\right)\end{cases} \tag{26.4}$$

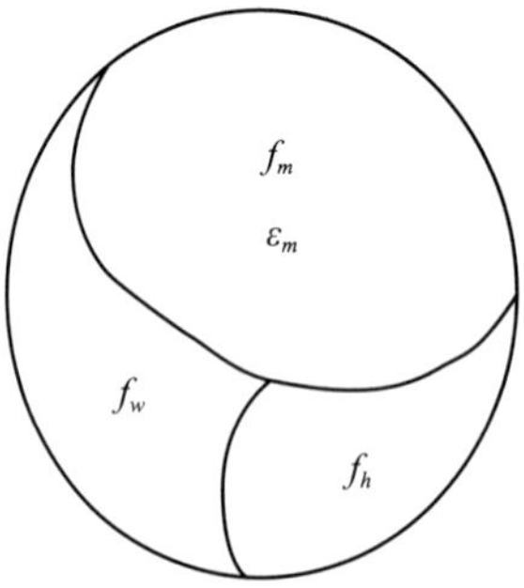

图 26.2　固体(基质)和两种流体的简化示意图

$$基质 f_m=1-\phi$$

$$碳氢化合物 f_h=(1-S_w)\phi$$

$$水 f_w=S_w\phi$$

$$水饱和孔隙空间比例 S_w$$

$$0<S_w<1$$

$$f_h+f_w=\phi$$

$$f_m+f_h+f_w=1$$

可以将式(26.3)转换为以下形式(对于第 i 种介质)：

$$f_i\frac{\varepsilon_i-\varepsilon_l}{\varepsilon_i+2\varepsilon_l}=f_i\frac{\varepsilon_i+2\varepsilon_l-3\varepsilon_l}{\varepsilon_i+2\varepsilon_l}=f_i-\frac{3\varepsilon_l f_i}{\varepsilon_i+2\varepsilon_l} \tag{26.5}$$

然后得到：

$$\sum_i f_i-\sum_i\frac{3\varepsilon_l f_i}{\varepsilon_i+2\varepsilon_l}=0$$

因此，我们可以得到另一种布鲁格曼形式：

$$\frac{f_m}{\varepsilon_m+2\varepsilon_l}+\frac{f_h}{\varepsilon_h+2\varepsilon_l}+\frac{f_w}{\varepsilon_w+2\varepsilon_l}=\frac{1}{3\varepsilon_l} \tag{26.6}$$

这样就可以计算出给定 ε_m、ε_h 和 ε_w(或 S_w 和 ϕ)情况下的 ε_l。在特殊情况中，我们考虑 $\omega\to0$ 时的直流极限情况。那么有效介电常数 ε_l 决定于($\mathrm{i}\sigma_l/\omega\varepsilon_0$)，水的介电常数 ε_w 取决于($\mathrm{i}\sigma_w/\omega\varepsilon_0$)。对于极限情况($\omega\to0$)：

$$\sigma_e \approx \sigma_w \left(\frac{3}{2}\phi S_w - \frac{1}{2} \right) \tag{26.7}$$

该式仅在 $\phi S_w > (1/3)$ 时成立。

上述简化结果不包括形成多孔介质的不同过程，如分别或同时加入油和岩粒，从而导致 (σ/σ_w) 的不同结果（Feng，Sen，1985；Sen 等，1981）。

Archie（Gao，2012）发现了一个更真实的有效电导率 σ_e 模型。它是关于岩石孔隙度、电导率和盐水饱和度之间的经验法则。

$$\sigma = \frac{1}{a}\sigma_w \phi^m S_w^n \tag{26.8}$$

式中：σ 和 σ_w 为介质和地层盐水的电导率；m 为孔隙度/沉积指数，通常为 $1.8 < m < 2.0$；n 为饱和指数，通常接近于 2；a 为弯曲系数，用于校正压实度、孔隙结构和晶粒大小的变化，范围为 0.5 ~ 1.5（Moldrup 等，2001）。体积介电常数受到空气－固体－水界面等因素的影响（Chen，Or，2006）。Brovelli，Cassiani（2010）提出了饱和以及非饱和多孔介质的电响应的本构定律。

多孔介质的研究与“渗透理论”（Stauffer，Aharony，1991）和“分形”（Mandelbrot，1977；Falconer，1990）密切相关。举例来说，考虑一个随机分布的区域，其中充满了坚硬的岩石，而其他区域则是充满石油或天然气的孔隙。如果孔隙度 ϕ 较小，则只能产出少量石油。如果孔隙度远高于临界值 ϕ_c，则可能生产出大量石油。然而，如果孔隙度接近 ϕ_c，情况可能会更复杂。Stauffer 和 Aharony（1991）对油田和分形进行了讨论。

Lina、Olivares 等（2000）讨论了通过介电常数测量确定孔隙度，包括分形几何和孔隙度，而不是用常见的“混合定律”来估计孔隙度。

26.3　流体渗透率和达西定律

页岩等多孔介质的渗透性是衡量流体在介质中流动的阻力的指标（Revil 和 Cathles，1999）。渗透率低意味着流体难以通过介质。如果流体很容易通过多孔介质，则该介质具有高渗透性。单位面积的放电率 q 遵循达西定律：

$$q = -\frac{\kappa}{\mu}\nabla p \tag{26.9}$$

式中：q 为达西通量（单位时间内单位面积流量为 $m^3/m^2 s$）；κ 为以达西为单位的渗透率（m^2）；μ 为黏度（$P_a \cdot s$），p 为压力（P_a）。流体速度 v 为

$$v(m/s) = \frac{q}{\phi} \tag{26.10}$$

式中：ϕ 为孔隙度。

这表明只有总体积的一部分可用于流动。渗透率 κ 常用单位为毫达西（10^{-3} 达西）。对于高度断裂的岩石，渗透率为 $10^5 \sim 10^8$ 毫达西；对于岩石，渗透率为 $100 \sim 10^4$ 毫达西；对于砂岩，渗透率为 1 ~ 10 毫达西。

页岩的渗透率较低，因此历来是碳氢化合物的贫乏产地，直到水平钻探和水力压裂技

术的进步才导致了具有高渗透率的高裂缝岩石的出现。

在超级压裂法中,大量含有添加剂的水被高压注入,称为“滑溜水”,这可能会产生微地震,但通常很微小,在地表感觉不到。Adler(1996)讨论了液体在结构分形的多孔介质中的流动。

26.4 地震尾波、纵波、横波和瑞利面波

由地壳和最上层地幔组成的地球上部 100km 的区域被称为“岩石圈”,人们一直使用经典的分层模型对其进行研究。然而,地壳不均匀,其尺度从几千米到几十千米不等,这就造成了地震图尾部的连续波列。这些波列被称为“尾波”。局部地震在岩石圈中传播的距离为 100km,频率为 1 ~ 30Hz。地震波初始出现后会出现波列“尾波”,这是非均匀地球散射的非相干波,对探测震源和介质信息具有重要意义(Sato 等,2012)。

地壳可以被认为是非均匀弹性固体,地震波由 P 波(纵波)、S 波(横波)和瑞利面波组成。弹性固体(如地球)中的波可以用标量势 ϕ 和矢量势 $\hat{\boldsymbol{\psi}}$ 来表示,满足以下波动方程:

$$\begin{cases}\nabla^2\phi = \dfrac{1}{c_p^2}\dfrac{\partial^2}{\partial t^2}\phi \\ \nabla^2\hat{\boldsymbol{\psi}} = \dfrac{1}{c_s^2}\dfrac{\partial^2}{\partial t^2}\hat{\boldsymbol{\psi}}\end{cases} \tag{26.11}$$

式中:P 波的速度 $c_p = \sqrt{\dfrac{\lambda + 2\mu}{\rho}}$;S 波的速度 $c_s = \sqrt{\dfrac{\mu}{\rho}}$;$\lambda$ 和 μ 为拉梅常量(N/m^2);ρ 为密度(kg/m^3)。见附录 26,瑞利波的相速度 c_r 表示为

$$\left(2 - \frac{c_r^2}{c_s^2}\right)^2 - 4\left(1 - \frac{c_r^2}{c_p^2}\right)^{\frac{1}{2}}\left(1 - \frac{c_r^2}{c_s^2}\right)^{\frac{1}{2}} = 0 \tag{26.12}$$

P 波速度约为 5 ~ 6km/s,S 波速度约为 3km/s,瑞利波速接近 S 波的 90%。瑞利波仅限于地空边界附近。这意味着由点源产生的 P 波和 S 波一般都是球形波。这也被称为“体波”。瑞利波是一种圆柱面波,因此,在较远距离上,瑞利波的幅度会大于 P 波和 S 波。

S 波为矢量波,因此,有两个偏振分量。对于平面边界,有两种 S 波:SV 波和 SH 波。SV 波的位移分量在入射面上,而 SH 波的位移分量则垂直于入射平面。

26.5 地震震级

地球表面上位于震源正上方的点被称为“震中”(图 26.3)。震级是衡量地震大小的最常用指标。地震震级有几种不同的类型。里氏震级 M_L(局部振幅)是由 C. F. Richter 于 1935 年制定,依据的是周期约为 1s 时地面作用峰值的最大震粒波迹的振幅 A(μm)。

$$M_L \sim \log(A/T) + [\text{校正系数}]$$

式中:$A = 10$(μm),$T \approx 1$s。由此得出 $M_L \sim 1.0$,当振幅取 100μm = 0.1mm,$M_L \sim 2$。对于

1mm 的振幅，得到 $M_L \sim 3$。T 是以秒为单位的测量信号周期，通常为 $T \sim 0.8$s，这是 Richter 根据我们的感知以及可能对建筑物和其他结构造成的破坏，使用标准短周期扭转地震仪选择的。这是基于 S 波或表面波引起的地面运动峰值。里氏震级反映的是大约 $M_L = 6.5$ 以下的地震能量，能量在 M_L 超过 6.5 时就会达到饱和。

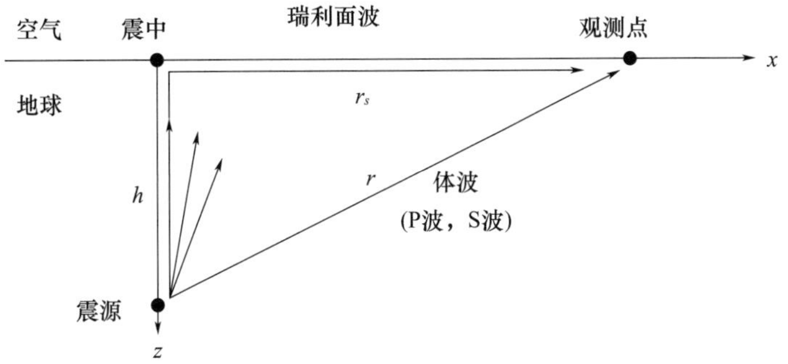

图 26.3　体波和瑞利面波

面波震级 M_s 基于瑞利面波引起的地面运动。有许多计算特定地理区域的公式。通常，标准表面波公式为

$$M_s = \log_{10}(A/T) + [\text{距离造成的校正系数}] \tag{26.13}$$

式中：A(以 μm 为单位)为地面运动的振幅，T 为周期(以 s 为单位)，一般为 20s。

体波震级 m_b(短周期)基于 1s 周期内 P 波引起的地面运动，而 M_b 是针对较长周期的体波。波在地球内部传播，而瑞利表面波被限制在地表附近。

地震矩 M_O 和矩震级 M_W 与释放的能量有关，与基于观测点的地面运动的其他震级不同。地震矩 M_O 定义为

$$M_O = DA\mu$$

式中：D 为整个断层面的平均位移；A 为断层面面积；μ 为断层面的平均剪切刚度(Kanamori，1977；Pasyanos，2010)。力矩大小 M_W 与 M_O 相关(Kanamori，1977)。

$$M_W = (2/3)M_O - 16.1 \tag{26.14}$$

除上述外，还可以使用地表震动的强度来进行表示。日本气象厅(JMA)使用的是地震仪测得的加速度，将地震分为 10 个“Shindo”等级(Shindo 表示震动程度)。

26.6　波形包络展宽和尾波

图 26.4 显示了接收机观测到的典型地震波。请注意，一般情况下，P 波首先到达，其包络包括尾波(波列)。地震震级的测量周期如图 26.4 所示。一般来说，较长时间的地震需要进行较长时间的测量，这样才不会错过重要特征。不过，这也意味着需要选择合适的周期。除了矩震级 M_O 和 M_W 基于震源释放的能量外，大多数震级都取决于观测到的波形和周期。

震源辐射的总地震能量会向外传播。由于介电常数的虚部表示固有材料特性的能量

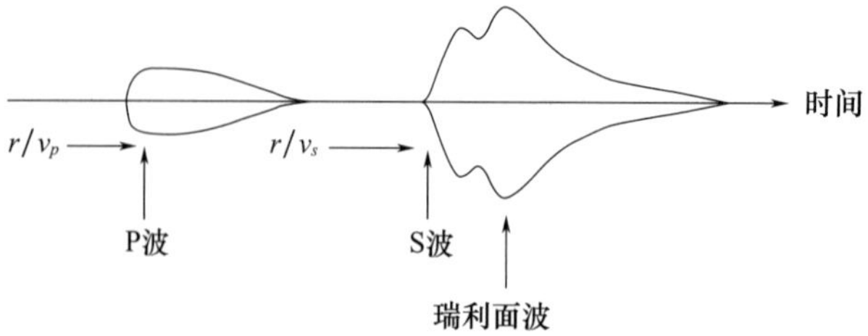

图 26.4　P 波先到达,S 波随后到达,瑞利面波再稍后到达

吸收,所以传播的总能量会衰减。它还会受到非均匀地球散射,总能量被分解成“相干”分量和部分相干分量。部分相干分量通常被称为“非相干”,是被称为“尾波”的“波列”的关键分量。因此,为了理解总能量辐射,有必要研究“尾波”,而非基于任意周期的振幅数据。因此,研究 P 尾波、S 尾波和瑞利尾波对于理解地震总辐射至关重要。

26.7　非均匀地质中由脉冲源激发的尾波

首先讨论理想情况,即位于非均匀地球上的 P 波点脉冲辐射器,辐射总能量为 W 的球形波。在本节中,我们忽略地球 - 空气边界,假设地球是均质的各向同性随机介质。

首先,由于大多数情况下介质的相关长度远大于波长,因此,由非均匀地质结构引起的散射被限制在正向的小角度内,则散射效应可以用平面波散射来近似。

下面来研究脉冲在随机非均匀地球中的传播。在均匀地球中,由脉冲源 $\delta(t)$ 激发的 P 波在 r 和 t 处的强度为

$$I_0(r,t) = \frac{W}{4\pi r^2}\delta[t-(r/c)] \tag{26.15}$$

式中:W 为总能量;c 为均匀地球中的波速。

在非均匀地球中,速度 c 变为了 v_p,即 P 波的相干分量,其强度被介质吸收和散射。

$$I_0(r,t) = \frac{W\exp(-\alpha_a r)}{4\pi r^2}[I_{\text{coh}} + I_{\text{incoh}}] \tag{26.16}$$

式中:α_a 为由介质介电常数虚部引起的固有衰减损失;I_{coh} 为相干分量,I_{incoh} 为非相干分量。相干分量由于吸收和散射而减小。吸收引起的衰减包含在 $\exp(-\alpha_a r)$ 中。散射导致的相干分量衰减用所有方向的总散射来表示。

$$I_{\text{coh}} = \exp(-\alpha_s r)\delta[t-(r/v)] \tag{26.17}$$

式中:α_s 为介质单位体积的“散射截面”,表示为(Ishimaru,1997,第 335 页)

$$\begin{aligned}\alpha_s &= \int_{4\pi}\sigma(\hat{\boldsymbol{o}},\hat{\boldsymbol{i}})\mathrm{d}\Omega \\ &= 2\pi k^4\int_0^{2k}\Phi_m(k_s)2\pi k_s \mathrm{d}k_s\end{aligned} \tag{26.18}$$

式中:$\mathrm{d}\Omega = \sin\theta\mathrm{d}\theta\mathrm{d}\phi = (k_s\mathrm{d}k_s\mathrm{d}\phi)/k^2$;$\sigma(\hat{\boldsymbol{o}},\hat{\boldsymbol{i}})$ 为单位体积介质的微分截面,表示为

$$\begin{cases}\sigma(\hat{\boldsymbol{o}},\hat{\boldsymbol{i}}) = 2\pi k^4 \boldsymbol{\Phi}_m(k_s) \\ k_s = k2\sin(\theta/2)\end{cases} \tag{26.19}$$

式中：θ 为单位向量 $\hat{\boldsymbol{i}}$ 方向上的入射波与单位向量 $\hat{\boldsymbol{o}}$ 方向的散射波之间的散射角。

请注意，折射率 $n(r)$ 的相关函数 $B_n(r_d)$ 及其波动分量 n_0n_1 见 23.1 节和 Ishimaru(1997)。

$$\begin{cases}n(\bar{\boldsymbol{r}}) = n_0(1+n_1)，当|n_1| \ll 1 \\ B_n(r_d) = \langle n_1(r_1)n_1(r_2)\rangle\end{cases} \tag{26.20}$$

式中：$r_d = |\bar{\boldsymbol{r}}_1 - \bar{\boldsymbol{r}}_2|$。

假设介质是均匀且各向同性的随机介质，因此，相关函数 $B_n(r_d)$ 是关于差值 r_d 大小的函数。频谱为

$$\overline{\boldsymbol{\Phi}}_n(k) = \frac{1}{(2\pi)^3}\int B_n(r_d)\mathrm{e}^{\mathrm{i}\bar{\boldsymbol{k}}\cdot\bar{\boldsymbol{r}}_d}\mathrm{d}\bar{\boldsymbol{r}}_d \tag{26.21}$$

在本节中，我们用高斯相关函数表示 B_n①。

$$\begin{cases}B_n(r_d) = \langle n_1^2\rangle \exp[-(r_d/l)^2] \\ \overline{\boldsymbol{\Phi}}_n(k) = \dfrac{\langle n_1^2\rangle l^3}{8\pi\sqrt{\pi}}\exp\left[-\dfrac{(kl)^2}{4}\right]\end{cases} \tag{26.22}$$

式中：l 为相关距离。将式(26.22)带入式(26.18)得到：

$$\alpha_s = \sqrt{\pi}k^2 l\langle n_1^2\rangle \tag{26.23}$$

当波传播距离为 L 时，式(26.17)中的相干分量 I_{coh} 衰减为

$$\exp(-\alpha_s L) = \exp([-(L/l_s)] = \exp(-\tau_s) \tag{26.24}$$

式中：τ_s 为光学散射深度；$l_s = (1/\alpha_s)$ 为散射平均自由程。光学散射深度和散射平均值自由程是描述介质散射功率大小的重要关键量。

相干分量因散射而减小，该散射功率会转化为非相干功率。总功率是相干强度和非相干强度之和，且能量守恒。

$$\int_{r/v}^{\infty} I(r,t)4\pi r^2 \mathrm{d}t = W\exp(-\alpha_a r) \tag{26.25}$$

这表明，作为 $I(r,t)$ 的时间积分，除吸收外的总能量 W 是守恒的，其包含尾波部分的能量。

下面讨论式(26.16)中的相干强度 I_{coh} 和非相干强度 I_{inoch}。若式(26.24)中的光学散射深度 τ_s 小于 1，相干强度会减小，但由于散射引起的非相干强度的增加很小。若光学散射深度 τ_s 远大于 1，相干强度就会减弱并转化为非相干强度(图 26.5)。

下面讨论式(26.16)中的非相干强度。尾波为图 26.5 所示的非相干强度，当光学散射深度 τ_s 远大于 1 时占主导地位。对尾波包络的形状已经进行了许多研究，对于具有高斯相关函数的介质，包络的形状具有普适性。Ishimaru(1997，第 316 页)以及 Sato 和Fehler(1998，第 250 页)提出了其数学表达式：

---

① 译者注：根据公式推导，将式(26.22)右侧 r_d/更正为 r_d/l。

$$I_{\text{incoh}} = G(t) = \left(\frac{\pi}{4t_M}\right)\sum_{n=0}^{\infty}(2n+1)(-1)^n\exp\left\{-\left[(2n+1)\frac{\pi}{4}\right]^2 T\right\} \quad (26.26)$$

式中：

$$T=\frac{t-(r/v)}{t_M}$$

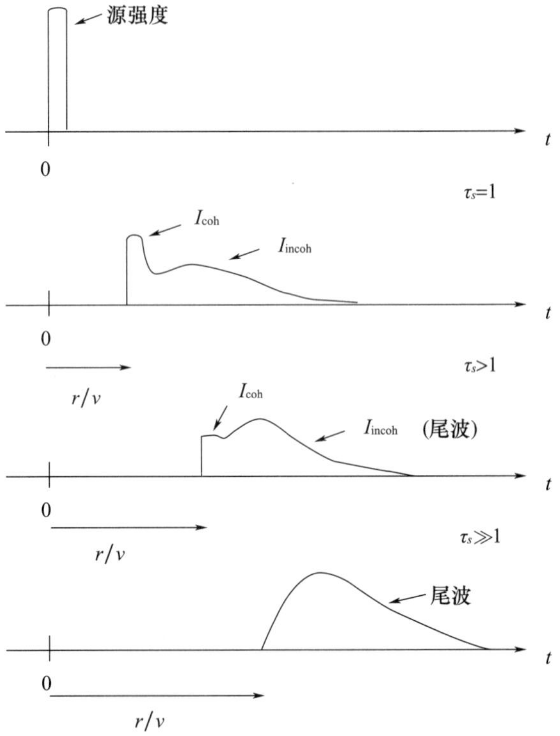

图 26.5 脉冲传播（源强度（相干强度）以 $\exp(-\alpha_s r)$ 的形式减弱，非相干强度随着相干强度的减小和消失而上升，随之尾波 I_{incoh} 占主导地位，τ_s 为光学深度。）

注意到（Jolley，1961）：

$$\sum_{n=0}^{\infty}\frac{(-1)^n}{(2n+1)}=\frac{\pi}{4} \quad (26.27)$$

能量守恒定律表示为

$$\int_{r/v}^{\infty}G(t)\,\mathrm{d}t = 1 \quad (26.28)$$

特征时间 t_M 表示脉冲的时间尺度。图 26.6 展示了脉冲形状作为 T 的函数的普遍形式。t_M 见 Ishimaru（1997）和 Sato – Fehler（1998）。

$$t_M=\frac{\tau_s}{2(kl)^2}\left(\frac{z}{v}\right)=\frac{\sqrt{\pi}}{2l}\langle n_1^2\rangle z\left(\frac{z}{v}\right) \quad (26.29)$$

请注意，随着光学散射深度 τ_s 的增加，包络线延伸，波列（尾波）变长。但总能量守恒，故式(26.28)中的积分不变，最大值 $G(t)_{\max}$ 减小。峰值到达时间 t_p 近似为

$$t_p=0.67t_M \quad (26.30)$$

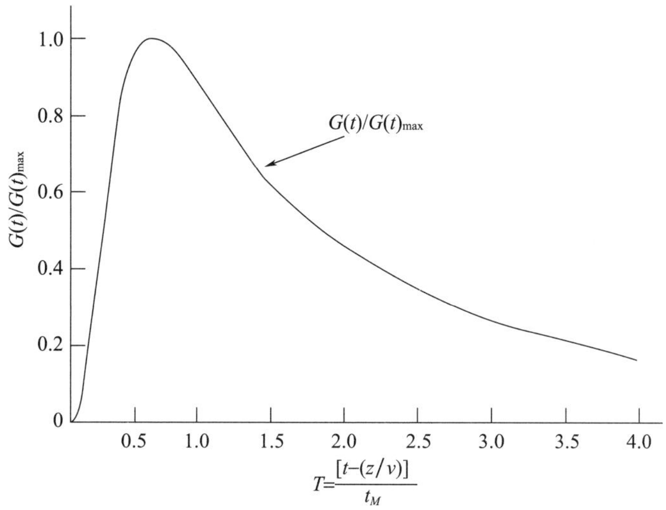

图 26.6　脉冲响应的脉冲形状的普遍形式

26.8　S 波尾波与瑞利面波

如图 26.3 所示，P 波和 S 波是体波。在 26.7 节中，我们展示了 P 波的传播，但并没有包含边界效应。已有大量关于地震脉冲波在均质地球中的反射和折射的研究（Cagniard，1962；de Hoop，van der Hijden，1985），但脉冲在有边界的非均质土中的完全解尚未被研究。瑞利面波已经得到了广泛的研究（Achenbach，1980）。Sato 和 Fehler（1998）对地震尾波部分进行了详细的研究。

如图 26.4 所示，P 波先到达，然后 S 波到达。这个时延可以用来估计到震源的近似距离。如果 P 波和 S 波的近似速度已知，则 S 波（r/v_s）和 P 波（r/v_p）首次到达时间之间的时间差 Δt 表示为

$$r\left[\frac{1}{v_s}-\frac{1}{v_p}\right]=\Delta t \tag{26.31}$$

这样就得到了一个以观测点为圆心、半径为 r 的圆。如果有两个以上的观测点，我们可以通过圆的交点得到震源的位置。

附录 26 简要总结了有关 P 波、S 波和瑞利波的基本公式。

附 录

第2章

附　录

2.A　数学公式

2.A.1　向量公式和定理

$$\nabla\cdot(\phi\overline{\boldsymbol{A}})=\phi\nabla\cdot\overline{\boldsymbol{A}}+\overline{\boldsymbol{A}}\cdot\nabla\phi$$

$$\nabla\cdot(\overline{\boldsymbol{A}}\times\overline{\boldsymbol{B}})=\overline{\boldsymbol{B}}\cdot\nabla\times\overline{\boldsymbol{A}}-\overline{\boldsymbol{A}}\cdot\nabla\times\overline{\boldsymbol{B}}$$

$$\nabla\times(\phi\overline{\boldsymbol{A}})=\nabla\phi\times\overline{\boldsymbol{A}}+\phi\nabla\times\overline{\boldsymbol{A}}$$

$$\nabla\times(\overline{\boldsymbol{A}}\times\overline{\boldsymbol{B}})=\overline{\boldsymbol{A}}\nabla\cdot\overline{\boldsymbol{B}}-\overline{\boldsymbol{B}}\nabla\cdot\overline{\boldsymbol{A}}+(\overline{\boldsymbol{B}}\cdot\nabla)\overline{\boldsymbol{A}}-(\overline{\boldsymbol{A}}\cdot\nabla)\overline{\boldsymbol{B}}$$

$$\nabla\cdot\nabla\times\overline{\boldsymbol{A}}=0$$

$$\nabla\times\nabla\phi=0$$

$$\overline{\boldsymbol{A}}\cdot\overline{\boldsymbol{B}}\times\overline{\boldsymbol{C}}=\overline{\boldsymbol{B}}\cdot\overline{\boldsymbol{C}}\times\overline{\boldsymbol{A}}=\overline{\boldsymbol{C}}\cdot\overline{\boldsymbol{A}}\times\overline{\boldsymbol{B}}$$

$$\overline{\boldsymbol{A}}\times(\overline{\boldsymbol{B}}\times\overline{\boldsymbol{C}})=\overline{\boldsymbol{B}}(\overline{\boldsymbol{A}}\cdot\overline{\boldsymbol{C}})-\overline{\boldsymbol{C}}(\overline{\boldsymbol{A}}\cdot\overline{\boldsymbol{B}})$$

散度定理

$$\int_v\nabla\cdot\overline{\boldsymbol{A}}\,\mathrm{d}v=\int_s\overline{\boldsymbol{A}}\cdot\mathrm{d}\overline{\boldsymbol{a}}$$

斯托克斯定理

$$\int_a\nabla\times\overline{\boldsymbol{A}}\cdot\mathrm{d}\overline{\boldsymbol{a}}=\oint_l\overline{\boldsymbol{A}}\cdot\mathrm{d}\overline{\boldsymbol{l}}$$

2.A.2　梯度、散度、旋度和拉普拉斯算子

笛卡儿坐标系

$$\nabla f=\left(\frac{\partial}{\partial x}\hat{\boldsymbol{x}}+\frac{\partial}{\partial y}\hat{\boldsymbol{y}}+\frac{\partial}{\partial z}\hat{\boldsymbol{z}}\right)f$$

$$\nabla\cdot\boldsymbol{A}=\frac{\partial}{\partial x}A_x+\frac{\partial}{\partial y}A_y+\frac{\partial}{\partial z}A_z$$

$$\nabla\times\boldsymbol{A}=\begin{vmatrix}\hat{\boldsymbol{x}} & \hat{\boldsymbol{y}} & \hat{\boldsymbol{z}}\\ \dfrac{\partial}{\partial x} & \dfrac{\partial}{\partial y} & \dfrac{\partial}{\partial z}\\ A_x & A_y & A_z\end{vmatrix}$$

$$\nabla^2 f=\left(\frac{\partial^2}{\partial x^2}+\frac{\partial^2}{\partial y^2}+\frac{\partial^2}{\partial z^2}\right)f$$

圆柱坐标系

$$\nabla f=\left(\frac{\partial}{\partial\rho}\hat{\boldsymbol{\rho}}+\frac{1}{\rho}\frac{\partial}{\partial\phi}\hat{\boldsymbol{\phi}}+\frac{\partial}{\partial z}\hat{z}\right)f$$

$$\nabla\cdot\overline{\boldsymbol{A}}=\frac{1}{\rho}\frac{\partial}{\partial\rho}(\rho A_\rho)+\frac{1}{\rho}\frac{\partial}{\partial\phi}A_\phi+\frac{\partial}{\partial z}A_z$$

$$\nabla\times\overline{\boldsymbol{A}}=\frac{1}{\rho}\begin{vmatrix}\hat{\boldsymbol{\rho}} & \hat{\boldsymbol{\phi}} & \hat{z}\\ \dfrac{\partial}{\partial\rho} & \dfrac{\partial}{\partial\phi} & \dfrac{\partial}{\partial z}\\ A_\rho & \rho A_\phi & A_z\end{vmatrix}$$

$$\nabla^2 f=\left[\frac{1}{\rho}\frac{\partial}{\partial\rho}\left(\rho\frac{\partial}{\partial\rho}\right)+\frac{1}{\rho^2}\frac{\partial^2}{\partial\phi^2}+\frac{\partial^2}{\partial z^2}\right]f$$

球面坐标系

$$\nabla f=\left(\hat{\boldsymbol{r}}\frac{\partial}{\partial r}+\hat{\boldsymbol{\theta}}\frac{\partial}{r\partial\theta}+\hat{\boldsymbol{\phi}}\frac{1}{r\sin\theta}\frac{\partial}{\partial\phi}\right)f$$

$$\nabla\cdot\overline{\boldsymbol{A}}=\frac{1}{r^2}\frac{\partial}{\partial r}(r^2A_r)+\frac{1}{r\sin\theta}\frac{\partial}{\partial\theta}(\sin\theta A_\theta)+\frac{1}{r\sin\theta}\frac{\partial}{\partial\phi}A_\phi$$

$$\nabla\times\overline{\boldsymbol{A}}=\frac{1}{r^2\sin\theta}\begin{vmatrix}\hat{\boldsymbol{r}} & r\hat{\boldsymbol{\theta}} & r\sin\theta\hat{\boldsymbol{\phi}}\\ \dfrac{\partial}{\partial r} & \dfrac{\partial}{\partial\theta} & \dfrac{\partial}{\partial\phi}\\ A_r & rA_\theta & r\sin\theta A_\phi\end{vmatrix}$$

$$\nabla^2 f=\left[\frac{1}{r^2}\frac{\partial}{\partial r}\left(r^2\frac{\partial}{\partial r}\right)+\frac{1}{r^2\sin\theta}\frac{\partial}{\partial\theta}\left(\sin\theta\frac{\partial}{\partial\theta}\right)+\frac{1}{r^2\sin^2\theta}\frac{\partial^2}{\partial\phi^2}\right]f$$

第3章

附 录

3.A 拐点附近的场

对于微分方程：

$$\left[\frac{\mathrm{d}^2}{\mathrm{d}z^2}+q^2(z)\right]u(z)=0 \tag{3.A.1}$$

$q^2(z)$的变化如图3.26所示。我们将讨论拐点z附近的场(区域Ⅱ)。此处WKB近似方法不再适用,故需要使用另一种方法。在这个区域,我们使用泰勒级数展开拐点的$q^2(z)$,并保留其第一项：

$$q^2(z)=-a(z-z_0) \tag{3.A.2}$$

式中：a为z_0处的斜率,表示为

$$a=-\left.\frac{\mathrm{d}(q^2)}{\mathrm{d}z}\right|_{z=z_0}$$

微分方程变成：

$$\left[\frac{\mathrm{d}^2}{\mathrm{d}z^2}-a(z-z_0)\right]u(z)=0 \tag{3.A.3}$$

通过下式将其转换为斯托克斯微分方程：

$$t=a^{1/3}(z-z_0)=-a^{-2/3}q^2(z) \tag{3.A.4}$$

得到斯托克斯方程：

$$\left(\frac{\mathrm{d}^2}{\mathrm{d}t^2}-t\right)u(t)=0 \tag{3.A.5}$$

且当$t\to\infty$时,满足辐射条件的解为(附录3.B)：

$$u_a(t)=D_0A_i(t) \tag{3.A.6}$$

式中：D_0为常数；$A_i(t)$为艾里积分。

下面讨论式(3. A. 6)在区域 I 中的特性。在该区域中,由式(3. A. 4)可知,t 为负值且较大,因此,可渐进表示为

$$\begin{aligned} u_a(t) &= D_0 \frac{1}{\sqrt{\pi}(-t)^{1/4}} \sin\left[\frac{2}{3}(-t)^{3/2}+\frac{\pi}{4}\right] \\ &= \frac{D_0}{\sqrt{\pi}(-t)^{1/4}} \frac{\mathrm{e}^{+\mathrm{j}[2/3(-t)^{3/2}+\pi/4]}-\mathrm{e}^{-\mathrm{j}[2/3(-t)^{3/2}+\pi/4]}}{2\mathrm{j}} \end{aligned} \tag{3. A. 7}$$

由式(3. A. 2)可知:

$$-t = a^{-2/3}q^2(z) = -a^{1/3}(z-z_0)$$

且

$$\begin{aligned} \frac{2}{3}(-t)^{3/2} &= \int_0^{(-t)} (-t)^{1/3}\mathrm{d}(-t) \\ &= \int_{z_0}^{z} q(z)\,\mathrm{d}z \end{aligned} \tag{3. A. 8}$$

因此得到:

$$u_a(z) = \frac{D_0 \mathrm{e}^{+\mathrm{j}(\pi/4)}}{2\mathrm{j}\sqrt{\pi}a^{-1/6}q^{1/2}}\left[\mathrm{e}^{-\mathrm{j}\int_{z_0}^{z} q(z)\mathrm{d}z} - \mathrm{e}^{+\mathrm{j}\int_{z_0}^{z} q(z)\mathrm{d}z-\mathrm{j}(\pi/2)}\right] \tag{3. A. 9}$$

式(3. A. 9)与区域 I 中的 WKB 解相关。

$$u_i(z) = \frac{A_0}{q^{1/2}}\mathrm{e}^{-\mathrm{j}\int_{z_0}^{z} q\mathrm{d}z} \tag{3. A. 10}$$

反射 WKB 波表示为

$$u_r(z) = \frac{B_0}{q^{1/2}}\mathrm{e}^{+\mathrm{j}\int_{z_0}^{z} q\mathrm{d}z} \tag{3. A. 11}$$

将其与式(3. A. 9)的第二项进行比较,得到:

$$B_0 = A_0 \mathrm{e}^{-\mathrm{j}\int_{z_0}^{z} 2q\mathrm{d}z+\mathrm{j}(\pi/2)} \tag{3. A. 12}$$

在 $t>0$ 且很大的区域Ⅲ中,由式(3. A. 6)中的 $u_a(t)$ 可以得到透射波。

$$u_a(t) = D_0 \frac{1}{2\sqrt{\pi}t^{1/4}}\mathrm{e}^{-(2/3)t^{3/2}} \tag{3. A. 13}$$

也可以表示为

$$u_a(t) = \frac{D_0 \mathrm{e}^{-\mathrm{j}(\pi/4)}}{2\sqrt{\pi}a^{-1/6}q^{1/2}}\mathrm{e}^{-\mathrm{j}\int_{z_0}^{z} q\mathrm{d}z} \tag{3. A. 14}$$

将此式与传输的 WKB 解进行比较:

$$u_t(z) = \frac{C_0}{q^{1/2}}\mathrm{e}^{-\mathrm{j}\int_{z_0}^{z} q\mathrm{d}z} \tag{3. A. 15}$$

得到:

$$C_0 = A_0 \mathrm{e}^{-\mathrm{j}\int_{z_0}^{z} q\mathrm{d}z} \tag{3. A. 16}$$

3. B 斯托克斯微分方程和艾里积分

对于斯托克斯微分方程：

$$\left(\frac{\mathrm{d}^2}{\mathrm{d}t^2}-t\right)u(t)=0 \tag{3. B. 1}$$

两个独立解表示为

$$u(t)=w_1(t)=\frac{1}{\sqrt{\pi}}\int_{\Gamma_1}\mathrm{e}^{t\lambda-\lambda^3/3}\mathrm{d}\lambda \tag{3. B. 2}$$

$$u(t)=w_2(t)=\frac{1}{\sqrt{\pi}}\int_{\Gamma_2}\mathrm{e}^{t\lambda-\lambda^3/3}\mathrm{d}\lambda \tag{3. B. 3}$$

式中：Γ_1 和 Γ_2 为两条独立的路径，起点在阴影区域之一中，终点在 Λ 平面上的另一个区域，该处被积函数消失（图 3. B. 1）。

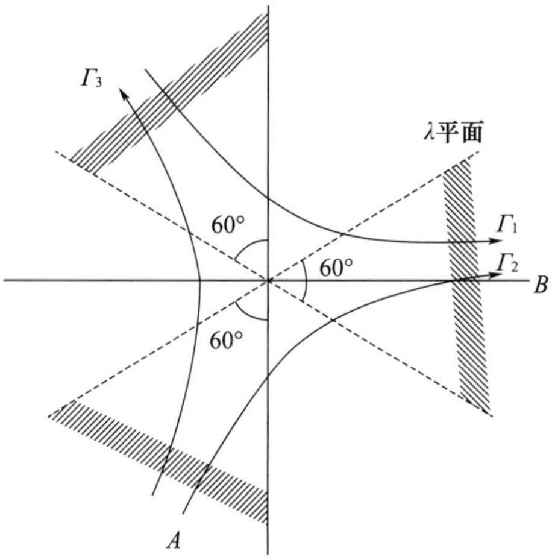

图 3. B. 1 艾里积分的复平面

为了证明 $w_1(t)$ 和 $w_2(t)$ 是斯托克斯方程的解，我们将其代入式(3. B. 1)，得到：

$$\begin{aligned}\left(\frac{\mathrm{d}^2}{\mathrm{d}t^2}-t\right)w_1(t)&=\frac{1}{\sqrt{\pi}}\int_{\Gamma_2}(\lambda^2-t)\mathrm{e}^{t\lambda-\lambda^3/3}\mathrm{d}\lambda\\&=\frac{-1}{\sqrt{\pi}}\int_{\Gamma_2}\mathrm{d}(\mathrm{e}^{t\lambda-\lambda^3/3})\\&=\frac{-1}{\sqrt{\pi}}\mathrm{e}^{t\lambda-\lambda^3/3}\bigg|_A^B\\&=0\end{aligned} \tag{3. B. 4}$$

类似地，$w_2(t)$ 也满足式(3. B. 1)。

也可以通过式(3. B. 2)和式(3. B. 3)的线性组合来获得两个独立解。两个常用函数为 $A_i(t)$ 和 $B_i(t)$，定义为

$$\begin{aligned} A_i(t) &= \frac{1}{2\sqrt{\pi}}[w_2(t) - w_1(t)] \\ &= \frac{1}{\pi}\int_0^{\infty}\cos\left(\frac{x^3}{3} + tx\right)\mathrm{d}x \end{aligned} \tag{3. B. 5}$$

$$\begin{aligned} B_i(t) &= \frac{1}{2\sqrt{\pi}}[w_2(t) + w_1(t)] \\ &= \frac{1}{\pi}\int_0^{\infty}\left[\mathrm{e}^{tx - x^3/3} + \sin\left(\frac{x^3}{3} + tx\right)\right]\mathrm{d}x \end{aligned} \tag{3. B. 6}$$

为了证明式(3. B. 5),则需要注意到:

$$w_2(t) - w_1(t) = \frac{1}{\sqrt{\pi}}\int_{\Gamma_3}\mathrm{e}^{t\lambda - \lambda^3/3}\mathrm{d}\lambda$$

其中,Γ_3 如图 3. B. 1 所示。通过沿着虚轴选择路径,令 $\lambda = \mathrm{j}x$ 且 $\int_{\Gamma_3}\mathrm{d}\lambda = \int_{-\infty}^{\infty}\mathrm{j}\mathrm{d}x$,然后得到式(3. B. 5)。为了得到式(3. B. 6),需要结合下面两式:

$$\int_{\Gamma_2}\mathrm{d}\lambda = \mathrm{j}\int_{-\infty}^{0}\mathrm{e}^{\mathrm{j}(tx + x^3/3)}\mathrm{d}x + \int_0^{\infty}\mathrm{e}^{tx - x^3/3}\mathrm{d}x$$

$$\int_{\Gamma_1}\mathrm{d}\lambda = \mathrm{j}\int_{\infty}^{0}\mathrm{e}^{\mathrm{j}(tx + x^3/3)}\mathrm{d}x + \int_0^{\infty}\mathrm{e}^{tx - x^3/3}\mathrm{d}x$$

沿着 t 的实轴,$A_i(t)$ 和 $B_i(t)$ 的变化如图 3. B. 2 所示。$A_i(t)$ 和 $B_i(t)$ 的渐进形式如下。

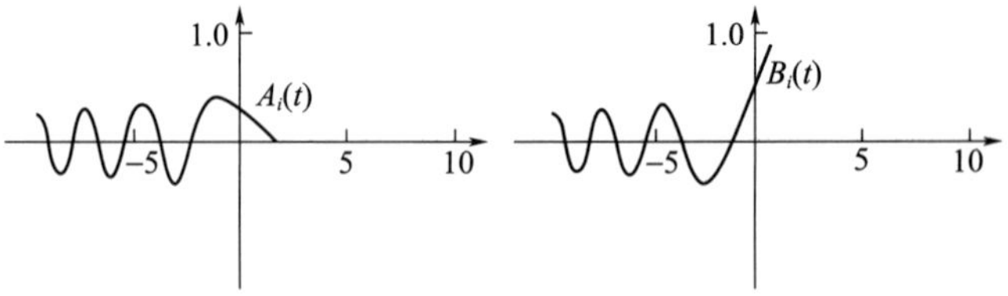

图 3. B. 2　艾里函数

对于 $|t| \to \infty$ 且 $|\arg t| < \pi/3$:

$$A_i(t) \sim \frac{1}{2\sqrt{\pi}t^{1/4}}\mathrm{e}^{-(2/3)t^{3/2}}$$

$$B_i(t) \sim \frac{1}{\sqrt{\pi}t^{1/4}}\mathrm{e}^{(2/3)t^{3/2}}$$

对于 $|t| \to \infty$ 和 $|\arg(-t)| < 2\pi/3$:

$$A_i(t) \sim \frac{1}{\sqrt{\pi}(-t)^{1/4}}\sin\left[\frac{2}{3}(-t)^{3/2} + \frac{\pi}{4}\right]$$

$$B_i(t) \sim \frac{1}{\sqrt{\pi}(-t)^{1/4}}\cos\left[\frac{2}{3}(-t)^{3/2} + \frac{\pi}{4}\right]$$

第 4 章

附　录

4. A　格林恒等式和定理

将散度定理应用于向量 $\overline{\boldsymbol{A}}$：

$$\int_V \nabla \cdot \overline{\boldsymbol{A}} \mathrm{d}V = \int_S \overline{\boldsymbol{A}} \cdot \mathrm{d}\overline{\boldsymbol{s}} \tag{4. A. 1}$$

令 $\overline{\boldsymbol{A}} = u \nabla v$，其中 u 和 v 是标量场，得到：

$$\int_V \nabla \cdot (u \nabla v) \mathrm{d}V = \int_S u \nabla v \cdot \mathrm{d}\overline{\boldsymbol{s}} = \int_S u \frac{\partial v}{\partial n} \mathrm{d}S \tag{4. A. 2}$$

式中：$\partial/\partial n$ 是向外法向导数。利用式(4. A. 2)左边的向量恒等式：

$$\nabla \cdot (u \nabla v) = \nabla u \cdot \nabla v + u \nabla^2 v \tag{4. A. 3}$$

得到格林第一恒等式：

$$\int_V (\nabla u \cdot \nabla v + u \nabla^2 v) \mathrm{d}V = \int_S u \frac{\partial v}{\partial n} \mathrm{d}S \tag{4. A. 4}$$

将 u 和 v 互换：

$$\int_V (\nabla u \cdot \nabla v + v \nabla^2 u) \mathrm{d}V = \int_S v \frac{\partial u}{\partial n} \mathrm{d}S \tag{4. A. 5}$$

式(4. A. 4)减去式(4. A. 5)，得到格林第二恒等式，也被称为格林定理。

$$\int_V (u \nabla^2 v - v \nabla^2 u) \mathrm{d}V = \int_S \left(u \frac{\partial v}{\partial n} - v \frac{\partial u}{\partial n} \right) \mathrm{d}S \tag{4. A. 6}$$

格林第一恒等式和第二恒等式的二维等价式为

$$\int_a (\nabla_t u \cdot \nabla_t v + v \nabla_t^2 u) \mathrm{d}a = \int_l v \frac{\partial u}{\partial n} \mathrm{d}l \tag{4. A. 7}$$

$$\int_a (u \nabla_t^2 v - v \nabla_t^2 u) \mathrm{d}a = \int_l \left(u \frac{\partial v}{\partial n} - v \frac{\partial u}{\partial n} \right) \mathrm{d}l \tag{4. A. 8}$$

式中：a 为被封闭边界曲线 l 包围的面积。一维等价式为

$$\int_{x_1}^{x_2}\left(\frac{\partial u}{\partial x}\frac{\partial v}{\partial x}+v\frac{\partial^2 u}{\partial x^2}\right)\mathrm{d}x = v\frac{\partial u}{\partial x}\bigg|_{x_1}^{x_2} \tag{4. A. 9}$$

$$\int_{x_1}^{x_2}\left(u\frac{\partial^2 v}{\partial x^2}-v\frac{\partial^2 u}{\partial x^2}\right)\mathrm{d}x = \left(u\frac{\partial v}{\partial x}-v\frac{\partial u}{\partial x}\right)\bigg|_{x_1}^{x_2} \tag{4. A. 10}$$

4. B　贝塞尔函数 $Z_v(x)$

贝塞尔函数 $Z_v(z)$ 是贝塞尔微分方程的解。

$$\left[z^2\frac{\mathrm{d}^2}{\mathrm{d}z^2}+z\frac{\mathrm{d}}{\mathrm{d}z}+(z^2-v^2)\right]Z_v(z)=0$$

J_v、N_v、$H_v^{(1)}$ 和 $H_v^{(2)}$ 分别被称为第一类的贝塞尔函数、诺依曼函数、汉克尔函数和第二类的汉克尔函数。它们之间的关系如下：

$$\begin{cases}H_v^{(1)}(z)=J_v(z)+\mathrm{j}N_v(z)\\ H_v^{(2)}(z)=J_v(z)-\mathrm{j}N_v(z)\end{cases} \tag{4. B. 1}$$

如果 v 为非整数，J_{-v} 和 J_v 是独立的。当 $v=n=$ 整数时，Z_n 与 Z_{-n} 成正比。

$$Z_{-n}(z)=(-1)^n Z_n(z) \tag{4. B. 2}$$

对于实数 $v\geqslant 0$，当 $|z|\ll 1$ 时：

$$\begin{cases}J_v(z)\approx\dfrac{1}{\Gamma(v+1)}\left(\dfrac{z}{2}\right)^v\\ N_v(z)\approx-\dfrac{\Gamma(v)}{\pi}\left(\dfrac{2}{z}\right)^v\\ J_0(z)\approx 1-\left(\dfrac{z}{2}\right)^2\\ N_0(z)\approx-\dfrac{2}{\pi}\ln\dfrac{2}{\gamma z}\end{cases} \tag{4. B. 3}$$

式中：$\Gamma(v)$ 为伽玛函数，$\Gamma(n)=(n-1)!$，且欧拉常数 $\gamma=1.781072418$。对于 $|z|\gg 1$，$|z|\gg v$，有

$$\begin{cases}J_v(z)\approx\left(\dfrac{2}{\pi z}\right)^{1/2}\cos\left(z-\dfrac{v\pi}{2}-\dfrac{\pi}{4}\right)\\ N_v(z)\approx\left(\dfrac{2}{\pi z}\right)^{1/2}\sin\left(z-\dfrac{v\pi}{2}-\dfrac{\pi}{4}\right)\end{cases} \tag{4. B. 4}$$

第5章 附录

5.A 狄拉克函数

狄拉克函数定义为：当 $\bar{\boldsymbol{r}} \neq \bar{\boldsymbol{r}}'$ 时，$\delta(\bar{\boldsymbol{r}}, \bar{\boldsymbol{r}}') = 0$；当 V 包含 $\bar{\boldsymbol{r}}$ 时，$\int_V \delta(\bar{\boldsymbol{r}} - \bar{\boldsymbol{r}}') \mathrm{d}V = 1$。

直角坐标系

$$\delta(\bar{\boldsymbol{r}} - \bar{\boldsymbol{r}}') = \delta(x - x')\delta(y - y')\delta(z - z')$$

式中：当 $x \neq x'$ 且 $\int \delta(x - x') = 1$ 时，$\delta(x - x') = 0$，故 $\delta(x - x')$ 的维度为(长度)$^{-1}$。

圆柱坐标系

$$\delta(\bar{\boldsymbol{r}} - \bar{\boldsymbol{r}}') = \frac{\delta(\rho - \rho')\delta(\phi - \phi')\delta(z - z')}{\rho}$$

式中：

$$\delta(\rho - \rho') = 0, \text{当 } \rho \neq \rho'$$
$$\delta(\phi - \phi') = 0, \text{当 } \phi \neq \phi'$$
$$\delta(z - z') = 0, \text{当 } z \neq z'$$

且

$$\int \delta(\rho - \rho') \mathrm{d}\rho = 1$$

$$\int \delta(\phi - \phi') \mathrm{d}\phi = 1$$

$$\int \delta(z - z') \mathrm{d}z = 1$$

$$\mathrm{d}V = r^2 \sin\theta \mathrm{d}r \mathrm{d}\theta \mathrm{d}\phi$$

需要注意：$\mathrm{d}V = \rho \mathrm{d}\rho \mathrm{d}\phi \mathrm{d}z$。

球面坐标系

$$\delta(\bar{\boldsymbol{r}}-\bar{\boldsymbol{r}}')=\frac{\delta(r-r')\delta(\theta-\theta')\delta(\phi-\phi')}{r^2\sin\theta}$$

式中：

$$\delta(r-r')=0,\text{当 } r\neq r'$$
$$\delta(\theta-\theta')=0,\text{当 } \theta\neq\theta'$$
$$\delta(\phi-\phi')=0,\text{当 } \phi\neq\phi'$$

且

$$\int\delta(r-r')\mathrm{d}r=1$$

$$\int\delta(\theta-\theta')\mathrm{d}\theta=1$$

$$\int\delta(\phi-\phi')\mathrm{d}\phi=1$$

$$\mathrm{d}V=r^2\sin\theta\mathrm{d}r\mathrm{d}\theta\mathrm{d}\phi$$

对于任意函数 $f(\bar{\boldsymbol{r}})$，当 V_0 包含 $\bar{\boldsymbol{r}}'$ 时，狄拉克函数 $\delta(\bar{\boldsymbol{r}}-\bar{\boldsymbol{r}}')$ 有以下重要特性：

$$\int_{V_0}f(\bar{\boldsymbol{r}})\delta(\bar{\boldsymbol{r}}-\bar{\boldsymbol{r}}')\mathrm{d}V=f(\bar{\boldsymbol{r}}')$$

狄拉克函数可以被看作高度 h、宽度 W 的矩形脉冲 $f(x)$ 的极限情况，当宽度趋近于零时，其面积为单位面积，$hW=1$。

$$\delta(x)=\lim_{W\to0}f(x)$$

函数 $f(x)$ 的精确形状并不重要。更严格地说，狄拉克函数必须用分布理论来解释。

注意到以下特性：

$$\int_{-\varepsilon}^{\varepsilon}\delta(x)\mathrm{d}x=1$$

$$\int_{0}^{\varepsilon}\delta(x)\mathrm{d}x=\frac{1}{2}$$

$$\delta(-x)=\delta(x)$$

$$\int_{-\varepsilon}^{\varepsilon}f(x)\delta'(x)\mathrm{d}x=f(x)\delta(x)\Big|_{-\varepsilon}^{\varepsilon}-\int_{-\varepsilon}^{\varepsilon}f'(x)\delta(x)\mathrm{d}x=-f'(0)$$

同样地，

$$\int f(x)\delta^{(n)}(x)\mathrm{d}x=(-1)^nf^{(n)}(0)$$

$$\delta[g(x)]=\sum_{n=1}^{N}\frac{\delta(x-x_n)}{|g'(x_n)|}$$

式中：x_n 为 $g(x)$ 的零点 $[g(x_n)=0]$。

第6章

附　录

6. A　斯特拉顿－朱兰成公式

为了证明式(6.110)、式(6.111)和式(6.112),我们从向量格林定理开始进行讨论。

$$\int_V (\overline{\boldsymbol{Q}} \cdot \nabla\times\nabla\times \overline{\boldsymbol{P}} - \overline{\boldsymbol{P}} \cdot \nabla\times\nabla\times \overline{\boldsymbol{Q}})\mathrm{d}V = \int_S (\overline{\boldsymbol{P}} \times \nabla\times \overline{\boldsymbol{Q}} - \overline{\boldsymbol{Q}} \times \nabla\times \overline{\boldsymbol{P}}) \cdot \mathrm{d}\overline{\boldsymbol{S}} \tag{6. A. 1}$$

令:

$$\begin{cases} \overline{\boldsymbol{P}} = \hat{\boldsymbol{a}} G(\overline{\boldsymbol{r}}, \overline{\boldsymbol{r}}') \\ \overline{\boldsymbol{Q}} = \overline{\boldsymbol{E}}(\overline{\boldsymbol{r}}) \end{cases} \tag{6. A. 2}$$

式中:$\hat{\boldsymbol{a}}$ 为常数单位矢量;G 为标量格林函数。

麦克斯韦方程为:

$$\begin{cases} \nabla \times \overline{\boldsymbol{E}} = -\mathrm{j}\omega\mu \overline{\boldsymbol{H}} - \overline{\boldsymbol{J}}_m \\ \nabla \times \overline{\boldsymbol{H}} = \mathrm{j}\omega\varepsilon \overline{\boldsymbol{E}} + \overline{\boldsymbol{J}} \\ \nabla \times \overline{\boldsymbol{E}} = \dfrac{\rho}{\varepsilon} \\ \nabla \times \overline{\boldsymbol{H}} = 0 \end{cases} \tag{6. A. 3}$$

我们的讨论包含磁流密度 $\overline{\boldsymbol{J}}_m$。

现在将格林定理应用于由 S_1、S 和 S_∞ 组成的 S_t 所包围的体积 V_1 中(图6.A.1)。S_1 为以 $\overline{\boldsymbol{r}}'$ 为球心的小球体的表面。(稍后将 $\overline{\boldsymbol{r}}'$ 作为观察点,$\overline{\boldsymbol{r}}$ 和 $\overline{\boldsymbol{r}}'$ 互换)我们希望将式(6.A.1)转换为以下形式:

$$\hat{\boldsymbol{a}} \cdot \int_{V_1} \cdots \mathrm{d}V = \hat{\boldsymbol{a}} \cdot \int_{S_t} \cdots \mathrm{d}S$$

得到:

$$\int_{V_1} \cdots \mathrm{d}V = \int_{S_t} \cdots \mathrm{d}S$$

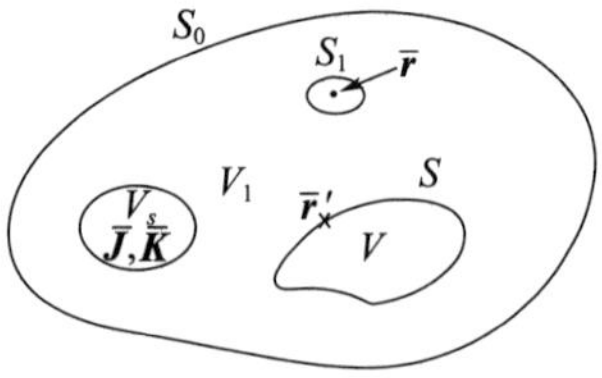

图 6. A. 1　斯特拉顿-朱兰成公式的证明

为此,对式(6. A. 1)的左侧进行讨论。

$$\begin{aligned}\nabla\times\nabla\times\bar{\boldsymbol{P}} &= \nabla\times\nabla\times(\hat{\boldsymbol{a}}G)\\ &= \nabla(\nabla\cdot\hat{\boldsymbol{a}}G)-\nabla^2(\hat{\boldsymbol{a}}G)\\ &= \nabla(\hat{\boldsymbol{a}}\cdot\nabla G)+\hat{\boldsymbol{a}}k^2G\end{aligned}$$

$$\bar{\boldsymbol{E}}\cdot\nabla(\hat{\boldsymbol{a}}\cdot\nabla G) = \nabla\cdot(\bar{\boldsymbol{E}}(\hat{\boldsymbol{a}}\cdot\nabla G)-\hat{\boldsymbol{a}}\cdot\nabla G(\nabla\cdot\bar{\boldsymbol{E}})$$

$$\int_{V_1}\nabla\cdot(\bar{\boldsymbol{E}}\hat{\boldsymbol{a}}\cdot\nabla G)\mathrm{d}V = \int_{S_t}\hat{\boldsymbol{a}}\cdot(\nabla G)\bar{\boldsymbol{E}}\cdot\hat{\boldsymbol{n}}\mathrm{d}S$$

由此得到:

$$\int_{V_1}\bar{\boldsymbol{Q}}\cdot\nabla\times\nabla\times\bar{\boldsymbol{P}}\mathrm{d}V = \hat{\boldsymbol{a}}\cdot\int_{S_t}(\nabla G)(\bar{\boldsymbol{E}}\cdot\hat{\boldsymbol{n}})\mathrm{d}S+\hat{\boldsymbol{a}}\cdot\int_{V_1}\left(k^2G\bar{\boldsymbol{E}}-\frac{\rho}{\varepsilon}\nabla G\right)\mathrm{d}V$$

同样得到:

$$\bar{\boldsymbol{P}}\cdot\nabla\times\nabla\times\bar{\boldsymbol{Q}}=\hat{\boldsymbol{a}}G\cdot\nabla\times\nabla\times\bar{\boldsymbol{E}}=\hat{\boldsymbol{a}}\cdot G(k^2\bar{\boldsymbol{E}}-\mathrm{j}\omega\mu\bar{\boldsymbol{J}}-\nabla\times\bar{\boldsymbol{J}}_m)$$

还需注意到:

$$G\nabla\times\bar{\boldsymbol{J}}_m = \nabla\times(G\bar{\boldsymbol{J}}_m)+\bar{\boldsymbol{J}}_m\times\nabla G$$

$$\int_{V_1}\nabla\times(G\bar{\boldsymbol{J}}_m)\mathrm{d}V = \int_{S_t}\hat{\boldsymbol{n}}\times G\bar{\boldsymbol{J}}_m\mathrm{d}S$$

因此,式(6. A. 1)的左侧变为

$$\begin{aligned}\text{L. H.} = {}&\hat{\boldsymbol{a}}\cdot\int_{V_1}\left(-\frac{\rho}{\varepsilon}\nabla G+\mathrm{j}\omega\mu\bar{\boldsymbol{J}}+\bar{\boldsymbol{J}}_m\times\nabla G\right)\mathrm{d}V+\\ &\hat{\boldsymbol{a}}\cdot\int_{S_t}[\nabla G(\bar{\boldsymbol{E}}\cdot\hat{\boldsymbol{n}})+\hat{\boldsymbol{n}}\times(G\bar{\boldsymbol{J}}_m)]\mathrm{d}S\end{aligned}\tag{6. A. 4}$$

接下来讨论式(6. A. 1)的右侧。

$$\begin{aligned}\bar{\boldsymbol{P}}\times\nabla\times\bar{\boldsymbol{Q}}\cdot\hat{\boldsymbol{n}} &= \hat{\boldsymbol{a}}G\times\nabla\times\bar{\boldsymbol{E}}\cdot\hat{\boldsymbol{n}}\\ &= \hat{\boldsymbol{a}}G\times(-\mathrm{j}\omega\mu\bar{\boldsymbol{H}}-\bar{\boldsymbol{J}}_m)\cdot\hat{\boldsymbol{n}}\\ &= \hat{\boldsymbol{a}}\cdot[\hat{\boldsymbol{n}}\times(\mathrm{j}\omega\mu G\bar{\boldsymbol{H}}+G\bar{\boldsymbol{J}}_m)]\end{aligned}$$

$$\begin{aligned}\bar{\boldsymbol{Q}}\times\nabla\times\bar{\boldsymbol{P}}\cdot\hat{\boldsymbol{n}} &= \bar{\boldsymbol{E}}\times\nabla\times(\hat{\boldsymbol{a}}G)\cdot\hat{\boldsymbol{n}}\\ &= \hat{\boldsymbol{a}}\cdot(\hat{\boldsymbol{n}}\times\bar{\boldsymbol{E}})\times\nabla G\end{aligned}$$

因此,式(6. A. 1)的右侧变为

$$\text{R. H.} = \hat{\boldsymbol{a}}\cdot\int_{S_t}[-(\hat{\boldsymbol{n}}\times\bar{\boldsymbol{E}})\times\nabla G+\mathrm{j}\omega\mu G\hat{\boldsymbol{n}}\times\bar{\boldsymbol{H}}+\hat{\boldsymbol{n}}\times G\bar{\boldsymbol{J}}_m]\mathrm{d}S\tag{6. A. 5}$$

令式(6. A. 4)等于式(6. A. 5),交换 $\bar{\boldsymbol{r}}'$ 和 $\bar{\boldsymbol{r}}$,这样源点为 $\bar{\boldsymbol{r}}'$、观察点为 $\bar{\boldsymbol{r}}$。令 $\hat{\boldsymbol{n}}'=-\hat{\boldsymbol{n}}$,

则可得到：

$$\int_{V_1} \overline{\boldsymbol{E}}_v \mathrm{d}V' + \int_{S_t} \overline{\boldsymbol{E}}_s \mathrm{d}S' = 0 \tag{6. A. 6}$$

式中：$\overline{\boldsymbol{E}}_s$ 由式(6. 113)计算得到，$\overline{\boldsymbol{E}}_v$ 表示为

$$\overline{\boldsymbol{E}}_v = -\left(\mathrm{j}\omega\mu G\overline{\boldsymbol{J}} + \overline{\boldsymbol{J}}_m \times \nabla' G - \frac{\rho}{\varepsilon}\nabla' G\right) \tag{6. A. 7}$$

式中：$\overline{\boldsymbol{J}} = \overline{\boldsymbol{J}}(\bar{\boldsymbol{r}}')$，$\overline{\boldsymbol{J}}_m = \overline{\boldsymbol{J}}_m(\bar{\boldsymbol{r}}')$。

同样地，对于磁场，我们利用式(6. A. 3)中麦克斯韦方程组的对称性，对场量进行如下交换：

$$\begin{cases} \overline{\boldsymbol{E}} \to \overline{\boldsymbol{H}}, \rho \to \rho_m \\ \overline{\boldsymbol{H}} \to -\overline{\boldsymbol{E}}, \rho_m \to -\rho \\ \overline{\boldsymbol{J}} \to \overline{\boldsymbol{J}}_m, \varepsilon \to \mu \\ \overline{\boldsymbol{J}}_m \to -\overline{\boldsymbol{J}}, \mu \to \varepsilon \end{cases} \tag{6. A. 8}$$

然后得到：

$$\int_{V_1} \overline{\boldsymbol{H}}_v \mathrm{d}V' + \int_{S_t} \overline{\boldsymbol{H}}_s \mathrm{d}S' = 0 \tag{6. A. 9}$$

式中：$\overline{\boldsymbol{H}}_s$ 由式(6. 113)计算得到，$\overline{\boldsymbol{H}}_v$ 表示为

$$\overline{\boldsymbol{H}}_v = -\left(\mathrm{j}\omega\varepsilon G\overline{\boldsymbol{J}}_m - \overline{\boldsymbol{J}} \times \nabla' G - \frac{\rho_m}{\mu}\nabla' G\right) \tag{6. A. 10}$$

注意：如果我们使用如下定义，则面积分和体积分的形式相同：

$$\begin{cases} \text{面电流密度 } \overline{\boldsymbol{J}}_s = \hat{\boldsymbol{n}}' \times \overline{\boldsymbol{H}} \\ \text{面磁电流密度 } \overline{\boldsymbol{J}}_{ms} = -\hat{\boldsymbol{n}}' \times \overline{\boldsymbol{E}} \\ \text{面电荷密度 } \rho_s = \varepsilon(\hat{\boldsymbol{n}}' \cdot \overline{\boldsymbol{E}}) \\ \text{面磁电荷密度 } \rho_{ms} = \mu(\hat{\boldsymbol{n}}' \cdot \overline{\boldsymbol{H}}) \end{cases} \tag{6. A. 11}$$

现在将式(6. A. 6)应用于图 12. 10 所示的问题，首先讨论观察点 $\bar{\boldsymbol{r}}$ 在 S 外的情况(图 6. 15)。对 S_1 的积分为

$$\int_{S_1} \overline{\boldsymbol{E}}_s \mathrm{d}S' = -\int_{S_1} [\mathrm{j}\omega\mu G\hat{\boldsymbol{n}}' \times \overline{\boldsymbol{H}} - (\hat{\boldsymbol{n}}' \times \overline{\boldsymbol{E}}) \times \nabla' G - (\hat{\boldsymbol{n}}' \cdot \overline{\boldsymbol{E}}) \nabla' G] \mathrm{d}S' \tag{6. A. 12}$$

S_1 是以 $\bar{\boldsymbol{r}}$ 为中心、半径为 ε 的小球的表面。当 $\varepsilon \to 0$ 时，第一项只包含随 ε^{-1} 而变化的 G，表面积为 $4\pi\varepsilon^2$，因此这一项消去。第二项和第三项包含 G 的梯度，因此 $\nabla' G = -(4\pi\varepsilon^2)^{-1}\hat{\boldsymbol{n}}'$，且有

$$\begin{aligned} \lim_{\varepsilon \to 0} \int_{S_1} \overline{\boldsymbol{E}}_s h \mathrm{d}S' &= \lim_{\varepsilon \to 0} [(\hat{\boldsymbol{n}} \times \overline{\boldsymbol{E}}) \times \hat{\boldsymbol{n}}' + \hat{\boldsymbol{n}}' \cdot \overline{\boldsymbol{E}}\hat{\boldsymbol{n}}]\left(-\frac{1}{4\pi\varepsilon^2}\right)4\pi\varepsilon^2 \\ &= -\overline{\boldsymbol{E}}(\boldsymbol{r}) \end{aligned} \tag{6. A. 13}$$

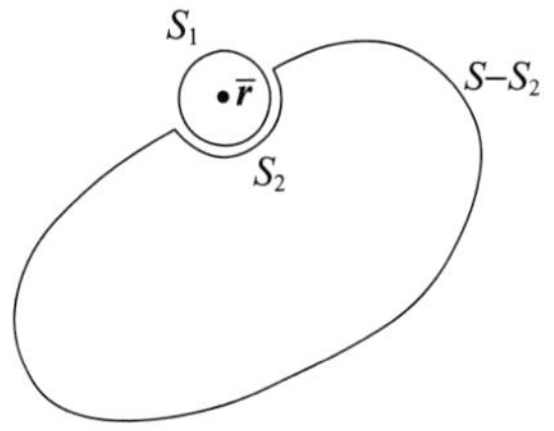

图 6. A. 2　观察点位于表面 S 上

表面 S_t 由 S_1,S 和 S_∞ 组成。当满足辐射条件时,S_∞ 上的积分随着场的减小而消失,则得到:

$$\overline{\boldsymbol{E}}(\bar{\boldsymbol{r}}) = \int_{V_1} \overline{\boldsymbol{E}}_v \mathrm{d}v' + \int_S \overline{\boldsymbol{E}}_s \mathrm{d}S' \tag{6. A. 14}$$

在源上的体积积分可以确定为入射波$\overline{\boldsymbol{E}}_i$,因为如果我们移除物体,$S$ 上的积分就会消失,而 $\overline{\boldsymbol{E}}(\bar{\boldsymbol{r}})$应该等于入射波$\overline{\boldsymbol{E}}_i(\bar{\boldsymbol{r}})$。因此,我们得到式(6. 111)。

$$\overline{\boldsymbol{E}}_i(\bar{\boldsymbol{r}}) + \int_S \overline{\boldsymbol{E}}_s \mathrm{d}S' = \overline{\boldsymbol{E}}(\bar{\boldsymbol{r}}) \tag{6. A. 15}$$

类似地,我们得到:

$$\overline{\boldsymbol{H}}_\mathrm{i}(\bar{\boldsymbol{r}}) + \int_S \overline{\boldsymbol{H}}_s \mathrm{d}S' = \overline{\boldsymbol{H}}(\bar{\boldsymbol{r}})$$

如果观察点 $\bar{\boldsymbol{r}}$ 在表面 S 上,则需考虑 S,S_2 以及 $S-S_2$(图 6. A. 2)。不难发现:

$$\begin{cases} \displaystyle\int_{S_1} \overline{\boldsymbol{E}}_s \mathrm{d}S' = -\overline{\boldsymbol{E}}(\bar{\boldsymbol{r}}) \\ \displaystyle\int_{S_2} \overline{\boldsymbol{E}}_s \mathrm{d}S' = +\frac{1}{2}\overline{\boldsymbol{E}}(\bar{\boldsymbol{r}}) \end{cases} \tag{6. A. 16}$$

因此得到:

$$\overline{\boldsymbol{E}}_i(\bar{\boldsymbol{r}}) + ⨍_S \overline{\boldsymbol{E}}_s \mathrm{d}S' = \frac{1}{2}\overline{\boldsymbol{E}}(\bar{\boldsymbol{r}}) \tag{6. A. 17}$$

同样地,有

$$\overline{\boldsymbol{H}}_i(\bar{\boldsymbol{r}}) + ⨍_S \overline{\boldsymbol{H}}_s \mathrm{d}S' = \frac{1}{2}\overline{\boldsymbol{H}}(\bar{\boldsymbol{r}})$$

式中:$⨍_S$ 表示积分的柯西主值(在 $S-S_2$ 上,当 $\varepsilon \to 0$ 时)。

如果观察点 $\bar{\boldsymbol{r}}$ 在 S 内,注意到式(6. A. 6)中的体积积分为$\overline{\boldsymbol{E}}_i(\bar{\boldsymbol{r}})$以及面积分只在表面 S 上,则可以立即得到式(6. 112)。

第7章 附录

7.A 周期性格林函数

下面讨论 x 方向上周期为 l_1、y 方向上周期为 l_2 的周期结构，以及定义为 $0<x<l_1$、$0<y<l_2$ 和 $-\infty \leqslant z \leqslant +\infty$ 的单元。在该单元内，格林函数 G 满足以下条件：

$$(\nabla^2+k^2)G=-\delta(x-x')\delta(y-y')\delta(z-z') \tag{7.A.1}$$

将 G 用弗洛凯级数展开为

$$G=\sum_m\sum_n g_{mn}(z,z')\mathrm{e}^{-\mathrm{j}\alpha x-\mathrm{j}\beta y} \tag{7.A.2}$$

式中：$\alpha=\alpha_0+2m\pi/l_1$；$\beta=\beta_0+2n\pi/l_2$。将其代入式(7.A.1)，且注意到：

$$\delta(x-x')=\sum_m \frac{\mathrm{e}^{-\mathrm{j}\alpha(x-x')}}{l_1} \tag{7.A.3}$$

得到：

$$G=\sum_{m=-\infty}^{\infty}\sum_{n=-\infty}^{\infty}\frac{\mathrm{e}^{-\mathrm{j}\alpha(x-x')-\mathrm{j}\beta(y-y')-\mathrm{j}\gamma|z-z'|}}{2\mathrm{j}\gamma l_1 l_2} \tag{7.A.4}$$

式中：$\alpha=\alpha_0+2m\pi/l_1$，$\beta=\beta_0+2n\pi/l_2$，且

$$\gamma=\begin{cases}(k^2-\alpha^2-\beta^2)^{1/2}, & \text{当 } k^2>\alpha^2+\beta^2\\ -\mathrm{j}(\alpha^2+\beta^2-k^2)^{1/2}, & \text{当 } k^2<\alpha^2+\beta^2\end{cases}$$

7.B 变化形式

我们通常表示为

$$\int_a^b \mathrm{d}z\int_a^b \mathrm{d}z' f^*(z)G(z,z',\beta)f(z')=0 \tag{7.B.1}$$

式中：G 为厄米矩阵，有

$$G(z,z',\beta)=G^*(z',z,\beta) \tag{7.B.2}$$

如果真实的 f 不知道,则使用近似函数 $f_a = f + \delta f$,其中 δf 是变化量。相应的传播常数为 $\beta_a = \beta + \delta\beta + \cdots$。若要证明 $\delta\beta = 0$,则 β 的变化是二阶的,β_a 的误差远小于 f_a 的误差。因此,即使对 f 使用粗略的近似值,我们也能从式(7. B. 1)中得到接近于真实值的 β。

取式(7. B. 1)中的变化量,得到:

$$\int_a^b \mathrm{d}z \int_a^b \mathrm{d}z' \left[\delta f^*(z) G(z,z',\beta) f(z') + f^*(z) G(z,z',\beta) \delta f(z') + f^*(z) \frac{\partial G}{\partial \beta} \delta\beta f(z') \right] = 0$$

因此,在第二项中交换 z 和 z',并使用式(7. B. 2),得到:

$$\int_a^b \mathrm{d}z \int_a^b \mathrm{d}z' f^*(z) \frac{\partial G}{\partial \beta} f(z) + \int_a^b \mathrm{d}z \int_a^b \mathrm{d}z' [\delta f^*(z) G(z,z',\beta) f(z') + \delta f(z) G^*(z,z',\beta) f^*(z')] = 0 \tag{7. B. 3}$$

在 $f(z)$ 的正确值处:

$$\int_a^b \mathrm{d}z' G(z,z',\beta) f(z') = 0$$

因此,式(7. B. 3)的第二项和第三项消去,即证明了 $\delta\beta = 0$。

7. C 边界条件

在导电楔附近,楔角决定了电场和磁场分量表现的特定形式。考虑角度为 $(2\pi - \phi_0)$ 的导电楔(图 7. C. 1)。尖端附近的场可以用两种不同的模式表示:含 E_z, H_ϕ, H_ρ 的 TM 模式,以及含 H_z, E_ϕ, E_ρ 的 TE 模式。TE 模式表示为

$$(\nabla^2 + k^2) E_z = 0 \tag{7. C. 1}$$

$$\begin{cases} H_\phi = \dfrac{1}{\mathrm{j}\omega\mu} \dfrac{\partial}{\partial \rho} E_z \\ H_\rho = -\dfrac{1}{\mathrm{j}\omega\mu} \dfrac{1}{\rho} \dfrac{\partial}{\partial \phi} E_z \end{cases} \tag{7. C. 2}$$

式(7. C. 1)在 $\phi = 0$ 和 ϕ_0 时满足 $E_z = 0$ 的最一般解为

$$E_z = \sum_{n=1}^{\infty} a_n Z_{v_n}(k\rho) \sin v_n \phi \tag{7. C. 3}$$

式中:$v_n = \dfrac{n\pi}{\phi_0}$;$Z_{v_n}(\rho)$ 为贝塞尔函数。注意到 $v_n \neq 0$ 且为非整数,$Z_v(\rho)$ 可以为 $J_v(k\rho)$ 或者 $J_{-v}(k\rho)$。对于小的 $k\rho$ 而言:

$$\begin{cases} J_v(k\rho) \sim \rho^v \\ J_{-v}(k\rho) \sim \rho^{-v} \end{cases}$$

因此,对小的 $k\rho$,取式(7. C. 3)的第一项,得到:

$$\begin{cases} E_z \sim \rho^v \sin v\phi \text{ 或 } \rho^{-v} \sin v\phi \\ H_\phi \sim \rho^{v-1} \sin v\phi \text{ 或 } \rho^{-v-1} \sin v\phi \\ H_\rho \sim \rho^{v-1} \cos v\phi \text{ 或 } \rho^{-v-1} \cos v\phi \end{cases} \tag{7. C. 4}$$

现在必须在上述两组中做出选择,可以通过边缘附近的总能量是有限的来实现。

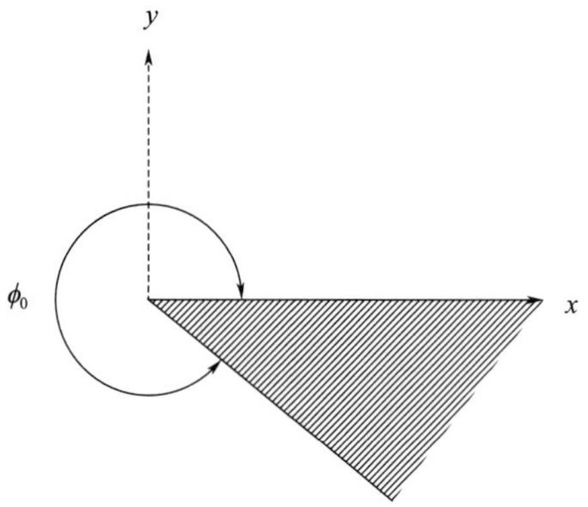

图 7. C. 1　边界条件

进入半径为 ρ_0 的区域的总功率为

$$\begin{aligned} P &= \int_0^{\phi_0} \frac{1}{2} \overline{\boldsymbol{E}} \times \overline{\boldsymbol{H}}^* \cdot (-\hat{\boldsymbol{r}}) \rho_0 \mathrm{d}\phi \\ &= \frac{1}{2} \int_0^{\phi_0} E_z H_\phi^* \rho_0 \mathrm{d}\phi \end{aligned} \tag{7. C. 5}$$

使用式(7. C. 4)的第一组,得到:

$$P \sim (\text{常数}) \rho^{2v} \tag{7. C. 6}$$

为使 P 在 $\rho \to 0$ 时是有限的,要求 $v > 0$。此外,如果我们使用式(7. C. 4)的第二组,则得到:

$$P \sim (\text{常数}) \rho_0{}^{-2v} \tag{7. C. 7}$$

为使 P 有限,v 必须是负的,但这与式(7. C. 3)相矛盾,因此,必须否决这一点。边缘附近的场为

$$\begin{cases} E_z \sim \rho^v \sin v\phi \\ H_\phi \sim \rho^{v-1} \sin v\phi \\ H_\rho \sim \rho^{v-1} \cos v\phi \end{cases} \tag{7. C. 8}$$

式中:$v = \dfrac{\pi}{\phi_0}$,表面电流密度为

$$J_z \sim \rho^{v-1}$$

另一方面,对于 TE 模式,基于同样的推导得到①:

$$\begin{cases} H_z \sim C_0 + C_1 \rho^v \cos v\phi \\ E_\rho \sim \rho^{v-1} \sin v\phi \\ E_\phi \sim \rho^{v-1} \cos v\phi \end{cases} \tag{7. C. 9}$$

式中:$v = \dfrac{\pi}{\phi_0}$,且面电流为②

---

① 译者注:根据原作者提供的更正说明,将式(7. C. 9)中 E_z、H_ϕ、H_ρ 更正为 H_z、E_ρ、E_ϕ。

② 译者注:根据原作者提供的更正说明:将 $J_\rho \sim C_0 + C_1{}_\rho^v$ 更正为 $J_\rho \sim C_0 + C_1 \rho^v$。

$$J_\rho \sim C_0 + C_1\rho^v$$

式(7. C. 8)和式(7. C. 9)展示了边缘附近的场分量的特点。

以刀刃($\phi_0 = 2\pi$)为例:$E_z \sim \rho^{1/2}$ 且 $H_z \sim C_0 + C_1\rho^{1/2}\cos v\phi$,但所有其他的场分量在边缘处都会变得无限大。例如,E_ρ 为

$$E_\rho \sim \frac{1}{\rho^{1/2}}\sin\frac{\phi}{2}$$

面电流密度变成:

$$J_z \sim H_\rho \sim \frac{1}{\rho^{1/2}}$$

即使场和电流密度本身在边缘变得无限大,但能量仍然是有限的。

对于矩形边缘,$\phi_0 = 3\pi/2$,则有①

$$E_\rho \sim \frac{1}{\rho^{1/3}}$$

$$J_z \sim \frac{1}{\rho^{1/3}}$$

① 译者注:根据原作者提供的更正说明,将 $E_\rho \sim \frac{1}{\rho^{2/3}}$ 和 $J_z \sim \frac{1}{\rho^{2/3}}$ 更正为 $E_\rho \sim \frac{1}{\rho^{1/3}}$ 和 $J_z \sim \frac{1}{\rho^{1/3}}$。

第8章 附 录

8.A 矩阵代数

考虑如下矩阵：

$$\boldsymbol{A}=\begin{bmatrix} a_{11} & a_{12} & \cdots & a_{1n} \\ a_{21} & a_{22} & \cdots & a_{2n} \\ \vdots & \vdots & & \vdots \\ a_{m1} & a_{m2} & \cdots & a_{mn} \end{bmatrix}$$

（1）a_{ij}为矩阵 $\boldsymbol{A}$ 的元素，表示为

$$\boldsymbol{A}=(a_{ij})$$

（2）矩阵 $\boldsymbol{A}$ 有 m 行和 n 列，矩阵的阶数为 $m\times n$。

（3）当 $m=n$ 时，$\boldsymbol{A}$ 被称为方阵。

（4）矩阵的相等：$\boldsymbol{A}=\boldsymbol{B}$ 意味着 $a_{ij}=b_{ij}$。矩阵的加法：$\boldsymbol{A}+\boldsymbol{B}=\boldsymbol{C}$ 意味着 $a_{ij}+b_{ij}=c_{ij}$。矩阵加法满足交换律和结合律：

$$\boldsymbol{A}+\boldsymbol{B}=\boldsymbol{B}+\boldsymbol{A},(\boldsymbol{A}+\boldsymbol{B})+\boldsymbol{C}=\boldsymbol{A}+(\boldsymbol{B}+\boldsymbol{C})$$

（5）乘以标量 α：

$$\alpha\boldsymbol{A}=\boldsymbol{B}\text{ 即 }\alpha a_{ij}=b_{ij}$$

（6）矩阵的乘法：

$$\boldsymbol{AB}=\boldsymbol{C}\text{ 即 }c_{ij}=\sum_{k=1}^{n}a_{ik}b_{kj}$$

为了得到乘积 $\boldsymbol{AB}$，矩阵必须可乘，这意味着 $\boldsymbol{A}$ 的列数必须等于 $\boldsymbol{B}$ 的行数。因此，如果 $\boldsymbol{A}$ 的阶数是 $m\times n$，$\boldsymbol{B}$ 的阶数必须是 $n\times p$，$\boldsymbol{C}$ 的阶数变成 $m\times p$。矩阵的乘法不遵守交换律，$\boldsymbol{AB}\neq\boldsymbol{BA}$。结合律成立，$(\boldsymbol{AB})\boldsymbol{C}=\boldsymbol{A}(\boldsymbol{BC})$。

（7）奇异矩阵为行列式为零的方阵。非奇异矩阵为行列式不为零的方阵。

（8）矩阵的秩是指矩阵中非零行列式的最高阶。

(9)矩阵 $\boldsymbol{A}$ 的倒数或逆矩阵的秩为

$$\boldsymbol{A}^{-1}=\frac{(\boldsymbol{A}_{ji})}{|\boldsymbol{A}|}$$

式中:$(\boldsymbol{A}_{ji})$为余因式。$\boldsymbol{A}$ 和$\boldsymbol{A}^{-1}$的乘积为单位矩阵:$\boldsymbol{A}\boldsymbol{A}^{-1}=\boldsymbol{A}^{-1}\boldsymbol{A}=\boldsymbol{U}$。

矩阵乘积的倒数为

$$(\boldsymbol{AB})^{-1}=\boldsymbol{B}^{-1}\boldsymbol{A}^{-1}$$

(10)矩阵 $\boldsymbol{A}$ 的转置矩阵为

$$\widetilde{\boldsymbol{A}}=(a_{ji})$$

(11)满足 $a_{ij}=a_{ji}$的矩阵为对称矩阵,则有 $\widetilde{\boldsymbol{A}}=\boldsymbol{A}$。

(12)满足 $a_{ij}=-a_{ji}$的矩阵为反对称矩阵,因此 $\tilde{\boldsymbol{A}}=\boldsymbol{A}$ 且所有对角线元素为零。

(13)矩阵乘积的转置为

$$(\widetilde{\boldsymbol{AB}})=\widetilde{\boldsymbol{B}}\widetilde{\boldsymbol{A}}$$

(14)对角线矩阵:$a_{ij}=\delta_{ij}a_{ii}$,式中

$$\delta_{ij}=\begin{cases}1, & 当\ i=j\\ 0, & 当\ i\neq j\end{cases}(克罗内克\ \delta\ 函数)$$

(15)单位矩阵 $\boldsymbol{U}$:$a_{ij}=\delta_{ij}$。零矩阵:$a_{ij}=0$。

(16)伴随矩阵是共轭转置矩阵:$\boldsymbol{A}^{+}=\widetilde{\boldsymbol{A}}^{*}$。

(17)正交矩阵 $\boldsymbol{A}$ 满足:$\widetilde{\boldsymbol{A}}=\boldsymbol{A}^{-1}$或$\widetilde{\boldsymbol{A}}\boldsymbol{A}=\boldsymbol{U}$。

(18)酉矩阵 $\boldsymbol{A}$ 满足:$\boldsymbol{A}^{+}=\boldsymbol{A}^{-1}$或$\boldsymbol{A}^{+}\boldsymbol{A}=\boldsymbol{U}$。

(19)厄米矩阵 $\boldsymbol{A}$ 满足:$\boldsymbol{A}^{+}=\boldsymbol{A}$。反厄米矩阵满足$\boldsymbol{A}^{+}=-\boldsymbol{A}$。

(20)矩阵 $\boldsymbol{A}$ 总是可以表示为对称矩阵与反对称矩阵之和:

$$\boldsymbol{A}=\frac{\boldsymbol{A}+\widetilde{\boldsymbol{A}}}{2}+\frac{\boldsymbol{A}-\widetilde{\boldsymbol{A}}}{2}$$

或者表示为厄米矩阵和反厄米矩阵之和:

$$\boldsymbol{A}=\frac{\boldsymbol{A}+\boldsymbol{A}^{+}}{2}+\frac{\boldsymbol{A}-\boldsymbol{A}^{+}}{2}$$

第10章 附录

10.A 前向散射原理(光学定理)

入射到目标上的线性偏振波 $\overline{\boldsymbol{E}}_i$ 和坡印廷矢量 $\overline{\boldsymbol{S}}_i$ 为

$$\begin{aligned}\overline{\boldsymbol{E}}_i &= \hat{\boldsymbol{e}}_i \mathrm{e}^{-\mathrm{j}k\overline{\boldsymbol{r}}\cdot\hat{\boldsymbol{i}}}\\ \overline{\boldsymbol{S}}_i &= \frac{1}{2}\overline{\boldsymbol{E}}_i \times \overline{\boldsymbol{H}}_i^* = \frac{|E_i|^2}{2\eta_0}\hat{\boldsymbol{i}}\end{aligned} \tag{10. A. 1}$$

式中：$\eta_0 = \left(\frac{\mu_0}{\varepsilon_0}\right)^{1/2}$。

总场量 $\overline{\boldsymbol{E}}$ 和 $\overline{\boldsymbol{H}}$ 表示为

$$\begin{cases}\overline{\boldsymbol{E}} = \overline{\boldsymbol{E}}_i + \overline{\boldsymbol{E}}_s\\ \overline{\boldsymbol{H}} = \overline{\boldsymbol{H}}_i + \overline{\boldsymbol{H}}_s\end{cases} \tag{10. A. 2}$$

式中：$\overline{\boldsymbol{E}}_s$ 和 $\overline{\boldsymbol{H}}_s$ 是散射波。

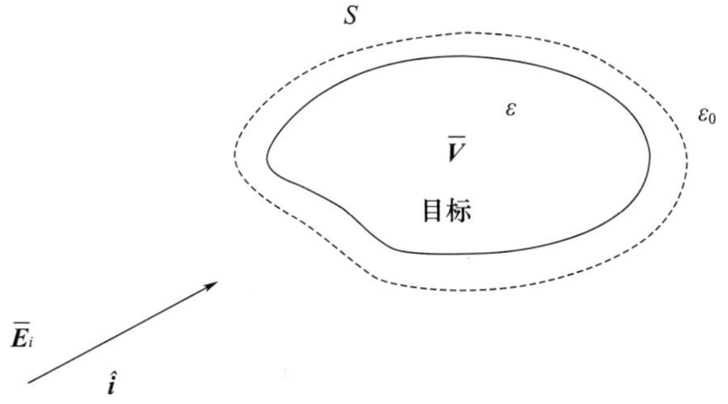

图 10. A. 1 前向散射原理

首先讨论目标所吸收的总功率 P_a,表示为(图 10. A. 1):

$$P_a = S_i\sigma_a = -\int_S \mathrm{Re}\left[\frac{1}{2}\overline{\boldsymbol{E}} \times \overline{\boldsymbol{H}}^*\right]\cdot \mathrm{d}\overline{\boldsymbol{s}} \tag{10. A. 3}$$

需要注意到：

$$\overline{\boldsymbol{E}} \times \overline{\boldsymbol{H}}^* = \overline{\boldsymbol{E}}_i \times \overline{\boldsymbol{H}}_i^* + \overline{\boldsymbol{E}}_s \times \overline{\boldsymbol{H}}_s^* + \overline{\boldsymbol{E}}_i \times \overline{\boldsymbol{H}}_s^* + \overline{\boldsymbol{E}}_s \times \overline{\boldsymbol{H}}_i^* \tag{10. A. 4}$$

散射功率 P_s 为

$$P_s = S_i\sigma_s = \int_S \mathrm{Re}\left[\frac{1}{2}\overline{\boldsymbol{E}}_s \times \overline{\boldsymbol{H}}_s^*\right]\cdot \mathrm{d}\overline{\boldsymbol{s}} \tag{10. A. 5}$$

将式(10. A. 4)代入式(10. A. 3)，注意到式(10. A. 5)。采用以下方法：

$$\begin{cases}\displaystyle\int_s \overline{\boldsymbol{E}}_i \times \overline{\boldsymbol{H}}_i^* \cdot \mathrm{d}s = 0 \\ \mathrm{Re}(\overline{\boldsymbol{E}}_i \times \overline{\boldsymbol{H}}_s^*) = \mathrm{Re}(\overline{\boldsymbol{E}}_i^* \times \overline{\boldsymbol{H}}_s) \\ \displaystyle\int_s \overline{\boldsymbol{E}}_i \times \overline{\boldsymbol{H}}_s^* \cdot \mathrm{d}\overline{\boldsymbol{s}} = \int_s \overline{\boldsymbol{E}}_i \times \overline{\boldsymbol{H}}^* \cdot \mathrm{d}\overline{\boldsymbol{s}} \\ \displaystyle\int_s \overline{\boldsymbol{E}}_s \times \overline{\boldsymbol{H}}_i^* \cdot \mathrm{d}\overline{\boldsymbol{s}} = \int_s \overline{\boldsymbol{E}} \times \overline{\boldsymbol{H}}_i^* \cdot \mathrm{d}\overline{\boldsymbol{s}} \end{cases} \tag{10. A. 6}$$

然后得到：

$$S_i(\sigma_a + \sigma_s) = -\int_S \mathrm{Re}\,\frac{1}{2}[\overline{\boldsymbol{E}}_i^* \times \overline{\boldsymbol{H}} + \overline{\boldsymbol{E}} \times \overline{\boldsymbol{H}}_i^*]\cdot \mathrm{d}\overline{\boldsymbol{s}} \tag{10. A. 7}$$

需要注意到：

$$\begin{cases}\displaystyle\int_s \overline{\boldsymbol{E}}_i^* \times \overline{\boldsymbol{H}} \cdot \mathrm{d}\overline{\boldsymbol{s}} = \int_v \nabla\cdot(\overline{\boldsymbol{E}}_i^* \times \overline{\boldsymbol{H}})\mathrm{d}V \\ \nabla\cdot(\overline{\boldsymbol{E}}_i^* \times \overline{\boldsymbol{H}}) = \overline{\boldsymbol{H}}\cdot\nabla\times\overline{\boldsymbol{E}}_i^* - \overline{\boldsymbol{E}}_i^*\cdot\nabla\times\overline{\boldsymbol{H}} \\ \qquad = \overline{\boldsymbol{H}}\cdot(\mathrm{j}\omega\mu_0\overline{\boldsymbol{H}}_i^*) - \overline{\boldsymbol{E}}_i^*\cdot(\mathrm{j}\omega\varepsilon\overline{\boldsymbol{E}}) \\ \nabla\cdot(\overline{\boldsymbol{E}} \times \overline{\boldsymbol{H}}_i^*) = \overline{\boldsymbol{H}}_i^*\cdot\nabla\times\overline{\boldsymbol{E}} - \overline{\boldsymbol{E}}\cdot\nabla\times\overline{\boldsymbol{H}}_i^* \\ \qquad = \overline{\boldsymbol{H}}_i^*\cdot(-\mathrm{j}\omega\mu_0\overline{\boldsymbol{H}}) - \overline{\boldsymbol{E}}\cdot(-\mathrm{j}\omega\varepsilon_0\overline{\boldsymbol{E}}_i^*) \end{cases} \tag{10. A. 8}$$

得到①：

$$\begin{aligned} S_i(\sigma_a + \sigma_s) &= -\mathrm{Re}\int_v \frac{1}{2}[-\mathrm{j}\omega(\varepsilon - \varepsilon_0)]\overline{\boldsymbol{E}}\cdot\overline{\boldsymbol{E}}_i^*\,\mathrm{d}V \\ &= -\mathrm{Im}\int_v \frac{\omega(\varepsilon - \varepsilon_0)}{2}\overline{\boldsymbol{E}}\cdot\overline{\boldsymbol{E}}_i^*\,\mathrm{d}V \end{aligned} \tag{10. A. 9}$$

前向散射振幅 $\overline{\boldsymbol{f}}(\hat{\boldsymbol{i}},\hat{\boldsymbol{i}})$ 为

$$\overline{\boldsymbol{f}}(\hat{\boldsymbol{i}},\hat{\boldsymbol{i}}) = \frac{k^2}{4\pi}\int_v \frac{\varepsilon - \varepsilon_0}{\varepsilon_0}\overline{\boldsymbol{E}}\mathrm{e}^{\mathrm{j}k\overline{r}'\cdot\hat{i}}\,\mathrm{d}V \tag{10. A. 10}$$

注意式(10. A. 1)中的 $\overline{\boldsymbol{E}}_i$，得到：

$$\overline{\boldsymbol{f}}(\hat{\boldsymbol{i}},\hat{\boldsymbol{i}})\cdot\hat{\boldsymbol{e}}_i = \frac{k^2}{4\pi}\int_v \frac{\varepsilon - \varepsilon_0}{\varepsilon_0}\overline{\boldsymbol{E}}\cdot\overline{\boldsymbol{E}}_i^*\,\mathrm{d}V \tag{10. A. 11}$$

结合式(10. A. 9)和式(10. A. 11)，最终得到前向散射原理(光学定理)：

$$\sigma_a + \sigma_s = -\frac{4\pi}{k^2}\mathrm{Im}\overline{\boldsymbol{f}}(\hat{\boldsymbol{i}},\hat{\boldsymbol{i}})\cdot\hat{\boldsymbol{e}}_i \tag{10. A. 12}$$

---

① 译者注：根据上下文，将式(10. A. 9)中 E 更正为 $\overline{\boldsymbol{E}}$。

第 11 章

附　录

11. A　分支点和黎曼曲面

首先研究第 11 章中式(11. 34)的解,尤其是要详细地分析积分的边界线,那么应该注意到积分包含 $\lambda = \sqrt{k^2 - h^2}$,则提出一个问题:我们计算时应该取 $\lambda = +\sqrt{k^2 - h^2}$ 还是 $\lambda = -\sqrt{k^2 - h^2}$。为了更详细地研究这个问题,我们讨论关于复变量 h 更普适的复函数。

$$W = f(h) \tag{11. A. 1}$$

如果 $f(h)$ 是 h 平面上某一区域内的解析函数,则 $f(h)$ 为单值函数,其值由 h 唯一决定(即 W 与 h 一一对应)。

如果 $f(h)$ 是 h 的多值函数,则对于给定的 h,W 有许多不同的值。例如,令 $W = y$(实数)和 $h = x$(实数),考虑以下情况:

$$y^2 = x \tag{11. A. 2}$$

对于给定的 x,y 有两个值:$y_1 = +\sqrt{x}$ 和 $y_2 = -\sqrt{x}$(图 11. A. 1)。y_1 为第一分支,y_2 为第二分支,这两个分支的相交点为分支点。

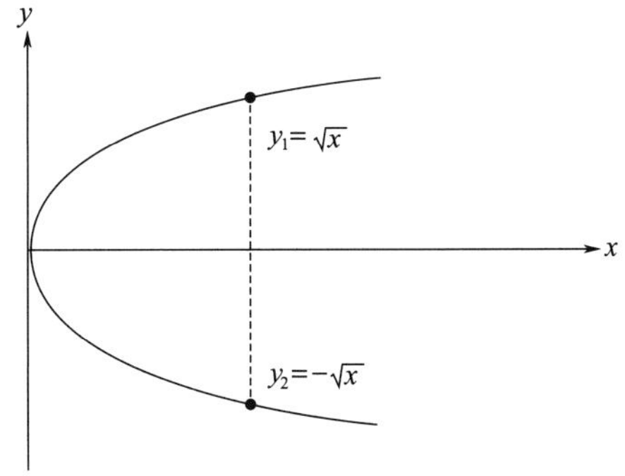

图 11. A. 1　两个分支

通过使用这两个分支 y_1 和 y_2，我们可以将不同的分支区分开来，从而清楚地知道我们要处理的是哪个分支。当 W 是复变量 h 的复函数时，每个分支都由不同的复平面表示。我们称这些多值函数的不同平面为黎曼曲面。在每个黎曼曲面上，函数是单值的，且其值是唯一确定的。

下面举个例子。

$$W=\sqrt{h} \tag{11. A. 3}$$

用极坐标形式表示复变量 h：

$$h=re^{j\theta}$$

则 W 表示为

$$W_1=r^{1/2}e^{j(\theta/2)}$$

但这不是 W 的唯一值。在 h 平面上，可绕原点旋转，在不改变 h 值的情况下将 θ 增加 2π。

$$h=re^{j\theta}=re^{j(\theta+2\pi)}$$

但是由 h 的第二种形式得到的 W 值不同。

$$W_2=r^{1/2}e^{j(\theta/2+\pi)}=-W_1$$

如果再加 2π 到上 θ，W 就会变回 W_1。

$$h=re^{j(\theta+4\pi)}$$

$$W_2=re^{j(\theta/2+2\pi)}=W_1$$

因此，对于给定的 h，有两个 W：W_1 和 W_2。要从 W_1 变换到 W_2，必须在 h 平面上绕原点一周。本例中的原点为分支点。

为了更清楚地描述这种情况，并明确我们所处理的是 W_1 和 W_2 这两个值中的哪一个，我们引入了割线的思想。在 h 平面上，我们想象一条从分支点 $h=0$ 延伸到无穷远的切线。只要不越过割线，就在第一个分支（第一个黎曼曲面）上，函数值为 W_1。要得到 W_2，我们必须越过割线。割线可以从原点开始向任何方向绘制，也不必是一条直线。为方便起见，我们通常选择沿负实轴进行切割（图 11. A. 2）。根据割线的选择，定义为

$$\sqrt{h}=\begin{cases}r^{1/2}e^{j(\theta/2)}=W_1, \text{当} -\pi<\theta<\pi \\ -r^{1/2}e^{j(\theta/2)}=W_2, \text{当}\ \pi<\theta<3\pi \\ W_1, \text{当}\ 3\pi<\theta<5\pi\end{cases}$$

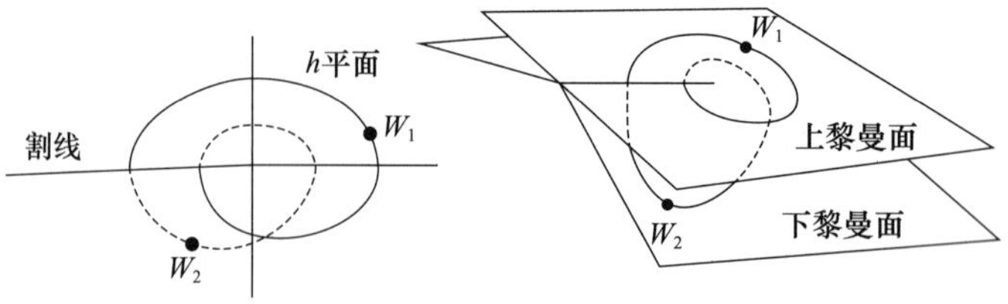

图 11. A. 2　黎曼曲面

图 11. A. 2 中的两个黎曼面描述了这种情况。上表面表示为 W_1，下表面表示为 W_2。这两个曲面在割线处组合在一起，表明当穿过割线时，必须使用 W_2。当第二次越过割线

时，则回到第一个黎曼面并得到 W_1。

多值函数的另一个例子是：

$$W = \ln h$$

对于给定 h：

$$h = r\mathrm{e}^{\mathrm{j}\theta} = r\mathrm{e}^{\mathrm{j}(\theta + 2n\pi)}$$

则可得到无限个 W。

$$W_n = \ln r + \mathrm{j}(\theta + 2n\pi), n = 0, \pm 1, \pm 2, \cdots, \pm \infty$$

因此，黎曼曲面的数量是无限的。当我们绕过分支点 $h = 0$ 时，就会转到下一个黎曼面，如图 11. A. 3 所示。

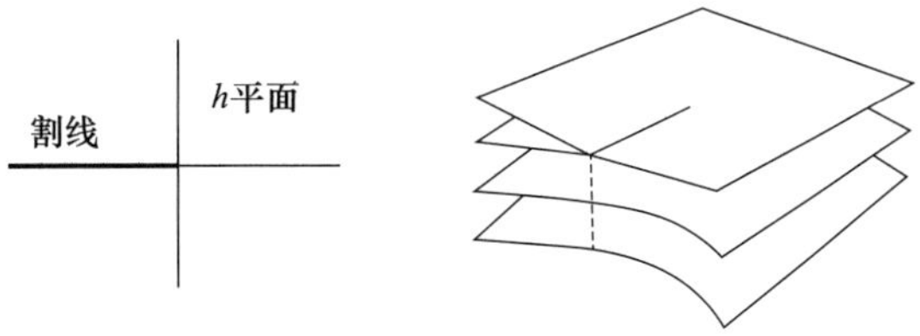

图 11. A. 3　$W = \ln h$

现在讨论 $\lambda = \sqrt{k^2 - h^2}$，其有两个分支点 $h = +k$ 和 $h = -k$。我们可以得到如图 11. A. 4所示的割线。图 11. A. 4(a) 中的割线在物理上不允许，而(b)和(c)两部分的割线是可实现的。割线(b)沿直线 $\mathrm{Re}h = \pm \mathrm{Re}k$，割线(c)沿曲线 $\mathrm{Im}\lambda = 0$。

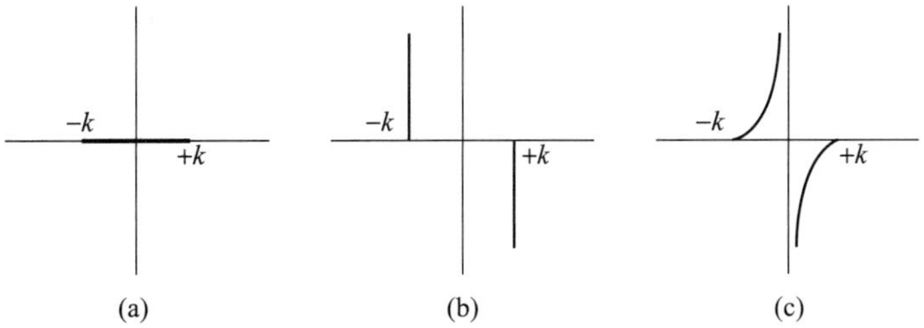

图 11. A. 4　h 平面内的三条割线

11. B　积分轮廓的选择和割线

式(11. 34)一般形式为

$$I = \int_c C_n(h) H_n^{(2)}(\lambda\rho) \mathrm{e}^{-\mathrm{j}hz} \mathrm{d}h, \lambda = \sqrt{k^2 - h^2} \tag{11. B. 1}$$

由于 $\lambda = \sqrt{k^2 - h^2}$，被积函数在 $h = \pm k$ 处有两个分支点。

在本节中，我们将展示如何绘制式(11. B. 1)中的轮廓，并讨论这样选择的原因。首先注意到由于分支点的存在，可以存在两个黎曼曲面，因此，我们必须在式(11. B. 1)逆变换存在的情况下选择积分轮廓。这种选择必须基于物理论证。

首先,式(11.B.1)中的积分表示在 z 方向上传播常数为 h 的波。在离原点较远的地方,将汉克尔函数近似为

$$H_n^{(2)}(z)=\sqrt{\frac{2}{\pi z}}\mathrm{e}^{-\mathrm{j}z+\mathrm{j}(2n+1)\pi/4} \tag{11.B.2}$$

且

$$I\approx\int_c C_n(h)\sqrt{\frac{2}{\pi\lambda\rho}}\mathrm{e}^{\mathrm{j}(2n+1)\pi/4-\mathrm{j}\lambda\rho-\mathrm{j}hz}\mathrm{d}h \tag{11.B.3}$$

如果这个方程要表示一种物理情况,那么被积函数所表示的波必须是一个出射波,而不应该有波从无穷远处回来,这就是所谓的辐射条件。

要满足这个条件,分支的选择必须使 λ 在复平面的第四象限,

$$\begin{cases}\mathrm{Re}(\lambda)\geqslant 0\\ \mathrm{Im}(\lambda)\leqslant 0\end{cases} \tag{11.B.4}$$

因为正实部代表外向相位递增,负虚部代表向无穷衰减。

$$\mathrm{e}^{-\mathrm{j}\lambda\rho}=\mathrm{e}^{-\mathrm{j}\lambda_r\rho+\lambda_i\rho} \tag{11.B.5}$$

式中:$\lambda=\lambda_r+\mathrm{j}\lambda_i$,$\lambda_r\geqslant 0$,$\lambda_i\leqslant 0$。现在选择积分路径和割线,使得 λ 总是在第四象限。

对于 h 平面上的点 Q(图 11.B.1):

$$\begin{cases}h-k=r_1\mathrm{e}^{\mathrm{j}\theta_1}\\ h+k=r_2\mathrm{e}^{\mathrm{j}\theta_2}\end{cases} \tag{11.B.6}$$

现在讨论 λ。

$$\lambda=\sqrt{k^2-h^2}=\sqrt{(k-h)(k+h)} \tag{11.B.7}$$
$$=\sqrt{-r_1r_2\mathrm{e}^{\mathrm{j}(\theta_1+\theta_2)}}$$

由于平方根的存在,λ 可以有两个值。

$$\begin{cases}\lambda_1=\sqrt{r_1r_2}\,\mathrm{e}^{\mathrm{j}(\theta_1+\theta_2)/2-\mathrm{j}(\pi/2)}\\ \lambda_2=\sqrt{r_1r_2}\,\mathrm{e}^{\mathrm{j}(\theta_1+\theta_2)/2+\mathrm{j}(\pi/2)}\end{cases} \tag{11.B.8}$$

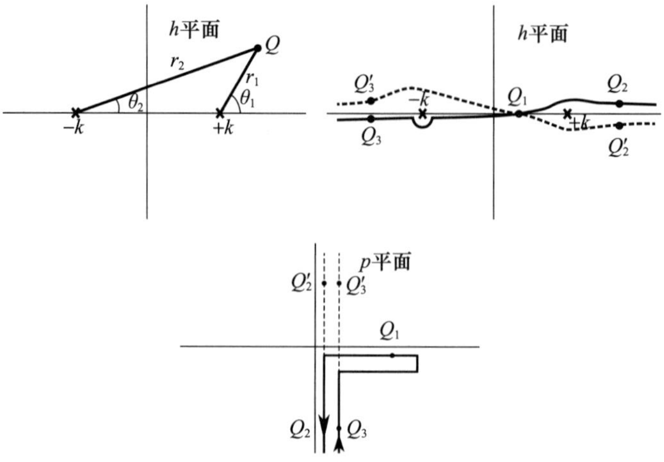

图 11.B.1 积分轮廓的选择

首先确定 λ_1 和 λ_2 二者中哪一个满足辐射条件。为此,我们需考虑 $+k$ 和 $-k$ 之间轮廓上的点 Q_1。在 Q_1 处,$\theta_1=\pi,\theta_2=0$,因此:

$$\lambda_1=\sqrt{r_1r_2},\lambda_2=\sqrt{r_1r_2}\mathrm{e}^{\mathrm{j}\pi}$$

λ_2 不在第四象限,因此必须选择 λ_1。接下来讨论从 Q_1 到 Q_2 的路径。如图 11. B. 1 所示,绕过 $+k$ 的分支点。那么在 Q_2 处,$\theta_1=0,\theta_2=0$,因此:

$$\lambda_1=\sqrt{r_1r_2}\mathrm{e}^{-\mathrm{j}(\pi/2)}$$

它在第四象限,且满足辐射条件。

另一方面,如果选择了从 Q_1 到 Q_2'的路径,那么在 Q_2'处,$\theta_1=2\pi,\theta_2=0$。因此在点 Q_2':

$$\lambda_1=\sqrt{r_1r_2}\mathrm{e}^{\mathrm{j}(\pi/2)}$$

它不在第四象限,且不满足辐射条件。

以类似的方式,在 Q_3 处,$\theta_1=\pi,\theta_2=-\pi$,因此:

$$\lambda_1=\sqrt{r_1r_2}\mathrm{e}^{-\mathrm{j}(\pi/2)}$$

而在 Q_3'处:

$$\lambda_1=\sqrt{r_1r_2}\mathrm{e}^{\mathrm{j}(\pi/2)}$$

因此,为了满足辐射条件,必须选择路径 $Q_3-Q_1-Q_2$(图 11. B. 1)。

为确保积分路径符合上述讨论,我们从分支点绘制割线,并要求积分路径不与切点相交。我们可以从分支点垂直绘制割线(图 11. A. 4b)或选择其他割线,只要原始轮廓不与切口相交即可。然而,当我们对积分进行求值时,往往需要以某种简便的方式对积分路径进行变形。由于积分路径可能偏离 h 平面的实轴,因此,选择这种割线更方便。

一种方便的选择是沿着曲线绘制割线:

$$\mathrm{Im}(\lambda)=0 \tag{11. B. 9}$$

为了阐明这种情况,需假设 k 有一个很小的负虚部:

$$k=k_r+\mathrm{j}k_i \tag{11. B. 10}$$

λ 和 k 必须满足:

$$\lambda^2+h^2=k^2 \tag{11. B. 11}$$

将其代入式(11. B. 10),$\lambda=\lambda_r+\mathrm{j}\lambda_i$ 以及式(11. B. 11)中的 $h=h_r+\mathrm{j}h_i$,令两边的实部和虚部相等,可得:

$$\begin{cases}\lambda_r^2-\lambda_i^2+h_r^2-h_i^2=k_r^2-k_i^2\\ \lambda_r\lambda_i+h_rh_i=k_rk_i\end{cases} \tag{11. B. 12}$$

现在讨论条件 $\mathrm{Im}(\lambda)=\lambda_i=0$。在这种情况下,一定存在:

$$\begin{cases}\lambda_r^2+h_r^2-h_i^2=k_r^2-k_i^2\\ h_rh_i=k_rk_i\end{cases} \tag{11. B. 13}$$

式(11. B. 13)是经过点 $h=k$ 的双曲线方程(图 11.5)。注意到,对于从 $+k$ 到 A 的曲线,$|k_r|>|h_r|$,$|h_i|>|k_i|$,满足式(11. B. 13),但对于从 $+k$ 到 B 的曲线,$|h_r|>|k_r|$,$|h_i|<|k_i|$,不满足式(11. B. 13)。因此,$\mathrm{Im}(\lambda)=0$ 的曲线应从 $+k$ 画到 A。

同样,$\mathrm{Re}(\lambda)=0$ 的曲线应从 $+k$ 画到 B。我们需要注意的是,这种廓线的选择是基于波必须满足辐射条件的考虑。如果考虑到其他物理情况，廓线的选择可能会有所不同。

例如，如果将 h 和 $\pm k$ 替换为 w 和 $\pm w_0$，这代表波导或磁等离子体中的瞬态波。在这种情况下，波表示为

$$u(x,t) = \int_C A(\omega)\mathrm{e}^{\mathrm{j}\omega t-\mathrm{j}k(\omega)x}\mathrm{d}\omega$$

式中：

$$k(\omega) = \left[\left(\frac{\omega}{c}\right)^2 - \left(\frac{\pi}{a}\right)^2\right]^{1/2} \tag{11. B. 14}$$

在这种情况下，物理上的考虑是任何波的传播速度都不能超过光速，因此当 $t < x/c$ 时，$u(x,t) = 0$。为确保这一条件，廓线 C 的绘制应包括一侧的所有奇点（图 11. B. 2）。

注意，对于较大的 $|\omega|$：

$$\left|\mathrm{e}^{\mathrm{j}\omega t-\mathrm{j}(\omega/c)\sqrt{1-(\omega_p^2/\omega^2)}x}\right| \Rightarrow \mathrm{e}^{-\omega_t(t-(x/c))}$$

且 $\omega = \omega_r + \mathrm{j}\omega_i$，当 $t < x/c$ 时，沿 C_-（$\omega_i < 0$）的积分为零。因此，由于 C 和 C_- 之间不存在奇点，沿 C 的积分等于沿 C_- 的积分，即零。当然，这和拉普拉斯变换（$\mathrm{j}\omega = S$）相同。

对于空间频率 h，不存在优选方向，因此，函数在 $x < 0$ 和 $x > 0$ 时都应该存在。这是图 11. 4和图 11. 5 中选择的基本条件。

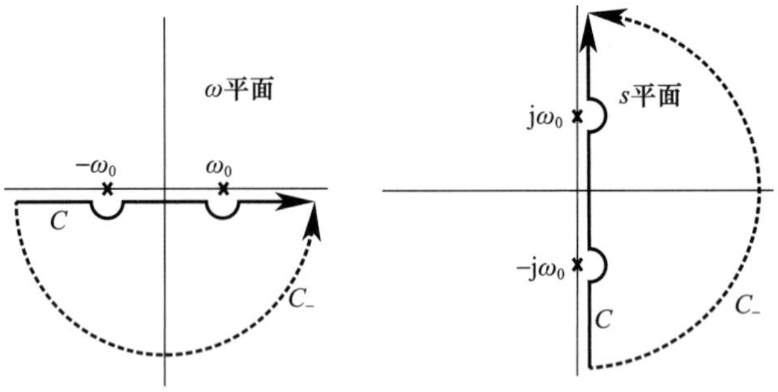

图 11. B. 2　瞬态问题的轮廓线

11. C　鞍点技术与固定相方法

11. B. 1 节中出现的复数积分，如：

$$I_1 = \int_{-\infty}^{\infty} C_n(h) H_n^{(2)}(\sqrt{k^2 - h^2}\rho)\mathrm{e}^{-\mathrm{j}hz}\mathrm{d}h \tag{11. C. 1}$$

一般来说，这些参数极难估值。不过，对于远离源的区域，这种估值可以很容易实现。这通常被称为辐射模式，是辐射系统最重要的特征之一。用于获取辐射模式的技术称为鞍点技术。该技术不仅适用于特定的圆柱问题，也适用于其他许多涉及轮廓积分求值的问题。在本节中，我们将介绍这一技术。

下面讨论复数积分：

$$I = \int_C F(\alpha)\exp[Zf(\alpha)]\mathrm{d}\alpha \tag{11. C. 2}$$

式中：Z 为一个大的正实数，$f(\alpha)$ 和 $F(\alpha)$ 为关于复变量 α 的复函数。$F(\alpha)$ 为缓慢变化函数。令 $f=f_r+\mathrm{j}f_i$，得到：

$$e^{Zf(\alpha)}=e^{Zf_r}(\cos Zf_i+\mathrm{j}\sin Zf_i) \tag{11. C. 3}$$

因此，对于一个较大的 Z，当 f_i 沿轮廓变化时，被积函数振荡非常快，积分的计算将非常困难。不过，有一种方法可以避免这一困难。如果我们对原始轮廓进行变形，使虚部 f_i 在新路径上保持不变，那么积分就不会快速振荡。在这种情况下，$\exp[Zf(\alpha)]$ 缓慢变化，$\exp(Zf_r)$ 从零开始，达到某个值，并在轮廓末端再次下降到零。

如图 11. C. 1 所示，复平面中实部最大的点应为鞍点。为了研究 $f(\alpha)$ 在该点附近的特性，我们首先考虑点 $\alpha=\alpha_s$：

$$\frac{df(\alpha)}{d\alpha}=0 \tag{11. C. 4}$$

将 $f(\alpha)$ 在这一点展开：

$$f(\alpha)=f(\alpha_s)+(\alpha-\alpha_s)f'(\alpha_s)+\frac{(\alpha-\alpha_s)^2}{2!}f''(\alpha_s)+\cdots \tag{11. C. 5}$$

在 $\alpha=\alpha_s$ 的附近，忽略高阶项，则得到：

$$f(\alpha)=f(\alpha_s)+\frac{(\alpha-\alpha_s)^2}{2!}f''(\alpha_s) \tag{11. C. 6}$$

我们注意到，随着 $\alpha-\alpha_s$ 的角度增加，$f(\alpha)-f(\alpha_s)$ 的角度的相应增大是 $\alpha-\alpha_s$ 的两倍，因此 α 平面上围绕 α_s 的角度 $\pi/2$ 对应于 f 平面上的角度 π。

在山谷区域，即 f 平面内 $f_r(\alpha)<f_r(\alpha_s)$ 的区域，由 α 平面中围绕鞍点的两个区域表示。山地区域 $f_r(\alpha)>f_r(\alpha_s)$ 也由 α 平面上的两个区域表示，这四个区域在鞍点相交，每个区域各占据 $\pi/2$。

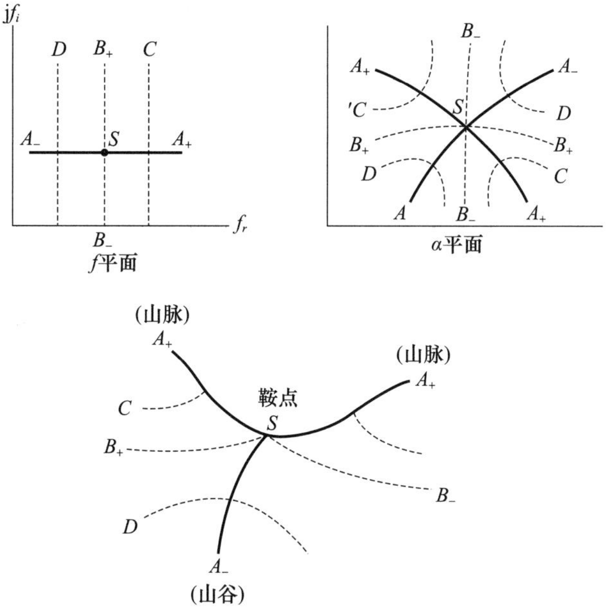

图 11. C. 1　鞍点 S

如图 11. C. 1 所示，点 $\alpha=\alpha_s$ 为鞍点。显而易见，$f(\alpha)$是一个解析函数。解析函数在解析范围内不能有极大值或极小值。这种情况在数学上与二维静电问题相同。二维静电势 U 和通量函数 V 可以用解析函数 $W=U+\mathrm{j}V$ 表示，U 和 V 满足拉普拉斯方程，显然在解析区域内不存在最大电势 U。只有像电荷这样的奇点才能产生最大或最小电势。因此，满足 $\partial f/\partial\alpha=0$ 的点为鞍点。

现在，我们希望将原始轮廓变形为虚部 f_i 恒定的路径。从图 11. C. 1 可以看出。在 α 平面上有两条垂线（SA_+ 和 SA_-），沿这两条垂线的 f_i 为常数。一条路径（SA_+）沿着鞍点两侧的山脉向上，另一条路径（SA_-）沿着鞍点两侧的山谷向下。显然，变形路径应选择以一个山谷为起点，穿过鞍点，以另一个山谷为终点，这就是路径 $A_- - S - A_-$。如图 11. C. 1 所示，这条恒定 f_i 的路径实际上是实部 f_r 从鞍点开始下降最快的路径。因此，这条路径被称为最陡下降路径，鞍点技术通常被称为最陡下降方法。

沿最陡下降廓线（SDC）的积分为

$$I=\int_{\mathrm{SDC}}F(\alpha)\mathrm{e}^{Zf(\alpha)}\mathrm{d}\alpha \tag{11. C. 7}$$

且

$$f(\alpha)=f(\alpha_s)+\frac{(\alpha-\alpha_s)^2}{2!}f''(\alpha_s)$$

式中：

$$\frac{\mathrm{d}f}{\mathrm{d}\alpha}=0,\text{在鞍点 }\alpha=\alpha_s$$

首先假设 $F(\alpha)$是一个缓慢变化的函数，在 α 附近的值几乎是恒定。则近似得到：

$$I=F(\alpha_s)\mathrm{e}^{Zf(\alpha_s)}\int_{\mathrm{SDC}}\exp\left[Z\frac{(\alpha-\alpha_s)^2}{2!}f''(\alpha_s)\right]\mathrm{d}\alpha \tag{11. C. 8}$$

为了研究积分中的指数，需要注意到，沿着恒定相位的廓线，虚部应该是恒定的，并且等于它在 α_s 处的值。

$$f_i(\alpha)=f_i(\alpha_s) \tag{11. C. 9}$$

沿着这条路径得到：

$$\mathrm{Re}f(\alpha)=\mathrm{Re}f(\alpha_s)+\frac{(\alpha-\alpha_s)^2}{2!}f''(\alpha_s)$$

$\mathrm{Re}f(\alpha)$必须从鞍点 $\mathrm{Re}f(\alpha_s)$处的值开始减少，因此需选择路径满足：$\dfrac{(\alpha-\alpha_s)^2}{2!}f''(\alpha_s)$不仅必须为实数，而且必须是负数。这一选择可以通过适当调整路径方向来实现。令 $\alpha-\alpha_s=s\mathrm{e}^{\mathrm{j}\gamma}$①，其中 s 是到鞍点的距离，γ 是路径与实轴的夹角。指数表示为：

$$\begin{aligned}\frac{Z(\alpha-\alpha_s)^2}{2}f''(\alpha_s)&=Z\frac{s^2}{2}\mathrm{e}^{\mathrm{j}2\gamma}f''(\alpha_s)\\&=-\frac{Z[-\mathrm{e}^{\mathrm{j}2\gamma}f''(\alpha_s)]}{2}s^2\end{aligned}$$

---

① 译者注：根据上下文，将 $s\mathrm{e}^{\mathrm{j}}\Gamma$ 更正为 $s\mathrm{e}^{\mathrm{j}\gamma}$。

选择 γ 使得 $[-\mathrm{e}^{\mathrm{j}2\gamma}f''(\alpha_s)]=P$ 为正实数①，则 P 等于 $|f''(\alpha_s)|$。积分变为

$$I = F(\alpha_s)\mathrm{e}^{Zf(\alpha_s)}\int_{\mathrm{SDC}}\exp\left(-\frac{ZPs^2}{2}+\mathrm{j}\gamma\right)\mathrm{d}s \tag{11.C.10}$$

这个积分为高斯曲线的积分形式，对于较大的 Z 而言，积分在 $s=0$ 的两边下降得很快。因此，来自 $s=0$ 附近的贡献最大。则我们通过对 $s=0$ 附近的一小段距离进行积分来近似。

$$I = F(\alpha_s)\mathrm{e}^{Zf(\alpha_s)+\mathrm{j}\gamma}\int_{-\varepsilon}^{\varepsilon}\mathrm{e}^{-(ZP/2)s^2}\mathrm{d}s$$

将变量从 s 变为 x：

$$\frac{ZP}{2}s^2 = x^2$$

得到②：

$$I = F(\alpha_s)\mathrm{e}^{Zf(\alpha_s)+\mathrm{j}\gamma}\sqrt{\frac{2}{ZP}}\int_{-\sqrt{ZP/2}\varepsilon}^{\sqrt{ZP/2}\varepsilon}\mathrm{e}^{-x^2}\mathrm{d}x$$

对于较大的 Z，积分的极限可以扩展到 $-\infty$ 和 $+\infty$。

通过 $\int_{-\infty}^{\infty}\mathrm{e}^{-x^2}\mathrm{d}x=\sqrt{\pi}$，最终得到：

$$\begin{aligned}I &= \int_c F(\alpha)\mathrm{e}^{Zf(\alpha)}\mathrm{d}\alpha \\ &\cong F(\alpha_s)\mathrm{e}^{Zf(\alpha_s)+\mathrm{j}\gamma}\left[\frac{2\pi}{|f''(\alpha_s)|Z}\right]^{1/2}\end{aligned} \tag{11.C.11}$$

式中：γ 的选择是为了使 $[\mathrm{e}^{\mathrm{j}2\gamma}f''(\alpha_s)]$ 为实数且为负数③，$\partial f(\alpha_s)/\partial\alpha=0$。式(11.C.11)为基于最陡下降法(鞍点法)的积分近似计算的最终结果，对较大的 Z 有效。γ 有两种选择。例如，如果 f'' 的角度为 $\pi/2$，那么 $2\gamma+1/2\pi=\pm\pi$，可得 $\gamma=\pi/4$ 或 $-3\pi/4$。可以通过留意积分路径来做出选择(见 11.5 节)。在推导鞍点积分结果时，我们做了若干假设和近似。例如，我们假设 $F(\alpha)$ 是 $\alpha=\alpha_s$ 附近关于 α 的缓慢变化函数，并用 $F(\alpha_s)$ 近似 $F(\alpha)$，然而我们没有定义“缓慢变化”的含义。我们用泰勒级数展开 $f(\alpha)$ 并保留前两项，但如果 $f''(\alpha_s)=0$，该怎么做呢？我们如何证明取前两项的合理性？此外，我们在计算过程中的积分从 $-\varepsilon$ 到 $+\varepsilon$，并假设主要贡献来自于该区域。这必须通过使用沃森引理来进行更全面的处理。

此外，我们没有考虑原始轮廓和变形鞍点轮廓之间存在奇点的情况。如果在这两条轮廓线之间存在极点，就可能产生“表面波”和“漏波”。此外，当极点接近鞍点时，我们需要一种改进的鞍点技术。由偶极子激发的波在地球上的传播就需要这种技术，其通常被称为索默菲尔德问题。此外，分支点的存在可能会引起横向波。这些将在第 15 章中进行讨论。

固定相位法等同于最陡下降法。如图 11.C.1 所示，最陡下降路径沿着恒定的 $f_i(SA_+$，

---

① 译者注：根据上下文，将 $[-\mathrm{e}^{\mathrm{j}2}\Gamma f''(\alpha_s)]$ 更正为 $[-\mathrm{e}^{\mathrm{j}2\gamma}f''(\alpha_s)]$。

② 译者注：根据上下文，将式中的 $\int_{\sqrt{ZP/2}\varepsilon}^{\sqrt{ZP/2}\varepsilon}$ 更正为 $\int_{-\sqrt{ZP/2}\varepsilon}^{\sqrt{ZP/2}\varepsilon}$。

③ 译者注：根据上下文，将 $[\mathrm{e}^{\mathrm{j}2}\gamma f''(\alpha_s)]$ 更正为 $[\mathrm{e}^{\mathrm{j}2\gamma}f''(\alpha_s)]$。

SA_-)。然而,我们可以沿着恒定的$f_r(SB_+,SB_-)$经过鞍点。

$$I = F(\alpha_s)\mathrm{e}^{Zf(\alpha_s)}\int \mathrm{e}^{Z[(\alpha-\alpha_s)^2/2]f''(\alpha_s)}\mathrm{d}\alpha \tag{11.C.12}$$

选择路径如下:

$$f_r(\alpha) = f_r(\alpha_s) = 常数 \tag{11.C.13}$$

然后选择$\alpha-\alpha_s = s\mathrm{e}^{\mathrm{j}\gamma}$①,使得:

$$\frac{Z(\alpha-\alpha_s)^2}{2}f''(\alpha_s) = \mathrm{j}\left[Z\frac{s^2}{2}\mathrm{e}^{\mathrm{j}2\gamma-\mathrm{j}(\pi/2)}f''(\alpha_s)\right]$$

$$= \mathrm{j}\frac{Z}{2}Qs^2$$

上式为纯虚数。

$$I = F(\alpha_s)\mathrm{e}^{Zf(\alpha_s)+\mathrm{j}\gamma}\int \mathrm{e}^{\mathrm{j}(Z/2)Qs^2}\mathrm{d}s$$

对积分进行估计:

$$I \sim F(\alpha_s)\mathrm{e}^{Zf(\alpha_s)+\mathrm{j}\gamma+\mathrm{j}(\pi/4)}\left[\frac{2\pi}{|f''(\alpha_s)|Z}\right]^{1/2} \tag{11.C.14}$$

选择γ使得$[\mathrm{e}^{\mathrm{j}2\gamma-\mathrm{j}(\pi/2)}f''(\alpha_s)]$为实数。

显然,$\gamma=\gamma'+\pi/4$,最陡下降法和固定相位法得到的结果相同。例如,用固定相位法来研究来自曲面的反射,其中主要贡献来自于反射器相位变化静止的部分。

当积分用以下形式表示时,通常采用固定相位法:

$$I = \int_C F(\alpha)\mathrm{e}^{\mathrm{j}Zg(\alpha)}\mathrm{d}\alpha \tag{11.C.15}$$

固定相点$\alpha=\alpha_s$表示为

$$\frac{\partial}{\partial\alpha}g(\alpha) = 0 \tag{11.C.16}$$

对积分进行计算:

$$I \cong F(\alpha_s)\mathrm{e}^{\mathrm{j}Zg(\alpha_s)+\mathrm{j}\gamma'\pm\mathrm{j}(\pi/4)}\left[\frac{2\pi}{|g''(\alpha_s)|Z}\right]^{1/2} \tag{11.C.17}$$

选择γ使得$[\mathrm{e}^{\mathrm{j}2\gamma'}g''(\alpha_s)]$为实数且为正(负)数,对应于指数中上(下)方的符号。因此,如果$g''>0$,则$\gamma'=0$和$\gamma'=+\mathrm{j}\frac{1}{4}\pi$;如果$g''<0$,则$\gamma'=0$和$\gamma'=-\mathrm{j}\frac{1}{4}\pi$。

11.D 复积分和留数

本附录简要总结了复变函数的重要定义和定理。

(1)解析函数$w=f(z)$,$z=x+\mathrm{j}y$。如果$f(z)$在$z=z_0$处及其邻域导数存在,则称$f(z)$为解析函数。

---

① 译者注:根据上下文,将$s\mathrm{e}^{\mathrm{j}}\gamma$更正为$s\mathrm{e}^{\mathrm{j}\gamma}$。

(2)如果 $w=f(z)=u(x,y)+\mathrm{j}v(x,y)$ 是解析方程,则 u 和 v 满足柯西－黎曼方程。

$$\begin{cases}\dfrac{\partial u}{\partial x}=\dfrac{\partial v}{\partial y}\\[2ex]\dfrac{\partial u}{\partial y}=-\dfrac{\partial v}{\partial x}\end{cases}\tag{11. D. 1}$$

结合两式得到:

$$\begin{cases}\nabla^2 u=0\\ \nabla^2 v=0\end{cases}\tag{11. D. 2}$$

解析函数的实部和虚部均满足二维拉普拉斯方程。

(3)柯西积分定理。如果 $f(z)$ 在定义域 D 中是解析的,则对于 D 中的每条闭合路径 C(图11. D. 1):

$$\oint f(z)\,\mathrm{d}z=0\tag{11. D. 3}$$

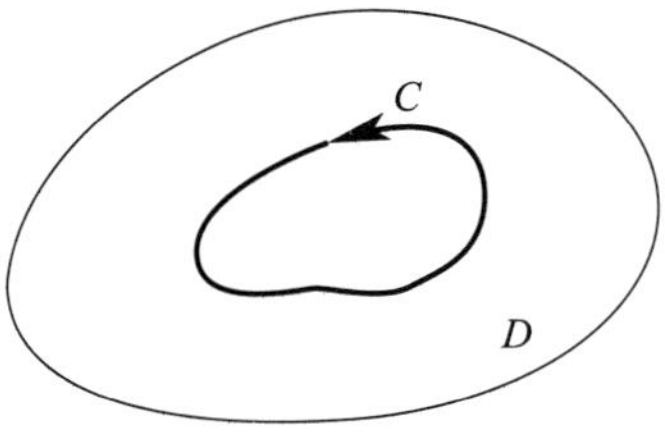

图11. D. 1　柯西积分定理

(4)柯西积分公式。如果 $f(z)$ 在 D 上解析,则有

$$\begin{cases}f(z_0)=\dfrac{1}{2\pi\mathrm{j}}\displaystyle\int_C\frac{f(z)}{z-z_0}\mathrm{d}z\\[2ex]f^{(n)}(z_0)=\dfrac{n!}{2\pi\mathrm{j}}\displaystyle\int_C\frac{f(z)}{(z-z_0)^{n+1}}\mathrm{d}z\end{cases}\tag{11. D. 4}$$

(5)如果 $f(z)$ 在 D 上解析,则 $f(z)$ 可以用泰勒级数展开。

$$f(z)=f(a)+f'(a)(z-a)+f''(a)\frac{(z-a)^2}{2!}+\cdots\tag{11. D. 5}$$

级数的收敛半径为 a 到 $f(z)$ 最近奇点的距离。

(6)留数。如果 $f(z)$ 在 $z=a$ 处有一个孤立奇点,则 $f(z)$ 可以用劳伦级数展开。

$$f(z)=\sum_{n=0}^{\infty}c_n(z-a)^n+\frac{c_{-1}}{z-a}+\frac{c_{-2}}{(z-a)^2}+\cdots\tag{11. D. 6}$$

定义域为 $0<|z-a|<R$,其中 R 是点 a 到 $f(z)$ 最近奇点的距离。系数 c_{-1} 为 $f(z)$ 在 $z=a$ 处的留数。

(7)如果 $f(z)$ 在 $z=a$ 处有简单奇点,则留数为

$$\begin{aligned}c_{-1}&=\lim_{z\to a}(z-a)f(z)\\&=\frac{N(a)}{D'(a)}\end{aligned}$$

式中：$f(z)=N(z)/D(z)$。

(8)若$f(z)$有 m 阶极点：

$$f(z)=\sum_{n=0}^{\infty}c_n(z-a)^n+\frac{c_{-1}}{z-a}+\cdots+\frac{c_{-m}}{(z-a)^m}$$

留数为

$$c_{-1}=\frac{1}{(m-1)!}\lim_{z\to a}\frac{\mathrm{d}^{m-1}}{\mathrm{d}z^{m-1}}[(z-a)^m f(z)]$$

(9)留数定理。若$f(z)$在除有限奇点 $a_1,a_2,\cdots,a_m$ 外的解析封闭路径 C 内是解析的，则有

$$\int_C f(z)\mathrm{d}z=2\pi\mathrm{j}\sum_{i=1}^{m}a_i\ \text{处的留数}$$

上式取逆时针。

第12章

附　录

12. A　反常积分

如果被积函数在积分区间的某些点上是无界的，则该积分称为“反常积分”。

$$I = \int_a^b \frac{\mathrm{d}x}{x^\alpha} (a < 0 \text{ 且 } b > 0)$$

如果 $\alpha < 1$，则以下极限存在且是有限的。

$$\lim_{\varepsilon_1 \to 0} \int_a^{-\varepsilon_1} \frac{\mathrm{d}x}{x^\alpha} + \lim_{\varepsilon_2 \to 0} \int_{\varepsilon_2}^b \frac{\mathrm{d}x}{x^\alpha} = \frac{b^{1-\alpha} - a^{1-\alpha}}{1 - \alpha}$$

这个极限就是积分 I 的值，该积分是收敛且弱奇异的。如果 $\alpha = 1$，则存在以下极限：

$$\lim_{\varepsilon \to 0} \left(\int_a^{-\varepsilon} \frac{\mathrm{d}x}{x} + \int_\varepsilon^b \frac{\mathrm{d}x}{x} \right) = \lim_{\varepsilon \to 0} \left(\ln \frac{\varepsilon}{-a} + \ln \frac{b}{\varepsilon} \right) = \ln \frac{b}{|a|}$$

在上述公式中，在 $x = 0$ 两边使用了相同的 ε，这对得到有限极限十分重要。这个积分在柯西意义上为奇异积分，上述数值被称为柯西主值。如果 $\alpha > 1$，则称该积分为强奇异积分。

$$I(\bar{\boldsymbol{r}}) = \int_V f(\bar{\boldsymbol{r}}, \bar{\boldsymbol{r}}') \mathrm{d}V' \tag{12. A. 1}$$

如果 $f(\bar{\boldsymbol{r}}, \bar{\boldsymbol{r}}')$ 在空间区域 V 内点 $\bar{\boldsymbol{r}} = \bar{\boldsymbol{r}}'$ 处无界，则积分 $I(\bar{\boldsymbol{r}})$ 为反常积分。

$$\lim_{v \to 0} \int_{V-v} f(\bar{\boldsymbol{r}}, \bar{\boldsymbol{r}}') \mathrm{d}V' \tag{12. A. 2}$$

若式(12. A. 2)成立，则积分 $I(\bar{\boldsymbol{r}})$ 是收敛的，其中 v 是一个围绕 $\bar{\boldsymbol{r}} = \bar{\boldsymbol{r}}'$ 的小区域。

如果令 $|\bar{\boldsymbol{r}} - \bar{\boldsymbol{r}}'| = R$，则有

$$\int_V \frac{\mathrm{d}V'}{R^\beta} \text{ 收敛} (0 < \beta < 3) \tag{12. A. 3}$$

$$\int_S \frac{\mathrm{d}S}{R^\alpha} \text{ 收敛} (0 < \alpha < 2) \tag{12. A. 4}$$

接下来讨论当 $\bar{\boldsymbol{r}}$ 从 $z > 0$ 方向靠近曲面 S 时的法向导数：

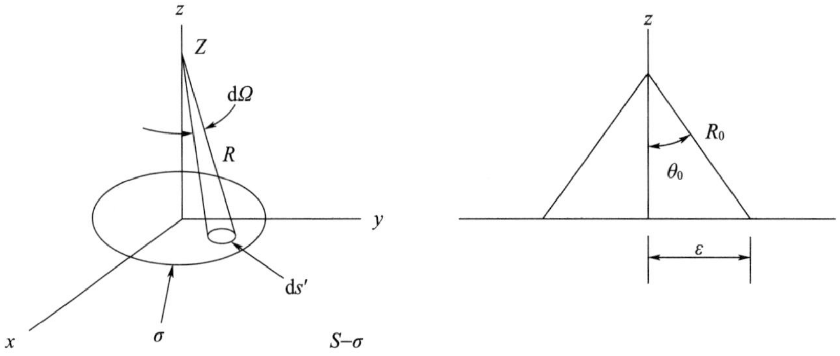

图 12. A. 1　反常积分

$$I_{+} = \frac{\partial}{\partial n}\int_{S} f(\bar{\boldsymbol{r}}')G_0(\bar{\boldsymbol{r}},\bar{\boldsymbol{r}}')\mathrm{d}S' \tag{12. A. 5}$$

令 $S=(S-\sigma)+\sigma$,其中 σ 为图 12. A. 1 所示的一个小区域。$G_0 \to R^{-1}=(z^2+x^2+y^2)^{-1/2}$,且

$$\frac{\partial}{\partial n}\left(\frac{1}{R}\right)=\frac{\partial}{\partial z}\left(\frac{1}{R}\right)=-\frac{1}{R^2}\frac{z}{R}$$

$$\mathrm{d}S'=R^2\mathrm{d}\Omega(R/z)$$

式中:$\mathrm{d}S'=2\pi r\mathrm{d}r=2\pi R\mathrm{d}R, R=z/\cos\theta, \mathrm{d}\Omega=2\pi\sin\theta\mathrm{d}\theta$。因此,得到:

$$\begin{aligned}\frac{\partial}{\partial n}\int_{\sigma} fG_0\mathrm{d}S' &= -\int_{\sigma} f(\bar{\boldsymbol{r}})\frac{\mathrm{d}\Omega}{4\pi}=-\frac{f(\bar{\boldsymbol{r}})}{2}\\ I_{+} &= -\frac{f(\bar{\boldsymbol{r}})}{2}+\int_{S-\sigma} f(\bar{\boldsymbol{r}}')\frac{\partial}{\partial n}G_0(\bar{\boldsymbol{r}},\bar{\boldsymbol{r}}')\mathrm{d}S'\end{aligned} \tag{12. A. 6}$$

在 $S-\sigma$ 上的积分被称为柯西主值,表示为 $⨍(\bar{\boldsymbol{r}}')\frac{\partial}{\partial n}G_0(\bar{\boldsymbol{r}},\bar{\boldsymbol{r}}')\mathrm{d}S'$ 。

由于 $(\partial/\partial n)G_0$ 在 $\bar{\boldsymbol{r}}=\bar{\boldsymbol{r}}'$ 和 $z=0$ 附近为零,则该积分是收敛的。

如果 $\bar{\boldsymbol{r}}$ 从 $z<0$ 一侧靠近曲面 S,得到:

$$I_{-} = +\frac{f(\bar{\boldsymbol{r}})}{2}+\int_{S-\sigma} f(\bar{\boldsymbol{r}}')\frac{\partial}{\partial n}G_0(\bar{\boldsymbol{r}},\bar{\boldsymbol{r}}')\mathrm{d}S' \tag{12. A. 7}$$

因此:

$$I_{+}-I_{-} = -f(\bar{\boldsymbol{r}}) \tag{12. A. 8}$$

积分为

$$I = \frac{\partial}{\partial n}\int_{\sigma}\frac{\partial}{\partial n'}G_0(\bar{\boldsymbol{r}},\bar{\boldsymbol{r}}')f(\bar{\boldsymbol{r}}')\mathrm{d}S' \tag{12. A. 9}$$

式中:σ 为一个半径为 ε 的小区域。然后利用上述结果,且注意到 $\partial/\partial n'=\partial/\partial z'$ 而非 $\partial/\partial z$,得到:

$$I = -\frac{\partial}{\partial n}\Omega f(\bar{\boldsymbol{r}}) \tag{12. A. 10}$$

式中:Ω 是由图 12. A. 1 给出的立体角。

$$\Omega=2\pi(1-\cos\theta_0)=2\pi\left(1-\frac{z}{R_0}\right)$$

因此得到：

$$I = -\frac{\partial}{\partial z}\Omega f = 2\pi \frac{\varepsilon^2}{R_0^3} f \tag{12. A. 11}$$

式中：

$$\frac{1}{2\pi}\frac{\partial \Omega}{\partial z} = -\frac{1}{R_0} + \frac{z}{R_0^2}\frac{\partial R_0}{\partial z}$$

当 $z \to 0$ 时，I 接近于 $(2\pi/\varepsilon)f(\bar{\boldsymbol{r}})$，故 I 取决于 σ 区域的大小。

12. B 积分方程

积分方程分类如下：

(1)弗雷德霍姆第一类积分方程。

$$\int_a^b K(x,x')f(x')\mathrm{d}x' = g(x) \tag{12. B. 1}$$

式中：$K(x,x')$是一个已知函数，称为核函数；$f(x')$是未知函数；$g(x)$是已知函数。解在很大程度上取决于核函数。拉普拉斯变换就是一个例子。

$$\int_0^\infty \mathrm{e}^{-st}f(t)\mathrm{d}t = \phi(s) \tag{12. B. 2}$$

式中：e^{-st}是内核。解为

$$f(t) = \frac{1}{2\pi \mathrm{j}}\int_C \phi(s)\mathrm{e}^{st}\mathrm{d}s \tag{12. B. 3}$$

对于更具一般性的核函数，很难求得解析解。

(2)弗雷德霍姆第二类非齐次积分方程。

$$\int_a^b k(x,x')f(x')\mathrm{d}x' = f(x) + g(x) \tag{12. B. 4}$$

(3)弗雷德霍姆第二类齐次积分方程。

$$\int_a^b K(x,x')f(x')\mathrm{d}x' = \lambda f(x) \tag{12. B. 5}$$

这构成了一个特征值方程，其中 λ 是特征值。

(4)在上面的例子中，如果用变量 x 替换上限 b，则称为沃尔泰拉积分方程。例如，第一类沃尔泰拉积分方程为

$$\int_a^x K(x,x')f(x')\mathrm{d}x' = g(x)$$

第 14 章

附　录

14. A　多重积分 I 的定相求值

$$I = \int_{-\infty}^{\infty} \mathrm{d}x_1 \int_{-\infty}^{\infty} \mathrm{d}x_2 \cdots \int_{-\infty}^{\infty} \mathrm{d}x_N A(x_1 x_2 \cdots x_N)\, \mathrm{e}^{\mathrm{j}f(x_1 x_2 \cdots x_N)} \tag{14. A. 1}$$

首先,通过满足 N 个方程找到一个固定相位点($x_{10}, x_{20}, x_{30}, \cdots, x_{N0}$):

$$\frac{\partial f}{\partial x_1} = \frac{\partial f}{\partial x_2} = \frac{\partial f}{\partial x_3} = \cdots = \frac{\partial f}{\partial x_N} = 0 \tag{14. A. 2}$$

然后,围绕这个固定相位点展开 f。

$$f(x_1, x_2, \cdots, x_N) = f(x_{10}, x_{20}, \cdots, x_{N0}) + \frac{1}{2!}\left[(x_1 - x_{10})\frac{\partial}{\partial x_1} + (x_2 - x_{20})\frac{\partial}{\partial x_2} + \cdots + (x_N - x_{N0})\frac{\partial}{\partial x_N}\right]^2 f\Bigg|_{x_{10}, x_{20}, \cdots} + \text{更高阶项}$$

这些高阶项对积分的贡献很小,除非 f 的二阶导数很小。此外,我们假设振幅 $A(x_1 \cdots x_N)$ 是关于 $x_1 \cdots x_N$ 的缓慢变化函数,因此,近似认为

$$A(x_1 \cdots x_N) \approx A(x_{10}, x_{20}, x_{30}, \cdots, x_{N0})$$

令:

$$x_1 - x_{10} = x'_1, x_2 - x_{20} = x'_2, \cdots$$

$$I = A(x_{10}, x_{20}, \cdots, x_{N0})\, \mathrm{e}^{\mathrm{j}f(x_{10}, x_{20}, \cdots, x_N)} \int_{-\infty}^{\infty} \mathrm{d}x'_1 \int_{-\infty}^{\infty} \mathrm{d}x'_2 \cdots \int_{-\infty}^{\infty} \mathrm{d}x'_N \mathrm{e}^{\mathrm{j}(1/2)[\boldsymbol{T}]} \tag{14. A. 3}$$

式中:

$$[\boldsymbol{T}] = \left(x'_1 \frac{\partial}{\partial x'_1} + x'_2 \frac{\partial}{\partial x'_2} + \cdots + x'_N \frac{\partial}{\partial x'_N}\right)^2 f$$

把[$\boldsymbol{T}$]写成以下矩阵形式：

$$[\boldsymbol{T}] = \tilde{\boldsymbol{x}}\boldsymbol{F}\boldsymbol{x}$$

式中：

$$\boldsymbol{x} = \begin{bmatrix} x'_1 \\ \vdots \\ x'_N \end{bmatrix}, \boldsymbol{F} = \begin{bmatrix} f_{11} & f_{12} & \cdots & f_{1N} \\ f_{21} & & & \\ \vdots & & & \\ f_{N1} & \cdots & \cdots & f_{NN} \end{bmatrix} \tag{14. A. 4}$$

式中：

$$f_{ij} = \frac{\partial^2}{\partial x'_i \partial x'_j} f \bigg|_{x'_1=0, x'_2=0, \cdots}$$

$\boldsymbol{X}$ 到 $\boldsymbol{Y}$ 的正交变换：

$$\boldsymbol{X} = \boldsymbol{P}\boldsymbol{Y}, \boldsymbol{Y} = \begin{bmatrix} y_1 \\ y_2 \\ \vdots \\ y_N \end{bmatrix}$$

也可以将[$\boldsymbol{T}$]转换为以下对角线形式：

$$[\boldsymbol{T}] = \tilde{\boldsymbol{X}}\boldsymbol{F}\boldsymbol{X} = \tilde{\boldsymbol{Y}}\tilde{\boldsymbol{P}}\boldsymbol{F}\boldsymbol{P}\boldsymbol{Y} = \tilde{\boldsymbol{Y}}\boldsymbol{\alpha}\boldsymbol{Y} \tag{14. A. 5}$$

式中：

$$\boldsymbol{\alpha} = \begin{bmatrix} \alpha_1^2 & 0 & 0 & 0 & 0 \\ 0 & \alpha_2^2 & 0 & 0 & 0 \\ 0 & 0 & \alpha_3^2 & 0 & 0 \\ 0 & 0 & 0 & \ddots & \alpha_N^2 \end{bmatrix}$$

因此得到：

$$[\boldsymbol{T}] = \alpha_1^2 y_1^2 + \alpha_2^2 y_2^2 + \cdots + \alpha_N^2 y_N^2 \tag{14. A. 6}$$

另外，$x'_1 x'_2 \cdots x'_N$ 关于 $y_1 y_2 \cdots y_N$ 的雅可比系数为 1。

$$\mathrm{d}x'_1 \mathrm{d}x'_2 \cdots \mathrm{d}x'_N = \frac{\partial(x'_1, \cdots, x'_N)}{\partial(y_1, \cdots, y_N)} \mathrm{d}y_1 \cdots \mathrm{d}y_N$$

$$\text{Jacobian} = \frac{\partial(x'_1 \cdots x'_N)}{\partial(y_1 \cdots y_N)}$$

$$= \begin{vmatrix} \dfrac{\partial x'_1}{\partial y_1} & \cdots & \dfrac{\partial x'_N}{\partial y_1} \\ \vdots & & \vdots \\ \dfrac{\partial x'_1}{\partial y_N} & \cdots & \dfrac{\partial x'_N}{\partial y_N} \end{vmatrix} = |\boldsymbol{P}| = 1$$

因此得到：

$$\begin{aligned}&\int_{-\infty}^{\infty}\mathrm{d}x_1'\int_{-\infty}^{\infty}\mathrm{d}x_2'\cdots\int_{-\infty}^{\infty}\mathrm{d}x_N'\mathrm{e}^{\mathrm{j}(1/2)[\boldsymbol{T}]}\\&=\int_{-\infty}^{\infty}\mathrm{d}y_1\int_{-\infty}^{\infty}\mathrm{d}y_2\cdots\int_{-\infty}^{\infty}\mathrm{d}y_N\mathrm{e}^{\mathrm{j}[\alpha_1^2y_2^2+\alpha_2^2y_2^2+\cdots+\alpha_N^2y_N^2]}\\&=\frac{(2\pi)^{N/2}\mathrm{e}^{\mathrm{j}N(\pi/4)}}{\sqrt{\alpha_1^2\alpha_2^2\cdots\alpha_N^2}}\end{aligned}\tag{14. A. 7}$$

但由于 $\alpha_1^2\alpha_2^2\cdots\alpha_N^2=|\boldsymbol{\alpha}|=|\tilde{\boldsymbol{P}}\boldsymbol{F}\boldsymbol{P}|=|\tilde{\boldsymbol{P}}||\boldsymbol{F}||\boldsymbol{P}|=|\boldsymbol{F}|$，得到：

$$I=A(x_{10},x_{20},\cdots,x_{N0})\mathrm{e}^{\mathrm{j}f(x_{10},x_{20},\cdots,x_{N0})}\frac{(2\pi)^{N/2}\mathrm{e}^{\mathrm{j}N(\pi/4)}}{\sqrt{\Delta}}\tag{14. A. 8}$$

式中：Δ 是 $F=|F|$ 的行列式，被称为黑塞行列式。对于 $N=2$①：

$$\begin{aligned}I&=\int_{-\infty}^{\infty}\mathrm{d}x_1\int_{-\infty}^{\infty}\mathrm{d}x_2A(x_1x_2)\mathrm{e}^{\mathrm{j}f(x_1x_2)}\\&=A(x_{10}x_{20})\mathrm{e}^{\mathrm{j}f(x_{10}x_{20})}\frac{(2\pi)\mathrm{e}^{\mathrm{j}(\pi/2)}}{\sqrt{f_{11}f_{22}-f_{12}^2}}\end{aligned}\tag{14. A. 9}$$

式中：x_{10}，x_{20} 由下式求得。

$$\frac{\partial f}{\partial x_1}=0\text{ 且 }\frac{\partial f}{\partial x_2}=0$$

① 译者注：根据原作者提供的更正说明，将式(14. A. 9)中的 f_{12} 更正为 f_{22}。

第 15 章

附 录

15. A 索默菲尔德解

在索默菲尔德 1909 年的论文中，$\sqrt{p_1}$ 符号有误（本质上是 $-s_p$ 而不是 $+s_p$，这个 $-s_p$ 对应于 α 平面上黎曼底面的极点）。如果我们故意将式（15.63）中的 $\sqrt{p_1}$ 改为 $-\sqrt{p_1}$，则得到：

$$\pi_{er}=2\frac{e^{-jkR}}{4\pi R}[1+j\sqrt{p_1\pi}e^{-p_1}\text{erfc}(-j\sqrt{p_1})] \tag{15.A.1}$$

使用 $\text{erfc}(-z)=2-\text{erfc}(z)$，得到：

$$\pi_{er}=2\frac{e^{-jkR}}{4\pi R}[1-j\sqrt{p_1\pi}e^{-p_1}\text{erfc}(+j\sqrt{p_1})+2j\sqrt{p_1\pi}e^{-p_1}]$$

这与式（15.63）中正确的 π 区别如下①：

$$\pi_{er}=\pi+2\frac{e^{-jkR}}{4\pi R}(2j\sqrt{p_1\pi}e^{-p_1}) \tag{15.A.2}$$

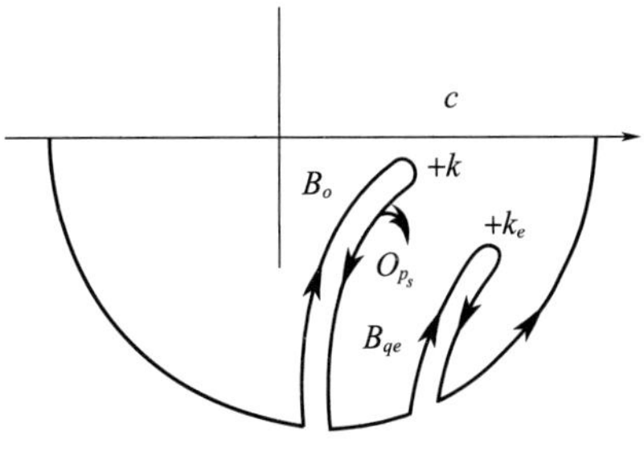

图 15.A.1 割线积分和留数

① 译者注：根据原作者提供的更正说明，将式（15.A.2）中（$2j\sqrt{p_1\pi}e^{-p_1}$）]更正为（$2j\sqrt{p_1\pi}e^{-p_1}$）。

很容易证明,上述 π_{er} 与 π 之间的差值恰好等于 $-2\pi j$(在索默菲尔德极点 s_p 处的留数)。因此得到:

$$\pi = \pi_{er} - (-2\pi j \cdot s_p \text{ 处的留数}) \tag{15. A. 3}$$

在 1909 年的论文中,索默菲尔德用下面的形式计算了积分:

$$\pi_{er} = B_q + B_{qe} + (-2\pi j \cdot s_p \text{ 处的留数}) \tag{15. A. 4}$$

式中:B_q、B_{qe} 分别为沿 $\text{Im}q=0$ 和 $\text{Im}q_e=0$ 的割线积分(图 15. A. 1)。

该项($-2\pi j$)(s_p 处的留数)正是由偶极子源激发的浅涅克波。但由于符号错误,真正的场是 π_{er} 减去浅涅克波。因此如果使用正确的符号,索默菲尔德 1909 年论文中包含的浅涅克波就会消失。这样看来,浅涅克波似乎不存在。

正如我们前面指出的,式(15. A. 4)的这种划分是任意的,其中一项表现出浅涅克波的特征并不意味着波的存在。事实上,根据总波的一个项来判断波是否存在是没有意义的,因为重要的是总波,而不是波的一部分。然而,这个符号错误导致了数十年来关于浅涅克波是否存在的争议(Banos,1966,第 154 页)。这个符号错误直到 1935 年才被诺顿发现,尽管索默菲尔德在其 1926 年的论文中使用了正确的符号。通过 van der Waeden、Ott 和 Banos 的研究,整个争议问题最终在 1950 年左右得到解决(Banos,1966)。

15. B 索默菲尔德问题的黎曼曲面

在本书中,积分的求值是在 α 平面上进行的。了解积分和各种黎曼面如何出现在 γ 平面上是很有启发意义。在 γ 平面上,分支点出现在:

$$\begin{cases}\gamma = \pm k \\ \gamma = \pm k_e\end{cases} \tag{15. B. 1}$$

沿着这些分支点画出割线。

$$\begin{cases}\text{Im}q = \text{Im}\sqrt{k^2 - \lambda^2} = 0 \\ \text{Im}q_e = \text{Im}\sqrt{k_e{}^2 - \lambda^2} = 0\end{cases} \tag{15. B. 2}$$

如第 15 章所示,这些割线是经过分支点的双曲线。很明显,积分轮廓必须在黎曼曲面上,其满足:

$$\begin{cases}\text{Im}q < 0 \\ \text{Im}q_e < 0\end{cases} \tag{15. B. 3}$$

在这种情况下,波在 $z \to +\infty$ 和 $z \to -\infty$ 时衰减,因此,满足辐射条件。

$$|e^{-jqz}| = e^{(\text{Im}q)z} \to 0,\text{当 } z \to +\infty \text{ 时}$$
$$|e^{jq_e z}| = e^{-(\text{Im}q_e)z} \to 0,\text{当 } z \to -\infty \text{ 时}$$

这个面被称为固有黎曼曲面。

然而除此之外,还有另外三个不满足辐射条件的黎曼曲面,被称为反常黎曼曲面。下面列出这四种黎曼曲面：

(1)固有黎曼曲面：$\mathrm{Im}q<0,\mathrm{Im}q_e<0$。

(2)反常黎曼曲面：$\mathrm{Im}q>0,\mathrm{Im}q_e<0$。

(3)反常黎曼曲面：$\mathrm{Im}q<0,\mathrm{Im}q_e>0$。

(4)反常黎曼曲面：$\mathrm{Im}q>0,\mathrm{Im}q_e>0$。

前两个属于 $\mathrm{Im}q_e<0$，后两个属于 $\mathrm{Im}q_e>0$。下面讨论前两个曲面。首先讨论复平面 q(图 15. B. 1)。我们将每个象限标记为 B_2、B_1、T_2、T_1。T_2、T_1 属于 λ 平面中的上表面(Ⅰ)，B_2、B_1 属于 λ 平面中的下表面(Ⅱ)，对应的 α 平面可由下式得到：

$$\lambda=\mathrm{k}\sin\alpha,q=k\cos\alpha$$

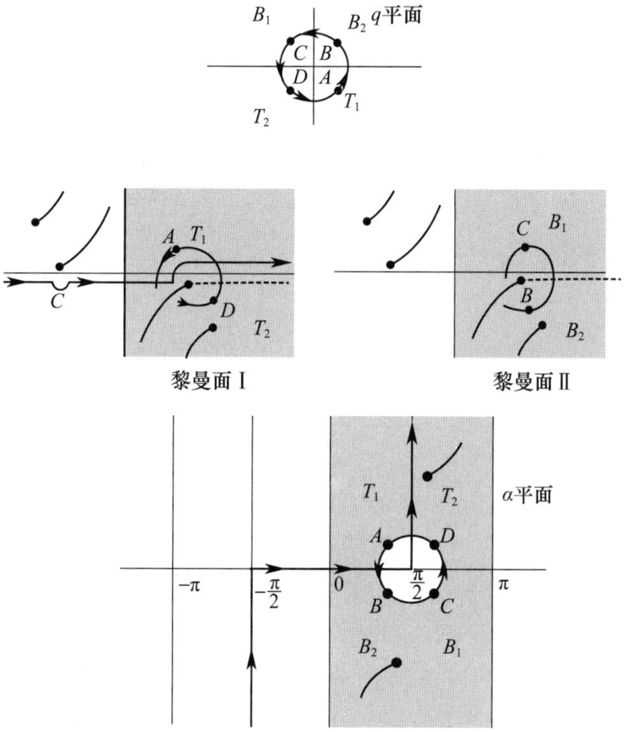

图 15. B. 1　q 平面，α 平面和黎曼曲面

当我们在 q 平面上由 $A\to B\to C\to D$ 旋转时，可以在 λ 平面和 α 平面的表面Ⅰ和Ⅱ上追踪相应的位置(图 15. B. 1)。请注意，在 α 平面上，B_2、B_1、T_2 和 T_1 并列，λ 平面上的支点 $\lambda=+k$ 为 α 平面上的正则点 $\alpha=\pi/2$。

现在画出 λ 平面上的四个黎曼曲面(图 15. B. 2)。仔细观察索默菲尔德极点可以发现，在这种分支切割下，极点位于黎曼曲面Ⅰ和Ⅳ上。在 α 平面中只有两个曲面，一个对应曲面Ⅰ和Ⅱ，另一个对应曲面Ⅲ和Ⅳ。如图 15. B. 3 所示，索默菲尔德极点位于 α 平面的上表面和下表面上。现在讨论关于索默菲尔德极点位置的困惑点。我们在下面给出两条不同的割线(图 15. B. 4 中的例 A 和例 B)。

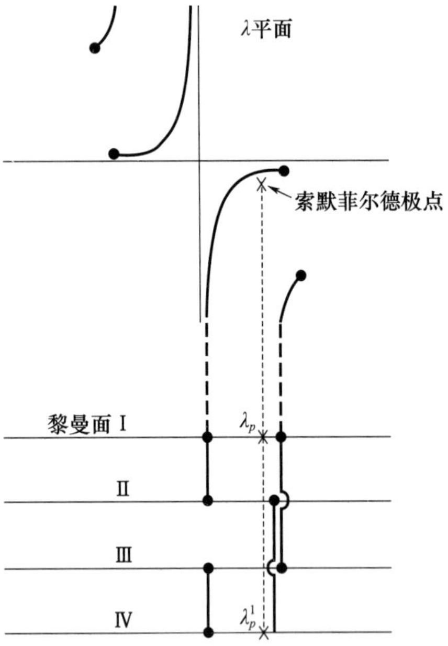

图 15. B. 2　四个黎曼面和索默菲尔德极点

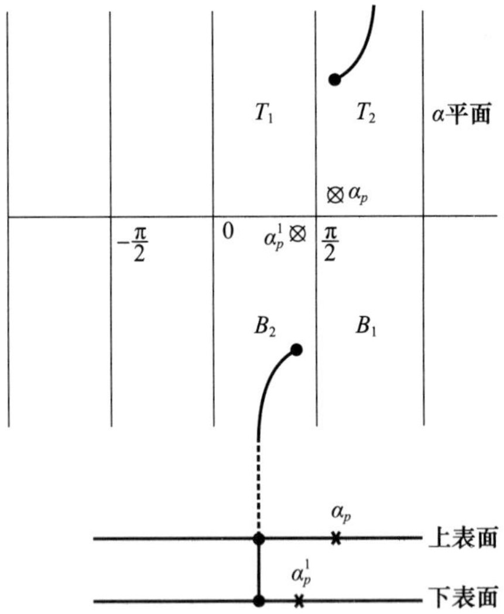

图 15. B. 3　α_p 和 α_p^1 上的索默菲尔德极点

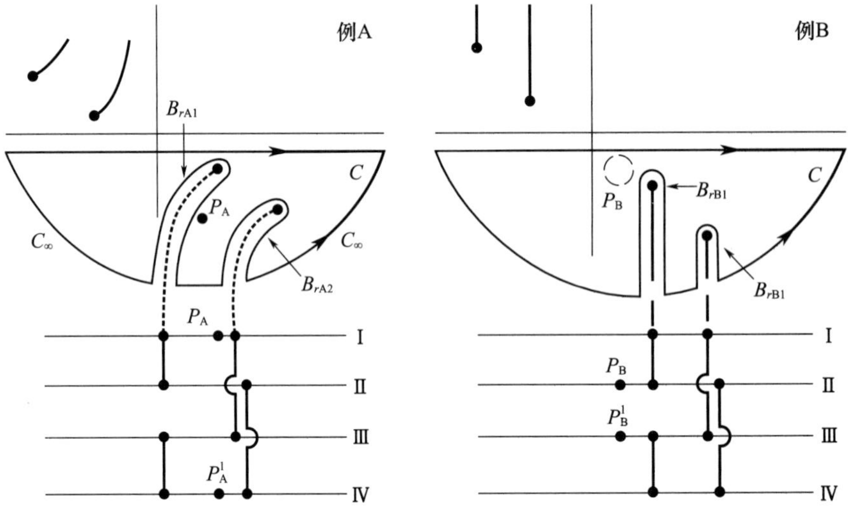

图 15. B. 4　两条不同的割线

对于例 A，割线沿着 $\mathrm{Im}q = 0$，$\mathrm{Im}q_e = 0$。对于例 B，割线沿着 $\mathrm{Re}\lambda = \mathrm{Re}k$，$\mathrm{Re}\lambda = \mathrm{Re}k_e$。则对于例 A，极点位于 Ⅰ 和 Ⅳ 上，而对于例 B，极点位于 Ⅱ 和 Ⅲ 上。因此，对于 A，沿着 C 的原始积分为

$$\int_C = \int_{C_\infty} + \int_{B_{rA1}} + \int_{B_{rA2}} + 2\pi\mathrm{j} \cdot P_A \text{ 处的留数}$$

式中：B_{rA1}，B_{rA2}是割线积分。另一方面，对于例 B：

$$\int_C = \int_{C_\infty} + \int_{B_{rB1}} + \int_{B_{rB2}}$$

由于 P_B 位于Ⅱ上，故该式没有极点 P_B 的贡献。因此，例 A 含极点引起的附加项，且例 A 和例 B 得到了两个不同的答案。还要注意的是，留数具有浅涅克波的所有特征，因此，例 A 似乎产生了浅涅克波，而例 B 则没有。

当然，所有这些表面上的矛盾都是不存在的。割线的绘制只是为了方便，例 A 和例 B 的结果应该是一样的。事实上，我们可以证明（沿 C_∞ 的积分为零），A 和 B 的割线积分之间存在差值，这个差值正好等于留数项，即

$$\int_{B_{rA1}} + \int_{B_{rA2}} + 2\pi \mathrm{j} \cdot \text{留数} = \int_{B_{rB1}} + \int_{B_{rB2}}$$

本章中的积分是在 α 平面上进行的，其中黎曼曲面Ⅰ和Ⅱ并排，因此，在 α 平面上不会出现 P_A，P_B 位置的混淆。

15. C 修正鞍点技术

对于积分：

$$I_0 = \int_C F(\alpha)\exp[zf(\alpha)]\mathrm{d}\alpha \tag{15. C. 1}$$

式中：z 是一个很大的正数，$F(\alpha)$ 在 α_p 处有一个极点，可以位于 α 平面上的任何位置。

首先根据下式求得鞍点 $\alpha = \alpha_s$。

$$\left.\frac{\partial f(\alpha)}{\partial \alpha}\right|_{\alpha_s} = 0 \tag{15. C. 2}$$

将式（15. C. 1）写成如下形式：

$$I_0 = \mathrm{e}^{zf(\alpha_s)}\int_C F(\alpha)\mathrm{e}^{z[f(\alpha)-f(\alpha_s)]}\mathrm{d}\alpha \tag{15. C. 3}$$

利用 α 到 s 的转换，将式（15. C. 3）转换为以下形式：

$$f(\alpha) - f(\alpha_s) = -\frac{s^2}{2} \tag{15. C. 4}$$

$$I_0 = \mathrm{e}^{zf(\alpha_s)}\int_c F(s)\mathrm{e}^{-z(s^2/2)}\left(\frac{\mathrm{d}\alpha}{\mathrm{d}s}\right)\mathrm{d}s \tag{15. C. 5}$$

如果鞍点是孤立点，则是式（15. C. 4）的变换是合理的。在式（15. C. 5）中，鞍点位于 $s=0$ 处，最陡下降线（SDC）沿着 s 的实轴。如图 15. 8 所示，表示为

$$\begin{cases} f(\alpha) = -\mathrm{j}\cos(\alpha-\theta), \\ s = 2\mathrm{e}^{-\mathrm{j}(\pi/4)}\sin\dfrac{\alpha-\theta}{2} \\ \dfrac{\mathrm{d}\alpha}{\mathrm{d}s} = \left(1-\mathrm{j}\dfrac{s^2}{4}\right)^{-1/2}\mathrm{e}^{\mathrm{j}(\pi/4)} \end{cases} \tag{15. C. 6}$$

由于 $\mathrm{d}\alpha/\mathrm{d}s$ 的存在，在 s 平面的 $s = \pm 2\mathrm{e}^{-\mathrm{j}(\pi/4)}$ 处出现了两个分支点（B_{r1} 和 B_{r2}），但这些分支点距离鞍点较远，对积分影响不大。

现在针对以下两种情况下对式（15. C. 5）进行求值：

（1）$F(\alpha)$ 没有极点。让我们先求解一种更简单的情况，即积分中没有极点。在这种

情况下,可以将轮廓从 C 变换到 SDC。

$$\int_C \mathrm{d}s = \int_{-\infty}^{\infty} \mathrm{d}s \tag{15. C. 7}$$

现在用泰勒幂级数展开 $F(s)\mathrm{d}\alpha/\mathrm{d}s$。

$$F(\alpha)\frac{\mathrm{d}\alpha}{\mathrm{d}s} = \sum_{n=0}^{\infty} A_{2n}s^{2n} + \sum_{n=1}^{\infty} A_{2n-1}s^{2n-1} \tag{15. C. 8}$$

为了方便,我们把奇次幂和偶次幂分开。

将式(15. C. 8)代入式(15. C. 5)中,注意到式(15. C. 8)的奇数项变成零。因此:

$$I_0 = \mathrm{e}^{zf(\alpha_s)}\int_{-\infty}^{\infty}\sum_{n=0}^{\infty} A_{2n}s^{2n}\mathrm{e}^{-z(s^2/2)}\mathrm{d}s \tag{15. C. 9}$$

可以使用伽马函数进行积分。

$$\Gamma(x) = \int_0^{\infty} t^{x-1}\mathrm{e}^{-t}\mathrm{d}t \tag{15. C. 10}$$

令:

$$t = z\frac{s^2}{2}, x = n + \frac{1}{2}$$

且注意到:

$$\begin{cases} \Gamma\left(\frac{1}{2}\right) = \sqrt{\pi} \\ \Gamma\left(n+\frac{1}{2}\right) = \frac{1\times 3\times 5\cdots(2n-1)}{2^n}\sqrt{\pi} \\ \int_{-\infty}^{\infty} s^{2n}\mathrm{e}^{-z(s^2/2)}\mathrm{d}s = \frac{\Gamma\left(n+\frac{1}{2}\right)2^{n+1/2}}{z^{n+1/2}} = \frac{1\times 3\times 5\cdots(2n-1)}{z^{n+1/2}}\sqrt{2\pi} \end{cases} \tag{15. C. 11}$$

得到:

$$I_0 = \mathrm{e}^{zf(\alpha_s)}\sum_{n=0}^{\infty} A_{2n}\frac{1\times 3\times 5\cdots(2n-1)}{z^{n+1/2}}\sqrt{2\pi} \tag{15. C. 12}$$

式中:第一项 $\mathrm{e}^{zf(\alpha_s)}A_0\sqrt{\frac{2\pi}{z}}$ 是通过附录 11. C 所示的一般鞍点技术得到的结果,式(15. C. 12)为 z 的逆幂渐近级数。式(15. C. 12)右侧的级数是通过式(15. C. 10)的逐项积分得到的,且一般来说是发散的。然而,它是一个渐近级数,具有如下特征。

取如下的部分和:

$$f_N = \sum_{n=0}^{N} A_n$$

则误差($I_0 - f_N$)的绝对值小于被忽略的第一项(A_{N+1}):

$$|I_0 - f_N| < |A_{N+1}|$$

通常,$|A_N|$先变小,然后变大且级数发散。也可以使用高斯正交法沿 s 的实轴对式(15. C. 6)中的 I_0 进行数值计算。

(2)$F(\alpha)$有一个极点。现在讨论主要的问题。当 $F(\alpha)$在 α_p 处或 s 平面内的 $s = s_p$ 处存在极点时,式(15. C. 9)的泰勒展开式只在半径(称为收敛半径)为从原点到$|s_p|$距离的圆内成立。

$$|s| < |s_p|$$

如果极点靠近鞍点,则 $|s_p|$ 非常小。为了扩大泰勒展开式的区域,我们首先把 $F(s)\mathrm{d}\alpha/\mathrm{d}s$ 写成带极点的项和在 $s = s_p$ 处正则项之和。

$$F(s)\frac{\mathrm{d}\alpha}{\mathrm{d}s} = \frac{R_1(s_p)}{s - s_p} + G_1(s) \tag{15.C.13}$$

式中:$R_1(s_p)$ 是在 $s = s_p$ 处的留数。被积函数 $F(\alpha)\exp[zf(\alpha)]$ 在极点 $\alpha = \alpha_p$ 处的留数为

$$R(\alpha_p) = R_1(s_p)\exp[zf(\alpha_p)] \tag{15.C.14}$$

为了证明这一点,令 $F(\alpha) = N(\alpha)/D(\alpha)$,且需注意到:

$$R_1(s_p) = \left[\frac{N(s)}{\partial D/\partial s}\frac{\mathrm{d}\alpha}{\mathrm{d}s}\right]_{s = s_p} = \left.\frac{N(\alpha)}{\partial D/\partial \alpha}\right|_{\alpha = \alpha_p}$$

积分的计算现在必须以不同的方式进行,这取决于极点是在原始轮廓之下还是之上。显然,沿着原始轮廓 C 的积分可以变换为沿着鞍点轮廓(SDC)。如果极点位于 SDC 下方,那么:

$$\int_C = \int_{\mathrm{SDC}} \tag{15.C.15}$$

但如果极点位于 SDC 上方,则:

$$\int_C = \int_{\mathrm{SDC}} - 2\pi \mathrm{j} R(s_p) \tag{15.C.16}$$

式中:$R(s_p)$ 是式(15. C. 14)中的 $F(\alpha)\exp[-zf(\alpha)]$ 在 s_p 处的留数。结合式(15. C. 15)和式(15. C. 16)得到:

$$\int_C = \int_{\mathrm{SDC}} - 2\pi \mathrm{j} R(s_p) U(\mathrm{Im} s_p) \tag{15.C.17}$$

式中:$U(x)$ 为单位阶跃函数。接下来沿着 SDC 计算积分:

$$\int_{\mathrm{SDC}} = \mathrm{e}^{zf(\alpha_s)} \int_{-\infty}^{\infty} F(s)\frac{\mathrm{d}\alpha}{\mathrm{d}s}\mathrm{e}^{-z(s^2/2)}\mathrm{d}s = I_p + I_1 \tag{15.C.18}$$

式中:

$$I_p = \mathrm{e}^{zf(\alpha_s)} \int_{-\infty}^{\infty} \frac{R_1(s_p)}{s - s_p}\mathrm{e}^{-z(s^2/2)}\mathrm{d}s \tag{15.C.19}$$

$$I_1 = \mathrm{e}^{zf(\alpha_s)} \int_{-\infty}^{\infty} G_1(s)\mathrm{e}^{-z(s^2/2)}\mathrm{d}s \tag{15.C.20}$$

式(15. C. 19)变为

$$I_p = \mathrm{e}^{zf(\alpha_s)} R_1(s_p) y(z) \tag{15.C.21}$$

式中:

$$y(z) = \int_{-\infty}^{\infty} \frac{\mathrm{e}^{-z(s^2/2)}}{s - s_p}\mathrm{d}s \tag{15.C.22}$$

要求 $y(z)$ 的值,必须将积分(15. C. 21)化简为已知积分。在这种情况下,由式(15. C. 22)的形式可以将式(15. C. 22)转换为误差积分。首先将 $y(z)$ 乘以 $\exp[zs_p^2/2]$,并对 z 求导。

$$\frac{\partial}{\partial z}\left[y(z)\mathrm{e}^{z(s_p^2/2)}\right] = \int_{-\infty}^{\infty}\frac{s^2 - s_p^2}{2(s - s_p)}\mathrm{e}^{-(z/2)(s^2 - s_p^2)}\mathrm{d}s$$

$$= -\frac{s_p}{2}\mathrm{e}^{z(s_p^2/2)}\int_{-\infty}^{\infty}\mathrm{e}^{-z(s^2/2)}\mathrm{d}s$$

$$= -\sqrt{\pi/2}\,s_p\frac{\mathrm{e}^{z(s_p^2/2)}}{\sqrt{z}}$$

对式(15. C. 22)从 $z=0$ 到 z 对 z 进行积分。

$$y(z)\mathrm{e}^{z(s_p^2/2)} = y(0) - \sqrt{\pi/2}\,s_p\int_0^z\frac{\mathrm{e}^{z(s_p^2/2)}}{\sqrt{z}}\mathrm{d}z \tag{15. C. 23}$$

使用以下误差函数：

$$\mathrm{erf}(z) = \frac{2}{\sqrt{\pi}}\int_0^z\mathrm{e}^{-t^2}\mathrm{d}t$$

式(15. C. 23)变为

$$y(z) = \mathrm{e}^{-z(s_p^2/2)}y(0) + \mathrm{j}\pi\mathrm{e}^{-z(s_p^2/2)}\mathrm{erf}(\mathrm{j}\sqrt{z/2}\,s_p) \tag{15. C. 24}$$

然而，$y(0)$ 为

$$y(0) = \int_{-\infty}^{\infty}\frac{\mathrm{d}s}{s - s_p} = \begin{cases}\mathrm{j}\pi, 当 \mathrm{Im}\,s_p < 0\\ 0, 当 \mathrm{Im}\,s_p = 0\\ -\mathrm{j}\pi, 当 \mathrm{Im}\,s_p > 0\end{cases} \tag{15. C. 25}$$

因此得到：

$$y(z) = \mathrm{e}^{-z(s_p^2/2)}\left\{2\pi\mathrm{j}U(\mathrm{Im}\,s_p) - \mathrm{j}\pi\left[1 - \mathrm{erf}\left(\mathrm{j}\sqrt{\frac{z}{2}}s_p\right)\right]\right\} \tag{15. C. 26}$$

使用互补误差函数 $\mathrm{erfc}(z)$：

$$\mathrm{erfc}(z) = 1 - \mathrm{erf}(z)$$

且 $f(\alpha_s) - (s_p^2/2) = f(\alpha_p)$，则最终得到 I_p。

$$I_p = R(s_p)\left[2\pi\mathrm{j}U(\mathrm{Im}\,s_p) - \mathrm{j}\pi\mathrm{erfc}\left(\mathrm{j}\sqrt{\frac{z}{2}}s_p\right)\right] \tag{15. C. 27}$$

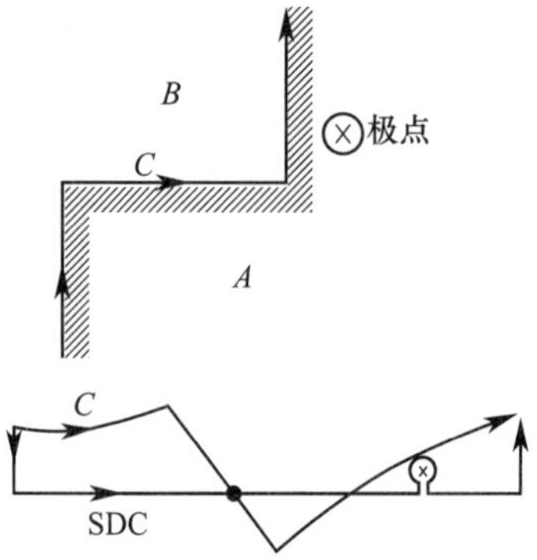

图 15. C. 1　A 区域的极点

因此，式(15. C. 5)中的原始积分 I_0 为

$$I_0 = I_1 + I_p - 2\pi j R(s_p) U(\mathrm{Im}\ s_p) \tag{15. C. 28}$$

注意到，式(15. C. 27)中 I_0 的不连续性将被式(15. C. 28)的最后一项完全消除，则最终得到以下结果。

(a)极点位于 A 区域原始廓线下方(图 15. C. 1)。

$$I_0 = \int_C F(\alpha) e^{zf(\alpha)} d\alpha = I_1 - j\pi R(s_p) \mathrm{erfc}\left(j\sqrt{\frac{z}{2}} s_p\right) \tag{15. C. 29}$$

式中：

$$I_1 = e^{zf(\alpha_s)} \int_{-\infty}^{\infty} \left[F(s)\frac{d\alpha}{ds} - \frac{R_1(s_p)}{s - s_p}\right] \exp\left(-z\frac{s^2}{2}\right) ds$$

$$\begin{aligned} R(s_p) &= R_1(s_p)\exp[zf(\alpha_p)] \\ &= F(\alpha)\exp[zf(\alpha)] \text{ 在极点 } \alpha = \alpha_p \text{ 处的留数} \end{aligned}$$

$$f(\alpha) - f(\alpha_s) = -\frac{s^2}{2}, \alpha_s \text{ 是} f(\alpha) \text{ 的鞍点}$$

请注意，I_1 的被积函数没有极点，因此可以通过式(15. C. 10)展开或数值计算来求值。级数展开式为

$$I_1 = e^{zf(\alpha_s)} \sum_{n=0}^{\infty} B_{2n} \left(\frac{2}{z}\right)^{n+1/2} \Gamma(n + 1/2) \tag{15. C. 30}$$

式中：B_{2n}为展开系数。

$$\begin{cases} \left[F(s)\dfrac{d\alpha}{ds} - \dfrac{R_1(s_p)}{s - s_p}\right] = \displaystyle\sum_{n=0}^{\infty} B_{2n}s^{2n} + \sum_{n=1}^{\infty} B_{2n-1}s^{2n-1} \\ B_0 = A_0 + \dfrac{R_1(s_p)}{s_p} \\ B_n = A_n + \dfrac{R_1(s_p)}{s_p^{n+1}} \\ A_0 = \left[F(s)\dfrac{d\alpha}{ds}\right]_{s=0} \\ A_n = \dfrac{1}{n!}\dfrac{d^n}{ds^n}\left[F(s)\dfrac{d\alpha}{ds}\right]_{s=0} \end{cases} \tag{15. C. 31}$$

(b)极点位于原始廓线的上方(B 区域)(图 15. C. 1)。由类似的步骤可得：

$$I_0 = I_1 + j\pi R(s_p) \mathrm{erfc}\left(-j\sqrt{\frac{z}{2}} s_p\right) \tag{15. C. 32}$$

如果极点位于原始廓线的下方，则积分 I_0 由式(15. C. 29)计算得到；如果极点位于原始廓线的上方，则由式(15. C. 32)计算得到。

第 16 章

附　录

16. A　希尔伯特变换

希尔伯特(Bracewell)变换的定义如下：

$$F_h(t) = \frac{1}{\pi} ⨍_{-\infty}^{\infty} \frac{f(t')}{t'-t} \mathrm{d}t' \tag{16. A. 1}$$

式中:积分是柯西主值。它是$f(t')$与$(-1)/\pi t$的卷积积分。希尔伯特逆变换为

$$f(t) = -\frac{1}{\pi} ⨍_{-\infty}^{\infty} \frac{F_h(t')}{t'-t} \mathrm{d}t' \tag{16. A. 2}$$

为了证明这点,对式(16. A. 1)进行傅里叶变换。注意这是一个卷积积分,得到：

$$\overline{\boldsymbol{F}}_h(s) = \int F_h(t) \mathrm{e}^{-\mathrm{i}st} \mathrm{d}t = K(s)F(s) \tag{16. A. 3}$$

式中：

$$K(s) = -⨍_{-\infty}^{\infty} \frac{1}{\pi t} \mathrm{e}^{-\mathrm{i}st} \mathrm{d}t$$

$$F(s) = \int f(t) \mathrm{e}^{-\mathrm{i}st} \mathrm{d}t$$

$K(s)$的积分为柯西主值,则：

$$K(s) = \lim_{\varepsilon \to 0}\left(-\frac{1}{\pi}\right)\left(\int_{-\infty}^{-\varepsilon} + \int_{\varepsilon}^{\infty}\right)\frac{\mathrm{e}^{-\mathrm{i}st}}{t}\mathrm{d}t = \lim \frac{1}{\pi}\int_{\varepsilon}^{\infty} \frac{2\mathrm{i}\ \sin st}{t}\mathrm{d}t$$

注意到：

$$\int_0^{\infty} \frac{\sin x}{x} \mathrm{d}x = \frac{\pi}{2}$$

得到：

$$K(s) = -\int \frac{1}{\pi t} \mathrm{e}^{-\mathrm{i}st} \mathrm{d}t = \mathrm{i}\ \mathrm{sgn}(s) \tag{16. A. 4}$$

式中:如果$s>0$,则$\mathrm{sgn}(s)=1$;如果$s<0$,则$\mathrm{sgn}(s)=-1$。

进行逆变换,得到:

$$-\frac{1}{\pi t}=\frac{1}{2\pi}\int \mathrm{i}\ \mathrm{sgn}(s)\mathrm{e}^{ist}\mathrm{d}s \tag{16.A.5}$$

对式(16. A. 3)进行傅里叶逆变换,得到:

$$F_h(t)=\frac{1}{2\pi}\int \mathrm{i}\ \mathrm{sgn}(s)F(s)\mathrm{e}^{ist}\mathrm{d}s \tag{16.A.6}$$

由式(16. A. 3)和式(16. A. 4)得到:

$$f(t)=\frac{1}{2\pi}\int F(s)\mathrm{e}^{ist}\mathrm{d}s=\frac{1}{2\pi}\int[-\mathrm{i}\ \mathrm{sgn}(s)\ \overline{\boldsymbol{F}}_h(s)]\mathrm{e}^{ist}\mathrm{d}s \tag{16.A.7}$$

这与式(16. A. 6)的形式相同,则有

$$f(t)=-\frac{1}{\pi}\int\frac{F_h(t')}{t'-t}\mathrm{d}t' \tag{16.A.8}$$

16. B 利托夫近似

满足波动方程的波的场量 $U(\bar{\boldsymbol{r}})$:

$$(\nabla^2+k^2n^2)U=0 \tag{16.B.1}$$

令:

$$U(\bar{\boldsymbol{r}})=\exp[\Psi(\bar{\boldsymbol{r}})] \tag{16.B.2}$$

则得到 $\Psi(\bar{\boldsymbol{r}})$ 的黎卡提方程①:

$$\nabla^2\Psi+\nabla\Psi\cdot\nabla\Psi+k^2n^2=0 \tag{16.B.3}$$

当 $n=1$ 时:

$$\begin{cases}U_0=\exp(\Psi_0)\\ \nabla^2\Psi_0+\nabla\Psi_0\cdot\nabla\Psi_0+k^2=0\end{cases} \tag{16.B.4}$$

令:

$$\Psi=\Psi_0+\Psi' \tag{16.B.5}$$

从式(16. B. 3)中减去式(16. B. 4),得到:

$$\nabla^2\Psi'+2\nabla\Psi_0\cdot\nabla\Psi'=-[\nabla\Psi'\cdot\nabla\Psi'+k^2(n^2-1)] \tag{16.B.6}$$

使用如下等式:

$$\nabla^2[U_0\Psi']=[\nabla^2U_0]\Psi'+2U_0\nabla\Psi_0\cdot\nabla\Psi'+U_0\nabla^2\Psi'$$

则式(16. B. 6)的左侧变为

$$\frac{1}{U_0}[\nabla^2(U_0\Psi')+k^2U_0\Psi']$$

然后得到②:

$$(\nabla^2+k^2)(U_0\Psi')=[\nabla\Psi'\cdot\nabla\Psi'+k^2(n^2-1)]U_0 \tag{16.B.7}$$

可以使用格林函数 G 将其转换为积分方程:

---

① 译者注:根据上下文,将式(16. B. 3)中的 $\nabla^{2\Psi}$ 更正为 $\nabla^2\Psi$,式(16. B. 6)中 $\nabla^{2\Psi'}$ 更正为 $\nabla^2\Psi'$。

② 译者注:根据上下文,将式(16. B. 7)中的 $(U_{0\Psi'})$ 更正为 $U_0\Psi'$。

$$\Psi' = \frac{1}{U_0(\bar{\boldsymbol{r}})}\int G(\bar{\boldsymbol{r}} - \bar{\boldsymbol{r}}')[k^2(n^2 - 1) + \nabla\Psi' \cdot \nabla\Psi']U_0(\bar{\boldsymbol{r}}')\mathrm{d}V' \tag{16. B. 8}$$

令积分中的$\nabla\Psi' = 0$,得到 Ψ'的第一次迭代,这也被称为第一利托夫解,表示为

$$\begin{cases} U(\bar{\boldsymbol{r}}) = U_0(\bar{\boldsymbol{r}})\exp[\Psi_1(\bar{\boldsymbol{r}})] \\ \Psi_1(\bar{\boldsymbol{r}}) = \dfrac{1}{U_0(\bar{\boldsymbol{r}})}\int G(\bar{\boldsymbol{r}} - \bar{\boldsymbol{r}}')k^2(n^2 - 1)U_0(\bar{\boldsymbol{r}}')\mathrm{d}V' \end{cases} \tag{16. B. 9}$$

16. C　阿贝尔积分方程

第一类沃尔泰拉积分方程,即阿贝尔积分方程:

$$g(t) = \int_0^t \frac{f(\tau)}{(t-\tau)^{\alpha}}\mathrm{d}\tau, \text{当} 0 < \alpha < 1 \tag{16. C. 1}$$

式中:$g'(t)$是连续的。$g(t)$是关于 t 的已知函数,$f(\tau)$是待定的未知函数。下面将证明式(16. C. 1)的解为

$$f(\tau) = \frac{\sin\pi\alpha}{\pi}\frac{g(0)}{\tau^{1-\alpha}} + \frac{\sin\pi\alpha}{\pi}\int_0^{\tau}\frac{g'(t)}{(\tau - t)^{1-\alpha}}\mathrm{d}t \tag{16. C. 2}$$

此外还会证明:

$$\int_0^{\tau} f(\tau)\mathrm{d}\tau = \frac{\sin\pi\alpha}{\pi}\int_0^{\tau}\frac{g(t)}{(\tau - t)^{1-\alpha}}\mathrm{d}t \tag{16. C. 3}$$

首先注意到 $g(t)$是 $K(\tau)$和 $f(\tau)$的卷积积分。

$$g(t) = \int_0^t K(t-\tau)f(\tau)\mathrm{d}\tau \tag{16. C. 4}$$

式中:$K(\tau) = \tau^{-\alpha}$。

可以利用拉普拉斯变换来求解这个问题①:

$$\begin{cases} \bar{\boldsymbol{g}}(s) = \mathcal{L}g(t) \\ \bar{\boldsymbol{K}}(s) = \mathcal{L}K(t) \\ \bar{\boldsymbol{f}}(s) = \mathcal{L}f(t) \end{cases} \tag{16. C. 5}$$

则得到:

$$\bar{\boldsymbol{g}}(s) = \bar{\boldsymbol{K}}(s)\bar{\boldsymbol{f}}(s) \tag{16. C. 6}$$

因此得到:

$$f(t) = \mathcal{L}^{-1}\left[\frac{\bar{\boldsymbol{g}}(s)}{\bar{\boldsymbol{K}}(s)}\right]$$

拉普拉斯变换 $\bar{\boldsymbol{K}}(s)$为

$$\bar{\boldsymbol{K}}(s) = \mathcal{L}(\tau^{-\alpha}) = \frac{\Gamma(1-\alpha)}{s^{1-\alpha}}, \text{当} \alpha < 1 \tag{16. C. 7}$$

则得到:

---

① 译者注:根据原作者提供的更正说明,将式(16. C. 5)至(16. C. 11)中的"+"号和"$+^{-1}$"更正为$\mathcal{L}$和$\mathcal{L}^{-1}$。

$$f(t)=\mathcal{L}^{-1}\left[\frac{s^{1-\alpha}}{\Gamma(1-\alpha)}\bar{\boldsymbol{g}}(s)\right]=\frac{1}{\Gamma(1-\alpha)}\mathcal{L}^{-1}\left[\frac{1}{s^{\alpha}}s\bar{\boldsymbol{g}}(s)\right] \tag{16.C.8}$$

使用下式来计算式(16. C. 8)：

$$\begin{cases}\mathcal{L}^{-1}(s^{-\alpha})=\dfrac{t^{\alpha-1}}{\Gamma(\alpha)},\text{当 }\alpha>0,\\ \mathcal{L}^{-1}(s\bar{\boldsymbol{g}}(s))=g'(t)+\delta(t)g(0)\\ \dfrac{1}{\Gamma(1-\alpha)\Gamma(\alpha)}=\dfrac{\sin\pi\alpha}{\pi}\end{cases} \tag{16.C.9}$$

然后可以将式(16. C. 8)表示为如下卷积形式：

$$f(\tau)=\frac{\sin\pi\alpha}{\pi}\frac{g(0)}{\tau^{1-\alpha}}+\frac{\sin\pi\alpha}{\pi}\int_0^{\tau}\frac{g'(t)}{(\tau-t)^{1-\alpha}}\mathrm{d}t \tag{16.C.10}$$

为了证明式(16. C. 3)，对式(16. C. 8)积分并得到：

$$\int_0^{\tau}f(\tau)\,\mathrm{d}\tau=\frac{1}{\Gamma(1-\alpha)}\mathcal{L}^{-1}\left[\frac{1}{s^{\alpha}}\bar{\boldsymbol{g}}(s)\right] \tag{16.C.11}$$

因此，式(16. C. 11)由式(16. C. 3)的卷积积分计算得到。

第23章

附　录

23. A　复高斯变量、循环和矩定理

在大多数传播和散射问题中,我们讨论的都是复随机变量。假设这些复变量是高斯变量的。尽管实高斯变量已广为人知并已定义(Davenport,Root,1958),但没有对复高斯变量的特征进行仔细说明。通常,复高斯变量用协方差矩阵表示。

下面讨论复变随机函数 u,其平均值为 $\langle u\rangle$ 波动为 v。

$$\begin{cases} u=\langle u\rangle+v \\ \langle v\rangle=0 \end{cases} \tag{23. A. 1}$$

波动的协方差 C 为

$$C=\langle v_1 v_2^*\rangle \tag{23. A. 2}$$

然而,协方差不能完全描述 v 的性质,需要另一个变量 C_p:

$$C_p=\langle v_1 v_2\rangle \tag{23. A. 3}$$

C_p 为伪协方差。在许多问题中很少引入函数 C_p,通常被假设为零。伪协方差消失的过程被称为"proper"或"circular"(Goodman,1985;Neeser,1993;Ollida,2008;Picinbono,1996)。

如果复高斯零均值平稳过程是循环的,则:

$$\begin{cases} \langle v_1 v_2^*\rangle\neq 0 \\ \langle v_1 v_2\rangle=0 \end{cases} \tag{23. A. 4}$$

对于这个过程提出了一个一般矩定理(Reed,1962)。实高斯零均值过程 z 的矩定理是众所周知的(Middleton,1960)。

$$\langle z_1 z_2 z_3 z_4\rangle=\langle z_1 z_2\rangle\langle z_3 z_4\rangle+\langle z_2 z_3\rangle\langle z_1 z_4\rangle+\langle z_1 z_3\rangle\langle z_2 z_4\rangle \tag{23. A. 5}$$

对于复高斯函数,零均值过程 v 为

$$\langle v_1 v_2 v_3^* v_4^*\rangle=\langle v_1 v_3^*\rangle\langle v_2 v_4^*\rangle+\langle v_1 v_4^*\rangle\langle v_2 v_3^*\rangle \tag{23. A. 6}$$

需要注意到:

$$\begin{cases} \langle (v_1 v_2^*)^n \rangle = n! \ (\langle v_1 v_2^* \rangle)^n \\ \langle |v|^{2n} \rangle = n! \ (\langle |v|^2 \rangle)^n \end{cases} \tag{23. A. 7}$$

此外，$\langle v_1 v_2 \rangle = 0$，$\langle v_1 v_2 v_3^* \rangle = 0$。

利用式(23. A. 6)和式(23. A. 7)得到：

$$\begin{cases} \langle u_1 u_2 u_3^* u_4^* \rangle = \langle u_1 u_3^* \rangle \langle u_2 u_4^* \rangle + \langle u_1 u_4^* \rangle \langle u_2 u_3^* \rangle - \langle u_1 \rangle \langle u_2 \rangle \langle u_3^* \rangle \langle u_4^* \rangle \\ \langle u_1^2 u_2^{*2} \rangle = 2 \langle u_1 u_2^* \rangle^2 - \langle u_1 \rangle^2 \langle u_2^* \rangle^2 \\ \langle I^2 \rangle = 2 \langle I \rangle^2 - |\langle u \rangle|^4 \\ \langle I \rangle = \langle u \rangle \langle u^* \rangle + \langle vv^* \rangle, I = uu^* \\ \langle u_1 u_2 \rangle = \langle u_1 \rangle \langle u_2 \rangle \end{cases} \tag{23. A. 8}$$

值得注意的是，虽然循环高斯假设很有用，但它并不准确，因为假设$\langle v_1 v_2 \rangle = 0$。

第 26 章

附　录

26. A　弹性固体中的波传播与瑞利面波

Achenbach(1980)、Redwood(1960)和 Brekhovskikh(1970)提出了均匀各向同性介质的线性化弹性理论方程。在此,我们总结了直角坐标系中的方程。

波在地球等弹性固体中的传播可以用压力波(P 波,纵波)的标量势 ϕ 和代表剪切波(S 波,横波)的矢量势 $\hat{\boldsymbol{\psi}}$ 来表示。这两个势满足波动方程:

$$\begin{cases} \nabla^2 \phi = \dfrac{1}{c_p^2} \dfrac{\partial^2}{\partial t^2} \phi \\ \nabla^2 \hat{\boldsymbol{\psi}} = \dfrac{1}{c_s^2} \dfrac{\partial^2}{\partial t^2} \hat{\boldsymbol{\psi}} \end{cases} \tag{26. A. 1}$$

式中:

$$\text{压力波速度 } c_p = \left[\frac{\lambda + 2\mu}{\rho}\right]^{1/2}$$

$$\text{横波速度 } c_s = \left[\frac{\mu}{\rho}\right]^{1/2}$$

式中:λ 和 μ 为拉梅常量(N/m^2),ρ 为密度(kg/m^3)。显然 $c_p > c_s$。

注意,在流体中,$\mu = 0$,只可能出现 P 波。位移矢量 $\bar{\boldsymbol{u}}$ 可以用 ϕ 和 $\hat{\boldsymbol{\psi}}$ 来表示。

$$\begin{aligned} \bar{\boldsymbol{u}} &= u\,\hat{\boldsymbol{x}} + v\,\hat{\boldsymbol{y}} + w\,\hat{\boldsymbol{z}} \\ &= \nabla\phi + \nabla \times \hat{\boldsymbol{\psi}} \end{aligned} \tag{26. A. 2}$$

应力张量 τ 与应变张量 ε 相关,可以用 ϕ 和 $\hat{\boldsymbol{\psi}}$ 来表示。用 ϕ 和 $\hat{\boldsymbol{\psi}}$ 表示位移矢量 $\bar{\boldsymbol{u}}$。

$$\begin{cases} u = \dfrac{\partial\phi}{\partial x} + \dfrac{\partial\psi_z}{\partial y} - \dfrac{\partial\psi_y}{\partial z} \\ v = \dfrac{\partial\phi}{\partial y} - \dfrac{\partial\psi_z}{\partial x} + \dfrac{\partial\psi_x}{\partial z} \\ w = \dfrac{\partial\phi}{\partial z} + \dfrac{\partial\psi_y}{\partial x} - \dfrac{\partial\psi_x}{\partial y} \end{cases} \tag{26. A. 3}$$

应力张量 τ 可以用 ϕ 和 $\hat{\boldsymbol{\psi}}$ 表示。

$$\begin{cases}\tau_x = \lambda\,\nabla^2\phi + 2\mu\left[\dfrac{\partial^2\phi}{\partial x^2} + \dfrac{\partial}{\partial x}\left(\dfrac{\partial\psi_z}{\partial y} - \dfrac{\partial\psi_y}{\partial z}\right)\right] \\ \tau_y = \lambda\,\nabla^2\phi + 2\mu\left[\dfrac{\partial^2\phi}{\partial y^2} - \dfrac{\partial}{\partial y}\left(\dfrac{\partial\psi_z}{\partial x} - \dfrac{\partial\psi_x}{\partial z}\right)\right] \\ \tau_z = \lambda\,\nabla^2\phi + 2\mu\left[\dfrac{\partial^2\phi}{\partial z^2} + \dfrac{\partial}{\partial z}\left(\dfrac{\partial\psi_y}{\partial x} - \dfrac{\partial\psi_x}{\partial y}\right)\right] \\ \tau_{xy} = \tau_{yx} = \mu\left[\dfrac{2\partial^2\phi}{\partial x\partial y} + \dfrac{\partial}{\partial y}\left(\dfrac{\partial\psi_z}{\partial y} - \dfrac{\partial\psi_y}{\partial z}\right) - \dfrac{\partial}{\partial x}\left(\dfrac{\partial\psi_z}{\partial x} - \dfrac{\partial\psi_x}{\partial z}\right)\right] \\ \tau_{yz} = \tau_{zy} = \mu\left[\dfrac{2\partial^2\phi}{\partial y\partial z} - \dfrac{\partial}{\partial z}\left(\dfrac{\partial\psi_z}{\partial x} - \dfrac{\partial\psi_x}{\partial z}\right) + \dfrac{\partial}{\partial y}\left(\dfrac{\partial\psi_y}{\partial x} - \dfrac{\partial\psi_x}{\partial y}\right)\right] \\ \tau_{zx} = \tau_{xz} = \mu\left[\dfrac{2\partial^2\phi}{\partial x\partial z} + \dfrac{\partial}{\partial z}\left(\dfrac{\partial\psi_z}{\partial y} - \dfrac{\partial\psi_y}{\partial z}\right) + \dfrac{\partial}{\partial x}\left(\dfrac{\partial\psi_y}{\partial x} - \dfrac{\partial\psi_x}{\partial y}\right)\right]\end{cases} \tag{26. A. 4}$$

现在讨论两种介质之间的边界条件。

(1)流体－流体界面

(a)压力连续;

(b)法向位移连续 (26. A. 5)

(2)流体－真空界面

(a)压力 =0 (26. A. 6)

(3)流体－刚性壁界面

(a)法向速度 =0 (26. A. 7)

这些都是众所周知的边界条件,本章已经讨论过流体－流体界面的声波传播(2.12 节)。对于与固体的界面,我们需要考虑位移和应力。

1. 固体－固体界面

(1)所有位移连续(法向位移和切向位移)

(2)所有应力连续(法向应力 τ_{zz} 和切向应力 τ_{xz}、τ_{yz}) (26. A. 8)

2. 固体－液体界面

(1)切向应力 =0。

(2)应力的法向分量连续。 (26. A. 9)

(3)应力位移的法向分量连续。

3. 固体－真空界面

(1)法向应力 =0($\tau_{zz}=0$)。

(2)切向应力 =0($\tau_{xz}=\tau_{yz}=0$)。 (26. A. 10)

这里使用了图 26. B. 1 所示的直角坐标系。

26. B 二维情况及瑞利面波

对于二维情况($\partial/\partial y=0$),y 方向上不存在位移。因此,$v=0$,$\psi_x=\psi_z=0$。

沿固体－真空界面可能存在表面波,这被称为瑞利面波,如图 26. B. 1 所示。边界条件见式(26. A. 10)。在 $z=0$ 处有:

$$\begin{cases}\tau_z=\lambda\ \nabla^2\phi+2\mu\left[\dfrac{\partial^2\phi}{\partial z^2}+\dfrac{\partial}{\partial z}\dfrac{\partial}{\partial x}\psi_y\right]=0\\ \tau_{zx}=\tau_{xz}=\mu\left[\dfrac{2\partial^2\phi}{\partial x\partial z}-\dfrac{\partial^2}{\partial z^2}\psi_y+\dfrac{\partial^2}{\partial x^2}\psi_y\right]=0\end{cases}\tag{26. B. 1}$$

将 ϕ 和 ψ_y 用如下形式进行表示:

$$\begin{cases}\phi=A\exp[\mathrm{i}k_lz+\mathrm{i}k_xx]\\ \psi_y=B\exp[\mathrm{i}k_tz+\mathrm{i}k_xx]\end{cases}\tag{26. B. 2}$$

式中:

$$k_t^2=k_s^2-k_x^2$$
$$k_l^2=k_p^2-k_x^2$$

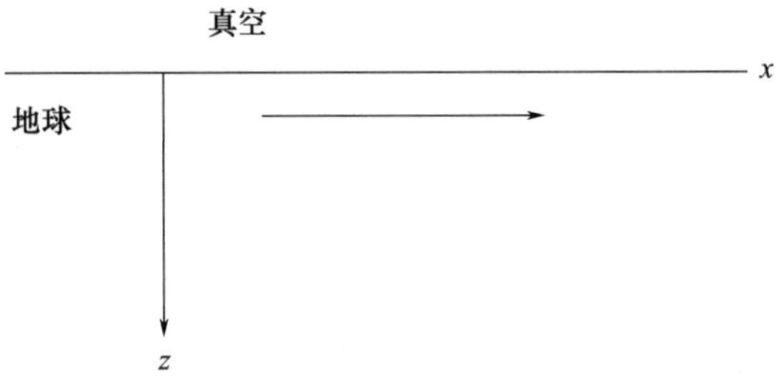

图 26. B. 1 瑞利面波($\partial/\partial y=0$)

注意,如果速度 c_p,c_s,c_r 满足以下条件,则存在瑞利面波:

$$c_p>c_s>c_r\tag{26. B. 3}$$

式中:$k_p=\dfrac{\omega}{c_p},k_s=\dfrac{\omega}{c_s},k_x=\dfrac{\omega}{c_r}$为压力波(P 波),剪切波(S 波)和瑞利面波的波数。

由式(26. B. 3)得到:

$$k_p<k_s<k_r\tag{26. B. 4}$$

因此,式(26. B. 2)中的 k_t^2、k_l^2 是负的,且 k_t、k_l 为虚数。

瑞利面波在远离表面的地方呈指数级衰减,

$$\begin{cases}\mathrm{e}^{\mathrm{i}k_lz}=\mathrm{e}^{-\alpha_lz}\\ \mathrm{e}^{\mathrm{i}k_tz}=\mathrm{e}^{-\alpha_tz}\end{cases}\tag{26. B. 5}$$

将式(26. B. 2)代入式(26. B. 1),得到:

$$\begin{cases}\alpha A+\beta B=0\\ \delta A+\gamma B=0\end{cases}\tag{26. B. 6}$$

式中：

$$
\begin{aligned}
\alpha &= \lambda(-k_p^2) + 2\mu(-k_l^2) \\
&= -\mu(k_s^2 - 2k_x^2) \\
\beta &= -2\mu k_t k_x \\
\delta &= 2\mu[-k_x k_l] \\
\gamma &= \mu[k_s^2 - 2k_x^2]
\end{aligned}
$$

为了得到常数 α、β、δ 和 γ，有

$$(\lambda + 2\mu)k_p^2 = \mu k_s^2 \tag{26. B. 7}$$

如果系数的行列式为零，则得到式(26. B. 6)的非零解：

$$\begin{vmatrix} \alpha & \beta \\ \delta & \gamma \end{vmatrix} = 0 \tag{26. B. 8}$$

由此，可以得到瑞利波相速度的计算公式：

$$\left(2 - \frac{c_r^2}{c_s^2}\right)^2 - 4\left(1 - \frac{c_r^2}{c_s^2}\right)^{1/2}\left(1 - \frac{c_r^2}{c_p^2}\right)^{1/2} = 0 \tag{26. B. 9}$$

需要注意到，c_r 为瑞利波速度，c_s 和 c_p 分别是式(26. A. 1)中横波和压力波的速度。该频率没有出现在式(26. B. 9)中，因此，瑞利面波是非色散的。

参考文献

Abarbanel, H. D. I. (1980). Scattering from a random surface. *J. Acoust. Soc. Am.*, 68, 1459 – 1466.

Abramowitz, M., and I. A. Stegun, eds. (1964). *Handbook of Mathematical Functions.* Washington, D. C.: U. S. Government Printing Office.

Achenbach, J. D. (1960). *Wave Propagation in Elastic Solids.* North – Holland Publishing.

Adler, P. M. (1996). Transports in fractal porous media. J. *Hydrol.*, 187, 195 – 213.

Agrawal, G. P. (1989). *Nonlinear Fiber Optics.* New York: Academic Press.

Andersen, J. B. (2000). Antenna arrays in mobile communications: gain, diversity, and channel capacity. *IEEE Antenna Propagat. Mag.*, 42(2), 12 – 16.

Andersen, J. B. (2000). Array gain and capacity for known random channels with multiple element arrays at both ends. *IEEE J. Sel. Areas Commun.*, 18(11), 2172 – 2178.

Anderson, P. W. (1958). Absence of diffusion in certain random lattices. *Phys. Rev.*, 109, 1492 – 1505.

Anderson, P. W. (1985). The questions of classical localization, a theory of white paint? *Philos Mag. B*, 52(3), 505 – 509.

Arii, M., J. J. van Zyl, and Y. Kim. (2010). A general characterization for polarimetric scattering from vegetation canopies. *IEEE Trans. Geosci. Remote Sens.*, 48(9), 3349 – 3357.

Arvas, E., and R. F. Harrington. (1983). Computation of the magnetic polarizabilityof conducting disks and the electric polarizability of apertures. *IEEE Trans. Antennas Propag.*, 31(5), 719 – 724.

Atkins, P. R., W. C. Chew, M. Li, L. E. Sun, Z. – H. Ma, and L. J. Jiang. (2014). Casimir force for complex objects using domain decomposition technique. *Prog. Electromagn. Res.*, 149, 275 – 280.

Ayappa, K. G., H. T. Davis, E. A. Davis, and J. Gordon. (1991). Analysis of microwave heating of materials with temperature – dependent properties. *AIChE J.*, 37(3), 313 – 322.

Bahl, I. J., and P. Bhartia. (1980). *Microstrip Antennas.* Dedham, MA: Artech House.

Baker, C. J., H. D. Griffiths, and I. Papoutsis. (2005). Passive coherent location radar systems. Part 2: Waveform properties. *IEE Proc. Radar Sonar Navig.*, 152(3), 160 – 168.

Balanis, C. A. (1982). *Antenna Theory.* New York: Harper & Row.

Balanis, C. A. (1989). *Advanced Engineering Electromagnetics.* New York: Wiley.

Banos, A., Jr. (1966). *Dipole Radiation in the Presence of a Conducting Half – Space.* Oxford: Pergamon Press.

Bass, F. G., and I. M. Fuks. (1979). *Wave Scattering from Statistically Rough Surfaces.* Oxford: Pergamon Press.

Bassiri, S., C. H. Papas, and N. Engheta. (1988). Electromagnetic wave propagation through a dielectric – chiral interface and through a chiral slab. *J. Opt. Soc. Am.*, *A*, 5(9), 1450 – 1459.

Baum, C. E. (1976). Emerging technology for transient and broad – band analysis and synthesis of antennas and scatterers. *Proc. IEEE*, 64(11), 1598 – 1616.

Beilis, A., and F. D. Tappert. (1979). Coupled mode analysis of multiple rough surface scattering. *J. Acoust*, *Soc. Amer.*, 66(3), 811 – 826.

Blaunstein, N., and C. Christodoulou. (2007). *Radio Propagation and Adaptive Antennas for Wireless Communication Links*. New York: John Wiley.

Boas, D. A., M. A. O' Leary, B. Chance, and A. G. Yodh. (1994). Scattering of diffuse photon density waves by spherical inhomogeneities within turbid media: analytic solution and applications. *Proc. Natl. Acad. Sci. USA*, 91 (11), 4887 – 4891.

Boerner, W. – M., ed. (1985). Inverse methods in electromagnetic imaging. In: *NATO – ASI Series C: Mathematical and Physical Sciences*. Dordrecht, The Netherlands: D. Reidel.

Boerner, W. M. (2003). Recent advances in extra – wide – band polarimetry, interferometry and polarimetric interferometry in synthetic aperture remote sensing and its applications. *IEE Proc. Radar Sonar Navig.*, 150 (3), 113 – 124.

Bojarski, N. N. (1982a). A survey of the near – field far – field inverse scattering inverse source integral equation. *IEEE Trans. Antennas Propag.*, 30, 975 – 979.

Bojarski, N. N. (1982b). A survey of the physical optics inverse scattering identity. *IEEE Trans. Antennas Propag.*, 30(5), 980 – 989.

Booker, H. G., and W. E. Gordon. (1950). A theory of radio scattering in the troposphere. *Proc. IRE*, 38, 401 – 412.

Borcea, L., G. Papanicolaou, C. Tsogka, and J. Berryman. (2002). Imaging and time reversal in random media. *Inverse Problems*, 18(5), 1247 – 1279.

Born, M., and E. Wolf. (1964). *Principles of Optics*. Cambridge: University Press.

Bowman, J. J., T. B. A. Senior, and P. L. E. Uslenghi. (1969). *Electromagnetic and Acoustic Scattering by Simple Shapes*. Amsterdam: North – Holland.

Braunish, H., C. O. Ao, K. O' neill, and J. A. Kong. (2001). Magnetoquasistatic response of conducting and permeable spheroid under axial excitation. *IEEE Trans. Geosci. Remote Sens.*, 39, 2689 – 2701.

Brebbia, C. A., J. C. F. Telles, and L. C. Wrobel. (1984). *Boundary Element Techniques*. New York: Springer – Verlag. Brekhovskikh, L. M. (1960). *Waves in Layered Media*. New York: Academic Press.

Bremmer, H. (1949). *Terrestrial Radio Waves*. Amsterdam: Elsevier.

Bringi, V. N., and V. Chandrasekar. (2001). *Polarimetric Doppler Weather Radar: Principles and Applications*. New York: Cambridge University Press.

Brookner, E., ed. (1977). *Radar Technology*. Dedham, MA: Artech House.

Brovelli, A., and G. Cassiani. (2010). A combination of the Hashin – Shtrikman bounds aimed at modeling electrical conductivity and permittivity of variably saturated porous media. *Geophysical Journal International*, 180 (1), 225 – 237.

Butler, C. M., and D. R. Wilton. (1980). General analysis of narrow strips and slots. *IEEE Trans. Antennas Propag.*, S28(1), 42 – 48.

Butler, C. M., D. R. Wilton, Y. Rahamt – Samii, and R. Mittra. (1978). Electromagnetic penetration through apertures in conducting surfaces. *IEEE Trans. Antennas Propag.*, 26(1), 82 – 93.

Caloz, C., and T. Itoh. (2006). *Electromagnetic Metamaterials: Transmission Line Theory and Microwave Applications*. New York: Wiley Interscience.

Capon, J. (1969). High – resolution frequency – wavenumber spectrum analysis. *Proc. IEEE*, 57(8), 1408 – 1418.

Carcione, J. M., and G. Seriani. (2000). An electromagnetic modeling tool for the detection of hydrocarbons in the subsoil. *Geophysical Prospecting*, 48(2), 231 – 256.

Chan, A. K., R. A. Sigelmann, A. W. Guy, and J. F. Lehmann. (1973). Calculation by the method of finite differences of the temperature distribution in layered tissues. *IEEE Trans. Biomed. Eng.*, BME – 20(2), 86 – 90.

Chandrasekhar, S. (1960). *Radiative Transfer*. New York: Dover. Reprint of the Oxford University Press, Oxford, 1950 edition.

Chen, P. – Y., and A. Alu. (2011). Atomically thin surface cloak using graphene monolayers. *ACS Nano*, 5(7), 5855 – 5863.

Chen, P. – Y., and A. Alu. (2013). Terahertz metamaterial devices based on graphene nanostructures. *IEEE Trans. Terahertz Sci. Technol.*, 3(6), 748.

Chen, Y., and D. Or. (2006). Geometrical factors and interfacial processes affecting complex dielectric permittivity of partially saturated porous media *Water Resources Research*, 42 (6), WO6423. DOI: 1029 2005 WR004714.

Chen, X. D., and X. Peng. (2005). Modified Biot number in the context of air drying of small moist porous objects. *Dry. Technol.*, 23(1 – 2), 83 – 103.

Cheng, D. K. (1983). *Field and Wave Electromagnetics*. Reading, MA: Addison – Wesley.

Cheong, W., S. A. Prahl, and A. J. Welch. (1990). A review of the optical properties of biological tissues. *IEEE J. Quant. Electron.*, 26(12), 2166 – 2185.

Cheung, R. L. – T., and A. Ishimaru. (1982). Transmission, backscattering, and depolarization of waves in randomly distributed spherical particles. *Appl. Opt.*, 21(20), 3792 – 3798.

Chizhik, D., G. J. Foschini, M. J. Gans, and R. A. Valenzuela. (2002). Keyholes, correlations, and capacities of multielement transmit and receive antennas. *IEEE Trans. Wirel. Commun.*, 1, 361 – 368.

Cloude, S. R. (1985). Target decomposition theories in radar scattering. *Electron. Lett.*, 21, 22 – 24.

Cloude, S. R. (2009). *Polarization: Applications in Remote Sensing*. Oxford, UK: Oxford University Press.

Cloude, S. R., and E. Pottier. (1996). A review of target decomposition theorems in radar polarimetry. *IEEE Trans. Geosci. Remote Sens.*, 34(2), 498 – 518.

Cohen, J., and N. Bleistein. (1979). A velocity inversion procedure for acoustic waves. *Geo – physics*, 44(6), 1077 – 1087.

Collin, R. E. (1966). *Field Theory of Guided Waves*. New York: McGraw – Hill.

Collin, R. E., and F. J. Zucker, eds. (1969). *Antenna Theory*. New York: McGraw – Hill.

Corbella, I., N. Duffo, M. Vall – Llossera, A. Camps, and F. Torres. (2004). The visibility function in interferometric aperture synthesis radiometry. *IEEE Trans. Geosci. Remote Sens.*, 42(8), 1677 – 1682.

de Hoop, A. T. (1960). A modification of Cagniard' s method for solving seismic pulse problems. *Applied Scientific Research, Section B*, 8(1), 349 – 356.

de Hoop, A. T., and Jos H. M. T. van der Hijden. (1985). Seismic waves generated by an impulsive point source in a solid/fluid configuration with a plane boundary. *Geophysics*, 50(7), 1083 – 1090.

Dehong, L., J. Krolik, and L. Carin. (2007). Electromagnetic target detection in uncertain media: time – reversal and minimum – variance algorithms. *IEEE Trans. Antennas Propag.* 45(4), 934 – 944.

DeSanto, J. A., and G. S. Brown. (1986). Analytical techniques for multiple scattering from rough surfaces. In: *Progress in Optics XXIII*, ed. E. Wolf. Elsevier Science Publishers.

Deschamps, B. V., G. A., J. Boersma, and S. – W. Lee. (1984). Three – dimensional half – plane diffraction: exact solution and testing of uniform theories. *IEEE Trans. Antennas Propag.*, 32(3), 264 – 271.

Devaney, A. J. (1982). A filtered back propagation algorithm for diffraction tomography. *Ultrason. Imaging*, 4 (4), 336 – 350.

Devaney, A. J. (2005). Time reversal imaging of obscured targets from multistatic data. *IEEE Trans. Antennas Propag.*, 53(5), 1600 – 1610.

Devaney, A. J. (2012). *Mathematical Foundations of Imaging, Tomography and Wavefield Inversion.* Cambridge, UK: Cambridge University Press.

Devaney, A. J., E. A. Marengo, and F. K. Gruber. (2005). Time – reversal – based imaging and inverse scattering of multiply scattering point targets. *J. Acoust. Soc. Am.* 118(5), 3129 – 3138.

Devaney, A. J., and R. P. Porter. (1985). Holography and the inverse source problem: part II. *J. Opt. Soc. Am.*, *A*, 2(11), 2006 – 2011.

Dodd, R. K., J. C. Eilbeck, J. D. Gibbon, and H. C. Morris. (1982). *Solitons and Nonlinear Wave Equations.* New York: Academic Press.

Donohue, J., and J. R. Kuttler. (2000). Propagation modeling over terrain using the parabolic wave equation. *IEEE Trans. Antennas Propag.*, 48, 260 – 277.

Doviak, R. J., and D. S. Zrnic'. (1984). *Doppler Radar and Weather Observations.* New York: Academic press.

Dyson, F. (1993). George Green and physics. *Phys. World*, 6(8), 33.

Eleftheriades, G. V., and K. G. Balmain. (2005). *Negative Refraction Metamaterials: Fundamental Principles and Applications.* New York: John Wiley & Sons.

Elliott, R. S. (1966). *Electromagnetics.* New York: McGraw – Hill.

Elliott, R. S. (1981). *Antenna Theory and Design.* Englewood Cliffs, NJ: Prentice – Hall.

Engheta, N., and R. W. Ziolkowski, eds. (2006). *Metamaterials Physics and Engineering Explanations.* New York: John Wiley & Sons.

Falconer, K. (1990). *Fractal Geometry. Mathematical Foundations and Applications.* John Wiley & Sons.

Felsen, L. B. (1976). Transient electromagnetic fields. In: *Topics in Applied Physics*, Vol. 10. New York: Springer.

Felsen, L. B., and N. Marcuvitz. (1973). *Radiation and Scattering of Waves.* Englewood Cliffs, NJ: Prentice – Hall.

Feng, S., C. Kane, P. Lee, and A. D. Stone. (1988). Correlations and fluctuations of coherent wave transmission through disordered media. *Phys. Rev. Lett.*, 61(7), 834 – 837.

Feng, S. and P. N. Sen. (1985). Geometrical model of conductive and dielectric properties of partially saturated rocks. *J. Appl. Phys*, 58(8), 3236 – 3243.

Fink, M. (1997). Time reversed acoustics. *Phys. Today*, 50(3), 34 – 40.

Fink, M., D. Cassereau, A. Derode, C. Prada, P. Roux, M. Tanter, J. Thomas, and F. Wu. (2000). Time – reversed acoustics. *Rep. Prog. Phys.*, 63, 1933 – 1995.

Finlayson, B. A. (1972). *The Method of Weighted Residuals and Variational Principles.* New York: Academic Press. Flinn, E. A., and C. H. Dix. (1962). *Reflection and Refraction of Progressive Seismic Waves.* McGraw – Hill.

Foschini, G. J., and M. J. Gans. (1998). On limits of wireless communications in a fading environment when using multiple antennas. *Wireless Personal Communications*, 6(3), 311 – 335.

Freeman, A., and S. L. Durden. (1998). A three – component scattering model for polarimetric SAR data. *IEEE Trans. Geosci. Remote Sens.*, 36(3), 963 – 973.

Frisch, V. (1968). Wave propagation in random medium. In: *Probabilistic Methods in Applied Mathematics*, ed. A. T. Bharucha – Reid. New York: Academic Press.

Fujimoto, J. G. (2001). Optical coherence tomography. *C. R. Acad. Sci. Paris*, t. 2, Se'rie IV, 1099 – 1111.

Fung, A. K. (1994). *Microwave Scattering and Emission Models and Their Applications.* Boston, MA: Artech House.

Gabriele, M. L., G. Wollstein, H. Ishikawa, L. Kagemann, J. Xu, L. S. Folio, and J. S. Schuman. (2011). Optical coherence tomography: history, current status, and laboratory work. *Invest. Ophthalmol. Vis. Sci.*, 52(5), 2425 – 2436.

Gao, G., A. Abubakar, and T. M. Habashy. (2012). Joint petrophysical inversion of electromagnetic and full – waveform seismic data. *Geophysics*, 77(3), WA 3 – WA 18.

Ghoshal, U. S., and L. N. Smith. (1988). Skin effects in narrow copper microstrip at 77K. *IEEE Trans. Microwave Theory Tech.*, 36(12), 1788 – 1795.

Goldstein, H. (1981). *Classical Mechanics.* Reading, MA: Addison – Wesley Publishing Company.

Goodman, J. W. (1985). *Statistical Optics.* New York: John Wiley & Sons.

Gradshteyn, I. S., and I. M. Ryzhik. (1965). *Tables of Integrals, Series, and Products.* New York: Academic Press.

Green, G. (1828, March). *An Essay on the Application of Mathematical Analysis to the Theories of Electricity and Magnetism.* Sneinton near Nottingham.

Griffiths, H. D., and C. J. Baker. (2005). Passive coherent location radar systems. Part 1: performance prediction. *IEE Proc. – Radar Sonar Navig.*, 152(3), 153 – 159.

Hansen, R. C. (1966). *Microwave Scanning Antennas*, Vols. 1, 2, and 3. New York: Academic Press.

Hansen, R. C., ed. (1981). *Geometric Theory of Diffraction.* New York: IEEE Press.

Hardy, A., and W. Streifer. (1986). Coupled mode solutions of multiwaveguide systems. *IEEE J. Quantum Electron*, 22(4), 528 – 534.

Hardy, W. H., and L. A. Whitehead. (1981). Split – ring resonator for use in magnetic resonance from 20 – 2000 MHz. *Rev. Sci. Instrum.*, 52, 213 – 216.

Harrington, R. F. (1961). *Time – Harmonic Electromagnetic Fields.* New York: McGraw – Hill. Harrington, R. F. (1968). *Field Computation by Moment Methods. New York*: Macmillan.

Hasegawa, A. (1989). *Optical Solitons in Fibers.* New York: Springer – Verlag.

Herman, G. T. (1979). Image reconstruction from projections. In: *Topics in Applied Physics*, Vol. 32. Berlin: Springer – Verlag.

Huang, D., E. A. Swanson, C. P. Lin, J. S. Schuman, W. G. Stinson, W. Chang, M. R. Hee, T. Flotte, K. Gregory, C. A. Puliafito, and J. G. Fujimoto. (1991). Optical coherence tomography. *Science*, 254(5035), 1178 – 1181.

Huynen, J. R. (1978). Phenomenological theory of radar targets. In: *Electromagnetic Scattering*, ed. P. L. E. Uslenghi. New York: Academic Press.

Ikuno, H., and K. Yasuura. (1978). Numerical calculation of the scattered field from a periodic deformed cylinder using the smoothing process on the mode – matching method. *Radio Sci.*, 13(6), 937 – 946.

Ishimaru, A. (1978). Diffusion of a pulse in densely distributed scatterers. *J. Opt. Soc. Am.*, 68(8), 1045 – 1049.

Ishimaru, A. (1979). Pulse propagation, scattering, and diffusion in scatterers and turbulence. *Radio Sci.*, 14(2), 269 – 276.

Ishimaru, A. (1991). Backscattering enhancement: from radar cross sections to electron and light localizations to rough surface scattering. *IEEE Trans. Antennas Propag.*, 33(5), 7 – 11.

Ishimaru, A. (1997). *Wave Propagation and Scattering in Random Media.* Piscataway, NJ: Wiley – IEEE Press.

Ishimaru, A. (2001). Acoustical and optical scattering and imaging of tissues: an overview. *Proc. SPIE* 4325, Medical Imaging. DOI: 10.1117/12.428184.

Ishimaru, A., S. Jaruwatanadilok, and Y. Kuga. (2001). Polarized pulse waves in random discrete scatterers. *Appl. Opt.*, 40(30), 5495 – 5502.

Ishimaru, A., S. Jaruwatanadilok, and Y. Kuga. (2004). Multiple scattering effects on the radar cross section

(RCS) of objects in a random medium including backscattering enhancement and shower curtain effects. *Waves Random Media*, 14(4), 499 – 511.

Ishimaru, A., S. Jaruwatanadilok, and Y. Kuga. (2007). Time reversal effects in random scattering media on superresolution, shower curtain effects, and backscattering enhancement. *Radio Sci.*, 42(6), 1 – 9.

Ishimaru, A., S. Jaruwatanadilok, and Y. Kuga. (2007). Imaging of a target through random media using a short – pulse focused beam. *IEEE Trans. Antennas Propag.*, 55(6), 1622 – 1629.

Ishimaru, A., S. Jaruwatanadilok, and Y. Kuga. (2012). Imaging through random multiple scattering media using integration of propagation and array signal processing. *Waves in Random and Complex Media*, 22(2), 24 – 39.

Ishimaru, A., S. Jaruwatanadilok, J. A. Ritcey, and Y. Kuga. (2010). A MIMO propagation channel model in a random medium. *IEEE Trans. Antennas Propag.*, 58(1), 178 – 186.

Ishimaru, A., Y. Kuga, and J. Liu. (1999). Ionospheric effects on synthetic aperture radar at 100 MHz to 2 GHz. *Radio Sci.*, 34(1), 257 – 268.

Ishimaru, A., Y. Kuga, J. Liu, Y. Kim, and T. Freeman. (1999). Ionospheric effects on synthetic aperture radar at 100 MHz to 2 GHz. *Radio Sci.*, 34(1), 257 – 268.

Ishimaru, A., C. Le, Y. Kuga, L. Ailes – Sengers, and T. K. Chan. (1996). Polarimetric scattering theory for high slope rough surfaces. In: *Progress in Electromagnetic Research.* Cambridge, MA: Elsevier Science Publication.

Ishimaru, A., S. – W. Lee, Y. Kuga, and V. Jandhyala. (2003). Generalized constitutive relations for metamaterials based on the quasi static Lorentz theory. *IEEE Trans. Antennas Propag.*, 51(10), 2550 – 2557.

Ishimaru, A., J. D. Rockway, Y. Kuga, and S. – W. Lee. (2000). Sommerfeld and Zenneck wave propagation for a finitely conducting one – dimensional rough surfaces. *IEEE Trans. Antennas Propag.*, 48(9), 1475 – 1484.

Ishimaru, A., J. R. Thomas, and S. Jaruwatanadilok. (2005). Electromagnetic waves over half – space metamaterials of arbitrary permittivity and permeability. *IEEE Trans. Antennas Propag.*, 53(3), 915 – 921.

Ishimaru, A., and C. W. Yeh. (1984). Matrix representations of the vector radiativetransfer theory for randomly distributed nonspherical particles. *J. Opt. Soc. Am. A*, 1(4), 359 – 364.

Ishimaru, A., C. Zhang, M. Stoneback, and Y. Kuga. (2013). Time reversal imaging of objects near rough surfaces based on surface flattening transform. *Waves Random Complex Media*, 23, 306 – 317.

Itoh, T. (1980). Special domain immitance approach for dispersion characteristics of generalized printed transmission lines. *IEEE Trans. Microwave Theory Tech.*, 28(7), 733 – 736.

Itoh, T., ed. (1987). *Planar Transmission Line Structures.* New York: IEEE Press.

Itoh, T. (1989). *Numerical Techniques for Microwave and Millimeter Wave Passive Structures.* New York: Wiley.

Izatt, J., and M. A. Choma. (2008). Theory of optical coherence tomography. In: *Biological and Medical Physics, Biomedical Engineering*, eds. W. Drexler and J. G. Fujimoto. Berlin, Germany: Springer.

Jackson, J. D. (1975). *Classical Electrodynamics.* New York: Wiley.

Jahnke, E., F. Emde, and F. Losch. (1960). *Tables of Higher Functions*, 6th ed. New York: McGraw – Hill.

James, G. L. (1976). *Geometrical Theory of Diffraction for Electromagnetic Waves.* Stevenage, Hertfordshire, England: Peter Peregrinus.

Jaruwatanadilok, S., A. Ishimaru, and Y. Kuga. (2002). Photon density wave for imaging through random media. *Waves in Random Media*, 12(3), 351 – 364.

Jensen, M. A., and J. W. Wallace. (2004). A review of antennas and propagation for MIMO wireless communications. *IEEE Trans. Antennas Propag.*, 52(11), 2810 – 2823.

Jin, Y. – Q., ed. (2004). *Wave Propagation, Scattering and Emission in Complex Media.* Beijing: World Scientific.

John, S. (1990). The localization of waves in disordered media. In: *Scattering and Localizationof Classical Waves in Random Media*, ed. P. Sheng. Singapore: World Scientific Publishing Company.

John, S. (1991). Localization of light. *Physics Today*, 44(5), 32 – 40.

Johnson, C. C., and A. W. Guy. (1972). Nonionizing electromagnetic wave effects in biological materials and systems. *Proc. IEEE*, 60(6), 692 – 718.

Jones, D. S. (1964). *The Theory of Electromagnetism.* New York: Macmillan.

Jones, D. S. (1979). *Methods in Electromagnetic Wave Propagation.* Oxford: Clarendon Press.

Jordan, E. C., and K. G. Balmain. (1968). *Electromagnetic Waves and Radiating Systems.* Englewood Cliffs, NJ: Prentice – Hall.

Jull, E. V. (1981). *Aperture Antennas and Diffraction Theory.* Stevenage, Hertfordshire, England: Peter Peregrinus.

Kak, A. C. (1979). Computerized tomography with x – ray, emission, and ultrasound sources. *Proc. IEEE*, 67 (9), 1245 – 1272.

Kanamori, H. (1977). The energy release in great earthquakes. *Journal of Geophysical Research*, 82 (20), 2981 – 2987.

Kantorovich, L., and V. I. Krylov. (1958). *Approximate Methods of Higher Analysis.* New York: Interscience.

Keller, J. B. (1962). Geometric theory of diffraction. *J. Opt. Soc. Am.*, 52(2), 116 – 130.

Keller, J. B. (1964). Stochastic equations and wave propagation in random media. *Proc. Symp. Appl. Math.*, 16, 145 – 170.

Kerker, M. (1969). *The Scattering of Light and Other Electromagnetic Radiation.* New York: Academic Press.

Khaled, A. – R. A., K. Vafai. (2003). The role of porous media in modeling flow and heat transfer in biological tissues. *International Journal of Heat and Mass Transfer*, 46(26), 4989 – 5003.

King, D. D. (1970). Passive detection. In: *Radar Handbook*, ed. M. I. Skolnik. New York: McGraw – Hill, Chapter 39.

Kleinman, R. E. (1978). Low frequency electromagnetic scattering. In: *Electromagnetic Scattering*, ed. P. L. E. Uslenghi. New York: Academic Press, Chapter 1.

Knott, E. F., and T. B. A. Senior. (1974). Comparison of three high – frequency diffraction techniques. *Proc. IEEE*, 62 (11), 1468 – 1474.

Kong, J. A. (1972). Theorems of bianisotropic media. *Proc. IEEE*, 60 (9), 1036 – 1046. Kong, J. A. (1974). Optics of bianisotropic media. *J. Opt. Soc. Am.*, 64(10), 1304 – 1308.

Kong, J. A. (1981). *Research Topics in Electromagnetic Wave Theory.* New York: WileyInterscience. Kong, J. A. (1986). *Electromagnetic Wave Theory.* New York: Wiley.

Kostinski, A. B., and W. – M. Boerner. (1986). On foundations of radar polarimetry. *IEEE Trans. Antennas Propag.*, 34(12), 1395 – 1404.

Kouyoumjian, R. G., and P. H. Pathak. (1974). A uniform geometric theory of diffraction for an edge in a perfectly conducting surface. *Proc. IEEE*, 62(11), 1448 – 1461.

Kraus, J. (1966). *Radio Astronomy.* New York: McGraw – Hill.

Kuga, Y., and A. Ishimaru. (1984). Retroreflectance from a dense distribution of spherical particles. *J. Opt. Soc. Am. A.*, 1(8), 831 – 835.

Kwon, D. H., and D. H. Werner. (2010). Transformation electromagnetics: an overview of the theory and applications. *IEEE Trans. Antennas Propag.*, 52(1), 24 – 46.

Lakhtakia, A., V. V. Varadan, and V. K. Varadan. (1988). Field equations, Huygens' principle, integral equations, and theorems for radiation and scattering of electromagnetic waves in isotropic chiral media. *J. Opt. Soc. Am.* ,*A*,5(2),175 – 184.

Landau,L. M. ,and E. M. Lifshitz. (1960). *Electrodynamics of Continuous Media.* Reading,MA:Addison – Wesley.

Le,C. ,Y. Kuga,and A. Ishimaru. (1996). Angular correlation function based on the secondorder Kirchhoff approximation and comparison with experiments. *J. Opt. Soc. Am. A.* ,13(5),1057 – 1067.

Lee,S. – W. (1977). Comparison of uniform asymptotic theory and Ufimtsev's theory of electromagnetic edge diffraction. *IEEE Trans. Antennas Propag.* ,25(2),162 – 170.

Lee,S. – W. (1978). Uniform asymptotic theory of electromagnetic edge diffraction. In:*Electromagnetic Scattering*,ed. P. L. E. Uslenghi. New York:Academic Press,pp. 67 – 119.

Lee,H. Y. ,and T. Itoh. (1989). Phenomenological loss equivalence method for planar quasiTEM transmission lines with a thin normal conductor or superconductor. *IEEE Trans. Microwave Theory Tech.* , 37 (12), 1904 – 1909.

Lee,S. Y. ,and N. Marcuvitz. (1984). Quasiparticle description of pulse propagation in a lossy dispersive medium. *IEEE Trans. Antennas Propag.* ,32(4),395 – 398.

Lehman, K. , and A. J. Devaney. (2003). Transmission mode time – reversal super – resolution imaging. *J. Acoust. Soc. Amer.* ,113(5),2742 – 2753.

Leonhardt,U. ,and T. Philbin. (2010). *Geometry and Light,the Science of Invisibility.* Dover Publications.

Lewin,L. , D. C. Chang, and E. F. Kuester. (1977). *Electromagnetic Waves and Curved Structures.* Stevenage, Hertfordshire,England:Peter Peregrinus.

Lewis,R. M. (1969). Physical optics inverse diffraction. *IEEE Trans. Antennas Propag.* ,17(3),308 – 314.

Lighthill,J. (1978). *Waves in Fluids.* Cambridge:Cambridge University Press.

Lin,J. C. (2012). *Electromagnetic Fields in Biological Systems.* New York:CRC Press.

Livesay,D. E. , and K. M. Chen. (1974). Electromagnetic fields induced inside arbitrarily shaped biological bodies. *IEEE Trans. Microwave Theory Tech.* ,22(12),1273 – 1280.

Lo,Y. T. ,and S. – W. Lee,eds. (1988). *Antenna Handbook.* New York:Van Nostrand Reinhold.

Lo, Y. T. , D. Solomon, and W. F. Richards. (1979). Theory and experiment on microstrip antennas. *IEEE Trans. Antennas Propag.* ,27(2),137 – 145.

Lonngren,K. ,and A. Scott. (1978). *Solitons in Action.* New York:Academic Press.

Lo'pez – Martínez,C. ,E. Pottier,and S. R. Cloude. (2005). Statistical assessment of eigenvectorbased target decomposition theorems in radar polarimetry. *IEEE Trans. Geosci. Remote Sens.* ,43(9),2058 – 2074.

Loyka,S. L. (2001). Channel capacity of MIMO architecture using the exponential correlation matrix. *IEEE Communications Letters*,5(9),369 – 371.

Luneburg,E. (1995). Principles of radar polarimetry. *IEICE Trans. Electron.* ,E78 – C(10),1339 – 1345.

Ma,M. T. (1974). *Theory and Application of Antenna Arrays.* New York:Wiley.

Maanders,E. J. ,and R. Mittra,eds. (1977). *Modern Topics in Electromagnetics and Antennas.* Stevenage,Hertfordshire,England:Peter Peregrinus,Chapter 1.

Magnus,W. ,and F. Oberhettinger. (1949). *Special Functions of Mathematical Physics.* New York:Chelsea.

Mailloux,R. J. (1982). Phased array theory and technology. *Proc. IEEE*,70(3),246 – 291.

Mandelbrot,B. B. (1977). *The Fractal Geometry of Nature.* New York:W. H. Freeman and Company.

Marcuse,D. (1982). *Light Transmission Optics.* New York:Van Nostrand Reinhold.

Marcuvitz,N. (1951). Waveguide handbook. In:*MIT Radiation Laboratory Series*,Vol. 10. New York:McGraw –

Hill.

Martinez, A., and A. P. Byrnes. (2001). Modeling dielectric – constant values of geologic materials: an aid to ground – penetrating radar data collection and interpretation. Current Research in Earth Sciences, Bulletin 247, Part 1.

Mendelssohn, K. (1966). *The Quest for Absolute Zero.* New York: McGraw – Hill.

Meng, Z. Q., and M. Tateiba. (1996). Radar cross sections of conducting elliptic cylinders embedded in strong continuous random media. *Waves Random Media*, 6, 335 – 345.

Meyer, M. G., J. D. Sahr, and A. Morabito. (2004). A statistical study of subauroral e – region coherent backscatter observed near 100 MHz with passive radar. *Journal of Geophysical Research*, 109(A7), 1 – 19.

Mittra, R., ed. (1973). *Computer Techniques for Electromagnetics.* Elmsford, NY: Pergamon Press.

Mittra, R. (1975). Numerical and asymptotic techniques in electromagnetics. In: *Topics in Applied Physics*, Vol. 3. New York: Springer – Verlag.

Molisch, A. F. (2005). *Wireless Communication.* Piscataway, NJ: IEEE Press.

Montgomery, C. G., R. H. Dicke, and E. M. Purcell. (1948). Principles of microwave circuits. In: *MIT Radiation Laboratory Series*, Vol. 8. New York: McGraw – Hill.

Moore, J., and R. Pizer. (1984). *Moment Methods in Electromagnetics.* Chichester, England: Research Studies Press.

Morgan, M. A., ed. (1990). *Finite Element and Finite Difference Methods in Electromagnetic Scattering.* New York: Elsevier.

Morse, P. M., and H. Feshbach. (1953). *Methods of Theoretical Physics.* New York: McGraw – Hill Book Company.

Morse, P. M., and K. U. Ingard. (1968). *Theoretical Acoustics.* New York: McGraw – Hill.

Nakayama, A., and F. Kuwahara. (2008). A general bioheat transfer model based on the theory of porous media. *International Journal of Heat and Mass Transfer*, 51(11 – 12), 3190 – 3199.

Neeser, F. D., and J. L. Massey. (1993). Proper complex random processes with applications to information theory. *IEEE Transactions on Information Theory*, 39(4), 1293 – 1302.

Noble, B. (1958). *Methods Based on the Wiener – Hopf Technique.* Elmsford, NY: Pergamon Press.

Novoselov, K. S., A. K. Geim, S. V. Morozov, D. Jiang, M. I. Katsnelson, I. V. Grigorieva, S. V. Dubonos, and A. A. Firsov. (2005). Two – dimensional gas of massless Dirac fermions in graphene. *Nature*, 438, 197 – 200.

Ogilvy, J. A. (1991). *Theory of Wave Scattering from Random Rough Surfaces.* London: IOP Publishing.

Oguchi, T. (1983). Electromagnetic wave propagation and scattering in rain and other hydrometers. *Proc IEEE*, 71, 1029 – 1078.

Ollila, E. (2008). On the circularity of a complex random variable. *IEEE Signal Processing Letters*, 15, 841 – 844.

Olsen, M. T., T. Komatsu, P. Schjonning, and D. E. Rolston. (2001). Tortuosity, diffusivity, and permeability in the soil liquid and gaseous phases. *Soil Sci. Sec. Am. J*, 65(3), 613 – 623.

Ozgun, O., and M. Kuzuoglu. (2010). For invariance of Maxwell's equations: the pathway to novel metamaterial specifications for electromagnetic reshaping. *IEEE Trans. Antennas Propag.*, 52(3), 51 – 65.

Pasyanos, M. E. (2010). A general method to estimate earthquake moment and magnitude using regional phase amplitudes. *Bulletin of the Seismological Society of America.* 100(4), 1724 – 1732.

Paulraj, A., R. Nabar, and D. Gore. (2003). *Introduction to Space – Time Wireless Communica – tions.* Cambridge, UK: Cambridge University Press.

Pendry, J. B., A. J. Holden, D. J. Robbins, and W. J. Stewart. (1999). Magnetism from conductors and enhanced nonlinear phenomena. *IEEE Trans. Microw. Theory Tech.*, 47, 2075 – 2084.

Pendry, J. B., D. Schurig, and D. R. Smith. (2006). Controlling electromagnetic fields. *Science*, 312 (5781), 1780 - 1782.

Pennes, H. H. (1948). Analysis of tissue and arterial blood temperatures in the resting human forearm. *Journal of Applied Physiology*, 1(2), 93 - 122.

Phu, P., A. Ishimaru, and Y. Kuga. (1994). Co - polarized and cross - polarized enhanced backscattering from two - dimensional very rough surfaces at millimeter wave frequencies. *Radio Sci.*, 29(5), 1275 - 1291.

Picinbono, B. (1996). Second - order complex random vectors and normal distributions. *IEEE Transactions on Signal Processing*, 44(10), 2637 - 2640.

Porter, R. P., and A. J. Devaney. (1982). Holography and the inverse source problem. *J. Opt. Soc. Am.*, 72(3), 327 - 330.

Prada, C., and M. Fink. (1994). Eigenmodes of the time reversal operator: a solution to selective focusing in multiple - target media. *Wave Motion*, 20(2), 151 - 163.

Prada, C., S. Manneville, D. Spoliansky, and M. Fink. (1996). Decomposition of the time reversal operator: detection and selective focusing on two scatterers. *J. Acoust. Soc. Amer.*, 99(4), 2067 - 2076.

Prada, C., and J. - L. Thomas. (2003). Experimental subwavelength localization of scatterers by decomposition of the time reversal operator interpreted as a covariance matrix. *J. Acoust. Soc. Amer.*, 114(1), 235 - 243.

Pruppacher, H. R., and R. L. Pitter. (1971). A semi - empirical determination of the shape of cloud and raindrops. *J. Atmos. Sci.*, 28, 86 - 94.

Rahmat - Samii, Y., and R. Mittra. (1977). Electromagnetic coupling through small apertures in a conducting screen. *IEEE Trans. Antennas Propag.*, 25(2), 180 - 187.

Ralston, T. S., D. L. Marks, P. S. Carney, and S. A. Boppart. (2006). Inverse scattering for optical coherence tomography. *J. Opt. Soc. Am. A*, 23(5), 1027 - 1037.

Ramo, S., J. R. Whinnery, and T. Van Duzer. (1965). *Fields and Waves in Communication Electronics.* New York: Wiley.

Ray, P. S. (1972). Broadband complex refractive indices of ice and water. *Appl. Opt.*, 11(8), 1836 - 1844.

Rayleigh, J. W. S. (1898). *The Theory of Sound.* Dover Publications.

Redwood, M. (1960). *Mechanical Waveguides. The Propagation of Acoustic and Ultrasonic Waves in Fluids and Solids with Boundaries.* Pergamon Press.

Reed, I. S. (1962). On a moment theorem for complex Gaussian processes. *IRE Transactions on Information Theory*, 8(3), 194 - 195.

Revil, A., and L. M. Cathles, III. (1999). Permeability of shaly sands. *Water Resources Research*, 35 (3), 651 - 662.

Rice, S. O. (1951). Reflections of electromagnetic waves from slightly rough surfaces. *Com - mun. Pure Appl. Math.*, 4, 351 - 378.

Rino, C. L. (2011). *The Theory of Scintillation with Applications in Remote Sensing.* Wiley - IEEE Press.

Ruck, G. T., D. E. Barrick, W. D. Stuart, and C. K. Krichbaum. (1970). *Radar Cross Section Handbook*, Vols. 1 and 2. New York: Plenum Press.

Rumsey, V. H. (1954). The reaction concept in electromagnetic theory. *Phys. Rev.*, *Ser.* 2, 94(6), 1483 - 1491.

Rumsey, V. H. (1966). *Frequency Independent Antennas.* New York: Academic Press.

Sahr, J. D., and F. D. Lind. (1997). The Manastash Ridge radar: a passive bistatic radar for upper atmospheric radio science. *Radio Sci.*, 32(6), 2345 - 2358.

Sailing, H., and T. Chen. (2013). Broadband THz absorbers with graphene - based anisotropic metamaterial *films. IEEE Trans. Terahertz Sci. Technol.* ,3(6),757 – 763.

Sarabandi, K. , and D. E. Lawrence. (2003). Acoustic and electromagnetic wave interaction: estimation of Doppler spectrum from an acoustically vibrated metallic circular cylinder. *IEEE. Trans. Antennas Propag.* ,51 (7),1499 – 1507.

Sato, H. , and M. C. Fehler. (1988). *Seismic Wave Propagation and Scattering in the Heterogeneous Earth.* New York: Springer.

Sato, H. , M. C. Fehler, and T. Maeda. (2012). *Seismic Wave Propagation and Scattering in the Heterogeneous Earth*, 2nd ed. Berlin/Heidelberg: Springer – Verlag.

Schelkunoff, S. A. (1965). *Applied Mathematics for Engineers and Scientists.* New York: Van Nostrand Reinhold.

Schmidt, R. O. (1986). Multiple emitter location and signal parameter estimation. *IEEE Trans. Antennas Propag.* ,276 – 280.

Schmitt, J. M. (1999). Optical coherence tomography (OCT): a review. *IEEE Journal of Selected Topics in Quantum Electronics*, 5(4),1205 – 1215.

Schmitt, J. M. , and A. Knüttel. (1997). Model of optical coherence tomography of heterogeneous tissue. *J. Opt. Soc. Am. A*, 14(6),1231 – 1242.

Schurig, D. , J. J. Mock, B. J. Justice, S. A. Cummer, J. B. Pendry, A. F. Starr, and D. R. Smith. (2006). Metamaterial electromagnetic cloak at microwave frequencies. *Science*, 314(5801),977 – 980.

Schuster, A. (1905). Radiation through a foggy atmosphere. *Astrophys. J.* ,21,1 – 22.

Scott, A. C. (1980). The birth of a paradigm. In: *Nonlinear Electromagnetics.* Academic Press.

Scott, C. (1989). *The Spectral Domain Method in Electromagnetics.* Norwood, MA: Artech House.

Scott, A. C. , F. Y. F. Chu, and D. W. McLaughlin. (1973). The soliton: a new concept in applied science. *Proceedings of the IEEE*, 61(10),1443 – 1483.

Seliga, T. A. , and V. N. Bringi. (1976). Potential use of radar differential reflectivity measurements at orthogonal polarizations for measuring precipitation. *J. Appl. Meteorol.* ,15,69 – 76.

Sen, P. N. , C. Scala, and M. H. Cohen. (1981). A self – similar model for sedimentary rocks with application to the dielectric constant of fused glass beads. *Geophysics*, 46(5),781 – 795.

Senior, T. B. A. (1979). Scattering by resistive strips. *Radio Sci.* ,14(5),911 – 924.

Senior, T. B. A. , and M. Noar. (1984). Low frequency scattering by a resistive plate. *IEEE Trans. Antennas Propag.* ,32(3),272 – 275.

Shamonin, M. , E. Shamonina, V. Kalinin, and L. Solymar. (2004). Properties of a metamaterial element: analytical solutions and numerical simulations for a singly split double ring. *J. Appl. Phys.* ,95(7),3778 – 3784.

Shen, L. C. , and J. A. Kong. (1987). *Applied Electromagnetism.* Boston, MA: PWS Publishers.

Sheng, P. (1990). *Scattering and Localization of Classical Waves in Random Media.* Singapore: World Scientific Publishing Company.

Shung, K. K, J. Cannata, Q. Thou, and J. Lee. (2009). High frequency ultrasound: a new frontier for ultrasound. In: IEEE EMBS Conference, Minneapolis, MN, September 2009.

Shung, K. K. , and G. A. Thieme. (1993). *Ultrasonic Scattering in Biological Tissues.* Boca Raton: CRC Press.

Sihvola, A. (2007). Metamaterials in electromagnetics. *Metamaterials*, 1,2 – 11.

Sinclair, G. (1950). The transmission and reception of elliptically polarized waves. *Proc. IRE*, 38,148 – 151.

Skolnik, M. I. , ed. (1970). *Radar Handbook.* New York: McGraw – Hill.

Skolnik, M. I. (1980). *Introduction to Radar Systems.* New York: McGraw – Hill.

Smith, D. R. , P. Kolinko, and D. Schurig. (2004). Negative refraction in indefinite media. *J. Opt. Soc. Am. B*, 21,

1032 – 1043.

Solymar, L. , and E. Shamonina. (2011). *Waves in Metamaterials*. Oxford, UK: Oxford University Press.

Sommerfeld, A. (1949). *Partial Differential Equations in Physics*. New York: Academic Press.

Sommerfeld, A. (1954). *Optics*. New York: Academic Press.

Stark, L. (1974). Microwave theory of phase – array antennas—a review. *Proc. IEEE*, 62(12), 1661 – 1701.

Stauffer, D. , and A. Aharony. (1991). *Introduction to Percolation Theory*. CRC Press.

Stevenson, A. F. (1953). Solutions of electromagnetic scattering problems as power series in the ratio (dimensions of scatterer)/wavelength). *J. Appl. Phys.* , 24(9), 1134 – 1142.

Stoneback, M. , A. Ishimaru, C. Reinhardt, and Y. Kuga. (2013). Temperature rise in objects due to optical focused beam through atmospheric turbulence near ground and ocean surface. *Opt. Eng.* , 52(3), 36001 – 36008.

Stratton, J. A. (1941). *Electromagnetic Theory*. New York: McGraw – Hill.

Stutzman, W. L. , and G. A. Thiele. (1981). *Antenna Theory and Design*. New York: Wiley.

Taflove, A. , and M. E. Brodwin. (1975). Computation of the electromagnetic fields and induced temperatures within a model of the microwave – irradiated human eye. *IEEE Trans. on Microwave Theory and Techniques*, MTT – 23(11), 888 – 896.

Tai, C. T. (1971). *Dyadic Green's Functions in Electromagnetic Theory*. New York: Intext Educational Publishers.

amir, T. , ed. (1975). Integrated optics. In: *Topics in Applied Physics*, Vol. 7. New York: Springer – Verlag.

Tamir, T. , and M. Blok, eds. (1986). Propagation and scattering of beam fields. Special Issue, *J. Opt. Soc. Am.* , *A*, 3(4), 462 – 588.

Tatarskii, V. I. (1961). *Wave Propagation in a Turbulent Medium*. New York: McGraw – Hill.

Tatarskii, V. I. (1971). The effects of the turbulent atmosphere on wave propagation. US. Department of Commerce, Springfield, VA, TT – 68 – 50464.

Tatarskii, V. I. , A. Ishimaru, and V. U. Zavorotny. (1993). *Wave Propagation in Random Media*. Washington: SPIE.

Tesche, F. M. (1973). On the analysis of scattering and antenna problems using the singularity expansion technique. *IEEE Trans. Antennas Propag.* , 21(1), 52 – 63.

Thomas, J. R. , and A. Ishimaru. (2005). Wave packet incident on negative – index media. *IEEE Trans. Antennas Propag.* , 53(5), 1591 – 1599.

Thrane, L. , H. T. Yura, and P. E. Andersen. (2000). Analysis of optical coherence tomography systems based on the extended Huygens – Fresnel principle. *J. Opt. Soc. Am. A*, 17(3), 484 – 490.

Tsang, L. , C. H. Chan, K. Pak, and H. Sangani. (1995). Monte Carlo simulations of large – scale problems of random rough surface scattering and applications to grazing incidence with BMIA/canonical grid method. *IEEE Trans. Antennas Propag.* , 43(8), 851 – 859.

Tsang, L. , and S. L. Chuang. (1988). Improved coupled – mode theory for reciprocal anisotropic waveguides. *J. Lightwave Technol.* , 6(2), 304 – 311.

Tsang, L. , S. L. Chuang, A. Ishimaru, R. P. Porter, and D. Rouseff. (1987). Holography and the inverse source problem: part III. *J. Opt. Soc. Am.* , *A*, 4(9), 1783 – 1787.

Tsang, L. , S. L. Chuang, A. Ishimaru, R. P. Porter, D. Rouseff, J. A. Kong, and R. T. Shin. (1985). *Theory of Microwave Remote Sensing*. New York: Wiley.

Tsang, L. , K. – H. Ding, X. Li, P. N. Duvelle, J. H. Vella, J. Goldsmith, C. L. H. Devlin, and N. I. Limberopoulos. (2015). Studies of the influence of deep subwavelength surface roughness on fields of plasmonic thin film based on Lippmann – Schwinger equation in the spectral domain. *J. Opt. Soc. Am. B*,32(5),878 – 891.

Tsang,L. ,and A. Ishimaru. (1984). Backscattering enhancement of random discrete scatterers. *J. Opt. Am. A.* ,1 (8),836 – 839.

Tsang,L. ,and J. A. Kong. (2001). *Scattering of Electromagnetic Waves.* New York:John Wiley & Sons.

Tsang,L. ,J. A. Kong,and R. T. Shin. (1985). *Theory of Microwave Remote Sensing.* New York:Wiley – Interscience.

Tuchin,V. V. ,and B. J. Thompson. (1994). *Selected Papers on Tissue Optics Applications in Medical Diagnostics and Therapy*,Vol. MS 102. Bellingham,WA:SPIE Optical Engineer – ing Press.

Turcotte,D. L. ,M. M. Eldridge,and J. B. Rundle. (2014). Super fracking. *Physics Today*,67(8),34 – 39.

Twersky,V. (1964). On propagation in random media of discrete scatterers. *Proc. Symp. Appl. Math.* ,16,84 – 116.

Ufimtsev,P. Y. (1975). Comparison of three high frequency diffraction techniques. *Proc. IEEE*,63(12),1734 – 1737.

Ulaby,F. T. ,R. K. Moore,and A. K. Fung. (1981). *Microwave Remote Sensing*,Vols. 1,2,and 3. London:Addison – Wesley.

Unger,H. G. (1977). *Planar Optical Waveguides and Fibers.* Oxford:Clarendon Press.

Uslenghi,P. L. E. ,ed. (1978). *Electromagnetic Scattering.* New York:Academic Press.

Uslenghi,P. L. E. (1980). *Nonlinear Electromagnetics.* New York:Academic Press.

Van Bladel,J. (2007). *Electromagnetic Fields.* New York:IEEE Press – Wiley.

Van Bladel,J. (1968). Low – frequency scattering by hard and soft bodies. *J. Acoust. Soc. Am.* ,44(4),1069 – 1073.

van De Hulst. (1957). *Light Scattering by Small Particles.* New York:Wiley.

van den Berg,P. M. ,A. T. De Hoop,A. Segal,and N. Praagman. (1983). A computational model of the electromagnetic heating of biological tissue with application to hyperthermic cancer therapy. *IEEE Trans. on Biomedical Engineering*,BME – 30(12),797 – 805.

Van Duzer,T. ,and C. W. Turner. (1981). *Principles of Superconductive Devices and Circuits.* New York:Elsevier.

van Zyl,J. J. ,H. A. Zebker,and C. Elachi. (1987). Imaging radar polarization signatures:theory and observation. *Radio Sci.* ,22(4),529 – 543.

Veselago,V. G. (1968). The electrodynamics of substances with simultaneously negative values of ε and μ. *Sov. Phys. Usp.* ,10,509 – 514.

Voronovich,A. G. (1994). *Wave Scattering from Rough Surfaces.* New York:Springer – Verlag.

Wait,J. R. (1959). *Electromagnetic Radiation from Cylindrical Structures.* New York:Pergamon Press.

Wait,J. R. (1962). *Electromagnetic Waves in Stratified Media.* Oxford:Pergamon Press.

Wait,J. R. (1981). *Wave Propagation Theory.* Elmsford,NY:Pergamon Press.

Wait,J. R. (1982). *Geo – Electromagnetism.* New York:Academic Press.

Wait,J. R. (1986). *Introduction to Antennas and Propagation.* Stevenage,Hertfordshire,England:Peter Peregrinus.

Wait,J. R. (1989). Complex resistivity of the earth. In:*Progress in Electromagnetics Research*,ed. J. A. Kong. New York:Elsevier,pp. 1 – 174.

Waterman,P. C. (1969). New formulations of acoustic scattering. *J. Acoust. Soc. Am.* ,45(6),1417.

Watson,J. , and J. Keller. (1984) Rough surface scattering via the smoothing method. *J. Acoust. Soc. Am.* , 75,1705.

Wedge,S. W. ,and D. B. Rutledge. (1991). Noise waves and passive linear multiports. *IEEE Microw. Guided Wave Lett.* ,1(5),117 – 119.

Weiglhofer, W. S. (2002). Constitutive relations. *Proc. SPIE*, 4806, 67 – 80.

Weiglhofer, W. S., and A. Lakhtakia. (1995). A brief review of a new development for constitutive relations of linear bi – anisotropic media. *IEEE Trans. Antennas Propag.*, 37(3), 32 – 35.

Wu, K. (2005). Two – frequency mutual coherence function for electromagnetic pulse propaga – tion over rough surfaces. *Waves in Random and Complex Media*, 15(2), 127 – 143.

Xiong, J. L., M. S. Tong, P. Atkins, and W. C. Chew. (2010). Efficient evaluation of Casimir force in arbitrary three – dimensional geometries by integral equation methods. *Phys. Lett. A*, 374, 2517 – 2520.

Yaghjian, A. D. (1980). Electric dyadic Green's functions in the source region. *Proc. IEEE*, 68(2), 248 – 263.

Yamaguchi, Y., T. Moriyama, M. Ishido, and H. Yamada. (2005). Four – component scattering model for polarimetric SAR image decomposition. *IEEE Trans. Geosci. Remote Sens.*, 43(8), 1699 – 1706.

Yamashita, E., and R. Mittra. (1968). Variational method for the analysis of microstrip line. *IEEE Trans. Microwave Theory Tech.*, 16(4), 251 – 256.

Yao, Y., M. A. Kats, P. Genevet, N. Yu, Y. Song, J. Kong, and F. Capasso. (2013). Broad electrical turning of graphene – loaded plasmonic antennas. *Nano Lett.*, 1257 – 1264.

Yasuura, K., and Y. Okuno. (1982). Numerical analysis of diffraction from grating by the mode matching method with a smoothing procedure. *J. Opt. Soc. Am.*, 72(7), 847 – 852.

Yavuz, M. E., and F. L. Teixeira. (2006). Full time – domain DORT for ultrawideband electromagnetic fields in dispersive, random inhomogeneous media. *IEEE Trans. Antennas Propag.*, 54(8), 2305 – 2315.

Yavuz, M. E., and F. L. Teixeira. (2008). Space – frequency ultrawideband time – reversal imaging. *IEEE Trans. Geosci. Remote Sens.*, 46(4), 1115 – 1124.

Yavuz, M. E., and F. L. Teixeira. (2008). On the sensitivity of time – reversal imaging techniques to model perturbations. *IEEE Trans. Antennas Propag.*, 56(3), 834 – 843.

Yee, K. S. (1966). Numerical solution of initial boundary value problems involving Maxwell's equations in isotropic media. *IEEE Trans. Antennas Propag.*, 14(3), 302 – 307.

Yeh, K. C., K. H. Lin, and Y. Wang. (2001). Effects of irregular terrain on waves: a stochastic approach. *IEEE Trans. Antennas Propag.*, 49, 250 – 259.

Yeh, K. C., and C. H. Liu. (1972). Propagation and application of waves in the ionosphere. *Rev. Geophys.*, 10(2), 631 – 709.

Yeh, K. C., and C. H. Liu. (1972). *Theory of Ionospheric Waves.* New York: Academic Press. Yeh, C., and F. I. Shimabukuro. (2008). *The Essence of Dielectric Waveguides.* New York: Springer.

Yueh, S. H., W. J. Wilson, S. J. Dinardo, and F. K. Li. (1999). Polarimetric microwave brightness signatures of ocean wind directions. *IEEE Trans. Geosci. Remote Sens.*, 37(2), 949 – 956.

Yura, H. T. (1972). Mutual coherence function of a finite cross section optical beam propagating in a turbulent medium. *Appl. Opt.*, 11(6), 1399 – 1406.

Yura, H. T., C. C. Sung, S. F. Clifford, and R. J. Hill. (1983). Second – order Rytov approximation. *J. Opt. Soc. Am.*, 73(4), 500 – 502.

Zebker, H. A., and J. J. van Zyl. (1991). Imaging radar polarimetry: a review. *Proc. IEEE*, 79(11), 1583 – 1606.

Zhang, G. (2016). *Weather Radar Polarimetry.* Taylor & Francis.

Zhang, G., R. J. Doviak, D. S. Zrni'c, R. Palmer, L. Lei, and Y. Al – Rashid. (2011). Polarimetric phased – array radar for weather measurement: a planar or cylindrical configuration? *J. Atmos. Oceanic Technol.*, 28(1), 63 – 73.

Zienkiewicz, O. C. (1977). *The Finite Element Method.* New York: McGraw – Hill.